中国水利学会

# 2023中国水利学术大会论文集

## 第四分册

中国水利学会 编

黄河水利出版社

## 内 容 提 要

本书以"强化科学技术创新，支撑国家水网建设"为主题的 2023 中国水利学术大会论文合辑，积极围绕当年水利工作热点、难点、焦点和水利科技前沿问题，重点聚焦水资源短缺、水生态损害、水环境污染和洪涝灾害频繁等新老水问题，主要分为水生态、水圈与流域水安全、重大引调水工程、水资源节约集约利用、智慧水利·数字孪生·水利信息化等板块，对促进我国水问题解决、推动水利科技创新、展示水利科技工作者才华和成果有重要意义。

本书可供广大水利科技工作者和大专院校师生交流学习和参考。

**图书在版编目（CIP）数据**

2023 中国水利学术大会论文集：全七册/中国水利学会编 . —郑州：黄河水利出版社，2023.12
ISBN 978-7-5509-3793-2

Ⅰ.①2… Ⅱ.①中… Ⅲ.①水利建设-学术会议-文集 Ⅳ.①TV-53

中国国家版本馆 CIP 数据核字（2023）第 223374 号

策划编辑：杨雯惠 电话：0371-66020903 E-mail：yangwenhui923@163.com

出 版 社：黄河水利出版社 网址:www.yrcp.com
地址：河南省郑州市顺河路黄委会综合楼 14 层 邮政编码：450003
发行单位：黄河水利出版社
发行部电话：0371-66026940、66020550、66028024、66022620（传真）
E-mail: hhslcbs@ 126.com
承印单位：广东虎彩云印刷有限公司
开本：889 mm×1 194 mm 1/16
印张：268.5（总）
字数：8 510 千字（总）
版次：2023 年 12 月第 1 版 印次：2023 年 12 月第 1 次印刷

定价：1 260.00 元（全七册）

# 《2023 中国水利学术大会论文集》

# 编 委 会

主 任：汤鑫华

副主任：（以姓氏笔画为序）

| | | | | | |
|---|---|---|---|---|---|
| 丁秀丽 | 丁留谦 | 王宗志 | 刘九夫 | 刘志雨 | 刘俊国 |
| 刘雪梅 | 江恩慧 | 安新代 | 许继军 | 孙和强 | 李仰智 |
| 李国玉 | 李强坤 | 李锦秀 | 李德旺 | 吴 剑 | 余钟波 |
| 张 阳 | 张文洁 | 张永军 | 张国新 | 张淑华 | 陈茂山 |
| 林 锦 | 周 丰 | 郑红星 | 赵 勇 | 赵建世 | 钱 峰 |
| 徐 平 | 营幼峰 | 曹淑敏 | 彭文启 | 韩宇平 | 景来红 |
| 程展林 | 鲁胜力 | 蔡 阳 | 戴长雷 | | |

委 员：（以姓氏笔画为序）

| | | | | | |
|---|---|---|---|---|---|
| 王 琼 | 王文杰 | 王若明 | 王富强 | 卢玫珺 | 刘昌军 |
| 刘姗姗 | 李 虎 | 李 亮 | 李 琳 | 李军华 | 李聂贵 |
| 杨姗姗 | 杨耀红 | 吴 娟 | 张士辰 | 张晓雷 | 陈记豪 |
| 邵天一 | 周秋景 | 赵进勇 | 荆新爱 | 唐凤珍 | 黄书岭 |
| 尉意茹 | 彭 辉 | 程学军 | 曾 焱 | 裴红萍 | 颜文珠 |
| 潘晓洁 | 潘家军 | 霍炜洁 | | | |

主 编：汤鑫华

副主编：吴 剑　鲁胜力　张淑华　刘 扬

# 前言 Preface

学术交流是学会立会之本。作为我国历史上第一个全国性水利学术团体，90多年来，中国水利学会始终秉持"联络水利工程同志、研究水利学术、促进水利建设"的初心，团结广大水利科技工作者砥砺奋进、勇攀高峰，为我国治水事业发展提供了重要科技支撑。自2000年创立年会制度以来，中国水利学会20余年如一日，始终认真贯彻党中央、国务院方针政策，落实水利部和中国科学技术协会决策部署，紧密围绕水利中心工作，针对当年水利工作热点、难点、焦点和水利科技前沿问题、工程技术难题，邀请院士、专家、代表和科技工作者展开深层次的交流研讨。中国水利学术年会已成为促进我国水问题解决、推动水利科技创新、展示水利科技工作者才华和成果的良好交流平台，为服务水利科技工作者、服务学会会员、推动水利学科建设与发展做出了积极贡献。为强化中国水利学术年会的学术引领力，自2022年起，中国水利学会学术年会更名为中国水利学术大会。

2023中国水利学术大会以习近平新时代中国特色社会主义思想为指导，认真贯彻落实党的二十大精神，紧紧围绕"节水优先、空间均衡、系统治理、两手发力"治水思路，以"强化科学技术创新，支撑国家水网建设"为主题，聚焦国家水网、智慧水利、水资源节约集约利用等问题，设置一个主会场和水圈与流域水安全、重大引调水工程、智慧水利·数字孪生、全球水安全等19个分会场。

2023中国水利学术大会论文征集通知发出后，受到广大会员和水利科技工作者的广泛关注，共收到来自有关政府部门、科研院所、大专院校和设计、施工、管理等单位科技工作者的论文共1 000余篇。为保证本次大会入选论文的质量，大会积极组织相关领域的专家对稿件进行了评审，共评选出681篇主题相符、水平较高的论文入选论文集。按照大会各分会场主题，本论文集共分7

册予以出版。

　　本论文集的汇总工作由中国水利学会秘书处牵头，各分会场协助完成。本论文集的编辑出版也得到了黄河水利出版社的大力支持和帮助，参与评审、编辑的专家和工作人员克服了时间紧、任务重等困难，付出了辛苦和汗水，在此一并表示感谢！同时，对所有应征投稿的论文作者表示诚挚的谢意！

　　由于编辑出版论文集的工作量大、时间紧，且编者水平有限，错漏在所难免。不足之处，欢迎广大作者和读者批评指正。

**中国水利学会**

2023 年 12 月 12 日

# 目录 Contents

前 言

## 水 文

## 水工结构

# 水文

# 基于 Kylin-WPS 条件下河道流量计算程序的研建

邹文安[1]　　王雪明[1]　　吕守贵[2]

(1. 吉林省水文水资源局，吉林长春　130022；
2. 吉林省水文水资源局通化分局，吉林通化　134000)

**摘　要**：目前，随着国家对信息保护和信息安全的重视，国产办公设备和办公软件的大量推广与应用，各级部门先后更换了国产的计算机和桌面操作系统，原有 Windows 计算机操作系统下的流量计算应用软件已无法应用，研发国产化流量计算应用软件势在必行。以 Kylin（麒麟桌面操作系统）、WPS（金山办公软件）为技术平台，利用单元格与宏代码相互结合，采用 JavaScript（简称 JS）宏进行编程，开发了河道流量计算应用软件，实现了国产办公设备及软件平台下的河道流量运算。

**关键词**：流量计算；计算机软件；Kylin；WPS；技术平台

## 1　引言

流量是指单位时间内通过某一过水断面的水体体积，是水文部门的主要监测项目之一。由于天然河道复杂多变，影响洪水监测因素较多，为了保证测洪人员安全和洪水监测精度，在流量监测过程中会采取测深不测速、多点法、多台仪器等监测措施[1]，导致流量计算复杂烦琐、易出错、重复性高、耗时耗力等。随着计算机的广泛应用，国内有关学者在 Windows 桌面操作系统下研发了许多河道流量计算应用软件[2-5]，有效地提高了水文计算的工作效率和工作质量，结束了多年来河道流量计算以人工为主的落后作业模式。

近年来，随着国家对信息保护和信息安全的重视，以及国产办公设备和办公软件的大量推广与应用，各级部门先后更换了国产的计算机和桌面操作系统，原有 Windows 桌面操作系统下的河道流量计算程序已无法应用，研发国产办公设备及软件平台下的流量计算应用软件既紧迫又必要。

基于上述原因，笔者结合生产单位需求，以 Kylin-WPS 为技术平台，研发了河道流量计算应用软件。该软件采用 C/S 框架设计，基于 WPS 表格，结合 JavaScript（简称 JS）宏编程，实现了数据录入、显示、计算、存储和分析图绘制，以及计算成果表标准化格式[6-7]打印输出等功能，提高了工作效率和技术含量，降低了软件研发成本，解决了应用国产办公设备后河道流量计算的一项技术难题。

## 2　流量计算方法

通常情况下，流量计算主要包括水面宽、水深、流速、面积和有效位数取舍等几部分。其中，水面宽为相邻测深垂线的间距，等于相邻测深垂线对应的起点距差值；水深是指测深垂线间的平均水深，等于相邻垂线水深的均值；测点流速等于流速仪转数除以测速历时，垂线平均流速等于各测点流速均值；部分面积等于相邻测深垂线间水面宽与平均水深的乘积；部分流量等于相邻测速垂线间面积与平均流速的乘积。

由于流量计算公式较多，本文仅列出流量计算基本公式[1]：

---

**作者简介**：邹文安（1968—），男，正高级工程师，主要从事水文水资源监测与评价工作。

$$\Delta B_i = B_{i+1} - B_i \tag{1}$$

$$\overline{H_i} = \frac{H_i + H_{i+1}}{2} \tag{2}$$

$$v_i = \frac{N}{T} + C \tag{3}$$

$$v = \frac{1}{n}\sum_{i=1}^{n} v_i \tag{4}$$

$$F = \sum \Delta B_i \cdot \overline{H_i} \tag{5}$$

$$Q = Fv \tag{6}$$

式中：$\Delta B_i$ 为相邻测深垂线间的水面宽，m；$B_{i+1}$、$B_i$ 分别为第 $i+1$ 条、第 $i$ 条测深垂线对应的起点距，m；$\overline{H_i}$ 为相邻测深垂线间的平均水深，m；$H_{i+1}$、$H_i$ 分别为第 $i+1$ 条、第 $i$ 条测深垂线对应的实测水深，m；$i$ 为测深垂线序列号；$v_i$ 为测点流速，m/s；$N$ 为流速仪转速，用转数表示；$T$ 为流速仪测速历时，s；$C$ 为常数；$v$ 为垂线平均流速，m/s；$n$ 为垂线测点流速个数；$F$ 为测深垂线间面积，m²；$Q$ 为测速垂线间流量，m³/s。

## 3 程序架构

### 3.1 技术平台

本程序开发环境为麒麟桌面操作系统（KylinV10）、金山办公软件（WPS Office 11.8.2.11717），在 WPS 表格中采用 JS 宏编程进行研建。利用 WPS 表格数据处理、图表制作和数据交换等优势，最大限度地利用 WPS 表格数据录入、链接和图表制作等功能，提高程序开发效率，减少 JS 宏代码的耦合度。

### 3.2 程序设计

#### 3.2.1 设计思路

采用 WPS 单元格与 JS 宏代码相互融合进行程序设计[2]。依托 WPS 表格，完成原始信息录入和图表制作，利用 WPS 工作表单元格和内置函数完成信息链接、数据统计；采用 JS 宏编程完成数据处理、计算控制和成果输出。流量计算软件主界面如图 1 所示。

#### 3.2.2 程序结构

本程序由 WPS 工作表和 JS 宏代码两部分构成。其中，数据录入、数据显示、结果输出均在 WPS 工作表实现，数据处理、判断、循环、有效位数取舍、存储和打印控制等主要利用 JS 宏代码实现。

本程序根据流量计算、输出需要，在 1 个"流量计算 .et"工作簿中完成全部计算、存储和输出任务。程序设置了 6 个 WPS 电子表格和 4 个命令按钮，其功能与作用见表 1。

### 3.3 流程设计

在 jblr、yslr 两个工作表中完成流量基本信息和监测信息录入；单击命令按钮完成流量计算、成果表数据交换和水深流速分析图绘制；单击命令按钮，完成成果存储、打印输出；最后清除有关信息，便于下一次流量计算。流量计算流程设计见图 2。

## 4 实现方法

### 4.1 信息录入

信息录入就是对程序的赋值，以文字、数据为主。本程序录入的信息主要包括流量实测基本信息和监测数据两部分，是实测流量必备的基础信息。其中，基本信息主要有站名、施测时间、水位等，监测数据信息主要有起点距、水深、测速等。

**图 1　流量计算软件主界面**

录入方法如下：利用 WPS 工作表编辑功能，对单元格进行定位赋值；再利用 WPS 工作表链接功能，实现录入信息在不同工作表中的单元格定位链接。本程序是将"基本信息录入表"和"监测数据录入表"录入的部分信息，分别定位链接"成果表（一）"和"成果表（二）"，供流量计算、显示和成果输出使用。

### 4.2　流量计算

#### 4.2.1　水面宽计算

水面宽是通过起点距来计算的，即利用 WPS 工作表同一列单元格相减（后单元格减前单元格）来完成的，参见式（1）。

起点距计算需要考虑终了水边，也就是施测河道的另一侧水岸边。水面宽计算时，终了水边单元格相减结果为负值，实际上该值应等于 0。通过 JS 代码判断其小于 0，则令该水面宽为 0。对应指令为 if（Range（"h"+kk）.Value2 <0），Range（"h"+kk）.Value2 ="0"，其他垂线依此类推。

**表 1 流量计算程序架构**

| 序号 | 类别 | 部件名称 | 程序代码名称 | 主要功能与作用 |
|---|---|---|---|---|
| 1 | 电子表格 | 基本信息录入表 | jblr | 站名、测流断面、施测时间、测深测速方法、渡河方法、水位等基本信息录入 |
| 2 | | 监测数据录入表 | yslr | 起点距、水深、流速测点位置、流速测点转速及历时等监测数据录入 |
| 3 | | 计算校对表 | scb | 监测数据定位存放，有关数据转存和统计，计算结果显示与浏览，便于用户检验和校对 |
| 4 | | 成果表（一） | dyb1 | 标准化格式成果表，输出基本信息及流量成果 |
| 5 | | 成果表（二） | dyb2 | 标准化格式成果表，输出监测数据及计算成果 |
| 6 | | 水深流速分析图 | fxt | 多个水深流速过程线分析图集中绘制 |
| 7 | 命令按钮 | 流量计算 | CommandButton1 | 流量计算过程控制指令 |
| 8 | | 数据存储 | CommandButton2 | 计算成果（工作簿）整体转存指令 |
| 9 | | 成果打印输出 | CommandButton3 | 基本信息、监测数据、流量计算成果输出打印指令 |
| 10 | | 清屏 | CommandButton4 | 清除表单中本次录入、计算信息等，便于下一次流量计算 |

### 4.2.2 水深计算

水深计算是指测深垂线间的平均水深计算，等于同一列单元格相邻垂线水深的均值（相邻单元格和的 1/2），参见式（2）。水深计算可以采用循环语句编程处理，对应代码为：a＝Range（"m"+ii).Value2，b＝Range（"m"+kk).Value2，Range（"y"+ii).Formula＝（a+b）/2。

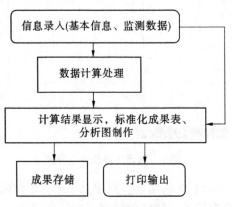

**图 2 流量计算流程设计**

水深计算完成后，需要对其进行有效位数处理（测深垂线间计算成果均要进行有效位数取舍，确保最后计算成果的一致性，面积、流速、流量垂线间计算成果均要这样处理）。《水文资料整编规范》（SL/T 247—2020）规定[6]：水深不小于 5 m，记至 0.1 m；小于 5 m，记至 0.01 m。由于水深有效位数是统一的、固定的，可采用一个模块编程，集中在一个单元格［Range（"ah8"）］进行有效位数取舍，即将待处理的水深逐个代换到该单元格，处理后再代换到原来单元格［Range（"ak8"）］。

以水深小于 5 m 为例，有效位数取舍流程如下：

第一步，判断水深是否小于 5 m。

第二步，当水深小于 5 m 时，对小数点后面千分位、百分位、十分位、个位分别取整、数据交换，用于数值是否大于 5、等于 5，是否为奇数、偶数判断。

第三步，当千分位大于 5 时，百分位水深加 0.01，代码为 Range（"ak8"）.Value2 = " = Int(ah8 * 100)/100+0.01"；当千分位小于 5 时，百分位水深"取整"，代码为 Range（"ak8"）.Formula = " = Int(ah8 * 100)/100 "。

第四步，当千分位大于 5，且千分位后面还有数值时，百分位水深加 0.01。

第五步，当千分位等于 5，万分位等于 0 时，百分位为奇数，则百分位水深加 0.01；百分位为偶数，则百分位水深"取整"。

注：ah8、ak8、am7~am10 等单元格是数据处理过程中的临时宿主，用于数据交换，待有效位数取舍完成后将结果交换给原宿主。

### 4.2.3　流速计算

流速计算包括测点流速计算、垂线平均流速计算。其中，测点流速等于流速仪转数除以历时；垂线平均流速等于各点流速平均值，见式（4）。流速计算时需考虑多点法、测深不测速和流速仪型号等多种情况。

JS 代码是通过"监测数据录入表"中的"流速仪信息""相对位置"等录入信息综合判断属于哪一种情况。如果是一点法测速，在"监测数据录入表"中的"相对位置"栏填写 0.6 或 0.5；如果是多点法测速，在"相对位置"栏填写 33 或 3（该数字用于逻辑判断，可自定）；如果测深不测速，"相对位置""转速""历时"栏均为空白。流速有效位数取舍程序设计思路与水深取舍处理方法基本相同。

以相对水深 0.5 为例（该测速垂线没有更换流速仪、非岸边），测点流速计算流程如下：

第一步，判断是否更换流速仪、是否为岸边。

第二步，判断相对水深是否为 0.5、测流转数是否为空数。

第三步，流速仪公式、测流转数、测流历时等数据进行交换。

第四步，计算测点流速，代码为 Range（"u"+vv）.Formula = a * b/c+d。

第五步，测点流速乘以岸边系数，代码为 Range（"w"+vv）.Formula = bb * 0.9。

第六步，调入子程序，进行位数处理，代码为流速位数取舍_ Click（　）。

### 4.2.4　面积计算

面积计算分为测深垂线间面积计算和测速垂线间面积计算两种情况。其中，测深垂线间面积等于水面宽乘以平均水深，测速垂线间面积等于多条测深不测速面积计算值之和，需要考虑多条测深不测速和终了水边等情况，通过测深垂线间距是否有数［如 Range（"z"+kk）.Value2! =0］、测速垂线流速是否等于 0［如 Range（"x"+cc）.Value2==0］等条件进行判断。

### 4.2.5　流量计算

流量计算等于测深垂线间面积乘以垂线平均流速，参见式（6）。计算时需要考虑测深不测速情况，如果测速垂线流速、测速垂线间面积数据均大于 0，那么执行面积计算，否则任其空白。流量有效位数取舍程序设计思路与水深取舍处理方法基本相同，采用循环批量处理。流量计算流程如下：

第一步，设定循环数组个数、变量个数。

第二步，数据交换。

第三步，判断单元格是否有参与循环数据。

第四步，流量计算，代码为 Range（"ac"+nn）.Formula = e * f。

第五步，调入子程序，进行位数处理，代码为流量位数取舍_ Click（　）。

### 4.2.6　绘制分析图

水深流速过程线分析图是利用 WPS 工作表"插入"菜单中的"散点图"功能，预先设计好多组数据源分析图绘制模板，以起点距为 X 坐标轴数据，水深和垂线平均流速为 Y 坐标轴数据，以单元格为宿主，存放起点距、水深和流速等有关数据，实现分析图绘制（见图 3）。

运用 JS 代码编程，通过更新和替换方式，完成参与分析图绘制不同流量测次的数据交换，以及

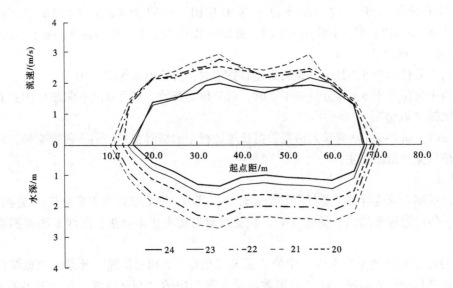

**图 3　水深流速过程线分析界面**

测深不测速特殊情况下的测速点距线性内插，实现多个流量测次水深流速分析图集中绘制。流速插值编程设计思路为：以临近流速为基数，以相邻流速为差值，以起点距为步长。

### 4.3　数据存储

数据存储是将流量计算成果（含 JS 代码）以完整的 WPS 工作表文件形式整体保存，每个文件均能再次独立运行。事先在计算机 data 硬盘设立"原始流量计算"文件夹，以各次流量编号加年份（站名+编号+年份）进行文件命名，如"泉太 34-2021. et"。其中，"站名""流量编号""年份"均为 WPS 工作表"yslr"录入信息。这样命名文件的好处是具有唯一性，避免文件重复命名、存储时成果覆盖。数据存储 JS 代码编程事件为

```
var llhs, nf, czm, lj, ph
    Sheets. Item（"yslr"）. Activate（）；
    var lj = Workbooks. Item（2）；
    nf=Range（"B2"）. Value2, llhs = Range（"L2"）. Value2, czm = Range（"G2"）. Value2
    ph=czm+llhs +"--"+nf+". et"；
    ActiveWorkbook. SaveAs（"/data/流量计算/" +ph）；
```

### 4.4　成果打印

流量计算应以表格形式输出，以便存档保管。按照水文资料整编技术要求，本软件直接利用 WPS 工作表制作了标准格式的流量计算成果表，表格大小、填写内容等均符合水文资料整编要求[6-7]。

成果表分为表格正面打印和表格反面打印两部分。其中，表格正面为基本信息和计算成果，表格反面为监测数据和计算过程、结果。打印是通过单击命令按钮形式进行的，部分代码采用逆向操作录制而成：

```
Sheets. Item（"dyb1"）. Activate（）；
    ActiveWindow. SelectedSheets. PrintPreview（undefined）；
    ActiveSheet. PageSetup. PaperSize = xlPaperA4；
    ActiveWindow. SelectedSheets. PrintOut；
        alert（"请用打印表（1）背面打印，表头朝左侧放置，单击"确定"，再打印!"）；
Sheets. Item（"dyb2"）. Activate（）；
    ActiveWindow. SelectedSheets. PrintPreview（undefined）；
```

ActiveSheet. PageSetup. PaperSize = xlPaperA4；

ActiveWindow. SelectedSheets. PrintOut；

### 4.5 清屏处理

录入、计算和输出信息是以 WPS 工作表单元格为宿主的，这些信息有可能对下一次流量计算有影响。为了上一次流量计算不影响以后的流量计算，要求每次流量计算完毕、存储后，及时清除录入、计算和输出有关单元格信息（清屏）。清屏事件是通过单元格数据清空，单击命令按钮方式实现的。

## 5 应用分析

### 5.1 应用

本程序已在吉林省多个水文站河道流量计算中应用，准确率达 100%。以 2022 年东辽河泉太（二）站 3 次流量计算为例，测试结果如下：

6 月 18—19 日，采用动船法实测流量，流速仪为 25 型，利用绞车铅鱼悬挂流速仪施测，流量施测号数为 20 次、21 次、22 次。多条垂线测深、测速（0.6/0.5 一点法），流量为 115~289 m³/s，面积为 83.2~125 m²，平均流速为 1.81~2.31 m/s，水面宽为 53.5~60.3 m，平均水深为 1.19~2.07 m。结果显示，计算结果正确，有效位数合理，输出表格满足整编要求，见图 4、图 5。

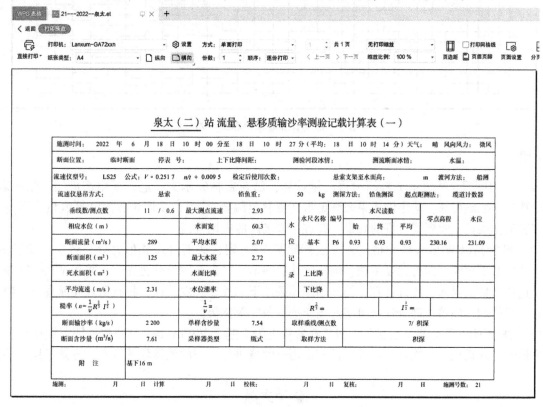

**图 4 流量计算成果表界面（1）**

### 5.2 适用性分析

（1）本程序适用于麒麟桌面计算机操作系统（Kylin）、金山办公软件（WPS）运行环境。

（2）本程序适用于垂线测深、流速仪测速（非直读式）河道流量计算。

（3）本程序实现了陡岸边、多点法、测深不测速、两部仪器测流等特殊情况下的流量计算，基本上满足了现阶段水文站河道流量计算作业需求。

本程序不足之处为测流断面存在死水边、多股水流，或垂线数超过 28 条等特殊情况，暂不能计算。

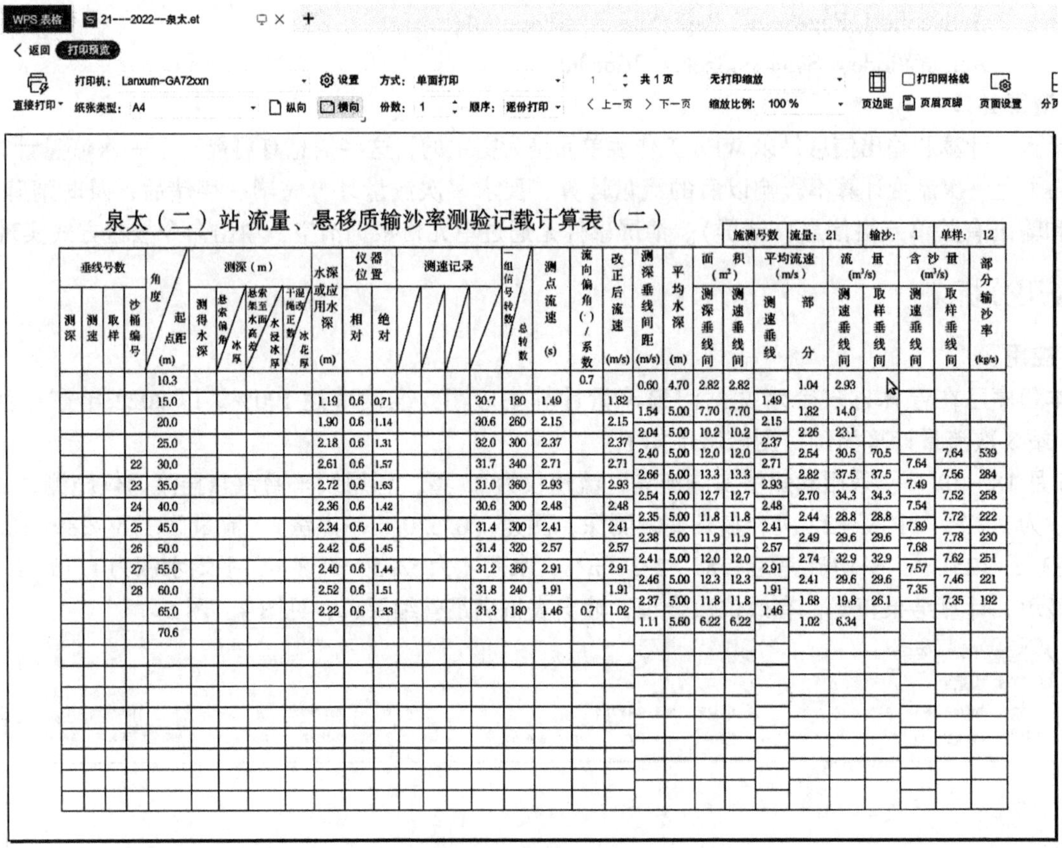

WPS 表格　　21---2022--泉太.et

< 返回　打印预览

打印机：Lanxum-GA72zxn　　方式：单面打印　　1　共1页　无打印缩放　　□打印网格线

直接打印　纸张类型：A4　纵向　横向　份数：1　顺序：逐份打印　< 上一页　下一页 >　缩放比例：100 %　页边距　页眉页脚　页面设置　分页

**泉太（二）站 流量、悬移质输沙率测验记载计算表（二）**

施测号数　流量：21　输沙：1　单样：12

| 沙桶编号 | 起点距(m) | 测得水深(m) | 仪器位置相对 | 仪器位置绝对 | 转数 | 总转数 | 测点流速(s) | 流向偏角/系数 | 改正后流速(m/s) | 平均流速测深垂线间 | 平均水深(m) | 面积测深垂线间(m²) | 面积部分(m²) | 平均流速测速垂线间(m/s) | 流量测速垂线间(m³/s) | 流量取样垂线间(m³/s) | 含沙量测速垂线间 | 含沙量取样垂线间 | 部分输沙率(kg/s) |
|---|---|---|---|---|---|---|---|---|---|---|---|---|---|---|---|---|---|---|---|
|  | 10.3 |  |  |  |  |  |  | 0.7 |  | 0.60 | 4.70 | 2.82 | 2.82 | 1.04 | 2.93 |  |  |  |  |
|  | 15.0 | 1.19 | 0.6 | 0.71 | 30.7 | 180 | 1.49 |  | 1.82 | 1.54 | 5.00 | 7.70 | 7.70 | 1.82 | 14.0 |  |  |  |  |
|  | 20.0 | 1.90 | 0.6 | 1.14 | 30.6 | 260 | 2.15 |  | 2.15 | 2.04 | 5.00 | 10.2 | 10.2 | 2.26 | 23.1 |  |  |  |  |
|  | 25.0 | 2.18 | 0.6 | 1.31 | 32.0 | 300 | 2.37 |  | 2.37 | 2.40 | 5.00 | 12.0 | 12.0 | 2.54 | 30.5 | 70.5 | 7.64 | 7.64 | 539 |
| 22 | 30.0 | 2.61 | 0.6 | 1.57 | 31.7 | 340 | 2.71 |  | 2.71 | 2.66 | 5.00 | 13.3 | 13.3 | 2.82 | 37.5 | 37.5 | 7.49 | 7.56 | 284 |
| 23 | 35.0 | 2.72 | 0.6 | 1.63 | 31.0 | 360 | 2.93 |  | 2.93 | 2.54 | 5.00 | 12.7 | 12.7 | 2.70 | 34.3 | 34.3 | 7.54 | 7.52 | 258 |
| 24 | 40.0 | 2.36 | 0.6 | 1.42 | 30.6 | 300 | 2.48 |  | 2.48 | 2.35 | 5.00 | 11.8 | 11.8 | 2.44 | 28.8 | 28.8 | 7.89 | 7.72 | 222 |
| 25 | 45.0 | 2.34 | 0.6 | 1.40 | 31.4 | 300 | 2.41 |  | 2.41 | 2.38 | 5.00 | 11.9 | 11.9 | 2.49 | 29.6 | 29.6 | 7.68 | 7.78 | 230 |
| 26 | 50.0 | 2.42 | 0.6 | 1.45 | 31.4 | 320 | 2.57 |  | 2.57 | 2.41 | 5.00 | 12.0 | 12.0 | 2.74 | 32.9 | 32.9 | 7.57 | 7.62 | 251 |
| 27 | 55.0 | 2.40 | 0.6 | 1.44 | 31.2 | 360 | 2.91 |  | 2.91 | 2.46 | 5.00 | 12.3 | 12.3 | 2.41 | 29.6 | 29.6 | 7.35 | 7.46 | 221 |
| 28 | 60.0 | 2.52 | 0.6 | 1.51 | 31.8 | 240 | 1.91 |  | 1.91 | 2.37 | 5.00 | 11.8 | 11.8 | 1.68 | 19.8 | 26.1 |  | 7.35 | 192 |
|  | 65.0 | 2.22 | 0.6 | 1.33 | 31.3 | 180 | 1.46 | 0.7 | 1.02 | 1.46 |  |  |  |  |  |  |  |  |  |
|  | 70.6 |  |  |  |  |  |  |  |  | 1.11 | 5.60 | 6.22 | 6.22 | 1.02 | 6.34 |  |  |  |  |

**图 5　流量计算成果表界面（2）**

## 6　结语

（1）本程序适合基层水文部门河道流量计算，已在吉林省水文站进行了生产应用。结果表明，流量计算精度准确可靠，输出的成果表满足水文资料整编要求[6-7]；使用该程序计算流量，提高了工作效率和工作质量，收到了良好的效果，有进一步推广的应用价值。

（2）JS 宏是以 WPS 表格为宿主，JS 宏代码与 VBA 宏代码有许多相似之处，转换也比较流畅，代码表达相对更直观，运行速度更快，语法表达更简洁，二次开发效率更高[8]。采用 WPS+JS 条件下编程，适用于数据录入、统计计算、图表制作等条件下的程序开发设计，具有录入界面直观、数据可视性好、表格制作简单、部分代码可逆向操作进行录制等优势。

（3）基于 WPS 工作表平台设计，只需在常规电脑上基于 WPS Office 办公软件即可操作使用，操作程序简便，人机交互性能好，不需要任何商用软件或进行专门的模型软件开发，方便了用户使用。

### 参考文献

[1] 中华人民共和国住房和城乡建设部. 河流流量测验规范：GB 50179—2015 [S]. 北京：中国计划出版社，2016.

[2] 王昌平，邹文安. 基于 Excel+VBA 平台流量计算程序的研建 [J]. 海河水利，2020（3）：62-65.

[3] 刘丙贺，刘桂桂，山姗. 水文站流量测验计算程序实例应用 [J]. 科技创新与应用，2016（1）：159-160.

[4] 袁超. 基于 VBA 的大断面水位流量关系计算程序设计与开发 [J]. 西北水电，2021（6）：30-33.

[5] 李闯. 基于 Excel VBA 的数据统计程序的设计与实现 [J]. 电脑与电信，2012（11）：55-57.

[6] 中华人民共和国水利部. 水文资料整编规范：SL/T 247—2020 [S]. 北京：中国水利水电出版社，2020.

[7] 吉林省水利厅. 吉林省水文测验与资料整编工作细则（吉水防〔2019〕260 号）.

[8] 曾贤志. WPS JS 宏编程教程 [EB/OL]. https：//www.51zxw.net/List.aspx？cid＝1009.2021.12.

# 基于 TIGGE 资料的黄河卢氏流域集合洪水预报

屈　博[1,2]　金　铮[3]

(1. 黄河水利委员会黄河水利科学研究院，河南郑州　450003；
2. 水利部黄河下游河道与河口治理重点实验室，河南郑州　450003；
3. 河北省水利水电勘测设计研究院集团有限公司，河北石家庄　050085)

**摘　要**：以黄河小花间卢氏流域为研究对象，利用 TIGGE 3 个模式降水集合预报驱动分布式新安江水文模型，构建了气象水文耦合的集合洪水预报试验，并从校准度和锐度两个方面探讨了 2017—2019 年汛期集合洪水预报的适用性和有效性。结果发现，相对于传统的无雨预报模式，基于 TIGGE 资料的集合洪水预报（90%置信区间）基本覆盖了实测洪水过程，且能准确捕捉洪峰及其出现时间，预报精度更高，可有效提高卢氏流域洪水预报的预见期。其中，ECMWF 整体表现最好，其次是 NCEP，CMA 表现最差。

**关键词**：TIGGE；集合洪水预报；分布式新安江模型；卢氏流域

## 1　引言

传统的洪水预报方法大多基于观测降水，其预见期长度受限于流域汇流时间，难以满足防洪减灾、调水调沙和洪水资源化利用的需求[1]。延长洪水预报预见期的关键是提前获得形成洪水的定量降水信息，可行的做法是引入数值天气预报[2]。然而，由于大气过程的复杂性，目前天气预报产品仍然存在很大的不确定性[3]，直接使用"单值"确定性预报会导致未来预报结果存在较大的偏差[4]。相对而言，集合洪水预报能够考虑多个环节的不确定性，在同一时间、同一地点产生多个预报结果以捕捉未来洪水发生的各种可能，在理论上更加科学，在生产实践中也提高了对洪水事件的预报能力，其优势已经得到国内外水文气象学家的认可[5]。

交互式全球预报大集合（TIGGE）数据库归档了全球多个气象中心的多成员、多要素、多时效的数值天气预报产品[6]，为集合洪水预报研究提供了坚实的数据支撑。在此基础上，利用 TIGGE 数值天气预报产品驱动水文模型成为水文集合预报研究的热点[7-9]，如 BAO 等[10]利用 TIGGE 5 个模式降水集合预报驱动淮河洪水预报模型，ZHAO 等[11]采用 TIGGE 3 个模式降水集合预报驱动 VIC-3L 陆面模型分别在淮河流域开展了洪水早期预警研究。然而，目前研究大多基于逐日或更大的时间尺度，难以满足洪水预报作业对于小时（或几小时）尺度的要求。此外，黄河小浪底至花园口区间（小花间）汛期受暴雨影响洪水涨势迅猛，预见期较短，是黄河下游防洪安全的主要威胁[12]，但目前缺乏针对该区域的集合洪水预报研究。本文以黄河小花间卢氏水文站以上流域（卢氏流域）为研究对象，利用基于 TIGGE 3 个模式降水集合预报驱动分布式新安江水文模型，构建了气象水文耦合的集合洪水预报试验（逐 6 h 尺度），并对比分析了不同模式集合洪水预报的精度。

**基金项目**：国家重点研发计划项目（2021YFC3200400）；国家自然科学基金项目（U2243601）。
**作者简介**：屈博（1990—），男，高级工程师，主要从事水文学及水资源工作。

## 2　数据与方法

### 2.1　研究区域

　　卢氏流域位于黄河支流洛河上游，跨陕西和河南两省，面积约 4 620 km² （见图 1）。流域多为土石山林区，天然植被较好，属典型的半湿润流域，年平均降水量为 600~800 mm，且主要集中在汛期（5—10 月），约占全年的 80%。径流主要来源于降雨，多年平均年径流量为 5.97 亿 m³。其中，夏秋（7—10 月）暴雨洪水频繁，且汇聚较快，是小花间洪水的重要来源区之一[13]。

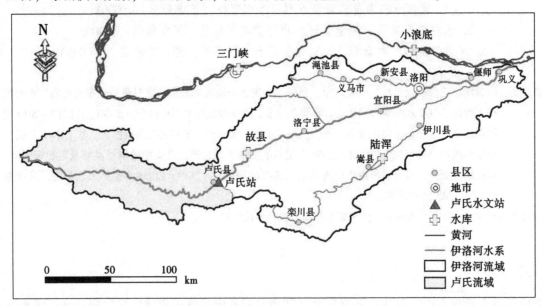

图 1　卢氏流域概况

### 2.2　数据来源

　　本文收集了 TIGGE 3 个模式降水集合预报产品，包括 CMA（中国气象局，14 个集合成员）、NCEP（美国国家环境与预报中心，20 个集合成员）和 ECMWF（欧洲中期天气预报中心，50 个集合成员），时间范围为 2017—2019 年汛期（每年 5 月 1 日至 10 月 31 日），预见期为 6~360 h，空间分辨率为 0.1°×0.1°。在开展集合洪水预报试验前，本文首先检验了 TIGGE 降水集合预报性能，结果发现 3 个模式在卢氏流域均具有较高的精度。

　　观测降水和蒸散发数据源自国家气象科学数据中心的"中国自动站与 CMORPH 降水产品融合的逐时降水量网格数据集（V1.0）"和"中国地面气候资料日值数据集（V3.0）"，空间分辨率为 0.1°×0.1°。观测流量数据为流域出口水文站——卢氏站流量数据，源自黄河水利委员会水情信息查询及会商系统。为便于计算分析，本文对所有数据进行了一致性处理，将时间步长统一为逐 6 h。

### 2.3　研究方法

#### 2.3.1　分布式新安江模型建立

　　新安江模型是河海大学赵人俊教授于 20 世纪 80 年代提出的一个具有世界影响力的水文模型，已广泛应用于我国湿润、半湿润地区的洪水预报作业[14]。该模型将研究区划分为形状各异的若干自然子流域进行产汇流计算，简单易行，但对具有较高空间分辨率的水文气象数据利用不足。鉴于此，本文提出一种网格-子流域嵌套的流域空间离散化方法，即建立与 TIGGE 资料相同分辨率的网格，在网格上计算蒸发、产流及划分水源，然后根据网格与子流域的空间拓扑关系将径流量分别累加到对应的子流域，最后基于子流域计算汇流过程。各模块的计算方法仍与原新安江模型保持一致。

　　模型参数采用 SCE-UA 算法[15] 进行自动优选，选取 2012—2016 年为模型率定期，2017—2019 年为模型验证期，结果如表 1 所示。所有场次洪水的洪量相对误差均控制在±20% 以内，纳什效率系数（NSE）均在0.80以上，其中7场洪水的洪峰相对误差在允许误差内，合格率为87.5%。这表明建立的分布式新安江模型模拟效果良好，能够用于卢氏流域洪水预报。

表1 分布式新安江模型模拟结果

| 时期 | 洪号 | 洪量相对误差/% | 实测洪峰/（m³/s） | 模拟洪峰/（m³/s） | 洪峰相对误差/% | 峰现时差（时段） | NSE |
|---|---|---|---|---|---|---|---|
| 率定期 | 20120910 | 12.16 | 421 | 347 | -17.58 | 0 | 0.85 |
| | 20130525 | -5.18 | 268 | 242 | -9.85 | 0 | 0.80 |
| | 20130709 | -16.65 | 672 | 536 | -20.22 | 0 | 0.86 |
| | 20140908 | -1.97 | 836 | 815 | -2.49 | 1 | 0.90 |
| | 20160925 | 19.80 | 409 | 439 | 7.54 | 0 | 0.91 |
| 验证期 | 20171003 | 9.64 | 686 | 618 | -9.97 | 0 | 0.94 |
| | 20171011 | 2.62 | 486 | 478 | -1.60 | 0 | 0.81 |
| | 20190914 | 19.44 | 645 | 525 | -18.53 | 1 | 0.83 |

**2.3.2 集合洪水预报试验构建**

将TIGGE降水集合预报输入分布式新安江模型的计算网格上，进行水文计算。模型运行时，预报起始时刻以前的降水输入采用观测降水格点数据，之后的采用TIGGE降水集合预报数据。分布式新安江模型与TIGGE降水集合预报的运行规律一致，研究期每天0时UTC发布一次洪水预报，每次预报由不同模式降水集合成员驱动分布式新安江模型获得。通过上述处理，开展了基于TIGGE资料的卢氏流域集合洪水预报试验，如图2所示。

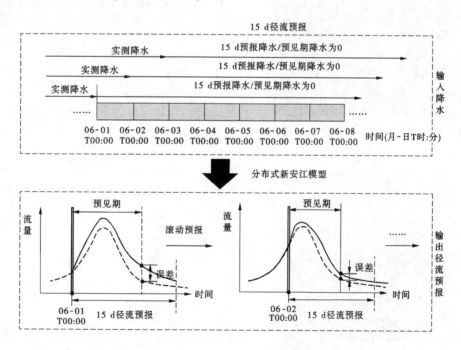

图2 卢氏流域集合洪水预报试验

**2.3.3 集合洪水预报性能评估**

集合预报结果是一组可能值的集合，可以利用集合成员信息提供更具优势的概率预报[16]，其精度评估包括校准度和锐度两个方面：校准度描述预报与对应观测值的统计一致性，可用连续分级概率评分（CRPS）进行评价；锐度描述预报PDF的集中度，可用平均预报带宽（WPI）进行评价[17]。

CRPS 可以度量预报值和观测值累计分布函数之间的差别[18]。其计算公式为

$$\mathrm{CRPS} = \frac{1}{N}\sum_{i=1}^{N}\int_{-\infty}^{+\infty}\left[F_i(x) - O_i(x)\right]^2 \mathrm{d}x \tag{1}$$

式中：$N$ 为样本数目；$F_i(x)$ 为预测值的累计分布函数；$O_i(x)$ 为观测值的累计分布函数，可用赫维赛德函数 $H(x-O_i)$ 表示，当 $x<O_i$ 时，$H(x-O_i)=0$；反之，$H(x-O_i)=1$。

WPI 能够度量集合预报区间的宽度，一般情况下可选用 90% 预报区间进行计算，其计算公式为

$$\mathrm{WPI} = \frac{1}{N}\sum_{i=1}^{N}(f_i^u - f_i^l) \tag{2}$$

式中：$f_i^u$ 和 $f_i^l$ 分别为集合预报的 5% 和 95% 分位数值。

CRPS 和 WPI 均无量纲，且取值越小说明预报精度越高，理想情况下等于 0。

## 3 结果与分析

### 3.1 集合洪水预报性能评估

图 3 展示了 2017—2019 年 3 个模式集合洪水预报在 6~360 h 预见期的 CRPS 值对比情况。可以看出，2018 年各模式集合洪水预报的 CRPS 值介于 4~16，明显小于 2017 年和 2019 年的 10~110。此外，箱线图中 2018 年各模式预报的箱体高度（25% 和 75% 分位数间的距离）也明显小于其他年份，说明该年份 CRPS 值的波动更小。这是因为 2018 年的洪水量级及次数较少，受其影响各模式预报的偏差也相对较小。

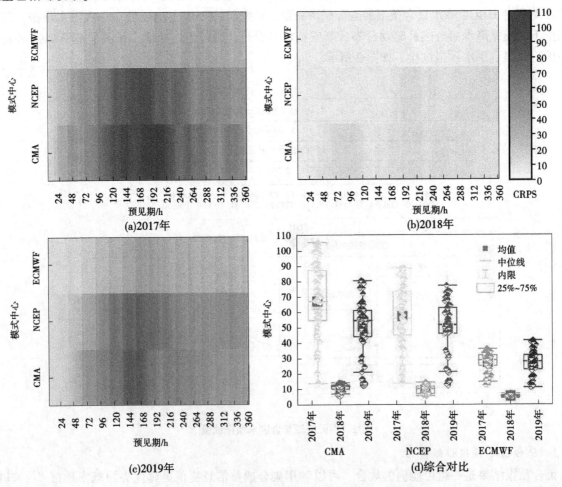

图 3 2017—2019 年各模式集合洪水预报 CRPS 值对比

对比不同模式发现，各模式在 6~30 h 预见期都具有较高的校准度，其 CRPS 值相差不大。这是因为相较于降水，流域前期条件（土壤含水量、地下水水位等）通常对较短预见期的洪水预报结果产生更大的影响[9]。随着预见期的延长，降水对预报结果的影响不断增强，各模式的 CRPS 值不断增大且相互间开始出现差异。整体而言，ECMWF 的 CRPS 值相对较小，箱体高度也较小，表明 ECMWF 的集合洪水预报具有更高的校准度，其次是 NCEP，而 CMA 最低。

图 4 展示了 2017—2019 年 3 个模式集合洪水预报在 6~360 h 预见期的 WPI 值对比情况。可以看出，各模式预报的 WPI 值均随预见期的延长不断增大，表明其锐度处于不断下降状态。其中，2017年上升速度最快，其 WPI 均值也最大；相反，2018 年最慢且均值最小。对比不同模式发现，ECMWF 的 WPI 均值较小且具有更小的箱体高度，表明其锐度最高，其次是 NCEP，最差的是 CMA，这与CRPS 评估结果基本一致。

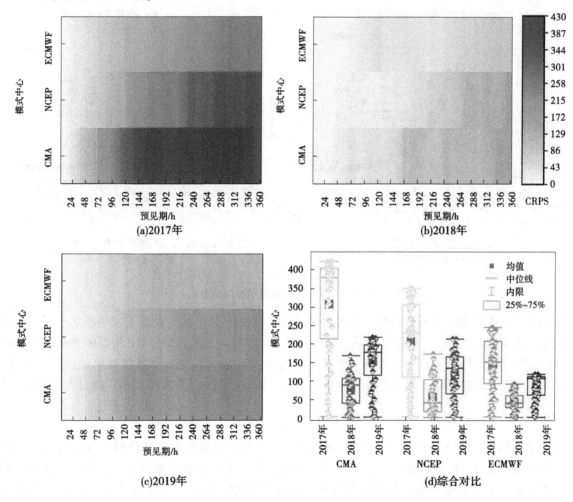

图 4　2017—2019 年各模式集合洪水预报 WPI 值对比

## 3.2　场次洪水预报能力分析

基于 2017 年和 2019 年两场典型大洪水事件，进一步分析了各模式集合洪水预报能力，结果见图 5 和图 6。作为参照，加入了传统的无雨预报模式，即不考虑未来降水的洪水预报结果。可以看出，无雨预报模式严重依赖预报时刻之前的降雨条件，当预报时刻与峰现时间接近时，如 20171003号洪水和 20190914 号洪水的第一个洪峰，虽可预测出未来的洪水过程，但其洪峰值与实际值相差较大，相对误差均超过 20%；当预报时刻与峰现时间相距较远时，由于缺少未来降水信息，该模式在20190914 号洪水第一个洪峰后流量值持续下降，未能捕捉到第二个小洪峰。

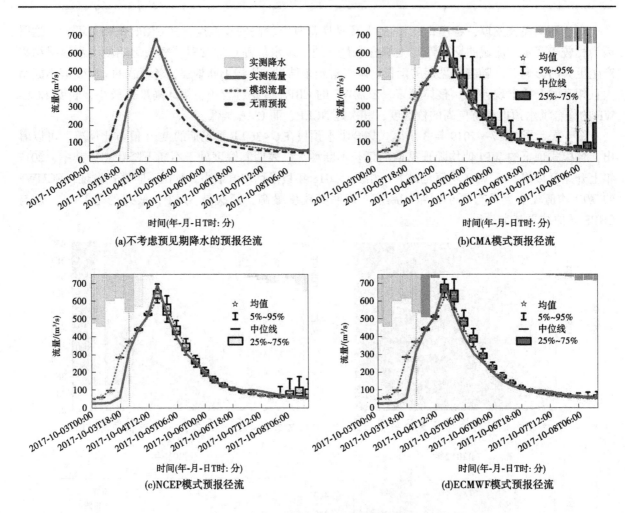

**图5 20171003 号洪水各模式预报结果对比**

相对而言，基于 TIGGE 资料的集合洪水预报（90%置信区间）基本覆盖了实测洪水过程，且能准确捕捉洪峰及其出现时间，预报精度明显提高。对比不同模式发现，ECMWF 预报的 90%置信区间最小，对实测洪水过程的覆盖度也最高，预报精度最高。NCEP 和 CMA 预报精度稍差，其中 NCEP 存在洪峰预报值过大的问题（20190914 号洪水第二个洪峰），CMA 存在 90%置信区间过大的问题。

## 4 结论

（1）基于网格-子流域嵌套的流域空间离散化方法，构建了适用于卢氏流域的分布式新安江模型，即在网格尺度进行模型蒸散发、产流和水源划分计算，在子流域尺度进行汇流计算。在此基础上，利 TIGGE 3 个模式降水集合预报驱动分布式新安江模型，构建了气象水文耦合的集合洪水预报试验。

（2）从校准度和锐度两个方面评估了 2017—2019 年汛期不同模式集合洪水预报的精度。结果表明，随着预见期的延长，各模式预报精度呈逐渐衰减态势。整体而言，ECMWF 表现最好，其次是 NCEP，CMA 表现最差。

（3）基于 2017 年和 2019 年两场典型大洪水事件，进一步分析了各模式集合洪水预报能力。结果表明，基于 TIGGE 资料的集合洪水预报（90%置信区间）基本覆盖了实测洪水过程，且能准确捕捉洪峰及其出现时间，相对于无雨预报模式预报精度明显提高。其中，ECMWF 精度最高，而 NCEP 和 CMA 则存在洪峰预报值和 90%置信区间过大的问题。

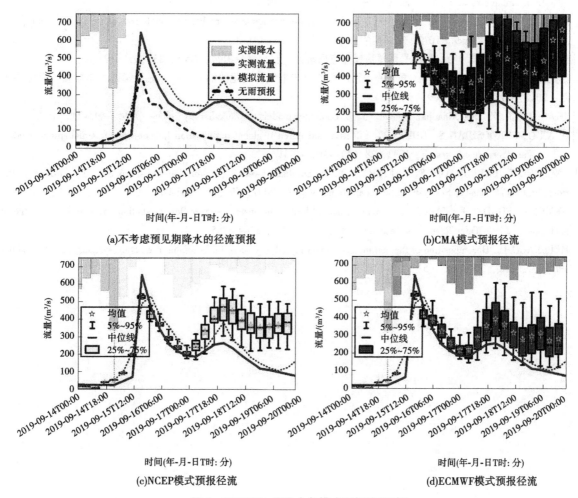

图6 20190914 号洪水各模式预报结果对比

# 参考文献

[1] 金君良, 舒章康, 陈敏, 等. 基于数值天气预报产品的气象水文耦合径流预报 [J]. 水科学进展, 2019, 30 (3): 316-325.

[2] CLOKE H L, PAPPENBERGER F. Ensemble flood forecasting: A review [J]. Journal of Hydrology, 2009, 375 (3): 613-626.

[3] 陆桂华, 吴娟, 吴志勇. 水文集合预报试验及其研究进展 [J]. 水科学进展, 2012, 23 (5): 728-734.

[4] YU W, NAKAKITA E, KIM S, et al. Impact assessment of uncertainty propagation of ensemble NWP rainfall to flood forecasting with catchment scale [J]. Advances in Meteorology, 2016 (4): 1-17.

[5] 徐静, 叶爱中, 毛玉娜, 等. 水文集合预报研究与应用综述 [J]. 南水北调与水利科技, 2014 (1): 82-87.

[6] SWINBANK R, KYOUDA M, BUCHANAN P, et al. The TIGGE project and its achievements [J]. Bulletin of the A-merican Meteorological Society, 2016, 97 (1): 49-67.

[7] PAPPENBERGER F, BARTHOLMES J, THIELEN J, et al. New dimensions in early flood warning across the globe using grand-ensemble weather predictions [J]. Geophysical Research Letters, 2008, 35 (10): L10404.

[8] ZSOTER E, PAPPENBERGER F, SMITH P, et al. Building a multi-model flood prediction system with the TIGGE ar-chive [J]. Journal of Hydrometeorology, 2016: 2923-2940.

[9] QU B, ZHANG X, PAPPENBERGER F, et al. Multi-model grand ensemble hydrologic forecasting in the Fu River basin using Bayesian model averaging [J]. Water, 2017, 9 (2): 74.

[10] BAO H, ZHAO L. Development and application of an atmospheric-hydrologic-hydraulic flood forecasting model driven by

TIGGE ensemble forecasts [J]. Acta Meteorologica Sinica, 2012, 26 (1): 93-102.

[11] ZHAO L, QI D, TIAN F, et al. Probabilistic flood prediction in the upper Huaihe catchment using TIGGE data [J]. Acta Meteorologica Sinica, 2012, 26 (1): 62-71.

[12] 梁钰，布亚林，王蕊，等. 致洪暴雨预报模型应用研究 [J]. 气象科技, 2005, 33 (4): 305-310.

[13] 苏龙强，徐宗学，刘兆飞，等. 黄河卢氏流域径流对未来气候变化的响应 [J]. 北京师范大学学报：自然科学版, 2012, 48 (5): 505-509.

[14] ZHAO R, LIU X. The Xinanjiang model [J]. Computer models of watershed hydrology, 1995: 215-232.

[15] DUAN Q, SOROOSHIAN S, GUPTA V. Effective and efficient global optimization for conceptual rainfall-runoff models [J]. Water resources research, 1992, 28 (4): 1015-1031.

[16] GNEITING T, BALABDAOUI F, RAFTERY A E. Probabilistic forecasts, calibration and sharpness [J]. Journal of the Royal Statistical Society: Series B (Statistical Methodology), 2007, 69 (2): 243-268.

[17] HEMRI S, FUNDEL F, ZAPPA M. Simultaneous calibration of ensemble river flow predictions over an entire range of lead times [J]. Water Resources Research, 2013, 49 (10): 6744-6755.

[18] HERSBACH H. Decomposition of the continuous ranked probability score for ensemble prediction systems [J]. Weather and Forecasting, 2000, 15 (5): 559-570.

# 滨湖地区水文站点应用 H-ADCP 推流的研究与分析

邹正清[1,2]　罗　慧[1,2]

(1. 信江饶河水文水资源监测中心，江西上饶　334000；
2. 鄱阳湖水文生态监测研究重点实验室，江西九江　332000)

**摘　要：** 随着社会的发展，对于水文的要求也越来越高，如何实时获取流量资料成为水文要解决的主要问题之一，但是大部分滨湖地区由于靠近湖区，水位-流量关系大多复杂，现有方法难以实现水位-流量关系单值化，本文通过具体案例分析了 H-ADCP 在滨湖地区使用的可能性，为滨湖地区实时获取流量资料提供了新思路。

**关键词：** H-ADCP；在线流量监测；指标流速；比测率定

水文测验是水文工作的基础，流量测验是其中一项重要又复杂的工作。流量是反映水资源和江河、湖泊、水库等水体水量变化的基本数据，也是河流最重要的水文特征。传统的流量测验采用流速面积法，用垂线之间的部分流速与部分面积相乘得到部分流量，各部分流量累加到断面流量。这种测验方法满足流量测验规范的精度要求，但测流历时长、工作强度大、效率低下。

因此，如何实时获取流量资料成为水文要解决的主要问题之一，水位-流量关系较好的测站可以通过水文方法实现水位-流量关系单值化，但是大部分滨湖地区由于靠近湖区，水位-流量关系复杂，现有方法难以实现水位-流量关系单值化，本文通过具体案例分析了 H-ADCP 在滨湖地区使用的可能性，为滨湖地区实时获取流量资料提供了新思路。

## 1　测站基本情况

### 1.1　测站概况

本次分析的站点为石镇街水文站，隶属信江饶河水文水资源监测中心鄱阳水文水资源监测大队，建于 1950 年 2 月，属中央报汛站、国家重要水文站。所在河流为长江流域饶河水系乐安河，其集水面积 8 367 km²，距离河口 43 km。本站水位采用吴淞基面，测验项目有水位、流量、降水、蒸发、气象、水质。流量为一类精度站，水位、降水、气象、水质已实现自动测报[1]。

### 1.2　测验断面情况

测验河段大致顺直，上游约 500 m、下游约 600 m 处为弯道，对断面流向变化均有影响。河槽呈 W 形，中高水主槽宽 280～360 m。河床由岩石、卵石、细沙组成，无冲淤变化。右岸有阔叶树林，常年生长茂盛。左岸船只停泊较多，亦对测验工作有影响。基本水尺断面上游约 800 m 处有支流汇入；下游约 500 m 处有一座大桥，约 35 km 处与昌江汇合，下游距鄱阳湖约 45 km，一般 7—9 月间受鄱阳湖回水顶托影响，严重时断面部分垂线出现逆流或死水。当昌江涨水时，亦受其顶托影响。

### 1.3　洪水特征及测验方法

洪水主要由上游的暴雨和台风雨形成，峰型较胖，一次洪水过程历时 3～5 d，洪峰维持时间 1～3 h。水位-流量关系较复杂，中、高水位受洪水涨落影响，每年 7 月下旬至 9 月底期间受鄱阳湖水位顶托、水草等综合影响，全年采用连实测流量过程线推流。目前，流量测验采用走航式 ADCP 法，高洪采用无人机或桥测电波流速仪施测，为了控制水位-流量关系的转折点，测验次数较多，年均测流

---

**作者简介：** 邹正清（1993—），男，三级主任科员，主要从事水文监测工作。

150 余次。

综上所述，石镇街水文站测验任务繁重，且渡河方式为测船，安全性较低，因此安装 H-ADCP 改进测验方式尤为必要。

## 2 H-ADCP 设备简介

### 2.1 组成及功能

#### 2.1.1 主机

本次安装的是美国 TRDI 公司研制的水平式 ADCP，型号 CM600 型（简称 H-ADCP）。H-ADCP 主机外壳为 26.4 cm（宽）×18.3 cm（高）×19.3 cm（厚）的实体，正面有 2 个水平声学传感器，用于测量水层水体流速；顶端有 1 个垂直声学传感器，用于向上测量水深，见图 1。3 个波束中的 1 个是垂直方向发射的，其余 2 个波束是水平方向指向水道发射。垂直向上的波束测量水位，两条成一定角度的水平波束，通过多普勒方法以二维的方式测量流速。测量得到的有关水位和流速的信息（结合水道几何图形），被用来计算流量、平均流速及断面面积。标准配置 1~128 个可选单元、0.25~10 m 可选单元长度，最大剖面范围 80 m。

**图 1　H-ADCP 探头**

#### 2.1.2 数据处理与无线传输系统

H-ADCP 自动采集水位、流速数据，首先将数据储存在与之连接的 CR800 处理器中，当连接互联网的计算机向 CR800 发送传输信号时，CR800 无线发送模块通过 GPRS 向计算机发送实时数据，最后在在线监测智能管理平台上对数据进行分析，如图 2 所示。

#### 2.1.3 流量流速在线监测智能管理平台

流量流速在线监测智能管理平台通过网络方式登录访问而不需要安装任何程序，通过登录平台可以实现对接收到的数据进行自动汇集和整理、显示、打印、转储等简单操作。还可以远程控制现场测量仪器，根据需要更改仪器设置参数，并将得到的实际流量转化为图表，数据实时、直观，且输出符合《水文资料整编规范》（SL/T 247—2020）要求的水位月报表、流量月报表、日平均水位表、日平均流量表等多个报表，同时可接驳南方片软件，实现批量自动处理数据整编。

### 2.2 仪器的主要技术指标

流速：测量范围±5 m/s

分辨率：0.1 cm/s

准确度：±0.5%实测流速

水平波速：测量距离 90 m

垂直波速：测量距离 18 m

准确度：±0.6 cm（深度<6 m），±0.1%（深度≥6 m）

温度：分辨率，0.01 ℃

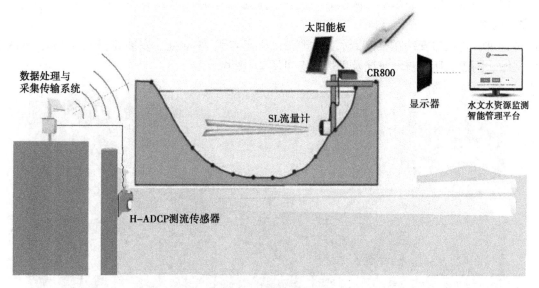

图 2　采集、传输与计算机接收示意

准确度：±0.1 ℃

功耗：工作功耗 0.7~1.0 W

待机功耗：0.000 1 W

电源：输入电源 7~15 V 直流

工作环境：−5~40 ℃

质量：空气中，4.76 kg；水中，2.0 kg

## 2.3　测流基本原理

H-ADCP 是根据声波频率在声源移向观察者时变高、远离观察者时变低的多普勒频移原理测量水体流速的，每个换能器既是发射器又是接收器。每个换能器发射某一固定频率的声波，然后接收被水体中颗粒物（如泥沙、气泡等漂浮物）反射回来的声波。假定水体中颗粒物与水体流速相同，当颗粒物的移动方向接近换能器时，换能器接收到的回波频率比发射频率高；当颗粒物的移动方向背离换能器时，换能器接收到的回波频率比发射频率低，发射频率与回波频率存在差值：

$$f_d = 2f_\delta(v/c)$$

式中：$f_d$ 为声学多普勒频移；$f_\delta$ 为回波频率；$v$ 为颗粒物沿声束方向的移动速度，m/s；$c$ 为声波在水中的传播速度，m/s。

H-ADCP 的声波换能器位于同一平面，采用指标流速法进行水道断面流量自动监测。指标流速法的本质是由局部流速推算断面平均流速，一般可采用单点流速、垂线平均流速或水平平均流速作为指标流速。本次试验采用 2~80 m 范围内的水平平均流速作为指标流速。

为了得到断面平均流速与指标流速的关系，需用 ADCP 测出流量和断面面积，从而得到断面平均流速数据。这种同步采样需要在不同的流量或水位情况下进行，这样就得到一组断面平均流速与指标流速及水位的数据。对数据进行回归分析（如采用最小二乘法）或点绘相关图，即可以得到 $v$ 与 $v_{sl}$ 的回归方程或关系曲线。

回归方程的一般形式为

$$v = F(v_{sl})$$

式中：$v$ 为断面平均流速，m/s；$v_{sl}$ 为指标流速，m/s。

水道断面流量计算的一般公式为

$$Q = Av$$

式中：$Q$ 为流量，m³/s；$A$ 为断面过水面积，m²；$v$ 为断面平均流速，m/s。

一般地，稳定河段的断面平均流速 $v$ 与某一指标流速 $v_{sl}$ 和水位 $H$ 有关，即 $v=f(H, v_{sl})$。

## 2.4 安装位置

经过选址，将仪器安装在石镇街水文站测流断面起点距 45 m 处，安装高程 11.45 m，见图 3。石镇街水文站、河道、所在流域概况及周边情况见图 4~图 6。

图 3　H-ADCP 位置示意

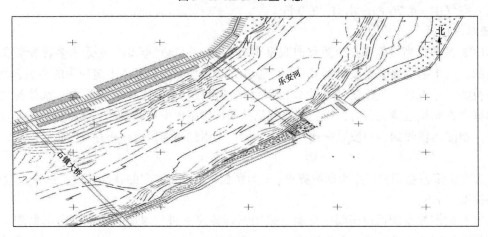

图 4　石镇街水文站测验平面

## 2.5 H-ADCP 软件参数的设置

### 2.5.1 探头所在高程选择

H-ADCP 探头应安装在历史最低水位以下，以保证在出现历史最低水位情况下仪器能正常运行。根据石镇街水文站历年统计数据，石镇街水文站在 2022 年前历史最低水位为 12.42 m，最高水位为 23.69 m。探头安装时间为 2022 年 10 月，考虑当时历史最低水位，选择安装高程为 11.45 m。为有效保护探头，在今后工作中应时刻关注最低水位变化，发现探头露出水面立刻关闭仪器，发现探头较长时间裸露，考虑降低探头安装高程。

### 2.5.2 探头俯仰角度选择

为了使 H-ADCP 声波在受测范围不碰到河底或者水面，正常工作需要一定水深的要求。其波束角为 1.5°，能提供的纵横比最大能达到 1:38，即当仪器上、下水深各有 1 m 的时候，声波打出去的最大有效距离为 38 m。

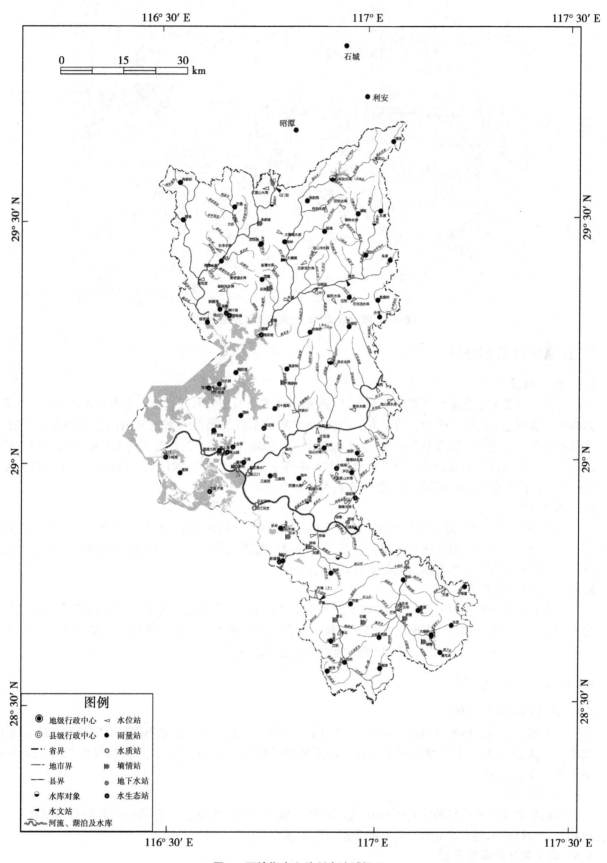

图5　石镇街水文站所在流域概况

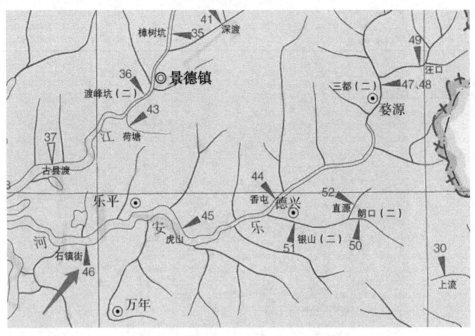

图6　石镇街水文站附近河流形势及测站位置

## 3　H-ADCP 数据分析

### 3.1　水位数据

目前，石镇街水文站水位资料采用自记水位数据整编，自记井坚固结实，进水口水流顺畅，外界影响小，水位记录稳定、平滑，精度高。而 H-ADCP 的水位采集器外围没有消除波浪等保护装置，受限条件多（如船只、漂浮物影响等），水位跳动大，稳定性不足。在对石镇街水文站与 H-ADCP 进行比测后，H-ADCP 后处理的水位以石镇街水文站基本水尺水位数据为依据，更能体现 H-ADCP 系统软件处理后水位-流量的整体性，便于资料整编审查。

### 3.2　断面数据

为保证 H-ADCP 流量成果与 ADCP 流量成果的一致性，将 H-ADCP 安装在石镇街水文站测流断面上，石镇街水文站测流断面每年汛前及汛后都会及时施测大断面，确保及时掌握断面冲淤变化情况，率定时采用石镇街水文站测流断面成果进行分析。

### 3.3　畅通率（故障率）

本次分析采用数据时间段为 2023 年 1 月 1 日至 7 月 7 日，仪器发生故障主要时间段为 2023 年 5 月 3—16 日；仪器故障的主要原因为 GPS 数据卡欠费和卡接触不良，更换数据卡后都及时恢复正常，H-ADCP 本身无故障，表明 H-ADCP 是一套数据稳定的设备。

## 4　H-ADCP 率定分析

### 4.1　率定期间水文情势

本次率定分析选定的资料时间段为 2023 年 1 月 1 日至 7 月 7 日，在此期间，石镇街水文站出现 1 次高水位洪水过程，7 次中水位洪水过程，比测期间最高水位为 19.28 m，最低水位为 13.60 m，占历年水位变幅的 50.4%。

### 4.2　关系率定

石镇街水文站流速仪测流断面与 H-ADCP 测流断面为同一断面，与在同一时间测得流量理论上应相等，根据此原理，建立两断面之间流速相关关系。

### 4.3　率定关系及误差分析

采用石镇街水文站走航 ADCP 成果与 H-ADCP 进行率定分析，以 H-ADCP 施测的流速（指标流速，即 $v_{指标}$）与走航 ADCP 所测流量计算出的平均流速（断面的平均流速，即 $v_{平均}$）建立相关关系。为了使 H-ADCP 与走航 ADCP 测流率定资料时间同步，指标流速选取与 ADCP 测流起讫时间内的 H-ADCP 所测的指标流速的平均值（H-ADCP 的测速间隔为 15 min）。本次率定分析资料的时间段为 2023 年 1 月 1 日至 7 月 31 日，用 ADCP 实测流量共 121 次，其中在 15 m 以下（低水）64 次，水位 15.00~19.00 m 共 54 次，水位 19.00 m 以上共 3 次。最终参与率定分析的测次共计 120 次（第一个测次 H-ADCP 无流速数据，所以舍弃），不同指标流速时相关关系如图 7~图 10 所示。

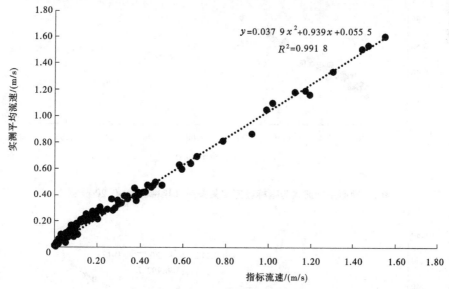

图 7　断面平均流速与指标流速相关关系（全流速）

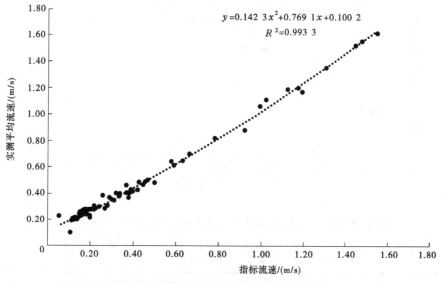

图 8　断面平均流速与指标流速相关关系（指标流速>0.10 m/s）

　　根据最小二乘法原理，得出两者之间关系，从图 7~图 10 中可以看出，点据明显集中成一带状，根据最小二乘法原理，定出关系线得出两者之间的关系，$v_{平均} = 0.037\,9v_{指标}^2 + 0.939v_{指标} + 0.055\,5$（全流速），$v_{平均} = 0.142\,3v_{指标}^2 + 0.769\,1v_{指标} + 0.100\,2$（指标流速 > 0.10 m/s），$v_{平均} = 0.117\,9\,v_{指标}^2 + 0.812\,3v_{指标} + 0.085\,8$（指标流速 > 0.20 m/s），$v_{平均} = -0.111\,1v_{指标}^2 + 1.207\,7v_{指标} - 0.121$（指标流速 > 0.25 m/s）。对 H-ADCP 和 ADCP 法流速关系线进行三检及随机不确定度计算，指标流速 > 0.25 m/s 时三检成果合理，随机不确定度满足水文资料整编规范要求，三检成果见表 1。

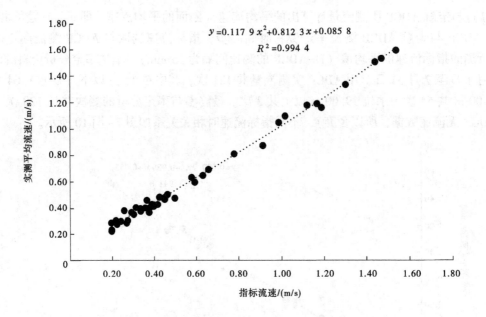

**图9 断面平均流速与指标流速相关关系（指标流速>0.20 m/s）**

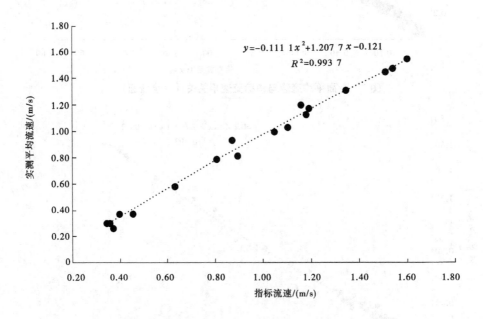

**图10 断面平均流速与指标流速相关关系（指标流速>0.25 m/s）**

**表1 三检成果**

| 检验项目 | 计算值 | 规范值 | 是否合理 |
| --- | --- | --- | --- |
| 标准差/% | 5.43 | ±6 | 合理 |
| 系统差/% | 0.21 | ±2 | 合理 |
| 符号检验 | 0.49 | 1.15 | 合理 |
| 适线检验 | 0.25 | 1.28 | 合理 |
| 偏离数值检验 | 0.16 | 1.28 | 合理 |

## 5　率定后流量成果分析

### 5.1　流量过程线对比分析

分别采用石镇街水文站 ADCP 法测验的流量与率定后 H-ADCP 测验的流量过程线进行对比分析。选取 2023 年 1 月 1 日至 8 月 1 日、4 月 1 日至 7 月 1 日、6 月 14 日 10 时 45 分至 7 月 5 日 18 时 55 分进行 H-ADCP 率定后流量、整编流量过程对照分析（见图 11～图 13）。

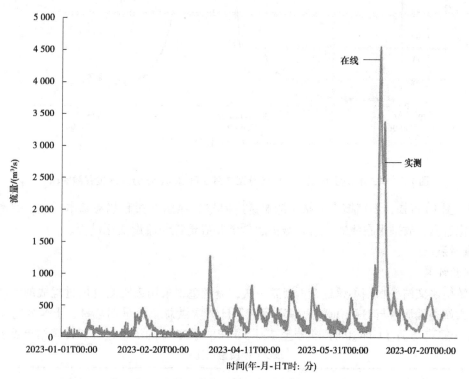

图 11　2023 年 1 月 1 日至 8 月 1 日洪水过程线对比

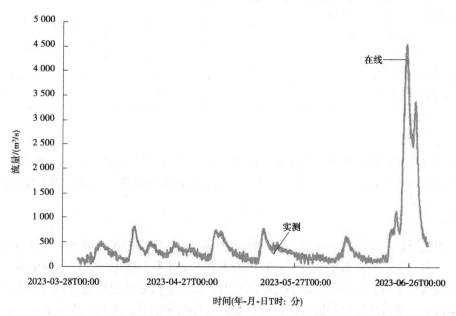

图 12　2023 年 4 月 1 日至 7 月 1 日洪水过程线对比

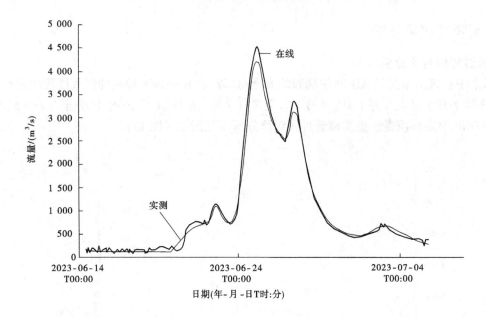

**图 13　2023 年 6 月 14 日 10 时 45 分至 7 月 5 日 18 时 55 分洪水过程线对比**

　　由图 11~图 13 可知，石镇街水文站实测流量过程与 H-ADCP 过程趋势基本一致，基本能够完全控制流量变化过程，故采用在线式 ADCP 数据也能够很好地控制流量变化过程。

### 5.2　径流量对照

#### 5.2.1　径流量计算

　　目前石镇街水文站平水期不超过 7 d 测流一次，流量整编采用连实测流量过程线的方法。分别使用石镇街水文站整编流量与 H-ADCP 法率定后流量计算次洪总量、汛期总量、上半年总量，次洪总量计算采用 2023 年 6 月 14 日 10 时 45 分至 7 月 5 日 18 时 55 分的洪水过程。计算结果见表 2。

**表 2　径流量对比**

| 项目 | | ADCP 法/亿 m³ | H-ADCP 法/亿 m³ | 误差/% | 允许误差/% |
|---|---|---|---|---|---|
| 次洪过程 | 2023 年 6 月 14 日 10 时 45 分至 7 月 5 日 18 时 55 分 | 18.1 | 18.5 | 2.20 | ±3.0 |
| 2023 年汛期 | | 44.78 | 44.43 | 0.8 | ±2.5 |
| 2023 年上半年 | | 54.6 | 53.7 | 1.7 | ±2.0 |

#### 5.2.2　误差分析

　　由表 2 可以看出，年最大洪水过程径流量误差小于 3%，在误差允许范围内；汛期总量、上半年总量都在误差范围内，且误差较小，表明 H-ADCP 法数据精确度较高，可以适用于推流要求。

## 6　推流方式

　　通过上述率定分析可知，H-ADCP 数据精确度较高，可以适用于推流要求，具体推流步骤如下：
　　每月通过江西水文资料整编平台将该月石镇街水文站水位数据整编后，再将整编后的水位数据导入在线监测智能管理平台，选择水位数据为外部水位，通过平台后处理功能，利用导入的水位得出断面面积及平均流速，通过计算可得流量值。将得到的流量值导出后，经过人为筛选去除较大波动值录入在线资料整编平台。

## 7 结语

综上所述，H-ADCP 是一种先进的、技术含量高的测验设备，它具有安装简便、日常运行成本低、实时监测、数据自动传输等优点，并有一定抗干扰能力，对不同水流具有适应性，能有效提升滨湖地区的流量测验自动化水平，进而提高水文基础支撑服务能力，为湖区流量自动化监测提供了新的解决思路。

## 参考文献

[1] 陈伯云，杜红娟，王刚. H-ADCP 在线流量监测系统技术研究与应用 [C] //中国水利学会. 中国水利学会 2021 学术年会论文集：第四分册. 郑州：黄河水利出版社，2021：288-294.

[2] 李三平，方益铭，陈婉莹，等. H-ADCP 系统在回水顶托场合的应用：以兰溪水文站流量测验为例 [J]. 浙江水利科技，2021（5）：83-86.

[3] 中华人民共和国住房和城乡建设部. 水位观测标准：GB/T 50138—2010 [S]. 北京：中国计划出版社，2010.

[4] 中华人民共和国水利部. 河流流量测验规范：GB 50179—2015 [S]. 北京：中国计划出版社，2016.

[5] 中华人民共和国水利部. 水文资料整编规范：SL/T 247—2020 [S]. 北京：中国水利水电出版社，2020.

[6] 中华人民共和国水利部. 水文自动测报系统规范：GB/T 41368—2022 [S]. 北京：中国标准出版社，2022.

[7] 中华人民共和国住房和城乡建设部. 声学多普勒流量测验规范：SL 337—2006 [S].

[8] 中华人民共和国住房和城乡建设部. 水文巡测规范：SL 195—2015 [S]. 北京：中国水利水电出版社，2016.

[9] 黄河宁. ADCP 河流流量测量原理和方法 [R]. 2002.

# 基于水量水质与来水组成模型的太湖与河网水动力研究

吴　娟　林荷娟　薛　涛　钱傲然

（太湖流域管理局水文局（信息中心），上海　200434）

**摘　要：** 基于流域一维河网与太湖二维湖流水量水质耦合模型及来水组成模型，开展了引供水骨干河道水流轨迹示踪数值模拟预演。结果表明：望虞河东岸永昌泾和冶长泾加大分流与浏河闸排水，浏河娄陆阳澄湖来水比例达 50%。太浦闸流量从 60 m³/s 增至 100 m³/s，金泽水源地太湖清水平均占比从 26% 增至 41%，松浦大桥从 8% 增至 13%。新孟河引水使太湖与河网水位抬升 0.03~0.19 m、湖西区入湖流量增加 32 m³/s；引长江水后，约 2 d 到奔牛水利枢纽，7.5 d 到分水桥；与不引水相比，竺山湖来水比例提升 8%~15%。

**关键词：** 太湖流域；引江济太；新孟河；水动力；抗咸潮保供水

## 1　引言

　　太湖流域地处长江三角洲的核心区域，北依长江，东临东海，南滨钱塘江，西以天目山、茅山等山区为界，面积 36 895 km²，行政区划分属江苏、浙江、安徽和上海三省一市，是我国大中城市最密集、经济最具活力的核心地区之一[1]。随着流域内经济社会的迅速发展，流域水环境问题日益突出，而经济社会的高度发展又需要高质量的水安全保障，已成为我国长三角一体化进程中急需解决的关键问题之一[2]。

　　太湖流域为典型的高密度平原河网感潮地区，水资源短缺、水环境恶化等问题突出，是国内外专家学者研究的重点。受潮汐影响，水流流向不定，导致污染物停留时间较长、迁移扩散转化相对较慢，而水闸、泵站等工程调度运行通过改变水体边界条件影响河湖水动力条件与水环境容量，进一步增加了水质变化的复杂性[3]。水动力条件影响污染物在水体中的分布、迁移扩散转化，通常采用流场、流速、水力停留时间等来表征。近年来，通过常熟与望亭、界牌与奔牛水利枢纽等骨干工程调度体系，经望虞河、新孟河等河道将长江水引入太湖，并通过太浦河由太湖向上海等下游地区供水，增加了流域和区域水资源量与水环境容量，进一步保障了太湖流域与区域水安全。

　　2022 年 9 月，上海市长江口遭遇史上最早咸潮入侵，青草沙、陈行水库等水源地取水安全受到严重影响，上海市紧急将供水主水源从长江切换到太浦河金泽水源地、黄浦江松浦大桥备用水源地，其供水量从占全市供水量的 25% 提升至 70%。本文基于流域一维河网与太湖二维湖流水量水质耦合模型及来水组成模型，开展引供水骨干河道水流轨迹示踪数值模拟预演，研究沿江、环湖主要枢纽不同流量对水体交换、太湖水动力的影响，分析水流在太湖、河网中的迁移特征，揭示复杂平原河网流场分布规律，为水资源、水环境调度决策提供技术支撑。

---

**基金项目：** 水利部水利青年拔尖人才发展基金（水基字〔2022〕7 号），水利部重大科技项目（SKR-2022043），上海市科技创新行动计划（21002410200）。

**作者简介：** 吴娟（1987—），女，高级工程师，科长，主要从事水文预报、水资源与水环境研究工作。

## 2 研究方法

### 2.1 太湖流域一维河网与二维湖流水量水质耦合模型

基于水文水动力学等原理，太湖流域水量水质数学模型[4]对流域各类供水、用水、耗水、排水进行合理概化，对流域平原河网、湖泊、闸泵及其调度运行方式进行模拟。模型集成了数据库与地理信息系统技术等，收集了典型年降水、蒸发、水（潮）位、流量等实测资料。

太湖流域水量模型由产汇流模型与水动力学模型共同组成，产汇流模型为水动力学模型提供河流侧向入流与上游山区来水流量边界[5]。除浙西山丘区采用新安江三水源模型、马斯京根法计算产汇流外，16个平原计算分区分4种下垫面计算产水量，然后按各分区的汇流单位线汇入周边河道。太湖流域既有山区又有平原河网，平原河网地区又分为圩区和非圩区，山区汇流计算采用传统的水文学方法，所得的出流断面流量过程为平原河网的入流过程；非圩区坡面汇流模拟采用分布式汇流单位线法，圩区汇流综合考虑最大调蓄水深、枯水水位上限及泵站排涝模数等进行计算[6]。平原河网地区水动力学模型由太湖二维湖流与一维河网共同组成，通过"联系"耦合联立求解，模型概化了全流域1 793条河道、863座闸泵，共10 112个断面[7]。本研究模型模拟范围为太湖流域，边界条件包括沿长江、杭州湾潮位，长江潮位以大通流量为上边界、高桥天文潮为下边界，沿杭州湾潮位为天文潮，再根据各概化河道出口与各潮位站的相对距离，用拉格朗日三点插值得各河口的潮位边界，模型模拟区域见图1。

**图1 模型模拟区域概况**

太湖流域水质模型包括太湖二维水质模型、一维河网水质模型与零维调蓄节点水质模型[8]。太湖二维水质模型用于模拟太湖水质的时空分布情况，河网水质模型用于模拟平原河网污染物的迁移扩散转化，调蓄节点水质模型用于模拟流域内除太湖外的湖泊水质变化。本研究中水量模型与水质模型耦合联算，采用控制体积法进行数值离散。太湖二维水质模型的网格尺度为1 km×1 km，将太湖划分为2 289个单元。

$$\frac{\partial(hC)}{\partial t}+\frac{\partial(huC)}{\partial x}+\frac{\partial(hvC)}{\partial y}=\frac{\partial\left(hE_x\frac{\partial C}{\partial x}\right)}{\partial x}+\frac{\partial\left(\left(hE_y\frac{\partial C}{\partial y}\right)\right)}{\partial y}+\frac{hS}{86\ 400}+S_w \qquad (1)$$

$$E_x=30hu+10$$
$$E_y=30hv+10$$

式中：$h$为水深，m；$C$为水质指标的浓度，mg/L；$t$为时间，s；$u$为$x$方向沿垂向的平均流速，m/s；

$v$ 为 $y$ 方向沿垂向的平均流速，m/s；$E_x$ 为 $x$ 方向扩散系数，$m^2/s$；$E_y$ 为 $y$ 方向扩散系数，$m^2/s$；$S$ 为水质指标的生化反应项，$g/(m^3 \cdot d)$；$S_w$ 为某种水质指标的外部源汇项，g/s。

太湖流域水质模型水质边界条件包括西部山丘区入流，沿长江、钱塘江各河道口门。受资料所限，水质边界条件采用两种方法处理，若在边界处有水质监测断面，则采用实测水质数据，若没有实测浓度过程，采用该河道功能区划水质标准作为边界条件。以流域整体水质状况为零维调蓄节点和河网水质模型的初始条件，以太湖各湖区实测水质数据作为太湖二维水质模型的初始条件。

### 2.2 来水组成模型

来水组成模型假设以保守物质的浓度作为指标，把各种水源成分看成不同的保守物质[9]，认为各水源成分在河网中运动时只发生物理作用（推移、稀释、混合），不发生化学变化，沿程不损耗[10]，采用对流输运方程来描述保守物质在水体中的运动[11]：

$$\frac{\partial AC}{\partial t} + \frac{\partial QC}{\partial x} = 0 \qquad (2)$$

式中：$A$ 为过水断面面积，$m^2$；$C$ 为保守物质浓度，在来水组成研究中为量纲 1 单位；$Q$ 为流量，$m^3/s$；$t$ 为时间，s；$x$ 为距离，m。

来水组成模型利用非充分掺混的有限控制体积法离散对流输运方程。流域一维河网与太湖二维湖流水量水质耦合模型由 4 种类型的构件组成：河段、闸、无调蓄节点、调蓄节点。将平原河网的调蓄节点、河道及陆域面上的初始蓄水量定义为第一类保守物质，降雨径流定义为第二类保守物质，废污水排放定义为第三类保守物质。采用来水组成模型模拟流域内的水源组成及不同水源在流域内的时空变化情况，可以定量分析流域内水资源的分配与使用情况，为流域水资源管理提供决策支持。

## 3 太湖与河网水动力时空异质性分析

### 3.1 望虞河—阳澄湖—浏河—陈行水库周边河网应急补水

陈行水库建于 20 世纪 90 年代，是上海第一座长江水源水库。陈行水库位于宝山区罗泾镇东部的长江江堤外侧、浏河闸下游，西连宝钢水库，属长江边滩小（1）型水库，库容 950 万 $m^3$，为月浦、泰和、闸北等 9 家自来水厂输送原水，平均日供水量约 170 万 $m^3$。陈行水库库容偏小，取水水质除受咸潮影响外，还受上游浏河排水影响。

为达到李国英部长提出的"尽快打通太湖供水河网、河网供水陈行水库通道，在保障供水水质安全的前提下，抓紧补充陈行水库蓄水"目标，根据长江口和河网盐度变化及外江潮汐变化，对望虞河东岸分流不同流量、阳澄淀泖区沿长江口门不同引排方式、东太湖瓜泾口不同出湖流量等调度条件进行组合，利用流域一维河网与太湖二维湖流水量水质耦合模型及来水组成模型，对望虞河东岸口门向河网供水、沿长江口门向河网供水、环太湖口门向河网供水，再对从河网向陈行水库供水的多工程联合调度方案开展预演模拟，以 2022 年 9 月 29 日为预报依据时间，预演多组补水方案，分析不同供水方案来水组成情况和可行性，为陈行水库补水以"望虞河—阳澄湖—浏河陈行水库周边河网"为主，"太湖瓜泾口—吴淞江—青阳港—浏河—陈行水库周边河网"为补充的应急方案确定提供了有力支撑。

方案 1：浏河闸日均排水流量 10 $m^3/s$，瓜泾口日均出湖流量 30 $m^3/s$；根据太湖来水组成模型计算成果可知，太湖水经过瓜泾口以后，一半从江南运河向南运动，另一半沿吴淞江向东运动，由于浏河闸流量较小（仅 10 $m^3/s$），"拉水"动力不足，吴淞江瓜泾口与周巷中间断面 10 月 9 日仅为 30%，周巷仅为 9%，太湖水抵达浏河娄陆、浏河闸比例更低，即瓜泾口的水基本无法抵达浏河闸所在断面[见图 2（a）]。

方案 2：七浦塘江边枢纽日均引水流量 120 $m^3/s$、浏河闸日均排水流量 80 $m^3/s$；根据七浦塘江边枢纽的来水组成模型计算成果可知，10 月 10 日浏河闸所在断面水量有 65% 来自七浦塘江边枢纽引水量［见图 2（b）］。

方案 3：白茆闸趁潮引水，浏河闸日均排水流量 80 m³/s；根据白茆闸的来水组成模型计算成果可知，10 月 24 日浏河闸所在断面水量有 18% 来自白茆闸所引水量［见图 2（c）］。

方案 4：望虞河东岸永昌泾日均流量 20 m³/s，冶长泾与琳桥闸日均分流流量均为 30 m³/s，沿江白茆闸趁潮引水，浏河闸日均排水流量 80 m³/s；10 月 12 日浏河闸所在断面水量有 40% 来自阳澄湖［见图 2（d）］。

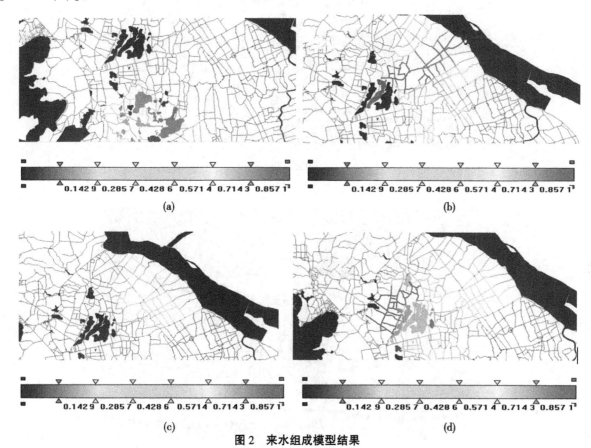

图 2　来水组成模型结果

对比望虞河—阳澄湖—浏河—陈行水库周边河网应急补水与不补水差别，望虞河东岸永昌泾和冶长泾向河网供水流量由 1.79 m³/s（9 月 1—29 日平均）加大至 50.2 m³/s（9 月 30 日至 10 月 16 日平均），增加了 48.41 m³/s。根据模型模拟计算结果，该应急补水方案启动后，阳澄湖出湖流量增加了 9.65 m³/s，阳澄湖的水一部分北向进入浏河，一部分南压后通过苏州河向东分流和通过拦路港等河道向南进入太浦河和黄浦江［见图 3（a）］；若不采取该措施，不仅阳澄湖出湖流量小，而且基本全部流向淀山湖和黄浦江［见图 3（b）］，无法对浏河方向河网产生影响。另据计算结果，在望虞河东岸永昌泾和冶长泾加大分流，浏河闸排水时，浏河娄陆断面阳澄湖来水比例可达 50%；如果浏河闸不排水，浏河娄陆断面阳澄湖来水比例仅为 7%。由此可见，开展联合调度后，望虞河—阳澄湖—浏河—陈行水库周边河网应急补水效果明显。

### 3.2　太浦河保上海供水分析

2022 年 9 月 22 日，上海市将长江口青草沙供水水源切换至黄浦江松浦大桥，并加大太浦河金泽水库供水量，为保障太浦河—黄浦江供水安全，9 月 23 日，太湖流域管理局加大太浦闸流量至 100 m³/s 向下游供水。立足下游地区发生突发水污染事件的最不利情况，开展太浦河不同供水流量的模拟预演，分析太浦闸应急增加供水对突发水污染事件的缓解效果，为制订防范太浦河突发水污染事件预案提供技术支撑。

根据模型模拟，9 月 23 日，太浦闸下泄流量从 60 m³/s 加大至 100 m³/s，沿程各断面流量也随之

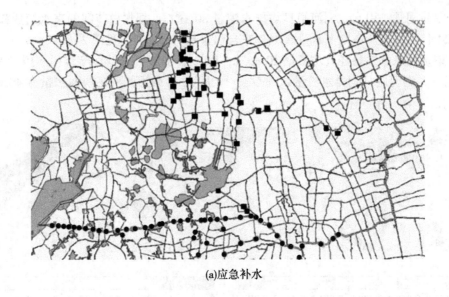

(a)应急补水

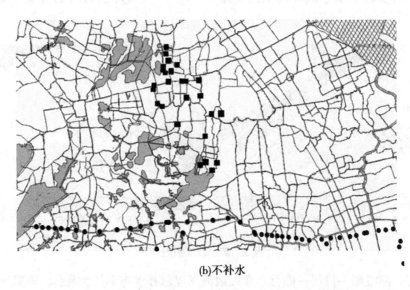

(b)不补水

**图3 应急补水与不补水对比（圆粒子为太浦闸水，方粒子为阳澄湖水，下同）**

加大，但增幅逐渐减小。增大下泄流量后，金泽和松浦大桥水源地的太湖来水比例明显提高，9月30日后金泽水源地太湖清水平均占比从26%增加至41%，提高了15%；10月5日后，松浦大桥水源地太湖清水平均占比从8%增加至13%，提高了5%。

9月16—22日，太浦闸平均流量为56 $m^3/s$，其间金泽取水口氨氮浓度为0.14~0.20 mg/L，平均为0.16 mg/L（Ⅱ类），松浦大桥取水口氨氮浓度介于0.10~0.19 mg/L，平均为0.12 mg/L（Ⅰ类）。9月23日至10月4日，太浦闸平均流量为98 $m^3/s$，其间金泽取水口氨氮浓度为0.13~0.16 mg/L，平均为0.14 mg/L（Ⅰ类），松浦大桥取水口氨氮浓度介于0.09~0.14 mg/L，平均为0.11 mg/L（Ⅰ类），即太浦闸流量增加可使金泽与松浦大桥取水口氨氮浓度降低，见图4。另外，金泽取水口及苏沪省界断面锑浓度基本保持在0.002 mg/L左右，低于水源地标准限值0.005 mg/L。

### 3.3 新孟河调水分析

9月中旬以来，太湖和南部河网水位呈现较为明显的下降趋势。太湖水位自9月21日的3.28 m降至11月10日的3.14 m，降幅0.14 m；浙西区和杭嘉湖区河网代表站大部分出现0.15 m以上的降幅，流域北部河网受沿长江引水影响，与9月21日相比，基本持平。为维持太浦闸长时间大流量向下游供水，以保障上海市供水安全，必须确保太湖水资源需求，为此，经水利部批复同意，于10月

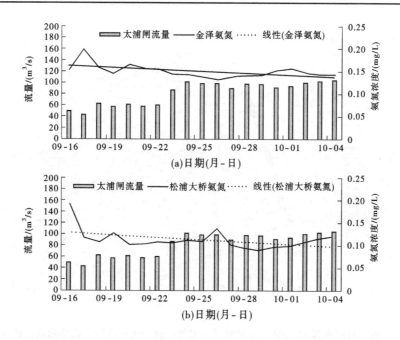

**图4 金泽、松浦大桥取水口氨氮浓度变化与太浦闸流量对比过程**

20日启动新孟河首次调水试运行，开启新孟河界牌水利枢纽闸泵联合调度运行，日均引水流量60～100 m³/s，10月21日开启新孟河奔牛水利枢纽引水，并逐步将引水流量增加到80 m³/s。

为模拟新孟河引水与不引水对区域代表站水位、流量、来水组成与太湖流场的影响，本文共设计了两种计算方案。方案1：新孟河界牌水利枢纽引江100 m³/s，奔牛水利枢纽过运河流量80 m³/s。方案2：界牌水利枢纽、奔牛水利枢纽关闭。根据调令，2022年10月20日8时30分，界牌水利枢纽实施闸泵联合调度引水，因此选取10月20日至11月30日为研究时段开展分析，分别以界牌水利枢纽、奔牛水利枢纽、分水桥（百渎口）设置来水组成。

根据模拟结果，新孟河引水对太湖与湖西区代表站水位有一定抬升作用。与不引水相比，研究时段内太湖平均水位抬升0.03 m，湖西区其他站抬升幅度为0.03～0.19 m，新孟河代表站抬升幅度显著，其中新孟河运河以北的罗溪、西夏墅抬升幅度最大，均达到了0.19 m；新孟河运河以南的340省道大桥、沿江高速桥（以北）分别抬升了0.12 m、0.11 m。抬升以后，罗溪最高水位不超过4.50 m、坊前最高水位不超过3.80 m，均低于工程运行的限制引水水位，新孟河引水对湖西区主要河流重要代表断面流量影响较大。与不引水相比，研究时段内引水对新孟河干流流量抬升幅度较明显，引水可将新孟河运河以北代表站西夏墅平均流量抬升83 m³/s，将新孟河运河以南代表站340省道大桥、沿江高速桥（以北）平均流量分别增加75 m³/s、66 m³/s。新孟河引水可使分水桥（百渎口）流量增加21 m³/s（该站上游的黄埝桥增加13 m³/s、漕桥增加8 m³/s），城东港增加8 m³/s，浯溪桥增加3 m³/s，因此湖西区入湖流量累计增加32 m³/s。新孟河引水有效抑制鹤溪河、尧塘河入新孟河水量，减少幅度为0.4～3.7 m³/s；新孟河引水可改变湟里河西支流向（不引水时湟里河西支入新孟河，引水时湟里河西支出新孟河），增加了湟里河东支出新孟河水量，增加幅度为9 m³/s；新孟河引水使北干河西支入新孟河流量减少16 m³/s，北干河东支出新孟河流量增加32 m³/s。新孟河引水对扁担河、武宜运河、武南河代表站流量影响不大。

根据来水组成模型模拟结果分析，新孟河界牌水利枢纽引水启动后，约2 d长江水可以抵达奔牛水利枢纽，3 d后到达340省道大桥，4.5 d到达新孟河北干河东，7.5 d到达分水桥（百渎口）。另外，新孟河界牌水利枢纽引入的长江水有一部分通过东岸支流到达武宜运河，再沿太滆运河到达分水桥断面，仅需6～6.5 d，比通过北干河穿过滆湖快1～1.5 d，见图5。

根据模型模拟结果，新孟河引水后，太湖湖流的流向总体为自北向南、自西北向东南。新孟河引

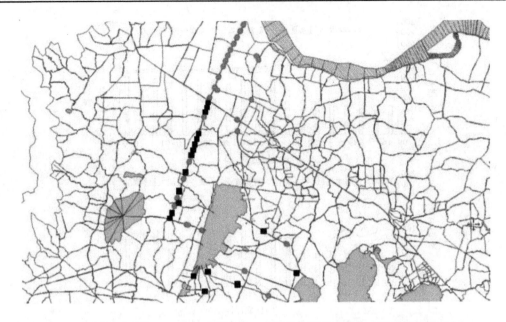

**图 5　新孟河引水第 11 天流场（圆粒子、方粒子分别代表界牌、奔牛水利枢纽水）**

水影响期间，竺山湖北部［见图 6（a）空心圆点］、南部［见图 6（a）空心圆点］平均流速分别为 0.042 m/s、0.010 m/s，分别较不引水增大 0.005 m/s、0.002 m/s。新孟河引江入太湖后，对太湖流场影响不大，流场影响范围主要为竺山湖区（图 6（b）），竺山湖流向为自北向南，对东太湖基本无影响。统计分水桥（百渎口）来水比例，竺山湖北部新孟河引水第 19 天来水比例可达 38%，南部新孟河引水第 23 天来水比例可达 27%。与不引水相比，北部（实心圆点）、南部（空心圆点）分水桥来水比例平均提升了 15% 和 8%。

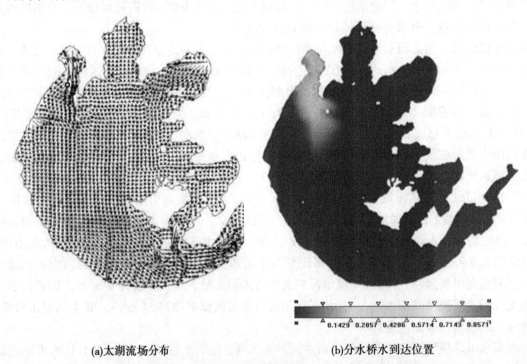

(a)太湖流场分布　　　　　　　　　　　　　(b)分水桥水到达位置

**图 6　新孟河引水第 23 天太湖流场分布、分水桥水到达位置**

## 4　结语

　　本文基于流域一维河网与太湖二维湖流水量水质耦合模型及来水组成模型，开展引供水骨干河道水流轨迹示踪数值模拟预演，研究沿江、环湖主要枢纽不同流量对水体交换、太湖水动力的影响，分析水流在太湖、河网中的迁移特征，为打通太湖供水河网、河网供水陈行水库的通道，及太浦河、黄浦江上游水源地供水安全提供了调度决策支撑，主要结论如下：

（1）望虞河东岸永昌泾和冶长泾向河网供水流量增加了 48.4 m³/s，阳澄湖出湖流量增加了 9.65 m³/s，阳澄湖的水一部分北向进入浏河，一部分南压后又通过苏州河向东分流和通过拦路港等河道向南进入太浦河和黄浦江，在望虞河东岸永昌泾和冶长泾加大分流的同时，浏河闸排水时，浏河娄陆断面阳澄湖来水比例可达 50%。

（2）太浦闸下泄流量从 60 m³/s 加大至 100 m³/s，金泽和松浦大桥水源地的太湖来水比例明显提高，9 月 30 日后金泽水源地太湖清水平均占比从 26% 增加至 41%，提高了 15%；10 月 5 日后，松浦大桥水源地太湖清水平均占比从 8% 增加至 13%，提高了 5%。太浦闸下泄流量增加，可使金泽取水口氨氮浓度从 0.16 mg/L（Ⅱ类）降低到 0.14 mg/L（Ⅰ类），松浦大桥取水口氨氮浓度从 0.12 mg/L（Ⅰ类）降低到 0.11 mg/L（Ⅰ类）。

（3）新孟河引水对太湖与湖西区代表站水位有一定抬升作用。与不引水相比，研究时段内太湖平均水位抬升 0.03 m，湖西区其他站抬升幅度为 0.03~0.19 m，新孟河引水可使分水桥（百渎口）流量增加 21 m³/s，城东港增加 8 m³/s，浯溪桥增加 3 m³/s，因此湖西区入湖流量累计增加 32 m³/s。

（4）新孟河界牌水利枢纽引水启动后，约 2 d 长江水可以抵达奔牛水利枢纽，3 d 后到达 340 省道大桥，4.5 d 到达新孟河北干河东，7.5 d 到达分水桥（百渎口），新孟河界牌水利枢纽引入的长江水有一部分通过东岸支流到达武宜运河，再沿太滆运河到达分水桥断面，仅需 6~6.5 d。新孟河引江入太湖后，对太湖流场影响不大，流场影响范围主要为竺山湖区，竺山湖流向为自北向南，对东太湖基本无影响，与不引水相比，竺山湖北部、南部分水桥来水比例平均提升 15% 和 8%。

## 参考文献

[1] WU Juan, LIN Hejuan, WU Zhiyong, et al. Precipitation and water stage variability under rapid developments of urbanization in Taihu Basin. The 8th Global FRIEND-Water Conference：Hydrological Processes and Water Security in a Changing World, Beijing, China, 6-9 November 2018 [J]. Proceedings of the International Association of Hydrological Sciences, 2020, 383：13-24.

[2] 吴娟，朱跃龙，金松，等. 三种机器学习模型在太湖藻华面积预测中的应用 [J]. 河海大学学报（自然科学版），2020, 48 (6)：542-551.

[3] CHEN Gang, WANG Chuanhai, FANG Xing, et al. Distributed-Framework Basin Modeling System：Ⅳ [J]. Application in Taihu Basin. Water, 2021, 13：611.

[4] LI Xiaoning, WANG Chuanhai, CHEN Gang, et al. Distributed-Framework Basin Modeling System：Ⅲ [J]. Hydraulic Modeling System. Water, 2021, 13：649.

[5] 吴娟，林荷娟，季海萍，等. 城镇化背景下太湖流域湖西区汛期入湖水量计算 [J]. 水科学进展，2021, 32 (4)：577-586.

[6] 吴娟，林荷娟，姜桂花，等. 太湖流域超标特大洪水风险预警系统建设及应用 [J]. 河海大学学报（自然科学版），2023, 51 (2)：164-170.

[7] WU Juan, WU Zhiyong, LIN Hejuan, et al. Hydrological response to climate change and human activities：a case study of Taihu Basin, China [J]. Water Science and Engineering, 2020, 13 (2)：83-94.

[8] 徐爱兰，姚琪，王鹏，等. 太湖流域水资源综合规划数模研究：水质模型的建立与率定 [J]. 四川环境，2006 (3)：67-72.

[9] 朱琰，陈方，程文辉. 平原河网区域来水组成原理 [J]. 水文，2003 (2)：21-24.

[10] 王船海，朱琰，程文辉，等. 基于非充分掺混模式的流域来水组成模型 [J]. 水科学进展，2008 (1)：94-98.

[11] 杨珏，赵永军，程文辉. 来水组成模型 [J]. 河海大学学报，1998 (3)：8-12.

# 黄河流域水源涵养区降水演变规律分析

杜军凯[1] 李昕阳[1] 仇亚琴[1] 李云玲[2] 李晓星[3] 刘海滢[1]

(1. 中国水利水电科学研究院，北京 100038；
2. 水利部水利水电规划设计总院，北京 100120；
3. 中国环境科学研究院，北京 100012)

摘　要：水资源是黄河流域经济社会发展的刚性约束。降水是水循环过程总输入，研究变化环境下降水的时空演变规律可为流域高质量发展提供科技支撑。本文使用 MK、预置白 MK、去趋势预置白 MK、方差修正 MK、自举法 MK 等 5 种方法分析了研究区 73 个气象站点 1961—2020 年的年、季降水量及极端降水量的演变规律。结果表明：去趋势预置白 MK 检测法适用性最强，兰州以上流域年降水量呈增加趋势，渭河南山支流区和伊洛河流域年降水量为减少趋势；兰州以上流域和渭河南山支流大部分站点极端降水量呈增加趋势，伊洛河流域极端降水量呈减少趋势。

关键词：Mann-Kendall 趋势检验；黄河流域；水源涵养区；降水趋势

　　自然界的气候变化是全球范围内备受关注的重要议题，而气候变化对地球上的各个地区和人类社会的影响不可忽视[1]。降水作为气候系统的关键组成部分，直接影响着水资源、生态环境及经济社会发展[2]。黄河流域横跨青藏高原、内蒙古高原、黄土高原、华北平原四大地貌单元和地势三大台阶，干流流经 9 个省（区），是我国最重要的生态屏障之一。水资源是黄河流域生态保护和高质量发展的基础和刚性约束，研究变化环境下降水的时空演变规律可为洪涝灾害应对、水资源情势分析、水生态修复等工作提供科技支撑。

　　目前，国内外的趋势分析方法总体可分为参数检验和非参数检验两类[3]，参数检验包括线性回归法、距平法等，非参数检验通常以 Mann-Kendall（MK）系列、Theil-Sen 等为代表。由于水文气象数据大多是偏态且不服从同一分布，参数检验法的应用在水文趋势检验中受到了诸多限制[4]，而非参数检验法凭借其不受样本值分布类型影响等特点，已被广泛应用于水文时间序列的趋势检验领域[5]。MK 方法用于分析具有单调趋势的时间序列数据，适用于所有分布，但传统 MK 未解决水文序列统计检验中要求的数据独立问题[6]。受气候差异和地理分异性的影响，不同区域解决序列自相关性问题的适用方法也有所不同[7]。为了消除序列中自相关带来的影响，许多学者对传统 MK 进行前置移除、参数修正等改进[8]。前置移除法通过对水文时间序列进行预处理，使其去除自相关性，满足数据独立的要求，例如 PW-MK[9]、TFPW-MK[10] 等，参数修正法主要对 MK 检验方法本身进行改进，如 Modified-MK（MMK）[11]。以上两类方法在水文气象分析方面均取得了较好成果。

　　本文旨在使用多种不同的趋势检验方法来分析黄河流域降水的变化趋势，包括传统 MK、MMK、PW-MK、TFPW-MK、BBS-MK 等，这些方法能够有效地揭示时间序列数据中的变化趋势，并对其进行可靠的统计评估。通过这些分析方法的综合应用，能够更全面地了解黄河水源涵养区降水的演变规律，为未来流域水资源管理和气候变化应对提供科学依据。

## 1　研究区概况

　　黄河水源涵养区包括黄河兰州站以上、渭河华县站以上（不含泾河）和伊洛河流域，地处东经

基金项目：国家重点研发计划资助项目（2021YFC3201101）；国家自然科学基金项目（52279030）。
作者简介：杜军凯（1987—），男，高级工程师，主要从事流域水循环及其伴生过程模拟研究工作。

95.5°~119.5°与北纬 31.5°~41.3°，面积约 28.7 万 km²，分布有黄河、湟水河、渭河、伊洛河等河流，其位置如图 1 所示。黄河兰州以上流域面积约占全流域的 28%，产流量约占 60%；渭河南山支流、伊洛河流域分别是禹门口至潼关河段（禹潼河段）、三门峡至花园口河段（三花区间）洪水的重要来源。

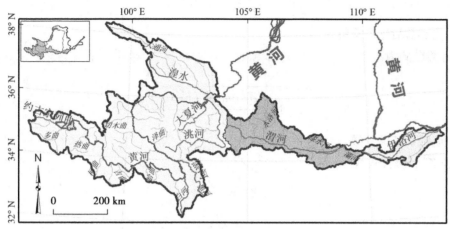

图 1　研究区位置

## 2　研究方法

### 2.1　极端降水指标选取

我国通常将日降水量超过 25 mm 的降水事件称为大雨，日降水量超过 50 mm 的降水事件称为暴雨，过去该标准被广泛应用于研究极端降水。然而，随着研究的深入，人们逐渐认识到极端降水事件应因地而异。例如，在中国的西北部，由于常年干旱，即使是一场中雨也可能引发泥石流等灾害。因此，采用统一的大雨或暴雨标准来定义阈值，可能导致研究结果产生误差和不足。为了解决这一问题，国际上多采用百分位法来定义极端降水阈值，通过计算超过某一百分比的降水量或频数等来分析研究极端降水事件。这种方法消除了地域差异的影响，使得出的极端降水指标在不同空间区域具有可比性。通过这种方式，可以更客观地分析极端降水的变化趋势，并更好地表征不同地区极端降水事件的特征。综上所述，采用百分位法来定义极端降水阈值是一种更为合理和有效的方法。它允许根据不同地区的实际情况来研究极端降水事件，为应对极端天气事件和自然灾害提供更准确的科学依据。

将 1961—2020 年逐年降水的有效日降水量（大于 0.01 mm）序列由小到大排列，将其第 95 个百分位值的降水量定义为该台站极端降水阈值，当该站某日降水量大于该阈值时，就称该站出现极端降水事件。

### 2.2　研究方法

#### 2.2.1　传统 Mann-Kendall（MK）检验

MK 法是常用的非参数统计突变检验方法，其要求气候序列是随机独立且概率分布相同的平稳序列。MK 法具有不受样本分布限制、对异常值不敏感、适用于类型变量和顺序变量、定量化程度高、检测范围广、受人为影响较小、能确定突变时间和区域等优点。

#### 2.2.2　改进 Mann-Kendall 检验（MMK）

MMK 方法的有效样本量由折返序列估计的样本量计算得来，该方法计算得到的有效样本量仍能有效降低序列相关性对 MK 检验的影响。计算步骤如下：

（1）进行方差矫正，去除时间序列中的现有趋势，$\mathrm{var}(S)^* = \mathrm{var}(S)\dfrac{n}{n^*}$，其中 $n^*$ 为有效样本量，$\dfrac{n}{n^*}$ 为矫正系数。

（2）计算样本的序列相关系数：

$$r_k = \frac{\dfrac{1}{n-k}\sum_{t=1}^{n-k}(x_t - \overline{x_t})(x_{t+k} - \overline{x_t})}{\dfrac{1}{n}\sum_{t=1}^{n}(x_t - \overline{x_t})^2}$$

其中，$\overline{x_t}$ 为趋势后序列均值。

（3）$n^*$ 计算公式为

$$n^* = \frac{n}{1 + 2\dfrac{r_1^{n+1} - nr_1^2 + (n-1)r_1}{n(r_1-1)^2}}$$

式中，$r_1$ 为一阶滞后相关系数。

（4）改进 $Z^*$ 计算公式为

$$Z^* = \frac{Z}{\sqrt{\dfrac{n}{n^*}}}$$

### 2.2.3 预置白 Mann-Kendall 检验（PW-MK）

时间序列正相关会增加趋势结果的显著性，因此提出在进行趋势识别测试之前对时间序列进行"预处理"。计算序列 $x_i$ 一阶的自相关系数 $r_1$，若存在自相关性，则采用预置白方法处理：

$$x_i' = x_i - r_1 x_{i-1}$$

通过处理后的序列不再有自相关性，再使用 MK 检验重组序列趋势的显著性。

### 2.2.4 去趋势预置白 Mann-Kendall 检验（TFPW-MK）

为了克服由于去除一阶自回归过程而产生改变现有趋势的问题，采取 TFPW 方法。该方法仅在一阶自相关条件下可获得较稳定的趋势检验值，计算步骤如下：

（1）使用 Sen 方法估计趋势斜率；

（2）去除趋势项，生成新不含趋势项的序列 $y_t = x_t - T_t = x_t - \beta_t$；

（3）计算序列 $y_t$ 后一阶自相关系数 $r_1$ 除序列自相关项 $y_t' = y_t - r_1 y_{t-1}$；

（4）补还趋势项 $T_t$ 到不受自相关性影响的新序列 $y_t'' = y_t' + T_t$。

### 2.2.5 块自举 Mann-Kendall 检验（BBS-MK）

该方法用已知的经验分布代替未知总体分布、根据原始数据进行统计推断，不需要对未知总体作任何假定，其主要思路是：将序列分为若干"块"，并以"块"为单位多次对数据块进行重新采样，从数据样本中观测到检验统计量 $S$ 的显著性，来减轻数据集中的序列相关性的影响。

## 3 结果分析

### 3.1 5 种趋势方法结果分析

本文采用 MK、MMK、PW-MK、TFPW-MK、BBS-MK 五种 MK 趋势分析，分别对黄河水源涵养区 1961—2020 年 73 个站点的年、春季、夏季、秋季、冬季及极端降水量进行降水趋势分析，得到的结果如表 1 所示，根据结果分析可知，MK 与 BBS-MK 的趋势结果完全一致；MK 与 MMK 除秋季降水和极端降水的趋势存在差异外，其余的检测结果相同；MK 与 PW-MK 检测结果不同，其中夏季降水与极端降水的结果相差最大；TFPW-MK 与 PW-MK 除冬季降水结果不同外，其余结果均一致。得到该结果说明黄河流域的降水时间序列的自相关性对趋势检验方法产生了影响，因此对序列进行预处理消除其相关性以满足独立性的做法会使趋势检测方法得到的结果更准确，冬季降水除 PW-MK 外其余 4 种趋势检测方法检测的结果一致，可能是因为 PW-MK 在去除序列自相关性影响的同时改变了现有趋势，因此得到 TFPW-MK 趋势检测方法在黄河水源区更能得到较稳定的趋势检验结果。

表 1 各指标趋势检验结果对比

| 指标 | MK | | MMK | | PW-MK | | TFPW-MK | | BBS-MK | |
|---|---|---|---|---|---|---|---|---|---|---|
| | 增加 | 减少 | 增加 | 减少 | 增加 | 减少 | 增加 | 减少 | 增加 | 减少 |
| 年降水 | 26 | 47 | 26 | 47 | 28 | 45 | 27 | 46 | 26 | 47 |
| 春季降水 | 48 | 25 | 48 | 25 | 49 | 24 | 49 | 24 | 48 | 25 |
| 夏季降水 | 31 | 42 | 31 | 42 | 37 | 36 | 37 | 36 | 31 | 42 |
| 秋季降水 | 7 | 66 | 8 | 65 | 8 | 65 | 8 | 65 | 7 | 66 |
| 冬季降水 | 73 | 0 | 73 | 0 | 72 | 1 | 73 | 0 | 73 | 0 |
| 极端降水 | 43 | 30 | 44 | 29 | 48 | 25 | 48 | 25 | 43 | 30 |

### 3.2 降水量趋势分析

由上文对比分析得到 TFPW-MK 趋势分析方法效果最好,因此本节采用 TFPW-MK 趋势分析方法对黄河水源涵养区 1961—2020 年 73 个站点的降水进行趋势分析。若统计量 $Z$ 值大于 0,表示时间序列呈上升趋势;若 $Z$ 值小于 0,表示时间序列呈下降趋势;若 $Z$ 的绝对值大于 1.96,则说明该时间序列通过了置信水平 95% 的显著性检验。

#### 3.2.1 年降水量趋势分析

以西宁市站点、宝鸡市站点、洛阳市站点为例,对这 3 个站点的年降水量进行分析。西宁市站点的 $Z$ 值为 -0.09、宝鸡市站点的 $Z$ 值为 -2.03、洛阳市站点的 $Z$ 值为 0.10,说明西宁市站点的年降水量呈不显著减少趋势,宝鸡市站点的年降水量呈显著减少趋势,西宁市站点的年降水量呈不显著增加趋势。图 2 为 1961—2020 年研究区全部站点年降水量趋势分布,图中▲代表降水趋势呈增加趋势,▼代表降水趋势呈减少趋势。由图 2 可知,兰州以上片区年降水整体呈增加趋势,渭河南山支流片区的年降水量呈减少趋势,伊洛河片区仅北部 2 个站点的降水量呈增加趋势,其余站点均为减少趋势。

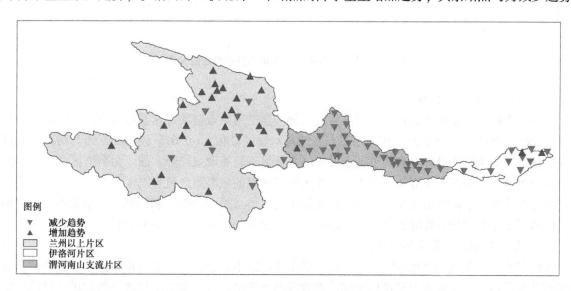

图 2 1961—2020 年研究区年降水量趋势分布

#### 3.2.2 季降水量趋势分析

以西宁市站点、宝鸡市站点、洛阳市站点为例,西宁市站点春季的 $Z$ 值为 1.05,夏季的 $Z$ 值为 -0.60,秋季的 $Z$ 值为 -0.86,冬季的 $Z$ 值为 5.27,说明西宁市站点降水量在春季呈不显著增加趋势,夏季和秋季降水量呈不显著下降趋势,冬季的降水量呈显著增加趋势;宝鸡市站点春季的 $Z$ 值为 -1.37,夏季的 $Z$ 值为 -0.38,秋季的 $Z$ 值为 -2.14,冬季的 $Z$ 值为 2.35,说明宝鸡市站点的降水量春季和夏季均呈不显著减少趋势，秋季降水量呈显著减少趋势，冬季降水量呈显著的增加趋势；洛阳市站点春季的 $Z$ 值为 0.08，夏季的 $Z$ 值为 0.37，秋季的 $Z$ 值为 -2.14，冬季的 $Z$ 值为 3.85，说明洛阳市站点在春夏季的降水量呈不显著增加趋势，秋季降水量为不显著减少趋势，冬季降水量呈显著增加趋势。

研究区全部站点春、夏、秋、冬四季的降水趋势分析结果见图3。春季，兰州以上片区和渭河南山支流片区西部大部分站点的降水量呈增加趋势，渭河南山支流东部片区和伊洛河片区大部的降水量呈减少趋势。夏季，兰州以上片区西部降水量呈增加趋势、南部站点呈减少趋势，渭河南山支流片区北部站点降水呈减少趋势、东部站点呈增加趋势，伊洛河片区整体呈减少趋势。秋季，水源涵养区季降水量整体均呈减少趋势，仅兰州以上片区部分站点呈增加趋势。冬季，水源涵养区季降水量整体呈增加趋势。

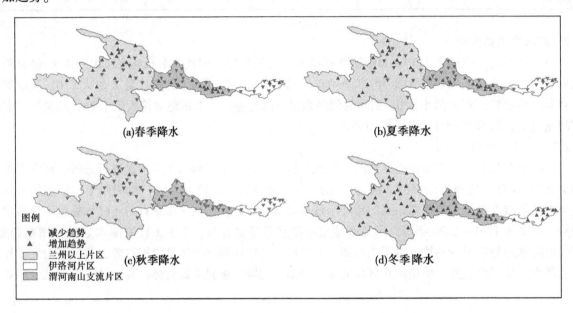

**图3　1961—2020 年研究区季节降水量趋势分布**

### 3.2.3　极端降水量趋势分析

以西宁市站点、宝鸡市站点、洛阳市站点为例，西宁市站点极端降水量的 $Z$ 值为 -0.48，宝鸡市站点极端降水量的 $Z$ 值为 0.31，洛阳市站点极端降水量的 $Z$ 值为 -0.07，说明西宁市与洛阳市站点极端降水量呈不显著减少趋势，宝鸡市站点极端降水量呈不显著增加趋势。图4为研究区全部站点极端降水量趋势分布，根据图4可知，兰州以上片区南部站点的极端降水量呈减少趋势、北部站点极端降水量呈增加趋势，渭河南山支流西部站点极端降水量整体呈减少趋势，东部站点呈增加趋势，伊洛河片区仅东部2个站点的极端降水量呈增加趋势，剩余站点的极端降水量呈减少趋势。

### 3.3　降水量与极端降水量趋势对比

考虑降水在一年内的时程分配，在相同年降水量情况下，极端降水事件增多意味着汛期难以直接利用的洪水量增加、平水期和枯水期流域水源涵养能力下降，进一步对流域水资源的可持续供应造成不利影响；反之，若极端降水量呈减少趋势而年降水量呈增多趋势，则说明该区域的可用水资源量增加。如图5所示，○代表该站点极端降水量增多而年降水量减少，水资源供给的风险存在增大倾向；•代表极端降水量减少而年降水量增加，风险存在减小倾向。据图5可知，兰州以上片区和伊洛河片区水资源供给风险总体减小，趋于更安全；而渭河南山支流片区风险总体增加，情势趋于不利，应制定片区适应性策略，以确保水资源和水生态系统安全。

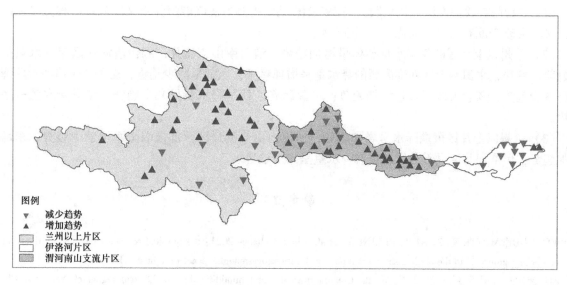

图 4    1961—2020 年研究区极端降水量趋势分布

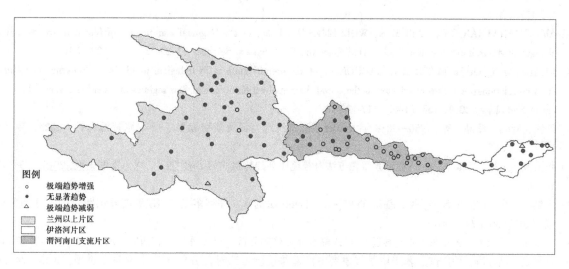

图 5    1961—2020 年研究区年降水量与极端降水量对比分布

## 4    讨论与结论

### 4.1    讨论

朱莎莎等[12]对黄河源区 1988—2017 年降水指数进行时空变化分析，得到黄河源区的降水量和极端降水量均呈增加趋势，这与本文在黄河源区的降水量和极端降水量研究结果一致，并且本文进一步分析了黄河涵养区的降水变化趋势。冯安兰等[13]对 1975—2014 年黄河流域极端降水时空特征进行了分析，得到年降水量呈微弱的下降趋势，极端降水事件较少。这与本文得到的"渭河南山支流片区及伊洛河片区年降水量呈显著下降趋势，除渭河南山支流片区东部站点极端降水量的风险呈增加趋势，其余地区的风险呈减少趋势"的结果基本一致，但兰州以上片区仅部分站点呈下降趋势，是因为本文选取的降水时间序列为 1961—2020 年，因此得到的结果不完全一致。

### 4.2    结论

基于研究区 73 个气象站 1961—2020 年降水数据，对比分析了 MK、MMK、PW-MK、TFPW-MK、BBS-MK 5 种趋势检测方法，对黄河流域水源涵养区年降水、季节降水、极端降水进行了分析，结论如下：

（1）5种趋势检测方法对比表明，TFPW-MK趋势检测方法既能消除水文序列中自相关带来的影响，又不会改变原有的趋势变化，适用性最强。

（2）兰州以上片区的年降水量整体呈增加趋势，渭河南山支流片区和伊洛河片区年降水量呈减少趋势。春季，水源涵养区西部区域的降水量呈增加趋势，东部呈减少趋势；夏季，伊洛河片区降水量呈减少趋势，其余大部区域呈增加趋势；水源涵养区秋季降水量呈减少趋势，冬季降水量呈增加趋势。

（3）兰州以上片区极端降水呈增加趋势，渭河南山支流片区西部极端降水呈减少趋势，东部呈增加趋势；伊洛河片区大部分区域极端降水量呈减少趋势。

## 参考文献

［1］MSSON-DELMOTTE V, ZHAI P, PIRANI A, et al. Climate change 2021: the physical science basis ［J］. Contribution of working group Ⅰ to the sixth assessment report of the intergovernmental panel on climate change, 2021, 2.

［2］ZHANG Q, YANG J, WANG W, et al. Climatic warming and humidification in the arid region of Northwest China: Multi-scale characteristics and impacts on ecological vegetation ［J］. Journal of Meteorological Research, 2021, 35（1）: 113-127.

［3］AMIRTHANATHAN G E, BARI M A, WOLDEMESKEL F M, et al. Regional significance of historical trends and step changes in Australian streamflow ［J］. Hydrology and Earth System Sciences, 2023, 27（1）: 229-254.

［4］KHALIQ M N, OUARDA T B M J, GACHON P, et al. Identification of hydrological trends in the presence of serial and cross correlations: A review of selected methods and their application to annual flow regimes of Canadian rivers ［J］. Journal of Hydrology, 2009, 368（1-4）: 117-130.

［5］许钦, 叶鸣, 蔡晶, 等. 1956—2018年太湖流域降水统计特征及演变趋势 ［J］. 水资源保护, 2023, 39（1）: 127-132, 173.

［6］张洪波, 王斌, 辛琛, 等. 去趋势预置白方法对径流序列趋势检验的影响 ［J］. 水力发电学报, 2016, 35（12）: 56-69.

［7］张洪波, 余荧皓, 南政年, 等. 基于TFPW-BS-Pettitt法的水文序列多点均值跳跃变异识别 ［J］. 水力发电学报, 2017, 36（7）: 14-22.

［8］李小丽, 敖天其, 黎小东. 古蔺县近50年来降水序列趋势分析 ［J］. 水土保持研究, 2016, 23（6）: 140-144.

［9］章诞武, 丛振涛, 倪广恒. 基于中国气象资料的趋势检验方法对比分析 ［J］. 水科学进展, 2013, 24（4）: 490-496.

［10］YUE S, WANG C Y. Applicability of prewhitening to eliminate the influence of serial correlation on the Mann-Kendall test ［J］. Water resources research, 2002, 38（6）: 41-47.

［11］HAMED K H, RAO A R. A modified Mann-Kendall trend test for autocorrelated data ［J］. Journal of hydrology, 1998, 204（1-4）: 182-196.

［12］朱莎莎, 吴宇婧, 范霄寒, 等. 黄河源区极端温度与降水时空变化 ［J］. 人民黄河, 2023, 45（5）: 99-102.

［13］冯安兰, 张强, 宋金帛, 等. 基于CMIP6的黄河流域极端降水时空特征分析 ［J/OL］. 北京师范大学学报（自然科学版）: 1-22.

# 漳卫南运河特大暴雨洪水引发的思考
## ——以聊城段洪水为例分析

赵庆鲁　刘　光　刘新征

（山东省聊城市水文中心，山东聊城　252000）

**摘　要：** 漳卫南运河流域 2021 年发生了特大暴雨洪水，给区域防汛工作带来了非常大的压力。本文分析了聊城段洪水情况，通过与历史洪水进行比较分析，结合水库调度在本次洪水防御过程中发挥的重要作用，总结出洪水特性和演变规律，并就本次洪水防御过程中反映出的问题进行思考，提出了漳卫南运河暴雨洪水防御的应对措施，以期给以后的防汛工作带来一定的参考价值。

**关键词：** 漳卫南运河；洪水；特性分析；思考

近年来，漳卫南运河流域暴雨洪水灾害频发，2021 年郑州"7·20"特大暴雨引发卫河流域特大洪水，同年 10 月山西特大暴雨引发了漳河大洪水，2023 年"杜苏芮"台风带来的特大暴雨造成海河流域性特大洪水，地区防汛形势日趋严峻。开展流域内洪水特性分析和研究是加强水旱灾害防御工作的重要内容，是进一步落实新时代治水思路的关键。本文从 2021 年漳卫河聊城段洪水入手，通过洪水特性分析，以及水库调度的重要作用，思考、总结漳卫河流域防御的主要问题，并提出应对措施，以期为以后的防汛工作提供参考。

## 1　流域概况

漳卫南运河水系是海河流域五大水系之一，由漳河、卫河、卫运河、漳卫新河和南运河等组成，流经山西、河南、河北、山东、天津四省一市，流域总面积 3.77 万 $km^2$。漳河发源于山西省长治市，上游支流主要分布在山丘区，水系呈扇形分布，漳河由岳城水库出山丘区进入平原区，岳城水库以下漳河干流长 119 km，流域面积 1.95 万 $km^2$，其中岳城水库以上流域面积 1.81 万 $km^2$。卫河发源于山西太行山脉，流经河南新乡、鹤壁、安阳、濮阳，沿途接纳淇河、安阳河等，至河北馆陶与漳河汇合称卫运河（聊城一般称漳卫河），流域面积 1.52 万 $km^2$。漳卫河是一条蜿蜒性河道，河道干流全长 157 km，无支流汇入，其中聊城段长 74.5 km，为山东与河北两省界河。

## 2　水文气象

漳卫南运河流域地处温带半干旱、半湿润季风性气候区。冬季，该流域在干冷偏北气流控制下气候干冷，夏季受来自海洋暖湿偏南气流控制气候湿热。由冬入春，气温回升较快，由秋入冬，降温也很迅速，全年气温 1 月最低，7 月最高，多年平均气温为 14 ℃。多年平均降水量 608 mm，夏季 7 月、8 月的降水量几乎占全年降水总量的一半以上。

## 3　流域洪水特性

漳卫南运河流域（如图 1 所示）洪水的时间分布与暴雨基本一致，大部分发生在 7 月、8 月，尤

---

**作者简介：** 赵庆鲁（1982—），男，工程师，主要从事水文情报预报工作。

以 7 月下旬至 8 月上旬最为集中。较大洪水的发生时间一般较暴雨发生的时间要晚 3~5 d。一次洪水的洪量相当集中，中等洪水 6 d 洪量占到 15 d 洪量的 50%~70%；大洪水 6 d 洪量可占到 15 d 洪量的 80%~85%；特大洪水年份最大 30 d 洪量一般占汛期洪水总量的 50%~90%，而 5~7 d 洪量则可占到 30 d 洪量的 60%~90%。山区河流的洪水一般都历时短、峰型尖瘦、陡涨陡落。中下游受河道及坡洼的调蓄，高水位维持时间较长，一次涨水落水过程最长可持续 3~4 个月。

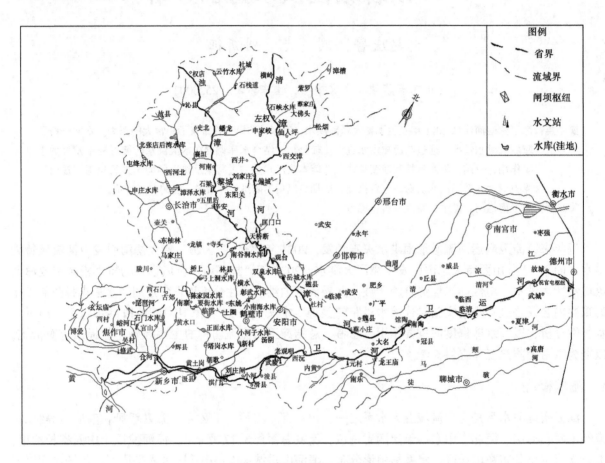

**图 1　漳卫南运河流域水系**

## 4　2021 年特大洪水

2021 年夏秋之际，漳卫河聊城段共经历两次特大洪水过程，7 月底洪水主要受郑州"7·20"特大暴雨影响，10 月洪水主要受山西罕见暴雨影响。

7 月 20 日 8 时，漳卫河入山东第一个水文站南陶水文站出现涨水，30 日 14 时达到洪峰流量 1 100 m³/s，相应水位 40.24 m，该站警戒水位 40.87 m，洪峰水位距警戒水位 0.63 m。该洪水是漳卫河聊城段近 25 年以来最大一次涨水过程，仅次于 1996 年洪水过程。

7 月暴雨引发的漳卫河洪水还在行洪过程时，10 月初山西普降暴雨，漳河上游来水猛增，岳城水库蓄水量达到历史极值，受泄洪影响，南陶水文站 10 月 11 日 9 时刷新年度最大流量，洪峰流量达到 1 220 m³/s，相应水位 40.07 m，距警戒水位 0.80 m。

## 5　与历史洪水对比

漳卫河聊城段历史上共发生 5 次大的洪水：1963 年、1982 年、1996 年、2016 年及 2021 年。由于河道变化及水文监测站点变化等因素，现对 1996 年、2016 年、2021 年 7 月、10 月洪水做一下比较分析，水文监测站采用南陶水文站，南陶水文站 1996 年洪峰流量 1 950 m³/s，2016 年洪峰流量 556

$m^3/s$。洪水过程基本情况见表1，过程线见图2~图4。

表1 4次洪水过程情况

| 监测站 | 日期<br>（年-月-日） | 洪峰流量/<br>（$m^3/s$） | 相应水位/m | 距警戒水位/m | 涨水至峰顶<br>时间/d | 退水时间/d |
|---|---|---|---|---|---|---|
| 南陶 | 1996-08-09 | 1 950 | 40.47 | 0.40 | 7 | 13 |
| | 2016-07-28 | 556 | 38.92 | 1.95 | 9 | 15 |
| | 2021-07-30 | 1 100 | 40.24 | 0.63 | 9 | 25 |
| | 2021-10-11 | 1 220 | 40.07 | 0.80 | 23 | 57 |

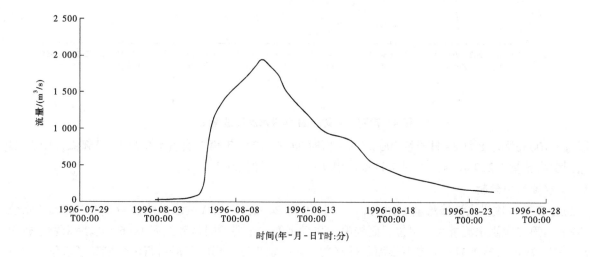

图2 南陶水文站1996年洪水流量过程线

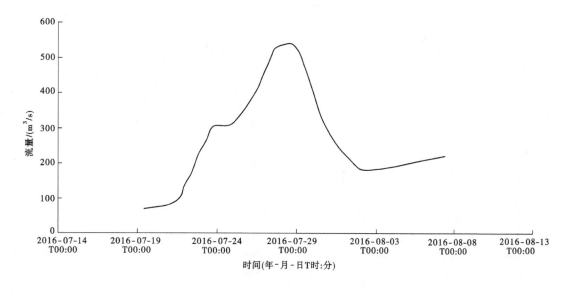

图3 南陶水文站2016年洪水流量过程线

## 5.1 从洪水历时分析

1996年洪水洪峰流量最大，洪水历时最短。1996年的洪水过程快涨快落，8月2日起涨，9日达到洪峰流量1 950 $m^3/s$，22日流量200 $m^3/s$，共历时20 d；2016年洪水7月19日起涨，28日达到洪峰流量556 $m^3/s$，8月12日流量200 $m^3/s$，共历时24 d；2021年第一次洪水21日起涨，30日达到洪

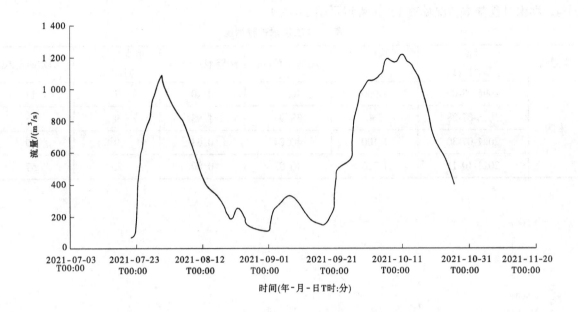

**图 4　南陶水文站 2021 年洪水流量过程线**

峰流量 1 100 m³/s, 8 月 24 日流量 200 m³/s, 历时 34 d; 2021 年第二次洪水 9 月 18 日起涨, 10 月 11 日达到洪峰流量 1 220 m³/s, 12 月 7 日流量 199 m³/s, 历时 80 d。

## 5.2　从水位大小分析

2021 年第一次洪水洪峰流量 1 100 m³/s, 水位 40.24 m; 第二次洪水洪峰流量 1 220 m³/s, 水位 40.07 m。第二次洪水流量大, 水位反而较第一次洪水低。主要原因是漳卫河 1996 年以后未发生较大洪水, 第一次洪水行洪期间河道下垫面条件复杂, 在一定程度上影响了河道行洪, 壅高了水位。水位过程线见图 5。

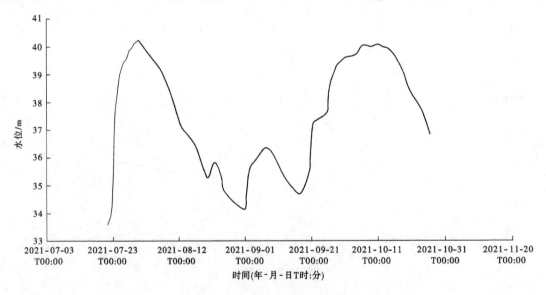

**图 5　南陶 2021 年洪水水位过程线**

## 5.3　行洪时间长的原因分析

从以上可以分析出, 漳卫河河道平缓, 洪水传播慢、行洪时间长。2021 年洪水与 1996 年、2016 年有较大不同, 2021 年两次洪水过程具有连续性, 第一次行洪过程尚未完全结束, 9 月中旬至 10 月初华北地区再迎较强降水过程, 持续的降水过程再次形成较大有效径流, 从而形成连续性的第二次洪水，河道行洪时间延长。加之卫河流域洪水期间即第一次洪水期间启用多处蓄滞洪区，随着行洪过程中河道水位的不断下降，蓄滞洪区洪水回流干流使行洪时间再度延长，直至2022年2月中旬南陶站流量才降至100 m³/s以下，行洪过程非常缓慢，充分体现了漳卫河的行洪特点。

## 6 岳城水库的拦洪削峰作用

在漳卫河行洪过程中，岳城水库发挥了重要的拦洪削峰作用，这也是2021年第二次洪水洪峰流量未超1996年的重要原因。在防御漳卫河洪水中，岳城水库凸显了水利工程调度在防洪减灾中的作用。

从表2和图6中可以看出，漳河上游岳城水库对洪水的拦洪消峰作用明显，岳城水库最大入库流量2 150 m³/s，对应出库流量700 m³/s，削峰近70%，有力减轻了下游的防汛压力，以致岳城水库2021年的最大蓄水量达到了建库以来的最大值。

表2 岳城水库出入库流量记录 　　　　单位：m³/s

| 时间<br>（年-月-日 T 时：分） | 入库流量 | 出库流量 |
|---|---|---|
| 2021-09-26T12：00 | 844 | 400 |
| 2021-10-01T23：00 | 473 | 550 |
| 2021-10-04T16：00 | 376 | 500 |
| 2021-10-06T13：00 | 467 | 550 |
| 2021-10-07T08：00 | 1 910 | 650 |
| 2021-10-07T12：00 | 2 150 | 700 |
| 2021-10-07T14：00 | 1 950 | 750 |
| 2021-10-08T08：00 | 1 350 | 850 |
| 2021-10-09T08：00 | 961 | 850 |
| 2021-10-10T08：00 | 850 | 850 |
| 2021-10-12T08：00 | 600 | 800 |
| 2021-10-15T12：00 | 520 | 650 |
| 2021-10-17T08：00 | 300 | 500 |
| 2021-10-21T08：00 | 325 | 400 |
| 2021-10-23T08：00 | 232 | 250 |

## 7 思考及结语

（1）洪水发生的偶然性与必然性。受全球变暖因素影响，我国的暴雨中心由黄淮以南逐渐北移，近年来华北地区降水逐渐增多，就聊城乃至山东省而言，2021年降水量达到一个历史极值，凸显了暴雨中心向华北移动的特点。就暴雨中心而言，河南、山西暴雨过程具有必然性，就雨量而言具有一定的偶然性。

（2）洪水发生时间由夏季向秋季推移。就本文所述南陶水文站而言，历史较大洪水过程基本发生在降水集中的7月、8月，10月发生重现期超过20年的洪水过程实属罕见。据监测，聊城2021年8月7日至10月15日降水量达到517.2 mm，距多年平均全年降水量仅差40多mm，夏秋连汛的特点明显。山东省乃至整个华北地区防汛时间历史性地延长，山东延长了将近1个月之久。

（3）水利工程调度在防汛中的作用显著。岳城水库拦蓄作用及上游卫河流域蓄滞洪区分洪，最

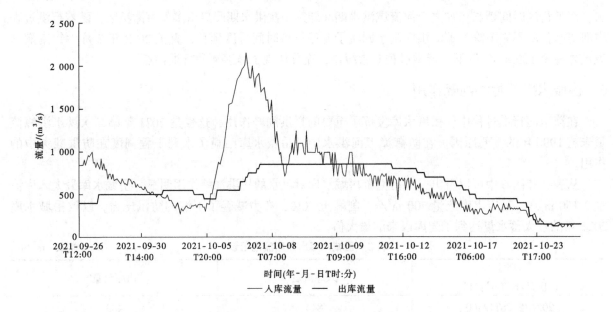

**图 6　岳城水库出入库流量过程线**

大程度地减轻了漳卫河下游的防汛压力。卫河流域大洪水期间，河南地区启用多达 8 处蓄滞洪区，最大程度地减轻了洪水对下游河道的冲击，南陶水文站洪峰流量控制在 1 100 m³/s。山西暴雨期间，岳城水库的拦蓄削峰功能发挥了巨大作用，以致水库蓄水量达到历史极值，把南陶水文站水位控制在了警戒水位以下。

（4）上下游联动防汛是关键。在此次防御洪水过程中，上下游联动在防汛中发挥了重要作用。南陶水文站作为漳卫河进入山东省的第一站，要保证南陶水文站预报精准度及预见期，就必须掌握上游水情信息，与上游河南、河北水文部门，漳卫南运河管理局及水库管理部门的沟通配合成为聊城防汛工作扎实开展的基础。

（5）强化"四预"机制，坚持"预"字当先。及时开展水利工程调度模拟预演，加强历史洪水和超标洪水分析研判，修订完善河道、水库、蓄滞洪区、城市防洪等标准内和超标洪水防御方案预案，强化"预报、预警、预案、预演"四项措施，坚持"预"字当先是防汛工作的重中之重。同时强化实时雨情信息的监测和水情的"以测代报"、滚动预报，优化细化灾害预警发布措施和机制，确保灾害发生前，人员安全有序转移，确保人民生命财产安全。

## 参考文献

［1］赵兴淼，马晓超，季晓翠，等．山东省漳卫南运河 2021 年防御洪水方案［R］．济南：山东省水利厅，2021.

［2］王文生．海河流域防御 2021 年夏秋连汛经验启示［J］．中国水利，2022，938（8）：4-7.

［3］任宏昌，张恒德．郑州"7·20"特大致洪暴雨的精细化特征及主要成因分析［J］．河海大学学报（自然科学版），2022，50（5）：1-9.

［4］赵悦，高建文，杨志刚，等．2021 年漳卫河系洪水调度实践与思考［J］．中国水利，2022，938（8）：8-11.

［5］刘志雨．洪水预测预报关键技术研究与实践［J］．中国水利，2020（17）：7-10.

［6］张利平，曾思栋，夏军，等．漳卫河流域水文循环过程对气候变化的响应［J］．自然资源学报，2011，26（7）：1217-1226.

［7］徐和龙，杨志刚，赵悦．2021 年海河流域水旱灾害防御工作回顾［J］．中国防汛抗旱，2021，31（12）：22-24，33.

［8］袁军，朱晓春，毛慧慧，等．完善海河流域防洪工程体系的思考：漳卫河"21·7"洪水防御启示［J］．中国水利，2022（8）：12-14，17.

# 差压式密度计在黄河泥沙监测中的应用研究

胡光乾　范少英

（水利部小浪底水利枢纽管理中心，河南郑州　450000）

**摘　要**：水体含沙量监测对高含沙水流上水利枢纽的安全运行具有重要意义。结合现场生产环境，将差压式密度计改造后成功应用于小浪底水利枢纽的泥沙含量在线监测工作。结果表明，差压式密度计在机组过机水流和排沙洞出水口高含沙水流的含沙量在线监测中取得了良好的应用效果，发挥了应有的监测和预警功能，为指导生产提供了依据。

**关键词**：小浪底水利枢纽；密度计；含沙量；在线监测

## 1　引言

黄河是全世界泥沙问题最突出的河流[1]，泥沙含量大、粒径小。对黄河上修建的水利枢纽而言，防洪、减淤是水库水沙调控的关键问题。其中，水体含沙量监测对水库调度、机组运用、水工建筑物安全运行等具有重要意义。

按监测主体不同，水体含沙量监测可分为人工测量和仪器监测，前者常采用烘干法和置换法，后者按监测原理可分为γ射线法、振动法、超声波法、电容法、光电法和激光法等[2]。各种监测方法中，人工测量相对较为准确，常作为基准值以判断仪器监测是否准确，但受其操作要求所限，人工测量的结果存在一定的滞后性。对水利枢纽而言，水体含沙量变化大、变化速度快，生产实际中往往需要快速根据来水来沙变化情况以调整泄流孔洞和发电机组等的运用，对含沙量监测的实时性要求更高。依据不同的监测原理，国内外学者对含沙量在线测量仪器开展了许多研究：Ferguson 等[3]和雷廷武等[4]提出了γ射线法，但因其放射性难以广泛推广应用；新型泥沙实时在线监测设备如 ADCP[5]、OBS[6]等，则受其声学或光学原理限制，测量结果受泥沙粒径的影响较大，且设备量程较小；Willis 等[7]和王智进等[8]研制出振动式悬移质测沙仪，付立彬等[9]将数学统计方法等应用于测沙仪器的数据处理和分析，宋书克[10]将其应用于小浪底水利枢纽排沙洞高速水流的含沙量在线监测。

长期以来，水轮机过流部件的磨损是许多水电站面临的严重问题。当含沙水流经过水电站发电机组时，泥沙使水轮机机组部件出现鱼鳞坑、针孔、麻点、蜂窝状等缺陷，导致系统失稳、效率下降，威胁水轮机机组安全，因此对发电机组过机含沙量的实时在线监测为指导机组停机避沙提供了重要的数据基础。

## 2　研究区域及方法

### 2.1　研究区域概况

黄河小浪底水利枢纽位于黄河中游最后一座峡谷的出口处，上距三门峡水利枢纽 130 km，下距花园口水文站 128 km，控制黄河 92.3%的流域面积和近 100%的泥沙[11]，总装机容量 180 万 kW，为峡谷型水库，总库容 126.5 亿 m³。

自 2018 年起，小浪底水利枢纽汛期采用"低水位、高含沙"的运行模式，在此运行条件下，若

---

**作者简介**：胡光乾（1970—），男，高级工程师，测量室主任，主要从事水工建筑物安全监测和水库泥沙测量等工作。

发电引水中的泥沙含量过高，会对水轮机组产生严重磨蚀，影响机组运行安全和发电效益。为减少泥沙对发电系统水轮机组的破坏，小浪底调度规程以过机含沙量作为机组停机避沙的标准。

为便于实时监测机组过机含沙量，小浪底水利枢纽发电部门曾安装过一套以振动法为原理的泥沙含量在线监测装置，但受安装位置和设备原理所限，仪器"零漂"现象较为严重，无法满足生产需求，拆除后各机组过机含沙量的监测方法调整为人工监测：在小浪底水利枢纽尾闸室 1~6 号尾闸检修门槽处人工取样，后通过置换法人工测量样本含沙量。

## 2.2 现场环境

小浪底水利枢纽发电系统中，水流从机组到尾水出口全部为地下洞室结构，仅在尾闸室尾水闸门之前有一通道与地面相通，通道侧壁安装有预埋的竖向交通爬梯和爬梯护栏，通向尾水洞顶部的交通平台（见图 1）。经现场考察，日常机组运行时，尾水闸门前水位壅高淹没尾水洞顶部的交通平台，水位超过平台 3~4 m，受底部尾水上涌影响，现场水流呈翻滚状态，水面波动较大。

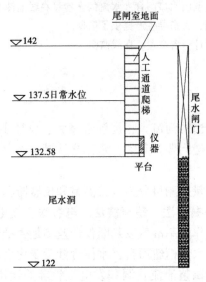

**图 1  现场简易示意**

## 2.3 技术思路

结合地下洞室型的现场环境，新加装含沙量在线监测设备只能安装于尾闸室尾水闸门前。黄河上较为通用的振动式测沙仪一般需要通过引流装置从水体中抽取样本进行测量，若应用于生产现场（见图 1），需采用水泵类引水装置持续工作以将样本提升至高处。此种安装方式一是易造成引流装置淤堵，二是引流装置不间断工作有损设备使用寿命。因此，振动式测沙仪不适用于此条件下的机组过机含沙量在线监测。

通过对置换法原理的改进得到式（1）~式（3），从理论层面建立了"含沙水体密度和水体含沙量"之间的数量关系。考虑黄河上泥沙多为粉沙，且经过机组充分搅拌混合后，近似认为机组尾水为"含沙量均匀分布的均质液体"。尾闸前后，机组尾水为非有压流且水体流速较小，可以考虑选用市场上较为成熟的差压式密度计测定尾水密度，进而计算尾水含沙量。经验证试验，证明上述技术思路可行[12]。

$$S' = (\rho_{ms} - \rho_m)K_2 \tag{1}$$

$$K_2 = \frac{\rho_s}{\rho_s - \rho_m} \tag{2}$$

$$S' = (M_{ms} - M_m)K_2/V \tag{3}$$

式中：$S'$ 为含沙量，$kg/m^3$；$\rho_{ms}$ 为"浑水"与泥沙混合物的密度，$kg/m^3$；$\rho_m$ 为"浑水"的密度，$kg/m^3$；$\rho_s$ 为泥沙的密度，$kg/m^3$；$M_{ms}$ 为"浑水"与泥沙混合物的质量，$kg$；$M_m$ 为"浑水"的质

量，kg；$K_2$ 为置换系数；$V$ 为体积，$m^3$。

"浑水"为含沙水体澄清后上层含有溶解质的水体。

## 3 实践应用

### 3.1 设备改造及安装

考虑尾水洞全封闭的结构特点，经现场考察选定利用尾闸检修门前出露空间安装差压式在线密度计。但现有的差压式密度计（见图2）为一体式设计，下部为间隔一定的压力传感器，顶部为计算和显示单元，若将差压式密度计直接安装，起伏较大的水流完全淹没设备会损毁设备顶部的计算和显示单元。

根据现有的差压式在线密度计结构原理，依据功能不同将其改造拆分为水下探头、数据线缆和外接仪表箱三部分（见图2）：将压力传感器和计算单元合并为水下探头部分，使用时保证其淹没入水，外接仪表箱部分转移至岸上，二者之间通过数据线缆连接，所有插头和接口部分均具备防水功能。受差压式密度计测量原理所限，验证试验中也发现水体流速会使测量结果产生较大幅度的波动，基于此，为水下探头部分设计加装保护管，可营造流态较为稳定的测量环境，同时在保护管上钻孔以保证管内外水体充分交换。

小浪底水利枢纽共6台机组，利用支架在各尾水闸门前检修平台拐角处各安装1台水下探头；6台外接仪表箱统一放入仪表柜内便于集中显示和读数（见图3），仪表柜放置于尾闸室内靠近动力中心的地面高台处，从动力中心内接电为仪表供电；水下探头和仪表之间采用数据线缆连接，数据线缆敷设至尾闸室内已有电缆桥架内；仪表柜加装数据传输模块，6台设备的数据汇总处理后，通过物联网卡传输至大坝安全监测管理平台。

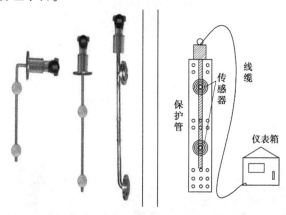

图2 差压式密度计示意 （单位：mm）

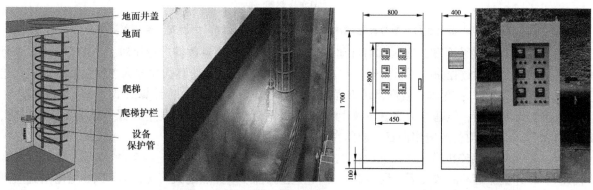

图3 设计图及现场实际效果 （单位：mm）

### 3.2 应用效果

2021 年汛前在小浪底水利枢纽尾闸室完成设备安装调整工作，自同年汛期起开始开展试验性生产应用，应用效果如下：

（1）现场仪表柜可以正常显示读数，依托现有的大坝安全监测管理平台，可实时显示含沙量自动化数据，且具备过往数据查询及下载等功能。目前数据监测频次为 5 min 1 次，通过软件设置可依据不同的监测需求以 20 s 为间隔调整监测频次。

（2）2021 年汛期投用后，5 号和 6 号机组运行时间较长。从过程线（见图 4）看，受水流对传感器冲击的影响，数据过程线不够平滑出现"噪点"；受水位变幅影响，当水下探头部分的两个传感器不能完全淹没时，过程线出现"单点"或"断裂"的现象。但上述两种现象出现频率较低，结合数据线整体变化趋势，可为生产实践作出指导作用。

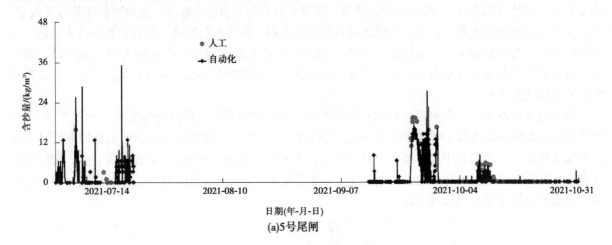
(a)5号尾闸

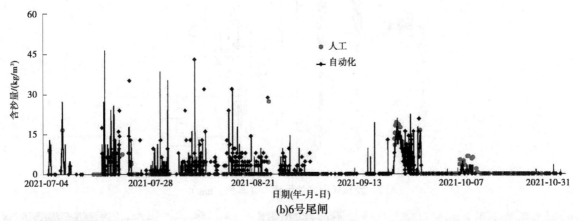
(b)6号尾闸

**图 4　2021 年出沙后 5 号和 6 号尾闸处自动化测值变化过程（大坝安全监测管理平台）**

（3）就数据准确性而言，选取汛期自动化监测数据与人工测量数据进行比对，再结合 5 号、6 号机组尾闸处的含沙量过程曲线可以发现：在总体趋势方面，自动化监测数据与人工测量数据的变化趋势基本一致（见图 4）；在单一数据比较方面，受取样位置、水体流速、计算方式等差异的影响，二者在数字上有所偏差，但基本分布在斜率为 1 的直线附近（见图 5），误差大部分在 5 kg/m³ 以内，最大为 9.2 kg/m³，对生产应用而言，误差在可接受范围内。

（4）除指导机组停机避沙外，该设备也成功发挥预警预报作用。2023 年 7 月 14 日，在上游没有调水调沙和异重流运动的情况下，设备显示 1~4 号过机含沙量突然增大（见图 6，以 3 号尾闸处监测数据为例），在人工校核验证的情况下，机组及时停机避沙，同时打开孔洞泄流防止闸门前淤堵，为保护水轮机组和保证水工建筑物"门前清"提供了重要预警信息。

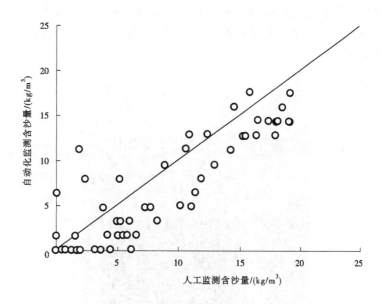

图 5　自动化数据与人工测量数据比对

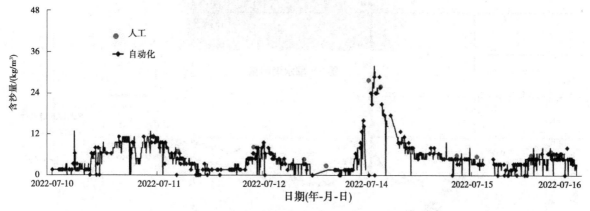

图 6　2023 年 7 月中旬 3 号尾闸处自动化测值变化过程（大坝安全监测管理平台）

（5）结合现场环境和水流条件，与取水引流式含沙量在线监测设备相比，该方法可直接测量过机尾水的含沙量，测值更具有代表性。

### 3.3　扩展应用

为进一步验证差压式密度计在高含沙水流中的应用效果，结合生产实际需求，将差压式密度计扩展应用至 1 号排沙洞出口。

2015 年起，小浪底水利枢纽 1~3 号排沙洞出口陆续安装振动法含沙量在线监测设施[10]。现场应用中受高含沙水流影响，设备引水管极易淤堵，影响设备使用，且受其监测原理所限，"零漂"现象较为严重。基于差压式密度计在机组过机含沙量在线监测中的成功应用，2023 年调水调沙期间将该设备试应用于 1 号排沙洞出水口。由于 1 号排沙洞出水口水流为高速高含沙水流，冲击力大、磨蚀性强，故所有含沙量测量设备均无法用于流道内直接测量。本次扩展应用中，选用耐磨的碳化硅材料做取水口，同时加装取水消能箱（见图 7）以营造差压式密度计使用所需的较为稳定的测量环境。取水消能箱上部为开放空间，高速高含沙水流不断进入取水消能箱，充分混合，可同样近似认为箱内上部水体为"均质液体"的无压流。

从应用结果来看，设备在高含沙水流的含沙量监测中仍可正常应用，监测到的最大含沙量为 585 kg/m³；与原有的振动法在线监测设施的结果相比，两者虽有所差异，但变化趋势一致［见图 8

（a）]，相近时间段内，误差值最小为 6 kg/m³、最大为 91 kg/m³，误差率最小为 2%、最大为 20%；新设备在结构上稳定性更高，在前者出现淤堵而导致数据中断时，仍可以正常工作，为生产工作提供数据指导［见图 8（b）]。

**图 7　取水消能箱**

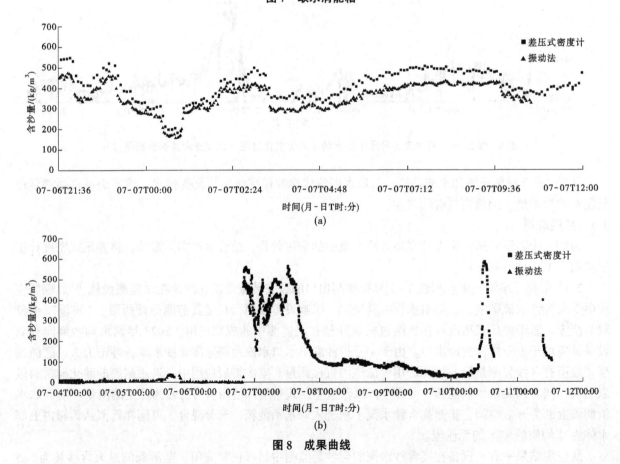

**图 8　成果曲线**

## 4　结论与展望

（1）在过机含沙量监测应用中，与传统取水引流式监测装置相比，差压式密度计可直接用于机组尾水中测量，测值更具有代表性。

（2）在排沙洞出口高速高含沙水流含沙量监测的应用中，与现有的振动法监测设施相比，差压式密度计有效解决了前者"零漂"问题，且在结构设计上不易淤堵，更便于维修。

（3）差压式密度计在小浪底水利枢纽的含沙量监测中均取得了良好的应用效果，数据显示、传输正常可靠，发挥了应有的监测和预警功能，为指导生产工作提供了依据。

（4）基于其测量原理，水体流速易影响测值的稳定性，含沙量垂向分布不均则会影响测值的准确性，后续可通过添加修正系数、改善测量环境等措施进行改善，以适应更为复杂的监测环境和监测需求。

## 参考文献

[1] 江恩慧，王远见，李军华，等.黄河水库群泥沙动态调控关键技术研究与展望［J］.人民黄河，2019，41（5）：28-33.

[2] 展小云，曹晓萍，郭明航，等.径流泥沙监测方法研究现状与展望［J］.中国水土保持，2017（6）：13-17.

[3] Ferguson H, Gardner W H. Water Content Measurement in Soil Columns by Gamma Ray Absorption1［J］. Soil Science Society of America Journal, 1962, 26（1）：11-14.

[4] 雷廷武，赵军，袁建平，等.利用γ射线透射法测量径流含沙量及算法［J］.农业工程学报，2002（1）：18-21，13.

[5] 郭凯，刘亮，柯达，等.基于ADCP测量悬移质含沙量的实验研究［J］.水道港口，2019，40（3）：358-361.

[6] 栾润润，张瑞波.基于OBS 3+传感器的实验室含沙量测量系统开发和应用［J］.水道港口，2017，38（1）：94-98.

[7] Willis J C, Bolton G C. Statistical analysis of concentration records［J］. Journal of the Hydraulics Division, 1979, 105（1）：1-15.

[8] 王智进，宋海松，刘文.振动式悬移质测沙仪的原理与应用［J］.人民黄河，2004（4）：19-20.

[9] 付立彬，刘明堂，王丽，等.含沙量监测的wavelet-Kalman多尺度融合研究［J］.人民黄河，2018，40（9）：23-27.

[10] 宋书克.振动法在线监测黄河小浪底排沙洞高速水流含沙量［C］//中国大坝协会，西班牙大坝委员会.水电可持续发展与碾压混凝土坝建设的技术进展：中国大坝协会2015学术年会论文集.中国大坝协会、西班牙大坝委员会：中国大坝协会，2015：5.

[11] 李立刚，陈洪伟，李占省，等.小浪底水库泥沙淤积特性及减淤运用方式探讨.人民黄河，2016，38（10）：40-42.

[12] 范少英，胡光乾，张冉，等.基于置换法解决含沙量实时监测问题的研究［J］.人民黄河，2021，43（S1）：9-10.

# 黄河水文支撑流域水利高质量发展实践和应用

彭 飞 杨国伟

（黄河水利委员会水文局，河南郑州 450004）

**摘 要：** 水文是国民经济和社会发展的基础性工作，是保障国家水安全、推动新阶段水利高质量发展的重要支撑。本文主要论述了水文的基础地位和支撑作用，以黄河水文为蓝本，从水文规划、站网建设、测报能力提升等方面阐释了黄河水文现代化建设取得的成效及经验，从黄河流域防汛抗旱、水资源管理、水生态环境保护、水文测报等方面应用案例，说明水文支撑黄河流域水利高质量发展的成功实践，分析黄河水文在生产实践中存在的问题和不足，并提出了解决思路和方法。

**关键词：** 黄河水文；高质量发展；支撑；水文现代化

　　推动新阶段流域水利高质量发展，离不开以流域为单元的水文数据和监测预报预警基础支撑。近年来，黄河水文围绕解决黄河流域水资源、水生态、水环境和水灾害等新老水问题，加快推进水文现代化建设，结合黄河保护治理新要求，持续完善水文监测站网体系，全面提升水位、流量、含沙量等水文要素自动化测报水平，不断提高暴雨洪水、径流、冰凌等水文预警预报精度和预见期，为流域水旱灾害防御、水资源统一调度管理、生态环境保护等提供了及时、准确、全面的水文数据，水文支撑黄河流域生态保护和高质量发展水平显著提高。

## 1 黄河水文支撑高质量发展的实践

### 1.1 优化顶层设计

　　积极将水文需求纳入《黄河流域生态保护和高质量发展规划纲要》《黄河流域生态保护和高质量发展水安全保障规划》。编制黄河水文现代化建设规划、水文发展"十四五"规划、黄河水文基础设施"十四五"建设规划，引领新阶段黄河水文高质量发展。截至目前，已批复61个基建项目，新改建一批水文站、水位站、雨量站和水质、水生态实验室，装备 ADCP、雷达测流系统、在线测沙仪、无人机、多波束水下扫描仪等新仪器设备近千台（套），有力推动了水文测报能力的提升。

### 1.2 完善站网体系

　　坚持地表水与地下水相结合，统筹水资源、水环境、水生态，依托近期项目在河源区重要支流补充建设7处水文站、15处雨量站，在海勃湾水利枢纽新建1处出库站，在中游窟野河新设1处省界断面，在刁口河流路布设6处生态流量监测断面，不断完善水文站网布局和功能。依托勘测局基地建设，试点构建"3+3"框架的精兵高效水文监测运管体系，在测站层面逐站定位"驻测、巡测、巡驻结合"测验模式；在勘测局层面组建水文测控中心，在保持原有综合管理、计财、技术等职能基础上，健全测控中心、巡测中心、保障中心等职能。组建流域水质监测中心，恢复宁夏水质监测分中心职能；填补宁蒙河段、伊洛沁下游河段淤积测验空白，推进无人机摄影、卫星影像解析、多波束测深等空天地技术手段应用，探索构建立体水文站网体系，夯实水文支撑黄河流域水利高质量发展监测基础。

### 1.3 提升监测能力

　　水位、雨量、蒸发、气象观测基本实现自动采集、传输。流量自动监测稳步推进，走航式 ADCP

---

**作者简介：** 彭飞（1988—），男，工程师，主要从事防汛测报及管理工作。

在53站批复投产，基本实现黄河干流及重要支流把口站全覆盖；水平ADCP在小川等13站安装应用，其中4站投产；37站配备雷达在线测流系统，其中6站批复应用，为中高洪水自动测报提供了技术保障；38站建成测流槽（堰），33站批复投产，水位-流量单值化、低水期流量在线监测成为现实。泥沙在线监测技术取得突破，自主研发的光电测沙仪在花园口等12站开展比测试验，小浪底站正式批复投产。冰期雷达冰厚测量仪在黄河宁蒙河段投产使用，视频影像流速解析技术、冰下ADCP测流技术在包头、头道拐等站比测试用。水文断面流量预报见图1。

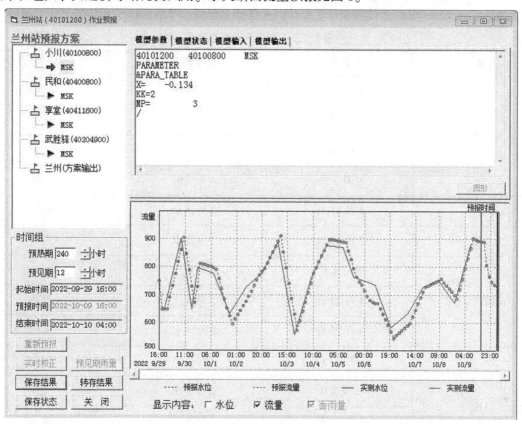

**图1 水文断面流量预报**

### 1.4 加强预警预报

气象预报方面，开发黄河流域中尺度降水、气温数值预报模型，中短期气象预报预见期延长至10~15 d；建设黄河流域天气雷达产品应用服务系统、气象卫星地面应用系统等，短时和临近天气预报预警能力得到加强。洪水预报方面，完善"黄河洪水预报系统"，预报站点从29站增至72站，预报方案由41套增至93套，洪水预报范围由中下游向上游和支流延伸。径流预报方面，建成黄河流域中长期径流预报系统，开展黄河主要站（区）月、旬尺度径流预报和年度天然来水量预报。冰凌预报方面，开发了基于水文学和热力学的冰凌预报数学模型，实现宁蒙及下游河段首凌、首封日期，开河日期及最大凌峰流量的预测预报，为黄河防凌调度提供技术支撑。

### 1.5 淤积测验技术

以无人船搭载单（多）波束测深仪进行水下地形测量、无人机搭载激光雷达从空中测量岸上地形，配合开发的软件实现了从水下到陆地一体化测验；广泛使用CORS网、千寻系统等技术，取代传统固定基站RTK定位，淤积测验外业断面测验的工作效率得到较大提高。

## 2 黄河水文支撑水利高质量发展的应用

### 2.1 支撑黄河防汛抗旱

2012年以来黄河干流共发生22场编号洪水，见表1。黄河水文坚持"人民至上、生命至上"，强化"四预"措施，密切跟踪雨水情变化和洪水演进，及时发布预警预报信息，成功测报 2021 年新中国成立以来最严重秋汛，准确预判多场洪水过程，为实现"一个流量、一方库容、一厘米水位"精准防汛调度提供了坚实支撑。2023 年 8 月，受台风"杜苏芮"影响，京津冀及东北均发生大洪水过程，8 月 2 日，黄河水利委员会水文局派出洪水应急测验队，连夜援助受灾严重的河北省保定市水文勘测研究中心，迅速开展受灾水文站点现场应急测验。同时，紧急调拨 29 台水位雨量遥测应急监测设备、2 台走航式 ADCP 支援黑龙江省水文水资源中心，为河北、黑龙江抗洪抢险贡献了黄河力量。

**表 1 近年黄河干流编号洪水**

| 年份 | 日期 | 洪水编号 | 编号站 |
| --- | --- | --- | --- |
| 2012 | 7 月 28 日 | 1 号洪峰 | 龙门 |
| | 7 月 29 日 | 2 号洪峰 | 龙门 |
| | 7 月 30 日 | 3 号洪峰 | 兰州 |
| | 9 月 3 日 | 4 号洪峰 | 潼关 |
| 2013 | 7 月 31 日 | 1 号洪水 | 唐乃亥 |
| 2017 | 7 月 27 日 | 1 号洪水 | 龙门 |
| 2018 | 7 月 8 日 | 1 号洪水 | 唐乃亥 |
| | 7 月 23 日 | 2 号洪水 | 兰州 |
| | 9 月 20 日 | 3 号洪水 | 兰州 |
| 2019 | 6 月 20 日 | 1 号洪水 | 唐乃亥 |
| | 7 月 3 日 | 2 号洪水 | 兰州 |
| | 9 月 17 日 | 3 号洪水 | 潼关 |
| | 9 月 22 日 | 4 号洪水 | 唐乃亥 |
| 2020 | 6 月 19 日 | 1 号洪水 | 唐乃亥 |
| | 7 月 20 日 | 2 号洪水 | 兰州 |
| | 8 月 6 日 | 3 号洪水 | 潼关 |
| | 8 月 11 日 | 4 号洪水 | 唐乃亥 |
| | 8 月 18 日 | 5 号洪水 | 潼关 |
| | 8 月 25 日 | 6 号洪水 | 潼关 |
| 2021 | 9 月 27 日 | 1 号洪水 | 潼关 |
| | 9 月 27 日 | 2 号洪水 | 花园口 |
| | 10 月 5 日 | 3 号洪水 | 潼关 |

## 2.2　支撑水资源管理

完成黄河水量调度监测和黑河（西北内陆河）水量监督性监测任务；强化径流预报，及时发布径流总量预报和主要来水区旬、月径流预报，为黄河连续 24 年不断流、东居延海连续 18 年不干涸作出贡献。完成黄河流域（片）第三次水资源调查评价，编制了黄河流域及西北诸河省界断面水文水资源监测方案，每月向水利部报送省界重要断面水文数据，为水资源管理提供科学依据。编制完成《黄河流域水资源监测体系建设实施方案》，有力支撑流域水资源集约节约利用。积极做好黄河 137 个重要取退水口在线对比监查工作及流量参数率定工作，为水资源分配提供决策支持。

## 2.3　支撑水生态环境保护

完成 127 个水质监测断面、578 眼地下水井水质监测任务，及时高效处置仕望川石油泄漏、子长县弃渣污染清涧河等水污染事件，为流域供水安全提供可靠支撑。编制"黄河流域地表水质量状况通报"，完成兰州、华县等主要控制断面生态流量及乌梁素海、黄河三角洲生态补水监测任务。布设 17 处生态监测断面，高效完成黄河三角洲生态补水应急监测，为实现河口生态补水目标提供了科学支撑。同时，在扎陵湖、鄂陵湖、乌梁素海等水域布设 25 个断面开展生境指标和水生生物指标监测，助力流域水生态文明建设。近年黄河流域地表水质量状况见表 2。

**表 2　近年黄河流域地表水质量状况**

| 年份 | 达到或优于Ⅲ类断面比例/% | 劣Ⅴ类断面比例/% | 水质状况（75%≤Ⅰ～Ⅲ类水质比例<90%为良好） |
|---|---|---|---|
| 2020 | 79.4 | 7.9 | 良好 |
| 2021 | 81.5 | 4.6 | 良好 |
| 2022 | 80.0 | 5.6 | 良好 |

## 2.4　支撑重大治黄实践

在近年黄河调水调沙过程中，扎实做好水文监测预报，全程跟踪监测小浪底水库库区异重流产生、演进和出库过程，以及下游河道含沙量变化，为流域干支流水库群联合调度、全河段水沙调控提供坚实支撑。据统计，自 2002 年开展调水调沙至 2022 年汛后，小浪底水库累计排沙 25.8 亿 t，有效防止了拦沙库容过快、过早淤满，延长了小浪底水库使用寿命；32.5 亿 t 泥沙（利津站）被送入大海，下游主槽实现全线冲刷，最小过流能力由 2002 年汛前的 1 800 m³/s 提升到目前的 5 000 m³/s（孙口站），有效扩大了黄河下游防洪调度空间。

小浪底水库 2002—2022 年干流主槽深泓点沿程变化见图 2。

## 2.5　水文信息服务

立足水文分析计算、规律研究、情报预报、水质预警等任务，深化水文数据加工，有效提供水量、水质、水生态、泥沙等多样化产品。每年编制印发《黄河水资源公报》《黄河泥沙公报》和《黄河流域水文年鉴》，为黄河流域高质量发展提供全方位服务。

# 3　存在的问题

## 3.1　站网体系还不完善

在水灾害防御方面，河源区仍有较大支流存在监测空白；重点防洪防凌河段、暴雨易发区、泥沙重要来源区站网仍需加密。在水资源管理方面，还有省界支流未设监测断面；流域内重要引退水口尚未有效覆盖。在水环境水生态监测方面，监测断面布局还不完善，监测体系还不健全。

## 3.2　水文监测能力还需提升

水文监测自动化、智能化、立体化方面还有差距。受黄河特殊水沙特性影响，新技术、新设备适

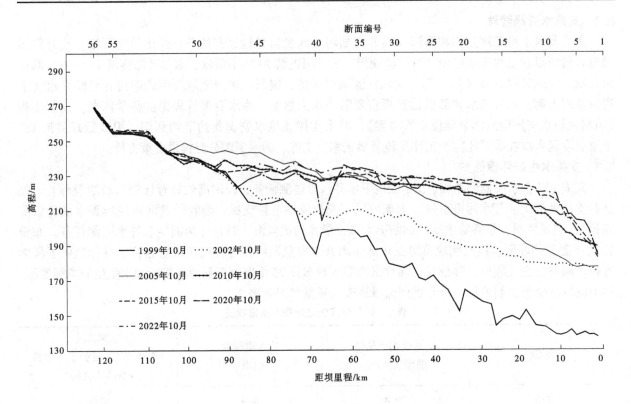

**图2　小浪底水库2002—2022年干流主槽深泓点沿程变化**

用性研究分析难度较大，推广应用力度不足，雷达、H-ADCP 等流量在线监测，光电测沙仪等泥沙在线监测仪器覆盖范围不广，距离全要素、全量程自动化监测差距较大。"巡驻结合"测报模式还处于试点阶段，现代化测报运维管理模式尚未有效建立。

### 3.3　预测预报水平与"四预"要求还有差距

河源区、河三区间洪水预报仍以河道演进和统计学方法为主。中下游下垫面变化较大，漫滩洪水现有预报方案仍需改进完善。泥沙预报以经验预报方法为主，预报精度还不高。对冰凌生消演变整体过程动态模拟和预报研究还不够。

### 3.4　水文信息处理能力仍然不足

水文测站自动或人工采集数据尚未有效实现自动处理，水文资料即时整编手段还需加强，业务软件缺乏或不成体系，各类预报系统相对独立，功能不完善，自动化、智能化处理水平不高。水文业务与人工智能、大数据、云计算、区块链信息化高新技术融合发展不够，对水文数据的深度挖掘、分析及应用不足，服务手段较为单一。

## 4　展望和举措

### 4.1　突出顶层设计整体推进

紧紧围绕流域水利高质量发展目标要求，系统评价黄河水文站网空间布局和测站功能定位，落实"一区一策""一站一策"，科学谋划、整体布局、统筹推进水文现代化建设。站网方面，填补河源区、中游无控区水文监测空白，补设省界河湖站；在宁夏、河套灌区及规模以上引水口，内蒙古河段重要退水闸布设监测站点；推进水生态监测，在河源、河口规划布设水生态综合实验站、水沙因子站，不断优化站网布局和功能。水文监测方面，科学制订基本站测验方式优化和现代化建设方案，分要素、分量程提升自动化测报水平，推动"十四五"末，流量自动测报率、泥沙自动测报率达到要求。预报预警方面，优化气象、洪水预报业务系统，提升暴雨洪水预报精度、延长预见期；做好基于地理信息的产汇流、洪水实时演进、漫滩洪水传播、冰凌生消等机理研究与应用，为流域防洪防凌科学决策提供基础依据；研究分析水利水保工程影响下流域产汇流机制，提高区域洪水径流预报能力；推进泥沙、冰凌预报技术研究，切实提升预测预报水平。

### 4.2　聚焦问题短板重点突破

（1）加大流量、泥沙在线监测投产应用力度，针对黄河水沙特性加强流量、泥沙在线监测仪器研发以及比测率定分析，遴选应用情况较好的加快推广应用；强化利用雷达、图像识别等技术开展水面流速测验方式方法研究，提升在线监测覆盖范围。

（2）加强水文基本规律研究，围绕黄河保护治理和水文工作难点、热点问题，深化水文基础科研，深入开展流域水沙基本规律研究，紧紧抓住水沙关系调节这个"牛鼻子"。加强黄河水资源情势变化、水资源承载能力等基础研究和分析评价，支撑流域水资源综合管理。积极推进水文重大科研项目立项，加快水文基础研究与科研技术攻关，提高黄河水文核心竞争力。

（3）提升水文测报信息化水平，推动智能定线、自动报汛、在线整编、水文综合管理平台等系统优化完善和推广应用，有效整合各类业务系统，增强水文信息统一管理应用能力，提升水文信息服务智能化、多样化水平。

水位—流量关系智能定线软件见图3。

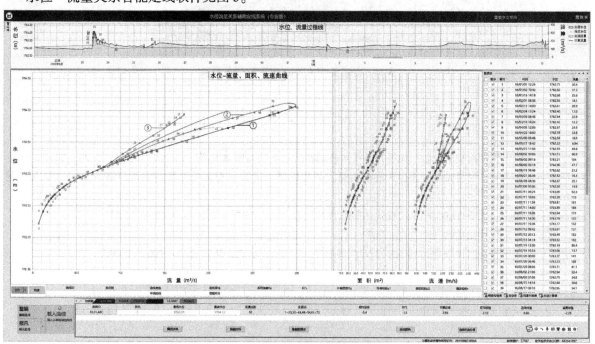

**图3　水位—流量关系智能定线软件**

### 4.3　开展先行先试示范引领

推动数字孪生水文建设，开展重点水文站、重点河段数字孪生试点建设，丰富数字孪生数据底板，构建智能感知监测体系，以兰州、包头、潼关、吴堡、花园口、泺口等河段数字化场景，山东黄河水文数字孪生示范平台（见图4）为模板，扩展构建统一的黄河水文数字孪生平台。完善水文预报模型，推动洪水、径流、冰凌预报等数据共享，持续提升黄河数字孪生业务应用系统水文功能，为黄河保护治理提供前瞻性、科学性支持。

加快测报模式改革，加强"巡驻结合"测区试点经验总结，充分利用先进技术装备，优化测报管理模式，推动河源区实行"全面巡测"，中下游积极推进"巡驻结合"，进一步提高全测区要素在线监测水平。

筑牢雨水情监测预报"三道防线"，积极推动伊洛河、沁河、渭河测雨雷达建设，加密北干流区间、三门峡—小浪底区间水位、雨量监测站网，提升暴雨洪水监测预报能力。

图 4　山东黄河水文数字孪生示范平台

## 参考文献

[1] 李国英. 深入贯彻落实党的二十大精神，扎实推动新阶段水利高质量发展 [J]. 中国水利，2023（2）：1-10.

[2] 汪安南. 深入推进黄河流域生态保护和高质量发展战略努力谱写水利高质量发展的黄河篇章 [J]. 人民黄河，2021（9）：1-6.

[3] 苏铁，杨国伟. 关于推进黄河水文现代化的思考与探索 [J]. 中国水利，2023（2）：15-17.

[4] 水利部. 水文现代化建设规划 [Z]. 2021.

[5] 林祚顶. 加快推进水文现代化 全面提升水文测报能力 [J]. 水文，2021（3）：10002-10005.

# 基于 MIKE SHE 模型的秦岭北麓产汇流特性研究

李 菲 马萌华 刘 园 周晓平 崔述刚 巩凌峰

（中国电建集团西北勘测设计研究院有限公司，陕西西安 710061）

**摘 要**：秦岭北麓南山支流作为渭河的重要水源，其空天地水分迁移规律的研究十分关键，应用分布式水文模型探索秦岭北麓降雨时空演化规律，对于提高秦岭北麓水分循环的认知和区域防洪减灾具有重要意义。本文梳理了秦岭北麓河流水系框架，收集了秦岭北麓西安段 6 个水文站的长系列降雨径流数据，基于 MIKE SHE 模型建立了秦岭北麓西安段全流域模型、峪口以上流域模型及 3 个代表性子流域模型，总结 MIKE SHE 模型时间步长及计算网格对结果敛散性的影响，分析降雨径流的时空演化规律及降雨径流相关关系，深入挖掘产汇流的影响因素，判断产流效率及产流机制，实现对秦岭北麓产汇流机理深度剖析。结果显示：按照暴雨及产汇流分区，秦岭北麓可划分为 3 个代表性子流域，分别是中段沣河流域、西段黑峪涝峪、东段浐灞流域。分布式模型时间步长、计算网格对模型敛散性影响较大，秦岭北麓降雨、径流呈现明显的年际变化规律，判断区域产流模式为蓄满产流。

**关键词**：秦岭北麓；MIKE SHE 模型；产汇流机理；时空演化规律

秦岭是我国最重要的生态安全屏障，秦岭北麓南山支流是渭河的重要水源，秦岭山脉是中国南北方气候的分界线，同时也是我国的中央水塔，以秦岭为界，形成了黄河、长江两大水系，国家已将秦岭生态文明建设上升至战略高度。

秦岭北麓受季风气候影响，气候变率大，因其山高沟深，地形复杂且坡度大，周边河流峪口众多，是洪涝灾害高暴露区和脆弱区，强降水次生衍生灾害频发，迫切需要提高对秦岭北麓产汇流机制的认知。受降雨、地形、土壤、植被等影响，各峪口存在明显的产流能力各异现象，主要原因涉及冲积扇的物理特性、冲积扇内的水分迁移规律、暴雨的时空分布特征及各类水资源开发工程的人为扰动。2015 年 8 月 3 日，西安市出现短时大暴雨天气，山洪泥石流引发严重人员伤亡和基础设施破坏，陇海铁路西安段连续中断 2 d，长安区王莽街道小峪河村因山洪暴发造成多人伤亡失踪。2016 年 7 月 24 日，西安城区严重城市内涝，导致小寨地铁站进站口附近交通瘫痪，咸阳机场多趟航班延误或取消。2021 年 9 月 26 日，再度出现致洪暴雨，秦渡镇实测最大洪峰流量 710 $m^3/s$，超过警戒流量 500 $m^3/s$，高桥水文站实测最大洪峰流量 169 $m^3/s$，接近警戒流量 200 $m^3/s$，大峪水文站实测最大洪峰流量 148 $m^3/s$，远超过警戒流量 50.0 $m^3/s$，长安区樊川公园冲毁严重，造成了重大经济损失。

MIKE SHE 模型是由丹麦水利研究所（Danish Hydraulic Institute，DHI）、英国水文研究所（Institute of Hydrology）和法国 SOGREAH 咨询公司于 1986 年联合开发，并且在 Freeze 等的工作基础上发展而来的分布式水文模型，已广泛应用于水资源评价、生态影响评价以及土地利用和气候变化的影响等生态水文学相关研究。传统集总式水文模型很难准确地描述水流在整个流域内分布及演进情况，作为综合性物理分布式水文模型，MIKE SHE 能够充分反映流域内降雨和下垫面要素空间变化对产流量的响应。模型能全面地利用降雨的空间分布信息，模型参数的空间分布能够反映空间异质性对流域水

---

**基金项目**：国家自然科学基金资助项目（42207084）。

**作者简介**：李菲（1989—），女，工程师，主要从事水文水资源与水环境治理工作。

文过程的影响，并能够给出分布式定量化的结论，而不是集总式模型给出的流域状态平均值。目前，国内外很多研究项目是将地表水和地下水分离开，进行各自的水量模拟。但对于任一研究区，水量及溶质在地表和地下随时空不停地迁移转化，单独评价某一部分都是与实际情况不相符的。如 SWAT 模型中地下水模块仅仅简单设置了稳定的地下水位，不随时间进行变化，这会导致在模拟期内没有地下水动态，也就不会对地表水系统产生可变化的影响。SWAT 模型中仅有河道部分可以进行溶质运移的计算，对于地下空间的物质运移无法实现刻画。而在 MODFLOW 模型中，对地下水位变化起决定性作用的降水入渗补给，通常是使用经验系数法进行估算，进行人为分区，主观性比较强，某种程度上，没有考虑到下垫面的实际因素。以上两种独立的模型均没有综合考虑地表水和地下水这个统一整体之间的相互作用。而 MIKE SHE 分布式水文模型采用地表水-地下水耦合模拟，充分考虑了地下水蒸发、补给、排泄等各个环节，较好地解决了以上问题，实现了全流域陆地相的水文循环模拟，能够较为全面地反映区域产汇流过程。

应用分布式水文模型研究秦岭北麓的产汇流机制目前仍处于探索阶段。赖冬蓉等[1]应用 MIKE SHE 模型分析了农业节水、南水北调等措施对华北地区水资源的影响并预测了 2028 年的地下水储量；许继军[2]应用分布式水文模型 GBHM 评估长江上游的水资源及干旱情况，探索了分布式水文模型与雷达测雨结合进行洪水预报的可行性；郭怡等[3]基于 BP 神经网络反分析分布式水文模型的参数率定方法；李珂等[4]收集了秦岭北麓的降雨径流及下垫面资料，尝试以模糊聚类法划分秦岭北麓的水文分区；张宏斌[5]分析了秦岭北麓的产水量对渭河径流的影响，总结了秦岭北麓山区降雨、径流、径流系数变化的规律。本文在收集秦岭北麓 6 个水文站的历年降雨、径流系列数据基础上，建立 MIKE SHE 分布式水文模型，研究降雨径流时空演化规律，探索秦岭北麓产汇流机制，为秦岭北麓空天地水分迁移规律提供技术支撑。

# 1 研究区概况

秦岭北麓是黄河一级支流渭河及其南岸众多支流的发源地，秦岭北麓西安段从西到东涉及周至县、鄠邑区、长安区、蓝田县、临潼区 5 个县（区），峪口以上山地面积约 5 515.24 km²。该段水系发育，共有峪道 50 条（含零河）。秦岭北麓地处暖温带半干旱、半湿润大陆性季风气候区，且因秦岭影响，又形成山地气候的特征。降水主要集中在夏、秋两季，春、冬季降雨量总体较少。

# 2 数据及方法

## 2.1 模型原理

MIKE SHE 分布式水文模型主要包括坡面流（Overland Flow，OL）模块、非饱和带（Unsaturated Flow，UZ）模块、饱和带（Saturated Flow，SZ）模块、蒸散发（Evapotranspiration，ET）模块、河流湖泊（Rivers and Lakes，OC）模块和融雪（Snow Melt，SM）模块。MIKE SHE 模型在平面上将研究区划分为若干矩形网格，垂向上划分为若干层，根据研究区特性、资料的可获得性和研究问题的侧重点，建模者可根据自身需求选择组合各子模块，建立相应模型模拟水文过程。MIKE SHE 本身是地下水模型，并不能对地表河道进行模拟，需要与 MIKE Hydro River 进行耦合，实现对流域地表水+地下水的水文过程的耦合模拟。Hydro River 是基于垂向积分的质量和动量守恒方程、一维非恒定流圣维南方程组来模拟河流或河口的水流状态，通过 Rivers and Lakes 模块进行耦合，链接设置在分隔两相邻单元格的边界上。

秦岭北麓西安段水库拓扑图见图 1。

## 2.2 基础数据

（1）坐标系。建模过程中投影坐标系定义为 CGCS2000_ 3_ Degree_ GK_ Zone_ 36。

（2）地形数据。研究区域 DEM 数据来源为 91 卫图下载的 12.5 m 精度数据，通过 ArcGIS 中 3D 分析工具将其转换为 shp 点数据，投影转换后作为 Model Domain and Grid 项输入。

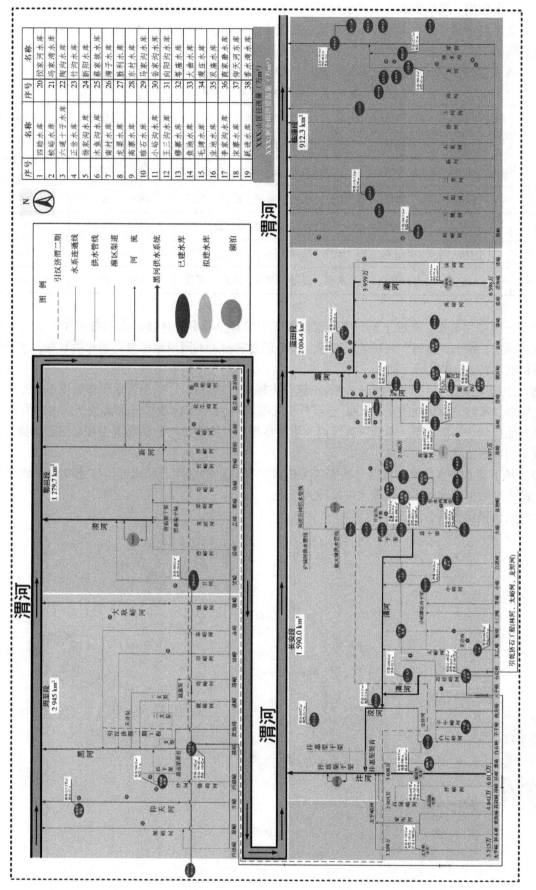

图 1 秦岭北麓西安段水系拓扑图

（3）气象数据。模型所需输入气象数据包括降雨序列及参考蒸散发量。降雨数据选用了研究区内 6 个气象站点（黑峪口、涝峪口、秦渡镇、马渡王、大峪、罗李村）1956—2021 年连续 66 年的日降雨量数据，结合各气象站点的经纬度划分泰森多边形。

（4）水文测站数据。流域水文测站 6 座，收集各水文测站基本资料情况见表 1。

表 1  秦岭北麓水文测站基本情况

| 站名 | 流域面积/km$^2$ | 所在流域 | 观测项目 | 收集资料起讫年份 | 资料系列/年 |
|---|---|---|---|---|---|
| 黑峪口 | 1 481 | 黑河 | 水位、流量、降雨、泥沙、蒸发 | 1950—2021 | 72 |
| 涝峪口 | 347 | 涝河 | 水位、流量、泥沙、降雨 | 1950—2021 | 72 |
| 秦渡镇 | 566 | 沣河 | 水位、水温、降雨、流量、泥沙 | 1953—2021 | 69 |
| 大峪 | 53.9 | 大峪河 | 水位、降水、流量、泥沙 | 1955—2021 | 67 |
| 马渡王 | 1 601 | 灞河 | 水位、流量、泥沙、降水、蒸发 | 1956—2021 | 66 |
| 罗李村 | 526 | 灞河 | 水位、流量、泥沙、降水、蒸发 | 1954—2021 | 68 |

（5）土地利用数据。流域土地利用数据来源于中国科学院资源环境科学与数据中心，主要用地类型包括林地、草地、旱地、农村居民点等。模型还要求输入不同用地植被类型相关数据，主要包括叶面积指数（LAI）和根深（RD）。

（6）土壤类型数据。常用的是 FAO90 土壤分类标准、FAO85 土壤分类标准和美国 USDA 土壤质地分类标准。秦岭北麓研究使用 FAO90 土壤分类标准，利用 ArcGIS 软件截取流域范围内中国 1∶100万土壤质地空间分布数据图，得到研究区内土壤类型包括砂质壤土、砂质黏壤土和黏壤土 3 类，其中砂质壤土面积占比最大。

（7）地下潜水等水位线。根据《西安市实用水文手册》平水年、枯水年、丰水年地下水位等值线图矢量提取数据形成地下潜水等水位线输入数据。

区域基础资料如图 2 所示。

(a)水系图

图 2  区域基础资料

(b)地质图

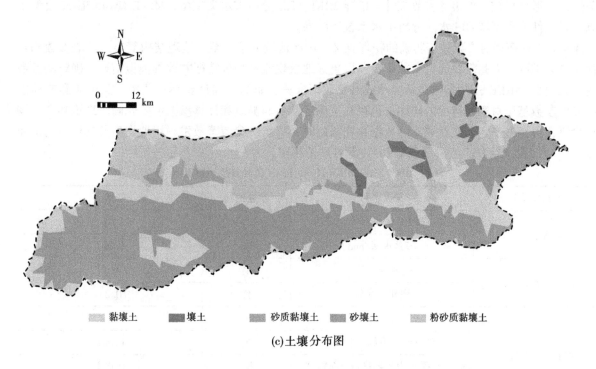

黏壤土　　壤土　　砂质黏壤土　　砂壤土　　粉砂质黏壤土

(c)土壤分布图

续图2

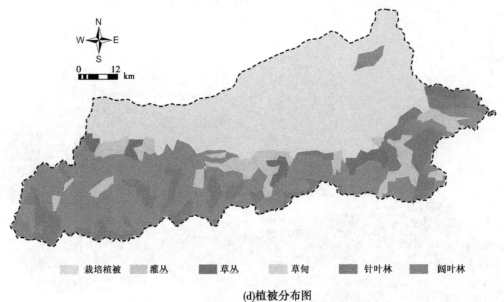

栽培植被　　灌丛　　草丛　　草甸　　针叶林　　阔叶林

(d)植被分布图

续图 2

## 2.3　模型搭建及参数设定

本文以秦岭北麓流域范围为研究对象，输入模型范围、降雨时间序列、参考蒸散发时间序列、边界条件、地形、植被、土壤等参数文件，搭建 MIKE SHE 分布式水文模型，MIKE Hydro River 模型中河流水系文件采用流域 GIS 水文分析中水系校正结果。

MIKE SHE 模型的参数具有明确的物理意义，山区流域人迹罕至、地理结构复杂，获取参数测量值存在极大难度，因此需要通过参数率定，以更好地重现流域物理特征并改善模拟结果，确定的参数初始值见表 2。MIKE SHE 参数包括实测或遥感数据推算、非测量和计算参数两类，其中实测或遥感数据推算参数基于对实际情况的描述，仍存在不确定性；非测量和计算参数需要先确定理论参考范围及经验值，再经过率定。在获取实际数据存在限制时，降雨、参考蒸散发、用地类型及其对应植被属性参数（叶面积指数 LAI 与根系深度 RD）等可不予率定。

表 2　MIKE SHE/MIKE Hydro River 模型参数初始值

| 所属模块 | 参数名称 | 参数缩写 | 初始值 |
|---|---|---|---|
| 坡面流（OL） | 曼宁系数/（$m^{1/3}/s$） | $M$ | 20 |
| | 滞蓄水深/mm | DS | 0.002 |
| 非饱和带（UZ） | 饱和导水率 | $K_s$ | $2×10^{-10}$ |
| | 饱和含水量 | $\theta_s$ | 0.25 |
| 饱和带（SZ） | 单位产水率 | $S_y$ | 0.1 |
| | 单位储水系数/（1/m） | $S_s$ | 0.001 |
| | 水平水力传导度/（m/s） | $K_{xx}$ | 0.001 |
| | 垂直水力传导度/（m/s） | $K_{yy}$ | 0.000 1 |
| 水动力（HD） | 河床渗漏系数 | $K$ | $1×10^{-7}$ |
| | 河道糙率系数 | $n$ | 0.048 |

## 3 结果与分析

### 3.1 MIKE SHE 模拟结果

研究发现，模型时间步长与计算网格划分对结果敛散性有较大影响，时间步长越小，模型越收敛；在保证模拟精度的前提下，计算网格面积越大，模型越收敛。相比于峪口以上模型，全流域模型敛散性较差（如图3所示），主要原因是峪口以下为西安市城区，下垫面情况复杂，流域水文过程受干扰较大，在未进行西安市雨洪资源统筹考虑分析的条件下，模型分析成果仅供参考，本次对于全流域模型分析成果不作深入研究。考虑模型输入参数的完整性与针对性，在搭建峪口以上模型的基础上，搭建涝峪、大峪、道沟峪（罗李村模型）3个子流域模型（如图4所示），分别代表黑河涝河流域、沣河流域和浐灞流域。

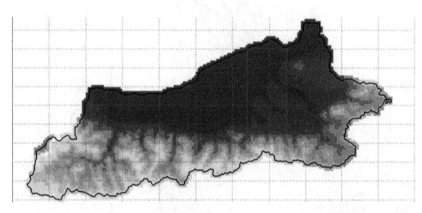

(a)全流域范围

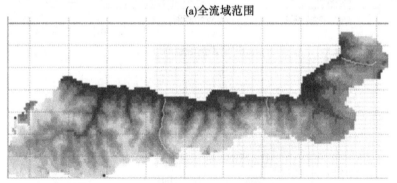

(b)峪口以上范围

**图 3 秦岭北麓流域范围内模型搭建**

以1956—1995年为率定期，1995—2005年为验证期，开展全流域、峪口以上、涝峪、大峪、罗李村5个模型的率定分析。涝峪模型率定期 $R^2$ 为0.59，验证期 $R^2$ 为0.78；大峪模型率定期 $R^2$ 为0.75，验证期 $R^2$ 为0.78；罗李村模型率定期 $R^2$ 为0.68，验证期 $R^2$ 为0.89。

结果表明，MIKE SHE模型在峪口以上流域及各子流域具有较好的适应性，模型稳定后，年径流总量模拟值逐年变化趋势与水文站数据基本一致。与子流域模型、峪口以上模型年径流总量计算结果相比，子流域模型中涝峪、大峪及罗李村年径流量误差分别减小8%、15%、15%（如图5所示），表明MIKE SHE分布式水文模型在小流域尺度适用性更强。

### 3.2 降雨时空演化分析

年内分配方面，秦岭北麓降雨量年内分配不均，汛期7—10月降水量占全年降水量的51.85%~59.05%。年际变化方面，整体在多年均值上下波动，具有一定的丰枯交替年组的规律（如图6所示）。

空间演化上，秦岭北麓降雨量整体由南到北逐渐减少，两边到中间逐渐减少，峪口以上流域降雨量相对较大，峪口以下流域降雨量相对较小（如图 7 所示）。各站点降雨系列水文特征值统计见表 3。

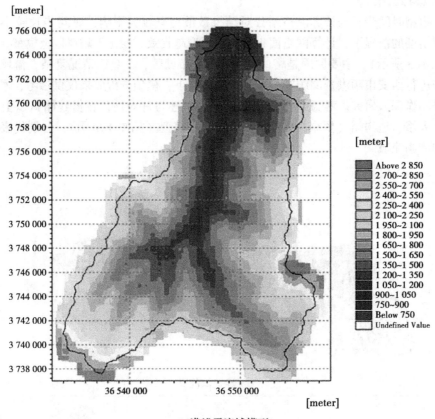

(a)涝峪子流域模型

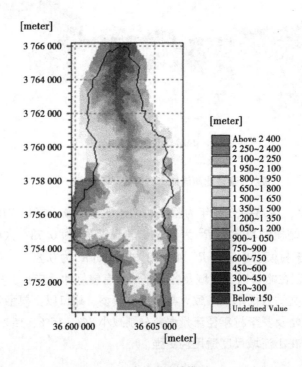

(b)大峪子流域模型

图 4　涝峪子流域模型、大峪子流域模型、罗李村子流域模型

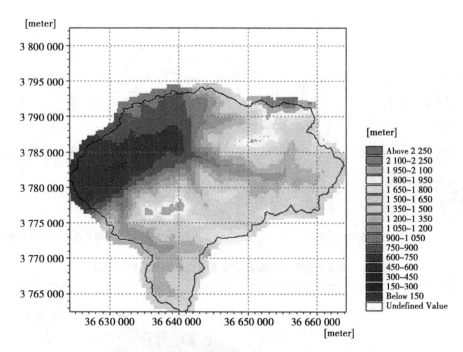

(c)罗李村子流域模型

**续图4**

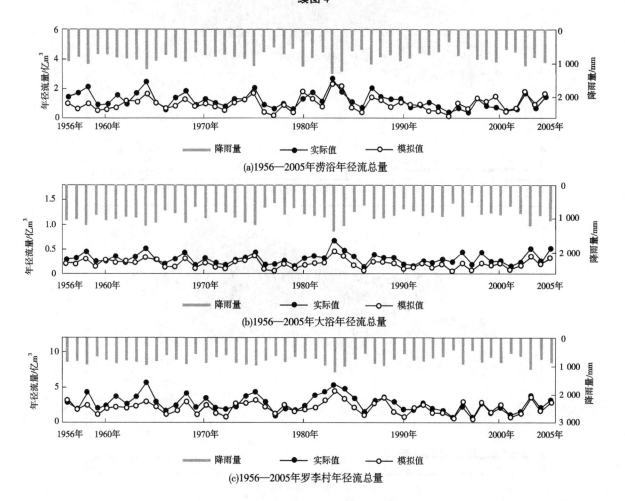

(a)1956—2005年涝峪年径流总量

(b)1956—2005年大峪年径流总量

(c)1956—2005年罗李村年径流总量

**图5　涝峪、大峪、罗李村模型模拟成果**

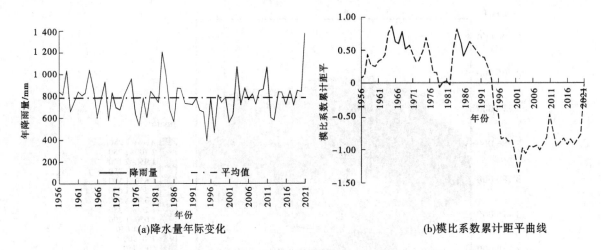

(a)降水量年际变化

(b)模比系数累计距平曲线

**图 6　秦岭北麓降水量年际变化及模比系数累计距平曲线**

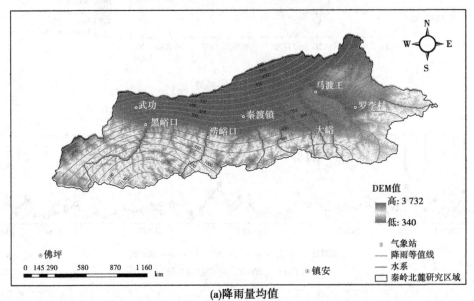

(a)降雨量均值

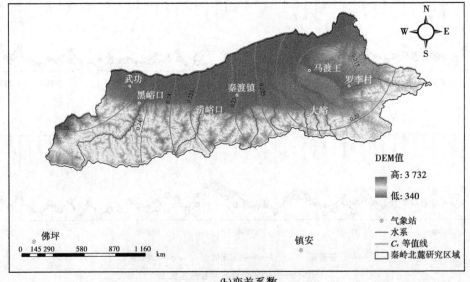

(b)变差系数

**图 7　秦岭北麓年降雨量均值及变差系数等值线**

表 3  各站点降雨系列水文特征值统计

| 位置 | 站名 | 多年平均<br>降雨量/mm | 系列年降雨量<br>最大值/mm | 系列年降雨量<br>最小值/mm | 极值比 | 方差 |
|---|---|---|---|---|---|---|
| 峪口以上 | 黑峪口 | 815.07 | 1 341.7 | 340.6 | 3.94 | 37 727.1 |
| | 涝峪口 | 832.17 | 1 335.3 | 412.8 | 3.23 | 32 656.0 |
| | 大峪 | 915.67 | 1 653.2 | 515.2 | 3.21 | 39 385.3 |
| | 罗李村 | 822.94 | 1 559.8 | 449.5 | 3.47 | 31 516.2 |
| 峪口以下 | 秦渡镇 | 666.58 | 1 172.3 | 301.4 | 3.89 | 25 343.8 |
| | 马渡王 | 641.60 | 1 270.2 | 364.0 | 3.49 | 18 920.6 |

### 3.3  径流时空演化分析

根据径流量的年际变化分析，判断黑峪与涝峪暴雨及产汇流条件相似，秦渡镇站与大峪水文站同属沣河河系，虽然流域面积相差较大，仍属于同一暴雨及产汇流分区。浐灞流域的罗李村站与马渡王站径流年际变化趋势高度统一，丰水年、平水年、枯水年的时段几乎完全一致，浐灞流域属于同一暴雨及产汇流分区。综上，秦岭北麓可明显分出 3 个代表性流域，分别是中段沣河流域、西段黑峪涝峪、东段浐灞流域。

#### 3.3.1  径流时间演化分析

黑河涝河流域径流分析（如图 8 所示）：黑峪口水文站 20 世纪五六十年代及 80 年代为年径流量高值期，1985—2020 年为连续偏低值期，2021 年径流量是高值，但不属于特殊值，历史上此类级别的水量还出现过 9 次。涝峪口水文站年径流量在 1950—1990 年为偏高值期，1991—2020 年为偏低值期，2021 年径流量为高值，历史上此类级别的水量还出现过 3 次。涝峪口水文站年径流量年际变化趋势与黑峪口水文站大致相似，在经历了 20 世纪 90 年代至 2020 年的偏枯水年后，2021 年均达到了历史级别的河道水量。黑峪口—涝峪口流域年内水量集中在汛期 7—10 月，丰水年时段来水量过程靠前，7 月径流量显著较大，枯水年时段来水量过程靠后。洪峰一般出现在 7 月或 9 月。

沣河流域径流分析（如图 9 所示）：秦渡镇水文站在 1958—1988 年处于年径流量高值期，1989—2020 年处于年径流量低值期，2021 年出现年径流量历史最大值 6.382 亿 m³。大峪水文站在 1955—1982 年处于平水时段，1983—2007 年处于年径流量高值期，2008—2020 年处于年径流量低值期，2021 年出现历史最大值年径流量 0.786 亿 m³。秦渡镇站与大峪水文站同属沣河河系，大峪水文站以上均为秦岭北麓山区，秦渡镇站位于潏河汇入沣河口处，虽然流域面积相差较大，但整体径流趋势仍然有相似度，且 2021 年两站的年径流量均突破了历史极值。流域每年 4 月、5 月春汛水量较大，洪峰一般出现在 9 月。

浐河灞河流域径流分析（如图 10 所示）：罗李村站 1956—1989 年为年径流量偏高值期，1990—2020 年为年径流量偏低值期。马渡王站 1954—1989 年为年径流量偏高值期，1990—2020 年为年径流量偏低值期，历史上 2021 年径流级别及以上的水量还出现过 8 次。浐灞流域的罗李村水文站与马渡王水文站径流年际变化趋势高度统一，罗李村站及马渡王站的年径流系列相关性较高，出现丰水年、平水年、枯水年的时段几乎完全一致，表明浐灞流域属于同一暴雨及产汇流分区，下垫面与气象条件均较高。流域每年 4 月、5 月春汛水量较大，丰水年 7 月、10 月水量较大，洪峰一般出现在 9 月。

#### 3.3.2  径流空间演化分析

依据各水文站长系列径流深数据分析径流空间演化成果，分析结果表明：

（1）黑峪口站与涝峪口站多年平均降雨量及多年平均径流深均较为相近，表明黑峪口与涝峪口站流域下垫面的植被、洼地、蒸发及土壤入渗因素大致相似。

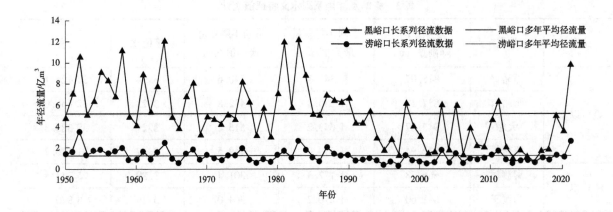

**图 8　黑河涝河流域径流量年际变化曲线（黑峪口、涝峪口）**

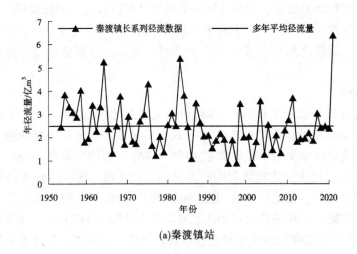

(a)秦渡镇站

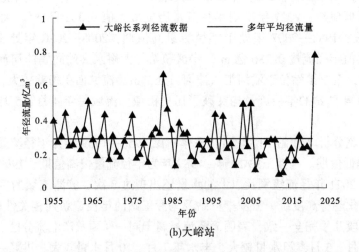

(b)大峪站

**图 9　沣河流域径流量年际变化曲线（秦渡镇、大峪站）**

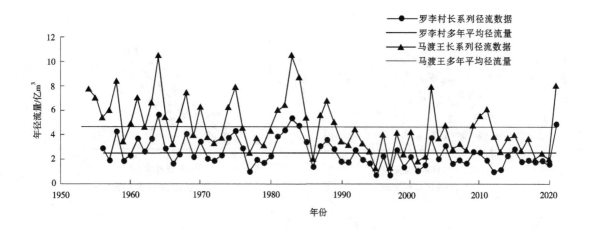

**图 10　浐河灞河流域径流量年际变化曲线（罗李村、马渡王）**

（2）秦渡镇站位于平原河道，降雨量偏小，河长汇水较远，产流效率较低，大峪水文站位于山区河道，降雨量较大，雨前土壤含水量较高，河道比降较大，产流效率较高。

（3）罗李村站产流效率比马渡王站的高，其控制流域面积范围以上基本为山区，而马渡王站位于平原河道，降雨量小，河长汇水较远，产流效率低。

（4）整体上秦岭北麓处于同一大尺度气象暴雨分区，丰水年各峪口河道出现洪水遭遇的概率较大。

### 3.4　降雨-径流关系分析

图 11 为利用最小二乘法拟合的 6 个水文测站的降雨-径流相关关系，秦渡镇站 1956—2021 年降水量数据与径流量数据拟合结果较好（$R^2 = 0.73$），该水文站以上不存在大中型调蓄水库的影响。大峪水文站降雨-径流拟合度 $R^2 = 0.67$，其控制流域面积均为秦岭北麓山区，降雨-径流关系较强。涝峪口站、罗李村站、马渡王站降雨-径流拟合度位于 0.60~0.70，开发利用程度较低的天然河道降雨-径流关系较强。黑峪口站上游受金盆水库影响，径流应做还原计算后进行分析。

## 4　结论

（1）MIKE SHE 模型时间步长与计算网格划分对模型结果敛散性有较大影响，时间步长越小，模型越收敛；在保证模拟精度的前提下，计算网格越大，模型越收敛。峪口以上、涝峪、大峪、罗李村子流域模型水量平衡的总误差均为 0，表明所建模型均合理。

（2）秦岭北麓各峪口产汇流分析可明显分出 3 个代表子流域，分别是中段沣河流域、西段黑峪涝峪、东段浐灞流域。整体上具有一定的丰枯交替年组的规律，秦岭北麓径流量在 20 世纪的五六十年代及 80 年代为年径流量高值期，1990—2020 年为连续偏低值期，2021 年为历史较高值，洪峰流量一般出现在 7 月或 9 月。

（3）秦岭北麓虽属关中地区，但产流机制类似蓄满产流模式。峪口以上山区河道降雨量较大，雨前土壤含水量较高，河道比降较大，产流效率较高，出峪口后产流效率逐渐降低。

（4）模型研究中凸显出数学模型成果与物理模型成果的矛盾，现有数据并不能对高精度水文模拟模型的构建提供足够的支撑，对秦岭北麓水分循环过程的认知尚需进一步探索。

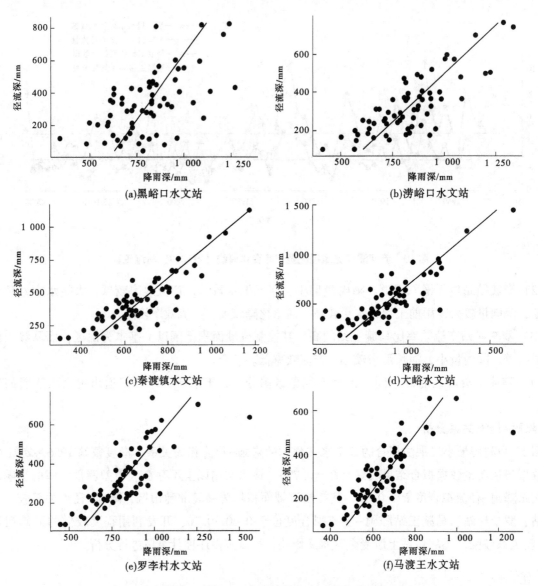

图 11　最小二乘法分析秦岭北麓水文站的降雨-径流关系

## 参考文献

[1] 赖冬蓉，秦欢欢，万卫，等. 基于 MIKE SHE 模型的华北平原水资源利用情景分析 [J]. 水资源与水工程学报，2018，29（5）：60-67.

[2] 许继军. 分布式水文模型在长江流域的应用研究 [D]. 北京：清华大学，2007.

[3] 郭怡，吴鑫淼，郄志红，等. 基于 BP 神经网络的 MIKE SHE 模型参数率定 [J]. 长江科学院院报，2019，36（3）：26-30.

[4] 李珂，秦毅，李子文，等. 秦岭北麓部分区域的水文相似性初步分区 [J]. 水资源与水工程学报，2014（2）：184-187.

[5] 张宏斌. 秦岭北麓降水径流变化关系分析 [J]. 水资源与水工程学报，2007，18（1）：49-52.

# 基于不同检测方法的卫河流域
# 径流演变趋势及突变分析

仇大鹏　刘邑婷

（水利部海委漳卫南运河管理局水文处，山东德州　253009）

**摘　要：** 本文运用卫河流域元村集站 1953—2022 年长序列年径流资料，基于有序聚类法、Mann-Kendall 法及降雨-径流双累积曲线法等不同突变检测方法，分析了其变化趋势并识别了突变点。结果表明，元村集站的年径流序列总体呈减少趋势，有序聚类法、双累积曲线法得到的突变点在 1964 年、1977 年，Mann-Kendall 法表明年径流序列在 1977 年发生了突变。

**关键词：** 卫河；检测方法；年径流；突变点

卫河是海河流域漳卫河系的支流，2021 年后流域内暴雨洪水多发，严重威胁流域经济发展及人民生命财产安全。因此，正确认识径流变化成因、科学地估计水文情势具有重要意义。近年来卫河流域内气候、下垫面均发生了一定程度的变化，加上人类活动影响，破坏了径流系列的一致性，运用不一致的径流系列可能会错误分析未来水文情势[1]。深入研究卫河流域径流演变规律，识别径流序列中的非周期成分，可为防汛抗旱减灾及合理开发与可持续利用水资源提供科学依据。

目前，用于研究水文序列的演变规律及跳跃点识别的方法有很多。高云明等[2]对漳河流域近 60 年的径流变化情况进行分析，结果表明漳河流域的年径流量显著性减少，且在 20 世纪中后期发生了突变；胡彩虹等[3]运用汾河流域长系列降雨、径流资料，建立了降雨-径流双累积曲线，定量分析了人类活动及气候变化对径流影响的影响；袁满等[4]采用改进的有序聚类法对沱江流域三皇庙站平均流量序列突变点进行识别，可以识别出边缘突变点且结果更加精确。本文选择不同的数理统计分析方法对卫河流域年径流序列的变化趋势进行分析，并对突变点进行识别，对比各种检测方法的适用性。

## 1　资料来源及研究方法

元村集站为卫河干流控制站，集水面积 14 286 km²[5]。选择卫河元村集站 1953—2022 年的径流系列，运用 Mann-Kendall 法对元村集站长系列径流序列的趋势性进行分析；运用有序聚类法、Mann-Kendall 法、降雨-径流双累积曲线法对其突变点进行识别，并采用游程检验法对突变点的显著性进行验证。

### 1.1　有序聚类法

有序聚类法的基本原理是使同类间的离差平方和更小。对于元村集站年径流序列 $x_1$，$x_2$，…，$x_n$，假定某一时间点 $k$ 径流发生了突变，统计突变时间前后两段径流序列的离差平方和 $Sn_k$：

$$Sn_k = \sum_{i=1}^{k} (x_i - \bar{x}_1)^2 + \sum_{i=k+1}^{n} (x_i - \bar{x}_2)^2 \tag{1}$$

式中：$Sn_k$ 为最小值出现的时间，即为发生突变的时间。

### 1.2　Mann-Kendall 法

Mann-Kendall 法可定量分析降水、径流等水文要素的变化趋势，并识别水文要素发生突变年份。

---

**作者简介：** 仇大鹏（1976—），男，政工师，处长，主要从事流域水文水资源水环境监测与研究工作。

其计算公式如下:

对于年径流序列 $x_1$, $x_2$, $\cdots$, $x_n$

$$S = \sum_{i=1}^{n-1} \sum_{j=i+1}^{n} \text{sgn}(x_j - x_i) \tag{2}$$

$$\text{var}(S) = \frac{n(n-1)(2n+5) - \sum_{i=1}^{n} t_i(i-1)(2i+5)}{18} \tag{3}$$

$$Z = \begin{cases} \dfrac{S-1}{\sqrt{\text{var}(S)}} & S > 0 \\ 0 & S = 0 \\ \dfrac{S+1}{\sqrt{\text{var}(S)}} & S < 0 \end{cases} \tag{4}$$

式中:sgn 为符号函数,$x_j - x_i > 0$,sgn = 1,$x_j - x_i = 0$,sgn = 0,$x_j - x_i < 0$,sgn = $-1$;$t_i$ 为第 $i$ 组的数据点数目;$S$ 的期望值为 0;$Z$ 在零假设下近似服从标准正态分布。

在趋势检验中,$Z$ 为正值表示水文序列有上升趋势,$Z$ 为负值则为下降趋势。

构造一个秩序列 $S_i = \sum_{i=1}^{k} r_i$ $(k = 2, 3, \cdots, n)$,其中:

$$r_i = \begin{cases} 1 & x_i < x_j \\ 0 & x_i \geq x_j \end{cases} \quad (j = 1, 2, \cdots, i) \tag{5}$$

$S_k$ 的均值和方差为:

$$E(S_k) = \frac{k(k-1)}{4} \tag{6}$$

$$\text{var}(S_k) = \frac{k(k-1)(2k+5)}{72} \quad 1 \leq k \leq n \tag{7}$$

$$\text{UF}_k = \frac{S_k - E(S_k)}{\sqrt{\text{var}(S_k)}} \tag{8}$$

其中,$\text{UF}_1 = 0$。

构造逆序列 $x_n$, $x_{n-1}$, $\cdots$, $x_1$ 并重复上述过程,令 $\text{UB}_k = -\text{UF}_k$。取显著性水平 $\alpha = 0.05$,临界值 $U_{0.05} = \pm 1.96$,在图上绘制 UF 和 UB 两条曲线和 $U_{0.05}$ 两条直线,若 UF 和 UB 两条曲线在 $U_{0.05}$ 两条直线之间出现相交,说明在相交时刻元村集站的年径流量发生了改变。

### 1.3 降雨-径流双累计曲线法

降雨-径流双累计曲线法是一种经验方法,将累计降水量与累计径流量绘制在同一张图中,斜率发生变化的点即为突变点。值得注意的是,当斜率出现较为明显的改变,且改变后的年径流序列大于5年时,才可认为是突变的开始[6]。

## 2 元村集站年径流序列的趋势分析及突变检验

### 2.1 趋势分析

元村集站径流年际变化过程见图 1。从图 1 中可以得知,整体上元村集站年径流呈现出显著减少的趋势。1964 年以前年径流量均值为 36.42 亿 m³。从 1977 年开始,年径流量大幅度减少,1964—1976 年年径流量均值为 19.09 亿 m³。20 世纪 80 年代至今,元村集站年径流趋于平稳,2021 年开始,略有增加的趋势,但整体上低于 1953—1963 年及 1964—1976 年系列,在多年平均值以下,为 9.66 亿 m³。

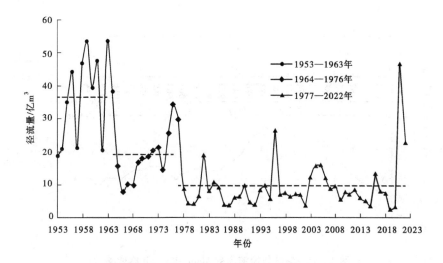

**图 1  元村集站径流年际变化过程**

元村集站年径流序列的 Mann-Kendall 趋势分析及突变检验结果见表 1、图 2。从表 1 可以看出,元村集站的 $Z$ 值为负,且 $|Z|$ =4.45,远远超过了 0.01 显著性水平,说明其年径流量的下降趋势显著。

**表 1  元村集站径流变化趋势检验**

| 站点 | $Z$ 值 | 变化趋势 | 显著性 |
|---|---|---|---|
| 元村集 | -4.45 | ↓ | 显著 |

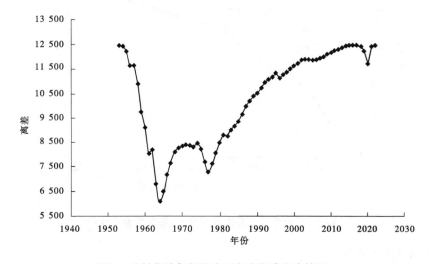

**图 2  元村集站年径流序列有序聚类突变检验**

## 2.2  突变检验

### 2.2.1  计算结果

元村集站年径流序列的有序聚类突变检验结果见图 2。由图 2 可以看出,离差平方和在 1964 年出现了最小值后增大,1977 年再次出现谷值,说明元村集站的年径流序列在 1964 年、1977 年发生了突变。

元村集站年径流序列的 Mann-Kendall 突变检验结果见图 3。从图 3 可以看出,统计值 UF 和 UB 相交于 1977 年左右,且在可信度区间±1.96 之间,说明元村集站的径流序列的一致性在 1977 年发生了改变,之后径流量显著减小。

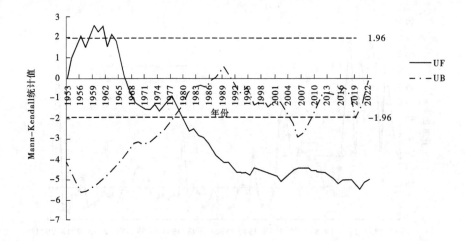

**图 3　元村集站年径流序列 Mann-Kendall 突变检验**

绘制元村集站的降雨-径流双累计曲线，见图 4。由图 4 可以看出，元村集站的降雨-径流关系在 1964 年和 1977 年均出现了拐点，说明通过降雨-径流双累计曲线识别出的突变点在 1964 年和 1977 年，这与有序聚类突变检验结果一致。2021 年双累积曲线也出现了较为明显的拐点，但改变后仅有连续 2 年的降雨、径流资料，暂时不认为降雨-径流关系在 2021 年发生了突变。

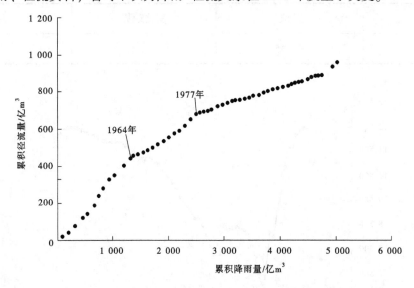

**图 4　元村集站年径流序列降雨-径流双累积曲线**

### 2.2.2　突变点的显著性检验

运用游程检验法来检验元村集站年径流跳跃点是否显著。其基本思路是：对于元村集站年径流序列 $x_1$，$x_2$，…，$x_n$，假设在点 $t$ 年径流序列发生了跳跃，$n_1$、$n_2$ 分别为跳跃前、后的样本个数。将年径流序列从小到大排列，连续出现跳跃前或跳跃后样本的序列称为一个游程。当 $n_1$、$n_2$>20 时，游程 $k$ 趋向正态分布，取显著性水平 $\alpha=0.05$，临界值 $U_{0.05}=\pm1.96$，当 $|U|>U_{0.05}$ 时，说明跳跃点显著，当 $|U|<U_{0.05}$ 时，说明突变点不显著[7]，即

$$U = \frac{k - \left(1 + \dfrac{2n_1n_2}{n}\right)}{\sqrt{\dfrac{2n_1n_2(2n_1n_2 - n)}{n^2(n - 1)}}} \sim N(0, 1) \tag{9}$$

由于跳跃点 1964 年之前样本个数不足 20，因此只对跳跃点 1977 年的显著性进行检验。对元村集站游程检验的结果见表 2。从表 2 可以看出，$|U| = 4.43$，大于 $U_{0.05}$ 的数值 1.96，说明年径流序列在 1977 年发生了显著的跳跃。

表 2　元村集站突变点显著性检验结果

| 水文站 | 突变点 | $k$ | $U$ | $U_{0.05}$ | 显著性分析 |
| --- | --- | --- | --- | --- | --- |
| 元村集 | 1977 | 16 | −4.43 | 1.96 | 显著 |

## 3　结论

三种突变检测方法的原理各不相同，有序聚类法的基本思路是寻找最优分割点，Mann-Kendall 法反映的是综合突变特征，双累积曲线法是基于降雨-径流规律发生改变的时刻识别跳跃点，三种方法均识别出了 1977 年的突变点，通过了游程检验法的检验，突变点显著。

元村集站 1953—2022 年年径流序列总体呈现减少趋势，受原始数据分布形态或序列长度影响，不同方法识别出的突变点可能有所差异[8]。Mann-Kendall 法认为卫河流域年径流的突变发生在 1977 年，有序聚类分析法及降雨径流双累积曲线法识别出的突变点在 1964 年和 1977 年。卫河流域在 "63·8" 大洪水后，开展了大规模修建水利工程、开采利用地下水等高强度的人类活动，其径流的演变规律发生了变化。20 世纪 70 年代，渐渐加大了对卫河流域的治理，流域下垫面发生了变化，干扰了流域自然径流过程。因此，综合分析三种方法的物理意义及流域实际情况，认为元村集站径流在 1964 年、1977 年发生了突变。

## 参考文献

[1] 王文圣，金菊良，丁晶．随机水文学 [M]．3 版．北京：中国水利水电出版社，2016.

[2] 高云明，魏琳，万思成，等．漳河流域近 60 年径流变化分析 [J]．水文，2016，36（3）：91-95.

[3] 胡彩虹，王艺璇，管新建，等．基于双累积曲线法的径流变化成因分析 [J]．水资源研究，2011（1）：204-210.

[4] 袁满，王文胜，叶濒璘．有序聚类分析法的改进及其在水文序列突变点识别中的应用 [J]．水文，2017，37（5）：8-11.

[5] 赵文举，李东阳，赵珑迪．河南省卫河流域降水径流演变规律分析 [J]．河南水利与南水北调，2017（1）：49-50.

[6] 鲍振鑫，张建云，王国庆，等．不同水文序列突变检测方法在漳河观台站径流分析中的对比研究 [J]．中国农村水利水电，2020（5）：47-52.

[7] 张丽娜，孙颖娜，孔心雨，等．1980—2017 年漠河市降水量变化趋势及突变特征分析 [J]．水利规划与设计，2022（6）：58-62.

[8] 张应华，宋献方．水文气象序列趋势分析与变异诊断的方法及其对比 [J]．干旱区地理，2015，38（4）：652-665.

# 金沙江溪洛渡库区设计最低通航水位研究

曹　磊[1,2]　杜　涛[2]　李　俊[2]　王渺林[2]　平妍容[2]

（1. 长江水利委员会水文局，湖北武汉　430010；
2. 长江水利委员会水文局长江上游水文水资源勘测局，重庆　400020）

**摘　要：** 内河河流梯级开发建设一方面实现了水资源的综合利用，另一方面改善了河段通航条件。金沙江下游梯级开发建设圆满完成，一定程度上提高了金沙江下游河段的通航条件，然而，枢纽间特别是变动回水区，一些洲滩、碛坝的存在增加了低水期船舶通行的风险。本文采用最新实测地形资料，结合溪洛渡水库多年运行数据，针对金沙江白鹤滩至溪洛渡河段开展了设计最低通航水位研究。采用 2 900 m³/s、2 600 m³/s 和 3 300 m³/s 流量级实测资料对模型进行率定和验证，结果表明，率定期模型绝对误差为 −0.20~0.17 m，验证期模型绝对误差为 −0.44~0.40 m，模型效果较好。最终采用一维水流数学模型推求了白鹤滩至溪洛渡河段沿程设计最低通航水位，结果表明，距溪洛渡坝址里程 132.3 km、174.1 km 河段平均水深均不足 3 m，距坝里程 167.6 km、169.3 km 河段平均水深均不足 4 m，距坝里程 144.4 km、156.5 km、158.2 km、166.3 km 河段平均水深均不足 5 m，后期进行航道整治阶段需重点加强关注。研究成果可为后期金沙江白鹤滩至溪洛渡航道整治提供技术支撑。

**关键词：** 溪洛渡水电站；变动回水区；通航保证率；设计最低通航水位

## 1　研究背景

内河河流梯级开发建设一方面实现了水资源的综合利用，另一方面改善了河段通航条件。白鹤滩水电站 2022 年 12 月 20 日全部机组投产发电，标志着金沙江下游梯级开发建设的圆满完成，一定程度上提高了金沙江下游河段的通航条件。然而，枢纽间特别是变动回水区，一些洲滩、碛坝的存在增加了低水期船舶通行的风险。设计最低通航水位是航道、港口、码头等水运工程设计中的重要设计参数，其定义为标准载重船舶或船队容许在某一航道内正常通航的下限临界水位[1-2]，由于其事关船舶航运安全风险和通航效益，因此科学合理地确定设计最低通航水位至关重要。李家世等[3]采用水位相关分析法推求了岷江干流龙溪口枢纽至屏山岷江大桥段航道整治工程设计最低通航水位，最后通过接近设计流量下沿程实测水面线验证推求成果合理性及水位相关分析法的适用性。陈婷婷等[4]采用类比溪洛渡运行的方法，并考虑白鹤滩回水及整治措施的影响，综合确定白鹤滩枢纽变动回水区设计最低通航水位。鉴于白鹤滩水电站建成投运时间较短，且白鹤滩至溪洛渡河段尚未开展航道整治工程，因此有必要采用最新实测地形资料，结合水利工程运行数据，针对金沙江溪洛渡库区开展设计最低通航水位研究，为金沙江白鹤滩至溪洛渡航道整治提供技术支撑。

## 2　研究区域及数据

### 2.1　研究区域

本文研究区域为金沙江下游白鹤滩至溪洛渡河段（见图 1），金沙江下游干流河谷多为山地峡谷，

**基金项目：** 长江水利委员会水文局科技创新基金项目（SWJ-CJX23Z10）；长江水科学研究联合基金（U2240201）。

**作者简介：** 曹磊（1983—），男，硕士，高级工程师，主要从事水文分析与计算等方面的研究工作。
**通信作者：** 杜涛（1988—），男，博士，高级工程师，主要从事水文分析与计算等方面的研究工作。

间有小的河谷盆地，左岸支流短小，右岸支流发育，自右岸汇入的较大支流有龙川江、普渡河、小江、以礼河、牛栏江、横江，自左岸汇入的较大支流有鲹鱼河、黑水河、西溪河、美姑河。金沙江下游区间流域面积 21.4 万 km²，河长 768 km，河段平均比降 0.93‰。

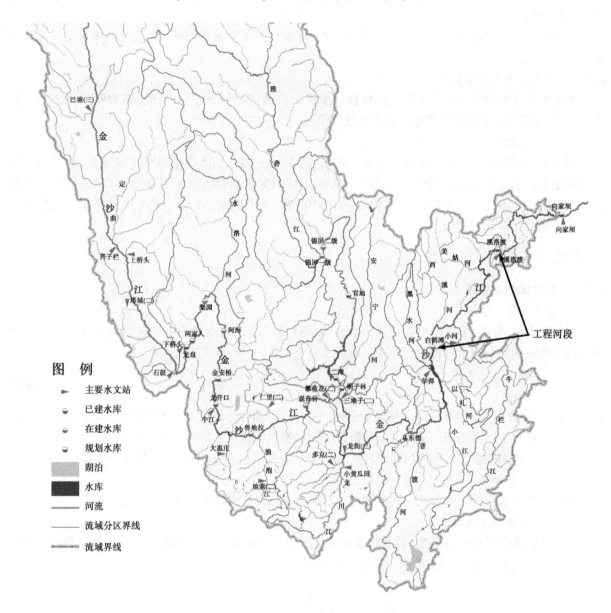

**图 1　金沙江中下游河段梯级水电站地理位置示意**

根据《金沙江下游航运发展规划》，金沙江干流雅砻江河口至宜宾合江门航道 2035 年规划为Ⅲ级航道，按Ⅲ-（3）级航道标准建设，其航道尺度确定为 2.4 m×60 m×480 m，2050 年规划为Ⅰ级航道，按Ⅰ-（3）级航道标准建设，其航道尺度确定为 4.0 m×135 m×670 m。

## 2.2　研究数据

### 2.2.1　水利工程运行资料

溪洛渡水电站是国家"西电东送"骨干工程，是金沙江下游干流河段梯级开发的第三个梯级电站。工程以发电为主，兼有防洪、拦沙和改善上游航运条件等综合功能，并可为下游电站进行梯级补偿。溪洛渡挡水建筑物、泄水建筑物按 1 000 年一遇洪水设计，10 000 年一遇洪水校核；地下厂房及尾水建筑物按 200 年一遇洪水设计，1 000 年一遇洪水校核；消能防冲建筑物按 100 年一遇洪水设计。

溪洛渡水电站水库正常蓄水位 600.00 m，死水位 540.00 m，防洪限制水位 560.00 m，设计洪水位 604.23 m（$P = 0.1\%$），校核洪水位 609.67 m（$P = 0.01\%$）。水电站主体工程于 2007 年 4 月正式开工，2013 年 5 月 4 日下闸蓄水，7 月 15 日首批机组发电，2014 年 6 月 30 日，溪洛渡水电站 18 台机组全部投产发电。

本文收集了溪洛渡水电站 2013 年 5 月至 2023 年 6 月的水库运行资料，主要包括库水位、入库流量、出库流量。

### 2.2.2　实测河道大断面资料

本次为计算白鹤滩至溪洛渡河段沿程设计水位，自溪洛渡坝址起，沿河道布置断面 113 个（见图 2），实测河道大断面以供构建一维水流数学模型。

### 2.2.3　实测水面线资料

对 DM84～DM113 共 30 个断面进行水面线测量，以供一维水流数学模型率定和验证。共实测了 3 个流量级下的水面线成果（见图 3），其中 2 950 m³/s 流量级水面线包含了 DM84～DM113 共 30 个断面，3 300 m³/s 流量级水面线包含了 DM84～DM103 共 20 个断面，2 600 m³/s 流量级水面线包含了 DM104～DM113 共 10 个断面。

## 3　研究方法

### 3.1　一维水流数学模型

#### 3.1.1　计算原理

天然河道的洪水大多属于不稳定流，水面线的计算可以近似地视为稳定流量以简化计算[5]。稳定非均匀流按伯努利能量方程进行计算，即

$$Z_2 + \frac{\alpha_2 v_2^2}{2g} = Z_1 + \frac{\alpha_1 v_1^2}{2g} + h_f + h_j \tag{1}$$

式中：$Z_2$、$Z_1$ 分别为计算段上、下游断面水位；$v_2$、$v_1$ 分别为计算段上、下游断面平均流速；$\alpha_2$、$\alpha_1$ 分别为计算段上、下游断面的动能修正系数；$h_f$ 为沿程水头损失；$h_j$ 为局部水头损失。

在流量、控制断面水位和河段糙率确定后，即可由式（1）算出河道断面的水力要素。

#### 3.1.2　主要参数的确定

根据一维水面线的计算公式，其关键在于沿程水头损失和局部水头损失的确定。

##### 3.1.2.1　动能修正系数 $\alpha$

$\alpha$ 是以总流的断面平均流速 $v$ 代替过水断面上各点的点流速 $v_i$ 来计算断面的平均单位动能，为校正误差而引入的修正系数，理论上可按式（2）计算：

$$\alpha = \frac{\int_A v_i^3 \mathrm{d}A}{v^3 A} \tag{2}$$

式中：$v_i$ 为断面单元流速，m/s；$v$ 为断面平均流速，m/s；$A$ 为过水面积，m²。

$\alpha$ 是个大于 1.0 的数值，其值取决于断面上流速分布不均匀的程度，流速分布越不均匀，$\alpha$ 值越大。

##### 3.1.2.2　沿程水头损失

水流在流动过程中，由于克服河床的阻滞作用，边壁的低流速层对高流速层产生的阻力而消耗的能量，就是沿程阻力损失 $h_f$，主要决定于均匀流的坡降，可表示为

$$h_f = \bar{J}L = \frac{Q^2}{K^2}L = \frac{n^2 Q^2 L}{R^{4/3} A^2} \tag{3}$$

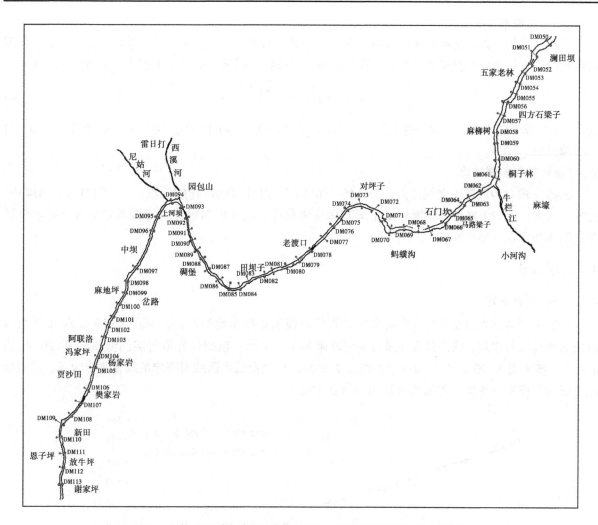

**图2 白鹤滩至溪洛渡河道断面布置（溪洛渡库区变动回水区段）**

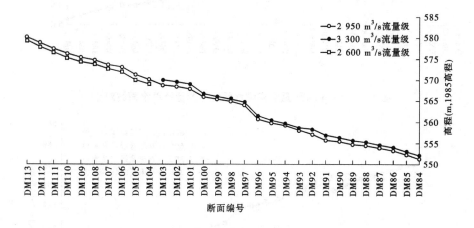

**图3 实测水面线成果**

式中：$L$ 为计算段上下游断面间距，m；$n$ 为糙率；$K$ 为流量模数，$K = CA\sqrt{R}$，一般采用 $\dfrac{1}{K} = \dfrac{1}{K_1^2} + \dfrac{1}{K_2^2}$，

$K_1$、$K_2$ 分别为上、下两断面的流量模数，$C$ 为谢才系数，$C = \dfrac{1}{n}R^y$，$y$ 可取 1/4~1/6。

**3.1.2.3 局部水头损失**

局部水头损失即为河道的河床断面沿程不均匀引起的水头损失。局部阻力系数与河槽形态、收缩或放宽的比例及水流情况有关，特别是在跨河桥梁河段特别明显，局部水头损失 $h_j$ 可按下式计算：

$$h_j = \xi \left( \frac{v_1^2}{2g} - \frac{v_2^2}{2g} \right) \tag{4}$$

式中：$\xi$ 为局部阻力系数，对于逐渐扩散段取 $\xi = -0.3 \sim -0.5$，对于急剧扩散段取 $\xi = -0.5 \sim -1.0$，对于收缩段取 $\xi = 0$。

**3.2 设计枯水流量计算**

依据《港口与航道水文规范》（JTS 145—2015）[6] 以及《内河通航标准》（GB 50139—2014）[7] 的相关规定，绘制溪洛渡入库流量多年历时保证率曲线，进而依据规范及标准确定的设计枯水保证率，推求相应设计枯水流量。

## 4 结果分析

### 4.1 模型参数率定

根据实测河道大断面资料及实测水面线资料对模型进行率定和验证。采用 2 950 m³/s 流量级水面线对模型进行率定，模型计算成果与实测成果如图 4 所示，模型计算值与实测值相差 -0.20 ~ 0.17 m；进一步采用 3 300 m³/s 流量级水面线及 2 600 m³/s 流量级水面线对率定的模型进行验证，结果如图 5 所示，模型计算值与实测值相差 -0.44 ~ 0.40 m。

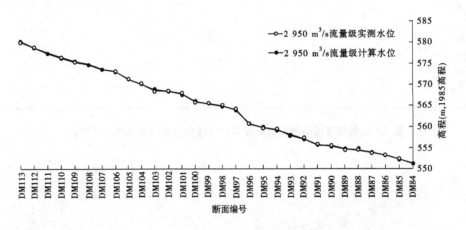

**图 4　2 950 m³/s 流量级实测水面线与模型计算水面线对比**

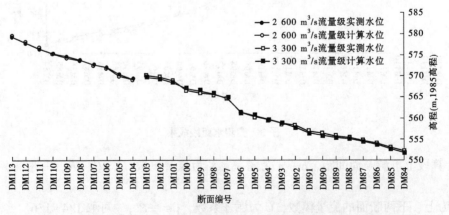

**图 5　2 600 m³/s 及 3 300 m³/s 流量级实测水面线与模型计算水面线对比**

结果可见，模型率定工况下及验证工况下计算值与实测值相差很小，模型可用于沿程设计水位计算，最终率定的沿程河道糙率取值为 0.026~0.085。

## 4.2 设计枯水流量计算

根据收集到的溪洛渡水电站 2013 年 5 月至 2023 年 6 月的水库运行资料，绘制溪洛渡入库流量多年历时保证率曲线，结果如图 6 所示。根据相关规划，到 2035 年金沙江白鹤滩至溪洛渡河段航道按 Ⅲ-（3）级标准建设，根据规范取多年历时保证率为 98%，相应设计枯水流量为 1 240 m³/s。

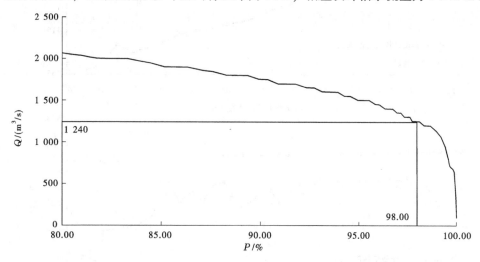

**图 6 溪洛渡入库流量多年历时保证率曲线**

## 4.3 设计最低通航水位

根据《内河通航标准》（GB 50139—2014），并考虑工程河段水文特性和溪洛渡水库运行调度情况，本工程采用多年历时保证率 98% 的入库流量 1 240 m³/s 与溪洛渡坝前死水位 540.00 m 组合，计算得出的回水曲线作为沿程各点的设计最低通航水位，结果见图 7。

由图 7 可见，距坝里程 132.3 km、174.1 km 处平均水深均不足 3 m，距坝里程 167.6 km、169.3 km 处平均水深均不足 4 m，距坝里程 144.4 km、156.5 km、158.2 km、166.3 km 处平均水深均不足 5 m，后期进行航道整治阶段需重点关注。

## 5 结论

内河河流梯级开发建设一方面实现了水资源的综合利用，另一方面改善了河段通航条件。金沙江下游梯级开发建设圆满完成，一定程度上提高了金沙江下游河段的通航条件，然而枢纽间特别是变动回水区，一些洲滩、碛坝的存在增加了低水期船舶通行的风险。本文采用最新实测地形资料，结合溪洛渡水库运行数据，针对金沙江白鹤滩至溪洛渡河段开展了设计最低通航水位研究。主要结论如下：

（1）采用 2 950 m³/s、2 600 m³/s 和 3 300 m³/s 流量级实测资料对模型进行率定和验证，结果表明，率定期模型绝对误差-0.20~0.17 m，验证期模型绝对误差为-0.44~0.40 m，模型效果较好。

（2）采用一维水流数学模型推求了沿程设计最低通航水位，结果表明，距溪洛渡坝址里程 132.3 km、174.1 km 处平均水深均不足 3 m，距坝里程 167.6 km、169.3 km 处平均水深均不足 4 m，距坝里程 144.4 km、156.5 km、158.2 km、166.3 km 处平均水深均不足 5 m，后期进行航道整治阶段需重点关注。

（3）本文研究成果可为后期金沙江白鹤滩至溪洛渡航道整治提供技术支撑。

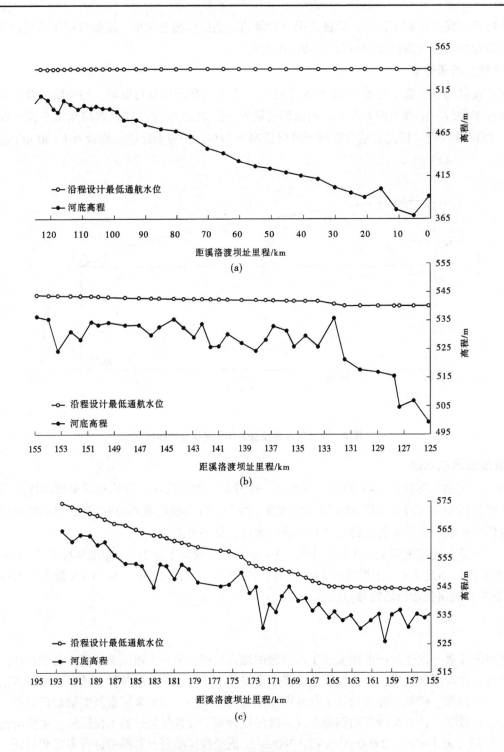

**图 7　溪洛渡库区河段沿程设计最低通航水位成果**

# 参考文献

［1］喻国良，李艳红，庞红犁，等．海岸工程水文学［M］．上海：上海交通大学出版社，2009．

［2］王路，谢平，桑燕芳，等．非一致性最低通航水位设计的保证率频率法［J］．水力发电学报，2020，38（1）：31-43．

［3］李家世，刘晓帆，周玉洁，等．山区河流航道设计最低通航水位推求方法研究［J］．中国水运，2021，21（6）：

88-90.

[4] 陈婷婷，杨涛．白鹤滩枢纽变动回水区设计最低通航水位的确定 [J]．水运工程，2023（8）：134-138.

[5] 四川大学水力学与山区河流开发保护国家重点实验室．水力学 [M]．北京：高等教育出版社，2016.

[6] 中华人民共和国交通运输部．港口与航道水文规范：JTS 145—2015 [S]．北京：人民交通出版社，2015.

[7] 中华人民共和国建设部，中华人民共和国国家质量监督检验检疫总局．内河通航标准：GB 50139—2014 [S]．北京：中国标准出版社，2014.

# 漳卫河系"23·7"暴雨洪水过程分析

刘邑婷　徐　宁

（水利部海委漳卫南运河管理局水文处，山东德州　253009）

**摘　要：** 受 2023 年第 5 号台风"杜苏芮"及其外围云系影响，7 月 28 日至 8 月 2 日漳卫河系经历入汛以来最强降雨过程。本文基于实时报汛数据，从暴雨、洪水等方面对漳卫河系"23·7"洪水进行分析，为防汛调度减灾工作提供科学依据。

**关键词：** 漳卫河系；暴雨；洪水；预报

漳卫河系地处太行山东麓和华北平原，夏季受副热带高压及台风影响，全年降水主要集中在汛期，又多以暴雨形式为主，历史上洪涝灾害频繁[1-2]。1368—1948 年的 580 年间，发生重大洪灾共 20 次，平均 29 年一次，1949 年以后，较大的洪水分别发生在 1956 年、1963 年、1996 年、2016 年和 2021 年。其中"56·8""96·8"洪水为台风导致；"63·8"洪水为西南涡与切变线导致；"21·7"洪水为低涡切变线及低空急流导致。分析典型暴雨洪水过程对洪水预报、预警、预演、预案具有重要意义。魏琳等[3]运用气象资料分析了海河流域"16·7"暴雨洪水成因，并与"63·8""96·8"洪水进行对比，得出了形成暴雨的天气系统及移动路径规律；高翔[4]分析了"21·7"洪水岳城水库汇流情况、入库水量等，为防汛调度提供经验。

受 2023 年第 5 号台风"杜苏芮"及其外围云系影响，7 月 28 日至 8 月 2 日漳卫河系经历一次强降雨过程。河系大部降暴雨到大暴雨，局部降特大暴雨。降雨首先从卫河开始，逐渐向漳河发展。漳卫河系面平均雨量 193.2 mm，河系最大单站降雨达 791 mm（思德河夺丰站）。河系 39 处雨量站累计降雨超过 500 mm。本文从"23·7"暴雨洪水的成因、特点、洪水组成及水文预报等多方面进行分析，对洪水防御工作提供技术支撑。

## 1 暴雨分析

### 1.1 暴雨成因

2023 年 7 月 28 日至 8 月 2 日降水过程集合了副热带高压西伸、高压脊东移、充沛的水汽和太行山山前动力抬升等多种形势和因素，共同导致了此次极端降水过程。主要原因如下：

（1）充足的水汽。2023 年第 5 号台风"杜苏芮"残余环流携带大量水汽与副高外围水汽汇合，叠加台风"卡努"远距离源源不断地输送的水汽，导致华北平原上空水汽条件非常充沛。

（2）高压系统阻挡。副热带高压和北方的高压脊分别位于降水系统的东侧和北侧，这两个高压系统在华北北部形成"高压坝"，阻挡住降水系统的前行道路，所以"杜苏芮"在华北到黄淮一带停留时间增长，导致强降雨时间延长。

（3）山脉地形的抬升作用。太行山、燕山山脉的存在，迫使输送而来的水汽在山前受到地形抬升的作用，进一步增强降雨。

### 1.2 暴雨特点

此次强降雨过程具有持续时间长、相对集中、降雨量大、降雨强度大等特点。

---

**作者简介：** 刘邑婷（1989—），女，工程师，主要从事水文预报、水资源管理与保护工作。

### 1.2.1 持续时间长、相对集中

受副热带高压和北方大陆高压脊两大高压系统的阻挡，降水系统停滞不前，暴雨从 7 月 28 日开始至 8 月 2 日止，持续 5 d。强降雨主要集中在 7 月 29 日，河系 1 d 平均降雨量 92.6 mm，占过程总降雨量的 48%，漳河的降雨中心在清漳河及匡门口、天桥断—岳城水库区间，1 d 平均降雨量 120.8 mm，占过程总降雨量的 87.2%；卫河的降雨中心在淇河，1 d 平均降雨量 202.2 mm，占过程总降雨量的 75.8%。

### 1.2.2 降雨量大

7 月 28 日 8 时至 8 月 2 日 8 时，河系平均面雨量 193.2 mm，其中漳河观台以上平均降雨量 138.5 mm，卫河元村以上平均降雨量 266.7 mm。漳河降雨中心区雨量多在 300 mm 以上；卫河降雨中心区雨量多在 400 mm 以上。累积最大点雨量位于思德河夺丰站，达 791 mm。

### 1.2.3 降雨强度大

单站最大 1 h 降雨量为清漳河粟城站的 133.0 mm，单站最大 1 d 降雨量为淇河南窑站的 414.5 mm。石梁、匡门口、岳城水库区间平均最大 1 d 降雨量 120.8 mm，观台以上平均最大 1 d 降雨量 71.8 mm，淇河新村以上平均最大 1 d 降雨量 202.2 mm，元村以上平均最大 1 d 降雨量 120.8 mm。

## 2 洪水分析

### 2.1 洪水过程

#### 2.1.1 漳河

漳河观台站从 7 月 29 日 22 时起涨，30 日 22 时出现洪峰 974 m³/s。岳城水库入库最大流量 1 002 m³/s，7 月 29 日 16 时开闸预泄，8 月 3 日 15 时最大出库流量 200 m³/s，4 日 8 时达到最高库水位 141.06 m 后缓慢下降，12 日 10 时关闸停止泄洪，水库泄洪总量 1.35 亿 m³/s。漳河观台站流量过程线、岳城水库调度过程线见图 1、图 2。

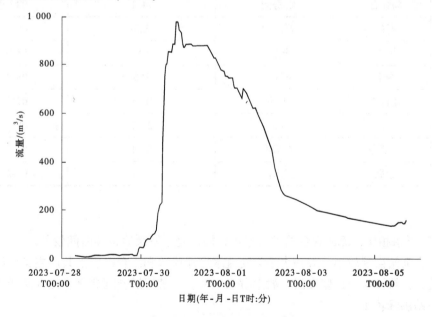

**图 1 漳河观台站流量过程线**

#### 2.1.2 卫河

受本次强降雨影响，太行山区的大沙河、峪河、石门河、黄水河、淇河、安阳河等主要支流普遍涨水。共产主义渠刘庄站 8 月 1 日 15 时流量达 255 m³/s，共产主义渠西滞洪区自然浸溢进洪，2 日 13 时出现洪峰 323 m³/s，刘庄站最高水位 64.57 m，超警戒水位 0.13 m。卫河淇门站 8 月 3 日 9 时洪峰为 207 m³/s，最高水位 64.71 m，超警戒水位 0.61 m。卫河元村站 7 月 29 日 20 时开始上涨，8 月 2

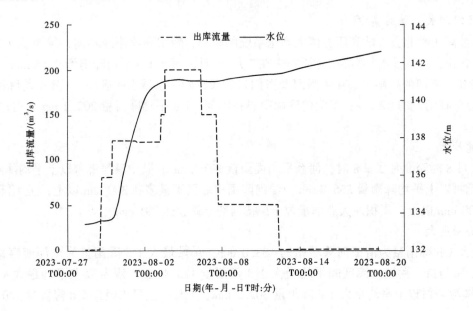

**图2　岳城水库调度过程线**

日 8 时洪峰为 706 m³/s，最高水位 46.61 m。重要水库泄洪统计见表 1，淇门、刘庄组合流量过程线、元村集站流量过程线见图 3、图 4。

**表1　重要水库泄洪统计**

| 河系 | 站名 | 河流 | 最大出库流量/（m³/s） | 相应时间（月-日 T 时：分） |
|---|---|---|---|---|
| 卫河 | 宝泉 | 峪河 | 367 | 08-01T12：00 |
| | 马鞍石 | 纸房沟 | 74.1 | 08-01T16：00 |
| | 石门 | 石门河 | 353 | 08-01T14：00 |
| | 塔岗 | 沧河 | 190 | 08-01T21：00 |
| | 夺丰 | 思德河 | 165 | 08-01T10：00 |
| | 盘石头 | 淇河 | 130 | 07-30T21：00 |
| | 汤河 | 汤河 | 24.5 | 08-02T22：00 |
| | 小南海 | 安阳河 | 53.1 | 07-31T19：00 |
| | 彰武 | 安阳河 | 150 | 07-29T16：00 |

## 2.2　洪水特点

与"21·7"洪水相比，漳河观台站洪水退水较慢，趋于平缓后持续时间较长。

共产主义渠合河站洪峰较小，大幅小于各支流水库泄流总和。合河以上共产主义渠汇入多条源于太行山南麓河流，源短流急。这些支流一般上游来水大，下游河道萎缩严重，汇入共产主义渠前多有漫溢，造成合河站洪峰较小。

超汛限水库较多。受暴雨洪水影响，卫河上游共 14 座大中型水库超汛限水位，累计最大出库流量超过 1 500 m³/s，区间产流叠加水库集中泄流导致下游河道水势上涨迅猛，卫河、共产主义渠部分河段持续超警。

## 2.3　主要控制断面洪水组成分析

### 2.3.1　漳河

观台站洪量主要由清漳河匡门口站、浊漳河天桥断站、区间产流（含露水河南谷洞水库泄流量）

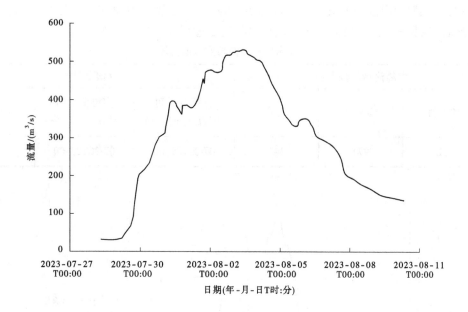

图3 淇门、刘庄组合流量过程线

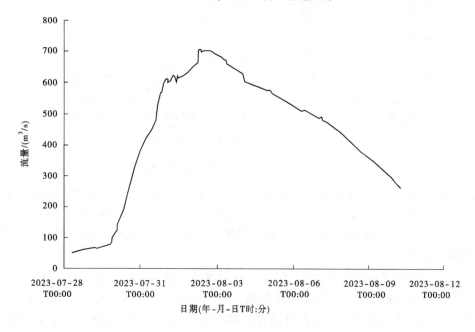

图4 卫河元村集站流量过程线

组成，以清漳河为主，占58.5%；其次是区间产流，占26.0%；浊漳河来水最少，占15.5%。

### 2.3.2 卫河

淇门、刘庄组合洪量主要分四部分：①共产主义渠黄土岗过水量；②卫河汲县过水量；③淇河新村以上来水量；④区间洪水（不含淇河来水）。淇河及区间产流是主要洪水来源，分别占39.5%、31.5%；其次是共产主义渠来水，占比23.3%；卫河来水占比最小，为5.7%。

元村集站洪量主要由卫河干流来水、安阳河来水及区间产流组成，以卫河干流来水为主，占比82.9%；安阳河来水次之，占比12.0%；汤河来水最少，占比5.1%。

## 3 预报方案适用性分析

漳河观台站、共产主义渠合河站的预报方案采用API模型，用国内半干旱地区常用的P+Pa产流模型、单位线汇流模型构建预报方案。方案计算步长为 1 h，预热期为 30 d，预见期为 72 h。观台站预报值与实测值比较见表 2，预报流量过程线与实测流量过程线对比见图 5。

表 2 观台站预报值与实测值比较

| 站名 | 洪峰流量/（m³/s） | | | 峰现时间 | | |
|---|---|---|---|---|---|---|
| | 预报值 | 实测值 | 误差 | 预报值时间<br>（月-日 T 时：分） | 实测值时间<br>（月-日 T 时：分） | 误差/h |
| 观台 | 1 320 | 974 | 346 | 07-31T09：00 | 07-30T22：00 | 11 |

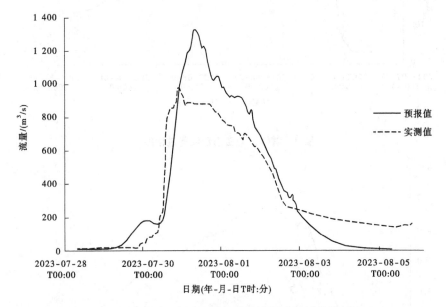

图 5　观台站预报流量过程线与实测流量过程线对比

目前，预报方案将匡门口以上清漳河作为整体进行产汇流计算，按照原有预报方案计算，清漳河洪峰较大且提前到达观台，与石梁、匡门口—观台区间产流汇合，共同推高观台站洪峰，预报洪峰 1 320 m³/s，而由于清漳河泽城西安水电站削峰滞洪作用，观台站实际洪峰 974 m³/s，较预报洪峰偏小，峰现时间较晚且退水过程较快。

共产主义渠合河站预报洪峰流量 390 m³/s，由于地质地形原因，洪水在卫河上游支流演进过程中下渗明显，部分河道行洪能力有限，导致洪水溢流，合河水文站所处的合河坡地势略低，起到一定蓄洪削峰作用[5]，导致共产主义渠合河站洪峰流量大幅小于各支流水库泄流总和。目前合河以上地区的预报方案对洪峰、洪量衰减计算不够准确。

## 4　结语

"23·7"暴雨洪水具有持续时间长、相对集中、降雨量大、降雨强度大等特点。受暴雨洪水影响，漳卫河系多条河流出现明显涨水过程，卫河上游共 14 座大中型水库超汛限水位，卫河、共产主义渠部分河段持续超警。漳河观台站洪水主要来自清漳河；卫河淇门、共产主义渠刘庄组合洪水主要来自淇河；卫河元村集站洪水主要来自卫河干流。分析漳卫河系 "23·7" 洪水过程，对于防汛减灾及水资源调度利用具有重要意义。

近年来，河道下垫面情况发生了显著的变化，为了提高预报的精度，应进行踏勘调研，收集工程、地质地理及水文资料，结合洪水演进过程对预报方案进行完善和调整[6]。

## 参考文献

[1] 杨泳凌. 漳卫南运河洪水灾害成因分析 [J]. 海河水利, 2005 (2): 35, 37.

[2] 吴晓楷, 安艳艳, 赵建勇. 岳城水库"71·9"洪水水情分析 [J]. 海河水利, 2017 (5): 30-32, 49.

[3] 魏琳, 李静, 王颖, 等. 海河流域"16·7"大暴雨洪水成因初步分析 [J]. 水文, 2017, 37 (4): 91-96.

[4] 高翔. 漳河"21·7"洪水水情分析 [C] //2022 中国水利学术大会论文集（第五分册）. 河南: 黄河水利出版社, 2022: 349-354.

[5] 王燕鹏. 合河水文站"2016·7"洪水预报误差及成因 [J]. 河南水利与南水北调, 2020, 49 (4): 18, 32.

[6] 黄建波, 黄夏坤, 吴立愿, 等. 2015 年西江 1 号洪水分析 [J]. 广西水利水电, 2016 (3): 5-7, 11.

# 太湖流域"烟花"台风暴雨洪水分析及思考

刘　敏[1]　钱傲然[1]　杜诗蕾[2]

(1. 太湖流域管理局水文局(信息中心),上海　200434;
2. 上海市水利管理事务中心(上海市河湖管理事务中心),上海　200002)

**摘　要：** 2106号台风"烟花"(In-Fa)在浙江省两次登陆,给太湖流域带来明显的降雨影响,在强风、暴雨、高潮、洪水"四碰头"的影响下,湖泊河网水位、沿江沿海潮位快速上涨,太湖发生编号洪水,多站水位超历史记录,严重制约流域排洪和区域排涝。为掌握太湖流域暴雨洪水特点,本文结合太湖降雨及水位站点观测数据,分析整个台风过境过程对太湖水文要素的影响,并与台风"菲特"暴雨洪水进行对比分析,总结本次台风防御工作并提出了建议,成果可为太湖流域台风防御提供决策参考。

**关键词：** 太湖流域;"烟花"台风;暴雨洪水;洪水防御;"菲特"台风

太湖流域位于长三角区域一体化发展和长江经济带发展两大国家战略的交汇点,是我国经济最发达、人口最集中、财富最密集的区域之一,在我国发展大局中具有重要的战略地位。由于其特殊的地理位置,加上地势低洼,也是洪涝灾害多发、频发的地区。太湖流域平原河网地区的洪水灾害是自然地理因素与人类活动共同作用的结果[1],其中降水为该区域主要致灾因素,由于受不同类型天气系统的影响,太湖流域的降雨主要分为梅雨型和台风雨型两种[2]。在全球变暖背景下,西北太平洋海域台风盛行路径有向西北偏移的趋势,台风盛行路径的变化可能使东南沿海地区台风影响增加[3],登陆热带气旋伴随的狂风暴雨和风暴潮严重威胁沿海人民生命财产安全。因此,研究影响太湖流域台风的活动规律对太湖流域的防灾、减灾具有重要的指导意义。2021年第6号台风"烟花"(In-fa,编号2106)两次登陆浙江,给多地造成严重影响,太湖流域多站水位超历史记录,本文基于台风"烟花"发生发展期间太湖流域的水文观测数据,分析台风天气对太湖水文要素的影响,为台风防御提供决策参考。

## 1　台风暴雨洪水分析

### 1.1　台风移动路径分析

台风的移动路径与其周围的天气系统密切相关,2021年7月下旬,西北太平洋和我国南海上空先后有3个台风生成,"烟花"和"查帕卡"共存近6 d、"烟花"和"尼伯特"共存近2 d,3台风共存时间虽然不长(约18 h),但三者之间还是产生了相互作用;同时副热带高压位置明显偏北,引导气流偏弱,是造成台风"烟花"移速缓慢甚至在原地回旋的直接原因,台风"烟花"在我国陆上滞留时间长达95 h,为1949年以来最长[4]。西南季风向台风"烟花"持续输送水汽,大的水汽通量中心位于台风东北侧,副热带高压南侧另有一支东南气流将来自西太平洋的水汽向台风"烟花"输送,是台风"烟花"登陆后强度得以维持的原因[5],台风"烟花"在舟山岛滞留了5 h、在杭州湾徘

**基金项目：** 水利部水利青年拔尖人才发展基金(水基字〔2022〕7号),上海市科技创新行动计划长三角科技创新共同体领域项目(21002410200),水利部重大科技项目(SKR-2022042、SKR-2022043),上海市水务局科研项目(沪水科2022-03)。

**作者简介：** 刘敏(1990—),女,高级工程师,副处长,主要从事水文分析评价及防灾减灾工作。

徊了 16 h[4]，充足的水汽使台风登陆后强度得以维持。在多尺度系统相互作用影响下，"烟花"台风路径多变，出现了北移、西折、南落、停滞、打转等"花式"路径。

## 1.2 台风降水分析

在台风"烟花"螺旋雨带的持续影响下，7 月 23—27 日，太湖流域普降大到暴雨，局地降大暴雨，累计降雨量 224.5 mm。此次台风，流域降水历时 5 d，集中在 7 月 25—27 日，3 d 雨量占此次台风降雨总量的 81%，重现期约为 24 年。太湖流域最大 1 d 降雨量 75.0 mm（7 月 27 日），太湖水位 1 d 涨幅 0.21 m，位列太湖水位单日涨幅前 10 位。

此次台风降水空间分布略有不均，南部略大于北部，各分区中浦东浦西区最大，达 322.7 mm；其次为浙西区，为 262.0 mm；其他分区为 157.9~218.3 mm（见表 1）；位于暴雨中心区域的几个水利分区中，浦东浦西区最大 3 d 降雨量最大，达 252.2 mm，位列 1951 年以来第 1 位，重现期约为 89 年；浙西区最大 3 d 降雨量为 201.8 mm，位列 1951 年以来第 7 位，重现期约为 12 年。

**表 1  台风"烟花"特征时段流域面雨量**                                                       单位：mm

| 时段 | 湖西区 | 武澄锡虞区 | 阳澄淀泖区 | 太湖区 | 杭嘉湖区 | 浙西区 | 浦东浦西区 | 全流域 |
|---|---|---|---|---|---|---|---|---|
| 最大 1 d | 121.5 | 98.4 | 76.2 | 59.6 | 60.4 | 79.7 | 113.0 | 75.0 |
| 最大 3 d | 193.8 | 172.5 | 181.2 | 143.6 | 151.3 | 201.8 | 252.2 | 181.3 |
| 过程累计降雨量 | 202.4 | 181.9 | 203.9 | 159.7 | 218.3 | 262.0 | 322.7 | 224.5 |

本次台风在太湖流域范围内产生的降雨笼罩范围较广，100 mm 以上的降雨全覆盖，200 mm 以上的降雨笼罩面积占流域总面积的 56%，250 mm 以上的降雨占流域总面积的 27%。最大点雨量为浙西区董岭站，达 949.0 mm，江苏省溧阳中田舍（301.0 mm）、深溪界（279.0 mm）等站最大 24 h 雨量为设站以来最大值。

## 1.3 水位分析

受台风降雨影响，叠加后期强对流天气，太湖水位快速上涨，从 7 月 23 日的 3.47 m 上涨至 8 月 2 日的 4.21 m（见图 1），涨水历时 11 d，累计涨幅 0.74 m，仅次于 1962 年"艾美"台风造成的太湖水位涨幅。台风降雨结束后，由于受出入湖水量影响，太湖水位一般会继续上涨。2021 年"烟花"台风降雨结束后，太湖水位仍以日均 0.045 m 的涨幅上涨，大于其余台风降雨结束后的太湖水位涨幅。7 月 23 日 8 时至 8 月 2 日 8 时，太湖流域共有 97 个河道、闸坝、潮位站水（潮）位超警戒，占设有警戒水（潮）位站点的 93%；52 个站点超保证，占设有保证水（潮）位站点的 52%。受台风强降雨和天文大潮共同影响，长三角生态绿色一体化发展示范区内的平望、陈墓、嘉善等站水位创历史新高，防洪除涝形势严峻。

# 2 台风特点对比分析

## 2.1 "烟花"台风特点

（1）台风路径复杂，陆上维持时间长。"烟花"生成后，多台风相互作用及其他天气系统的影响，致使其运动轨迹复杂多变，由于引导气流微弱，"烟花"近海移动速度较为缓慢，平均每小时仅 5~10 km，登陆浙江舟山后，再次在嘉兴平湖登陆，为 1949 年有气象记录以来首个在浙江省内两次登陆的台风。登陆后滞留在太湖流域超过 24 h，造成流域多地出现持续性强降雨过程。

（2）影响范围广，累计雨量大。据气象雷达观测，"烟花"台风眼直径一度超过 100 km，且云系范围广，东西跨度约 1 500 km，南北跨度约 1 200 km，台风体态庞大，水汽充足。受其影响，太湖流域有一次明显降雨过程，雨量大，范围广，历时长。

（3）风、雨、潮、洪"四碰头"，叠加影响大。"烟花"登陆时恰逢天文大潮，在风、雨、潮、洪"四碰头"影响下，太湖水位迅速抬升，发生了 2021 年第 1 号洪水，地区河网水位受下游高潮位

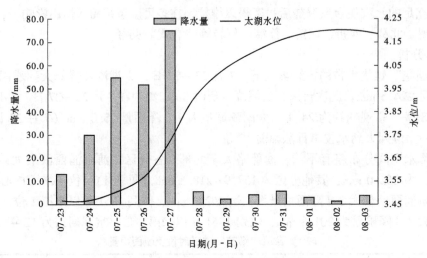

**图 1　2106 号台风"烟花"降雨水位关系**

顶托居高不下，普遍超警超保，多站超历史记录。

## 2.2　与典型台风的对比

20 世纪 90 年代以来，对太湖流域影响比较大的台风过程主要有"麦莎"（200506）、"菲特"（201323）、"利奇马"（201909）、"烟花"（202106）等。用风雨影响作为主要因子进行评估，"菲特"和"烟花"均呈现出风力持续强，累计降雨量大，影响时间久，风、暴、潮、洪"四碰头"，潮位创新高等特点，2 个台风都造成了黄浦江上游米市渡站超过当时实测历史最高记录，但风雨分布及高水位出现区域又略有差异。因此，本次拟对比"菲特"台风和"烟花"台风的雨水情况，重点分析流域排水格局，以期为流域台风暴雨防御提供基础支撑。

（1）2 个台风降水量级、涨水历时较为接近，但时空分布略有差异。

受 2013 年第 23 号台风"菲特"影响，太湖流域 10 月 6—8 日（台风过程雨量）3 d 累积降水量为 204.7 mm（见表 2），涨水历时 9 d，造成太湖水位涨幅 0.61 m，与"烟花"台风量级较为接近。图 2 为台风的降水量等值线，表 3 为台风影响期间太湖流域各分区河网代表站最高水位及超保证幅度。由图 2、表 3 可知，由于降水时空分布等特征不同，各分区代表站水位的响应规律也不同，"菲特"台风主要降雨落区在流域南部，因此河网代表站高水位以浙西区、杭嘉湖区及浦东浦西区较为突出，其他区域代表站水位基本在保证水位以下；而"烟花"台风各分区均有代表站最高水位超过保证水位，且超保证幅度总体上大于"菲特"台风。

**表 2　台风"烟花"和"菲特"特征时段流域面雨量对比**　　　　　　　　单位：mm

| 台风 | 时段 | 湖西区 | 武澄锡虞区 | 阳澄淀泖区 | 太湖区 | 浙西区 | 杭嘉湖区 | 浦东浦西区 | 全流域 |
|---|---|---|---|---|---|---|---|---|---|
| "烟花" | 最大 1 d | 121.5 | 98.4 | 76.2 | 59.6 | 60.4 | 79.7 | 113.0 | 75.0 |
| | 最大 3 d | 193.8 | 172.5 | 181.2 | 143.6 | 151.3 | 201.8 | 252.2 | 181.3 |
| | 过程累计降雨量 | 202.4 | 181.9 | 203.9 | 159.7 | 218.3 | 262.0 | 322.7 | 224.5 |
| "菲特" | 最大 1 d | 51.2 | 94.9 | 157.7 | 123.4 | 197.3 | 152.0 | 143.2 | 131.6 |
| | 最大 3 d | 99.7 | 160.4 | 214.9 | 187.2 | 286.6 | 265.0 | 207.7 | 204.7 |
| | 过程累计降雨量 | 99.7 | 160.4 | 214.9 | 187.2 | 286.6 | 265.0 | 207.7 | 204.7 |

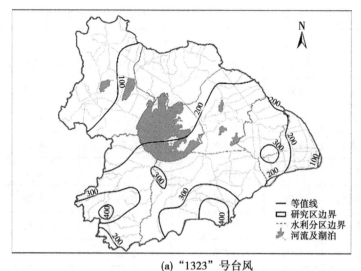

(a) "1323" 号台风

(b) "2106" 号台风

**图2 台风过程降水量等值线**

（2）已全面建成的太湖流域综合治理骨干工程在防洪减灾中发挥了重要作用，但流域外排能力仍然不足。

经过多年综合治理，太湖流域综合治理骨干工程已全面建成，太湖调蓄能力和流域洪水外排能力有所增强，但太湖流域为平原感潮河网地区，行洪排涝易受外江潮位顶托。2个台风影响期间恰逢天文大潮，风暴潮与天文潮叠加，长江、杭州湾潮位较高，制约了沿江沿海口门的排水力度。"烟花"台风期间日最大排水量为2.8亿 $m^3$，大于"菲特"台风期间的2.1亿 $m^3$，但仅为流域内圩区总外排动力的20%，流域洪水外排出路仍然不足。太湖是流域洪水集散地，上游地区洪水经太湖调蓄后流经下游苏州、嘉兴、上海等城市排江入海，"烟花"台风期间最大入湖流量接近4 200 $m^3/s$，远大于"菲特"台风期间的最大入湖流量（接近3 000 $m^3/s$），而现状太湖洪水外排通道仅有太浦河、望虞河2条，泄洪能力1 184 $m^3/s$，太湖洪水出路不足，水位易涨难消。

（3）剧烈变化的下垫面增加了流域和区域防洪难度，流域整体蓄泄能力仍有待提高。

近年来，太湖流域城镇化进程加快，下垫面发生了剧烈变化，城市建成区不断扩张、大规模联圩并圩及航道大规模升级整治等，改变了流域与区域的洪涝特性，间接或直接对流域和区域防洪产生了明显影响，一旦发生暴雨，洪水归槽加剧。受台风强度大、移速慢、风暴潮洪叠加等影响，区域大量涝水强排归槽，黄浦江上游各站最高水位普遍超"菲特"台风期间的历史最高水位，超历史幅度由北向南、由下游往上游递增[6]。

表 3　台风"烟花"和"菲特"河网代表站特征水情对比

| 水利分区 | 代表站 | 保证水位/m | "烟花" | | "菲特" | |
|---|---|---|---|---|---|---|
| | | | 最高水位/m | 超保证幅度/m | 最高水位/m | 超保证幅度/m |
| 湖西区 | 王母观 | 5.60 | 5.75 | 0.15 | 4.15 | |
| | 常州（三） | 4.80 | 5.42 | 0.62 | 4.55 | |
| 武澄锡虞区 | 无锡（大） | 4.53 | 4.81 | 0.28 | 4.48 | |
| | 青阳 | 4.85 | 4.83 | | 4.48 | |
| 阳澄淀泖区 | 苏州（枫桥） | 4.20 | 4.59 | 0.39 | 4.30 | 0.10 |
| | 湘城 | 4.00 | 3.95 | | 3.86 | |
| | 陈墓 | 4.00 | 4.33 | 0.33 | 3.83 | |
| 浙西区 | 瓶窑 | 8.50 | 8.39 | | 9.05 | 0.55 |
| | 杭长桥 | 5.00 | 5.67 | 0.67 | 5.09 | 0.09 |
| 杭嘉湖区 | 嘉兴 | 3.70 | 4.35 | 0.65 | 4.42 | 0.72 |
| | 王江泾 | 3.50 | 4.40 | 0.90 | 4.29 | 0.79 |
| 浦东浦西区 | 青浦 | 3.50 | 3.78 | 0.28 | 3.79 | 0.29 |
| | 米市渡 | 4.30 | 4.79 | 0.49 | 4.61 | 0.31 |

注：表中保证水位为 2021 年特征水位，"烟花"台风后，个别站点特征水位有调整。

## 3　台风期间的防洪对策及思考

### 3.1　"四预"措施支撑防洪调度并发挥成效

台风"烟花"于 7 月 18 日在西北太平洋洋面上生成，初期预报台风登陆福建沿海，对太湖流域影响较小，21 日下午，气象部门将预报台风登陆地点北调至浙江中部沿海，并预计将给太湖流域带来严重风雨影响。据此，太湖流域管理局按最不利情况考虑，抢抓台风到来前的空当期，统筹流域内各省（市）全力预降太湖及地区河网水位，为防御台风暴雨洪水腾出了调蓄库容。台风影响前、洪水防御过程中，及时利用太湖流域洪水预报模型开展模拟计算，根据降雨和洪水实际发生情况，加强流域产汇流条件分析，并充分发挥预报员经验，强化人工干预校正预报成果，加密滚动制作发布太湖洪水过程最高水位；同时开展多场景模拟预演，利用流域预报调度一体化系统动态预演流域骨干水利工程不同调度方式下的太湖和地区河网水位变化过程及地区淹涝情况，为更好服务长三角一体化生态绿色发展示范区水安全，提前 1 d 预报出平望站最高水位 4.45 m，将超历史记录，为太浦河平望段防汛调度决策提供了重要支撑。

### 3.2　防洪工程和非工程体系亟待进一步完善

通过滚动分析研判流域防汛形势和台风发展态势、滚动开展预测预报、优化工程调度等，有效应对了"烟花"台风造成的汛情，同时也暴露出流域治理管理的一些短板，后续可考虑进一步加强完善。从防洪工程体系看，受外江高潮位顶托影响，部分未建泵站的沿江沿海口门排水受到明显制约，流域中部地区（淀泖地区、嘉北地区等）防洪战线长、洪水出路不足，流域、区域防洪工程体系亟待进一步完善，建议加快太浦河后续工程、吴淞江行洪通道工程等流域骨干工程实施；黄浦江是太湖流域沿长江唯一的敞开河道，也是太湖流域洪涝水外排的主要泄洪通道，由于河口未建闸，行洪排涝易受外江潮位顶托，本次"烟花"台风影响期间恰逢天文大潮，黄浦江潮水顶托影响范围广，对上海市浦南东片、青松片及其上游淀泖区、杭嘉湖区涝水外排造成较大影响，流域、区域防汛形势严峻，建议加快推进黄浦江河口建闸等措施，增加东出黄浦江排水能力。从"四预"支撑能力看，太湖流域河网水系密布，水情规律复杂，水位变化敏感，加之台风降雨不确定性较大，气象和水文预报的精准性仍需要不断提高；另外新工况、新的降雨组合层出不穷，需要进一步细化完善防御措施，查漏补缺，不断贴近实战要求，为防御工作提供科学借鉴。

## 4 结语

2016 年第 6 号台风"烟花"是 1949 年以来首个在浙江省内两次登陆的台风，台风环流大且云系广、台风移速慢且路径复杂、台风影响时间长且累积雨量大，风、雨、潮、洪"四碰头"对流域影响大，南部地区河网水位受下游高潮位顶托居高不下，普遍超警超保，多站超历史记录。

近年的防台风实践表明，洪水预测预报及各类工程在防御台风引起的洪涝灾害过程中发挥了重要作用。"烟花"台风影响期间，通过督促沿江、沿海、沿杭州湾等"外圈"口门预泄、全力排水，科学调度"内圈"环太湖口门、利用太湖调蓄库容拦蓄上游洪水，取得了明显的减灾效益，确保了流域防洪安全，但也暴露出流域防洪体系亟待完善、"四预"支撑能力有待加强、示范区防洪能力薄弱等问题。因此，要坚持系统观念，着眼流域整体，完善防洪工程体系，加快水利工程建设，基于流域统筹提升防洪管理水平，加快解决流域防洪薄弱问题，提升"四预"能力，加强关键技术研究，全面提升流域防洪能力，以最大限度减轻洪涝灾害损失。

## 参考文献

[1] 许有鹏，于瑞宏，马宗伟. 长江中下游洪水灾害成因及洪水特征模拟分析 [J]. 长江流域资源与环境，2005，14 (5)：638-643.

[2] 胡四一，王宗志，王银堂，等. 太湖流域台风与梅雨遭遇概率分析 [J]. 中国科学：技术科学，2011，41 (4)：426-435.

[3] 倪钟萍，王鹏，黄晓龙，等. 台风"利奇马"与"云娜"对浙江风雨影响的对比分析 [J]. 气象科学，2021，41 (2)：172-182.

[4] 唐飞，陈凤娇，诸葛小勇，等. 利用卫星遥感资料分析台风"烟花"（202106）的影响过程 [J]. 大气科学学报，2021，44 (5)：703-716.

[5] 项素清，韩兴，方鹤鸣，等. 2106 号台风"烟花"的路径及降水特点分析 [J]. 海洋预报，2023，40 (3)：75-84.

[6] 易文林，俞汇，韦浩，等. 台风"烟花"期间黄浦江上游洪水过程及高水位分析 [J]. 水利水电快报，2023，44 (05)：18-22.

# 沣河下游水沙变化特征与冲淤平衡床面数值模拟研究

胡　伟[1,2]　侯诗文[1,2]　郝晓东[3]　朱俊峰[1,2]　郝伟罡[1,2]　李　亮[1,2]

(1. 中国水利水电科学研究院 内蒙古阴山北麓草原生态水文国家野外科学观测研究站，北京　100038；
2. 水利部牧区水利科学研究所，内蒙古呼和浩特　010020；
3. 兴和县水利事业发展中心，内蒙古乌兰察布　013650)

**摘　要**：依据沣河下游河道来水来沙条件以及地形资料，建立一维恒定非均匀非饱和水沙数学模型，在禁止河道采砂后，预报橡胶坝工程修建后不同年份库区淤积纵剖面变化和库容的减少过程。同时，论证橡胶坝基座高程的合理性及橡胶坝工程对两岸防洪造成的影响。研究结果表明，沣河下游河道水沙年内分配不均，修建橡胶坝后库区泥沙淤积体呈现三角洲淤积形态，橡胶坝运用 25 年后基本达到冲淤平衡状态，约有 70% 泥沙淤积在死库容以下；橡胶坝建成后，100 年一遇设计洪水均保持在主槽之中，无漫滩现象，橡胶坝底板的高程设计相对合理。该项研究可为今后采砂河道水面治理工程设计优化提供有益参考。

**关键词**：沣河下游；水沙变化；水沙数学模型；冲淤平衡床面；防洪安全

## 1 引言

沣河发源于西安市长安区沣峪，在咸阳市入渭河，是渭河的一大支流，也是长安八水之一。沣河全长 82 km，流域面积 1 460 km²，地形南高北低，秦渡镇至渭河汇入口属中下游，为平原地区[1]。河道断面接近于 U 形，较为顺直，河床以沙质为主，兼有少量沙卵石、砾石。因河道长期采砂，河床平均下切 5.5 m。

目前，沣河两岸处于西安城市建设西边缘区域，流域防洪形势严峻，水资源开发利用不够合理，生态环境有待进一步改善[2]。沣河下游两岸将成为西咸都市圈重要的生态景观，对沣河干流进行统一科学规划和生态综合治理势在必行。西咸新区沣东新城综合治理水面工程旨在依靠在河道下游修建橡胶坝工程，抬高水位，拓宽主槽，增大水面面积，进而形成景观水域。橡胶坝修建在位于 G310 国道下游 6 km 处（桩号 FR6+237），坝长 184 m，坝带高 4 m，根据预估的沣河下游河道禁止采砂后的回淤平衡比降 0.06%，确定橡胶坝坝基座底高程 385.6 m，坝顶高程 389.6 m。从深泓线来看，橡胶坝位于深坑之中。河道禁止采砂后，该河段将会出现恢复性淤积，因此河床底面在若干年后会抬高形成新的平衡纵剖面。换言之，即使不修建橡胶坝，在未来几年内河道也会自然淤积至接近橡胶坝底座高程。因此，需要论证选择橡胶坝底座高程的合理性，研究其是否严重阻碍行洪并对河道两岸造成重大影响。

橡胶坝工程正常蓄水位 389.5 m，最大蓄水量 721.1 万 m³，坝前最大水深 15.5 m。冲沙闸位于橡胶坝右岸，孔口宽 4.2 m、高 3.5 m、长 6.2 m，底板采用钢筋混凝土结构，厚 1.0 m，最大泄流能力 84.44 m³。闸室进口底板高程 383.98 m，低于坝基底座 1.5 m，便于坝区拉沙，并减少橡胶坝调度

**基金项目**：中国水利水电科学研究院基本科研业务费专项项目（MK2022J15）。

**作者简介**：胡伟（1987—），男，工程师，主要从事水文水动力学模拟研究工作。

运行时的塌坝次数。船闸位于橡胶坝与排沙孔之间，长 35 m，宽 8 m，由闸首、闸室、输水系统、引航道、启闭机械等组成。

目前，橡胶坝的研究在国内外已取得一定进展。在水工模型试验方面，研究者们通过构建试验水槽和橡胶坝模型[3]，详细研究了橡胶坝在各种工况下的水动力特性，包括水位变化、水流速度、水流涡旋等参数[4]。在数值模拟方面，研究者们运用数值模型[5]，对橡胶坝在不同泥沙负荷下的运移规律、波浪产生机制等进行数值模拟研究[6]，从而揭示了橡胶坝在多泥沙河道治理中的优势和其他坝体结构的差异性。这些研究成果为橡胶坝的实际应用提供了理论依据和技术支撑。然而，当前针对橡胶坝的水工模型试验和泥沙数值模拟研究仍存在一些问题。例如，当前的研究结果主要基于理想化模型，缺乏对现有橡胶坝实际工程的真实参考，需要加强研究，以完善橡胶坝的理论基础和应用技术。

本文从实际工程出发，依据沣河下游河道来水来沙条件及地形资料，建立并运用一维恒定非均匀非饱和水沙数学模型[7]，在假设禁止河道采砂后，预报橡胶坝工程修建后，不同年份库区淤积纵剖面变化及淤积平衡纵剖面、库容的减少过程，论证橡胶坝基座高程的合理性，以及橡胶坝工程对两岸防洪造成的影响，该项研究可为今后采砂河道水面治理工程设计优化提供有益参考。

## 2 沣河下游水沙特性分析

沣河属于季节性河流，其径流主要由降水形成，随降水变化而变化；本次水沙特性分析将沣河干流秦渡镇水文站 1986—2014 年径流和泥沙资料作为基础资料。秦渡镇水文站所控制的流域面积为 566 km²，而秦渡镇水文站下游又有支流潏河汇入，沣河水面工程区总流域面积为 1 253 km²，对上述资料进行同倍比放大处理，将所得水沙资料作为本次沣河水面工程区的代表水沙系列[8]。据统计结果可以看出，其来水来沙具有年际变化大、年内分配不均的特点，沣河水面工程区多年平均来水量为 4.758 亿 m³，悬移质输沙量为 28.89 万 t，多年平均径流量为 15.09 m³/s，多年平均悬移质含沙量为 0.606 kg/m³，天然输沙模数为 230.6 t/（km²·a）。

### 2.1 水沙年际变化

沣河下游河道径流量与输沙量年际变化过程见图 1。沣河水面工程区丰水年最大来水量为 11.36 亿 m³（水文年：1993 年），枯水年最小来水量为 1.803 亿 m³（水文年：2005 年），分别为多年平均来水量的 2.39 倍和 0.38 倍；年最大来沙量为 293.541 万 t（水文年：1991 年），年最小来沙量为 2.426 万 t（水文年：2007 年），分别为多年平均来沙量的 10.16 倍和 0.084 倍；年平均最大含沙量为 4.104 kg/m³（水文年：1991 年），年平均最小含沙量为 0.076 kg/m³（水文年：2006 年），分别为多年平均含沙量的 6.76 倍和 0.127 倍。由此可见，沣河下游河道水沙的年际分配极不均匀。

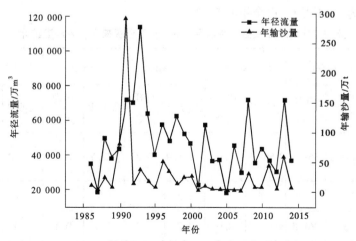

图 1 沣河下游河道径流量及输沙量年际变化过程

## 2.2 水沙年内变化

沣河水面工程区多年平均来水、来沙量统计情况见表 1。多年平均情况下，沣河水面工程区汛期（7—10 月）来水量为 27 010 万 m³，占多年平均来水量的 56.8%；来沙量为 20.868 万 t，占多年平均来沙量的 72.3%，其中 7—9 月来沙量占多年平均来沙量的 68.6%，其中最大 1 d 来沙量为 2 360 万 t（1991 年）。可见，沣河水面工程区的来水来沙相对集中在汛期。实际上，由水沙系列统计分析结果也可以看出，来沙量主要集中在汛期头几场洪水过程中。这对橡胶坝的调度来说，意味着调水调沙的主要矛盾集中在汛期。

表 1 沣河水面工程区多年平均来水、来沙量统计（水文年统计）

| 项目 | 全年 | 汛期<br>（7—10 月） | 非汛期<br>（11—6 月） | 7 月 | 8 月 | 9 月 | 10 月 | 11 月 | 12 月 | 1 月 | 2 月 | 3 月 | 4 月 | 5 月 | 6 月 |
|---|---|---|---|---|---|---|---|---|---|---|---|---|---|---|---|
| 来水量/<br>万 m³ | 47 590 | 27 010 | 20 580 | 7 420 | 6 350 | 7 500 | 5 740 | 2 200 | 980 | 710 | 640 | 1 430 | 5 060 | 5 470 | 4 090 |
| 径流年内<br>分配/% | 100 | 56.8 | 43.2 | 15.6 | 13.3 | 15.8 | 12.1 | 4.6 | 2.1 | 1.5 | 1.3 | 3.0 | 10.6 | 11.5 | 8.6 |
| 来沙量/<br>万 t | 28.89 | 20.868 | 8.022 | 9.174 | 4.297 | 6.355 | 1.042 | 0.043 | 0.001 | 0 | 0 | 0.082 | 1.156 | 2.209 | 4.531 |
| 沙量年内<br>分配/% | 100 | 72.3 | 27.7 | 31.8 | 14.9 | 22.0 | 3.6 | 0.1 | 0 | 0 | 0 | 0.3 | 4.0 | 7.6 | 15.7 |

## 2.3 水沙特性分析

沣河水面工程区多年平均不同含沙量级来水、来沙量统计见表 2，多年平均情况各流量级来水、来沙量统计见表 3。由表 2 可以看出，在多年平均情况下，上游来水含沙量 $S \geq 10 \ kg/m^3$ 的天数为 0.3 d，相应来沙量为 6.3 万 t，占全年的 21.9%；相应来水量为 140.7 万 m³，仅占全年的 0.3%。由此可见，处理好工程区内含沙量较大的水沙过程是沣河橡胶坝能否长期有效运行的关键。另外，从表 3 可以看出，多年平均情况上游来水流量大于 200 m³/s 的天数为 3.4 d，相应来水量占全年的 19.5%；相应来沙量为 15.1 万 t，占全年的 52.2%。

表 2 沣河水面工程区多年平均不同含沙量级来水、来沙量统计

| 项目 | 全年 | <1 kg/m³ | | 1~2 kg/m³ | | 2~3 kg/m³ | | 3~5 kg/m³ | | 5~10 kg/m³ | | ≥10 kg/m³ | |
|---|---|---|---|---|---|---|---|---|---|---|---|---|---|
| | | 水沙量 | 出现<br>天数 | 水沙量 | 出现<br>天数 | 水沙量 | 出现<br>天数 | 水沙量 | 出现<br>天数 | 水沙量 | 出现<br>天数 | 水沙量 | 出现<br>天数 |
| 来水量/<br>万 m³ | 47 590 | 41 544.8 | 361.5 | 3 565.9 | 2.0 | 1 176.9 | 0.7 | 581.7 | 0.4 | 571.0 | 0.4 | 140.7 | 0.3 |
| 百分比/% | 100 | 87.3 | | 7.5 | | 2.5 | | 1.2 | | 1.2 | | 0.3 | |
| 来沙量/万 t | 28.89 | 8.5 | 361.5 | 5.1 | 2.0 | 2.7 | 0.7 | 2.3 | 0.4 | 4.0 | 0.4 | 6.3 | 0.3 |
| 百分比/% | 100 | 29.6 | | 17.5 | | 9.4 | | 7.9 | | 13.8 | | 21.9 | |

表3 沣河水面工程区多年平均不同流量级来水、来沙量统计

| 项目 | 全年 | <5 m³/s | | 5~10 m³/s | | 10~50 m³/s | | 50~100 m³/s | | 100~200 m³/s | | >200 m³/s | |
|---|---|---|---|---|---|---|---|---|---|---|---|---|---|
| | | 水沙量 | 出现天数 | 水沙量 | 出现天数 | 水沙量 | 出现天数 | 水沙量 | 出现天数 | 水沙量 | 出现天数 | 水沙量 | 出现天数 |
| 来水量/万 m³ | 47 590 | 4 255 | 186.4 | 5 024 | 83.0 | 13 515 | 73.1 | 7 773 | 12.8 | 7 747 | 6.5 | 9 270 | 3.4 |
| 比例/% | 100 | 8.9 | | 10.6 | | 28.4 | | 16.3 | | 16.3 | | 19.5 | |
| 来沙量/万 t | 28.9 | 1.6 | 186.4 | 1.7 | 83.0 | 3.3 | 73.1 | 1.4 | 12.8 | 5.7 | 6.5 | 15.1 | 3.4 |
| 比例/% | 100 | 5.7 | | 6.0 | | 11.6 | | 5.0 | | 19.6 | | 52.2 | |

## 3 冲淤数学模型建立

本文建立的数学模型属于一维恒定非均匀非饱和水沙数学模型，采用有限差分形式的非耦合解法进行求解，适用于模拟长时间、长距离下河床冲淤变形过程。该模型可用来模拟水深、流速、水面比降、悬移质含沙量及其级配以及床沙级配等水力泥沙要素随时间和流程变化关系[9]。

模型所依据的基本控制方程有水流连续方程、水流运动方程、泥沙连续方程、悬移质不平衡输沙方程、悬移质水流挟沙力和推移质输沙率公式[10]，其形式为

水流连续方程式

$$\frac{\partial Q}{\partial x} + \frac{\partial A}{\partial t} = 0 \tag{1}$$

水流运动方程式

$$\frac{\partial Q}{\partial t} + \frac{\partial Q}{\partial x}\left(\frac{Q^2}{A}\right) + gA\frac{\partial Z}{\partial x} + gA\frac{Q^2}{K^2} = 0 \tag{2}$$

泥沙连续方程式

$$\frac{\partial}{\partial x}(G_s + G_b) + \gamma'\frac{\partial A_s}{\partial t} = 0 \tag{3}$$

悬移质不平衡输沙方程式

$$\frac{\partial G_s}{\partial x} = \frac{\partial(QS)}{\partial x} = -\alpha\omega B(S - S_*) \tag{4}$$

悬移质水流挟沙力公式

$$S_* = S_*(v, h, \omega, \cdots) \tag{5}$$

推移质输沙率公式

$$g_b = \frac{G_b}{B} = g_b(v, U_*, h, D, \omega, \cdots) \tag{6}$$

式中：$B$ 为河宽；$A$ 为过水断面面积；$h$、$v$ 分别为断面平均水深及流速；$Q$ 为断面平均流量；$Z$ 为水位；$K$ 为流量模数；$S$、$S_*$ 分别为悬移质含沙量和水流挟沙力，kg/m³；$\omega$ 为沉速；$\gamma'$ 为泥沙干容重；$g$ 为重力加速度；$A_s$ 为断面上泥沙冲淤面积；$\alpha$ 为悬移质恢复饱和系数；$G_s$、$G_b$ 分别为悬移质和推移质输沙率；$g_b$ 为单宽推移质输沙率；$U_*$ 为摩阻流速；$D$ 为泥沙粒径；$x$、$t$ 分别为流程和时间。

## 4 模拟结果分析

### 4.1 橡胶坝修建后河道淤积纵剖面及冲淤量计算成果

修建橡胶坝后冲淤纵剖面计算的范围：上起 310 国道上游 900 m 处，下至橡胶坝坝址处，长度约为 7.2 km。橡胶坝拟定的运行方式：在汛期来流量小于 120 m³/s 和非汛期的情况下橡胶坝立坝蓄水；在汛期来流量 120 m³/s<$Q$<200 m³/s 情况下橡胶坝立坝，打开排沙闸泄流排沙；在汛期来流量 $Q$>200 m³/s 时，橡胶坝坍坝行洪。根据计算结果，橡胶坝运行 57 年后，累计淤积量约为 499.6 万 m³，多年平均排沙比约为 62.7%，多年平均淤积量约为 8.76 万 m³。

修建橡胶坝后库区不同年限冲淤纵剖面变化过程见图 2，修建橡胶坝后库区累计冲淤量随时间变化过程见图 3。从图 2、图 3 可以看出，库区泥沙淤积体呈现三角洲淤积形态，前期大量泥沙淤积在回水末端，随后三角洲淤积体向坝前推进；淤积平衡后，约有 70% 的泥沙淤积在死库容以下，30% 的泥沙淤积在回水末端的有效库容以内。起始 5 年计算范围内的泥沙淤积较少，之后第 5~10 年，泥沙淤积量较大，淤积面抬升迅速，第 6 年时（1981 年），库区内淤积量增大，达 231.22 万 m³，逐年累计淤积量达 305.58 万 m³；此后，淤积面抬升速率变化不大，橡胶坝运用 25 年后淤积量变化不大，库区内基本接近冲淤平衡状态，累计淤积量为 432.77 万 m³。

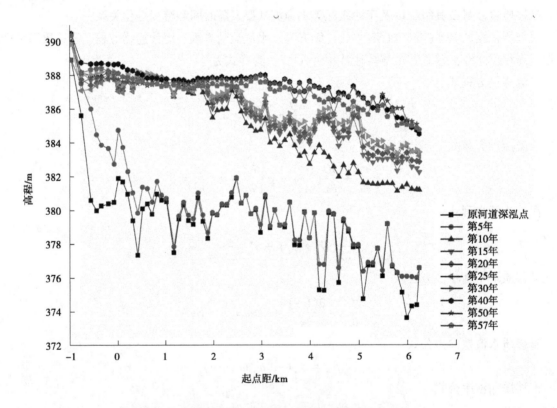

**图 2 橡胶坝建坝后库区不同年限冲淤纵剖面变化过程**

修建橡胶坝后不同运用年限时的库容曲线见图 4，工程区初始库容为 721.1 万 m³（相应于正常蓄水位 389.5 m 的库容），死库容为 350.72 万 m³（相应于橡胶坝底板高程 385.6 m 的库容）；工程区淤积平衡后（第 20 年），其库容减小到 226.65 万 m³，死库容为 13.04 万 m³；运用 57 年后工程区剩余库容为 155.15 万 m³，而死库容减小到 4.02 万 m³，基本被泥沙淤死。

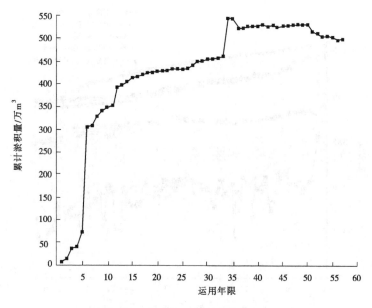

图 3　橡胶坝建坝后工程区累计淤积量随时间变化过程

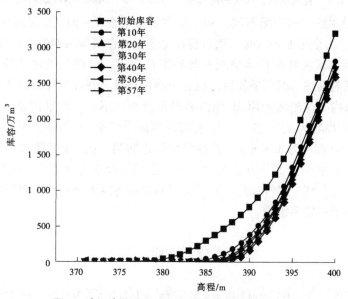

图 4　沣河水面工程区不同运用年限时的库容曲线

### 4.2　橡胶坝工程对沣河下游防洪安全的影响

图 5 为现状河道、建坝初期和第 57 年淤积之后工程区 100 年一遇洪水水面线变化过程。根据计算成果可知，现状河道 100 年一遇的水面线较建坝初期的最大抬升约为 0.62 m（对应桩号 FR5+984），水位平均抬高 0.35 m。由此可见，橡胶坝运用初期对沣河下游的防洪安全影响不大；而比较修建橡胶坝 57 年淤积后 100 年一遇的水面线和建坝初期的来看，其最大抬升约为 3.096 m（对应桩号 FR3+882），水位平均抬高 2.26 m，虽然所有水面线均未漫滩，但依然会对防洪安全造成影响。

### 5　结语

本文首先分析了沣河下游河道水沙变化特征，针对橡胶坝工程修建后进行了水沙数学模型模拟研究，主要得出了以下几点结论：

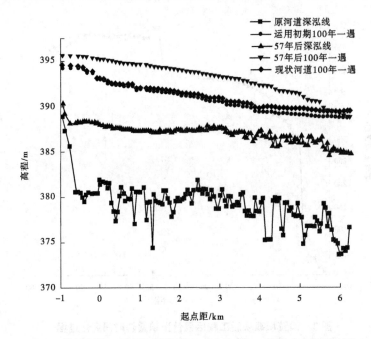

图5　沣河现状、建坝初期和第 57 年 100 年一遇洪水水面线对比

（1）沣河下游河道水沙年内分配不均，来水量主要集中在 7—10 月，占全年的 56.8%；而来沙量主要集中在 7—9 月，占全年的 68.6%，而且泥沙主要集中在每年汛期的头几场洪水上。

（2）修建橡胶坝后库区泥沙淤积体呈现三角洲淤积形态，前期大量泥沙首先淤积在回水末端，随后三角洲淤积体向坝前推进，淤积平衡后，约有 70% 的泥沙淤积在死库容以下，30% 的泥沙淤积在回水末端的有效库容以内。橡胶坝运用 25 年以后淤积量变化不大，库区内基本达到冲淤平衡状态，运用 57 年后工程区剩余库容为 155.15 万 $m^3$，而死库容减小到 4.02 万 $m^3$，基本被泥沙淤死。

（3）橡胶坝底板设计高程为 385.6 m。在橡胶坝修建初期，100 年一遇水面线变化不大，水位未抬高。然而，在工程区运用 57 年后，水位明显上升，但仍保持在主槽之中，无漫滩现象。这说明橡胶坝底板的高程设计相对合理。尽管如此，它仍会对两岸的防洪安全造成一定影响，因此可以采取河道定时清淤以及修建两岸护堤等措施。

## 参考文献

[1] 贾彤辉，张淑荣，沈自强，等. 典型小河流溶解态氨基酸的分布与组成研究 [J]. 河北农业大学学报，2017，40（3）：106-113.

[2] 朱记伟，雒望余，刘建林. 沣河干流生态治理的必要性研究 [J]. 新西部：理论版，2009（11）：63.

[3] 张志芳，付成华，王宁，等. 新型橡胶坝冲排沙系统试验研究 [J]. 人民长江，2017，48（B06）：220-223.

[4] 田海铮. 渭河杨凌区橡胶坝水工模型试验及数值模拟分析 [D]. 杨凌：西北农林科技大学，2016.

[5] 廖庚强. 基于 Delft3D 的柳河水动力与泥沙数值模拟研究 [D]. 北京：清华大学，2013.

[6] 张倩楠，周敏，郝瑞霞，等. 梯级橡胶坝塌坝调度及泄流特性数值研究 [J]. 中国农村水利水电，2022（9）：106-112，119.

[7] 赵慧明，方红卫，王崇浩，等. 生物絮凝泥沙运动输移数学模型 [J]. 水利学报，2015，46（11）：1290-1297.

[8] 尤琦英，周彦龙，刘燕，等. 基于 Copula 函数的西安供水河流年径流丰枯遭遇分析 [J]. 西北农林科技大学学报（自然科学版），2017，45（10）：137-145.

[9] 冯民权，赵明登，郑邦民. 河渠非恒定流及其物质输运的数值模拟 [M]. 北京：科学出版社，2012.

[10] 程亦菲，夏军强，周美蓉，等. 一维水沙耦合模型参数敏感性分析：以 2020 年黄河下游洪水演进为例 [J]. 水力发电学报，2022，41（12）：100-110.

# 一种历史暴雨洪水场景库构建方法

胡文才[1]　张煜煜[1]　邢　坦[2]　刘业森[3]

（1. 沂沭泗水利管理局水文局（信息中心），江苏徐州　221018；

2. 淮委沂沭泗水利管理局，江苏徐州　221018；

3. 中国水利水电科学研究院，北京　100038）

**摘　要**：一个流域每一场降雨都有其特殊性，但相似的场次降雨通过总结分析，其时空分布和产汇流过程也存在一定的相似性。为了研究流域历史暴雨洪水特征，找出其特性，本文以历史场次降雨的时间和空间分布为因子，去归纳提取每一场暴雨的特征值，将这些特征值存入数据库中，构建历史暴雨洪水场景库，为防洪预报提供历史知识驱动，提升防洪调度智慧化水平[1-2]。

**关键词**：历史暴雨；特征值；知识驱动

## 1　引言

历史上不会出现完全相同的两场降雨，但是同一个流域其场次降雨又有一定的相似性。如何找出这些相似点，一直是一个难题。要分析一场降雨，首先要对场次降雨进行划分。水文上通常采用时间间隔 $n$ h 为划分场次降雨的标准（如 $n$ 取值为 4），即在连续 4 h 以上均未监测到降雨数值，则视为两次降雨过程，出现的降雨间隔不足 4 h 的，视为同一场降雨。本文主要根据历史降雨记录，处理成场次降雨的全过程，并应用于实际工作中。

经过处理的成果数据存入知识库，与防洪调度系统进行对接，应用于预报调度工作。知识平台主动监测防洪调度系统提取的降雨信息，从降雨预报成果中提取平均降雨量、降雨历时、降雨强度等特征，与历史场次降雨进行相似性匹配，主动推送相似历史降雨成果[3]。相似降雨的判别主要有两种方式，一种是通过泰森多边形计算与历史降雨场次多个特征值的相似度，根据设定的阈值和约束条件，如果相似度小于阈值，则两场降雨判定为不相似；另外一种方式是针对主要影响因子设定阈值，如主要影响因子差别过大，同样判定为不相似。在约束条件下，输入一场降雨，计算该降雨过程与历史场景库中所有降雨过程样本的相似度，以相似度最大的降雨方案造成的洪水作为输入降雨的匹配结果。

## 2　数据处理

### 2.1　需要的数据和处理工具

划分一场历史场次降雨，涉及流域情况、站点分布情况、降雨监测情况等重要信息，需要用到的工具软件主要是数据库、文档处理、信息展示等。在场次降雨处理过程中涉及的数据和软件工具主要包括：①数据：流域边界、测站、降雨监测历史数据、降雨中心分区。②工具：ArcMap10.3（Geoscene 桌面）、WPS office 12.1.0、剪映 V4.4、Navicat 16、Mysql6.0。

### 2.2　数据处理流程设计

数据处理主要采用人工处理和脚本代码相结合的方式，从数据准备到降雨分布图片的输出，全过

---

**作者简介**：胡文才（1975—），男，硕士，副局长，正高级工程师，主要从事数字孪生建设、防洪调度、水资源管理与调配等工作。

程场次降雨数据处理，实现降雨场次的划分[4]。其流程如图 1 所示。

数据处理步骤包括以下五部分：

（1）数据准备。根据流域面数据生成 2 km 格网，通过脚本代码计算格网距离最近的 3 个雨量站点，格网数据添加雨量、时间等字段。

（2）雨量数据标准化处理。将降雨监测数据导入本地 mysql，通过 sql 语句和脚本代码处理降水量表的异常数据，进行逐小时整编。

（3）降雨场次划分。根据相关规则划分降雨场次，将降雨数据进行场次编号。

（4）场次数据处理。通过脚本代码计算场次降雨的面平均、单站最大、12 h 最大等特征值数据。

（5）降雨分布图片输出。通过脚本代码按照配图模板输出降雨过程图片。

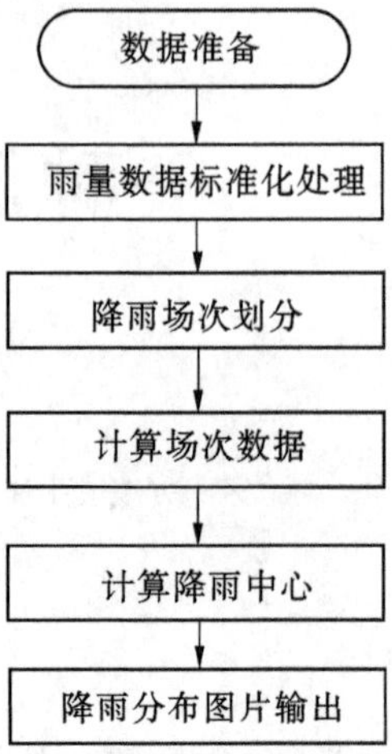

图 1　场次降雨数据处理流程

## 2.3　数据准备

数据准备的工作内容主要包括根据流域特点进行格网数据的划分、处理，计算与格网距离最近的 3 个雨量站等。

（1）格网数据处理，生成格网面图层、格网点图层，用 Geoscene 桌面工具将流域面生成 2 km 的格网。

（2）用流域边界提取范围内容的格网，添加雨量（双精度）和时间（文本）字段，设置格网编码（grid_ code）值。

（3）通过要素转点工具，生成格网点图层，添加雨量（双精度）和时间（文本）字段。

（4）计算格网最近的 3 个雨量站。距离越近的站点，雨量代表性越强，通过 3 个站点平均，能尽可能减小空间分布上雨量代表性误差，使每一个网格的雨量尽可能贴近真实值。通过脚本代码计算每个格网点距离最近的 3 个雨量站，将该 3 个雨量站的编码、距离保存到每个格网点中，如表 1 所示。

表 1　雨量站计算示意

| 序号 | 经度/（°） | 纬度/（°） | 雨量站 1 | 雨量站 2 | 雨量站 3 | 雨量站 1 与网格的距离/（°） | 雨量站 2 与网格的距离/（°） | 雨量站 3 与网格的距离/（°） |
|---|---|---|---|---|---|---|---|---|
| 1 | 118.161 619 4 | 34.281 471 03 | 51 102 200 | 51 101 800 | 51 125 750 | 0.115 | 0.255 8 | 0.318 7 |
| 2 | 118.141 619 4 | 34.301 471 03 | 51 102 200 | 51 101 800 | 51 125 750 | 0.088 1 | 0.233 2 | 0.298 6 |
| 3 | 118.161 619 4 | 34.301 471 03 | 51 102 200 | 51 101 800 | 51 125 750 | 0.098 | 0.236 2 | 0.298 8 |

（5）将雨量站数据导出。

通过数据导出工具，将雨量站矢量数据导出为 csv 表格，为降雨场次划分做准备，如表 2 所示。

表 2　雨量站点信息

| 序号 | 站码 | 站名 | 时间（年-月-日） | 雨量/mm | 经度/（°） | 纬度/（°） |
|---|---|---|---|---|---|---|
| 1 | 54836 | 沂源 | 2019-09-01 | 3 071.4 | 118.166 667 | 36.183 333 |
| 2 | 54904 | 鄄城 | 2019-08-18 | 2 151.3 | 115.516 667 | 35.583 333 |
| 3 | 54905 | 郓城 | 2020-02-29 | 1 965.0 | 115.933 333 | 35.583 333 |
| 4 | 54906 | 菏泽 | 2022-08-28 | 2 175.8 | 115.416 667 | 35.25 |

## 2.4 雨量数据标准化处理

降雨数据库采用的是全国统一的标准水雨情数据库，降雨量数据来源为雨水情数据库中的降水量表（ST_ PPTN_ R），雨量标准化处理主要包括异常数据处理、逐小时整理等。

### 2.4.1 异常数据处理

将降水量表（ST_ PPTN_ R）中对应雨量站的数据，导入本地 mysql 数据库中，通过 sql 语句删除异常数据，例如时段降雨量为空值、降雨量异常（比如 5 min 降雨量为 100 mm）、时段长为空等。

### 2.4.2 逐小时整理

降雨数据逐小时整理（见表3）会遇到两种情况。第一种，当时段长小于 1 h，将该降雨量数据累加到统计小时段中，例如 2018 年 4 月 13 日 5 时的时段长为 5 min，那么将该时段降雨量数据累加到 2018 年 4 月 13 日 5 时整小时的降雨量中。

**表 3 逐小时雨量整理**

| stcd | 时间（年-月-日 T 时:分） | 时段雨量 DRP/mm | 时段长 INTV/min |
|---|---|---|---|
| 51100100 | 2018-04-13T11:00 | 0.5 | 0.05 |
| 51100100 | 2018-04-13T22:00 | 0.5 | 0.05 |
| 51100100 | 2018-04-13T23:00 | 3.5 | 0.3 |
| 51100100 | 2018-04-14 | 1.5 | 0.15 |
| 51100100 | 2018-04-14T01:00 | 0.5 | 0.05 |

第二种，当时段长大于 1 h，将该降雨量数据平均到统计小时段中（见表4），例如 2018 年 3 月 4 日 14 时的时段长为 6 h，那么将该时段降雨量数据平均到 2018 年 3 月 4 日 14 时（包括当前 14 时）前 6 h 的降雨量中。

**表 4 时段长大于 1 h 雨量整理**

| stcd | 日期（年-月-日） | 时段雨量 DRP/mm | 时段长 INTV/h |
|---|---|---|---|
| 41806850 | 2018-04-03 | 25.5 | 6 |
| 41806851 | 2018-04-22 | 7.5 | 6 |
| 41806852 | 2018-05-11 | 6.5 | 6 |
| 41806853 | 2018-08-11 | 6.5 | 6 |

### 2.4.3 零值数据补充

当雨量站点处理日期内小时降雨数据无记录时，用零值补充。雨量站无记录会有两种情况，一种就是真没有降雨，第二种为漏数。但是由于水文站没有补报记录，进行数据处理时，只能当作降雨量为 0 处理。这种处理方式，有可能会导致对应网格数据小于实际降雨量，但是目前还没有更好的甄别方法，所以只能采用该办法处理。

## 3 划分降雨场次

### 3.1 降雨场次划分过程

流域内逐小时统计降雨站数，当某个小时的降雨站数大于 20 个时，定义为一场降雨，该时间点相近的降雨数据均定义为同一个场次，当前后连续 4 h 降雨量为 0，即为一个完整的场次，大于 4 h 间隔的降雨数据划分为另外一个场次。

场次降雨编号规则：yymmdd，取开始降雨日期的 6 位，例如一场降雨从 2022 年 6 月 9 日 21 时开始，那么该场次降雨的编号为 220609。

## 3.2 计算场次数据

在降雨场次划分完成后，对每场降雨的数据进行汇总和计算，计算后的示例数据如表5所示。

表5 历史场次降雨特征

| 场次号 | 开始时间<br>（年-月-日T时：分） | 结束时间<br>（年-月-日T时：分） | 时长/<br>h | 面平均/<br>mm | 单站最大/<br>mm | 小时最大/<br>mm | 12 h最大/<br>mm | 降雨站数/<br>个 |
|---|---|---|---|---|---|---|---|---|
| 1 | 2018-01-16T09：00 | 2018-01-16T16：00 | 8 | 0.4 | 3.3 | 0.6 | 0 | 21 |
| 2 | 2018-03-04T05：00 | 2018-03-04T16：00 | 12 | 6.1 | 41.1 | 10.5 | 41.1 | 25 |
| 3 | 2018-03-18T01：00 | 2018-03-18T13：00 | 13 | 1.7 | 9.5 | 3 | 9.5 | 22 |

表5中部分特征值数据详细说明如下：

（1）时长：降雨持续时长，单位为h。

（2）面平均（mm）：面平均=所有站点降雨总量/雨量站总数。

（3）单站最大（mm）：单个站点降雨总量最大值。

（4）小时最大（mm）：单个站点小时降雨量最大值。

（5）12 h最大（mm）：单个站点连续12 h降雨量合计最大值。

（6）降雨站数：雨量值大于0的雨量站总数。

# 4 计算降雨中心

## 4.1 沂河降雨中心计算规则

根据降雨场次的起止时间，计算各个区域代表站点的总降雨量，取最大值，各区域代表站点说明如下：

上游：跋山（51100300）、岸堤（51103400）、唐村（51104700）、公家庄（51104587）。

中上游：杨庄（51124400）、岳庄（51131900）、垛庄（51123250）、傅旺庄（51103601）、寨子山（51121450）、斜午（51100601）。

中游：许家崖（51105200）、石岚（51105500）、双后（51123400）。

中下游：葛沟（51100801）、高里（51104101）、姜庄湖（51104201）。

下游：角沂（51104501）、马庄（51125550）、刘庄（51125450）。

降雨中心点计算结果见表6。

表6 沂河降雨中心计算规则示意

| 场次编号 | 降雨中心 | 开始时间<br>（年-月-日T时：分） | 结束时间<br>（年-月-日T时：分） | 时长/h | 面平均/mm |
|---|---|---|---|---|---|
| 180708 | 中下游 | 2018-07-08T15：00 | 2018-07-11T08：00 | 66 | 20 |
| 180727 | 中上游 | 2018-08-27T09：00 | 2018-07-29T01：00 | 41 | 12.3 |
| 180813 | 中上游 | 2018-08-13T04：00 | 2018-08-15T07：00 | 52 | 48.5 |
| 180817 | 中上游 | 2018-08-17T01：00 | 2018-08-20T12：00 | 84 | 157 |

## 4.2 沭河降雨中心计算规则

根据降雨场次的起止时间，计算各个区域代表站点的总降雨量，取最大值，各区域代表站点说明如下：

上游：青峰岭（51111000）、小仕阳（51114600）、峤山（51111188）。

中游：莒县（51111301）、夏庄（51130400）、陡山（51114800）。

下游：汤头（51131050）、石拉渊（51111501）、石泉湖（51115010）、重沟（51111750）。

降雨中心点计算结果见表7。

**表7 沭河降雨中心计算规则示意**

| 场次编号 | 降雨中心 | 开始时间<br>（年-月-日 T 时：分） | 结束时间<br>（年-月-日 T 时：分） | 时长/h | 面平均/mm |
|---|---|---|---|---|---|
| 180708 | 中游 | 2018-07-08T16：00 | 2018-07-11T08：00 | 65 | 45.8 |
| 180722 | 上游 | 2018-08-22T22：00 | 2018-07-24T12：00 | 39 | 83.6 |
| 180813 | 下游 | 2018-08-13T03：00 | 2018-08-14T08：00 | 30 | 32.7 |
| 180814 | 下游 | 2018-08-14T13：00 | 2018-08-15T11：00 | 23 | 43.8 |

### 4.3 输出降雨分布

结合场次降雨数据，配置格网、雨量站的展示效果，根据格网雨量值的范围进行相应颜色的渲染，输出场次条件为：降雨时长大于 6 h、面平均雨量大于 10 mm、12 h 最大值大于 30 mm。

通过反距离加权插值方法，逐小时计算每个格网的降雨量值，每 3 h 进行累加，并赋给格网的雨量字段，输出 PNG 图片。

关于反距离加权插值计算方法，以下面表格中的格网1（A1）为例说明如下：

$$P(A2) = \frac{P(B2)/(E2 \cdot E2) + P(C2)/(F2 \cdot F2) + P(D2)/(G2 \cdot G2)}{1/(E2 \cdot E2) + 1/(F2 \cdot F2) + 1/(G2 \cdot G2)}$$

式中：$P$ 为降雨量；$P(A2)$ 为格网1的降雨量；$P(B2)$、$P(C2)$、$P(D2)$ 分别为 B2、C2、D2 单元格对应雨量站的降雨量；$E2$、$F2$、$G2$ 分别为 E2、F2、G2 单元格对应的距离值。

## 5 数据成果

最终场次降雨输出的成果包括降雨数据表格成果和降雨分布过程视频成果。

### 5.1 降雨数据表格成果

历史场次降雨表格数据以及降雨明细数据可导入知识库，场次降雨数据如表8所示。

**表8 历史场次降雨示意**

| Index | 时间（年-月-日 T 时：分） | 51100801 | 51101201 | 51224400 | 51121200 | 51121450 |
|---|---|---|---|---|---|---|
| 43023 | 2022-11-28T15：00 | 0.5 | 3 | 0.5 | 0 | 0 |
| 43024 | 2022-11-28T16：00 | 0 | 2.5 | 0 | 0.5 | 0 |
| 43025 | 2022-11-28T17：00 | 0.5 | 0.5 | 0.5 | 0.5 | 1.5 |

### 5.2 降雨分布过程视频成果

降雨分布过程图片可用来制作 MP4 格式的视频，每张图片的播放时间为 1 s，以便于更直观地预览整个场次降雨的过程，如图2所示。

## 6 成果应用

### 6.1 历史暴雨洪水场景库

历史暴雨洪水场景库构建完成，以知识平台为载体，为业务应用提供了历史场次洪水经验支撑，为防洪调度提供知识驱动[5-6]。

历史场次洪水库（如图3所示）收集了历史洪水的水雨情过程信息和工程运行信息，为工程运行调度提供历史知识驱动。

历史场次降雨库（如图4所示）为防洪调度的"预报"提供历史知识驱动，提升场次洪水预报精度，为精准化决策和精细化调度提供智慧化支撑。主要有历史场次降雨时长、面平均雨量、单站最

**图 2　历史场次降雨分布示意**

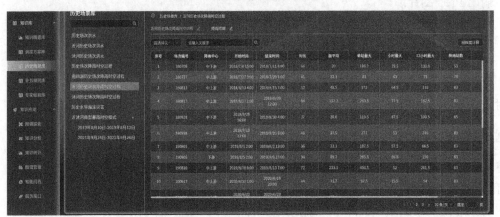

**图 3　历史场次洪水库示意**

大雨量、1 h 最大雨量、12 h 最大雨量、降雨站点数量等信息，还提供场次降雨相似度计算功能。

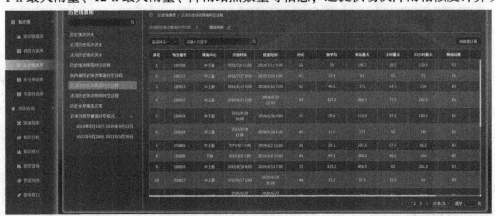

**图 4　历史场次降雨库示意**

### 6.2　在洪水预报中应用

在洪水预报中，以历史场景库为支撑，形成了历史典型暴雨事件库（如图 5 所示），为实时洪水预报提供历史暴雨知识支撑。

通过载入历史场次暴雨洪水事件如图 6 所示，可以查询任意一场历史降雨的时间、空间分布情况。在预报过程中，对实时场次降雨提供历史雨型匹配，提升预报精度，支撑精准化决策。

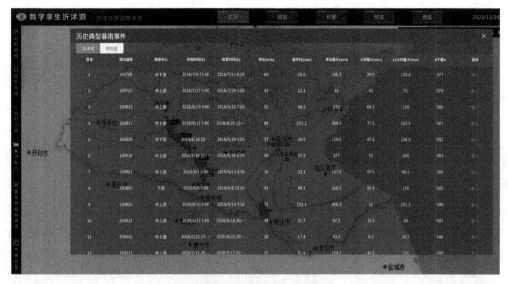

图 5 历史典型暴雨事件库示意

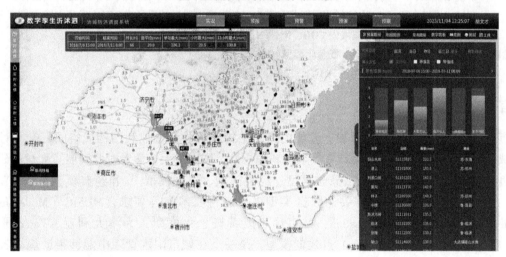

图 6 历史典型暴雨洪水事件示意

## 7 结语

历史暴雨洪水场景库的构建，从降雨总量、时间和空间几个维度特征去分析每一场历史洪水，并将分析的结果存入知识平台的历史暴雨场景库中，为流域防洪预报提供了历史经验，发挥了知识驱动的作用，在提高洪水预报精度和智慧化程度方面起到了很好的支撑作用。

## 参考文献

[1] 李国英. 加快建设数字孪生流域 提升国家水安全保障能力 [J]. 中国水利, 2022 (20): 1-2.

[2] 蔡阳, 成建国, 曾焱, 等. 加快构建具有"四预"功能的智慧水利体系 [J]. 中国水利, 2021 (20): 2-5.

[3] 刘志雨. 提升数字孪生流域建设"四预"能力 [J]. 中国水利, 2022 (20): 11-13

[4] 胡文才, 吴勇拓, 李致家. 南四湖洪水预报调度模型研究 [J]. 水利信息化, 2011 (6): 26-29, 41

[5] 刘昌军, 刘业森, 武甲庆, 等. 面向防洪"四预"的数字孪生流域知识平台建设探索 [J]. 中国防汛抗旱, 2023, 33 (3): 34-41.

[6] 陈胜, 刘业森, 魏耀丽. 基于知识图谱的水工程联合调度计算方案生成技术研究 [J]. 水利信息化, 2022, 167 (2): 11-15.

# 城市雨水改善概念化模型（MUSIC）原理及小流域应用

张海萍　葛金金　渠晓东

（中国水利水电科学研究院，北京　100038）

**摘　要**：城市下垫面具有不透水面积比例高、土地利用结构复杂等特点，由降雨径流导致的面源污染过程具有随机性和复杂性，国内外学者开展了城市面源污染负荷估算研究和实践。相比较其他机理模型需要的数据类型多、运行要求高等，本文采用城市雨水改善概念化模型（MUSIC），简要介绍了模型框架、产流模型、水流演进、径流水质等模型工作原理，结合北京市海淀区城镇化典型小流域，详细介绍了 36 个控制单元划分和模型参数设置，通过模拟径流和已有数据参数，模拟分析了南沙河流域及不同子流域内 COD、$NH_3$-N、TP、TN 年内污染负荷。

**关键词**：城市降雨径流；面源污染；概念化模型

## 1　引言

　　城市化过程中不透水面比例增加，流域内产业结构变化导致土地利用构成空间复杂、时间变化快，区域内降雨径流产生面源污染具有复杂性和随机性，国内外大量学者对此开展了大量的研究，面源污染负荷模型估算方法主要包括概念模型、经验模型、机理模型[1] 和经典模型（如 SWMM[2]、SWAT[3]）等。相比较机制模型需要的数据类型多、运行要求高等要求，MUSIC（Model for Urban Stormwater Improvement Concptualisation，城市雨水改善概念化模型）为澳大利亚 eWater 研究中心（eWater Cooperative Research Centre）开发的模型，是一个在城市雨水管理中能够帮助规划者进行城市设计和提高水生命周期综合管理能力的软件[4-5]，界面操作简易，数据类型和精度要求相对较为简单。该模型可以模拟各种尺度汇水区内各种土地利用情况下的产流和雨水径流过程及各种处理设施的效果。MUSIC 能够模拟的雨水处理设施包括生态滞留系统、渗滤系统、介质过滤系统、路边缓冲带、植草沟、蓄水池、湿地等多种类型。该模型已经在澳大利亚、英国、法国、德国等国家得到了应用，在我国主要应用于海绵城市建设成效模拟与预测分析。本文拟采用 MUSIC 模型，分析北京市海淀区南沙河小流域内径流量和面源污染负荷。

## 2　MUSIC 工作原理及模型构建

### 2.1　MUSIC 工作原理

#### 2.1.1　模型框架

　　MUSIC 构建模型的方法是按照不同的土地利用情况将整个汇水区划分为多个子汇水区或子流域，每个汇水区用一个节点（Node）表示，节点之间可以具备管道或沟渠功能的通道（Link）链接，也可以相互直接连接。只产生径流和污染物的城区、农田、树林等不含雨水处理设施的汇水区所对应的节点叫源节点（source node），而各种处理单元所在的汇水区对应的节点或处理单元最终连接到最下

---

作者简介：张海萍（1986—），女，高级工程师，主要从事流域生态学、河湖健康评价工作。

游一个雨水接收节点。

### 2.1.2 产流模型

MUSIC 在源节点和具备承雨能力的处理单元采用超渗和蓄满两种产流模型模拟降雨径流过程，同时在适合的节点加入基流。

### 2.1.3 水流演进

当雨水流经一个汇水区或雨水处理单元时，MUSIC 用连续方程及蓄滞容量与流量之间的关系 $S-Q$ 来进行水文演进计算。

### 2.1.4 径流水质

首先对城市雨水污染物数据进行充分研究和分析，然后将适合区域内不同土地利用的雨水径流和基流中所包含的典型污染物 TSS（总悬浮固体）、TP（总磷）、TN（总氮）的浓度，加载到模型当中，确定污染负荷和污染物浓度。

### 2.1.5 单次降雨与长期连续模拟

MUSIC 既能对单次降雨也能对长期连续降雨进行模拟，并推荐采用连续模拟方法，实现对雨水处理系统规划策略的严格分析，主要考虑以下因素：大量研究和观测表明，在城市汇水区各种降雨事件产生的总污染物占承受水体年污染物接收量的 90% 以上；较差的雨水质量对水生生态系统的影响与污染物的累积程度及水生态系统同污染水体的接触频率直接相关。采用连续模拟方法也反映了对雨水处理系统在多种气候条件下的表现进行检验的必要性，确保雨水处理系统牢靠，不被高水位影响，并拥有足够的储水能力和合适的排空时间。

## 2.2 MUSIC 模型构建

### 2.2.1 控制单元及源节点

控制单元的划分目的，是考虑评估水体对应的汇水区内汇水特征、水环境功能的空间差异性，以及考核断面分布、行政区划等要素的不同，在充分体现水陆统筹原则的基础上，将汇水区内不同水环境功能区/水功能区的水域向陆域延伸，细化为若干个控制单元，以便实施和开展针对性治理措施。对于城市建成区等人工改变的汇水区，则按照水系规划汇水范围划分控制单元。为了使流域内治污责任能够逐级落实，所划分的控制单元考虑与现有行政区边界的交叉关系，以实现空间上的责任分担。

控制单元的划分方法简述如下：综合考虑海淀区南沙河流域水系规划、行政区划、水功能区划、土地利用规划、城市规划、水体治理措施等空间布局规划，结合自身水系分布、地形地势特点，识别重要水文站和闸坝、重要支流入河口、重要污染源排水口、污水处理设施出入口等关键控制节点，形成 ArcGIS 空间基础数据库；叠加相关区划成果，针对评估水体，识别每条河流的汇水范围，形成控制单元边界；结合现有土地利用现状，分析每个汇水区土地利用和人类活动强度空间异质性特征，对控制单元进行细化和微调；在无评估水体区域，主要根据现有水系规划和行政区边界，划分控制单元范围；结合关键控制节点和汇水区内汇水特征，将行政区-水文响应单元有机融合，建立"关键控制节点-控制河段-对应陆域"的水陆响应关系。

在 MUSIC 模型中，一个源节点为一个子流域，结合本研究中控制单元核算污染物的思想，规定一个控制单元为一个源节点。在 MUSIC 模型中，默认的源节点类型包括 Urban、Forest 和 Agriculture。基于南沙河 36 个控制单元，分析每个控制单元内土地利用组成，根据控制单元内面积比例最大者判定源节点类型。其中，MUSIC 模型中 Source node 与土地利用类型对应关系见表 1，控制单元空间分布划分结果见图 1。

### 2.2.2 模型参数

MUSIC 对于区域面源污染的模拟主要包括降雨-径流模型和水质模型。其中降雨-径流模型中的参数见表 2，包括土地利用类型、不透水面产流参数、透水面渗透参数、土壤水参数、基流参数和地下水参数。降雨径流模型参数主要参考北京地区降雨径流模型文献、MUSIC 模型经验值及专家判断结果。

表 1    MUSIC 模型中 Source node 与土地利用类型对应关系

| Source node（源节点） | 土地利用类型 |
| --- | --- |
| Urban | 人工表面 |
| Forest | 林地 |
| Agricultural | 耕地+园地 |
| Grass | 草地 |

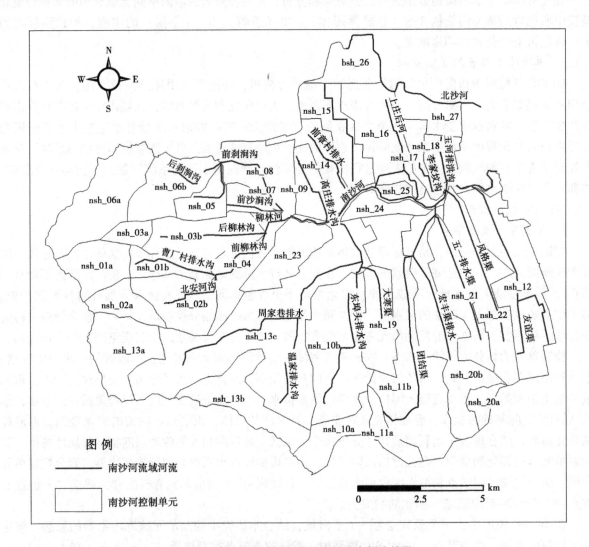

图 1    南沙河流域控制单元空间分布划分结果

MUSIC 模型需要对 Urban、Forest 和 Agriculture 三种 Source node 中的水质参数页进行设置，需要根据不同的土地利用类型，结合已有观测数据对降雨径流中的污染物浓度均值进行加载，本研究中 COD、TP、TN、$NH_3-N$ 污染物浓度值参考南沙河已有降雨径流观测数据。

**2.2.3    气象参数设置**

MUSIC 模型计算的是 $P=50\%$ 条件下的径流量及污染物产生量。气象数据采用苏家坨雨量站中的日降雨值，日潜在蒸发量采用 Hargreaves 法进行计算，数据来源于国家基本气象站北京 54511 气象站。

**表 2　MUSIC 模型降雨-径流模型参数**

| Source node | | |
| --- | --- | --- |
| | Value | 依据 |
| Zoning/Surface Type | Mixed | 流域土地利用组成 |
| Impervious Area Properties | | |
| | Value | 参考文献 |
| Rainfall Threshold（mm/day） | 2 | SWMM 模型在北京市某区域的应用<br>基于 SWMM 的北京市暴雨洪水模拟分析 |
| Pervious Area Properties | | |
| | Value | 参考文献 |
| Soil Storage Capacity（mm） | 120 | 模型经验值、专家判断法 |
| Initial Storage（% of Capacity） | 20 | 模型经验值、专家判断法 |
| Field Capacity（mm） | 100 | 模型经验值、专家判断法 |
| Infiltration Capacity Coefficient-a | 200 | 模型经验值、专家判断法 |
| Infiltration Capacity Exponent-a | 1 | 模型经验值、专家判断法 |
| Groundwater Properties | | |
| | Value | 参考文献 |
| Initial Depth（mm） | 10 | 模型经验值、专家判断法 |
| Daily Recharge Rate（%） | 25 | 模型经验值、专家判断法 |
| Daily Baseflow Rate（%） | 5 | 模型经验值、专家判断法 |
| Daily Deep Seepage Rate（%） | 30 | 北京市南沙河流域地表径流污染特征与控制措施研究 |

**2.2.4　水质监测数据输入**

水质浓度监测数据主要采用 2015 年控制断面月监测数据。MUSIC 模型需要对 Urban、Forest 和 Agriculture 三种 Source node 中的水质参数页进行设置，需要根据不同的土地利用类型，结合已有观测数据对降雨径流中的污染物浓度均值进行加载，本研究中 COD、TP、TN、$NH_3$-N 污染物浓度值参考南沙河已有降雨径流观测数据。因此，在模型精度方面主要采用径流量进行对比，污染负荷采用直接输出结果。

# 3　研究结果

## 3.1　径流量

根据 MUSIC 南沙河海淀区总出水口径流量计算结果，$P=50\%$ 降雨条件下径流量为 1 783 万 $m^3$。《南沙河综合整治规划》中，根据 SWAT 模型计算结果，$P=50\%$ 降雨条件下，崔家窑汇入后年径流量为 1 472 万 $m^3$，经过面积比例换算为 1 815 万 $m^3$，因此本模型径流量模拟结果基本可信。

## 3.2　面源负荷

在 $P=50\%$ 降雨条件下，南沙河流域面源污染物总负荷结果如下：COD 1 830.12 $t/a$、TP 7.31 $t/a$、TN 101.51 $t/a$、$NH_3$-N 46.33 $t/a$。各控制单元污染负荷见表 3。

表3　MUSIC 模型面源负荷计算结果　　　　　　　　单位：t/a

| 河流 | MUSIC 编号 | COD | TP | TN | NH₃-N |
|---|---|---|---|---|---|
| 草厂村排水沟 | nsh_01a | 2.56 | 0.02 | 0.06 | 0.04 |
| 草厂村排水沟 | nsh_01b | 26.78 | 0.10 | 1.50 | 0.70 |
| 北安河沟 | nsh_02a | 1.72 | 0.01 | 0.04 | 0.03 |
| 北安河沟 | nsh_02b | 66.10 | 0.26 | 3.71 | 1.74 |
| 后柳林沟 | nsh_03a | 1.04 | 0.01 | 0.02 | 0.02 |
| 后柳林沟 | nsh_03b | 62.01 | 0.24 | 3.48 | 1.63 |
| 前柳林沟 | nsh_4 | 50.27 | 0.20 | 2.82 | 1.32 |
| 前沙涧沟 | nsh_5 | 23.75 | 0.11 | 1.22 | 0.24 |
| 后沙涧沟 | nsh_06a | 5.51 | 0.05 | 0.12 | 0.08 |
| 后沙涧沟 | nsh_06b | 54.13 | 0.21 | 3.04 | 1.42 |
| 前沙涧沟 | nsh_7 | 22.52 | 0.09 | 1.27 | 0.59 |
| 后沙涧沟下游 | nsh_8 | 55.44 | 0.22 | 3.11 | 1.45 |
| 高庄排水沟 | nsh_9 | 20.90 | 0.10 | 1.07 | 0.21 |
| 东埠头排水沟 | nsh_10a | 2.06 | 0.04 | 0.04 | 0.03 |
| 东埠头排水沟 | nsh_10b | 116.04 | 0.45 | 6.51 | 3.05 |
| 团结渠 | nsh_11a | 1.24 | 0.01 | 0.03 | 0.02 |
| 团结渠 | nsh_11b | 174.15 | 0.68 | 9.78 | 4.57 |
| 友谊渠 | nsh_12 | 164.43 | 0.64 | 9.24 | 4.32 |
| 周家巷沟 | nsh_13a | 3.74 | 0.03 | 0.08 | 0.06 |
| 周家巷沟 | nsh_13b | 4.33 | 0.04 | 0.09 | 0.06 |
| 周家巷沟 | nsh_13c | 259.58 | 1.01 | 14.56 | 6.81 |
| 前章村沟 | nsh_14 | 32.39 | 0.13 | 1.82 | 0.85 |
| 罗家坟排水沟 | nsh_15 | 45.78 | 0.21 | 2.34 | 0.46 |
| 上庄后河 | nsh_16 | 92.20 | 0.36 | 5.18 | 2.42 |
| 李家坟沟 | nsh_17 | 28.51 | 0.11 | 1.60 | 0.75 |
| 玉河排水沟 | nsh_18 | 25.31 | 0.10 | 1.42 | 0.66 |
| 大寨渠 | nsh_19 | 58.99 | 0.23 | 3.31 | 1.55 |
| 宏峰渠 | nsh_20a | 0.78 | 0.01 | 0.02 | 0.01 |
| 宏峰渠 | nsh_20b | 131.95 | 0.51 | 7.41 | 3.47 |
| 五一排水渠 | nsh_21 | 84.37 | 0.33 | 4.74 | 2.22 |
| 风格渠 | nsh_22 | 112.71 | 0.44 | 6.33 | 2.96 |
| 苏家坨西侧蓄滞洪区 | nsh_23 | 49.51 | 0.19 | 2.78 | 1.30 |
| 南沙河 | nsh_24 | 25.97 | 0.10 | 1.46 | 0.68 |
| 南沙河 | nsh_25 | 23.35 | 0.09 | 1.31 | 0.61 |
| 河流 | | 1 830.12 | 7.31 | 101.51 | 46.33 |

根据 COD、NH$_3$-N、TP、TN 年内污染负荷变化趋势（见图 2~图 5），面源污染负荷主要集中于 7—9 月，3 个月污染负荷共占全年总负荷的 89%。

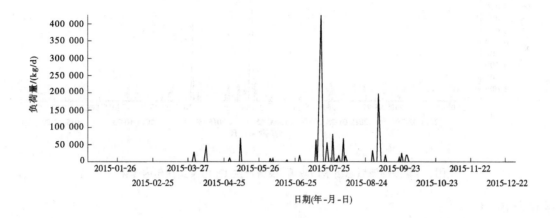

**图 2　南沙河流域总出水口降雨-径流产生 COD 污染负荷年内变化**

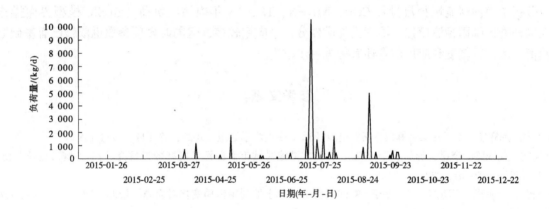

**图 3　南沙河流域总出水口降雨-径流产生 NH$_3$-N 污染负荷年内变化**

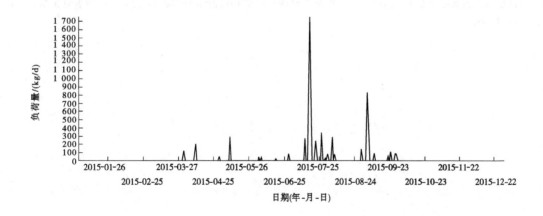

**图 4　南沙河流域总出水口降雨-径流产生 TP 污染负荷年内变化**

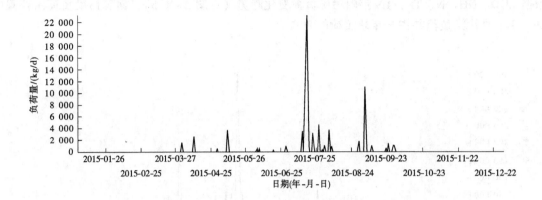

**图 5　南沙河流域总出水口降雨-径流产生 TN 污染负荷年内变化**

## 4　结论与展望

　　本文采用城市雨水改善概念化模型 MUSIC 对北京市海淀区南沙河流域开展了面源污染分析，在 36 个子流域控制单元划分的基础上，采用 MUSIC 中产流模型、水流演进、径流水质、污染负荷分析功能，分析了南沙河流域径流量及 COD、$NH_3-N$、TP、TN 年内污染负荷。MUSIC 模型界面操作简单，在国外城区降雨径流模拟、治理措施成效分析中应用较多，但同时多项参数也依赖已有基础数据和经验值，因此其精度和应用前景还有待进一步改进。

## 参考文献

［1］田军林，郝守宁．面源污染估算模型研究进展［J］．中国农学通报，2022，38（11）：111-115.

［2］李连文，代张路，李昂，等．基于 SWMM 的 LID 措施对城市面源污染削减效果研究［J］．城市道桥与防洪，2022（12）：203-207，232.

［3］耿润哲，李明涛，王晓燕，等．基于 SWAT 模型的流域土地利用格局变化对面源污染的影响［J］．农业工程学报，2015，31（16）：241-250.

［4］IMTEAZ M A，AHSAN A，RAHMAN A，et al. Modelling stormwater treatment systems using music：accuracy［J］．Resources Conservation & Recycling，2013，71（1），15-21.

［5］哈斯塔吉尔 A，杰亚苏里亚 L N，邱训平．雨水箱对雨水收集和径流水质的影响［J］．水利水电快报，2011，32（8）：36-38，41.

# 测流技术在水文学中的应用与发展综述

邵　琦[1,2]　蒋新新[1]　施克鑫[1]　刘志辉[3]

(1. 水利部南京水利水文自动化研究所，江苏南京　210012；
2. 河海大学水文水资源学院，江苏南京　210098；
3. 江苏省水文水资源勘测局南京分局，江苏南京　210008)

**摘　要**：测量水体流速和流量是水文学研究的基础，测流技术的应用和发展受到越来越多的关注。本文对当前主要的测流技术进行了介绍和分析，包括经典的流速测量方法，如流速计测流和量水建筑物测流，以及一些新型的测流技术，如水声测流、激光多普勒测流、高分辨率遥感测流、超声多普勒测流和微型声呐测流。通过比较和评估这些测流技术的优缺点，总结了各种技术在不同应用场景下的适用性，以及其在水文学研究和水资源管理中的应用和发展前景。本文旨在为研究者和决策者提供一个全面的测流技术综述，促进测流技术的发展和应用。

**关键词**：测流技术；ADCP；雷达波测流；视频测流

　　水文学是一个研究水体分布、循环和变化的学科，而测量水体流速和流量则是水文学研究的基础。测流技术作为水文学和水资源管理领域的关键工具，在整个水资源调度和洪水预报方面发挥着至关重要的作用。在过去几十年里，新型测流技术的快速发展已经引领了测流领域的革新，为我们提供了更准确、更灵活的方式来获取水文数据。传统测流采用堰槽、水位计、流速计等工具，它们通常需要长时间的监测和数据分析，且在不同地理环境和水流条件下的适用性有限。这些传统方法的局限性促使了新型测流技术的研究与发展。新型测流技术利用了先进的声学传感器技术、雷达技术、图像识别处理技术、地理信息系统及数值模拟方法，为我们提供了更广泛、更实时、更精确的水文数据，从而有助于更好地了解流量的变化、洪水事件的预测和水资源的合理管理。近年来，新型测流技术的研究已经取得了显著进展。例如，超声波测流技术中的 ADCP 能够对河道实现高效率、高精度的自动化测流；雷达测流技术可在恶劣环境下实现远距离无接触式自动化测流；图像测流技术实现了利用计算机技术快速获取高分辨率的水文数据的方法，给出了搭建各种固定和机动平台的深厚前景。这些新技术的应用已经改变了水资源管理的方式，使其更加精细化和实时化。

　　本文旨在对传统的和新型的主要测流技术进行全面的介绍和分析，以评估各种测流技术在不同应用场景下的适用性，并探讨其在水文学研究和水资源管理中的应用和发展前景。具体而言，本文将分析如流速计测流、水工建筑物和堰槽测流的传统测流方法，以及超声波测流、雷达波测流、图像测流等新型测流方法的优缺点和适用范围，并比较各种技术的优劣之处和限制，为测流技术的研究和应用提供参考和指导。

## 1　测流技术概述

　　测流技术经历了几十年的发展，形成了许多测流技术，从测验原理来看，测流技术是通过流速面积法或水力学法来实现的。基于水力学法的测流技术主要以水工建筑物和堰槽测流为代表；流速面积法根据测流原理不同，可分为断面流速法和表面流速法。如流速仪测流、超声波测流属于断面流速

---

**作者简介**：邵琦（1999—），男，硕士研究生，主要从事河道在线测流等工作。

法，而雷达法测流、视频测流属于表面流速法。

## 1.1 水工建筑物和堰槽测流

水工建筑物和堰槽测流是一种利用水工建筑物的水力要素，通过实测水头、水深和闸门开启高度等数据，确定流量系数，应用水力学公式计算流量的测量方法。其核心原理是基于能量转换和守恒原理，见式（1）~式（3）。

$$H_0 + \frac{\alpha_0^2 v_0^2}{2g} = H_1 + \frac{\alpha_1^2 v_1^2}{2g} + h_w \tag{1}$$

$$v_1 = \varphi \sqrt{2gH_0} \tag{2}$$

$$h_w = \xi \frac{v_1^2}{2g} \tag{3}$$

式中：$H_0$ 为上游水头，m；$H_1$ 为下游水头，m；$h_w$ 为上下游水头损失，m；$\xi$ 为闸口局部水头损失系数；$v_0$ 为上游断面流速，m/s；$v_1$ 为下游断面流速，m/s；$\varphi$ 为流速系数。

由此可知，只要实测得闸上下游水位及闸门开启高度，即可利用水力学公式计算下游流量。但是以上公式是建立在上下游水位观测良好的基础上的，若水文设备精度差，用式（1）~式（3）会出现较大误差，赵德友[1]针对此提出了利用水工建筑物的流量曲线及 $K$ 值建立新的淹没堰流实用公式。

水工建筑物和堰槽测流是一项古老的技术，早在北宋时期就已经出现以流速面积法估算河流流量的概念。到了近代，该技术开始作为系统科学被应用研究，主要的研究内容集中在设计何种形式的建筑物来更加科学便捷地量取河流流量。1855 年 Weisbach 提出薄壁堰的水位-流量公式，目前薄壁堰也被作为最基础的量水建筑物；1922 年 Parshall 设计出一种堰槽——文丘里槽，即巴歇尔槽，该堰槽在天然水流和城市污水流量计量方面被广泛应用；1936 年 Harold. K. Palmer 和 Ferd. D. Bowlus 共同设计出适用于圆形无压管道的堰槽，被称为 P-B 槽；1952 年 Crump 提出三角形剖面堰，也就是 V 形堰，该种堰型适用于流量变幅大的明渠河流。经过百余年的发展，当前已形成了以薄壁堰、宽顶堰为主的测流堰和以矩形长喉道槽、梯形长喉道槽、U 形长喉道槽、巴歇尔槽、孙奈利槽为主的测流槽，即两大类别七种形式的水工建筑物和堰槽测流体系。这些水工建筑物和堰槽在水利枢纽中一般用作水文监测网络的辅助监测，也应用于城市排污口流量监测。污废水通常通过管道或渠道排放，符合水工建筑物和堰槽测流的条件。方建斌等[2]的研究表明薄壁堰在明渠排污管道较其他堰型精度高，具有优势。

狭义上讲，水工建筑物测流和堰槽测流存在较大区别：在测流位置上，水工建筑物测流是在水流经过建筑物的位置进行测量，而堰槽测流是在堰槽内进行测量；在测量原理上，水工建筑物测流是通过建筑物的形态和水位变化来计算水流速度和水流量，而堰槽测流是通过堰槽中的水深和流速来计算水流量和水流速度，主要由堰槽建筑物和水位传感器组成，堰槽建筑物提供稳定唯一的水位-流量关系；在适用范围上，水工建筑物测流适用于水流速度较大的情况，而堰槽测流适用于水流速度较小的情况，其形式设计十分丰富。其中，堰槽测流更能承担专门测流的工程任务。堰槽测流与堰型关系密切，1989 年李振国等[3]首次将国际标准的 7 种堰槽进行了验证性实验研究，明确了 ISO 规定的 7 种堰槽适用于国内。随着堰槽测流方法的进步，能够更灵活地根据测流需求和水流条件选择合适的堰槽建筑物。与早期相比，不再仅依赖于已有水位-流量关系的堰槽设计，而是可以根据需要采用不同的堰槽形状，如从梯形断面逐渐过渡到矩形断面，再到梯形断面等，以更好地适应实际情况。这提高了堰槽测流的适用性和灵活性。

水工建筑物和堰槽测流的优缺点很明显。优点是测量方法相对简单，依靠水利枢纽自身的水工建筑物和堰槽，持久稳定。缺点是测量范围受堰槽尺寸和水工建筑物大小的限制，测量过程对环境要求较高，需要保证水流的稳定性和均匀性。因此，该测流方法主要适用于一些含有配套的水工建筑物和堰槽水利枢纽的日常测流任务。水工建筑物和堰槽测流作为一项传统的测流方法，起步于国外，但随着我国水利事业的发展，其在国内已经相当成熟，并呈现与其他新兴测流技术结合的发展趋势。目前的研究方向主要是在更加合理高效的堰形设计与开发上[4]。

### 1.2　流速计测流

流速计测流原理的本质是流速面积法，经典的测流方案是在断面上布设多线多点。通常意义的流速计指的是转子流速计，它一般分为旋桨式和旋杯式。测量方法是将流速计放入水中，利用转子转速和流速之间的数学关系来测量积点流速，表达式为

$$v = a + bn \tag{4}$$

式中：$a$ 为水利常数；$b$ 为水利螺距。

断面在明渠、输水管道等不同边界有着不同的流速分布。流速仪的流量计算方法就是根据过水断面的流速分布进行积分得到断面平均流速 $v_m$。积分方程为：

$$Q = \int_0^H v l dh = v_m S \tag{5}$$

式中：$H$ 为断面水深，m；$v_m$ 为断面平均流速，m/s；$S$ 为断面面积，$m^2$。

流速计的发展与应用有着上百年的历史。1863 年 Henry 发明了世界上第一台旋杯式流速计，经美国 Price 加以改进后开始大量投入水文监测领域[5]。1940 年我国开始仿制生产 Price 旋杯式流速计，经过生产改进，1955 年定名为 55 型旋杯式流速计，后续改名为 LS68 型；在 LS68 型基础上我国又根据使用场景特点研制出许多衍生型号，如适用于枯水季节的 LS43 型、适用于低流速的 LS78 型；2006 年研制出 LB70 型旋杯式流速计。旋桨式流速计的发明略晚于旋杯式。1869 年苏联发明了旋桨式流速计——ZK 系列。1958 年，我国对苏联 ZK-3 型旋桨式流速计加以改进，研制出国产 LS25-1 型旋桨式流速计，后续又发展出改进型 LS25-2、LS25-3；1970 年研制出一种小型旋杯式流速计 LS10 型；1983 年为完成科技攻关研制出适用于高流速的大量程 LS20B 型旋桨式流速计；2008 年研制出 LJ20 型旋桨式流速计。当前，我国转子式流速计型号已经基本覆盖各种使用场景，技术水平处于世界领先水平，大部分性能指标位于世界前列，且已经研制出专用于外贸的型号。

流速计测流的优点是结构简单，仪器稳定可靠，操作简单；测量范围广，不同类型的流速计适用于不同的流速范围；精度较高，且成本低，安装费用便宜。缺点是容易受到外界干扰，如水质变化、测量位置不准确、安装仪器过程扰动水流等，导致测量误差；对断面流速变化较大的河流测量效果差。流速计测流广泛应用于水文学研究和监测方法的比测分析中。它可以用于测量河流、湖泊、水库、水道、渠道等水体的流速和流量。

流速计测流是国际上广泛使用的一种水文学测量方法。目前的研究方向集中在流速仪的流速采集和通信传输及流速仪结构设计上。流速仪流速信号采集与传输往往是通过水文缆道循环索钢丝绳和水体构成的回路传输。彭丽等[6]设计了流速信号的采集电路，并将流速信号处理部分从岸上接收设备集成到水下综合信号源设备中，抛开使用水文缆道钢丝绳作为流速信号传输的回路，而是采用无线数传回路建立相对独立的传输通道。结果表明，该方法使流速信号的采集、处理、传输具有智能化和维护简便的特点，且不受环境的影响。

### 1.3　超声波测流

超声波测流基于声波的传播速度受流体速度影响的原理。根据超声波利用方式的区别，可分为声学时差法测流和声学多普勒频移法。声学时差法可进一步分为直接时差和间接时差；声学多普勒频移法可进一步分为走航式和固定式。声学时差法的基本原理是测量超声波脉冲顺水流和逆水流时速度之差来反映流体的流速，从而测出流量。时差流量计原理如图 1 所示。声学多普勒频移基于多普勒效应，通过发射波和回波的频移来测量水波束的速度［见式（6）］。最常用的仪器为声学多普勒流速剖面仪，即 ADCP。ADCP 测流原理如图 2 所示。

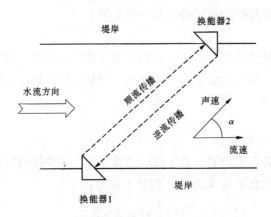

**图 1    时差式超声波流量计原理示意**

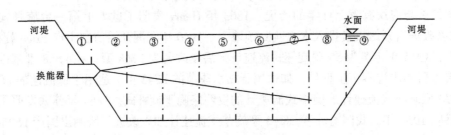

**图 2    ADCP 测流原理示意**

由于时差法超声波测流和声学多普勒测流（ADCP）在技术层面上存在差异，故二者的优势和应用场景不同：时差法超声波测流在含有颗粒物质的流体中测量精度会下降，但声学多普勒测流却几乎不受颗粒物质的影响，因此时差法超声波测流适用于中低流速、低含沙量的河流，很适用于受潮水影响的河流，且要求河道比较陡直稳定，不易淤积的高黏度流体或小型管道的测量。声学多普勒测流适用于大流速、大型水流或液体中带有较多颗粒物质的流量测量。但需要注意的是，实际应用中，不同的测流方法可能需要针对具体应用场景进行参数调整和校准，以确保获得准确的测量结果。

$$F_{\mathrm{d}} = 2F_{\mathrm{s}} \frac{v}{c} \tag{6}$$

式中：$F_{\mathrm{d}}$ 为声学多普勒频移，Hz；$F_{\mathrm{s}}$ 为发射波频率，Hz；$v$ 为波束流速，m/s；$c$ 为声波在水中的传播速度，m/s。

超声波测流是一种新型测流技术，该技术最早应用于航空和医疗领域，后逐步应用于水文监测领域。1928 年，世界上第一台超声波流量计在德国研制成功，并于 1955 年应用于德国马克森航空飞机的煤油流量测量。1958 年，Hedrich 等发明了折射式换能器，应用于此的超声波流量计克服了管壁交混回响的相位失真[7]。20 世纪 70 年代，ROWE[8] 研制的第一台 ADCP 采用三维矢量合成的方法，实现了三维剖面流速的测量。80 年代，微型处理器的快速发展为超声波测流技术提供了非常关键的部分，使信号处理和数据计算速度更快，频率的计算方法由原来的频率跟踪技术改为自相关法[8]。国外在超声波测流技术方面技术积累深厚。1976 年，美国的 Reiger、Pinkei、ROWE 等 3 位海洋学家合作，研究出 ADCP-4400 多普勒剖面测量仪，这是世界上第一台真正意义的商用多普勒剖面测量仪。1982 年，美国地质调查局在密西西比河首次试验采用 ADCP 测验流量，证明了走航式 ADCP 流量测验方法的可行性[9]。此后，ROWE 成立了超声波测流业界熟知的 RD 仪器（RDI）公司[10]，推出了一系列测流设备。该公司于 2009 年首创了 Z-cell（零层）测量技术[11]，解决了盲区测流问题。国内超声波测流发展起步较晚，但是在集中技术攻关的努力下，追赶速度较快，其发展大致分为三个阶段[12]：20 世纪 50—70 年代纯机械海流计，80 年代单点电测海流计，90 年代后以 ADCP 为主。目前，我国的超声波测流技术产品已与国际主流产品无技术差距。

超声波测流根据声道结构类型可分为单声道和多声道，区别就是换能器对数的多少。单声道超声波流量计的优点是简单方便。但由于单声道的自身限制，无法应对断面流态分布变化多的情况，此外精度方面要比多声道的差。通常，它适用于中小口径管道和对流量测量精度要求不太高的渠道。多声道超声波在计算流量时能更好地消隐误差，故相较于单声道超声波流速仪其精度更高，适应性更强，可应用于复杂流速分布的水渠和管道。

超声波测流技术具有显著优点。其结构简单，一旦编程完成，能够实现较高程度的自动化。它的灵敏度高，精度足以满足一般水利工程的要求，适用于多种应用场景，尤其在复杂水体中表现出卓越性能。因此，在水运工程领域广泛应用。然而，这项技术也存在一些局限。首先，对水质要求较高，水中的杂质可能对测量产生干扰；其次，传感器表面对杂物敏感，如果被淤泥等杂物覆盖，就会失去测流功能。因此，在实际应用中，需要综合考虑这些因素，以确保准确地测量流速。

目前，针对超声波测流技术的研究有多个方向：①测量补偿，郭涛等[13]设计了过零检测电路结构，并在顺逆流的时间差测量问题上，应用互相关算法，完成对时间测量的自补偿，结果可有效改善流量计精度，并提高了测量实时性；②流量测量精度的影响及校准，贾惠芹等[14]分析流体流速对超声波沿顺流或逆流传播时间和传播位移水平分量的影响，利用折射角正切值与超声波传播时间的曲线关系对流量测量值进行了校准，校准后流量测量精度平均可提高 0.647 1%，且流速越高，校准效果越好；③换能器信号增益，赵俊奎等[15]设计了一种基于 DSP 和 FPGA 的超声波流量计自增益控制电路，使换能器的信号幅值能够保持在基准幅值的 90% 以上，从而保证了超声波流量计的测量精度，延长了换能器的使用寿命。

## 1.4 雷达波测流

雷达波测流技术利用电磁波的多普勒频移效应，雷达系统发射电磁波，当这些波与物体相互作用时，会导致电磁波的反射。这个反射的无线电波的频率和振幅会受到物体运动状态的影响而变化。雷达波测流原理利用这种频率变化，通过特定比例关系计算流体的运动速度。现如今，市场上已先后推出了多种雷达波流速仪，缆道雷达波测流，借助现有的水文站铅鱼缆道设备和多普勒雷达波速度传感器，可以测量每个垂直位置上水面的流速，并利用测流软件计算出流经断面的总流量，如图 3 所示[16]；多探头雷达波测流，通过电缆将多个雷达波速度传感器的探头联接在一起，并部署在测验河道断面的不同位置。这些传感器与数据信号处理器（包括 PLC 和集成线路板）及太阳能电池组成一个系统，用于处理数据信号。最终，这些数据通过无线传输来测量测验河道断面上多个垂直位置的水面流速[17]，如手持雷达波流速仪，即可以手持的小型雷达测流装置，测流时只需将装置对准水面。

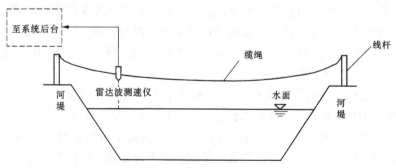

**图 3 缆道雷达波测流原理示意**

雷达波测流技术的本质源于电磁无线技术。电磁无线技术于第二次世界大战期间快速兴起，随后雷达技术得到了快速发展，开始应用于各行各业。在水文监测领域，雷达技术自 1990 年被 PLANT 等[18]用于海洋后，逐步应用于河流流速观测，发展出多种雷达仪器，如手持、桥测、缆道和车载式。2000 年，COSTA 等[19]实现非接触式雷达系统首次成功测量河流表面速度与流量。2002 年，LEE 等[20]采用 X 波段脉冲雷达估计河流流量，并改进了流量计算模型。同年，ROBERT 等[21]结合探地雷达与表面流速雷达，提升了河流监测的准确性。2017 年，HONG 等[22]提出用表面流速和平均流速关系来对河流流量估算的新方法。2020 年，FULTON 等[23]的研究表明，雷达测速仪可减少测量时间并保持高精度，且与传统方法结果相近，适用于中小河流监测。

雷达波测流在流量测验中安全可靠，可在线测流，测流结果精度高，测速范围宽且使用便利。然而，该方法的缺点是需要进行比测，以把握河流水面实际流速与所测虚流速之间的关系，以及由于断面资料是借用的，需要多次进行断面测量，且容易受周围环境的影响，抗干扰能力差，低流速测量误差大[24]。总之，雷达波测速是一种非接触测量方法，不仅适用于通常的河流流速测量，还适用于高流速和河流表面漂浮物较多的情况。目前对雷达波测流在大型河流的适用性需要进一步改进[25]。

雷达波测流领域的研究方向主要包括以下几个方面：一是精度提升，研究人员主要从优化雷达波信号处理算法、改进传感器设计和优化数据校准等方面入手，提高测量精度和可靠性。二是非线性问题，传统的雷达波测流假设水面为平稳静态，无法处理流态变化、非线性和不规则水面等情况。因此，如何处理非线性问题一直是该领域研究的热点。目前研究人员正在探索基于机器学习等技术的非线性模型和建立多元线性回归模型提高流量计算精度，以更准确地描述水面变化情况。朱咏等[26]提出基于多元线性回归模型的流量计算方法，并表明在低水期和中水期，基于多元线性回归的雷达波测流方法测验精度高。三是在线监测，研究人员开始探索基于大数据和云计算等技术的在线监测和自动校准方案，以提高雷达波测流的实时性和可靠性。其中发展最为迅速的是侧扫雷达，其多采用 UHF 波段，获取的是分段距离内的平均流速而非单点流速，充分地利用了水流表面的 Bragg 散射特性。

国产的侧扫雷达技术已经取得了一定进展，目前成功应用于黄河兰州站、花园口站、长江南京站、广西南宁站等多个站点。这种设备表现出强大的环境适应性，在高洪水位、水面漂浮物聚集、极端天气等恶劣环境下仍能正常运行，能达到一定的精度需求，但是针对高精度需求的场景，目前国产的侧扫雷达的准确性和相关性仍需进一步提高[27]。此外，配置技术参数还不够明晰，比测时均存在水位变幅较小的问题。

## 1.5 图像法测流

目前，主流的图像法测流技术主要有大尺度粒子图像测速（large-scale particle image velocimetry，LSPIV）和时空图像测速（spatio temporal image velocimetry，STIV）等。LSPIV 是一种基于图像匹配的流速测量方法，其基本思想是采用天然粒子作为示踪物，利用两幅连续的水体表面图像，通过匹配图像中的特征点来计算两幅图像之间的位移量，从而计算水体表面上各个点的流速和流量[28]。LSPIV 的优点是测量精度高、分辨率高、测量范围大，可以同时测量多个点的流速和流量。其缺点是存在示踪物稀疏且时空分布不均问题；对光线、摄像机的位置和拍摄时间等条件要求严格；参数的设置过程较为复杂，并且学习成本高；现实情况摄像机很难采集到正视的图像，这就导致斜视图场景中的分辨率不同，需要采用互相关算法进行矫正以此来得到最终的流场，但实时在线测流对互相关算法的响应时间提出了很大的挑战，有时会难以满足需求。

STIV 方法根据河流的主流向设定测速线，对视频图像中测速线的灰度进行采样形成时空图像，利用时空图像中的纹理角求得流速。具体来说，STIV 测量过程分为以下几个步骤：首先，采集一系列包含 $m$ 帧的图像序列。其次，在这些图像中，沿着水流的运动方向创建一组测速线，每条线都只有一个像素宽，但长度为 $L$ 像素。最后，对每一条测速线进行处理，以创建一个时空图像，其大小为 $L×m$。在这个图像中，可以观察到示踪物在时间 $T$ 内沿着测速线方向移动了距离 $D$，在图像坐标系下相当于在 $\tau$ 帧内移动了 $d$ 个像素。基于这些信息，可以使用特定的公式来计算流速 [见式（7）]。STIV 方法具有空间分辨率高、实时性强的优点，且相比 LSPIV 方法，STIV 的空间分辨率更强，算法执行时间更快，综合响应时差能达到 LSPIV 的 10 倍以上，这就使得 STIV 更适合畸变倾斜视角下的在线实时监测[29]；但 STIV 方法对于示踪物提出了更高的可视要求，对视野中的局部噪声非常敏感。另外，有些 STIV 算法可能过于复杂，难以进行敏感性分析和评估。这些因素限制了该方法的实际应用范围，在实际应用中 STIV 纹理主方向的检测精度会受到水面紊流、倒影、耀光、障碍物、降雨等环境扰动的影响，会导致测量出现粗大误差；且 STIV 方法仅能测量一维流速。

$$v_s = \frac{D}{T} = \frac{d\Delta s}{\tau \Delta t} = \tan\delta \frac{d\Delta s}{d\Delta t} = v_0 \Delta s \tag{7}$$

式中：$v_0$ 为光流运动速度，m/s；$\Delta s$ 为测速线上的物像尺度因子；$\Delta t$ 为相邻帧图像时间间隔。

图像法测流属于新兴的测流技术，因其简单高效的测流过程而发展迅速。最早的图像法测流是源于改进的浮标法测流——极坐标摄影浮标法[30]。自从 20 世纪 90 年代 FUJITA 等[31]相继提出 LSPIV 和 STIV 方法，以这两种技术为基础的图像法测流在国内外快速发展。2011 年 TSUBAKI. R[32]等针对 STIV 实验中河流宽度受限的问题进行了大量比测试验，成功使用不同拍摄俯角来加以解决，2017 年 FUJITA[33]使用高分辨率的红外线摄像机完成了 STIV 夜间流量比测试验。国内河海大学张振团队[34]已经对 LSPIV 和 STIV 两种方法开展了系列比测试验并建立起相关河道测流体系。

对于 LSPIV，研究方向主要有流场信息采集、水面目标增强、运动矢量估计、时均流场建立、水面流畅定标、不确定评估等。如在流场信息采集上，近年来出现了对多相机及机动平台如无人机等布设方式的积极探索，浙江大学建筑工程学院水文与水资源研究所张丝莘等[35]提出了结合立体视觉技术（SI）的 SI-LSPIV 系统，表明 SI-LSPIV 系统在低、中水时的流量测算精度较高；如在运动矢量估计上，LSPIV 中的运动矢量估计多沿用 PIV 中的灰度相关匹配法，但 Dobsond 等[36]采用的频域相关匹配法以更加快速的傅里叶变换互相关（FFT-CC）作为相关测度，并讨论了窗口尺度对于空间分辨率和相关曲面信噪比的敏感性。严锡君等[37]采用快速哈特利变换互相关（FHT-CC）作为相关测度，对比傅里叶变换互相关（FFT-CC）其计算效率更高，成本也更低。同时该团队开发了新的自适应选窗技术，提高了流畅的空间分辨率，使得观感窗口达到最佳。对于 STIV 方法，研究方向纹理主方向的精确估计和敏感性分析。目前研究人员已提出梯度张量法（GTM）、二维自相关函数法（QESTA）和基于快速傅里叶变换的频域方法（FFT）三种主要精确估计方法。李华宝等[38]提出将深度卷积神经网络的级联回归模型（DCNN）的残差网络应用于 STIV 的纹理主方向检测问题中，验证了所提模型的可行性及有效性。在抑制噪声方面，频域滤波技术是一种抑制噪声的有效方法。张振等[39]提出使用频域扇形滤波器方向角，结果表明其椭圆形积分区域检测方向角优于现有的单像素宽直线。使得时空图像纹理主方向的检测精度在正常场景下达到 0.1°，对应的测量误差精度达到了一类水文站浮标法测流的精度要求。

## 2 研究展望

在线监测仪器的运行稳定性受流量、流速、风速等外界条件影响。雷达波法在小流量河道的测流结果误差会受风速的影响加大。侧扫雷达还可能受周边相同频率的干扰源的影响，大大增加了测流误差。ADCP 技术已相当成熟，但若短时间内水位发生快速变化，将会导致水层的流速特性发生变化，如果多次移动测流仪器，不仅会增加测流的工作量，还可能对测流的准确性产生不利影响。在线监测技术在应用中面临一些挑战。首先，缺乏专业技术人员进行设备的比率校准和定期维护，导致设备在使用过程中频繁出现问题。同时，感潮河段的水文条件复杂，河口区域河面宽广，航运繁忙。尽管国内已有相关研究，但要找到一种能够快速全面测量并适应复杂测流环境的测流方案仍然是一个挑战。

在图像法测流技术中，目前有 LSPIV 和 STIV 两大方法，但 LSPIV 方法依赖示踪物的可见性，存在稳定性差等缺点；STIV 方法存在对断面流态稳定性要求高和仅能测量一维流速等缺点。因此，需要积极改进两类方法或探索除 LSPIV 和 STIV 外的新技术。目前，有学者已提出基于帧间差分与 DIS 快速光流结合的分组图像法（FD-DIS-G）测流方法，FD-DIS-G 比传统 LSPIV 法的算法运行时间缩短了 13 倍[40]。另外，一些新兴测流技术也在兴起，如卫星遥感图像测流和低空遥感无人机测流发展迅速，在人员无法进场的应急情况下具有特殊优势，但其测流精度无法与传统测流方法相比，无法满足实际复杂多变的河道情况，短期内无法加入在线监测服务组网体系[41]，但这些方法对于极端气候下如洪水、堰塞湖、泥石流等的应急监测具有特殊优势。

测流技术的两大发展方向是适用性和精度。任何一种测流技术都有其最佳适用场景和局限场景，目前没有哪一种测流技术能满足所有测流场景，测流技术的发展只能尽可能提高其适用性，但测流精度又是测流任务中的首要指标，测流技术的发展是向更高精度、更小不确定性的方向发展。因此，因地制宜地选择精度尽可能高的测流技术是所有测流任务的必然要求。面向国内，首先是高端测流技术的高标准国产化，要减少对非接触测流设备的进口依赖，研发相关的替代产品，目前国产的 ADCP 设备在性价比方面还有改进的空间。其次是测流产品和测验技术的标准化，目前测流技术及测流产品的标准化需要进一步推进，要形成统一的技术依据和相关技术指标。再次是加大测流技术的信息化水平，利用计算机和网络技术形成从测验收集到传输保存。最后到可视化展示，是水文信息化的发展方向，要走在线监测、远程控制、巡驻结合的道路，应用多源传感器信息融合技术，加快物联网和 5G 数据传输技术的研究，加快水文仪器国产化进程，真正实现"有人看管，无人值守"，实现互联网+水文深度融合[42]。

## 3　结语

当今世界正面临着气候变化和水资源管理等挑战，因此测流技术的发展越来越受到关注。本文回顾了目前常用的测流技术及其应用，并简要介绍了近年来涌现的新型测流技术。通过对测流技术的综述和分析，可以发现测流技术已经从传统的水流测量转变为更加精确和智能化的水文监测手段，同时本文也指出了测流技术仍面临的一些挑战和问题。未来随着技术的不断发展和完善，测流技术将继续为水文学领域提供强有力的支持和保障。

**参考文献**

[1] 赵德友. 水工建筑物测流淹没堰流实用公式的推求 [J]. 水文，1999 (4)：37-39.

[2] 方建斌，张武云，鲁峰林. 排污口推广使用水工建筑物测流方法浅谈 [J]. 河南水利与南水北调，2007 (12)：49.

[3] 李振国，李晓红，李善征. 明渠测流堰槽的试验研究 [J]. 计量技术，1989 (7)：31-33.

[4] 李善征，张春义，吴敬东. 明渠堰槽测流技术综述 [J]. 北京水利，2003 (1)：23-25.

[5] 周冬生，宗军，蒋东进，等. 流速仪主要结构性能对测流精度的影响分析 [J]. 水文，2018，38 (3)：62-65.

[6] 彭丽，刘鹏翼. 水文流量测验设备转子式流速仪数字信号通讯研究 [J]. 湖南水利水电，2022 (1)：56-58.

[7] 雷志华，党国元. 超声波流量计介绍 [J]. 科技向导，2010 (1 上)：114，116.

[8] ROWE F, YOUNG J. An ocean current profiler using doppler sonar [C] //OCEANS′79. IEEE, 1979：292-297.

[9] 朱昊. 嵌入式数字 ADCP 信号处理系统的研究 [D]. 天津：天津大学，2003.

[10] YOUNG J, ROWE F, BRUMLEY B, et al. Trends in acoustic velocity log technology at rd instruments [C] //Proceedings of the 1998 Workshop on Autonomous Underwater Vehicles (Cat. No. 98CH36290). IEEE, 1998：89-101.

[11] 刘长乐，刘有刚，尹训强. 声学多普勒海流计的近期发展综述 [J]. 科技视界，2015 (26)：184.

[12] 朱光文. 我国海洋探测技术五十年发展的回顾与展望 (一) [J]. 海洋技术，1999 (2)：2-17.

[13] 郭涛，王志强，李成. 时差法超声波流量计测量精度的补偿方法 [J]. 应用声学，2021，40 (2)：269-273.

[14] 贾惠芹，王成云，党瑞荣. 流体流速对超声波流量测量精度的影响及校准 [J]. 仪器仪表学报，2020，41 (7)：1-8.

[15] 赵俊奎，邹明伟，刘权，等. 超声波流量计自增益控制电路研究 [J]. 自动化与仪器仪表，2022 (9)：211-214.

[16] 高伟恒. 不同测流技术在水利工程中的对比分析 [J]. 山东工业技术，2020 (5)：52-56.

[17] 秦福清. 雷达波流速仪在中小河流流量测验中的应用分析 [J]. 水利信息化，2012 (4)：42-48.

[18] PLANT W J, KELLER W. C. Evidence of bragg scattering in microwave doppler spectra of sea return [J]. Journal of Geophysical Research-Oceans, 1990, 95 (C9)：16299-16310.

[19] COSTA J E, SPICER K R, CHENG R T, et al. Measuring stream discharge by non-contact methods: A proof-of-concept

experiment [J]. Geophysical Research Letters, 2000, 27 (4): 553-556.

[20] LEE M C, Lai C J, Leu J M, et al. Non-contact flood discharge measurements using an X-band pulse radar (I) theory [J]. Flow Measurement and Instrumentation, 2002, 13 (5-6): 265-270.

[21] ROBERT R, MASON J R, J E. A proposed radar-based streamflow measurement system for the San Joaquin River at Vernalis, California [J]. Hydraulic Measurements and Experimental Methods, 2002: 1-8.

[22] HONG J H, GUO W D, WANG H W, et al. Estimating discharge in gravel-bed river using non-contact ground-penetrating and surface-velocity radars [J]. River Research and Applications. 2017, 33 (7): 1177-1190.

[23] FULTON J W, MASON C A, EGGLESTON J R, et al. Near-field remote sensing of surface velocity and river discharge using radars and the probability concept at 10 U. S. geological survey stream gages [J]. Remote Sensing, 2020, 12 (8): 1296.

[24] 谭云辉, 谢宁, 杨莉. 雷达波流速仪应用及比测分析 [J]. 低碳世界, 2018 (10): 46-48.

[25] 景波云, 陈向飞, 王震, 等. 电波流速仪流量自动在线监测装置设计与应用 [J]. 人民长江, 2015, 46 (1): 61-64.

[26] 朱咏, 兰芝梅, 王启优, 等. 多元线性回归法在雷达波测流系统中的应用分析: 以黑河正义峡水文站为例 [J]. 水利水电快报, 2022, 43 (8): 28-32.

[27] 林思夏, 曾仲毅, 朱云通, 等. 侧扫雷达测流系统开发与应用 [J]. 水利信息化, 2019 (1): 31-36.

[28] 王剑平, 朱芮, 张果, 等. 帧差与快速密集光流结合的图像法测流研究 [J]. 工程科学与技术, 2022, 54 (4): 195-207.

[29] 张振, 周扬, 李旭睿, 等. 图像法测流系统开发与应用 [J]. 水利信息化, 2018 (3): 7-13.

[30] 王子臣. 几种水文测验新方法综述 [J]. 水利信息化, 1996 (2): 11-22.

[31] FUJITA I, MUSTE M, KRUGER A. Large-scale particle image velocimetry for flow analysis in hydraulic engineering applications [J]. Journal of Hydraulic Research, 1998, 36 (3): 397-414.

[32] TSUBAKI R, FUJITA I, TSUTSUMI S. Measurement of the flood discharge of a small-sized river using an existing digital video recording system [J]. Journal of Hydro-Environment Research, 2011, 5 (4): 313-321.

[33] FUJITA I. Discharge measurements of snowmelt flood by space-time image velocimetry during the night using far-infrared camera [J]. Water, 2017, 9 (4): 269.

[34] 张振, 徐立中, 樊棠怀, 等. 河流水面成像测速方法的比测试验研究 [J]. 水利信息化, 2014 (5): 31-41.

[35] 张丝苇, 李蔚. SI-LSPIV 系统在山区河道流量测验中的应用 [J]. 科技通报, 2020, 36 (2): 84-88, 97.

[36] DOBSOND W, HOLLANDK T, CALANTONI J. Fast, large-scale, particle image velocimetry-based estimations of river surface velocity [J]. Computers & Geosciences, 2014, 70: 35-43.

[37] 严锡君, 张振, 陈哲, 等. 基于 FHT-CC 的流场图像自适应运动矢量估计方法 [J]. 仪器仪表学报, 2014, 35 (1): 50-58.

[38] 李华宝, 张振, 陈林, 等. 基于残差网络的河流表面时空图像测速法 [J]. 河海大学学报 (自然科学版), 2023, 51 (1): 118-128.

[39] 张振, 李华宝, 袁章, 等. 频域时空图像测速法的图像滤波器敏感性分析 [J]. 仪器仪表学报, 2022, 43 (2): 43-53.

[40] 王剑平, 朱芮, 张果, 等. 帧差与快速密集光流结合的图像法测流研究 [J]. 工程科学与技术, 2022, 54 (4): 195-207.

[41] 赵长森, 潘旭, 杨胜天, 等. 低空遥感无人机影像反演河道流量 [J]. 地理学报, 2019, 74 (7): 1392-1408.

[42] 吴志勇, 徐梁, 唐运忆, 等. 水文站流量在线监测方法研究进展 [J]. 水资源保护, 2020, 36 (4): 1-7.

# 水工建筑物法流量推求方法探讨及在
# 顺峰水文站的应用研究

朱志杰[1,2]　周小莉[1,2]　罗爱招[1,2]　陈　佳[1,2]　魏超强[1,2]

(1. 赣江中游水文水资源监测中心，江西吉安　343000；

2. 鄱阳湖水文生态监测研究重点实验室，江西南昌　330002)

**摘　要**：顺峰水文站是白鹭水吉安段主要控制站，流域面积 204 km²，属流量三类精度站，位于江西省吉安市万安县顺峰乡，水文监测大队巡测至站需近 4 h，中、高洪水抢测困难。2021 年，基本水尺断面下游 40 m 处新建一座实用堰，致使原水位流量关系改变。近年来，受水利工程影响的水文测站逐年增加，测验难度增大。本文探讨利用已建的水工建筑物推求流量，为受水利工程影响的水文站找到适合本站的推流办法提供参考。对顺峰水文站实测流量资料和基本水尺断面下游 40 m 处水工建筑物观测资料进行分析，确定不同水位级的堰流流量系数及其变化规律，检验是否满足水文测验和资料整编规范要求。

**关键词**：水工建筑物测流；实用堰自由流系数分析；有压管自由流计算；水位流量关系曲线检验

　　顺峰水文站基本水尺断面下游建有一座堰底带有压短管出流的实用堰，在洪水过程巡测时根据实际现状观察，在水文站水位变幅内河流通过堰底有压管自由出流及堰顶自由式溢流的方式实现断面过流。根据《水文资料整编规范》(SL/T 247—2020)[1]，水工建筑物流量资料整编可采用自由堰流及有压自由管流进行流量计算。

　　堰流的分析研究在我国各个流域多有报道，赵德友[2]对水工建筑物测流淹没堰流实用公式的推求对水工建筑物测流改变水文测验方式、开展巡测、实行站队结合的重要意义进行了分析；张绍芳[3]通过实用堰流量系数计算认为流量系数规律复杂，但计算结果与实测资料对比在规律上都比较一致；李永刚等[4]采用堰流公式推流流量系统进行分析研究，利用堰流公式法和流速仪法测流，经过对比分析后，在不具备流速仪测流条件下，可以在不同级水位取用不同的堰流系数，用水工建筑物堰流公式法推求流量，解决本站中、高水流量应急监测的难题。本文利用顺峰水文站实测流量资料和基本水尺断面下游 40 m 处水工建筑物观测资料进行分析研究，确定不同水位级的堰流流量系数及其变化规律，解决水文站中、高洪水时巡测困难问题和安全隐患。

## 1　基本情况

　　顺峰水文站是遂川大队所辖最远的一个中小河流水文站，距大队近 150 km，巡测人员到达现场进行流量测验需近 4 h，时间和人力成本较高，高水抢测难度较大。水文站基本水尺断面下游 40 m 处建有一座堰底带有压短管出流的实用堰，水位控制较好，水位-流量关系稳定。低水时人工涉水在实用堰下游临时断面用流速仪法进行流量测验，中、高水时采用缆道走航式 ADCP 施测。河床组成左岸为卵石，右岸为细沙、卵石，河岸两侧均有护坡。

　　实用堰宽 43.5 m，堰顶高程 102.02 m，堰高 0.9 m；堰底 4 根有压管直径 0.5 m，长 12 m，上游

---

**作者简介**：朱志杰 (1988—)，男，本科，主要从事水文测验工作。

端管顶高程 101.68 m，下游端有压管中心高程 101.35 m。

## 2 观测资料的对比分析

### 2.1 原始流量资料收集情况

由于顺峰水文站下游实用堰于 2021 年底修建完成，选取 2022 年洪水过程实测流量 10 次，实测流量水位变幅 1.0 m（102.12～103.12 m），堰顶溢流情况下水位变幅 1.12 m（102.02～103.14 m），测幅为 89.3%。

### 2.2 水位-流量关系分析

点绘水位-流量关系线并做三种检验，进一步分析确定所定水位-流量关系的合理性并对定线推流的精度进行评价，根据所定水位-流量关系曲线做水位-流量关系对照表，见表 1。

表 1 顺峰水文站水位-流量关系　　　　单位：水位，m；流量，m³/s

| 水位 | 0 | 0.01 | 0.02 | 0.03 | 0.04 | 0.05 | 0.06 | 0.07 | 0.08 | 0.09 |
|---|---|---|---|---|---|---|---|---|---|---|
| 102.1 | 1.47 | 1.57 | 1.68 | 1.80 | 1.93 | 1.90 | 2.06 | 2.23 | 2.43 | 2.66 |
| 102.2 | 2.90 | 3.17 | 3.46 | 3.77 | 4.10 | 4.51 | 4.89 | 5.28 | 5.70 | 6.13 |
| 102.3 | 6.58 | 7.05 | 7.54 | 8.04 | 8.57 | 9.27 | 9.82 | 10.4 | 10.9 | 11.5 |
| 102.4 | 12.1 | 12.7 | 13.3 | 13.9 | 14.5 | 15.0 | 15.6 | 16.2 | 16.9 | 17.5 |
| 102.5 | 18.2 | 18.9 | 19.6 | 20.3 | 21.1 | 21.9 | 22.6 | 23.4 | 24.2 | 25.0 |
| 102.6 | 25.8 | 26.6 | 27.5 | 28.3 | 29.1 | 30.1 | 31.0 | 31.8 | 32.7 | 33.6 |
| 102.7 | 34.5 | 35.4 | 36.3 | 37.2 | 38.1 | 38.7 | 39.6 | 40.6 | 41.5 | 42.6 |
| 102.8 | 43.6 | 44.7 | 45.8 | 46.9 | 48.1 | 49.5 | 50.7 | 51.9 | 53.1 | 54.4 |
| 102.9 | 55.6 | 56.8 | 58.1 | 59.4 | 60.6 | 61.9 | 63.2 | 64.5 | 65.8 | 67.1 |
| 103.0 | 68.4 | 69.7 | 71.1 | 72.4 | 73.7 | 74.9 | 76.2 | 77.6 | 79.1 | 80.5 |
| 103.1 | 82.0 | 83.5 | 85 | 86.6 | 88.2 | 89.9 | 91.5 | 93.2 | 94.8 | 96.5 |
| 103.2 | 98.2 | 99.9 | 102 | 103 | 105 | 107 | 109 | 110 | 112 | 114 |
| 103.3 | 116 | 118 | 120 | 122 | 124 | 126 | 128 | 130 | 132 | 134 |

## 3 流量系数推求

将断面水工建筑物推算流量记为 $Q_{推}$、有压管自由流记为 $Q_{管}$、自由式堰流记为 $Q_{堰}$，$Q_{推} = Q_{管} + Q_{堰}$。

根据全国水文勘测技能培训系列教材《水力学基础》[5]，有压管自由出流：

$$Q_{管} = \frac{\frac{\pi}{4}d^2}{\sqrt{1 + \lambda\frac{L}{d} + \sum \zeta}}\sqrt{2gH}$$

式中：$H$ 为作用水头，$H = H_{上} - H_{中心}$，$H_{上}$ 为坝上游水位，$H_{中心}$ 为涵管中心高程；$L$ 为涵管长度；$d$ 为涵管直径；$\lambda$ 为沿程阻力系数，取 0.03；$\zeta_{进}$ 为进水口局部水头系数，取 0.5；$\zeta_{出}$ 为出水口局部水头系数，取 1.0。

自由堰流计算公式：

$$Q_{堰} = C_1 B H_u^{3/2}$$

式中：$C_1$ 为流量系数；$B$ 为坝上水面宽；$H_u$ 为水头，取 $H_u = H_上 - H_{堰顶}$。

依据水位流量关系对照表中的流量，反算流量系数 $C_1$，见表 2。

表 2　流量系数计算

| 堰上游水位/m | 堰顶高程/m | 水头 $H_u$/m | $H_u^3$/m³ | $(H_u^3)^{1/2}$/m$^{\frac{3}{2}}$ | $Q$/(m³/s) | $Q_{管}$/(m³/s) | $Q_{堰}$/(m³/s) | $B$/m | $(H_u^3)^{1/2}$/$B/m^{\frac{5}{2}}$ | $C_1$ |
|---|---|---|---|---|---|---|---|---|---|---|
| 102.12 | 102.02 | 0.1 | 0.001 0 | 0.031 6 | 3.2 | 2.10 | 1.1 | 43.50 | 1.37 | 0.8 |
| 102.51 | 102.02 | 0.49 | 0.117 6 | 0.342 9 | 17.8 | 2.57 | 15.2 | 43.50 | 14.92 | 1.02 |
| 102.53 | 102.02 | 0.51 | 0.132 7 | 0.364 3 | 20.4 | 2.84 | 17.6 | 43.50 | 15.85 | 1.11 |
| 102.59 | 102.02 | 0.57 | 0.185 2 | 0.430 3 | 25.7 | 2.71 | 23.0 | 43.50 | 18.72 | 1.23 |
| 102.64 | 102.02 | 0.62 | 0.238 3 | 0.488 2 | 30.7 | 2.66 | 28.0 | 43.50 | 21.24 | 1.32 |
| 102.76 | 102.02 | 0.74 | 0.405 2 | 0.636 6 | 38.2 | 2.60 | 35.6 | 43.50 | 27.69 | 1.29 |
| 102.80 | 102.02 | 0.78 | 0.474 6 | 0.688 9 | 44.3 | 3.18 | 41.1 | 43.50 | 29.97 | 1.37 |
| 102.88 | 102.02 | 0.86 | 0.636 1 | 0.797 6 | 52.6 | 3.09 | 49.5 | 43.50 | 34.7 | 1.43 |
| 103.02 | 102.02 | 1 | 1.000 0 | 1 | 71.7 | 2.95 | 68.8 | 43.50 | 43.5 | 1.58 |
| 103.12 | 102.02 | 1.1 | 1.331 0 | 1.153 7 | 84.8 | 2.88 | 81.9 | 43.50 | 50.19 | 1.63 |

根据不同水位级水位-流量系数点绘 $Z$-$C$ 曲线，摘取各级水位的 $C_1$ 值，见表 3。

表 3　流量系数选取

| 序号 | 水位/m | $C_1$ 值 | 序号 | 水位/m | $C_1$ 值 | 序号 | 水位/m | $C_1$ 值 | 序号 | 水位/m | $C_1$ 值 |
|---|---|---|---|---|---|---|---|---|---|---|---|
| 1 | 102.1 | 0.77 | 31 | 102.4 | 1.03 | 61 | 102.7 | 1.28 | 91 | 103 | 1.54 |
| 2 | 102.11 | 0.78 | 32 | 102.41 | 1.03 | 62 | 102.71 | 1.29 | 92 | 103.01 | 1.55 |
| 3 | 102.12 | 0.78 | 33 | 102.42 | 1.04 | 63 | 102.72 | 1.3 | 93 | 103.02 | 1.56 |
| 4 | 102.13 | 0.79 | 34 | 102.43 | 1.05 | 64 | 102.73 | 1.31 | 94 | 103.03 | 1.57 |
| 5 | 102.14 | 0.8 | 35 | 102.44 | 1.06 | 65 | 102.74 | 1.32 | 95 | 103.04 | 1.58 |
| 6 | 102.15 | 0.81 | 36 | 102.45 | 1.07 | 66 | 102.75 | 1.33 | 96 | 103.05 | 1.59 |
| 7 | 102.16 | 0.82 | 37 | 102.46 | 1.08 | 67 | 102.76 | 1.34 | 97 | 103.06 | 1.59 |
| 8 | 102.17 | 0.83 | 38 | 102.47 | 1.09 | 68 | 102.77 | 1.34 | 98 | 103.07 | 1.6 |
| 9 | 102.18 | 0.84 | 39 | 102.48 | 1.09 | 69 | 102.78 | 1.35 | 99 | 103.08 | 1.61 |
| 10 | 102.19 | 0.84 | 40 | 102.49 | 1.1 | 70 | 102.79 | 1.36 | 100 | 103.09 | 1.62 |
| 11 | 102.2 | 0.85 | 41 | 102.5 | 1.11 | 71 | 102.8 | 1.37 | 101 | 103.1 | 1.63 |

续表3

| 序号 | 水位 | $C_1$ 值 | 序号 | 水位 | $C_1$ 值 | 序号 | 水位 | $C_1$ 值 | 序号 | 水位 | $C_1$ 值 |
|---|---|---|---|---|---|---|---|---|---|---|---|
| 12 | 102.21 | 0.86 | 42 | 102.51 | 1.12 | 72 | 102.81 | 1.38 | 102 | 103.11 | 1.64 |
| 13 | 102.22 | 0.87 | 43 | 102.52 | 1.13 | 73 | 102.82 | 1.39 | 103 | 103.12 | 1.65 |
| 14 | 102.23 | 0.88 | 44 | 102.53 | 1.14 | 74 | 102.83 | 1.4 | 104 | 103.13 | 1.65 |
| 15 | 102.24 | 0.89 | 45 | 102.54 | 1.15 | 75 | 102.84 | 1.4 | 105 | 103.14 | 1.66 |
| 16 | 102.25 | 0.9 | 46 | 102.55 | 1.15 | 76 | 102.85 | 1.41 | 106 | 103.15 | 1.67 |
| 17 | 102.26 | 0.9 | 47 | 102.56 | 1.16 | 77 | 102.86 | 1.42 | 107 | 103.16 | 1.68 |
| 18 | 102.27 | 0.91 | 48 | 102.57 | 1.17 | 78 | 102.87 | 1.43 | 108 | 103.17 | 1.69 |
| 19 | 102.28 | 0.92 | 49 | 102.58 | 1.18 | 79 | 102.88 | 1.44 | 109 | 103.18 | 1.7 |
| 20 | 102.29 | 0.93 | 50 | 102.59 | 1.19 | 80 | 102.89 | 1.45 | 110 | 103.19 | 1.71 |
| 21 | 102.3 | 0.94 | 51 | 102.6 | 1.2 | 81 | 102.9 | 1.46 | 111 | 103.2 | 1.72 |
| 22 | 102.31 | 0.95 | 52 | 102.61 | 1.21 | 82 | 102.91 | 1.47 | | | |
| 23 | 102.32 | 0.96 | 53 | 102.62 | 1.22 | 83 | 102.92 | 1.47 | | | |
| 24 | 102.33 | 0.97 | 54 | 102.63 | 1.22 | 84 | 102.93 | 1.48 | | | |
| 25 | 102.34 | 0.97 | 55 | 102.64 | 1.23 | 85 | 102.94 | 1.49 | | | |
| 26 | 102.35 | 0.98 | 56 | 102.65 | 1.24 | 86 | 102.95 | 1.5 | | | |
| 27 | 102.36 | 0.99 | 57 | 102.66 | 1.25 | 87 | 102.96 | 1.51 | | | |
| 28 | 102.37 | 1 | 58 | 102.67 | 1.26 | 88 | 102.97 | 1.52 | | | |
| 29 | 102.38 | 1.01 | 59 | 102.68 | 1.27 | 89 | 102.98 | 1.53 | | | |
| 30 | 102.39 | 1.02 | 60 | 102.69 | 1.28 | 90 | 102.99 | 1.53 | | | |

为验证所取系数的合理性，将 $C_1$ 系数直接代入自由堰流计算公式加上有压管自由流量推算出断面流量 $Q_{推}$，根据确定的流量系数计算流量。用 $Q_{推}$ 与实测流量 $Q_{实}$ 进行相对误差评定，见表4；用 $Q_{推}$ 与实测水位–流量关系线进行三种检验和标准差计算，验证所确定的流量系数的合理性，见表5。

表4　断面推求流量计算表及误差评定

| 坝上游水位 $H_{上}$/m | 堰上水头/m | 实测流量 $Q_{实}$/ (m³/s) | $Q_{管}$/ (m³/s) | 选取系数 $C_1$ | 水面宽 $B$/m | 根据 $C_1$ 推求 $Q_{堰}$/ (m³/s) | 断面流量 $Q_{推}$/ (m³/s) | $Q_{推}$ 与 $Q_{实}$ 相对误差/ % | 允许误差/% | 是否合理 |
|---|---|---|---|---|---|---|---|---|---|---|
| 102.12 | 0.10 | 3.2 | 2.10 | 0.78 | 43.5 | 1.1 | 3.2 | 0 | 15 | 合理 |
| 102.51 | 0.49 | 17.8 | 2.57 | 1.12 | 43.5 | 16.7 | 19.3 | 8.4 | 15 | 合理 |
| 102.53 | 0.51 | 20.4 | 2.84 | 1.14 | 43.5 | 18.1 | 20.9 | 2.5 | 15 | 合理 |
| 102.59 | 0.57 | 25.7 | 2.71 | 1.19 | 43.5 | 22.3 | 25 | -2.7 | 15 | 合理 |
| 102.64 | 0.62 | 30.7 | 2.66 | 1.23 | 43.5 | 26.1 | 28.8 | -6.2 | 15 | 合理 |
| 102.76 | 0.74 | 38.2 | 2.60 | 1.34 | 43.5 | 37.1 | 39.7 | 3.9 | 15 | 合理 |
| 102.80 | 0.78 | 44.3 | 3.18 | 1.37 | 43.5 | 41.1 | 44.3 | 0 | 15 | 合理 |
| 102.88 | 0.86 | 52.6 | 3.09 | 1.44 | 43.5 | 50 | 53.1 | 1 | 15 | 合理 |
| 103.02 | 1.00 | 71.7 | 2.95 | 1.56 | 43.5 | 67.9 | 70.9 | -1.1 | 15 | 合理 |
| 103.12 | 1.10 | 84.8 | 2.88 | 1.65 | 43.5 | 82.8 | 85.7 | 1.1 | 15 | 合理 |

表5 $Q_{推}$ 与水位-流量关系综合线三检成果

| 序号 | 测次 | 水位/m | 综合线流量/$(m^3/s)$ | $Q_{推}$/$(m^3/s)$ | 绝对误差/$(m^3/s)$ | 相对误差 | 相对误差平方 | $(P_i-P)^2$ |
|---|---|---|---|---|---|---|---|---|
| 1 | 2 | 102.51 | 18.9 | 19.0 | 0.1 | 0.5 | 0.25 | 4.2 |
| 2 | 6 | 102.53 | 20.3 | 20.5 | 0.2 | 1 | 1 | 1 |
| 3 | 5 | 102.59 | 25.0 | 24.8 | -0.2 | -0.8 | 0.64 | 0.4 |
| 4 | 4 | 102.64 | 29.1 | 28.6 | -0.5 | -1.7 | 2.89 | 8.4 |
| 5 | 3 | 102.76 | 39.6 | 39.4 | -0.2 | -0.5 | 0.25 | 0.1 |
| 6 | 10 | 102.8 | 43.6 | 44.0 | 0.4 | 0.9 | 0.81 | 0.7 |
| 7 | 9 | 102.88 | 53.1 | 52.7 | -0.4 | -0.8 | 0.64 | 0.4 |
| 8 | 8 | 103.02 | 71.1 | 70.9 | -0.2 | -0.3 | 0.09 | 0 |
| 9 | 7 | 103.12 | 85.0 | 85.7 | 0.7 | 0.8 | 0.64 | 0.4 |
| 合计 | | | | | | -0.9 | 7.21 | 15.6 |
| 系统误差（$P$）/% | | | | | | | -0.1 | <2 |
| 相对标准差（$Se$）/% | | | | | | | 1.0 | <8 |
| 95%相对随机不确定度/% | | | | 学生式 $t$ 值 | 2.0 | 2.0 | <16 | |
| 符号检验 $u=$ | | | 0 | <1.15 | 合理 | | | |
| 适线检验 $u=$ | | | -0.35 | <1.28 | 合理 | | | |
| 偏离数值检验 $t=$ | | | -0.21 | <1.33 | 合理 | | | |

## 4　误差检验

由表4可知，$Q_{推}$ 与 $Q_{实}$ 最大相对误差为8.4%，均小于允许误差15%，完全能达到《水文资料整编规范》（SL/T 247—2020）的允许误差要求。由表5可知，$Q_{推}$ 与水位流量关系线三检合格，系统误差为-0.1%、相对标准差1.0%，符合《水文资料整编规范》（SL/T 247—2020）要求。

## 5　成果验证

为检验水工建筑物推流整编成果是否与原整编成果相符，采用水位-流量关系曲线法整编检验。

根据2022年实测水位数据，利用实用堰水利工程推算出断面流量 $Q_{推}$，建立水位和推算断面流量 $Q_{推}$ 关系，见表6；点绘水位 $Z$ 与推算断面流量 $Q_{推}$ 关系点，过点群中心绘制 $Z-Q_{推}$ 关系曲线，在同一张图上同步绘制水位-流量综合线，见图1。由图可见 $Z-Q_{推}$ 关系曲线与水位-流量关系综合线重合，关系曲线检验结果表见表7。

表6 $Z-Q_{推}$ 关系

| 序号 | 时间（月-日 T 时:分） | 水位/m | $Q_{推}$/$(m^3/s)$ |
|---|---|---|---|
| 1 | 04-26T13:07 | 102.51 | 19.0 |
| 2 | 04-26T14:16 | 102.53 | 20.5 |
| 3 | 04-26T16:26 | 102.59 | 24.8 |
| 4 | 04-26T17:42 | 102.64 | 28.6 |
| 5 | 04-26T19:34 | 102.76 | 39.4 |
| 6 | 04-27T08:11 | 102.80 | 44.0 |
| 7 | 04-27T09:14 | 102.88 | 52.7 |
| 8 | 04-27T10:19 | 103.02 | 70.9 |
| 9 | 04-27T11:13 | 103.12 | 85.7 |

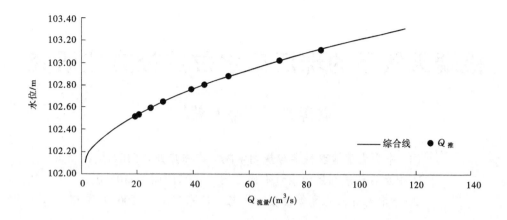

图1 $Z$-$Q_{推}$关系曲线

表7 $Z$~$Q_{推}$关系检验结论

| 测点总数 | 9 | 正点子个数 | 4 | 负点子个数 | 5 | 0点子个数 | 0 |
|---|---|---|---|---|---|---|---|
| 系统误差/% | −0.1 | 标准差/% | 1 | 不确定度/% | 2 | | |
| 符号检验 | 总点数 | 9 | $u=$ | 0 | 临界值 | 1.15 | 是否合理 | √ |
| 适线检验 | 总点数 | 9 | $u=$ | 0.35 | 临界值 | 1.28 | 是否合理 | √ |
| 偏离数值检验 | 总点数 | 9 | $t=$ | −0.21 | 临界值 | 1.28 | 是否合理 | √ |

由表7可知，$Q_{推}$与综合线三检合格，系统误差为−0.1%、相对标准差2%，完全能达到《水文资料整编规范》（SL/T 247—2020）的允许误差要求。

由于整编成果检验所绘的关系曲线与原水位流量综合线重合，所以由此关系曲线整编的成果与原整编成果一致，误差为0，不再列表进行比较。

## 6 结论

（1）将堰流公式法推流和走航式 ADCP 法测流对比分析，找出水位与流量系数（$Z$~$C$）关系，可以在不同级水位取用不同的堰流系数，用水工建筑物堰流公式法推求流量，解决本站中、高水流量应急监测距离较远的难题，为受水利工程影响的水文站找到适合本站的推流办法提供参考。

（2）通过对堰流公式系数的分析可得，堰流公式系数在中、高水时随水位的升高而增大，变化明显。

（3）水工建筑物堰流公式法推求流量与 ADCP 法测流所定水位-流量关系曲线能通过三种检验和标准差计算，满足水文测验规范要求和整编规定要求。

（4）此种水工建筑物法推流还可在小河流域推广使用，在基本水尺断面下游3~4倍堰上水头处建设小型实用堰，堰上下游两岸进行护岸整治，可有效解决低水水位-流量关系不稳定的问题。

### 参考文献

［1］中华人民共和国水利部. 水文资料整编规范：SL/T 247—2020［S］. 北京：中国水利水电出版社，2020.

［2］赵德友. 水工建筑物测流淹没堰流实用公式的推求［J］. 水文，1999（4）：37-39.

［3］张绍芳. 实用堰流量系数计算［J］. 水文，1994（1）：18-24.

［4］李永刚，巩玉军，田斌，等. 堰流公式推流流量系统分析研究［J］. 河南水利与南水北调，2022（5）：21-22.

［5］熊亚南. 水力学基础［M］. 北京：中国水利水电出版社，2016.

# 极端天气下的珠江口水位监控方法研究

赵薛强[1,2]　郑新乾[3]

(1. 中山大学地理科学与规划学院，广东广州　510275；
2. 中水珠江规划勘测设计有限公司，广东广州　510610；
3. 水利部珠江水利委员会水文局，广东广州　510610)

**摘　要：** 水位是反映水体水情最直观的因素，对水下地形测量、防洪（潮）工程建设均具有重要意义。为了有效防灾、减灾，通过构建珠江口海域精密潮汐模型，耦合台风数据，提出台风等极端天气下的珠江口海域水位监控分析研究方法。筛选台风"天鸽"与"帕卡"等极端天气数据，分析极端天气下余水位变化情况与空间特征，计算区域内余水位的空间一致性关系，实现区域水位的智能监控。结果表明，应用提出方法获得的极端天气的相邻验潮站间的增水过程基本一致，相互水位推算的精度优于 15 cm，具有一定的适应性。

**关键词：** 极端天气；台风；水位监控；珠江口；余水位

近年来，台风等极端天气频发，给人民群众生命财产造成了重大损失。粤港澳大湾区河口区是我国沿海地区遭受台风影响最为频繁和严重的地区之一[1]，据统计，每年约有 5.83 个台风影响该区域[2]。2017 年 8 月连续发生的超强台风 1713 号"天鸽"和 1714 号"帕卡"给该区域造成了十分严重的损失[3]，澳门、珠海等城市海水倒灌，部分海堤损毁严重，给防洪（潮）工作带来了巨大挑战。

水位是反映水体水情最直观的因素，获取实时动态水位对防洪（潮）、水深测量、船舶通行安全等均具有重大意义。传统的实时水位监控方法需合理布设 3 个以上水位站[4]，珠江口等南海海域的潮汐性质与空间位置关系密切[5]，需要布设多个水位站才能实现区域内的实时水位监控，不仅成本高，而且海上布设验潮站存在一定安全风险[6]，尤其是台风等极端天气下的实时水位获取十分困难。为了提升水位实时获取的精度和智能化水平，实现大范围海域的实时水位监控，国内外学者通过研究构建精密潮汐模型[7-13]，采用基于精密潮汐模型与余水位监控的水位解算法实现了河口及邻近海域瞬时水位监控[14-17]，但面对台风等极端天气下的水位监控，仅采用上述方法难以保证精度，且缺乏相应的研究案例。

为及时提供台风预报所需的实时水位等水情数据，通过构建珠江口海域精密潮汐模型，收集实测台风资料[17]，在分析台风"天鸽"和"帕卡"参数变化特征的基础上，研究增水变化特征和余水位的空间一致性，开展耦合台风等极端天气数据的珠江口水位监控方法研究，实现极端天气下区域水位的实时监控，为珠江口海域防洪（潮）减灾工作提供数据支撑，也为数字孪生流域和智慧水利的智能化水位感知网建设提供技术支撑。

## 1　研究概况

基于精密潮汐模型与余水位监控的实时水位监控方法实现了稀少验潮站下大范围海域实时水位解

---

**基金项目：** 国家重点研发计划项目（2018YFC1508206）；2021 年水利部流域重大关键技术研究（202109）；2022 年广东省级促进经济高质量发展专项资金项目（GDNRC〔2022〕34 号）。

**作者简介：** 赵薛强（1986—），男，高级工程师，主要从事测绘与水利信息化工作。

算和监控，并得到了广泛应用。为验证该方法在极端天气下的适应性，通过耦合台风路径，构建极端天气下的河口海域实时水位监控方法，基于珠江口长期验潮站数据研究分析该水位监控方法的适应性。

研究区位于珠江口海域，实测长期验潮站选择覆盖河口海域的赤湾、内伶仃、大九洲、马骝洲、荷包岛、万山和担杆头 7 个验潮站，如图 1 所示。该研究区的潮汐类型为不规则半日潮，潮汐类型数呈现由西北向东南方向递增趋势，如图 2 所示。

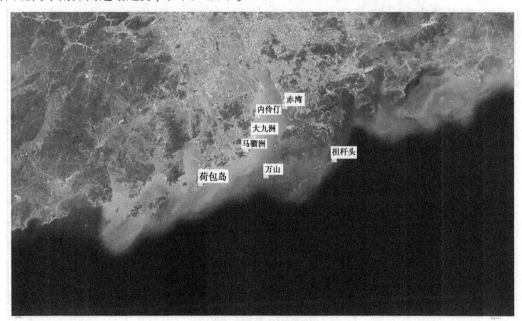

**图 1  潮位站点分布**

## 2  数据及方法

### 2.1  数据源

收集整理 2017 年 8 月的 7 个验潮站观测同步水位数据，数据采样间隔为 5 min，通过分析余水位的时空特征，检测水位实时监控技术的适用性。研究区水位观测时段覆盖了 2017 年 8 月登陆我国的最强台风"天鸽"和"帕卡"，由于两台风登陆路径基本一致，登陆时均为强台风级别，收集台风气压、风力等气象数据，据此分析极端天气下的珠江口水位实时监控方法适用性和精度，具有一定的代表性。

### 2.2  研究方法

各验潮站的水位观测数的潮汐分析采用调和分析法，获取 32 个分潮的调和常数，并分析检测验潮站观测水位的时空连续性。水位变化根据其激发机制可分为：①天文潮位，其是由引潮力为源动力所引起的海面周期性上升下降运动，可由精密潮汐模型进行预报；②余水位，其是由气象因素等引起的短时水位异常，表现为时域上复杂的非周期性。据此，验潮站处实测的水位变化 $h(t)$ 表示为

$$h(t) = \text{MSL} + T(t)_{\text{MSL}} + R(t) + \Delta t \tag{1}$$

式中：$h(t)$ 为水位变化瞬时值；$T(t)_{\text{MSL}}$ 为天文潮位；$\Delta t$ 为观测误差，其值影响较小，可忽略。

通过将水位分解，天文潮位利用已构建的珠江口精密潮汐模型推算[6]，其中珠江口精密潮汐模型基于珠江口海域近年来的海图资料、25 个长期和 24 个中期验潮站近 3 年的观测数据和 T/P 与 Jason-1 卫星分别约 13 年与 11 年包括原始轨道与交错轨道的测高数据，采用成熟的数值模拟与同化技术构建而成，具体构建过程参考文献 [6]；余水位由式（1）计算得出，分析相邻站点之间的余水位空间关联性。为提升台风等极端天气下的水位监控和推算精度，引入台风观测数据，构建基于精密潮汐模型与余水位监控的实时水位监控方法，实现极端天气下的实时水位高精度监控。

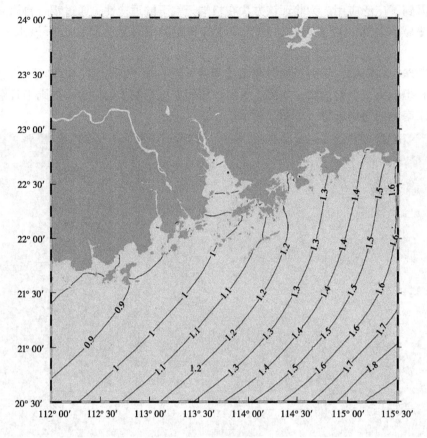

**图 2　潮汐类型数分布**

## 3　水位实时监控方法适应性分析

根据台风发生的时间信息，将 8 月 23 日、8 月 27 日分别视为台风"天鸽"与"帕卡"的影响日期（台风极端天气），其他日期视为一般正常天气。通过基于同步水位数据分析正常天气和极端天气下的余水位空间一致性来分析评估实时水位监控方法的适应性。

### 3.1　正常天气

在正常天气下，各站的余水位量值统计结果见表 1。其中余水位的中误差计算公式如式（2）所示：

$$M = \sqrt{\dfrac{\sum\limits_{i=1}^{n} x_i^2}{n}} \tag{2}$$

式中：$M$ 为余水位的中误差；$x_i$ 为 $i$ 时刻余水位的差异值；$n$ 为水位观测值的总数。

**表 1　余水位量值的统计结果**　　　　　　　　　　　　　　　　　单位：m

| 验潮站 | 赤湾 | 内伶仃 | 大九洲 | 马骝洲 | 荷苞岛 | 万山 | 担杆头 |
|---|---|---|---|---|---|---|---|
| 最小值 | -0.273 | -0.332 | -0.273 | -0.345 | -0.220 | -0.121 | -0.161 |
| 最大值 | 0.353 | 0.251 | 0.244 | 0.264 | 0.219 | 0.185 | 0.187 |
| 平均值 | -0.004 | -0.008 | -0.007 | -0.007 | -0.006 | -0.005 | -0.003 |
| 中误差 | 0.067 | 0.069 | 0.068 | 0.073 | 0.064 | 0.042 | 0.052 |

由表1可知，正常天气下，余水位的量值都在±0.35 cm内，从珠江口向外，余水位的量值略减小。按地理位置相对关系，相邻站的余水位同步变化如图3所示。

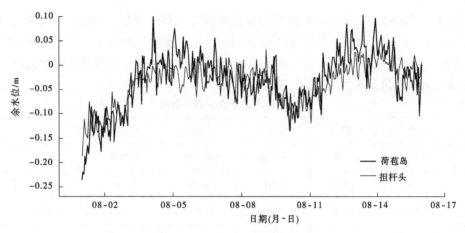

图3 相邻站余水位同步变化（部分）

由相邻站的余水位同步变化关系可知，相邻站间的余水位变化基本一致。采用皮尔逊相关系数与同时刻余水位差异评估相邻站间的余水位一致，统计结果见表2、表3。

表2 相邻站间余水位的相关系数

| 验潮站 | 内伶仃 | 大九洲 | 马骝洲 | 荷苞岛 | 万山 | 担杆头 |
|---|---|---|---|---|---|---|
| 赤湾 | 0.869 | 0.777 | 0.724 | 0.727 | 0.638 | 0.677 |
| 内伶仃 | | 0.905 | 0.875 | 0.841 | 0.705 | 0.766 |
| 大九洲 | | | 0.898 | 0.861 | 0.734 | 0.787 |
| 马骝洲 | | | | 0.825 | 0.635 | 0.726 |
| 荷苞岛 | | | | | 0.737 | 0.755 |
| 万山 | | | | | | 0.821 |

表3 相邻站间余水位的差异　　　　　　　　　　单位：m

| 验潮站 | 最小值 | 最大值 | 平均值 | 中误差 |
|---|---|---|---|---|
| 赤湾、内伶仃 | −0.118 | 0.213 | 0.004 | 0.035 |
| 内伶仃、大九洲 | −0.115 | 0.133 | 0 | 0.030 |
| 大九洲、马骝洲 | −0.135 | 0.105 | 0 | 0.032 |
| 马骝洲、荷苞岛 | −0.150 | 0.215 | −0.001 | 0.041 |
| 马骝洲、万山 | −0.167 | 0.154 | 0.003 | 0.042 |
| 万山、荷苞岛 | −0.107 | 0.102 | −0.001 | 0.034 |
| 万山、担杆头 | −0.102 | 0.064 | −0.003 | 0.025 |

由表2、表3可知，相邻站间的余水位相关系数至少达到0.635，同时刻余水位差异的中误差最大为0.042 m。所以，在正常天气下，该示范区域内的余水位相关性强，相邻站间按基于潮汐模型与余水位法推算水位的精度优于5 cm。

### 3.2 台风极端天气

由实测水位数据，对 2017 年 8 月的台风"天鸽"与"帕卡"进行分析。

#### 3.2.1 台风"天鸽"

台风"天鸽"于 2017 年 8 月 20 日 14 时被认定在西北太平洋洋面上生成。此后其强度不断加强，于 8 月 22 日升格为台风级，又于 8 月 23 日升格为强台风级，其后于 23 日 12 时 50 分前后被中央气象台认定以强台风级（14 级，45 m/s）登陆广东省珠海市金湾区南部沿海，是该年登陆我国最强的台风。

23 日各站的余水位量值统计结果列于表 4。

表 4　余水位量值的统计结果　　　　　　　　　　　　　　单位：m

| 验潮站 | 赤湾 | 内伶仃 | 大九洲 | 马骝洲 | 荷包岛 | 万山 | 担杆头 |
|---|---|---|---|---|---|---|---|
| 最小值 | -0.036 | 0.091 | 0.094 | 0.085 | 0.063 | 0.082 | 0.021 |
| 最大值 | 1.860 | 1.739 | 2.577 | 2.066 | 0.775 | 1.149 | 0.896 |
| 平均值 | 0.470 | 0.436 | 0.474 | 0.438 | 0.266 | 0.355 | 0.370 |
| 中误差 | 0.725 | 0.674 | 0.764 | 0.667 | 0.316 | 0.442 | 0.457 |

由表 4 可知，台风"天鸽"期间余水位呈现增长现象，珠江口海域外侧的、荷包岛与担杆头的增水明显小，在 1 m 内；而最大增水出现于大九洲，超过 2.5 m。各站余水位的同步变化如图 4 所示。耦合台风"天鸽"的路径及自西偏北约 25 km/h 移动的速度，分析余水位的变化：

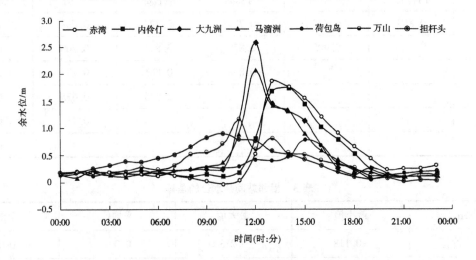

图 4　台风"天鸽"期间余水位同步变化

（1）8 月 23 日 7 时，"天鸽"增强为强台风级，其中心位于南海东北部海面上（114.7°E，21.5°N），中心附近最大风力 14 级。此时，仅外海的担杆头处余水位呈现明显的增长，沿岸的验潮站未受影响。

（2）10 时，台风中心位于佳蓬列岛以南约 12 km 的海面上（114.1°E，21.8°N），中心附近最大风力有 15 级。此时，外海的担杆头与万山处增水达到顶峰，沿岸的验潮站略受影响，其中马骝洲与大九洲开始出现增水现象。内伶仃与赤湾约延迟 1 h 开始出现增水现象，这与台风中心移动的速度相符[18]，这是因为各验潮站距离台风中心远近对潮周期时长及水位所达极值的时刻呈正向影响。

（3）12 时 50 分前后，在广东省珠海市的南部沿海登陆，中心附近最大风力为 14 级。此时，内伶仃与赤湾的增水达到顶峰。

（4）17 时，天鸽由广东省进入广西壮族自治区境内。各站的增水都已减小至 1 m 内。

计算相邻站间余水位变化间的皮尔逊相关系数，列于表 5。

表 5　相邻站间余水位的相关系数

| 验潮站 | 内伶仃 | 大九洲 | 马骝洲 | 荷苞岛 | 万山 | 担杆头 |
|---|---|---|---|---|---|---|
| 赤湾 | 0.978 | 0.549 | 0.618 | 0.750 | 0.278 | -0.006 |
| 内伶仃 | | 0.673 | 0.742 | 0.791 | 0.411 | 0.173 |
| 大九洲 | | | 0.985 | 0.599 | 0.636 | 0.498 |
| 马骝洲 | | | | 0.615 | 0.663 | 0.524 |
| 荷包岛 | | | | | 0.483 | 0.308 |
| 万山 | | | | | | 0.831 |

表 5 中相关系数的量值表明，马骝洲与大九洲、内伶仃与赤湾的相关系数都在 0.98 附近，呈现很强的一致性，这与图 4 中余水位变化曲线的规律一致。相邻站间同时刻余水位差异的统计结果列于表 6。

表 6　相邻站间余水位的差异　　　　　　　　单位：m

| 验潮站 | 最小值 | 最大值 | 平均值 | 中误差 |
|---|---|---|---|---|
| 赤湾、内伶仃 | -0.260 | 0.194 | 0.035 | 0.123 |
| 内伶仃、大九洲 | -1.783 | 0.535 | -0.039 | 0.459 |
| 大九洲、马骝洲 | -0.160 | 0.511 | 0.036 | 0.141 |
| 马骝洲、荷包岛 | -0.110 | 1.658 | 0.172 | 0.454 |
| 马骝洲、万山 | -0.339 | 1.462 | 0.083 | 0.392 |
| 万山、荷包岛 | -0.273 | 0.857 | 0.089 | 0.148 |
| 万山、担杆头 | -0.272 | 0.351 | -0.016 | 0.155 |

表 6 中的统计结果进一步表明，在台风"天鸽"期间，马骝洲与大九洲、内伶仃与赤湾、万山与荷包岛、万山与担杆头等 4 组验潮站间的增水过程基本一致，相互水位推算的精度能达到 15 cm，利用该方法可实现极端天气下基于稀少验潮站高精度实时监控区域任意一点水位。

### 3.2.2　台风"帕卡"

2017 年 8 月 24 日，"帕卡"在菲律宾以东的西北太平洋洋面上生成，25 日 21 时以热带风暴级在菲律宾吕宋岛东部沿海登陆，26 日早晨移入南海，晚上加强为强热带风暴级，27 日 8 时加强为台风级，9 时在广东省台山市东南部沿海登陆（12 级），20 时减弱为热带低压。

27 日各站的余水位量值统计结果列于表 7。

表 7　余水位量值的统计结果　　　　　　　　单位：m

| 验潮站 | 赤湾 | 内伶仃 | 大九洲 | 马骝洲 | 荷包岛 | 万山 | 担杆头 |
|---|---|---|---|---|---|---|---|
| 最小值 | 0.076 | 0.062 | 0.108 | 0.092 | 0.033 | -0.007 | -0.013 |
| 最大值 | 0.924 | 0.921 | 1.196 | 1.190 | 0.514 | 0.607 | 0.630 |
| 平均值 | 0.345 | 0.369 | 0.404 | 0.403 | 0.277 | 0.269 | 0.269 |
| 中误差 | 0.425 | 0.450 | 0.491 | 0.493 | 0.309 | 0.324 | 0.334 |

由表 7 可知，台风"帕卡"期间余水位呈现增水现象，珠江口海域外侧的荷包岛与担杆头的增水明显小，略超过 0.5 m；而最大增水出现于大九洲，约 1.2 m。各站余水位的同步变化如图 5 所示。

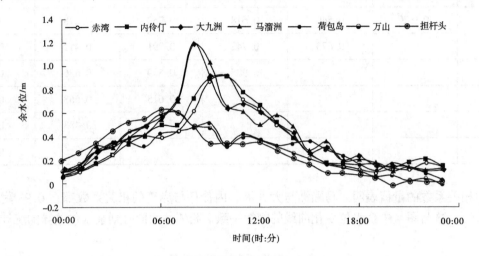

图 5　台风"帕卡"期间余水位同步变化

耦合台风"帕卡"的路径及约 30 km/h 向西北移动的速度，分析余水位的变化：

（1）5 时，台风中心位于南海东北部海面上（114.4°E，21.2°N），中心附近最大风力有 11 级，7 级风圈半径 160~250 km，10 级风圈半径 30 km。此时，外海的担杆头、万山处增水已较明显，沿岸的马骝洲与大九洲处开始出现增水，内伶仃与赤湾约延迟 1 h 开始出现增水现象，这与台风中心移动的速度相符。

（2）8 时，由强热带风暴级加强为台风级，中心位于广东珠海南部近海海面上（113.6°E，21.7°N），距离最近海岸线约 40 km，中心附近最大风力 12 级。此时，马骝洲与大九洲的增水达到顶峰。

（3）9 时，在广东省台山市东南部沿海登陆，中心附近最大风力 12 级。此时，内伶仃与赤湾的增水基本达到顶峰。

（4）12 时，在广东省恩平市境内由强热带风暴级减弱为热带风暴级。

计算相邻站间余水位变化间的皮尔逊相关系数，列于表 8。

表 8　相邻站间余水位的相关系数

| 验潮站 | 内伶仃 | 大九洲 | 马骝洲 | 荷包岛 | 万山 | 担杆头 |
|---|---|---|---|---|---|---|
| 赤湾 | 0.990 | 0.851 | 0.843 | 0.776 | 0.689 | 0.548 |
| 内伶仃 | | 0.882 | 0.870 | 0.780 | 0.695 | 0.541 |
| 大九洲 | | | 0.986 | 0.868 | 0.815 | 0.676 |
| 马骝洲 | | | | 0.862 | 0.785 | 0.633 |
| 荷包岛 | | | | | 0.889 | 0.738 |
| 万山 | | | | | | 0.946 |

表 8 中相关系数的量值表明，马骝洲与大九洲、内伶仃与赤湾的相关系数都在 0.98 以上，万山与担杆头的相关系数为 0.946，都呈现很强的一致性，这与图 6 中余水位变化曲线的规律一致。相邻站间同时刻余水位差异的统计结果列于表 9。

表9　相邻站间余水位的差异

单位：m

| 验潮站 | 最小值 | 最大值 | 平均值 | 中误差 |
|---|---|---|---|---|
| 赤湾、内伶仃 | -0.112 | 0.043 | -0.024 | 0.044 |
| 内伶仃、大九洲 | -0.469 | 0.280 | -0.036 | 0.136 |
| 大九洲、马骝洲 | -0.112 | 0.110 | 0.002 | 0.047 |
| 马骝洲、荷包岛 | -0.081 | 0.710 | 0.125 | 0.220 |
| 马骝洲、万山 | -0.072 | 0.701 | 0.134 | 0.225 |
| 万山、荷包岛 | -0.146 | 0.176 | -0.008 | 0.087 |
| 万山、担杆头 | -0.127 | 0.132 | 0 | 0.065 |

表9中的统计结果进一步表明，在台风"帕卡"期间，马骝洲与大九洲、内伶仃与赤湾、万山与荷包岛、万山与担杆头等四组验潮站间的增水过程基本一致，相互水位推算的精度优于10 cm，基于上述验潮站数据可实现极端天气下区域内任意一点实时水位高精度监控。

## 4　结语

利用基于潮汐模型与余水位法推算水位，在正常天气下，该7个验潮站可达到约5 cm的推算精度。而在台风极端天气下，余水位在珠江海域的整体一致性将明显变弱，但在"天鸽"与"帕卡"期间，余水位仍存在一定的规律性：

（1）马骝洲与大九洲、内伶仃与赤湾等两组验潮站间的增水过程基本一致，相关系数达到0.98；沿"万山与担杆头"向"马骝洲与大九洲""内伶仃与赤湾"方向，受验潮站距离台风中心距离的影响，增水过程分别各延迟约1 h。

（2）在2017年登陆大陆最强的台风"天鸽"期间，在珠江口的内伶仃与赤湾、马骝洲与大九洲、万山与担杆头，分区域推算水位的精度达到15 cm，而在台风"帕卡"期间的精度达到7 cm。前者影响力较后者大，因此其登陆时的水位监控精度劣于后者。

（3）台风"天鸽"和"帕卡"登陆路径基本一致，且登陆时均为强台风级别，由于前者登陆时为天文大潮期，后者为天文小潮期，与后者相比，前者风力大且强台风维持时间长。因此，"天鸽"引起的潮位、余水位变化，增水历时均强于后者，这表明余水位的空间一致性和推算精度跟台风的登陆时间、风力大小以及维持时间等均有关系。

基于7个验潮站2017年8月的数据，分析获得上述规律与推算精度的结论，表明在极端天气下，珠江口海域在沿岸与岛屿的验潮站控制之下，基于极端天气下的珠江口水位监控方法可实现珠江口海域精度优于15 cm的区域推算水位，具有一定的适用性，且在更多极端天气的水位数据支持下，可获得更加精确的分析结论。下一步，通过叠加台风预报模型[18-19]可实现对研究区的水位实时预报，为数字孪生流域和海洋工程防护等提供及时、准确的实时预报数据。

## 参考文献

[1] 涂金良，罗庆锋，刘海洋．"天鸽"和"山竹"台风沿海部分海堤损毁调查及对策分析 [J]．广东水利水电，2021（5）：12-16，39.

[2] 叶荣辉，戈军，张文明，等．影响粤港澳大湾区的热带气旋统计分析 [J]．水利水电技术，2020，51（S1）：37-43.

[3] 王晴，钱传海，张玲．2017年西北太平洋和南海台风活动概述 [J]．海洋气象学报，2018，38（2）：1-11.

［4］暴景阳，刘雁春. 海道测量水位控制方法研究［J］. 测绘科学，2006，31（6）：49-51.

［5］何志敏，许军. 大亚湾水域水位控制实施与精度评估［J］. 测绘通报，2021（5）：137-139.

［6］王小刚，赵薛强，许军. 珠江口瞬时水位解算方法研究及应用［J］. 水利水电技术，2020，51（11）：117-124.

［7］CHENG Y C，ANDERSEN O B. Multimission empirical ocean tide modeling for shallow waters and polar seas［J］. Journal of Geophysical Research，2011，116（C11）：1130-1146.

［8］SAVCENKO R，BOSCH W. EOT11A-Empirical ocean tide model from multi-mission satellite altimetry. DGFI Report No. 89［R］. Germany，2012.

［9］LEFEVRE F，LYARD F，PROVOST C L，et al. FES99：a global tide finite element solution assimilating tide gauge and altimetric information［J］. Journal of Atmospheric and Oceanic Technology，2002，19（9）：1345-1356.

［10］XU Jun，BAO Jingyang，ZHANG Chuanyin，et al. Tide model CST1 of China and its application for the water level reducer of bathymetric data［J］. Marine Geodesy，2017，40（2-3）：74-86.

［11］MATSUMOTO K，TAKANEZAWA T，OOE M. Ocean tide models developed by assimilating TOPEX/POSEIDON altimeter data into hydrodynamical model：a global model and a regional model around Japan［J］. Journal of Oceanography，2000（56）：567-581.

［12］许军，桑金，刘雷. 中国近海及邻近海域精密潮汐模型的构建［J］. 海洋测绘：2017，37（6）：13-16.

［13］许军，暴景阳，刘雁春，等. 基于 POM 模式与 blending 同化法建立中国近海潮汐模型［J］. 海洋测绘，2008，28（6）：15-17.

［14］边志刚，王冬，许军. 渤海海峡及附近水域水位控制的组织与实施［J］. 海洋测绘，2017，37（3）：45-48.

［15］侯世喜，黄辰虎，陆秀平，等. 基于余水位配置的海洋潮汐推算研究［J］. 海洋测绘，2005，25（6）：29-33.

［16］刘庆东，俞成明，许军. 粤东船舶定线制测量中水位控制的实施［J］. 海洋测绘，2015，35（6）：41-43.

［17］王小刚，赵薛强，沈清华，等. 大范围海域实时水位解算方法应用研究［J］. 人民长江，2020，51（6）：95-100.

［18］张浩键，伍志元，刘晓建，等. 台风"天鸽"影响下珠江口水动力过程数值模拟研究［J］. 长沙理工大学学报（自然科学版），2023（4）：142-152.

［19］曾凡兴，麦权想，路川藤，等. 港珠澳大桥沿线极端风暴增水特征研究［J］. 水利水运工程学报，2023（3）：1-9.

# 老挝拉森水电站暴雨洪水特性及设计洪水计算分析

孙天青　　梁学玉

（中水北方勘测设计研究有限责任公司，天津　300222）

**摘　要：** 针对拉森水电站所在老挝沙拉湾省拉龙河流域暴雨洪水特性，通过对工程附近 Sebangnouan 雨量站年最大 24 h 降雨系列分析，分别采用推理公式法和经验公式法计算坝址断面设计洪水成果，最终推荐采用推理公式法成果，万年一遇设计洪峰流量为 3 180 m³/s，为拉森水电站建设规模确定提供了合理的水文设计成果，也为无实测资料地区水文计算提供了计算参考。

**关键词：** 水电站；暴雨洪水；设计洪水；建设规模

## 1　概述

拉森水电站位于老挝沙拉湾（Sanawan）省 Muang Taoy 区拉森村附近拉龙河（Se Lanong）上游，坝址地理坐标为东经 106°40′46″、北纬 16°01′52″，坝址以上流域面积 335 km²，主河道长 45.0 km，河道平均比降 14.2‰。水库正常蓄水位 550 m，相应库容 3 769 万 m³；死水位 535 m，死库容 1 053 万 m³；总库容 4 146 万 m³，调节库容 2 715 万 m³；电站总装机容量 35 MW，最大毛水头 183 m，多年平均发电量 142.7 GW·h。

拉龙河为湄公河二级支流，汇入 Sebanghiang 河。拉森水电站流域形状为扇形，主要由东北向支流和西南向支流组成。流域内植被较好，水土流失少。流域内东侧局部地势较高，高程达 1 940 m，其他区域高程大多在 542~1 000 m。拉森坝址处河道高程约 542 m，两岸地形基本对称，河床由基岩和砂卵石组成。拉森水电站所在的拉龙河流域内无大中型水利水电工程。

由于拉森水电站坝址以上流域内无水文站，属于无实测水文资料地区。为了给拉森水电站建设规模确定提供合理的水文设计成果，本文针对拉森水电站所在老挝沙拉湾省拉龙河流域暴雨洪水特性，通过对工程附近相关雨量站年最大 24 h 降雨系列分析，分别采用推理公式法和经验公式法计算坝址断面设计洪水成果，最终推荐采用推理公式法成果，为国外无实测资料地区水文计算提供了计算参考。

## 2　暴雨洪水特性

拉森水电站坝址以上流域内无水文站，无实测水文资料。坝址下游有 M. Nong 水文站，邻近河流有 Sopnam 水文站。M. Nong 水文站位于 Sebanghiang 河支流拉龙河（Se Lanong）上，在拉森水电站坝址下游，地理坐标为东经 106°29′46″、北纬 16°22′05″，集水面积 2 011 km²，有 1991—2005 年共计 15 年逐日流量资料；Sopnam 水文站位于 Sebanghiang 河干流上，地理坐标为东经 106°12′55″、北纬 16°41′19″，集水面积 3 990 km²，有 1982—1985 年、1988—1997 年、1999—2010 年共计 26 年逐日流量资料。选择 M. Nong 水文站和 Sopnam 水文站作为水电站水文分析计算的设计参证站。

因受季风影响，流域雨季降水多以暴雨的形式出现。暴雨多集中在 7—11 月，年际变化较大。雨量集中、强度大，暴雨历时一般 3 d 左右，强度较大的暴雨常集中在 1 d 内。Sebangnouan 站实测最大

---

**作者简介：** 孙天青（1983—），男，高级工程师，主任，主要从事水文水资源规划设计工作。

1 d 雨量 243.8 mm（2009 年 9 月 29 日），M. Nong 水文站实测最大 1 d 雨量 202 mm（1999 年 11 月 2 日）。

流域洪水由暴雨形成。由于流域面积不大，河道坡度较大，汇流快，洪水陡涨陡落。根据水文站实测资料统计，M. Nong 水文站实测最大日平均流量发生在 1997 年 8 月 3 日，为 4 021 m³/s，洪水过程为 4 d；Sopnam 水文站实测最大日平均流量发生在 2010 年 10 月 5 日，为 3 815 m³/s，洪水过程为 5 d。

# 3 设计洪水计算方法

## 3.1 参证站设计洪水

统计 Sopnam 水文站与 M. Nong 水文站年最大日平均流量，点绘 Sopnam 水文站与 M. Nong 水文站同期最大日平均流量关系。经分析可知，两水文站同期最大日平均流量相关关系较差，无法延长 M. Nong 水文站的洪峰流量系列。

统计 Sopnam 水文站与 M. Nong 水文站年最大 1 d、3 d、7 d 洪量，点绘 Sopnam 水文站与 M. Nong 水文站同期最大 1 d、3 d、7 d 洪量关系。经分析可知，两水文站同期最大 1 d、3 d、7 d 洪量相关关系较差，因此无法延长 M. Nong 水文站的洪量系列。

由于老挝邻近我国云南地区，参考云南红河、南溪河等相关河流的日平均流量与洪峰关系，将 Sopnam 水文站年最大日平均流量转化为洪峰流量。对转化后的洪峰系列、洪量系列进行 P–Ⅲ 频率计算，成果见表 1 及图 1。

表 1 参证站设计洪水成果

| | 项目 | 均值 | $C_v$ | $C_s/C_v$ | 0.01% | 0.1% | 1% | 2% |
|---|---|---|---|---|---|---|---|---|
| Sopnam 站 | 洪峰/(m³/s) | 2 300 | 0.70 | 2 | 13 356 | 10 503 | 7 566 | 6 657 |
| | 1 d 洪量/万 m³ | 17 000 | 0.60 | 2 | 82 413 | 66 113 | 49 120 | 43 785 |
| | 3 d 洪量/万 m³ | 41 000 | 0.68 | 2 | 229 909 | 181 487 | 131 526 | 115 997 |
| | 7 d 洪量/万 m³ | 61 000 | 0.75 | 2 | 385 505 | 300 456 | 213 348 | 186 492 |

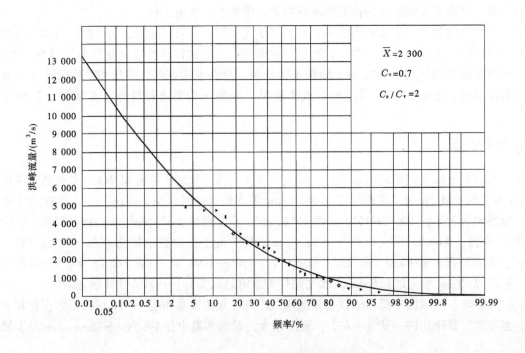

图 1 Sopnam 水文站洪峰流量频率曲线

### 3.2　坝址设计洪水

Sopnam 水文站有 1982—2010 年系列较长的流量观测资料，但控制面积为 3 990 km²，远远大于本工程的设计流域面积 335 km²；M. Nong 水文站集水面积 2 011 km² 也较大，实测 1991—2005 年流量系列又太短，且两站只有逐日流量，无年最大洪峰流量资料。考虑这些因素，采用暴雨洪水法推算坝址设计洪水。

#### 3.2.1　暴雨系列

拉森水电站工程附近区域分布有 Sebangnouan、Khongsedon、Savannakhet、Seno 雨量站。Sebangnouan、Khongsedon 站有 1988—2010 年共 23 年的年最大 24 h 降雨系列，Savannakhet、Seno 站有 1981—2010 年共 30 年的年最大 24 h 降雨系列。

经分析，尽管 Seno 站和 Savannakhet 站有 30 年降雨系列资料，但与 Sebangnouan 站的年最大 24 h 降水的相关性很差，因此 Sebangnouan 站年最大 24 h 降雨系列无法用 Seno 站和 Savannakhet 站的资料进行插补延长。

#### 3.2.2　设计暴雨

依据 Sebangnouan 代表站 1988—2010 年共计 23 年 24 h 年最大降雨系列资料，采用 P-Ⅲ 频率分析方法进行频率分析计算，见图 2。

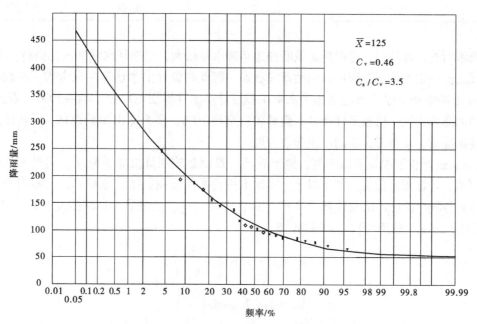

**图 2　Sebangnouan 站年最大 24 h 降雨量频率曲线**

2007 年日本 NCC 公司《Feasibility Study on Xelanong-2 Hydroelctric Project》分析了 Saravan 代表站的设计暴雨，该站距离本工程流域较近，更具代表性，且有短历时设计暴雨，故本次采用 Saravan 站各历时设计暴雨成果，见表 2。

#### 3.2.3　推理公式法设计洪水计算

流域特征值从 1:5 万地形图上量算，坝址设计断面流域面积为 335 km²，主河道长度为 45 km，河道比降为 14.2‰。设计短历时暴雨成果见表 2。推理公式法计算洪水的公式为

$$Q_{\mathrm{m}} = 0.278 \times \frac{\psi S_p}{\tau^n} \times F \tag{1}$$

$$\tau = 0.278 \times l/(mJ^{1/3}Q_{\mathrm{m}}^{1/4}) \tag{2}$$

式中：$\psi$ 为洪峰径流系数，按部分汇流、全面汇流两种情况计算。

**表2 坝址（Saravan 站）短历时暴雨设计成果**

| 频率/% | 最大 15 min 降水量/mm | 最大 1 h 降水量/mm | 最大 3 h 降水量/mm | 最大 24 h 降水量/mm |
|---|---|---|---|---|
| 0.01 | 63.78 | 127.50 | 220.80 | 624.00 |
| 0.02 | 59.73 | 119.40 | 207.00 | 585.60 |
| 0.05 | 54.38 | 108.70 | 188.40 | 532.80 |
| 0.1 | 50.33 | 100.60 | 174.30 | 492.00 |
| 0.2 | 46.28 | 92.50 | 160.20 | 453.60 |
| 0.5 | 40.90 | 81.80 | 141.60 | 400.80 |
| 1 | 36.85 | 73.70 | 127.80 | 360.00 |
| 2 | 32.80 | 65.60 | 113.70 | 321.60 |
| 4 | 28.75 | 57.50 | 99.60 | 280.80 |
| 10 | 23.40 | 46.80 | 81.00 | 230.40 |
| 20 | 19.35 | 38.70 | 66.90 | 189.60 |
| 50 | 14.00 | 28.00 | 48.60 | 136.80 |

　　根据流域所在区域特征，考虑到流域所在地年降水量较大，汛期降水量所占比例高，在年最大暴雨的主雨峰之前一般流域下垫面可以达到蓄满状态，因此在设计洪水计算中只考虑了暴雨的稳渗量。汇流参数 $m$ 由参数 $\theta = L/J^{1/3}$ 通过《水利水电工程设计洪水计算规范》（SL 44—2006）查算，本流域属雨量丰沛的湿润山区，植被条件优良，森林覆盖率超 70%，多为深山原始森林区，河床呈山区型，洪水多为陡涨陡落，可参考Ⅳ类的汇流参数查取。

　　由于 Saravan 站位于坝址流域南侧，地形较低，暴雨量较坝址流域的略小。同时 Saravan 站采用的是点暴雨值，比面雨量值大。基于以上，本次不进行暴雨点面折减。流域暴雨衰减指数 $n$，根据 1 h、3 h、24 h 各频率的设计雨量计算［见式（3）、式（4）］。流域暴雨历时多大于 1 h，且一般净雨（产流）历时 $t_c > \tau$（汇流历时），为全部汇流。

$$n_3 = 1 + 1.107 \lg\left(\frac{H_{3p}}{H_{24p}}\right) \tag{3}$$

$$n_2 = 1 + 2.096 \lg\left(\frac{H_{1p}}{H_{3p}}\right) \tag{4}$$

式中：$H_{1p}$、$H_{3p}$、$H_{24p}$ 分别为年最大 1 h、3 h、24 h 设计暴雨。

### 3.2.4　经验公式法设计洪水计算

　　本次采用澳大利亚的用暴雨推算洪水的经验公式法，以 Saravan 站作为设计暴雨代表站，推求了坝址设计洪水。经验公式法计算洪水的公式为

$$Q = C\left[\frac{10}{36} \times d_{max} \times 25 + \frac{10}{864} \times d_T \times (A - 25)\right] \tag{5}$$

$$C = 0.2 + \frac{0.8}{\sqrt[4]{T+1}} \tag{6}$$

式中：$Q$ 为设计洪水，$m^3/s$；$C$ 为流域特征影响因子；$A$ 为流域面积，$km^2$；$d_{max}$ 为靠近坝址的 25 $km^2$ 流域面积上最大 1 h 降水量，$mm/h$；$d_T$ 为剩余（$A-25$）$km^2$ 流域面积上最大 1 d 降水量，$mm/h$；$T$ 为受流域河道长度影响的汇流时间，h，当下垫面为岩石高山时，$T = \frac{L}{5}$，当下垫面为普通山区地形

时，$T=\dfrac{L}{4}$，当下垫面为有植被覆盖的丘陵地貌时，$T=\dfrac{L}{3}$，其中 $L$ 为坝址以上河道长度，km。

## 4 设计洪水计算结果

### 4.1 坝址设计洪水成果

根据推理公式法计算拉森水电站坝址设计洪水成果见表 3，由表 3 可见，坝址处万年一遇设计洪峰流量为 3 180 m³/s，百年一遇设计洪峰流量为 1 651 m³/s。

**表 3 推理公式法推求坝址设计洪水成果**

| 设计频率/% | 0.01 | 0.02 | 0.05 | 0.1 | 0.2 | 0.5 | 1 | 2 | 5 | 10 |
|---|---|---|---|---|---|---|---|---|---|---|
| 设计洪峰/(m³/s) | 3 180 | 3 043 | 2 637 | 2 401 | 2 173 | 1 872 | 1 651 | 1 434 | 1 246 | 941 |
| 设计洪量/亿 m³ | 2.09 | 2.01 | 1.78 | 1.64 | 1.52 | 1.34 | 1.2 | 1.07 | 0.96 | 0.77 |

采用五点法推求流域设计频率为 0.01%、0.05%、0.1%、1%、2%、5%、20% 的概化洪水过程线。洪水历时 $T$ 按下式计算：

$$T = 9.63 \frac{W}{Q_{\mathrm{m}}} \tag{7}$$

式中：$W$ 为设计洪水总量；$Q_{\mathrm{m}}$ 为设计洪峰流量。

所得设计洪水过程线见图 3。

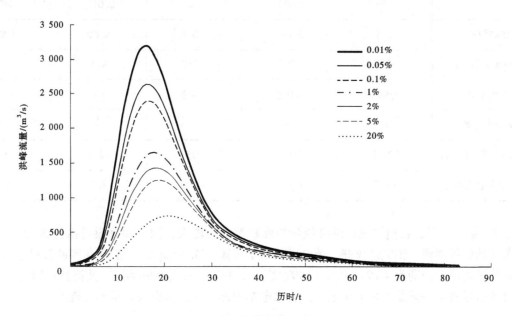

**图 3 各频率设计洪水过程线**

根据经验公式法计算拉森水电站坝址设计洪水成果见表 4，由表 4 可见，坝址处万年一遇设计洪峰流量为 2 054 m³/s，百年一遇设计洪峰流量为 1 187 m³/s。

**表 4 经验公式法推算坝址设计洪水成果**

| 设计频率/% | 0.01 | 0.02 | 0.05 | 0.1 | 0.2 | 0.5 | 1 | 2 | 5 | 10 |
|---|---|---|---|---|---|---|---|---|---|---|
| 设计洪峰/(m³/s) | 2 054 | 1 924 | 1 751 | 1 621 | 1 490 | 1 318 | 1 187 | 1 057 | 898 | 754 |

将推理公式法和经验公式法计算成果进行对比，见表 5。由表 5 可以看出，经验公式法推求的设

计洪水成果比推理公式法的成果小。从对工程运行安全角度考虑，推荐采用推理公式法成果。

**表 5　坝址设计洪水成果比对**

| 项目 | 不同频率下设计洪峰流量/（m³/s） | | | |
|---|---|---|---|---|
| | 0.01% | 1% | 5% | 20% |
| $A$：推理公式法 | 3 180 | 1 651 | 1 246 | 733 |
| $B$：经验公式法 | 2 054 | 1 187 | 898 | 623 |
| $A-B$ | 1 126 | 464 | 348 | 110 |
| $\dfrac{(A-B)}{A} \times 100$ | 35.4 | 28.1 | 28.0 | 14.9 |

### 4.2　坝址设计洪水合理性分析

点绘拉森坝址与老挝 Nam Ngum$_5$ 水电站、南立水电站、色萨拉龙水库、Xeset$_1$ 水电站（已建）、北部南塔河 1# 水电站等万年一遇、百年一遇设计洪峰流量与集水面积的关系，见表6、图4、图5。

**表 6　拉森水电站坝址及老挝其他水电站工程设计洪水成果**

| 水电站工程 | 集水面积/km² | 洪峰流量/（m³/s） | | 洪峰流量模数/[m³/（s·km²）] | |
|---|---|---|---|---|---|
| | | 0.01% | 1% | 0.01% | 1% |
| 拉森坝址 | 335 | 3 180 | 1 651 | 9.49 | 4.93 |
| Nam Ngum$_5$ 水电站 | 483 | 4 390 | 2 262 | 9.1 | 4.7 |
| 南立水电站 | 1 993 | 4 690 | 2 950 | 2.4 | 1.5 |
| 色萨拉龙水库 | 99.8 | — | 672.5 | — | 6.7 |
| Xeset$_1$ 水电站（已建） | 323.7 | 4 160 | 995 | 12.9 | 3.1 |
| 北部南塔河 1# 水电站 | 7 630 | 8 410 | 4 290 | 1.1 | 0.6 |

从图4、图5可见，各电站设计洪峰流量随面积增大而增大，同一频率设计洪峰流量点据均匀、紧密分布在趋势线两侧，相关性较好，符合区域洪水规律。M. Nong 水文站15年实测资料中第一、二位的最大日平均流量分别为 4 021 m³/s（1997 年）、3 163 m³/s（1996 年），其流量模数与拉森坝址设计洪峰流量模数是协调的。综上所述，拉森水电站坝址设计洪水成果是基本合理的。

## 5　结语

拉森水电站坝址以上拉龙河流域内无水文站，坝址下游流域及附近流域虽有水文站，但水文站控制面积远远大于本工程的设计流域面积，因此难以采用水文比拟法推求设计洪水。通过对工程附近相关雨量站年最大 24 h 降雨系列分析，掌握拉龙河流域的暴雨洪水特性和特征参数，并采用推理公式法和经验公式法分别计算坝址断面设计洪水成果，最终推荐采用推理公式法成果，为拉森水电站建设规模的确定等提供了合理的水文设计成果，也为无实测资料地区水文计算提供了计算参考。

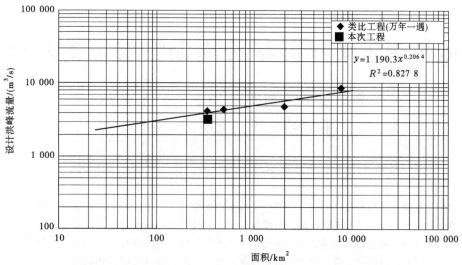

**图4　老挝部分水电站万年一遇设计洪峰流量与流域面积关系**

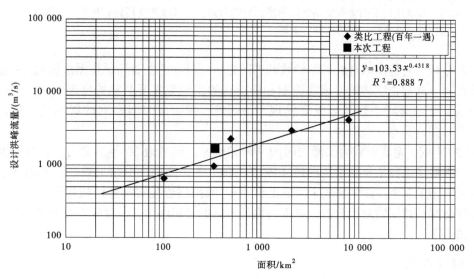

**图5　老挝部分水电站百年一遇设计洪峰流量与流域面积关系**

# 参考文献

［1］徐若愚．旺隆水库工程设计洪水分析计算［J］．水利科技与经济，2021，27（5）：66-69.

［2］吕小愚．吉木萨尔县小龙口水库工程设计洪水计算［J］．地下水，2021，43（6）：301-303.

［3］叶守泽，詹道江．工程水文学［M］．北京：中国水利水电出版社，2007.

［4］戴荣，王正发．资料匮乏地区中小流域设计洪水计算方法的研究［J］．西北水电，2012（2）：1-5.

# 无锡站和溧阳站年际旱涝周期性特征的对比分析

秦建国　吴朝明　任小龙　尤征懿

朱前维　胡　刚　朱　骊

（江苏省水文水资源勘测局无锡分局，江苏无锡　2014031）

**摘　要**：利用气候突变的临界点进行定位，分析无锡站和溧阳站年际旱涝的周期性特征，总结了区域旱涝演化的自然规律。结果表明，虽然从微观角度看，两站年际旱涝的周期性特征不尽相同，但是从宏观角度看，则有许多共同之处：两站年际旱涝序列可根据分段特征一致性，对应分成特征不同的三个时段，这是判定气候突变的重要证据；每个时段的首单元都是相同的，并且其特征具有强大的指示作用，可以准确反映该时段年际旱涝未来趋势的周期性特征。本研究打破了传统思想的束缚，首次实现了两个雨量站之间旱涝历史的对接，是气候突变现象在生产中应用的典范。

**关键词**：气候突变；非典型；旱涝周期；太湖

时间序列分析一直是地球自然科学领域的难题之一，存在的主要问题是无法识别其中隐含的震荡周期和转折点[1]。按照传统理论，震荡周期和转折点的识别都需要严格的物理定义，但是符合严格物理定义的水文气象时间序列至今没有发现[2]。因此，要完成时间序列的周期性分析，必须另辟蹊径。

20世纪90年代，笔者就致力于降雨时间序列的研究。经过近30年的努力，在总结前人经验的基础上，成功破解了无锡站年际旱涝序列（1920—2017年）周期性分析的难题，发现气候突变的临界点（气候转折点）3个，并且完成了验证工作[3-5]。溧阳站也是太湖地区的代表站之一，开展无锡站和溧阳站年际旱涝特征的对比分析，对理清太湖地区的旱涝历史，并且建立可靠的旱涝演化序列具有重要的价值。

## 1　研究资料的选择

旱涝变化是气候研究最重要的内容之一，降雨的多少是反映区域旱涝的决定性因素。研究旱涝的转换规律，时间尺度的选择非常重要。时间尺度太小，需要考虑的因素众多，不容易得出正确的结论；时间尺度太大，对研究对象的刻画又不清晰，很难达到研究目的。根据多年经验，年际降雨时间序列是反映区域旱涝变化的最佳资料。

无锡站和溧阳站是太湖地区设立较早的雨量站之一，两地相距约100.0 km。无锡站地处太湖东部平原，位于无锡市西郊的大运河畔，是太湖地区代表性最好的雨量站。溧阳站地处太湖西部的丘陵地带，位于溧阳市宜溧漕河畔，是太湖流域湖西区的代表性雨量站。由于不同区域降雨的差异很大，将无锡站和溧阳站年际降雨序列的周期性特征进行对比分析，对摸清太湖地区旱涝的演化规律具有重要的现实意义。因此，本文研究对象是无锡站和溧阳站的实测降雨资料，时间序列是1950—2020年，其中1950年的降雨数据根据历史资料插补得到。

## 2　旱涝周期

一般认为，旱涝周期每次出现的时长和振幅都不一定相同，不符合严格的物理定义，往往只能进

---

**作者简介**：秦建国（1970—），男，高级工程师，主要从事中长期水文预报和气候研究工作。

行独立周期的识别。由于人们对旱涝周期的认识不足，各种观点很多，争议也很大，目前主流观点有两种：一种观点认为，年际时间序列中两个明显的相邻顶点之间为一个独立的旱涝周期；另一种观点则认为，时间序列中两个明显的相邻低点之间为一个独立的旱涝周期。为避免不必要的争议，本文在总结前人经验的基础上，给旱涝周期制定了一个明确的定义：将与降雨相关的所有水文气象时间序列中一次从上升到下降的完整过程，视作一个旱涝周期性变化的基本单元，称其为"旱涝周期"。

在 20 世纪 60 年代以前，人们认为旱涝周期并不是严格意义上的周期，而是指带有某些周期性质的旱涝演化趋势类型，俗称"准周期、假周期"。1962 年美国气象学家 Edward Lorenz 提出了混沌理论，认为旱涝演化的过程是非周期性的。由于混沌理论否定了长期预报的可能性，不仅暂时缓解了中长期预报无法实现的压力，而且可以解释许多人类无法理解的事物，于是混沌学迅速发展，逐渐成为地球自然科学的理论基础之一[6]。因此，自 20 世纪 60 年代至今，学术界认为旱涝周期属于"概率周期"的范畴。

2009 年，笔者在研究太湖地区年际降雨序列时有了一个重大发现：1978 年前后无锡站年际降雨序列的旱涝特征明显不同，存在突变现象。此后笔者长期专注于气候突变的验证工作，并且在研究时发现：突变临界点均是长江流域特大干旱年景，每世纪仅出现 2~3 次；无锡站的年际旱涝周期，既不是"准周期、假周期"，也不符合"概率周期"的定义；其不仅可以部分实现旱涝趋势的精确预测，还能解决无法建立可靠的旱涝演化序列的难题。因此，将这种在旱涝年景中成组出现的多年变化现象的特殊类型称之为"非典型周期"[3-4]。非典型周期的时长和振幅都不是固定的。

## 3 无锡站

### 3.1 资料概况

无锡站地处太湖地区腹地，多年降雨量的平均值约为 1 110.0 mm。该站创建于 1922 年初，但是在中华人民共和国成立前经常中断，1937 年 10 月停测，至 1950 年 6 月才恢复测验。

### 3.2 旱涝周期

从图 1、表 1 可知，无锡站的独立旱涝周期是由 2a、3a、4a 周期组成的。根据每个独立周期上升期和下降期时长的不同，还可以分成正（顶点两侧的历时相同）、顺（上升期长、下降期短）、逆（上升期短、下降期长）三种时间特性。旱涝周期和时间特性组合，可以形成 6 种类型的基本单元。

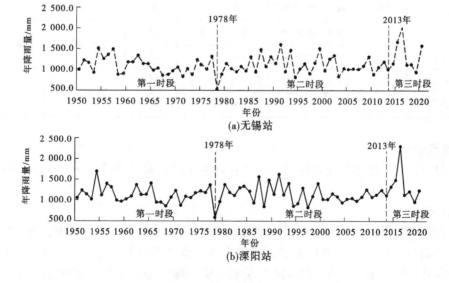

图 1　无锡站和溧阳站年际降雨过程线（1950—2020 年）

表 1  无锡站年际旱涝周期

| 段号 | 时段 | 序号 | 时段 | 周期类型 | 特性 | 周期组合 | 特性 | 备注 |
|---|---|---|---|---|---|---|---|---|
| 第一时段 | 1934—1978 年 | 1 | 1950—1953 年 | 升—降—降 | 逆 3 | 逆 3+正 2 | 逆 5 | 完全一致 |
| | | 2 | 1953—1955 年 | 升—降 | 正 2 | | | |
| | | 3 | 1955—1958 年 | 升—升—降 | 顺 3 | 顺 3+顺 3 | 顺 6 | |
| | | 4 | 1958—1961 年 | 升—升—降 | 顺 3 | | | |
| | | 5 | 1961—1965 年 | 升—降—降—降 | 逆 4 | 逆 4+正 2 | 逆 6 | |
| | | 6 | 1965—1967 年 | 升—降 | 正 2 | | | |
| | | 7 | 1967—1971 年 | 升—升—升—降 | 顺 4 | 顺 4+正 2 | 顺 6 | 时长不同 |
| | | 8 | 1971—1973 年 | 升—降 | 正 2 | | | |
| | | 9 | 1973—1976 年 | 升—降—降 | 逆 3 | 逆 3+正 2 | 逆 5 | 特性相反 |
| | | 10 | 1976—1978 年 | 升-降 | 正 2 | | | |
| 第二时段 | 1978—2013 年 | 11 | 1978—1982 年 | 升—升—降—降 | 正 4 | 1 个正 4+6 个正 2 | 正 | 趋势特征高度相似 |
| | | 12 | 1982—1984 年 | 升—降 | 正 2 | | | |
| | | 13 | 1984—1986 年 | 升—降 | 正 2 | | | |
| | | 14 | 1986—1988 年 | 升—降 | 正 2 | | | |
| | | 15 | 1988—1990 年 | 升—降 | 正 2 | | | |
| | | 16 | 1990—1992 年 | 升—降 | 正 2 | | | |
| | | 17 | 1992—1994 年 | 升—降 | 正 2 | | | |
| | | 18 | 1994—1997 年 | 升—升—降 | 顺 3 | 3 个顺 3 | 顺 | |
| | | 19 | 1997—2000 年 | 升—升—降 | 顺 3 | | | |
| | | 20 | 2000—2003 年 | 升—升—降 | 顺 3 | | | |
| | | 21 | 2003—2005 年 | 升—降 | 正 2 | 2 个正 2 | 正 | |
| | | 22 | 2005—2007 年 | 升—降 | 正 2 | | | |
| | | 23 | 2007—2010 年 | 升—升—降 | 顺 3 | 2 个顺 3 | 顺 | 数量不同 |
| | | 24 | 2010—2013 年 | 升—升—降 | 顺 3 | | | |
| 第三时段 | 2013—2019 年 | 25 | 2013—2017 年 | 升—升—升—降 | 顺 4 | 顺 4+正 2 | 顺 6 | 一致 |
| | | 26 | 2017—2019 年 | 升—降 | 正 2 | | | |

### 3.3  分段法特征分析

根据笔者发现的 3 个近现代气候转折点，无锡站的年际降雨序列可以分为如下三个特征不同的时段。

#### 3.3.1  第一时段

无锡站年际降雨过程线在 1950—1978 年期间的特征：由 10 个基本单元组成，每个单元的上升期或者下降期的历时最多是 3a；旱涝周期类型的基本单元由"升—升—升—降"型、"升—降—降—降"型、"升—升—降"型、"升—降—降"型和"升—降"型等 5 种类型构成；仅有"升—升—降"型连续出现过一次，可组成一个顺 6a 周期，其余各基本单元都是孤立的，但是可两两组合形成新的 5a 或者 6a 周期。

探讨 5a、6a 周期的时间趋势特性时，需要注意：正周期的基本单元由于两侧历时等长，所以是中性的，在分析过程中可以隐去；顺与逆周期基本单元的特征则是显性的，代表了它们自然的原始属性。

### 3.3.2 第二时段

无锡站年际降雨过程线在 1978—2013 年期间的特征：由 14 个基本单元组成，每个单元的上升期和下降期的历时最多是 2a，其中连续下降的仅出现一次；旱涝周期类型的基本单元是由"升—升—降—降"型、"升—升—降"型和"升—降"型等三种类型构成的；"升—升—降—降"型仅在气候转折期出现过一次，其实质也是特殊的"升—降"型，分析时可并入后者；"升—升—降"型和"升—降"型从不单独出现，而且不能组成新的复合周期。

### 3.3.3 第三时段

无锡站年际降雨过程线在 2013—2019 年期间的特征：目前只有 2 个基本单元，每个基本单元上升期的历时最多是 3a，下降期都是 1a；旱涝周期类型的基本单元由"升—升—升—降"型、"升—降"型构成；初步认为与第一时段复合周期的特征有类似之处。

## 4 溧阳站

### 4.1 资料概况

溧阳站位于溧阳市的新村枢纽，多年降雨量平均值约为 1 165.6 mm[7]。溧阳雨量站创建于 1923 年，1937 年 12 月停测，至 1950 年 12 月 11 日才恢复测验。

### 4.2 旱涝周期

由图 1 和表 1、表 2 可知，溧阳站独立旱涝周期的特征与无锡站基本类似，也可以对应分成 3 个特征不同的时段，并且分段特征一致性清晰，但是也有许多不同之处。

### 4.3 分段法特征分析

#### 4.3.1 第一时段

溧阳站年际降雨过程线在 1950—1978 年期间的旱涝周期性特征与无锡站历史同期的相同之处：都是由 10 个基本单元和 5 种周期类型组成，并且周期类型的种类是相同的。不同之处：首先是各单元的排列组合明显不同，说明降雨的区域性差异较大；其次是每个基本单元都是独立出现的，而且大多对应关系不好；其三是复合周期的特征不同，其规律不太明显，无锡站则是良好。

如果按照无锡站复合周期的分类方法——对应，溧阳站也可以合并为 5 个复合周期，但是相对关系较差。例如，1955—1963 年期间的基本单元是逆 4a 和顺 4a 周期，与无锡站总结的时间特性不一致，而是顺、逆特征相互抵消的形态，只能暂时定为"平"的时间特性；复合周期的时间特性关系不好，溧阳站在 1963—1978 年期间是连续 3 个顺 5a 周期，无锡站则没有这个特征。

#### 4.3.2 第二时段

溧阳站年际降雨过程线在 1978—2013 年期间的旱涝周期性特征与无锡站历史同期的相同之处：都是观测历史上唯一完整的时段，大多数基本单元有对应关系。不同之处：第一是基本单元的数量不同，无锡站有 14 个，溧阳站有 12 个；第二是周期类型的数量不同，溧阳站由 4 种基本单元（正 4a、顺 3a、逆 3a、正 2a 周期）组成，比无锡站多了一个逆 3a 周期；第三是标志性基本单元的数量不同，溧阳站有 3 个正 4a 周期，无锡站只有 1 个；第四是两者的复合周期特征都不明显，溧阳站只能分成正、平、顺 3 个部分，无锡站可以分成正、顺相间的 4 个部分。其中，溧阳站的第二部分（1994—2004 年）由顺 3、正 4、逆 3 周期组成，参照第一时段的顺、逆相抵，也暂定为"平"的时间特性。

#### 4.3.3 第三时段

溧阳站年际降雨过程线在 2013—2019 年期间的旱涝周期性特征与无锡站历史同期完全一致，只有两个基本单元，由顺 4a 和正 2a 周期组成。

表 2  溧阳站年际旱涝周期

| 段号 | 时段 | 序号 | 时段 | 周期类型 | 特性 | 周期组合 | 特性 | 备注 |
|---|---|---|---|---|---|---|---|---|
| 第一时段 | 1934—1978 年 | 1 | 1950—1953 年 | 升—降—降 | 逆3 | 逆3+正2 | 逆5 | 完全一致 |
| | | 2 | 1953—1955 年 | 升—降 | 正2 | | | |
| | | 3 | 1955—1959 年 | 升—降—降—降 | 逆4 | 逆4+顺4 | 平 | 顺逆抵消 |
| | | 4 | 1959—1963 年 | 升—升—升—降 | 顺4 | | | |
| | | 5 | 1963—1966 年 | 升—升—降 | 顺3 | 顺3+正2 | 顺5 | |
| | | 6 | 1966—1968 年 | 升—降 | 正2 | | | |
| | | 7 | 1968—1971 年 | 升—升—降 | 顺3 | 顺3+正2 | 顺5 | 时长不同 |
| | | 8 | 1971—1973 年 | 升—降 | 正2 | | | |
| | | 9 | 1973—1976 年 | 升—升—降 | 顺3 | 顺3+正2 | 顺5 | 特性相反 |
| | | 10 | 1976—1978 年 | 升—降 | 正2 | | | |
| 第二时段 | 1978—2013 年 | 11 | 1978—1982 年 | 升—升—降—降 | 正4 | 2个正4 + 4个正2 | 正 | 趋势特征高度相似 |
| | | 12 | 1982—1986 年 | 升—升—降—降 | 正4 | | | |
| | | 13 | 1986—1988 年 | 升—降 | 正2 | | | |
| | | 14 | 1988—1990 年 | 升—降 | 正2 | | | |
| | | 15 | 1990—1992 年 | 升—降 | 正2 | | | |
| | | 16 | 1992—1994 年 | 升—降 | 正2 | | | |
| | | 17 | 1994—1997 年 | 升—升—降 | 顺3 | 顺3+正4+逆3 | 平 | 顺逆抵消 |
| | | 18 | 1997—2001 年 | 升—升—降—降 | 正4 | | | |
| | | 19 | 2001—2004 年 | 升—降—降 | 逆3 | | | |
| | | 20 | 2004—2007 年 | 升—升—降 | 顺3 | 3个顺3 | 顺 | 多出一个单元 |
| | | 21 | 2007—2010 年 | 升—升—降 | 顺3 | | | |
| | | 22 | 2010—2013 年 | 升—升—降 | 顺3 | | | |
| 第三时段 | 2013—2019 | 23 | 2013—2017 年 | 升—升—降 | 顺4 | 顺4+正2 | 顺6 | 一致 |
| | | 24 | 2017—2019 年 | 升—降 | 正2 | | | |

## 5  旱涝周期分析方法在预测区域未来旱涝转变中的效果

按照混沌理论的观点，距离现在的时间节点越近，人类活动的影响也越大，预测模拟的难度将成倍增加。因此，笔者选择模拟难度最大的时段——21 世纪前 10 年，利用简单的旱涝周期来模拟太湖地区年际降雨趋势变化情况，来验证该方法的实用性。

### 5.1  无锡站和溧阳站具有卓越的区域代表性

图 2 是太湖流域年际降雨序列（2011—2020 年）趋势变化[8]。按照旱涝周期的分析方法，其趋势特征是"升—降+升—升—升—降+升—降+升"的形态，与无锡站和溧阳站历史同期的趋势特征完全一致。若按照这两个雨量站的趋势特征，预测模拟太湖地区该时段的旱涝趋势变化，成功率将达到 100%。

需要注意的是：100%的预测模拟成功率并不是区域常态，只是太湖地区该时段的旱涝趋势恰好与无锡站和溧阳站的趋势特征完全一致而已；如果换成其他年代的时段，成功率可能会下降到 60%～

70%，但是在超长期水文预报领域，这样的预测模拟成功率已经不低了。

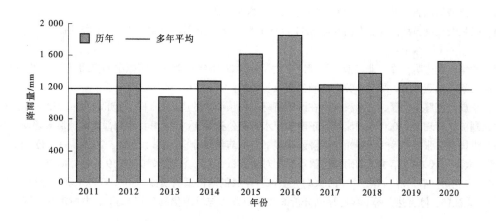

图 2　太湖流域年际降雨序列（2011—2020 年）趋势变化

## 5.2　圆满完成太湖地区 5 个典型年的预测模拟工作

2015—2022 年期间利用旱涝周期的分析方法，笔者先后圆满完成了气候突变点前后无锡站年际降雨序列（1950—2014 年）历史演变特征的精细化分析，以及 5 个典型年（2015 年内河大水、2016 年太湖大水、2017 年内河大水、2020 年太湖大水、2021 年太湖南部大水）的预测模拟工作。旱涝周期作为笔者总结出的"太湖流域旱涝灾害发生的 6 种先兆特征"之一，在实现区域年际降雨的预测模拟工作中发挥了较好的作用[9-13]。

## 6　结论

（1）虽然无锡站和溧阳站相距约 100 km，按照传统理论，降雨的区域差异会导致两者之间年际旱涝的微观特征不尽相同，但从大的尺度看，两站的特征却有许多相似之处，而且通过气候突变的临界点可以实现两地年际旱涝历史的对接。

（2）由于严重干旱灾害具有影响大、范围广、受灾重的特点，气候突变的临界点对两地的影响完全一致，所以两站之间的年际旱涝周期性特征具有较高的可比性。

（3）两站年际降雨序列（1950—2020 年）具有较好的分段特征一致性，按照气候突变分段法的基本原则，可分为对应的 3 个时段：

第一时段（1950—1978 年）年际旱涝周期性特征，两站都是由 5 种基本单元组成的，而且相邻的单元可以合并，但是后者的规律性稍差一些。

第二时段（1978—2013 年）年际旱涝周期性特征，无锡站是由 3 种基本单元组成的，并且可分为特征相同的 4 个部分；溧阳站是由 4 种基本单元组成的，只能大致分为 3 个部分。

第三时段（2013—2020 年）年际旱涝周期性特征，两站都是由 2 种基本单元组成的，并且排列顺序完全相同。

两站每个时段的第一个基本单元都是相同的，并且其特征具有强大的指示作用，不但可准确反映时段年际旱涝未来趋势的主要特征，还可作为气候突变的定位标志。

**参考文献**

[1] 秦建国，吴朝明，姚华，等 . 气候突变点前后无锡站年际降雨序列历史演变特征 [J] . 人民长江，2021，52（3）：76-80.

[2] 桑燕芳，王中根，刘昌明 . 水文时间序列分析方法研究进展 [J] . 地理科学进展，2013，32（1）：2-30.

[3] 秦建国，张涛，孙磊，等．气候转折期前后无锡站年际旱涝周期水文特征对比分析 [J]．水文，2017，37（6）：51-57.

[4] 秦建国．非典型周期和气候突变的识别与判定 [J]．水文，2020，40（1）：23-28.

[5] 秦建国，张泉荣，洪国喜，等．太湖地区 2011 年春季严重干旱成因与预测 [J]．水资源保护，2012，28（6）：29-36.

[6] 秦建国，姚华，范忠明，等．非典型节律理论在太湖地区 2021 年降雨预测模拟中的应用 [M]．2022 中国水利学术大会论文集：第五分册．郑州：黄河水利出版社，2022：343-348.

[7] 林小明，华晨，胡尊乐，等．马尔科夫链在溧阳市降雨量预测中的应用 [J]．江苏水利，2022（7）：41-45.

[8] 水利部太湖流域管理局．2020 太湖流域及东南诸河水资源公报 [R]．上海：水利部太湖流域管理局，2021.

[9] 秦建国，洪国喜，张涛，等．无锡站年际降雨趋势、特征与预报分析 [J]．水文，2013，33（4）：92-96.

[10] 秦建国．太湖地区 2015 年主汛期雨情展望及后期对比分析 [J]．江苏水利，2019（8）：14-20.

[11] 秦建国，朱龙喜，盛龙寿，等．"2016 太湖大洪水"年景的雨情预测模拟 [J]．江苏水利，2020（5）：1-7.

[12] 秦建国，尤征懿，陈寅达，等．年际序列分析的 2 种新方法与旱涝预测模拟 [J]．中国市政工程，2020（5）：88-91.

[13] 秦建国，边晓阳，蔡晶，等．太湖地区 2020 年洪水先兆特征与降雨预测模拟研究 [J]．江苏水利，2021（9）：56-61.

# 生态清洁小流域综合治理发展路径及评价体系

朱　骊¹　吴朝明¹　任小龙¹　徐　慧²　戈　禹¹　王琳琪¹　秦建国¹

（1. 江苏省水文水资源勘测局无锡分局；2. 无锡市水利局，江苏无锡　214000）

**摘　要：**本文介绍了当前国内外有关清洁小流域的研究现状，在分析我国水土流失危害的基础上，对清洁小流域开展以流域为单元，水土资源保护为核心，工程、林草和耕作三大措施综合治理，结合治理的特点进行阐述，提出要因地制宜、因害设防，走出一条适合各自特点的小流域综合治理的道路。本文对我国生态清洁小流域评价体系进行了阐述，在小流域分析评价体系上，主要采用定量评价等方法，对清洁小流域取得的成果进行综合效益评价，为生态清洁小流域的发展和科学评价提供理论基础及发展方向。

**关键词：**水土保持；小流域；综合治理；评价

生态文明建设，作为我国发展的千年大计，关系着人与自然和谐共生，是我国实现小康社会目标的重要组成。我国是世界上水土流失最为严重的国家之一，水土流失伴随着生态环境恶化、水体污染、地力下降、景观退化等问题，国家针对这一系列问题提出了诸多治理措施，付出了巨大努力，其中清洁小流域综合治理模式是近年来治理水土流失的有效途径，在控制水土流失的同时为国家可持续发展和人民生活提供必要的物质和财富，实现经济发展与生态建设双赢。

小流域综合规划治理的多种治理模式是在长期研究、探索和实践中总结出的宝贵经验，以流域为单元的综合治理模式是水土流失防治进程中的关键一环。在小流域综合治理的探索过程中，总体上经历了由初级到成熟、由零散到系统、与时俱进、不断完善的过程。

早在20世纪的前30年，意大利、西班牙、西德、奥地利及瑞士等欧洲国家均开展了小流域治理工作。奥地利于1884年出台了《荒溪治理法》，通过荒溪整治防治山洪泥石流爆发[1]。之后瑞士于1902年颁布了第一部涉及小流域治理技术的《森林法》，标志着欧洲各国开启以森林恢复为主的小流域治理[2]。此后，欧洲提出按照治理要求进行生物措施与工程措施相结合的措施体系，形成了人与自然相互协调的近自然治理模式。

美国的小流域综合治理发展的也较早，1933年5月成立的田纳西流域管理局最先开展流域治理工作，之后1935年颁布的水土资源保护法（RCA）、1954年颁布的流域保护和防洪法案及1965年颁布的《水资源规划法案》分别对流域治理进行了相关规定，为流域综合治理奠定了法律基础[3]。

与美国的集中式治理不同，日本的小流域治理以分散治理为主，根据工作目标差异设立建设省、环境厅、农林水产省等多个流域治理相关机构[4]。1984年，日本又制定了第一部水污染治理相关法规《湖泊水质保护特别措施法》[5]，在传统单纯治山的基础上开始了对面源污染的治理。

作为水土流失最严重的国家之一，我国的小流域综合治理在经历了萌芽探索阶段，确认试点阶段，以小流域为单元的综合治理阶段，以预防为主、经济效益为中心的综合治理阶段后，逐渐转向以生态清洁小流域治理为主的新阶段。1980年水利部召开的水土保持综合治理座谈会总结了全国小流域综合治理经验，水土保持工作开始正式进入初具规模的以小流域为单元的综合治理阶段[6]。

2006年水利部水土保持司召开的生态清洁型小流域治理工作座谈会，提出新时期生态清洁小流域治理的工作要求，标志着我国正式进入生态清洁小流域建设新阶段，并在全国30个省（区、市）的81个

**作者简介：**朱骊（1981—），女，高级工程师，硕士，主要从事区域水土保持、地下水、地表水研究工作。

县进行了生态清洁型小流域试点工程的部署。我国生态清洁小流域建设的影响力日益提升，目前各省颁布的水土保持条例也均将生态清洁小流域建设放在重点位置，《全国水土保持规划（2015—2030 年）》更是将生态清洁小流域建设作为水土保持预防的重要手段，成为我国新时期小流域综合治理的新方向。

## 1　小流域水土保持综合治理模式

小流域综合治理经过几十年的发展历程，在不同地区、不同治理理念下探索出多条不同的治理模式。实践与相关案例资料表明，小流域水土保持综合治理的效益要从经济、生态、社会等若干个指标来加以衡量，为其建立相关的评价指标体系，并采用与之相匹配的评价方法。

"三道防线"治理模式源于北京地区，当地以水源保护为中心，以生态保护为前提，通过人为干预促进生态系统的自我恢复，根据距离远近划分出 3 个区域，并根据不同区域的特点采取不同措施，构建出生态修复防线、生态治理防线和生态保护防线[7]。"三个层次、四片防区"治理模式按照以村庄为中心，围绕着山坡和河道进行 3 个层次的设计，实现生态的恢复、治理的整合、农业的复苏、保护生态四片防治区域的治理。该模式有很强的匹配性，能够根据小流域内实际情况匹配相应的水土保护措施。保护水源、控制面污染的治理模式以保护水源为主要目的，在丹江口库区的胡家山小流域展开尝试。主要工作内容有荒山荒坡控制地表径流、田园土地控制水土流失、控制面源污染、传输途中控制和流域出口控制等[8]。大农业复合生态系统综合治理模式以防治水蚀和风蚀为中心，以提高生态经济效益和可持续发展为目标，以基本农田优化结构和高效利用及植被建设为重点，具有防蚀固沙和高效经济的特点。

总的来说，小流域综合治理应以保护人民生命财产安全为底线，以保护和发展生态为主体，以促进经济社会全面发展为目标，最终建成人与社会和谐发展的社会主义新农村。

## 2　小流域水土保持综合治理措施

小流域治理措施包括植物措施、工程措施和耕作措施。植物措施通常是指通过植树造林、种草提高小流域植被覆盖度，达到减少地表径流、改善土壤结构、提高土壤入渗等作用，进而减轻治理区的水土流失[9]。常见的生物措施有乔灌草种植、经济林、防护林带，以及农作物轮作、间作、套种和混播[10]。

水土保持植物措施可以建立乔、灌、草相结合的生态经济型防护林体系，是实现流域可持续治理与开发的根本措施。水土保持工程措施可以为林草措施及农业生产创造条件，是防治水土流失，保护、改良和合理利用水土资源，建立良好生态环境的重要治理措施。通过水土保持耕作措施，可以改变地形；通过增加植被覆盖度、地面覆盖和土壤抗蚀力等方法，可以达到保水、保土、保肥、改良土壤、提高产量等目的。

工程措施主要分为山坡防护工程、山沟治理工程、清淤疏浚工程和蓄水拦沙坝系工程等[11]，主要通过工程手段减缓、拦蓄地表径流，达到保持和利用水土资源的目的[12]。

耕作措施包括等高耕作、带状耕作和沟垄耕作等农业技术措施，应用十分广泛，而抗旱耕作方法中，少耕、免耕、秸秆覆盖及保留作物残茬等措施都十分有效[13]。采用这些措施能改良土壤理化性质，在提升保水、保土及保肥能力的同时提高农作物产量和经济效益。

在小流域综合治理过程中，必须遵循因地制宜、因害设防的原则，宜林则林，宜草则草，宜工程则工程，在保持水土的前提下，充分利用流域自然资源和生态禀赋，提高小流域综合治理的生态效益、经济效益和社会效益。

## 3　小流域水土保持监测研究

美国农业部在 1997 年推出修正土壤流失方程 RUSLE。RUSLE 模型不论是在精度上还是在各因子的计算上比 USLE 模型都有所改进，得到了国内外研究学者的使用。土壤侵蚀模型是进行土壤流失监测和预报的重要工具，模型研究是世界上土壤侵蚀学科的前沿领域。随着"3S"技术的发展，土壤侵蚀预报模型的研究取得了很大进展。Cochrane 将 GIS 与 WEPP 联合进行水蚀预报[14]。胡海波等[15]基于 RUSLE 模型，对其在江苏沿海新垦区的适用性进行研究，指出在小于 26° 的坡面上应用效果较好。

从 20 世纪 80 年代以来，全国各地开始设立标准径流小区，进行产流产沙动态监测。南京林业大学于 1986 年在下蜀实习林场中，在马尾松林、杉木林、栎林和毛竹林中建立了标准径流小区，对土壤流失方程各项因子开展定位监测研究，开展国内较早的土壤侵蚀研究。

在植被因子方面，胡海波等[15]基于人工模拟降雨试验，研究了毛竹林地表枯落物的固土防蚀效应，指出覆盖凋落物的坡面径流量比裸露坡面低 25%，有效地降低了地表径流。在坡度坡长因子方面，研究了长江流域河岸植被缓冲带生态功能，结果表明，侵蚀量与坡长呈正相关。在土壤可蚀性因子方面，研究了江苏沿海平原沙土区土壤的可蚀性，以及土壤年侵蚀模数与引起土壤侵蚀各因素的关系，指出土壤抗冲指数是反映土壤抗侵性能的综合指标。

植被覆盖率是小流域综合治理中的重要指标，随着生态建设工作信息化的加深，利用遥感监测能够快速、高效获得大面积的林草覆盖度信息，实现对小流域治理的动态监测，且相对于地面调研能够获取更加精确的数据。

## 4　小流域水土保持综合治理评价体系和方法

为了更好地完成小流域水土保持综合治理的评价工作，通常为其建立综合评价指标体系。

依据研究对象建立一套能准确、客观、全面反映治理效益的指标体系是评价工作的首要任务，也是获得科学评价结果的重要保证。时光新等[16]从生态、经济和社会 3 个方面，提出了 14 个评价指标[17]（见表 1）；王军强等[18]根据陕西黄土高原 11 条典型小流域的治理特点建立了包含 9 个评价指标的指标体系；丁立仲根据上梧溪小流域及其生态恢复工程情况应用层次分析法设定了包含 20 个评价指标的小流域效益评价指标体系。

**表 1　小流域综合治理评价体系**

| 指标类型 | 时光新 | 王军强 | 李智广 | 梁会民 | 丁立仲 |
|---|---|---|---|---|---|
| 生态效益 | 生态经济结构；种植业能量产投比；治理程度；林草覆盖率；侵蚀模数；地表径流系数 | 治理度；林草覆盖率；土壤侵蚀模数 | 治理程度；土壤侵蚀量；林草覆盖率；地表径流拦蓄量 | 径流模数；侵蚀模数；水土流失面积治理率；林草覆盖率；种植业能量产投比 | 森林覆盖率；水土流失治理率；农村新能源比重；秸秆综合利用率；病虫害综合防治率；化肥施用强度；农药施用强度；小流域抗洪能力；径流系数；侵蚀模数 |
| 经济效益 | 经济内部回收率；土地生产率；劳动生产率；资金生产率 | 人均纯收入；劳动生产率；资金产投比 | 人均纯收入；资金产投比；投资回收期；劳动生产率 | 系统商品率；资金生产率；劳动生产率；经济内部回收率；土地生产率 | 人均国民生产总值；农民人均收入；绿色农产品比重；粮食产量；劳动生产率；农业总产值 |
| 社会效益 | 环境人口容量；粮食满足程度；人均基本农田；系统商品率 | 人均粮食；粮食单产；农产品商品率 | 人均粮食；农产品商品率；土地生产率 | 粮食满足程度；文盲率；环境人口容量；人均基本农田 | 人口自然增长率；恩格尔系数；劳动就业率；公众对环境满意率 |

各指标体系存在着共性，也各有其特性。在生态效益评价中，水土流失治理度、林草覆盖率和侵蚀模数是重要且认同度较高的评价指标；经济效益和社会效益评价指标的设置则差异较大，共性指标少，这可能与小流域的特点和发展目标有关。

小流域综合治理评价主要采用定量评价法，包括综合评价法、经济分析法和投入产出分析法。

首先，对于综合评价法，建立指标体系是分析评价的前提，确定指标权重是基础。目前，指标权重的确定方法常有层次分析法、DELPHI 法（专家调查法）和基于熵的确定方法，主要应用在模糊评价法、灰色关联分析法和灰色模型预测法上。模糊评价法是一种有代表性的综合评价法，该方法仍处于初级阶段，还有很大的发展潜力。灰色关联分析法，以其关联分析和需要数据少的独特之处，体现着其优越性。由于综合评价法指标体系全面、系统，因此在国内外应用比较普遍。

其次，是经济分析法。由于综合治理的内容较多，可用货币价值来综合反映不同时期的治理效果，这种方法主要适用于小流域综合治理的经济评价，不适合综合评价。

再次，是投入产出分析法。这种方法主要适用于小流域综合治理的生态足迹评价，也不适于综合评价。

## 5 结论

综上所述，清洁小流域治理是防治水土流失的有效手段，通过植物措施、工程措施和耕作措施，达到减少地表径流、减轻水土流失的目的。不同小流域自然条件和社会经济状况不同，其治理措施、模式和目标有很大差异，必须因地制宜、因害设防，走出一条适合各自特点的小流域综合治理道路，促进区域水土保持长期发展。

在小流域分析评价体系上，主要采用定量评价等方法，重点对比清洁小流域实施前后项目区的土地利用结构、水土流失状况和水土流失防治效果，得出治理后的生态效益、经济效益和社会效益，对清洁小流域取得的成果进行综合效益评价，为工程绩效评价和后续项目布局及规划编制提供理论依据和技术支撑。

## 参考文献

[1] 高甲荣. 阿尔卑斯山区的危险区区划 [J]. 山地研究，1998 (3)：253-256.

[2] BJORKLUND J, LIMBURG K E, RYDBERG T. Impact of production intensity on the ability of the agricultural landscape to generate ecosystem services: an example from Sweden [J/OL]. Ecological Economics, 1999 [2022-04-29].

[3] 齐实，李月. 小流域综合治理的国内外进展综述与思考 [J]. 北京林业大学学报，2017，39 (8)：1-8.

[4] 范兆轶，刘莉. 国外流域水环境综合治理经验及启示 [J]. 环境与可持续发展，2013，38 (1)：81-84.

[5] 杨之恒. 北京市刁窝小流域综合规划 [D]. 北京：北京林业大学，2016.

[6] 李建华，袁利，于兴修，等. 生态清洁小流域建设现状与研究展望 [J]. 中国水土保持，2012 (6)：11-13.

[7] 党安荣，李永浮，沈涛，等. 北京山区水土保持三道防线划分的技术方法研究 [J]. 北京水务，2009 (S2)：63-67.

[8] 贾鎏，汪永涛. 丹江口库区胡家山生态清洁小流域治理的探索和实践 [J]. 中国水土保持，2010 (4)：4-5.

[9] 沈宪宽. 水土保持措施及其减水减沙效益分析 [J]. 科技资讯，2017，15 (15)：118, 120.

[10] 周璟，何丙辉. 涪陵区小流域综合治理状况及治理措施效益分析 [J]. 水土保持研究，2006 (5)：316-318, 321.

[11] 侯贺贺，王春堂，王晓迪，等. 黄河三角洲盐碱地生物措施改良效果研究 [J]. 中国农村水利水电，2014 (7)：1-6.

[12] 李恩慧. 玉田县团城小流域治理措施及效益分析 [J]. 水科学与工程技术，2005 (B12)：57-59.

[13] 肖华，熊康宁. 小流域石漠化综合治理技术空间优化配置：以毕节撒拉溪示范区为例 [J]. 中国人口·资源与环境，2016，26 (S2)：236-239.

[14] YU X, ZHANG X, NIU L. Simulated multi-scale watershed runoff and sediment production based on GeoWEPP model

［J］．International Journal of Sediment Research，2009，4（24）：465-478.

［15］胡海波，邓文斌，王霞．长江流域河岸植被缓冲带生态功能及构建技术研究进展［J］．浙江农林大学学报，2022，39（1）：214-222.

［16］时光新，尹成信．基于熵的小流域治理效益评价模型及其应用［J］．水土保持通报，1999（5）：38-40.

［17］程圣东．黄土高原文安驿流域植被覆盖与土壤侵蚀分布特征研究［D］．西安：西安理工大学，2010.

［18］王军强，陈存根，李同升．陕西黄土高原小流域治理效益评价与模式选择［J］．水土保持通报，2003（6）：61-64.

# 台风"杜苏芮"影响下漳河水情分析

高　翔　许世长

（水利部海河水利委员会漳卫南运河管理局，山东德州　253009）

**摘　要**：系统介绍了漳卫南运河 2023 年受台风"杜苏芮"影响的漳河雨情分布、岳城水库水情和泄洪情况，岳城水库为卫河错峰 24 h、拦蓄洪水 2.198 亿 $m^3$、削峰率 88%，观台站洪峰流量与水库反推入库洪峰流量相差 2.8%，整体偏差 1.89%。岳城水库在拦洪削峰方面发挥了重要作用，有效减轻了卫河、卫运河及漳卫新河防洪压力，确保漳卫南运河防洪安全。

**关键词**：漳河；岳城水库；拦洪削峰；观台；卫河

## 1　引言

漳河由发源于山西高原和太行山的清漳河、浊漳河，于涉县合漳村汇流而成，流域面积 1.95 万 $km^2$，干流长 179 km，河道上游大部分处于海拔 1 000 m 以上的山区，两岸地势陡峭、坡陡流急。漳河流域多年平均降水量 578.6 mm，主要集中在 7—8 月，更多以局部暴雨形式出现，经常发生洪涝灾害。岳城水库总库容 13.0 亿 $m^3$，控制流域面积 1.81 万 $km^2$，占全部漳河流域面积的 99.4%，是一座以防洪、灌溉为主的控制性水利枢纽工程，对漳卫南运河的防洪调度、水资源配置等至关重要。

人类生产生活、工业生产范围的不断扩大，对漳河流域下垫面产生了较大影响，产汇流、径流规律发生了较大改变。2016 年岳城水库"7·19"洪水，降雨主要集中在匡门口、天桥断和岳城水库之间的区域，最大降雨量在磁县北贾壁乡，日降雨量 475.4 mm，实测观台站洪峰流量 5 200 $m^3$/s，水库坝上反推最大入库流量 11 333 $m^3$/s，为 50 年一遇标准[1]。2021 年漳卫河系"21·7"洪水，漳河、卫河上游均出现暴雨，实测观台站洪峰流量 2 780 $m^3$/s，水库坝上反推最大入库流量 4 860 $m^3$/s。2023 年 7 月底，受台风"杜苏芮"残余环流和冷空气共同影响，漳卫河系普降暴雨，局地大暴雨，清漳河上游、岳城水库上游漳河干流出现大暴雨、特大暴雨，实测观台站洪峰流量 974 $m^3$/s，水库坝上反推最大入库流量 1 002 $m^3$/s。此次洪水与 2016 年、2021 年不同，且洪水发生频率正在增加、洪水量级起伏不定，应仔细研究漳河水情、水库拦洪削峰作用，为漳卫南运河防洪预报、水库错峰调度提供经验。

## 2　漳河暴雨洪水特性

岳城水库位于漳河干流出山口处，漳河流域呈扇形，绝大部分分水岭高程在 1 000 m 以上。漳卫南运河流域处于东亚温带季风气候区，夏季因太平洋副热带高压势力加强北上，盛行偏南风，成为赤道气团和海洋气团的交绥地带，造成本流域降雨多集中于 7—8 月的特点，例如"56·8"、"96·8"、"16·7"及 2023 年大洪水均为台风暴雨造成；冬季为极地大陆气团所控制，多西北风，气候冷，少雨。本流域夏季受西风带低槽影响，当东部太平洋副热带高压较强时，常会以切变形式形成暴雨，例如"63·8"洪水为切变与西南涡相配合所致、"21·7"洪水是受低涡切变线及低空急流共同影响所致。暴雨历时不长，一般为 1~2 d。量级较大的暴雨中心一般都发生在太行山南麓或东麓的迎风区，本流域为暴雨中心波及区。

---

作者简介：高翔（1987—），男，工程师，科员，主要从事水文行业管理、应急监测、水资源管理与保护工作。

## 3 暴雨雨情分析

根据漳卫南流域7月28日8时至7月31日8时等值面图，漳河降雨主要集中在观台以上清漳河东源、岳城水库以上漳河干流，卫河降雨主要集中在支流淇河、思德河，见图1。

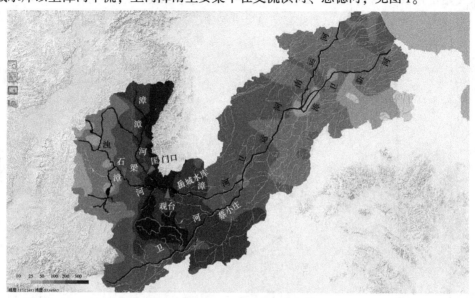

**图1 漳卫南运河流域雨情分布**

根据流域内各点雨量站数据计算面雨量，卫河新村以上淇河累计面雨量最大，为327.2 mm，漳河石梁、匡门口和岳城水库之间累计面雨量最大，为210.4 mm，卫河流域降雨量高于漳河流域降雨量；岳城水库累计降雨量210.0 mm。漳河流域观台以上面雨量为127.5 mm，累计降雨量45.76亿 m³，见表1。

**表1 漳卫南运河流域最大降雨量统计**

| 序号 | 河名 | 支流名称 | 站名 | 最大降雨量/mm |
|---|---|---|---|---|
| 1 | 漳河 | 清漳河 | 松烟 | 418.8 |
| 2 | 漳河 | 浊漳河 | 东岭西 | 327.5 |
| 3 | 漳河 | 浊漳河 | 王北庄 | 354.0 |
| 4 | 卫河 | 思德河 | 夺丰 | 594.5 |
| 5 | 卫河 | 淇河 | 南窑 | 580.0 |
| 6 | 卫河 | 淇河 | 鹅屋 | 400.0 |
| 7 | 卫河 | 安阳河 | 西顶 | 381.0 |
| 8 | 卫河 | 汤河 | 潘荒提水站 | 350.5 |
| 9 | 共产主义渠 | 汤河 | 后庄 | 403.5 |
| 10 | 卫运河 | 汤河 | 临清 | 199.0 |
| 11 | 漳卫新河 | 汤河 | 曹庄子 | 162.0 |
| 12 | 南运河 | 汤河 | 青县 | 162.2 |

## 4 洪水水情和调度分析

### 4.1 观台水文站水情分析

观台水文站依山而建，地势陡峭，洪水陡涨陡落，7月30日8时水位147.94 m、流量98.0 m³/s，

7月30日22时水位陡涨至150.16 m、流量974 m³/s，为该次洪水洪峰水位、流量，间隔14 h，平均涨幅为16 cm、62.6 m³/s，7月30日13—14时水位、流量涨幅最大，分别为0.82 m、301 m³/s，与洪峰间隔9 h。8月2日8时，观台水文站流量回落至454 m³/s。观台水文站3 d过水总量为1.855亿m³。观台水文站7月30日8时至8月2日8时水位、流量过程线如图2所示。

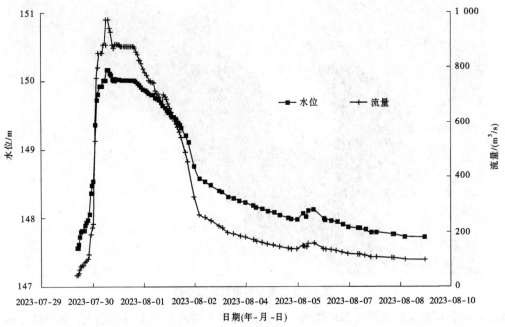

图2  观台水文站水位、流量过程线

### 4.2  岳城水库（坝上）站水情分析

岳城水库位于漳河干流出山口处，7月30日8时水位133.62 m，7月30日17时超过汛限水位，持续上涨至8月2日8时水位140.40 m，7月30日22时至30日24时水位涨幅最大，为0.29 m，同洪峰到达入库时间相同，洪峰流量1 002 m³/s。岳城水库（坝上）站7月30日8时至8月2日8时水位过程线如图3所示。

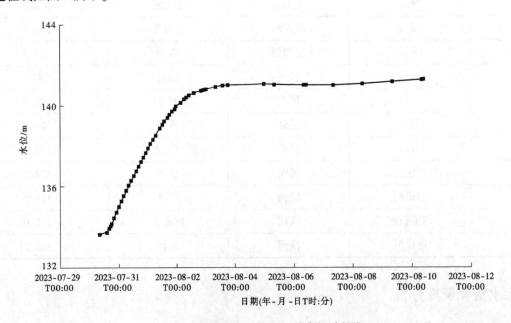

图3  岳城水库（坝上）站水位过程线

#### 4.3　洪水调度

受台风"杜苏芮"影响,卫河流域发生警戒水位以上洪水,根据漳卫南局防御处调度令,岳城水库为卫河行洪应急错峰 24 h,于 7 月 29 日 16 时开始泄洪 80 m³/s,8 月 3 日 15 时达到最大流量 200 m³/s,13 日 8 时关闸停止泄洪,泄洪总量 1.356 亿 m³,削峰率 88%,减轻了漳河下游防洪压力,确保卫运河、漳卫新河防洪安全。泄洪流量过程线如图 4 所示。

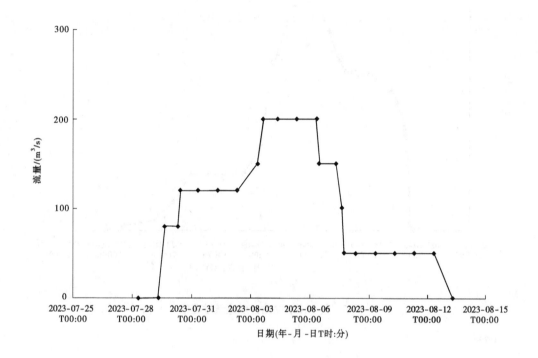

**图 4　岳城水库泄洪流量过程线**

#### 4.4　蔡小庄水文站水情

根据蔡小庄水文站实测资料,7 月 31 日 12 时 12 分水头到达蔡小庄水文站,与岳城水库泄洪间距 44 h,最大流量 170 m³/s,8 月 18 日 8 时,过水结束,过水总时长 428 h,过水总量 1.153 亿 m³,蔡小庄水文站过水流量过程线见图 5。

### 5　水情分析

#### 5.1　观台实测与水库坝上水位反推洪峰对比分析

根据观台站实测流量和水库坝上水位反推入库流量,绘制岳城水库入库流量过程线,如图 6 所示。观台入库洪峰流量发生在 7 月 30 日 22 时,为 974 m³/s,与坝上水位反推洪峰流量出现时间相同,为 1 002 m³/s,洪峰流量相差 28 m³/s。实测入库流量和反推入库流量趋势一致,由 SPSS 软件计算得到流量过程线相关系数为 0.9,平均偏差 10.3 m³/s,占比 1.89%。

#### 5.2　入库水量分析

由于水库库区范围较大,且存在多条较大的洪水入流沟,观台入库实测水量和水库蓄水量变化量存在较大差异。7 月 30 日 8 时至 8 月 2 日 8 时,岳城水库入库水量及蓄水量变化量、水库出流量(包括漳河泄洪量及漳南渠、民有渠供给安阳市、邯郸市水量)见表 2。根据水量平衡方程,反推水库洪水入流沟水量。因洪水来临之前,水库长时间蓄有较高水位水量,相较于水库水量,可不考虑水库渗漏地下水水量,水库水量平衡方程为

$$W_i + W_q = W_o \pm \Delta W \tag{1}$$

式中：$W_i$、$W_q$、$W_o$、$\Delta W$ 分别代表水库入水量、库区周边产水量、水库出水量，以及水库蓄水量变化量。

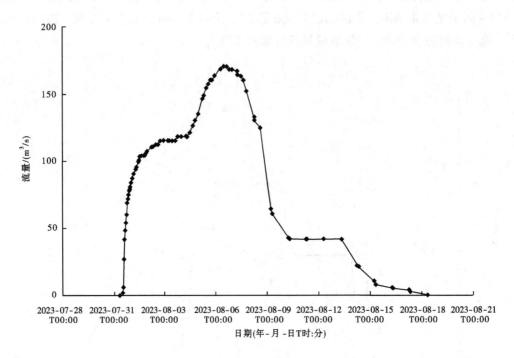

**图 5 蔡小庄水文站过水流量过程线**

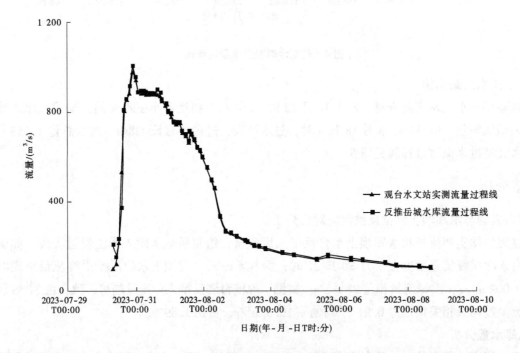

**图 6 岳城水库入库流量过程线**

从表 2 中可以看出，7 月 30 日 8 时至 8 月 2 日 8 时岳城水库蓄水量变化为 1.890 亿 m³，观台站实测入库水量为 1.858 2 亿 m³，库区周边洪水入流沟入库水量为 0.340 1 亿 m³，水库总入库水量为 2.198 3 亿 m³，洪水入流沟水量占比 15%，也可看出此次降雨主要集中在岳城水库上游漳河流域。

表 2 岳城水库入水量、出水量及蓄水量变化情况

| 时间<br>(月-日 T 时:分) | 水位/m | 蓄水量/<br>万 m³ | 入库流量/<br>(m³/s) | 水库<br>入水量/<br>万 m³ | 出库流量/<br>(m³/s) | 水库出水量/<br>万 m³ | 蓄水量<br>变化量/<br>万 m³ | 洪水入流沟<br>水量/万 m³ |
|---|---|---|---|---|---|---|---|---|
| 07-30T08:00 | 133.62 | 18 900 | 98.0 | | 80.806 | — | — | |
| 07-30T11:00 | 133.67 | 19 000 | 192 | 132 | 120.806 | 82.27 | 100 | 50.27 |
| 07-31T08:00 | 136.04 | 25 000 | 876 | 5 940 | 120.806 | 913.3 | 6 000 | 973.3 |
| 07-31T16:00 | 136.99 | 27 600 | 876 | 2 523 | 120.806 | 347.9 | 2 600 | 424.9 |
| 08-01T08:00 | 138.7 | 32 500 | 745 | 4 622 | 120.806 | 695.8 | 4 900 | 973.8 |
| 08-01T16:00 | 139.39 | 34 600 | 693 | 2 006 | 120.806 | 347.9 | 2 100 | 441.9 |
| 08-02T08:00 | 140.4 | 37 800 | 451 | 3 359 | 120.806 | 695.8 | 3 200 | 536.8 |
| 合计 | | | | 18 582 | | 3 083 | 18 900 | 3 401 |

## 5.3 岳城水库以下至蔡小庄水文站过水分析

因 2023 年京杭大运河全线贯通补水漳河通水等政策实施,3—6 月水库持续泄水,之前因非法采砂造成众多沙坑及干涸现象得到缓解,此次泄洪总量为 1.356 亿 m³,蔡小庄水文站过水量为 1.153 亿 m³,下渗或滞留河道水量为 0.203 亿 m³,占泄洪总量的 15%。2021 年 "21·7" 洪水期间,泄洪总量为 2.148 亿 m³,水量下渗或滞留河道水量为 0.922 亿 m³,占比 43%,这是因为泄洪前水库以下漳河为干涸河道,众多沙坑滞留了大部分水量[2]。

## 6 结语

(1)受台风 "杜苏芮" 影响,卫河流域发生警戒水位以上洪水,岳城水库为卫河拦洪错峰,拦蓄洪水 2.198 亿 m³,削峰率 88%,有效减轻了卫河、卫运河、漳卫新河防洪压力,确保了漳卫南运河防洪安全。

(2)降雨主要集中清漳河东源、岳城水库以上漳河干流及卫河支流淇河、思德河流域,卫河流域降雨量高于漳河流域降雨量。

(3)观台水文站洪峰流量为 974 m³/s,反推洪峰入库流量为 1 002 m³/s,偏差比例为 2.8%,实测入库流量和反推入库流量趋势一致,相关系数为 0.9,整体偏差比例 1.89%,洪水入流沟水量占总入库水量的 15%,因受台风 "杜苏芮" 影响,漳河流域降雨主要集中在清漳河及岳城水库以上漳河干流,库区周边降雨占比较小。

## 7 建议

(1)岳城水库库区周边存在较多支流沟,其降雨产流往往占比较大,2021 年 "21·7" 洪水期间,观台水库入库洪峰流量为 2 780 m³/s,反推洪峰流量为 4 860 m³/s,偏差比例 42.8%,这也导致观台水库实测入库水量与水库蓄水量变量存在较大偏差,应加强支流沟水文站建设,确保洪水来临时,水位、流量测得出、测得准。

(2)漳河岳城水库以下采砂乱象严重,影响河道水利工程安全和河道行洪安全,2021 年 "21·7" 洪水期间,水量下渗或滞留河道水量为 0.922 亿 m³,占泄洪总量的 43%,严重干扰河道洪水演进和行洪安全,应根据河段实际情况,科学合理、系统开发,保持河道水势稳定。

## 参考文献

[1] 吴晓楷,安艳艳,赵建勇.岳城水库 "7·19" 洪水水情分析 [J].海河水利,2017 (5):30-32,49.

[2] 赵志才,何玉.岳城水库河道采砂及影响分析 [J].水科学与工程技术,2016 (2):25-28.

# 新形势下推进淄博水文高质量发展的
# 思路及对策研究

陈云志　金梦杰　张慎波

（淄博市水文中心，山东淄博　255000）

**摘　要：** 推动水文高质量发展是水文现代化建设的必由之路，近年来，淄博水文工作取得了较快发展，为全市水利和经济社会发展提供了坚实服务保障，在防汛减灾、水资源管理、水生态环境、水旱灾害防御等方面提供了强有力的支撑，同时也迎来了前所未有的机遇与挑战。进入新时代，水利和经济发展对水文的要求越来越高，人们对水文的关注和期盼也越来越高。本文分析了淄博市水文发展现状及存在的主要问题，阐述了淄博水文高质量发展的思路及对策。

**关键词：** 淄博；高质量发展；现状；水文服务；对策

## 1　引言

党的十八大以来，习近平总书记明确提出"节水优先、空间均衡、系统治理、两手发力"治水思路，为新时代水文高质量发展提供了强大思想武器和科学行动指南；李国英在全国水利工作会议上部署 2023 年水利重点工作，对加快补齐防御短板提出了新要求，面对新的发展形势和新的目标任务，新的历史方位要求水文发展适应时代要求，新的治水思路、推动"十四五"时期高质量发展、新发展理念及水旱灾害防御都对水文提出了新的更高要求。

近年来，受全球气候变化和人类活动因素影响，极端天气事件呈现趋多、趋频、趋强、趋广态势，突破历史纪录。2018 年"温比亚"、2019 年"利奇马"超强台风、海河"23·7"流域性特大洪水都在警示我们，水文工作面临的形势依然复杂严峻，高强度大范围的降水、强台风及强对流等极端天气带来新挑战，必须加快推进水文高质量发展。

全市现有县（区）水文中心 4 个、水文站 40 处、国家基本水文站 9 处、专用水文站 31 处、水位站 57 处、雨量站 188 处、蒸发站 5 处、地下水观测井 269 处、水质监测站 108 处等 600 余处监测站点，覆盖范围、覆盖密度及监测要素等还需要进一步完善和强化。新形势下推进水文高质量发展，在基础设施、信息化集成、水文监测能力、专业人才培养及水文服务等方面需要进一步加强。

## 2　淄博水文发展现状

淄博地处我国华东地区、山东省中部，南接临沂，北接东营、滨州，东接潍坊，西接济南，位于黄河三角洲高效生态经济区、山东半岛蓝色经济区两大国家战略经济区与济南都市圈交汇处，是山东半岛城市群核心城市之一。全市下辖 5 个区、3 个县和 3 个功能区，总面积 5 965 km²，人口 470.59 万人。山地、丘陵、平原、河谷、湖库诸类地貌齐全，地形南高北低，胶济铁路以南为山丘区，鲁山主峰海拔 1 108.3 m，是群山之冠[1]。境内主要河流有淄河、孝妇河、沂河、乌河、猪龙河、支脉河、小清河、范阳河、北支新河，以黄河为界河，自北部边界流过，在北部平原低洼地带分布有马

---

**作者简介：** 陈云志（1990—），男，助理工程师，主要从事水文研究工作。

踏、锦秋、青沙、大芦 4 湖[1]。

淄博市水文中心主要承担水文事业发展规划及相关专业技术规划编制工作；承担水文站网建设、管理、运行工作；承担水文水资源水生态监测、调查评价和水土保持等的监测工作；按照规定权限发布雨情、水情、旱情、地下水等水文水资源信息、情报预警预报和监测公报；承担水文水资源资料整编、汇交和管理工作。

目前，全市形成了上下结合、量质并重、功能完备、布局合理、手段先进的水文水资源水生态监测站网。2017 年 12 月，按照"自然流域与行政区域"相结合的原则，由省编办批复成立城区水文中心、博山水文中心、高青水文中心、沂源水文中心 4 个区（县）水文中心。成立县级水文中心，是贯彻落实习近平新时期治水思路的必然要求，也是推动省、市水文机构向基层延伸的重要举措。对于县域经济与水文行业进一步融合，更好地实施"八河联通、六水共用、清水润城"工程，构架全市"四位一体、组群统筹、全域融合"城市发展新框架等方面，都具有重要作用。

## 3 水文高质量发展的要求

### 3.1 新的历史方位要求水文发展适应时代要求

面对新的发展形势和新的目标任务，淄博水文迎来了新要求、新机遇、新挑战、新使命。新时代，人民对美好生活的需要日益增长，要求水文要适应时代发展，与时俱进。全面提升国家水安全保障能力，满足人民群众的新期待，都离不开水文的精准支撑和强力保障。水文工作是水旱灾害防御的"尖兵"和"耳目"，水文信息是做出防汛抗旱决策的基础指标、信息支撑和科学依据，直接关系人民生命财产安全和经济社会发展。

### 3.2 新的思路对水文提出了新的更高要求

习近平总书记明确提出"节水优先、空间均衡、系统治理、两手发力"治水思路；李国英在全国水利工作会议上部署 2023 年水利重点工作，都对加快补齐防御短板作出新要求：加强水文现代化建设，加快现有水文站网现代化改造，重点实施中小河流洪水易发区、大江大河支流、重点水生态敏感区等水文站网建设，新建一批水文站、水位站、雨量站，加强卫星遥感、测雨雷达等技术应用，推进天空地一体化监测，加快构建气象卫星和测雨雷达、雨量站、水文站组成的雨水情监测"三道防线"，进一步延长雨水情预见期、提高精准度。我国水文事业发展正迎来前所未有的发展机遇。

### 3.3 推动"十四五"时期高质量发展，对水文提出了更高要求

进入新发展阶段，需要水文提供更及时准确的水文数据信息。推进新阶段水利高质量发展，要求水文加快建设步伐，在实现水利现代化过程中走在前列。牢牢把握水文现代化是新阶段水利高质量发展的基础性定位，加快实现水文现代化，以流域为单元，提升水文监测、预警、预报及调度能力。

### 3.4 新的发展理念对水文提出了新要求

随着社会主义现代化建设的深入推进，水资源管理保护、优化配置和集约节约利用，水生态环境保护治理等工作越来越重要，社会对水文信息的需求大幅增加。必须按照全面建设社会主义现代化国家的要求，站在促进人与自然和谐共生的高度，积极拓展水文服务领域和内容。

### 3.5 水旱灾害防御对水文提出了新的更高要求

近几年来，由于气候变化和人类活动等因素影响，我国洪涝干旱灾害等极端天气明显增多，极端高温干旱、暴雨及强台风等事件呈突发、多发趋势，对经济社会发展、生态环境及人类生命财产安全等产生重大影响。因此，加强应对突发水旱灾害和水生态灾害的水文应急监测及预测预报、加强气候变化和人类活动影响对水文水资源、水生态与环境的影响评估和定量分析、研究，是水文工作当前面临的重大问题。

## 4 当前水文工作存在的主要问题

经过这几年的快速发展和水文信息化设施建设，淄博水文有了质的飞跃，实现了新发展。淄博水

文紧紧围绕水利和地方经济发展，发挥行业优势，尽责履职，积极践行"创新、敬业、求实、奉献"的工作理念，在防汛减灾、水资源管理、民生水文、水生态环境改善与治理等方面提供了强有力的支撑；但在新时代、新形势下，水文在信息融合、水文监测、水文站网布局、水文服务、人才培养和水文文化建设等方面仍存在一些不足。

### 4.1　各个应用系统较多，信息化集成有待提高

淄博水文现有应用系统较多，主要有"水文局综合查询系统""淄博市雨水情信息""水文智能可视化平台""淄博市重点河段洪水演进模拟系统"等，新旧系统同时存在，且多数系统平台相互之间独立，不同应用系统平台具有各自功能，实际应用过程中需要来回切换，影响工作效率，未完全实现数据的传输、存储与在线化处理、整合分析，未建立一套统一的系统平台，再加上各业务部门及上级主管部门均有单独的系统平台，且各平台网络设置不同、应用环境不同、使用功能不同，缺乏统一的数据库和业务融合平台，不能满足跨部门跨单位的资源实时共享和业务协同需要，更不能满足数据信息综合在线处理及分析。

### 4.2　水文监测能力有待进一步提高

目前，淄博市安装自行走缆道雷达测流系统 4 处、固定雷达测流系统 18 处、侧扫雷达测流系统 2 处、H-ADCP 测流系统 1 处、时差法测流系统 1 处，同时建设水文应急装备室，配备了测流无人机、无人遥控船、卫星电话等现代化应急监测设备。总的来看，虽然配备了先进的仪器设备，但是实际测流时仍然使用传统的人工监测手段、监测方法，未全部实现数据采集、传输自动化，加之部分仪器设备投入使用年限较长，更新换代不及时，无法满足强暴雨甚至极端天气下水文应急监测需求[2]；部分仪器设备缺乏先进完备的应急监测手段，难以满足新时代背景下社会发展对水文支撑保障及水文服务工作的需求。

### 4.3　水文站网布局有待进一步完善

近年来，淄博水文抓住中小河流和重点水利工程建设的有利契机，不断完善整合水文站网建设，全市国家基本水文站 9 处、专用水文站 31 处、水位站 57 处、雨量站 188 处、蒸发站 5 处、墒情站 25 处、地下水观测井 269 处、水质监测站 108 处，虽然形成了上下结合、量质并重、功能较为完备的水文水资源水生态监测站网，由于淄博南北距离 100 余 km，地理跨度大，主要河流、大中型水库较多，现有监测站网、站点覆盖范围、覆盖密度及监测要素等还需要进一步完善和强化。

### 4.4　专业人才培养尚存在不足

水文监测需要强有力的专业技术人员支撑。近年来，人员退休等导致年龄层次出现断层、缺失现象，人才队伍培养较滞后，新进人员经验不足，老带新、传帮带未能及时发挥较好作用。经济社会的发展和工作任务的扩充，赋予了水文部门许多新的职能职责，信息化对水文建设提出了更高的要求，新时期，水文对具有水文专业知识又兼备计算机网络信息化专业知识的人才要求日益广泛[3]。

### 4.5　水文文化、水文精神传承弘扬有待加强

水利部办公厅印发《"十四五"水文化建设规划》、习近平总书记先后对保护传承弘扬利用黄河文化等作出一系列重要指示批示，为水文化建设提供了根本遵循和行动指南。水文文化是水文化的重要组成部分，一个国家需要文化作为灵魂，一个行业也需要文化来引领，对水文行业来说，亟待形成具有地方特色、行业特色的水文文化品牌，以此支撑水文业务工作的蓬勃发展。淄博水文对水文文化传承和弘扬较为薄弱，水文文化传播弘扬方式方法创新不够，与新阶段水文高质量发展的要求存在较大差距。

### 4.6　水文服务需要进一步加强

近年来，淄博水文通过官方网站、微信公众号、雨水情简报、信息月报、手机短信、新闻媒体等多种方式和渠道，及时将各类水文信息传递到各级领导和相关部门，为防汛抗旱减灾和水资源管理等工作提供技术支撑；但是存在社会公众了解接触少、服务水平较浅、服务对象宽泛、服务面狭窄等问题；再加上水文与气象、水利、农业、应急等有关部门数据实时共享机制没有实现常态化、长效化，

数据综合存储、传输、处理、分析能力有待提高，水情情报预报、水情预警能力相对薄弱。

## 5 高质量发展思路

水利工程补短板、水利行业强监管，吹响了新时代治水、兴水、管水的号角，以"补短板、强支撑、优服务"为工作主线，以"监测手段自动化、数据处理智能化、服务多样化"的现代水文业务体系为发展目标，以不断推进水文监测改革发展为主线，以补齐补强设施设备短板为抓手，以全面实现水文现代化、信息化为方向，以大力提升队伍能力素质为重点，大力夯实站网基础，着力推进和构建水文站网体系、监测体系、服务体系、人才体系、文化体系等建设。

## 6 水文高质量发展对策

### 6.1 夯实水文"硬底盘"，建设功能完备的站网体系

（1）以空间合理、功能齐全为目标，优化调整现有站网体系。在淄博市现有水文站网基础上，完善高青县黄河沿岸、全市骨干河道、重要区域、重点湖库、中小河流等站网布设，增加监测站点，加大站网密度，扩展水文基本监测站网，拓展监测项目和预警范围，实现监测要素全覆盖，以满足防汛排涝、水资源管理、水环境治理、水生态保护、水土保持等方面的需求。

（2）完善城市、水利工程监控站网，增加基本水文站网监测要素。充分利用现有水文站条件，扩充功能，增加蒸发、水质、水生态、地下水等要素观测，满足水资源管理与保护、水生态修复、城市水文及水土保持等分析需求。实现不同行业站网功能优势互补，强化水文和气象、生态环境等行业站网协同，建立健全共享机制。

（3）打造具有淄博特色的标准化水文测站。全面调查摸底全市水文基础设施现状，按照标准要求，进行改造升级，完善测站作业和人员管理制度，打造具有淄博特色的标准化水文测站。

### 6.2 加快构建具有淄博特色的市域现代水网体系

加快构建具有淄博特色的市域现代水网体系，抓好统筹谋划，推进落实淄博市现代水网重点水利工程建设实施方案，不断健全完善水资源调配体系、水旱灾害防御体系、水生态保护体系、智慧化水网体系。

### 6.3 打好水文测报"主动战"，提高水文监测能力

淄博市境内监测站点基本实现了自动监测，但仍有部分监测要素采用传统的人工监测，智能化、自动化水平低，时效性差。提高水文监测能力可从以下三方面入手：

（1）提升测站自动化水平。对全市各类监测监视设备进行改造升级，不断加强自动化、信息化建设，实现水文要素自动采集与实时传输。不断提高常规监测、自动监测和应急监测的能力，建立遥感、雷达、无人机、视频等"空天地"一体化、多手段的立体监测体系。

（2）大力提升应急监测能力。补充配备便携式水位、水量、水质监测设备及无人机、无人测船等，建立起高效的应急监测系统，保障在紧急突发情形下能够迅速响应、准确监测、及时上报。

（3）强化"四预"措施，按照"四个链条"等加强洪水分析演算和模拟预演。加强水文测报培训及演练，增加培训和演练的频次，确保各种监测手段和仪器设备关键时刻用得上、用得熟练。完善升级洪水预报调度系统，构建智能预报调度体系。不断研究水文预报新方法、新模型，实现水文预报技术创新。

### 6.4 强化数据成果整合，聚力打造智慧水文站

在智慧水文建设方面，强化数据成果整合，聚力打造智慧水文站。以小清河岔河水文站为中心，通过融合前沿技术，全力整合数据资源，构建统一高效的流域智慧水文站。目前，岔河水文站成功应用全自动测流巡河无人机和无人船，初步构建了"物理+虚拟"360°立体数字智慧化平台，实现了水情中心和外业监测数据的实时畅通。

下一步，将不断利用5G、云计算、大数据等前沿信息技术开展数字孪生流域建设及智慧水文站

建设，引进测流无人机、超声波水位计、图像测流等现代化监测仪器，实现水文全要素自动化、数字化、智能化。

### 6.5 强化水文服务体系

中国式现代化，是人与自然和谐共生的现代化。确立国家"江河战略擘画国家水网重大工程"离不开水文。充分考虑行业部门对水文监测数据的需求，不断拓宽服务领域、创新服务模式，深度挖掘社会公众对水文工作的服务需求，使水文基础数据深加工、再利用，将水文信息转化成可直接使用的水文成果。构建面向各行业和社会大众的专题服务，梳理淄博水文多年工作成果，开发专题服务产品。

### 6.6 扎实推进水旱灾害防御能力提升

坚守水旱灾害防御底线，做好水文情报预报工作。编制中小河流治理方案，做好水利工程防御洪水方案及超标洪水防御预案修编、演练。全面摸排水旱灾害防御隐患，突出做好河湖库和山洪灾害防御村风险防控。加强水文站大断面、重点河段河道地形测量，不断实时滚动更新洪水预报。

加强与部门的沟通联系，健全水情预警发布工作机制，不断提高水情服务能力。

强化旱情监测预测。结合流域、区域特点，加强旱情监测评估，强化干旱中长期预报、枯水期径流演进模拟预演等研究和应用。

### 6.7 弘扬水文文化，讲好淄博水文故事

#### 6.7.1 深入挖掘水文历史文化资源

加大对文化要素的挖掘整理，融入景观、水生态、科普教育和水文现代化，提升水文设施的文化内涵与品位，加快推进水文文化建设。

充分挖掘水文文化潜力。加强水利遗产保护与利用，谋划建设一批遗产保护标志性工程。支持建设水文文化展示场所和水情教育基地。追溯水文测站历史，对岔河水文站、马尚水文站、东里店水文站等开展文化升级改造，将水文文化理念融入水利建设全过程，充分融合水文元素、淄博元素。开展科学调研活动，宣传水文文化，设计制作淄博水文标志性卡通人物，推出具有淄博水文文化标识的创意产品。

#### 6.7.2 打造淄博水文文化新站点

针对具有特殊意义的题刻、碑记等水文观测历史文物进行修复保护，切实做好水文历史遗产、水文文化建设科普宣传。建设水生态科普展厅，积极推进水文数字化展馆建设。加强水文站的保护与发展，将水文站点改造为水文行业对外展示、交流、宣传的"微窗口"，既持续发挥其实际应用价值，又打造成为开展水情教育、传承水文文化的重要阵地[4]。面向社会公众宣传水生态环境、水文知识、水文文化等内容。

#### 6.7.3 加强水文文化传播

大力开展水情教育活动，繁荣水文文学艺术，推动水文知识宣传普及。进一步加大水文公益性宣传力度，积极拓展水文文化传播渠道，办好水文学优秀作品征集工作，提供优秀水文文化作品。编辑出版淄博水文事业大事记，向社会广泛宣传淄博水文概况、大事记、成果荣誉、水文文化等，扩大淄博水文文化的社会影响力。

### 6.8 建强水文科技人才队伍

以实际水文工作需求为导向，在用好、吸引、培养人才上重点下功夫，科学制订培训计划和方案，培养和引进急需紧缺人才，采用技术交流与实际操作相结合等方式加强水文监测、信息化等方面的业务技能培训，实现在急、难、险、重任务面前人员局部集中的优势。

深入推进党支部标准化、规范化建设，树立一切工作到支部的鲜明导向，采取有效措施，突出水文特色。加强干部队伍建设，加强优秀年轻干部培养选拔。坚持严管和厚爱结合、激励和约束并重，激发干部干事创业新动能，形成推动高质量发展的强大合力。

## 参考文献

［1］唐玲，陈向喜. 淄博市水文特性分析［J］. 山东水利，2001（10）：31-32.

［2］陈杰. 全面推动江苏水利高质量发展［J］. 江苏水利，2019（4）：1-4.

［3］许仁康，杨金艳，谈剑宏，等. 加快推进苏州水文高质量发展的思考［J］. 江苏水利，2020（6）：53-56.

［4］郭世民. 新时代湖南水文高质量发展的思考［J］. 水利发展研究，2020（11）：29-31.

# 永定河流域年径流模拟预测研究及应用

魏　琳　陈　旭　范　辉

（海河水利委员会水文局，天津　300170）

**摘　要**：本文以册田水库及官厅水库为代表站，为永定河上游年径流量构建过程驱动及数据驱动预测模型，其中数据驱动模型，以降水强度、降水总量、前期土壤含水量等主要影响因素为预报因子，以年径流量为预测对象，构建年径流量预测数据驱动模型；同时建立具有物理意义的 SWAT 分布式水文模型，实现了永定河官厅水库以上月及年尺度天然径流量的模拟及预测。结果表明：两种模型在永定河流域均有一定的适用性，各有优势，可在业务应用中互为补充。构建的数据驱动模型中，册田代表站年径流量模拟合格率为 75%，官厅代表站模拟合格率为 86%，该模型采用资料较少，简单便捷，在业务中易于实现；SWAT 模型将研究区划分为 80 个子流域、691 个水文响应单元，经建模验证，代表站相关系数均在 0.5 以上，但是对永定河流域特有的春汛过程不能很好地模拟，需对此加强分析研究，进一步提高模型的精准度。

**关键词**：永定河；SWAT 模型；回归模型；年径流量；模拟预测

　　经济社会的发展、华北地区人类活动及气候变化的不断加剧、土地覆盖及利用变化直接相关的城市化进程的推进、农业的开发利用、生态工程建设的实施、复杂的地形地理条件等因素，改变了水资源循环的过程和空间格局，致使海河流域水资源循环系统具有高度复杂性，对模拟预测工作也提出了全新的挑战。特别是作为高人口密度、高经济开发的永定河流域，20 世纪 80 年代后期径流量明显减少，长期出现断流情况。研究表明，气候变化及人类活动是其主要因素，其贡献量分别占 65.4% 及 34.6%[1]。特别是在 20 世纪 80 年代以后，流域的径流量变化的主要影响因素是由人类活动引起的[2]。目前，对于永定河流域的水资源问题已有大量研究，多集中于径流演变规律[3-4]、径流量变化归因定量识别[5] 及未来情景分析[6] 等方面，而对于能够应用于实际业务生产的来水量分析预测模型研究相对较少。本文对多影响物理因素的分析，开展定量化描述，构建基于数理统计的永定河流域年径流模拟预测模型，同时考虑到人类活动的影响，构建考虑下垫面变化的分布式 SWAT 模型，并对两种模型的精度及应用效果进行对比分析，为永定河生态补水等业务工作的开展提供技术支撑。

## 1　研究区概况

　　永定河是海河流域七大支流之一，为海河西北支，流域位于 112°~117°45′E，39°~41°20′N，东邻潮白河、北运河系，西邻黄河流域，南为大清河系，北为内陆河。流域地跨内蒙古、山西、河北、北京、天津等 5 个省（自治区、直辖市），面积为 4.7 万 km²，占海河流域总面积的 14.7%。流域跨燕山山脉、内蒙古高原和华北平原，上源为桑干河和洋河，分别发源于晋西北和内蒙古高原南缘，两河于河北省张家口怀来县朱官屯汇合后称永定河，永定河纳妫水河后在河北省怀来县注入官厅水库，至屈家店与北运河汇合，其水经永定新河由北塘入海。永定河流域概况见图 1。

## 2　资料与方法

### 2.1　研究区资料

　　空间数据：30 m×30 m 的 DEM 高程数据、土地利用数据、土壤分布数据、土壤属性等数据。

**基金项目**：国家自然科学基金重点支持项目（U21A2004）。

**作者简介**：魏琳（1983—），女，高级工程师，硕士，主要从事水文气象情报预报工作。

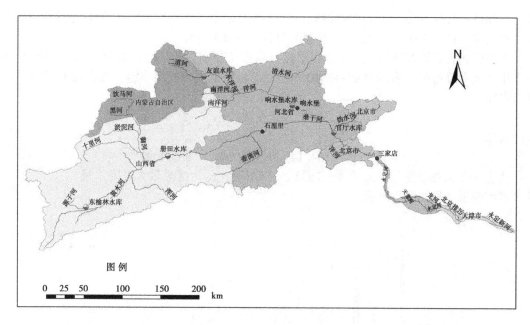

**图 1 永定河流域概况**

气象资料：1956 年 1 月至 2019 年 9 月降水、气温、湿度、风速、日照等日尺度数据。

水文数据：水文年鉴 1956—2018 年 106 站月降水量数据；1956—2016 年海河流域第三次水资源评价中天然月径流量数据；2017—2019 年海河流域水资源公报年径流数据等。

### 2.2 研究方法

本文基于数理统计方法及分布式 SWAT 水文模型，分别构建永定河上游册田水库、官厅水库年径流量模拟预测模型，并对两种模型模拟结果及业务适用性开展对比分析，提出适用于永定河流域年径流量模拟预测的方法，为预知及分析永定河流域水资源量提供可靠、便捷、业务化应用手段。

数理统计方法主要基于自回归模型，考虑主要影响因素，并进行定量化描述，作为预报因子，基于历史数据建立预报对象与预报因子之间的数学关系，并借助这种数学关系对未来的年径流量进行预报。SWAT 模型是以水文系统为研究对象[7]，充分利用覆盖流域的空间信息数据，以水文气象站点资料为基础，依据降雨和径流在自然界的运动原理建立数学模型，精确模拟流域内各种水循环物理过程，从而获取模型参数，通过验证，开展模拟分析。

## 3 基于数理统计的天然径流量模拟预测分析

### 3.1 影响因素分析

河川径流的变化主要受自然和人类活动两方面的影响。自然因素方面，主要包括气候和下垫面变化的影响，在以降水为主要补给来源的永定河流域，可以认为降水是天然径流最直接的影响因素。在以蓄满产流为主的湿润地区，产流主要与总的流域降雨量相关；在以超渗产流为主的干旱地区，产流主要与降雨过程中的降雨强度相关，而永定河流域属于半湿润半干旱地区，以混合产流为主，不仅仅与降水总量相关，而且与降水强度有很大的关系。前期土壤含水量情况对流域产流亦有较大影响，同样条件下，土壤含水量越大，产流量越高。

同时考虑到永定河流域年降水量 80% 以上集中在汛期（6—9 月），在预知汛期降水量的情况下，能够快速准确地预知该流域天然径流量，是业务应用中急需解决的问题。基于以上分析，考虑到业务应用的可操作性及预测的准确性，尽量采用最新已有数据，选取降水强度、降水总量、前期土壤含水量为主要影响因子，开展模型构建。其中，以前一年天然径流量代表前期土壤含水量、当年 1—9 月降雨量代表降水总量、当年最大月降雨量代表降水强度。

### 3.2 模型构建

考虑到册田水库天然径流量序列在 20 世纪 70 年代出现突变，因此采用 1980—2010 年数据进行参数率定，2011—2017 年数据进行模型检验。官厅水库以上采用 20 世纪 80 年代以来数据进行参数率定及检验，率定期为 1987—2010 年，检验期为 2011—2017 年。

基于上述分析，选取影响较大的 3 个因子进行建模，分别为前一年天然径流量、当年 1—9 月降雨量和当年最大月降雨量。采用 1980—2010 年年径流量数据进行模型率定，可得如下模型：

册田水库
$$y = 0.56x_1 + 63.28x_2 + 75.84x_3 - 8744.9 \tag{1}$$

官厅水库
$$y = 0.38x_1 + 104.14x_2 + 156.36x_3 - 8624.91 \tag{2}$$

式中：$x_1$ 为上一年天然径流量；$x_2$ 为 1—9 月区域降雨量；$x_3$ 为区域最大月降水量。

两个水库模拟结果如图 2 所示。

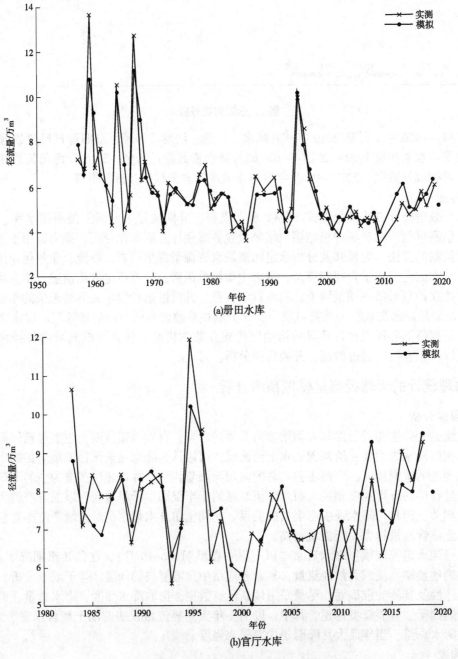

(a)册田水库

(b)官厅水库

图 2　永定河上游天然径流量实测与模拟效果对比

### 3.3 模拟结果及检验

采用《水文情报预报规范》（GB/T 22482—2008）中评定预报精度的方案：

（1）对于定量预报，水位（流量）按多年变幅的10%，其他要素按多年变幅的20%，要素极值的出现时间将多年变幅的30%作为许可误差，根据所发布的数值或变幅的中值进行评定。

（2）利用确定性系数DC（也称为纳什效率系数）来评定预报过程与实测过程之间的吻合程度，用下式来计算：

$$DC = 1 - \frac{\sum_{i=1}^{n} \left[ y_c(i) - y_0(i) \right]^2}{\sum_{i=1}^{n} \left[ y_0(i) - \overline{y_0} \right]^2} \tag{3}$$

式中：DC 为确定性系数；$y_0(i)$ 为实测值；$y_c(i)$ 为预报值；$\overline{y_0}$ 为实测值的均值；$n$ 为资料系列长度。

（3）预报精度等级。预报精度等级按合格率或者确定性系数大小分为3个等级，见表1。

表1 预报精度等级

| 精度等级 | 甲级 | 乙级 | 丙级 |
|---|---|---|---|
| 合格率/% | >85.0 | 70.0~85.0 | 60.0~70.0 |
| DC | >0.90 | 0.70~0.90 | 0.50~0.70 |

计算成果如表2所示，从表2合格率来看，两个流域预报精度均在乙级以上。其中，册田水库代表站率定期及验证期合格率在75%以上，官厅水库代表站合格率在86%以上，精度较高。从确定性系数来看，率定期册田水库代表站为0.85，官厅水库为0.51，验证期两站确定性系数均不高，模拟与实测的吻合程度较低。

表2 册田及官厅代表站天然径流量模拟结果统计

| 站点 | 率定期（1980—2010 年） | | 验证期（2011—2017 年） | |
|---|---|---|---|---|
| | 合格率/% | DC | 合格率/% | DC |
| 册田水库 | 100 | 0.85 | 75 | -2.34 |
| 官厅水库 | 86 | 0.51 | 100 | 0.22 |

## 4 基于SWAT分布式水文模型模拟预测分析

利用2个控制站点（册田水库和官厅水库）1998—2016 年的还原月径流资料对模型进行预热、参数率定和验证。其中，1998—1999 年作为模型的预热期，以降低模型在运行初期初始条件的影响，2000—2010 年为模型率定期，2011—2016 年为模型验证期，选取敏感性较高的 16 个参数参与模型校准。

### 4.1 模型空间数据构建

构建SWAT模型的空间数据主要包括生成流域水系、划分子流域，定义土地利用数据、土壤数据、坡度数据及创建流域水文响应单元（HRUs）。流域水系及子流域划分主要采用流域 DEM 生成河网，设定集水面积阈值，最终将官厅以上区域划分为80个子流域；对土地利用数据进行重分类，定义土地利用数据；土壤数据是 SWAT 模型前期数据准备的关键数据，也是 SWAT 模型中主要的输入参数之一，土壤物理属性数据决定了土壤剖面中水和气的运动情况，对 HRUs 中的水循环过程起着重要作用，因此使用我国土壤数据库对土种志进行查阅、对土壤质地进行转化、绘制土壤类型分布图等；坡度数据主要依据《土地利用现状调查技术规程》，将流域的坡度划分为 5 个等级，并绘制流域坡度分布图；采用多 HRUs 方法创建研究区水文响应单元，并将土地利用、土壤类型和坡度临界值分别设置为 20%、10%、20%，将整个流域划分为 691 个 HRUs。具体见图 3。

(a)子流域划分结果

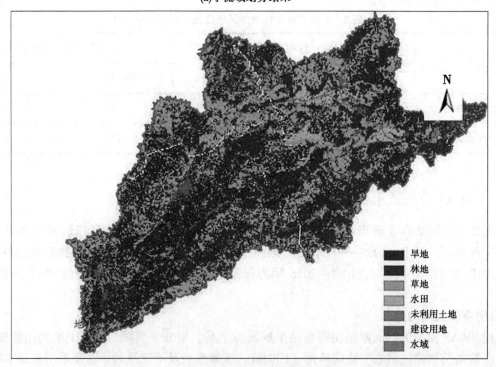

(b)永定河流域土地利用类型

图 3　永定河上游子流域、土地利用类型、土壤类型、坡度等空间数据分布

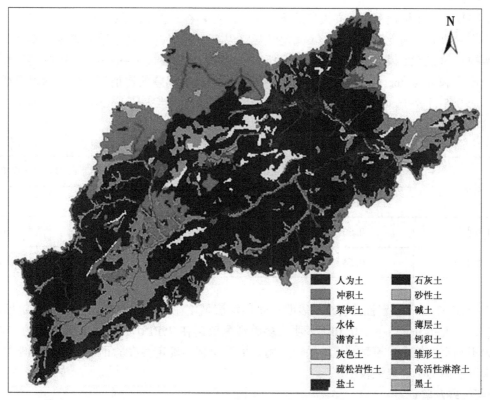

图例：
人为土　石灰土
冲积土　砂性土
栗钙土　碱土
水体　薄层土
潜育土　钙积土
灰色土　雏形土
疏松岩性土　高活性淋溶土
盐土　黑土

(c)永定河流域土壤类型

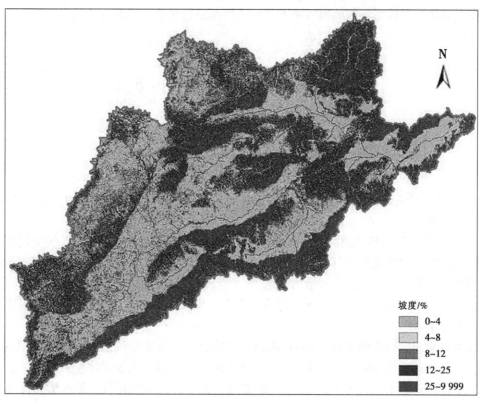

坡度/%
0~4
4~8
8~12
12~25
25~9 999

(d)永定河流域坡度分布

续图3

### 4.2　不确定性分析

在众多复杂因子影响下，水文模拟的不确定性广泛存在。主要来源可分为三类：数据输入、模型结构及模型参数的不确定性。此三类不确定性最终以模型输出的不确定性来表现。本文采用 SUFI-2 算法对所构建的 SWAT 模型进行不确定性分析。SUFI-2 算法通过 P-factor（95PPU 区间内的观测数据的百分比）和 R-factor（95PPU 上下限的平均距离与标准偏差的比值）2 个指标来表征不确定性。当 P-factor>0.5 且 R-factor<1.5 时，模拟的不确定性可接受；当 P-factor>0.5 且 R-factor<0.7 时，模拟的不确定性较小。SUFI-2 不确定性分析结果见表 3。

表 3　SUFI-2 不确定性分析结果

| 站点 | 率定期（2000—2010 年） | | 验证期（2011—2016 年） | |
| --- | --- | --- | --- | --- |
| | P-factor | R-factor | P-factor | R-factor |
| 册田水库 | 0.60 | 0.12 | 0.56 | 0.15 |
| 官厅水库 | 0.54 | 0.13 | 0.55 | 0.14 |

表 3 中 SUFI-2 不确定性分析结果表明，永定河流域 2 个控制站点在验证期和率定期的 P-factor 均大于 0.54，R-factor 均小于 0.15，表明大多数观测值落在 95PPU 区间内，所构建的 SWAT 模型径流模拟的不确定性较小，模型模拟结果较适用。尽管模型不确定性在验证期较率定期略微有所增加，但整体来看模型的不确定性较小。

### 4.3　模型结果及验证

为了判断模型是否具有可行性，需要在模型率定之后对模型进行验证。一般采用相关系数（$R^2$）和纳什系数（NSE）对模型参数的模拟精度及其适用性进行评价，其表达式如下：

$$R^2 = \frac{\left[ \sum_{i=1}^{n} (Q_{obs,i} - \overline{Q}_{obs})(Q_{sim,i} - \overline{Q}_{sim}) \right]^2}{\sum_{i=1}^{n} (Q_{obs,i} - \overline{Q}_{obs})^2 \sum_{i=1}^{n} (Q_{sim,i} - \overline{Q}_{sim})^2} \tag{4}$$

$$NSE = 1 - \frac{\sum_{i=1}^{n} (Q_{sim,i} - Q_{obs,i})^2}{\sum_{i=1}^{n} (Q_{obs,i} - \overline{Q}_{obs})^2} \tag{5}$$

式中：$Q_{obs,i}$ 为还原径流量；$Q_{sim,i}$ 为模拟径流量；$\overline{Q}_{obs}$ 为还原径流量的均值；$\overline{Q}_{sim}$ 为模拟径流量的均值；$n$ 为样本容量。

$R^2$ 表征模拟值与还原值之间的数据吻合程度，其值常介于 0~1，越接近 1，说明还原值与模拟值线性相关程度越高，模拟效果越好。NSE 用于衡量模拟值与还原值之间的拟合度，其值越接近 1，说明模拟值越接近还原值。一般认为，在月尺度下，当模拟值与还原值同时满足 NSE>0.5 和 $R^2$>0.6 时，构建的 SWAT 模型适用于该流域水文过程的模拟。模拟结果如图 4 所示。2 个控制站点的率定与验证评价结果见表 4。

由图 4 可以看出，每年的 3 月、4 月还原径流量均有一个较大的峰值，而模型模拟的 3 月、4 月峰值要明显小于还原径流量峰值，可能与缺少相关气象数据驱动，模型未完全开启融雪、冻土计算有关。永定河官厅水库以上流域每年 3 月、4 月随着气温及地温的逐渐升高，冬季降雪及河道内冰逐渐融化形成春汛。

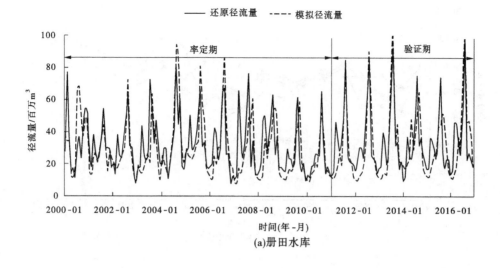

(a)册田水库

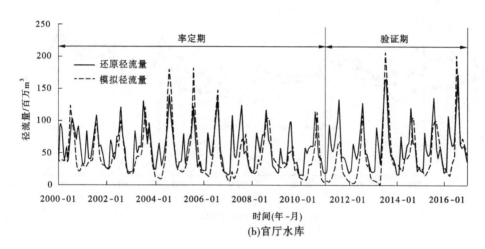

(b)官厅水库

**图4 册田、官厅水库率定期、验证期月模拟值与还原值对比**

**表4 永定河流域月径流模拟结果**

| 站点 | 率定期（2000—2010年） | | 验证期（2011—2016年） | |
| --- | --- | --- | --- | --- |
| | $R^2$ | NSE | $R^2$ | NSE |
| 册田水库 | 0.6 | 0.5 | 0.43 | 0.29 |
| 官厅水库 | 0.54 | 0.18 | 0.51 | 0.17 |

## 5 模拟结果比较

SWAT分布式水文模型时间尺度为月尺度，因此为获取年径流量，需将逐月径流量进行累加计算，图5为两种模型在册田水库、官厅水库年径流量模拟值与实测值对比。从2个代表站的模拟结果来看，两种模型总体效果均可。册田水库代表站采用SWAT模型模拟值大部较天然径流量还原系列数据偏小，可能与永定河春汛考虑不足有关，回归模型方法较还原年径流量有的偏大，有的偏小。针对官厅水库代表站，两种模型模拟结果的离散程度较册田水库小，与还原年径流量更为接近。因此，考虑到各模型的优势，在业务应用中可采用两种方法进行，互为验证分析使用，回归方法较为便捷简单，基于SWAT分布式水文模型具有一定的物理意义，可通过优化参数来提高模拟精度。

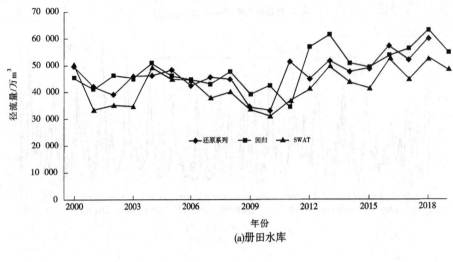

(a)册田水库

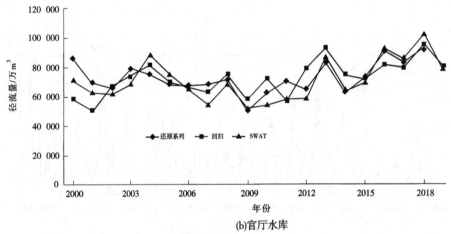

(b)官厅水库

图5 册田水库、官厅水库率定期、验证期年径流量模拟值与天然径流量对比

## 6 结论与展望

本文以官厅水库控制的永定河山区流域为研究区域，基于回归模型及具有物理意义的 SWAT 分布式水文模型的构建，实现永定河官厅以上月及年尺度天然径流量的模拟和预测，为永定河流域水资源综合治理与生态修复提供理论依据和实践价值。主要结论如下：

（1）分析了影响流域年径流量的主要因素，并开展定量化描述，在考虑流域径流系列一致性的前提下，采用 1980 年之后的历史数据建立年径流量与预报因子（定量化主要影响因素）之间的数学关系，构建年径流量预测模型，结果表明，该模型率定期及检验期合格率在 75% 以上，属于乙级精度，模型适用性良好，且较为简单便捷，易于上手，更易于实际业务应用。

（2）根据永定河流域 30 m×30 m 精度的 DEM 数据、2006—2019 年气象水文数据、土壤数据、土地利用数据等构建研究区域 SWAT 分布式月径流模型。模型将研究区划分为 80 个子流域、691 个水文响应单元，经参数率定及不确定性分析，所构建的 SWAT 模型径流模拟的不确定性较小，模型模拟结果较适用。通过对模型结果的检验可以看出，率定期相关系数均在 0.5 以上，可适用于永定河流域径流模拟及预测分析，但模型需要基础数据较多，结构较为复杂，可在业务应用中与回归模型互为补充。

（3）通过两种模型的构建及对比分析，两种模型各有优劣势，建议后期以集合优化方法为出发点，充分发挥各模型的最大优势，提高该区域年径流量预报精度，并继续加强对 SWAT 分布式水文模型中融雪径流的研究，提高该区域年及月径流量预报精度，真正实现模型的落地业务化应用。

## 参考文献

［1］张利平，于松延，段尧彬，等．气候变化和人类活动对永定河流域径流变化影响定向研究［J］．气候变化研究进展，2013，9（6）：391-397．

［2］侯蕾，彭文启，董非，等．永定河上游流域水文气象要素的历史演变特征分析［J］．中国农村水利水电，2020（12）：1-8，14

［3］丁爱中，赵银军，郝弟，等．永定河流域径流变化特征及影响因素分析［J］．南水北调与水利科技，2013，11（1）：17-22．

［4］曾思栋，张利平，夏军，等．永定河流域水循环特征及其对气候变化的响应［J］．应用基础与工程科学学报，2013，21（3）：501-511．

［5］鲍振鑫，张建云，严小林，等．基于四元驱动的海河流域河川径流变化归因定量识别［J］．水科学进展，2021，32（2）：171-181．

［6］鲍振鑫，张建云，严小林，等．海河流域60年降水量的变化及未来情景分析［J］．水利水运工程学报，2014（5）：8-13．

［7］王中根，刘昌明，黄友波．SWAT模型的原理、结构及应用研究［J］．地理科学进展，2013（1）：79-86．

［8］胡军华，唐德善．时间序列模型在径流长期预报中的应用研究［J］．人民长江，2006（2）：40-41．

［9］刘清华．时间序列模型在水文预报中的应用［J］．湖南水利水电，2007（3）：42．

# 变化环境下水库汛期运行水位优化设计

## 牛元芳[1]　杨　凯[2]

（1. 河北省邯郸市涉县水利局，河北邯郸　056400；
2. 水利部海委海河下游管理局水文水资源管理中心，河北邯郸　056400）

**摘　要：** 受气候变暖和强人类活动影响，水文序列的一致性假定被打破。首先，本文以安康水库为例，采用累积模比系数过程线、Lee-Heghinian 等方法对安康水库 1956—2013 年入库年最大洪峰，年最大 1 d、3 d 和 5 d 洪量序列进行趋势和变异诊断；其次，建立两对数正态混合分布模型进行非一致性频率分析；最后，利用 Bootstrap 方法获取不同重现期下入库设计洪水过程，并确定最优汛限水位优化方案。结果表明：安康水库入库洪水序列分别在 1984 年、1985 年发生变异，选取将安康水库汛限水位抬高 1 m 作为最优方案，研究结果可为变化环境下水库汛期运行水位优化设计提供重要理论基础和技术支撑。

**关键词：** 非一致性；变异诊断；混合分布；设计洪水；汛限水位

在全球气候不断变化以及人类大量修建水利和水土保持工程、水资源的大量开采与利用等多因素影响下，天然来水过程发生变化，致使水文序列的一致性假设被打破，实际工程设计中若使用传统的水文频率分析方法计算变化环境下的洪水序列的设计值是不可靠的。

近年来，国内外研究学者针对水文序列的非一致性开展了一定研究，并获得了丰硕的研究成果。例如，谢平等[1]在统计学理论的基础上给出了水文序列变异的定义，并提出了水文变异诊断系统，将诊断过程分为初步诊断、详细诊断和综合诊断三步，其已成为诊断非一致性水文序列的重要方法。而成静清[2]、Singh 等[3]认为洪水频率分析的适线法不能用来计算非一致性洪水序列，其可能高估洪水的超过概率。宋松柏等[4]利用全概率公式，推导出具有跳跃变异的非一致性水文序列频率计算公式，并将该方法应用到渭河流域泾河张家山站 1932—2006 年年平均流量序列中，研究表明其可以灵活地选用目前常用的频率分布，适用多个变异点的非一致分布水文序列频率计算。综观过往研究发现，多数学者主要针对洪水序列进行非一致性诊断，鲜有涉及洪量方面的研究，且未考虑不确定性条件下变异序列对入库洪水调洪演算的风险大小。

因此，本文在考虑适用性和多因素影响条件下，利用混合分布模型对非一致水文序列进行水文频率分析计算，在考虑到设计值不确定性条件下对得到的设计值进行抽样，进而得到入库设计洪水过程，将风险率作为方案优选指标，最终遴选最优汛限水位优化方案。

## 1　研究区域及数据来源

汉江发源于陕西省西部潘家山，流经陕西、四川、河南、湖北 4 省，于武汉市注入长江，流域面积 15.9 万 km²，汉江上游属华中北亚热带湿润气候区；该地区降雨量南北分布不均，且冬季的降雨量较少，年降雨量在 800~1 000 mm，汉江上游的暴雨量大、强度集中，河槽又缺乏良好的调蓄作用，因此洪水涨消极快，水量变化极不稳定，汉江上游流域见图 1。安康水库位于汉江上游，控制流域面积 35 700 km²，多年平均径流量 192 亿 m³，汛期限制水位 325 m，为不完全年调节水库。大坝按千年

---

**作者简介：** 牛元芳（1973—），男，工程师，主要从事水资源系统工程工作。

一遇洪水设计，万年一遇洪水校核。本文收集的数据为安康水库 1956—2013 年的天然入库洪水过程，计算整理得到年最大洪峰序列，年最大 1 d、年最大 3 d、年最大 5 d 洪量序列。

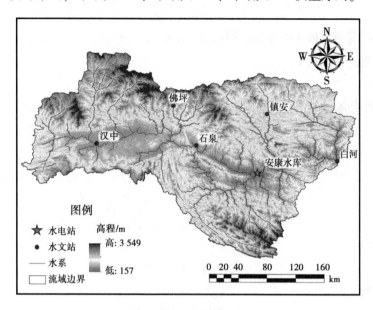

**图 1　汉江上游流域**

## 2　研究方法

### 2.1　水文变异性和趋势性综合诊断

本文的变异诊断过程分为初步诊断、详细诊断和综合诊断三步，初步诊断采用累积模比系数过程线法，详细诊断包括跳跃详细诊断和趋势详细诊断，其中跳跃详细诊断采用 Lee-Heghinian 方法[5] 和有序聚类方法[6]，趋势详细诊断采用相关系数法和 Spearman 秩次相关检验法[7]；综合诊断包括趋势综合、跳跃综合和物理成因分析三方面。

#### 2.1.1　累积模比系数过程线法

当原始资料系列为 $X_t$ 时，累积模比系数过程线法的计算公式如下：

$$X_{ct} = \sum_{i=1}^{t} X_i = \sum_{i=1}^{t-1} X_i + X_t \tag{1}$$

式中：$X_{ct}$ 代表第 $t$ 时段的累积值，若累积模比系数过程线趋于直线，则认为该序列的一致性较好，即不存在变异，否则存在变异。

#### 2.1.2　Lee-Heghinian 法

对于水文时间序列 $x_t$（$t=1, 2, \cdots, n$），假定其总体服从正态分布，其分割点 $\tau$ 的先验分布为均匀分布，则其可能分割点的后验条件概率密度函数为

$$f(\tau/x_1, x_2, \cdots, x_n) = k\left[\frac{n}{\tau(n-\tau)}\right]^{\frac{1}{2}} \left[R(t)\right]^{\frac{-(n-2)}{2}} \quad (1 \leqslant \tau \leqslant n-1) \tag{2}$$

式中：$k$ 为比例常数，一般取 $k=1$。

$$R(t) = \frac{\sum\limits_{t=1}^{\tau}(x_t - \bar{x}_\tau)^2 + \sum\limits_{t=\tau+1}^{n}(x_t - \bar{x}_{n-\tau})^2}{\sum\limits_{t=1}^{n}(x_t - \bar{x}_n)^2} \tag{3}$$

其中：

$$\bar{x}_\tau = \frac{1}{\tau} \sum_{t=1}^{\tau} x_t, \quad \bar{x}_{n-\tau} = \frac{1}{n-\tau} \sum_{t=\tau+1}^{n} x_t, \quad \bar{x}_n = \frac{1}{n} \sum_{t=1}^{n} x_t \tag{4}$$

后验条件概率密度函数最大的 $\tau$ 值，即满足 $\max\limits_{1 \leqslant \tau \leqslant n-1} \{ f(\tau/x_1, x_2, \cdots, x_n) \}$ 条件的 $\tau$，就是该方法所需要的最可能的分割点 $\tau$。

### 2.1.3 有序聚类法

现有水文时间序列 $x_t$（$t=1, 2, \cdots, n$），设其可能的分割点为 $\tau$，则 $\tau$ 前后序列的 $V_t$ 可分别用下式表示：

$$V_\tau = \sum_{i=1}^{\tau} (x_i - \bar{x}_\tau)^2, \quad V_{n-\tau} = \sum_{i=\tau+1}^{n} (x_i - \bar{x}_{n-\tau})^2 \tag{5}$$

式中：

$$\bar{x}_\tau = \frac{1}{\tau} \sum_{i=1}^{\tau} x_i, \quad \bar{x}_{n-\tau} = \frac{1}{n-\tau} \sum_{i=\tau+1}^{n} x_i \tag{6}$$

总的 $V_t$ 可表示为

$$S_n(\tau) = V_\tau + V_{n-\tau} \tag{7}$$

根据最优二分割法

$$S_n^* = \min_{1 \leqslant \tau \leqslant n-1} \{ S_n(\tau) \} \tag{8}$$

当上述全部条件均被满足时，则 $\tau$ 为序列的分割点。

### 2.1.4 Spearman 秩次相关检验法

Spearman 法检验水文序列 $x_t$ 与时间序列 $t$ 之间的秩次相关性，一般将秩次 $R_t$ 代替 $x_t$，其中 $t$ 为时序（$t=1, 2, \cdots, n$），相关系数可表示为

$$r = 1 - \frac{6 \sum_{t=1}^{n} d_t^2}{n^3 - n} \tag{9}$$

式中：$n$ 为样本长度；$d_t = R_t - t$。

对相关系数 $r$ 进行检验时，构造检验统计量如下：

$$T = r \left( \frac{n-4}{1-r^2} \right)^{1/2} \tag{10}$$

当显著性水平 $\alpha = 0.05$，临界值 $t_{\alpha/2}$ 可通过查表获得。判断趋势成分时，若 $|T| > t_{\alpha/2}$，则拒绝原假设，认为序列中的趋势成分显著；反之，则接受原假设，认为序列中的趋势成分不显著[2-3]。

## 2.2 非一致水文序列频率分析方法

本文采用两对数正态混合分布模型开展非一致水文序列频率计算，其过程如下：当变异点为 $\tau$ 的非一致性水文序列 $X$ 的样本容量为 $n$，其中 $\tau$ 之前的序列为 $X_1$，概率密度为 $f_1(x)$，长度 $n_1 = \tau$；$\tau$ 之后的序列为 $X_2$，概率密度为 $f_2(x)$，长度 $n_2 = n - \tau$；则序列 $X$ 服从混合分布 $f(x)$，其概率密度函数为

$$f(x) = \alpha f_1(x) + (1 - \alpha) f_2(x) \tag{11}$$

当混合分布模型中的子分布是两个对数正态分布时，$f_1(x)$ 和 $f_2(x)$ 分别为

$$f_1(x) = \frac{1}{x \sigma_{y1} \sqrt{2\pi}} \exp \left[ \frac{-(\lg X - \mu_{y1})^2}{2\sigma_{y1}^2} \right] \tag{12}$$

$$f_2(x) = \frac{1}{x \sigma_{y2} \sqrt{2\pi}} \exp \left[ \frac{-(\lg X - \mu_{y2})^2}{2\sigma_{y2}^2} \right] \tag{13}$$

其中：$\sigma_{yi}$ 和 $\mu_{yi}$ 分别为序列 $X_i$ 的标准差和均值（$i=1$，2）。

可以看出，两对数正态分布的混合分布一共有 5 个参数：$\alpha$、$\sigma_{y1}$、$\sigma_{y2}$、$\mu_{y1}$ 和 $\mu_{y2}$。

注：本文采用极大似然算法对所提出的两对数混合分布模型进行参数估计。

### 2.3 汛期运行水位优化方法

#### 2.3.1 优化方案设定

通过频率分析得到入库设计洪水过程，在原汛限水位的基础上调洪演算求得调洪最高水位和最大下泄流量，并与水库原设计值进行比较，最终在原汛限水位以上以 0.50 m 步长设定若干方案集。

#### 2.3.2 方案选取方法

以各个方案的极限风险率的大小作为方案优选的标准，采用频率分析法计算各方案的极限风险率。其计算原理为：根据已有不同频率 $p_j$（$j=1$，2，…，$l$）下的入库洪水过程，用不同起调水位方案和水库规定设计的防洪调度规则经过调洪演算，然后通过绘制每个方案的 $Z_{mj} \sim P_j$ 经验频率曲线得到一组曲线簇，最后由设计洪水位反推出风险率 $p_f=p$（$z_m \geq z_设$），最终选取极限风险率最小的方案作为最优方案。

## 3 研究区案例分析

### 3.1 水文洪量趋势性和变异性诊断结果

图 2 为 1956—2013 年安康水库年最大洪峰序列，年最大 1 d、年最大 3 d 和年最大 5 d 洪量序列的单累积模比系数过程线检验结果。由图 2 可知，年最大 1 d 洪量序列、年最大 3 d 洪量序列和年最大 5 d 洪量序列的单累积模比系数过程线均呈现单一线性关系，意味着其均发生了变异，而年最大洪峰流量序列的单累积模比系数曲线呈单一线性关系，即没有变异发生。

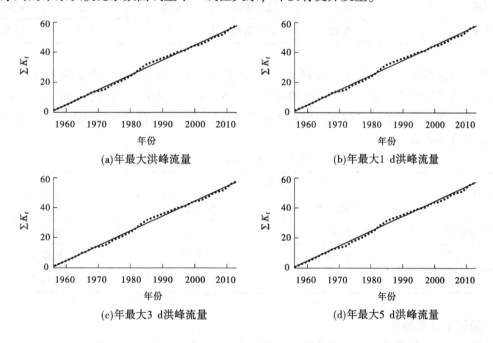

(a)年最大洪峰流量            (b)年最大1 d洪峰流量

(c)年最大3 d洪峰流量            (d)年最大5 d洪峰流量

**图 2　单累积模比系数过程线**

表 1 为采用 Lee-Heghinian 和有序聚类方法对 1956—2013 年安康水库年最大 1 d、年最大 3 d 和年最大 5 d 洪量序列的突变检验结果。由表 1 可知，Lee-Heghinian 和有序聚类方法对年最大 1 d、年最大 3 d、年最大 5 d 洪量序列的检验结果相同，即其突变年份分别为 1984 年、1985 年和 1985 年。

表 1　突变检验结果

| 洪水序列 | Lee-Heghinian 法 | | 有序聚类法 | |
|---|---|---|---|---|
| | 变异点 | 年份 | 变异点 | 年份 |
| 年最大 1 d 洪量 | 29 | 1984 年 | 29 | 1984 年 |
| 年最大 3 d 洪量 | 30 | 1985 年 | 30 | 1985 年 |
| 年最大 5 d 洪量 | 30 | 1985 年 | 30 | 1985 年 |

表 2 为采用相关系数法和 Spearman 秩次相关检验法对 1956—2013 年安康水库年最大 1 d、年最大 3 d、年最大 5 d 洪量序列的趋势性检验结果。可以发现：

（1）不同趋势检验方法下年最大 1 d 洪量序列、年最大 3 d 洪量序列和年最大 5 d 洪量序列均呈显著减少趋势，但各方法在趋势变化量值上存在差异性。

（2）相关系数方法下年最大 1 d、年最大 3 d、年最大 5 d 洪量序列统计量 | r | 值分别为 0.35、0.34 和 0.38；Spearman 秩次相关检验法下 | T | 值分别为 2.92、3.20 和 3.08，即不同方法下各洪量序列均通过了 95% 置信水平显著性检验。

表 2　趋势详细诊断结果

| 洪水序列 | 相关系数法 | | | Spearman 秩次相关检验法 | | |
|---|---|---|---|---|---|---|
| | $\mid r \mid$ | $r_\alpha$ | 显著性 | $\mid T \mid$ | $t_{\alpha/2}$ | 显著性 |
| 年最大 1 d 洪量 | 0.35 | 0.25 | 显著递减 | 2.92 | 2.3 | 显著递减 |
| 年最大 3 d 洪量 | 0.34 | 0.25 | 显著递减 | 3.20 | 2.3 | 显著递减 |
| 年最大 5 d 洪量 | 0.38 | 0.25 | 显著递减 | 3.08 | 2.3 | 显著递减 |

表 3 为综合诊断结果。可以看出，年最大 1 d、年最大 3 d、年最大 5 d 洪量序列均属于跳跃变异。综上所述，由于安康水库近几十年来受季风和厄尔尼诺现象的影响导致降雨分布不均，以及耕地减少土地利用面积增加等下垫面条件变化导致流域产流在湿润年份略有减少。因此，本文所确定的洪水序列变异形式合理可靠。

表 3　综合诊断结果

| 序列 | 效率系数 | | 变异形式 |
|---|---|---|---|
| | 趋势变异 | 跳跃变异 | |
| 年最大 1 d 洪量 | 0.01 | 0.06 | 跳跃变异 |
| 年最大 3 d 洪量 | 0.03 | 0.10 | 跳跃变异 |
| 年最大 5 d 洪量 | 0.05 | 0.12 | 跳跃变异 |

### 3.2　水文洪量频率分析结果

表 4 为不同水文洪量下采用极大似然算法获得的两对数混合分布模型参数估计结果。可以看出，洪水序列在发生变异前后的参数有着显著的不同，其中年最大 1 d 洪量序列下变异前后参数估计均值和方差分别为 2.52、1.87 和 0.50、0.25，年最大 3 d 洪量序列下变异前后参数估计均值和方差分别为 3.17、2.34 和 0.40、0.44，年最大 5 d 洪量序列下变异前后参数估计均值和方差分别为 3.34、2.46 和 0.38、0.50。

图 3 为不同洪量概率密度与累积概率分布。由图 3 可知，3 组序列的拟合效果较好，意味着均服从上述假定的混合分布模型。

表4　参数计算结果

| 序列 | 参数 | | | | |
|---|---|---|---|---|---|
| | $\sigma_1$ | $\sigma_2$ | $\alpha$ | $\mu_1$ | $\mu_2$ |
| 年最大1 d洪量 | 2.52 | 1.87 | 0.13 | 0.50 | 0.25 |
| 年最大3 d洪量 | 3.17 | 2.34 | 0.23 | 0.40 | 0.44 |
| 年最大5 d洪量 | 3.34 | 2.46 | 0.27 | 0.38 | 0.50 |

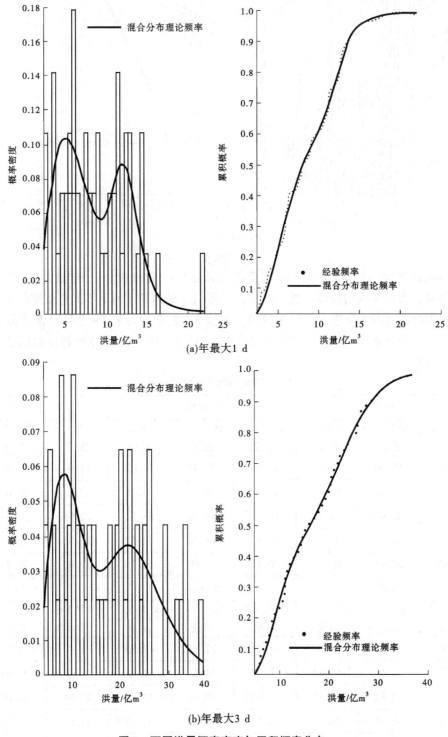

图3　不同洪量概率密度与累积概率分布

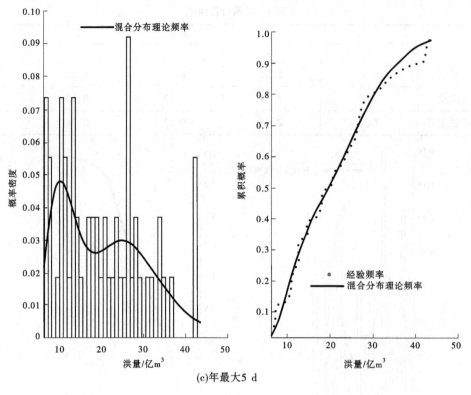

(c)年最大5 d

续图3

　　利用 Bootstrap 抽样，对诊断出已发生变异的年最大1 d、年最大3 d、年最大5 d洪量序列3组水文序列进行抽样，每组序列的抽样次数 $n=500$，进而估计得到各序列下不同重现期的500个水文设计值，并从每组中随机选取5个进行下一步计算，见表5，表6为传统 P-Ⅲ分布设计值。对比表5和表6可以看出，混合分布模型计算的设计成果值比 P-Ⅲ分布和1983年水电建设总局批准的设计成果均有不同程度的减小。

表5　随机抽取的设计值结果　　　　　　　　　单位：亿 $m^3$

| 序号 | 0.01% | | | 0.10% | | | 1% | | |
|---|---|---|---|---|---|---|---|---|---|
| | 最大1 d 洪量 | 最大3 d 洪量 | 最大5 d 洪量 | 最大1 d 洪量 | 最大3 d 洪量 | 最大5 d 洪量 | 最大1 d 洪量 | 最大3 d 洪量 | 最大5 d 洪量 |
| 1 | 21.22 | 55.00 | 62.64 | 29.46 | 49.47 | 60.02 | 17.60 | 33.98 | 45.58 |
| 2 | 30.78 | 57.76 | 61.33 | 30.78 | 46.15 | 59.36 | 22.21 | 35.09 | 49.52 |
| 3 | 29.13 | 45.60 | 72.48 | 26.17 | 44.49 | 58.71 | 22.54 | 34.53 | 46.9 |
| 4 | 33.75 | 64.95 | 81.67 | 27.82 | 46.70 | 60.67 | 23.53 | 36.75 | 52.15 |
| 5 | 26.83 | 58.32 | 66.58 | 30.12 | 45.60 | 58.71 | 19.90 | 36.75 | 49.52 |
| 序号 | 2.00% | | | 5.00% | | | 20% | | |
| | 最大1 d 洪量 | 最大3 d 洪量 | 最大5 d 洪量 | 最大1 d 洪量 | 最大3 d 洪量 | 最大5 d 洪量 | 最大1 d 洪量 | 最大3 d 洪量 | 最大5 d 洪量 |
| 1 | 18.91 | 34.53 | 46.9 | 15.29 | 32.32 | 42.30 | 11.99 | 22.37 | 33.77 |
| 2 | 20.23 | 38.41 | 43.62 | 16.94 | 34.53 | 41.65 | 11.33 | 25.69 | 28.52 |
| 3 | 19.24 | 32.32 | 45.58 | 16.94 | 33.98 | 39.68 | 12.65 | 24.03 | 33.12 |
| 4 | 17.60 | 36.19 | 48.86 | 15.62 | 35.64 | 40.33 | 11.66 | 27.34 | 30.49 |
| 5 | 19.24 | 33.43 | 42.30 | 16.94 | 31.77 | 42.96 | 11.66 | 25.13 | 30.49 |

表6 各序列不同重现期下的设计值 (P-Ⅲ分布)

| 洪水序列 | 设计值 | | | | | | | | |
|---|---|---|---|---|---|---|---|---|---|
| | 0.01% | 0.02% | 0.10% | 0.20% | 0.50% | 1% | 2% | 5% | 20% |
| 年最大洪峰流量/(m³/s) | 43 508 | 41 279 | 35 983 | 33 637 | 30 458 | 27 980 | 25 420 | 21 862 | 15 832 |
| 年最大1 d洪量/亿 m³ | 31.75 | 30.1 | 26.19 | 24.46 | 22.11 | 20.29 | 18.4 | 15.79 | 11.36 |
| 年最大3 d洪量/亿 m³ | 64.33 | 60.95 | 52.94 | 49.39 | 44.59 | 40.86 | 37 | 31.66 | 22.66 |
| 年最大5 d洪量/亿 m³ | 83.6 | 79.06 | 68.29 | 63.54 | 57.13 | 52.14 | 47.01 | 39.93 | 28.07 |

### 3.3 方案优选结果

选取1983年入库洪水为典型洪水,利用随机选取的设计值对典型洪水进行缩放,得到不同重现期下不同的入库设计洪水过程,结果如图4所示。发现随着重现期减少,设计洪水增大,当重现期为50年一遇时,设计洪水过程与典型洪水过程保持一致,且洪量大致相同。

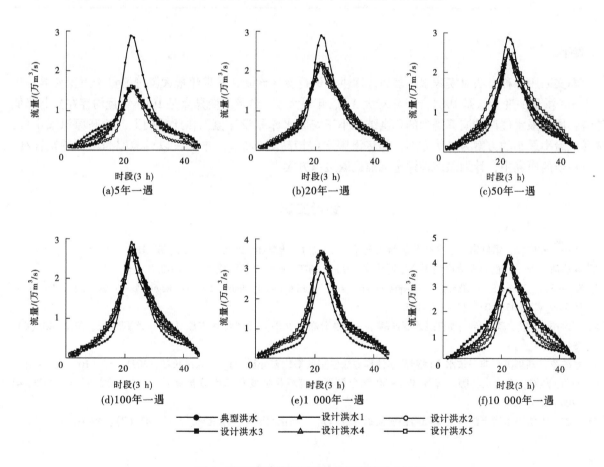

图4 不同重现期下不同的入库设计洪水过程

图5为不同方案下对应的设计洪水经验频率曲线,当水位为设计洪水位333.1 m时,各个方案的风险率结果见表7。结果表明:汛限水位比原汛限水位抬高至326 m的风险率最小且小于安康水库的设计频率0.1%。因此,本文最优方案选择风险最小对应的原汛限水位抬高1~326 m。

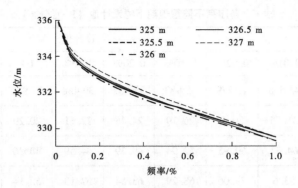

图 5　不同方案下对应的设计洪水经验频率曲线

表 7　各个方案的风险率结果

| 汛限水位/m | 325.5 | 326 | 326.5 | 327 |
|---|---|---|---|---|
| 风险率/% | 0.12 | 0.07 | 0.13 | 0.15 |

## 4　结论

　　本文采用多种方法对安康水库多组入库洪水进行变异诊断，发现年最大洪峰流量未发生变异，年最大 1 d 洪量的变异点是 1984 年，年最大 3 d、年最大 5 d 洪量的变异点是 1985 年且均存在显著降低趋势；原汛限水位调洪演算得到的调洪结果小于安康水库原设计值，在此基础上，抬高原汛限水位，选择风险率最小的方案为最优方案，即将汛限水位抬高至 326 m。本文仅以风险率为单一评定标准，在下一步的研究中，计划以多种评定标准选取最优方案。

## 参考文献

［1］谢平，陈广才，雷红富．水文变异诊断系统［J］．水力发电学报，2010，29（1）：85-91.

［2］成静清．非一致性年径流序列频率分析计算［D］．杨凌：西北农林科技大学，2010.

［3］Singh V P, Wang S X, Zhang L. Frequency analysis of nonidentically distributed hydrologic flood data［J］. Journal of Hydrology, 2005, 307（1）: 175-195.

［4］宋松柏，李扬，蔡明科．具有跳跃变异的非一致性分布水文序列频率计算方法［J］．水利学报，2012，43（6）：734-748.

［5］兰盈盈，刘惠英．非一致水文序列频率计算方法应用效果比较分析［J］．人民长江，2021，52（10）：115-119.

［6］刘雨，赵君，王国庆，等．基于 WA-BP 耦合模型的流域径流变化归因分析［J］．水电能源科学，2023，41（10）：27-31.

［7］王铁．大伙房水库上游各支流降雨径流关系分析［J］．河南水利与南水北调，2018，47（7）：40-41.

# S3 SVR 型雷达波在线测流系统在河口站的应用

徐 杨[1,2] 赵晓云[1] 游佩燃[1] 熊浩淼[1] 唐永明[1]

（1. 长江水利委员会水文局长江上游水文水资源勘测局，重庆 400020；
2. 重庆交通大学河海学院，重庆 400074）

**摘 要：** 为响应新时代水文现代化测报系统建设要求，解决河口水文站中高水流量施测问题，明确测流新技术投产使用的可行性，促进不同测流系统之间的有效衔接。本文围绕河口水文站雷达波在线测流系统实际应用展开分析，系统梳理了河口水文站特性和 S3 SVR 型雷达波自动测流系统的工作原理、显著优势及应用中的不足，并针对其测量成果与水文缆道常规 ADCP 走航式测验成果进行比测率定和关系验证分析。结果表明，二者相关关系良好，雷达波自动测流系统测验成果满足相关规范要求，是解决河口水文站中高水流量自动测验的较好方式。

**关键词：** 雷达波测流；S3 SVR 型；河口水文站；比测分析；投产应用

随着我国水文现代化的加速发展，为构建"驻巡结合、巡测优先、测报自动、应急补充"的水文监测体系[1]，国家不断加大水文投入力度[2]，提升水文测站自动化水平，对流量测验时效性要求也越来越高。在此背景下，实现流速流量的实时在线监测成为一项关键任务。雷达波自动测流技术应运而生，它是目前国内水文流量测验中使用最广泛的新型非接触式测流技术，具有自动监测、传输、计算等功能，兼具非接触性、实时性、高精度等优点[3]，可远距离定点测量水流流速，实现河道流量测验自动监测[4-6]，为防汛抗旱和水资源管理提供有力支持。因此，加强雷达波自动测流技术实际应用分析具有重要的现实意义。

河口水文站常规测流方案为 ADCP 走航式测验，由于所在州河为山溪性河流，河水陡涨陡落，流量大、流速快，测量时间紧迫，涨水时上游冲来的树木、杂草和巨石给测验工作者带来极大安全隐患。为解决河口水文站中、高水流量施测问题，积极响应新时期建设水文现代化测报系统的要求[7]，河口水文站于 2023 年 2 月在现有基本断面处安装了 Stalker S3 SVR IV 轨道全自动雷达波在线测流系统，随后开始连续收集流量数据，截至 2023 年 9 月，共收集有效测流测次 613 次。

本文系统梳理了河口水文站特性和 S3 SVR 型雷达波自动测流系统的工作原理、显著优势和应用中的不足，并针对其测量成果与水文缆道常规 ADCP 走航式测验成果进行比测率定和关系验证分析，以明确其实际投产应用的可行性，促进不同测流系统之间的有效衔接[8]。

## 1 河口水文站概况

### 1.1 河口水文站基本情况

河口水文站于 2018 年 9 月由长江水利委员会设立，属国家基本水文站，位于四川省达州市宣汉县龙泉乡鸡坪村，位于东经 108°26′57.61434″、北纬 31°45′25.05032″，是重庆市、四川省界河流州河的省界断面控制站，是为落实最严格的水资源管理制度、支撑"用水总量控制红线"等的监督考核、

---

**基金项目：** 重庆市技术创新与应用发展专项面上项目（CSTB2022TIAD-GPX0045）。

**作者简介：** 徐杨（1992—），女，工程师，主要从事水环境、水文水资源相关研究工作。

收集跨省江河流域主要控制断面水资源监测数据而设的巡测站，主要服务于省界断面水资源监控，现有水位、流量等测验项目。

## 1.2 测站特性

河口水文站测验河段顺直向长 800 m 左右，河床由卵石夹沙组成，主槽靠右，河槽形态为 U 形，断面左岸受冲淤影响，整体基本稳定，高、低水位时无串沟、回水、死水情况。主泓居中，流速横向分布大致呈抛物线型。水位-流量关系表现为单一线，总体比较稳定。根据河口水文站近 3 年资料分析，河口水文站 560.20 m 以下为低水水位，560.20～560.50 m 为中水水位，561.75 m 以上为高水水位。

通过 2021—2023 年大断面的对比分析可以看出，左岸在 2021 年修砌水位平台后有明显变化，断面由坚固岩石组成。当遇特大暴雨涨洪水时，两岸岸坡均为乱石，河床由卵石夹沙组成，断面受冲刷影响有一定变化。主要变化时段为 5—9 月。变化较大在起点距为 19.6～38.1 m 时，最大变化幅度在0.5 m 以内。河口水文站近 3 年大断面变化见图 1。

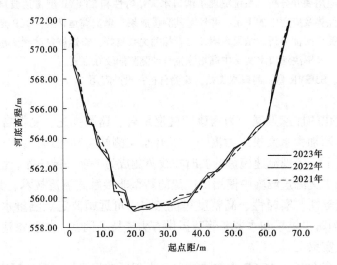

**图 1 河口站 2021—2023 年大断面变化**

## 2 河口水文站雷达波测流系统概况

### 2.1 测流原理

雷达波测流系统是一种利用雷达波技术进行水流速度和流量测量的新型水文监测产品，采用最新一代平板多普勒雷达传感器技术，通过发送雷达波信号并接收其反射信号，分析反射信号特征来计算水流的速度和流量。可应用于防洪管理、水文测验、环保排污监测等领域[9]，对河流、泥浆、污水等表面流速进行测量，雷达缆道测流示意如图 2 所示。雷达波测流运行原理是当雷达流速仪与水体发生相对运动时，雷达流速仪所收到的反射信号频率与自身所发出的电磁波频率存在差异，也就是多普勒频移。通过建立频移与相对速度之间的相关关系，可计算出流体表面流动速度。雷达波测流系统由测流传感器、信号采集传输系统、无线通信系统及供电系统等部分构成。当雷达测流探头获取水流数据后，通过数据传输系统，将所获信息传输至测流控制器（RTU）或中心站，通过数据集成软件可综合分析实时流速、流量数据。用户可根据水文测站和应急任务的具体情况，设置测流时间、断面参数、测流点位及根据水位涨落自动加测等。测验所获所有数据由 GPRS 模块自动发送到远端服务器，用户可通过访问服务器网页查看实时数据，导出流量计算结果表等报表。

### 2.2 设备情况

河口站雷达波测流系统以钢丝绳缆道作为运行导轨，在接收到运行命令后驱使雷达自动行车搭载测流传感器在缆道上运移，在测流垂线位置上依次停留施测，完成测验任务线后自动返回基站充电。

河口站雷达波测流系统安装见图3。

图2 雷达缆道测流示意

图3 河口站雷达波测流系统安装实景

河口站雷达波测流系统外部设备见图4，由行车缆道、雷达自动行车、测流传感器、测流控制器和水位计及太阳能供电系统组成[10]。其中，测流传感器的测速范围为0.20~18.00 m/s，测速精度为±0.03 m/s，采集周期为213.3 ms，输出信息有回波强度、瞬时流速、平均流速和测速历时等。

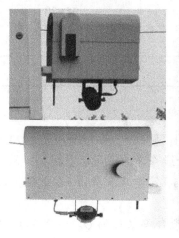

(a)雷达自动行车     (b)测流传感器     (c)测流控制器

图4 河口站雷达波测流系统外部设备

2023年3月采集数据至今，雷达波测流程序仪器故障率为0，在暴雨狂风环境下的数据采集与实测资料相比误差较大，但系统运行状况总体稳定，设备投产应用后应注意对暴雨天气采集实测数据进行验证。

## 3 S3 SVR型雷达波与常规ADCP走航式测验比测和对比分析

### 3.1 稳定性分析

为保证雷达波实测流量连续系列资料分析的一致性，本文对2023年3月16日至9月13日间的263次雷达波流量进行稳定性分析。挑选出对应实测流量时间的不同雷达波测次流量分析雷达波测流的稳定性，不同水位条件下各次雷达波流量相对偏差分布情况如图5所示，稳定性分析统计见表1，误差在10%以内的247次，占总样本的93.9%，说明雷达波系统测流稳定性较好。

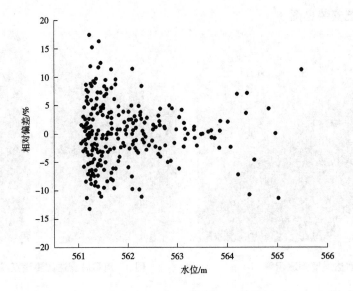

图5　雷达波流量相对偏差分布

表1　雷达波测验稳定性分析统计

| 相对偏差/% | <10 | 10~15 | 15~20 |
|---|---|---|---|
| 次数 | 247 | 13 | 3 |
| 样本占比/% | 93.9 | 4.94 | 1.14 |

### 3.2　率定分析与验证

　　本文将雷达波测流系统测验数据与走航式 ADCP 测验数据进行比测率定，采用河口站 2023 年 3 月 16 日至 9 月 13 日间的 40 次实测雷达波流量数据与水位流量综合线查读的流量建立相关关系。率定期间的水位变幅为 561.13~565.50 m，流量变幅为 41.4~839 m³/s，雷达波流量和 ADCP 实测流量在不同水位条件下的点绘图如图 6 所示。

　　回归分析结果表明雷达波流量和实测流量相关关系良好，其拟合关系式为 $Q_实 = -0.000\,3Q_雷^2 + 1.048\,8Q_雷 - 16.987$，拟合关系、率定误差分布分别如图 7、图 8 所示。

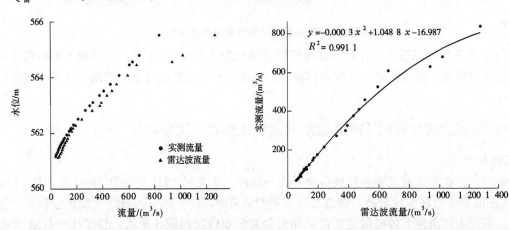

图6　水位与实测流量/雷达波流量点绘　　　　图7　ADCP 实测流量与雷达波流量拟合关系

为验证前文所得雷达波流量和实测流量的拟合关系，本文另选在率定周期内的 20 次雷达波流量资料对已率定的相关关系进行检验，率定计算见表 2，验证资料水位变幅为 561.15~565.04 m，流量变幅为 41.4~738 m³/s，验证误差分布如图 9 所示。

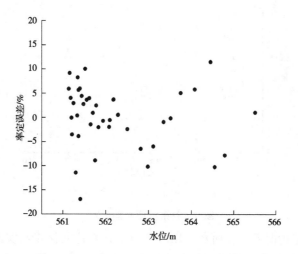

**图 8　率定误差分布**

**表 2　雷达波流量和实测流量率定计算**

| 测次 | 水位/m | 实测流量/（m³/s） | 雷达波流量/（m³/s） | 率定实测/（m³/s） | 还原误差/% |
|---|---|---|---|---|---|
| 440 | 561.15 | 41.4 | 53.2 | 38.0 | 9.06 |
| 199 | 561.16 | 41.9 | 57.3 | 42.1 | -0.53 |
| 143 | 561.18 | 43.2 | 59.7 | 44.6 | -3.05 |
| 571 | 561.26 | 48.9 | 61.5 | 46.4 | 5.43 |
| 569 | 561.27 | 49.7 | 66.7 | 51.6 | -3.74 |
| 255 | 561.29 | 51.2 | 71.5 | 56.5 | -9.33 |
| 604 | 561.31 | 52.7 | 66.0 | 50.9 | 3.48 |
| 603 | 561.37 | 57.7 | 70.6 | 55.6 | 3.85 |
| 140 | 561.38 | 58.6 | 79.1 | 64.1 | -8.57 |
| 402 | 561.46 | 66.1 | 85.9 | 70.9 | -6.76 |
| 322 | 561.47 | 67.1 | 78.8 | 63.8 | 5.18 |
| 289 | 562.04 | 138 | 147 | 131 | 5.58 |
| 186 | 562.05 | 140 | 156 | 139 | 0.48 |
| 407 | 562.65 | 239 | 264 | 239 | 0.01 |
| 302 | 562.74 | 256 | 290 | 262 | -2.27 |
| 415 | 563.17 | 340 | 418 | 369 | -7.86 |
| 594 | 563.22 | 351 | 426 | 375 | -6.49 |
| 592 | 563.87 | 486 | 562 | 478 | 1.74 |
| 353 | 564.22 | 560 | 684 | 560 | -0.01 |
| 350 | 564.54 | 630 | 938 | 703 | -10.36 |
| 267 | 564.96 | 721 | 982 | 724 | -0.36 |
| 265 | 565.04 | 738 | 995 | 730 | 1.16 |

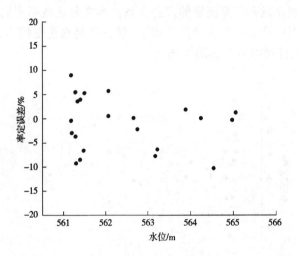

**图 9　关系验证误差分布**

率定分析和验证的误差情况如表 3 所示，由表 3 可知，雷达波流量与实测流量率定关系还原点据系统误差为 -0.03%，随机不确定度为 12.4%。验证样本系统误差为 -1.06%，随机不确定度为 11.4%，均满足《水文资料整编规范》（SL/T 247—2020）规定的单一曲线系统误差不超过 ±2% 和随机不确定度不超过 14% 等定线精度指标要求[11]。

**表 3　雷达波流量和实测流量率定与验证误差**

| 误差类型 | 系统误差/% | 随机不确定度/% | 偶然误差大于 10% 的个数 | 最大偶然误差/% |
| --- | --- | --- | --- | --- |
| 率定误差 | -0.03 | 12.4 | 6 | -17.0 |
| 验证误差 | -1.06 | 11.4 | 1 | -10.4 |

## 4　结论

（1）在收集到的同时段内雷达波系统流量与实测流量的 60 次数据资料中，选取 40 次资料率定相关关系，另外 20 次资料验证。分析可知，两者关系良好，系统误差小于 ±2%，随机不确定度不超过 14%，满足《水文资料整编规范》（SL/T 247—2020）的相关要求。

（2）雷达波测流系统建议在水位级 561.13 ~ 565.50 m 范围内投产使用，推荐使用公式 $Q_{实} = -0.000\ 3Q_{雷}^2 + 1.048\ 8Q_{雷} - 16.987$ 作为河口水文站雷达波流量与实测流量的换算公式。

（3）雷达波在线测流系统由于自身测量的非接触性、实时连续性、高精度和可靠性，以及自动化操作功能，能够较好地完成河口水文站测流断面设定垂线水面流速的监测，是解决河口水文站中高水流量自动测验的较好方案。

## 5　河口站 S3 SVR 雷达波测流系统的优势及展望

### 5.1　显著优势

（1）自动化操作。雷达波测流系统通常具有自动化的操作过程，可以长时间稳定地工作。它可以实现远程监控和远程数据传输，减少了人工干预的需求。

（2）非接触性测量。雷达波测流系统无须物理接触水流，可以在一定距离内进行测量。这意味着系统可以安全地在不可及或危险的区域进行测量，减少了操作的复杂性和风险。

（3）实时连续监测。雷达波测流系统可以实时连续地监测水流的速度和流量。传统的测流方法通常是间歇性的，而雷达波测流系统能够全天候提供连续的数据，雨天、夜间可正常测流。24 V、8 A·h 专用电池组供电，可连续运行 3 h 以上，且有电量保护装置，当电量不足时自动回泊进行充电。

（4）系统可以根据水位实时变化情况和断面实际参数自行调整测流垂线数，集测流、无线传输、数据库管理和水文站业务处理于一体，系统组件模块化，运行、维护方便快捷。

（5）具有多种测流模式。①按预设时间间隔定时测流；②按预设水位变幅加测测流；③远程操作监控软件启动测流；④现场操作测流控制器启动测流。

（6）后台中心水文站软件功能强大，每次测完流量后，系统将测流数据传输至后台中心水文站软件平台进行后处理，中心软件可对水位、断面等参数进行重新设置和计算，按照水文规范要求生成流量记载表、月报表、整编等表项，直接下载使用十分方便；每一季度进行现场电瓶等基础维护即可。

### 5.2　实际应用中的不足与对策

（1）水位采集系统目前为外接河口水文站自记水位系统，测量时采用前 5 min 的水位数据，水位延迟造成借用面积误差较大，在洪水期急涨急落时尤为明显。实际生产中可通过后台中心软件对不同步的水位进行修改，然后重新计算生成流量成果表。

（2）气象特性与比测环境相差较大时，可能会影响数据精确度，投产使用过程中应密切关注暴雨、狂风等气象特性的变化，着重分析气象特性变化下的数据合理性。

（3）比测数据在水位级和气象条件方面的局限性使得拟合关系不足以支撑任何工况下的流量换算，在今后的生产中应尽可能收集流量精测资料，尤其是大洪水、极端天气等工况资料，不断优化换算关系。

（4）设备的稳定有效运行直接影响回传数据的精确性和可靠性，应定期进行设备、缆道、软件的维护与监管，排查不稳定因素，确保测流系统的长期有效运行。

## 参考文献

[1] 香天元，梅军亚. 效率优先：近期水文监测技术发展方向探讨 [J]. 人民长江，2018，49（5）：26-30.

[2] 李敏欣，鲁祥. 新模式下水文监测技术的现状及未来发展趋势 [J]. 黑龙江水利科技，2020，48（2）：257-260.

[3] 雒仪. S3-SVR 型雷达波流速仪在泾河上游流域测验适用性分析 [J]. 陕西水利，2020（9）：27-28，31.

[4] 曾佑聪，石瑞格，陈晨. 雷达波在线测流及远程集控系统的研究与应用 [J]. 水力发电，2017（11）：70-74，85.

[5] 温川，周启明. 雷达设备在水文应用中的探析 [J]. 分析仪器，2020（4）：144-148.

[6] 欧阳鑫，吕青松. 雷达波流速仪流量测验水面流速系数分析 [J]. 地下水，2022，44（1）：245-247.

[7] 魏新平. 建立现代水文测报体系的实践与思考 [J]. 中国水利，2020（17）：4-6.

[8] 詹戈. RG-30 型雷达波流速仪在后峡水文站适用性分析 [J]. 地下水，2021，43（3）：193-194.

[9] 刘运珊，刘明荣. 雷达波在线测流系统在崇义水文站的应用 [J]. 江西水利科技，2020（4）：286-291.

[10] 李勇，段晓鸽. 安顺场水文站在线雷达波流速仪水面系数比测分析 [J]. 四川水利，2019（2）：85-90.

[11] 中华人民共和国水利部. 水文资料整编规范：SL/T 247—2020 [S]. 北京：中国水利水电出版社，2020.

# 青海省水文分区与规划布局的研究应用

常 兴[1,2] 左 超[1] 李 聪[1] 宋延芝[1]

(1. 河南黄河水文勘测规划设计院有限公司，河南郑州 450004；
2. 黄河水利委员会河南水文水资源局，河南郑州 450000)

**摘 要：** 在较为系统全面地对青海省境内水文站网（含历史已撤销站和现状站）进行梳理、分析和评价的基础上，采用主成分聚类分析和自然地理概况相结合的方法开展了水文分区研究，对青海省的流量站、水位站、泥沙站、降水量站、蒸发站、地下水站、水质站、墒情站、实验站、专用站等各类站网进行了功能和测验项目确认，然后根据《水文站网规划技术导则》（SL 34—2013）和相关理论方法，结合区域特点、经济社会发展需求等因素，规划了新的测站，提出规划方案。

**关键词：** 水文；站网；规划；水文分区；青海

## 1 引言

水文分区是根据流域或区域的气候、地貌地质、植被覆盖等自然地理条件和水文特征所划分的不同水文区域，其目的在于从空间上揭示水文特性的相似与差异，提高对水文的综合认知水平。水文分区可以从自然的视野指导水文站网布设，比如在水文分区边界附近河段布设水文站，就容易将该水文站的径流特征值与单一水文分区的有效集水区联系起来分析研究有关课题，某水文测站集水区完全在某一水文分区也有利于从该站的径流特征值加深认识水文分区的特性。尤其对区域代表水文站，总希望其能反映特定水文分区的集水特征，水文分区更有直接指导意义。

我国在水文站网发展的初期，由于资料短缺，不得不依赖分区者个人的经验进行水文分区，高大的山脊、山地到平原的转折点、湖泊水网区区界、荒漠的边缘，以及地质、土壤、植被发生显著改变的地方，常作为分区的边界。青海省根据气候、水文特性与自然地理情况，划分为 22 个水文分区，即湟水脑山区、湟水浅山区、大通河区、黄河源头区、黄河沿—玛曲区、黄河（唐乃亥上、下）左岸区、黄河（唐乃亥上、下）右岸区、贵德—循化区、长江源头区、通天河区、澜沧江区、青海湖北区、青海湖湖滨区、沙珠玉—茶卡区、柴达木盆地南区、柴达木盆地西区、柴达木盆地东北区、柴达木盆地中区、柴达木盆地无径流区、祁连山区、可可西里高原湖泊区（见青海省水文手册，1974年 10 月）。上述分区方法，主要是从自然地理角度考虑，思路清晰直观，但对水文特性的差异性与相似性、个性与共性考虑较少。

而后，水文学者发现按照自然地理景观做出的自然分区并非等同于用水文资料做出的分区，提出了以水量平衡条件大致相同为原则，划分水文一致区，再参照下垫面因素的相似性划分子区。但这种方法也只能做出单因子的分区，即把某一项水文特征值、某一经验关系或水文模型中某一参数的区域规律比较接近一致的空间范围标定出来，它可以按一定的精度进行水文因子的地理内插和解决水文资料的移用问题。

但是不同的单因子分区并不完全一致，有时出入很大；在单因子梯度大的地带，这样分区会过于零碎。从水文站网规划来看，面对众多的单因子分区，较难进行全面、综合的考虑；比较可行的途

---

作者简介：常兴（1991—），男，工程师，主要从事水文勘测与水文设施设计工作。

径，是把各单因子分区的类似性进行归纳，做出能够体现全部或大部分水文因子综合效应的，或者说能够综合反映众多水文因子共同规律的水文分区。

　　为把诸多水文因子所表现的"集体效应"用计量手段有效地提取出来，20 世纪 80 年代，黄河水利委员会水文局提出了"水文分区的主成分分析法"，通过在甘肃、陕西、新疆、内蒙古等省（区）的应用试验，说明该方法是可行的。

　　把主成分聚类分析用于水文分区的基本思路是：在考察区域地图上，均匀适量地选择一批地理坐标点作为样点，编号，并记下其经纬度；选择与分区目标有成因联系的水文因子，绘制等值线图或单项因子的地理分布图，内插出每个样点相应的水文因子特征值，组成原始因子资料矩阵，经过数据处理与线性正交变换，使原来具有一定相关关系的原始因子变成相互独立、不再含有重叠信息的新变量——主成分。以前两位主成分（一般含信息量在 80% 以上）作为纵横坐标，绘制主成分聚类图，将聚合在一起的同类样点所代表的空间范围，在地图上一一标示出来，就初步构成了水文分区图。结合实际情况，对水文分区的合理性进行论证，调整原始因子，修正错误，使理论与实际达到统一；参照每个分区的典型特征，给分区做出命名，并对每个分区的重要水文特性做出定性、定量的描述。

## 2　主成分聚类分区计算

　　本次规划采用多元分析的方法，该方法分两步进行，即主成分分析和聚类分析。前者的目的主要是消除原始指标之间的相关性给聚类分析带来的偏差，同时也减少系统聚类的变量个数，从而能对原始指标间的相关关系及其组合分类意义做出合理的解释。这是通过将原始指标合成为少数几个彼此独立，而又反映系统的主要信息的主成分来实现的。主成分分析依赖于原始指标间的相关性，其效果与主成分个数成反比，而与它们的累积方差贡献成正比。聚类分析则是利用第一步的结果，即各样本的主成分得分值而完成。最终的分类划区结果反映的是样本间的整体系统差异，而非个别指标上的异同，正符合水文分区的综合性原则。

### 2.1　水文因子的选择与资料统计

　　一个科学合理的水文分区，应能反映水文现象中必然而稳定的区域性规律。因此，选用的水文资料应该是平稳的统计特征值；在空间上，应尽量排除诸如集水面积、河长、流域形状等非分区因素的干扰。

　　本文对青海省用主成分聚类进行水文分区，选用了年降水量、年径流深、年水面蒸发量、干旱指数、悬移质输沙模数、年平均气温共 6 项水文因子。在因子选择确定后，通过对历史实测资料的检验、分析，可分别绘制各因子等值线图或分区图。

　　为保持资料数据的一致性，本次对所选因子进行的特征值分析及等值线图绘制中，采用了青海省所设 39 处水文站和黄河水利委员会水文局在青海省境内所设 12 处水文站的水文资料（部分站个别因子特征值缺测），资料系列为 1956—2013 年。年平均气温等值线图参考了《青海省志自然地理志》《青海地理》中的同类图及青海省气象部门部分实测数据。

#### 2.1.1　水文因子空间变化上的异同

　　祁连山及青南地区是青海省降水量及径流深的高值区，降水量达 500~700 mm，径流深达 200~400 mm；柴达木盆地是全省的低值区，降水量小于 50 mm，径流深小于 5 mm。从总体形势看，降水、径流等值线图具有极强的相似性，水面蒸发、干旱指数则与降水、径流相反，柴达木盆地中心为全省最干旱的地区，水面蒸发量高达 2 000 mm，干旱指数超过 50；祁连山、青南地区则为低值区，水面蒸发量仅 650~900 mm，干旱指数小于 2.0。

　　河湟谷地及柴达木盆地为全省气温的高值区及次高值区，年平均气温分别达 8 ℃、4 ℃；全省低温区则位于长江、黄河源头及祁连山一带，年平均气温低于−4 ℃。

　　悬移质输沙模数仅河湟地区（湟水西宁以下、黄河龙羊峡以下）达 300~3 000 t/（km²·a），省内其余地区大都在 300 t/（km²·a）以下。

### 2.1.2 样点资料分析

本次水文分区工作在工作底图上选择了 180 个样点，控制了上述 6 个因子的空间变化。其中，柴达木盆地 54 个样点，羌塘高原内陆区 7 个样点，金沙江石鼓以上 22 个样点，金沙江石鼓以下 2 个样点，澜沧江 8 个样点，河西内陆河 10 个样点，龙羊峡以上 23 个样点，龙羊峡至兰州 36 个样点，青海湖、哈拉湖流域 14 个样点，泯沱江 4 个样点。各水系样点分布见图 1。

### 2.1.3 建立原始资料矩阵

经多次分析筛选，年降水量、年径流深、年水面蒸发量、干旱指数、悬移质输沙模数、年平均气温等 6 个水文因子的综合效应明显，被选入采用，180 个样点 6 项水文特征值组成的原始资料矩阵为

$$X = [x_{ij}]_{E \times N} = \begin{bmatrix} x_{00} & x_{01} & \cdots & x_{0n} \\ x_{10} & x_{11} & \cdots & x_{1n} \\ \vdots & & & \vdots \\ x_{e0} & x_{e1} & \cdots & x_{en} \end{bmatrix} \tag{1}$$

式中：$E$ 为样本点位总个数（180）；$N$ 为特征值因子的总个数（6）；$e=E-1$；$n=N-1$。

## 2.2 数据处理

### 2.2.1 极差正规化处理

为消除原始资料矩阵元素的量纲和量级，需进行极差正规化处理［见式（2）］，使每个原始元素的变化范围限制在闭区间［0，1］以内。

$$h_{ij} = \frac{x_{ij} - x_{j(\min)}}{x_{j(\max)} - x_{j(\min)}} \tag{2}$$

式中：$x_{j(\max)}$ 为全部样点中第 $j$ 个因子的最大值；$x_{j(\min)}$ 为全部样点中第 $j$ 个因子的最小值。

经极差正规化处理，使原始资料矩阵的所有元素都变成了大于 0、小于 1 的矩阵 $H$。

$$H = [h_{ij}]_{E \times N} \tag{3}$$

### 2.2.2 概率化处理

要对 $H$ 矩阵中的所有元素进行比较，需将它们放在同一基础上。为此，把每个元素除以全部元素的总和：

$$y_{ij} = \frac{h_{ij}}{T_0} \tag{4}$$

$$T_0 = \sum_{i=0}^{e} \sum_{j=0}^{n} h_{ij} \tag{5}$$

使 $H$ 矩阵变换为具有类似于概率性质的矩阵 $Y$：

$$Y = [y_{ij}]_{E \times N} \tag{6}$$

矩阵 $Y$ 的全部元素的总和为 1，可视之为全概率；其中的每一个元素则作为全概率的一个分量。

### 2.2.3 类标准化处理

按照式（7）、式（8）计算类标准化变量 $W_{ij}$：

$$W_{ij} = \frac{y_{ij} - \mathrm{PDJ}(i) - \mathrm{PLD}(j)}{\sqrt{\mathrm{PDJ}(i) \times \mathrm{PLD}(j)}} \tag{7}$$

$$\mathrm{PDJ}(i) = \sum_{j=0}^{n} y_{ij}; \quad \mathrm{PLD}(j) = \sum_{i=0}^{e} y_{ij} \tag{8}$$

式中：PDJ（$i$）为第 $i$ 行（第 $i$ 个样点）的 $N$ 个元素（各因子值）的总和；PLD（$j$）为第 $j$ 列（第 $j$ 个因子）的 $E$ 个元素（各样点值）的总和。

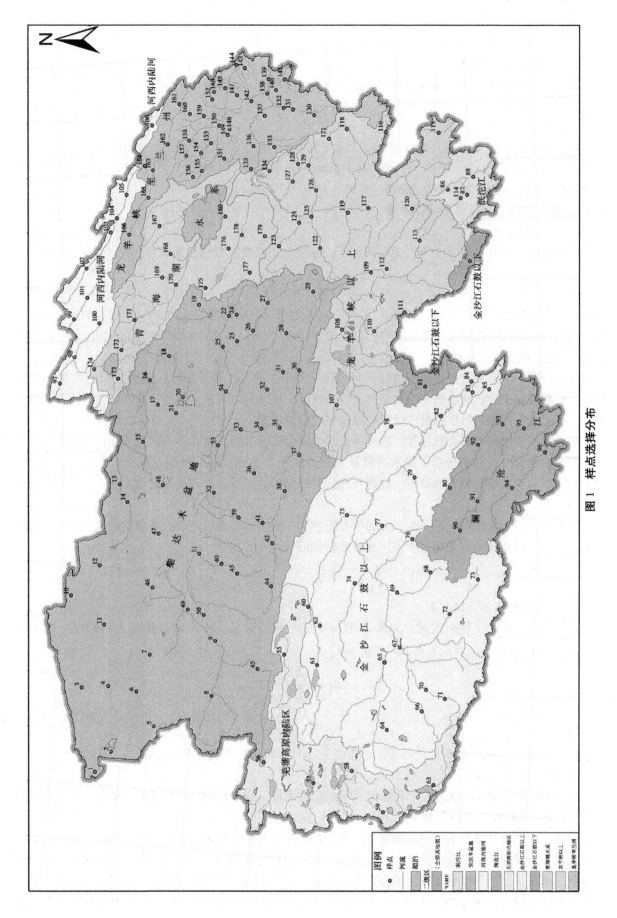

图 1 样点选择分布

至此，矩阵 $Y$ 就变换成了 $W$ 矩阵：

$$W = \left[ W_{ij} \right]_{E \times N} \tag{9}$$

**2.2.4　计算类协方差矩阵 $A$**

互换 $W$ 矩阵的行与列，变 $W$ 矩阵为转置矩阵 $W'$，按式（10）计算类协方差：

$$a_{kj} = \sum_{i=0}^{e} W'_{ik} W_{ij} \quad k(\text{或} j) = 0,\ 1,\ 2,\ \cdots,\ n \tag{10}$$

由于 $a_{kj} = a_{jk}$，则构成一个 $N \times N$ 阶的实对称方阵 $A$：

$$A = W'W = \left[ a_{ij} \right]_{N \times N} \tag{11}$$

式中：$A$ 为矩阵，也称为类协方差矩阵。

## 2.3　计算主成分、特征值和特征向量

**2.3.1　计算主成分**

所谓主成分，就是用 $N$ 个相互关联的因子，经线性正交变换而成的新组合变量，以 $g_{ki}$ 表示：

$$g_{ki} = \sum_{j=0}^{n} V_{kj} \cdot W_{ij} \tag{12}$$

式中：$k$ 为主成分的顺序号，$k=0,\ 1,\ 2,\ \cdots,\ n$；$j$ 为因子的顺序号；$g_{ki}$ 为第 $i$ 号样点的第 $k$ 行主成分；$V_{kj}$ 为第 $j$ 个因子在第 $k$ 行主成分中的特征向量；$W_{ij}$ 为矩阵 $W$ 第 $i$ 行第 $j$ 列上的元素，也是第 $i$ 号样点第 $j$ 因子的类标准化变量。

主成分有一个重要特点，即下角标不同的任何两个主成分，同位的特征向量之积的代数和为 0，因而它们相互正交，彼此之间不再有相关关系。每个主成分都可以独立地发挥作用，提供互不重叠的信息。可见，特征值与特征向量的计算是寻求主成分的关键。

主成分与原始因子的个数相等，如果用全部主成分进行分析，就达不到简化分析工作的目的。因此，需要从全部 $N$ 个主成分中，提取贡献最大的很少几个主成分——前位主成分，以取代全部原始因子，绘制具有直观形象的映象图，达到合理分类的目的。可见，如何提取前位主成分，是简化分析工作的关键。

因子分析的理论证明，某一主成分的平方和愈大，提供的信息就越多，贡献也就越大。而主成分的平方和，恰好就是矩阵 $A$ 相应于该主成分的特征值 $\lambda_k$：

$$\lambda_k = \sum_{i=0}^{e} g_{ki}^2 \qquad k = 0,\ 1,\ 2,\ \cdots,\ n \tag{13}$$

**2.3.2　计算特征值和特征向量**

采用雅可比算法计算出实对称方阵 $A$ 的特征值与特征向量，将特征值按其大小排序，即 $\lambda_0 \geq \lambda_1 \geq \lambda_2 \geq \cdots \geq \lambda_n \geq 0$，$B_0 \geq B_1 \geq B_2 \geq \cdots \geq B_n \geq 0$，

$$\text{其中} \qquad B_k = \frac{\lambda_k}{\sum\limits_{j=0}^{e} \lambda_j} \tag{14}$$

$$\text{令} \qquad \eta_m = B_0 + B_1 + B_2 + \cdots + B_m \tag{15}$$

式中：$\eta_m$ 为前位主成分的累计贡献率；$m$ 为当 $\eta_m \geq 80\%$ 时前位主成分的个数。

## 2.4　绘制主成分聚类图

经对 180 个样点年降水量、年径流深、年水面蒸发量、干旱指数、悬移质输沙模数、年平均气温 6 项水文特征值组成的原始资料矩阵计算，其特征值及特征向量成果见表 1。

前两位主成分的累积贡献率达到了 82.97%，第一位主成分的贡献率亦达 65.44%，第一主成分中反映水分因素的因子降水、径流深、蒸发量及干旱指数的特征向量均较大，降水、径流深特征向量为负值，蒸发量、干旱指数特征向量为正值。用 $G_0$ 作直角坐标的横轴，则从负方向到正方向，代表着水分条件从湿润向干旱的变化规律，称 $G_0$ 轴为水分轴。第二主成分中，输沙模数的特征向量达

0.790 5，远远大于其他因子的特征向量，用 $G_1$ 作纵轴，从负方向到正方向，明显地反映了输沙模数从弱到强的变化规律，称 $G_1$ 轴为侵蚀强度轴。

对上述 6 种水文因素作多种不同组合，总体水分条件是最显著的主成分，其贡献率均超过了 65%；侵蚀强度在第二主成分中是最显著的，它对应的特征向量基本达到了 0.8。

由 $G_0$、$G_1$ 分别作为直角坐标的横轴、纵轴，从 6 个水文因子变量计算的主成分聚类图中，横轴代表水分条件，从左到右均可分为 4 个大区（一级区），即半湿润区、半干旱区、干旱区、极干旱区。根据其计算值并考虑自然地理地貌情况划分二级分区（见图 2）。

**表 1　特征值及特征向量成果**

| $k$ | | 1 | 2 | 3 | 4 | 5 | 6 |
|---|---|---|---|---|---|---|---|
| 特征值 $\lambda_k$ | | 0.410 9 | 0.110 1 | 0.055 1 | 0.036 7 | 0.015 1 | 0 |
| $B_k/\%$ | | 65.44 | 17.53 | 8.78 | 5.85 | 2.40 | 0 |
| $\eta_k/\%$ | | 65.44 | 82.97 | 91.75 | 97.60 | 100 | 0 |
| 特征向量 $V_{kj}$ | 降水量 | -0.423 8 | -0.206 9 | -0.088 4 | 0.295 3 | 0.645 3 | 0.515 9 |
| | 径流深 | -0.428 0 | -0.359 9 | 0.289 5 | -0.081 9 | -0.651 4 | 0.415 3 |
| | 蒸发量 | 0.469 9 | -0.020 5 | -0.555 8 | 0.419 8 | -0.317 3 | 0.439 2 |
| | 干旱指数 | 0.626 0 | -0.280 7 | 0.652 6 | 0.028 4 | 0.193 2 | 0.255 5 |
| | 输沙模数 | -0.117 4 | 0.790 5 | 0.390 5 | 0.397 1 | -0.109 9 | 0.197 7 |
| | 气温 | 0.103 7 | 0.351 5 | -0.145 | -0.755 9 | 0.095 9 | 0.514 0 |

## 3　水文分区成果

青海省地处我国青藏高原、黄土高原和内蒙古高原的交汇区，地质构造和地质活动颇为复杂，地势上最高海拔和最低海拔高差特大。地貌有高高山、高山、山丘、沙漠沙丘、黄土丘陵、高高原、高原、平原、盆地、河川等多种类型。地表质地有裸露的岩石、戈壁沙地、冰碛洪积物、水积湖积物、黄土沉积、沼泽湿地淤泥等种类。植被从草甸草、草原草、灌丛、农作物到乔木林区都有分布。气候表现为，在高海拔地区呈现空气稀薄、高寒、多日照；在低海拔地区呈现气温偏凉但季节尚分明。由于深居内陆，从海洋远距离输运的水汽有限，水文大循环发展轮次较少，但本地的蒸发聚集产生局地降水的随机性很强，水文小循环发生较活跃。地理外营力的风力、水力、冻融及重力坍塌都有活动区域和表现场合。地表水有河流、水库、湖泊、冰川、沼泽、湿地等多种多样的存赋状态和汇流运动方式，地下水则有渗流、潜流和存赋于土壤孔隙、岩层裂隙及空穴的上层滞水、潜水及承压水。青海省的人居主要偏于河湟地带的黄土高原，人们对这里的开发利用程度较高，认识也较多、较深刻；广大的高原、高山、沙漠、戈壁，高寒缺氧人烟稀少，人们对其认识相当有限。这些因素的影响使得水文过程现象多彩，因由纷繁，要将其综合起来划分水文分区难度不小。另外，分区太大则显笼统，区内考察的有关要素差距明显，有失分区初衷；分区太小则显零星，难以达到分区之综合统一的目标。本次分区以主成分聚类图的分区作为背景基础（第一级），主要反映气候干湿程度；以大地貌单元作为第二级，主要反映自然地理概况；以较直接影响水文现象和过程的地形、地表质地、植被分布等有关下垫面要素作为第三级，并考虑水系的完整性和在站网规划中的可操作性。

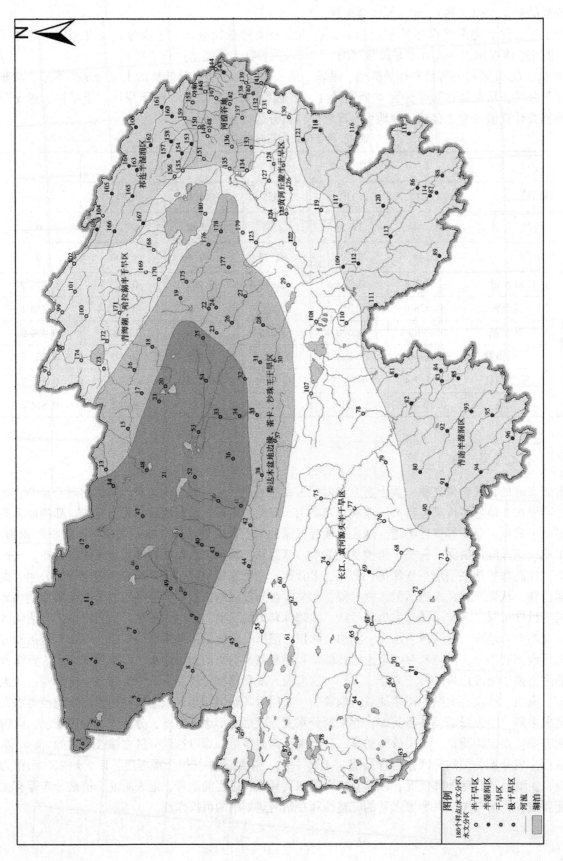

图 2　青海省水文分区（二级）及对应散点分布

本次青海省水文分区共分4个一级分区、8个二级分区、20个三级分区（见图3）。一级分区用代码Ⅰ、Ⅱ、Ⅲ、Ⅳ分别代表极干旱区、干旱区、半干旱区、半湿润区。极干旱区Ⅰ的二级分区即柴达木盆地极干旱区，用角标1作代码（其三级分区代码为-1、-2）。干旱区Ⅱ的二级分区即柴达木盆地边缘、茶卡、沙珠玉干旱区，用角标1作代码（其三级分区代码为-1、-2、-3）。半干旱区Ⅲ的二级分区有长江、黄河源头半干旱区，用角标1作代码（其三级分区代码为-1、-2、-3）；黄河丘陵半干旱区，用角标2作代码（其三级分区代码为-1、-2）；河湟谷地半干旱区，用角标3作代码（其三级分区代码为-1、-2、-3、-4）；青海湖、哈拉湖半干旱区，用角标4作代码（其三级分区代码为-1、-2）。半湿润区Ⅳ的二级分区有青南半湿润区，用角标1作代码（其三级分区代码为-1、-2）；祁连山半湿润区，用角标2作代码（其三级分区代码为-1、-2）。

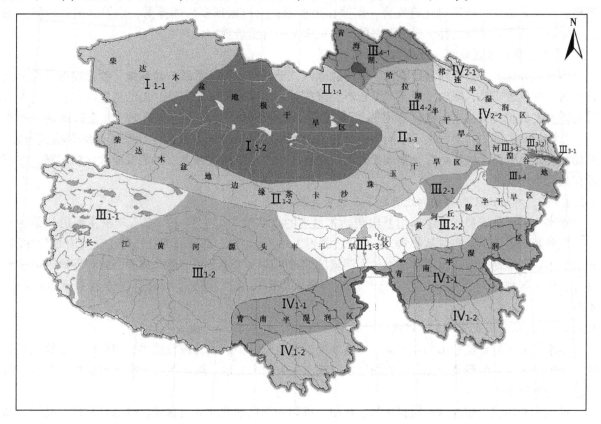

**图3 青海省水文分区三级区划**

## 3.1 二级分区水文气候特点

极干旱区降水量基本小于100 mm（个别区域达到160 mm），大都为非产流区，蒸发能力高达1 350~2 000 mm，干旱指数大于8.8，且大部分大于50。干旱区降水量在160~280 mm，径流深在5~110 mm，水面蒸发量在1 000~1 400 mm，干旱指数4.1~8.5。半干旱区降水量在240~650 mm，径流深在40~190 mm，蒸发量在700~1 200 mm，干旱指数在1.4~4。长江、黄河源头半干旱区降水量在240~460 mm，径流深在40~180 mm，蒸发量在700~1 000 mm，干旱指数在1.7~3.9，输沙模数在40~120 t/(km² · a)，气温在-5~-1.2 ℃，常年平均气温处于零下。黄河丘陵半干旱区降水量在300~470 mm，径流深在40~160 mm，蒸发量在780~1 000 mm，干旱指数在1.7~3.3，输沙模数在10~520 t/(km² · a)，气温在-1~4 ℃。河湟谷地强侵蚀半干旱区降水量在260~650 mm，径流深在50~190 mm，蒸发量在720~1 200 mm，干旱指数在1.4~4，气温为全省最高，在2~8 ℃。河湟谷地为农业区，河流源头暴雨强度大，地形破碎，几种因素结合在一起，形成了青海省水土侵蚀的高强度区，输沙模数在212~3 200 t/(km² · a)。青海湖哈拉湖半干旱区降水量在250~420 mm，径流深在

50~150 mm, 蒸发量在 810~1 020 mm, 干旱指数在 1.9~4, 输沙模数在 10~220 t/(km² · a), 气温在 -4~1 ℃。青南半湿润区降水量在 400~780 mm, 径流深在 150~400 mm, 蒸发量在 700~890 mm, 干旱指数在 0.9~1.8, 输沙模数在 40~200 t/(km² · a), 气温在 -4~4 ℃。祁连山半湿润区降水量在 410~720 mm, 径流深在 160~380 mm, 蒸发量在 640~840 mm, 干旱指数在 0.95~2.1, 输沙模数在 53~280 t/(km² · a), 气温在 -2~3 ℃。

### 3.2 三级分区水文地理简况

#### 3.2.1 Ⅰ₁₋₁ 阿尔金山东麓剥蚀山地极干旱区

阿尔金山系呈北东—南西向绵延于青海西北部, 为柴达木盆地与塔里木盆地的界山。本水文分区处于阿尔金山系东麓, 地势为波状平缓山丘; 降水极少, 蒸发能力特强, 气候极干燥, 为低温地区, 但年、日温差极大, 地表风化特发育, 剥蚀作用强烈, 山丘顶部多岩体裸露, 山坡多覆盖岩屑、砾石、卵石, 几乎无植被生存, 形成典型的高山荒漠戈壁自然景观。

#### 3.2.2 Ⅰ₁₋₂ 柴达木盆地潜水湿地极干旱区

本水文分区处于柴达木盆地腹地, 地势总体广、平, 河、湖、草滩、盐碱地、沙丘沙地及戈壁交错分布。气候极干旱, 降雨极少, 区内自产径流贫乏, 但有发源于南部昆仑山的格尔木河、柴达木河等河流及发源于北部祁连山的巴音河等河流汇入形成潜水区, 分布有达布逊湖、北霍布逊湖、托索湖、盐湖等众多湖泊和面积大小不同的沼泽湿地。河川、草滩、湖滨及固定沙丘等处低等植被尚好, 流动沙丘及戈壁则无植物生存。本区的显著水文特征是, 干旱指数极大, 但汇流潜水比较丰富, 水资源存量并不小。

#### 3.2.3 Ⅱ₁₋₁ 祁连山柴达木盆地过渡地带山丘干旱区

本水文分区处于祁连山中部山系向柴达木盆地的过渡地带, 主要分布有土尔根达坂山、柴达木山、宗务隆山等山脉, 海拔从 4 500 m 左右过渡到 2 500 m 左右, 部分高海拔山峰上发育有现代冰川。地势从山区到盆地边缘逐步平缓, 为较大河流的中游区段。气候干旱、降雨稀少, 除河谷地带植被尚好外, 极大区域是荒芜裸地。区内自产径流有限, 但由山区产生通过本区进入柴达木盆地的径流不少。

#### 3.2.4 Ⅱ₁₋₂ 昆仑山柴达木盆地过渡地带丘塬干旱区

本水文分区处于昆仑山北坡向柴达木盆地的过渡地带, 昆仑山北坡较陡峭, 与柴达木盆地之间形成 1 500~2 500 m 的高差, 源自北坡的诸多河流注入柴达木盆地。该区域由于水系较发达, 人口较密集, 经济发展较好。

该区域总体属山麓冲洪积倾斜平原、丘塬, 可称为柴达木盆地的南盆缘。分布有那仁格勒河、乌图美仁河、格尔木河、诺木洪河、柴达木河等河流, 形成不少河川盆地, 并将冲洪积倾斜平原分成多个自然地貌单元。山麓冲洪积倾斜平原沿昆仑山北麓延伸数百千米, 平均宽度 25 km 左右。从山地向盆地内部依次为砾石带、砂土带和细土带。砂土带的下部和细土带的上部水土条件良好, 成为盆地农田、城镇居民点、工厂企业集中分布区。本区较低处的河川盆地多为灌区, 植被良好; 较高处的丘塬地多为旱地, 植被较差。全区水文总特征为气候干旱、降雨稀少, 区内自产径流有限, 但过境水流较丰富。

#### 3.2.5 Ⅱ₁₋₃ 沙珠玉河流域干旱区

本水文分区主要处于茶卡-共和盆地, 区内地形多为大小不一的阶地、台地及宽谷, 台地至沟谷底高差在 20~40 m, 流水侵蚀作用强烈, 沟壑纵横, 地形破碎, 海拔在 2 990~3 200 m。该区地表沙地层覆盖较厚, 植被较差, 水文特征为气候干旱、降雨稀少, 区内自产径流较少, 径流以地下水补给为主, 出山口后转为潜流, 在盆地低处溢出, 众泉水汇流成河或湖泊。

#### 3.2.6 Ⅲ₁₋₁ 可可西里高原草甸潜水湿地半干旱区

该区位于青海省西南部, 处在昆仑山以南、乌兰乌拉山以北, 东起青藏公路, 西讫省界, 为青藏高原腹地, 平均海拔在 4 600 m 以上, 东部为以楚玛尔河为主的长江北源水系, 西部和北部是分布着众多湖泊的内流水系。基本地貌类型除南北边缘为大、中起伏的高山和极高山外，广大地区主要为较小起伏的高海拔丘陵、台地和平原。

境内年平均气温由东南向西北逐渐降低，在西金乌兰湖地区有一明显暖区，年均气温-4.1 ℃，最冷为最西边的勒斜武担措，最低气温-46.4 ℃。该区内土壤类型简单，多为高山草甸土、高山草原土和高山寒漠土壤，零星分布的有沼泽土、龟裂土、盐土、碱土和风沙土。土壤发育年轻，受冻融作用影响深刻，植被主要为耐高寒的草甸草被。本区气候高寒，以雪为主的固体降水占比较大，水面蒸发不甚强烈，融雪化冰径流较发育，径流多汇聚成湖或沼泽湿地。

### 3.2.7　Ⅲ₁₋₂ 长江源头高山冻融半干旱区

本区位于青海省的西南部，北邻昆仑山脉，南界唐古拉山，分水岭山峰均在海拔 6 000 m 以上，西依可可西里众山，山峰多在海拔 5 000 m 左右；地势高峻，气候干旱，空气稀薄，冰水冻融交替，具有高原特殊的自然地理环境；存在高山多年冻土，使河流深蚀作用受到限制，形成的河道断面宽浅，同时强烈的冻融风化和冻融泥流作用使河谷两岸山形浑圆，谷地开阔，谷坡平缓；该区主要分布有高山荒漠土、高山草甸土、高山草原土、沼泽土等；区内地表水以河流、湖泊、沼泽和冰川形式存在，储量较丰，地下水属山丘区地下水，主要为基岩裂隙水。

### 3.2.8　Ⅲ₁₋₃ 黄河源头山丘冻融半干旱区

黄河源头湖泊星罗棋布（5 300 多个），拥有 2 个最大的吞吐淡水湖，也是全国海拔最高的淡水湖——扎陵湖和鄂陵湖（湖面平均水位分别约为 4 293.2 m 和 4 268.7 m）。该区地形为丘陵和盆地，植被为低草牧区，区域内拥有广大的水域湿地，在强烈蒸发的作用下，成为当地水汽的重要来源，对内陆循环和当地气候产生较大的影响。主要水文地理特征为：地势高，气候干旱，空气稀薄，冰水冻融交替，有较多的潴水沼泽湿地，水汽交换也较强烈。

### 3.2.9　Ⅲ₂₋₁ 共和—兴海荒漠草原风力侵蚀半干旱区

共和—兴海一带地势较平缓，沙层覆盖较深厚，地表多为大小流动沙丘和平坦的积沙沙地，自然地理景观为荒漠草原，风力侵蚀比较发育，具有较独特的水文地理特征。

### 3.2.10　Ⅲ₂₋₂ 黄河峡谷段山地丘陵水力侵蚀半干旱区

从玛曲到循化是黄河峡谷段，受祁吕贺"山"字形构造体系的控制，地壳扭曲，褶皱发育，形成了一系列走向北西或近乎东西向的大山。黄河流经这些山谷或沿着较大断裂发育，其水流方向多与山地走向正交或斜交，河谷忽宽忽窄，出现川峡相间的河谷形态。该区海拔不高，山体陡峭、峡谷下切很深，基岩多有裸露，山地丘陵部分坡地台塬地有薄层黄土覆盖，水力侵蚀比较强烈。本区段是黄河水能开发的主要区域，已经建成十数座水电站和水库，成为人工控制黄河上游径流过程的基础设施，对河川水文现象有较大的影响。

### 3.2.11　Ⅲ₃₋₁ 湟水谷地川水带强侵蚀半干旱区

本区海拔 1 565~2 200 m，依附于水系呈树枝状分布于湟水流域黄土低山丘陵之间的河谷平川，干流和较大支流下游区段一般宽 2~5 km，有些小支谷宽仅 200~300 m。水文地理特征是，平川大都由二、三级阶地构成，黄土深厚、坡度较陡、降雨较多，沟谷侵蚀发育。这里是青海省人居密度最大的地带，人多地少，劳动力丰富，基础设施和工业最为集中。

### 3.2.12　Ⅲ₃₋₂ 湟水谷地浅山带强侵蚀半干旱区

本区基本环绕Ⅲ₃₋₁湟水谷地川水带区向上延续到山峁边缘，海拔 2 200~2 800 m，相对高差 300~500 m，黄土沉积很厚，降雨较多、较强，沟谷极为发育，沟道短促，坡度大，是青海省现代水力侵蚀作用最强烈的地段，沟道一般与干支流垂直相交，常溯源侵蚀至峁顶，横断面呈"V"字形，多悬谷、滑坡、崩塌等地貌形态及物理地质现象。沟间分水岭呈脊状，地形遭受强烈切割，起伏很大，支离破碎；由于植被稀疏、沟深坡陡、地层本身抗侵蚀能力弱，经水流的切割冲刷，水土流失严重。

浅山带地貌属黄土高原低山沟壑类型，土层深厚、沟壑纵横、水源贫乏、地力瘠薄、植被稀少、暴雨集中、水土流失严重，人居较密，社会经济基础薄弱。

### 3.2.13　Ⅲ₃₋₃湟水谷地脑山带强侵蚀半干旱区

本区处于湟水谷地的较高地带，海拔 2 800~3 200 m，地貌属黄土高原低山梁峁丘陵类型，地势广阔平缓，多为宽浅沟谷所分割的梁状丘、圆顶峁，零星分布有高塬，地形景观形体浑圆，波状起伏，梁、峁、塬坡度 5°左右，上覆黄土，植被较好，局部山坡生长次生林，放牧草场占很大的比重。冲沟切割不深，沟谷横断面呈 U 形和半弧形，高出附近沟底 150~300 m。较开阔的沟底也较平坦，土壤、地形、气候均宜农耕。

本区地广人稀，降水较多，是湟水许多支流的发源地和流域地表水主要产流区，水力侵蚀相当发育。

### 3.2.14　Ⅲ₃₋₄黄河干流黄土丘陵半干旱区

本区主要指贵德—循化一带的黄河区段，河谷虽然有较深的切割，但黄土高原地貌类型也很明显，有起伏和缓的丘陵、开阔广平的河谷盆地及零星的高塬台地，黄土覆盖厚薄不一，降雨较多，植被良好，人居不少，农牧较发达。

### 3.2.15　Ⅲ₄₋₁哈拉湖高山湖盆冻融侵蚀半干旱区

本区处于祁连山系的中段，主要分布有走廊南山、托勒山、托勒南山、疏勒南山等高山和哈拉湖盆地。其中，疏勒南山由数个相对高差不大的主峰聚集组成块状山体，海拔 4 500~5 000 m，是祁连山系的最高峰（主峰岗则吾结峰海拔 5 826.8 m），该山也是祁连山系中现代冰川最为发育的一条山脉。哈拉湖盆地广平开阔，由于气候高寒，冻融发育，地理环境尽显荒漠景观。

### 3.2.16　Ⅲ₄₋₂青海湖山丘湖盆水力侵蚀半干旱区

本区包括青海湖高原盆地及周围的高山，也收进了布哈河流域。区内青海湖东侧的日月山，是一条北西向的断块山，海拔 4 000 m 左右，为我国季风区与非季风区、外流流域与内流区域的分界线，是传统观念上黄土高原最西缘、青海省内农业区与牧业区的分界线，也是我国非常重要的一条自然地理分界线。布哈河流域是祁连山系向青海湖高原盆地的过渡地带，上游呈现高山景观，中下游则为山丘地貌。青海湖盆地山湖之间是向湖区倾斜的流水坡积平原，尽显广柔的草原风光。本区属于雨源水文区，但青海湖是咸水湖。

### 3.2.17　Ⅳ₁₋₁青南高山草原冻融侵蚀半湿润区

本区总体地势高但地形较平缓，间有高山峡谷，植被覆盖以草甸草、灌木丛等低等植物居多，大部分地区是宽广平坦的草滩、草甸，牧草生长良好；降雨较多，降雨略小于蒸发能力，尽显半湿润气候特征；坡地平地蓄水能力强，多沼泽湿地；由于高寒，为明显的冻融侵蚀区。

### 3.2.18　Ⅳ₁₋₂青南高山林地水力侵蚀半湿润区

本区位于Ⅳ₁₋₁青南高山草原冻融侵蚀半湿润区南部，海拔相对前区较低，但地形坡度较陡，降雨量大，降雨与蒸发能力大致持平，气温等条件适合生长高大的乔木，是重要的林区，农作物耕种也较发达。本区的水文特征是产水多，外流也多，存流潜水能力不如Ⅳ₁₋₁区强。

### 3.2.19　Ⅳ₂₋₁祁连山北部冻融侵蚀半湿润区

本区多高山峻峰，平均海拔 4 800 m，许多山峰常年积雪或为冰川覆盖，尽显半湿润状况，气候高寒，为明显的冻融侵蚀区。

### 3.2.20　Ⅳ₂₋₂大通河流域高山盆地水力侵蚀半湿润区

本区地势特征是，大通河干流河道被两侧高山夹峙，西北高、东南低，海拔在 1 650~4 700 m。流域水系呈羽毛状，干流河道峡谷与盆地相间分布，峡谷深窄，水势湍急，下切力强，水流落差大，水能资源丰富。盆地为开阔的草原，也有农耕开发，但生态环境脆弱。青石嘴以上为上游，主要特征是遍布高山草原，间有林区，气候寒冷湿润；青石嘴以下为中游，适宜森林和农作物生长；该区降水量较大，为明显的水力侵蚀区。

水文分区是对水文气候和水文地理的综合划分，也体现水文观测和自然地理考察等方面的工作成就和认知水平。从分区成果看,高原、高山、沙漠、戈壁,高寒缺氧、人烟稀少地区分区较粗,河湟地带的黄土高原分区较细,这与青海的客观情况和水文发展的水平及需求是一致的。

通过水文分区发现,一些水文现象描述概念的矛盾或不适合,比如从蒸发能力和降水的对比考察气候干湿的总表现,柴达木盆地腹地为"极干旱"区,但又汇集贮存较丰富的水资源,遍布湖泊、沼泽和湿地而似为"重度涝"区,有悖于干旱的常识概念。对气候干旱的灌溉区,似应以蒸发能力和进入该区水量的对比考察农业、水利或水文干湿的总表现。

## 4 规划布局

青海省水文站网布局的总体思路是,以掌控和探索水文基本规律为基础,充分考虑为经济社会发展和国民经济建设提供服务和支撑,结合水文地理条件和开展水文监测工作的可行性,采用新技术巩固完善现有水文站网体系,积极向水文空白区拓展。

在现有河流水文站网的基础上,从防灾减灾、防汛抗旱、城市防洪、水资源配置和管理、水量平衡计算、水能资源开发、水利工程影响、突发性水事件应急监测等方面综合考虑,巩固大河控制站,优化区域代表站,调整小河站,对青海省河流水文站网进行规划、调整、完善。

结合青海省自然条件、人居分布、经济社会发展水平等实际情况,围绕经济社会发展各项涉水事务和社会公众需求,大力拓展水文服务领域,布设一定数量的流量、降水、蒸发、墒情、水质监测站点以及实验站,使水文监测功能逐步从过去为水工程规划设计服务过渡到为水工程调度运行服务,同时积极开展供水量、用水量、耗水量、排水量调查,增强水文服务能力,扎实做好为水利建设、水资源管理等水利中心服务工作。不同区域水文站网重点规划如下:

青南地区高原、冰川、湖泊、草地广泛分布,是中华水塔所在地、我国重要的清洁水源地,对我国的大气环境、水文气象环境、三大流域水资源的补充和水文循环过程都有很重要的意义。虽然受海拔高、空气稀薄、寒冷期长、高等植物稀少等自然条件限制,人类活动少,人居环境差,但从认识计量水资源角度看,超前部署水文站网,克服困难加强水文监测还是必要的,随着科技发展和水文测验自动化水平的提高,宜从生态保护角度出发布设自动监测站和巡测站,充实完善水文站网。同时积极采用遥感等先进手段,开展诸如冰川、湖泊、沼泽、湿地、草甸草原等的水资源产源区和涵养区勘察。

环青海湖地区属于青海省国民经济及社会发展潜力很大的地区,距离人口密集的湟水流域和黄河黄土区很近,人类很强的紧邻蔓延性发展能力正在唤醒以往的宁静,随着人类生活水平的提高,以游客为代表的流动性人口急剧增加,人类活动对生态环境的影响逐步加大,水资源消耗及污染加大,生物多样性和青海湖生物特有性受到较大的威胁,需从研究水量平衡及水生态保护角度扩大监测范围、提高监测能力,开展较广泛的水文水环境科学试验。

湟水流域是青海省人口聚集密度最大和经济最为发达的地区,水资源需求量大,用水缺口大,且水质污染严重,这一区域要同时加强水量监测和水质监测,还要加强中小河流山洪灾害监测。这一区域原有水文站网受人类活动影响很大,在支持经济建设时更需完善和保护水文站网。

柴达木盆地在青海省发展潜力也较大,盐化工工业发展较热,人类聚集向这里延伸,但该区域生态脆弱、水资源短缺、风沙大、稀缺自然资源破坏严重,需加强区域内一些盐湖的监测,充实完善水文站网,扩大水文监测范围。柴达木盆地周缘地带也是重要的农耕区和工业快速发展区,水从山中来,流向大盆地,路过山麓坡塬,滋润人间万象,水资源宝贵,加强其有效管理和高效利用就需要合理布设水文站网,加强水文监测。

祁连山区域水资源丰富,有高山冰川,有山间湖泊,有盆地草原,是重要的牧业基地,但该区域以大通河为主的水能开发力度大,从大通河借水的压力大,草地水源涵养任务重,需从水资源保护角度考虑完善站网,提高监测能力。

按照规划水平年的不同,分为近期布局(2015—2020年),主要考虑现状水文站的优化和中小河流监测站点的适当调整；远期布局（2021—2030 年），考虑水资源管理及防汛、水工程应用等要求较急迫且设站条件较好的站点，以及考虑有设站需求、有设站条件但非常艰苦地区的站点。

## 5　结语

　　水文站网及站网规划的效益蕴含在水文事业整体功能和水文资料使用的价值之中，水文业务的成果可以为防汛抗旱提供及时有效的决策信息，为水利工程和涉水工程设计提供必要的资料，为水资源管理和水环境保护提供依据性数据。没有水文站网的有效测验，这些功效就失去了基础。

　　科学的水文分区不仅是本次区域代表站检验和发展规划的基本支撑，也是青海水文规律的地域总括，在相关业务中会有重要的参考价值。本次规划对青海省水文站网的总体认识有所加深，功能定位更切合实际，水文观测空白区的站网有所拓展，河流流域控制更加有效。

## 参考文献

[1] 张瑞芳. 水文实践指南（译文）第二卷内容简介 [J]. 水文，1988（4）：7.

[2] 蔡宜晴，王淑芝. 青海省水文站网规划现状评价与需求分析 [J]. 陕西水利，2014（5）：113-115.

[3] 中华人民共和国水利部. 水文站网规划技术导则：SL 34—2013 [S]. 北京：中国水利水电出版社，2013.

# 水工结构

# 狭小场地下双护盾 TBM 快速组装及步进技术研究

王志强　张　高

（黄河勘测规划设计研究院有限公司，河南郑州　450003）

**摘　要**：为解决狭小场地下双护盾 TBM 组装及步进中的一系列技术难题，以兰州市水源地建设工程 TBM1 为例，在组装场地有限的条件下，采取 TBM 两排同步组装、平底步进架滑行等技术，顺利完成组装及步进工作。相关技术可为类似工程 TBM 组装及步进提供参考。

**关键词**：双护盾 TBM；狭小场地；同步组装；平底步进

## 1 引言

TBM 作为一种综合性的高科技产品在长大深埋隧洞的快速施工中已充分展示了它的先进性，现已广泛应用于输水隧洞、地铁隧道、铁路隧道等工程。21 世纪是地下空间工程开发的世纪，我国深埋长隧道施工蓬勃发展，高效、安全的 TBM 工程技术将成为深埋长隧洞工程的必然选择。

由于 TBM 设备体型庞大复杂，一般选用现场组装的方式，因此 TBM 组装速度的快慢将直接影响到总工期和经济效益[1]。而我国隧洞建设普遍存在工期紧甚至压缩工期的情况[2-3]，这使得对 TBM 快速组装的研究显得尤为重要。本文以兰州市水源地建设工程输水隧洞双护盾 TBM1 现场组装为背景，在组装场地十分有限的条件下，对 TBM 快速组装及步进滑行进行专题研究，相关方法可为双护盾 TBM 快速组装及滑行提供参考。

## 2 工程概况

兰州市水源地建设工程将刘家峡水库作为引水水源地，向兰州市供水。工程主要包括取水口、输水主隧洞、分水井、芦家坪输水支线、彭家坪输水支线及其调流调压站、芦家坪水厂和彭家坪水厂及配套管网等。其中，输水主隧洞全长 31 km，采用 2 台国产双护盾 TBM 施工，辅以钻爆法。

TBM1 施工段开挖洞径 5.48 m，TBM 在 5#支洞口外的工业广场组装，从支洞步进通过 550 m 钻爆施工段后，洞内始发进行支洞掘进至主支洞交叉处（桩号 T5+850）进入主洞，主洞逆坡向下游掘进至桩号 T15+100 处，在洞内拆卸后出洞。5#支洞口外场地在 TBM 设备组装期间作为 TBM 设备组装场地，TBM 运行期间布置列车编组错车道，洞口右侧布置通风系统，洞口左侧布置出渣连续皮带系统。

## 3 TBM 快速组装方案

### 3.1 TBM 组装场地概况

TBM 由主机、连接桥及后配套组成，需要有较为充分的组装场地[4]。本工程 TBM1 整机长 415 m，以 5#支洞口外长约 250 m、宽 20 m 的狭小场地作为 TBM 设备组装场地。本工程工期异常紧迫，加之组装场地有限，需对 TBM 组装方案进行专题研究，以期加快组装速度，满足工期要求。

### 3.2 TBM 组装整体方案

在 5#支洞口平整场地，铺设运行轨道，作为 TBM 主机及后配套组装区域，由于整机全长 415 m，

---

作者简介：王志强（1986—），男，高级工程师，主要从事水利工程技术管理工作。

而 TBM 组装平台长度只有 250 m，为了缩短安装工期，后配套安装区布置 2 条轨道用于 TBM 主机与后配套台车 2 排同步组装，然后 TBM 步进滑行进洞，最后将 TBM 整机组装成型。具体步骤如下：

（1）两排同步组装。在洞轴线的轨道上进行 TBM 主机、连接桥及部分后配套（1#~20#台车）组装，并进行设备调试。同时在洞轴线右侧的轨道上组装其余后配套（21#~43#台车）设备。

（2）步进滑行。将组装好的 TBM（主机至 20#台车）步进滑行至洞内。

（3）整机组装。将 21#~43#后配套台车用机车通过道岔牵引并与 20#台车连接，将 TBM 后配套连接为一体，完成 TBM 整机组装。

（4）步进滑行。将组装完成的 TBM 整机步进滑行至 5#支洞钻爆段掌子面，进行试掘进准备工作。

由上述步骤可知，步进滑行的快慢及顺利与否，将直接影响后续整机组装及后续试掘进，需作为技术关键点予以专项研究。

## 4 TBM 步进技术研究

### 4.1 TBM 步进技术研究

双护盾 TBM 滑行初步考虑两种方式：一是平底步进架滑行；二是弧底步进架滑行。兰渝铁路西秦岭隧道 TBM 曾采用弧底步进架滑行[5-8]，辽西北供水工程等针对开敞式 TBM 步进模式进行过研究[9-10]，但目前国内对双护盾 TBM 平底步进架技术的研究及应用较少。

#### 4.1.1 平底步进架滑行技术

（1）适用条件：TBM 直接在隧洞底板上步进。

（2）主要设备：带有举升油缸的举升架、平底滑动架。

（3）前期准备：平底步进架滑行前要在隧洞的底板上铺设供步进架通过的水平混凝土路面，并在路面中间位置预设一个导向槽，以控制平底滑动架的行进方向。

（4）步进原理：将 TBM 主机与举升架连接；主机、平底滑动架、举升架就位；主机尾部 2 个推进油缸与平底滑动架连接；步进油缸推出一个行程，举升架以地面为反力，将主机举升一定位移；步进油缸带动平底滑动架向前移动一个行程；举升架缩回，主机落在平底滑动架上；依次循环，完成步进。

#### 4.1.2 弧底步进架滑行技术

（1）适用条件：TBM 在隧洞弧形底板上步进。

（2）主要设备：步进机架或底管片。

（3）前期准备：弧底步进架滑行前要在隧洞底板铺设弧形导台，并在弧形导台里面预置步进滑行导轨。在弧形导台里要预留固定步进机架的插槽。

（4）步进原理：TBM 的主机直接放置在弧形导台的步进导轨上，TBM 的主推进油缸推进主机在步进导轨上前进；而 TBM 主机前进时，为整个步进系统提供反力的是固定在弧形导轨上的底管片或步进机架；依次循环，完成步进。

### 4.2 TBM 步进技术对比

#### 4.2.1 平底步进架滑行技术的优缺点

当 TBM 采用"平底步进架滑行"方式步进时，需先期形成具有一定强度的平底面，底面上预留"导向凹槽"，钢板在平底面上滑行前进。

优点：隧洞底板铺设成平面，底板混凝土浇筑量小，容易施工，且施工进度有保障；轨道不固定，后期可调整轨道左右位置，节约洞内作业空间；能减少混凝土浇筑量。

缺点：由于 5#支洞底板开挖已完成，采用步行架后 TBM 掘进洞轴线抬高 235 mm，需要在主洞掘进时调整高程；需要制作的轨枕高度较高（710 mm），需要人工搬运安装轨枕，比较耗费人工；滑行速度 80~100 m/d，步行步骤比弧底步进架多，滑行速度比弧底步进慢。

4.2.2 弧底步进架滑行技术的优缺点

对于"弧底步进架滑行",要求先期形成弧形底面,并在底面预埋钢轨,弧形底面应曲率适中,平整无突起,钢轨表面应打磨光滑,保证 TBM 主机能够在其上顺利滑行前进。

优点:TBM 主机滑动于钢轨之上,荷载可通过钢轨弧底分担传递;靠安装预装底管片或步进架提供反力,主机在钢轨上滑动,步进速度较快。

缺点:对弧形底面的弧度及光滑程度要求很高,一旦弧面上有凹凸不平之处则很容易卡机;底拱混凝土浇筑困难,弧面质量不易控制;钢轨浇筑到混凝土中,施工工艺复杂,钢轨无法重复利用;对钢轨预埋的精度要求较高,钢轨要光滑顺畅,否则也容易将 TBM 机器卡住;须安装底管片,且无法回收利用;滑行轨道固定,后期无法移动,5#支洞空间压缩,皮带机储带仓储带不便。

4.2.3 步进技术对比

结合现场实际施工条件及 2 种步进技术特点,对 2 种步进技术进行对比,详见表 1。

表1 2种步进技术对比

| 名称 | 平底步进架滑行 | 弧底步进架滑行 |
| --- | --- | --- |
| 步进速度 | 慢 | 快 |
| 步进程序 | 复杂 | 简单 |
| 步进安全性 | 较高 | 较高 |
| 步进基础面施工 | 质量要求低、容易控制 | 质量要求高、不易控制 |
| 混凝土量 | 小 | 大 |
| 费用投入 | 较小 | 大 |
| 后期运行 | 不影响 | 影响 |

考虑施工工期、经济效益及后期运行等综合因素,5#支洞内空间有限,临建设施比较耗费财力、物力,本工程采用平底步进架滑行。

## 4.3 平底步进架滑行方案

TBM 主机在预先布置好的步行架上进行滑行,在主机滑行的后面布置间距为 600 mm 的工字钢轨枕,在工字钢上面布置间距为 900 mm 的轨道,便于后配套台车滑行。采用混凝土底板上预留的导向槽进行滑移板导向。步进架见图 1。

4.3.1 主机滑行

TBM 主机在预先布置好的步进架上进行滑行,按照前述平底步进架滑行原理,一直步进到始发洞口。

4.3.2 桥架及后配套台车滑行

综合考虑到滑行段底板的高程与 TBM 掘进后安装管片的高程差。

滑行段步进架的高度为 235 mm。由于 5#支洞底板开挖已完成,采用步进架后 TBM 掘进洞轴线抬高 235 mm,需要在主洞掘进时调整高程。TBM 掘进后安装在管片上的轨道高程为底管片厚度+步进架抬高的高度+轨道高度=475 mm+235 mm+140 mm=850 mm。因此,滑行段采用钢轨枕架设轨道,钢轨枕高度=850 mm-140 mm=710 mm,用工字钢加工,后配套台车滑行在轨道上。桥架台车的行走轮在桥架组装时,先将行走轮支架加高,行走轮滑行在底板上,当滑行到管片处时,将加高的支架拆除,桥架滑行到管片上。

4.3.3 洞内步进滑行

TBM 在洞外步进滑行之前,须在连接桥位置处的钢轨堆放区域尽量多堆放钢轨,以有利于洞外的调度。

TBM 在支洞内步进滑行时,使用制作的钢轨枕或混凝土轨枕。这些轨枕通过材料机车,拉运到

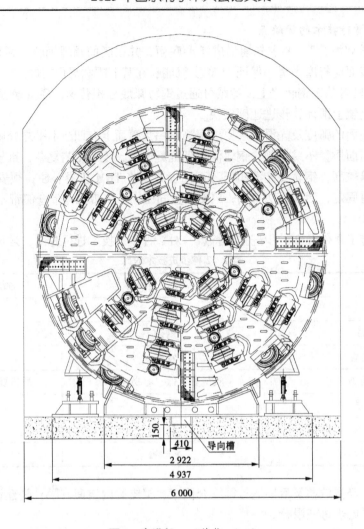

**图 1 步进架** (单位：mm)

连接桥管片吊机处，管片吊机把轨枕吊运到安装位置后用人工安装轨枕，TBM 步进滑行距离超过 12.5 m，进行后配套、机车运行钢轨的延伸。

## 5 结语

本文结合兰州市水源地建设工程 TBM1 组装问题，对狭小场地下的双护盾 TBM 快速组装及步进方案进行了专题研究，采取了灵活适宜的组装方式，边组装边步进，并通过对比分析，研究出更有利于现场施工的平底步进架滑行方案，实现了 20 d 完成 TBM 快速组装、调试并步进 700 m 的预期目标，投入少、速度快、经济效益高。希望通过本文的研究，能为其他类似工程提供可借鉴的经验。但随着 TBM 施工的广泛应用，在不同施工组织和环境条件下，TBM 组装及步进滑行会面临不同的技术难题，研究并解决这些技术难题将是一项必不可少的长期工作。

### 参考文献

[1] 赵清泊. 西秦岭特长隧道 TBM 步进段弧形基础的设计与施工 [J]. 路基工程, 2011 (2)：175-177.

[2] 王梦恕. 中国盾构和掘进机隧道技术现状、存在的问题及发展思路 [J]. 隧道建设, 2014, 34 (3)：179-187.

[3] 齐梦学. 硬岩掘进机（TBM）在我国隧道施工市场的推广应用 [J]. 隧道建设, 2014, 34 (11)：1009-1023.

[4] 翟荟芩. TBM 洞外狭小场地快速组装调试技术 [J]. 铁道建筑技术, 2009 (11), 18-20, 54.

[5] 王峻武, 陈大军. 兰渝铁路西秦岭隧道 TBM 步进施工技术 [J]. 铁道建筑技术, 2011 (5)：101-106.

[6] 李南川. 西秦岭隧道 TBM 掘进步进施工技术 [J]. 隧道建设，2011，31（6）：749-754.

[7] 陈大军. 兰渝铁路西秦岭隧道 TBM 步进技术 [J]. 隧道建设，2010，30（2）：162-168.

[8] 赵战欣. 西秦岭隧道掘进机步进模式的探讨 [J]. 铁道建筑技术，2009（11）：21-23.

[9] 韩佳霖，高伟贤，李清文. 辽西北供水工程 TBM 步进装置 [J]. 科技传播，2014（4）：184.

[10] 王俊. 地铁敞开式 TBM 过站施工技术 [J]. 现代城市轨道交通，2011（3）：62-64.

# 柳州市竹鹅溪泵站扩容改造分析研究

## 周世武　韦志成

(广西珠委南宁勘测设计院有限公司，广西南宁　530007)

**摘　要：** 竹鹅溪泵站是柳州市河西防洪堤的一个排涝泵站，现已运行23年，水泵机组技术老旧，且抽排能力不足。本文通过对竹鹅溪泵站现状及存在问题进行分析，结合近年来加快国家基础设施建设，完成主要防洪设施达标加固的要求，提出竹鹅溪泵站扩容升级改造的方案。本文可为同类工程提供一定的技术参考及经验借鉴。

**关键词：** 泵站；改造；扩容

竹鹅溪属于珠江流域西江水系柳江的一级支流，发源于柳州市西郊的南蛇岗，在市中药厂附近汇入柳江，流域面积72.8 km²，竹鹅溪由南、北二支组成。南支为主干流，面积（含南北支汇合口至出口段）58.3 km²，河长21.5 km；北支发源于柳州特异钢材厂，到鹅岗桥与南支汇合，面积（北支出口以上）14.5 km²，河长10.5 km，河道平均比降3.92‰。竹鹅溪流域多年平均降雨量1 538.4 mm，多年平均流量1.62 m³/s。

竹鹅溪出口已建有防洪排涝闸和竹鹅溪排涝泵站，两设施都已投入运行，其中排涝闸3孔×3.5 m（宽）×7 m（高），竹鹅溪泵站安装9台16CJ80A型立式轴流泵，设计抽排流量为86 m³/s，总装机容量7 200 kW，泵房的基础置于白云岩上，泵房采用半地下式，主厂房自下而上依次布置流道层、水泵层、密封层、电机运行层。副厂房布置有蝶阀层、蝶阀检修层和中控室、配电室层。流道底面高程76.16 m，采用肘形进水流道，流道前端为3.84 m×5.187 m（宽×高）的矩形，流道后端为圆形，直径1.66 m。水泵层高程79.51 m，水泵安装中心线高程78.61m。密封层高程83.31 m，密封层靠近进厂大门一侧布置有透平油库和油处理室，在出水管一侧与蝶阀层相连，蝶阀层高程82.81 m。电机运行层高程87.28 m，安装间布置在电机层靠近进厂大门一侧，和厂区公路连通，厂区设计地面高程87.16 m，在靠近出水管一侧，电机层与蝶阀检修层相连。电机运行层内设置1台16/3.2 t双钩电动桥吊。中控室、配电室层高程92.38 m。泵站出水管为9条直径2.0 m的穿堤混凝土预制管。

## 1　泵站现状及存在问题

### 1.1　竹鹅溪流域内涝灾害频繁

竹鹅溪流域洪水特性受暴雨特性影响。特殊的地形地貌和暴雨天气系统，使竹鹅溪流域洪涝灾害频发，并具有降雨强度大、雨量集中、汇流历时短、洪水迅猛、洪涝灾害出现快等特点。根据现场调查，竹鹅溪流域内基本上每年都会有1~2次的内涝灾害发生，在2020年5月30日柳州市普降暴雨（柳州水文二站06：00—07：00降雨量为62 mm，相当于5年一遇），涉及人口3 000多，最后通过开启防洪闸强排竹鹅溪涝水，才降低了淹没损失。

### 1.2　河道过流能力减小

由于城市的发展建设，竹鹅溪流域北支已经被暗渠化，南支也已完成河道渠化整治，部分河道束窄，河道过流能力不足。

---

**作者简介：** 周世武（1984—），男，高级工程师，主要从事城市防洪、河湖治理等方面的工作。

### 1.3 河道调蓄容积减小

经分析计算，控淹水位 84.66 m 以下调蓄容积由原设计的 125 万 m³ 减小为现状的 63.58 万 m³，减少将近 50%，这主要是因为南支、北支原有自然水塘和洼地已被填高占用。

### 1.4 泵站抽排能力不足

竹鹅溪排涝泵站于 20 世纪末建成，实际运行已经超过 20 年。根据竹鹅溪排涝泵站 20 来年的实际运行资料来看，发生较大洪水的有 1999 年、2005 年、2017 年等，其中 2017 年 24 h 暴雨量达到了 44.5 mm，大致属于雨洪同期 2.5 年一遇。据调查了解，当时在泵站全开的情况下，竹鹅溪流域部分交通道路仍遭遇了洪灾损失，涉及人口 3 000 多。

经水文分析，泵站的抽排流量由原设计的 86.0 m³/s 增大至 103.5 m³/s。

### 1.5 综合分析

调蓄容积的减小，竹鹅溪排涝泵站现状抽排能力不足，无法及时有效地将上游来水排出，是区域内涝的主要原因，也是本次研究需要解决的问题。

## 2 改造方案

### 2.1 改造的原则

原泵站承担排涝任务，拆除重建难度大，不利于度汛，且原泵站结构完整，满足运行要求，所以本次研究不考虑拆除重建。

（1）泵站改造需满足流域抽排要求，因泵站位于城区，应尽量避免中断堤顶道路、市政道路等相关交通。

（2）建筑外观、厂区布置与周边环境相协调，其厂区地面高程不能高于或低于相邻建筑地面高程。泵站建设及运行要尽量避免对周边居民小区的影响，提倡生态水利建设。

（3）缩短建设工期，满足安全度汛要求。

（4）减小对周边建筑结构的影响，保留厂区原建筑。

（5）尽量较少新增用地。

### 2.2 改造方案

综合现场实际情况、施工条件和难度、对周边环境的影响和后期运行管理等条件，竹鹅溪泵站的扩容改造方案为保留原泵站主体建筑，更换原泵站 9 台机组以达到扩容目的。

### 2.3 机组的选择

原泵站安装 9 台立式轴流泵，设计抽排流量 86 m³/s，单机容量 800 kW，总装机容量 7 200 kW。经方案比较确定，拟在原泵站基础上更换 9 台机组，增加流量，使其抽排能力达到 103.5 m³/s。

本泵站工程的特点是扬程低，年运行时间短，可靠性、经济性要求高。为保证建成后的泵站在运行时具有高可靠性和较高效率，确保水泵稳定、高效运行，结合现有厂房结构特点、机组流道特点及尺寸，选择合适的机组，尽量减少对土建结构的改造和破坏。

根据本工程实际情况，提供了能够满足升级改造要求的 3 种泵型（潜水混流泵、立式混流泵、潜水贯流泵），从对原泵站主体的影响、施工工期、投资需求等方面进行如下分析。

#### 2.3.1 方案一

潜水贯流泵为机泵一体结构，原电机运行层不再安装电机，一般需要整体吊装，但可针对项目实际情况，采用分体吊装的方式。分体吊装最大起吊质量 13.8 t，安装简单，安装工期短，无技术供水、油系统辅助系统，开停机操作简单。

优缺点分析如下：

（1）安装影响。属于推荐方案。第一，安装水泵影响泵房结构。水泵具有较大规格尺寸，必须把运行层洞口部位靠近水泵一侧的次梁拆掉，次梁原来设置有电机的支座，新水泵取消了运行层电机设置，次梁无须承担荷载，所以拆掉不会影响到泵房结构[1]。第二，荷载变化。电机及水泵都处于同一水泵层时，直接降低了电机运行层的原有负荷，增大了水泵层的负荷。这些荷载都在流道洞口部位周边及支座上分布，洞口前面、后面都有支座，前支座底部设置的是流道，其他支座底部设置的都是混凝土材质的墩墙。前支座的受力确认与标准相符。第三，吊装条件。吊装潜水贯流泵通常都是以整体方式进行，也可结合现场实况分体吊装，但是要注意起吊质量最多不要超过 13.8 t，最好选择桥式起重机。

（2）泵型安装方法。第一，原来的桥式起重机就可实施安装作业，不用另行替换。第二，测量水泵规格尺寸后，确定电机层次梁的拆除数量是 1 根。

（3）运维。没有技术供水及油系统辅助系统，开停机都很方便。

（4）工期。在所有方案中工期最短。

（5）投资。土建需要 86 万元，水泵需要 2 898 万元。

### 2.3.2 方案二

方案二与原泵站机组类型相同，立式混流泵为机泵分体结构，安装较复杂；但设备结构简单，检修方便，检修费用低，与原水泵基础匹配性高，对土建改动最小，电机起吊质量 27 t。需技术供水、油系统等辅助系统，采用同步电机，取消励磁系统。

优缺点分析如下：

（1）安装影响。属于比较方案。第一，安装水泵影响泵房结构。还是原来的水泵类型，安装作业只需稍微改动基础结构。第二，荷载变化。电机质量由原来的 15 t 提升到现在的 27 t，给运行层带来更大荷载。第三，吊装条件。电机必须整体吊装，高达 27 t 的起吊质量超过了目前桥式起重机的承受极限。

（2）安装方法。第一，必须选择吨位更大的桥式起重机，目前的机型顶高太矮，泵房要加高屋顶。第二，目前的泵房牛腿不能使用，必须重新加固。第三，目前电机层主次梁地脚螺栓型号不同，要替换，原荷载电机的梁还要加固。

（3）运维。要用到技术供水及油系统辅助系统，开机之前技术供水系统就要开启运行，还要加设自动化辅助系统，相关元件极易发生故障，辅助系统日常维护作业量繁重。同时撤掉励磁系统，改作同步电机。

（4）工期。需要较长周期。

（5）投资。土建需要加大到 274 万元，水泵需要加大到 3 330 万元。

### 2.3.3 方案三

潜水混流泵为机泵一体结构，出水流道为井筒，井筒外径 2 580 mm，机组最大起吊质量 22 t，机组运作时会产生横向水平推力。安装简单，但设备复杂，对检修队伍技术要求高。电机渗油、渗水等问题需返厂维修，维修周期长、检修费用高。无技术供水、油系统辅助系统，开停机操作简单。

优缺点分析如下：

（1）安装影响。属于比较方案。第一，安装水泵影响泵房结构。井筒安装作业要求把密封层孔洞的梁板，以及运行层孔洞的支座梁凿开，大幅改建了泵房结构，而且破坏了主梁和次梁的整体结构，给泵房结构带来不利影响。第二，荷载变化。这种机组机型要求对单机横向水平力有良好的抵御能力，目前泵站中，没有为运行层上方的全部结构进行抗侧力结构设置，改变了泵站原有的受力形式。第三，吊装条件。新机组起吊质量最大达到 22 t，目前的桥式起重机无法使用。

（2）安装方法。第一，井筒安装作业要求把密封层孔洞梁板，以及运行层孔洞支座梁凿开，梁板要二次加固。第二，要增加抗侧力结构和墩墙设置。第三，桥式起重机要替换，目前的起重机机顶太矮，泵房要加高屋顶。第四，泵房牛腿目前受力性能不足，须再次加固。

（3）运维。没有技术供水及油系统辅助系统，开停机都很便捷。干式电机在结构内部设置了大量监测元件，极易发生故障，检修非常困难。

（4）工期。需要较长周期。

（5）投资。土建需要 332 万元，水泵需要 3 420 万元。

### 2.3.4 比选结果

方案三大幅改建泵站结构和受力形式，方案二电机太重，运行层梁板不能承受，目前的吊机不适宜选择方案二和方案三。方案一一侧次梁必须改动，撤销了运行层电机，降低荷载，目前吊机适用吊装条件，工期和投资最适合，所以该方案最好。

根据比选结果，竹鹅溪泵站扩容改造工程，选用方案一潜水贯流泵作为改造机型。原因为，对泵站结构影响较小，现状结构能满足受力要求，现有吊机也能满足吊装要求，且施工工期最短，投资最少[2]。

### 2.4 结构复核

通过对吊车梁、泵房框架结构及牛腿墩墙进行复核，泵站扩容改造后，运行相关特征水位满足机组正常运行要求，泵房内部建筑满足机组安装及检修要求，泵房改造后的主要受力结构及泵房整体稳定性计算均能满足规范要求[3]。由此可知，泵站扩容改造的方案是可行的。

原泵站安装的是立式轴流泵，流道层、密封层、电机运行层等各层机构的基础受力与本次推荐的全贯流泵机型不同，要对原泵房结构部分梁板进行切割、凿除，应对泵房结构受损部位进行监测评价，对构筑物结构进行改造时应尽量避免对一期混凝土的破坏。

## 3 结论

综上所述，在保留已有泵站建筑不动的前提下，城市排涝泵站通过更换机组进行扩容升级改造的方式是可行的，但在方案选择时，新机组的流道[4]、安装方式、机厂房航吊等均为限制因素，需重点考虑，选择适合的方式[5]。目前，该泵站改造已完成，大口径立式潜水贯流泵的安装及应用申报了相应的科学技术奖及专利[6]。

随着社会的不断发展，我国基础设施建设也在不断地完善，特别是近年来国家对已有防洪排涝工程提出达标加固的要求，对已有排涝设施升级改造为保护群众生命财产安全起到重要的作用，同时对我国经济发展也具有重大意义。本文通过对竹鹅溪泵站现状及存在问题进行分析，对扩容改造方案进行研究，为泵站技术改造提供了对策和方案。竹鹅溪泵站的扩容改造工程已按本方案实施，保障了区域防洪排涝的安全。

## 参考文献

[1] 郝瑞刚，李国东. 煤矿生活污水厂扩容升级改造工程设计 [J]. 山东化工，2020，49（22）：142-144.

[2] 刘爱忠. 浅谈甘溪泵站更新改造的节能效果 [J]. 中国战略新兴产业，2017（40）：99，101.

[3] 黄琪. 防洪排涝站工程设计探讨——以某排涝站扩容改造工程为例 [J]. 低碳世界，2021，11（9）：68-69.

[4] 卢兴中. 大型灌溉排水泵站更新改造的主要技术措施 [J]. 商品与质量，2016（34）：182.

[5] 周燕. 宝鸡峡信邑沟泵站扩容改造方案探析 [J]. 陕西水利，2018（1）：149-150.

[6] 李雷. 泵站更新改造中的关键技术措施探讨 [J]. 中国水运（下半月），2017，17（2）：237-238，241.

# 临城水库大坝右坝肩渗漏成因探查及其工程处置

丁玉堂[1]　陆阳洋[1]　玄新月[2]　胡　捷[2]　董茂干[1]　喻　江[1]

(1. 南京水利科学研究院，江苏南京　210024；
2. 河北省水利水电勘测设计研究院集团有限公司，天津　300220)

**摘　要：**渗漏是影响土石堤坝工程长期运行安全的主要问题之一，精准判断渗漏成因、选取合适的工程处置措施是处理渗漏问题的关键。利用瞬变电磁法与地质雷达法对临城水库大坝存在渗漏的右坝肩开展综合物探检测，推断了疑似渗漏区的分布范围。结合地质勘查成果进一步分析，揭示了渗漏的主要形成原因。通过分析研判，采取了加强坝脚反滤导渗的处置措施。后续运行情况表明，大坝运行情况正常。上述研究工作可为类似工程渗漏病险探查及工程处置提供参考。

**关键词：**土石坝渗漏；综合物探；地质勘查；工程处置

## 1　引言

渗漏是土石堤坝运行过程中的常见病害问题。上游库水穿过防渗系统薄弱区域出逸至下游，轻则造成蓄水损失，影响工程效益；重则可使岩土体发生渗流破坏乃至引发大坝溃决。各类土石堤坝地质条件、结构形式、施工质量及运用工况各不相同，其渗漏成因与表现形式往往存在较大差异。因此，准确判断渗漏成因，对渗漏通道进行精准定位，继而选取经济有效的处置措施是处理渗漏问题的关键。

按渗漏发生区域划分，土石堤坝的渗漏类型主要分为坝体渗漏、坝基渗漏和绕坝渗漏[1]。任何一类渗漏，其渗漏通道均埋藏于岩土体内部，无法通过肉眼直接观察确定，须借助检测或监测手段进行探测。目前，工程上常用的探测方法种类繁多，按利用的物理量可大致分为基于电、电磁、振动波、水流、热、声、光的方法。苏怀智等[2]对各类探测方法进行了系统总结，指出了各类探测方法的优缺点。由于渗漏问题的复杂性及单一物探方法的多解性、局限性[3]，目前尚未有渗漏探测的"万能方法"。针对此问题，采用多种物探方法结合的综合物探技术受到工程界的青睐。张建清等[4]认为，大坝渗漏综合物探技术体系应遵循"先整体后局部、先粗略后精细，各种物探技术互相结合、互相验证、相互补充、相互约束"的探测原则。在高泉水库渗漏探测中，先采用大地电磁法和高密度电法进行整体探测，再采用高密度电法和微动法进行局部探测，取得了较好的探测效果。赵丽娜等[5]采用地质雷达与高密度电法相结合的综合物探手段对郑州"7·20"特大暴雨后常庄水库主坝进行探测，探测成果表明，不同物探方法之间可互为补充、验证。叶立龙等[6]采用直流充电法和地质雷达法对某土坝开展渗漏通道检测，检测成果表明，直流充电法可快速确定渗漏通道的平面分布及走向，地质雷达法可显示出渗漏通道的埋深及形态。

综合物探技术通过多种探测成果的叠加，拓宽了探测视野，提高了结果的可靠性，但在本质上仍是物理信号对待测问题的间接反映。其探测成果的可靠性一方面强烈依赖人工测线/测点布置的合理性，另一方面对技术人员的信号解译水平有较高要求。当待测结构地质条件复杂时，有必要结合现场地质勘查工作，开展综合研判分析。

**基金项目：**国家自然科学基金项目（U22A20602）；南京水利科学研究院青年基金项目（Y316020）。

**作者简介：**丁玉堂（1987—），男，高级工程师，主要从事水利工程监测、检测与安全评价等方面的研究工作。

基于上述思路，开展了临城水库右坝肩渗漏探测工作。本文介绍了渗漏探查的方法、过程、成果及工程处置措施，可为类似工程问题提供参考。

## 2 工程概况

临城水库位于子牙河系泜阳河支流泜河南北支汇流处，总库容 1.712 5 亿 m³，主体工程于 1960 年完工。大坝为土坝，由河床段的斜墙坝型和南北滩地两段的均质坝型组成，坝顶高程 133.00 m，总长 1 428 m。水库历经数次除险加固：1991 年，在坝前坡面 108.30 m 高程、桩号 0+308~0+926 段坝基进行了高压喷射混凝土墙和坝面铺设土工膜防渗处理；2009 年，两岸均质坝段坝基采用混凝土防渗墙防渗，底部采用帷幕灌浆处理。

2021 年 12 月 6 日，现场检查发现右坝肩下游岸坡浆砌石排水沟底部存在水流出逸点（桩号 0+273），出逸点高程约为 108.00 m，呈集中流状态，水流清澈，无浑浊现象，库水位 124.5 m。此出逸点在同年 8 月安全鉴定地质勘察时，未发现水流排出，库水位 122.0 m。

2021 年 12 月 17 日，在渗水位置排水沟下游侧开挖探槽。开挖前现场量测出渗水量约 3.9 L/min，库水位 123.6 m。开挖过程中，探槽渗水量一度达 20.4 L/min，原排水沟出逸点停止渗水。次日探槽回填，排水沟底部原出逸点再次渗水，渗水量为 3.6 L/min，与原渗漏量基本相同。

取库水及渗漏水样进行水质分析，两类水的化学成分基本一致。

以上表明，右坝肩下游渗水量与库水位密切相关，渗水来自上游库水，右坝肩存在渗漏通道。对此，有必要通过综合物探与地质勘查结合的手段，查明渗漏成因，判断其对大坝的影响，进而采取合适的工程处置措施。

## 3 探测成果

### 3.1 综合物探方法选取

当前各类探测方法中，基于电、电磁基本原理的高密度电法、地质雷达法、瞬变电磁法是应用较为广泛的渗漏检测方法。高密度电法通过人工施加电场，采集待测区域的视电阻率，得到的低阻异常区域即为可疑渗漏区。但该方法探测剖面为倒梯形，难以对坝肩以下坝体进行探测。另外，本项目大坝坝顶为坚实的混凝土路面，下游坝坡为厚达 0.5 m 的干砌石护坡，探测电极难以插入坝内土体，因此该方法不适用。地质雷达法利用了电磁波反射原理，根据反射波的波速、传播时间、形态及强弱等因素，判断目标体的深度与性质。该方法作业快、分辨率高，但探测深度有限。瞬变电磁法则基于电磁感应原理，利用脉冲磁场产生的感应二次涡流场的磁场随时间变化规律，从而获得地下构造信息。该方法作业效率高、探测深度大、不受地形影响，但存在浅部探测盲区。

为提高探测质量，避免单一探测手段的局限性，本次探测采用地质雷达法与瞬变电磁法结合的综合物探方法。地质雷达法采用 20~80 MHz 低频组合天线，瞬变电磁法采用同心回线测量，发射线框、接收线圈均为 5 m×5 m，发射频率为 32 Hz，点距 5 m。

### 3.2 测线布置

测线走向均平行于坝轴线，探查的桩号范围为 0+000~0+430，覆盖右坝肩均质坝段、渐变段和部分黏土斜墙段。自坝顶路面至下游坝坡依次置 16 条地质雷达法测线（编号 R1~R16）。在坝顶路面、下游马道各布置 1 条瞬变电磁法测线（编号 S1、S2）。测线布置详见图 1。

### 3.3 地质雷达法探测成果

地质雷达法共计圈定出 12 处主要雷达异常，典型异常区如图 2 所示。该图为坝顶测线 R2 雷达异常剖面图像，区域桩号范围为 0+270~0+300，埋深范围为 15~22 m。由图 2 可看出，雷达反射波能量强，雷达波的波形变粗，振幅变强，呈现低频低速特征，根据电磁波传播理论分析，推断该区域存在渗漏带。

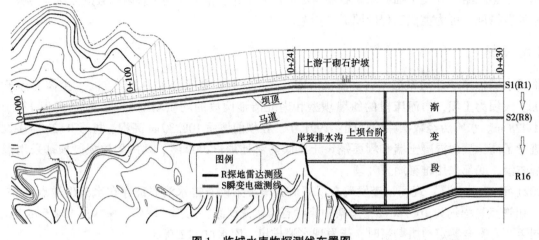

图 1　临城水库物探测线布置图

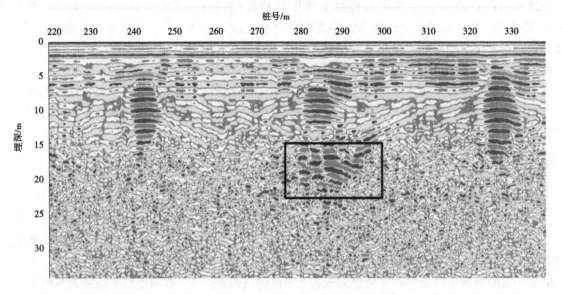

图 2　典型雷达异常剖面图

### 3.4　瞬变电磁法探测成果

瞬变电磁法共计圈定出 2 处主要异常，典型异常区（下游马道测线 S2）电阻率成果如图 3 所示。由图 3 可看出，除去表层探测盲区外，该剖面由浅至深大体可分为两层电性结构，表现高阻—低阻的特征。在桩号 0+240～0+260 范围处，表现出连续的高阻等值线错断现象，推断该处存在一处富水区域，综合推断该范围内存在疑似渗漏区。

### 3.5　综合物探分析

将地质雷达法与瞬变电磁法各条测点获得的异常区进行拼接，得到推断渗漏区的边界线如图 4 所示。边界线共划分出 3 个推断渗漏区：A1、A2、B1。推断渗漏区 A1 由地质雷达法获取，坝顶桩号范围 0+115～0+165，坝顶处埋深范围 15～22 m（对应高程 111.00～118.00 m）。探测结果显示，该区域岩土体相对周围区域密实性稍差、含水量相对较高。该区域在下游收窄。推断渗漏区 A2 由地质雷达法获取，坝顶桩号 0+270～0+320，坝顶处埋深范围 15～22 m（对应高程 111.00～118.00 m）。推断渗漏区 B1 由瞬变电磁法获取，坝顶桩号范围 0+240～0+260，坝顶处埋深范围为 15～30 m（对应高程 103.00～118.00 m）。

推断渗漏区 A2、B1 在大坝下游存在重合区域，且位置与现场渗水点较为一致，因此为重点关注的区域。

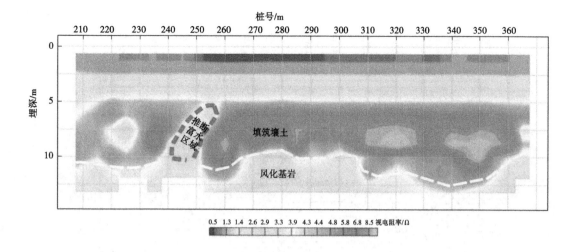

图3 典型异常区电阻率成果图

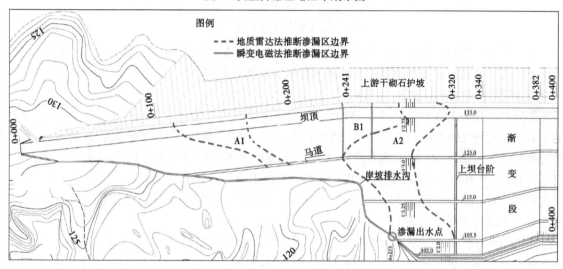

图4 推断渗漏区分布平面图

## 4 结合地勘成果综合分析

### 4.1 钻孔布置

大坝布置了数个地质钻孔以开展地质勘查工作。其中，孔号 DBZK1 桩号 0+170，临近推断渗漏区 A1。孔号 LCLS2、LCLS4、LCLS5，桩号为 0+250~0+273，临近推断渗漏区 A2、B1。地质轴线剖面与钻孔布置如图5所示。

### 4.2 推断渗漏区 A1 地勘成果分析

钻孔揭示，孔号 DBZK1 自上至下依次为：壤土1（高程 116.98~130.58 m）、壤土2（高程 109.38~116.98 m）、全风化煌斑岩（高程 104.48~109.38 m）、强风化煌斑岩（高程 102.78~104.48 m）、强风化花岗岩（高程 95.78~102.78 m）、弱风化花岗岩（高程 91.98~95.78 m）。地质雷达法推断渗漏区高程在 111.00~118.00 m，基本与壤土2重合。该层土体主要特征为"含水率较高、可塑、土质较均一、局部含少量砂粒、韧性较低"。

从轴线剖面图看，推断渗漏区 A1 位于右岸山体基岩"凹陷区"。前期设计资料显示，该"凹陷区"原状地貌为冲沟，冲沟底部为冲洪积壤土（"壤土2"层），坝体填筑施工时该层未挖除，其上层为填筑壤土层，下层与左右侧均为全风化岩层。冲沟沿上游方向尖灭，未能贯通上下游。同时，该冲积土层渗透系数较低（渗透系数建议值为 $6×10^{-5}$ cm/s）。

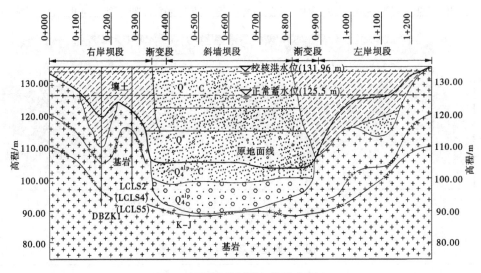

图5　地质轴线剖面与钻孔布置

因此，综合物探与地勘成果，推断渗漏区 A1 土体的高含水率可能与右岸坝肩部位地下水位自然赋存特征有关。该处形成上、下游贯通的渗漏路径的可能性较低。

### 4.3　推断渗漏区 A2、B1 地勘成果分析

钻孔揭示，孔号 LCLS2、LCLS4、LCLS5 自上至下依次为：壤土（高程 119.62～132.80 m）、全风化花岗岩（高程 114.82～119.62 m）、强风化花岗岩（高程 98.02～114.82 m）。地质雷达法、瞬变电磁法推断渗漏区 A2、B1 基本涵盖全风化层。该层岩土体主要特征为"岩芯以土状为主，强度极低"，实测透水率为 36.67 Lu，透水率相对较高，厚度及界限起伏较大。

从纵剖面看，推断渗漏区 A2、B1 位于右岸冲沟左侧山体全风化基岩。前期设计资料显示，该区域在建坝时只进行了简单清表。

因此，综合物探与地勘成果，临城水库右坝肩渗漏成因可概括为：坝肩与基岩搭接部位岩体表层风化严重，透水性较强，建坝时未清理彻底。虽经除险加固，大坝防渗系统未能完全截渗，库水以该层为渗水通道下渗，部分水流从高程相对较低的排水沟底部孔隙排出，形成外部渗水点。

## 5　工程处置措施

依据"上堵下排"的原则，以帷幕灌浆为代表的垂直防渗措施，以及以兴建下游反滤排水沟的导排措施为主要考虑的处理方案。

根据综合物探与地质勘测成果，右坝肩渗漏类型为坝基渗漏。按照探槽开挖时观测到的最大流量及渗漏范围推算，在库水位 123.6 m 时，该坝段渗漏量每年约 6 万 m³，对整体库容影响不大。同时，设计单位进行了渗流复核计算，在各种工况下，坝坡抗滑稳定安全系数与坝基渗透稳定性均满足规范要求。综上表明，临城水库右坝肩渗漏属于一般险情。

帷幕灌浆方案具有防渗针对性强、截渗效果较好、处理深度大的优点，但方案比较复杂，投资较大，施工周期较长，质量较难把控。反滤排水沟方案实施简单，投资小，施工周期短。

经综合比较，采用在右坝肩下游侧兴建反滤排水沟的导排措施。后续运行情况表明，右坝肩渗水均可沿反滤层导排至排水沟，坝脚已无外露出水点，大坝运行情况正常。

## 6　结论

（1）针对临城水库右坝肩渗漏问题，采用了地质雷达法与瞬变电磁法结合的综合物探手段开展监测，共得到 3 处推断渗漏区。

（2）根据地勘成果与地质资料，推断渗漏区 A2、B1 由于坝基清基不彻底，形成坝基渗漏。推断渗漏区 A1 形成上、下游贯通的渗漏路径的可能性较低。

（3）根据综合物探与地勘成果综合分析，选择了兴建反滤排水沟的导排措施。后续运行状态表明，大坝运行正常。

## 参考文献

［1］袁勤国，陈思翌．湖北省中小型水库土石坝渗漏原因及防渗处理［J］．长江科学院院报，2009，26（S1）：76-80．

［2］苏怀智，周仁练．土石堤坝渗漏病险探测模式和方法研究进展［J］．水利水电科技进展，2022，42（1）：1-10，39．

［3］徐力群，张国琛，马泽锴．土石堤坝隐患探测综合物探技术发展综述［J］．地球物理学进展，2022，37（4）：1769-1779．

［4］张建清，徐磊，李鹏，等．综合物探技术在大坝渗漏探测中的试验研究［J］．地球物理学进展，2018，33（1）：432-440．

［5］赵丽娜，霍吉祥，俞扬峰，等．郑州"7·20"特大暴雨后常庄水库主坝综合物探分析［J］．人民黄河，2022，44（11）：152-155．

［6］叶立龙，徐洪苗，胡俊杰．综合物探方法在土坝渗漏通道检测中的应用［J］．工程地球物理学报，2020，17（5）：604-609．

# 排架一次性浇筑方法在水闸除险加固中的创新应用

綦跃强[1]　渠继凯[2]

（1. 山东黄河顺成水利水电工程有限公司，山东济南　250000；

2. 山东黄河河务局工程建设中心，山东济南　250000）

**摘　要：** 本文研究了一种水闸除险加固工程中排架的新型浇筑方式，通过对操作要点的细化和拆解，提出采用定型钢模板预留振捣孔方式，解决了排架混凝土构件外形复杂、混凝土振捣不均的问题，并经过计算和试验模板的固定，采用强力措施保证了施工质量。通过介绍新型排架一次浇筑施工方法的工艺难点及解决方法、技术创新点及其工程应用等，总结全面的施工经验、科学的施工工艺和流程，实现了排架混凝土的一次性浇筑，优化施工工艺，有效提升作业效率，综合效益显著。

**关键词：** 新型排架；一次性浇筑技术；水闸；除险加固工程

## 1　工程概况及背景

颍上闸为 24 孔开敞式钢筋混凝土结构，每孔净宽 5 m，过水宽度 120 m。该闸底板为钢筋混凝土结构，闸底板厚 2.0 m，闸墩厚 1.5 m。中心桩号为 BK0+661.732，含接线全桥总长 331.74 m。按设计要求，对 2 片边排架，22 片中排架，共计 24 片排架重建。排架混凝土为 C30 混凝土，现浇总量 227.75 m³。2016 年 12 月 24 日工程开工，因老结构拆除施工难度大、遭遇冬季极端天气、春节用工荒和相邻的颍上复线船闸施工交通干扰等因素制约，直至 2016 年 3 月 1 日排架重建工程才具备施工条件。要在 4 月 30 日前完成排架重建、梁板安装、启闭机和电气安装调试，使工程具备度汛能力，尤其是该工程排架设计结构形式为双柱式排架，中系梁及盖梁各 1 道，上接工作桥梁板，下接闸墩，如采用常规排架一次浇筑→中系梁浇筑→排架二次浇筑→盖梁浇筑的施工工艺，工期是无法按期完成的。其后果是，工程不但发挥不了效益，对汛期防洪也将造成严重的影响。为了解决这一关键部位的施工问题，经相关技术人员研究，专门成立研究小组，集思广益、借鉴其他施工的成熟经验，通过计算研究，最终采用了新型大型水闸排架现浇混凝土一次浇筑的施工方法。

## 2　施工工艺流程及操作要点

该方法依据排架一次性浇筑技术的成熟经验，主要施工工艺由模板设计及制作、模板安装及固定、混凝土工程施工准备、混凝土浇筑、混凝土保护与养护、模板拆除构成。

### 2.1　模板设计及制作

为了确保质量和工期，模板全部采用经过专门设计定做的组合钢模板，模板板材厚度在 5 mm 以上，工厂定型加工，根据计算模板的施工荷载，按规范布置板肋和对拉梁，保证模板有足够的刚度，排架定型钢模板设计图如图 1 所示。模板相接处采用胶条予以密封处理；另外，为了避免模板漏浆，作业前于模板内侧涂脱模剂。

### 2.2　模板安装及固定

排架的外形质量是与模板的固定相关的。按设计放样模板的控制线，严格控制各边线、轴线位置[5]。模板安装前，仔细检查模板的加工质量及平整度，涂刷脱模剂要均匀，达到不漏刷、不流坠，

---

作者简介：綦跃强（1985—），男，高级工程师，主要从事水利工程施工的研究工作。

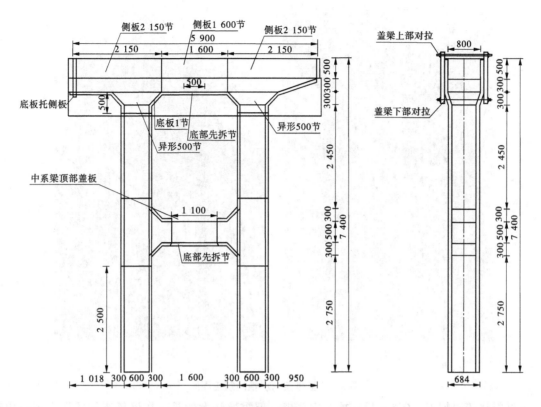

**图1 排架定型钢模板设计图** （单位：mm）

检查模板配件确定齐全，钢筋保护层定位卡符合要求[1]。立完一侧模板后，清除钢筋内杂物，然后立另一侧模板。等两侧模板竖立完成，且位置符合设计要求后，进行现场校验，然后均衡紧固支撑，达到设计要求。排架分两层进行浇筑，模板外侧使用高强度的钢管箍进行加固处理。需要注意的是，其间距应不小于80 cm。首层浇筑层高为3.5 m，作业时可能出现模板变形的问题。为避免这类问题，需在排架柱下部采用18b 槽钢加固。

梁侧模板及柱模板采用模板自带对拉肋板固定，梁底模板采用满堂脚手架支撑。沿模板纵向每侧设钢丝绳2根，模板体系整体垂直度采用钢丝绳配法兰对拉调整，模板底部用闸墩加高时预埋的限位钢筋固定。

## 2.3 混凝土工程施工准备

排架工程混凝土设计强度为C30，混凝土由拌和站集中拌和，水平运输采用2台8 m³ 混凝土搅拌车，垂直运输采用汽车泵泵送，串筒导流入仓。为保证混凝土与闸墩基面良好结合，钢筋绑扎前基面必须充分凿毛，浇筑前首先浇筑5~10 cm 的高标号砂浆（与混凝土同配比减石子），以使结合面更密实。混凝土所用原材料经试验检测合格后方能使用，并在施工过程中按规范要求制作试块进行相关检测。

## 2.4 混凝土浇筑

排架混凝土设计标号为C30，为确保结构的质量及作业效率，可采用二级配混凝土，坍落度不小于70 mm，不超过90 mm。从以往的实践经验来看，如果粉煤灰掺量发生变化会导致混凝土表面色差，因而在施工过程中不宜加入粉煤灰。除此之外，混凝土采用罐车运输至现场，然后通过塔吊运输入仓。需要注意的是，材料入仓期间可能会出现骨料和胶凝材料离析，为避免出现这一问题，在浇筑落差大于2 m 的情况下，应在下料口设置适当规格的集料斗，并在该装置的下方安装一个 $\phi$20 cm 的自制溜筒，同时还要将下料速度控制在适宜的范围内。图2为新型排架一次性浇筑正面图。

在实际施工中，混凝土振捣采用二次振捣法，能够较大程度地减少表面气泡。具体做法是：首次

(a)　　　　　　　　　　　　　　　(b)

**图 2　新型排架一次性浇筑正面图**

在混凝土材料浇筑时振捣，0.5 h 后实施二次振捣。但需要注意的是，在该环节的操作中不得出现漏振、过振等情况，当观察到材料翻浆不再下沉和表面无气泡时即可停止振捣。

在混凝土浇筑过程中，由专人观察模板、支架、钢筋情况，如果发生异常（如变形、移位），应及时通知相关班组采取措施进行处理。混凝土振捣采用 1.5 kW 插入式振捣器，混凝土分层浇筑，分层厚度控制在 30 cm 以下，混凝土浇筑顶面高差控制在 15 cm 以下。混凝土振捣时，采用插入式振捣棒，振捣棒要快插慢拔，并插入下层混凝土 5~10 cm，与侧模保持 5~10 cm 的距离，避免振动棒碰撞模板、钢筋及其他预埋件。混凝土振捣密实，无漏振、欠振或过振，振捣时间控制在 10~20 s，以表面开始泛浆，不再出现气泡为宜。

### 2.5　混凝土保护与养护

混凝土浇筑完成后，拆模应在 3 d 或 4 d 内完成，该工序结束后采用全封闭法进行养护。使用此方法养护时需要做到：提前于混凝土表面洒一遍水，接着用准备好的塑料薄膜将排架包裹严密，再采用透明胶带对塑料薄膜进行固定，以使其紧贴混凝土表面。实践经验表明，此种养护方法能够较大程度地防止混凝土内部水分的散失，避免材料出现裂缝等缺陷。需要指出的是，养护持续时间应在两周以上。

### 2.6　模板拆除

根据混凝土强度确定拆模板时间，柱模板、梁侧模板一般在正常气温下 24 h 后可拆模，梁的底模板要保证混凝土强度达到设计要求的 80% 方可拆除。混凝土达到规范要求的强度后，由技术人员发放拆模通知书后，方可拆模。拆除过程中注意做好对成品的保护措施，拆模后及时涂刷养护剂养生[3]。

## 3　现浇排架混凝土质量问题及解决措施

### 3.1　排架浇筑易出现的通病

（1）现场施工通常会出现各种各样的问题，比如结构尺寸不准、垂直度偏差等，影响工程建设。

（2）在作业过程中，如果浇筑时落差过大、混凝土欠振，均会诱发材料离析[4]，并最终导致底部出现蜂窝麻面。

（3）如果材料的坍落度控制不严，会导致排架中间连系梁顶部浇筑不密实，使得工程质量无法得到保证。

（4）混凝土材料坍落度控制不严格以及其他因素的影响[2]，也会导致梁与排架柱连接处斜抹角浇筑质量下降。

### 3.2　针对通病的施工对策

#### 3.2.1　排架底角施工措施

排架底部出现蜂窝麻面时，可以采取的策略是：第一，提前对排架柱与闸墩连接处的混凝土材料予以凿毛处理，彻底清除表面乳皮并清洗，这样才能获得最佳接触效果。第二，浇筑材料时，应提前将 50 kg 水泥浆（水灰比 1∶2）倒入仓内，这样才能保证材料充分与闸墩结合。

在作业期间，还可能会出现因垂直距离高造成混凝土离析的问题。针对这一问题可采取的解决策略是：第一盘混凝土浇筑之前往仓内浇筑适当厚度的 M15 砂浆，考虑到材料的密实性，在实际操作时应采取内外同时振捣的方法，并且仓内和仓外分别使用机械振捣和人工振捣，以避免出现漏振的情况。不同的方法相结合使用，可以保证材料充分与闸墩结合在一起，使工程顺利实施。

#### 3.2.2　排架中间系梁施工措施

若中间系梁顶部出现浇筑不密实的问题，可以采取的应对策略是：第一步，将系梁顶部中间模板暂时取下，如此，操作人员就可以在排架柱内和系梁顶部预留口处振捣，以确保材料完全溢满到系梁顶部。第二步，上一步骤结束后，再将预留模板与整体模板拼装起来。

#### 3.2.3　排架柱与系梁连接处抹角施工措施

系梁与排架柱连接处的上部抹角，由于其仓内空间的形状比较特殊，会导致材料浇筑不实，拆模后会出现蜂窝状表面。因而在该部分的作业中需要注意的是要控制浇筑速度，在不同位置以不同的振捣技术彻底将仓内空气排出，确保材料浇筑质量。

在施工期间，因排架柱高度较高，模板的稳定性受到影响，不利于安全施工。针对这一问题可采取的应对策略是材料浇筑施工分两次进行，即材料浇筑达到系梁顶部上抹角位置时应暂停一段时间，并在其初凝前继续浇筑。

#### 3.2.4　拆模与养护施工措施

模板拆除过程中，应指派专人在吊离模板前用绳缆拴住模板，这样可以避免操作时因空中转动碰坏排架棱角。还需指出的是，因排架顶部距离闸室底板高度超过 15 m，无法进行喷水养护，这种情况下，应采取缠裹塑料薄膜的方法养护。

#### 3.2.5　模板安装与混凝土浇筑施工措施

使用质量好的模板，在各个环节的作业前都要检验其质量，如存在脱皮或变形等缺陷则不能进场使用。除此之外，柱模板安装应与支撑架定位连接，此次项目施工中根据实际需要，设计排架柱截面为 600 mm×1 200 mm。为确保稳定性，使工程施工顺利进行，模板均采用钢制定型模板；同时，柱模板采用 18 mm 厚多层胶合板，并采用加固件进行加固处理。需要注意的是，柱子封模前先要将模内杂物清除。要严格按照既定流程进行柱子模板安装，具体方法是：放线，固定多层胶合板的柱位控制线，并将长方向模板压在短方向模板上。在使用柱子模板进行施工时，需注意柱角必须有木方，并采用固定件牢牢固定；同时，沿柱子高度设置钢管箍，这样可以有效防止胀模及变形等问题。在具体作业过程中，柱子模板安装后可能会发生倾斜，不利于安全施工。针对这一情况可采取的应对措施是：①在柱子之间加顶水平撑和剪刀杆，将倾斜的部分与柱子相集成，另一端则支撑于稳定构件上。②于模板拼接处进行密封处理，设置上层模板时搭接在下层混凝土面上，这样可以防止作业期间发生混凝土浇筑上、下层错位的缺陷。③采用先进的浇筑技术，具体做法是采用套筒下料、分层浇筑。

## 4　技术创新点

该施工方法的创新点：一是经反复研究，决定采用定型钢模板，在中系梁顶板预留振动孔的施工方法，解决了排架混凝土构件外形复杂、混凝土振捣不均的问题。二是经过总结施工经验，科学组织施工工艺和流程，实现了排架混凝土一次浇筑完成，保证了工期，扭转了施工困难局面。三是经过计算和试验，模板固定采用了强力措施，保证了施工质量。四是将施工工艺创新优化为：第一次浇筑至中系梁→封闭中系梁顶盖（预留振捣孔）→浇筑至盖梁顶高程，采用新型排架一次性浇筑方法，预留振捣孔解决了排架一次浇筑成型可能导致中系梁混凝土振捣不密实等风险，一次性将排架浇筑到位，保证了混凝土外观，有效地节省了工期，提前完成启闭机安装并试运转成功，而且减少了人员、模板的投入，获得了业主、设计和监理单位的肯定，取得了较好的社会效益和经济效益。

## 5 经济效益分析

采用新型排架一次性浇筑方法：施工工人为 8 人，安装模板、浇筑、养护、拆除模板共需要 3 d，使用工日 24 个，工人工资为 24 d×200 元/d=4 800 元；而采用常规的排架一次性浇筑方法：中系梁浇筑→排架二次浇筑→盖梁浇筑的施工工艺，施工工人为 6 人，安装模板、浇筑、养护、等待强度、凿毛、拆除模板共需要 7 d，共需人工工日 42 个，工人工资为 42 d×200 元/d=8 400 元。综合分析相同工程量情况下，费用降低 40% 以上，有效提高了施工效率，降低了投资成本，经济效益显著。

## 6 结论与展望

实践研究证明，新型排架一次性浇筑方法是经过多次研究和反复试验确定的一种新型操作方法，这种施工模式最为突出的特色就是提升了施工进度，节约了资源成本，提升了操作的安全性和精准性，这也是该技术在颍上闸工程当中得到广泛应用的主要原因。

在未来的施工作业过程当中，新型排架一次性浇筑方法的应用范围必然会得到提升。但是随着信息技术的不断发展和进步，这种方法也会与时俱进、动态调整，新技术的出现势必会大大提升工程的质量和效果。

## 参考文献

[1] 许正松，杨琼，沙涵，等. 双排钢板桩围堰在水闸施工导流中的设计与应用 [C] //中国水利学会. 2022 中国水利学术大会论文集：第二分册. 郑州：黄河水利出版社，2022.
[2] 崔世彬，宋艳艳. 水电站大坝临时导流底孔出口启闭机排架施工 [J]. 水电站机电技术，2021，44（4）：55-57.
[3] 原迎军. 超高工业厂房排架柱一次浇筑成形施工技术 [J]. 四川建材，2019，45（5）：138-139.
[4] 马军栋，尹相聪，谢荣彬. 蒙阴青山埠拦河闸排架施工质量控制要点 [J]. 山东水利，2016（3）：21，23.
[5] 王丹. 岩锚梁混凝土浇筑时支撑排架的应用 [J]. 中国水能及电气化，2016（5）：11-14.
[6] 中华人民共和国水利部. 水闸施工规范：SL 27—2014 [S]. 北京：中国水利水电出版社，2014.

# 基于三维分析平台的挡土墙结构异常分析方法

农　珊[1]　张海发[2]

[1. 水利部珠江水利委员会技术咨询（广州）有限公司，广东广州　510610；
2. 水利部珠江水利委员会珠江水利综合技术中心，广东广州　510610]

**摘　要**：本文基于三维分析平台，通过构建满足模型收敛条件的异常特征嵌入模型对应的挡土墙结构数据的特征域，将得到的挡土墙结构数据的特征域迁移到待训练异常特征嵌入模型，生成收敛的第一目标异常特征嵌入模型。由此，不再需要单独的样本数据及训练标签数据进行学习，可以提高模型学习速度，进而提高后续目标挡土墙结构数据异常类别分类的速度，提升挡土墙结构异常分析分类准确性，从而提高挡土墙结构异常分析效率。

**关键词**：三维分析；挡土墙结构数据；异常分析；分析效率

## 1　引言

挡土墙是指支承路基填土或山坡土体、防止填土或土体变形失稳的构造物，工程上可选择的结构形式有混凝土预制块挡土墙、浆砌石挡土墙、混凝土挡土墙、格宾石笼挡土墙等。传统的混凝土挡土墙、浆砌石挡土墙具有技术成熟、安全可靠、经济适用等优点，但属于刚性支护，外表直立、硬化等[1-2]。混凝土格宾石笼挡土墙、预制块挡土墙是新型生态挡墙形式，其安全性和耐久性需进一步检验[3-5]。格宾石笼挡土墙，如表层金属网破损，就成为一堆块石散体，无法满足工程的要求[6]。针对挡土墙结构异常，目前大部分采用的是现场人工经验，无法准确快速地进行分析。因此，为了克服现有技术中的不足，本文提出一种基于三维分析平台的挡土墙结构异常分析方法，该方法已获发明专利：基于三维分析平台的挡土墙结构异常分析方法及系统（专利号ZL202310516271.1)[7]。

## 2　基本原理

该分析方法通过将挡土墙的各种设计配置参数加载到三维分析平台中，从而可以通过三维分析平台生成对应的挡土墙结构数据，进而便于通过计算机设备对挡土墙结构进行异常分析，从而相较于现场人工经验分析，不仅提高了分析速度，也提高了分析质量，并且便于后续回溯。相关技术中，通常是采用神经网络模型进行异常分析的，然而在进行模型训练时，通常需要通过单独的样本数据及训练标签数据进行学习，而无法借助已有的满足模型收敛条件的模型进行协助训练，导致模型学习速度较慢，进而影响后续异常类别分类的速度。

（1）获取标的训练数据集，标的训练数据集是在先验搜集的待学习挡土墙结构数据集中进行采样得到的，待学习挡土墙结构数据集中的各个待学习挡土墙结构数据为基于三维分析平台生成的已标记异常标签向量的挡土墙结构数据。

（2）将标的训练数据集中各个待学习挡土墙结构数据，分别输入到满足模型收敛条件的异常特征嵌入模型和等待进行模型收敛优化的待训练异常特征嵌入模型中进行异常特征嵌入，生成各个待学习挡土墙结构数据对应的已学习异常特征和待学习异常特征，待训练异常特征嵌入模型是将满足模型

---

**作者简介**：农珊（1983—），女，高级工程师，副总工，主要从事水利工程规划与设计研究工作。

**通信作者**：张海发（1976—），男，正高级工程师，科室主任，主要从事水利工程勘察及咨询工作。

收敛条件的异常特征嵌入模型的模型权重信息进行初始化加载生成的。

（3）获取各个待学习挡土墙结构数据对应的已学习异常特征之间的特征距离，生成第一特征距离分布；并获取各个待学习挡土墙结构数据对应的待学习异常特征之间的特征距离，生成第二特征距离分布。

（4）获取第二特征距离分布与第一特征距离分布之间的训练效果参数值，并依据训练效果参数值更新等待进行模型收敛优化的待训练异常特征嵌入模型后，返回获取标的训练数据集的步骤进行迭代学习，直到满足模型收敛条件时，将收敛的待训练异常特征嵌入模型输出为第一目标异常特征嵌入模型，用于提取目标挡土墙结构数据的异常嵌入特征。

（5）依据目标挡土墙结构数据的异常嵌入特征进行异常类别分类。

## 3　具体实施方式

为了更清楚地说明基于三维分析平台的挡土墙结构异常分析方法的技术方案，本文结合图1具体说明该分析方法。

### 3.1　获取标的训练数据集

step101，获取标的训练数据集。标的训练数据集是在先验搜集的待学习挡土墙结构数据集中进行采样得到的。

该标的训练数据集中包括多个当下待学习挡土墙结构数据（表示在当前训练模型时采取的挡土墙结构数据）。待学习挡土墙结构数据集中的各个待学习挡土墙结构数据为基于三维分析平台生成的已标记异常标签向量的挡土墙结构数据。先验搜集的待学习挡土墙结构数据集为训练流程中采用的待学习挡土墙结构数据的挡土墙结构数据簇，标的训练数据集是先验搜集的待学习挡土墙结构数据集的一部分。先验搜集的待学习挡土墙结构数据集中的待学习挡土墙结构数据，是在满足模型收敛条件的异常特征嵌入模型学习完成的挡土墙结构数据。例如，可直接在本地或者云端加载获取标的训练数据集，标的训练数据集是在先验搜集的待学习挡土墙结构数据集中进行采样得到的。

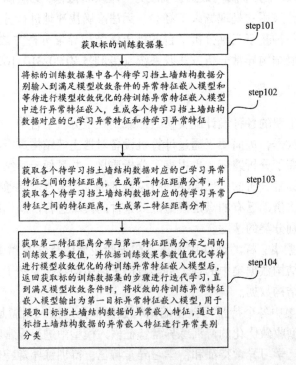

**图1　基于三维分析平台的挡土墙结构异常分析方法的流程**

### 3.2 生成待学习异常特征

step102，将标的训练数据集中各个待学习挡土墙结构数据分别输入到满足模型收敛条件的异常特征嵌入模型和等待进行模型收敛优化的待训练异常特征嵌入模型中进行异常特征嵌入，生成各个待学习挡土墙结构数据对应的已学习异常特征和待学习异常特征。待训练异常特征嵌入模型是将满足模型收敛条件的异常特征嵌入模型的模型权重信息进行初始化加载生成的。

满足模型收敛条件的异常特征嵌入模型是基于历史的待学习挡土墙结构数据通过模型特征学习后获得的对异常嵌入特征进行挖掘的初始化模型。当前需要对以上初始化的异常特征嵌入模型进行继续学习从而完成更新。等待进行模型收敛优化的待训练异常特征嵌入模型即需要更新的模型权重信息经过初始化的异常特征嵌入模型，或者直接将收敛的异常特征嵌入模型的模型权重信息进行初始化加载生成的。然后，可基于满足模型收敛条件的异常特征嵌入模型的模型权重信息对等待进行模型收敛优化的待训练异常特征嵌入模型的模型权重信息进行初始化，将满足模型收敛条件的异常特征嵌入模型的模型权重信息输出为等待进行模型收敛优化的待训练异常特征嵌入模型的初始化模型权重信息。

已学习异常特征为基于满足模型收敛条件的异常特征嵌入模型挖掘获得的待学习挡土墙结构数据的异常嵌入特征，待学习异常特征为基于等待进行模型收敛优化的待训练异常特征嵌入模型进行异常特征嵌入获得的待学习挡土墙结构数据的异常嵌入特征。异常嵌入特征表征挡土墙结构数据的异常特征向量表示。

示例性地，将标的训练数据集中各个待学习挡土墙结构数据输入到满足模型收敛条件的异常特征嵌入模型中进行异常特征嵌入，生成标的训练数据集中每个待学习挡土墙结构数据对应的已学习异常特征，将标的训练数据集中各个待学习挡土墙结构数据输入到等待进行模型收敛优化的待训练异常特征嵌入模型中进行异常特征嵌入，生成标的训练数据集中每个待学习挡土墙结构数据对应的待学习异常特征。

### 3.3 生成第一特征距离和第二特征距离分布

step103，获取各个待学习挡土墙结构数据对应的已学习异常特征之间的特征距离，生成第一特征距离分布，并获取各个待学习挡土墙结构数据对应的待学习异常特征之间的特征距离，生成第二特征距离分布。

例如，第一特征距离分布中包括各个已学习特征距离，已学习特征距离指示两个不同待学习挡土墙结构数据的已学习异常特征之间的关联度，获取标的训练数据集中两两待学习挡土墙结构数据对应的已学习异常特征之间的特征距离。第二特征距离分布包括各个待学习特征距离，待学习特征距离指示两个不同待学习挡土墙结构数据对应的待学习异常特征之间的关联度。遍历标的训练数据集中每个待学习挡土墙结构数据，获取当下待学习挡土墙结构数据与标的训练数据集中每个待学习挡土墙结构数据之间的关联度。其中，基于已学习异常特征获取已学习特征距离，生成第一特征距离分布，第一特征距离分布表征满足模型收敛条件的异常特征嵌入模型进行异常特征嵌入获得的标的训练数据集的异常嵌入特征域。基于待学习异常特征获取待学习特征距离，生成第二特征距离分布，第二特征距离分布表征等待进行模型收敛优化的待训练异常特征嵌入模型进行异常特征嵌入获得的标的训练数据集的异常嵌入特征域。一种可替代的实施方式中，第一特征距离分布可以通过二维的矩阵进行表示，第二特征距离分布同理。

### 3.4 异常类别分类

step104，获取第二特征距离分布与第一特征距离分布之间的训练效果参数值，并依据训练效果参数值优化等待进行模型收敛优化的待训练异常特征嵌入模型后，返回获取标的训练数据集的步骤进行迭代学习，直到满足模型收敛条件时，将收敛的待训练异常特征嵌入模型输出为第一目标异常特征嵌入模型，用于提取目标挡土墙结构数据的异常嵌入特征，通过目标挡土墙结构数据的异常嵌入特征进行异常类别分类。

训练效果参数值指示第二特征距离分布与第一特征距离分布之间的差异。例如，可以获取第二特征距离分布中每个待学习特征距离与第一特征距离分布中对应的已学习特征距离之间的差值，再获取全部差值的和值以获得训练效果参数值，然后基于训练效果参数值通过反向传播进而更新等待进行模型收敛优化的待训练异常特征嵌入模型中的模型权重信息，生成更新后的异常特征嵌入模型。接着将更新后的异常特征嵌入模型输出为等待进行模型收敛优化的待训练异常特征嵌入模型，同时获取后续标的训练数据集的步骤进行迭代学习，直到满足模型收敛条件时，将收敛的待训练异常特征嵌入模型输出为第一目标异常特征嵌入模型。第一目标异常特征嵌入模型为将等待进行模型收敛优化的待训练异常特征嵌入模型学习后获得的，第一目标异常特征嵌入模型用于提取目标挡土墙结构数据的异常嵌入特征，通过目标挡土墙结构数据的异常嵌入特征进行异常类别分类。

## 4 结论

基于以上步骤，将标的训练数据集中各个待学习挡土墙结构数据分别输入到满足模型收敛条件的异常特征嵌入模型和等待进行模型收敛优化的待训练异常特征嵌入模型中进行异常特征嵌入，生成各个待学习挡土墙结构数据对应的已学习异常特征和各个待学习挡土墙结构数据对应的待学习异常特征，然后获取各个待学习挡土墙结构数据对应的已学习异常特征之间的特征距离，生成第一特征距离分布，并获取各个待学习挡土墙结构数据对应的待学习异常特征之间的特征距离，生成第二特征距离分布，最后基于获取第二特征距离分布与第一特征距离分布之间的训练效果参数值，通过训练效果参数值优化等待进行模型收敛优化的待训练异常特征嵌入模型后，返回所述获取标的训练数据集的步骤进行迭代学习，直到满足模型收敛条件时，将收敛的待训练异常特征嵌入模型输出为第一目标异常特征嵌入模型，通过构建满足模型收敛条件的异常特征嵌入模型对应的挡土墙结构数据的特征域，将得到的挡土墙结构数据的特征域迁移到待训练异常特征嵌入模型，生成收敛的第一目标异常特征嵌入模型，由此，不再需要单独的样本数据及训练标签数据进行学习，可以提高模型学习速度，进而提高后续异常类别分类的速度，提升挡土墙结构异常分析分类准确性，从而提高挡土墙结构异常分析效率。

## 参考文献

[1] 袁以美. 河道生态挡墙研究与应用综述 [J]. 广东水利水电, 2019 (11): 67-70.

[2] 袁以美, 叶合欣, 陈建生. 生态管理视角下一种新型挡土墙的设计及应用 [J]. 人民珠江, 2018, 39 (9): 43-46.

[3] 臧群群, 邓远新. 自嵌式植生挡墙在广州市海珠区调水补水工程中的应用 [J]. 广东水利水电, 2011 (6): 33-35.

[4] 杨浩. 格宾挡墙发展综述 [J]. 探矿工程 (岩土钻掘工程), 2016, 43 (10): 96-99.

[5] 王勇, 云超. 自嵌式植生挡墙在栗水河治理中的应用 [J]. 江西水利科技, 2016 (2): 120-124.

[6] 张海发, 鲁小兵. 一种复合式生态堤防结构在生态水利工程的应用 [C] //中国水利学会. 2022 中国水利学术大会论文集: 第七分册. 郑州: 黄河水利出版社, 2022.

[7] 张海发, 郭林林, 肖尧轩, 等. 基于三维分析平台的挡土墙结构异常分析方法及系统: ZL202310516271.1 [P]. 2023-05-09.

# 综合物探法探测复杂库岸渗漏问题研究

肖仕燕　甘孝清　陈　鹏　杨星宇　李维树　冉　博

（长江水利委员会长江科学院，湖北武汉　430015）

**摘　要：** 对渗漏点不明确、被测体介质不明晰的库岸复杂渗漏问题，为了解其渗漏情况，并为后续渗漏治理工作的开展提供依据和支持，本次通过渗漏监测和计算，初步确定渗漏量及大致渗漏区域，再采用水下检查、高密度电法、流速流场法等，对水库渗漏情况进行综合探测，采用摸排的方式查找水库渗漏的区域、通道和集中渗水点。研究结果表明，整个库岸表现为渐变式散漏，集中渗漏点主要集中在B区与A区和C区沿岸，渗水主要通过原古河排泄出去。本次研究成果为后续库岸渗漏勘测和治理提供了依据和支持，为类似复杂渗漏工程的探测提供了参考。

**关键词：** 水库库岸；复杂渗漏；水下检查；高密度电法；流速流场法

## 1　引言

地球物理方法是堤坝渗漏探测常用的方法。由于地球物理方法具有快速检查、连续扫描、无损、成本低的特点，有效地弥补了传统的钻孔取芯、开挖取样方法的费时费力、破坏程度大等缺陷，因此得到了广泛的应用[1]。一些学者应用综合物探法、高密度电法、流场法、磁电阻率法对堤坝渗流进行探测，都取得了较良好的结果[2-15]。但这些探测基本都是基于渗漏出水点明确，地质概况、堤坝体介质清楚的前提下进行的，对于岸线长，出水点不明确，地质概况、被测体介质不清楚的复杂库岸渗漏隐患探测的研究则较少。因此，为查明复杂库岸渗漏问题，本文通过渗漏监测和计算，确定渗漏量及渗漏区域，采用水下检查、高密度点法、流速流场法对其渗漏情况进行探测，采用摸排的方式查找研判水库渗漏的原因、形式可能的集中渗点。本次研究可为工程后续治理提供参考依据。

## 2　工程概况

该水库为重庆市丰都县南天湖旅游景区核心水源，位于丰都县仙女湖镇，距丰都县城58.4 km，距主城198.3 km。水库为丰都县最南端与武隆县交界地段跳蹬河下游大塘坝洼地，工程通过堵截大塘坝岩溶洼地、收纳跳蹬河来水蓄水而成。跳蹬河全长3.15 km，集雨面积2.24 km²。水库正常蓄水位1 757.5 m，总库容202.4万 m³，湖面面积约35万 m²。水库多年平均流量$Q=0.045$ m³/s。本工程工程等别为Ⅳ等，主要建筑物为环湖堤防、泄洪洞、涵洞、分湖隔坝等，永久建筑物等级为4级，次要建筑物等级为5级。

该水库于2005年10月，利用天然洼地，采用铺设土工复合膜+黏土保护全库盆防渗方案建成，主体工程于2006年11月完工。2012年，对南天湖水库扩容，扩容后水库容积202.4万 m³，湖面面积约35万 m²（530亩），平均库水深5~6 m。

水库自成库以来一直存在渗漏问题。2017年，对南天湖水库南西侧57 470 m²（约86.20亩）局部渗透区进行了堵漏处理。对其中80亩湖（库）区改用钢筋混凝土全库盆防渗，即现在的B区。工程现状如图1所示。

---

**作者简介：** 肖仕燕（1989—），女，工程师，主要从事水利工程安全评价与健康诊断研究工作。

图1　工程现状图

## 3　水库渗漏计算分析

### 3.1　入库水量监测

对水库东侧的2个主要入水口进行了监测，2020年11月11日至12月11日水库入库流量时间过程曲线如图2所示。可见，1#入水口在监测期间，出现2个高峰阶段，分别在11月11—16日和11月23日至12月4日期间入库流量增大，2#入水口在11月23日至12月4日期间入库流量也增大。其余时间2个入水口的来水量基本稳定。11月23日至12月4日期间主要受连续降雨降雪影响。从11月6日至12月11日期间来水量趋于稳定，平均来水流量约为15 L/s。从监测以来（11月11日）至监测结束（12月11日），平均入库流量为22.21 L/s。

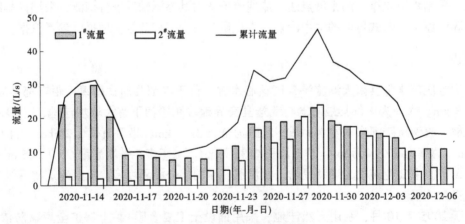

图2　入库流量时间过程曲线

在A、C、D区和B区分别布置了1个水位尺，每天观测库区水位变化。水位随时间变化过程线如图3所示。可见，A、C、D区水位在2020年11月22日前持续下降，下降速率为30.9 mm/d，2020年11月22—30日期间下降速率变缓，平均10.13 mm/d。12月1—11日下降速率略有增加，平均16.45 mm/d（这个期间主要因景区造雪和防止取水管冰冻而连续取水）。B区水位变化较小。分析可知，主要渗漏集中在A、C、D区，且主要集中在1 756.5 m高程以上。

### 3.2　水库区渗漏量计算

水库渗漏计算时间段为2020年11月11日至12月11日，在这31 d时间内库水位降低了55 cm。

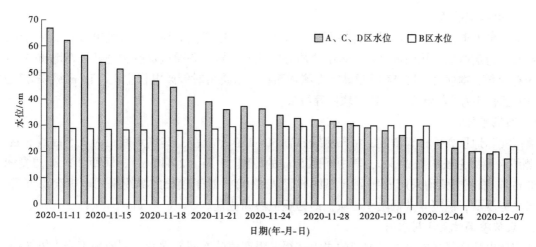

图 3　库水位随时间变化过程线

渗漏计算公式如下：

$$(X + R + Z_1) - (F + E + Z_2) = \Delta\omega \tag{1}$$

式中：$\Delta\omega$ 为渗漏量，万 $m^3$；$X$ 为地表水流入量，万 $m^3$；$R$ 为降雨量，万 $m^3$；$Z_1$ 为初始库容，万 $m^3$；$F$ 为泄量，万 $m^3$；$E$ 为蒸发量，万 $m^3$；$Z_2$ 为最终库容，万 $m^3$。

　　根据水库实测的水雨情观测资料，经计算在观测的 31 d 时间内，库区总渗漏 135.8 万 $m^3$（见表 1）。

表 1　水库渗漏计算结果

| 时间间隔/d | 库容变化/万 $m^3$ | 泄量/万 $m^3$ | 降雨量/万 $m^3$ | 蒸发量/万 $m^3$ | 地表水流入量/万 $m^3$ | 计算渗漏量/万 $m^3$ |
|---|---|---|---|---|---|---|
| 31 | 19.25 | 1.01 | 7.34 | 3.26 | 113.48 | 135.8 |

## 4　渗漏探测

### 4.1　水下检查

　　该水库利用天然洼地，采用铺设土工复合膜+黏土保护全库盆防渗，周边采用钢筋混凝土护岸。该水库自从成库以来一直存在渗漏问题，通过现场调查未发现有明显的渗水部位，区内未发现急降渗漏点，因此采用水下机器人，查看水下防渗设施的现状及运行情况，对水下渗漏情况进行初步判断。通过水下检查结果（见图 4）可知，库底压重土石袋大部分腐烂、破损，局部土工膜隆起、卷曲和缺失；周边挡墙混凝土冻融破坏严重、钢筋局部裸露。由此，可初步判断，A、C、D 区库岸均存在渗漏的可能。

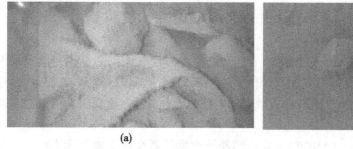

　　　　　　(a)　　　　　　　　　　　　　　　　(b)

图 4　水下检查结果

### 4.2　高密度电法探测

采用高密度电法对库岸渗漏进行探测，查找可能的集中渗漏通道。高密度电法主要通过电极向地下发射人工稳定电场，从而探测岩土体中介质导电性的差异，并通过这些物理特征对地质体中的缺陷进行分析诊断。本项目采用 A4 时频高密度测量系统，系统由时频激电仪主机、10 m 级联分离式转换器、110 套不极化接收电极、预处理软件等组成。

#### 4.2.1　测线布置

根据实际地形条件布置测线，每条测线布置 50~170 个电极，其测点间距为 2.5 m 或 5 m。共计 32 条测线，测线总长约 6.34 km，其中间距 5 m 的测线 13 条（2 440 m），间距 2.5 m 的测线 19 条（3 900 m）。探测方式均采用 α 排列（温纳装置 AMNB），对于较长的测线采用电极滚动方式。通过对探测数据反演，确定异常低阻率区域，即为疑似渗漏位置。

#### 4.2.2　疑似渗漏位置评判准则

高密度电法解译本质是通过测得的岩土体视电阻率值的空间差异性来判断地下岩土体结构，所以解译的前提是需要确定研究区的地层电阻率特征。根据本工程的地质条件及充水状态，确定渗漏位置评判准则，如表 2 所示。

表 2　渗漏位置评判的电阻率参数

| 介质 | 视电阻率/(Ω·m) |
| --- | --- |
| 水或土石严重充水 | ≤50 |
| 土石混合体饱水 | 50~200 |
| 土石混合体 | 200~1 000 |
| 灰岩 | ≥1 000 |

#### 4.2.3　成果分析

A、B、C、D 区共测试了 32 条测线，通过对高密度电法成果进行解译，基本确定了大部分低阻区呈长条带状集中分布于 B 区和 A、B 区交界处沿岸，A、C、D 区局部有短带状低阻区。通过分析判断，岩溶发育区主要位于 B 区和 A、B 区交界处原古河出水口，岩溶发育区在地表以下 5~35 m，如图 5 所示。由此分析可知，A、B、C、D 区渗漏通道和出水口主要集中在 B 区和 A、B 区交界沿岸。

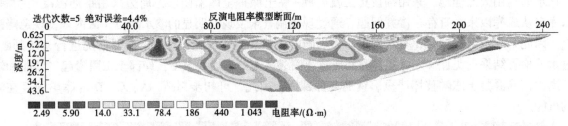

图 5　典型高密度电法解译（单位电极距是 2.50 m）

### 4.3　流速流场法

为进一步确定集中渗漏通道进水口，采用声学多普勒流速剖面仪（ADCP），通过逐点探测湖水中流速矢量参数（位置、流速和流向）可以发现疑似集中渗漏位置。工作原理是 ADCP 向水中发射声波，水中的散射体使声波产生散射；ADCP 接收散射体的回波信号，通过分析其多普勒效应频移以计算流速和流向。

仪器采用声学多普勒流速剖面仪（ADCP），其传感器及收发仪器全部集成在无人船上，通过遥控实现自动连续测试，GPS 自动获取位置坐标，具有多频段多通道收发，理论流速分辨率 ±0.001 m/s，实测流速准确度 ±25%，分辨率 ±0.002 m/s。

#### 4.3.1 测线布置

通过对水位监测发现 B 区水位变化较小，A、C、D 区水位降低明显，可初步判断渗水主要发生在 A、C、D 区，因此测线主要布置在 A、C、D 区沿岸。首先，在 A、D 区布置 J1 和 J2 线获得没有渗漏条件下流速和流向的背景值；其次，沿 A、C、D 区水域岸边扫查 1 次，每间隔 1 m 采集 1 个数据，预计扫查里程约 3 km；再次，分别在 C、D 区全面扫查，无人船沿着测线航行，每条测线每隔 1 m 采集 1 次数据，扫查间距 5 m，共计扫查测点约 3 500 点。完成普查后初步分析确定疑似渗漏位置，再次对疑似渗漏位置进行详细扫查，最后对疑似渗漏位置附近进行复核扫查，获得测区范围内各个测点的流速场（位置、流向和流速）及测线范围内湖底形态图，通过数据处理确定疑似渗漏位置。

#### 4.3.2 成果分析

无人船基本沿着规划的线路匀速行驶，平均速度 0.1~0.2 m/s，采样间隔 10~30 s，并用搭载的 RTK 自动记录测点的位置信息。同时，能获得水深、船速、水的平均速率、船迹等。通过软件自动形成轨迹图、库底面深度剖面图及流速色谱图。通过流速流场法判断，该水库区共有 9 个异常点，集合现场调查的入水口、抽水点和出水口，可判断现场共有 2 个集中渗水点，均位于 B 区与 A 区和 C 区沿岸，如图 6 所示。

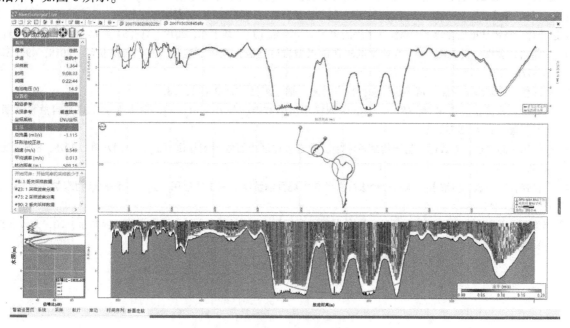

图 6　流速流场法测试结果

## 5　结论

采用水下检查、高密度电法、流速流场法对渗漏问题复杂、岸线长、出水点不明确、地质情况复杂、被测体介质不清楚的 3.3 km 库岸采用摸排法进行渗漏探测研究，结合现场情况和探测结果分析研究得出如下结论：

（1）根据水库实测的水雨情观测资料，目前水库总渗漏速率为 0.51 m³/s。

（2）采用高密度电法时，采用 α 排列（温纳装置 AMNB），电极滚动方式对渗漏出水点不明确、被测介质不明晰的库岸进行渗漏探测，能快速、准确地获取库岸渗漏范围及位置。

（3）高密度电法和流速流场法探测结果均表明库岸渗漏存在集中渗漏点，主要渗漏点集中在 B 区与 A 区和 C 区沿岸，库水渗漏主要是通过溶洞（原古河出水口）排泄出去。

（4）A、C、D 区库岸渗漏以沿块石土体内的渐变式渗漏为主，渗漏位置库底压重土石袋大部分腐烂、破损，局部土工膜隆起、卷曲和缺失，混凝土挡墙冻损严重，现状质量较差。

本次对 3.3 km 库岸进行渗漏探测，探明了库岸集中渗水点、渗漏通道和渗水出口，为后续库岸渗漏勘测和治理工作的开展提供了依据和支持。

## 参考文献

[1] 姚纪华，罗仕军，宋文杰，等. 综合物探在水库渗漏探测中的应用 [J]. 物探与化探，2020，44（2）：456-462.

[2] 鞠海燕，黎剑华，袁源平，等. 综合物探法在矿山堤坝渗漏隐患探测中的应用 [J]. 金属矿山，2008，38（8）：69-71.

[3] 徐轶，谭政，位敏. 水库大坝渗漏常用探测技术及工程应用 [J]. 中国水利，2021（4）：48-51.

[4] 王祥，宋子龙，姜楚，等. 综合物探法在小排吾水库大坝渗漏探测中的应用 [J]. 大坝与安全，2015（6）：51-54，62.

[5] 孙礼钊，郑琳，包伟力. 高密度电阻率法在某水库南堤渗漏探测中的应用研究 [J]. 工程地球物理学报，2016，13（5）：574-579.

[6] 杨阳，徐海峰，李卓. 霍林河水库渗透检测与防渗效果分析 [J]. 三峡大学学报（自然科学版），2015，37（3）：114.

[7] 戴前伟，冯德山. 龚嘴电站大坝渗漏入口部位探测技术 [J]. 水力发电学报，2006，25（3）：88-91.

[8] 李婷婷，樊勇，彭可，等. 堤防渗漏综合探测与渗流分析应用研究 [J]. 大坝与安全，2019（5）：55-66.

[9] 边浩林. 高密度电法在地下水渗流通道探测中的应用研究 [J]. 地下水，2019，41（5）：74-76.

[10] 史箫笛，黄勋，康小兵，等. 高密度电法在覆盖型岩溶地区探测中的应用 [J]. 人民长江，2018，49（S2）：117-120，127.

[11] 何继善. 堤防渗漏管涌"流场法"探测技术 [J]. 铜业工程，2000（4）：58.

[12] 白广明，张守杰，卢建旗，等. 流场法探测堤坝渗漏数值模拟及分析 [J]. 河海大学学报（自然科学版），2018，46（1）：52-58.

[13] 张凯馨，高文达，方致远. 基于伪随机流场法的岩溶地区土石坝渗漏检测 [J]. 中国水利，2018，835（20）：46-49.

[14] 朱自强，邹声杰，何继善. 流场拟合法在洪泽湖大堤管涌渗漏探测中的应用 [J]. 工程地球物理学报，2004，1（3）：243-246.

[15] 邹德兵，傅兴安，闵征辉. 磁电阻率法在水库渗漏探测中的应用 [J]. 水利与建筑工程学报，2019，17（5）：148-152.

# 城市核心区水下岸坡加固修复施工技术

## 韦志成　李森源

（广西珠委南宁勘测设计院有限公司，广西南宁　530007）

**摘　要**：柳州市河东堤岸坡加固修复工程位于城市核心区，施工场地狭小，施工条件较复杂，群众关注度高。为降低施工对现有堤防、岸坡及景观带的影响，采用内河水路运输和水下施工方案，通过现场与试验验证分析的方法，提出了安全、经济、合理的施工措施，采用水下抗滑桩和水下石笼吊装的施工技术，解决了城区河道岸坡水下防护施工的关键技术问题，保障了工程安全顺利完成，可为今后行业内类似的设计和施工提供技术借鉴。

**关键词**：城市核心区；岸坡加固修复；水下抗滑桩；水下石笼吊装

## 1　项目概况

柳州市防洪工程河东堤位于河东区柳江右岸，北起河东大桥，终于文惠桥南端，总长约 6.5 km，于 2005 年 8 月完工验收并交付使用，堤外河岸坡除部分桥墩桥台和游船码头已支护外，约有 1.4 km 岸坡未进行防护。近年来，由于红花水电站建设后库区水位抬高和水上公交等行船频繁通行，柳江部分河岸被波浪冲刷剥蚀掏空，岸坡出现多处滑塌，其中最大一处位于河东堤浮桥南段，岸长约 570 m，滑塌岸纵深 5 m，高 4 m，且岸坡顶发现存在裂缝，滑塌有进一步扩大延伸的趋势。

为消除安全隐患，确保河东防洪堤及岸坡的稳定，保障人民生命财产安全，柳州市对河东堤岸坡进行加固防护。工程上游起于窑埠古镇码头，下游止于河东大桥，工程总长约 1.4 km，主要建设内容包括抗滑桩固岸、石笼护坡、亲水平台设置等。岸坡加固修复方案详见图 1。

## 2　施工场地及施工交通

项目位于柳州城市核心区的沿江东堤公园景观带范围内，沿江景观带布置于东堤路与柳江水面之间岸线上，宽 100~200 m，包括园林、景观节点、夜景照明等。由于地处百里柳江中心城区，成为市民重点关注地段。因此，为尽量减少和降低施工对现有设施的影响，项目施工交通考虑采用陆路和水路两种方案进行比选。

### 2.1　陆路交通方案

利用东堤路作为对外交通，该市政道路基本沿河东堤布设，等级为城市次干路Ⅱ级，宽约 35 m，沥青混凝土路面。内部交通主要沿岸坡开挖施工临时道路，可选择景观带内宽阔平缓用地堆料。

陆路方案交通方便、运输灵活、管理简单，但现状岸坡较为陡峭，施工道路及临时堆料可能会影响岸坡整体稳定，局部岸坡需削顶减载，且施工将破坏沿线已建景观设施及道路等，需要恢复或改建的工程量较大。

### 2.2　水路交通方案

柳州市区段柳江河道属于红花水电站库区，航道等级为Ⅳ级，正常蓄水位 77.50 m，枯水期可通航 500 t 级船舶，中洪水期可通航 500 t 级以上船舶。施工区附近河道平直，水面较开阔，附近的码头距施工场地 2~3 km。

---

**作者简介**：韦志成（1980—），男，高级工程师，主要从事水利工程建设管理工作。

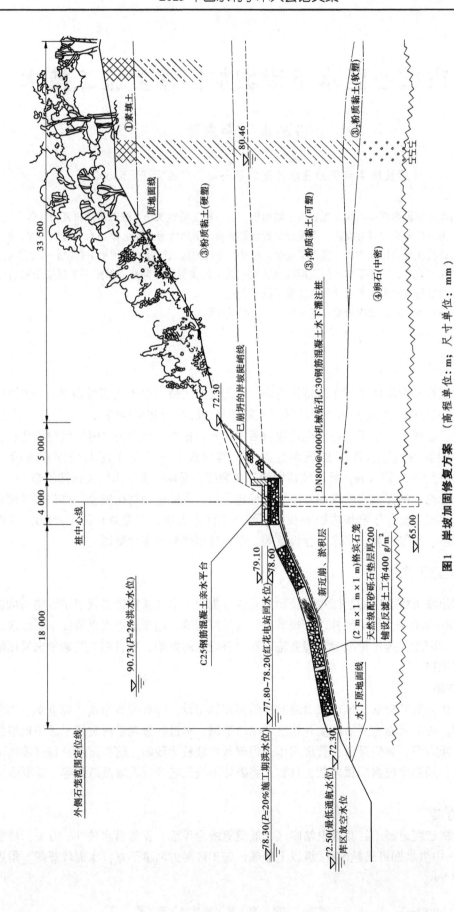

**图1 岸坡加固修复方案** （高程单位：m；尺寸单位：mm）

水路方案利用内河船舶进行运输和施工，对现有岸坡和生态景观带影响较小，但材料、设备等需通过码头中转和船舶装运到施工场地，转运装卸多，且无法进行围堰施工，施工工序多，机械设备和船只配合难度大，施工进度需要准确控制。

经方案比较，采用对景观带及岸坡影响较小的水路方案，抗滑桩钻孔灌注、石笼吊装铺筑均在水下施工，材料上船、弃土弃渣上岸等设在附近的白沙码头和惠丰码头。

## 3 施工顺序及方法

### 3.1 施工顺序

采用由下至上施工，主要顺序：抗滑桩施工—水下石笼吊装铺砌—亲水平台施工—植被修复。

### 3.2 施工方法

（1）放线定位。
（2）清理现状倒伏树木、构筑物。
（3）钢护筒沉管定位，抗滑桩旋挖钻孔造孔。
（4）钢筋笼吊装，浇筑混凝土。
（5）岸坡边卷铺反滤土工布，通过卷筒滚入水下，潜水员协助固定。
（6）砂卵石垫层铺设。
（7）格宾石笼吊装铺砌，潜水员协助脱钩。
（8）亲水平台钢筋制作安装及混凝土浇筑。
（9）附属建筑物施工及植被修复。

## 4 施工机械和设备

因施工场地狭小，且大多为水下施工，大型机械难以进入，主要考虑使用小型运输和施工机械设备。原计划采用起重船（带50 t吊机）、驳船（含起吊机）800 t，以及拖轮180 kW、挖泥船等水上工程船舶，但在柳州市场上存量偏少，租赁困难，只能利用市场上可租赁的工程船舶与其他机械设备组合达到工程船舶的功能效果。主要船舶及施工机械设备见表1，主要船舶、施工机械及潜水员进场安排见表2。

表1 主要船舶及施工机械设备

| 机械名称 | 型号规格 | 单位 | 数量 | 说明 |
|---|---|---|---|---|
| 平板船+长臂挖掘机（代替挖泥船） | 240长臂挖掘机 | 艘 | 2 | 挖砂卵石、挖土，铺填砂卵石、拆除木桩 |
| 平板船/运输船+50 t汽车吊（代替起重船） | 起重量50 t | 艘 | 2 | |
| 运输船 | 载重600~800 t | 艘 | 3 | 运输石笼 |
| 运输船 | 载重600~800 t | 艘 | 2 | 运输砂砾石 |
| 运输船 | 载重600~800 t | 艘 | 2 | 弃运渣土 |
| 运输船 | 载重600~800 t | 艘 | 4 | 运输混凝土罐车 |
| 运输船 | 载重600~800 t | 艘 | 2 | 运输钢护筒和钢筋笼 |
| 平板船+水上旋挖钻机（代替钻孔船） | 全液压反循环凿钻机ZJD2000/10 | 艘 | 2 | 灌注桩钻孔 |
| 机动驳 | | 艘 | 2 | 配合施工 |

续表 1

| 机械名称 | 型号规格 | 单位 | 数量 | 说明 |
|---|---|---|---|---|
| 50 t 汽车吊 | 起重量 50 t | 台 | 8 | 码头配合 4 台 |
| | | | | 水上配合 4 台 |
| 混凝土汽车泵 | | 台 | 4 | |
| 长臂挖掘机 | 1 m³ | 台 | 2 | |
| 装载机 | 3 m³ | 台 | 2 | |
| 新型智能环保渣土车 | 15 t | 台 | 60 | |
| 水上旋挖钻机 | 全液压反循环凿钻机 ZJD2000/10 | 台 | 2 | 水上旋挖灌注桩 |
| 内燃发电机 | 200 kVA | 台 | 4 | |

表 2　主要船舶、施工机械及潜水员进场安排

| 时间安排 | 工作内容 | 施工用船 | 船只数量/艘 | 潜水员数量/组 |
|---|---|---|---|---|
| 1 个月 (30 d) | 清表，清除倒伏树木、构筑物，土方开挖 | 平板船+长臂挖掘机 | 2 | |
| | | 运输船（弃渣） | 2 | |
| | | 机动驳 | 2 | |
| 7 个月 (210 d) | 灌注桩钻孔 | 平板船+旋挖机 | 2 | |
| | | 平板船+50 t 汽车吊 | 2 | |
| | | 运输船（弃渣） | 2 | |
| | | 运输船（钢护筒） | 2 | |
| | | 机动驳 | 2 | |
| | 灌注桩浇筑 | 平板船+50 t 汽车吊 | 4 | |
| | | 运输船（混凝土） | 4 | |
| | | 运输船（钢筋笼） | 2 | |
| | | 机动驳 | 2 | |
| 6 个月 (180 d) | 土工布铺设，铺设砂卵石垫层，格宾石笼铺砌 | 平板船+长臂挖掘机 | 2 | 2（含 2 名潜水员，2 名辅助员） |
| | | 平板船+50 t 汽车吊 | 2 | |
| | | 运输船（石笼） | 2 | |
| | | 机动驳 | 2 | |
| 3 个月 (90 d) | 亲水平台钢筋制作安装，混凝土浇筑，墙背回填料运输及回填 | 运输船（混凝土） | 4 | |
| | | 平板船+50 t 汽车吊 | 2 | |
| | | 平板船+长臂挖掘机 | 2 | |
| | | 机动驳 | 2 | |

# 5 关键施工技术及处理措施

## 5.1 水下抗滑桩施工

### 5.1.1 施工流程

水下抗滑桩主要施工流程：施工准备—定位放线—钻机就位及钢套筒埋设—钻孔、清孔及验孔—钢筋笼制作吊装—水下混凝土浇筑—检查验收。

### 5.1.2 主要问题

柳州位于岩溶地区，工程区主要地层岩性从上至下分别为：填土层、淤泥及淤泥质土、粉质黏土、卵石、圆砾及下伏灰岩等。由于岩石节理、裂隙较发育，冲孔时常遇到溶洞漏浆、斜岩偏孔等，对施工质量、安全和进度造成了不同程度的影响[1]。

### 5.1.3 处理措施

#### 5.1.3.1 钢护筒加固

钢护筒采用普通钢板卷制成型，厚度 12 mm，长度 2.0~4.0 m，内径比相应桩径大 0.4 m。由于施工地质情况复杂需要反复插拔钢套筒，护筒的刚度需要保证，否则在施工过程中易造成前端卷口和撕裂，导致钢筋笼和护筒卡阻无法就位，水上吊运也容易造成变形。埋设钢护筒，准确定好桩位，首先埋设长度为 2 m，埋置在较坚硬密实的土层中至少 50 cm，钢护筒顶应高出地面 30 cm[2]。护筒顶部可以放置一个用槽钢加工而成的十字架，用钻头轻压中心将护筒慢慢压入孔内。钻孔时，护筒随钻孔跟进，以钢护筒对孔壁进行支护，每钻进一节护筒深度时，提起钻头接长钢护筒，接头处焊接牢固并用钢筋在护筒外侧均匀布置。

#### 5.1.3.2 溶洞回填

施工前，需准备好足量的泥浆、片石、黏土、水泥及混凝土等材料。钻孔过程中，须密切观测地质情况、水头变化等，并做好可能出现的塌孔、泥浆流失、卡钻头等情况的处理方案。当施工到可能溶洞处需放慢冲击速度、采用较小冲程、发现漏浆等情况时及时回填，以确保钻孔的顺利进行。对于较小的溶洞，采用黏土和片石进行回填，黏土与片石体积比约为 3∶7，片石强度应超过 30 MPa，粒径为 15~50 cm，黏土也可装入编制袋后投入，待回填料超过溶洞顶部 1 m 以上再钻孔。对漏浆较严重的溶洞，可加入水泥，增加回填料黏结能力，缩短堵洞时间，必要时可直接回填混凝土。

#### 5.1.3.3 偏孔斜孔处理

如遇孔内岩面不平整或是岩石强度不均，在冲孔时容易出现偏斜，导致造孔垂直度不符合要求。可在孔中抛填片石，片石的强度要与孔内岩石基本相近，利用冲锤的冲击力把抛填的片石挤向软岩或岩面低的一侧，以最终达到孔内岩面平整、岩石硬度相当的结果。如钻孔入岩达到一定的深度，可以灌注 C20 混凝土，也能起到修正钻孔垂直度的效果[3]。

## 5.2 水下格宾石笼施工

### 5.2.1 施工流程

水下格宾石笼施工流程：施工准备—装填石笼及吊带捆绑—船吊起吊定位—潜水员脱钩。

### 5.2.2 存在问题

石笼吊装过程中存在容易变形、散落、倾斜的情况，造成笼体破损，返工率高，且存在较大的安全隐患。经过调查分析，主要有以下原因：

（1）格宾石笼笼体变形：笼体内部填充块石，质量不均匀密实，重心不稳定。现场起吊、移动、就位过程中柔性笼体会出现不规则、不同程度变形。

（2）吊带滑动变化：吊绳在捆绑过程中比较随意，起吊后，吊绳移动滑动，导致笼体倾斜散落。

（3）石笼平面转动：吊点位置过于集中，吊装中石笼在平面上转动，影响定位。

（4）脱钩造成偏移和变形：吊装就位后脱钩方式可操作性差，潜水员工作难度大，导致石笼偏移和变形。

（5）其他：钢绞线或帆布吊带存留在河底，对游船来往及群众游泳潜水构成安全隐患。

### 5.2.3 处理措施

针对施工中发现的问题，根据现场条件，对水下石笼吊装施工技术提出改进措施，主要如下：

（1）制作刚性箱体。箱体根据石笼规格 2 m×1 m×1 m（长×宽×高）尺寸制作，选用 25 mm 厚钢板作为底板，底板底部采用热轧普通型号 12.6 工字钢/槽钢焊接作为承重梁，增强箱体刚度和整体性[4]。

（2）设置固定吊耳。在钢箱体四角制作焊接吊耳，作为固定措施阻止或限制吊绳滑动，同时避免箱体平面转动。

（3）采用单点吊装。经现场试验，采用双点吊杆（扁担梁）或多点吊架吊装[5]，扁担梁和吊架容易变形，平衡性不足；采用单点吊装方式简单方便，强度有保障。

（4）改进脱钩方式。采用底开式石笼脱钩方案，直接岸上工人脱钩，潜水员只需要定位辅助。石笼在水下铺筑过程中不变形，施工便捷，安全可靠，达到了良好的施工效果。

采用水下整体吊装格宾石笼方式，施工工艺原理简单，取材方便，周转利用率高，成本低，安全性好，极大地提高了施工效率。改进施工措施前后格宾石笼现场见图 2，水下石笼整体吊装箱体结构见图 3。

(a)

(b)

**图 2 改进施工措施前后格宾石笼现场**

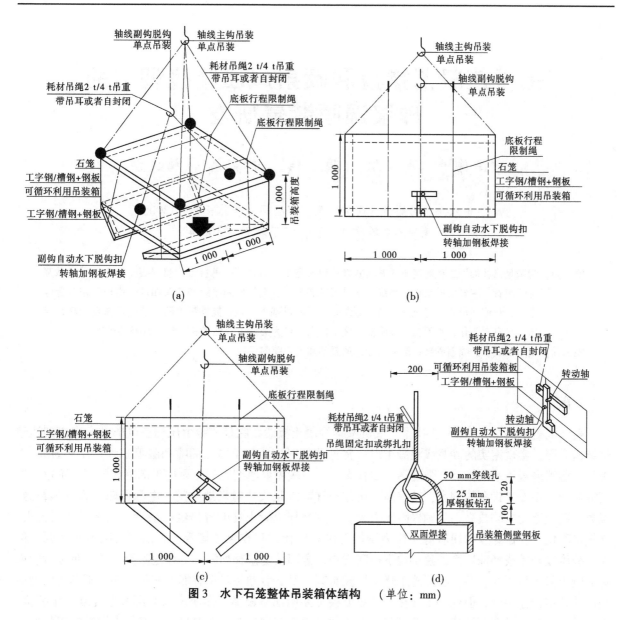

图 3　水下石笼整体吊装箱体结构　（单位：mm）

## 6　结语

柳州市河东堤岸坡加固修复工程于 2020 年顺利完工，已经过多次汛期的考验，堤防护岸稳定，工程取得了良好的经济效益、环境效益和生态效益。城市水利建设特别是堤防、岸坡防护和加固修复多有涉水作业问题，还关联到市政、景观等城市基础设施，应遵循因地制宜的原则，结合河道地形地质条件和特点，采取针对性方案和措施，确保施工的合理性和安全性，避免和降低对现有堤防、岸坡及其他设施的影响，实现人水和谐。

### 参考文献

[1] 阳树良，陈跃欣，曾波，等. 小江河大桥岩溶区桩基施工分析 [J]. 交通世界，2019（9）：98-99.

[2] 蓝国雄. 岩溶地质条件下的桥梁桩基施工和溶洞处理技术探讨 [J]. 珠江水运，2022（9）：18-20.

[3] 奚光涛，刘向前. 岩溶发育区钻孔灌注桩偏孔处治技术 [J]. 珠江水运，2022（10）：91-93.

[4] 曹阳，王永进. 水利工程沉排石笼施工技术 [J]. 山西建筑，2021，47（21）：155-157.

[5] 王光辉，杨培金，孙卫平. 整体吊装格宾石笼基础施工方法 [J]. 水利建设与管理，2020，40（9）：34-38.

# 基于速凝剂掺量和喷射风压精确调节的
# 砂浆湿喷装置研发

宁逢伟[1,2]　　肖　阳[1]　　隋　伟[1]　　都秀娜[1]　　褚文龙[1]

(1. 中水东北勘测设计研究有限责任公司，吉林长春　130061；
2. 南京水利科学研究院，江苏南京　210024)

**摘　要：** 为满足修补加固工程对高质量湿喷砂浆的现实需求，研发了一种接近湿喷混凝土施工效果的砂浆湿喷装置，主要由砂浆输送系统、速凝剂输送系统、空气压缩系统和喷头四部分组成。该装置体型小，料流质量高，射流形态与大型混凝土湿喷机基本一致，能够精确调节速凝剂掺量和喷射风压，具有专业化、小型化、高质量等施工特点，可为类似工程施工和科学研究提供参考。

**关键词：** 喷射混凝土；喷射砂浆；湿喷装置；速凝剂掺量；喷射风压

## 1　引言

美国混凝土协会（ACI）提出了广义的喷射混凝土概念，它是一种由压缩空气驱动，直接到达建筑结构表面，实现密实的砂浆或混凝土[1]。常见的喷射方式有干喷、潮喷和湿喷三种。众多研究[2-4]表明，湿喷混凝土均匀性好、强度高、回弹率低，一次喷射厚度大，明显优于潮喷和干喷。不过，湿喷混凝土所用专业设备体型大，功率高，压缩空气需求量大，对场地空间、电源保障、高压风补给、混凝土调配等要求均较高，后勤保障压力大。尤其预拌混凝土性能容易经时演变，出现坍落度损失、含气量降低、塑性黏度和屈服剪切应力增加等诸多变化，存在泵送堵管、无法正常喷射等问题。例如，分阶段开挖或特殊用途的狭小地下空间支护、老旧结构修补加固、工程抢险等，要么单位时间内对混凝土需求量不大，要么实际施工环境比较苛刻，要么后勤保障没有那么充足，甚至不满足大型湿喷机的基本作业条件，但这些工况往往又对混凝土品质期望较高，即使可以使用大型混凝土湿喷机，也容易造成较大的资源浪费。由此可见，上述情况既期望高质量湿喷混凝土，又倾向湿喷施工的专业化和小型化，苦于没有合适的技术装备，尚无法按照预期开展实施。

在小型化、专业化湿喷作业方面，现有市售砂浆湿喷机具备小型化特点，也能够实现喷射施工，常用在工民建的砖混结构护面领域。与护面砂浆的辅助、修饰作用不同，高质量湿喷砂浆作为主要建筑材料使用，施工厚度、材料强度、工作效率等也非护面砂浆可比。对于该类需求，现有装备存在以下问题：①设备没有速凝剂配送装置，无法使用速凝剂，不能发挥湿喷混凝土的快速凝结硬化特性，施工厚度、间歇期控制、工作效率、早期强度都得不到保障；②喷头缺少速凝剂接口，接口形式及其与压缩空气接口的空间分配布置都不明朗；③速凝剂流量缺少针对性匹配设计，流量控制难以精确调节；④风压控制过于粗糙，做不到精细调节，适应不了湿喷施工的专业化需求；⑤配套风压不足，形成不了高质量雾化射流，材料往往在结构表面松散黏附，黏结强度不够。

针对上述问题，研发了一种能够精确调节速凝剂掺量和喷射风压的砂浆湿喷装置，湿喷装置体型小、工作场地适应性强、射流形态与大型混凝土湿喷机基本一致，料流质量高，满足专业化、小型化的高质量湿喷作业需求。

---

**作者简介：** 宁逢伟（1986—），男，高级工程师，主要从事水工混凝土功能防护及病害诊治研究工作。

## 2 砂浆湿喷装置构成

所研发的砂浆湿喷装置由砂浆输送系统、速凝剂输送系统、空气压缩系统和喷头四部分组成。压缩空气的输气管路有两个，一路与速凝剂输送系统相连，另一路接入喷头。空气压缩系统、砂浆输送系统、速凝剂输送系统分别提供压缩空气、砂浆和速凝剂，三系统最终汇聚于喷头，喷头设有相应接口。

### 2.1 砂浆输送系统

砂浆输送系统包括进料斗、转运仓、螺旋输送泵和输送软管。进料斗呈倒梯形，上宽下窄，进料斗下方连接砂浆转运仓，砂浆由料斗进入转运仓过程中主要依靠自身流动性和辅助振动；螺旋输送泵内置于转运仓，砂浆经泵送出仓，出口方向水平，与输送软管相连，软管另一端与喷头直接连接。

### 2.2 速凝剂输送系统

速凝剂输送系统包括储液桶、计量泵、雾化器和软管。计量泵和雾化器在机身内部，储液桶为外接。液态速凝剂放置于储液桶，经软管与计量泵连接，由计量泵送入雾化器，雾化器设有两个进口和一个出口，一个进口与计量泵相连，另一个进口与压缩空气连接，在压缩空气作用下，速凝剂以雾状喷出，出口通过软管与喷头相连。

### 2.3 空气压缩系统

空气压缩系统由空压机、储气罐、分压阀、软管组成。分压阀可以安置在机身内部，由一个三通、两个压力表、两个微调阀组成，三通两侧出口分别配备一个压力表和一个微调阀，各自接入速凝剂雾化器和喷头；空压机和储气罐可以在机身外部，独立使用；空压机、储气罐、分压阀、雾化器、喷头之间都采用软管连接。

### 2.4 喷头

喷头是空心结构，由三部分组装而成，即大尺寸等径圆柱段、变尺寸渐缩圆柱段和小尺寸等径圆柱段，均由不锈钢材料制成，段与段之间通过螺纹相连。大尺寸等径圆柱段与砂浆输送软管轴向相连，靠近接头部位侧壁设有径向速凝剂输送软管接口；变尺寸渐缩圆柱段侧壁设有径向压缩空气输送软管接口，位置靠近变尺寸渐缩圆柱段与小尺寸等径圆柱段接头；砂浆、速凝剂经压缩空气由小尺寸等径圆柱段射出。速凝剂输送软管接口、压缩空气输送软管接口外侧都设有缓冲气囊，气囊一侧与喷头侧壁接口相连，另一侧与输气软管相接。

## 3 关键技术参数及设备操作流程

### 3.1 关键技术参数

图1、图2分别给出了砂浆湿喷装置的工作原理和喷头结构组成。该装置的关键技术参数围绕图1和图2展开介绍。

砂浆输送系统包括进料斗4、转运仓5、螺旋输送泵6和输送软管；进料斗4呈倒梯形，上宽下窄，由光滑硬质不锈钢材料制成，装备5 mm筛网和低频振动器；进料斗4下方连接转运仓5，砂浆由进料斗进入转运仓过程中主要依靠自身流动性和辅助振动；螺旋输送泵6内置于转运仓5，砂浆经泵送出仓，出口方向水平，与输送软管相连，软管另一端与喷头直接连接。螺旋输送泵工作效率为$2\sim3\ m^3/h$，转运仓容积$50\sim70\ L$，输送软管内径$25\sim35\ mm$。进料斗、转运仓、螺旋输送泵和输送软管都是市售成品。

速凝剂输送系统由储液桶1、计量泵2、雾化器3和软管组成。计量泵2和雾化器3可以设置在机身内部，储液桶1为外接。液态速凝剂放置于储液桶1，经软管与计量泵2连接，由计量泵2送入雾化器3，雾化器3设有两个进口和一个出口，一个进口与计量泵2相连，另一个进口与压缩空气连接，在压缩空气作用下，速凝剂以雾状喷出，出口通过软管与喷头12相连。计量泵流量为$0\sim150\ L/h$，排出压力为$0.7\sim0.8\ MPa$。进出口外接软管直径15 mm，泵体阀门材质为聚四氟乙烯，耐强酸

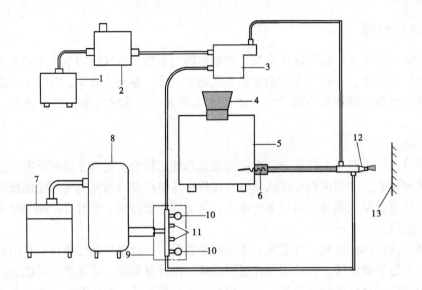

1—储液桶；2—计量泵；3—雾化器；4—进料斗；5—转运仓；6—螺旋输送泵；
7—空压机；8—储气罐；9—分压阀；10—压力表；11—微调阀；12—喷头；13—建筑结构表面。

**图 1　砂浆湿喷装置的工作原理**

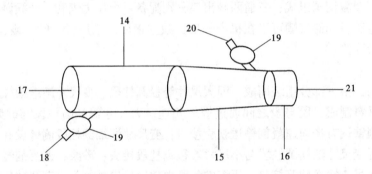

14—大尺寸等径圆柱段；15—变尺寸渐缩圆柱段；16—小尺寸等径圆柱段；
17—砂浆输送软管接口；18—径向速凝剂输送软管接口；19—缓冲气囊；20—压缩空气输送软管接口；21—喷嘴。

**图 2　砂浆湿喷装置的喷头结构组成**

强碱腐蚀。进出雾化器的输气软管直径都是 20 mm。储液桶、计量泵、雾化器和输送软管都是市售成品。

空气压缩系统由空压机 7、储气罐 8、分压阀 9、软管组成。分压阀 9 可以安置在机身内部，由一个三通、两个压力表 10、两个微调阀 11 组成，三通两侧出口分别配备一个压力表 10 和一个微调阀 11，各自接入速凝剂输送系统的雾化器 3 和喷头 12；空压机 7 和储气罐 8 在机身外部，独立使用；空压机 7、储气罐 8、分压阀 9、雾化器 3、喷头 12 之间都采用软管连接。空压机排气量不低于 6 m³/min，最高排气压力不低于 0.8 MPa，储气罐容量不低于 1 m³。压力表量程 0~1.0 MPa，分压阀靠近空压机和储气罐一侧输气软管直径 40 mm，经分压阀排出两路输气管道直径都是 20 mm。空压机、储气罐、输送软管都是市售成品，分压阀为自主加工产品。

喷头为空心结构，由三部分组装而成，大尺寸等径圆柱段 14、变尺寸渐缩圆柱段 15 和小尺寸等径圆柱段 16，均由不锈钢材料制成，三部分段与段之间通过螺纹相连。大尺寸等径圆柱段 14 与砂浆输送软管轴向相连，靠近接头部位侧壁设有径向速凝剂输送软管接口 18；变尺寸渐缩圆柱段 15 侧壁设有径向压缩空气输送软管接口 20，位置靠近变尺寸渐缩圆柱段与小尺寸等径圆柱段 16 接头；砂浆、速凝剂经压缩空气由小尺寸等径圆柱段射出。速凝剂接口、压缩空气输送软管接口外侧都设有缓冲气囊 19,缓冲气囊 19 一侧与喷头 12 侧壁接口相连,另一侧与输气软管相接。喷头长度不低于 40 cm,大尺寸等径圆柱段 14、变尺寸渐缩圆柱段 15 和小尺寸等径圆柱段 16 长度比例为 5∶4∶1,大尺寸管径 25~30 mm,小尺寸管径 20~25 mm。缓冲气囊为橡胶材质,容量 100~150 mL。速凝剂接口、压缩空气接口与喷头夹角 25°~40°。喷头设计、选材、组装都是自主技术。

砂浆输送系统和速凝剂输送系统的主体可以设置在设备机身内部,两者互不相连。设备机身底部设有滚轮,可整体移动。空气压缩系统中分压阀也可以设置在机身内部,其他部分与机身相对独立。压缩空气的输气管路有两个,一路与速凝剂输送系统相连,另一路接入喷头。空气压缩系统、砂浆输送系统、速凝剂输送系统分别提供压缩空气、砂浆和速凝剂,三系统最终汇聚于喷头,喷头设有相应接口。

### 3.2 操作流程

所研发砂浆湿喷装置工作流程如下:

(1)预先制备砂浆,由于设备体型小、生产效率不高,可使用预混砂浆,利用自落式搅拌机或强制式搅拌机现场生产。

(2)设备连接后,先启动空压机,调整分压阀,保证气路畅通;开启速凝剂计量泵,根据砂浆配合比、目标掺量调节流量旋钮,直至速凝剂以雾状形式由喷嘴射出;先后将水、水泥浆、水泥砂浆由进料斗放入转运仓,启动振动泵辅助入仓,之后驱动螺旋输送泵,向喷头供应砂浆。压缩空气由两路进入喷头,一路经由雾化器顺着速凝剂接口进入,另一路出自分压阀、直接汇入喷头,砂浆、速凝剂、压缩空气三者汇成一路,完成喷射。

## 4 设备优点

(1)体型小、狭小空间适应能力强,后勤保障配套资源需求低。

国内常见的混凝土大型湿喷机(如瑞典迈斯特、中铁建重工、中铁岩峰等),设备专业化程度高,实用效果好。但设备自身重、体型大、功率高、占地广、混凝土吞吐方量大,对电源配套、压缩空气供应、罐车保障等要求都较高。尤其在狭小空间难以通行,罐车不易到达,混凝土单次实施需求不高,容易造成资源浪费,作业难度大。本文所研发砂浆湿喷装置,大小与普通砂浆湿喷机相近,体型较小,生产效率虽然略低,却足以适应狭小空间的湿喷作业需要。

(2)能够使用速凝剂和高风压,砂浆射流质量高。

现有砂浆湿喷机体型小,配套风压低,无法使用速凝剂,所制备的砂浆射流质量差,只适用于普通砖混结构护面等非主体工程。本文所研发砂浆湿喷装置以专业化、高质量湿喷砂浆作为目标,引入速凝剂输送系统,提高了压缩空气和风压供应能力,湿喷砂浆质量水平与大型湿喷机生产情况比较接近,能够快速凝结硬化,增加单次喷射厚度,缩短两次湿喷作业时间间隔。既保证了体型小,又保证了材料质量。

(3)精确调节速凝剂掺量和喷射风压、湿喷作业精细化程度高。

大型混凝土湿喷机生产效率高、作业规模大、干扰因素多,速凝剂掺量和喷射风压调节精细化程度不足,现有砂浆湿喷机相比之下更是远远不如,这对精细化作业、科学研究等都有所不利。本文所研发砂浆湿喷装置设有压缩空气分压阀,能够精确分配压力布置;采用计量泵供应速凝剂,保障了控制精度。

## 5 结语

混凝土湿喷机体型大、生产效率高,对预拌混凝土供应能力、施工场地面积、电力资源保障等要求均较高,比较适合大规模新建工程施工。对于分层分部开挖、局部加固处理等现实工况,操作性往往比较差,小型化、专业化、高质量射流施工装置需求较大。所研发湿喷砂浆能够达到上述预期要求,为工程支护和加固提供了一种新的实施思路。作为砂浆湿喷装置的四个组成部分,砂浆输送系统、速凝剂输送系统、空气压缩系统和喷头所需制作材料已全部实现国产化，具有可实施性。

## 参考文献

［1］ACI Committee 506. Guide to shotcrete ［S］. Farmington Hills：American Concrete Institute，2016.

［2］Ikumi T，Salvador R P，Aguado A. Mix proportioning of sprayed concrete：A systematic literature review ［J］. Tunnelling and Underground Space Technology incorporating Trenchless Technology Research，2022，124：104456.

［3］王家赫，谢永江，冯仲伟，等. 铁路工程喷射混凝土高性能化的发展趋势与路径研究 ［J］. 混凝土，2022（11）：110-114.

［4］Banthia N. Advances in sprayed concrete（shotcrete）［J］. Civil and Structural Engineering，2019（1）：1-18.

# 氧化石墨烯/聚氨酯复合涂层性能及工程应用研究

刘 兵[1]  孔令辉[2,3]  李贵勋[2,3]  郑 军[2,3]  牛金亮[2,3]

(1. 安阳市河道事务中心，河南安阳 455000；
2. 黄河水利委员会黄河水利科学研究院，河南郑州 450003；
3. 河南省水电工程磨蚀测试与防护工程技术研究中心，河南郑州 450003)

**摘 要**：本文制备了不同氧化石墨烯含量的聚氨酯复合涂层，使用万能拉伸试验机对其拉伸性能进行了测试，采用万能试验机对涂层的摩擦学性能进行了研究。结果表明，在改性的过程中甲苯二异氰酸酯（TDI）与氧化石墨烯发生了化学反应。此外，氧化石墨烯含量对复合涂层的力学性能有着显著的影响。当质量分数为 2.0% 时，拉伸强度达到最大，摩擦系数也降至最低，这是由于氧化石墨烯具有良好的"自润滑"能力和较高的强度，均匀分布于基体中能够起到弥散强化的效果。将改性复合涂层在强冲刷工况下进行了应用，应用效果良好。

**关键词**：氧化石墨烯；聚氨酯；空蚀；力学性能

## 1 引言

作为一种高分子材料，聚氨酯（PU）具有良好的耐磨性、耐腐蚀性、化学稳定性、耐水性及性能可调控等优点[1]，广泛应用于生活、医疗、工业甚至国防等领域。聚氨酯在水力机械领域有着较为广泛的应用，在一定程度上缓解了过流部位的磨蚀破坏，但在某些强空蚀、高冲刷等恶劣工况下，聚氨酯的应用还存在一些局限性，需对其进行进一步的改性。Zhao 等[2] 尝试在聚氨酯中加入滑石粉来改变涂层综合性能，发现滑石粉能极大地改善涂层的摩擦学性能。Song 等[3] 报道了添加不同形貌纳米 ZnO 的两种聚氨酯涂层，发现 ZnO 可以提高涂层的抗磨减磨能力。同样的尝试也涉及了 $TiO_2$[4]，$SiO_2$[5] 及碳纳米管[6-7] 等纳米粒子。

作为一种二维单原子层结构的碳纳米材料，氧化石墨烯具有很多优异的性能，如超润滑及高电导等。大量氧化官能团的存在使其与基体表面实现强结合成为可能。莫梦婷等[8] 采用氧化石墨烯对聚氨酯进行了改性，极大地提升了机械的耐腐蚀性。为了利用氧化石墨烯的优势来弥补聚氨酯涂层的不足，本文尝试将氧化石墨烯分散到聚氨酯涂层中。通过对复合涂层力学和摩擦学性能的研究，突破现有聚氨酯涂层的应用瓶颈。

## 2 试验部分

### 2.1 复合涂层的制备

本文制备的聚氨酯涂层为双组分复合涂层，首先是聚醚型聚氨酯预聚体和氧化石墨烯的异氰酸酯改性的合成，其反应式分别如图 1 和图 2 所示。将制备得到的改性氧化石墨烯和聚氨酯预聚体以不同比例混合，根据混合物中异氢酸根含量加入相应的扩链剂与交联剂，搅拌均匀后快速放入烘箱中

---

**基金项目**：河南省自然科学基金面上项目（222300420496）；中央级公益性科研院所基本科研业务费专项资金资助项目（HKY-JBYW-2020-08）；黄河水利科学研究院推广转化基金（HKY-YF-2022-01）。

**作者简介**：刘兵（1973—），男，高级工程师，主要从事水工结构和水力机械修复与加固研究工作。

**通信作者**：孔令辉（1987—），男，高级工程师，主要从事水工结构和水力机械修复与加固研究工作。

80 ℃固化 12 h，室温放置一周后待用。

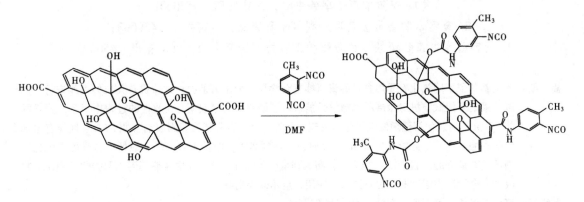

**图 1　PTMG 预聚体制备反应式**

**图 2　氧化石墨烯改性示意图**

## 2.2　复合涂层力学性能测试

采用 UTM2203 型万能试验机（深圳三思纵横科技股份有限公司）测试复合涂层拉伸性能，将测试样条制成哑铃形，依据 GB/T 528—2009，拉伸速度 500 mm/min；取 5 个试样进行测试，并求其平均值。试验过程如图 3 所示。

**图 3　抗拉试验**

采用万能摩擦磨损试验机对涂层的摩擦学性能进行测试，摩擦示意如图 4 所示。试验所用的打磨材质为 45# 钢，硬度为 HB162，加载试验力为 100 N，转速为 300 r/min，测试时间为 20 min。为了消除初始表面粗糙度对试验结果的影响，测试前先用同等标号的砂纸打磨摩擦副，且在试验进行至 5 min 后开始记录试验数据。

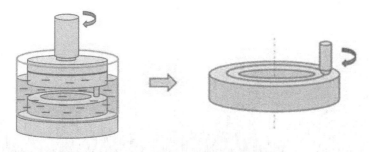

图4 万能摩擦磨损试验机工作区示意

## 3 结果与讨论

### 3.1 涂层拉伸性能测试

对不同石墨烯含量的聚氨酯复合涂层力学性能进行了测试，结果如图5所示。从图5可以看出，随着改性石墨烯用量的增加，聚氨酯/石墨烯复合材料的拉伸强度和断裂伸长率等参数有所变化。随着改性石墨烯用量增加，复合材料的拉伸强度先增加，当加入质量分数2.0%的改性石墨烯时，复合材料的拉伸强度最大，由聚氨酯的34.5 MPa增加到42.1 MPa，增幅达到22.0%，随后拉伸强度逐渐降低。断裂伸长率与氧化石墨烯的加入呈反相关关系，未加改性石墨烯时，涂层的断裂伸长率为620%，当有质量分数1.0%的氧化石墨烯加入时，断裂伸长率迅速降至532%，随着改性石墨烯用量继续增加，复合材料的拉伸强度进一步下降，当加入质量分数为5.0%时，断裂伸长率降至420%，降幅达到32.3%。

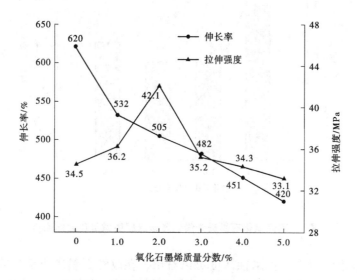

图5 聚氨酯/石墨烯复合涂层拉伸性能

### 3.2 涂层摩擦学性能测试

对复合涂层的摩擦系数、失重量和磨痕深度进行了分析，由于过多的氧化石墨烯加入会导致拉伸性能的下降，因此本次摩擦试验将不再对石墨烯质量分数大于3.0%的复合涂层进行分析。摩擦测试结果分别如图6和图7所示。由图6可知，在开始阶段，涂层的摩擦系数均相对较高，随后慢慢降低到保持稳定。不同的是，随着复合涂层中氧化石墨烯质量分数的增加，涂层的摩擦系数呈现先降低再升高的趋势。当不加氧化石墨烯时，涂层摩擦系数约为0.185，当质量分数提高到3.0%时，涂层摩擦系数降至0.114，达到最小。继续提高石墨烯含量，涂层摩擦系数反而有所上升。可能是由于氧化石墨烯表面能较高，发生了团聚所致。

图7显示的是不同氧化石墨烯含量的复合涂层经摩擦测试后的失重量和磨痕深度。可以看出，聚氨酯材料经过摩擦试验后，损失1.24 g，当加入质量分数1.0%的改性石墨烯后，质量损失量为0.78

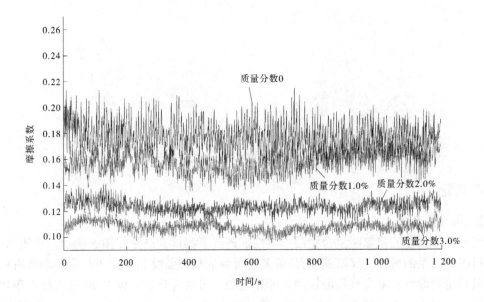

**图 6  不同氧化石墨烯含量的复合涂层摩擦系数**

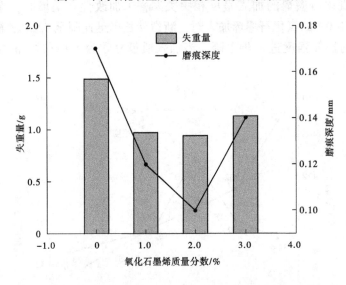

**图 7  不同氧化石墨烯含量的复合涂层失重量和磨痕深度**

g，质量损失率明显降低。从测试的磨蚀深度可以看出，在改性石墨烯质量分数为 2.0% 时，磨蚀深度最小。综合来说，当加入质量分数 2.0% 的改性石墨烯时，聚氨酯/石墨烯复合材料的耐磨性能最优。

从前面的研究可以发现，氧化石墨烯对改善聚氨酯复合涂层力学性能起着十分重要的作用。笔者尝试对复合涂层的摩擦学机理进行了分析。由于聚氨酯中含有大量的极性基团，如—NCO，—OH等，这些极性基团键能较高，由于相互吸引而阻碍摩擦表面的相对运动，因此表现为摩擦系数较高。加入氧化石墨烯后，当聚氨酯表面软段被磨掉后，氧化石墨烯暴露于涂层表面，由于氧化石墨烯为片层状结构，层间结合力较弱，容易发生相对滑动，因此能够充当润滑剂的角色。此外，在垂直片层结构的方向上，氧化石墨烯具有很高的强度，弥散分布于聚氨酯基体中，亦可起到弥散强化的效果。因此，复合涂层的摩擦学机理可以用图 8 来描述。当过量的氧化石墨烯加入到聚氨酯涂层时，平均间距减小，团聚倾向增加，因此反而恶化了复合涂层的摩擦学性能。

**图 8　复合涂层摩擦学机理示意**

## 4　工程应用

转轮是水轮发电机组的重要组成部分，转轮若出现空蚀缺陷，又不能很好解决症结，将会严重影响水电站的安全、稳定运行和经济效益。某水力发电厂 4 台 137.5 MW 混流式机组，水轮机的型号为 HL551-LJ-610，额定流量 331 $m^3/s$、额定转速 93.75 r/min，设计水头 47 m，转轮质量 104 t，转轮公称直径 6.1 m，叶片数为 13 片。2 号机组 A 级检修中发现水轮机转轮出现空蚀，发现 1、3、4 号机组在相同部位也存在长度为 300~400 mm 区间的蜂窝状空蚀，而且位置基本相同，如图 9 所示。由于机组转轮上冠部位频繁出现空蚀并且有逐渐加剧的趋势，不同叶片间上冠的空蚀具有大体一致的规律，空蚀的部位和走向也大致相同。如果继续发展将严重威胁机组的安全稳定运行，频繁出现空蚀或空蚀扩大会使转轮的强度下降，出现转轮叶片脱落等设备损坏事故。

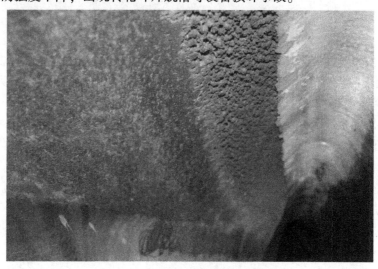

**图 9　2 号水轮机转轮上冠磨蚀情况**

该水轮机转轮为铸焊转轮，上冠、叶片和下环分别铸造，然后在现场焊接成整体。为了使得转轮结构更为经济合理，铸焊转轮的不同部位采用了不同钢种，即上冠采用了低碳钢，叶片、下环采用镍铬不锈钢。这样做既提高了转轮的抗磨蚀能力，又节省了转轮的制造费用。转轮采用的材料焊接性能良好，具有较高的抗疲劳性能及冲击韧度，具有良好的综合性能。不锈钢材料抗空蚀性能优良，采用不锈钢材料的叶片和下环没有空蚀产生。碳钢的抗空蚀性能差，上冠采用了低碳钢材料，所以出现大量的空蚀。由于材料原因，所有对空蚀部位进行补焊处理，再进行打磨修形的传统空蚀修复方法，效果差而且不能根治缺陷。

由于上述原因，本次采用改性氧化石墨烯/聚氨酯复合涂层技术对水轮机转轮上冠部位强冲刷区进行处理，处理效果如图 10（a）所示。历经 4 个大修周期后，修复效果如图 10（b）所示。可以看出，除少量复合树脂砂浆被磨掉外，聚氨酯复合涂层几乎未受到任何破坏，仍能够起到很好的保护作用。

(a)修复后　　　　　　　　　　　　　　　　(b)4个大修周期后

图10　修复后的水轮机转轮上冠

## 5　结论

（1）复合涂层的力学性能受氧化石墨烯添加量的影响。当添加量质量分数为2.0%时，拉伸强度达到42.1 MPa。断裂伸长率与氧化石墨烯的加入呈反相关关系，当加入质量分数为5.0%时，断裂伸长率降至420%，降幅达到32.3%。

（2）复合涂层摩擦学性能的变化关系与拉伸强度基本相同。复合涂层的减摩抗磨机理可以归因于两类：其一是氧化石墨烯的低层间结合力赋予其"自润滑"的角色。其二是氧化石墨烯强度较高，均匀分散在基体中起到了弥散强化作用。

（3）将改性氧化石墨烯/聚氨酯复合涂层应用于某水力发电厂水轮机转轮上冠。经过4个大修周期后发现，复合涂层具有很好的抗空蚀能力。

## 参考文献

[1] 钟家春，胡林清，刘静月，等．不同异氰酸根指数对水性聚氨酯结构和性能的影响［J］．塑料工业，2020，48（9）：29-32，45.

[2] Zhao G, Wang T, Wang Q. Studies on wettability, mechanical and tribological properties of the polyurethane composites filled with talc［J］. Applied Surface Science, 2012, 258（8）: 3557-3564.

[3] Song H J, Zhang Z Z, Men X H, et al. A study of the tribological behavior of nano-ZnO-filled polyurethane composite coatings［J］. Wear, 2010, 269（1-2）: 79-85.

[4] Song H J, Zhang Z Z, Men X H. Tribological behavior of polyurethane-based composite coating reinforced with $TiO_2$ nanotubes［J］. European Polymer Journal, 2008, 44（4）: 1012-1022.

[5] Song H J, Zhang Z Z, Men X H. The tribological behaviors of the polyurethane coating filled with nano-$SiO_2$ under different lubrication conditions［J］. Composites Part A: Applied Science and Manufacturing, 2008, 39（2）: 188-194.

［6］ Varghese N, Ghosh A, Voggu R, et al. Selectivity in the interaction of electron donor and acceptor molecules with graphene and single-walled carbon nanotubes ［J］. Journal of Physical Chemistry C, 2009, 113 (39)：16855-16859.

［7］ Song H, Qi H, Li N, et al. Tribological behaviour of carbon nanotubes/polyurethane nanocomposite coatings ［J］. Micro & Nano Letters, 2011, 6 (1)：48-51.

［8］ 莫梦婷, 赵文杰, 陈子飞, 等. 石墨烯和氧化石墨烯强化聚氨酯复合涂层的摩擦防腐行为研究 ［C］//第七届全国青年表面工程学术会议暨重庆市第二届汽车摩托车摩擦学材料先进技术与应用推进会, 2015.

# 山西某抽水蓄能电站面板防渗层沥青混凝土研究

毛春华[1,2]　张轶辉[1,2]　宁逢伟[1,2]　褚文龙[1,2]　都秀娜[1,2]

（1. 中水东北勘测设计研究有限责任公司，吉林长春　130061；
2. 水利部寒区工程技术研究中心，吉林长春　130061）

**摘　要**：针对山西某抽水蓄能电站，以防渗层沥青混凝土为对象，对比了级配指数、填料含量、油石比对孔隙率、渗透系数、水稳定系数、斜坡流淌值、冻断温度、弯曲应变、拉伸应变的影响，提出了合适的施工配合比。结果表明，在级配指数为 0.35、0.39、0.43 条件下，随着级配指数增大，密实性提高，低温柔性改善，变形性能提高，水稳定性和热稳定性变差；在填料含量为 10%、12%、14% 条件下，随着填料含量增加，密实性提高，低温柔性改善，变形性能提高，水稳定性提高，热稳定性变差；在油石比为 7.0%、7.3%、7.6% 条件下，随着油石比增加，密实性提高，低温柔性改善，变形性能提高，水稳定性提高，热稳定性变差；以热稳定性和水稳定性作为主要优选指标，提出配合比推荐参数如下：级配指数 0.35，填料含量 12%，油石比 7.3%。

**关键词**：沥青混凝土；防渗层；抽水蓄能电站；配合比设计

## 1　引言

山西某抽水蓄能电站装机容量为 1 200 MW，上水库总库容 942 万 m³，下水库总库容 1 340 万 m³。工程等别为 I 等，规模为大（1）型。上水库大坝及库盆为 1 级建筑物，上水库地震基本烈度为Ⅶ度。上水库多年平均气温 11.7 ℃，极端最高气温 39.9 ℃，极端最低气温 -16.1 ℃。主坝采用沥青混凝土面板堆石坝，库盆采用沥青混凝土简式面板防渗，面板坡比 1：1.75，沥青混凝土防渗层厚 10 cm。

防渗层是库区沥青混凝土面板的隔水屏障，需要在长期反复抽排水条件下服役[1]。根据目标环境要求，混凝土密实性、变形性能[2-3]、水稳定性、热稳定性[4]、低温柔性[5-6] 都要兼顾，均是设计过程的关键指标。实际工程骨料用量大，料源选择应充分注重技术经济性，尽可能采用当地骨料进行工程建设，骨料品质差异影响沥青混凝土性能[7]，甚至会影响疲劳性能和长期服役寿命[8-9]。防渗层沥青混凝土配合比设计要紧密结合山西当地气候和料源特点。因此，基于现场原材料，考察了级配指数、填料含量、油石比对孔隙率、渗透系数、水稳定系数、斜坡流淌值、冻断温度、弯曲应变和拉伸应变的影响，提出了合适的施工配合比。

## 2　原材料和配合比

### 2.1　原材料

90 号水工沥青，针入度 87（1/10 mm），软化点 49.5℃，延度（5 cm/min，15 ℃）165 cm，密度（25 ℃）1.008 g/cm³，含蜡量 1.3%；粗、细骨料母岩相同，为灰岩骨料，碱度模数 7.34，为碱性骨料；粗骨料分为三级：9.5~16 mm、4.75~9.5 mm、2.36~4.75 mm，与沥青黏附性为 5 级；细骨料粒径范围为 0.075~2.36 mm；填料公称粒径范围 0~0.075 mm，0.075 mm 以下颗粒实际占比 99.4%。

---

作者简介：毛春华（1973—），男，高级工程师，主要从事混凝土配合比设计研究及质量检测工作。

## 2.2 配合比

矿料级配设计中各筛孔矿料过筛率可由丁朴荣教授基于富勒公式提出的矿料级配公式计算，即

$$P_i = F + (100 - F) \frac{d_i^r - d_{0.075}^r}{D_{\max}^r - d_{0.075}^r} \qquad (1)$$

式中：$P_i$ 为筛孔 $d_i$ 的通过率；$F$ 为粒径小于 0.075 mm 的矿粉含量（%）；$D_{\max}$ 为骨料最大粒径，mm；$d_i$ 为某一筛孔尺寸，mm；$d_{0.075}$ 为矿粉最大粒径，0.075 mm；$r$ 为级配指数。

如表 1 所示，序号 2、序号 6、序号 7（YQF3512-7.3、YQF4312-7.3、YQF3912-7.3）配合比是级配指数 0.35、0.43 和 0.39 对比组；序号 2、序号 4、序号 5（YQF3512-7.3、YQF3510-7.3、YQF3514-7.3）配合比是填料含量 12%、10% 和 14% 的对比组；序号 1、序号 2、序号 3（YQF3512-7.0、YQF3512-7.3、YQF3512-7.6）配合比是油石比 7.0%、7.3% 和 7.6% 的对比组。

表 1　防渗层沥青混凝土配合比汇总

| 序号 | 编号 | 级配指数 | 填料含量/% | 油石比/% | 筛孔 $d_i$/mm | | | | |
|---|---|---|---|---|---|---|---|---|---|
| | | | | | 16 | 9.5 | 4.75 | 2.36 | 0.075 |
| | | | | | 通过率 $P_i$/% | | | | |
| 1 | YQF3512-7.0 | 0.35 | 12 | 7.0 | 100 | 82.7 | 64.0 | 49.3 | 12.0 |
| 2 | YQF3512-7.3 | 0.35 | 12 | 7.3 | 100 | 82.7 | 64.0 | 49.3 | 12.0 |
| 3 | YQF3512-7.6 | 0.35 | 12 | 7.6 | 100 | 82.7 | 64.0 | 49.3 | 12.0 |
| 4 | YQF3510-7.3 | 0.35 | 10 | 7.3 | 100 | 82.3 | 63.2 | 48.1 | 10.0 |
| 5 | YQF3514-7.3 | 0.35 | 14 | 7.3 | 100 | 83.1 | 64.8 | 50.4 | 14.0 |
| 6 | YQF4312-7.3 | 0.43 | 12 | 7.3 | 100 | 80.4 | 60.2 | 45.2 | 12.0 |
| 7 | YQF3912-7.3 | 0.39 | 12 | 7.3 | 100 | 81.5 | 62.1 | 47.2 | 12.0 |

## 3　试验方法

孔隙率、渗透系数、水稳定系数、斜坡流淌值、冻断温度、拉伸应变和弯曲应变均参照《水工沥青混凝土试验规程》（DL/T 5362—2018）进行。水稳定系数试件浸泡于 60 ℃ 恒温水浴；斜坡流淌值试件放置于坡比 1∶1.7 的斜坡，70 ℃ 恒温观测 48 h；冻断温度试件在 10 ℃ 恒温放置不少于 35 min，然后以 30 ℃/h 速率降温直至断裂；拉伸应变和弯曲应变试验温度均为 2 ℃，速率分别为 0.34 mm/min 和 0.5 mm/min。

典型的试验过程如图 1~图 4 所示。

图 1　水稳定系数试验过程

图 2　斜坡流淌值试验过程

图 3  冻断试验过程　　　　　　　　　　图 4  弯曲试验过程

## 4  结果与讨论

### 4.1  级配指数优选

#### 4.1.1  密实性

在油石比 7.3%、填料含量 12%条件下，级配指数分别为 0.35、0.39、0.43 的沥青混凝土孔隙率和渗透系数如表 2 所示。由表 2 可知，孔隙率为 0.86%~0.93%，渗透系数为 $1.6×10^{-10}$ ~ $2.4×10^{-10}$ cm/s。孔隙率小于 1.0，渗透系数量级达到了"$10^{-10}$" cm/s，密实性整体较好。

表 2  级配指数分别为 0.35、0.39、0.43 的沥青混凝土孔隙率和渗透系数

| 配合比编号 | 级配指数 | 孔隙率/% | 渗透系数/（cm/s） |
|---|---|---|---|
| YQF3512-7.3 | 0.35 | 0.90 | $2.4×10^{-10}$ |
| YQF3912-7.3 | 0.39 | 0.93 | $2.1×10^{-10}$ |
| YQF4312-7.3 | 0.43 | 0.86 | $1.6×10^{-10}$ |

#### 4.1.2  水稳定性和热稳定性

在油石比 7.3%、填料含量 12%条件下，级配指数分别为 0.35、0.39、0.43 的沥青混凝土水稳定系数和 48 h 斜坡流淌值见表 3。由表 3 可知，水稳定系数为 0.91~0.93，48 h 斜坡流淌值为 0.50~0.88 mm。水稳定系数和斜坡流淌值分别体现了水稳定性和热稳定性，是沥青混凝土配合比设计的关键指标。在级配指数为 0.35~0.43 的条件下，水稳定系数随级配指数增加而下降，级配指数为 0.35 时水稳定性最好，对实际水下服役有利。48 h 斜坡流淌值也随级配指数增加而增加，对热稳定性不利，级配指数为 0.43 时沥青混凝土 48 h 斜坡流淌值为 0.88 mm，超出了《土石坝沥青混凝土面板和心墙设计规范》（NB/T 11015—2022）推荐范围，级配指数宜为 0.35~0.39。

表 3  级配指数分别为 0.35、0.39、0.43 的沥青混凝土水稳定系数和 48 h 斜坡流淌值

| 配合比编号 | 级配指数 | 水稳定系数 | 48 h 斜坡流淌值/mm |
|---|---|---|---|
| YQF3512-7.3 | 0.35 | 0.93 | 0.50 |
| YQF3912-7.3 | 0.39 | 0.92 | 0.70 |
| YQF4312-7.3 | 0.43 | 0.91 | 0.88 |

#### 4.1.3  低温柔性

在油石比 7.3%、填料含量 12%条件下，级配指数分别为 0.35、0.39、0.43 的沥青混凝土冻断温度如图 5 所示。由图 5 可知，冻断温度实测值为-34.3~-32.6 ℃。相比之下，随着级配指数增加，

冻断温度下降，级配指数为 0.43 时沥青混凝土冻断温度最低，为-34.3 ℃，低温抗裂性更好。

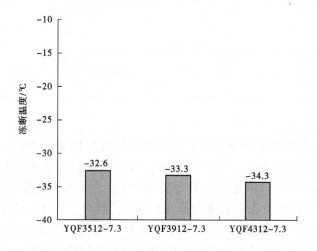

**图 5  级配指数对冻断温度的影响**

### 4.1.4  变形性能

在油石比 7.3%、填料含量 12% 条件下，级配指数分别为 0.35、0.39、0.43 的沥青混凝土拉伸应变和弯曲应变如图 6 所示。由图 6 可知，拉伸应变为 1.70%~1.96%，弯曲应变为 3.445%~3.878%。

相比之下，随着级配指数增加，拉伸应变和弯曲应变均增大，级配指数为 0.43 时沥青混凝土拉伸应变和弯曲应变最大，分别为 1.96% 和 3.878%，拉伸延展性和弯曲韧性更好，变形能力更优。

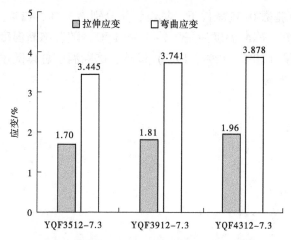

**图 6  级配指数对拉伸应变与弯曲应变的影响**

综上所述，级配指数为 0.43 时沥青混凝土 48 h 斜坡流淌值太高，级配指数宜在 0.35 和 0.39 之间优选。级配指数为 0.35、0.39 时沥青混凝土的孔隙率和渗透系数相差不大，级配指数为 0.35 时沥青混凝土的水稳定系数更高，斜坡流淌值更小；级配指数为 0.39 时沥青混凝土冻断温度更低，弯曲应变和拉伸应变更大。综合考虑冻断温度、弯曲应变、拉伸应变基本满足要求的情况下，水稳定系数越大、48 h 斜坡流淌值越小，现场施工难度越小，质量控制稳定性越好，因此推荐级配指数 0.35。

## 4.2  填料含量优选

### 4.2.1  密实性

在油石比 7.3%、级配指数 0.35 条件下，填料含量分别为 10%、12%、14% 的沥青混凝土孔隙率和渗透系数如表 4 所示。由表 4 可知，孔隙率为 0.85%~1.12%，渗透系数为 $1.7 \times 10^{-10} \sim 2.6 \times 10^{-10}$ cm/s。孔隙率和渗透系数总体随填料含量增加而减小，填料含量 12% 和 14% 优于 10%。

表4 填料含量分别为 10%、12%、14%的沥青混凝土孔隙率和渗透系数

| 配合比编号 | 填料含量/% | 孔隙率/% | 渗透系数/(cm/s) |
|---|---|---|---|
| YQF3510-7.3 | 10 | 1.12 | $2.6×10^{-10}$ |
| YQF3512-7.3 | 12 | 0.90 | $2.4×10^{-10}$ |
| YQF3514-7.3 | 14 | 0.85 | $1.7×10^{-10}$ |

### 4.2.2 水稳定性和热稳定性

在油石比 7.3%、级配指数 0.35 条件下，填料含量分别为 10%、12%、14%的沥青混凝土水稳定系数和 48 h 斜坡流淌值如表 5 所示。由表 5 可知，水稳定系数为 0.92～0.94，48 h 斜坡流淌值为 0.45～0.88 mm。水稳定系数总体随填料含量增加而增大，12% 和 14% 填料含量优于 10% 填料含量，但填料含量 14% 的沥青混凝土 48 h 斜坡流淌值 0.88 mm，超出了《土石坝沥青混凝土面板和心墙设计规范》（NB/T 11015—2022）推荐范围，填料含量宜在 10% 与 12% 之间选取。

表5 填料含量分别为 10%、12%、14%的沥青混凝土水稳定系数和 48 h 斜坡流淌值

| 配合比编号 | 填料含量/% | 水稳定系数 | 48 h 斜坡流淌值/mm |
|---|---|---|---|
| YQF3510-7.3 | 10 | 0.92 | 0.45 |
| YQF3512-7.3 | 12 | 0.93 | 0.50 |
| YQF3514-7.3 | 14 | 0.94 | 0.88 |

### 4.2.3 低温柔性

在油石比 7.3%、级配指数 0.35 条件下，填料含量分别为 10%、12%、14%的沥青混凝土冻断温度如图 7 所示。由图 7 可知，冻断温度为 -32.2～-34.1 ℃，随着冻断温度降低，温度越低，低温柔性越好。对比三个填料含量（10%、12%、14%）发现，冻断温度总体随填料含量增加而降低，填料含量 12% 和 14% 的优于 10% 的。

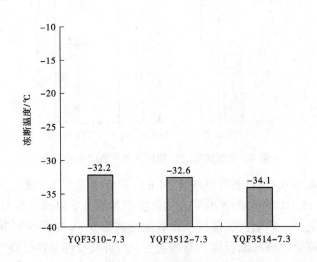

图7 填料含量对冻断温度的影响

### 4.2.4 变形性能

在油石比 7.3%、级配指数 0.35 条件下，填料含量分别为 10%、12%、14%的沥青混凝土拉伸应变和弯曲应变如图 8 所示。由图 8 可知，拉伸应变为 1.63%～1.98%，弯曲应变为 3.325%～3.699%。对比三个填料含量（10%、12%、14%）发现，拉伸应变和弯曲应变总体随填料含量增加而变大，拉伸应变、弯曲应变分别体现了拉伸延展性和承载韧性，数值越大，性能越好，填料含量 12% 和 14%

的优于10%的。

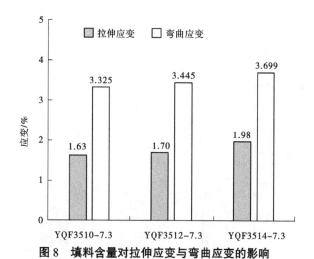

**图8　填料含量对拉伸应变与弯曲应变的影响**

综上所述，填料含量14%的沥青混凝土48 h斜坡流淌值为0.88 mm，热稳定性不满足相关规范要求。孔隙率、渗透系数随填料含量增加而减小，水稳定系数、斜坡流淌值、拉伸应变、弯曲应变随填料含量增加而增加，冻断温度随填料含量增加而降低。12%填料含量沥青混凝土除48 h斜坡流淌值略高于10%填料含量沥青混凝土外，其余性能均较优，故推荐填料含量12%。

### 4.3　油石比优选

#### 4.3.1　密实性

在填料含量12%、级配指数0.35条件下，油石比分别为7.0%、7.3%、7.6%的沥青混凝土孔隙率和渗透系数如表6所示。由表6可知，孔隙率为0.88%~1.21%，渗透系数为$1.9 \times 10^{-10}$~$3.3 \times 10^{-10}$ cm/s，孔隙率和渗透系数总体随油石比增加而减小。油石比越大，密实性越好。

**表6　油石比分别为7.0%、7.3%、7.6%的沥青混凝土孔隙率和渗透系数**

| 配合比编号 | 油石比/% | 孔隙率/% | 渗透系数/（cm/s） |
|---|---|---|---|
| YQF3512-7.0 | 7.0 | 1.21 | $3.3 \times 10^{-10}$ |
| YQF3512-7.3 | 7.3 | 0.90 | $2.4 \times 10^{-10}$ |
| YQF3512-7.6 | 7.6 | 0.88 | $1.9 \times 10^{-10}$ |

#### 4.3.2　水稳定性和热稳定性

在填料含量12%、级配指数0.35条件下，油石比分别为7.0%、7.3%、7.6%的沥青混凝土水稳定系数和48 h斜坡流淌值见表7。由表7可知，水稳定系数为0.91~0.94，48 h斜坡流淌值为0.41~0.74 mm。水稳定系数和48 h斜坡流淌值总体随油石比增加而增加。水稳定系数和48 h斜坡流淌值分别反映水稳定性和热稳定性，前者越大越好，后者越小越好。7.3%和7.0%油石比沥青混凝土48 h斜坡流淌值小于7.6%油石比沥青混凝土的，热稳定性更好。

**表7　油石比分别为7.0%、7.3%、7.6%的沥青混凝土水稳定系数和斜坡流淌值**

| 配合比编号 | 油石比/% | 水稳定系数 | 48 h斜坡流淌值/mm |
|---|---|---|---|
| YQF3512-7.0 | 7.0 | 0.91 | 0.41 |
| YQF3512-7.3 | 7.3 | 0.93 | 0.50 |
| YQF3512-7.6 | 7.6 | 0.94 | 0.74 |

#### 4.3.3　低温柔性

在填料含量12%、级配指数0.35条件下，油石比分别为7.0%、7.3%、7.6%的沥青混凝土冻断温度见图9。由图9可知,冻断温度为-33.5~-31.9 ℃,随着油石比增大,冻断温度降低,低温柔性变好。7.3%和7.6%油石比沥青混凝土冻断温度低于7.0%油石比沥青混凝土的,抗低温性能更好。

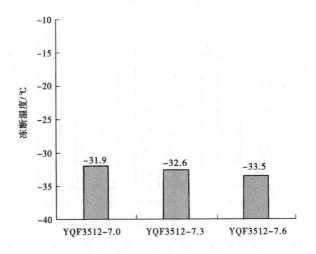

**图 9　油石比对冻断温度的影响**

### 4.3.4　变形性能

在填料含量12%、级配指数0.35条件下,油石比分别为7.0%、7.3%、7.6%的沥青混凝土拉伸应变和弯曲应变见图10。由图10可知,拉伸应变为1.58%~1.82%,弯曲应变为3.249%~3.682%。拉伸应变、弯曲应变总体随油石比增加而增加。油石比提高,拉伸延展性和弯曲韧性变好。

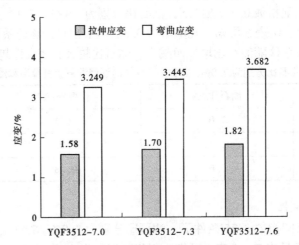

**图 10　油石比对拉伸应变与弯曲应变的影响**

综上所述,随着油石比增加,48 h斜坡流淌值变大,孔隙率和渗透系数减小,水稳定系数增加,冻断温度降低,弯曲应变和拉伸应变变大。除48 h斜坡流淌值增加不利于热稳定性外,其余性能均随油石比增加而提高。7.3%和7.6%油石比沥青混凝土性能总体优于7.0%油石比沥青混凝土的,综合考虑7.6%油石比沥青混凝土斜坡流淌值过大,热稳定性不如另外两个油石比(7.0%、7.3%)沥青混凝土,故推荐油石比7.3%。

## 5　结论

(1)随着级配指数增加,孔隙率和渗透系数减小,水稳定系数减小,斜坡流淌值增加,冻断温度降低,拉伸应变和弯曲应变增加。

(2)孔隙率、渗透系数随填料含量增加而减小,水稳定系数、斜坡流淌值、拉伸应变、弯曲应变随填料含量增加而增加，冻断温度随填料含量增加而降低。

（3）随着油石比增加，斜坡流淌值变大，孔隙率和渗透系数减小，水稳定系数增加，冻断温度降低，弯曲应变和拉伸应变变大。

（4）综合考虑密实性、水稳定性、热稳定性、低温柔性、变形性能，推荐防渗层沥青混凝土配合比参数为：级配指数 0.35，填料含量 12%，油石比 7.3%。

## 参考文献

[1] 王爱林，王樱畯．抽水蓄能电站沥青混凝土防渗面板设计［J］．大坝与安全，2020（5）：1-6.

[2] 郝英泽．沥青混凝土防渗层圆盘蠕变特性试验研究［J］．黑龙江水利科技，2022，50（4）：20-22，68.

[3] 韩雪东．沥青混凝土面板防渗层不同变形性能研究［J］．黑龙江水利科技，2021，49（6）：104-107.

[4] 邹长根，余浩，闫小虎，等．沥青高温性能对防渗层沥青混凝土斜坡流淌的影响［J］．建材世界，2022，43（6）：47-51.

[5] 邹长根，华召，谢严君，等．防渗层水工沥青混凝土低温柔性影响因素分析［J］．水电能源科学，2021，39（11）：150-153.

[6] Lou L W, Xiao X, Li J, et al. Thermal-mechanical coupled XFEM simulation of low temperature cracking behavior in asphalt concrete waterproofing layer ［J］. Cold Regions Science and Technology, 2023, 213：103910.

[7] 华召，邹长根，余浩，等．集料粒形对防渗层水工沥青混凝土高温性能的影响［J］．建材世界，2022，43（5）：25-29.

[8] 时成林，马明芹．SBS掺量对沥青性能的影响研究［J］．吉林建筑大学学报，2023，40（3）：21-26.

[9] Cao Z L, Yu J Y, Yi J, et al. Effect of different rejuvenation methods on the fatigue behavior of aged SBS modified asphalt ［J］. Construction and Building Materials, 2023, 407：133494.

# 镀铬活塞杆附结物形成机理及应对措施研究

于永军　杨利锋　许清远　吴　祥　胡　可

（黄河水利水电开发集团有限公司，河南郑州　450099）

**摘　要：** 长期浸泡在水中的液压启闭机镀铬活塞杆表面会形成一层附结十分牢固的附结物。附结物增大了活塞杆直径和摩擦系数，从而大幅增加启闭运行摩擦力，巨大的摩擦力轻则损坏油缸密封圈，导致漏水漏油，重则卡死启闭机，危及水利水电工程防洪安全。通过附结物取样化验、成因分析和陶瓷涂层活塞杆试样对比试验，明晰附结物形成机理，从设备改造、运行、管护等方面提出多项具有可操作性的应对措施。

**关键词：** 镀铬；活塞杆；附结物；液压启闭机；陶瓷涂层；西霞院

## 1　研究背景

液压启闭机因结构简单、承载力强、运行平稳可靠、容易实现自动化控制等诸多优点广泛应用于水利水电工程闸门启闭控制[1]。油缸作为液压启闭机的执行元件，往往暴露在室外或浸泡在水中或处于干湿交替等较为恶劣的工作环境。为增强活塞杆抵抗恶劣工作环境侵蚀破坏的能力，工程上通常采用在活塞杆表面镀铬或制备陶瓷涂层的方法以增强其防腐抗磨性能。相较于陶瓷涂层活塞杆，镀铬活塞杆因工艺简单、成本低、技术成熟、防腐耐磨性好等优点，在生产实践中得到普遍应用[2]。

镀铬活塞杆长期浸泡在水中，表面会形成一层附结十分牢固的灰白色水垢样附结物。附结物增大了活塞杆直径和摩擦系数，从而大幅增加启闭运行摩擦力。在巨大摩擦力的作用和刮污环、密封圈的刮擦下，部分附结物脱落入水中，部分附结物随活塞杆进入油缸，以颗粒状脱落在油液内，从而划伤缸筒内壁，引发内泄漏。由附结物导致的大幅增加的启闭运行摩擦力还会损坏密封圈，导致漏水漏油，甚至造成启闭机过载；脱落的附结物夹在缸筒与活塞杆间也极易造成启闭机卡死，影响设备运行，危及工程安全。据统计，全世界每年因水垢类附结物问题造成的经济损失约为 GDP 总量的 0.25%[3]。目前，对这类问题的研究主要集中在工业锅炉等方面，镀铬活塞杆水垢样附结物形成机理和应对措施尚鲜有研究，改用陶瓷涂层活塞杆是否可行，亦未见相关研究和工程应用实例。

## 2　附结物分析及试验

以西霞院反调节水库 2 号排沙底孔工作闸门液压启闭机活塞杆为例。受西霞院反调节水库总体布局等因素限制，2 号排沙底孔工作闸门液压启闭机油缸安装高程低于上下游水位，启闭机室无水环境通过油缸机架与闸门埋件密封连接获得，其活塞杆长期浸泡在黄河水中，表面布满水垢样附结物。闸门启闭运行时，活塞杆工作区在刮污环和导向装置及油缸密封圈的刮擦下，部分附结物被刮薄，部分附结物被刮除，露出镀铬层，活塞杆非工作区附结物不受闸门启闭运行影响。活塞杆附结物附结状况见图 1。

### 2.1　附结物化学成分分析

由于黄河为多泥沙河流，附结物表面常常黏附有泥污。取样前，使用干净棉质软布擦除西霞院 2 号排沙底孔工作闸门液压启闭机活塞杆非工作区附结物表面泥污，在圆周方向上游侧、下游侧和左边

---

**作者简介：** 于永军（1970—），男，高级工程师，主要从事大型水利枢纽运行管理技术研究工作。

图1 西霞院2号排沙底孔工作闸门液压启闭机活塞杆附结物附结状况

侧各选取一长10 cm、宽1 cm的取样段，用硬质塑料片人工手动刮下活塞杆上附结物，放入干净透明的塑料密封袋内，寄送北京中科光析化工技术研究所（中心实验室）化验。检测结果见表1。从检测结果可以发现，附结物主要成分为碳酸钙，与水垢的主要成分一致。

表1 西霞院2号排沙底孔工作闸门液压启闭机活塞杆附结物化学成分检测结果

| 序号 | 化合物名称 | 化合物含量/% | CAS |
|------|------------|--------------|-----|
| 1 | 碳酸钙 | 65~75 | 471-34-1 |
| 2 | 氢氧化镁 | 6~8 | 1909-42-8 |
| 3 | 二氧化锰 | 5~7 | 1313-13-9 |
| 4 | 三氧化二铝 | 3.5~5 | 1344-28-1 |
| 5 | 二氧化硅 | 3.5~5 | 41846-91-7 |
| 6 | 三氧化二铁 | 0.5~1 | 1309-37-1 |

注：CAS为化学物质登录号。

## 2.2 附结物成因分析

自然界中，水体是碳酸的缓冲溶液，水中的$CO_2$通常是大气中的数倍[4]。水体中不但含有大量的$Ca^{2+}$、$Mg^{2+}$等离子，还含有大量的$CO_3^{2-}$和$HCO_3^-$离子。张旺等[5]研究表明，小浪底及以下河道河水呈弱碱性，$Ca^{2+}$、$Mg^{2+}$离子分别为水中阳离子总量的18.9%和18.5%。常温下，水体$CaCO_3$的溶度积为$2.8 \times 10^{-9}$ g/L。当河水中$Ca^{2+}$离子浓度与$CO_3^{2-}$离子浓度积大于$CaCO_3$的溶度积时，便形成微小的$CaCO_3$固体晶核[6]。

受镀铬及镀后处理工艺影响，活塞杆镀铬层表面存在众多微小坑孔和裂纹[7-8]，这些坑孔和裂纹是非常好的附结基面，$CaCO_3$固体晶核极易附结其上。附结在镀铬层表面的$CaCO_3$晶核通过吸附

$Ca^{2+}$ 离子和 $CO_3^{2-}$ 离子不断长大，使镀铬层表面更加粗糙，从而进一步促进了 $CaCO_3$ 的附结。随着时间的增加，附结物最终遍布整个活塞杆表面。其反应如下：

$$CO_2 + H_2O = CO_3^{2-} + 2H^+ \qquad (1)$$

$$Ca^{2+} + CO_3^{2-} = CaCO_3 \downarrow \qquad (2)$$

$Mg(OH)_2$ 在活塞杆镀铬层上的附结过程与 $CaCO_3$ 类似。有所不同的是 $Mg^{2+}$ 离子首先与 $CO_3^{2-}$ 离子反应生成 $MgCO_3$，然后 $MgCO_3$ 与水继续反应生成更难溶于水的 $Mg(OH)_2$，其反应见式（3）和式（4）。$SiO_2$、$MnO_2$、$Al_2O_3$ 和 $Fe_2O_3$ 为河水中的杂质，随 $CaCO_3$ 和 $Mg(OH)_2$ 的附结存留在附结物中。

$$Mg^{2+} + CO_3^{2-} = MgCO_3 \downarrow \qquad (3)$$

$$MgCO_3 + H_2O = Mg(OH)_2 \downarrow + CO_2 \uparrow \qquad (4)$$

### 2.3 陶瓷涂层活塞杆试样试验

采用激光熔覆、气相沉积和热喷涂等工艺[9]在优质碳素结构钢、低合金结构钢等母材上分层制备金属黏结层和陶瓷工作层的活塞杆，工程上通常称为陶瓷涂层活塞杆。黏结层材料为镍铬等自熔合金，工作层金属氧化物粉末一般为高熔点氧化物、碳化物、硼化物、氮化物等的混合物[10]。涂层与母材结合强度不小于 30 MPa，表面粗糙度 $Ra$ 不大于 0.25[11]。陶瓷涂层活塞杆比镀铬活塞杆更适应恶劣工作环境，更耐磨耐腐蚀，在航空航天、军事国防、船舶工业及三峡、小浪底、大藤峡等国内大型水利水电工程中均有应用[12]。

为更好解决长期浸泡在黄河水中镀铬活塞杆产生附结物影响闸门安全可靠运行的问题，研究小组制作了 5 个陶瓷涂层活塞杆试样进行浸泡试验。试样为中空结构，直径 180 mm，与 2 号排沙底孔工作闸门液压启闭机活塞杆直径一致，长 400 mm。氧化铝、氧化铬、碳化铬陶瓷涂层试样及经低表面能处理的氧化铝、碳化铬陶瓷涂层试样各一个。每个试样 250 mm 长包裹在防护罩内，以减少其与水的接触，150 mm 长直接暴露在河水中，以便进行对比。试样通过固定支架安装在闸门顶部，详见图 2（a）。试样安装完毕的同时，清除启闭机镀铬活塞杆上的附结物，以便进行镀铬活塞杆与陶瓷涂层活塞杆附结物附结情况对比。试样浸泡 3 个月后，经低表面能处理的氧化铝试样表面几乎无附结物，其他 4 个试样表面均可见少量灰白色附结物，且附结并不牢固，使用干净柔软棉布可轻轻擦拭去除，详见图 2（b）。而镀铬活塞杆表面已完全被水垢样附结物覆盖，且附结较为牢固，详见图 2（c）。浸泡 21 个月后，取出试样检查，直接暴露在河水中的部位表面均附结一层厚约 0.5 mm 的附结物，且附结较为牢固，包裹在防护罩内的部位无附结物，详见图 2（d）。

## 3 附结物应对措施

活塞杆产生附结物的主要原因为水体中含有大量的 $Ca^{2+}$、$Mg^{2+}$ 离子和 $CO_3^{2-}$、$HCO_3^-$ 离子。控制这些离子的方法主要有石灰软化法、离子交换法、膜分离法、酸碱平衡曝气法等，这些方法常用于水量较小的水体。受经济性和可操作性限制，大江、大河等水量较大水体应从设备方面采取措施为宜。

（1）将镀铬活塞杆更换为陶瓷涂层活塞杆。通过陶瓷涂层活塞杆试样浸泡试验发现，相同水质浸泡 3 个月时间，镀铬活塞杆表面附结物较陶瓷涂层活塞杆多且附结更为牢固，将镀铬活塞杆更换为陶瓷涂层活塞杆，尤其是更换为经低表面能处理的氧化铝陶瓷涂层活塞杆，可有效减缓附结物的附结速度和附结牢固程度。

（2）定期进行全行程启闭操作。无论是镀铬活塞杆还是陶瓷涂层活塞杆表面均存在孔隙，全行程启闭运行时，活塞杆工作区进入油缸浸没在液压油内，涂层表面孔隙被液压油封闭，同时经启闭运行，活塞杆表面附着上一层薄薄的油膜，使活塞杆更加疏水，从而阻止附结物附结。陶瓷涂层活塞杆至少 3 个月全行程启闭运行一次，镀铬活塞杆至少 1 个月全行程启闭运行一次。

（3）活塞杆加装防护罩。对于工作在水流较为平缓环境条件下的液压启闭机，可为活塞杆加装

(a)试样通过固定支架安装在闸门顶部

(b)试样浸泡3个月附结物附结情况

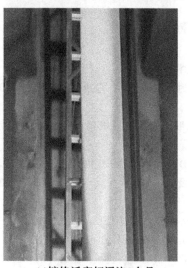
(c)镀铬活塞杆浸泡3个月
附结物附结情况

(d)试样浸泡21个月
附结物附结情况

**图2　陶瓷涂层活塞杆试样浸泡试验**

注：从上到下试样涂层依次为氧化铝、氧化铬、碳化铬和低表面能处理的氧化铝、碳化铬。

可伸缩防护罩，活塞杆伸出油缸时保护在防护罩内。防护罩使罩内罩外水流交换受阻，罩外水流不能顺畅进入罩内，从而通过减少活塞杆接触 $Ca^{2+}$、$Mg^{2+}$ 离子和 $CO_3^{2-}$、$HCO_3^-$ 离子总数，起到防止附结物附结的目的。对于不适宜活塞杆全部安装防护罩的液压启闭机，可以仅在活塞杆非工作区涂抹润滑油脂，然后使用油脂缠绕带缠绕或使用防护罩保护。

（4）刮除活塞杆上的附结物。每年至少检查一次活塞杆附结物附结情况，如有附结物附结，可以使用硬质塑料或竹木类刮板及时刮除，并使用干净的棉质软布擦除干净。对于具有防汛功用的液压启闭机，活塞杆附结物检查处理应在汛前完成。

（5）检查密封圈和刮污环。将导向装置漏水和油缸漏油纳入日常巡视检查，发现漏水漏油及时检修。每年至少检查一次刮污环，发现损坏、脱落等情况应及时修复。

（6）导向装置内加注润滑油脂。对于具有导向装置的液压启闭机，导向装置内注满润滑油脂可以在启闭机运行时对活塞杆起到有效保护作用。润滑油脂减少时要及时补充，劣化变质时要及时更换。

（7）液压油质定期检测。液压油质对液压启闭机安全可靠运行非常重要，对于具有防汛功用的液压启闭机，至少每年汛前应进行一次油质化验。如果液压油中出现水分或固体颗粒物数量超标，应及时滤除。如果液压油运动黏度、酸值、破乳化度等技术指标达不到标准要求，应及时更换。

## 4 结论

（1）长期浸泡在水中的液压启闭机镀铬活塞杆表面的附结物主要成分为碳酸钙，与水垢的主要成分一致。

（2）水中 $Ca^{2+}$ 离子浓度与 $CO_3^{2-}$ 离子浓度积大于 $CaCO_3$ 溶度积时，便形成微小的 $CaCO_3$ 固体晶核，这些固体晶核附结在活塞杆镀铬层表面的微小坑孔和裂纹上，不断长大，形成附结物。

（3）陶瓷涂层活塞杆长期浸泡在水中也会产生灰白色附结物，相同水质相同浸泡时间，镀铬活塞杆表面附结物较陶瓷涂层活塞杆多且附结更为牢固。

（4）对于大江、大河等水量较大的水体，从设备改造、运行、管护方面采取将镀铬活塞杆更换为陶瓷涂层活塞杆，定期全行程启闭运行，为活塞杆加装防护罩等措施可有效应对活塞杆因附结物附结造成的不利影响。

## 参考文献

［1］周锋．液压启闭机在水利水电工程中的应用［J］．工程技术研究，2022，7（8）：100-102.

［2］周燕，邓季贤，赵黎明，等．提高活塞杆铬层防腐性能的封孔技术［J］．液压气动与密封，2018，38（11）：82-85，88.

［3］崔红艳．基于成核动力学理论的 EDTA 对不同种类水垢形成的影响及机理研究［D］．呼和浩特：内蒙古大学，2021.

［4］刘迪．基于酸碱平衡曝气水垢控制工艺的应用示范研究［D］．西安：西安建筑科技大学，2022.

［5］张旺，王殿武，雷坤，等．黄河中下游丰水期水化学特征及影响因素［J］．水土保持研究，2020，27（1）：380-386，393.

［6］Jaho S, Athanasakou G D, Sygouni V, et al. Experimental Investigation of Calcium Carbonate Precipitation and Crystal Growth in One- and Two-Dimensional Porous Media［J］. Crystal Growth & Design, 2016, 16（1）：79-96.

［7］李腾，武丽明，李春雷，等．液压油缸活塞杆表面腐蚀分析［J］．装备机械，2021（2）：71-73.

［8］赵金航，陈文举．影响镀铬层孔隙率的因素和解决措施［J］．新技术新工艺，2021（10）：41-43.

［9］张文毓．耐磨陶瓷涂层研究现状与应用［J］．陶瓷，2013（11）：12-15.

［10］燕晓涛，吕耀辉，林建军，等．高性能陶瓷涂层材料制备技术的综述［J］．信息系统工程，2017（12）：94-96.

［11］国家能源局．陶瓷涂层活塞杆技术条件：NB/T 35017—2013［S］．北京：中国电力出版社，2013.

［12］杨红，杨蓉，王悦．浅谈三峡升船机试运行安全管理［J］．人民黄河，2020，42（S1）：224-226.

# 基于监测反分析的深埋超大跨度
# 地下洞室围岩稳定研究

李嘉生　邹红英　翟利军

（黄河勘测规划设计研究院有限公司，河南郑州　450003）

**摘　要：** 江门中微子实验站为深埋超大跨度地下洞室群，开挖过程中揭露断层 F2、F8、P3F1 和长大裂隙 L1、L2、L3 等。本文采用离散元方法，通过监测数据反分析，得到结构面参数，基于反演的参数进行全过程开挖模拟。研究表明，数值分析与实测变形量基本一致，验证了反演参数值具有合理性。在设计开挖支护方案下，围岩最大变形量约 40 mm，水池顶部围岩变形表现出不均匀性，沿高度方向，围岩变形深度迅速减小。支护体系中，锚索受力条件较好，锚杆受力条件相对较差，部分锚杆面临屈服的风险。

**关键词：** 反演分析；结构面参数；超大跨度；围岩变形；江门中微子实验站

## 1　引言

江门中微子实验站位于广东省江门市金鸡镇的打石山一带，距台山核电站和阳江核电站均约 53 km。该实验站地下部分主要为斜井、竖井、实验大厅及附属洞室。其中，实验大厅开挖尺寸为 56.65 m×49.4 m×27.4 m（长×宽×高），顶拱埋深约 644 m，斜井长约 1 400 m，竖井深约 610 m，实验大厅下部为直径 42.5 m 的圆形水池，为大型地下洞室群系统。地下洞室群三维布置见图 1。

深埋 50 m 级跨度实验大厅，其围岩变形发展规律和局部破坏机理是保证工程安全首要关注的问题。本文采用离散元分析方法[1-3]，模拟实验大厅实际开挖过程，采用 30 m 开挖跨度的围岩变形监测数据反演结构面力学参数，基于反演的结构面参数，对实验大厅开挖全过程进行数值模拟，并将计算结果与现场监测数据进行对比，验证反演参数的合理性，复核围岩稳定。

## 2　地质条件

### 2.1　工程地质概况

本工程场址区为低山丘陵区，山脉主脊走向近南北向。场址区出露地层主要有寒武系、奥陶系、第四系和燕山期侵入岩。场址区大地构造上属于开平凹褶断束（Ⅳ），受多次构造的影响，加之岩浆活动，本区地质构造较复杂。

实验大厅布置在直径 2 km 左右的花岗岩侵入体内，岩性为灰白色中细粒二长花岗岩，其四周约 200 m 为接触变质形成的角岩，再向外为早古生代层状岩层，岩性较复杂，包括碎屑岩、泥岩等黏土岩，性质变化较大，完整程度和质量总体不如花岗岩。

### 2.2　施工支洞开挖揭露地质条件

#### 2.2.1　断层

（1）F2 断层：产状 N30°E/SE∠80°，宽度 0.3~1.2 m；断层带物质主要由断层角砾、糜棱岩、碎裂岩及岩脉组成。

---

作者简介：李嘉生（1991—），男，工程师，主要从事地下空间设计工作。

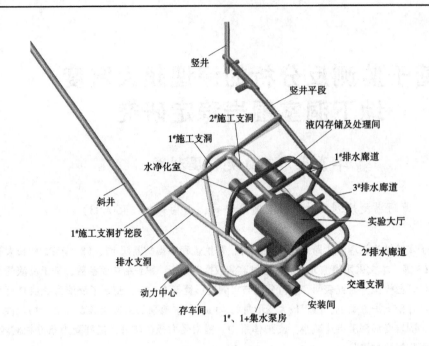

**图 1　地下洞室群三维布置**

（2）F8 断层：产状 310°/SW∠70°，宽度 0.5~1.5 m；断层带物质主要是压碎岩块、角砾、糜棱岩及少量断层泥。

### 2.2.2　长大裂隙

（1）L1：产状 290°~300°/SW∠75°~85°，张开宽度 1~3 cm，节理面有钙膜，稍弯曲，贯穿洞壁两侧，渗水严重。

（2）L2：产状 290°~300°/SW∠75°~80°，张开宽度 0.5~1 cm，节理面有钙膜，稍弯曲，贯穿洞壁两侧，渗水严重。

（3）L3：产状 270°/S∠80°，张开宽度 3~5 cm，节理面有钙膜，稍弯曲，贯穿洞壁两侧，渗水严重。

## 2.3　实验大厅开挖揭露地质条件

### 2.3.1　断层

P3F1 断层：断层带宽 0.15~0.5 m，影响带宽 0.7~1.5 m，断层带物质主要为角砾岩、压碎岩块、糜棱岩及少量断层泥。断层呈逆断层特征，西侧上盘岩体相对破碎，节理裂隙较多，东侧下盘岩体相对完整，沿断层带透水性较强，产状：340°~350°/SW∠75°~85°。

### 2.3.2　节理

主要发育 4 组走向节理：①270°~290°/NE 或 SW∠65°~75°，节理面较平直，微张，少数张开，宽度可达 1~2 cm，无充填或充填岩脉；②330°~350°/NE 或 SW∠75°~85°，节理面平直，微张或张开，充填少量钙膜；③10°~30°/SE∠70°~80°，节理面较平直，闭合或微张，少量钙质充填；④50°~70°/NW∠65°~80°，节理面较平直，闭合或微张，无充填。

其中，②组节理最发育，该组节理在走向和倾向方向延伸都比较长，其次是①组节理，③、④组节理发育稍差。

# 3　开挖方案

## 3.1　整体开挖方案

实验大厅采取分区分步的开挖方式进行作业，根据开挖设计方案，计算模型中开挖步如图 2 所示。其中，上部顶拱分第一~四步开挖，下部水池分第五~九步开挖。

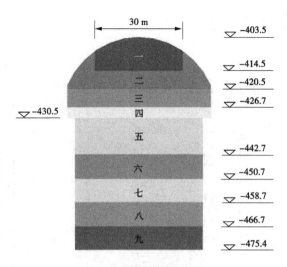

图 2　整体计算开挖步

## 3.2　大厅细化开挖方案

为最大程度地维持开挖过程中围岩良好的受力状态和稳定性，同时考虑施工方便，对大厅顶拱 30 m 跨度开挖过程进行了细化。基于实际开挖过程，计算模拟的开挖步如图 3 所示。

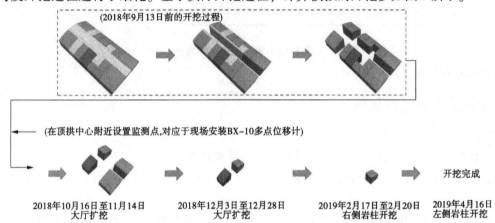

（2018年9月13日前的开挖过程）

（在顶拱中心附近设置监测点,对应于现场安装BX-10多点位移计）

| 2018年10月16日至11月14日<br>大厅扩挖 | 2018年12月3日至12月28日<br>大厅扩挖 | 2019年2月17日至2月20日<br>右侧岩柱开挖 | 2019年4月16日<br>左侧岩柱开挖 |

图 3　实验大厅顶拱 30 m 跨度计算开挖步

此外，考虑到现场支护施工较滞后，在进行锚杆（索）支护前围岩变形已基本完成，因此本次计算只模拟开挖过程，不进行支护模拟。

## 4　监测分析

### 4.1　监测仪器布置

根据优势结构面产状，选择 2 个主监测断面，在主监测断面上布置若干监测点，对围岩变形和支护受力进行监测，如图 4 所示。2018 年 9 月 13 日，在大厅顶拱中央安装多点位移计 BX-10，开始监测此处变形。2020 年 1 月 5 日，完成最后一套多点位移计 BX-25 安装。

### 4.2　监测数据分析

多点位移计监测数据表明，大厅顶拱的变形深度一般在 4~8 m，均在系统锚杆（6 m/9 m）覆盖的范围内。最大变形为 28.78 mm，位于正中心位置（BX-10）。从多点位移计变形时程曲线看，目前基本均已收敛。

锚杆应力受传感器处的裂隙、结构面等因素影响较大，监测结果也表明锚杆受力离散性较大，锚杆应力在 -22.8~416 MPa，绝大部分都小于设计值，并与多点位移计一致。总体上，锚索受力不大，

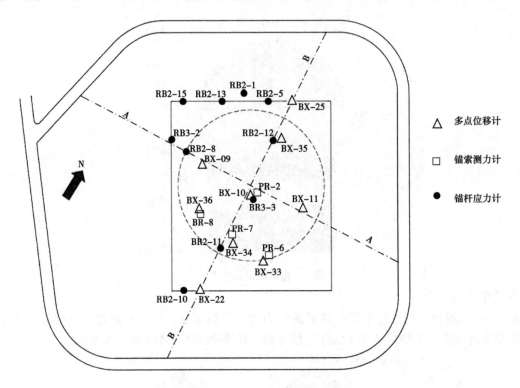

图 4　监测断面布置及监测点示意图

从过程曲线看也基本收敛。

# 5　围岩稳定及支护安全性复核

## 5.1　计算模型

采用基于离散元理论的 3DEC 软件，计算模拟的地质条件有：

（1）确定性结构面，包括三条断层（P3F1、F8、F2）和三条长大裂隙（L1、L2、L3），如图 5 所示。

（2）五组随机节理，其产状如图 6 所示。考虑计算效率，模型仅在大厅周围 20 m 深度范围内切割随机节理，为核心区域。模型范围为 176.25 m×169 m×166.5 m（长×宽×高），相当于 3 倍开挖跨度。

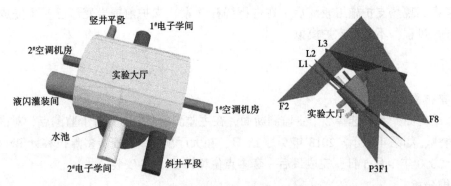

图 5　模拟确定性结构面的计算模型

## 5.2　本构模型和初始参数

计算模型中，对花岗岩岩体采用应变软化本构模型，其屈服强度服从 Hoek-Brown 强度准则，单轴抗压强度取 100 MPa，围岩力学参数见表 1。对结构面采用面接触弹塑性滑动模型，其屈服强度服从摩尔-库伦强度准则。

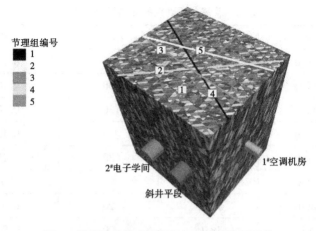

图 6  模拟代表性节理组的 3DEC 结构面网格

表 1  围岩力学参数

| 参数 | GSI | $m_i$ | $m_b$ | $s$ | $a$ | $K$/GPa | $G$/GPa |
|---|---|---|---|---|---|---|---|
| 数值 | 70 | 33 | 11.3 | 0.035 7 | 0.5 | 19.5 | 12.9 |

### 5.3  结构面参数反演

复杂岩体结构条件下大跨度洞室的围岩开挖响应反演分析，主要是确定主控性影响参数，即结构面参数。根据结构面的力学本构模型及数值模拟经验，结构面刚度参数对围岩开挖响应有较大影响，因此本次反演的目标主要是结构面刚度参数。通过不断调整结构面法向刚度和切向刚度取值，使数值计算的结果与现场监测数据吻合。

为将计算结果与现场监测数据进行有效对比，在计算模型顶拱中心布置 4 个监测点，如图 7 所示。其中，1#测点位于洞壁，2#测点深度 2 m，3#测点深度 8 m，4#测点深度 20 m，分别对应于 BX-10 的 4 个测点。

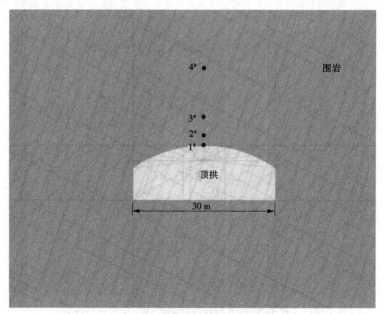

图 7  计算模型中监测点位置

当实验大厅开挖至 30 m 跨度时，根据 BX-10 的变形监测数据进行反演分析，经若干次试算，确定了一组节理刚度取值（见表 2），使数值计算的变形量与监测数据基本一致，如图 8 所示。

表 2　反演分析确定的结构面参数取值

| 结构面 | $K_n/(MN/m)$ | $K_s/(MN/m)$ | $F/(°)$ | $c/MPa$ | $T/MPa$ |
|---|---|---|---|---|---|
| 第 1 组节理 | $50×10^3$ | $30×10^3$ | 30 | 0.15 | 0 |
| 第 2 组节理 | $50×10^3$ | $30×10^3$ | 30 | 0.10 | 0 |
| 第 3 组节理 | $50×10^3$ | $30×10^3$ | 30 | 0.10 | 0 |
| 第 4 组节理 | $50×10^3$ | $30×10^3$ | 30 | 0.15 | 0 |
| 第 5 组节理 | $50×10^3$ | $30×10^3$ | 30 | 0.15 | 0 |
| 长大裂隙 | $20×10^3$ | $10×10^3$ | 25 | 0.1 | 0 |
| F8 | $10×10^3$ | $5×10^3$ | 20 | 0.05 | 0 |
| F2 | $10×10^3$ | $5×10^3$ | 20 | 0.05 | 0 |
| P3F1 | $10×10^3$ | $5×10^3$ | 20 | 0.05 | 0 |

注：$F$ 为内摩擦角；$c$ 为黏聚力；$T$ 为张拉力。

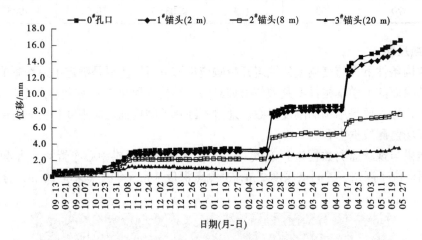

(a)实验大厅BX-10多点位移计变形过程曲线图

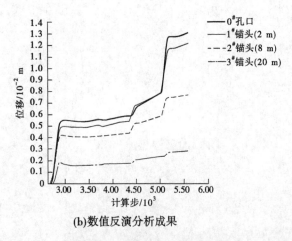

(b)数值反演分析成果

图 8　基于 30 m 开挖跨度监测数据的反演分析成果

### 5.4　围岩稳定复核

　　基于反演的结构面参数，对实验大厅开挖全过程进行模拟，并重点关注下部水池开挖后围岩的变形破坏特征。

图9给出了大厅扩挖至50 m跨度时的围岩变形量。可以看出，数值模拟的变形量与实测值基本一致，两者均为28 mm左右。由此可见，反演的结构面参数值具有合理性。

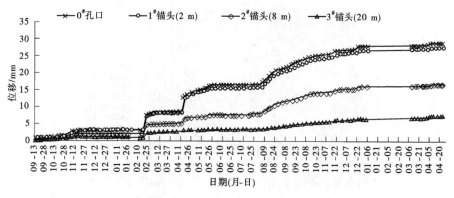

(a)实验大厅BX-10多点位移计变形过程曲线图

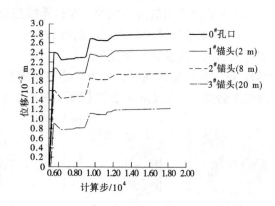

(b)数值反演分析成果

**图9 实验大厅50 m开挖跨度的预测分析成果**

图10为实验大厅全部开挖结束后的围岩位移云图。总体而言，围岩变形较大的区域出现在大厅顶拱及水池高边墙顶部，变形量在36~40 mm。对于水池高边墙，SW侧出现较大变形量的范围更广。

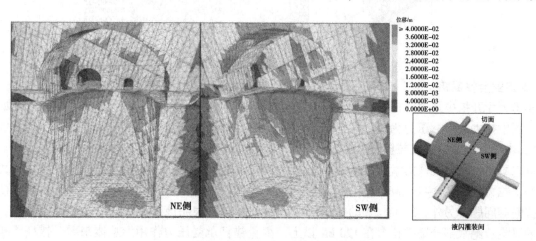

**图10 实验大厅和水池开挖后围岩位移云图**

图11为实验大厅底板（水池顶板）围岩位移云图，可以看出，底板围岩位移分布表现出不均匀性，SE侧围岩变形量较大，出现较大变形的围岩深度达8.58 m。与之相反，NW侧围岩变形较小，主要集中在浅表层，深度较浅。

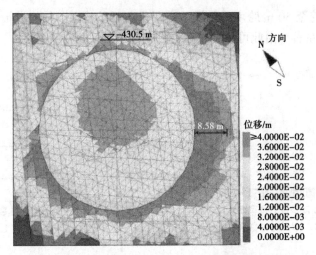

**图 11　实验大厅底板（水池顶板）围岩位移云图**

为进一步分析围岩位移沿水池高度方向的分布规律，在计算模型中围岩变形深度最大的方向选取切面，如图 12 所示。可以看出，以水池顶部为起点，沿高度方向上，围岩变形深度迅速减小，在水池顶部下方 11.32 m 处，围岩变形逐渐转变为浅表变形。

图 12 揭示的围岩变形沿高度方向的变化规律，可为水池边墙支护优化提供依据，即重点加强水池顶部以下 11.32 m 范围内的围岩支护，且支护的有效深度不应小于 8.58 m。

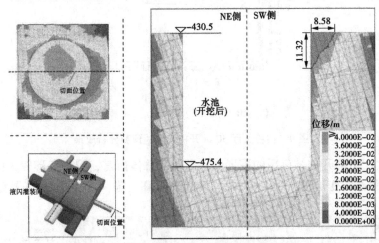

**图 12　沿水池边墙高度方向围岩位移云图**

### 5.5　支护安全性复核

实验大厅开挖中采用锚杆（索）进行支护，基于计算结果，锚杆（索）的轴向受力情况如图 13 所示，图中拉力为正、压力为负。根据《岩土锚杆与喷射混凝土支护工程技术规范》（GB 50086—2015），本工程锚索达到抗拉极限时拉力约 3 000 kN，锚杆达到屈服极限时拉力约 300 kN。

可以看出，仅有 3 根锚索拉力较大，达到 2 700~3 000 kN，接近抗拉极限，其余锚索的受力条件均较好，拉力集中在 0~1 500 kN。由此可见，在支护体系中，锚索承受的拉力较小，不足以使锚索出现拉断等问题。另外，约 14.5% 的锚杆拉力达到 300 kN，表明该部分锚杆已达到屈服极限，面临拉断的风险。绝大部分锚杆拉力在 120 kN 以上，少量锚杆承受压力作用。总体来看，锚杆承担的拉力较高。

## 6　结论

（1）基于反演的结构面参数，对实验大厅进行全过程开挖模拟，并将数值模拟的变形量与实测

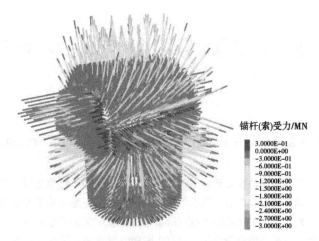

锚杆(索)受力/MN

3.0000E-01
0.0000E+00
-3.0000E-01
-6.0000E-01
-9.0000E-01
-1.2000E+00
-1.5000E+00
-1.8000E+00
-2.1000E+00
-2.4000E+00
-2.7000E+00
-3.0000E+00

图 13　锚杆（索）轴向作用力空间分布

变形量对比，两者基本一致，验证了反演的结构面参数值具有合理性。

（2）基于设计的开挖支护方案，实验大厅开挖支护完成后，围岩最大变形量约 40 mm，变形较大的位置出现在大厅顶拱和水池高边墙顶部。其中，水池顶部围岩变形表现出不均匀性，最大变形深度达 8.58 m。沿水池高度方向，围岩变形深度迅速减小，在水池顶部下方 11.32 m 处，围岩变形开始转变为浅表变形。

（3）支护体系中，绝大部分锚索承担的最大拉力小于 1 500 kN，小于自身抗拉强度的 50%，受力条件较好；部分锚杆的受力条件相对较差，面临屈服的风险。总体而言，在当前条件下，围岩变形稳定和支护体系基本满足工程安全要求。

## 参考文献

[1] 朱焕春，Brummer Richard，Andrieux Patrick. 节理岩体数值计算方法及其应用（一）：方法与讨论 [J]. 岩石力学与工程学报，2014，23（20）：3444-3449.

[2] 王涛，陈晓玲，杨建. 基于 3DGIS 和 3DEC 的地下洞室围岩稳定性研究 [J]. 岩石力学学报，2005，24（19）：3476-3481.

[3] 褚存，桂惠中，赵先宇，等. 基于离散元地下厂房围岩变形破坏特征分析 [J]. 华中师范大学学报（自然科学版），2019，53（4）：594-600.

# 复杂条件下的二元结构边坡稳定及支护方案研究

梁成彦 邹红英

（黄河勘测规划设计研究院有限公司，河南郑州 450000）

**摘 要**：某水利枢纽电站厂房所在位置受到断层带的影响，岩体破碎，且覆盖层深厚。厂房距离河道和进出水库的唯一交通要道都比较近，既不能影响河道行洪又不能影响道路畅通，直接导致厂房边坡开挖范围非常受限，形成了高陡边坡稳定问题。该边坡非常少见地集开挖范围受限和断层带影响于一身，是疑难边坡问题的典型案例。研究中因地制宜地确定了各级边坡的坡度，并提出砂浆锚杆、预应力锚索、混凝土面板、自进式砂浆锚杆等多种措施联合支护的设计理念，保证了边坡和道路安全稳定。

**关键词**：开挖范围受限；深覆盖层；二元结构边坡；断层带；破碎岩体；联合支护

## 1 工程概况

某水利枢纽工程位于青海省海西州，是国家 172 项重大水利工程之一，为巴音河干流上骨干调蓄工程，其主要功能是对径流进行多年调节，保障当地国民经济发展用水安全。水库正常蓄水位 3 468 m，总库容 1.62 亿 $m^3$；城市生活和工业供水量 13 167 万 $m^3$；多年平均发电量 9 977 万 kW·h。工程规模属大（2）型，工程等别为 Ⅱ 等。

## 2 地形地质条件及地震特性

### 2.1 区域地质

该水利枢纽工程位于柴达木盆地东北部边缘的巴音河中游峡谷地段。本区所属山系为祁连山脉中段的宗务隆山区，工程区属于高山到中山的过渡区，山体与谷地、盆地相间出现，地势北高南低、山体雄伟、沟谷深切。

工程区大地构造位置位于祁连山褶皱系的南祁连褶皱带内，南与东昆仑褶皱带的柴达木断块相邻。根据《中国地震动参数区划图》，工程场区 50 年超越概率 10% 的地震动峰值加速度为 0.10$g$、地震动反应谱特征周期为 0.45 s。根据《某水利枢纽工程场地地震安全性评价报告》的复核，工程场地 50 年超越概率 10% 的地震动峰值加速度为 0.13$g$，场地地震基本烈度为 Ⅶ 度。

### 2.2 电站厂房区地质条件

该水利枢纽工程地面发电厂房位于非活动断层下盘影响带内，岩体较破碎，透水性弱；尾水渠下伏河床砂卵砾石层渗透系数多为 $1 \times 10^{-3} \sim 5 \times 10^{-2}$ cm/s，透水性为强-中等，应采取相应的排水措施。厂房开挖会在后侧山体形成 40 m 的永久边坡，自然边坡整体稳定性尚佳，但有部分裂隙面组合形成可能的不稳定楔形体，应在坡面采取封闭、加固及排水措施，边坡中下部为岩质边坡，无高水头承压水，地下水位埋藏较深，岩体渗透性弱，边坡产生渗透破坏的可能性小。

根据地层的成因类型、岩性及工程地质特性的不同，可将地层划分为 3 层。

第 1 层：坡积物（$Q_4^{dl}$），主要分布于进出水库道路上游的山坡上。厚度不均匀，据物探资料坡积物最厚达 20 m 以上，一般以碎石夹土为主，碎石成分主要为砂质板岩、泥质板岩。

---

作者简介：梁成彦（1985—），男，高级工程师，主要从事边坡开挖支护、水工结构和水力学的设计工作。

第2层：第四系上更新统冲洪积砂卵砾石（$Q_3^{al+pl}$），灰黄色-褐色；砂卵砾石岩性主要为砂岩、板岩、大理岩；中密-密实，稍湿-较湿，砾石呈次棱角状-次圆状，分选差。该层厚度为4.7~15.3 m，平均12 m左右。

第3层：震旦系亚群破碎岩体（$Z^{dk}$），岩性以板岩、片岩及混合岩为主，岩体破碎，为断层影响带，岩芯采取率较低，本层未揭穿，最大揭露深度55.3 m。

该断层为晚更新世以来不活动断层，在厂房上游50 m左右山前半坡通过，断层带在左岸临河岸坡出露宽度为0.4~3.5 m，构造运动较剧烈。岩体较破碎，多呈镶嵌-碎裂结构。

根据钻孔成果，岩芯多呈碎块、碎屑状，柱状岩芯少，RQD（岩石质量指标）<5%，发电厂房基础和边坡坐落在断层下盘影响带破碎岩体内。地质参数见表1。

表1 边坡岩土体物理力学指标建议值

| 地层代号 | 岩性 | 密度ρ/(g/cm³) | 渗透系数K/(cm/s) | 泊松比μ | 变形模量$E_0$/MPa | 抗剪（断）强度 | |
|---|---|---|---|---|---|---|---|
| | | | | | | c'/MPa | φ/(°) |
| $Q_4^{dl}$ | 碎石土 | 2.0 | $5×10^{-2}~9×10^{-2}$ | 0.35 | 10~12 | 0 | 15 |
| $Q_3^{al+pl}$ | 砂卵砾石 | 2.25 | $5×10^{-2}~8×10^{-2}$ | 0.28 | 10~15 | 0.02 | 32 |
| $Z^{dk}$ | 破碎岩体 | 2.5 | $6×10^{-2}~8×10^{-2}$ | 0.26 | 20~25 | 0.11 | 34 |

## 3 支护方案研究

### 3.1 边坡开挖体型的确定

#### 3.1.1 厂房定位

根据枢纽总布置要求，电站厂房布置在巴音河峡谷出口左岸，地势较陡，厂址东北侧为一基岩山体，山顶高程3 495 m以上；厂房坐落于主流河道与上坝公路之间，宽度约110 m。

厂房上游的道路是通向水库大坝的唯一交通要道，必须确保安全稳定，厂房下游是水库所在的巴音河河道，必须确保行洪过流断面的满足。因此，厂区的整体定位和布局范围就受到了限制，河道的行洪断面必须首先保证，这关系到整个工程的安全和稳定，因此就必须保证电站厂房的尾水渠不能侵占河道的行洪断面，厂房的定位就不能过于靠近河道。另外，如果开挖范围牵扯到坡顶道路，就需另设道路进出水库，这无疑会造成工程施工工期的重大延误和投资大幅增加，因此厂房上游侧的放坡空间就非常局限。道路和河道之间的平面距离约110 m，确定厂房位于道路下游约52 m处，综合考虑电站运行、消防和运输的要求确定厂区范围，最终预留给厂房上游边坡的放坡空间约43 m，厂房上游边坡的最大高度约54 m，综合坡比约1∶0.8。边坡上部25 m为覆盖层边坡，下部为岩石边坡。

#### 3.1.2 二元结构边坡

整个厂房边坡均由开挖形成，开挖会在上游侧山体形成约40 m的永久边坡，边坡为二元结构[1]，上部为人工堆积碎石及冲洪积砂卵砾石层，人工堆积碎石松散-稍密，砂卵砾石中等密实，胶结较差；下部为较破碎岩体，主要为震旦系亚群（$Z^{dk}$）强风化云母片岩及混合岩。坡内贯通性裂隙不发育，根据地面调查，主要发育有5组节理裂隙，裂隙延伸长度一般为5~10 m，产状及与坡面组合关系如图1所示。该边坡有部分裂隙面组合交线倾向坡外（如裂隙面3、5和6，其在层面的切割下会产生倾向坡外的楔形体），在受外部影响的条件下可能产生局部垮塌。

#### 3.1.3 边坡体型确定

由于覆盖层边坡的支护措施实施难度较大且支护效果难以保证，而岩石边坡的支护措施实施难度相对小一些，但支护效果可以得到有效保证，因此厂房上游边坡的整体设计思路为，岩石边坡通过支护措施保证安全稳定，覆盖层边坡通过自稳来保证，下部岩石边坡尽可能采用较陡的坡度，给上部覆盖层预留充足的放坡空间，覆盖层通过放缓坡，基本保持整体自稳，并且配合一些浅层支护措施解决

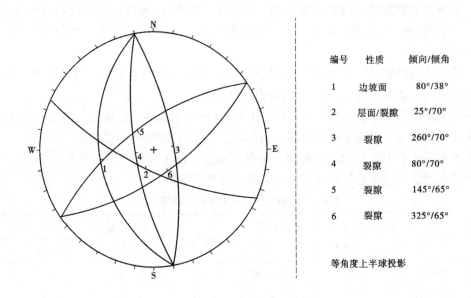

| 编号 | 性质 | 倾向/倾角 |
|---|---|---|
| 1 | 边坡面 | 80°/38° |
| 2 | 层面/裂隙 | 25°/70° |
| 3 | 裂隙 | 260°/70° |
| 4 | 裂隙 | 80°/70° |
| 5 | 裂隙 | 145°/65° |
| 6 | 裂隙 | 325°/65° |

等角度上半球投影

**图 1　边坡结构面赤平投影图**

局部稳定问题，进而保持边坡处于全面稳定状态[2]。上部覆盖层边坡厚度约 25 m，通过上部覆盖层的边坡稳定计算，其整体自稳定的坡度为 1∶1.4，25 m 高设置两级马道，马道宽度 2 m，覆盖层的坡体的平面宽度约为 39 m。场坪以上岩石边坡的高度为 12.30 m，平面空间约 6.3 m，需设置一级马道 2 m 宽，因此放坡空间为 4.3 m，坡度则为 1∶0.35。场坪以下的岩石边坡高度约 17 m，平面宽度为 6.8，综合坡比 1∶0.4，考虑到底部压力钢管进洞问题和局部施工平台宽度的需求，场坪以下岩石边坡采用 5.8 m 高的直立边坡和 11.2 m 高 1∶0.3 的陡坡，即 3 257.70 m 为场坪高程，3 270.00 m 高程以上为覆盖层边坡，坡比 1∶1.4，3 270.00 m 高程以下为岩石边坡，坡比分别为直立、1∶0.3 和 1∶0.35，厂房上游边坡典型剖面见图 2。

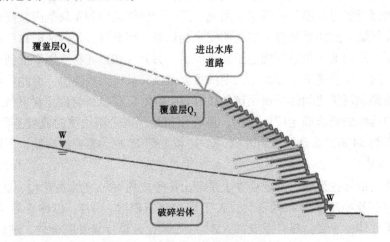

**图 2　厂房上游边坡典型剖面图**

### 3.2　支护措施与安全监测数据

#### 3.2.1　地面厂房上游边坡设计理念

由于厂房坐落在断层下盘影响带破碎岩体内，厂房上游边坡呈较破碎状，岩石条件较差，岩石边坡坡度基本为 1∶0.3~1∶0.35，需要采取较强的支护措施才能保证安全稳定。另外，场坪 3 257.70 m 高程以下的岩石边坡虽然要进行后期回填，一般建筑物回填场坪以下的边坡均按照临时边坡标准进行考虑，但电站厂房则不同，其下游为尾水渠，厂区回填范围为厂房上游和两侧，下游侧不进行回填，因此电站厂房就需要抵挡上游回填带来的水平推力，但无法再抵挡上游边坡自身产生的推力，针对电站厂房来说，场坪以下的上游边坡也需要保证长期稳定，不能向厂房施加额外的推力[3]。综上，厂房整个上游边坡就必须要按照永久边坡的安全稳定标准进行考虑。

### 3.2.2 边坡稳定计算

边坡稳定分析针对电站厂房上游高边坡取一个典型剖面进行计算。计算剖面图见图3，边坡稳定最小安全系数计算结果见表2。

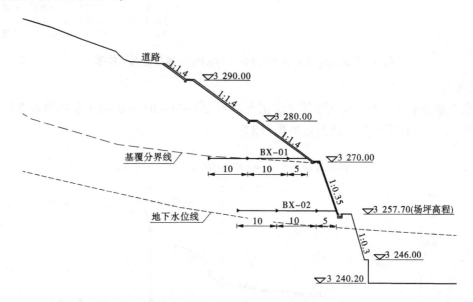

**图3 厂房上游边坡坡比及多点位移计布置图** （单位：m）

**表2 边坡稳定最小安全系数**

| 工况 | 计算值 | SL 386—2007 抗滑稳定安全系数标准值 |
|---|---|---|
| 正常运行 | 1.23 | 1.15 |
| 饱和 | 1.12 | 1.10 |
| 地震 | 1.11 | 1.05 |

### 3.2.3 支护措施

根据边坡稳定计算的滑弧线深度，来确定支护深度。

（1）场坪3 257.70 m高程以下采用20 m和12 m长的直径28 mm砂浆锚杆，间距2.5 m×2.5 m，挂钢筋网喷混凝土100 mm厚。

（2）场坪高程以上（3 257.70~3 270.00 m）岩石边坡坡比为1∶0.35，采用12 m、15 m和20 m长的直径28 mm砂浆锚杆，挂钢筋网喷混凝土100 mm厚；另外，由于厂房上游边坡呈较破碎状，为强风化碎裂板岩，节理裂隙发育，板理发育，遇水软化，从图4中可以看出，上游边坡岩体的裂隙较密集，普遍张开2~10 cm，裂隙内夹泥夹碎屑，局部裂隙交叉可能产生楔形体，且此部位坡度为1∶0.35，较陡，需要考虑进一步加强支护，因此考虑在裂隙密集带部位增设3排1 000 kN预应力锚索加固，列距5 m，锚索长度25 m和35 m，长短交错布置，并设置400 mm厚钢筋混凝土护板和锚索匹配的暗梁[4]。

（3）3 270.00 m高程以上为覆盖层边坡，由于已达到稳定坡比，且钻孔难度大，因此采用6 m长、直径32 mm的自进式锚杆，间距2.5 m×2.5 m，配合网格梁保证边坡表层稳定，网格梁内采用挂钢筋网喷混凝土100 mm厚[5]。

（4）边坡地下水位在场坪高程以下，因此场坪以上边坡内多为浅层和表层雨水，因此设置1.5 m深系统排水孔[6]。

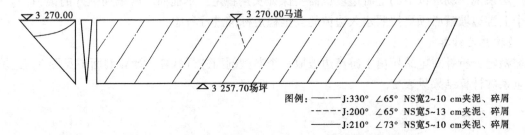

图例：—— J:330° ∠65° NS宽2~10 cm夹泥、碎屑
          ----- J:200° ∠65° NS宽5~13 cm夹泥、碎屑
          —— J:210° ∠73° NS宽5~10 cm夹泥、碎屑

**图 4  厂房上游边坡 3 257.70~3 270.00 m 高程地质素描图**

### 3.2.4  监测数据

针对厂房上游边坡，在典型剖面设置了多点位移计 BX-01~BX-02 用于监测边坡变形，多点位移计布置见图 3，多点位移计监测数据见图 5、图 6。

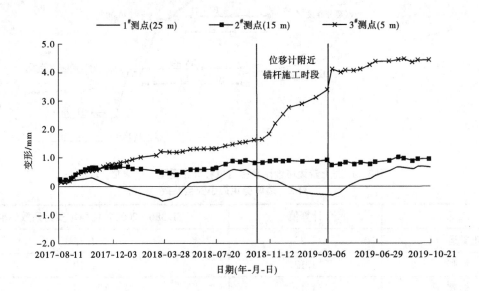

**图 5  多点位移计 BX-01 过程线图**

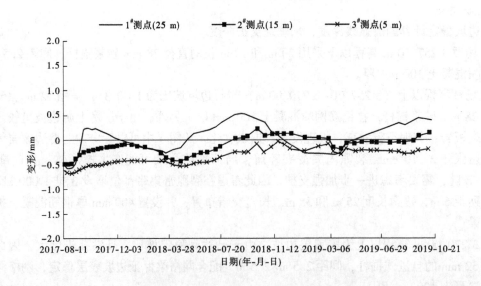

**图 6  多点位移计 BX-02 过程线图**

BX-01 和 BX-02 位于厂房上游边坡 3 258 m 和 3 271 m 高程附近，BX-01 位于破碎岩体和覆盖

层的交界处，最大变形仅 4.4 mm，BX-01 的主要变形时间是在 2018 年 11 月初至 2019 年 3 月初，为 5 m 深度范围内的浅层位移，当时该区域及附近正在进行 6 m 长的自进式锚杆施工，经过现场短时间的停工和判断，确定主要原因是多点位移计附近进行了高负荷的锚杆钻孔和灌浆施工，相同时间段内 BX-02 无明显变化，3 月锚杆施工完毕后，位移数据随之稳定，基本收敛且无异常，进一步确定，仅为锚杆施工带来的局部浅层变形影响；BX-02 位于破碎岩体内，最大变形仅 0.5 mm，变形微小，已经基本收敛且无异常。目前，厂房边坡依然保持稳定安全的状态运行，表明整个边坡的体型设计和支护策略有效，边坡是安全稳定的。

## 4 结语

（1）本文根据道路、河道和地形条件多重限制因素确定了电站厂房的合理布局，做到既不影响河道行洪又能预留空间放坡；另外，因地制宜地确定了二元结构边坡的体型。

（2）根据水电站地面厂房的场坪普遍回填特点，提出了场坪以下上游边坡也应按照永久边坡标准进行设计的理念。

（3）下部破碎岩体边坡采用 12~20 m 不等长度的砂浆锚杆，裂隙密集带增设预应力锚索加固，场坪以上岩石边坡设置钢筋混凝土护板和锚索匹配的暗梁。覆盖层边坡达到整体自稳状态，采用自进式锚杆来保证坡体浅表层稳定。边坡开挖支护于 2019 年 3 月完工，监测数据显示边坡位移在短时间内收敛，至今边坡安全稳定运行，验证了边坡设计理念及支护方案的合理性，避免了另设道路对施工工期的重大延误和投资增加。本文对类似工程边坡的设计和研究具有重大的参考价值。

## 参考文献

[1] 甘旭东，龚壁卫，胡波，等．引江济淮工程江淮分水岭软弱夹层对边坡稳定的影响 [J]．长江科学院院报，2022，39（6）：145-149，156．

[2] 邓宇轩，涂飞，王均星，等．倾向下游与河谷的多层软弱结构面坝肩边坡抗滑稳定研究 [J]．武汉大学学报（工学版），2021，54（12）：1103-1110．

[3] 介玉新．边坡稳定分析的相对失稳加速度方法 [J]．水力发电学报，2023，42（2）：1-11．

[4] 廖廷周，刘韬，曾耀．破碎岩体边坡稳定性分析及治理对策研究 [J]．中国水运，2016，16（7）：319-321．

[5] 谢刚，付宏渊，蒋中明．厚覆盖层高速公路高边坡稳定性研究 [J]．中外公路，2011，31（5）：17-21．

[6] 陈星星．某二元结构高边坡稳定性及治理措施 [J]．中国水运，2021（11）：129-130．

# 某水库泄洪闸工作弧门支铰轴承抱死问题
# 分析及处理

王源坤　王宏飞　韦仕龙　谢　慰

（黄河水利水电开发集团有限公司，河南郑州　450000）

**摘　要：**西霞院工程是小浪底水利枢纽的配套工程，开发任务以反调节为主。2023 年汛前例行维保工作中发现某孔泄洪闸工作弧门左支铰运行时发生异响，支铰铰轴相对挡板转动，端盖止轴板定位螺栓剪断。支铰作为弧形闸门的重要部件，出现故障后长期带病运行极易导致支臂失稳甚至断裂，影响闸门的稳定运行。因此，针对西霞院工程泄洪闸工作门支铰进行拆卸检查，以保证设备的安全稳定运行。

**关键词：**工作弧门；支铰；螺栓剪断；拆卸；轴承抱死

## 1　引言

弧形闸门作为水利设施中常见的一种闸门类型，采用弧形挡水面板，主要由门叶、支臂、支铰、油缸等四部分组成。闸门运行时以支铰为圆心，依托支臂做圆弧运动[1]。其中，支铰装置由铰座、铰链、轴承、铰轴、止轴板等部件组成，铰链与支臂连接，铰座与混凝土基础预埋件连接[2]。门叶承受的自重及部分水压力等荷载通过支臂、支铰传递给混凝土基础。

西霞院工程泄洪闸工作门主要承担汛期泄洪控制水流的任务，使用频率高。支铰采用圆柱铰结构，轴承为关节自润滑轴承。支铰作为闸门的关键结构，一旦出现问题将影响闸门的按期归备，必须及时予以处理。

## 2　工程概况

西霞院工程坐落在河南省境内，是黄河小浪底水利枢纽的配套工程，开发任务以反调节为主，兼顾发电、灌溉等综合利用。大坝两侧为土石坝段，中间为混凝土坝段，泄洪、发电等水工建筑物集中布置于混凝土坝段。

泄洪闸坝段位于混凝土坝段右侧，长 301.0 m，共设 21 孔泄洪闸，主要作用为泄洪控制水流。1~7 孔为胸墙式潜孔泄洪闸，8~21 孔为开敞式表孔泄洪闸。每孔泄洪闸依次布置有事故检修门、工作门。

开敞式泄洪闸事故检修门为平板闸门，底坎高程 126.4 m，由门机进行启闭操作。工作门为表孔弧形闸门，底坎高程 125.6 m，闸门尺寸 9 229 mm×11 994 mm（R12 000），门体单重 58.9 t，由 2×1 500 kN 液压启闭机进行启闭操作。此次出现问题的支铰属于开敞式泄洪闸工作门部件。

## 3　设备问题

西霞院工程 2023 年汛前例行维保工作中，金结设备维护人员发现某孔开敞式泄洪闸工作门在全

---

**作者简介：**王源坤（1997—），男，工程师，主要从事水利工程运行管理工作。

行程运行测试时，左侧支铰发生不间断异响。拆卸支铰端盖后检查发现，内部的铰轴相对挡板发生了转动。同时，端盖止轴板的定位螺栓全部被剪断（见图1）。初步判断原因为支铰轴承内外圈抱死，导致闸门转动时支臂带动铰轴转动，剪断螺栓。为保证闸门的按期归备，通过制定检修计划，依次拆卸吊运出闸门的支臂、支铰，分解问题支铰并检查轴承情况，针对缺陷部位进行相应处理。

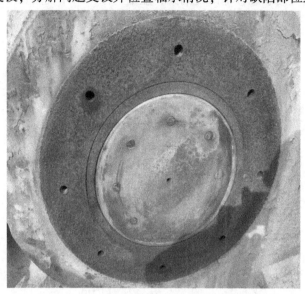

图1　轴端止轴板的定位螺栓全部被剪断

## 4　技术难点

（1）支臂、支铰的拆吊工作涉及临水、高空作业，需提前开展延伸爬梯、搭建检修平台等准备工作。

（2）现场作业空间狭小，门机回转吊受限于距离因素无法使用，需要通过吊车辅助进行拆装、吊运等工作。

（3）泄洪闸工作门门叶重约58.9 t。应先采取措施固定闸门门叶，以避免支臂、支铰吊出后，门叶在自重及水压力作用下发生滑移冲击油缸。

（4）泄洪闸工作门多年满水头挡水运用，拆除支臂、支铰后会出现应力释放现象，影响后续回装工作。

（5）支铰自投入使用至今，未曾深入拆卸检查。轴承与铰轴之间结合紧密，存在较大应力，分解支铰前必须先进行泄压处理。

## 5　准备工作

### 5.1　排空流道积水

全关泄洪闸事故检修门并小开度开启工作门，排空两扇闸门之间的流道积水，最后关闭工作门。

### 5.2　布置吊车

#### 5.2.1　吊车选取

开敞式泄洪闸工作门单个支臂重约8.2 t，单个支铰质量约7.4 t。现场勘察确定吊车停放区域，该区域与支铰起吊位置水平距离14 m，与支臂起吊位置水平距离8 m，平均起升高度25 m。

查阅100 t吊车参数及性能表，当吊物起吊水平距离14 m、起升高度25 m时，起吊质量约为9 t；当吊物起吊水平距离8 m、起升高度25 m时，起吊质量约为38 t。

选用100 t吊车能够满足设备吊运要求。同时，选用25 t吊车辅助起吊作业。

### 5.2.2　承载计算

吊车支腿停放于坝梁处，并铺设木垫板（0.25 m²）分散压力。

以 100 t 吊车为例。100 t 汽车自重 55 t，支腿处木垫板的铺设面积为 0.25 m²。进行承载力计算时，假设吊车处于最不利受力状态，即吊装钢梁、配重与吊车两个支脚成一条直线，此时仅图 2 中所标注的支腿承压受力。

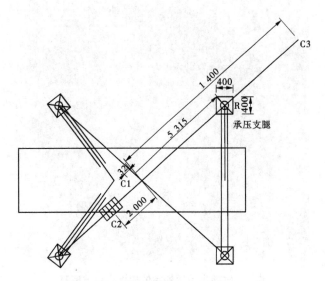

**图 2　吊车受力平面图**　（单位：mm）

承载力按下式计算：

$$G_1 \times L_1 + G_2 \times L_2 + R \times L_4 = G_3 \times L_3 \tag{1}$$

式中：$G_1$ 为吊车自重，kN；$L_1$ 为吊车重心距离平衡点力臂，m；$G_2$ 为吊车配重块重量，kN；$L_2$ 为吊车配重块距离平衡点力臂，m；$G_3$ 为吊装设备重量，kN；$L_3$ 为吊装设备距离平衡点力臂，m；$R$ 为承压支腿所受压力，kN；$L_4$ 为承压支腿距离平衡点力臂，m。

其中，$G_1 = 55$ t $= 550$ kN，$L_1 = 0.329$ m；$G_2 = 40.2$ t $= 402$ kN，$L_2 = 2$ m；$G_3 = 10$ t $= 100$ kN，$L_3 = 14$ m；$L_4 = 5.315$ m。

代入式（1）计算得 $R = 78$ kN。

承压支腿处木垫板的铺设面积为 0.25 m²，故压应力为：78/0.25 = 312（kN/m²）。

查阅西霞院大坝设计图纸，开敞式泄洪闸段坝梁处的最大承受荷载为 3 000 kN/m²，选用 100 t 吊车能够满足承载要求。

### 5.3　搭建检修平台

（1）泄洪闸工作门支铰位于闸墩牛腿平台（混凝土基础）处。支铰中心高程 130.4 m，工作门底坎高程 125.6 m。相关拆吊工作涉及临水、高空作业，需要搭设检修平台。

（2）在侧墙 128.5 m、127 m 高程处钻孔增设三块锚板。上部锚板焊接工字钢，下部锚板焊接角钢斜撑，组成平台框架并铺设花纹板，焊接形成 2.5 m×2 m 的检修平台。四周布设 1.5 m 高的围栏防止高空坠落。

（3）侧墙人孔爬梯最下端高程为 130 m，焊接延伸爬梯至检修平台。

### 5.4　固定支臂、支铰

#### 5.4.1　固定支臂

（1）支臂开口端焊接两根竖直槽钢起支撑作用。防止拆除支臂、门叶间的连接螺栓后，支臂在自重作用下产生弯曲变形。

（2）在支臂中心处焊接两处挂点，借助 100 t 吊车固定支臂。同时，加装 3 t 手拉葫芦，随时调整支臂的受力平衡。

### 5.4.2 固定支铰

（1）焊接槽钢以固定铰座、铰链，防止吊运过程中出现摆动（见图3）。标记支铰对角线记录初始角度，供回装时参考。

（2）依托上部平台悬挂3 t手拉葫芦锁定铰链，防止拆卸支臂时支铰受到振动下坠。

图3　固定支臂、支铰

## 6　支臂支铰拆卸吊运

### 6.1　扩大门叶、支臂间隙

泄洪闸工作门门叶分为上下两节（直板门拼接），门叶呈三角结构，支臂无法以竖直角度直接提出。支臂凸起定位块与支铰铰链的凹陷定位槽间存在5 mm间隙。通过扩大门叶、支臂间隙（至少20 mm），使得两者间出现错位，左右摆动并吊出支臂。

（1）确认工作门处于自由全关状态，无外压，无卡阻。

（2）拆除门叶与支臂间的连接螺栓及两侧限位端板，方便支臂摆动。

（3）加装水封活动保护装置。泄洪闸工作门为背压式止水。闸门在单侧启闭时，水封极易与底坎产生摩擦受损。在底坎处加装水封活动保护装置（见图4），该装置由活动木板、滚珠及楔形块组成。利用滚珠与木垫板的保护，减少摩擦。

图4　水封活动保护装置

（4）扩大门叶、支臂间隙。

①千斤顶顶门叶。在支臂梁格内加装千斤顶顶门叶。

②伸长单侧油缸顶门叶。伸长左侧油缸，在允许范围内（闸门运行规程规定左右油缸偏移高度不超过20 mm）带动门叶向前移动。

③两种措施共同出力，扩大门叶与支臂间隙至25 mm，停止顶门叶操作。

### 6.2　固定门叶

拆除支臂、支铰前，应先固定门叶。避免支臂、支铰吊出后，门叶在自重、水压力及应力回弹作用下出现滑移，冲击油缸。在事故检修门与工作门门叶间焊接三道限位装置——连接杆、导链、槽钢（见图5、图6），利用检修门的支撑防止工作门出现滑移。

图5　连接杆及导链固定

图6　槽钢固定

### 6.3　支臂吊运

（1）拆除支臂与支铰铰链间的连接螺栓。

（2）100 t 吊车主吊。利用 25 t 吊车牵引左右摆动支臂，使其与门叶间出现错位，缓慢横移并吊出支臂。全程牵引绳引导，避免支臂冲撞油缸或墙体。

### 6.4　支铰吊运

（1）使用松动剂浸泡支铰铰座螺栓，拆卸螺母。

（2）100 t 吊车主吊，缓慢从螺柱上退下支铰。利用 3 t 手拉葫芦随时调整支铰角度，并同步在支铰铰链与牛腿平台之间打入楔形块，防止支铰回落憋劲。

（3）支铰拆除后，复测螺柱的相对位置及角度，供回装时参考；螺柱涂抹润滑油，防止氧化锈蚀。

（4）拆下的支铰运至安装车间，进行拆检分解等后续工作。

### 6.5　支铰返厂期间现场防护

在流道两侧侧墙上标记门叶位置，以此为基点监测门叶偏移情况，如有偏差及时调整。

## 7　支铰分解处理

### 7.1　支铰分解

#### 7.1.1　铰轴、轴承尺寸参数

铰轴定形尺寸 $\phi 360^{H7/h6}$ mm，即孔的极限偏差为 $\phi 360^{+0.07/0}$ mm，轴的极限偏差为 $\phi 360^{0/-0.044}$ mm，轴承内圈与铰轴之间为间隙配合，最大间隙为 114 mm，最小间隙为 0 mm。

#### 7.1.2　铰轴钻孔泄压

拆除支铰端盖，润滑铰轴。轴承、铰轴之间可能存在抱死现象，直接用油压机进行顶轴，会引起支铰产生裂纹，造成损伤。先利用台钻进行钻孔操作，分割铰轴释放应力。

#### 7.1.3　分离铰轴、轴承

铰轴泄压处理后，利用油压机进行（为确保支铰安全，最高加压至 300 t）顶轴操作。当压力提升至 250 t 时，铰轴被顶出。分离铰座、铰链，利用油压机继续顶出轴承。

### 7.2　支铰铰轴、轴承检查

分解支铰后得到铰轴、轴承内圈（铜基）、轴承外圈（钢基）、轴套、密封圈、盖板。

轴承工作原理：轴承为自润滑式轴承（GEW360HFZB053/X-2RS），分为内圈、外圈。内圈与铰轴相对固定，外圈相对于内圈转动。闸门转动时，以支铰为圆心，依托支臂做圆弧运动。碳棒镶嵌于轴承内圈。闸门运行时，内外圈相对转动，刮蹭碳棒释放墨粉，润滑内外圈接触部位，改善摩擦状

态，降低摩擦系数[3]。

检查铰轴、轴承内部情况：铰轴表面无明显刮痕；轴承外圈的内壁出现墨粉颗粒，部分区域形成积墨，刮开积墨发现底部存在锈渣（见图7）；轴承内圈的外壁有明显划痕；轴承密封圈出现破损（见图8）。

图7　轴承外圈内壁的积墨　　　　　　图8　轴承内圈外壁的刮痕

分析原因：闸门自投运以来，历次检修均未深入拆解、检查支铰装置。轴承密封圈老化破损，雨水渗入轴承内部，腐蚀外圈（钢基）的内壁而产生锈渣。闸门运行时，由于存在锈渣，内外圈摩擦加剧，墨粉被过度释放形成积墨。长期运行导致内外圈抱死，支臂带动铰轴转动，剪断止轴板螺栓。

### 7.3　问题处理

轴承、铰轴、密封圈原型号、原尺寸采购更换。针对轴承外圈（钢基）易生锈这一点，将材质由钢基更换为不锈钢基，延缓腐蚀速度，避免产生锈渣，延长设备寿命。

## 8　回装

### 8.1　支铰回装

（1）支铰运回作业现场后，利用两台吊车配合调整支铰角度，尽可能与原安装角度保持一致，方便回装工作。

（2）利用100 t吊车将支铰吊至闸墩牛腿平台处，对齐螺柱进行穿孔操作。安装过程中，利用手拉葫芦调整安装角度，保证螺栓孔与螺柱均匀对位。穿孔操作结束后，利用液压扳手拧紧螺母，确保支铰稳固。

### 8.2　支臂回装

两台吊车配合，调整支臂至竖直状态并吊至安装位置，中途使用牵引绳引导。通过手拉葫芦调整支臂两端角度，分别对齐门叶、支铰铰链，紧固连接螺栓（见图9）。

图9　支臂、支铰全部回装完毕

### 8.3　清理现场

支铰回装完毕后，清理施工现场。拆除门叶限位装置，重新焊接支臂限位端板，割除支撑槽钢，修磨平整焊点。

### 8.4　试运行测试

支铰回装后，进行试运行测试。闸门全行程运行平稳，新支铰转动灵活无异响产生，铰轴的止轴板定位螺栓无剪断现象，运行效果良好。

## 9 结语

支铰作为弧形闸门的重要组成部件，出现故障后带病运行极易导致支臂失稳、断裂，影响闸门的安全稳定。此次西霞院工程某孔泄洪闸工作门左支铰出现轴承抱死问题，维护人员通过制定检修计划，拆卸吊运出支臂、支铰，分解问题支铰并检查内部结构。结果表明，支铰密封圈的老化导致雨水渗入轴承内部，腐蚀钢基外圈产生锈渣，过度刮蹭碳棒形成积墨，使轴承内外圈抱死。闸门运行时，支臂带动铰轴转动，产生异响并剪断螺栓。根据检查结果，针对性地更换密封圈、轴承等受损部件，确保闸门的按期归备及稳定运行。今后将完善设备检修及运行规程，加强对相关部位的检查维护力度，提高闸门的安全性能。

## 参考文献

[1] 顾旭昌. 超大型弧形闸门支铰埋件框及支铰安装技术 [J]. 四川水力发电，2015，34（6）：4-6.

[2] 黄雪娇，陈峰. 大型弧形钢闸门支铰轴承异响原因分析及处理对策措施 [J]. 江苏水利，2021，1（1）：70-72.

[3] 李云龙，郑东旭，刘长波. 弧形闸门支铰双金属自润滑关节轴承的特性分析 [C] //中国水力发电工程学会金属结构专业委员会，全国水利水电工程金属结构专业信息网. 水工机械技术 2008 年论文集. 北京：中国水利水电出版社，2007：5.

# 弧形工作闸门全行程动水启闭专项检测实践

韦仕龙　杨利锋　于　跃　吴　祥

（黄河水利水电开发集团有限公司，河南郑州　450000）

**摘　要：**泄洪建筑物配套金属结构设备的正常运行是泄洪安全的重要保障。针对小浪底水利枢纽明流洞弧形工作闸门孔口大、水头高、使用频率高的特点，在通过外观检测、腐蚀检测、焊缝无损检测等常规检测项目确保设备状态正常后，对 2 号明流洞弧形工作闸门进行了全行程、多级开度动水启闭试验，并在试验过程中进行应力检测和振动检测，研究了闸门在多级开度过流工况下的动态特性，为进一步探索和了解明流洞弧形工作闸门在过流工况下的设备性能和各运行参数的动态规律提供了试验依据和数据支撑。

**关键词：**明流洞；弧形工作闸门；多级开度；动水试验；动态特性

## 1　引言

小浪底水利枢纽共布置 3 条明流洞，是主要泄洪建筑物之一，担负着泄洪、排漂的任务。明流洞出口各设有 1 扇双主梁直支臂潜孔式弧形工作闸门，1 号弧门孔口尺寸为 8 m×10 m，设计水头为 80 m，2 号、3 号弧门孔口尺寸均为 8 m×9 m，设计水头分别为 66 m 和 50 m。弧形工作闸门由单吊点液压启闭机控制启闭，设计运用要求为全开运用。

作为枢纽泄洪排沙最为重要的闸门设备之一，明流洞弧形工作闸门需要经常性地投入运用，在保证日常巡查、定期维护检修的前提下，开展闸门现状检测和闸门全行程动水启闭专项检测，是十分有必要的。

根据工程现场实际需要，选择 2 号明流洞弧形工作闸门开展动水启闭专项检测工作。首先通过巡视检查、外观检测、腐蚀检测、焊缝无损检测等常规检测项目来确保设备状态正常，继而开展 2 号明流洞弧形工作闸门全行程、多级开度动水启闭试验，并在试验过程中进行应力检测和振动检测，研究闸门在多级开度过流的动态特性，并对闸门进行安全运行评估。

## 2　动水启闭专项检测内容

2 号明流洞弧形工作闸门全行程动水启闭专项检测内容如下。

### 2.1　设备现状检测

动水试验前，进行巡视检查、外观检测、腐蚀检测、无损检测、启闭机现状及性能检测等基本的设备现状检测，确保闸门及启闭机状态正常。

### 2.2　动水启闭试验检测

弧形工作闸门进行全行程动水启闭试验。闸门开启过程中，每间隔 10% 开度适当停留，实现多级开度过流，并在试验过程中进行应力检测和振动检测，研究闸门在多级开度过流工况下的应力变化情况和振动情况。

### 2.3　动水试验后检查

动水试验后，再次对闸门进行外观检查，确认闸门结构是否有破坏，并通过摄影测量核查闸门主

---

**作者简介：**韦仕龙（1990—），男，工程师，主要从事水工金属结构设备维护管理工作。

要构件的变形情况。

## 3　设备现状检测及挡水工况下的变形检测

### 3.1　设备现状检测

依据《水工钢闸门和启闭机安全检测技术规程》（SL 101—2014）对设备进行设备现状检测，检测成果表明 2 号明流洞弧形工作闸门门体、埋件及主要部件（支承装置、吊耳等）未见变形、损伤及严重锈蚀现象，门体连接螺栓未见缺失及松动现象，止水良好；闸墩、支铰支承横梁等部位未见裂缝、剥蚀、老化，闸门防腐涂层基本完整有效，闸门主要焊缝及支铰无损检测未发现超标缺陷。

液压启闭机的泵站系统及液压缸运行环境正常、维护保养良好，启闭机室内设施配备齐全，未见影响启闭机安全运行的异常现象；活塞杆镀层完好，未见磨损和变形等缺陷；液压缸及液压系统的油箱、油泵、阀件、管路未见明显泄漏，阀件、仪表未见异常。

检测完毕后无水全行程启闭试验中，闸门及启闭机运行平稳正常。

### 3.2　挡水工况下的变形检测

在闸门挡水工况下，采用摄影测量的方法对闸门各主要构件的最大位移量（包括整体平移和变形）进行检测，该检测成果为动水试验后的构件变形情况提供参考基准。

经检测，在闸门挡水工况下，闸门顶梁、横梁、主纵梁、支臂等主要构件的最大位移量如表 1 所示。

表 1　闸门主要构件最大位移检测成果　　　　　　　　　单位：mm

| 闸门构件名称 | $X$ 方向最大位移量 | $Y$ 方向最大位移量 | $Z$ 方向最大位移量 |
|---|---|---|---|
| 顶梁 | 4.895 | −0.090 | −2.567 |
| 横梁 | 6.653 | −0.146 | −1.831 |
| 主纵梁 | 5.915 | −0.093 | −1.706 |
| 面板 | 7.521 | −0.188 | −1.812 |
| 下支臂 | 5.979 | −0.306 | −1.798 |

注：$X$ 方向为水流方向，正值表示向下游方向变形；$Y$ 方向为指向闸门左侧（面向下游分左、右），表示左、右方向的变化量；$Z$ 方向为竖直向上，负值表示沉降。

以上检测成果表明，2 号明流洞弧形工作闸门各主要构件的最大位移均为沿水流方向，侧向及竖向位移较小。闸门变形数据在合理范围内，初步判定闸门在挡水工况下的状态良好。

## 4　动水启闭专项检测

### 4.1　检测工况

在弧形工作闸门挡水水头 39 m 工况下，全行程启闭闸门过流，开启过程中每间隔 10% 开度适当停留，在此运行过程中进行闸门应力和振动检测。

整个启闭过程中闸门及启闭机运行平稳，闸门下游出水流态正常，闸室内补气正常，未影响位于闸室上游端人员及测试设备的安全，闸门启闭过程中目视检查及手触检查振感均不明显。

### 4.2　应力检测

结合闸门的材料特性、结构特点、荷载条件，以及摄影测量数据，选定闸门的支臂、主纵梁、横梁等主要受力构件布置应力测点，在闸门全关不挡水工况下取应力零位，采用无线应变测试系统和防水应变片进行动水试验过程的结构应力测试，测试数据如表 2 所示。

表2 应力检测结果

| 测点编号 | 测点位置描述 | 应力方向 | 最大应力测试值/MPa |
|---|---|---|---|
| 1 | 左上支臂右翼板（靠近支臂上游端板） | 沿支臂长度方向 | −56.8 |
| 2 | 左上支臂上腹板（靠近支臂上游端板） | 沿支臂长度方向 | −54.8 |
| 3 | 左上支臂右翼板（靠近支臂下游端板） | 沿支臂长度方向 | −88.7 |
| 4 | 左上支臂上腹板（靠近支臂下游端板） | 沿支臂长度方向 | −63.3 |
| 5 | 左下支臂上腹板（靠近支臂上游端板） | 沿支臂长度方向 | −69.0 |
| 6 | 左主纵梁右腹板（靠近支臂上游端板） | 三向应变花求等效应力 | 51.7 |
| 7 | 下横梁后翼板 | 沿横梁长度方向 | 29.4 |

以左上支臂上腹板的测点2为例，其动水启闭过程中的应力过程曲线如图1所示。开启闸门前，左上支臂腹板的静应力值为−52.2 MPa，在开启闸门瞬间，由于闸门突然启动带来的动应力值为−2.6 MPa，即闸门启动瞬间的总应力值为−54.8 MPa，在闸门运行过程中，由于动水载荷所带来的动应力较小，均小于1.0 MPa。

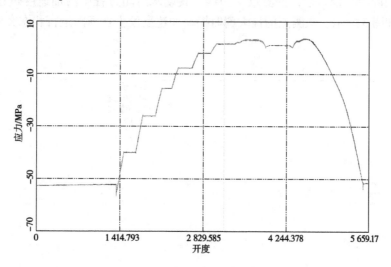

图1 测点2应力过程曲线

由表2可知，闸门主要构件在全行程动水启闭试验过程中，应力测试数据在合理范围内。同时，对比同一支臂（左上支臂）上腹板应力值，上游端板附近测点应力值（测点2：−54.8 MPa）与下游端板附近测点应力值（测点4：−63.3 MPa）的应力梯度较小，在10 MPa以内；对比同一支臂（左上支臂）同侧翼板应力值，下游端板附近测点的应力值（测点3：−88.7 MPa）明显高于上游端板附近测点的应力值（测点1：−56.8 MPa），说明左上支臂在下游端板附近承受了一定程度的附加弯矩。

### 4.3 振动测试

闸门动水试验中进行结构振动测试，选定闸门的支臂、主纵梁、横梁等承受较大动力荷载的受力构件布置振动测点，测试结果如表3所示。

表 3　振动测试结果

| 测点编号 | 测点位置描述 | 振动测试方向 | 振动加速度均方根值/(m/s²) | 振动位移均方根值/mm |
|---|---|---|---|---|
| 1 | 上横梁（门叶中心线附近） | 顺水流方向 | 0.612 | 0.127 |
| 2 | 上横梁（门叶中心线附近） | 横向 | 0.471 | 0.023 |
| 3 | 上横梁（门叶中心线附近） | 竖向 | 0.271 | 0.180 |
| 4 | 下横梁（门叶中心线附近） | 顺水流方向 | 0.329 | 0.014 |
| 5 | 下横梁（门叶中心线附近） | 竖向 | 0.272 | 0.205 |
| 6 | 左上支臂（靠近支臂下游端板） | 顺水流方向 | 0.288 | 0.020 |
| 7 | 左上支臂（靠近支臂下游端板） | 横向 | 0.117 | 0.004 |
| 8 | 左上支臂（靠近支臂下游端板） | 竖向 | 0.246 | 0.029 |
| 9 | 左上支臂（支臂中部位置） | 横向 | 0.185 | 0.013 |
| 10 | 左主纵梁（上下支臂中间位置） | 横向 | 0.097 | 0.019 |
| 11 | 左主纵梁（上下支臂中间位置） | 竖向 | 0.213 | 0.012 |

以下横梁（门叶中心线附近）的测点 4 为例，其动水启闭过程中的加速度过程曲线和位移过程曲线分别如图 2 和图 3 所示，该测点的最大瞬时振动加速度发生在闸门运行状态突然改变时，即启门或闭门瞬间。

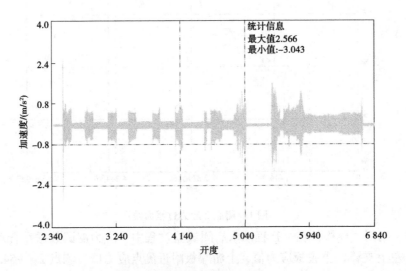

图 2　测点 4 加速度过程曲线

由表 3 可知：

（1）在闸门运行过程及各局部开度停留过流过程中，闸门运行平稳，未见异常振动及共振现象。

（2）采用振动位移均方根值评价闸门振动的危害程度，即振动位移均方根值为 0~0.05 mm 时，振动忽略不计；振动位移均方根值为 0.05~0.25 mm 时，评价为微小振动；振动位移均方根值为 0.25~0.50 mm 时，评价为中等振动；振动位移均方根值大于 0.50 mm 时，评价为严重振动。本次动水启闭试验过程中，闸门最大振动位移均方根值为 0.205 mm，位于下横梁（门叶中心线附近），振动方向为竖向，评价弧形工作闸门在动水启闭过程中的振动为微小振动。

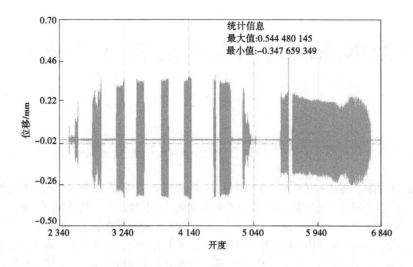

**图 3　测点 4 位移过程曲线**

## 5　动水试验后检查

动水试验后，对弧形工作闸门进行外观检查，闸门主要受力构件及部件无损坏，闸门底部未见明显空蚀现象，止水良好；同时，再次复核摄影测量测点，发现闸门主要构件未发生明显变形。

## 6　结论

小浪底水利枢纽 2 号明流洞弧形工作闸门动水启闭专项检测结果表明：闸门、启闭机现状及性能良好；设备在全行程动水启闭过程中运行平稳，结构应力水平正常，未发生异常振动。

2 号明流洞弧形闸门动水启闭专项检测为闸门、启闭机长期安全运行及管理提供了可靠的技术保障和数据支撑，下一步将持续加强闸门运行状态监测，提高设备的维护保养水平，确保设备始终保持良好状态。同时，在具备条件的情况下，应适当开展多种水位条件下的检测工作，以更加全面地掌握闸门的运行状况。

## 参考文献

[1] 陈丽晔，杨丽娟，邵占伟. 小浪底工程一号明流洞弧形闸门设计 [J]. 红水河，2003（3）：46-48.
[2] 涂从刚，张兵，文俊. 白水峪电站弧形闸门应力测试与复核计算 [J]. 水电与新能源，2023，37（2）：13-16.
[3] 苏圣致，杨春霞，饶天华，等. 不同开度下某闸门流激振动数值模拟研究 [J]. 水利水电技术（中英文），2023，54（9）：148-155.
[4] 姚磊. 水工钢闸门振动现象和振动特性分析 [J]. 工程技术研究，2022，7（14）：108-110.

# 耐水型水泥裂缝填充剂的制备与施工工艺

## 宫晓东

（山东乾元工程集团有限公司，山东东营　257091）

**摘　要：** 通过科技创新，将纳米材料和高分子材料进行功能化组合，研制出耐水型水泥裂缝填充剂，该材料具有优异的裂缝填充补强性能、耐水性能和耐久性能。性能测试结果表明，该材料各项指标均优于市场同类产品。该材料施工工艺简单快捷，在数个混凝土修复工程中得到了推广应用。应用结果表明，该材料的使用缩短了施工周期，节省了人力物力，降低了施工成本；防止了混凝土裂缝的发展，增强了混凝土结构的耐久性；作业过程无毒无环境污染，产生了明显的社会效益与经济效益。

**关键词：** 水泥；裂缝；填充剂；性能；工艺

## 1　耐水型水泥裂缝填充剂的研制背景

混凝土是水利工程中广泛使用的一种混合材料，由于存在均匀性差、离散性大等弱点，容易产生裂缝，从而缩短工程的使用寿命，因此必须进行及时处理。

混凝土裂缝主要的修补方法有表面修补法、嵌缝法、灌浆法等，胶结材料可选用聚合物水泥砂浆、树脂砂浆、弹性树脂砂浆等。裂缝修补对材料的要求较高，材料经常需要在潮湿的环境下快速凝固，且达到较高的黏结强度[1]。现有的裂缝修复材料多数使用性能不可靠，在潮湿的环境下实际应用效果较差。因此，公司联合有关院校，通过设计室内试验，自主研制出一种耐水型水泥裂缝填充剂。

## 2　耐水型水泥裂缝填充剂的技术原理

公司研制的耐水型水泥裂缝填充剂，主要包括四种成分：环氧树脂、纳米二氧化硅、氨丙基三乙氧基硅烷、苯甲酸钠。环氧树脂是一种热固性树脂，具有黏结性强、收缩率低、耐化学介质和机械强度高等特性，是一种优秀的胶黏材料。纳米二氧化硅是一种无机化工材料，由于是超细纳米级，因此具有许多独特的性质，能提高本产品的抗老化、强度和耐化学性能。氨丙基三乙氧基硅烷是偶联剂，是具有两性结构的物质，既能与无机物表面的化学基团反应，形成强固的化学键合，又有亲有机物的性质，能和环氧树脂共聚物反应或物理缠绕，使本来不相容的两组分产生一定形式的化学结合，从而把两种性质大不相同的材料牢固结合起来。偶联剂能提高填料在环氧树脂中的分散性，增加其填充量，大大提高复合体系的拉伸强度及黏结强度。苯甲酸钠具有减水的作用，可以提高产品的耐水和耐湿热老化能力。因此，本产品通过偶联剂对无机纳米二氧化硅表面改性，使之能在环氧树脂中实现良好的分散和相互作用，将纳米材料和高分子材料进行功能化组合，并添加减水材料，使得产品在具备很好的裂缝填充补强性能的同时，展现出优异的耐水性能和耐久性能。

## 3　耐水型水泥裂缝填充剂的制备

耐水型水泥裂缝填充剂的制备主要包括四个步骤：

---

**作者简介：** 宫晓东（1985—），男，高级工程师，副总经理，主要从事工程管理等方面的工作。

第一步，将180份无水乙醇和20份蒸馏水在容器中混合，称量球状纳米二氧化硅颗粒5份，缓慢加入到容器中，匀速搅拌，待用。

第二步，按照纳米二氧化硅质量的40%比例，称量氨丙基三乙氧基硅烷，加入到第一步的容器中，超声处理2 h，再在30 ℃的温度下，匀速搅拌，成为表面有机化改性的二氧化硅，待用。

第三步，按照与纳米二氧化硅质量比1∶30，加入苯甲酸钠到第二步的容器中，匀速搅拌4 h，待用。

第四步，按照与纳米二氧化硅质量比12∶1的比例称取环氧树脂，缓慢加入到第三步的容器中，室温下搅拌至均匀，得到耐水型水泥裂缝填充剂。

## 4  耐水型水泥裂缝填充剂的性能测试

根据相关规范，耐水型水泥裂缝填充剂测试项目包括：劈裂抗拉强度、抗弯强度、抗压强度、钢对钢拉伸剪切强度标准值、钢对钢黏结抗拉强度、钢对混凝土正拉黏结强度、耐湿热老化能力[2]。

选择市场上常用的性能较好的三个产品作为对比产品：福州正德建材科技有限责任公司生产的"正德牌 ZD-H4 环氧灌缝剂"（对比产品1）、北京新益世纪建材有限责任公司生产的"新益世纪牌 YJ-401 环氧树脂灌浆剂"（对比产品2）、郑州正辽新型建材有限责任公司生产的"卡玛贝拉牌 SN 裂缝快速修复灌缝剂"（对比产品3）。

### 4.1  劈裂抗拉强度

浆体试块（150 mm×150 mm×150 mm）浇筑完养护7 d，到期立即在温度为（23±2）℃、RH＝（50±5）%的条件下以2 mm/min的加荷速度进行测试。对比试验结果为：研制产品的劈裂抗拉强度为9.1 MPa，对比产品1的劈裂抗拉强度为8.5 MPa，对比产品2的劈裂抗拉强度为8.6 MPa，对比产品3的劈裂抗拉强度为7.4 MPa，规范要求的合格指标为≥7.0 MPa，因此4个产品都达到了规范要求。

### 4.2  抗弯强度

浆体试块（150 mm×150 mm×150 mm）浇筑完养护7 d，到期立即在温度为（23±2）℃、RH＝（50±5）%的条件下以2 mm/min的加荷速度进行测试。对比试验结果为：研制产品的抗弯强度为30.6 MPa，对比产品1的抗弯强度为28.8 MPa，对比产品2的抗弯强度为27.5 MPa，对比产品3的抗弯强度为28.1 MPa，规范要求的合格指标为≥25 MPa，因此4个产品都达到了规范要求。

### 4.3  抗压强度

浆体试块（150 mm×150 mm×150 mm）浇筑完养护7 d，到期立即在温度为（23±2）℃、RH＝（50±5）%的条件下以2 mm/min的加荷速度进行测试。对比试验结果为：研制产品的抗压强度为68.3 MPa，对比产品1的抗压强度为65.8 MPa，对比产品2的抗压强度为63.5 MPa，对比产品3的抗压强度为62.1 MPa，规范要求的合格指标为≥60 MPa，因此4个产品都达到了规范要求。

### 4.4  钢对钢拉伸剪切强度标准值

试块（150 mm×150 mm×150 mm）黏合完养护7 d，到期立即在温度为（23±2）℃、RH＝（50±5）%的条件下进行测试。对比试验结果为：研制产品的拉伸剪切强度标准值为7.8 MPa，对比产品1的拉伸剪切强度标准值为7.5 MPa，对比产品2的拉伸剪切强度标准值为7.3 MPa，对比产品3的拉伸剪切强度标准值为7.2 MPa，规范要求的合格指标为≥7.0 MPa，因此4个产品都达到了规范要求。

### 4.5  钢对钢黏结抗拉强度

试块（150 mm×150 mm×150 mm）黏合完养护7 d，到期立即在温度为（23±2）℃、RH＝（50±5）%的条件下进行测试。对比试验结果为：研制产品的黏结抗拉强度为21 mm，对比产品1的黏结抗拉强度为19 mm，对比产品2的黏结抗拉强度为18 mm，对比产品3的黏结抗拉强度为17 mm，规范要求的合格指标为≥15 mm，因此4个产品都达到了规范要求。

### 4.6 钢对混凝土正拉黏结强度

试块（150 mm×150 mm×150 mm）黏合完养护 7 d，到期立即在温度为（23±2）℃、RH＝（50±5）%的条件下进行测试。对比试验结果为：研制产品的正拉黏结强度为 2.9 MPa，对比产品 1 的正拉黏结强度为 2.7 MPa，对比产品 2 的正拉黏结强度为 2.8 MPa，对比产品 3 的正拉黏结强度为 2.8 MPa，规范要求的合格指标为≥2.5 MPa，因此 4 个产品都达到了规范要求。

### 4.7 耐湿热老化能力

试块（150 mm×150 mm×150 mm）在温度为 50 ℃、RH＝98%的环境中老化 90 d 后，冷却至室温进行钢对钢拉伸抗剪强度试验。对比试验结果为：研制产品老化后的抗剪强度平均降低率为 15.4%，对比产品 1 的平均降低率为 17.3%，对比产品 2 的平均降低率为 17.6%，对比产品 3 的平均降低率为 18.1%，规范要求的合格指标为产品老化后的抗剪强度平均降低率≤20%，因此 4 个产品都达到了规范要求。

### 4.8 性能测试结果对比

以上 7 个性能测试项目的对比试验结果汇总如表 1 所示。

表 1　性能测试对比试验结果汇总

| 项目 | 劈裂抗拉强度/MPa | 抗弯强度/MPa | 抗压强度/MPa | 钢对钢拉伸剪切强度标准值/MPa | 钢对钢黏结抗拉强度/MPa | 钢对混凝土正拉黏结强度/MPa | 耐湿热老化能力/% |
|---|---|---|---|---|---|---|---|
| 研制产品 | 9.1 | 30.6 | 68.3 | 7.8 | 21 | 2.9 | 15.4 |
| 对比产品 1 | 8.5 | 28.8 | 65.8 | 7.5 | 19 | 2.7 | 17.3 |
| 对比产品 2 | 8.6 | 27.5 | 63.5 | 7.3 | 18 | 2.8 | 17.6 |
| 对比产品 3 | 7.4 | 28.1 | 62.1 | 7.2 | 17 | 2.8 | 18.1 |

从性能测试对比试验结果可以看出，研制产品在各个测试项目上均明显优于各个对比产品。原因是本产品通过对无机纳米二氧化硅表面改性，使之能在环氧树脂中实现良好的分散和相互作用，将纳米材料高表面积、强吸附性和特殊的表面性质与高分子材料高黏结性、低收缩率、高机械强度特性进行功能化组合，使得产品展现出优异的裂缝填充补强性能，这是其他产品所不具备的。

## 5　耐水型水泥裂缝填充剂的施工工艺

耐水型水泥裂缝填充剂裂缝修复的施工流程为：裂缝检查和标注→裂缝清理和表面处理→标定灌浆点位置→埋设灌浆嘴→裂缝封闭→吸取填充剂→注射填充剂→拆除注射器和堵住注浆口→填充剂固化[3]。

### 5.1 裂缝检查和标注

裂缝灌浆前，必须查清裂缝发生的部位及裂缝宽度、长度、深度和贯穿情况，了解裂缝含水及渗漏情况，并做好记录和标志，以便做好各项准备工作，见图 1。

### 5.2 裂缝清理和表面处理

清理裂缝表面两侧 3~4 cm 内的灰尘、污渍，清理时注意不要将裂缝堵塞，视情况用吹灰机把裂缝中的杂质吹去。清理后的裂缝见图 2。

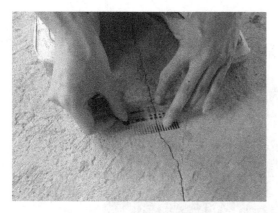

图1 裂缝检查和标注

图2 裂缝清理和表面处理

## 5.3 标定灌浆点位置

用钢卷尺沿裂缝走向测量并标定灌浆点位置，根据裂缝走向、裂缝宽等具体情况，确定灌浆点位置间距为15~30 cm，见图3。

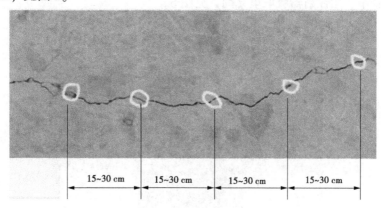

图3 标定灌浆点位置

## 5.4 埋设灌浆嘴

根据裂缝宽度、大小、长度埋设灌浆嘴，间距一般为15~30 cm，将涂抹好封口胶的灌浆嘴对准且骑缝粘贴在标定位置，灌浆嘴必须对准缝隙保证导流畅通，灌浆嘴应粘贴牢靠。同时，把灌浆嘴底盘四周封闭。一条裂缝上必须设有进浆嘴、排气嘴、出浆嘴，见图4。

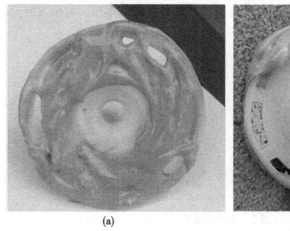

(a)

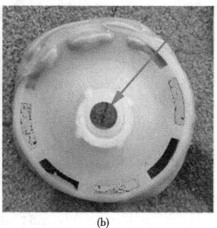

(b)

图4 埋设灌浆嘴

### 5.5 裂缝封闭

沿裂缝表面刮涂封口胶，将裂缝封死，确保封严。待封口胶固化并达到一定强度后才可进行下一步骤，见图 5。

图 5 裂缝封闭

### 5.6 吸取填充剂

将填充剂倒入杯中，用注射器吸取填充剂，见图 6。

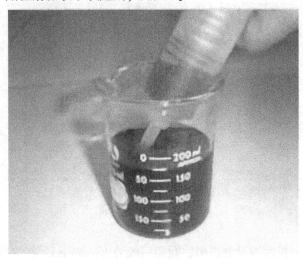

图 6 吸取填充剂

### 5.7 注射填充剂

把装有填充剂的注射器旋紧于底座上，松开弹簧进行注浆，如浆不足，可反复补充，直至注满全部裂缝，见图 7。

图 7 注射填充剂

### 5.8 拆除注射器和堵住注浆口

密切观测进浆的速度和进浆量，直至整条裂缝都充满浆液为止。灌浆结束后，立即拆除注射器，同时用灌浆嘴堵头堵住注浆口，并及时用工业乙醇或丙酮清洗注射器，见图8。

**图8　拆除注射器和堵住注浆口**

## 5.9　填充剂固化

待填充剂完全固化硬结后，拆下灌浆嘴，用水泥浆液将灌浆嘴处封口抹平。

## 6　耐水型水泥裂缝填充剂的推广应用

除本公司外，山东恒泰工程集团有限公司、山东齐鸿工程建设有限公司等多家公司在混凝土修复工程中应用了"耐水型水泥裂缝填充剂"。应用结果表明，该材料使用简单快捷，缩短了施工周期，节省了人力物力，有效降低了施工成本；该材料防止了混凝土裂缝的发展，提高了混凝土修复施工的质量，增强了混凝土结构的耐久性；该材料不含挥发性溶剂，修复混凝土裂缝施工时无须明火作业，作业过程安全无毒、无刺激性气味、无环境污染。

## 7　结语

本项目通过偶联剂对无机纳米二氧化硅表面改性，使之能在环氧树脂中实现良好的分散和相互作用，将纳米材料和高分子材料进行功能化组合，并添加减水材料，研制出耐水型水泥裂缝填充剂，该产品具有优异的裂缝填充补强性能、耐水性能和耐久性能。耐水型水泥裂缝填充剂材料各项指标均优于市场同类产品，材料施工工艺简单快捷，在数个混凝土修复工程中得到了推广应用。经应用，该材料的使用缩短了施工周期，节省了人力物力，降低了施工成本；防止了混凝土裂缝的发展，增强了混凝土结构的耐久性；作业过程无毒无环境污染，产生了明显的社会效益与经济效益，具有广泛的适用性和推广性。

## 参考文献

[1] 张猛，王永海，冷发光，等. 水泥基材料裂缝自修复技术的研究与进展 [J]. 混凝土，2023，4：149-154.

[2] 周紫晨，张剑峰，程铠，等. 水泥基材料裂缝自修复剂对比试验研究 [J]. 新型建筑材料，2022，10：68-72.

[3] 陈帅帅，李敏，袁连旺，等. 水灰比对水泥基材料裂缝自愈合机制的影响 [J]. 济南大学学报（自然科学版），2021，4：387-394.

# 生态保护约束下高质量水性环氧树脂砂浆试验研究

于　跃[1]　高帅明[1]　杨　勇[2]　王迎宾[3]　李广好[4]　王玲花[5]

(1. 黄河水利水电开发集团有限公司，河南郑州　450000；
2. 黄河水利委员会黄河水利科学研究院，河南郑州　450003；
3. 河南省水利厅，河南郑州　450003；
4. 郑州武水一和新材料科技有限公司，河南郑州　450000；
5. 华北水利水电大学，河南郑州　450045)

**摘　要**：水性环氧树脂砂浆具有环境友好、潮湿环境施工便捷等特点，符合生态保护和高质量发展的时代要求。然而水性材料由于力学性能较低，对于类似排沙洞冲磨破坏严重等过流面，几乎没有实际应用案例。水性环氧树脂砂浆是否能够具备高质量的性能指标和现场效果，是它能否逐渐并最终替代油性砂浆的关键。制备了一种新型水乳水溶混合型环氧树脂，其潮湿面黏结试验表明，黏结是强度超过 3 MPa，且均非界面破坏。抗压试验表明，水性环氧砂浆抗压强度均高于 80 MPa，满足抗冲磨力学性能要求。现场试验也表明，其抗冲磨效果和油性环氧树脂砂浆相当，是能够对油性砂浆更新换代的绿色材料。

**关键词**：水性环氧树脂砂浆；高质量；水乳水溶混合型

## 1　研究背景

混凝土和钢筋混凝土商品化约有 200 年的历史，尤其是钢筋混凝土的出现是混凝土发展中的一大进步，应用极广，也是水工建筑物的基本材料。但是，混凝土在施工和运行中，会出现各类需要进行防护或修补的病害问题。以黄河为代表的多沙河流水库为例，高速挟沙水流对泄水建筑物表面会存在不同程度的冲磨破坏[1-2]：①磨损。高速挟沙水流使胶凝物被淘刷，粗骨料外露，表面出现鱼鳞状的突起和凹槽。②空蚀。混凝土表面的毛糙和不平整会在过流表面形成各种漩涡流，混凝土表面产生空蚀破坏，轻者如蜂窝状麻面，重者将骨料拔出，形成深洞。③冲击坑。水流中的泥沙或石块不断冲击在混凝土表面产生凹坑和裂纹。④疲劳破坏。混凝土的抗拉强度较小，高速水流紊动形成的脉动压强，会引起水工结构的疲劳破坏。表层混凝土受损后，需要进行修复，防护材料性能应高于混凝土基体。油性环氧树脂砂浆具有力学性能高、黏结力强、配料简单等优点，是目前应用最广泛的抗冲磨防护材料[3]。但是，油性环氧树脂砂浆的缺点也非常明显：①环保性差。油性环氧是黏稠状液体，使用时需要有机稀释溶剂，有一定的挥发性和毒性。施工过程对器具清洗，清洗剂也大多是环保性较差的有机溶剂。有些砂浆施工工艺落后，现场需要加热，释放有害气体，对环境和人身健康极为不利。②潮湿面黏结性能差，干燥处理工作琐碎。

针对油性环氧树脂砂浆的缺点，环境友好并且潮湿面施工便捷的水性环氧树脂砂浆的应用研究是目前热点[4-6]，符合生态保护和高质量发展的理念，是水工新材料发展的必然要求。水性环氧以水为溶剂，施工时需要加入水泥产生水化反应凝固硬化，市场上多数水性砂浆是利用水性环氧改性水泥砂浆性能，一般聚灰比低于 20%，甚至低于 10%，低掺量树脂的砂浆力学性能提高有限，仅仅应用在技术要求不高的修补中，在抗冲耐磨等恶劣工况下需要高质量、高性能防护材料进行修补加固，这类

---

**作者简介**：于跃（1982—），男，高级工程师，主要从事水电站水工金结管理与改造工作。

水性环氧树脂砂浆没有成功使用案例。针对抗冲磨恶劣工况的选用砂浆要求，相关规范为 75 MPa，但是长期经验认为砂浆抗压强度在 80 MPa 以上为宜。水性环氧砂浆质量性能较差的缺点是限制其应用推广的瓶颈问题。

## 2 水性环氧树脂胶结材料设计

目前，砂浆用水性环氧树脂以水乳性环氧为主，将环氧树脂和乳化剂混合，加热到适当的温度，在激烈的搅拌下逐渐加入水而形成环氧乳液，制造方便，造价低，但是颗粒粗、易分层、力学性能较差。随注水量增加，环氧乳液固含量对砂浆抗压强度的影响如图 1 所示。当固含量为 100% 时，认为是油性环氧砂浆，其抗压强度为 90 MPa；当固含量为 90% 时，抗压强度迅速降至 70 MPa；当固含量低于 70% 时，抗压强度在 50 MPa 左右。由此可见，对环氧树脂进行水性化处理，注水量增加（固含量降低），会导致砂浆性能快速下降。因此，提高环氧掺量，是提高砂浆质量和强度的设计思路之一[7]。

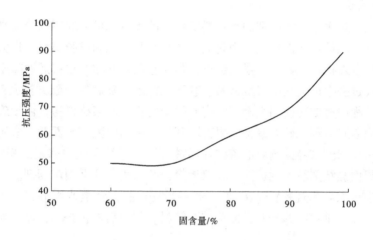

**图 1　环氧乳液固含量对砂浆抗压强度的影响**

水溶性环氧在砂浆中应用较少，其黏度较大，需要更多的水稀释，固含量一般低于 60%，再除去用于接枝的聚合物，作为胶结材料的环氧占比过低，所以它制成的砂浆强度也不高。但是理论上认为，水溶性环氧中微粒粒径更细，分布更均匀，性能更好，因此提高环氧乳液中细微粒的含量有助于提高砂浆质量和力学性能。

前期研究表明[8-9]，将水乳性环氧和水溶性环氧混合，制成新型水溶性环氧溶液，控制含水量在30% 以内，砂浆力学性能可以满足抗冲磨要求。本次定型试验配制的水乳水溶混合型环氧树脂含水量为 25%，取计量固化剂、环保增韧剂等助剂和 P·O525 水泥制成胶结料，水灰比为 0.5，混合搅拌作为胶结料。

## 3 材料制备和室内试验

水性树脂与水泥、固化剂等混合在一起作为胶结料。少部分胶结料用作底胶，起到界面黏结作用，大部分胶结料与填料搅拌压实，固化后成为水性环氧树脂砂浆。

### 3.1 水性环氧树脂制备

新型水性环氧材料制备采用了化学改性法和相反转法。化学改性法又称自乳化法，这是目前水性环氧的主要制备方法。相反转法是通过向树脂体系中逐渐加入水使其从油包水型体系转向水包油型体系。

将某些亲水性基团引入环氧树脂分子骨架上，使其具有亲油亲水的性质，具备自乳化能力。化学改性法的优点是在不用外加乳化剂的情况下使改性环氧树脂分散在水中，粒径更小，稳定性更好。化学改性法又可以分为酯化法、醚化法和接枝反应法三种类型。其中，接枝反应法不破坏环氧基团，不仅具备水溶性或水分散性，又保留了相当数量的环氧基，使改性树脂的亲水性和反应活性达到合理的平衡，具有优良的应用价值。采用化学接枝方法制备了含水量为 50%的水溶性环氧树脂。

先将环氧树脂与一定量的乳化剂混合均匀，必要时可以适当升温调节树脂黏度以便于水的分散，在高速搅拌的过程中逐渐向树脂中滴加水，随着水的增多，整个体系逐渐由油包水向水包油转变，直到最后形成稳定的环氧树脂水乳液。水包油型体系在施工中具有实际应用意义，沾黏环氧的器具在水中就可以直接清洗，这是水性环氧环境友好的特点。制备水性材料试验对相反转法进行了改进，取适量自制双环氧基活性非离子乳化剂混合环氧搅拌均匀，与注水不同，逐渐注入水溶性环氧树脂溶液，获得一种新型的水乳水溶混合型环氧树脂。它稳定性好，放置半年以上不分层、不沉淀，既具有水乳性环氧高浓度的优点，也具有水溶性环氧细微粒多的优点，是一种完全新型的水性环氧树脂材料。通过调配不同比例的水溶性环氧和水乳性环氧，可以获得不同含水量的树脂。定型试验配制的水性环氧树脂含水量为 25%。

### 3.2 潮湿界面黏结试验

能够潮湿面施工，是水性材料区别油性材料所特有的优点，可以利用潮湿面黏结试验检验其环氧性能。根据材料设计，取计量水性环氧、固化剂、增韧剂和水泥制成胶结料。作为界面黏结剂，掺入一定量的水泥，既可以发挥环氧黏结力强的优点，其线胀系数又相对更接近混凝土，有利于新老混凝土的黏结，这一点在过去生产实践中有所检验。基于同样原理配制的旧配方界面剂，20 世纪 90 年代在两项较大混凝土工程中有成功使用案例。河南省印刷物资中心某栋楼房，由于施工问题门窗外周边混凝土面不平，水泥砂浆或环氧砂浆修补效果都不理想，采用旧配方界面剂，应用至今效果良好。长江航务局先后两次采用旧配方界面剂对航道破坏面进行了新老结合面的修复。相对于旧配方界面剂，本次新型水性环氧界面黏结剂较大地提高了环氧掺量，并采用了环保型增韧剂。

按照《环氧树脂砂浆技术规程》（DL/T 5193—2021）制作环氧水泥砂浆"8"字形试块，试验前试件在水中浸泡 48 h。试件中部分开界面涂抹胶结料，固定后养护 28 d，做拉伸破坏试验，部分黏结强度见表 1。

**表 1　潮湿界面黏结强度**　　　　　　　　　　　　　　　　　　　　单位：MPa

| 试件 | 试件 1 | 试件 2 | 试件 3 | 试件 4 | 试件 5 | 试件 6 |
|------|--------|--------|--------|--------|--------|--------|
| 黏结强度 | 3.0 | 3.0 | 3.0 | 3.04 | 3.07 | 3.1 |

表 1 表明，新型水性环氧树脂潮湿界面黏结强度大于 3 MPa，具有良好的黏结性能，且所有试件破坏都是非黏结面破坏，即黏结面强度均超过试件本体的抗拉强度。

### 3.3 抗压强度试验

砂浆抗压强度是常用来衡量防护材料力学性能的指标，按照《环氧树脂砂浆技术规程》（DL/T 5193—2021），胶结料和标准砂混合压实制作试块，胶结料：标准砂＝1∶6，养护 72 d。部分砂浆抗压强度试验结果见表 2。

**表 2　抗压强度试验结果**　　　　　　　　　　　　　　　　　　　　单位：MPa

| 试件 | 试件 1 | 试件 2 | 试件 3 | 试件 4 | 试件 5 | 试件 6 |
|------|--------|--------|--------|--------|--------|--------|
| 黏结强度 | 82 | 83 | 83 | 84 | 85 | 85 |

由表 2 可知，所有试块抗压强度超过 80 MPa，满足抗冲磨力学性能要求。抗压试块养护时间不是常用的 28 d，这是因为水泥水化受环境影响较大，水化过程相对缓慢，28 d 后水化程度仍会继续增长。因此，选择了 72 d 的养护期。

新型水性环氧树脂砂浆强度明显高于传统水性环氧砂浆，其强度较普通水性环氧砂浆提高约

60%，分析其机理如下：新型水性环氧相对于水乳性环氧，其细粒径微粒多，分散更均匀；相对于水溶性环氧，其环氧占比高。兼具水乳性和水溶性环氧的优点是它的高质量特征。

## 4 现场试验

现场试验主要检验水性环氧砂浆的可施工性和抗冲磨效果。黄河某水库按照"低水位、大流量、高含沙、长历时"模式泄洪运用，汛后检查发现之前采用环氧混凝土加植筋方案维修的流道底板仍存在冲蚀破坏。2023 年 5 月现场试验开展砂浆性能试验，经历一个汛期，检验砂浆抗冲磨效果。

排沙洞底板和侧墙交界处，往往流态较为复杂，磨蚀破坏更为严重，因此选择该区域进行现场试验，检验材料抗磨蚀性能。底板和侧墙做了两块面积为 0.5 m×2 m 的试验段，现场试验为了增加材料的抗磨性，填料采用不同的金刚砂。现场湿度大，工作面潮湿。对于油性砂浆施工，干燥处理耗时耗力，如图 2 所示小的渗点引起局部潮湿也需要堵漏处理，一定程度上影响施工进度。而对于水性环氧树脂砂浆，不需要上述干燥处理和堵漏处理；材料不粘抹刀，抹面施工方便；侧墙施工材料不流淌，施工便捷；水性环氧砂浆低 VOC，不固化时可以用水清洗工具，环保性更好。

经历一个汛期考验，如图 3 所示，新型水性环氧砂浆两个试验段与周围油性砂浆磨蚀程度相当，表明抗冲磨性能良好，与油性砂浆性能相当。考虑环境友好、可施工性、性能指标、成本和效果等多种因素，水性环氧树脂砂浆综合质量优异。

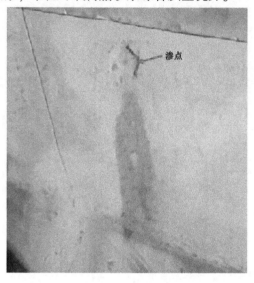 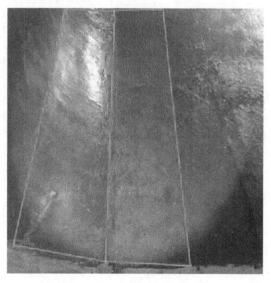

图 2　渗点　　　　　　　　　　　　　　　　图 3　抗冲磨效果

## 5 结论

在黄河流域生态保护和高质量发展的背景下，作为环境友好的水性环氧树脂砂浆材料具有更大的应用潜力。将水乳性环氧和水溶性环氧混合，制成新型水溶性环氧溶液，控制一定含水量，并且增加细微粒环氧含量，可以制备高性能水性环氧及砂浆材料。室内试验表明，新型水性环氧树脂潮湿面黏结强度大于 3 MPa，具有良好的黏结性能，且所有试件破坏都是非黏结面破坏；砂浆抗压强度超过 80 MPa，满足抗冲磨力学性能要求。现场试验表明，新型水性环氧砂浆与油性砂浆抗冲磨性能相当，综合质量更为优异，是可以对油性环氧树脂砂浆更新换代的高质量绿色材料。

**参考文献**

[1] 乔双. 水利工程泄水建筑物磨蚀破坏的防治与修补 [J]. 黑龙江水利科技，2018，46（2）：152-153，205.

［2］黄细彬，袁银忠，王世夏．含沙掺气高速水流对壁面磨蚀的分析 ［J］．河海大学学报（自然科学版），2000
（2）：27-31.

［3］李冠州，谷源泉，吴祥，等．专利环氧砂浆在西霞院水库泄洪洞中的应用 ［J］．人民黄河，2020，42（S2）：
246-247，250.

［4］张立艳．可水下固化环氧砂浆的制备与性能研究 ［J］．新型建筑材料，2017，44（12）：70-73.

［5］许丽．水性改性环氧砂浆制备及其力学性能研究 ［C］//中国公路学会养护与管理分会．中国公路学会养护与管
理分会第十一届学术年会论文集，2021.

［6］陈宗瑞，周阳，李相国．消泡剂对水性环氧树脂改性水泥砂浆的性能影响 ［J］．硅酸盐通报，2019，38（4）：
1045-1049，1061.

［7］吴明．增韧水性环氧聚合物水泥砂浆的应用 ［J］．防水工程与材料会讯，2008，104-105（3-4）：5-7.

［8］杨勇，王迎宾，高帅明，等．生态保护约束下高性能水性环氧防护材料设计 ［C］//黄河流域生态保护和高质量
发展国际工程科技战略高端论坛论文集．郑州：黄河水利出版社，2022.

［9］王迎宾，杨勇，高帅明．环境友好高性能水性环氧树脂与砂浆探讨 ［C］//水库泥沙处理与资源利用研究文集
（2019—2021 年）．郑州：黄河水利出版社，2022.

# 小浪底大坝上游坡面整修施工工艺研究与应用

## 梁国涛　卢渊博

（黄河水利水电开发集团有限公司，河南郑州　450000）

**摘　要**：心墙土石坝常受到土料固结变形、堆石流变变形、上游堆石湿化变形等影响，坝坡出现不同程度的位移，最终影响坝坡稳定。国内外对土石坝变形成因和现状分析较为完善，但有关对变形坝坡修整的工艺研究较为不足。本研究依托于小浪底水利枢纽大坝上游坡面整修工程，通过试验研究的方式对比研究多种施工工艺，确定应用溜槽组合进行坡面布料和摊铺的施工方式，最终工程取得一定的社会效益和经济效益。该施工工艺的推广可为类似大方量、大范围的坡面整修工程建设提供参考。

**关键词**：上游坝坡；不均匀沉降；溜槽组合；小浪底水利枢纽

## 1 引言

土石坝下闸蓄水后，在堆石流变变形、库水位的升降等因素下，常出现坝体的不均匀变形，进而影响坝坡稳定。对变形坝坡的整修处理中，存在坡面距离长和石料的运输摊铺难度大的问题。针对这些问题，本文依托小浪底大坝上游坡面整修工程进行工艺研究和应用。该工程在施工设计阶段对比移动塔吊与斜坡道组合施工方案、临时便道施工方案和溜槽组合施工方案三种施工工艺的优缺点，最终选取通过溜槽组合来破解坝坡整修的难题，而后在工程实施阶段通过不同组合搭配长短溜槽的方式，确定最经济和高效的摊铺作用方式。该工艺的成功实施，可为后续坡面施工提供参考。

## 2 工程概况及问题

黄河小浪底水利枢纽工程是以防洪、减淤为主，兼顾供水、灌溉和发电的大（1）型综合利用的水利枢纽。拦河主坝采用壤土斜心墙堆石坝，最大坝高 160 m，坝顶高程 281 m，坝顶宽 15 m，坝顶长 1 667 m。大坝由 17 种材料组成，坝体总方量 5 073 万 m³。河床段坝基为深厚砂砾石层，其最大厚度达 70 m 以上；130 m 高程以下为上部砂卵石层；80~100 m 高程为以细砂为主的底砂层，其下为底部砂卵石层；在 110~125 m 高程为夹砂层透镜体，平均厚 2.0~4.0 m，最厚处达 11.0 m。上游枯水围堰、拦洪围堰为大坝的一部分，主河槽段坝基采用厚 1.2 m 的混凝土防渗墙防渗。为充分利用黄河泥沙在坝前淤积形成天然铺盖的防渗作用，特别布置了"上爬式"内铺盖，将斜心墙和上游拦洪围堰斜墙连接起来，围堰斜墙又与天然铺盖衔接，如此便形成了一道完整的坝基辅助防渗体系。图 1 为小浪底大坝典型剖面图[1-2]。

小浪底水库自 1999 年 10 月 25 日下闸蓄水，2000 年 6 月 26 日大坝填筑至 281 m 高程，截至 2020 年 2 月 14 日，小浪底水库在 270 m 水位以上累计运行 18 d，在 265 m 水位以上累计运行 547 d，在 260 m 水位以上累计运行 1 338 d，在 250 m 水位以上累计运行 3 038 d，受心墙土料固结变形、堆石流变变形、上游堆石湿化变形、基础深厚覆盖层变形、库水位升降的影响，特别是每年的水库调水调沙运用期间，库水位下降幅度大，降速较快，造成坝体变形较大，上游坝坡出现了不同程度的变

---

**作者简介**：梁国涛（1991—），男，中级工程师，主要从事水工建筑物检修维护工作。

**通信作者**：卢渊博（1994—），男，中级工程师，主要从事水工建筑物检修维护工作。

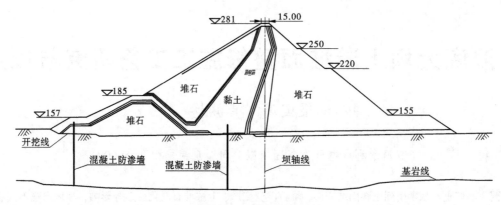

**图 1　小浪底大坝典型剖面图**　（单位：m）

形[3-6]。截至 2020 年 1 月 23 日，主坝顺水流方向除两岸边坡区域部分测点有向上游少量位移外，大部分测点均向下游位移，顺水流方向水平位移最大点出现在主坝 281 m 高程视准线下游 B—B 断面（D0+387.5）处，累计向下游方向位移 1 236.7 mm；主坝累计垂直位移呈持续下沉变化，累计沉降量最大点位于主坝下游 281 m 高程视准线 B—B 断面（D0+387.5）处，累计沉降 1 597.1 mm[7-9]。

上游坝坡不均匀沉降及护坡中软岩的风化崩解，造成坝坡凹凸不平，软岩风化崩解后，护坡块石松散，护坡起不到保护堆石的作用，对坝坡稳定不利，存在安全隐患；此外坝体变形，特别是存在的不均匀变形，致使上游坝坡凹陷，造成坝面坡面不平整，影响大坝美观[10-13]。

由于存在上述安全隐患，黄河水利水电开发集团有限公司于 2020—2021 年实施了小浪底主坝上游坝坡整修项目。主要工程措施包括：根据坝坡沉降测量结果，对上游坝坡 D0-0010～D0+1270 和 230～281 m 高程坡段进行补坡处理。

## 3　主要难点

（1）工程量大。根据设计方案要求，补坡块石料岩性与现状坝坡岩性一致，选用 $T_{14}$ 紫红色硅质和钙硅质砂岩，岩石饱和抗压强度大于 60 MPa，上游坝坡填石总需求量约 10.9 万 $m^3$，约合 18.5 万 t。其中，石块要求最大粒径不超过 1 m，粒径大于 0.7 m 的颗粒含量不小于 50%，粒径小于 0.4 m 的颗粒含量不大于 10%，最小粒径 0.3 m，根据要求平均单块质量 1 t 以上。工程体量大是难点之一。

（2）石料运输难度大。上游坝坡坡度为 1∶2.6，修补高程为 230 m 至坝顶 281 m，坡面长度达到 140 m，修补水平桩号为 D0-0010～D0+1270，摊铺面积约 17.8 万 $m^2$，工程量分散，且由于大坝建设完工后已历经 20 年时间，坝面已经完成整体的环境提升工程，坝坡上仅在 230 m 和 260 m 高程各有一条 1 m 宽的巡检道路，因此石料如何倒运到坝面指定区域是难点之二。

（3）石料摊铺难度大。由于石块是在原有坝坡基础上进行的修复，而坝坡整治工期的安排原则是，不能对每年的枢纽安全度汛、枢纽运行管理等造成影响。根据《小浪底水利枢纽拦沙后期（第一阶段）运用调度规程》的规定[14]，防洪调度期为每年的 7 月 1 日至 10 月 31 日，其中 7 月 1 日至 8 月 31 日为前汛期，9 月 1 日至 10 月 31 日为后汛期，前汛期起始汛限水位为 225 m，从 8 月 21 日起可以向后汛期汛限水位 248 m 过渡。据统计，每年水库水位低于 230 m 高程的月份基本在每年的 7 月、8 月，平均时间每年约 50 d。因此，科学合理地根据库水位的变化，选择合适的摊铺方式是完成上游坝坡整治项目的重点和难点之三。

## 4　施工方案比选

综合考虑项目实施中面临的难点，同时考虑到土石坝坝顶的承载力有限、大型设备无法进场的特点，拟定的施工方案有移动塔吊与斜坡道组合施工方案、临时便道施工方案和溜槽组合施工方案。

### 4.1 移动塔吊与斜坡道组合施工方案

该方案以 260 m 高程马道作为分界，260 m 高程马道之上部分采用移动式塔吊垂直运输进行施工；260 m 高程马道以下部位采用斜坡道运输方案进行施工[15-16]。

260 m 高程马道以上部位：在坝顶设置一台移动式塔吊，起重力矩大于 300 t·m，覆盖半径 60~70 m。首先由 20 t 自卸汽车将块石料运输至坝顶右岸，将石料装入 3 m³ 吊桶，吊桶通过有轨机动小矿车运输至工作面附近，由移动式塔吊将吊桶中石料垂直吊运至需补填部位，然后由人工配合长臂反铲将块石摆平、嵌固。

260 m 高程马道以下部位：采用斜坡道运输方案，首先在上游坝坡处每隔 400 m 由人工装配 1 道钢结构斜坡道由坝顶通至原 260 m 高程马道，共设计 4 道。斜坡道顶设置卷扬机，斜坡道上布置 2 m³ 矿车运输石料，底部设卸料平台便于转运。然后在水位降至原 260 m 高程马道以下时，利用原 260 m 高程马道进行扩宽、整平后做水平运输通道。石料由料场采用 5 t 汽车运输至坝顶后转运至斜坡道矿车上，由卷扬机拖动矿车运输至原 260 m 高程马道卸料平台，转至人工手推车水平运输至各需补填工作面附近，水位下降后坡面上由 2 m³ 挖掘机接力翻运至补填部位，并由人工配合进行整平和嵌固。

### 4.2 临时便道施工方案

在坝坡坡面上修建临时便道，便道布置分两种：水平坡道和斜坡道。上游坝坡水平坡道设置 3 道，高程分别为 278 m、270 m、260 m，均沿坝面全长布置。斜坡道分别在桩号 0+040、0+670、1+240 处设置，其中 0+670 处向左右侧分别设置，底高程至 260 m 高程便道，便道坡度不大于 7%，与横向临时便道形成循环交通通道。堆石料首先由 20 t 自卸汽车自石料场运输至坝顶右岸，转 3 t 机动翻斗车沿坝顶及临时便道运输至补填部位附近，然后采用 2 m³ 挖掘机接力翻运至补填部位。

临时便道宽 3.5 m，采取半挖半填方式修筑，一般利用坝体坡自身石料填筑，完成后表层采取石渣进行整平，石渣料来自石料场弃渣料或开挖料。临时便道在坝坡修整完成后进行拆除，并按坝体补坡材料要求进行坝面的恢复。

### 4.3 溜槽组合施工方案

溜槽组合包括主体工装和辅助工装两大部分组成。主体工装包括三角桁架、接料漏斗和溜槽三部分[17-18]。三角桁架高 0.6 m，坡比 1:8，面板为喇叭口式梯形，上端宽 4 m，下端宽 6 m，底部为工字钢焊接支架，面板为 250 mm 工字钢、126 mm 工字钢、10 mm 钢板制作而成的组合型钢桁架，表面焊接 Φ14 螺纹钢防滑。接料漏斗长 3 m，上部宽 3 m，下部宽 1.5 m，两边均设宽约 0.5 m 的 1:2 坡度立沿，漏斗和第一节溜槽采用焊接连接，底部设置 4 个支腿，支腿下方布置钢板和枕木以支撑漏斗悬空区域的受力。溜槽为单节可拆装形式，每节间通过搭接卡扣连接，单节长 6 m，底部宽 1.5 m，两侧设有宽 0.5 m 的 1:2 坡度立沿，底部每 1.5 m 加焊一道工字钢衬托。主体工装使用示意图如图 2 所示。

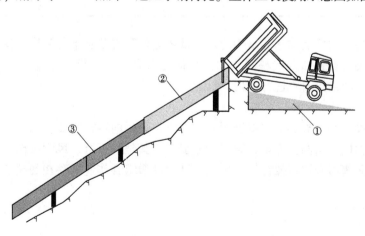

①—三角桁架；②—接料漏斗；③—溜槽。

**图 2 溜槽组合主体工装使用示意图**

辅助工装包括溜槽运输车、吊钩门式起重机和捡石机三部分，各部分构造如表 1 所示。

**表 1　溜槽组合辅助工装构造**

| 名称 | 作用 | 构成 | 示意图 |
|---|---|---|---|
| 溜槽运输车 | 施工场地中运输溜槽 | 采用槽钢制作，车长 3.4 m、宽 1.8 m，底部有 4 个橡胶轮，上部设置 2 t 电动卷扬机配合运输溜槽 | |
| 吊钩门式起重机 | 提高溜槽安装和拆除的效率 | 型钢 1.796 t，安装 1 t 永磁起重器 2 个，5 t 手板葫芦 2 个，2 t 电动卷扬机 2 台，5 t 电动卷扬机 1 台，遥控配电箱 2 台，4 tU 形卡 2 个，3 t 电葫芦 1 个，承载 5 t 橡胶轮 4 个 | |
| 捡石机 | 用于溜槽溢出块石的清理 | 钢板、工字钢加工制作 1.67 t，2 t 铁链钩 1 套，2 t 吊石支架 1 套，2 t 卷扬机 2 台，1 t 倒链 6 m 长 4 个，遥控配电箱 1 台，5 t 卷扬机 1 个，10 根钢丝绳 130 m，1 t 滑轮 2 个，2 tU 形环 2 个，2 t 脚轮 4 个 | |

主要施工方案为利用溜槽运输车和吊钩门式起重机运输和安装若干节溜槽，使其末端到达指定位置，石料经由三角桁架将石料卸入接料漏斗中，石料经由溜槽落入指定位置，挂线后用反铲进行摊铺。溜出槽外的石块，经由捡石机进行清理。

### 4.4　施工方案比选

对三种方案主要投入的机械和优缺点进行对比分析，分析内容如表 2 所示。

根据比选结果，相比于前两种方案，第三种方案由于其理论可行、风险可控、效率高和成本低的优势，拟采用方案三溜槽组合进行摊铺作业施工。针对溜槽组合作业中存在的缺点进行方案的进一步细化和优化。

**表 2 施工方案对比**

| 方案 | 主要机械 | 优点 | 缺点 |
|---|---|---|---|
| 移动塔吊与斜坡道组合施工方案 | ①移动式塔吊;<br>②长臂反铲挖掘机;<br>③2 m³ 小矿车;<br>④5 t 自卸车等 | ① 方案理论可行,塔吊和矿车在建筑和矿山行业使用较广泛;<br>② 塔吊配合 3 m³ 吊桶可以定量、定位投放石料 | ①大型塔吊和长臂挖机等设备使用成本高;<br>②10 万 m³ 石料若采用 2 m³ 小矿车和 5 t 自卸车运输,施工效率较低;<br>③塔吊轨道需进行基础浇筑,鉴于本项目计划三年实施,施工准备工作烦琐 |
| 临时便道施工方案 | ①3 t 机动翻斗车;<br>②2 m³ 挖掘机等 | ①方案理论可行,修建施工便道近距离施工,降低施工难度;<br>②小型翻斗车和挖掘机的联合施工,减小了机械自重对坝体的影响 | ①宽度 3.5 m、三横三纵的施工便道的维修与后期恢复,大大增加了施工内容;<br>②小型机械的施工,导致施工效率较低;<br>③便道与坡面上的人工辅助机械施工区域存在交叉,作业人员安全得不到保障 |
| 溜槽组合施工方案 | ①溜槽组合;<br>②255 反铲挖掘机 | ①方案理论可行,溜槽作业在基坑浇筑、渠道、边坡施工中使用较多;<br>②反铲和作业人员分区域作业,避免交叉作业带来机械伤害;<br>③石料由坝顶的转运平台卸入溜槽,进入坝坡指定位置,提高了作业效率;<br>④成本较低 | ①溜槽布设路线需要设计;<br>②溜槽的运料和安拆需要根据现场试验调整;<br>③坝顶六棱砖需要做防护;<br>④溜槽作业扬尘较大,需要提前做好防尘措施 |

# 5 主要施工方法

## 5.1 施工工艺流程

施工工艺流程为:施工准备→测量计量→设施防护→石料运输→溜槽布料→机械摊铺→人工局部整修。

## 5.2 施工方法

### 5.2.1 测量计量

根据上游坝坡整修设计图纸,采用挂线法对原坝坡现状进行测量。首先在坡脚和坡肩处每距离 30 m 垂直安置钢管桩,布置完成后在桩上挂线,根据线距离原坡面的高度计算填石厚度。同时每 30 m 作为一个施工区间划分工作段。根据测量结果计算每个工作段所需石料方量,为下一步布料做准备。

### 5.2.2 设施防护

在坝坡整修施工过程中,整修范围内存在位移观测墩,需根据施工进度提前对监测设施进行安全防护,防护采用 $\phi$ 50 钢管脚手架搭设钢管围挡分布于监测设施四周,钢管使用橘红色丙烯酸聚氨酯磁漆涂刷,整个坝坡整修工作结束后再拆除保护设施。

### 5.2.3 石料装运

为保证石料的级配标准,石料经装配有特定尺寸的镂空斗挖机筛分后装入 25 t 自卸车,筛分现场如图 3 所示。后由自卸车运输至坝顶布料点，施工考虑到坝顶六棱砖公路承重限制，控制自卸车装载量不超过 20 t。

图 3　镂空斗挖机筛料和装车

### 5.2.4　溜槽布料方式的确定

#### 5.2.4.1　溜槽组合的现场运用

首先溜槽由溜槽运输车和吊钩门式起重机运输和安装，使其末端到达指定位置；自卸车倒车行驶到三角桁架上并靠近防浪墙之后，将石料倒入漏斗；石料经由溜槽连接形成的通道滑动到相应施工位置；反铲挖机对石料进行摊铺。溜槽组合的主要工序运用如图 4 所示。

图 4　溜槽组合的主要工序运用

#### 5.2.4.2　溜槽组合的使用方式

在溜槽组合施工中，溜槽的布设方式根据现场施工实际试验在运用中进行调整和修改了三次。

方案一（见图 5）：每两组溜槽为一个组合，溜槽 A 安装 10 m，自卸车卸料、挖机摊铺石料，完成该区域填石工作后，溜槽 A 继续安装 20 m，继续卸料摊铺，直至到达 230 m 高程；溜槽 A 摊铺的同时相距 30 m 布设溜槽 B，直通到 230 m 高程；挖机通过 230 m 高程从下到上逐步卸料、摊铺和拆卸溜槽 B，直到坝顶高程结束本轮摊铺。第一组循环完成共计 60 m 区域的石料运输和摊铺补填工作，然后溜槽组合向北平移60 m循环施工。

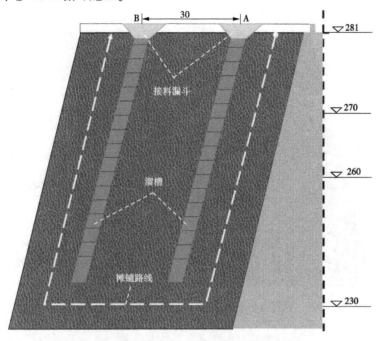

**图5 方案一溜槽组合运用示意图** （单位：m）

施工过程中的主要问题有，集中体现在反铲配合拆除安装溜槽速度较慢，且有一半路线需要反铲自下而上摊铺石料，实际施工过程中难度较大，重要的是施工过程中难以对坝面坡度和平整度进行挂线测量控制。

根据主要施工问题，决定对现有方案进行改进：首先保证全部溜槽和反铲组合均保持自上而下摊铺，减小施工难度；其次受汛期水库防洪调度要求，第一年施工仅包含260 m高程马道到坝顶范围内的布料和摊铺以及230 m高程和260 m高程马道之间的布料工作，后者的摊铺工作计划于第二年单独实施。为此，对施工方案进行调整，调整后的方案如下：

调整方案一（见图6）：将260 m高程至坝顶区域间隔7 m分成3个区域，三组溜槽为一个组合，水平间隔为30 m。溜槽A安装10 m，自卸车卸料、挖机摊铺石料，完成该区域填石工作后，溜槽A继续安装20 m到达274~267 m高程区域，开始卸料摊铺。同时，溜槽B前10 m开始安装和卸料摊铺工作。当溜槽A完成274~267 m高程区域、溜槽B完成281~274 m高程区域卸料摊铺工作后，A继续向下安装20 m进行260 m高程以下区域布料和摊铺、溜槽B继续向下安装20 m，同时开始布置溜槽C的前10 m。此时，在260~281 m高程区域，90 m范围内形成3组溜槽错台施工的作业面，以此作业面为基础，依次由南向北推进。错台施工，一是保证安全，上游侧的落石和设备不会伤害到下游侧；二是三个作业面连成一个斜坡道，反铲可以相互移位，调整施工进度。

施工过程中的主要问题有：短溜槽移动较快，长溜槽承担的运输石料任务较重，三组溜槽难以同步；坝面完成摊铺后会留下原溜槽位置的凹沟，需要反铲进行二次整修；难以对坝面整修坡度和平整度挂线控制。

调整方案二（见图7）：在260 m高程以上区域布置两组短溜槽A和B，长度分别为15 m和20 m，260 m高程以上区域的石料布置由两组短溜槽和反铲配合完成，完成下料以后短溜槽拆除，由反铲完成坝坡整修工作，整修过程中可以自坝顶281 m高程位置至260 m高程马道位置挂线测量，保证坡面的坡度和平整度符合要求。完成坝面以上260 m高程区域整修后，二次布置长溜槽C和溜槽D，布置到260 m高程马道位置，反铲配合运输摊铺石料，摊铺的具体高程位置根据水位变化调整。

此种溜槽布置设计，可以保证控制坝面的坡度和平整度，避免溜槽拆除后进行二次坝面整修，长短溜槽不需要同步移动，溜槽安装拆解较为灵活，缺点是反铲的施工量较大。

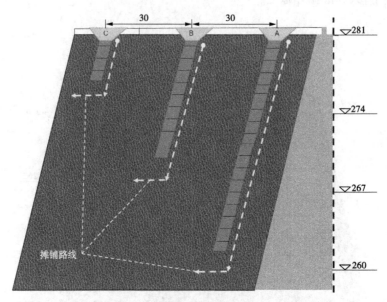

图 6　调整方案一溜槽组合运用示意图　（单位：m）

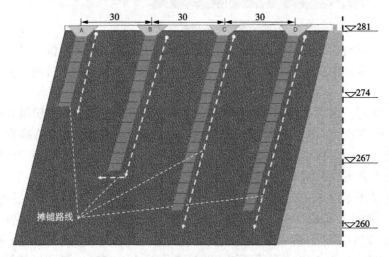

图 7　调整方案二溜槽组合运用示意图　（单位：m）

经现场施工对比三种方案，认定调整方案二的溜槽布置方案为最优方案，最终采用该方案运输布料。

### 5.2.5　机械摊铺

石料摊铺紧跟石料布料进行，石料摊铺以反铲为主要摊铺设备，个别地方需要人工配合摊铺，每套溜槽配备两台反铲。反铲站位与溜槽安装或溜槽拆除高程一致，距离溜槽 7.5 m 远，反铲作业半径 7.5 m。在完成石料下料以后，由反铲对石料摊铺，石料摊铺遵从随填随测、严格把关的原则，摊铺过程中对坝坡挂线测量，以保证坡度和平整度。填石顺序根据溜槽布置顺序进行，个别地方石料不到位的情况下采用反铲接力翻运至补填部位。

### 5.2.6　人工局部整修

坝坡面堆石填筑后，人工再次挂线复测，清理凸石。人工修整时要求石料大面尽可能朝上，整体平整美观。直径大于 0.7 m 的大块凸石，人工使用风镐进行破碎清理。

## 6　总结

小浪底主坝上游坝坡整修工程第一阶段自 2020 年 7 月开始，2020 年 11 月完成所有石料运输和布料，完成 260 m 高程到坝顶段石料摊铺；第二阶段自 2021 年 7 月开始，2021 年 8 月完成 230~260 m 高程段石料摊铺。工程跨度两年，总计施工 7 个月，比三年实施的预期提前一年完工。工程完工后，在 2021 年的黄河秋汛中，小浪底水库可以合理调度、调蓄洪水，不再受到坡面形变等安全隐患的影响，水库迎接三场编号洪水，库水位达到历史最高水位 273.5 m，保障了黄河中下游的安澜，工程运行正常。

针对本坝坡整修工程，总结几点经验教训供同类工程借鉴和参考：

（1）本施工工艺主要针对大型护坡面的维修，施工利用溜槽组合的方式进行材料运输，既能保证原坡面不受到扰动，又能提高施工效率，并节省施工成本。

（2）施工时应先进行摊铺和运料方式的试验，并根据试验结果，及时对方案进行调整。

（3）施工过程中注意对原有路面的防护，特别是长时间、多频次通行的道路，可以提前采用相应的防护措施，避免车辆对坝区内的路面造成破坏。

此外，根据工程的施工情况分析，坡面整修工艺可以对以下几个方面进行改进：

（1）由于石料主要在自身重力作用下依靠溜槽进行溜运，石块对溜槽的磨蚀、撞击致使溜槽的破坏率较高。在类似工艺中，可以改进使用强度高的钢板制作溜槽，同时对溜槽内壁进行加筋处理，增加溜槽的使用期限。

（2）在项目的石料验收中要严格把控石料的筛分与级配，避免由于石料中存在个别大粒径的石块对自卸车的装卸和最终的摊铺工作增加很大的施工难度。

## 参考文献

[1] 李治明. 小浪底水利枢纽主坝坝体设计 [J]. 人民黄河, 1995 (6)：31-34.

[2] 罗琳, 李冲, 李香云, 等. 小浪底水利枢纽工程运行管理的经验和启示 [J]. 水利发展研究, 2021, 21 (11)：96-99.

[3] 郭剑峰, 陈正汉, 孙树国, 等. 考虑非饱和特性的小浪底大坝边坡稳定分析 [J]. 后勤工程学院学报, 2007 (4)：45-49.

[4] 洪羽, 王志刚. 小浪底水库水位骤变与主坝沉降变化规律分析 [J]. 河南科技, 2021, 40 (14)：52-54.

[5] 李立刚. 小浪底水利枢纽大坝变形特性及成因分析 [J]. 水利水电科技进展, 2009, 29 (4)：39-43.

[6] 周国庆, 周建郑. 小浪底水库水位变化与土石坝变形分析 [J]. 人民黄河, 2010, 32 (10)：113-114, 152.

[7] 宋书克, 尤相增, 薛恩泽, 等. 小浪底工程多源异构监测数据融合应用 [C] //水库大坝高质量建设与绿色发展——中国大坝工程学会 2018 学术年会论文集, 郑州：黄河水利出版社, 2018.

[8] 陈立云, 王诗玉, 丁媛媛, 等. 小浪底水利枢纽主坝变形监测资料分析 [C] //水库大坝高质量建设与绿色发展——中国大坝工程学会 2018 学术年会论文集, 郑州：黄河水利出版社, 2018.

[9] 王亚坤, 傅志敏, 苏正洋. 基于长短期记忆网络的黄河小浪底水库高斜心墙堆石坝沉降预测模型及其预测精度分析 [J]. 水电能源科学, 2022, 40 (2)：110-113.

[10] 周雄雄. 高心墙堆石坝湿化变形与数值模拟方法研究 [D]. 大连：大连理工大学, 2020.

[11] 胡圣明. 高心墙堆石坝抗震稳定性分析与加固措施研究 [D]. 昆明：昆明理工大学, 2021.

[12] 杨培浩. 土石坝堆石体湿化变形规律与数值模拟方法研究 [D]. 杨凌：西北农林科技大学, 2021.

[13] 贺小康, 肖利. 多石料场下面板堆石坝坝体的填料工程特性研究及稳定分析 [J]. 广东水利水电, 2022, (8)：17-23.

[14] 陈建国, 周文浩, 韩闪闪. 黄河小浪底水库拦沙后期运用方式的思考与建议 [J]. 水利学报, 2015, 46 (5)：574-583.

[15] 曾探岸. 水库大坝加高工程施工工艺及控制要点 [J]. 内蒙古水利, 2021, (3)：28-29.

[16] 李新会, 李建岗, 齐润利, 等. 陆浑水库大坝迎水坡整修施工与管理 [J]. 河南水利与南水北调, 2014 (6)：37-38.

[17] 胥振坡, 任巧玲. 大坝满管溜槽系统设计方案研究 [J]. 科技资讯, 2021, 19 (34)：56-58.

[18] 王正楠. 围堰液压抓斗成槽铺塑施工技术研究 [J]. 水利水电技术（中英文）, 2021, 52 (S2)：17-20.

# 水工建筑物混凝土结构集中渗漏水处理技术研究

梁国涛　张万年

（黄河水利水电开发集团有限公司，河南郑州　450000）

**摘　要：**混凝土结构集中渗漏水是水工建筑物经常发生的问题，若不及时处理，将对混凝土结构造成破坏，严重时会影响整个水利枢纽的安全稳定运行。针对这一问题，提出了一种专门适用于水工建筑物混凝土结构集中渗漏水的处理技术，包括灌浆装置的研制、灌浆材料的改良及施工工艺的调整，研制的灌浆装置集导流、降压、止水与灌浆等多重功能于一体，制作简单、安装方便，改良后的灌浆材料更加适用于有水环境。经过在黄河中游某水利枢纽中的运用，发现该处理技术能够有效应对水工建筑物混凝土结构集中渗漏水问题，为国内外其他水利工程提供了良好的借鉴。

**关键词：**水工建筑物；混凝土结构；集中渗漏水；化学灌浆

当混凝土浇筑质量不良时，水工建筑物混凝土结构内部会存在蜂窝孔隙等问题。这些部位正常运用时，在水压力的作用下，将会形成渗水通道，如果不能及时处理，这部分水流会导致混凝土内部物质析出，进一步加大渗漏通道的宽度，同时长期水流的作用将会对混凝土内部钢筋造成锈蚀，危及建筑物的结构安全[1]。所以，及时有效治理混凝土渗漏水尤为重要。处理混凝土结构渗漏水的传统方法为：在渗水点打孔后埋设灌浆塞进行化学灌浆，这种方法往往适用于渗水量较小的点渗和面渗，对于流量较大的集中渗漏水往往无效，因此需要针对集中渗漏水问题研发更加适用的处理方法。

## 1　集中渗漏水形成机理

混凝土结构集中渗漏水是水工建筑物运行维护中常见而又复杂的问题，发生的频率很高。大多数集中渗漏水均是由建设期混凝土施工质量问题引起的，由于赶工期、监理不到位等问题，水工建筑物局部会存在混凝土浇筑质量差、振捣不密实等问题，这些部位内部蜂窝孔隙较大，在外水压力下便会形成集中渗漏通道，见图1。如果不及时处理将直接影响工程运行安全及工程效益的正常发挥，严重的甚至会影响下游广大居民的生命财产安全。

## 2　混凝土结构渗漏水处理技术及面临的问题

### 2.1　渗漏水处理技术

当前处理混凝土结构渗漏水的技术主要分两类：一类是入渗口封堵模式；另一类是出水口处理模式。

一般来说，入渗口的防渗处理可以较好地从源头封闭渗漏水的通道，这样既可直接阻止渗漏，又有利于建筑物本身的稳定，是防治渗漏的首选办法，在条件允许时应尽可能采取。但对于水工建筑物而言，渗漏通道往往与上游库水相连，入渗口位于水下，具体位置难以探明。即使借助潜水员或机器人，难度也非常大[2]，将水库放空进行检查不仅造价昂贵，往往也无法实现，一般只能从出水口进行处理，且往往需要在动水条件下进行操作。出水口处理模式主要采用化学灌浆的方法。

---

**作者简介：**梁国涛（1991—），男，中级工程师，主要从事水工建筑物维修加固工作。

**通信作者：**张万年（1995—），男，助理工程师，主要从事水工建筑物维修加固工作。

**图1 集中渗漏水照片**

## 2.2 面临的问题

### 2.2.1 处理方法的选择问题

目前,处理混凝土渗漏水的常用化学灌浆工艺为:首先确定渗水点位置,在渗水点附近钻孔,然后凿槽并观察渗水走向,清理干净钻孔四周松动颗粒及灰尘后,埋设灌浆塞,最后使用速凝材料封堵凹槽后开始进行化学灌浆[3-7]。这种方法往往适用于漏水量较小的点状或面状渗流,当发生集中渗漏水时,由于流速较大,渗水部位无法完成有效封堵,从而无法转化成静水条件。如果此时埋设灌浆塞进行化学灌浆,会导致灌浆液被高速流动的渗漏水带走,达不到相应的效果。

### 2.2.2 灌浆材料的选择问题

化学灌浆治理效果关键在于灌浆材料的选择,目前国内常用的化学灌浆材料主要有聚氨酯灌浆材料、水泥灌浆材料和环氧树脂类灌浆材料。

聚氨酯灌浆材料能够与水快速发生化学反应,产生2~10倍体积的弹性结构交联化合物,起到阻断渗漏水通道的作用,但存在以下缺点:①产生的弹性结构交联化合物强度低,无法对混凝土结构起到补强加固作用;②聚氨酯灌浆液与水发生化学反应体积膨胀系数大,会对混凝土渗水裂缝和孔洞结构起到进一步涨裂破坏作用(见图2);③针对流量和压力较大的集中渗漏水缺陷,无法有效完成封堵。

水泥灌浆材料主要有水泥砂浆和细石混凝土灌浆材料,主要针对流量和压力较大的集中渗漏水缺陷进行灌浆处理,但存在以下缺点:①水泥灌浆材料属于颗粒状材料,渗透性差,无法侵入到细微裂缝和孔隙中;②水泥灌浆材料与原基面黏结性能差;③在有水环境下进行灌浆,其强度性能无法得到保证。

环氧树脂灌浆材料渗透性强,具有很好的黏结性能,固化后强度大,性能稳定,广泛应用于混凝土结构缺陷的补强加固处理,目前的普通环氧树脂灌浆液通常用于干燥环境,在有水环境下,其固化反应会受到影响,导致强度和黏结性能大幅降低。

## 3 集中渗漏水处理技术研究

针对目前集中渗漏水处理面临的问题,本节将研究专门适用于水工建筑物混凝土结构集中渗漏水的处理技术,包含灌浆装置的研制、灌浆材料的改良和施工工艺的调整。

### 3.1 灌浆装置的研制

由前文2.2.1部分可知,针对集中渗漏水问题的特殊性,需要研究专门适用于此问题的灌浆装置

图 2　聚氨酯材料灌浆处理后混凝土结构涨裂破坏图

和工艺。如果能在埋设灌浆塞和封堵渗水部位时将渗漏水实时导出，水压力将不会对封堵材料的强度造成损伤，待封堵材料完全凝固且达到相应力学强度后，设法将动水条件转变为静水条件，即可开始进行化学灌浆。随着灌浆材料在渗漏通道中的渗透，待灌浆材料凝固后混凝土结构逐渐达到密实状态，可有效治理集中渗漏水。

　　根据这一思路，结合集中渗漏水发生机理，对灌浆装置进行研究和制作。研制的灌浆装置由导流管、控制阀门、化学灌浆塞、压板、密封橡胶垫、膨胀螺栓等组成，如图 3 所示。该装置具有导流、降压、止水与灌浆等多重功能，制作简单、安装方便。导流管的作用为在利用速凝材料封堵渗漏水部位时，能够将渗漏水实时导出，降低封堵部位水压力，有利于速凝材料的固结，从而保证力学强度；控制阀门的作用为变动水条件为静水条件，在前期封堵渗水部位时打开阀门降低渗水压力，在封堵材料达到要求的力学强度后关闭阀门，开始灌浆，保证灌浆液顺利进入渗漏通道，避免被高速水流带走，影响灌浆效果；压板、密封橡胶垫及膨胀螺栓的作用为固定灌浆装置，使其与混凝土基面紧密结合，防止封堵后集中渗漏水绕渗到其他部位。灌浆装置中的导流管和控制阀门直径根据渗漏水量大小确定，且两者的抗压强度须大于集中渗漏水压力。

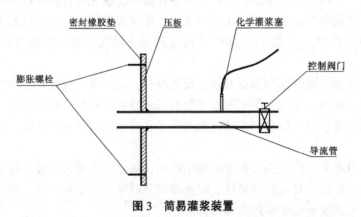

图 3　简易灌浆装置

## 3.2　灌浆材料的改良

　　由前文 2.2.2 部分可知，处理水工建筑物混凝土结构集中渗漏水缺陷较为理想的材料为环氧树脂灌浆液，但普通环氧树脂灌浆液又存在一定的局限性，如果能对普通环氧树脂灌浆液进行改良，使其适用于有水环境，在水环境下也能与原混凝土基面保持良好的黏结性能，将会有效解决渗漏水问题，并对混凝土结构起到很好的补强加固的作用。

　　根据这一思路，结合水工建筑物集中渗漏水处理的实际情况，对普通环氧树脂灌浆液进行改良，经过反复试验，最终确定了一个合理的配比方案，即按照质量分数由 60 份环氧树脂、10~15 份活性稀释剂、25~30 份固化混合物、1 份非活性添加剂混合后搅拌制得。环氧树脂为双酚 A 型环氧树脂 E51；活性稀释剂由以下质量百分比的原材料混合而成：10%~14% 的环氧氯丙烷、45%~55% 的脂肪醇、6%~10% 的多聚醚脂、25%~35% 的三氯丙烷；固化混合物由以下质量百分比的原材料混合而成：95% 长沙普照生化科技有限公司生产的 MS-1085C 环氧固化剂、5% 硅烷偶联剂 KH560；非活性添加剂为 CaO，粒径大于 400 目[8]。将经过上述配比混合得到的灌浆材料进行性能检测，检测其水下固化物抗压强度和黏结强度，试验结果见表 1。从表 1 中可知，改良后的环氧树脂灌浆液水下抗压强度和黏结强度比普通环氧树脂灌浆液分别提高了 73.1% 和 133.3%，表明改良后的环氧树脂灌浆液更加适用于有水环境，可以更好地应用于水工建筑物集中渗漏水处理中。

表 1　改良后的环氧树脂灌浆液与普通环氧树脂灌浆液水下强度对比　　　　　　　单位：MPa

| | 水下抗压强度 | 水下黏结强度 |
| --- | --- | --- |
| 试验例 | 45 | 4.2 |
| 对比例 | 26 | 1.8 |

### 3.3　施工工艺的调整

采用 3.1 部分研制的灌浆装置处理水工建筑物混凝土结构集中渗漏水时，按照图 4 进行布置，具体的施工工艺如下：

（1）对集中渗漏水通道出水口进行扩孔，使出水口形成较为规范的漏斗状形式，扩孔深度和大小结合实际情况，根据施工经验进行合理调整。

（2）安装灌浆装置，打开灌浆装置控制阀门，将渗漏水引出，使用膨胀螺栓将灌浆装置固定在混凝土表面。

（3）在压板四周使用速凝水泥砂浆进行封堵，保证灌浆装置密封性良好。

（4）待速凝水泥砂浆完全凝固、达到要求的力学强度后，关闭控制阀门，使动水条件转变为静水条件，避免灌浆液被渗漏水带出。

（5）在化学灌浆塞上连接化学灌浆泵，使用上文提供的改良后的灌浆材料进行顶水灌浆，灌浆压力和灌浆速度结合实际情况，根据施工经验进行合理调整。

（6）达到规范要求的灌浆压力且不再渗漏水后停止灌浆。

（7）待灌浆液完全固化后，使用切割机对简易灌浆装置进行切割拆除，使用防渗材料对出水口表面进行修补。

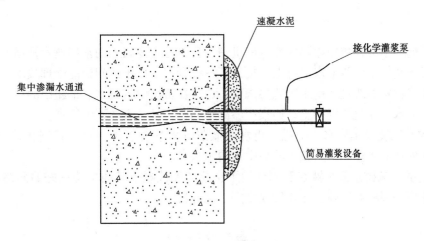

**图 4　灌浆布置**

## 4 工程应用实例

黄河中游某水利枢纽，开发任务以反调节为主，结合发电，兼顾供水、灌溉等综合利用。该水库总库容 1.62 亿 $m^3$，正常蓄水位 134 m，汛期限制水位 131 m。该水利枢纽泄水建筑物由 6 条排沙洞、3 条排沙底孔、21 孔泄洪闸和王庄引水闸组成，均为混凝土结构，其中排沙洞和排沙底孔的进口底板高程为 106.00 m，与上游水位差为 25~28 m，在较高水头压力下，混凝土内部的不密实和蜂窝区域会形成集中渗漏通道。

2017 年，泄洪流道汛前缺陷检查过程中，在该水利枢纽 6 号排沙洞发现一处集中渗漏水，渗漏水现场照片见图 5。该处集中渗漏水的渗水量>200 $m^3$/h，压力>0.3 MPa，渗漏水通道入渗口为上游库区，缺陷出现在洞内侧墙靠近检修门槽处，在采用传统混凝土结构渗漏水处理方法无效后，采用前文提出的水工建筑物集中渗漏水处理技术进行处理。

灌注 480 L 浆液后，灌浆速度降为 0.2 L/min，灌浆压力增大到 1.5 MPa，停止灌浆后不再渗漏水。为了追踪灌浆效果，第二年汛后对此条流道对应部位进行检查，发现处理部位结构完好不再渗漏水，表明本文所提出的处理技术能很好地解决水工建筑物混凝土结构集中渗漏水问题。随后，将此处理技术全面运用于该水库泄洪流道系统所有集中渗漏水问题中，所处理部位均不再渗漏水，处理效果十分显著，为国内外其他水利工程处理水工建筑物混凝土结构集中渗漏水问题提供了很好的借鉴。

(a)处理前　　　　　　　　　(b)处理中　　　　　　　　　(c)处理后

**图 5　某水利枢纽 6 号排沙洞集中渗漏水处理前、中、后照片**

## 5 结论

本文介绍了混凝土结构集中渗漏水发生的机理、目前处理渗漏水的常用技术及面临的问题，针对水工建筑物混凝土结构集中渗漏水的特点，提出了一种专门适用于此问题的处理技术，包括灌浆装置的研制、化学灌浆材料的改良及施工工艺的调整。通过在黄河中游某水利枢纽中的运用，发现此处理技术能够有效解决水工建筑物混凝土结构集中渗漏水问题，且具有如下创新点：

（1）研制的灌浆装置集导水、降压、止水与灌浆等多重功能于一体，且制作简单，安装方便，能够快速有效地处理漏水量和压力较大的集中渗漏水缺陷。

（2）改良后的环氧树脂灌浆液在有水环境下也能与原混凝土基面保持良好的黏结性能，且渗透性强，能够快速填补裂缝和空隙，固化后强度大，性能稳定。

**参考文献**

[1] 王秘学，宋为群，周启 . 水工混凝土渗漏处理 [J]. 人民长江，2007，38 (2)：34-36.

[2] 刘瑞懿，于习军，肖碧．高水头大流量集中渗漏反向控制灌浆技术研究 [J]．人民长江，2016，47（12）：75-78.

[3] 黄金明．环氧树脂灌浆材料的配制及其改性研究与应用 [D]．长沙：湖南大学，2006.

[4] 徐刚．化学灌浆在地下洞室混凝土裂缝处理中的应用 [J]．人民黄河，2020，42（S1）：237-244.

[5] 巢国军，周建华，刘永灰，等．联合灌浆法在螺杆桩裂缝缺陷处理中的应用研究 [J]．水利与建筑工程学报，2023，21（2）：207-212.

[6] 尚立珍，王俊蔚．化学灌浆在混凝土裂缝渗漏处理中的应用 [J]．水利水电快报，2018，39（6）：67-69.

[7] 胡清焱，王抗，张国寿．浅析化学灌浆在坝体裂缝处理中的应用 [J]．四川水力发电，2018，37（5）：29-32.

[8] 黄河水利水电开发总公司监测维修分公司．一种针对集中渗漏水缺陷的灌浆材料及其灌浆方法：CN202010321023.8 [P]．2023-05-02.

# 东庄水利枢纽缆机基础设计研究

## 李 江 梁成彦

（黄河勘测规划设计研究院有限公司，河南郑州 450003）

**摘 要**：东庄水利枢纽大坝的浇筑采用 3 台 30 t 缆机平移式缆机方案，根据现场情况缆机分段选用适宜地形、地质条件的结构形式，采用有限元建模分析得出最危险荷载分布、缆机基础的内力包络图进行配筋，并对缆机基础进行稳定分析，计算结果满足缆机运行的要求。

**关键词**：缆机基础；结构设计；稳定计算

## 1 工程概况

东庄水利枢纽工程坝址位于泾河干流最后一个峡谷段出口（张家山水文站）以上 29 km，总装机容量 110 MW。其挡水建筑物为混凝土双曲拱坝，最大坝高 230 m，坝顶高程 804 m，坝顶长度 372.48 m。坝体体型为抛物线双曲拱坝，顶拱拱冠梁厚度为 11.5 m，底拱拱冠梁厚度为 52 m，大坝混凝土约 213.65 万 m³。

国内近年来在水电工程的高拱坝施工中已广泛使用 30 t 缆机作为垂直运输设备，积累了设计制造（进口采购）、安装、运行等方面的经验。为了满足大坝混凝土浇筑及金属结构安装对工期和浇筑强度的要求，东庄水利枢纽依据坝高相似、混凝土量相近的构皮滩工程（坝高 232.5 m）和大岗山工程（坝高 210 m）的经验，选择 3 台 30 t 缆机作为主要的垂直运输设备。主车布置在右岸，副车布置在左岸，各缆车主车和副车可以在相应的轨道上平行移动以覆盖大坝的浇筑范围，缆机布置见图 1。

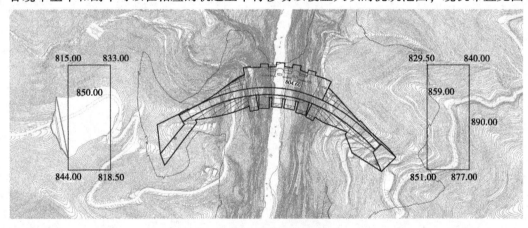

**图 1 缆机布置平面示意图**

## 2 缆机基础结构布置

缆机基础结构形式的选择必须综合考虑荷载、施工环境和施工手段等因素，由于缆机基础荷载大，为确保地基强度及变形满足缆机运行要求，将基岩作为基础持力层[1]。综合考虑现场地形、地质条件及大坝浇筑需要覆盖区域等因素对缆机平台进行布置，在安装高程基岩已出露区域，采用弹性地基梁的结

---

**作者简介**：李江（1974—），男，高级工程师，一级注册结构工程师，主要从事水工设计工作。

构形式；在安装高程基岩埋置较深、覆盖层较厚的区域，将覆盖层清除，布置架空式缆机平台[2]。

左右岸缆机平台尺寸为 160 m×17.25 m，其中右岸缆机平台布置在右岸坝肩上，缆机轨道平台顶高程为 850.00 m，其上游侧及下游侧分别布置有 60.5 m、48.5 m 的架空段，两个架空段中间为 51 m 的地基梁；左岸缆机平台布置在左岸坝肩上，缆机轨道平台顶高程为 845.00 m，上游侧为长度 109 m 的架空段，下游侧为长度 51 m 的地基梁段。

轨道基础架空部分采用墙梁结构，单跨跨距 12 m，墙高 7~29.7 m 不等，墙下设承台。纵向（沿轨道方向）墙距 12.0 m，墙间为 4 排纵向梁，横向（垂直于轨道方向）墙长 17.23 m，纵梁间设一排横向梁；其中前轨梁（靠河侧）、后轨梁（靠山侧）上布置轨道，中间两排梁为构造梁，平台顶部设有 250 mm 的平台板。地基梁段的梁截面为 1.8 m×2 m，中间为 1 m 厚的钢筋混凝土厚板，将前后轨道梁连成一体[3]。左右岸缆机基础三维轴测图见图 2。

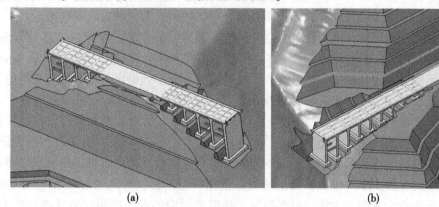

(a)　　　　　　　　　　　　　　(b)

图 2　左右岸缆机基础三维轴测图

## 3　缆机基础结构设计

缆机基础为临时建筑，建筑物等级为 4 级，结构安全级别为Ⅲ级，结构重要性系数 $\gamma_0$ 取 1.0，环境类别为二 b 类。采用天然地基，架空段墩墙下设独立基础，地基基础设计等级为丙级。

### 3.1　荷载的确定

作用在缆机基础上的荷载主要考虑结构自重、风荷载、缆机轮压、人行检修等荷载。缆机平台为临时建筑物，不考虑地震作用[4]。

由设备厂家提供的轮压移动荷载是缆机基础的主要荷载，经分析取各工况最不利的一组荷载进行计算得出程序所施加的轮压值如表 1 所示。由于 ANSYS 有限元软件本身只能计算固定荷载工况下的杆系单元内力，本次计算主要通过荷载步中"施加"和"删除"荷载逐步实现荷载移动。

根据《水工建筑物荷载设计规范》（SL 744—2016），人行检修荷载取 4 kN/m²。

表 1　各种工况下的计算轮压值　　　　　　　　　　　　单位：kN

| 项目 | 工况/轮压 | 额定工况（30 t）跨中 | 空钩主塔侧 | 空罐跨中 | 1.25 倍静载试验 |
|---|---|---|---|---|---|
| 主塔（右岸） | 前轨 | 746 | 508 | 629 | 780 |
| | 后轨 | 223 | 628 | 500 | 152 |
| | 水平轨 | 398 | 202 | 275 | 440 |
| 副塔（左岸） | 前轨 | 691 | 453 | 575 | 726 |
| | 后轨 | 230 | 627 | 520 | 159 |
| | 水平轨 | 398 | 202 | 275 | 440 |

### 3.2 缆机平台结构计算

缆机平台结构计算主要包括内力计算、稳定计算等。

#### 3.2.1 内力计算

（1）架空段采用 ANSYS 有限元计算软件进行结构分析，分析计算内容主要包括：①移动荷载作用下考虑地基刚度影响的结构各构件最不利荷载对应位置，找出结构受力薄弱部位；②移动荷载作用下考虑地基刚度影响各梁（含主梁、横向连系梁）的轴力、扭矩、双向剪力、双向弯矩六个内力的包络线，为配筋计算提供依据；③移动荷载作用下考虑地基刚度影响的各承台对地基施加的轴力、双向剪力、双向弯矩的包络线，为地基计算提供依据。

使用 ANSYS 求解缆机基础架空段结构内力主要包括以下三个步骤：①前处理，包括分析准备、设置单元类型、设定实常数、定义材料属性、创建模型、划分网格等；②施加荷载和求解，包括施加边界条件及荷载、运算求解等；③后处理，包括显示变形、轴力、剪力和弯矩等结果。

根据提供的构件尺寸和地形、地质资料，建立三维有限元计算模型。梁和梁连接处为刚性连接，在梁 beam 单元和墙体实体单元之间采用耦合方程和约束方程按刚接处理，分缝处，梁 Beam 单元和墙实体单元之间采用耦合方程按铰接处理，加载二次开发的小程序列举出缆机荷载所有可能的分布并计算[5]，求解得出的结构内力并找出各构件的最不利荷载布置。ANSYS 每施加一次荷载进行一次求解计算，此时通过定义单元表"ETABLE"命令可获取每个杆件单元的 6 个方向内力，并将每次荷载计算的 6 个内力结果及该次计算 3 台缆车的位置坐标写入文件。后续的内力数据文件处理通过 Excel 完成，主要输出主梁和横向连系梁每个位置出现的内力极大值和极小值，每根主梁和横向连系梁的极大值、极小值和对应的 3 台主车的位置。将这些数据按照特定的格式导入 CAD，即可自动生成内力包络线[6]。采用单元节点力求和的方法，可提取每个荷载步对应的承台底面对地基施加的力和力矩。基底应力计算及结构内力计算结果详见表 2、表 3。

表 2　架空段地基承载力验算

| 项目 | 右岸 | | 左岸 | |
|---|---|---|---|---|
| 荷载工况 | 额定工况 | 空钩工况 | 额定工况 | 空钩工况 |
| 极小值/MPa | 0.011 | 0.144 | 0.062 | 0.186 |
| 极大值/MPa | 0.440 | 0.277 | 0.485 | 0.357 |
| 地基承载力/MPa | 0.5~2 | 0.5~2 | 0.5~2 | 0.5~2 |
| 结论 | 满足要求 | 满足要求 | 满足要求 | 满足要求 |

表 3　架空段前后轨梁内力计算

| 工况 | 前轨梁 | | 后轨梁 | |
|---|---|---|---|---|
| | 额定工况 | 空钩工况 | 额定工况 | 空钩工况 |
| 弯矩 $M/(kN \cdot m)$ | 7 020 | 4 317 | 2 677 | 5 441 |
| | -8 760 | -5 561 | -3 626 | -6 900 |
| 剪力 $V/kN$ | 4 857 | 2 903 | 1 713 | 3 713 |
| | -5 017 | -3 028 | -1 775 | -3 858 |

（2）两岸的缆机地基梁均位于基岩上，可按弹性地基梁考虑，计算采用文克尔模型，计算单元为一个梁段，长度 10 m，两端自由。通过不同组合下作用在地基梁上的集中力和扭矩的计算，得到结构的最不利内力和位移，计算结果详见表 4。

表4 弹性地基梁内力和地基承载力

| 位置 | | 右岸 | 左岸 |
|---|---|---|---|
| 控制工况 | | 额定工况 | 额定工况 |
| 弯矩/(kN·m) | 极大值 | 1 069 | 1 246 |
| | 极小值 | -2 091 | -2 474 |
| 剪力/kN | 极大值 | 1 109 | 1 199 |
| | 极小值 | -1 082 | -1 161 |
| 地基反力/MPa | 极大值 | 0.08 | 0.04 |
| | 极小值 | -0.83 | -0.76 |
| 地基承载力/MPa | | 0.5~2 | 0.5~2 |
| 结论 | | 满足要求 | 满足要求 |

### 3.2.2 稳定计算

稳定计算主要包含抗滑稳定和抗倾稳定两部分内容。

#### 3.2.2.1 抗滑稳定计算

经分析，底板滑动的力主要来自水平轮的轮压，抗力为重力及竖向轮压产生的摩擦力[7]。

抗滑稳定分析可分为沿基底的抗滑稳定分析和深层抗滑稳定分析。抗滑稳定计算主要核算基底的滑动条件，工程实践表明，基底岩体条件较好时，建议采用抗剪断强度公式；但当基底岩体条件较差时，如软岩或存在软弱结构面时，采用抗剪强度公式更合适。

（1）抗剪强度的计算公式。

将承台底面（地梁基础）与基岩间看成是一个接触面，当接触面为水平面时，其抗滑稳定性安全系数按下式计算：

$$K_c = \frac{f \sum W}{\sum P} \tag{1}$$

式中：$\sum W$ 为作用于承台底面（地梁基础）的全部荷载对滑动平面的法向分值；$\sum P$ 为作用于结构的全部荷载对滑动平面的切向分值；$f$ 为接触面间的抗剪摩擦系数；$K_c$ 为抗滑稳定性安全系数，$K_c$ 最小值取 1.3[8]。

（2）抗剪断强度的计算公式。

此时认为承台底面（地梁基础）与基岩接触良好，接触面面积为 $A$，则抗滑稳定性安全系数按下式计算：

$$K_c' = \frac{f' \sum W + c'A}{\sum P} \tag{2}$$

式中：$f'$ 为抗剪断摩擦系数；$c'$ 为接触面间的抗剪断凝聚力；$A$ 为接触面的截面面积；$K_c'$ 为抗剪断稳定性安全系数，$K_c'$ 最小值取 3.0[8]。

#### 3.3.2.2 抗倾稳定计算

计算基础的抗倾稳定性时，参照了水工挡土墙的抗倾覆稳定性安全系数计算方法，计算公式为

$$K_0 = \frac{\sum M_V}{\sum M_H} \tag{3}$$

式中：$K_0$ 为抗倾覆稳定性安全系数，$K_0$ 最小值取 1.5[8]；$\sum M_V$ 为对承台底面（地梁基础）的抗倾覆

力矩；$\Sigma M_H$ 为对承台底面（地梁基础）的倾覆力矩。

缆机基础的稳定计算结果见表 5。

表 5　缆机基础稳定计算结果

| 项目 | 抗滑稳定 | | 抗倾稳定 |
|---|---|---|---|
| | 抗剪 | 抗剪断 | |
| 边墩 | 5.75 | 10.22 | 12.42 |
| 中墩 | 4.54 | 6.98 | 6.83 |
| 弹性地基梁 | 2.25 | 19.21 | 11.65 |
| 限值 | 1.3 | 3.0 | 1.5 |
| 结论 | 满足要求 | 满足要求 | 满足要求 |

## 4　结语

缆机基础结构设计通过 ANSYS 有限元软件三维建模，模拟上部结构与基础的协同作用，实现所有缆机荷载布置并计算内力，使结构计算结果与实际情况更贴近，配筋也更为经济，设计方案更加合理，保证了工程顺利实施的需要。

东庄水利枢纽缆机自投入使用至今已高强度安全运行数年，缆机基础始终处于良好的状态中，说明东庄水利枢纽缆机基础结构设计是可靠的。

## 参考文献

[1] 陈江，周邵红，杨光亮，等．小湾水电站缆机基础结构设计 [J]．水力发电，2006，32（11）：60-62.
[2] 李鹏，杜长劼，李心睿，等．叶巴滩水电站大坝混凝土施工缆机布置方案 [J]．四川水力发电，2019，38（2）：71-75.
[3] 王凤安，郭浩洋．水电站缆机平台设计及缆机安装施工组织设计 [J]．中国电力企业管理，2020（24）：76-77.
[4] 康士荣，陈东山．水利水电工程施工组织设计手册 第五卷：结构设计 [M]．北京：中国水利水电出版社，1997.
[5] 张华，邬志，王永明．白鹤滩水电站缆机轨道基础设计 [J]．大坝与安全，2016，4：16-19.
[6] 林斯达．移动荷载作用下杆系结构内力包络图的精确计算理论 [D]．北京：清华大学，2008.
[7] 胡小禹，潘兵，张华，等．高陡边坡上的缆机基础机构整体稳定性分析 [J]．西北水电，2020（1）：84-87.
[8] 中华人民共和国水利部．水工挡土墙设计规范：SL 379—2007 [S]．北京：中国水利水电出版社，2007.

# 抽水蓄能电站下游水体调控设施优化研究

张若羽 诸 亮 李鹏峰 张亦晨

（中国电建集团西北勘测设计研究院有限公司，陕西西安 710000）

**摘 要**：本研究通过整体水工模型试验，对山阳抽水蓄能电站下游水体调控设施，包括生态放水洞、泄洪排沙洞和消力池的体型进行多方案的试验研究。最终，研究提出了一个优化方案，该方案能够在各种工况下，使水流在消力池中充分混合和消耗能量，从而减小出洞水流与下游河道水面的落差，确保平稳的水体衔接，同时减小下游河道和两岸边坡的整体冲刷，以实现更好的水体调控效果。

**关键词**：消力池；体型；底流消能；冲刷；模型试验

## 1 工程概况

陕西山阳抽水蓄能电站位于陕西省商洛市山阳县，作为一座日调节型纯抽水蓄能电站，它扮演着维护电网平稳运行和能源供应的关键角色。该电站拥有强大的电力输出能力，其装机容量达到 1 200 MW，被划分为 I 等大（1）型工程。然而，水电工程在实现高效电力生产的同时，也需要综合考虑环境和下游水体调控的问题。特别是在电站的水工隧洞出口附近，由于较高的水头和流速，以及较大的水量，需要采取适当的消能措施，以防止对下游河道造成不必要的冲刷和破坏。

在隧洞出口接近下游水位的情况下，通常采用底流扩散来实现消能，从而确保水流平稳地进入下游河道[1-3]。杨姣等[4]在消力池尾坎上设置差动式尾墩后，下泄水流分多股支流进行纵向和横向扩散消能，水流流态稳定，消能率增大。黄智敏等[5]对尾坎自由出流的消力池池长和消力池末端尾坎高度的关系进行分析。何志亚等[6]通过数值模拟发现选择合适的尾坎高度不仅能改善池内流态，还可将水跃消能率控制在合理范围内。詹航等[7]在水工试验模型中提出了基于等效收缩断面的消力池消能率评价方法计算消能效率。崔晓玉等[8]采用平角跌坎消力池+池内消力坎方案，从根本上解决了水流衔接引起的池内水流剧烈紊动和水面大幅波动问题。黄朝煊[9]提出了一套梯形断面收缩水深、跃后共轭水深解析计算式及消能基本方程，得到了梯形断面扩散型消能的消力池池深、池长的计算方法。

生态放水洞和泄洪排沙洞原方案消力池体型见图1和图2。由图3可以看出，初始设计方案中，隧洞出口下游仅有混凝土护坦，这导致了水流在出口处无法充分消能，下游河道主要冲刷区位于生态放水洞出口下游右岸及泄洪排沙洞出口下游约 350 m 处左岸，左岸最低冲刷高程为 521.20 m，右岸最低冲刷高程为 504.60 m，冲刷深度 21.30 m，造成了严重的冲刷问题。为此，本研究通过增设并优化消能工，提高消能率，减轻下游冲刷，确保泄水建筑物出口基础及岸坡的稳定。

## 2 研究方法与试验设计

模型按重力相似准则设计[10]，根据原型水流特性及建筑物几何尺寸，并考虑试验精度等条件，模型几何比尺 $L_r=50$，则相应的其他水力要素比尺为：流量比尺，$Q_r=L_r^{2.5}=17\ 677.67$；流速比尺，$V_r=L_r^{0.5}=7.07$；时间比尺，$T_r=L_r^{0.5}=7.07$；压强比尺，$P_r=L_r=50$。

---

作者简介：张若羽（1993—），女，工程师，主要从事水工水力学及河流动力学研究工作。

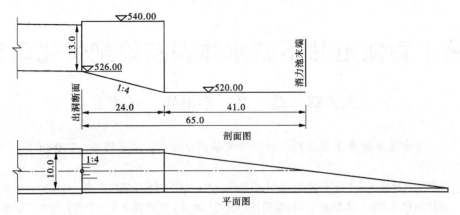

**图 1　生态放水洞原方案消力池体型**　（单位：m）

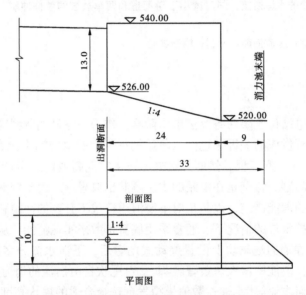

**图 2　泄洪排沙洞原方案消力池体型**　（单位：m）

**图 3　消能防冲消力池出口流态**

## 3　体型优化试验

各工况结果对比的来水条件为 100 年一遇洪水，相应流量为 2 372 m³/s。本工程下游河道水深较大，满足底流消能的条件，所以试验考虑在隧洞出洞口下游设置消力池，即在混凝土护坦末端设置消力坎[11]，具体优化过程如下。

### 3.1 优化方案一

方案一体型见图4和图5，将生态放水洞出洞口下游斜坡坡度由1：4调整为1：3，消力池底板高程保持520.00 m，与原方案相同，尾坎高程为525.00 m，消力池末端沿轴线方向向上游缩短23 m，其余尺寸不变。泄洪排沙洞出洞下游斜坡坡度同样调整为1：3，消力池底板高程为520.00 m，尾坎高程同样为525.00 m，消力池末端沿轴线方向向下游延长15 m，其余尺寸不变。

消力池体型修改后，从图6可以看出，下游冲刷范围比原方案小，冲深也比原方案浅。左岸最低冲刷高程为530.00 m，右岸最低冲刷高程为521.80 m。生态放水洞、泄洪排沙洞消力池出口下游冲刷高程均为515.00 m，冲深5.0 m。冲刷深度以消力池底板高程520.00 m为基础计算。

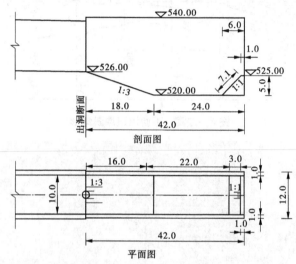

**图4 生态放水洞修改方案一消力池体型** （单位：m）

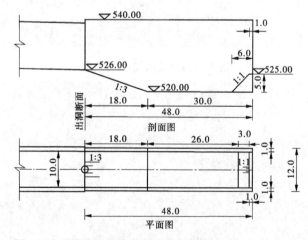

**图5 泄洪排沙洞修改方案一消力池体型** （单位：m）

由试验结果可以看出，水流在生态放水洞修改方案一消力池中形成淹没水跃，在消力池内掺混消能，但出池水流与河道水面衔接不平顺，水流进入河道后仍形成了二次水跃。泄洪排沙洞消力池加长后，水流在消力池中形成的水跃仍然是远驱水跃，水跃跃首位于尾坎附近，水流进入河道后形成二次水跃，消能效果较差。消力池流态见图7和图8。

### 3.2 优化方案二

为了降低消力池出池水面高度，使出池水流与河道水面平顺衔接，在方案一的基础上将尾坎降低

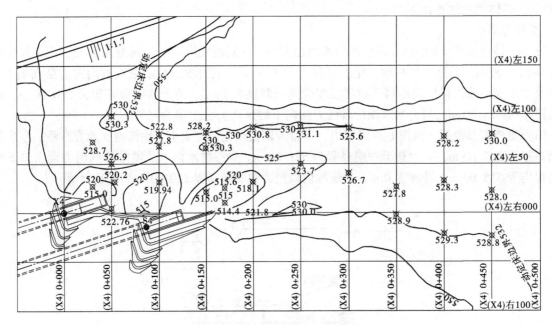

**图 6　方案一下游河道冲淤地形**

**图 7　泄洪排沙洞消力池流态**

**图 8　生态放水洞消力池流态**

1 m 至 524.00 m 高程，同时将生态放水洞消力池左边墙向左岸扩 5°，右边墙不变，泄洪排沙洞消力池两侧边墙则对称向两岸扩散，扩散角为 5°。方案二体型见图 9 和图 10。

图 11 的冲淤地形图表明，下游河道主要冲刷区域在尾坎下游 100 m 范围，左岸局部略有冲刷，其余部位基本不冲刷。左岸最低冲刷高程为 522.20 m，比消力池底板高程 520.00 m 高出 2.20 m；右

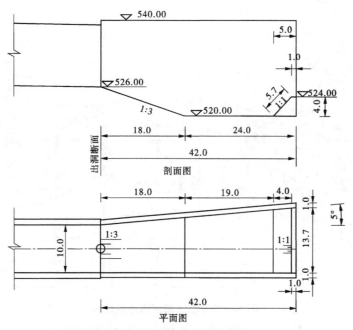

**图9 生态放水洞修改方案二消力池体型** （单位：m）

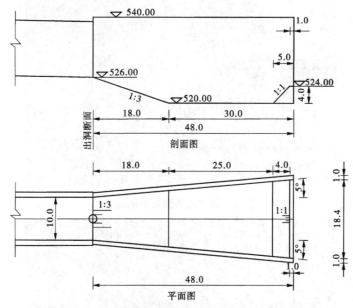

**图10 泄洪排沙洞修改方案二消力池体型** （单位：m）

岸基本不冲刷。生态放水洞和泄洪排沙洞消力池末端冲刷高程为516.70 m，泄洪排沙洞消力池左边墙外侧因回流产生淘刷，冲刷高程为516.70 m。

根据以上试验结果可以看出，100年一遇洪水，生态放水洞出洞水流在消力池中形成淹没水跃，水流在消力池内充分掺混消能，出池水流与下游河道水面落差很小，衔接平顺。泄洪排沙洞消力池中水跃跃首位于尾坎附近，仍为远驱水跃，出池水流进入河道后与河道水面衔接不平顺，水面跌落明显，消力池体型还需要进一步优化。消力池流态见图12和图13。

### 3.3 优化方案三（推荐方案）

方案三体型见图14和图15，方案三在方案二基础上将消力池底板降低0.50 m至高程519.50 m，

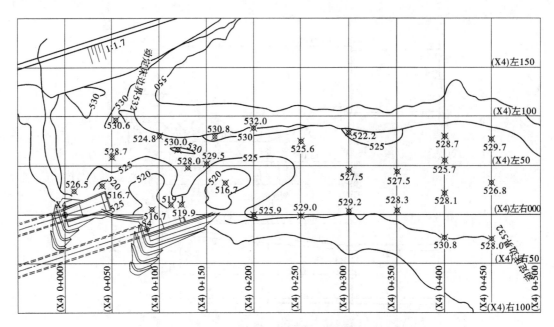

图 11　方案二下游河道冲淤地形

图 12　泄洪排沙洞消力池流态

图 13　生态放水洞消力池流态

尾坎高程保持 524.00 m 不变。生态放水洞其他尺寸不变,泄洪排沙洞消力池池长加长 2 m。

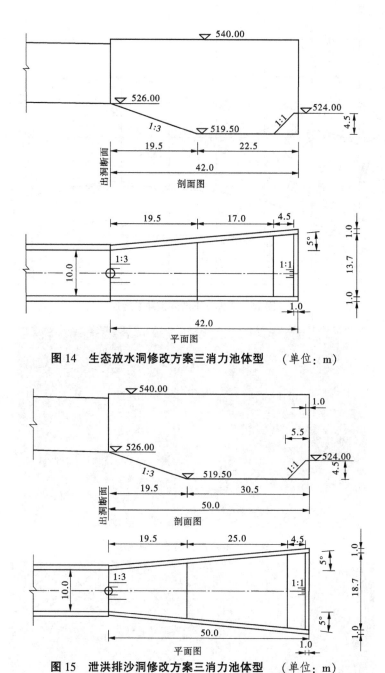

**图 14　生态放水洞修改方案三消力池体型**　(单位:m)

**图 15　泄洪排沙洞修改方案三消力池体型**　(单位:m)

从图 16 中可以看出,水流出池顺河势而下,下游河道主要冲刷区域在尾坎下游 100 m 范围,左岸局部略有冲刷,其余部位基本不冲刷。左岸最低冲刷高程为 522.20 m,比消力池底板高程 519.50 m 高出 2.70 m;右岸基本不冲刷。生态放水洞和泄洪排沙洞消力池末端冲刷高程为 515.90 m,泄洪排沙洞消力池左边墙外侧因回流产生淘刷,冲刷高程为 517.60 m。

由试验结果可以看出,100 年一遇洪水,生态放水洞水流在消力池中形成淹没水跃,水流在消力池内充分掺混消能,出池水流与下游河道水面落差很小,衔接平顺。泄洪排沙洞水流在消力池中形成淹没水跃,水流在消力池内进行一定程度上的掺混消能,出池水流与下游河道水面落差较方案二明显减小。消力池流态见图 17 和图 18。

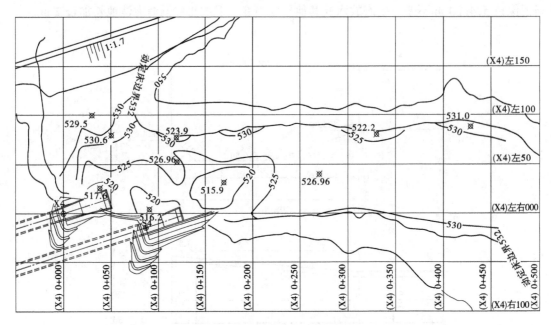

**图16　方案三下游河道冲淤地形**

**图17　泄洪排沙洞消力池流态**

**图18　生态放水洞消力池流态**

## 4　结论

针对山阳抽水蓄能电站下游水库泄流消能问题，本文通过增设并优化消力坎来减缓对下游河道的冲刷，并最终优化出满足消能防冲要求且结构合理的推荐方案，主要结论如下：从消力池优化方案过程试验结果可知，生态放水洞、泄洪排沙洞消力池修改方案三出洞水流在消力池内均能形成完整的淹没水跃，水流与下游水面衔接平顺，下游河道及两岸边坡整体冲刷比较浅，消能效果好。其他方案下游河道冲刷明显比方案三深，或流态略差，所以将方案三作为生态放水洞、泄洪排沙洞消力池体型推荐方案。本文研究成果可供类似工程设计参考。

## 参考文献

[1] 赵东阳，尹进步，王国杰，等. 高水头单侧渐扩消力池水力特性数值模拟研究 [J]. 中国农村水利水电，2019 (9)：195-199，206.

[2] 王才欢，肖兴斌. 底流消能设计研究与应用现状述评 [J]. 四川水力发电，2000 (1)：79-81，85.

[3] 毛兆民. 仙米水电站泄水建筑物底流消能问题的研究 [D]. 西安：西安理工大学，2006.

[4] 杨姣，刘亚坤，张帝，等. 带尾墩的新型综合消力池试验研究 [J]. 水力发电，2021，47 (9)：132-137.

[5] 黄智敏，付波，陈卓英. 池末尾坎自由出流的消力池布置研究 [J]. 水利水电科技进展，2016，36 (3)：68-72.

[6] 何志亚，向鹏鹏，洪彰华，等. 渐扩式消力池体型优化研究 [J]. 中国农村水利水电，2022 (5)：190-194.

[7] 詹航，王眺，万五一. 基于等效收缩断面的渐扩折坡消力池特性研究 [J]. 水力发电，2023，49 (3)：109-115.

[8] 崔晓玉，李奇龙，李大贵，等. 某闸坝工程跌坎底流消力池体形优化试验研究 [J]. 水力发电，2020，46 (10)：127-131.

[9] 黄朝煊. 梯形断面消力池扩散型消能计算 [J]. 水利水电科技进展，2016，36 (5)：34-39.

[10] 中华人民共和国水利部. 水工（常规）模型试验规程：SL 155—2012 [S]. 北京：中国水利水电出版社，2012.

[11] 刘沛清，冬俊瑞. 消力池及辅助消能工设计的探讨 [J]. 水利学报，1996 (6)：48-56.

# 小浪底工程浮箱式叠梁检修门应用实践

## 杨 莎 于 跃 焦玉峰 崔 皓

（黄河水利水电开发集团有限公司，河南郑州 450000）

**摘 要**：浮箱式叠梁门单节重量小，吊装运输方便，具有结构简单、使用灵活的特点，小浪底工程 1 号孔板洞流道出口末端布置了浮箱式叠梁检修门，闭门时可反向挡水运用，为流道检修创造条件。本文介绍了小浪底工程浮箱式叠梁检修门的设计参数、闸门检修、闭门试验和启门试验过程，对行业内类似闸门的运用提供经验参考。

**关键词**：小浪底工程；浮箱式叠梁门；启闭门试验；流道检修

## 1 引言

小浪底工程位于河南省洛阳市以北 40 km 孟津县小浪底，是黄河干流在三门峡以下峡谷河段唯一能够取得较大库容的控制性工程。小浪底水利枢纽共布置有 3 条孔板洞，浮箱式叠梁检修门布置在 1 号孔板洞出口的末端。

由于孔板洞泄洪时水头高、流量大，水流经过孔板消能到达出口时仍保持了较高的流速，水流通过底流消能的方式流入消力塘。消能底坎的高程为 129.0 m，消力塘尾坎的高程为 134.0 m，工作闸门布置在中闸室，因此中闸室至出口的洞室一直淹没在水下无法检修。为了检修这段长度 800 m、直径为 14.5 m 的洞室，需要将水排干。由于消力塘的面积较大，如果采用从消力塘抽水方式，则需抽水约十几万立方米，同时还需要在尾坎上修筑挡水墙，工程量大且耗时长；出口边墙处由于水流流速大、泄洪时金属结构设备处于雾化和泥化环境等原因，不利于布置永久性的闸门和启闭设备。鉴于这些原因，在小浪底工程 1 号孔板洞流道出口处设计了浮箱式叠梁检修门[1]。

由于 1 号孔板洞泄洪运用频次低，流道检修工作少，故叠梁门设计完成后，20 余年内只在 2001 年和 2011 年投入运行过 2 次，运用资料留存较少。而 2018 年以来小浪底高含沙、低水位的泄洪运用，导致 1 号孔板洞流道内部因高速水流的影响而遭到破坏，损毁情况未知，亟待检修，公司初步定于 2021 年汛后检修流道，故需安装叠梁门发挥闭门挡水作用，为流道检修创造干地环境。

## 2 闸门参数

小浪底工程 1 号孔板洞出口浮箱式叠梁检修门为装配式结构，由 5 节门体组成，门体顶节高 1 m，下面 4 节结构相同，均为 2 m 高，设计挡水水头为 9 m，利用 1 号孔板洞出口两侧闸墩上的手拉葫芦进行启闭。检修门孔口尺寸宽 12 m，支承跨度 12.76 m，门体结构为箱形封闭式，面板、主梁、次梁、纵梁和边梁全由钢板拼焊而成，箱体内部完全连通[1]。

小浪底水利枢纽 1 号孔板洞出口浮式叠梁检修门设计参数见表 1。

## 3 闸门检修

小浪底工程 1 号孔板洞出口浮式叠梁检修门长期存放于开发公司库房，由防雨棚进行防护。由于多年未投入使用，门体多处出现锈蚀、漆面剥落情况，水封老化，滚轮无法转动，滑块部分损毁，充

---

作者简介：杨莎（1993—），女，中级工程师，主要从事水电站水工金属结构设备维护管理工作。

水阀、充气阀等装置均不同程度损坏。在叠梁门闭门挡水运用之前，进行了返厂检修，完成了门体防腐、螺栓及密封件更换、充水及充气阀门更换、水封更换、支承座滑块更换、侧轮拆解、轴承及轴套更换、爬梯更换、焊缝复检、打压试验等一系列检修工作，闸门已具备闭门试验条件。

**表 1　小浪底水利枢纽 1 号孔板洞出口浮式叠梁检修门设计参数**

| 序号 | 项目 | 参数 | 序号 | 项目 | 参数 |
|------|------|------|------|------|------|
| 1 | 安装位置 | 1#孔板洞出口 | 7 | 闸门形式 | 浮式叠梁门 |
| 2 | 底坎高程/m | 129 | 8 | 止水形式 | 上游压紧式止水 |
| 3 | 闸门数量/扇 | 1 | 9 | 设计水头/m | 9 |
| 4 | 孔口尺寸/m | 13×9 | 10 | 运行条件 | 静水启闭 |
| 5 | 闸门尺寸/m | 13.2×1.89×0.854 | 11 | 启闭机形式 | 手拉葫芦 |
| 6 | 闸门质量/t | 57 | | | |

## 4　闸门启闭门试验

### 4.1　运行前准备

叠梁启闭门试验严格按照设计说明要求和规程规范进行[2]，确保启闭门过程安全、平稳、可靠。启闭门试验前，应配备不低于以下所描述启闭门工作所需的设备和人力资源准备。具体包含：①专用船只及附件、救生衣、绳索、通信工具；②400 kN 汽车吊（悬臂 15 m 时能起吊 15 t）一台、运输车辆若干、水泵及附件一套；③准备操作机具并放置到位，如空压机及电缆、手拉葫芦吊装带及卸扣、牵引绳、消防水带等；④复检叠梁门门体上的水封橡皮是否平直完好，水封压板是否压紧；⑤复检门体上的进水、进气阀门是否完好，如影响正常使用应先修复；⑥检查叠梁门的门槽，清除杂物；⑦配备足够吊带、供气管和空压机。

### 4.2　闭门试验

1 号孔板洞出口浮式叠梁检修门闭门试验过程分为三个步骤：一是闸门水上倒运（见图 1）；二是闸门翻转；三是充水闭门[3]。浮箱式叠梁检修门共 5 节，闭门时，需依次进行。

**图 1　浮箱式叠梁检修门水上倒运路线示意**

闸门水上倒运（见图 2），即将叠梁门由消力塘南岸观景平台处，通过水面漂浮和拖船牵引，倒运至 1 号孔板洞出口两侧导墙附近。首先关闭门体上的所有阀门，拧紧人孔法兰的连接螺栓，保持密封完好[3]，利用汽车吊将 1#叠梁门放到消力塘内，船上工作人员牵引闸门至闸墩。

**图 2　闸门水上倒运过程**

　　闸门翻转（见图3），即将闸门由水上倒运时的阀门侧向上，翻转90°，使蝶阀朝向上游侧。将卡环、手拉葫芦装在支架上，垂下吊钩。将与1#叠梁门配套的吊装带上端挂在葫芦吊钩上，下端挂在门体外侧的吊耳上，利用两端葫芦将门体平稳提出水面稍许，完成闸门翻转过程。

**图 3　闸门翻转过程**

　　充水闭门（见图4），即利用充水阀将浮箱体内充满水，使门体沿门槽下沉至底坎。船上人员顺爬梯下到阀门处，将门体上的十个阀门全部打开，使浮箱叠梁门充水平稳下滑，下滑快到位时，用绳子向上游拉住浮箱叠梁门，使其紧贴上游侧埋件。浮箱叠梁门安装到位后，用临时绳子将吊装带的上端系在孔口内侧墩顶的栏杆上。

　　第1节叠梁门闭门操作完成，接下来依次进行第2~5节叠梁门闭门操作。1号孔板洞出口浮式叠

(a)

(b)                    (c)

**图 4　充水闭门过程**

梁检修门设计底坎高程为 128 m，闭门试验时尾水水位约为 135 m，第 4 节叠梁门闭门后，闸门门体高程约为 136 m，门体已高出水位 1 m，第 4 节浮箱体内只充水至半箱，第 5 节门体不再充水，依靠自重闭门。5 节闸门全部入门槽后，闸门顶部高出水位约 2 m。闭门试验完成后，利用水泵抽干工作门至叠梁门之间的流道积水。积水排空后，叠梁门止水效果良好，为 1 号孔板洞流道检修创造了干地环境。公司于 2021 年汛后至 2022 年汛前开展了 1 号孔板洞流道的检修工作。

### 4.3　启门试验

小浪底工程 1 号孔板洞流道检修完成后，于 2022 年汛前进行叠梁门的启门试验。

叠梁门的运用条件是静水启闭，启门前需先进行充水平压（见图 5），此次充水采用水泵和自流引水管从下游引水至流道进行平压[4]。充水平压前，尾水水位约为 135 m，闸门高程约为 137.0 m，5 号闸门高 1 m，1~4 号闸门高 2 m，故第 5 节闸门始终高于下游水位，因此先将第 5 节闸门提起放置在一旁，缩短充水时间。经过 5 d 左右时间，流道内水位充至第 4 节闸门中部，与尾水水位基本一致，平压完成。

启门过程（见图 6）主要包含充气排水、上浮提门、水上倒运、起吊存放四个步骤。1 号孔板洞出口浮式叠梁检修门落门时箱体内充满水靠重力下沉至门槽，提门时充气排水，使闸门靠浮力上升[4]，利用手拉葫芦提出门槽。现场准备了 2 台 1 MPa 空压机，供气管路已于闭门后及时与每节闸门的充气蝶阀连接。拖船吊装入水后，首先将充水平压前放置在门槽旁的 5 号闸门牵引至岸边，并吊运上岸，摆放至预定位置，用枕木做好铺垫，防止损伤水封、滑块以及蝶阀等零部件[5]。第 4 节闸门因半截箱体入水，箱体内水量较小，故可拆除供气管路，关闭蝶阀，直接利用手拉葫芦起吊，闸门翻转入水后，利用拖船倒运至岸边，汽车吊吊起后存放于观景平台指定位置。剩余三节闸门需利用空压机充气排水后再提门转运，依次进行，有序存放。

至此，叠梁门的启门试验完成，叠梁门再次入库，并进行了箱体内淤泥清理、门体表面磕碰部位补漆等二次检修工作，为再次运用提供便利条件。

图 5　启门试验前充水平压过程

图 6　浮箱式叠梁门启门试验过程

## 5　经济时效性论证

前文讲到，叠梁门设计之初即考虑解决 1 号孔板洞流道检修问题，由于流道一直淹没在水下，检修条件之一即要创造干地环境。文中采用的在 1 号孔板洞出口处安装浮箱式叠梁检修门的方式，只需安装闸门反向挡水后，将流道内积水排空（如图 7 中实线框处所示）即可开展流道检修工作。若选择将消力塘内水全部排干的检修方式，则需要将流道内及消力塘内的水（如图7中虚线框处所示）全部排空。消力塘北侧导墙长约160 m，下游尾坎长约120 m，消能底坎高程为129.0 m，尾水水位为135.0~136.0 m，初步估算抽水量增加115 200~134 400 m³，同时还需要在尾坎上修筑高2 m的挡水墙。由此可知，浮箱式叠梁检修门的使用极大地节省了成本及工时。

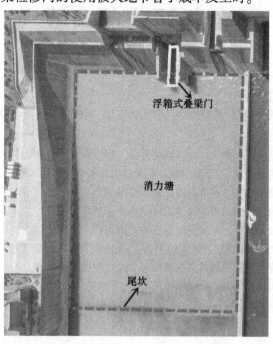

图7 不同检修方式排水量示意图

## 6 结语

浮箱式叠梁门是一种无永久启闭设备的检修闸门，它适合于静止的水流且有稳定水位的孔口部位，设备造价低，启门闭门过程所需工器具均为临时的通用设备，是一种非常经济的闸门形式[4]。小浪底工程1号孔板洞出口浮箱式叠梁检修门自2021年9月返厂检修，12月闭门挡水，至2022年4月提门存放入库，叠梁门完成反向挡水运用，使1号孔板洞流道检修工作顺利完成。此次叠梁门的成功运用实践留存了丰富的检修资料和启门、闭门试验过程资料，为叠梁门的再次投入使用提供了经验积累。今后将完善叠梁门的检修及运行规程，为行业内浮箱式叠梁门的设计及运用提供参考。

### 参考文献

[1] 乔为民，侯庆宏，王广峰. 黄河小浪底工程浮箱式叠梁检修门设计 [J]. 水利电力机械，2002 (6)：35-36.

[2] 高超. 浮箱式叠梁闸门研究及应用 [J]. 广东水利水电，2017 (12)：30-33.

[3] 严励. 二堡船闸浮箱式叠梁检修钢闸门的设计制作 [J]. 江苏水利，2019 (12)：59-62.

[4] 梁献. 老口航运枢纽工程泄水闸坝下游浮箱式叠梁检修闸门设计 [J]. 广西水利水电，2023 (3)：68-71.

[5] 戴杰，戴启璠，李晗玫. 水电站叠梁门进水口水力特性数值模拟研究 [J]. 人民黄河，2023，45 (1)：140-144，150.

# 小浪底水利枢纽 3 号明流洞出口体型结构优化分析研究与实践

苏 畅 谢宝丰 贾万波 谷源泉

（黄河水利水电开发集团有限公司，河南郑州 450000）

**摘 要**：小浪底泄洪排沙系统工程量大、建筑结构复杂，集中布置在左岸山体，主要承担着枢纽每年调水调沙和泄洪运用的重要责任。2021 年 3 月 14 日水库高水位启用 3 号明流洞泄洪，出现下游出口挑流水舌边缘冲砸到消力池 2 号中隔墙，水舌扩散宽度延展至 2 号消力池内的现象。3 号明流洞高水位泄洪条件下出现挑流水舌冲砸消力池隔墩的不利水力现象，为非正常挑流状态，长时间运行危及消力池中隔墙的安全。本研究经复核对比原设计、模型试验、现状建筑物布置及体型分析了 3 号明流洞高水位运行出现这种现象的原因；通过水工物理模型试验、数值模拟两种方法分析研究，与原型实际泄洪运行观测成果有效结合，通过对比验证和外延分析，提出科学合理的 3 号明流洞出口体型结构优化方案。经实施效果验证，消除了 3 号明流洞泄洪带来的安全隐患。

**关键词**：3 号明流洞；出口体型；数值模拟；物理模型；结构优化

## 1 研究背景

小浪底水利枢纽泄洪排沙建筑物全部集中布置在左岸山体，由 3 条明流洞、3 条排沙洞、3 条孔板洞和 1 条溢洪道组成。泄洪排沙建筑物下游采用 2 级消力池集中消能，出口综合消力池采用 2 道中隔墙从左至右分隔为 3 个池。

3 号明流洞主要任务是泄洪和排漂，采用直线布置方式，全长 1 077.0 m。出口综合消力池采用 2 道中隔墙从左至右分隔为 3 个池，3 号明流洞下泄水流以挑流形式和 3 号排沙洞、正常溢洪道的下泄水流入 3 号消力池消能后，与下游河道水位平顺衔接。3 号明流洞泄洪轴线与消力池中隔墙轴线平行，距 2 号中隔墙中心线 47.8 m，距消力池北侧坡坡脚 52.3～49.1 m，左右距离大体位于 3 号消力池中间。

2021 年 3 月 14 日水库高水位（库水位约 269.00 m）启用 3 号明流洞泄洪运行时，出现下游出口挑流水舌边缘冲砸到消力池 2 号中隔墙，水舌扩散宽度延展至 2 号消力池内的现象。2 号中隔墙总高度 35～38.2 m，消力池底板以上高度达 25～28.2 m，中隔墙底宽 25 m，高宽比约 3∶2，整体体型瘦高，抵抗侧向外力能力较弱，外延挑射水舌及水流冲击震动长期作用下将对 2 号中隔墙稳定安全和结构耐久性产生不利影响。

## 2 问题分析

历史上 3 号明流洞多在库水位低于 250 m 条件下泄洪运用，未发现冲砸 2 号中隔墙现象。为查明问题原因，已开展如下工作：一是与水工模型试验成果《黄河小浪底枢纽工程优化方案水工模型试验报告》（1993 年 3 月，比尺 1∶100）匹配性复核。从模型试验结果来看，3 号明流洞在库水位 275 m 泄洪条件下，挑流水舌最大扩散宽度 78 m，单侧扩散宽度 39 m，3 号明流洞中心线距 2 号中隔墙左边线距离 46.3 m，水舌扩散边界在 3 号消力池范围之内，未出现水舌延展到 2 号池的状况。二是

---

**作者简介**：苏畅（1983—），男，高级工程师，主要从事水工建筑物运行维护管理工作。

现状体型与设计体型的一致性复核，2021 年 4 月 2—5 日，安排 3 号明流洞泄槽、挑流鼻坎及 2 号中隔墙现场测量，经核对现状体型与设计体型完全一致。

小浪底 3 号明流洞开闸泄洪形成高速水流，出口流速高达 30 m/s 以上，如此高速巨量的水体，水流的水力特性会发生很大的变化，涉及紊流、掺气、空化等多种复杂现象；小浪底多座泄洪建筑物集中布置，对水力学研究提出了更高、更精准的要求。通过查阅国内外模型与原型对比的相关研究成果和文献并进行分析，根据多年来的经验及研究成果，物理模型不能准确反映挑流水舌横向扩散的原因主要有以下几个方面。

## 2.1 糙率影响

3 号明流洞全线为钢筋混凝土结构，糙率取值在 0.011~0.016，设计糙率为 0.014，原模型比尺为 1∶100，按比尺相似折算后模型边壁糙率为 0.006 5，模型材料的光洁度很难达到，因此原整体 1∶100 模型流道糙率值偏大，泄槽和挑坎末端流速较实际流速值偏小，影响挑距及横向扩散范围。

## 2.2 高速水流掺气影响

高流水流在流动过程中水体会掺入大量空气，掺气水流转换为水气二相流，体积膨胀，横向宽度也会相应扩大，而物理模型很难准确模拟高速水流充分掺气、膨胀的实际状态，从而导致与原型存在一定偏差。

## 2.3 水流表面张力对横向扩散的影响

模型水流与原型表面张力不相似，模型水流受表面张力的影响较大，当流层较薄时，表面张力的作用不能忽略，使水舌收缩、变形；而对于原型水流，由于水流尺度大、水体内部紊动混掺剧烈，表面张力的影响远小于惯性作用和紊动扩散作用，故物理模型（特别是小比尺模型）与原型水舌横向扩散不一致。

分析认为以上几方面影响因素，导致原型与物理模型不相似，本次研究有针对性地减小和消除上述影响，通过合理修正获得相对可靠的模型试验成果。

# 3 研究思路和方法

本次 3 号明流洞出口体型优化方案研究拟通过水工物理模型试验、数值模拟 2 种方法分析研究，与原型实际泄洪运行观测成果有效结合，通过对比验证和外延分析，提出科学合理的 3 号明流洞出口体型优化方案。

## 3.1 数值模拟计算分析

数值模拟计算分析采用 Flow 3D 软件对其进行了三维数值模拟，对原设计出口体型、不同调整方案体型的水流流态、水舌扩散形态等进行对比分析，数值模拟计算分析分为三大步骤：

（1）参数率定。主要影响参数与计算边界条件在合理范围内组合试算，分析参数对结果变化趋势的影响，拟定主要计算参数及入流边界条件。

（2）原设计方案反演分析。以水库原型实际泄洪运用工况及水舌扩散状态为参照，通过参数调整、经验公式修正，对原设计进行反演分析。

（3）调整方案分析。采用率定后的参数与修正方法，对多种调整进行模拟计算，对比分析并推荐优化方案。

采用 Flow 3D 计算时，过流边壁糙率取值范围 0.011~0.016，采用设计水深和掺气水深分别作为入流边界条件进行计算对比，挑射水流水舌附加扩散角 $\theta$ 可用下式表示：

$$\theta = \arctan(u'/v_0)$$

其中

$$u' = 1.36 \frac{v_0}{C}\sqrt{g} = 1.36 \frac{nv_0}{R^{\frac{1}{6}}}\sqrt{g}$$

式中：$u'$ 为横向脉动流速，m/s；$v_0$ 为挑坝流速，m/s；$R$ 为水力半径，m；$n$ 为糙率；$C$ 为谢才系数。

通过上述公式，可估算出附加横向扩散角 θ，加上边墙本身的扩散角，即为水舌横向总的扩散角。库水位 266.31 m 时，原型泄洪闸门全开时出口挑流水舌右侧延展到 2 号中隔墙以外约 2 m，水流扩散角为 40.662°，扣除原设计边墙角度，原型水流单侧附加扩散角平均值为 3.15°，库水位 271.09 m 时约为 3.12°。综上，数值模拟计算分析通过在合理范围内调整过流边壁糙率、入流边界水深等参数进行不同条件组合试算，同时考虑水流横向附加扩散角修正，使计算结果与实际原型泄洪接近，以此来确定外延计算分析的参数和修正方法。以水库实际泄洪运用状态作为复核参照，在原设计体型基础上，采用率定后的参数及入流条件进行原设计方案反演分析，计算分析成果见表 1。

表 1 原设计方案数值模拟计算结果

| 序号 | 参数 | 数值 | | | |
|---|---|---|---|---|---|
| 1 | 库水位/m | 266.31 | 268.59 | 271.09 | 275.00 |
| 2 | 挑距/m | 143.10 | 146.20 | 151.80 | 156.10 |
| 3 | 水舌右侧最大扩散宽度/m | 46.00 | 47.30 | 48.80 | 50.30 |
| 4 | 计算附加扩散角/(°) | 2.437 | 2.429 | 2.421 | 2.409 |
| 5 | 实际量测附加扩散角/(°) | 3.15 | 3.13 | 3.12 | 3.10 |
| 6 | 修正后水舌右侧最大扩散宽度/m | 52.19 | 53.74 | 55.50 | 57.24 |
| 7 | 原型观测水舌右侧最大扩散宽度/m | 51.30 | 53.30 | 55.30 | — |
| 8 | 5、6 横向扩散宽度相差比值/% | 1.7% | 0.8% | 0.4% | |
| 9 | 水舌延展到 2 号池内的宽度（计算/实测）/m | 2.89 / 2.0 | 4.44 / 4.0 | 6.20 / 6.0 | 7.94 |

根据原设计方案计算结果，结合原方案挑流鼻坎段布置，出口体型调整方案拟采用右边墙内侧向左偏移一定宽度的模式，通过挑坎右侧扩散宽度及末端扩散角度的减小，有效缩减挑流水舌右侧最大扩散宽度，将水舌最外缘控制在 3 号消力池内。不同偏移调整方案数值计算结果见表 2。

表 2 挑流鼻坎体型不同调整方案数值模拟结果

| 项目 | | 调整方案 1（偏移 0.6 m） | 调整方案 2（偏移 1.0 m） | 调整方案 3（偏移 1.5 m） | 调整方案 4（偏移 1.7 m） | 调整方案 5（偏移 2.0 m） | 调整方案 6（偏移 2.5 m） |
|---|---|---|---|---|---|---|---|
| 库水位/m | | 275.00 | 275.00 | 275.00 | 275.00 | 275.00 | 275.00 |
| 挑距/m | | 150.0 | 150.1 | 152.9 | 150.2 | 151.0 | 149.0 |
| 水舌右侧最大扩散宽度/m | | 37.90 | 33.90 | 31.30 | 28.60 | 26.30 | 22.80 |
| 理论计算 | 附加扩散角/(°) | 2.403 | 2.398 | 2.393 | 2.390 | 2.387 | 2.381 |
| | 修正后水舌右侧最大扩散宽度/m | 42.49 | 38.38 | 35.75 | 33.02 | 30.93 | 27.55 |
| | 距 2 号中隔墙左侧边缘距离/m | 3.81 | 7.92 | 10.55 | 13.28 | 15.37 | 18.75 |

续表2

| 项目 | | 调整方案1<br>（偏移0.6 m） | 调整方案2<br>（偏移1.0 m） | 调整方案3<br>（偏移1.5 m） | 调整方案4<br>（偏移1.7 m） | 调整方案5<br>（偏移2.0 m） | 调整方案6<br>（偏移2.5 m） |
|---|---|---|---|---|---|---|---|
| 保守估算 | 附加扩散角/<br>（°） | 6.3 | 6.3 | 6.3 | 6.2 | 6.3 | 6.3 |
| | 修正后水舌右侧最大扩散宽度/m | 49.91 | 45.71 | 42.78 | 40.25 | 38.37 | 35.52 |
| | 距2号中隔墙左侧边缘距离/m | -3.61 | 0.59 | 3.52 | 6.05 | 7.93 | 10.78 |

从计算结果可见，右边墙向内侧偏移得越多，水舌横向扩散宽度越小，水舌右边缘距离中隔墙越远。调整方案2偏移1.0 m，水舌右侧最大扩散入水点距2号中隔墙左侧边缘距离仅为0.59 m，安全度偏小；调整方案3偏移1.5 m，水舌右侧最大扩散入水点距2号中隔墙左侧边缘距离为3.52 m，已避开2号中隔墙墙体左侧坡，基本满足安全要求；调整方案4、5分别偏移1.7 m、2.0 m，对于中隔墙来讲安全度更高，需结合消力池内水流脉动及下游冲刷情况综合评价确定。因此，综合考虑将调整方案3、方案4、方案5（挑坎末端右边墙向内侧分别偏移1.5 m、1.7 m、2.0 m）作为初步推荐方案，模型试验主要围绕这3个方案开展工作。

### 3.2　水工物理模型试验

水工物理模型设计为正态模型，几何比尺取1:60，试验建立了3号排沙洞、3号明流泄洪洞及溢洪道水工模型。经过对设计方案初步比选，将挑坎末端右边墙向内侧偏移1.5 m方案（$Y=X\tan2.941° + 0.002\ 667X^2$），作为修改方案1；将挑坎末端右边墙向内侧偏移1.7 m方案（$Y=X\tan2.941° + 0.002\ 142X^2$），作为修改方案2；将挑坎末端右边墙向内侧偏移2.0 m方案（$Y=X\tan2.941° + 0.001\ 355X^2$），作为修改方案3开展进一步比选。

根据模型试验，得出修改方案中不同库水位下3号明流洞出口挑流水舌扩散水工模型试验结果如表3所示。从图表中可以看出，与原设计方案规律一致，修改方案下，随着库水位的增大，水舌右侧入水点距2号隔墩顶部左边沿越来越近，水舌扩散宽度逐渐增大，右侧水舌横向扩散系数逐渐增大。

表3　3号明流洞出口挑流水舌横向扩散物理模型试验与原型泄洪结果对比

| 方案 | 特征参数 | 库水位/m | | | | | |
|---|---|---|---|---|---|---|---|
| | | 250.00 | 260.00 | 265.00 | 266.31 | 268.59 | 275.00 |
| 原设计方案<br>（修正值） | $S/m$ | 7.37 | -1.12 | -4.52 | -5.00 | -7.12 | -10.50 |
| | $\dfrac{B_r - B_{0r}}{B_{0r}}$ | 2.12 | 2.80 | 3.07 | 3.11 | 3.28 | 3.55 |
| 修正方案1<br>（右边墙<br>偏移1.5 m） | $S/m$ | 15.05 | 9.79 | — | 7.45 | 6.21 | 4.24 |
| | $\dfrac{B_r - B_{0r}}{B_{0r}}$ | 1.85 | 2.32 | | 2.54 | 2.65 | 2.83 |

续表 3

| 方案 | 特征参数 | 库水位/m | | | | | |
|---|---|---|---|---|---|---|---|
| | | 250.00 | 260.00 | 265.00 | 266.31 | 268.59 | 275.00 |
| 修正方案 2 （右边墙 偏移 1.7 m） | $S/m$ | 16.99 | 11.58 | 9.44 | 9.12 | 7.82 | 5.72 |
| | $\dfrac{B_r - B_{0r}}{B_{0r}}$ | 1.73 | 2.23 | 2.43 | 2.46 | 2.58 | 2.77 |
| 修正方案 3 （右边墙 偏移 2.0 m） | $S/m$ | 18.61 | 12.60 | 10.16 | 9.78 | 8.28 | 5.82 |
| | $\dfrac{B_r - B_{0r}}{B_{0r}}$ | 1.64 | 2.21 | 2.45 | 2.48 | 2.63 | 2.86 |

结论：推荐修改方案 2（右边墙偏移 1.7 m）

注：$B_r$ 为水舌右侧入水点距 3 号明流洞中心线的距离，m；$B_{0r}$ 为 3 号明流洞调出口。右侧边壁距中心线的距离，m。

从表 3 中可以看出，库水位 266.31 m 和 268.59 m 下，修正之后的 3 号明流洞出口挑流水舌横向扩散系数 $\dfrac{B_r - B_{0r}}{B_{0r}}$ 和水舌右侧入水点距 2 号隔墩顶部左边沿的距离 $S$ 与原型观测的水舌扩散特征参数值基本一致，验证了模型试验成果的可靠性和准确性。库水位 275.00 m 时，物理模型试验结果显示，水舌右侧入水点超出 2 号隔墩顶部左边沿 10.50 m。综合水工模型试验结论，选择修改方案 2，即右边墙向内侧偏移 1.7 m 作为 3 号明流洞出口体型结构优化推荐方案。

## 4  提出优化实施方案

推荐方案右边墙内侧末端向左偏移 1.7 m，挑流鼻坎右侧边墙曲线修改为 $Y = X\tan 2.941° + 0.002\,142X^2$，左侧边墙曲线 $Y = X\tan 2.941° + 0.006\,604X^2$ 保持不变。挑流鼻坎槽宽由 17.961 m 渐变至鼻坎末端的 23.30 m，挑流鼻坎坎顶高程 177.60 m，挑流鼻坎反弧最低点高程为 173.112 m，挑角 30°，反弧半径 33.50 m。3 号明流洞出口挑流鼻坎优化方案体型结构见图 1。

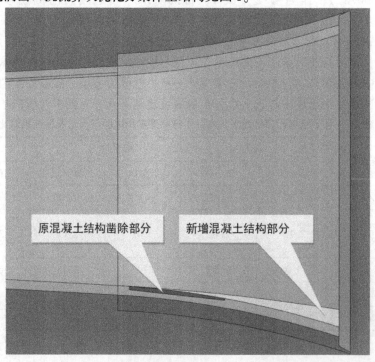

**图 1  3 号明流洞挑流鼻坎优化方案三维体型**

### 4.1 原混凝土结构凿除范围

结合现状混凝土、止水、钢筋施工条件，起始桩号 1+058.48，凿除厚度 0.30 m；末端桩号 1+067.00，凿除厚度 0.15 m。

### 4.2 改建结构材料

小浪底泄洪水流泥沙含量高，3 号明流洞泄槽流速高达 30 m/s 以上，为提高流道边壁混凝土的抗气蚀和抗磨蚀能力，原设计 3 号明流洞流道部位采用 A 级混凝土，即抗压强度达 70 MPa 的硅粉混凝土。挑流鼻坎段属于高流速区，本次改建采用 C70 硅粉聚乙烯醇纤维混凝土。

### 4.3 新老混凝土的连接

右侧边墙老混凝土凿除段范围为桩号 1+058.48～1+067.00，长度 8.52 m，凿除完成后进行连接面植筋，植筋采用 HRB400 级热轧带肋钢筋，钢筋直径 20 mm，间距 250 mm，钻孔直径 25 mm，植筋用的胶黏剂采用 A 级胶，绑扎表层钢筋后，浇筑新混凝土。

### 4.4 过流表面平整度技术要求

过流面不允许有垂直升坎或跌坎，混凝土表面在 1 m 范围内的凹凸值控制在 ±2 mm 以下。为保持过流面平整度和提升抗冲磨能力，本次改建右侧边墙过流内表面增设环氧砂浆抗冲磨涂层，厚度 10 mm。

## 5 优化实施效果

优化后，3 号明流洞出口挑流鼻坎槽宽由 17.961 m 渐变至鼻坎末端的 23.30 m，挑流鼻坎坎顶高程 177.60 m，挑流鼻坎反弧最低点高程为 173.112 m。经过 2022 年、2023 年汛期泄洪运用 240 余 h，新增混凝土结构部分未发生变化，也未出现下游出口挑流水舌边缘冲砸到消力池 2 号中隔墙的现象，2 号中隔墙结构安全稳定问题得到有效解决。

## 参考文献

[1] Glazov A I. Calculation of the air-capturing ability of a flow behind an aerator [J]. Hydrotech Construction, 1985, 18 (11)：554-558.

[2] Jian-hua Wu, Shi-ping RUAN. EMERGENCE ANGLE OF FLOW OVER AN AERATOR [J]. Science Direct Journal of Hydrodynamics Ser. B, 2007, 19 (5)：601-606.

[3] 肖兴斌，潘化兰. 泄水能力水工模型试验缩尺影响的探讨 [J]. 长江水利教育, 1998 (2)：55-58.

[4] 李炜. 水力计算手册 [M]. 2 版. 北京：中国水利水电出版社, 2006.

[5] 郑小玉. 溢洪道水力特性的数值模拟及实验研究 [D]. 成都：四川大学, 2004.

[6] 曾祥，黄国兵，段文刚. 混凝土渠道糙率调研综述 [J]. 长江科学院院报, 1999 (6)：1-4.

# 某抽水蓄能电站下水库泄洪放空洞消力池优化研究

陈思禹[1]  侯冬梅[1]  张 弦[2]

(1. 长江水利委员会长江科学院，湖北武汉  430039；
2. 中国电建集团华东勘测设计研究院有限公司，浙江杭州  311100)

**摘 要：** 消力池优化对于水利工程泄洪安全具有重要意义。某抽水蓄能电站下水库泄洪放空洞洞线与河道走向呈大夹角，出口消力池需同时具备消能、导向等功能。本文利用水工模型试验对消力池结构及侧堰衔接形式进行了优化，试验结果表明：①箱式结构能有效改善消力池内流态，减小消力池水面波动，消能效果较好。②台阶坝结合末端水平角度挑流措施对进一步消减水流能量、保护坝趾起到重要作用。③该工程泄洪放空洞消力池采用箱式消能工结合、侧堰采取台阶坝结合挑流消能更合适，对水利工程中同类型消力池设计提供了参考价值，具备一定应用前景。

**关键词：** 消力池；箱式消能；侧堰；台阶坝

## 1 引言

随着我国高坝建设的发展，高水头、大流量等工程特征带来诸多典型的高速水力学问题，包括空化空蚀、水体掺气、流激振动、脉动压力大、下游河道冲刷等[1]。泄洪消能成为影响工程安全的突出问题[2]。某抽水蓄能电站总装机 120 万 kW，电站枢纽由上水库、下水库、发电厂、开关站等枢纽建筑物组成，如图 1 所示。下水库泄水建筑物主要包括竖井式泄洪洞、泄洪放空洞。如图 2 所示，其中泄洪放空洞进口高程 423.00 m，运行时处于有压状态，出口由锥阀控制，水流由锥阀流出后进入消力池。锥阀为一种利用阀室中锥体来扩散水流的流体机械。在抽水蓄能电站工程中，由于水库水位调节频率高，要求水流控制设施耐用可靠。而锥阀具有适应中高水头、适应各级流量、振动小、空蚀风险小等特点，其结构简单，可精确控制流量，常用于抽蓄工程中[3]。如图 3 所示，在该工程中泄洪放空洞洞线与河道夹角大，消力池消能空间狭窄，选用锥阀同时能起到一定的消能效果。本研究中水流沿锥阀锥面向四周扩散后以高速环形射流形式进入下游消力池，与池内水体互相掺混，消减水体能量。由于泄洪放空洞出口水流与河道方向呈现大夹角，若采用传统形式消力池可能面临消能不充分、水面波动大等问题。关于锥阀出口消力池的结构布置和选择，国内外学者此前开展了一些相关研究。以往锥阀配套的消能设施大多将水流限制在箱体[4-7]或者腔室[8]内部，利用水流之间的碰撞、冲击消减能量，消能设施边墙压力波动较大，流态复杂，不利于结构安全稳定。苏联学者 H. B. 柯卡娅[9]对锥阀的消能室进行了水力学研究，发现消能室内水流通过分散、撞击等实现能力耗散。A. T. 卡维什尼科夫等[10]通过模型试验研究了喷嘴体型对锥阀泄流能力、压力分布的影响。张宗孝等[11-12]从理论角度研究了射流进入消力池的流场分布，提出了锥阀下游消力池的设计方法。李翠艳[13]研究了不同锥阀开度、消力池长度和消力池深度条件下的水力特性。李志乾[14]通过数值模拟研究了锥阀出口斜向淹没冲击射流进入消力池后的基本流场结构，并研究了入射角、流速、消力池尺寸对流态的影响。前人研究主要以保证消力池内的消能率为重点，但对于流态优化的研究尚有不足，包括消力池内水面波动、浪涌情况等。

本文研究工作以某抽水蓄能电站下水库泄洪放空洞出口消力池为研究对象。从图 3 中可以看到，

---

**作者简介：** 陈思禹（1994—），男，工程师，主要从事泄洪消能与空化空蚀研究工作。

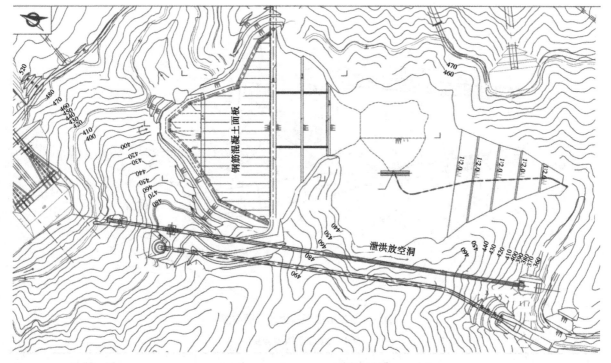

图 1  下水库枢纽平面布置图

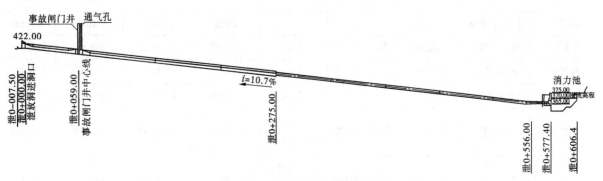

图 2  泄洪放空洞剖面图

该工程下水库泄洪放空洞出口水流方向与河道方向呈 90°夹角，消力池除消散水流能量外还需将下泄水流调整引导至河心。因此，需要在消力池靠近下游河道一侧衔接侧堰将水流平顺引导至下游河道，侧堰下泄水体需尽量避免下泄水流对河床的冲刷。上述工程实际要求消力池消能率较常见消能箱更高，同时消力池内水面波动尽量减小。

## 2  试验方案

本项目采用模型试验开展相关研究，采用重力相似原则设计，模型比尺为 1∶30。研究主要包括 2 个部分工作，即消力池结构优化和侧堰下游衔接优化。要改善消力池内的浪涌情况、降低水面波动，需将消能水体限制在一定范围内。本研究限制水面波动是通过在消力池上增加隔板和盖板，其本质仍是提高消能率，将水体限制在隔板与盖板形成的隔间内，既可以保障消能效果，也有利于水面平稳。隔板和盖板的高程需要通过试验得到。侧堰出口下游衔接形式关系到水流对下游河道的冲刷，与消力池消能效果和消力池流态有关。如消力池消能效果好，下游可直接采用简单的斜坡面，如侧堰下游水流流速较大，对下游河道冲刷严重，可在水流下泄过程中增设台阶坝消能。

本研究对消能方式、盖板顶部高程、隔板布置方式、侧堰顶部高程、底板高程等参数进行了研究，具体试验体型见表 1。

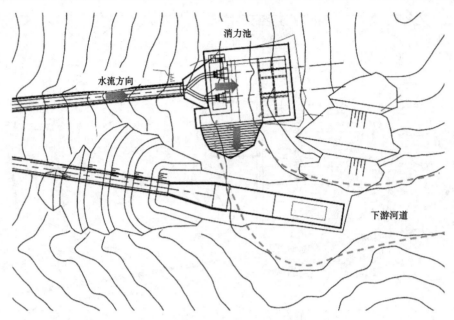

**图 3　泄洪放空洞消力池平面布置**

**表 1　消力池体型参数**

| 方案 | 消能方式 | 盖板顶部高程/m | 隔板布置方式 | 隔板开孔 | 侧堰溢流方式 | 坡度 | 侧堰顶部高程/m | 底板高程/m |
|------|---------|--------------|------------|---------|------------|------|--------------|-----------|
| 方案一 | 常规水垫塘 | 375.00 | — | — | 斜坡 | 1:0.3 | 370.00 | 356.00 |
| 方案二 | 箱式消能 | 368.50 | 不均匀分布 | 无孔 | 台阶坝 | 1:0.75 | 368.00 | 360.00 |
| 方案三 | 箱式消能 | 370.50 | 不均匀分布 | 无孔 | 台阶坝 | 1:0.75 | 370.00 | 360.00 |
| 方案四 | 箱式消能 | 370.50 | 三等分 | 无孔 | 台阶坝 | 1:0.75 | 370.00 | 360.00 |
| 方案五 | 箱式消能 | 370.50 | 不均匀分布 | 右侧隔板开孔（3个） | 台阶坝 | 1:0.75 | 370.00 | 360.00 |
| 方案六 | 箱式消能 | 370.50 | 不均匀分布 | 左右侧隔板开孔（6个） | 台阶坝 | 1:0.75 | 370.00 | 360.00 |

如图 4 所示，方案一采用常规水垫塘，平面上呈现矩形，侧堰为 1:0.3 斜坡。方案二为了进一步改善消力池内的流态和消能效果，同时利于施工简单，消力池内采用箱式消能；消力池底板抬高 4 m，侧堰下游采用 1:0.75 台阶坝+台阶面延长 5 m 方案。其中，箱式消能隔板分别布置在 2 个锥阀轴线的中心线、右侧锥阀与右侧消力池边墙的中心线上，隔板将消力池分为 3 个不均匀的隔间（后文简称"隔板不均匀分布"）。为了探索消力池内流态改善所需的最低淹没深度，尝试调整侧堰高程为 368.00 m，盖板高程随侧堰高程相应调整。方案三与方案二相比，调整侧堰顶部高程为 370.00 m。方案四对隔板布置方式进行了探究，尝试采用隔板三等分布置。方案五和方案六在隔板上增加开孔，探索了隔板开孔方案，让相邻隔间内的水流可以进一步相互对流掺混，增加消能率。方案五仅在右侧隔板开孔，方案六则进一步在左右两侧隔板上开孔。为了对比不同体型消力池在最不利工况下的消能特性和流态特征，试验运行最大流量工况 $Q = 102.7$ m³/s，20 年一遇。

## 3　试验成果

### 3.1　消力池流态及水面线

图 5（a）～（f）展示了方案一至方案六消力池内的水流流态。方案一消力池内无辅助消能结

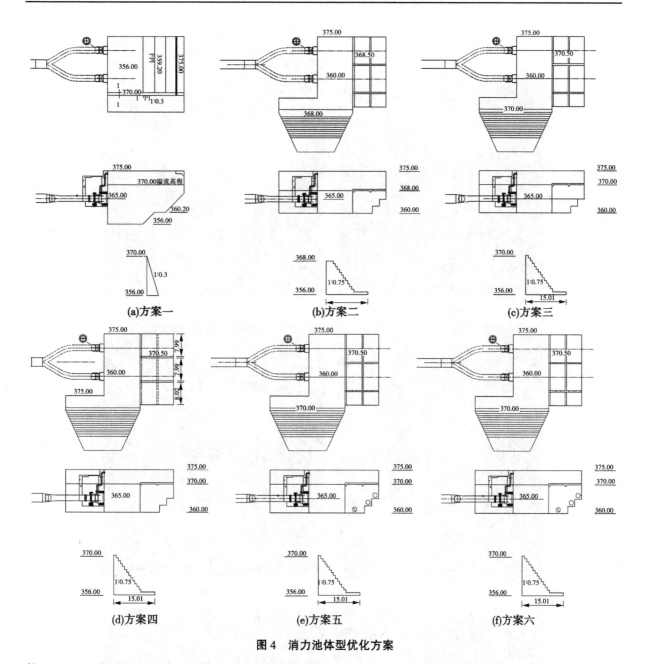

图 4　消力池体型优化方案

构，通过下游顶板防止水面超高。从流态可以看出，水流从锥阀进入消力池后冲击对侧边墙，随后沿边壁上涌，消力池末端水位壅高。水流冲击锥阀对侧边墙后折返与来流对冲，部分水体在锥阀出口处壅高，因此消力池内形成两端水位高、中间水位低的流态。由于消力池内水面起伏，下游末端水位较高，水流从侧堰溢出时流量更大，侧堰溢出的水流大多直接冲击左岸山体，对左岸山体安全稳定不利。

方案二消力池采用 L 形布局将侧堰溢流口调整至河道中心位置，采用台阶坝面+挑流消能工、消力池内增设箱式消能工的方式，消力池规模略微增大。从流态来看，侧堰溢流堰能将消力池下泄水流较好地归顺至河道中部，通过挑流鼻坎将水流挑离坝脚，对侧堰坝脚稳定有利。台阶坡比采用 1：0.75，台阶坝面基本能形成充分掺气水流。鼻坎出口采用水平 0°挑坎，结构简单、施工简便。

对比方案二流态，方案三水面更为平顺。方案三侧堰顶部高程为 370.00 m，较方案二侧堰顶部高程 368.00 m 更高，消力池内淹没深度更大，水体消能更充分，表明侧堰顶部高程 370.00 m 较为合适，没有降低的裕度。

图 5 不同优化方案下消力池流态

考虑到消力池内可能存在部分水体未参与消能,方案四与方案三对比了隔板的三等分布置和不均匀分布对消力池流态的影响。对比方案三和方案四流态,发现隔板三等分分布时盖板前缘水面出现涌浪,原因在于三等分分布时水流直接冲击隔板迎水面,导致消力池出现浪涌,因此隔板三等分布置并不能较好地适配两孔锥阀的出流,非均匀布置方案以两孔锥阀出口中心线布置左右隔板,消力池水流更加稳定。

方案五和方案六分别尝试仅在右侧隔板开孔和在左右两侧隔板开孔,结果表明,两孔锥阀对应的两孔箱室各自独立消能更加有利,即左侧隔板开孔不利;连接右侧箱室的右侧隔板开孔,增加了消能水体,有利于消力池内水流能量耗散。

在观察了上述六种方案流态的同时,试验也记录了不同方案下的水位数据。图6中标明了测定消力池水面线时布置的测点位置1#~12#。除了流态区别较大的工况,图7对比了方案三、四和五三个方案的水位,进一步量化分析了消力池内的水面波动情况。从水位数据可以看出,消力池内水面波动最大主要发生在锥阀出口边墙和左侧墙,原因在于水流冲击对侧边墙后折返,与来流在锥阀出口附近对冲,导致锥阀出口断面水面波动大。横向对比方案三、四和五可以发现,方案五水面波动最小,0.6 m。

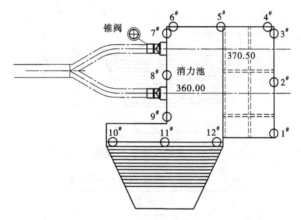

**图6 消力池边墙水面线测点布置**

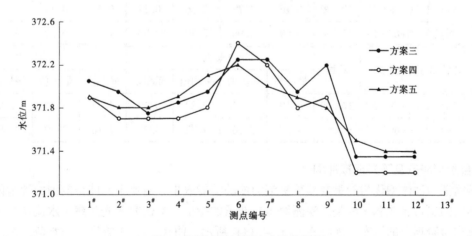

**图7 不同方案消力池边墙水面线**

## 3.2 消力池边墙压力特性

压力特性是反映结构受力的重要方面。消力池内盖板结构是限制水流波动的主要结构。水流在隔间内旋滚对冲消能时对盖板冲击力存在使盖板向上倾覆的风险。因此,在盖板下侧靠近消能水体一面布置了2个脉动压力测点,1#测点和2#测点均位于盖板下侧迎水面,测量水流顶冲盖板的冲击压力和脉动压力,如图8所示。表2中展示了方案三至方案六的盖板脉动压力。方案三盖板底部脉动压力略小于方案四。与方案四相比,方案三中隔板采用不均匀分布,水流进入消力池后在隔间内消能,而方案四中水流冲击隔板流态更紊乱,脉动压力更大。与方案三和方案四相比,方案五和方案六脉动压力值明显减小。方案五和方案六通过在隔板上开孔,使各隔间的水流可以相互交换,增加消能效果,降低了盖板受到的水流冲击,因此脉动压力减小。

不同方案中盖板压力数据表明,1#测点平均压力较 2#测点小,2#测点下方存在两级台阶,水流沿台阶斜向上运动直至冲击盖板,水流直接冲击 2#测点导致此处脉动压力大。脉动压力测点附近水面高程 372.00 m 左右,而此处平均压力在 2.20~2.80 m,说明盖板受到了 0.20~0.80 m 冲击压力。从脉动压力大小来看,1# 和 2# 测点脉动压力较小,为 0.20~0.40 m,脉动压力与时均压力比值在 8.1%~14.4%。

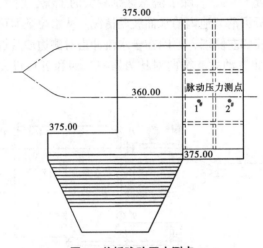

**图 8 盖板脉动压力测点**

**表 2 不同优化方案盖板脉动压力** 单位:m

| 位置 | 测点编号 | 桩号 | 高程 | 方案三 | | | | 方案四 | | | |
| | | | | 最小值 | 最大值 | 平均值 | 标准差 | 最小值 | 最大值 | 平均值 | 标准差 |
|---|---|---|---|---|---|---|---|---|---|---|---|
| 消力池盖板下侧 | 测点 1 | 0+594.57 | 370.00 | 0.16 | 4.78 | 2.36 | 0.34 | 0.52 | 4.12 | 2.27 | 0.41 |
| | 测点 2 | 0+600.57 | 370.00 | 0.69 | 4.96 | 2.78 | 0.30 | 1.93 | 5.39 | 3.57 | 0.36 |

| 位置 | 测点编号 | 桩号 | 高程 | 方案五 | | | | 方案六 | | | |
| | | | | 最小值 | 最大值 | 平均值 | 标准差 | 最小值 | 最大值 | 平均值 | 标准差 |
|---|---|---|---|---|---|---|---|---|---|---|---|
| 消力池盖板下侧 | 测点 1 | 0+594.57 | 370.00 | 1.19 | 3.35 | 2.29 | 0.29 | 1.32 | 3.46 | 2.19 | 0.27 |
| | 测点 2 | 0+600.57 | 370.00 | 1.57 | 3.76 | 2.72 | 0.22 | 1.18 | 3.69 | 2.68 | 0.26 |

### 3.3 侧堰台阶坝流态及下游河道冲刷

评价不同消力池体型优劣的重要参数是消力池的消能效果。对比不同体型的消力池消能率,在相同工况下侧堰的出口流速和水深是反映侧堰出口能量的指征。本研究首先观察了水流从侧堰流出的流态以及水流在台阶坝上的流态,如图 9 (a) ~ (f) 所示。图 9 (a) 中方案一,水流从侧堰流出时分布不均匀,靠近左岸山体一侧流量大,上游侧流量小,水流冲击左岸山体,掺气不明显。图 9(b) ~ (f),水流从台阶坝下泄,可以看到在下泄过程中水流从第二级开始掺气,随后从最后一级台阶面挑流进入下游河道。

表 3 中展示了 20 年一遇(洪水频率为 5%)工况下各方案侧堰出口的水深和流速,同时计算了侧堰出口总能量。对比方案一到方案六,可以看出方案五侧堰能量最低,也说明方案五中消力池对水流的消能效果最好。

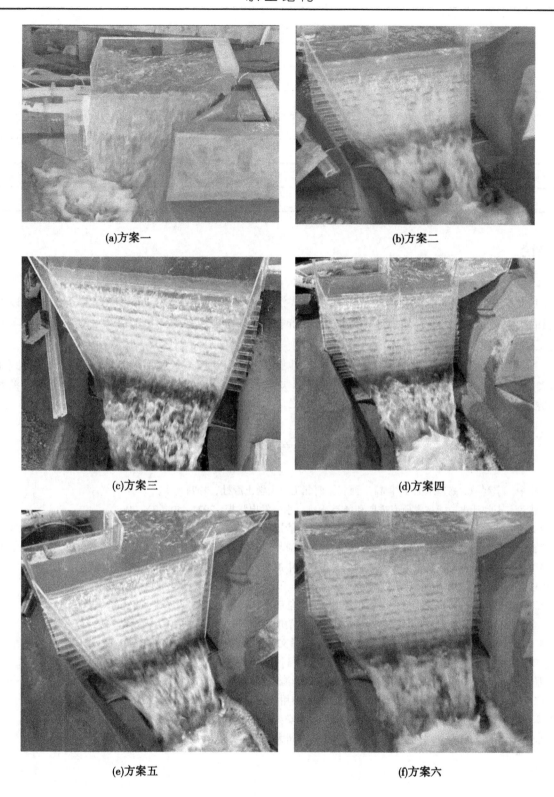

(a)方案一        (b)方案二

(c)方案三        (d)方案四

(e)方案五        (f)方案六

**图9 不同方案侧堰下游台阶坝流态**

表 3　不同方案侧堰下游台阶坝流态

| 方案 | 侧堰水深/m | 侧堰出口流速/(m/s) | 总能量/m |
|---|---|---|---|
| 方案一 | 2 | 7.00 | 4.50 |
| 方案二 | 1.8 | 5.50 | 3.34 |
| 方案三 | 1.5 | 5.10 | 2.83 |
| 方案四 | 1.26 | 4.60 | 2.34 |
| 方案五 | 1.23 | 3.90 | 2.01 |
| 方案六 | 1.25 | 4.20 | 2.15 |

## 4　结论

综合消力池内流态、水面线、盖板脉动压力、结构稳定等，本研究主要结论如下：

（1）方案五是消力池优化的较优方案。箱式消能结构在消力池内空间布局限制条件下可以有效地增加水体的消能率，改善消力池内部流态，同时对建筑物结构受力的影响有限。台阶坝方案与箱式消能工结合能够较好地解决下游河道冲刷等问题。

（2）侧向溢流堰下游衔接台阶坝可以较好地解决水流下泄对下游河道的冲刷问题。本研究中单宽流量小、侧堰较高，水流在台阶坝表面实现逐级消能，经过平挑坎进入下游河道，在保护台阶坝坝脚的同时能较好地解决浪涌、冲刷等问题。

## 参考文献

[1] 李建中，宁利中．高速水力学 [M]．西安：西北工业大学出版社，1994.

[2] 张建民．高坝泄洪消能技术研究进展和展望 [J]．水力发电学报，2021，40（3）：18.

[3] 徐文峰，刘志民，赵春明．供水放空洞锥形阀及消能罩的技术改造 [J]．水利电力机械，2001（6）：54-56.

[4] 黄智敏，何小惠，梁萍．阳江抽水蓄能电站上库溢流坝消能试验研究 [J]．水电能源科学，2006，24（6）：4.

[5] 梁英．冲击式消能箱在宾阳清平水库主坝输水隧洞中的应用 [J]．红水河，2014，33（4）：4.

[6] 孙桂凯，徐伟章．箱式消能池初探 [C] //第三届全国水力学与水利信息学大会，2007.

[7] 焦爱萍，邢广彦．高水头小流量电站箱式半压力消能工的试验研究 [J]．水利水电技术，2006，37（8）：4.

[8] 卞全．锥形阀及消能室在巴贡水电站放水孔的泄洪消能运用 [J]．水利水电工程设计，2012，31（3）：4.

[9] 柯卡娅 H B．锥形阀出口消能室 [C] //高速水流译文集，北京：水利电力出版社，1979.

[10] 卡维什尼科夫 A T，邵先荣．装有喷嘴的锥形阀 [J]．水利水电快报，1998，19（16）：4.

[11] 张宗孝，孙静．"附加动量"水跃理论与锥形阀消能箱的体形设计 [J]．陕西水力发电，1999，15（1）：6.

[12] 张宗孝，朱争鸣．"附加动量"水跃理论的工程应用 [J]．西北水资源与水工程，2000（3）：50-54.

[13] 李翠艳．锥形阀消力池的水力特性研究 [D]．西安：西安理工大学，2009.

[14] 李志乾．锥形阀消力池数值模拟 [D]．郑州：郑州大学，2002.

# 钻孔咬合桩施工质量控制因素探析

王　静[1]　张祥吉[2]　王　敬[1]

（1. 山东省水利工程试验中心有限公司，山东济南　250220；

2. 淄博市太河水库管理中心，山东淄博　255178）

**摘　要**：由于咬合桩施工流程复杂、施工设备交叉作业多、现场施工作业面情况多变，钻孔咬合桩的成桩质量难以控制。施工时对混凝土原材料及配合比、放线定位、钻孔垂直度等环节的控制，对提高成桩质量具有重要意义。

**关键词**：咬合桩；施工质量；控制因素

在钻孔咬合桩施工过程中，各个环节相互关联、相互影响，因此施工企业应提高施工过程中对质量的控制。本文也将进一步探讨过程质量控制对提高成桩质量的重要性，以期引起各建设单位的共鸣，一起为提高工程质量、保障建筑物安全稳定作出贡献。

## 1　工程概况

太河水库位于淄博市太河镇，坝址以上控制流域面积 780 km²，总库容 1.833 亿 m³，兴利库容 1.128 亿 m³。根据《淄博市太河水库大坝安全鉴定综合评价报告》（山东省水利科学研究院，2021 年 12 月）中西溢洪道部分工程质量综合评价结论："西溢洪道出口段渠道与下游河道交界段宾格石笼和混凝土护底已被水毁，加之长期受小水流冲刷影响，渠道两岸挡墙内侧覆土冲刷流失，下切情况明显，挡墙护脚底部暴露，长此以往，两岸挡墙底部灌注桩基础桩体暴露、桩间土层淘空，当大流量泄洪时会危及两侧挡墙，造成洪水绕过挡墙冲刷坝脚，进而影响整个坝体的稳定安全。"为彻底解决太河水库西溢洪道的泄洪安全问题，消除安全隐患，结合当地水文、地质条件，针对西溢洪道出口段现状及防汛要求等情况，经专家咨询论证，在众多方案中选定防冲导流槽+消能跌坎方案。新建开放式防冲槽作为消能防冲设施，采用槽底上游及两侧新建防护挡墙+钻孔灌注咬合桩基础的形式，底部咬合桩钢筋混凝土桩与素桩交错布置，桩径 0.8 m，间距 0.7 m，桩长 7.5~16.5 m，桩底深入中风化岩层约 1.0 m。防冲槽共布置咬合桩 366 根，钻孔总深度 3 117 m。在前期阶段，先统一进行导墙的施工，当导墙混凝土强度达到设计强度的 70% 后，再分两序分别施工 A 型桩、B 型桩。第一序为 C30 素混凝土桩（A 型桩），第二序为 C30 钢筋混凝土桩（B 型桩），A 型桩与 B 型桩间隔。钻孔咬合桩施工工艺流程详见图 1。

## 2　钻孔咬合桩施工质量控制的重要性

钻孔咬合桩是一种广泛应用于土木工程领域的基础施工技术。这种技术主要应用于深基础工程，如桥梁、高层建筑、地下结构等。钻孔咬合桩具有施工速度快、成孔质量高、对周围环境影响小等优点[1]。

钻孔咬合桩的基本原理是利用旋挖钻机将钻头钻入地层，在钻孔过程中采用泥浆护壁，当钻孔达到预定深度后，放入导管注入混凝土，完成第一序 C30 素混凝土桩（A 型桩）浇筑。A 型桩采用超缓凝型混凝土，在 A 型桩混凝土初凝之前必须完成 B 型桩的施工。B 型桩钻孔过程中利用套管钻机

---

**作者简介**：王静（1985—），女，工程师，主要从事水利工程质量检测方面的工作。

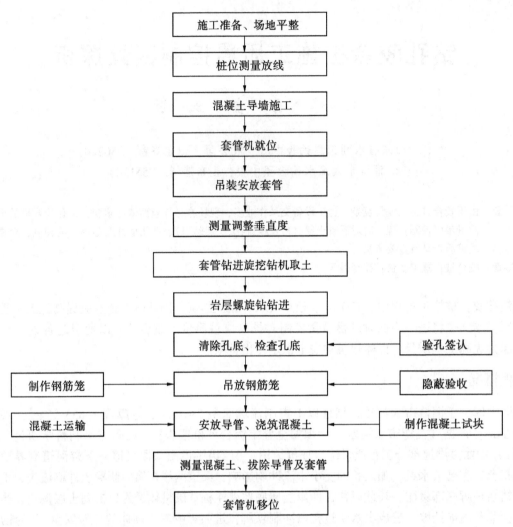

**图1 钻孔咬合桩施工工艺流程**

的切割能力切割掉相邻 A 型桩的部分混凝土，当钻孔达到预定深度后，放入钢筋笼，用导管注入混凝土，完成第二序 C30 钢筋混凝土桩（B 型桩）的施工[2]。

通过对施工过程及检查结果分析，发现影响钻孔灌注咬合桩成桩质量的因素主要有七项，详见图2。

## 3　钻孔咬合桩质量控制方法

### 3.1　混凝土原材料及配合比

#### 3.1.1　混凝土原材料

水泥：采用山东山铝环境新材料有限公司生产的 42.5 级普通硅酸盐水泥，基本指标见表1。

**表1　水泥的基本指标**

| 规格 | 比表面积/(m²/kg) | 标准稠度/% | 安定性/mm | 初凝时间/min | 终凝时间/min | 抗折强度/MPa | | 抗压强度/MPa | |
|---|---|---|---|---|---|---|---|---|---|
| | | | | | | 3 d | 28 d | 3 d | 28 d |
| P·O42.5 | 376 | 27.7 | 0.8 | 175 | 250 | 5.8 | 8.6 | 31.5 | 57.9 |

掺合料：采用山东辛店电力实业总公司生产的 F 类 Ⅱ 级粉煤灰，基本指标见表2。

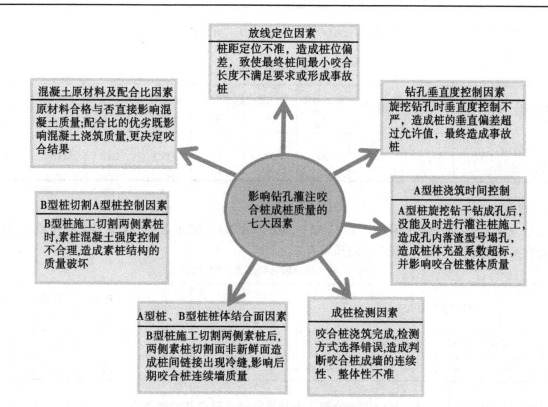

图2　影响钻孔灌注咬合桩成桩质量的因素

表2　掺合料的基本指标　　　　　　　　　　　　　　　　　　　　　　　　%

| 规格 | 细度 | 需水量比 | 烧失量 | 含水量 |
|------|------|----------|--------|--------|
| F 类Ⅱ级 | 26.9 | 101 | 2.2 | 0.1 |

细骨料：采用青州生产人工砂，基本指标见表3。

表3　细骨料的基本指标

| 规格 | 人工细骨料石粉含量/% | 表观密度/（kg/m³） | 堆积密度/（kg/m³） | 饱和面干吸水率/% | 细度模数 |
|------|------|------|------|------|------|
| 人工砂 | 7.3 | 2 680 | 1 530 | 1.8 | 3.0 |

粗骨料1：采用青州生产的5~10 mm 天然碎石，基本指标见表4。

表4　粗骨料的基本指标

| 规格 | 饱和面干表观密度/（kg/m³） | 含泥量/% | 堆积密度/（kg/m³） | 泥块含量/% | 针片状颗粒含量/% | 饱和面干吸水率/% | 颗粒级配 |
|------|------|------|------|------|------|------|------|
| 5~10 mm | 2 680 | 0.6 | 1 400 | 0 | 9 | 0.74 | 符合要求 |

粗骨料2：采用青州生产的16~31.5 mm 天然碎石，基本指标见表5。

表5　粗骨料的基本指标

| 规格 | 饱和面干表观密度/（kg/m³） | 含泥量/% | 堆积密度/（kg/m³） | 泥块含量/% | 针片状颗粒含量/% | 饱和面干吸水率/% | 颗粒级配 |
|------|------|------|------|------|------|------|------|
| 5~10 mm | 2 700 | 0.4 | 1 420 | 0 | 6 | 0.56 | 符合要求 |

外加剂：采用山东华伟银凯建材科技股份有限公司生产的 NOF-AS 型引气减水剂，基本指标见表 6。

**表 6　外加剂的基本指标**

| 规格型号 | 密度/ (g/cm³) | 含固量/ % | pH 值 | 减水率/ % | 含气量/ % | 泌水率比/ % | 1 h 含气量变化量/% | 抗压强度比/% | | |
|---|---|---|---|---|---|---|---|---|---|---|
| | | | | | | | | 3 d | 7 d | 28 d |
| NOF-AS 型引气减水剂 | 1.025 | 14.16 | 5.05 | 20 | 37 | 37 | +0.5 | 126 | 118 | 110 |

### 3.1.2　混凝土配合比

根据《水工混凝土试验规程》（SL/T 352—2020）附录 A 对钻孔灌注咬合桩用 C30 混凝土进行调配，得出实验室配合比结果，配合比结果见表 7。

**表 7　钻孔灌注咬合桩混凝土配合比**

| 各材料用量/kg | | | | | | 砂率/% | 坍落度/ mm | 含气量/ % | 拌和物表观密度/ (kg/m³) | 混凝土立方体抗压强度/MPa | |
|---|---|---|---|---|---|---|---|---|---|---|---|
| 水泥 | 粉煤灰 | 细骨料 | 粗骨料 1 | 粗骨料 2 | 外加剂 | | | | | 7 d | 28 d |
| 318 | 80 | 780 | 310 | 725 | 9.96 | 43 | 205 | 4.5 | 2 380 | 31.4 | 39.2 |

施工过程中定期对各类原材料进行检测，尤其是粗细骨料定期检测含水率、砂含石、石含砂等参数。在保证胶凝材料、水胶比不变的情况下，根据检测结果实时调整材料用量，保证混凝土拌和物性能。

### 3.2　咬合桩桩位的精确控制

在施工过程中应严格控制咬合桩桩位，钻机钻孔桩位偏差将影响下部咬合桩的咬合质量，造成事故桩，延误工期，增大工程投入[3]。由于该项目地质、地形复杂，咬合桩工艺在水利工程中缺乏施工经验。为提高桩位的精确度，本项目采取错层导向槽施工，精确定位咬合桩的造孔桩位，即对施工场地局部错层进行平整，然后对导向槽和桩位实地测量放线，使导向槽尽量布置在一个较长的水平面上，超过一定高差后进行台阶状错层布置[4]。

现场主要控制技术指标：①导向槽基础压实度大于 0.94；②导向槽内侧波浪形模板采用定型钢模；③导向槽采用 C20 混凝土，宽度 1.5 m，厚度 30 cm；④导向槽混凝土养护期一般 7 d 以上，强度达到 70% 后拆模进行后续施工。

### 3.3　咬合桩造孔垂直度检测、修正

咬合桩造孔施工中，最为关键的是桩位的垂直度控制质量，本项目 A、B 型桩钻孔灌注桩直径均为 800 mm，A、B 型桩之间间距 600 mm，A、B 型桩最小咬合长度轴向距离按不小于 80 mm 控制，这就要求对垂直度偏差有严格的控制。同时为加快施工进度，本项目要求施工方选用带有垂直度检测仪的 SR350 旋挖钻机，控制钻孔垂直度。旋挖钻机进行成孔作业时，利用旋挖钻机自带的自动垂直度检测仪器，进行造孔垂直度的监测，在钻孔过程中随时调整、修正孔内垂直度。同时定期利用测斜仪进行孔内垂直度检查，复核造孔垂直度。从抽检数据分析发现，钻机自带垂直度检测设备，控制精度较高，造孔垂直度全部控制在 3‰ 范围以内，完全满足设计要求。

### 3.4　确定最佳 A 型咬合桩混凝土灌注时间

该项目钻孔采用干钻成孔工艺，A 型桩干钻成孔后，由于没有泥浆固壁，受地质条件及上部施工荷载的影响，可能出现落渣甚至塌孔，成孔时间与混凝土浇筑间隔时间越长，孔底落渣概率就会呈几何倍数增大，这势必会影响成桩质量。为合理布置施工工作面、充分利于设备和人员交叉作业、减少后期不利因素影响，根据地层中含多道黏土层、砂层及砾石层等特殊情况，在钻孔初期施工中，进行

不同时段捞渣测定试验，试验表明在干钻成孔后 6 h 内孔壁基本稳定，孔底落渣基本忽略不计，超过 6 h，孔内黏土层和砂层会出现局部塌孔，孔底落渣开始增加，且呈逐步扩大趋势。最终采用在 A 型桩成孔 6 h 内进行混凝土灌注的作业方案，经数据统计其充盈系数都控制在 1.12～1.2，质量控制较好[5]。

### 3.5 确定最佳切割混凝土素桩时间

两侧 A 型桩浇筑后选择好最佳时间节点进行 B 型桩成孔作业，这对咬合桩的成桩质量至关重要，直接决定钻孔咬合桩施工的成败。为使 B 型桩顺利切割成孔，减小对 A 型桩混凝土结构的破坏，在施工前期做了多个 C30 混凝土试验桩，分别选择在 12 h、24 h、36 h、48 h 等时间段用旋挖钻机进行旋挖钻切割试验。试验结果表明养护 12 h 后切割，A 型试验桩 60% 完整，中下部存在结构性破坏；24 h 后切割。A 型试验桩 92% 完整，底部局部存在破坏；36 h 后切割，A 型试验桩 100% 完整；48 h 后切割，A 型试验桩 100% 完整。为确保桩基施工安全，最终选择两侧 A 型桩浇筑完成 48 h 后，进行后续 B 型桩的钻孔切割作业[6]。

### 3.6 采取措施保证两型咬合桩结合面质量

混凝土咬合桩除要形成基础封闭体外，还要形成下部连续墙，才能承受水流的冲击和后部的土体压力，这就需要衔接好两型咬合桩下部混凝土。针对 B 型桩施工切割两侧素桩后，受周边土石方和钻机影响，两侧素桩切割面全都是泥土、石粉、灰渣等污染物，这样两型桩在浇筑后，结合处极易出现冷缝，影响咬合桩连续性。经现场试验比对，选择在 B 型桩成孔后用原有旋挖钻钻头上下侧磨两侧 A 型素桩的方案，经下放视频录像验证，A 型桩两侧普遍露出新鲜混凝土面。后期开挖后凿桩头检测验证咬合面质量，确认最终成墙效果良好[7]。

### 3.7 选定咬合桩质量检测方案

咬合桩施工兼具了基础灌注桩施工和基础连续墙施工的工艺，盲目地选择任何一种检测方式，都无法对咬合桩成墙的连续性、整体性做出准确判断。依据《水利水电工程勘探规程 第 1 部分：物探》（SL/T 291.1—2021）的要求，目前可用的检测方法有探地雷达、地震反射波法、高密度电法及伪随机流场法等，结合本项目咬合桩特点，确保检测质量，特选用高密度电法和钻孔法相结合的检测方法对咬合桩成墙的连续性、整体性进行检测验证。

采用多通道、超高密度直流电法勘测系统不仅能对地表情况进行电法勘测，还可通过井井透视、井地斜视的方式进行勘察，确保检测无死角；同时结合设备自带的具有世界先进水平的 2.5 维电法反演软件，将检测结果以真电阻率分布图的形式直接展现，使检测结果展现更真实直观。检测人员根据分析结果对存疑部位和关键部位进行钻孔取芯，再次进行检测验证，确保检测结果能够真实地反应施工情况。

## 4 质量检测

采用试块法和取芯法检测钻孔灌注咬合桩混凝土抗压强度，检测数据均在 34.5～41.1 MPa，经评定符合设计及规范要求；现场采用高密度电法对钻孔灌注咬合桩进行检测，反演处理后得出图 3 示意图，经分析钻孔灌注咬合桩成墙质量符合技术要求，墙体深度范围无明显异常区域，判断该钻孔灌注咬合桩墙体成型连续、整体性良好。

## 5 结语

综上所述，钻孔咬合桩施工过程中质量控制是确保工程质量和安全的关键环节。通过对材料控制、钻孔质量控制、钢筋笼加工与安装、混凝土灌注、施工监控和质量检测等各个环节的严格把控，可以有效提高桩基施工质量，延长建筑物使用寿命，确保安全稳定。钻孔咬合桩施工质量控制是工程建设过程中不可或缺的一环。施工企业应始终秉持以质量为本的理念，不断提高施工质量，为建筑行业的持续发展和进步作出贡献。

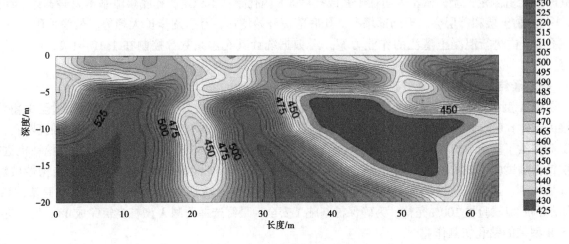

图 3    高密度电法检测示意图

## 参考文献

[1] 李鹏飞. 浅谈全套管钻孔咬合桩在贵阳轨道交通某号线车站基坑围护施工中的应用 [J]. 居业, 2021 (10): 12-14.

[2] 朱占魁. 钻孔咬合桩在大型建筑深基坑围护施工中的应用 [J]. 建筑技术开发, 2021, 48 (9): 69-71.

[3] 王晶. 海滨地带深基坑支护工程中咬合桩施工技术的应用 [J]. 福建交通科技, 2021 (8): 17-19, 36.

[4] 高陶. 深基坑遇深厚块石填石时全回转咬合桩施工工艺的应用 [J]. 电脑爱好者 (普及版), 2021 (6): 1553-1554.

[5] 中铁四局集团有限公司, 安徽建筑大学. 一种富水砂层大直径顶管群进出洞加固结构及施工方法: CN202011251544.7 [P]. 2021-01-22.

[6] 中交一公局集团有限公司, 中交一公局厦门工程有限公司. 适用于高水位复杂地质区咬合桩硬切割工的旋挖钻机钻杆: CN202022615002.5 [P]. 2021-06-22.

[7] 李艳阳. 钻孔咬合桩及超缓凝混凝土施工技术分析 [J]. 邢台职业技术学院学报, 2022, 39 (1): 65-69, 80.

# 湖北姚家平水利枢纽工程拱坝坝肩抗滑稳定分析

贾 凡[1] 汪 妍[1] 李 烽[2] 周秋景[1]

(1. 中国水利水电科学研究院 流域水循环模拟与调控国家重点实验室，北京 100038；
2. 湖北省水利水电规划勘测设计院，湖北武汉 430064)

**摘 要：** 采用三维刚体极限平衡法对湖北姚家平水利枢纽工程拱坝坝肩岩体进行三维抗滑稳定分析。基于三维矢量和方法判断坝肩潜在滑块滑动模式，计算其所受的滑动力与阻滑力，对其抗滑稳定性进行计算分析，并对潜在不稳定块体提出处理措施。计算结果表明，以软弱夹层 J325 为底滑面的部分潜在滑块的抗滑稳定安全不满足规范要求，需要采用混凝土置换，并辅以局部灌浆的组合方式进行处理，从而提高底滑面的抗滑能力。

**关键词：** 拱坝；坝肩抗滑稳定；刚体极限平衡法；安全系数

## 1 引言

拱坝借助拱的作用将水压力的全部或部分传给河谷两岸的基岩，从而维持大坝自身稳定。拱坝坝肩的抗滑稳定关系拱坝工程整体安全稳定。目前，拱座稳定安全分析评价方法主要有刚体极限平衡法、强度折减法、超载法、基于滑面应力分析的有限元法等[1-2]。沈辉等[3] 采用三维有限差分程序 FLAC 3D 对乌东德拱坝联合坝肩岩体进行三维弹塑性数值模拟，分析结果表明温升荷载导致大部分楔块稳定性降低，温降荷载主要对右坝肩稳定不利。于浩[4] 建立拱坝结构及坝肩岩体复杂结构面有限元模型，分析了地震作用下拱坝-坝肩系统的动力响应，评价了坝肩潜在滑块的稳定性，提出了对潜在滑动体的加固方案。肖珍珍等[5] 采用三维地质力学模型超载法破坏试验并结合有限元计算，开展了某 RCC 高拱坝坝肩典型滑移块体的失稳研究，得出了影响坝肩稳定的关键块体。

刚体极限平衡法理论成熟、概念清晰，是计算拱坝坝肩稳定的有效方法[6-7]。本文采用三维刚体极限平衡法对湖北姚家平水利枢纽工程拱坝坝肩岩体进行三维抗滑稳定分析，采用三维矢量和方法判断坝肩潜在滑块滑动模式，计算其所受的滑动力与阻滑力，对其抗滑稳定性进行评价。

## 2 工程概况

湖北姚家平水利枢纽工程为 II 等大（2）型工程，水库正常蓄水位为 745.00 m，死水位为 715.00 m，总库容为 3.206 亿 m³；枢纽由高 175 m 的碾压混凝土拱坝、坝身泄洪建筑物（2 表孔+2 中孔+1 底孔）、坝后长 210 m 人工水垫塘、引水发电系统、电站厂房（主厂房和生态电站）等建筑物组成。挡水建筑物为碾压混凝土双曲拱坝，河床建基面高程 575.00 m，坝顶高程 750.00 m，最大坝高 175 m。采用对数螺旋线形双曲拱坝，上游坝顶弧长 514.29 m，拱冠梁处坝顶宽度 10 m，坝底宽 40 m，厚高比 0.229，中曲面面积 58 998 m²，基本体形总方量 1 498 860 m³。

工程位于小溪口下游，清江流向 NE55°，坝址峡谷段长约 1 000 m，两岸岸坡形态差异较大，左岸相对平缓开阔，右岸相对陡峭险峻，但 760.00 m 高程以下，两岸呈基本对称的 "V" 形谷，坝址

**基金项目：** "十四五" 国家重点研发计划（2021YFC3090102）。

**作者简介：** 贾凡（1993—），男，工程师，主要从事水工结构、加筋土工程方面的研究工作。

**通信作者：** 周秋景（1979—），男，教授级高级工程师，主要从事水工结构方面的研究工作。

范围内发育有小型构造结构面或断层共 11 条，坝址区岩层软硬不均，泥灰岩及页岩夹层较发育，且遇水易泥化，导致其物理力学性质迅速降低，对坝肩抗滑稳定不利，坝肩软弱夹层、断层、裂隙分布见图 1。陡倾的断层、裂隙和缓倾的软弱夹层组合形成 15 个潜在抗力块体，其边界条件及参数如表 1 和表 2 所示，计算时采用表中参数的中值。坝基岩体容重为 27 kN/m³。

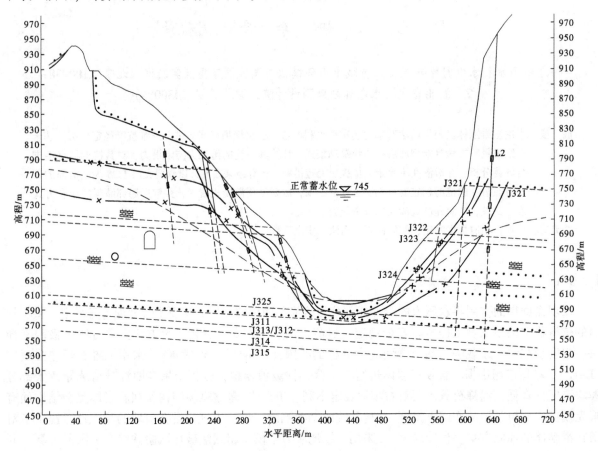

**图 1　坝肩软弱夹层、断层、裂隙分布**

**表 1　左岸坝肩潜在滑移抗力块体边界条件及参数**

| 块体编号 | 高程范围/m | 边界条件及参数 | | | | | | | |
|---|---|---|---|---|---|---|---|---|---|
| | | 侧滑面及参数 | | | | 底滑面及参数 | | | |
| | | 编号 | 产状 | $f'$ | $c'$/MPa | 编号 | 产状 | $f'$ | $c'$/MPa |
| 左 7 | 700~750 | 优势节理② | 走向 90°~105°，近垂直 | 0.84~0.90 | 0.70~0.82 | $J_{322}$ | 240°∠10° | 0.26~0.29 | 0.02~0.05 |
| 左 8 | 693~750 | | | | | $J_{323}$ | 240°∠10° | 0.18~0.21 | 0.008~0.01 |
| 左 9 | 640~750 | | | | | $J_{324}$ | 240°∠10° | 0.30~0.38 | 0.05~0.08 |
| 左 10 | 587~750 | | | | | $J_{325}$ | 240°∠10° | 0.30~0.38 | 0.05~0.08 |
| 左 11 | 697~710 | | | | | $J_{323}$ | 240°∠10° | 0.18~0.21 | 0.008~0.01 |
| 左 12 | 635~697 | | | | | $J_{324}$ | 240°∠10° | 0.30~0.38 | 0.05~0.08 |
| 左 13 | 575~635 | | | | | $J_{325}$ | 240°∠10° | 0.30~0.38 | 0.05~0.08 |

**表 2 右岸坝肩潜在滑移抗力块体边界条件及参数**

| 块体编号 | 高程范围/m | 边界条件及参数 | | | | | | | |
|---|---|---|---|---|---|---|---|---|---|
| | | 侧滑面及参数 | | | | 底滑面及参数 | | | |
| | | 编号 | 产状 | $f'$ | $c'$/MPa | 编号 | 产状 | $f'$ | $c'$/MPa |
| 右 7 | 570~630 | L3 | 318°∠75 | 0.48~0.53 | 0.08~0.10 | $J_{325}$ | 240°∠10° | 0.30~0.38 | 0.05~0.08 |
| 右 8 | 688~750 | | | | | $J_{322}$ | 240°∠10° | 0.26~0.29 | 0.02~0.05 |
| 右 9 | 677~750 | | | | | $J_{323}$ | 240°∠10° | 0.18~0.21 | 0.008~0.01 |
| 右 10 | 628~750 | | 走向 30°~60°，近垂直 | | | $J_{324}$ | 240°∠10° | 0.30~0.38 | 0.05~0.08 |
| 右 11 | 580~750 | 优势节理① | | 0.80~0.83 | 0.60~0.65 | $J_{325}$ | 240°∠10° | 0.30~0.38 | 0.05~0.08 |
| 右 12 | 681~702 | | | | | $J_{323}$ | 240°∠10° | 0.18~0.21 | 0.008~0.01 |
| 右 13 | 627~693 | | | | | $J_{324}$ | 240°∠10° | 0.30~0.38 | 0.05~0.08 |
| 右 14 | 575~633 | | | | | $J_{325}$ | 240°∠10° | 0.30~0.38 | 0.05~0.08 |

# 3 分析方法与模型

## 3.1 刚体极限平衡法

### 3.1.1 滑动模式判断

韦伯顿矢量分析法可用于判断多面体刚性滑动形式，确定滑块的滑动形式。

（1）滑块失稳，需满足

$$\boldsymbol{R} \cdot \hat{n}_i \geqslant 0 \qquad (i = 1, 2, \cdots, n) \tag{1}$$

运动方向为

$$\hat{m} = \boldsymbol{R} \tag{2}$$

（2）滑块沿 $i$ 面单滑，需满足

$$\left.\begin{array}{c} \hat{n}_i \cdot \boldsymbol{R} < 0 \\ \hat{n}_i \cdot \boldsymbol{R} \neq -1 \\ \hat{n}_i \cdot \boldsymbol{f}_i < 0 \end{array}\right\} \quad (j = 1, 2, \cdots, n; \ j \neq i) \tag{3}$$

滑动方向为

$$\hat{m} = \hat{f}_i \tag{4}$$

其中，$\hat{f}_i = \boldsymbol{f}_i / |\boldsymbol{f}|$，$\boldsymbol{f}_i = \boldsymbol{R} - (\boldsymbol{R} \cdot \hat{n}_i)\hat{n}_i$，$\boldsymbol{f}_i$ 和 $\hat{f}_i$ 分别为 $\boldsymbol{R}$ 在 $i$ 面上的投影分量和单位矢量。

（3）滑块沿 $i$，$j$ 两面双滑，需满足

$$\left.\begin{array}{c} \hat{n}_i \cdot \boldsymbol{R} < 0, \ \hat{n}_i \cdot \boldsymbol{R} \neq -1 \\ \hat{n}_j \cdot \boldsymbol{f}_i < 0 \\ \hat{n}_j \cdot \boldsymbol{R} < 0, \ \hat{n}_j \cdot \boldsymbol{R} \neq -1, \ \hat{n}_i \cdot \boldsymbol{f}_j < 0 \ \text{或} \ \hat{n}_j \cdot \boldsymbol{R} \geqslant 0 \\ \boldsymbol{R} \cdot \hat{I}_{ij} \neq 0 \\ \hat{n}_k \cdot \hat{I}_{ij} \geqslant 0 \quad (k = 1, 2, \cdots, n; \ k \neq i, j) \end{array}\right\} \tag{5}$$

滑动方向为

$$\hat{m} = \hat{I}_{ij} \tag{6}$$

式中：$I_{ij} = n_i \times n_j$，为 $i$、$j$ 两面的交线；$\hat{I}_{ij} = \text{sgn}(R \cdot I_{ij}) I_{ij} / |I_{ij}|$，为 $R$ 在 $I_{ij}$ 上投影的单位矢量，$\text{sgn}(\cdot)$ 表示取其符号。

### 3.1.2 抗滑稳定计算

典型的空间抗滑稳定分析计算简图见图 2，计算边界为刚性边界，荷载边界包括拱端力与上游面水压力。图 2 中，$ABGF$ 为拱坝建基面，产状为 $\varphi \angle \theta$，在计算分析过程中，为统一计算标准与简化计算过程，将 $AF$ 与 $AE$ 竖直向下投影至与底滑面、侧滑面相交，$AF$、$AE$ 与投影交线围成的曲面 $AEJF$ 即为拱端上游拉裂面（简称 $P_1$），产状为 $\varphi_1 \angle \theta_1$，作用荷载为水压力；$EDIJ$ 为侧滑面（简称 $P_2$），产状为 $\varphi_2 \angle \theta_2$；$FGHIJ$ 为底滑面（简称 $P_3$），产状为 $\varphi_3 \angle \theta_3$。

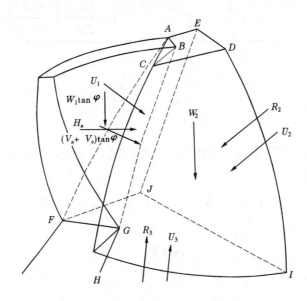

**图 2 空间抗滑稳定分析计算简图**

块体上的作用有：$H_a$ 为拱端轴向力，位于水平面内；$V_a$ 为径向剪力，位于水平面内；$V'_c = V_c \tan\varphi$，为梁底剪力，位于水平面内；$U_1$ 为垂直作用于 $P_1$ 面的渗透压力；$U_2$ 为垂直作用于 $P_2$ 面的渗透压力；$U_3$ 为垂直作用于 $P_3$ 面的渗透压力；$W$ 为总质量，垂直向下，$W = W_1 \tan\varphi + W_2$，$W_1 \tan\varphi$ 为作用在块体上的坝体和水体自重，$W_2$ 为块体自重。

肩滑块抗滑稳定安全系数 $K$ 按下式计算：

$$K = \frac{R_2 f_2 + R_3 f_3 + c_2 A_2 + c_3 A_3}{S} \tag{7}$$

式中：$f_2$、$c_2$、$A_2$ 分别为侧滑面 $P_2$ 上的摩擦系数、黏聚力及滑动面积；$f_3$、$c_3$、$A_3$ 分别为底滑面 $P_3$ 上的摩擦系数、黏聚力及滑动面积。

### 3.2 计算模型与工况

将拱坝两岸坝肩可能形成的 15 个（左岸 7 个，右岸 8 个）潜在滑移抗力块体进行建模，两岸坝肩典型潜在空间三维滑移块体示意图如图 3 所示。坝肩抗滑稳定计算荷载组合见表 3。

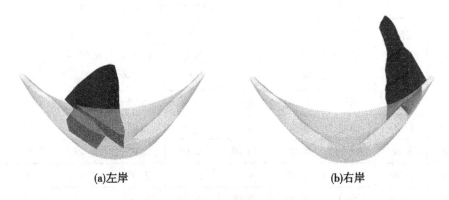

(a)左岸　　　　　　　　　　　　(b)右岸

**图 3　两岸坝肩典型潜在空间三维滑移块体示意图**

**表 3　计算工况与荷载组合**

| 工况 | 荷载组合 | 水位 | 泥沙压力 | 温升/温降 | 岩体自重 | 上游脱开面水压力 | 底滑面+侧滑面渗压 | 地震惯性力 |
|---|---|---|---|---|---|---|---|---|
| 1 | 基本组合 1（正常+温降） | 正常蓄水位 | √ | 温降 | √ | √ | √ | |
| 2 | 基本组合 2（正常+温升） | 正常蓄水位 | √ | 温升 | √ | √ | √ | |
| 3 | 基本组合 3（死水位+温升） | 死水位 | √ | 温升 | √ | √ | √ | |
| 4 | 基本组合 4（设计+温升） | 设计洪水位 | √ | 温升 | √ | √ | √ | |
| 5 | 基本组合 5（汛限+温升） | 汛限水位 | √ | 温升 | √ | √ | √ | |
| 6 | 特殊组合 1（校核+温升） | 校核洪水位 | √ | 温升 | √ | √ | √ | |
| 7 | 特殊组合 2（正常+温升+地震） | 正常蓄水位 | √ | 温升 | √ | √ | √ | √ |
| 8 | 特殊组合 3（正常+温降+地震） | 正常蓄水位 | √ | 温降 | √ | √ | √ | √ |
| 9 | 特殊组合 4（死水位+温升+地震） | 死水位 | √ | 温升 | √ | √ | √ | √ |

## 4　分析结果与措施建议

　　各滑块抗滑稳定安全系数计算结果汇总信息见表 4。对于左岸滑块而言，除左 7 滑块外，其他滑块的抗滑稳定安全均满足规范要求，并且均有较大安全裕度。对于左 7 滑块而言，其滑动边界由软弱夹层 J325 及优势节理 J2 组成，经计算分析可知，该滑块在地震工况下的抗滑稳定安全系数均大于1.2，满足规范要求；在工况 1 至工况 6 下的抗滑稳定安全系数分别为 2.43、2.45、3.15、2.40、2.76、2.39，均不满足规范要求。

**表4 拱坝坝肩空间三维抗滑稳定分析安全系数 $K_1$（剪摩公式）**

| 滑移块体 | | 工况1（正常+温降） | 工况2（正常+温升） | 工况3（死水位+温升） | 工况4（设计+温升） | 工况5（汛限+温升） | 工况6（校核+温升） | 工况7（正常+温升+地震） | 工况8（正常+温降+地震） | 工况9（死水位+温升+地震） | 说明 | |
|---|---|---|---|---|---|---|---|---|---|---|---|---|
| | | | | | | | | | | | 底滑面 | 侧滑面 |
| 左岸 | 1 | 15.20 | 18.08 | 超稳 | 14.41 | 超稳 | 13.96 | 2.75 | 2.89 | 3.74 | J322 | J2 |
| | 2 | 11.10 | 12.38 | 超稳 | 10.26 | 超稳 | 9.98 | 2.49 | 2.59 | 3.58 | J323 | J2 |
| | 3 | 6.75 | 6.86 | 50.50 | 6.25 | 13.01 | 6.16 | 2.46 | 2.49 | 3.51 | J324 | J2 |
| | 4 | 3.95 | 3.99 | 6.95 | 3.81 | 5.15 | 3.78 | 2.05 | 2.07 | 2.30 | J325 | J2 |
| | 5 | 24.40 | 26.46 | 超稳 | 20.10 | 超稳 | 19.46 | 4.09 | 4.16 | 6.32 | J323 | J2 |
| | 6 | 5.71 | 5.72 | 18.47 | 5.32 | 9.03 | 5.27 | 2.79 | 2.79 | 3.95 | J324 | J2 |
| | 7 | 2.43 | 2.45 | 3.15 | 2.40 | 2.76 | 2.39 | 1.99 | 2.01 | 2.39 | J325 | J2 |
| 右岸 | 1 | 2.28 | 2.30 | 5.84 | 2.19 | 3.44 | 2.17 | 1.45 | 1.45 | 2.31 | J325 | L3 |
| | 2 | 14.70 | 14.57 | 超稳 | 11.66 | 超稳 | 11.31 | 2.97 | 2.99 | 5.39 | J322 | J4 |
| | 3 | 18.18 | 17.97 | 超稳 | 13.44 | 超稳 | 12.94 | 2.80 | 2.81 | 5.28 | J323 | J4 |
| | 4 | 21.98 | 20.71 | 超稳 | 16.89 | 超稳 | 16.41 | 3.24 | 3.24 | 5.27 | J324 | J4 |
| | 5 | 7.12 | 7.23 | 10.91 | 6.63 | 10.50 | 6.52 | 2.30 | 2.31 | 3.06 | J325 | J4 |
| | 6 | 26.09 | 26.07 | 超稳 | 19.96 | 超稳 | 19.32 | 5.38 | 5.37 | 10.82 | J323 | J4 |
| | 7 | 12.52 | 12.45 | 21.89 | 10.56 | 78.57 | 10.31 | 3.77 | 3.76 | 6.41 | J324 | J4 |
| | 8 | 3.10 | 3.12 | 4.69 | 3.01 | 3.80 | 2.99 | 2.11 | 2.12 | 2.75 | J325 | J4 |

注：基本组合 $K_1 \geq 3.5$，非地震特殊组合 $K_1 \geq 3.0$，地震特殊组合 $K_1 \geq 1.2$。

对于右岸滑块而言，除右1、右8滑块外，其他滑块的抗滑稳定安全均满足规范要求，并且均有较大安全裕度。对于右1滑块而言，其滑动边界由软弱夹层J325及L3组成，经计算分析可知，该滑块在地震工况下的抗滑稳定安全系数均大于1.2，满足规范要求；在工况3下的安全系数大于3.0，满足要求；在工况1、2、4、5、6下的抗滑稳定安全系数分别为2.28、2.30、2.19、3.44、2.17，均不满足规范要求。对于右8滑块而言，其滑动边界由软弱夹层J325及优势节理J4组成，经计算分析可知，该滑块在工况1、2、4、6下的抗滑稳定安全系数分别为3.10、3.12、3.01、2.99，不满足规范要求，在其他工况下的抗滑稳定安全系数均满足规范要求。

从刚体极限平衡法抗滑稳定计算结果可知，以软弱夹层J321至J324为底滑面的潜在滑块，其抗滑稳定安全均满足规范要求；以软弱夹层J325为底滑面的潜在滑块中，部分滑块（左7、右1和右8滑块）抗滑稳定安全不满足规范要求，说明软弱夹层J325对拱坝坝肩抗滑稳定存在一定的影响，需要进行加固处理。

针对抗滑稳定安全不满足规范要求的3个滑块，对于底滑面采用混凝土置换，并辅以局部灌浆的组合方式进行处理[8]，从而提高底滑面的抗滑能力。经计算，左7滑块底滑面加固需425 m长度的混凝土抗剪洞，右1滑块底滑面加固需280 m长度的混凝土抗剪洞，右8滑块底滑面加固需245 m长度的混凝土抗剪洞。加固处理后，基本组合下滑块的抗滑稳定安全系数均大于3.5，满足规范要求；非地震特殊组合下抗滑稳定安全系数均大于3.0，满足规范要求；地震特殊组合下抗滑稳定安全系数均在1.2以上，满足规范要求。

## 5 结论

采用三维刚体极限平衡法对湖北姚家平水利枢纽工程拱坝坝肩岩体进行三维抗滑稳定分析，得到结论如下：

（1）对于左岸滑块而言，除左 7 滑块外，其他滑块的抗滑稳定安全均满足规范要求，并且均有较大安全裕度；对于右岸滑块而言，除右 1、右 8 滑块外，其他滑块的抗滑稳定安全均满足规范要求，并且均有较大安全裕度。

（2）以软弱夹层 J325 为底滑面的潜在滑块中，部分滑块（左 7、右 1 和右 8 滑块）抗滑稳定安全不满足规范要求，说明软弱夹层 J325 对拱坝坝肩抗滑稳定存在一定的影响，需要进行加固处理。

（3）针对抗滑稳定安全不满足规范要求的 3 个滑块，对底滑面采用混凝土置换，并辅以局部灌浆的组合方式进行处理，从而提高底滑面的抗滑能力。

## 参考文献

[1] 王国岗. 某拱坝坝基坝体承载力评价及右岸坝肩稳定性分析 [D]. 北京：中国地质大学，2018.

[2] 李晓娜，赵杰，李同春，等. 改进的坝肩动力稳定分析方法研究 [J]. 应用力学学报，2019，36（5）：1104-1110，1259-1260.

[3] 沈辉，罗先启，李野，等. 乌东德拱坝坝肩三维抗滑稳定分析 [J]. 岩石力学与工程学报，2012（5）：1026-1033.

[4] 于浩. 地震作用下高拱坝坝肩抗滑稳定分析及加固措施研究 [D]. 昆明：昆明理工大学，2021.

[5] 肖珍珍，张林，陈媛，等. 含复杂结构面 RCC 高拱坝坝肩抗滑稳定研究 [J]. 中国农村水利水电，2016（5）：121-125.

[6] 苏卫强，吴志波，何力. 复杂地质条件下拱坝坝肩抗滑稳定分析及处理研究 [J]. 水利水电技术，2015，46（3）：61-64.

[7] 黎满林. 大岗山水电站拱坝坝肩抗滑稳定分析 [J]. 人民长江，2011，42（14）：39-41.

[8] 杨庚鑫，陈建叶，张林，等. 混凝土传力抗剪结构在拱坝坝肩加固处理中的效果分析 [J]. 四川大学学报（工程科学版），2013，45（3）：34-39.

# 基于卷积自编码器的大坝应力场构建方法研究

宋思晗[1] 周秋景[1] 杨 宁[2] 乔 雨[2]

(1. 中国水利水电科学研究院 流域水循环模拟与调控国家重点实验室，北京 100038；
2. 中国三峡建工（集团）有限公司，四川成都 610000)

**摘 要**：大坝应力作为混凝土大坝内部观测的主要项目，对了解大坝工作性态具有重要意义。相对于大坝的整体尺寸，应力测点是稀疏的，这导致某些关键区域的应力变化被忽略。通过数值方法基于测值反演参数，进而重构应力场的方法在精度和时间成本上存在缺点。本研究提出了基于卷积自编码器，融合实测数据构建整体应力场的方法，并在示例模型上进行了验证，表明该模型具有较好的泛化拟合能力，为大坝应力场重构提供了新的思路。

**关键词**：安全监测；大坝应力；应力场重构；神经网络

## 1 引言

我国大坝安全监测经历了半个多世纪的不断发展，已经基本实现了通过各种监测手段评价大坝安全状态的基本目标[1]。从监测自动化到智能建造再到数字孪生[2-3]，大坝安全监测逐步向多技术手段、多源数据融合的道路发展，由此产生的大量监测数据也给综合分析评价模型的发展提供了数据支撑，这在一定程度上实现了实体模型与数学模型相互映射、理论分析与数据挖掘相结合。

大坝应力应变监测是混凝土内部观测的主要项目，应变计是除温度计外在混凝土坝中埋设数量最多的仪器。通过应变监测了解混凝土内部的应力状态，可以在施工期为组织决策提供依据，在运行期为大坝安全评价提供客观手段[4]。实际应力监测相对大坝整体而言属于稀疏观测，随着工程长期运行，部分监测仪器将出现不可修复的损坏，导致有可靠观测点的位置更加稀疏。随着计算能力的提高和数值计算模型的发展，我们能够精细地模拟和预测实际的物理现象，但受限于现实复杂性、观测成本、仪器损坏、计算实时性要求等因素[5]，由精细数值模型、仪器观测值通过参数反演的方式构建应力场的方法并不总是具有可行性[6-7]。因此，基于稀疏实测数据推求整个求解域内的物理量分布的需求是普遍存在的。

洪宝宁[8] 基于实验力学重构原理，提出了正交各向异性应力应变场的重构方程，为通过物体边界位移确定物体内部应力应变场提供了一条可借鉴的途径。J. Irša[9] 提出了通过主方向上的离散观测数据重构最大剪应力场的方法，并在二维情况下进行了验证。户东方[10] 提到了一种涡轮叶片叶尖的计时测量方法，通过测量叶尖振动的频率与幅值，并结合有限元方法计算得到的叶片模态应力和模态位移，进行叶片的应力场重构。张佳明等[11] 在稀少应变监测数据下通过曲率迭代的沉降校正算法实现了应变场的重构；赵睿超[12] 基于反距离插值和传热方程对仅有表面观测的高温锻件进行了温度场重构，通过与数值算法对比，验证了模型的有效性；上述工作均基于先验的物理知识，通过修正、重构已有的数学方程使之可以融合实测数据进行物理场重构，然而大坝安全监测得到的应力数据具有以下特点：①实测数据天然地带有噪声；②传感器的分布相对大坝整体而言是稀疏的，传感器的采样频

**基金项目**：国家重点研发计划项目（2021YFC3090102）；中国长江三峡集团有限公司科研项目（WDD/0432）。

**作者简介**：宋思晗（1999—），男，硕士研究生，研究方向为水工结构数字仿真。

**通信作者**：周秋景（1979—），男，正高级工程师，主要从事水工结构研究工作。

率相对于传感器空间分布是很高的；③大坝应力并非直接测到，而是由钢筋计、多向应变计组等仪器通过测量应力间接得到的，计算转换均会再次引入误差[13-14]。以上实测数据存在的问题导致以物理知识为先验的正向模型在重构应力场方面存在不足，先验物理知识对于描述一个现实的物理过程可能是不足的，一些潜在的现实过程没有在物理模型中被描述[6]。

随着以神经网络为代表的人工智能技术不断发展，越发体现出从数据中挖掘潜在规律的强大能力，数据驱动的模型在模式识别、自然语言处理等方面获得了极大的成功[15]。鉴于此，许多学者通过物理模型产生优质数据作为模型的训练数据，实现模型的代理和优化，这对在数据不足的垂直领域引入智能模型、融合物理与数据具有重要意义[16]。国内外众多学者将数据与理论结合，提出了一系列重构、代理模型，如受限于地应力监测昂贵的成本，李飞等[17]通过 GMDH（批数据处理）神经网络对稀少观测样本下的地应力进行反演重构，取得了较好的精度。单博等[18]通过全连接网络（MLP）利用少量地震波速度数据实现了整体三维速度场的重构。S. Batra 等[19]通过基于人工智能的代理油藏模型实现了地下油气压力的高效准确预测，有效指导了工程实践。

上述工作基于深度神经网络强大的表达能力，从不同角度设计了重构模型，其运行速度明显快于原始数值模型且具有相当的准确性，因此多用于参数寻优、敏感性分析、快速预测等方面。本文在上述工作的基础上，提出基于安全监测系统实测应力值的大坝整体应力场重构方法。

## 2 应力场重构模型原理

本研究通过卷积自编码器来近似模型输入与输出的关系。通过对输入数据进行合理编码引入空间几何关系和仪器实测值，将连续空间域中的数值问题转换为体素编码数据到应力场分布图像的问题，体素编码数据来于有限元求解中使用的离散网格，拟合模型概括如下：

$$\varphi: \mathbb{R}^{n_i \times H \times L \times W} \rightarrow \mathbb{R}^{n_o \times H \times L \times W} \tag{1}$$

式中：$n_i$、$n_o$ 分别为输入、输出的通道数；$H$、$L$、$W$ 分别为几何模型对应的体素化模型的沿长、宽、高三个维度的节点数。

### 2.1 三维卷积

坝体应力场分布与坝体的几何形状、边界条件密切相关，代理模型必须能够准确提取坝体几何特征，才能建立观测点与坝体整体应力场的关系，进而实现应力场的准确构建[20]。体素化是三维深度学习中常用的一种技术，用于将连续三维数据（例如点云和空间几何体）转换为离散的三维体素网格，每个体素代表三维空间中的一个小体积元素，经过体素化操作，模型可以保留其表面和内部的几何信息，得到均匀一致的网格，进一步则可以应用三维卷积从数据中提取空间特征。三维卷积如图1所示，其与二维卷积类似，通过使用一个三维卷积核在输入数据上滑动并应用加法和乘法操作，但是与二维卷积不同的是，它在三个方向上都进行滑动。如果将三个维度视为空间维度，三维卷积则直接在三维结构上直接捕获空间特征，因此三维卷积在点云、体素化的模型中被广泛运用。

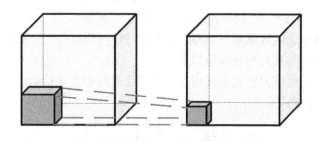

图1　对一个通道的三维张量进行三维卷积

### 2.2 卷积自编码器网络结构

卷积自编码器是一种编码器-解码器神经网络架构，编码器网络由三维卷积组成，编码器在对多通道三维张量的逐层非线性变换中，将原始数据编码用低维表示，解码器网络则通过反卷积将该表示解码回原始特征空间。在点云数据特征提取[21]、代理模型构建[22-23]、结构安全检测[24]等领域被广泛使用。采用卷积自编码器模型也可以有效降低模型参数量，避免过拟合，提高训练速度。

在本文重构模型的具体实现上，以材料分区参数、边界条件、测点的应力值为输入，以各节点处的应力分量值为输出，编码器和解码器均由四层三维卷积组成，每个三维卷积核采用不同的步长和大小，然后使用 Swish 激活函数[24]对特征进行非线性变换，Encoder 和 Decoder 之间由两个线性层连接，其中不设置激活函数，如图2所示。

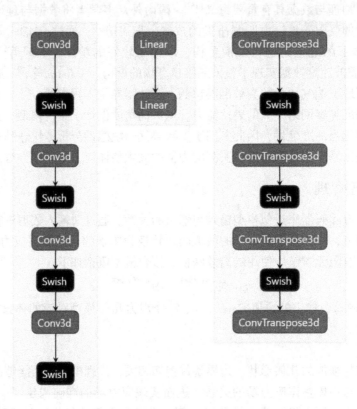

图2 卷积自编码器

## 2.3 数据预处理与模型训练方法

在预处理阶段，为了确保模型的快速收敛并减少特征间的尺度差异，对数据集进行了标准化。对于每个特征，使用以下公式进行标准化：

$$X_{\text{normalized}} = \frac{X - \mu}{\sigma} \tag{2}$$

式中：$X$ 为原始特征值；$\mu$ 为该特征的平均值；$\sigma$ 为该特征的标准差。

所有的统计量都是基于训练数据集计算的。在验证和测试阶段，使用训练数据集的统计量（平均值和进行标准差）来进行标准化验证和测试数据。

卷积核和全连接层中的参数权重和偏置项是模型训练过程中主要优化的参数，以使得损失函数最小化，其中损失函数 $L(\theta)$ 定义如下：

$$L_{\text{D}}(\theta) = \text{MSE}_{\text{D}} = \frac{1}{N_{\text{d}}} \sum_{i=1}^{N_{\text{d}}} \| \hat{u}_{\theta}(u_i) - u_i \|^2 \tag{3}$$

$$L_{\text{F}}(\theta) = \text{MSE}_{\text{F}} = \frac{1}{N_{\text{c}}} \sum_{i=1}^{N_{\text{c}}} \| \hat{r}_{\theta}(u_i) - r_i \|^2 \tag{4}$$

$$L(\theta) = \omega_{\text{D}} L_{\text{D}} + \omega_{\text{F}} L_{\text{F}} \tag{5}$$

式中：$L_F(\theta)$、$F_D(\theta)$、$L(\theta)$ 分别为测点损失、所有数据点的损失、总损失；$N_d$、$N_c$ 分别为数据点数量和测点数量；$\hat{u}_\theta$、$\hat{r}_\theta$ 分别为数据点预测值和测点预测值；$\omega_D$、$\omega_F$ 分别为测点损失和所有数据点的损失在总损失中的权重。

优化任务可通过不同算法进行，如随机梯度下降（SGD）或自适应矩估计（Adam）[25]，本研究采用 Adam 优化器。为了确保网络参数在初始状态具有一个合理的分布，采用 Xavier Uniform 初始化策略，许多工作表明该初始化策略可以帮助网络在初期更快地收敛。为了避免模型过拟合，引入权重缩减的正则项。为了确保模型在训练过程中 Loss 可以稳定地下降，利用动态学习率机制，当验证损失在连续的几个周期内没有显著下降时，减少当前的学习率。

## 3 典型算例分析

### 3.1 算例概况

典型算例为单坝段模型，模型分为基础、坝体和坝顶三个材料区域，基础部分尺寸为 300 m×100 m×50 m，坝高 100 m，混凝土容重为固定值，其中坝顶和坝体部分容重为 2 400 kg/m³、基础部分容重取 3 000 kg/m³，上游水位变幅在 105～195 m，下游水位变幅在 105～135 m。

如图 3 所示为模型采样点，即假设的测点分布。实际情况下，坝体内部应力监测设备为多向应变计组，大坝物理场的构建即基于这些监测设备的实测值。在中部截面取 40 个节点作为假定的测点位置，为了模拟现实中存在的随机性，在测试集上验证模型时，为输入模型中的 40 个节点值添加高斯噪声。

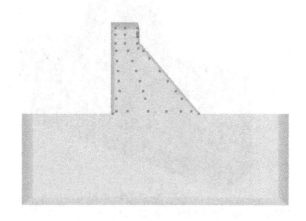

**图 3 模型采样点图示**

对模型进行网格剖分，截面如图 4 所示，其中节点数 20 880，单元数 18 258，均为规则六面体单元，上下游临水面由静水压力公式定义，除基础底面是固定约束外，坝体和基础两侧、基础前后面均为垂向位移约束。

### 3.2 建立数据集

基于上述模型制定计算工况，通过数值方法得到训练数据集。由于该示例模型网格量小、计算速度快，借助 Abaqus 二次开发可以快速生成大量结果文件，可以验证模型在数据量足够的情况下的拟合能力。工况定义如下：

（1）三个材料均为线弹性本构，其泊松比均为 0.25，弹性模量基础部分为恒定值 50 GPa，坝顶弹性模量为 28～39 GPa，坝体弹性模量为 30～41 GPa，均以 2 GPa 为间隔均匀采样。

（2）上游水位取 105～195 m，下游水位取 105～135 m，以 10 m 为间隔均匀划分。

最终共获得计算参数组合 968 组，其中训练集 619 组、验证集 194 组、测试集 155 组。每个训练样本包括材料参数、总刚矩阵、荷载列阵、节点位移解、节点应力解等信息。以竖向应力分量为例，

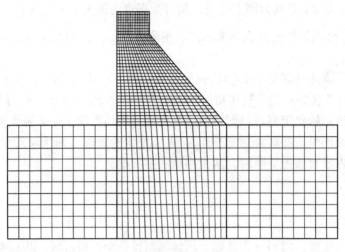

**图 4    模型网格剖分**

在坝顶弹性模量为 38 GPa、坝体弹性模量为 40 GPa、上游水位为 175 m、下游水位 105 m 工况下，有限元计算结果如图 5 所示。

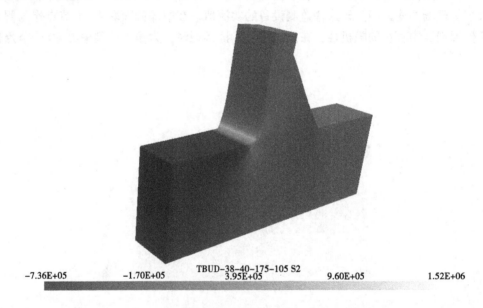

**图 5    有限元计算结果**

### 3.3    结果分析

将实测应力作为模型输入的一部分，输出为整体应力场，模型在测试集上预测结果如图 6 所示，由云图可见模型预测结果相对数值分析结果而言，在整个物理域上表现出一致的物理规律，在数值上也基本一致。但在边界上并不能完整地满足边界条件，据代理模型[21]、SCIML[26] 等相关文献表述，这与示例模型以数据规律驱动而没有显式地考虑 PDE 损失有关。

图 7 表示模型在全部的测试集上的预测情况，图 7（a）表示上下游水位差与预测误差之间的关系；图 7（b）表示上下游水位的变化曲线；图 7（c）表示坝顶部分弹性模量与坝体部分弹性模量变化；图 7（d）表示全节点误差与观测点误差的变化曲线。示例模型在测试集上表现出了较好的泛化能力。由图 7（a）可见，模型预测值在高水位差时预测误差偏大；由图 7（d）可见，模型在已知观测点上的偏差要明显小于整体的误差，这一部分与节点数量的差异有关，另一方面是由于在损失函数中显式地添加了测点损失，强调构建了由测点测值和材料参数到大坝整体应力场的映射关系。

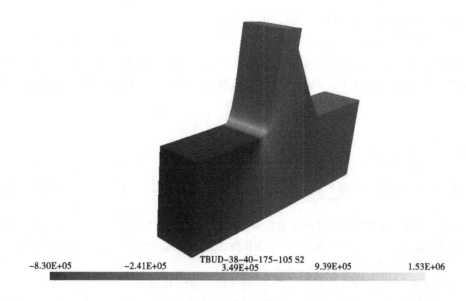

TBUD-38-40-175-105 S2

-8.30E+05　　　　-2.41E+05　　　3.49E+05　　　9.39E+05　　　1.53E+06

**图6　模型预测结果**

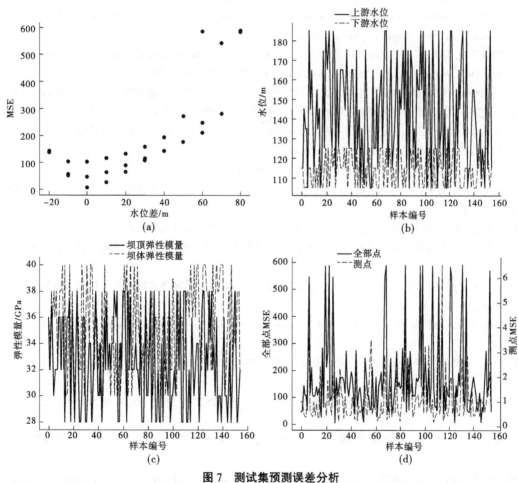

**图7　测试集预测误差分析**

## 4　结论与展望

（1）模型在基于观测数据插补重构应力场方面表现出较好的拟合和泛化能力，能够在保证总体场分布符合物理规律的情况下通过观测值预测应力场分布。这表明模型建立了由测点到整体物理场的映射关系，体现了本文所构建卷积自编码器的拟合能力。

（2）由于实例模型规模小，尽管未显式考虑物理 PDE 的损失，这在大量计算样本的情况下仍能够保证具有较好的精度。考虑到实际模型复杂性高且具有更复杂的物理域，数值方法求解成本高，训练模型所用的数据量也相应减小，如何合理地引入物理约束并将其应用于数字孪生系统是一个值得研究的内容。

# 参考文献

［1］张斌，史波，陈浩园，等．大坝安全监测自动化系统应用现状及发展趋势［J］．水利水电快报，2022，43（2）：68-73.

［2］邓院林，陈敏，王伟．基于数字孪生的大坝施工智慧管理平台［J］．人民长江，2021，52（S2）：302-304，311.

［3］周秋景，刘毅，周钟，等．基于结构仿真的混凝土坝在线监控预警系统研发［J］．中国水利学会．2020 学术年会论文集：第四分册，北京：中国水利水电出版社，2020.

［4］储海宁．混凝土坝内部观测技术［M］．北京：水利电力出版社，1989.

［5］BERTERO S, GUGERCIN S, SARLO R. Application of Interpolatory Methods of Model Reduction to an Elevated Railway Pier［J］. Proceedings of the 21th LACCEI International Multi-Conference for Engineering, Education and Technology (LACCEI 2023)："Leadership in Education and Innovation in Engineering in the Framework of Global Transformations: Integration and Alliances for Integral Development", 2023.

［6］ANDREEVA T A, BYKOV N Y, GATAULIN Y A, et al. Methods of Partial Differential Equation Discovery：Application to Experimental Data on Heat Transfer Problem［J］. Processes, 2023, 11（9）：2719.

［7］张国新，周秋景．高拱坝坝踵应力实测与弹性计算结果差异原因分析［J］．水利学报，2013，44（6）：640-647.

［8］洪宝宁．正交各向异性应力应变场的重构方法［J］．西南交通大学学报，1997（5）：23-28.

［9］IRŠA J, GALYBIN A. FEM type method for reconstruction of plane stress tensors from limited data on principal directions［C］//WIT Transactions on Modelling and Simulation, 2009.

［10］户东方．涡轮叶片动应力场重构关键技术研究［D］．北京：北京化工大学，2020.

［11］张佳明，王文瑞，陆宇．基于应变测量的弹性薄板变形场重构方法［J］．实验室研究与探索，2021，40（11）：14-19.

［12］赵睿超．轴类锻件成型中的温度场重构研究［D］．西安：西安电子科技大学，2021.

［13］金鑫鑫，周秋景，张国新，等．混凝土坝廊道真实应力影响因素分析［J］．水利水电技术，2018，49（10）：67-72.

［14］卢正超，芦绮玲，王雪，等．关于混凝土坝应力监测应变计组应变不平衡量调整［J］．中国水利水电科学研究院学报，2021，19（6）：8.

［15］He X, Zhao K, Chu X. AutoML：A Survey of the state-of-the-art［J］. Knowledge-based systems, 2021, 212：106622.1-106622.27.

［16］马睿，尹韬，李浩欣，等．大坝机理-数据融合模型的基本结构与特征［J］．水力发电学报，2022，41（5）：59-74.

［17］李飞，周家兴，王金安．基于稀少样本数据的地应力场反演重构方法［J］．煤炭学报，2019，44（5）：1421-1431.

［18］单博，范晓辉，吴俊，等．基于深度神经网络的三维速度场重构方法［C］//第四届油气地球物理学术年会论文集，2021.

［19］BATRA S, RODRÍGUEZ-MARTÍNEZ A, GROSSMANN I. Optimizing Well Placements for Reservoirs undergoing Water Flooding through an A. I Based Proxy Reservoir Simulator［C］. 2021.

［20］ADOLPH M, MESQUITA E, CARVALHO E R. Displacement and stress solutions for a viscoelastic half space subjected to aharmonic distributed tangential surface stress loading using the Radon and Fourier transforms［C］. 2007.

［21］XU R, ZHANG D, WANG N. Uncertainty quantification and inverse modeling for subsurface flow in 3D heterogeneous formations using a theory-guided convolutional encoder-decoder network［J］. Journal of Hydrology, 2022, 613：128321.

[22] MA H, YIN D Yu, LIU J B, et al. 3D convolutional auto-encoder based multi-scale feature extraction for point cloud registration [J]. Optics & Laser Technology, 2022, 149: 107860.

[23] WANG N, CHANG H, ZHANG D. Theory-guided Auto-Encoder for surrogate construction and inverse modeling [J]. Computer Methods in Applied Mechanics and Engineering, 2021, 385: 114037.

[24] AHMED H, LE C P, LA H M. Pixel-level classification for bridge deck rebar detection and localization using multi-stage deep encoder-decoder network [J]. Developments in the Built Environment, 2023, 14: 100132.

[25] LECUN Y, BENGIO Y, HINTON G. Deep learning [J]. Nature, 2015, 521 (7553): 436-444.

[26] CUOMO S, DI COLA V S, GIAMPAOLO F, et al. Scientific Machine Learning through Physics-Informed Neural Networks: Where we are and What's next [J]. Journal of scientific computing, 2022, 92 (3): 6-67.

# 利用电信号监测混凝土结构的应力应变状态研究进展

赵子杰[1]　席　翔[1,2]　顾　薇[1]　李海龙[1]　谢　雯[1]　储洪强[1]　蒋林华[1]　冉千平[2,3]

（1. 河海大学力学与材料学院，江苏南京　211100；
2. 江苏省建筑科学研究院有限公司，江苏南京　210008；
3. 东南大学材料科学与工程学院，江苏南京　211189）

**摘　要：** 导电性能和介电性能是材料电学性能的两个方面。本文阐述了混凝土基于两者的自感知性能和机理，介绍了基于电阻率和介电常数的传感器电极结构和理论，分析了不同导电填料对混凝土基于导电性能自感知的影响规律，以及不含导电填料的混凝土基于介电性能的自感知性能。研究表明，混凝土基于电阻率的传感性能与材料的电导率呈正相关，碳系材料提升的效果最明显，钢纤维、粉煤灰和矿渣等需和碳系材料共混才能获得良好的传感性能。不含导电填料的混凝土可能通过介电测量获得传感性能。最后本文对未来基于电信号的传感在水工混凝土方面的研究方向做出了展望。

**关键词：** 混凝土；自感知；电阻率；介电常数；应力应变；力电效应

## 1　引言

我国的水利工程历史悠久，起源于春秋战国时期，从黄河下游沿岸修建堤防，经历代加固维护至今形成了近 1 600 km 长的黄河大堤，成为确保黄河安澜最重要的屏障。截至 2020 年年底，我国已建成 98 566 座水库大坝，总库容达 9 306 亿 $m^3$，其中大型水库 774 座，库容为 7 410 亿 $m^3$[1]。因此，水库大坝服役的安全性关乎国家水安全和人民生命财产安全。在水利工程建设中，混凝土因具有取材方便、造价成本低、力学性能好等优点成为主要的建筑材料之一。但混凝土的脆性特征使其在服役过程中容易因过大变形而出现突然断裂的危害。因此，对水工混凝土结构实施应力应变的状态监测显得尤为重要。P. Chen 等于 1993 年提出利用混凝土自身的电阻率感知其自身的应力应变状态，称为本征自感知混凝土材料，其不需要外部传感器的帮助[2]。自感知混凝土材料具有测量范围大、测量寿命长等优点，因此近 30 年来吸引广大学者的研究兴趣。目前，水工混凝土材料正朝着低热、低碳、多元化、功能化等方向发展，导致水工混凝土材料的组成结构更为复杂，同时对其监测传感的性能提出更高的要求[3]。例如，为响应国家固废再利用和低碳环保的要求，通常会在混凝土中掺入粉煤灰等矿物掺合料。长江科学院在 1962 年修建陆水水利枢纽时，在混凝土中掺入武汉青山热电厂的粉煤灰作为掺合料，为三峡工程混凝土掺粉煤灰这一实例奠定基础[4]。粉煤灰、火山灰、硅粉等矿物掺合料的使用在一定程度上影响水泥水化的过程，并且影响最终孔隙溶液中的离子组成和浓度，进而影响混凝土的电学性能以及相应的力电效应[5]。

本征自感知混凝土主要基于导电性能和介电性能实现对自身状态的自感知，尤其是导电性能获得大量的关注，主要归结于测量原理和结构简单。而基于介电性能的自感知则鲜有报道，主要是因为较为复杂的介电理论和测量结构。混凝土的导电性能和导电填料自身的电阻率及填料含量有关，当导电

---

**基金项目：** 国家自然科学基金（52079048）；江苏省重点研发计划项目（BE2020780）。

**作者简介：** 赵子杰（1999—），男，硕士研究生，研究方向为固体废弃物制备水泥基传感器。

**通信作者：** 席翔（1993—），男，讲师，主要从事智能混凝土结构的研究工作。

填料含量较低时，导电填料离散在水泥基体中，不能相互搭接形成导电通路，此时混凝土的电导率以离子导电为主；当导电填料含量达到逾渗阈值时，填料之间相互搭接形成完整的导电通路，混凝土的导电性能得到很大改善，此时导电以电子导电为主。本征自感知混凝土要获得优良的传感灵敏度，需要导电填料含量达到逾渗阈值[6-7]。相比之下，介电性能不需要混凝土中含有导电填料，它和混凝土的极化连续性有关，而极化连续性会受到孔隙溶液中离子浓度和迁移率的影响[8-9]。当混凝土的受力状态发生改变时，会引起混凝土内部导电连续性和极化连续性的改变，因此可通过导电和介电这两种电信号对混凝土进行状态监测。本文旨在对目前基于导电性能和介电性能的混凝土自感知的研究现状进行介绍，包括基于导电性能和介电性能的力电效应原理、混凝土传感器的电极结构、常见的导电填料及固体废弃物对混凝土传感器性能的影响，最后对未来混凝土传感器的研究方向做出展望。

## 2 力电效应原理

### 2.1 基于导电性能的力电效应原理

材料的电阻率是材料的固有属性，不会随着尺寸的改变而改变，只会因材料内部组织成分及结构的改变而改变。而材料的电阻（体积电阻）与材料的电阻率、尺寸有关，如下式所示[10]：

$$R = \frac{\rho L}{A} \tag{1}$$

式中：$R$ 为材料的体积电阻，$\Omega$；$\rho$ 为材料的体积电阻率，$\Omega \cdot m$；$L$ 为材料的长度，$m$；$A$ 为材料的横截面面积，$m^2$。

由此可见，材料电阻的变化可归因于材料电阻率的变化和尺寸的变化，如下式所示：

$$\frac{\Delta R}{R} = \frac{\Delta \rho}{\rho} + \frac{\Delta L}{L}(1 + 2\nu) \tag{2}$$

式中：$\nu$ 为材料的泊松比。

从式（2）中可看出，若混凝土材料的电阻只是因为尺寸的改变而改变，则应变系数（单位应变下电阻的变化率）仅为（1+2$\nu$），因此最大值仅为2。但研究表明，混凝土材料基于导电性能的应变系数远远大于2。因此，混凝土的电阻随外力变化的原因是电阻率随外力变化（压阻效应）。

### 2.2 基于介电性能的力电效应原理

同理，材料的体积电容和相对介电常数的关系如下式所示[11]：

$$C = \frac{\varepsilon_0 \kappa A}{L} \tag{3}$$

式中：$C$ 为材料的体积电容，$F$；$\varepsilon_0$ 为真空中的介电常数，$F/m$；$\kappa$ 为材料的相对介电常数；$A$ 为材料的横截面面积，$m^2$；$L$ 为材料在测量方向上的长度，$m$。

由此可见，材料电容的变化可归因于材料相对介电常数的变化和尺寸的变化，如下式所示：

$$\frac{\Delta C}{C} = \frac{\Delta \kappa}{\kappa} - \frac{\Delta L}{L}(1 + 2\nu) \tag{4}$$

从式（4）中可看出，若混凝土材料的电容只是因为尺寸的改变而改变，则应变系数（单位应变下电容的变化率）仅为-（1+2$\nu$），因此绝对值最大值仅为2。但研究表明，混凝土材料基于介电性能的灵敏度远远大于2。因此，混凝土的电容随外力变化的原因是相对介电常数随外力变化。

## 3 电极结构

常用的混凝土传感器电极结构如图1所示，一般分为"三明治"结构和共面结构。在"三明治"结构中，四个金属网（通常为铜、钛合金、不锈钢等）在混凝土浇筑时插入，外部两个电极通恒定电流，内部两个电极用于测量电压，根据欧姆定律可计算出混凝土的体积电阻。该方法被称为四电极法，优点在于去除了接触电阻的影响。在某些研究中，只使用两个电极，被称为二电极法，优点在于电极布置更为简单。缺点在于测量得到的电阻中耦合了接触电阻，因此无法获得真实的基于压阻效应的灵敏度；且电极与混凝土界面容易出现老化现象，降低混凝土传感器传感性能的稳定性。在共面法中，电极与混凝土四周表面贴合，在电极与混凝土之间一般涂覆导电银漆，用于降低接触电阻。共面法的优点在于电极布置简单，且不会削弱混凝土传感器的力学性能。对于介电常数的测量同样可采用"三明治"结构或共面结构。但不同的是用于介电常数测量的电极距离应尽可能小，以减小边缘电场对介电常数测量的影响。Chung 等发现，边缘电场随着水泥基材料电阻率的增大而增大，最终导致计算的介电常数大于真实值[12]。在实际应用过程中，水的浸入会影响混凝土传感器的工作性能。因此，通常会在传感器的各个表面包覆环氧树脂。

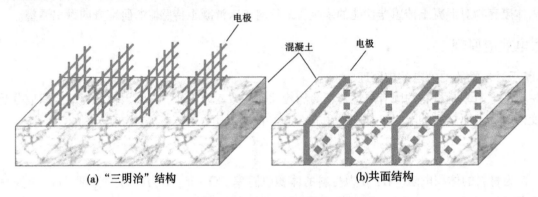

(a)"三明治"结构  (b)共面结构

**图 1　本征自感知混凝土传感器的电极结构**

在实际电阻测量过程中，在没有外力作用时，电阻通常会随着时间的延长逐渐增大，这是混凝土孔隙溶液中的离子在电场力的作用下运动导致的极化。极化会对传感器的灵敏度产生影响[13-15]。因此，研究人员通常采用以下方式降低极化对灵敏度的影响：①用交流电替代直流电进行测量，因为交流电下离子运动的路程更短，因此极化的影响更小[16]；②在传感器封装之前对混凝土进行加热干燥处理，目的在于减小或去除传感器中的水分，降低离子的迁移率，从而减小极化对电阻测量的影响[17]；③对传感器不做额外处理，等待极化饱和时再进行力电效应的实验，但该方法测得的电阻为表观电阻而不是体积电阻[18]。在介电参数测量中，极化对电容的影响比对直流电阻的影响小。介电测量大多情况下和频率有关，Nyquist 和 Cole-Cole 图是在宽频范围内的扫描图。频率的扫描和时间有关，而力的加载也与时间有关。因此，会导致在一个数据图内各个频率对应的介电参数所对应的应力/应变状态不同，从而无法进行精确对比。综上，基于介电参数在动应力下的监测目前大多是基于在单一频率下的测量。

## 4　不同材料混凝土传感器的力电效应

### 4.1　碳系材料

用于制备混凝土传感器的碳系材料主要是石墨家族，因为碳原子 $sp^2$ 的杂化贡献出可自由移动的 π 电子。碳纤维[19]、碳纳米管[20]、石墨烯[21]、石墨[22] 等被加入混凝土中用来降低混凝土的电阻率，例如碳纤维的体积电阻率可达 $10^{-5}$ $\Omega \cdot m$ [23]。碳材料因为具有比表面积大的特点，因此在水泥浆体中分散时容易团聚，且它们表面大多呈疏水性，导致在混凝土中的分散并不理想。团聚的碳材料不仅不能有效降低混凝土的电阻率，还很容易滋生空隙，导致混凝土强度下降。针对分散的问题，研究人员采用物理和化学两种方法改善碳材料在水泥浆体中的分散。物理法包括混合硅灰[24]、各类纤维素[25-26] 等，利用机械力作用把碳材料团聚体拆开。化学法包括用臭氧处理[27] 或化学表面修饰剂在碳材料的表面嫁接亲水基团[28-29]。碳纤维最早用于混凝土传感器的制备。碳纤维通常分为高强度和高模量两类，一般高模量碳纤维的体积电阻率更低，因为其石墨化程度更高。用于制备碳纤维的前驱体一般是聚丙烯腈基（PAN 基）和沥青基。由于水泥浆体的流动性较差，因此制备碳纤维-水泥基复合材料通常采用短切碳纤维，长度在 5 mm 左右。碳纤维在水泥中的逾渗阈值体积分数约为 0.5%，继续增大碳纤维的用量并不能进一步提高传感灵敏度，还会降低混凝土拌和料的和易性[10]。碳纤维-混凝土的电阻随着压应力的增大而减小，是因为压应力减小了水泥基体中碳纤维与碳纤维之间的距离，提高了电荷传输的效率。根据量子隧道理论，当两根碳纤维距离足够接近时，电子可实现跃迁进行传导。相反，碳纤维-混凝土的电阻随着拉应力的增大而增大，是因为拉应力增大了碳纤维之间的距离。此外，拉应力下碳纤维从基体的拔出会导致电信号变化的不可逆性。在弯曲应力作用下，混凝土上下表面的电阻呈现相反的变化趋势，即上表面的电阻随着弯曲应力的增大而增大，下表面的电阻随着弯曲应力的增大而减小。研究人员利用电镀或化学镀的方法在碳纤维表面制备金属镀层，使碳纤维的体积电阻率降低两个数量级[29]，实现利用更少量的碳纤维获得更大的传感灵敏度。碳纤维-混凝土的传感性能也和碳纤维在水泥基体中的择优取向有关，储洪强等利用磁场处理装置让镀镍/钴碳纤维在水泥浆体中定向排布，发现传感灵敏度提高了200%[30]。碳纤维在水泥基体中的择优取向增强了该方向上的导电连续性，因而在该方向上获得最优的力敏灵敏度。

碳纳米管分有单壁碳纳米管和多壁碳纳米管，后者直径更大，因此相比前者更容易被分散在水泥浆中。碳纳米管的分散方法与碳纤维的类似。通常情况下，碳纳米管会和碳纤维进行混合，进一步提高混凝土的力敏灵敏度，这是因为不同尺寸的导电填料丰富了混凝土内部的导电网络[31]。此外，碳纤维和碳纳米管混掺可提高电阻率和应变的线性度，提高电阻信号的可逆性[32]。然而，碳纳米管的纳米尺度会降低碳纤维的含量，以提高混凝土拌和物的和易性。表1列出了基于四电极法的碳纤维/碳纳米管填充混凝土的应变系数。从表1中可以看出，碳纤维填充混凝土比碳纳米管填充混凝土有更高的应变系数，可能是因为碳纳米管的分散性更差。

表 1　碳纤维和碳纳米管填充混凝土的应变系数对比

| 导电填料 | 应变系数 | 数据来源 |
| --- | --- | --- |
| 碳纤维 | 670 | Fu 等[27] |
| 碳纤维 | 280 | Wen 等[33] |
| 碳纤维 | 445 | Azhari 等[32] |
| 碳纤维+碳纳米管 | 422 | Azhari 等[32] |
| 碳纳米管 | 250 | Camacho-Ballesta 等[34] |
| 碳纳米管 | 113.2 | Yoo 等[35] |
| 碳纳米管 | 75 | D'Alessandro 等[36] |
| 碳纳米管 | 67 | del Moral 等[37] |

石墨烯和石墨片也被用来与碳纤维共混制备混凝土传感器。然而，石墨烯填充混凝土在灵敏度方面弱于碳纳米管填充混凝土[38]。文献［39］报道了石墨烯和炭黑混合可提高混凝土传感器的传感性能，但研究采用的是二电极法，因此不排除接触电阻随着压应力的增大而减小的干扰。Yin 等将碳纳米管和纳米镍纤维共混制备混凝土传感器，研究表明两者共混后的灵敏度均高于单一导电填料制备的传感器[40]。刘金涛等也发现石墨烯和碳纳米管共混可进一步提高传感器的灵敏度[41]。未立煌等发现石墨烯填充水泥基传感器的最佳工作温度和湿度分别为 20 ℃和 0 RH，其他温度和湿度均会削弱传感器的灵敏度[21]。石墨烯的分散会对传感器的灵敏度有影响，王悦等发现聚羧酸减水剂能最大程度降低石墨烯水泥基材料的电阻率，且灵敏度最高，而十二烷基磺酸钠和十二烷基苯磺酸钠会影响水泥基体的孔结构，导致电阻率变大，传感器性能变差[42]。加载条件对传感器的灵敏度也有影响，一般情况下加载速率不应太大，否则会出现电阻率的变化速度跟不上加载的速率，导致传感性能降低[43]。

## 4.2　钢纤维

用钢纤维制备的超高性能混凝土同样具有自感知的性能[44]。用于制备水泥基传感器的钢纤维大多在宏观尺度范围内，因为微米级的钢纤维更昂贵。Wen 等发现用直径为 8 μm 的钢纤维取代直径为

15 μm 的碳纤维也可以获得较好的灵敏度，但是可逆性较差，信噪比较低[45]。Dong 等发现直径为 20 μm 的钢纤维也能获得良好的灵敏度，但实验采用的二电极法导致实验结论并不可靠[46]。对于直径更大的钢纤维（如 200~375 μm），混凝土的传感性能不足，因为钢纤维的体积分数达不到逾渗阈值，但可用于常规缺陷的监测[47]。王聪聪等报道了，水泥石钢纤维的逾渗阈值是碳纤维的 2 倍，因此将钢纤维和碳纤维混掺可降低导电性对钢纤维含量的要求[48]。除了碳纤维，纳米炭黑也可在不改变钢纤维含量的情况下进一步提高水泥石的电导率，如柳根金等利用钢纤维/纳米炭黑填充混凝土监测裂缝的滋生和扩张，研究表明裂缝的出现导致电阻增大，当出现新的裂缝时，电阻增长曲线的斜率变大[49]。韩瑞杰等发现，混掺多层石墨烯可降低钢纤维复合砂浆的电阻率对含水量的影响，因为电子传导能力越强，受离子传导的影响越小[50]。张苋铭等将钢纤维和碳纳米管共混制备导电混凝土，实现对弯曲应力的自感知功能[51]。

### 4.3 粉煤灰和矿渣

粉煤灰可提高水工混凝土的抗裂性能，但粉煤灰对混凝土的导电性能的影响较为复杂，因为粉煤灰的来源和品质不同导致成分差异较大。Tran 等发现粉煤灰的火山灰效应会增大混凝土的电阻率，因为更多的水化硅酸钙填充孔隙，导致孔隙之间的连通性降低[52]。相反，Konkanov 等认为粉煤灰中具有半导体性质的铁氧化物降低了混凝土的电阻率，如 $Fe_3O_4$ 的电导率和沥青基碳纤维的电导率处于同一数量级[53]。采用磁选工艺可获得含铁氧化物含量较高的粉煤灰。贾兴文等发现磁选粉煤灰砂浆的压敏性能随着粉煤灰掺量的增加而增强，这归因于压力作用下，$Fe_3O_4$ 中的电子吸收能量后通过隧道效应在 $Fe^{2+}$ 和 $Fe^{3+}$ 之间交换，并穿透水泥基体的势垒形成隧道电流[54]。Zhan 等在粉煤灰表面原位生产多壁碳纳米管，发现制备混凝土的导电性得到增强，并且在低应变范围内具有较高的传感灵敏度[55]。

用矿渣制备碱激发矿渣胶凝材料后导电性能比普通硅酸盐水泥更好，因为前者具有更大的 $Na^+$ 浓度和别的金属离子。Konkanov 等发现将普通硅酸盐水泥替换为矿渣后，混凝土的电阻率下降了 25%[53]。Rovnaník 等对比了不含任何导电填料的普通硅酸盐砂浆和碱激发矿渣砂浆的压敏性能，发现后者的灵敏度更高，这得益于后者内部更高的离子浓度和迁移率[56]。但仅靠矿渣提高电导率还不够，D′Alessandro 等发现在碱激发矿渣胶凝材料中添加质量分数 1% 的炭黑和碳纳米纤维可使复合材料的电阻率分别降低 28.6% 和 48.9%[57]，相应的力敏灵敏度为 0.017~0.023 MPa$^{-1}$。Vilaplana 等通过添加短切碳纤维将力敏灵敏度进一步提升至 0.004 3~0.068 MPa$^{-1}$[58]。Rovnaník 等发现在碱激发矿渣胶凝材料中添加体积分数 10% 的石墨颗粒可以改善复合材料的导电性，但是会导致其力学性能下降[59]。

### 4.4 无导电填料

实际服役中的混凝土大多不含碳纤维等导电填料，因此过大的电阻率导致基于导电性能的传感方法失效。而介电性能并不需要混凝土具有良好的导电性。Wang 等通过电容测量区分混凝土中不同骨料的边界位置，这归因于粗细骨料及含量对混凝土介电性能的不同影响[60]。Wang 等发现在水泥石中添加聚合物可提高复合材料的介电性能，这归结于聚合物–水泥的界面电容的贡献[61]。Wen 和 Shi 等报道了不含任何导电填料的水泥石的电容在与力方向垂直的方向上随着压应力的增大而减小[62-63]。根据泊松效应，在力方向上的电容随着压应力的增大而增大，正如 Chung 等报道了不含任何导电填料的水泥石的电容和介电常数在力的方向上随着拉应力的增大而减小[9]。在力方向上电容在拉应力和压应力下的相反表现符合泊松效应的特征。沥青混凝土防渗结构在我国坝工建设应用中有了长足的发展。即使是电阻率很高的沥青，也可通过电容感知其应力状态。Ozturk 等报道了不含导电填料的沥青的力敏灵敏度为 $5.1×10^{-3}$ Pa$^{-1}$，可感知到的最小应力为 2 Pa[64]。他们还对比了基于电阻和电容的沥青混凝土的压敏性能，发现电容信号的可逆性和线性度比电阻信号的好[65]。水泥基材料的介电性能与结构有关，因为不同的水化过程会影响最终材料的介电性能。矿物掺合料大多通过影响水泥水化来影响孔结构，最终影响介电性能，但矿物掺合料对介电性能和力电效应的影响尚未见报道。电容测量相比于电阻测量具有以下优点：①不需要电极与混凝土有"亲密地"接触，即便是混凝土表面的防水漆也可充当电极材料。②不需要混凝土中含有导电填料，虽然导电填料能减小边缘电场的影响。

## 5 结语

本文介绍了本征自感知混凝土的材料组成、电极结构、测量方法和不同种类导电填料对传感性能的影响。综合对比发现，四电极法测量的电阻信号比二电极法测量的电阻信号更稳定；从力学角度考虑，共面电极结构优于"三明治"电极结构；介电测量结构比电阻测量结构更简单。对比不同种类的导电填料发现，碳系材料对传感灵敏度的提升最好，但需要选择合适的分散工艺；钢纤维、粉煤灰和矿渣等需要和碳系材料共混来获得优良的力敏性能。基于介电的自感知适用于不含导电相的混凝土材料以及沥青等有机胶凝材料，其机理归因于应力应变对平行板电容器的影响以及对填料-水泥界面电容的影响。

从胶凝材料的种类，到导电填料的选择，再到试验条件的影响及环境耐久性的影响，基于电信号混凝土的自感知理论已有 30 年的发展历史，所涉及的行业包括土木、水利、交通等，但仍有不少问题需要解决，现对水工混凝土自感知未来的研究方向进行展望：

（1）如何避免水对传感器导电性能和介电性能的影响，设计传感器表面的防水涂料的同时不影响电极的布置，对水的影响如何设计补偿方法。

（2）耐久性对混凝土传感器的影响规律，包括氯离子渗入、碳化等。

（3）矿物掺合料对传感器介电性能的影响机理，不同的离子种类、浓度和迁移率对基于电容的力敏灵敏度的影响规律。

（4）多次循环载荷下通过电信号进行混凝土故障模式的识别，包括对裂纹数量、位置、宽度的识别等。

（5）借助机器学习辅助设计混凝土传感器，优化功能填料配比以及电极材料的选择和布置。

## 参考文献

［1］蔡跃波，向衍，盛金保，等．重大水利工程大坝深水检测及突发事件监测预警与应急处置研究及应用［J］．岩土工程学报，2023，45（3）：441-458.

［2］Chen P，Chung D D L．Carbon fiber reinforced concrete as a smart material capable of non-destructive flaw detection［J］．Smart materials and Structures，1993，2（1）：22-30.

［3］李家正．水工混凝土材料研究进展综述［J］．长江科学院院报，2022，39（5）：1-9.

［4］陈磊．粉煤灰在三峡工程中的应用［J］．粉煤灰综合利用，2001，6：25-26.

［5］廖宜顺，沈晴，徐鹏飞，等．粉煤灰对水泥基材料水化过程电阻率的影响研究［J］．材料导报，2019，33（8）：1335-1339.

［6］丁思齐，韩宝国，欧进萍．本征自感知混凝土及其智能结构［J］．工程力学，2022，39（3）：1-10.

［7］刘卫森，郭英健，胡捷，等．碳纤维-碱激发砂浆自感知性能［J］．硅酸盐学报，2021，49（7）：1510-1518.

［8］席翔，储洪强，冉千平，等．通用硅酸盐水泥基材料低频介电性能的研究进展［J］．硅酸盐学报，2023，51（8）：2074-2089.

［9］Chung D D L，Xi X．A review of cement-based materials as electroceramics［J］．Ceramics International，2023，49（15）：24621-24642.

［10］Chung D D L．A critical review of electrical-resistance-based self-sensing in conductive cement-based materials［J］．Carbon，2023，203：311-325.

［11］Chung D D L，Xi X．Piezopermittivity for capacitance-based strain/stress sensing［J］．Sensors and Actuators A：Physical，2021，332：113028.

［12］Wang Y，Chung D D L．Effect of the fringing electric field on the apparent electric permittivity of cement-based materials［J］．Composites Part B：Engineering，2017，126：192-201.

[13] Xi X, Ozturk M, Chung D D L. DC electric polarization of cured cement paste being unexpectedly hindered by free water [J]. Journal of the American Ceramic Society, 2022, 105: 1074-1082.

[14] Zhou Z, Xie N, Cheng X, et al. Electrical properties of low dosage carbon nanofiber/cement composite: Percolation behavior and polarization effect [J]. Cement and Concrete Composites, 2020, 109: 103539.

[15] Cao J, Chung D D L. Electric polarization and depolarization in cement-based materials, studied by apparent electrical resistance measurement [J]. Cement and Concrete Research, 2004, 34 (3): 481-485.

[16] Dong W K, Li W G, Guo Y P, et al. Piezoresistive performance of hydrophobic cement-based sensors under moisture and chloride-rich environments [J]. Cement and Concrete Composites, 2022, 126: 104379.

[17] Luo J, Chung K, Li Q, et al. Piezoresistive properties of cement composites reinforced by functionalized carbon nanotubes using photo-assisted Fenton [J]. Smart Materials and Structures, 2017, 26: 035025.

[18] Dong W, Li W, Vessalas K, et al. Piezoresistivity deterioration of smart graphene nanoplate/cement-based sensors subjected to sulphuric acid attack [J]. Composites Communications, 2021, 23: 100563.

[19] 张迎忠, 储洪强, 秦昭巧, 等. 镀镍碳纤维水泥基材料的力学与电学性能研究 [J]. 混凝土, 2022, 2: 10-14, 21.

[20] 秦煜, 胡魏凯, 王威娜, 等. 碳纳米管水泥基复合材料压阻效应研究进展 [J]. 硅酸盐学报, 2021, 49 (10): 2298-2304.

[21] 未立煌, 夏海廷, 郭荣鑫, 等. 温度和湿度对纳米石墨烯片水泥基复合材料压敏性能的影响 [J]. 混凝土, 2023, 3: 7-11, 18.

[22] 张翼, 张庭瑜. 多层石墨烯/水泥复合材料的制备及压敏性能研究 [J]. 功能材料, 2020, 51 (10): 10089-10093, 10151.

[23] Xi X, Chung D D L. Piezoelectric and piezoresistive behavior of unmodified carbon fiber [J]. Carbon, 2019, 145: 452-461.

[24] Ivorra S, Garcés P, Catalá G, et al. Effect of silica fume particle size on mechanical properties of short carbon fiber reinforced concrete [J]. Materials & Design, 2010, 31 (3): 1553-1558.

[25] 张姣, 刘巧玲, 彭玉娇, 等. 纳米纤维素晶体对水泥基复合材料性能的影响研究 [J]. 新型建筑材料, 2023, 50 (1): 119-123, 132.

[26] 范晓明, 孙明清, 李卓球. HPMC 分散碳纤维的水泥砂浆电学性能研究 [J]. 混凝土, 2009, 9: 64-66.

[27] Fu X, Lu W, Chung D D L. Ozone treatment of carbon fiber for reinforcing cement [J]. Carbon, 1998, 36 (9): 1337-1345.

[28] 吴一晨, 郭荣鑫, 夏海廷, 等. 不同分散剂对复掺 GO/CNFs 水泥基复合材料力学和导电性能的影响 [J]. 硅酸盐通报, 2021, 40 (3): 731-740.

[29] Xi X, Chung D D L. Effect of nickel coating on the stress-dependent electric permittivity, piezoelectricity and piezoresistivity of carbon fiber, with relevance to stress self-sensing [J]. Carbon, 2019, 145: 401-410.

[30] Chu H, Qin Z, Zhang Y, et al. Magnetic field enhancing preferred orientation of nickel-cobalt plated carbon fibers in cement paste, with relevance to compression self-sensing [J]. Measurement, 2023, 220: 113396.

[31] 刘力源, 徐金霞, 殷天娇, 等. 镍纳米纤维/碳纳米管增强水泥基材料的电学性能与压敏性能 [J]. 混凝土, 2021, 12: 89-93, 96.

[32] Azhari F, Banthia N. Cement-based sensors with carbon fibers and carbon nanotubes for piezoresistive sensing [J]. Cement and Concrete Composites, 2012, 34 (7): 866-873.

[33] Wen S, Chung D D L. Effect of moisture on the piezoresistivity of carbon fiber reinforced cement [J], ACI Materials Journal, 2008, 105 (3): 274-280.

[34] Camacho-Ballesta C, Zornoza E, Garces P. Performance of cement-based sensors with CNT for strain sensing [J]. Advances in Cement Research, 2016, 28 (4): 274-284.

[35] Yoo D, You I, Lee S. Electrical properties of cement-based composites with carbon nanotubes, graphene, and graphite nanofibers [J]. Sensors, 2017, 17 (5): 1064.

[36] D'Alessandro A, Tiecco M, Meoni A, et al. Improved strain sensing properties of cement-based sensors through enhanced carbon nanotube dispersion [J]. Cement and Concrete Composites, 2021, 115: 103842.

［37］del Moral B, Baeza F J, Navarro R, et al. Temperature and humidity influence on strain sensing performance of hybrid carbon nanotubes and graphite cement composites［J］. Construction and Building Materials, 2021, 284: 122786.

［38］杨森, 王远贵, 齐孟, 等. 氧化石墨烯对多壁碳纳米管掺配水泥砂浆强度、压敏性能与微观结构的影响［J］. 复合材料学报, 2022, 39（5）: 2340-2355.

［39］Dong S, Li L, Ashour A, et al. Self-assembled 0D/2D nano carbon materials engineered smart and multifunctional cement-based composites［J］. Construction and Building Materials, 2021, 272: 121632.

［40］Yin T, Xu J, Wang Y, et al. Increasing self-sensing capability of carbon nanotubes cement-based materials by simultaneous addition of Ni nanofibers with low content［J］. Construction and Building Materials, 2020, 254: 119306.

［41］刘金涛, 黄存旺, 杨杨, 等. 三维石墨烯-碳纳米管/水泥净浆的压敏性能［J］. 复合材料学报, 2022, 39（1）: 313-321.

［42］王悦, 王琴, 郑海宇, 等. 分散剂对石墨烯水泥基复合材料压敏性能的影响研究［J］. 硅酸盐通报, 2021, 40（8）: 2515-2526.

［43］未立煌, 陈佳敏, 夏海廷, 等. 加载条件对纳米石墨烯片水泥基复合材料压敏性能的影响［J］. 硅酸盐通报, 2021, 40（4）: 1072-1078, 1096.

［44］吴攀, 孙明清, 王应军. 超高性能混凝土的拉伸敏感性实验研究［J］. 硅酸盐通报, 2019, 38（5）: 1331-1335, 1342.

［45］Wen S, Chung D D L. A comparative study of steel-and carbon-fiber cement as piezoresistive strain sensors［J］. Advances in Cement Research, 2003, 15（3）: 119-128.

［46］Dong S, Zhang W, Wang D, et al. Modifying self-sensing cement-based composites through multiscale composition［J］. Measurement Science and Technology, 2021, 32（7）: 074002.

［47］Nguyen D L, Song J, Manathamsombat C, et al. Comparative electromechanical damage-sensing behaviors of six strain-hardening steel fiber reinforced cementitious composites under direct tension［J］. Composites, Part B, 2015, 69: 159-168.

［48］王聪聪, 杜红秀, 石丽娜, 等. 碳纤维-钢纤维水泥基复合材料电学性能试验研究［J］. 硅酸盐通报, 2022, 41（8）: 2696-2705.

［49］柳根金, 丁一宁, 宋世德. 复掺钢纤维-纳米炭黑/混凝土智能层对裂缝自监测性能的影响［J］. 复合材料学报, 2021, 38（7）: 2348-2358.

［50］韩瑞杰, 程忠庆, 高屹, 等. 多层石墨烯/钢纤维复合砂浆导电性能研究［J］. 硅酸盐通报, 2020, 39（1）: 34-40.

［51］张苡铭, 俞乐华. 钢纤维-碳纳米管导电混凝土的受弯机敏性试验研究［J］. 混凝土, 2019, 9: 49-52, 56.

［52］Tran D V P, Sancharoen P, Klomjit P, et al. Electrical resistivity and corrosion potential of reinforced concrete: influencing factors and prediction models［J］. Journal of Adhesion Science and Technology, 2020, 34（19）: 1-13.

［53］Konkanov M, Salem T, Jiao P, et al. Environment-friendly, self-sensing concrete blended with byproduct wastes［J］. Sensors, 2020, 20: 1925.

［54］贾兴文, 钱觉时, 黄煜镔, 等. 磁选粉煤灰砂浆压敏性及其机理分析［J］. 建筑材料学报, 2011, 14（2）: 248-253.

［55］Zhan M, Pan G, Zhou F, et al. In situ-grown carbon nanotubes enhanced cement-based materials with multifunctionality［J］. Cement Concrete Composites, 2020, 108: 103518.

［56］Rovnaník P, Kusak I, Bayer P, et al. Comparison of electrical and self-sensing properties of Portland cement and alkali-activated slag mortars［J］. Cement and Concrete Research, 2019, 118: 84-91.

［57］D′Alessandro A, Coffetti D, Crotti E, et al. Selfsensing properties of green alkali-activated binders with carbon-based nanoinclusions［J］. Sustainability, 2020, 12（23）: 1-13.

［58］Vilaplana J, Baeza F, Galao O, et al. Self-sensing properties of alkali activated blast furnace slag (BFS) composites reinforced with carbon fibers［J］. Materials, 2013, 6: 4776-4786.

［59］Rovnaník P, Kusak I, Bayer P, et al. Electrical and self-sensing properties of alkali-activated slag composite with graphite filler［J］. Materials, 2019, 12: 1616.

［60］Wang Y, Chung D D L. Capacitance-based nondestructive detection of aggregate proportion variation in a cement-based slab［J］. Composites Part B：Engineering, 2018, 134：18-27.

［61］ Wang M, Chung D D L. Understanding the increase of the electric permittivity of cement caused by latex addition ［J］. Composites Part B：Engineering, 2018, 134：177-185.

［62］ Wen S, Chung D D L. Cement-based materials for stress sensing by dielectric measurement ［J］. Cement and Concrete Research, 2002, 32 （9）：1429-1433.

［63］ Shi K, Chung D D L. Piezoelectricity-based self-sensing of compressive and flexural stress in cement-based materials without admixture requirement and without poling ［J］. Smart Materials and Structures, 2018, 27：105011.

［64］ Ozturk M, Chung D D L. Capacitance-based stress self-sensing in asphalt without electrically conductive constituents, with relevance to smart pavements ［J］. Sensors and Actuators A：Physical, 2022, 342：113625.

［65］ Ozturk M, Chung D D L. Capacitance-based stress self-sensing effectiveness of a model asphalt without functional component ［J］. Construction and Building Materials, 2021, 294：123591.

# 新疆大石峡锥形阀消力池体型优化试验

史　蝶[1]　刘少斌[1,2]　贺翠玲[1,3]　李鹏峰[1]　张若羽[1]

(1. 中国电建集团西北勘测设计研究院有限公司，陕西西安　710065；
2. 陕西省河湖生态保护与修复"四主体一联合"工程技术研究中心，陕西西安　710065；
3. 陕西省水生态环境工程技术研究中心，陕西西安　710065)

**摘　要：** 新疆大石峡生态放水孔锥形阀出口水流通过在消力池内形成一定淹没深度的淹没出流，使得锥形阀出口水流在消力池内发生紊动扩散，有效进行水能消耗。本研究通过模型试验优化了锥形阀消力池的设计，主要通过调整尾坎高度、壅高水位形成淹没出流，并通过改变池长来改善内部流态，同时确保水面以上净空符合工程要求。推荐方案在设计库水位时锥形阀出口为淹没出流，淹没深度为 1.0 m；消力池内水流流态明显改善，耗散效果显著，尾坎顶部预留净空保持在 1.5～2.0 m 范围内，满足工程要求。本研究可为类似水利工程提供设计经验。

**关键词：** 锥形阀；消力池；淹没出流；紊动扩散；模型试验

## 1　工程概况

新疆大石峡水利工程作为新疆维吾尔自治区的一项重要基础设施，为区域提供可靠的洪水调控和水资源管理[1-2]。在这个庞大的水利工程中，锥形阀消力池作为一个关键组成部分，对于维持工程的高效稳定运行起着至关重要的作用[3]。消力池不仅有助于减缓水流速度、减少河床侵蚀，还能将多余的动能转化为潜能，从而减小水流对下游环境和设施的冲击[4-6]。然而，为了实现这些目标，消力池的设计和性能需要经过深入研究和优化[7-9]。如张志昌等[10]、罗永钦[11]基于物理模型试验及数值模拟等方法进行了消力池的优化研究；汪文萍等[12]、赵东阳等[13]研究了单侧渐扩消力池的水力要素特点；卢洋亮等[14]深入研究了跌坎型消力池的脉动压强分布特性。

新疆大石峡水利工程生态放水孔通过在消力池内形成一定淹没深度的淹没出流，使得锥形阀出口水流在消力池内发生紊动扩散，从而有效进行水能消耗。这种方法为水流控制提供了新的途径，以改善生态放水效能并保护下游生态系统。然而，为了最大程度地发挥其潜力，必须对消力池的体型和设计进行深入优化[15-16]。

生态放水孔的上部进水洞由喇叭进口、渐变段、上部转弯段、竖井、下部转弯段、岔管等组成，长度约 246.5 m。上部进水洞后接工作阀门室、消力池、无压隧洞和出口明渠。工作阀门室内共设置 2 套设备，其中 1 台工作、1 台备用。工作阀门采用锥形阀，下游采用导流消能罩的形式与消力池相接，在锥形阀的上游侧布置蝶阀作为事故检修阀门。检修蝶阀直径为 3 m，锥形阀直径为 1.8 m，三级网孔导流消能罩的直径为 3.6 m。消力池池长 40 m，池宽 14.2 m，消力池底板高程 1 496.35 m，锥形阀孔口中心线高程 1 499.90 m[3]。消力池布置示意图见图 1。本文主要利用水工模型试验分析锥形阀出口消力池及下游隧洞内的水流流态、流速分布、洞内水深等水力学参数，以确定合适的消力池体型。

## 2　模型制作布置

物理模型按重力相似准则设计[16-17]，几何比尺为 $\lambda_L = 30.00$（见表1），模拟范围包括上游有压隧

---

**作者简介：** 史蝶（1995—），女，助理工程师，主要从事水力学水工模型试验研究工作。

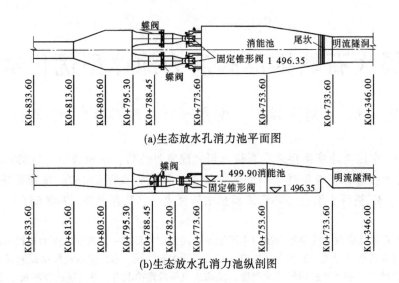

(a)生态放水孔消力池平面图

(b)生态放水孔消力池纵剖图

**图 1　新疆大石峡消力池布置示意图**　（高程单位：m；尺寸单位：cm）

洞段至桩号 K0+833.60 m，下游模拟明流隧洞全段，长度 387.60 m。桩号分布为 K0+346.00 ~ K0+833.60，体型包括蝶阀、锥形阀、通风管、消能室及下游导流隧洞。锥形阀前部的导流洞模拟部分长度所产生的模型与原型中水头损失的差值将在试验总水头中考虑。根据最大阀前净水头 120.72 m，确定水箱总高度为 5.0 m，模型总长度约为 17 m。物理模型局部布置见图 2，锥形阀消能孔板见图 3。

**表 1　模型试验比尺计算表**

| 物理量名称 | 几何比尺 | 流速比尺 | 流量比尺 | 压强比尺 | 糙率比尺 |
|---|---|---|---|---|---|
| 比尺关系 | $\lambda_L$ | $\lambda_v = \lambda_L^{0.5}$ | $\lambda_Q = \lambda_L^{2.5}$ | $\lambda_{p/\gamma} = \lambda_L$ | $\lambda_n = \lambda_L^{1/6}$ |
| 比尺数值 | 30.00 | 5.48 | 4 929.50 | 30.00 | 1.76 |

**图 2　新疆大石峡消力池水工模型布置**

## 3　结果分析与讨论

### 3.1　原方案消力池流态

生态放水孔开启左孔控泄，库水位 $Z = 1\ 634$ m 时消力池内流态见图 4。从流态图中可以看出：消力池内主流集中在左侧，并在右侧形成大范围回流；该设计水位锥形阀出口水流未形成完全淹没，为

图 3    新疆大石峡锥形阀消能孔板

半淹没出流状态，锥形阀出射水股未与阀后水流发生完全碰撞，导致锥形阀出射水流仍具有较大流速，主流挟带大量能量，出射水流最远可直接冲击到尾坎上，并出现水流冲击尾坎顶部现象，说明尾坎顶部预留空间不足。消力池内水流掺气明显，处于高度紊动状态，水流流态较差，水面波动剧烈，消能不佳。针对以上问题，本文拟对消力池体型进行优化。

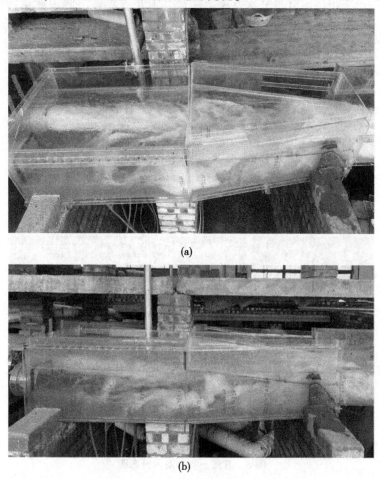

(a)

(b)

图 4    新疆大石峡锥形阀消力池原方案消力池内流态分布

### 3.2    优化方案试验分析

新疆大石峡锥形阀消力池不同于一般消力池，一般消力池设计的主要原理为底流消能，可以通过降低底板高程或抬高尾坎的方式控制水跃的发生位置和淹没度。本文主要通过在消力池内形成一定淹没深度的淹没出流，使得锥形阀出口水流在消力池内发生紊动扩散进行消能，消力池的作用类似于水垫塘。原方案存在的问题是，锥形阀消能罩出口淹没度不够而形成半淹没半自由射流，改变消力池底高程无法使锥形阀出口形成淹没出流。因此，在进行消力池体型优化时主要通过改变尾坎高度壅高水位，以形成淹没出流，改变池长来改善池内流态，同时使水面以上净空满足要求。

本文对消力池池长及尾坎高度进行了4种方案的组合优化。为在尾坎前抬高水位形成淹没出流，方案一在原方案的基础上将尾坎加高0.5 m，消力池体型尺寸见图5，消力池内流态见图6。从图6可以看出消力池内消能效果大幅度提升，流态得到了较好的改善，但锥形阀出流仍为半淹没出流，且在尾坎顶部的预留净空不足，消力池内可能出现触顶或封顶现象。为在尾坎顶部预留足够空间，方案二将尾坎前移5 m，同时尾坎仍保持比原方案高0.5 m，消力池体型尺寸见图7，消力池内流态图见图8。从图8可以看出由于尾坎前移5 m后尾坎变宽，同方案一相比，同一库水位下消力池内水深变浅，使得锥形阀出口水流耗散程度不及方案一充分，消力池内流态较方案一差，消能效果不理想。方案三将尾坎前移10 m，同时尾坎比原方案高1.0 m，消力池体型尺寸见图9，消力池内流态图见图10。方案四将尾坎前移15 m+尾坎加高1.1 m，消力池体型尺寸见图11，消力池内流态图见图12。从流态图可以看出：方案三与方案四效果相当，两种方案锥形阀出流均可形成1.0 m左右的淹没出流，消力池内主流均混掺充分，消能效果明显，方案三尾坎顶部净空1.52 m，方案四尾坎顶部净空1.74 m，虽然方案四尾坎顶部预留净空较方案三略高，但是考虑锥形阀消能罩内不加消能孔套时出口流速明显增大，主流沿水面直接冲击尾坎，从安全角度考虑尽可能保留消力池长度，因此确定尾坎前移10 m+尾坎加高1.0 m为推荐方案。推荐方案消力池最终布置见图13。

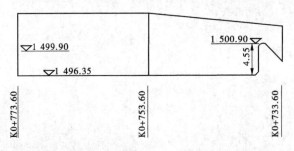

图5　方案一消力池尺寸图　（单位：m）

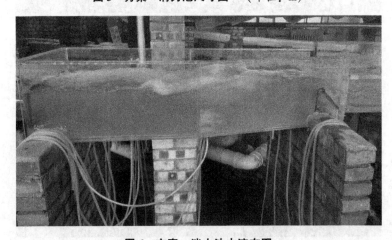

图6　方案一消力池内流态图

## 4　结论

本文通过模型试验研究新疆大石峡锥形阀消力池内水流流态，进一步优化消力池体型，研究结果如下：

（1）原方案锥形阀出口水流为半淹没出流，出阀水流扩散不充分，主流仍挟带大量能量，射流

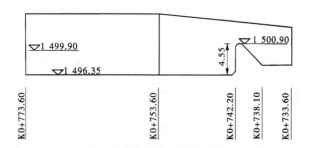

**图7 方案二消力池尺寸图** （单位：m）

**图8 方案二消力池内流态图**

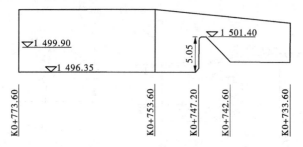

**图9 方案三消力池尺寸图** （单位：m）

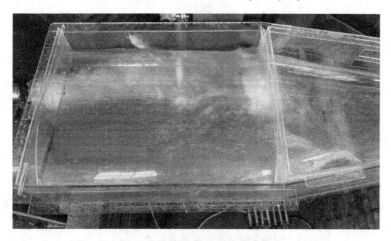

**图10 方案三消力池内流态图**

最远可直接冲击尾坎，并出现水流冲击尾坎顶部现象，不利于下游建筑物安全；消力池内水面波动剧烈，消能效果不理想。

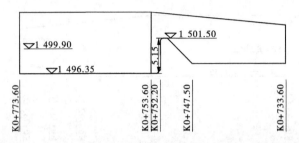

**图 11　方案四消力池尺寸图**　（单位：m）

**图 12　方案四消力池内流态图**

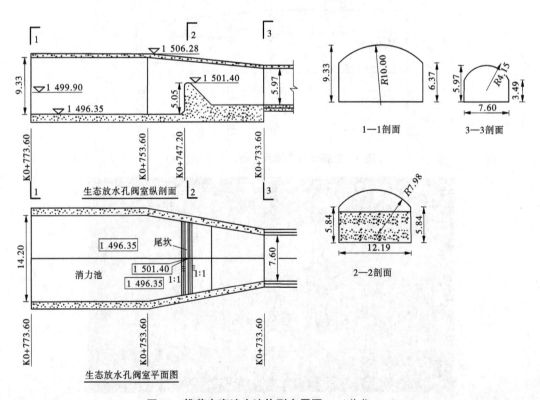

**图 13　推荐方案消力池体型布置图**　（单位：m）

（2）新疆大石峡锥形阀出流为高速射流，为保证足够的消能效果，主要依靠在消力池内形成具有一定淹没度的淹没出流。在进行消力池体型优化时主要通过改变尾坎高度壅高水位形成淹没出流，改变池长来改善池内流态,同时使水面以上净空满足要求。通过模型试验比较4种优化体型消力池内水流流态,确定方案三为推荐方案,即在原方案的基础上尾坎前移10 m,同时尾坎加高1.0 m。

(3)推荐方案消力池尾坎前移10 m,同时尾坎加高1.0 m,抬高了消力池内尾水,保证锥形阀出流为淹没出流。与原方案相比,锥形阀出口主流与阀后水体发生完全碰撞,与阀后水体混掺充分,消力池内水流流态得到了明显改善,水体旋滚范围变小,水面波动减小,提升了消力池内消能效果;尾坎顶部预留净空保持在1.5~2.0 m内,满足工程要求。

## 参考文献

[1] 张建民. 高坝泄洪消能技术研究进展和展望 [J]. 水力发电学报, 2021, 40 (3): 1-18.

[2] 苗喆. 世界第一高混凝土面板坝——新疆大石峡水利枢纽工程正式开工建设 [J]. 水力发电, 2018, 44 (2): 36.

[3] 卞全, 张竟超, 任耀华. 大石峡水利枢纽工程的泄水消能设计研究 [J]. 水利与建筑工程学报, 2016, 14 (4): 183-187, 210.

[4] 杨浩宇, 尹进步, 阳洲, 等. 基于大涡模拟的嵌槽式消力池内水力特性研究 [J]. 人民长江, 2022, 53 (9): 181-186.

[5] 杜振康, 尹进步, 朱光明, 等. 不同扩散角下单侧渐扩消力池水力特性研究 [J]. 水资源与水工程学报, 2022, 33 (2): 144-151.

[6] 刘长勇. 泄洪洞消力池体型优化及优化体型的水力特性 [J]. 水利科学与寒区工程, 2022, 5 (2): 25-27.

[7] 欧阳庆晓, 谭宇静. 闸后消力池二级消力坎设计参数优化研究 [J]. 水利科技与经济, 2021, 27 (12): 26-29.

[8] 张红梅, 刘经强, 于新雨, 等. 突扩式跌坎消力池掺气特性试验 [J]. 水利水电科技进展, 2021, 41 (6): 82-87.

[9] Shayan M, Virgilio F. Hydraulic Jump Stilling Basin Design over Rough Beds [J]. Journal of Hydraulic Engineering, 2021, 147 (1).

[10] 张志昌, 傅铭焕, 贾斌, 等. 渐扩综合式消力池尾坎高度和作用力的计算 [J]. 水资源与水工程学报, 2014, 25 (6): 137-141.

[11] 罗永钦. 突跌渐扩消力池体型优化及水力特性分析 [J]. 水力发电学报, 2016, 35 (2): 61-66.

[12] 汪文萍, 蒋买勇. 单侧渐扩消力池在低水头泄水闸消能中的应用研究 [J]. 人民珠江, 2018, 39 (1): 71-76.

[13] 赵东阳, 尹进步, 王国杰, 等. 高水头单侧渐扩消力池水力特性数值模拟研究 [J]. 中国农村水利水电, 2019 (9): 195-199, 206.

[14] 卢洋亮, 尹进步, 张曙光, 等. 跌坎型消力池底板脉动压强试验研究及体型优化 [J]. 人民长江, 2021, 52 (11): 196-200.

[15] 孙双科, 柳海涛, 夏庆福, 等. 跌坎型底流消力池的水力特性与优化研究 [J]. 水利学报, 2005 (10): 1188-1193.

[16] 李志高, 翟静静, 向光红. 跌坎型底流消能试验研究 [J]. 人民长江, 2009, 40 (23): 28-29.

[17] 高鹏, 杨永全, 邓军, 等. 多孔淹没出流消力池复杂流态分析 [J]. 四川大学学报 (工程科学版), 2006 (5): 70-75.

# 浅谈土石坝填筑标准

## 宋学林[1]　郭晓光[2]　朱　铖[1]　陈立宝[2]

（1. 四川岷嘉工程管理有限公司，四川成都　610000；
2. 四川大学工程设计研究院有限公司，四川成都　610065）

**摘　要**：根据《碾压式土石坝设计规范》（SL 274—2020）、《混凝土面板堆石坝设计规范》（SL 228—2013）以及《土工试验方法标准》（GB/T 50123—2019）的相关规定，对黏性土及无黏聚性粗粒土的压实标准及最大干密度的测定分别做了规定。通过分析已建工程数据，发现一些大坝的设计参数虽然满足规范要求，但是坝体仍会出现不同程度的面板开裂或坝顶沉降超标等问题，也引发了土石坝的一些次生病害。为了推动新阶段水利工程高质量发展，对填筑标准进行探讨和改进，可以起到固本培元的作用。

**关键词**：压实度；孔隙率；相对密度；表面振动器法

## 1　引言

对于土石坝而言，除面板、坝顶、下游护坡及排水系统等水工结构设计外，其主要核心设计就是坝体填筑。明确坝料选择及填筑问题，也就解决了大坝的渗透性、稳定性和变形性。因此，如何让所选择的坝料变得密实，是设计人员主要研究的问题之一。

首先，对于坝料的选择，一般都是结合当地建材情况。防渗料采用黏土、膨胀土、泥岩石渣、砾质红黏土、砾石土、分散性土等。垫层料主要采用硬质岩，有些工程还采用了洪积扇碎石土[1]，充分利用了当地材料。反滤过渡料采用人工破碎堆石或天然砂卵石，也可采用破碎带石渣料[2]。坝壳料的用料非常宽泛，坝料岩性已涉及砂岩、泥质粉砂岩、灰岩、白云岩、中酸性混染岩、玄武岩、石英正长岩、闪长岩、砂质页岩、千枚岩、砂卵石等诸多品种，岩石强度涉及软岩–硬岩不同等级[3]。

其次，对于坝料填筑标准，依据规范黏性土料主要采用压实度来控制，砂砾石料采用相对密度来控制，堆石料一般采用孔隙率来控制。填筑标准的核心是使坝料达到最密实状态，而研究无黏聚性坝壳料最大干密度的方法，也成为科学合理地提出设计指标的关键。根据 GB/T 50123—2019 的规定，粗粒土最大干密度可以采用振动台法或表面振动器法测定。

通过对相关工程和论著的研究分析发现，现行水利规范对坝料填筑标准的要求，尤其是超高土石坝控制指标，有进一步提高的空间。

## 2　填筑标准

对于坝料，设计控制的标准主要为设计干密度、渗透指标（渗透系数）、级配曲线、压实标准（孔隙率、相对密度、压实度）。各参数的选取，依据勘察试验和分区要求结合大坝的规模综合进行论证选取。

### 2.1　防渗料填筑标准

黏性土填筑标准均按压实度来控制，在大坝设计中心墙为"芯"，其主要功能为防渗，在坝体稳

---

**作者简介**：宋学林（1996—），男，助理工程师，主要从事水利工程设计工作。

**通信作者**：陈立宝（1983—），男，高级工程师，副总工程师，主要从事水利水电工程设计和研究工作。

定中并不起主要作用，因此只要其渗透系数满足规范要求即可。施工中通过控制干密度来控制其质量，对于最大干密度值，中低坝可采用轻型击实来确定，所得数值可直接采用，高坝需采用重型击实来进行复核。根据工程等级确定压实度后，即可确定现场控制的上坝干密度。通过压实度是可以完全控制土料的压实质量。渗透系数取决于土料本身的黏粒含量，只要黏粒含量合适，在碾压过程中基本都可以满足设计要求。唯一需要注意的就是层间接触问题，很多心墙坝渗漏，都是层间病害。

## 2.2 砂砾石料填筑标准

砂砾石料填筑标准采用相对密度来控制，相对密度试验中最主要的是最大干密度的测定方法，因此采用何种办法能够达到物料的最大干密度，就成了主要的研究方向。最大干密度的测定方法，《土工试验规程》（SL 237—1999）规范要求采用振动台法[4]，最新国标《土工试验方法标准》（GB/T 50123—2019）规定采用振动台法或表面振动器法[5]，其中表面振动器法试样分两层装填，每层振动 8 min。经研究，表面振动器法优于振动台法，并且试样分三层装填，硬岩每层振动 8 min，软岩每层振动 4 min，可以得到更高的最大干密度[6]。对两种振动仪器测定值进行比较，采用同一试料和级配，分三层振动压实。在每层振动时间为 8 min 的相同试验条件，测定最大干密度。试验结果列于表 1 中。

表 1  最大干密度比较试验结果

| 试样编号 | 垫层料（灰岩） | | | 过渡料（砂卵石） | 堆石料（灰岩） |
|---|---|---|---|---|---|
| <5 mm 百分含量/% | 44.0 | 35.0 | 27.0 | 35.0 | 5.0 |
| 振动台法最大干密度/(g/cm³) | 2.12 | 2.17 | 2.11 | 2.16 | 1.95 |
| 表面振动器法最大干密度/(g/cm³) | 2.29 | 2.33 | 2.28 | 2.28 | 2.13 |
| 振动台法最大干密度/表面振动器法最大干密度 | 0.93 | 0.93 | 0.93 | 0.95 | 0.92 |

从试验结果中可以看到，振动台法测定的最大干密度值远小于表面振动器法测得的最大干密度值。当试样岩块坚硬、角砾状、磨圆度差时，表面振动器法最大干密度值可比振动台法最大干密度值提高 $0.16 \sim 0.18$ g/cm³；当试样为卵砾、磨圆度好时，表面振动器法最大干密度值可提高 0.12 g/cm³。

根据部分已建工程证实，表面振动器法所得最大干密度与实际填筑干密度基本相等，推荐采用表面振动器法测定最大干密度，用于更好地指导施工。

## 2.3 堆石料填筑标准

堆石料填筑标准一般采用孔隙率来控制。目前，水利规范规定，坝高<150 m 主堆石料孔隙率为 20%~25%，150 m≤坝高<200 m 主堆石料孔隙率为 18%~21%，坝高 200 m 以上需进行专门论证。孔隙率指标主要受岩石比重的影响较大，通过一些工程实践对比[7]，发现不同比重的岩石，采用规范内孔隙率坝体密实度仍会有较大差异。相同的硬质岩石，比重不同，都采用 20% 的孔隙率，则其密实程度是不一样的，因为比重大的，代表岩石天然"密实"或"重"；比重小的代表岩石天然"孔隙多"或"轻"。一个"密实"的岩块破碎后，需要非常小的孔隙，才能达到相对密实状态，而一个"松散结构"的岩块破碎后，一个相对适宜的孔隙，即可达到密实状态。因此，比重不同而取相同的 $n$ 值，无法让比重大者达到密实状态，从相对密度的数值来分析就可以看出其差别。对于中低坝来说，差别不太大；但是对于高坝，尤其是 200~300 m 级高坝，其影响巨大。

以天生桥一级大坝为例，坝料为灰岩，$G_s = 2.72$，施工设计采用 $\rho_d = 2.2$ g/cm³（垫层），$n = 19.4\%$。堆石 $\rho_d = 2.10$ g/cm³，$n = 22.8\%$ 相应参数：堆石 $\varphi_0 = 54.0°$，$\Delta\varphi = 13°$，$K = 940$；垫层 $\varphi_0 = 50.6°$，$\Delta\varphi = 7°$，$K = 1050$。与《混凝土面板堆石坝设计规范》（SL 228—1998）比较，天生桥一级大坝均采用规范填筑标准的靠近下限值：垫层 $n = 19.4\%$，堆石 $n = 22.8\%$，其相应模型参数偏低，特别是 $K_b$，垫层 476，堆石 340。对于 200 m 级面板坝来讲，天生桥一级大坝所采用控制干密度偏低，以

致造成变形量较大，产生脱空现象。

目前，正在建设的双江口水电站，采用砾石土心墙堆石坝，最大坝高 315 m，根据花俊杰等研究成果[8]，心墙掺砾土干密度 2.10 g/cm³，上游堆石料干密度 2.12 g/cm³，下游主堆石料干密度 2.09 g/cm³，经计算双江口心墙堆石坝在满蓄后 3 年坝体的变形基本趋于稳定，基于室内流变试验参数，大坝稳定期的沉降为 3.55 m，向下游水平位移为 0.86 m。沉降变形量为坝高的 1.13%，超出了规范要求，因此在坝料填筑过程中，应及时调整填筑参数，减少坝体沉降变形量。

## 3　各标准对比分析

自然界岩石种类繁多，岩石容重、相对密度及强度的差异都将影响碾压堆石指标，采用间接计算指标孔隙率或相对密度作为筑坝材料填筑标准，均会受到相应因素的影响，因此建议采用压实度标准来控制粗细粒土的密实程度。

### 3.1　对比分析

（1）紫坪铺工程坝料填筑，采用了压实度指标进行控制，其坝料压实指标对比见表 2。

表 2　紫坪铺面板坝坝料压实指标对比

| 分区 | 用料 | 岩石干密度/(g/cm³) | 饱和抗压强度/MPa | 比重 | 压实指标 | | | | | | |
|---|---|---|---|---|---|---|---|---|---|---|---|
| 堆石 | 灰岩 | 2.70 | >50 | 2.72 | $\rho_d$/(g/cm³) | 2.23△ | 2.20 | 2.16* | 2.12 | 2.10 | 2.06 | 2.02 |
| | | | | | $n$/% | 18 | 19.1 | 20.6 | 22.1 | 22.8 | 24.3 | 25.7 |
| | | | | | $D_r$ | 1 | 0.968 | 0.92 | 0.877 | 0.85 | 0.804 | 0.75 |
| | | | | | $P$ | 1 | 0.987 | 0.969 | 0.95 | 0.94 | 0.924 | 0.90 |
| 过渡料 | 灰岩 | 2.70 | >50 | 2.72 | $\rho_d$/(g/cm³) | 2.31△ | 2.28 | 2.25* | 2.20 | 2.18 | 2.15 | 2.10 |
| | | | | | $n$/% | 15.1 | 16.2 | 17.3 | 19.1 | 19.9 | 21.0 | 22.8 |
| | | | | | $D_r$ | 1 | 0.966 | 0.93 | 0.87 | 0.85 | 0.8 | 0.745 |
| | | | | | $P$ | 1 | 0.987 | 0.974 | 0.957 | 0.944 | 0.935 | 0.91 |
| 垫层 | 灰岩 | 2.70 | >50 | 2.72 | $\rho_d$/(g/cm³) | 2.38△ | 2.33 | 2.30* | 2.26 | 2.23 | 2.19 | 2.17 |
| | | | | | $n$/% | 12.5 | 14.3 | 15.4 | 16.9 | 8.0 | 19.5 | 20.2 |
| | | | | | $D_r$ | 1 | 0.939 | 0.9 | 0.85 | 0.809 | 0.75 | 0.725 |
| | | | | | $P$ | 1 | 0.98 | 0.966 | 0.95 | 0.937 | 0.92 | 0.912 |
| 堆石 | 河床砂卵石 | | | 2.80 | $\rho_d$/(g/cm³) | 2.41△ | 2.36 | 2.34* | 2.30 | 2.28 | 2.25 | 2.21 |
| | | | | | $n$/% | 13.9 | 15.7 | 16.4 | 18.2 | 18.6 | 19.6 | 21.1 |
| | | | | | $D_r$ | 1 | 0.943 | 0.919 | 0.87 | 0.846 | 0.807 | 0.754 |
| | | | | | $P$ | 1 | 0.98 | 0.97 | 0.954 | 0.946 | 0.934 | 0.917 |

**注**：△为表面振动器法测最大干密度值；* 为坝料设计控制干密度；$\rho_d$ 为干密度；$n$ 为孔隙率；$D_r$ 为相对密度；$P$ 为压实度。

紫坪铺灰岩坝料各分区坝料在相对密度 $D_r = 0.75$ 时，各分区坝料孔隙率 $n$ 均在面板坝设计规范标准的大值左右，压实度<0.92；当 $D_r = 0.85$ 时，$n$ 值约为规范标准的中值，压实度为 0.94~0.95；当压实度≥0.98 时，各分区坝料 $n$ 值均小于规范标准的小值，而 $D_r \geq 0.94$。四川省部分工程（大桥、晃桥、瓦都等）实践证明，采用压实度控制标准是可行的。

（2）砂卵石料由于材质相对密度的差异，压实参数上与堆石一样，也有较大差异，压实指标对比见表 3。

**表3 砂卵石（小比重）料压实指标对比**

| 工程名称 | 坝型 | 分区 | 用料 | 比重 | 压实指标 | | | | | | |
|---|---|---|---|---|---|---|---|---|---|---|---|
| 白禅寺电航工程 | 面板堆石坝 | 堆石 | 砂卵石 | 2.68 | $\rho_d/(g/cm^3)$ 2.23△ | 2.20 | 2.17 | 2.16 | 2.14 | 2.12 | 2.10 |
| | | | | | $n/\%$ 16.8 | 17.9 | 19.0 | 19.4 | 20.1 | 20.9 | 21.6 |
| | | | | | $D_r$ 1 | 0.921 | 0.841 | 0.813 | 0.758 | 0.701 | 0.644 |
| | | | | | $P$ 1 | 0.987 | 0.973 | 0.969 | 0.96 | 0.951 | 0.942 |
| 唐家渡工程 | 面板堆石坝 | 堆石 | 砂卵石 | 2.69 | $\rho_d/(g/cm^3)$ 2.25△ | 2.21 | 2.20 | 2.18 | 2.16 | 2.14 | 2.12 |
| | | | | | $n/\%$ 16.4 | 17.8 | 18.2 | 19.0 | 19.7 | 20.4 | 21.2 |
| | | | | | $D_r$ 1 | 0.887 | 0.858 | 0.799 | 0.739 | 0.678 | 0.616 |
| | | | | | $P$ 1 | 0.982 | 0.978 | 0.969 | 0.96 | 0.951 | 0.942 |
| 过军渡工程 | 面板堆石坝 | 堆石 | 砂卵石 | 2.68 | $\rho_d/(g/cm^3)$ 2.24△ | 2.20 | 2.18 | 2.16 | 2.14 | 2.12 | |
| | | | | | $n/\%$ 16.4 | 17.9 | 18.7 | 19.4 | 20.1 | 20.9 | |
| | | | | | $D_r$ 1 | 0.895 | 0.841 | 0.786 | 0.73 | 0.672 | |
| | | | | | $P$ 1 | 0.982 | 0.973 | 0.964 | 0.955 | 0.946 | |

**注：** △为表面振动器法测最大干密度值。

大比重的砂卵石料（见表2）最大干密度大于 2.30 g/cm³，甚至可达到 2.41 g/cm³；而小比重的砂卵石料（见表3），最大干密度小于 2.30 g/cm³，仅为 2.23~2.25 g/cm³。干密度差值 0.03 g/cm³，则影响砂卵石孔隙率1%、相对密度0.05、压实度0.01左右。当压实度 $P=0.95$ 时，相应大比重砂卵石 $D_r>0.8$，孔隙率 $n<20\%$；而小比重砂卵石 $D_r<0.75$ 时，孔隙率 $n>20\%$。当 $P=0.98$ 时，大比重砂卵石 $D_r>0.92$，$n<17\%$；而小比重砂卵石 $D_r<0.9$ 时，$n>17\%$。从以上比较可以看出，相对密度（孔隙率）标准并不能适用于所有材质的砂卵石料。

通过以上对比分析可知，有条件、有必要采用压实度指标来控制坝体填筑密实度。建议碾压堆石压实度标准：坝高≤70 m 及3级以下建筑物，$P\geq0.95$；坝高为 70~150 m 及3级建筑物，$P\geq0.96$；坝高>150 m 及3级以上建筑物，$P\geq0.97$；坝高>200 m 及2级以上建筑物，$P\geq0.98$[7]。

### 3.2 案例分析

坝料填筑标准是一个不断实践和完善的过程，尤其对于面板堆石坝更是不断实践的过程。株树桥、西北口等第一批面板堆石坝，由于没有控制坝料级配和重视密实度，所以均产生了不同程度的病害。天生桥一级电站属于第二批中最高的大坝，部分设计思想还是沿用前期的一些经验，致使坝体沉降达到了 322 cm，产生了面板脱空、拉裂等问题。

水布垭计算坝体沉降占坝高的百分比为 0.78%，设计根据大量室内外试验及应力应变分析成果，考虑其具体条件，在材料分区设计中，提高了主堆石坝料填筑干密度，进一步减小了分区坝料孔隙率，因而计算坝体沉降占坝高的百分比必将进一步降低。

紫坪铺面板坝设计阶段，根据四川土石坝建设经验，室内采用表面振动器法测最大干密度，坝料填筑标准以压实度控制，采用压实度≥0.97，与此对应，相对密度≥0.90。以此控制三轴试验确定模型参数，有限元分析计算坝体沉降变形量，二维为 51.6 cm，三维为 49.2 cm，占坝高的百分比分别为 0.331% 及 0.315%。

乌鲁瓦提坝实际沉降占坝高的百分比为 0.29%，这与其实际压实度已达 0.975~0.984、相对密度已达 0.92~0.939 相吻合。

通过上述工程资料的分析比较，紫坪铺面板坝坝料设计填筑标准与乌鲁瓦提坝体实际压实水平相当，计算与实际坝体沉降占坝高的百分比相近，说明坝高大于 100 m 的二级及以上面板堆石坝采用相对密度≥0.90、压实度≥0.97 是合适的。

针对于中低坝，填筑指标同样可以采用压实度标准来控制。四川某中型水库，大坝坝高 62 m，为黏土心墙面板堆石坝，堆石料为白云岩，大坝填筑至坝顶后进行沉降观测，截至大坝蓄水验收前，大坝沉降最大值已达 72 cm，达到坝高的 1.16%，并且通过数据分析，坝体尚未达到变形稳定。设计指标要求过渡料孔隙率≤23%，堆石料孔隙率<24%，三方检测的坝体填筑参数为：过渡料干密度 2.21 ~ 2.23 g/cm³，$n=20.6\%\sim21.4\%$；堆石料干密度 2.17 ~ 2.19 g/cm³，$n=22.1\%\sim22.8\%$；均高于设计要求值。对比同为白云岩的瓦屋山大坝，其过渡料设计干密度为 2.31 g/cm³，堆石料设计干密度为 2.25 g/cm³，均大于该水库，并且运行后大坝没有产生过大的变形。因此可以看出，单以孔隙率来控制坝体填筑强度，不能完全满足大坝的变形限制要求。

## 4    结论

（1）若使坝体填料达到密实状态，应严格控制坝料的级配。科学合理的级配，更易达到密实状态，使堆料如同混凝土粗细骨料般达到最佳密实度，如瓦屋山垫层料干密度值可达到 2.40 g/cm³。

（2）针对孔隙率与相对密度的"不足"，建议采用压实度指标来控制填筑标准。

（3）最大干密度的测定，建议采用表面振动器，分三层进行填料，对于硬质岩振动时间 8 min，对于软岩振动时间 4 min。

（4）随着施工机具性能的提升与施工工艺的革新，建议进一步提高孔隙率与相对密度的控制指标，降低坝体沉降率。

## 参考文献

[1] 陆恩施，刘勇，孙陶. 筑坝工程利用洪积扇碎石土的研究 [J]. 地下空间，1999，19（5）：637-646.

[2] 孙陶，陆恩施. 利用挤压破碎带石渣作反滤过渡料的研究 [J]. 水利水电技术报道，2000（2）：43-49.

[3] 陆恩施，高希章. 四川省水利水电工程土石坝建设与筑坝材料研究综述 [J]. 四川水力发电，2006，25（4）：6-8.

[4] 中华人民共和国水利部. 土工试验规程：SL 237—1999 [S]. 北京：中国水利水电出版社，1999.

[5] 中华人民共和国住房和城乡建设部. 土工试验方法标准：GB/T 50123—2019 [S]. 北京：中国计划出版社.

[6] 刘勇，陆恩施. 无粘聚性粗粒土最大干密度试验方法探讨 [J]. 水利水电技术报道，1999（2）：39-47.

[7] 陆恩施. 试论碾压堆石填筑标准 [J]. 水利水电技术，2002，33（11）：63-65.

[8] 花俊杰，周伟，常晓林，等. 300 m 级高堆石坝长期变形预测 [J]. 四川大学学报（工程科学版），2011，43（3）：33-38.

# 质点振动测试与控制技术在水电工程
# 爆破中的应用研究

徐 涛[1,2]

[1. 长江设计集团有限公司，湖北武汉 430010；

2. 长江地球物理探测（武汉）有限公司，湖北武汉 430010]

**摘 要：** 为研究工程爆破中的质点振动特征，以及振动效应控制措施选择及其控制效果，结合爆破振动测试在枕头坝水电站、构皮滩水电站工程爆破设计施工中的应用实例，对利用质点三分量振动监测成果指导爆破优化设计和振动控制的过程进行了研究，并对应用效果进行了分析评价，总结质点振动测试在水电工程爆破设计与控制中的应用方式和效果，为类似工程运用该技术指导爆破施工提供参考。

**关键词：** 工程爆破；质点振动监测；线性回归分析；爆破设计；减振

## 1 引言

水电工程开挖爆破，不仅要完成岩体的破碎与抛掷，更重要的是实现开挖部位成型与保护[1]。伴随工程开挖规模的增大，爆破达到一定强度后可能会造成周边建（构）筑物局部失稳或破坏[2]，对爆破引起振动的监测与控制是保障工程爆破安全的重要措施。

在爆破地震波作用下，建筑结构的响应破坏属于动态的损伤累积破坏过程，建筑结构的组成材料（如混凝土和砌体材料等）大多具有明显的损伤累积破坏特性及应变率敏感性[3]。早期研究大多认为建筑物损伤只与振动速度过大有关，实际上越来越多的实践证明，建筑物结构的损伤破坏不仅取决于质点振动速度，同时还与振动频率、持续时间及结构本身自振频率有关[7-8]。

一般工程中，爆破控制多依靠爆破设计计算及施工人员经验，但由于施工过程中地层结构的变化及开挖部位差异，爆破产生振动差异较大，常规的振动控制措施难以达到减振效果。需要结合工程实际，研究质点振动测试手段获取爆破振动规律，掌握爆破产生地震效应特征及对建（构）筑物的影响等，从药量控制、缩短持续时间、设置缓冲孔、优化炮孔堵塞等方面研究振动控制措施，从而达到最优控制爆破振动危害的目的。

## 2 质点振动测试技术

### 2.1 质点振动速度监测

由爆破产生的质点振动的速度一般由三个相互正交分量确定，分别为水平径向运动速度 $v_P$、水平横向运动速度 $v_S$、铅锤向（瑞雷）运动速度 $v_R$。单个分量峰值会随着爆破环境、频次及时间而变化。爆破质点振动速度测试主要采用动态电测法，在爆破施工开始前，在选定的监测部位安装三分量振动传感器，然后通过现场设置的爆破振动测试仪自动记录传感器采集到的三分量振动信号进行分析和处理。

### 2.2 质点振动衰减规律计算

目前，爆破质点振动衰减规律计算方法大致分为 4 类：萨道夫斯基法[5]、数据拟合法、数值法及

---

**作者简介：** 徐涛（1985—），男，高级工程师，总工程师，主要从事工程地球物理探测技术应用研究工作。

波动法。由于萨道夫斯基公式给出了质点振动速度、药量、爆心距三者之间的定量关系，在平整地形条件下，在质点振动传播衰减规律分析时常采用萨道夫斯基经验公式[5]，按一元或二元线性回归分析法，求解爆破质点振动速度传播衰减规律：

$$v = K\left(\frac{\sqrt[n]{Q}}{R}\right)^{\alpha} \tag{1}$$

式中：$v$ 为质点振动速度，cm/s；$Q$ 为最大单响药量，kg；$R$ 为测点至爆源的直线距离，即爆心距，m；$K$、$\alpha$、$n$ 为与爆区场地地形、地质条件相关的系数或指数，球形药包 $n=3$，柱状药包 $n=2$。

$$\lg v = \lg K + \alpha \lg \frac{Q^{1/3}}{R} \tag{2}$$

采用最小二乘法回归反演，将监测获取的质点振动速度值、最大单响药量 $Q$ 及爆心距 $R$ 代入式（2）进行回归分析计算，得到所在工区地质与地形条件下的回归系数 $K$ 和 $\alpha$ 值。

## 3 爆破振动控制措施

### 3.1 主动控制

主要从爆破振动的频率、振幅和持续时间等三个要素，从频谱、最大单响药量及半周期微差等三个方面加以控制，以达到主动减振的效果。

#### 3.1.1 频谱控制

频谱控制是在爆破过程中，通过质点振动监测数据计算时能密度积分值及反应谱曲线积分值，用以评估振动的强弱；或者通过分析不同频带爆破振动能量规律，确定建（构）筑物在爆破振动作用下的安全性。实践证明，药量、孔排距、起爆方式及起爆延迟时间等因素都会对爆破振动频谱产生一定影响。其中，对于爆破振动频谱影响最大的因素则是微差爆破的延时间隔，微差延时的作用主要体现在改变了爆破振动不同频带范围内的能量分布，从而避免引起周边建（构）筑物共振。

#### 3.1.2 最大单响药量控制

由式（2）可知质点振动峰值与最大单响药量成正比，为保证爆破质点振动在允许范围内，由式（2）可反推出安全质点振动峰值下的最大单响药量。

#### 3.1.3 半周期微差控制

采用微差延时控制波形叠加，能最大限度地使振动能量叠加相消。研究发现，在爆破振动周期及波形一定的情况下，若采用微差雷管将爆破时间间隔控制在半个振动周期，可极大地使爆破振动效应相消，从而获得最佳减振效果。

### 3.2 被动控制

爆破振动被动控制主要从炸药爆速控制、药量控制、缓冲孔布设、增加临空面等方面加以控制。根据爆炸压力理论可知：爆炸产物作用于孔壁的爆轰压力与炸药爆速存在正相关关系，即爆速越大，产生的爆轰压力越大。由于爆轰压力与围岩振动关系密切，因此控制炸药爆速可达到减振效果。在爆破过程中，通过开挖减振孔或减振沟，能在爆破与结构物之间形成爆破临空面，大量吸收和消耗爆破产生的能量，从而减小爆破振动效应。

## 4 工程应用研究

### 4.1 枕头坝水电站围岩拆除

枕头坝水电站位于大渡河上，属于流域第 19 个梯级电站，施工开挖爆破期间开展了质点振动监测并指导施工爆破振动控制，质点振动监测 1 845 点·次。

#### 4.1.1 质点振动监测

##### 4.1.1.1 质点振动衰减规律计算

首先在导流明渠开挖过程中进行爆破质点振动监测试验，典型布置图如图 1 所示，爆破试验数据

分布拟合见图2。通过对试验获取数据进行参数回归计算，得到开挖爆破质点振动衰减规律公式为

$$v = 23(Q^{1/3}/R)^{1.29} \tag{3}$$

其中，$R$ 取值为 15~150 m，最大单响药量 $Q$ 为 60~150 kg。

通过对后续常规监测质点振动数据复核，相关系数 $\gamma$ 保持在 0.82~0.89，表明试验获得的振动衰减规律参数与实际爆破开挖过程振动规律吻合较好。

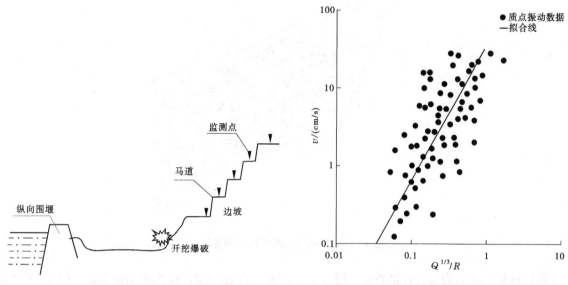

图1　边坡质点振动监测典型布置图　　　　　　　图2　爆破试验数据分布拟合图

### 4.1.1.2　围堰拆除爆破设计

导流明渠围堰（见图3）拆除爆破是本工程规模最大的单次爆破，岩埂拆除方量约为 30 000 m³，爆破参数见表1。原始方案中采用四孔一爆，最大单响药量 110 kg，以 30 m 爆心距计算，质点最大振动速度 5.9 cm/s，超出周边混凝土纵向围堰及边坡振动安全控制标准。

图3　导流明渠上游面进口围堰形象图

表1　上游围堰拆除爆破设计参数

| 爆破参数 | 原始设计参数 | 优化设计参数 | 爆破参数 | 原始设计参数 | 优化设计参数 |
|---|---|---|---|---|---|
| 总装药量/kg | 8 008 | 11 820 | 孔间雷管型号 | MS-2 | MS-2 |
| 单耗药量/(kg/m³) | 0.27 | 0.39 | 排间雷管型号 | MS-7 | MS-5 |
| 最大单响药量/kg | 110 | 85 | | | |

#### 4.1.2　振动控制措施

由于围堰岩埝爆破设计持续时间为 3.0 s，为防止长时间持续性爆破振动引起边坡共振，影响边坡安全，在爆破设计中采取三项控制措施，优化后的起爆网络图（局部）如图 4 所示。

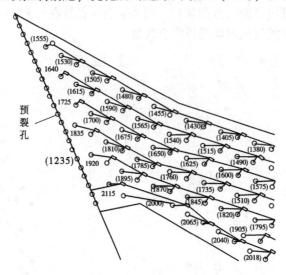

**图 4　优化后的起爆网络图（局部）**

（1）控制最大单响药量：将原四孔一爆起爆方式改为两孔一爆，最大单响药量由 110 kg 减小为 85 kg，根据爆破衰减公式计算质点最大振动速度降为 4.8 cm/s。

（2）缩短爆破持续时间：为防止长时间持续振动引起边坡共振，将排间雷管型号由 MS-7 改为 MS-5，缩短爆破持续时间至 2.1 s。

（3）增加预裂爆破：在上游围堰岩埝与左岸边坡连接部位布置一排预裂爆破孔，孔深 1.5 m，孔距 0.8 m。预裂爆破在中段第 1.23 s 起爆，中段预裂后可防止岩埝持续爆破振动造成边坡共振破坏。

根据爆破振动监测结果，拆除爆破过程中边坡质点振动峰值为 4.3 cm/s，纵向围堰质点振动峰值为 3.8 cm/s，均未超出振动安全控制标准，且达到较好的爆破拆除效果，如图 5 所示。

**图 5　拆除爆破后现场图**

### 4.2　构皮滩水电站通航隧洞开挖

构皮滩水电站位于乌江干流上，属于流域第 5 个梯级开发水电站。在二期工程通航隧洞开挖期间，为监测爆破对周边已建水工建筑物的影响，指导掘挖爆破设计施工，开展了爆破质点振动监测。

**4.2.1 爆破质点振动测试**

（1）衰减规律测试：首先在隧洞掏挖爆破过程中进行质点振动监测试验。本次选取 7 次爆破试验的参数进行三分量二元线性回归计算，获得不同类型爆破质点振动衰减规律公式，见表 2。从质点振动衰减规律来看，隧洞开挖爆破中掏槽爆破质点振动速度明显高于崩落爆破和周边孔爆破，且铅垂向振动幅值较水平方向明显偏大。

**表 2  振动衰减规律回归计算成果**

| 爆破类型 | 振动分量 | 振动衰减公式 | 相关系数 $\gamma$ |
|---|---|---|---|
| 掏槽爆破 | 水平径向 | $v_P = 158.71\ (Q^{1/3}/R)^{1.68}$ | 0.91 |
| | 水平切向 | $v_S = 141.37\ (Q^{1/3}/R)^{1.22}$ | 0.95 |
| | 铅垂向 | $v_R = 253.77\ (Q^{1/3}/R)^{1.92}$ | 0.92 |
| 崩落爆破 | 水平径向 | $v_P = 13.44\ (Q^{1/3}/R)^{1.18}$ | 0.90 |
| | 水平切向 | $v_S = 11.39\ (Q^{1/3}/R)^{0.92}$ | 0.89 |
| | 铅垂向 | $v_R = 79.02\ (Q^{1/3}/R)^{1.57}$ | 0.93 |
| 周边孔爆破 | 水平径向 | $v_P = 6.59\ (Q^{1/3}/R)^{1.18}$ | 0.85 |
| | 水平切向 | $v_S = 5.34\ (Q^{1/3}/R)^{1.16}$ | 0.84 |
| | 铅垂向 | $v_R = 7.95\ (Q^{1/3}/R)^{1.13}$ | 0.87 |

（2）常规质点振动监测：在通航隧洞中导洞开挖掘进 20 m 后，通过爆破振动监测发现，按原有设计采用小药量爆破，引起的质点振动均超出周边建（构）筑物的振动安全控制标准。原爆破网络设计图如图 6 所示。通过对爆破振动监测数据分析，发现如下规律：①掏槽爆破铅垂向质点振动速度最大且衰减最快；②质点铅垂向振动与爆破产生瑞雷波相关性高；③铅垂向振动与炮孔堵塞质量具有一定相关性。

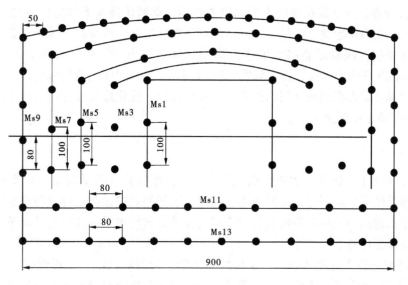

**图 6  原爆破网络设计图**  （单位：mm）

#### 4.2.2 振动控制措施

质点峰值振动速度往往与岩体的动应变或动应力间存在对应关系[2,12]。结合构皮滩隧洞开挖爆破施工特点，爆破振动控制从缩短最小抵抗线、控制最大单响药量及炮孔堵塞等方面进行，优化后的爆破设计图如图7所示，优化控制措施如下：

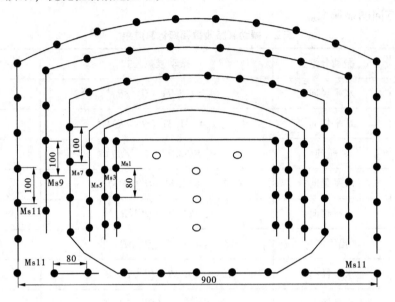

**图7 优化后的爆破网络设计图** （单位：mm）

（1）设置缓冲孔：在隧洞掏槽中心部位，设置呈 Y 形布置的缓冲孔，孔数与掏槽爆破单排孔数对应，孔径 76 mm，稍大于爆破孔孔径。

（2）采用微差挤压爆破：由中间向四周次第安排各炮孔起爆次序和爆破时差，减小最大单响药量。

（3）改进炮孔堵塞：由于掏槽爆破孔孔深 3 100 mm，炮孔装药长度为 2 400 mm，原采用黏土堵塞，堵塞长度为 900 mm。结合围岩波速及黏土波速测试结果，通过利用炮孔漏斗参数计算选取炮孔最佳堵塞长度为 835 mm，同时采取黏土击实措施提高波速。

（4）增加爆破分段：由于底孔爆破主要起抛渣作用，掏槽爆破具有较好的临空面，采取中间至两头的起爆方法可以获得理想抛渣效果，及时抛渣可增加临空面，达到减小爆破能量的作用。

通过爆破振动控制，掏槽爆破在水平径向降振幅度平均为 22.6%，水平切向降振幅度平均为 16%，铅垂向降振幅度平均为 17%，速度降振幅度为 18.8%。采用优化后的爆破设计及一系列减振措施，使得硐室开挖爆破质点振动最终回归至安全控制标准内。优化爆破设计前后质点振动波形分别见图8和图9，峰值振动速度明显减小。

## 5 结语

（1）通过开展不同工程爆破类型质点振动监测研究，爆破质点振动速度、频率和时间是主要控制参数，采取合理手段可以起到振动控制效果。同时，不同的爆破参数设计对质点各方向振动分量影响差异较大，要达到理想的减振效果需要针对不同的振动方向特点采取相对应的爆破参数优化设计并提出针对性的振动控制措施。

（2）爆破振动控制是系统性课题，涉及爆炸物理学、岩石动力学、工程爆破、开挖施工等多学科领域，本文通过两个水电工程实例，对爆破质点振动测试分析及指导爆破优化控制方面进行了研究与讨论，具有一定的工程借鉴意义，同时希望促进对该问题的全面认识和进一步的研究。

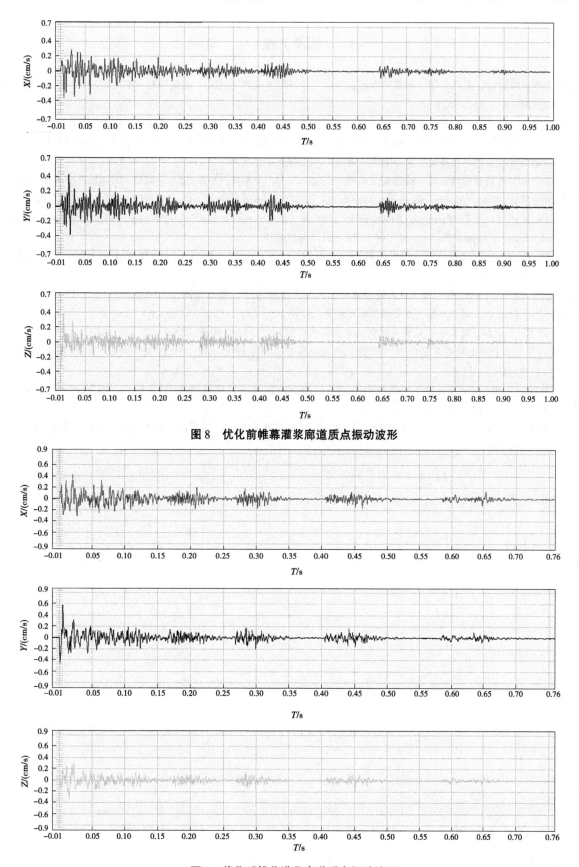

**图 8　优化前帷幕灌浆廊道质点振动波形**

**图 9　优化后帷幕灌浆廊道质点振动波形**

## 参考文献

[1] 卢文波, 李海波, 陈明, 等. 水电工程爆破振动安全判据及应用中的几个关键问题 [J]. 岩石力学与工程学报, 2009, 28 (8): 1520-1523.

[2] 张安康. 爆破地震波作用下建筑结构的动力响应与损伤破坏研究 [D]. 青岛: 山东科技大学, 2011.

[3] 陈士海, 张安康, 杜荣强, 等. 损伤及应变率效应对结构动力响应影响分析 [C] //中国工程科技论坛第 125 场——爆炸合成新材料与高效、安全爆破关键科学和工程技术论文集. 2011.

[4] 国家安全生产监督管理总局. 爆破安全规程: GB 6722—2014/XG1—2016 [S]. 北京: 中国标准出版社, 2016.

[5] Dowing C H. Blast Vibration Monitoring and Control [J]. Prentice Hall, Englewood, NJ, 1985 (3): 235-297.

[6] Dhakal R P, Pan T C. Response characteristics of structures subjected to blasting-induced ground motion [J]. International Journal of Impact Engineering, 2003, 28 (25): 813-823.

[7] 吕涛, 李海波, 周青春, 等. 传播介质特性对爆破振动衰减规律的影响 [J]. 防灾减灾工程学报, 2008, 28 (3): 335-341.

[8] 言志信, 言浬, 江平, 等. 爆破振动峰值速度预报方法探讨 [J]. 振动与冲击, 2010, 29 (5): 179-182.

[9] 郭学彬, 张继春, 刘泉, 等. 微差爆破的波形叠加作用分析 [J]. 爆破, 2006, 23 (2): 4-8.

[10] 梁开水, 陈天珠, 易长平. 减震沟减震效果的数值模拟研究 [J]. 爆破, 2006, 23 (3): 18-21.

[11] 周石平. 李家塔 1 号隧道进口浅埋段下穿地表民房施工技术研究 [J]. 长江大学学报 (自科版), 2013, 28 (21): 85-87.

[12] 阳生权, 周健, 陈秋南, 等. 爆破震动作用下的地下结构及围岩幅频特性分析 [J]. 地下空间与工程学报, 2006, 2 (1): 104-107.

[13] 李红勇, 吴立, 代显华, 等. 爆破振动主动与被动控制技术在水下钻孔爆破中的应用 [J]. 爆破, 2016, 33 (1): 105-109.

# 进水口叠梁门顶水平帷幕取水温升影响的研究

柳海涛[1]　李广宁[1]　孙双科[1]　白寅虎[2]　郑铁刚[1]

（1. 中国水利水电科学研究院，北京　100038）

（2. 河北省水利水电第二勘测设计院研究院，河北石家庄　050021）

**摘　要**：分层型水库的下泄水温调控一直是生态保护的重要组成部分，叠梁门作为分层取水措施之一，在工程实践中得到广泛应用。本文针对现有叠梁门方案，提出了在叠梁门顶部设置水平隔水帷幕，阻止下部冷水爬升，以进一步提高表层温水提取效果，运用数学模型与物理模型方法，针对水平帷幕的温升效果开展了精细化分析，得到了取水温升与水平帷幕长度的关系。研究表明：在叠梁门单宽流量 21 m²/s、门顶水头 28~34 m、取水高程水温梯度 0.22~0.25 ℃/m 条件下，水平帷幕长 2~7.5 m 时，取水温升可达 0.3~1.0 ℃。随着门顶水头的减小与水温分布梯度的增加，温升效果还会进一步提高。本研究可为今后分层取水措施的定量评估提供技术借鉴。

**关键词**：分层取水；叠梁门进水口；水平帷幕；取水温度；数值模拟；物理模型

## 1　引言

在水利工程建设与运行中，水温生态调控的观念已经被广泛采纳[1-2]，目前在建与新建的许多大型分层型水库中均设计建造了分层取水措施[3-8]，减缓了对于下游农作物生长、鱼类繁殖、河流生境修复等的不利影响[9-10]。叠梁门作为分层取水措施之一[11]，在工程实践中得到广泛应用。本文针对叠梁门运行体型进行改进，提出在叠梁门上部安装水平帷幕的方式，通过阻挡底部冷水爬升，以提升分层取水效率。对于复杂取水结构引起的水温密度分层流动的定量分析，国内外目前采用的大尺度水温数值模型难以适用[12-16]，同时也缺乏相关的水温物理模型验证。为此，首先通过精细化的数学模型对其温升影响进行定量分析，验证上述技术思路的可行性，然后通过水温分层物理模型开展了系统研究，建立了水平帷幕布置长度与取水温升的定量关系。上述研究成果可为相关的理论研究与实际工程应用提供参考。

## 2　叠梁门顶水平帷幕取水特性初步分析

### 2.1　数学模型的基本原理

叠梁门分层进水口内水流结构复杂，水流在局部区域内产生旋涡与回流，且取水口下部库区流动微弱，雷诺数较低。标准的 $k\text{-}\varepsilon$ 模型主要适用于充分发展的紊流，当取水流动中雷诺数较低时，模拟结果会出现一定程度的失真。RNG $k\text{-}\varepsilon$ 模型是建立在标准 $k\text{-}\varepsilon$ 模型基础之上的一种湍流模型，模型参数基于理论推导，通过修正紊动黏滞项，能够很好地模拟低雷诺数区域的流动[17]。为此，本文研究采用 RNG $k\text{-}\varepsilon$ 紊流模型、封闭连续和动量方程。数学模型基本方程如下：

连续方程
$$\frac{\partial u_i}{\partial x_j} = 0 \tag{1}$$

**作者简介**：柳海涛（1971—），男，教授级高级工程师，主要从事水工水力学与河流动力学研究工作。

动量方程
$$\frac{\partial u_i}{\partial t} + u_j \frac{\partial u_i}{\partial x_j} = \beta \Delta T g_i - \frac{1}{\rho_0} \frac{\partial p}{\partial x_i} + \frac{\partial}{\partial x_j}(-\overline{u_i' u_j'}) \tag{2}$$

$k$ 方程
$$\frac{\partial k}{\partial t} + u_j \frac{\partial k}{\partial x_j} = \frac{\partial}{\partial x_j}(\sigma_k \nu_{\text{eff}} \frac{\partial k}{\partial x_j}) + G_k - \varepsilon + G_b \tag{3}$$

$\varepsilon$ 方程
$$\frac{\partial \varepsilon}{\partial t} + u_j \frac{\partial \varepsilon}{\partial x_j} = \frac{\partial}{\partial x_j}(\sigma_z \nu_{\text{eff}} \frac{\partial \varepsilon}{\partial x_j}) + C_{1\varepsilon} \frac{\varepsilon}{k}(G_k + C_{3\varepsilon} G_b) - C_{2\varepsilon}^* \frac{\varepsilon^2}{k} \tag{4}$$

温度方程
$$\frac{\partial T}{\partial t} + \frac{\partial (u_i T)}{\partial x_i} = \frac{\partial}{\partial x_j}(\alpha_{\text{eff}} \frac{\partial T}{\partial x_j}) + \frac{q}{C_p} \tag{5}$$

温度与密度关系
$$\rho = 999.9 + 0.019\,1(T + 273.15) - 0.005\,9(T + 273.15)^2 + 0.000\,02(T + 273.15)^3 \tag{6}$$

式中：$u_i$ 为速度在 $i$ 方向的分量；$g_i$ 为重力加速度在 $i$ 方向的分量；$\rho$ 和 $p$ 分别为流体密度和压力；$-\overline{u_i' u_j'}$ 为紊动应力，$-\overline{u_i' u_j'} = \nu_t(\frac{\partial u_i}{\partial x_j} + \frac{\partial u_j}{\partial x_i}) - \frac{2}{3} k \delta_{ij}$，$\nu_t$ 为涡黏性系数，$\nu_t = C_\mu \frac{k^2}{\varepsilon}$，$\delta_{ij}$ 为克罗奈克（Kronecker）数；$\nu_{\text{eff}} = \nu + \nu_t$；$G_k$ 为紊动能产生项，$G_k = \nu_t(\frac{\partial u_i}{\partial x_j} + \frac{\partial u_j}{\partial x_i}) \frac{\partial u_i}{\partial x_j}$；$G_b$ 为浮力生成项，$G_b = \beta g_i \frac{\nu_t}{Pr_t} \frac{\partial T}{\partial x_i}$，$\beta$ 为热膨胀系数，$\beta = -\frac{1}{\rho} \frac{\partial \rho}{\partial T}$，$Pr_t$ 为普朗特数；$C_{2\varepsilon}^* = C_{2\varepsilon} + \frac{C_\mu \eta^3 (1 - \eta/\eta_0)}{1 + \beta \eta^3}$，$\eta = (2E_{ij} \cdot E_{ij})^{1/2} \frac{k}{\varepsilon}$，$E_{ij}$ 为水体时均应变率，$E_{ij} = \frac{1}{2}(\frac{\partial u_i}{\partial x_j} + \frac{\partial u_j}{\partial x_i})$；$\alpha_{\text{eff}}$ 为有效热传导系数；$q$ 为热源项；$C_p$ 为水的比热。

上述方程中各系数取值见表 1。

表 1　模型中常数取值

| 常数 | $C_\mu$ | $C_{1\varepsilon}$ | $C_{2\varepsilon}$ | $\sigma_k$ | $\sigma_\varepsilon$ | $Pr_t$ |
|------|---------|--------------------|--------------------|------------|----------------------|--------|
| 取值 | 0.09 | 1.42 | 1.68 | 1.39 | 1.39 | 0.85 |

## 2.2　数学模型的求解方法与边界条件

计算模型采用有限体积法来离散计算区域，然后在每个控制体积中对微分方程进行积分，再把积分方程线性化，得到各未知变量，如速度、压力、紊动能、耗散率、温度及密度的代数方程组。对于流动与传热耦合问题，先求解绝热流动以得到收敛的流场，然后激活能量方程，同时求解流动与能量方程。采用 VOF 方法模拟水气两相流动，水相表面不再使用"钢盖假定"。初始条件、边界条件、水密度与温度关系需通过 UDF 定义。

（1）初始条件：定义全场水气两相分布，界面以下为水相，以上为气相，分别给定不同 VOF 体积分数；定义全场压强分布，水相内符合静水压强分布，气相压强为 0；定义全场温度分布，水相内给定水温分布函数，气相温度与水相表面相同；定义全场流速为 0。

（2）库区上游入流边界条件：定义入流断面水气两相分布，分界线以上为气相，以下为水相，给定不同 VOF 体积分数；定义入流断面温度分布，水气分界线以下给定水温分布函数，以上气温与水相表面相同；定义入流断面速度分布，水气两相流速分布均匀，量值与取水流量相关；定义入流断面压强分布，与初始条件相同。

（3）取水口出流边界条件：定义出流断面平均流速，量值与取水流量、断面面积相关；定义出流边界上水的温度、密度、流速法向梯度为 0。

（4）气相上部边界：定义气相上部边界为压力出口，气相各变量法向梯度为 0。计算过程中，水相与气相之间发生热交换，库区与取水结构采用滑动条件，且为绝热边界，上部为大气边界，存在热交换。

### 2.3 数学模型研究方案

参考实际工程叠梁门进水口基本体型与运行方案，构建了本项研究的基本方案，见表 2。其中，引水流量 420 m³/s，分为 5 个流道，每个流道宽度 4 m，叠梁门运行门顶水头 34 m，帷幕长度为 0~2 m，叠梁门上游取水平台长度 5.5 m，叠梁门与胸墙间距 9 m，取水深度 82 m。针对门顶无帷幕和设置水平帷幕 2 种方案，进行对比研究，具体布置条件详见图 1，在 5 个流道中叠梁门顶部，设置水平帷幕，悬空长度 2 m，厚度 0.2 m。

表 2 研究方案计算条件

| 引水流量/<br>(m³/s) | 流道<br>数量 | 流道宽度/<br>m | 单宽流量/<br>(m²/s) | 叠梁门<br>门顶水头/m | 叠梁门顶<br>隔水帷幕长度/m | 叠梁门前<br>取水平台长度/m | 叠梁门与胸墙<br>间距/m |
|---|---|---|---|---|---|---|---|
| 420 | 5 | 4 | 21 | 34 | 0~2 | 5.5 | 9 |

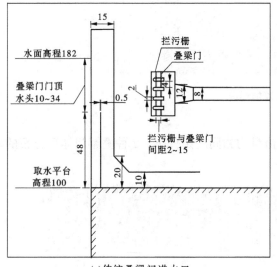

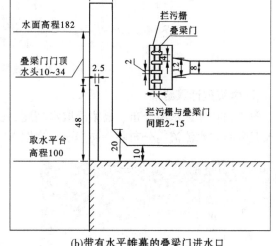

(a)传统叠梁门进水口  (b)带有水平帷幕的叠梁门进水口

**图 1 研究方案进水口布置图** （单位：m）

计算初始时刻，库区水温分布条件见图 2，自取水平台高程 100 m 以下，水温恒定为 10 ℃，然后呈线性增加至水面，水温垂线分布梯度 0.25 ℃/m。水面高程 182 m 处水温为 30.5 ℃，水面以上大气温度保持在恒定 30.5 ℃。初始时刻水相与气相的分界面位于 182 m 高程，在 182 m 以下水体给定全场静水压强分布。计算过程中，上游水位 182 m，进口断面图 2 水温分布保持不变，流速采用均匀分布指定，引水洞出口流量保持 420 m³/s，固壁边界采用标准壁面函数，壁面热交换暂不考虑。

计算网格的尺度首先应能反映出水工建筑物构造对模拟水域细部流场和温度场的影响，同时适当考虑计算量的经济合理性，故采用结构化网格以提高计算精度。通过网格无关性分析，网格单元尺寸在主流方向上为 3~5 m，在

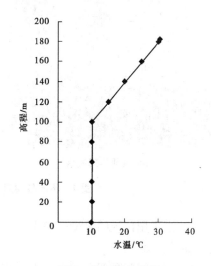

**图 2 水温垂向分布**

水深方向上为 0.5~1.0 m，在进水口内关键位置，必须要有足够的分辨率，最小尺寸为 0.2 m×0.5 m× 0.5 m，数学模型建模情况如图 3 所示。

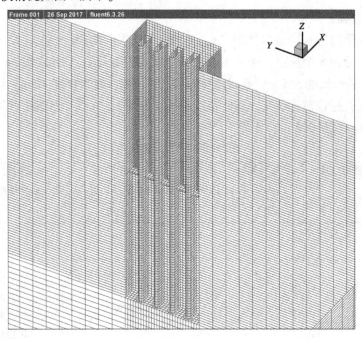

图 3  数学模型建模情况

## 2.4  数学模型计算结果

图 4 为在库区水温分布、叠梁门取水高度、引水流量均相同的条件下，2 种叠梁门体型方案的库区水温分布与水流流向分布图。初步研究表明：

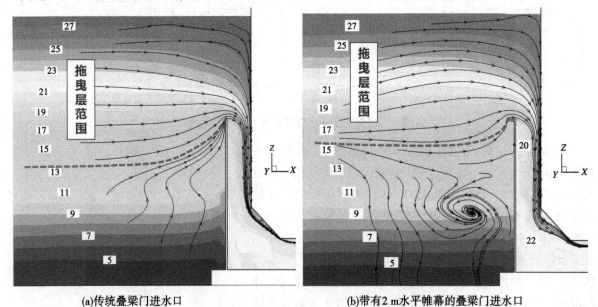

(a)传统叠梁门进水口                    (b)带有 2 m 水平帷幕的叠梁门进水口

图 4  不同叠梁门布置方案运行时进水口附近水温与流场分布

（1）当采用传统的叠梁门进水口时，取水高程以下的冷水层在拖曳力作用下向上爬升，使得底部冷水进入进水口。

（2）当叠梁门顶部采用 2 m 水平帷幕后，取水高程以下冷水层的爬升受到明显抑制，从流线图可知，拖曳层底部抬升，底部形成横轴漩涡，进入进水口的冷水减小。

图 5 为 2 种叠梁门方案下取水温度变化过程。由图 5 可知，自初始时刻开始，取水口内平均水温逐渐上升，约 50 s 后两者水温开始出现差别。在随后的取水过程中，带有水平帷幕的叠梁门，取水水温较传统叠梁门高出 0.3 ℃左右，由此证明上述思路在定性上是合理的。

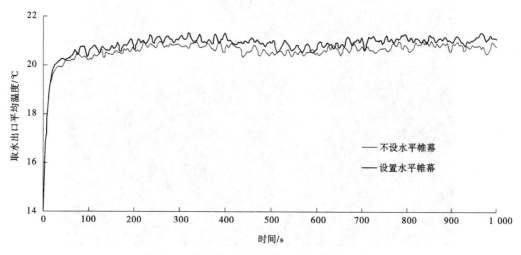

**图 5　2 种叠梁门方案下取水水温的变化过程**

## 3　叠梁门顶水平帷幕取水特性物理模型试验验证

针对叠梁门前水平帷幕的作用，开展了水温物理模型试验，模型布置与试验情况参见图 6 与图 7。根据已有典型工程进水口的布置特点与运行情况进行设计，经综合考虑，模型比尺为 1∶150。

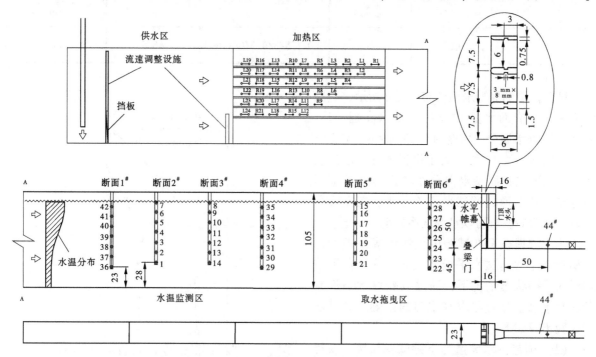

**图 6　叠梁门进水口水温物理模型试验**　（尺寸单位：cm）

试验模型总长 10 m，宽度 23 cm，高度 105 cm，自上而下分为供水区、分层加热区、水温监控区与取水拖曳区。模型试验流量 2.5 L/s，对应原型流量 689 m³/s，单宽流量 20 m²/s；模型取水水深 50 cm，对应原型水深 75 m；模型叠梁门高度 31 cm，对应原型高度 46.5 m；门顶水深 19 cm，对应原型门顶水深 28.5 m。水平帷幕长度 0~5 cm，对应原型长度 0~7.5 m，试验中分别制作 5 个构件，代表

图7 水温模型试验情况

叠梁门水平帷幕不同长度。试验中上下游有流场、温度场控制条件保持不变，上述试验参数见表3。

表3 叠梁门水平帷幕试验研究工况

| 试验基底水温/℃ | 取水流量/(m³/s) | 单宽流量/(m²/s) | 水平帷幕长度/m | 叠梁门高度/m | 叠梁门门顶水头/m |
|---|---|---|---|---|---|
| 16 | 689 | 21 | 0/1.5/3/4.5/6/7.5 | 46.5 | 28.5 |

试验模拟的原型水温分布如图8所示，基底水温8℃，表面水温19.2℃，取水高程（$h=46.5$ m）处水温分布梯度约0.23℃/m。本文试验室基底水温约16℃，为了保证密度分层流动相似，需要先将原型水温分布转换为试验室目标分布，然后通过调试得到该分布。在完成分层取水试验后，再将取水温度换算至原型值。

鉴于物理模型在试验中无法形成理想的热平衡状态，故本文水平帷幕试验，选择在形成相对热平衡状态情况下，通过改变取水条件判断其对于水温分布与取水水温的影响。该方法的试验步骤如下：

（1）调整供水流量与下游取水结构，获得稳定的流场。

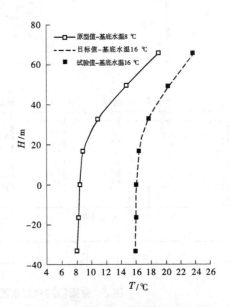

图8 水温分布原型值与模型值的转换

（2）开启分层加热设施，并且实时监控沿程水温分布随时间的变化。

（3）调整各层加热功率，使得沿程水温分布逐渐趋于目标水温分布，且相对稳定。

（4）将带有水平帷幕的试验构件快速插入叠梁门槽，量测其对上游水温分布与取水水温的影响过程。

（5）将试验构件取出，使流场条件恢复原状，然后等待水温分布逐步恢复为目标水温，这一过程需要较长时间。

（6）当水温分布重新恢复到目标水温分布时，重复步骤（4）的研究。

图9～图14为同一目标水温条件下，不同水平帷幕长度时，取水水温变化过程。由于试验构件的加入，打破了原有的热平衡状态，库区水温与取水水温开始变化。试验发现，当取水水温处于上升过程中，库区水温分布基本无变化，而取水水温出现峰值以后，库区水温分布梯度快速削弱，因此本文将取水水温峰值作为衡量取水效率高低的指标，建立其与水平帷幕长度之间的关系，具体结果见图15。将试验结果换算到原型取水水温值，见表4。

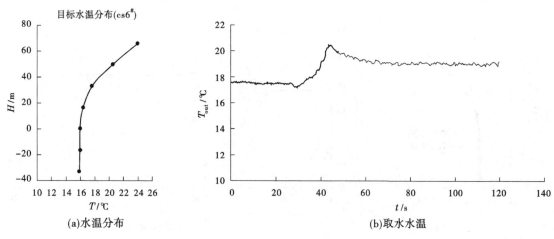

图9　水平帷幕7.5 m条件下水温分布与取水水温

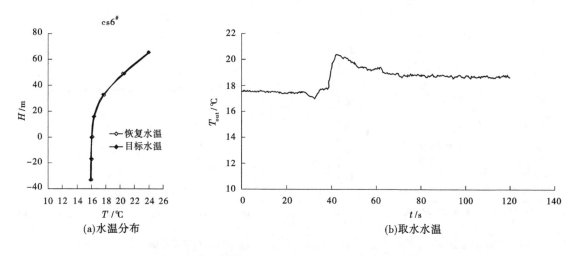

图10　水平帷幕6.0 m条件下水温分布与取水水温

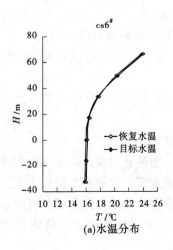
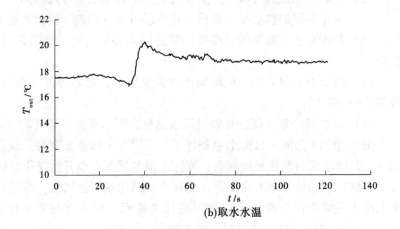

(a)水温分布　　　　　　　　　(b)取水水温

**图 11　水平帷幕 4.5 m 条件下水温分布与取水水温**

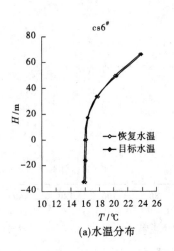
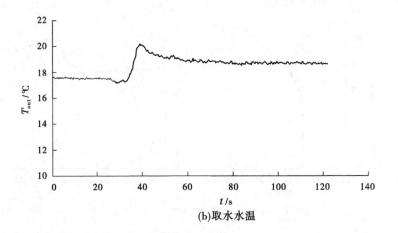

(a)水温分布　　　　　　　　　(b)取水水温

**图 12　水平帷幕 3.0 m 条件下水温分布与取水水温**

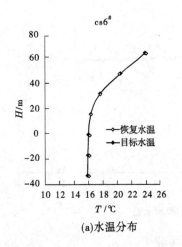
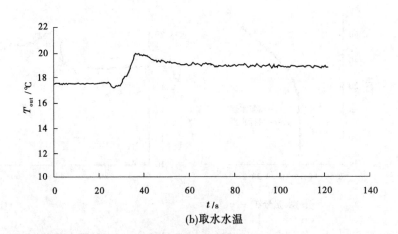

(a)水温分布　　　　　　　　　(b)取水水温

**图 13　水平帷幕 1.5 m 条件下水温分布与取水水温**

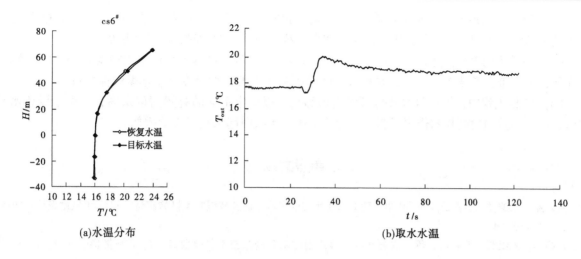

(a)水温分布　　　　　　　　(b)取水水温

**图 14　无水平帷幕条件下水温分布与取水水温**

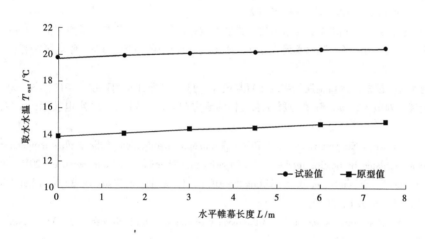

**图 15　水平帷幕长度 $L$ 与取水水温 $T_{out}$ 之间的关系**

**表 4　不同水平帷幕条件下取水水温试验结果**

| 基底水温/℃ | 取水水温/℃ | 水平帷幕长度/m | | | | | |
|---|---|---|---|---|---|---|---|
| | | 0 | 1.5 | 3.0 | 4.5 | 6.0 | 7.5 |
| 16 | 试验值 | 19.72 | 19.91 | 20.11 | 20.19 | 20.37 | 20.47 |
| 8 | 原型值 | 13.85 | 14.11 | 14.4 | 14.52 | 14.77 | 14.92 |

研究表明：

（1）叠梁门前增加水平帷幕对取水水温具有一定影响，随着水平帷幕长度的增加，取水水温逐渐上升。当水平长度达到 7.5 m 时，取水水温较无帷幕运行时提高约 1.0 ℃。

（2）由于原型基底水温低于试验室水温，在保证密度分层相似的前提下，前者水温垂线分布梯度大于后者，使得水平帷幕的试验室温升值要小于原型温升值。

## 4　小结

通过数学模型与物理模型方法，针对叠梁门前增设水平帷幕的温升效应，进行了初步探索研究，研究表明：

（1）当叠梁门顶部采用水平帷幕后，取水高程以下冷水爬升受到明显抑制，拖曳层底部抬升，进入进水口的冷水减少，当门顶水头减小、水温垂线分布梯度增大时，温升效果更加明显。

（2）在叠梁门单宽流量 20 $m^2/s$、门顶水头 28~34 m、取水高程处水温垂线梯度 0.23~0.25 ℃/m 条件下，水平帷幕长度 2~7.5 m，取水温升可达 0.3~1.0 ℃，两者变化基本呈线性关系。

（3）实际工程中，横向隔水帷幕可以垂向移动，以适应不同的叠梁门取水高程。由于设置水平帷幕，水流在垂向的侧收缩作用减弱，从理论上讲，不致引起水头损失的增加。

## 参考文献

［1］张东亚，葛德祥，步青云，等．水电工程对水生生态的影响特征及减缓对策措施研讨［J］．水电站设计，2018，34（3）：92-94.

［2］祁昌军，陈凯麒，曹晓红，等．水利水电工程水温影响预测及技术复核要点［J］．环境影响评价，2016，38（3）：1-4.

［3］邓伟铸，徐婉明，刘斌，等．大型水库不同取水方式对下游鱼类生态环境影响研究——以贵州省夹岩水利枢纽工程为例［J］．人民珠江，2019，40（8）：57-62，71.

［4］邢领航，贺蔚，张健，等．隔水幕分层取水研究进展及应用现状［J］．长江科学院院报，2019：1-8.

［5］薛联芳，孙平玉，冯云海，等．隔水幕墙在水电站低温水治理中的应用［J］．环境影响评价，2016，38（6）：53-55.

［6］樊雪钰．林海水库分层式进水口金属结构的布置与设计［J］．黑龙江水利科技，2018，46（9）：64-66，141.

［7］范志国，郑向晖，刘国军，等．新型分层取水结构的研究与应用［J］．水利水电技术，2017，48（10）：103-108，128.

［8］Qinglin Song, Bowen Sun, Xueping Gao, et al. PIV experimental investigation of the outflow temperature from nonlinearly stratified reservoir regulated by floating intake［J］. Experimental Thermal and Fluid Science, 2019, 109.

［9］Priyantha D, Asaeda T, Saitoh S, et al. Modelling the Effects of Curtains on Water Quality of a Eutrophic Reservoir［J］. Doboku Gakkai Ronbunshuu B, 2010, 40：7-12.

［10］Sokolov A G. Effect of selective water intake on the oxygen regime of a stratified reservoir［J］. Hydrotechnical Construction, 1999, 33（2）：116-125.

［11］Weichen Ren, Jie Wei, Qiancheng Xie, et al. Experimental and Numerical Investigations of Hydraulics in Water Intake with Stop-Log Gate［J］. Water, 2020, 12（6）：1788.

［12］Caliskan A, Elci S. Effects of Selective Withdrawal on Hydrodynamics of a Stratified Reservoir［J］. Water Resources Management, 2009, 23（7）：1257-1273.

［13］Wang S, Qian X, Han B-P, et al. Effects of local climate and hydrological conditions on the thermal regime of a reservoir at Tropic of Cancer, in southern China［J］. Water Research, 2012, 46（8），2591-2604.

［14］Shawky Y M, Ezzat M B, Abdellatif M M. Power plant intakes performance in low flow water bodies［J］. Water Science, 2015, 29（1），54-67.

［15］Ren Lei, Wu Wei, Song Ce, et al. Characteristics of reservoir water temperatures in high and cold areas of the Upper Yellow River［J］. Environmental Earth Sciences, 2019, 78, 160.

［16］Saadatpour M, Javaheri S, Afshar A, et al. Optimization of selective withdrawal systems in hydropower reservoir considering water quality and quantity aspects. Expert Systems with Applications, 2021（Dec.）：184, 115474.

［17］郑铁刚，孙双科，柳海涛，等．大型分层型水库下泄水温对取水高程敏感性分析研究［J］．水利学报，2015，46（6）：714-722，731.

# 谷幅变形作用下特高拱坝整体安全度分析评价

江晨芳[1]　程　恒[1]　侯春尧[2]　张国新[1]　周秋景[1]

（1. 中国水利水电科学研究院，北京　100038；
2. 三峡金沙江川云水电开发有限公司永善溪洛渡电厂，云南昭通　610000）

**摘　要：** 谷幅变形对拱坝产生挤压作用，易造成不可逆性变形，影响坝体工作性态和长期安全状况。为保证拱坝在谷幅作用下长期安全运行，以我国西南某拱坝为例，构建含拱坝-地基系统的有限元网格模型，反演当前谷幅变形荷载，仿真模拟坝体实际浇筑过程，采用水压力超载法，计算分析当前谷幅作用下拱坝极限承载能力，评价其整体安全度。结果表明：通过5个典型安全系数的工程类比，可以看出在当前谷幅变形作用下，该拱坝超载安全系数较高，仍处于高坝工程的偏上位置，可为后续谷幅变形作用下特高拱坝整体安全度评价工作提供参考。

**关键词：** 谷幅变形；特高拱坝；超载法；变形；安全度

## 1 引言

我国锦屏一级、小湾、溪洛渡等一批300 m级特高拱坝已蓄水运行多年，在其蓄水运行过程中，锦屏一级、溪洛渡拱坝监测到了较为明显的谷幅收缩变形，其中溪洛渡谷幅收缩变形量值较大且变形仍未收敛，超出了一般的工程经验和规律认识。拱坝是一种超静定结构，对坝基变形非常敏感，而谷幅收缩会对拱坝产生挤压作用，可能会对拱坝坝体工作性态和长期安全状况带来较为严重的不利影响[1-2]，因此谷幅变形已成为坝工界和学术界共同面对和关注的热点和难点。历史上少有的拱坝严重事故主要由河谷变形导致，如意大利的 Beauregard 拱坝[3]和瑞士的 Zeuzier 拱坝[4]。已有工程案例表明，谷幅收缩变形具有不可逆性，拱坝将在两岸山体挤压作用下长期运行，分析评价谷幅变形作用下拱坝在长期运行过程中的安全裕度，对保证拱坝长期安全运行至关重要。

对于拱坝整体安全度评价，国内外学者已经进行了研究。周维垣等[5]、余天堂等[6]、强天弛等[7]、黄岩松等[8]、宁宇等[9]均采用非线性有限元超载法，分别分析了锦屏一级拱坝、小湾拱坝、拉西瓦拱坝、白鹤滩拱坝的破坏过程，分析了拱坝的整体稳定性和极限承载能力。王仁坤等[10]对未考虑谷幅作用下的溪洛渡拱坝进行了超载开裂破坏过程及整体安全度分析。目前，在拱坝设计和数值分析中主要考虑水压、温度、自重、扬压力、泥沙压力、浪压力、冰压力及地震荷载，未考虑谷幅收缩作用，缺少谷幅收缩变形条件下拱坝的安全评价标准。

本文根据我国西南某拱坝最新揭示的地质资料及拱坝结构设计成果，建立拱坝整体三维数值模型，采用自主开发的SAPTIS有限元仿真分析软件[11-13]，综合模拟坝体、基础中各控制性的地质边界条件及谷幅变形荷载作用，采用水容重超载法分析拱坝坝体和地基岩体的变形以及屈服状态的发展过程，给出谷幅变形作用下拱坝-地基系统的整体安全度，结合工程类比，综合评价该拱坝的整体安全性，为拱坝安全运行提供依据。

---

**基金项目：** 国家重点研发计划项目（2021YFC3090102）；中国长江三峡集团有限公司科研项目（412002002）。

**作者简介：** 江晨芳（1989—），女，工程师，主要从事水工结构数值模拟及安全分析方面的工作。

**通信作者：** 程恒（1982—），男，正高级工程师，主要从事数值计算方法、水工结构数值分析等方面的工作。

## 2 工程地质概况

该水电站大坝采用混凝土双曲拱坝，最大坝高 285.5 m，属特高型拱坝。坝址区河道顺直，谷坡陡峻，临江坡高 430～300 m。河谷断面呈较对称的"U"形，谷底较宽阔平缓，两岸山体陡峻雄厚，地形从Ⅰ线以下有向河床收敛之势，Ⅰ线以上和Ⅲ线以下岸坡地形逐渐撒开。

河床基岩及两岸谷坡主要由玄武岩（$P_2\beta$）组成，石灰岩（$P_1m$）仅出露于峡谷进口段河床谷底，向下游倾伏于玄武岩之下，两岸谷肩残留厚 2～15 m 的砂页岩（$P_2x$）。模型工程地质图如图 1 所示。在玄武岩底部有一层湖沼相的泥页岩沉积层（$P_2\beta_n$），假整合于石灰岩之上。第四系不同成因的松散堆积物不整合于上述基岩之上。石灰岩（$P_1m$）出露于坝区豆沙溪沟口附近的基岩谷底，向下游倾伏于玄武岩之下，钻孔揭示厚度 260～280 m。石灰岩和玄武岩之间，分布一层湖沼相的泥页岩沉积层（$P_2\beta_n$），假整合于石灰岩之上。该层厚度变化较大，一般厚 2～3 m，钻孔揭示最大厚度 5.1 m。玄武岩为间歇性多期喷溢的陆相基性火山岩流，坝区总厚度 490～520 m，可分 14 个岩流层，岩流层一般厚 25～40 m。

近坝区域未见大的断裂断层。玄武岩层间错动带多沿原生层面构造发育而成，主要形式有平直型和带裂型。平直型多沿层面构造的平直段发育，或当层面起伏较大时，沿层面上部 1～2 m 处的层节理发育，总体平直，延伸稳定，破碎带厚度变化较小，如 C1、C5、C7、C9、C12。带裂型沿着层面构造和上下侧的层节理、剖面 X 形节理发育而成，多在岩流层的底部形成层内错动汇入层间错动的密集带，呈密集的带状延伸，厚度较大，产状不稳定，单条错动带规模较小，起伏较大。层内错动（Lc）指发育于各岩流层内部的缓倾角构造错动带，它们主要是利用层节理和部分层面构造及剖面 X 形节理，经构造改造而成，其分布广，数量多，产状较分散，部分错动带工程地质性状较差，对岩体结构和工程岩体质量影响较大，仍是较重要的结构面。据地质测绘及勘探揭示，层内错动发育程度在层位及区段上差异较大，14 个岩流层中以 5、8、6、4 四层层内错动较发育，次为 9、7、3、2、12 层，而 10、11、13、14、1 层发育较少。6、8 两层的中部层内错动带规模较大，延伸较长，常集中成带发育，浅表形成强风化夹层。层内错动带主要发育于岩流层中下部的玄武质熔岩中，上部角砾熔岩不发育。

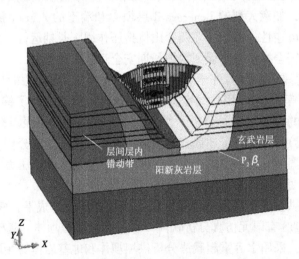

图 1 模型工程地质图

## 3 计算模型及计算方法

### 3.1 计算模型的建立

该水电站大坝为双曲拱坝，大坝在 12#～19# 坝段布置了 7 个表孔、8 个深孔和 10 个导流底孔（410 m 高程布置 6 个低位底孔、450 m 高程布置 4 个高位底孔）。考虑坝址区真实地质构造及大坝真实结构材料分区，构建蓄水运行期拱坝地基有限元网格模型，模型共计 292 790 个单元、338 841 个节点，包含地基（含层间层内错动带、玄武岩、阳新灰岩、泥页岩沉积层 $P_2\beta_n$ 等）、大坝坝体（含孔口、闸墩、支铰大梁、牛腿、贴角等）、横缝及施工宽缝（表孔大梁施工宽缝设置在表孔闸墩中部，且上游闸墩与表孔大梁脱开浇筑也设置施工宽缝，蓄水运行期已回填）。模型坐标系：$x$ 指向拱坝左岸，$y$ 指向拱坝上游侧，$z$ 竖直向上。有限元模型如图2~图4所示。

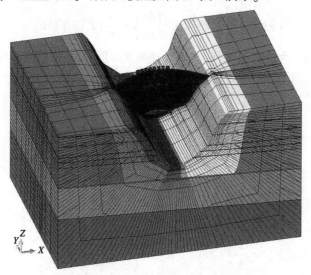

**图2　拱坝-地基整体有限元模型**

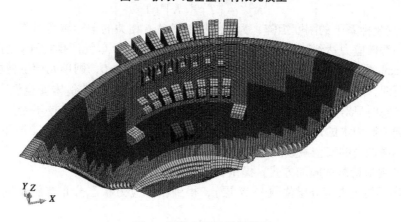

**图3　坝体有限元网格模型**

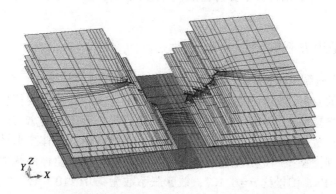

**图4　左右岸典型层间层内错动带及地基内 $P_2\beta_n$ 有限元网格模型**

## 3.2　计算荷载及计算方法

计算荷载包括自重、上下游静水压力、谷幅变形荷载等，以坝-基系统的变形演化过程及屈服破坏情况为参考，采用水压超载法分析给出谷幅变形作用下坝-基系统的整体安全度。

非线性计算中通过引入 DDA 方法中的开闭迭代[14-16]，材料采用 DP 屈服准则，使用满足 Mohr-Coulomb 屈服准则的节理单元对层间层内错动带和地基内 $P_2\beta_n$ 进行模拟，有效地反映软弱结构面的拉压破坏和剪切破坏。

在局部坐标系中，节理单元的应力-节点位移关系为

$$\{\sigma\} = \begin{Bmatrix} \tau_s \\ \sigma_n \end{Bmatrix} = \frac{1}{h}[K]\begin{Bmatrix} \Delta u \\ \Delta v \end{Bmatrix} = \frac{1}{h}[K][N]\{\delta\}^e \tag{1}$$

式中：$\tau_s$ 为切向剪应力；$\sigma_n$ 为法向正应力；$h$ 为节理单元厚度；$\Delta u$ 为节理单元的剪切相对位移；$\Delta v$ 为节理单元的法向相对位移；$\{\delta\}^e$ 为单元节点位移；$[N]$ 为形函数矩阵；$[K]$ 为单元的刚度矩阵，由下式确定：

$$[K] = \begin{bmatrix} k_{ss} & k_{sn} \\ k_{ns} & k_{nn} \end{bmatrix} \tag{2}$$

式中：$k_{ss}$ 为切向刚度；$k_{nn}$ 为法向刚度；$k_{sn}$ 为考虑切向耦合效应的刚度；$k_{ns}$ 为考虑法向耦合效应的刚度。

由于目前很难确定耦合刚度项的数值，一般假定 $k_{sn}$ 和 $k_{ns}$ 为 0。

根据虚功原理，上述方程转换成有限元方程为

$$[F]^e = \frac{t}{h}\int_{-l/2}^{l/2}[N]^T[K][N]dx'\{\delta\}^e = [K]^e\{\delta\}^e \tag{3}$$

式中：$[K]^e$ 为节理单元在局部坐标系的刚度矩阵，转换为整体坐标系的刚度矩阵为

$$[K]^G = [T]^{-1}[K]^e[T] \tag{4}$$

式中：$[K]^G$ 为全局坐标系下的刚度矩阵，为与结构面倾角 $\theta$ 相关的坐标转换矩阵。

当节理单元的法向应力达到其拉伸应力阈值，即 $\sigma_n \geqslant f_{t0}$ 时，单元产生拉开；当节理单元的剪应力达到 Mohr-Coulomb 强度破坏准则时，即 $F = |\tau_s| - (C_0 + f_0\sigma_n) \geqslant 0$，则单元产生剪切滑移。

使用数值分析时，通常采用强度折减法或水压力超载法评价坝-基整体安全性[5-10,17]。采用水压力超载方法时，计算时只对上游坝面水压荷载进行倍数增长，其他荷载保持不变。以超载倍数 $\lambda$ 来评价安全性，超载倍数为水的计算重度与实际重度之比，即 $\lambda = \gamma/\gamma_w$，将特征工况下的超载倍数作为衡量坝体的极限承载能力的安全系数。主要计算过程如下：

(1) 改进谷幅变形荷载的施加方式，提供特殊荷载的计算基础条件。

(2) 坝体按实际浇筑进度分层浇筑（27 层），得到坝体应力状态分布与施工期坝体的实际应力状态基本相符。

(3) 施加上游水位（以正常蓄水位为基准）、下游水位、谷幅变形等荷载，通过水压超载分析坝基整体安全度。

## 4 材料参数及模型边界谷幅变形分布反演

根据柴东等[18]对谷幅变形影响的研究，考虑 $P_2\beta_n$ 附近的岩性变化，采用模型截断边界处施加位移荷载模拟谷幅收缩变形，如图 5 所示。基于谷幅变形与坝体变形监测资料和材料参数，在模型边界处施加位移，考虑自重荷载、水荷载、温度荷载，进行拱坝施工、蓄水与运行全过程仿真计算，通过正分析得到拱坝变形量与荷载变化的关系，以温度、谷幅变形、坝体变形计算值与监测值差异最小为目标函数，反演得到模型截断边界处最优的位移以及坝体与地基岩体的热力学参数。反演得到的坝体弹性模量 $E = 47.8$ GPa，泊松比 $\nu = 0.167$，线膨胀系数为 $7.01 \times 10^{-6}$ ℃$^{-1}$，重度为 24 kN/m$^3$，黏聚力 $c = 3.0$ MPa，摩擦角 $f = 58.3°$。坝址岩体及主要结构面的物理力学参数见表 1。

图 6 为 VDL04-VDR04 和 VDL06-VDR06 测线谷幅变形计算值与实测值的对比。图 7 为 15# 坝段垂线测点的径向变形计算值与实测值对比。可以看出，计算得到的谷幅变形、坝体径向变形演化过程与实测值吻合较好，表明反演得到的边界处位移大小及分布形式合理，同时也进一步证明了反演得到的坝体与地基材料参数合理。

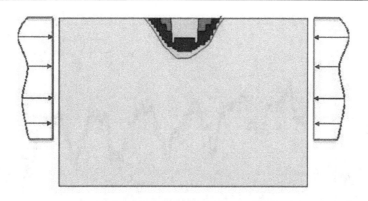

**图5　谷幅变形加载方式示意图**

**表1　坝址岩体及主要结构面的物理力学参数**

| 材料号 | 弹性模型/GPa | | 泊松比 | 黏聚力/MPa | 摩擦角/(°) |
|---|---|---|---|---|---|
| | 水平 | 垂直 | | | |
| Ⅱ类岩体 | 22~30 | 16~22 | 0.20 | 2.5 | 53.47 |
| Ⅲ₁类基岩 | 14~20 | 13~16 | 0.20 | 2.2 | 50.66 |
| Ⅲ₂类基岩 | 7~9 | 5~8 | 0.20 | 1.4 | 50.19 |
| Ⅳ₁类基岩 | 4~5 | 3.5~4.5 | 0.20 | 1.0 | 45.57 |
| Ⅳ₂类基岩 | 1.0~2.6 | 0.7~1.2 | 0.20 | 0.5 | 35.00 |
| 错动带（P₂βₙ） | 0.7~1.1 | 0.4~0.5 | 0.32 | 0.155 | 17.50 |

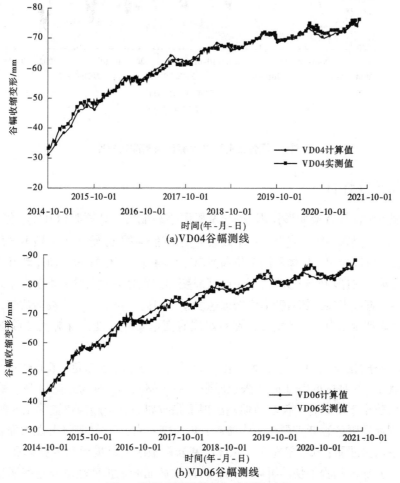

(a)VD04谷幅测线

(b)VD06谷幅测线

**图6　谷幅变形计算值与实测值对比**

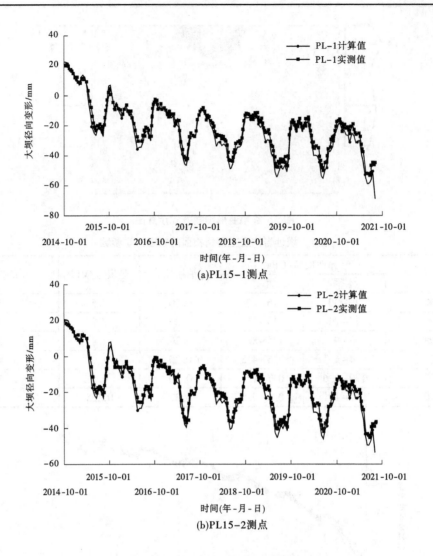

(a)PL15-1测点

(b)PL15-2测点

图 7　坝体径向变形计算值与实测值对比

## 5　坝-基整体安全度评价

采用水压超载方法计算谷幅变形作用下坝-基极限承载能力,计算时以 $0.1\gamma_w$ 倍为步长进行超载,提取结果时每 $0.5\gamma_w$ 倍提取一次,直至计算不收敛为止。图8~图10给出了拱坝不同部位顺河向变形与超载倍数关系曲线。可以看出,坝体不同部位顺河向变形随着超载倍数的增加逐渐增大,左右岸坝肩变形发展过程基本对称,右岸坝肩变形略大于左岸坝肩变形。在超载过程中,4.0倍超载倍数之前,坝体各顺河向变形基本呈直线发展,随后变形值增加速度逐渐加速,自6.5倍超载倍数起,大坝计算变形持续增大,且变形速率明显加快;7.5倍后,左右岸坝肩变形发生突变,计算无法收敛,达到极限承载能力。

同时,图11中分别给出了1.0倍、1.5倍、2.5倍、3.5倍、5.0倍、6.0倍超载倍数下坝-基整体的屈服情况,其中:X-kindfail=1时为张拉屈服,X-kindfail=2时为压剪屈服。结果显示,在超载过程中,当超载倍数小于1.0时,仅坝前地基出现了张拉屈服;当超载倍数为1.5时,坝踵部位出现了明显屈服,且坝踵屈服区逐渐扩展至防渗帷幕;2.5倍左右,下游坝面出现大面积屈服;5.0倍左右,上游坝面出现明显屈服;6.0倍左右,坝体与基岩屈服区全部贯通形成整体屈服区,拱坝可能发生失稳破坏。通过610 m高程平切图可以看出,右岸坝肩屈服区扩展范围及速率明显大于左岸坝肩。

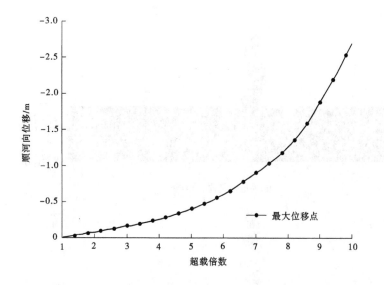

**图 8　最大顺河向变形点顺河向变形与超载倍数关系曲线**

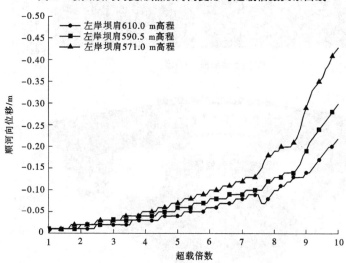

**图 9　左岸坝肩顺河向变形与超载倍数关系曲线**

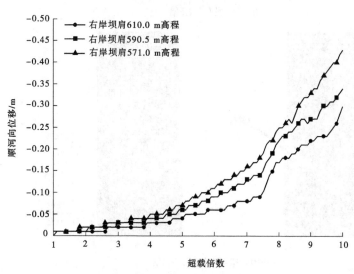

**图 10　右岸坝肩顺河向变形与超载倍数关系曲线**

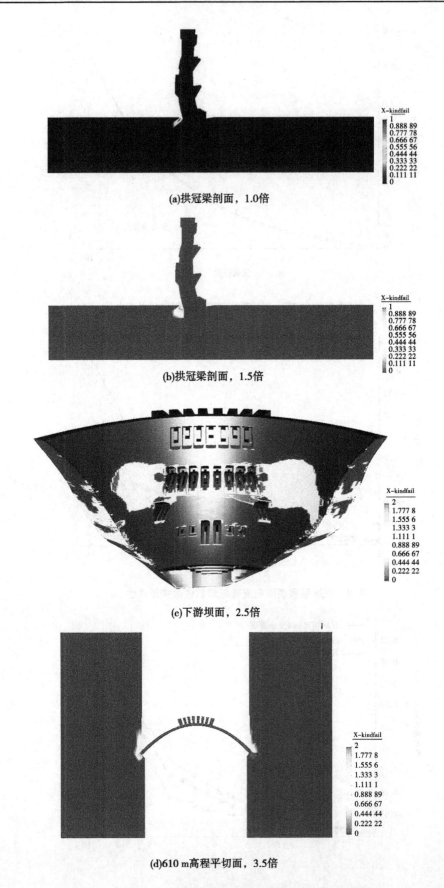

(a)拱冠梁剖面，1.0倍

(b)拱冠梁剖面，1.5倍

(c)下游坝面，2.5倍

(d)610 m高程平切面，3.5倍

图 11　典型超载倍数下坝-基整体的屈服区分布

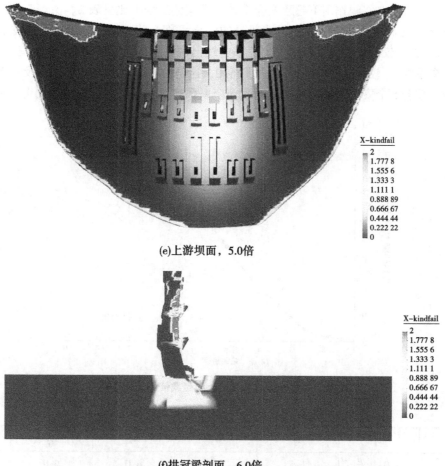

(e)上游坝面，5.0倍

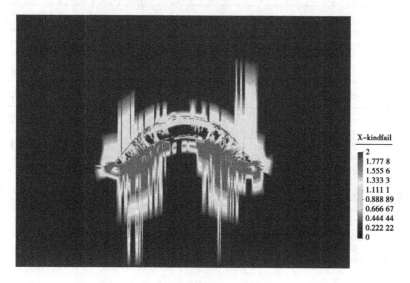

(f)拱冠梁剖面，6.0倍

(g)坝基(俯视图)，6.0倍

**续图**11

　　图12为坝体屈服体积比与超载倍数关系曲线。由图12可以看出，当荷载加到2.5倍以上时，坝体屈服量增加速度加快，说明坝体在2.5倍荷载以后坝体下游坝面中下部出现较大屈服区，且扩展速度增加迅速。

综上所述，该拱坝在谷幅作用下超载安全系数以及其他工程类比见表 2。由表 2 可以看出，各拱坝坝踵起裂安全系数 $\lambda_1$ 基本相当；达到防渗帷幕的安全系数 $\lambda_2$ 仅次于锦屏拱坝；屈服体积比曲线出现转折的安全系数 $\lambda_3$ 仅次于锦屏拱坝；最大变形曲线出现拐点的安全系数 $\lambda_4$ 与小湾、李家峡相当；最终不收敛安全系数 $\lambda_5$ 较大，DP 准则下可达到 6.0，这是由坝高、坝厚、水推力及材料参数等多方面因素决定的。综合 5 个安全系数，该拱坝超载安全系数较高，处于高坝工程的偏上位置。

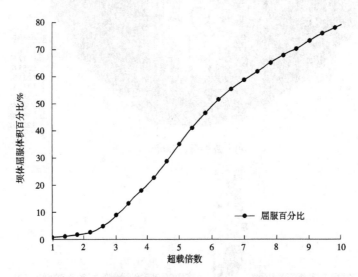

图 12　坝体屈服体积百分比与超载倍数关系曲线

表 2　本工程及类比工程安全系数列表

| 安全系数 | $\lambda_1$ | $\lambda_2$ | $\lambda_3$ | $\lambda_4$ | $\lambda_5$ | 屈服准则 |
|---|---|---|---|---|---|---|
| 本工程 | 1.0~1.5 | 1.5 | 2.5 | 4.0 | 6.0 | DP |
| 锦屏 | 1.5~2.0 | 2.0 | 4.0 | 6.5 | 8.5 | DP |
| 二滩 | ≈1.0 | 1.0~1.5 | 1.5 | 5.0 | 7.0 | DP |
| 三河口 | 1.0 | 1.3 | 1.6 | 4.6 | 5.2 | DP |
| 土溪口 | <1.0 | <1.25 | 1.75 | 4.75 | 6.75 | DP |
| 萨扬 | <1.0 | <1.25 | 1.25 | 3.5 | 4.25 | DP |
| 李家峡 | <1.0 | 1.2 | — | 4.0 | 4.5 | DP |
| 小湾 | <1.0 | 1.0 | — | 4.0 | 6.25 | DP |
| Kolnbrein（无支撑） | 0.5 | 0.75 | — | 4.5 | 6.0 | DP |
| 藤子沟 | 1.0 | 1.1 | — | 4.5 | 5.0 | MC |
| 石门 | <1.0 | <1.0 | — | 2.8 | 3.0 | MC |

## 6　结语

本文采用非线性有限元分析方法，综合模拟坝体、基础中的各控制性的地质边界条件及谷幅变形荷载演化，通过对谷幅作用下坝基岩体及结构面的变形、屈服区进行对比分析，评价谷幅作用下某特高拱坝的安全性，采用水压超载法分析了拱坝坝体和地基岩体的变形及屈服状态的发展过程，给出谷幅变形作用下坝-基系统的整体安全度，结合工程类比，综合评价该拱坝的整体安全性，并得出以下结论：

（1）通过分析谷幅变形荷载演化规律及边界条件反演，验证计算的大坝径向变形仿真结果与实测结果吻合较好，改进了特高拱坝在有限元仿真中的谷幅变形荷载施加方式。

（2）在当前反馈的谷幅变形荷载的作用下，该拱坝的起裂安全系数 $\lambda_1$ 为 $1.0 \sim 1.5$，达到防渗帷幕的安全系数 $\lambda_2$ 约为 $1.5$，屈服体积比曲线出现转折的安全系数 $\lambda_3$ 约为 $2.5$，最大变形曲线出现拐点的安全系数 $\lambda_4$ 约为 $4.0$，最终不收敛安全系数 $\lambda_5$ 约为 $6.0$。

（3）综合5个安全系数，该拱坝在当前谷幅变形作用下超载安全度较高，处于高坝工程的偏上位置，建议后期根据监测资料反馈最新谷幅变形荷载，跟踪分析该拱坝整体安全度。

## 参考文献

[1] LONDE P. The Malpasset dam failure [J]. Engineering Geology, 1987, 24 (1/2/3/4)：295-329.

[2] LOMBARDI G. Kolnbrein dam：an unusual solution for an unusual problem [J]. International Water Power & Dam Construction, 1991, 43 (6)：31-34.

[3] FRIGERIO A, MAZZA G. The rehabilitation of Beauregard dam：the contribution of the numerical modeling [C] // 12th International Benchmark Workshop on Numerical Analysis of Dams. Vienna, 2013：343-352.

[4] ZANGERL C, EVANS K F, EBERHARDT E, et al. Consolidation settlements above deep tunnels in fractured crystalline rock：Part 1—Investigations above the Gotthard highway tunnel [J]. International Journal of Rock Mechanics and Mining Sciences, 2008, 45 (8)：1195-1210.

[5] 周维垣, 陈欣. 锦屏双曲拱坝整体稳定分析 [J]. 华北水利水电学院学报, 2001 (3)：31-34.

[6] 余天堂, 任青文. 锦屏高拱坝整体安全度评估 [J]. 岩石力学与工程学报, 2007 (4)：787-794.

[7] 强天弛, 杨若琼, 沈大利, 等. 小湾双曲拱坝稳定三维非线性有限元分析 [J]. 云南水力发电, 2000 (1)：68-70, 76.

[8] 黄岩松, 周维垣, 陈欣, 等. 拉西瓦双曲拱坝整体稳定分析 [J]. 岩土力学, 2003 (S2)：235-238.

[9] 宁宇, 徐卫亚, 郑文棠, 等. 白鹤滩水电站拱坝及坝肩加固效果分析及整体安全度评价 [J]. 岩石力学与工程学报, 2008 (9)：1890-1898.

[10] 王仁坤, 林鹏, 周维垣. 复杂地基上高拱坝开裂与稳定研究 [J]. 岩石力学与工程学报, 2007 (10)：1951-1958.

[11] 张国新. SAPTIS：结构多场仿真与非线性分析软件开发及应用（之一） [J]. 水利水电技术, 2013, 44 (1)：31-35, 44.

[12] 周秋景, 张国新. SAPTIS：结构多场仿真与非线性分析软件开发及应用（之二） [J]. 水利水电技术, 2013, 44 (9)：39-43.

[13] 张磊, 张国新. SAPTIS：结构多场仿真与非线性分析软件开发及应用（之三） [J]. 水利水电技术, 2014, 45 (1)：52-55.

[14] Shi G H. Block System Modeling by Discontinuous Deformation Analysis [M]. Southampton, UK and Boston, USA：Computational Mechanics Publications, 1993.

[15] 张国新, 李海枫, 黄涛. 三维不连续变形分析理论及其在岩质边坡工程中的应用 [J]. 岩石力学与工程学报, 2010, 29 (10)：2116-2125.

[16] 周少怀, 杨家岭. DDA 数值方法及工程应用研究 [J]. 岩土力学, 2000, 21 (2)：123-125.

[17] 李同春, 王仁坤, 游启升, 等. 高拱坝安全度评价方法研究 [J]. 水利学报, 2007, 38 (S1)：78-83, 105.

[18] 柴东, 程恒, 毛延翀, 等. 谷幅收缩作用下特高拱坝真实变形特性及影响因素分析 [J]. 水电能源科学, 2022, 40 (11)：107-110.

# 谷幅变形对重力坝工作性态影响研究

李燕娜[1,2]　杨　宁[3]　周秋景[1,2]　乔　雨[3]

[1. 中国水利水电科学研究院，北京　100038；

2. 流域水循环模拟与调控国家重点实验室，北京　100038；

3. 中国三峡建工（集团）有限公司，北京　101100]

**摘　要**：重力坝工程在工程设计中假定其坝基变形较小，且不会引起坝体应力状态和安全状态的改变，但相关统计资料表明，不少高坝工程存在不同程度上的谷幅变形问题，不同程度的谷幅变形会引起大坝应力状态和安全状态的不同变化，谷幅变形问题严重时会对大坝工作性态产生一定影响。本文基于高坝谷幅变形研究现状，指出谷幅变形研究中存在的主要问题，总结重力坝谷幅变形影响研究思路和方法，通过有限元分析计算某重力坝工程案例，围绕谷幅变形条件下重力坝工作性态进行系统分析，为评价重力坝工作性态和高坝长期安全运行状态提供参考。

**关键词**：谷幅变形；重力坝；高坝；工作性态

## 1　引言

高坝工程水头高、边坡高陡、地质条件复杂等特点突出，容易引发谷幅变形现象。我国溪洛渡、锦屏一级、二滩等高坝工程在蓄水后均出现了谷幅减小的现象。国外也有高坝谷幅收缩的工程实例，如意大利的 Beauregard 坝、瑞士的 Zeuzier 坝。由于每个工程都有其特定的水文地质条件，因此谷幅变形的时空分布规律、变形量值及变形成因都有所不同。谷幅变形受多种复杂因素影响，主要包括开挖卸荷、蓄水后岩体渗流场变化过程中渗流力的作用、岩体有效应力的减小、材料参数的弱化、温度场的改变及岩体流变变形等。同时，岸坡的地形地貌、地层岩性、地质构造、水文地质条件不同，开挖或蓄水后诱发谷幅变形的因素会有所不同，谷幅变形的特征和演化规律也会有所不同。

目前，我国对高坝谷幅变形成因及影响因素分析较多，特别是对拱坝谷幅变形成因分析较为详细，程恒等[1]对高拱坝谷幅变形特征及影响因素进行了系统分析；刘有志等[2]对高拱坝谷幅缩窄成因进行了整理分析；柴东等[3]对谷幅收缩作用下特高拱坝真实变形特性及影响进行研究；刘西等[4]基于智能参数反演对混凝土坝位移监控指标进行了拟定；李斌[5]进行了重力坝变形监控的智能分析方法研究，但是目前我国对谷幅变形影响下重力坝的工作性态影响和定量化分析仍然偏少，相关变形规律和诱因研究仍较为缺乏，谷幅变形可能导致重力坝的应力和变形产生变化，从而影响重力坝的稳定性和安全性。因此，对重力坝谷幅变形现象进行研究，可以更好地了解重力坝的工作性态，提高重力坝的设计、建造和运行的安全性和可靠性，对保证大坝长期安全运行至关重要。本文依托某重力坝工程模型，采用有限元方法，通过模型分析，考虑不同谷幅变形量值及自重、水压等荷载作用，对重力坝模型进行计算，解析不同谷幅变形量值下重力坝应力场及变形场规律，为评价重力坝工作性态和高坝长期安全运行状态提供参考。

**基金项目**：国家重点研发计划项目（2021YFC3090102）；中国长江三峡集团有限公司科研项目（WDD/0432）。

**作者简介**：李燕娜（1999—），女，硕士研究生，主要从事水工结构数字仿真研究工作。

**通信作者**：周秋景（1979—），男，正高级工程师，主要从事水工结构研究工作。

## 2 重力坝谷幅变形影响研究思路和分析软件

本文以我国西南部的某一重力坝工程作为研究分析对象，通过构建重力坝有限元模型，设定计算条件和约束条件，真实考虑重力坝目前的体形及不同部位的材料分区，通过在模型边界施加不同量值的均匀谷幅变形，采用数值模拟的方法模拟重力坝在不同谷幅变形量值时的变形及应力情况和分布规律，基于工程的应力与强度的关系判别工程的安全，从而进一步得到重力坝病变灾变机制，进而评价谷幅变形对重力坝工作性态的影响。

计算分析采用中国水利水电科学研究院自主开发的软件 SAPTIS 作为主要工具，同时配合 GID 等前后处理工具完成计算分析。SAPTIS 是一套大型结构温度场、应力场线性及非线性分析系统软件，可模拟分析大坝浇筑到运行期全过程的温度场、变形场及应力场，具有多种实体单元、缝单元、杆梁锚索单元，可用于模拟工程中遇到的温度、渗流、变形、应力等问题，已成功用于三峡、二滩、龙滩、小湾、溪洛渡、南水北调等工程的温度、应力、变形、安全度等分析。

## 3 工程案例分析

### 3.1 工程概况及计算模型

该重力坝工程位于我国西南部地区某河流下游，为碾压混凝土重力坝，大坝采用碾压混凝土浇筑，坝顶高程 825.50 m，河床建基面高程 735.00 m，最大坝高 90.50 m，坝顶厚度 9 m，上游坝坡 1∶0.58，下游坝坡 1∶0.22，坝体混凝土方量约 46.6 万 m³，坝体分为 7 个坝段，其作用在于配合上游拱坝主体形成水垫塘，使泄洪水流落在水垫塘内达到消能作用，减少泄洪水流对下游河床和两岸边坡的冲刷。坝体上游立视图和剖面图见图 1。

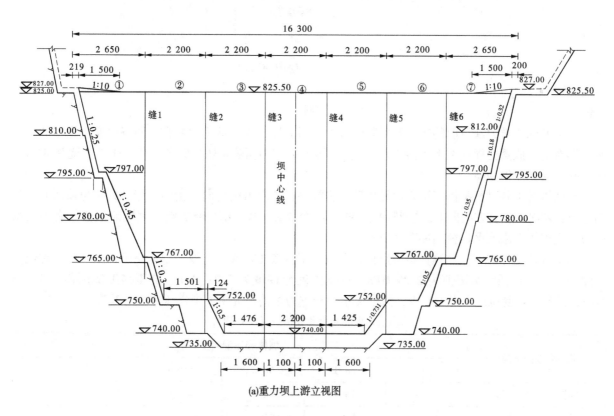

(a)重力坝上游立视图

**图 1　重力坝上游立视图及剖面图**　（单位：m）

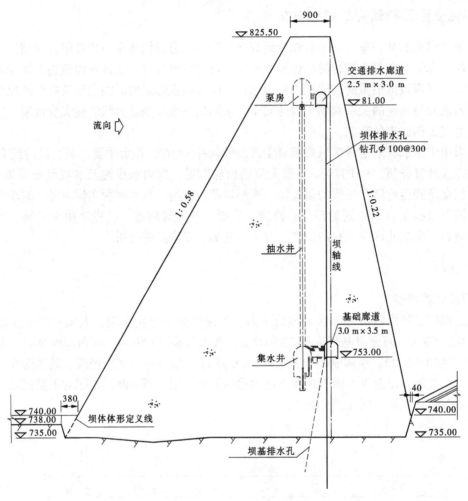

(b)重力坝剖面图

续图 1

真实考虑该重力坝目前的体形及不同部位的材料分区，模拟该重力坝在不同谷幅变形量值的受力及变形情况。该重力坝模型上下游方向均为 2 倍坝高，坝体两岸取 1.5 倍坝高、地基宽度为 4 倍坝高，高度为 2.5 倍坝高。

将坝体及坝基进行整体三维有限元离散，坐标系：$X$ 向为横河向，指向左岸；$Y$ 向为顺河向，指向上游；$Z$ 向为竖直方向向上。模型共计 899 542 个单元、976 676 个节点，大坝地基整体有限元网格模型及坝体有限元网格模型如图 2 所示。

基于谷幅变形与坝体监测资料假定材料参数，根据表 1 可知，选取大坝混凝土抗拉强度允许值为 0.52 MPa，抗拉强度实测值为 2.09 MPa，抗压强度允许值为 5.71 MPa，抗压强度实测值为 22.83 MPa，因重力坝受拉应力影响较少，故本文中对于重力坝的研究主要考虑压应力对其影响。

表 1 大坝混凝土允许抗拉（压）应力

| 坝体混凝土材料 | 坝体碾压混凝土 | | | | |
| --- | --- | --- | --- | --- | --- |
| | 7 d | 28 d | 90 d | 180 d | 360 d |
| 弹性模量 $E_c$/GPa | 25.9 | 36.9 | 42.9 | 45.9 | 47.4 |
| 抗拉应力/MPa | 0.54 | 1.28 | 2.09 | — | — |
| 28 d 抗压强度/MPa | 22.83 | | | | |

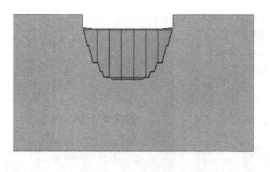

(a)整体有限元网格模型

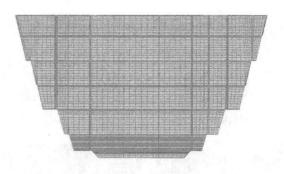
(b)坝体有限元网格模型

**图2 大坝地基整体有限元网格模型及坝体有限元网格模型**

### 3.2 模型边界位移分布及工况

通过分析谷幅变形量值逐渐增大时重力坝变形及应力情况，根据变形及应力结果云图描述重力坝的病变灾变过程，进而总结大坝工作屈服破坏规律，工况信息如表2所示。在模型截断边界处施加均匀位移荷载进行大坝不同谷幅变形量值时变形、应力的模型仿真计算，考虑大坝自重荷载、水荷载时，将坝体作为不透水材料施加面荷载，且地基未施加水荷载，谷幅变形加载方式见图3。

**表2 工况信息**

| 计算工况 | 谷幅变形量值/mm | 计算工况 | 谷幅变形量值/mm |
|---|---|---|---|
| 工况一 | 10 | 工况四 | 100 |
| 工况二 | 20 | 工况五 | 150 |
| 工况三 | 50 | 工况六 | 200 |

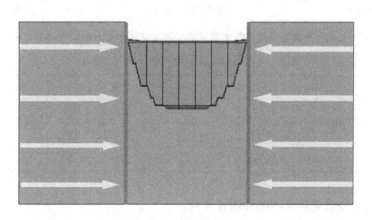

**图3 谷幅变形加载方式示意**

### 3.3 变形影响

图4及图5所示为不同谷幅变形量值时重力坝上游及下游横河向变形云图，由横河向变形云图可以看出，大坝上游横河向变形基本对称，且不同谷幅变形量值时大坝横河向最大变形出现在大坝坝肩，随着谷幅变形量值的增加，上游面坝肩处的最大横河向变形量值也随之增加；大坝下游横河向变形基本对称，且不同谷幅变形量值时大坝横河向最大变形出现在坝肩，随着谷幅变形量值的增加，下游面最大横河向变形量值不断增加。

将变形结果进行整理，结果如表3所示。

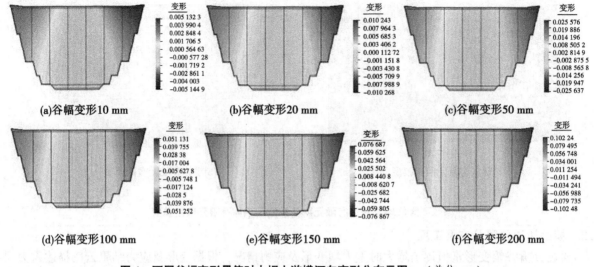

(a)谷幅变形10 mm　　　　　(b)谷幅变形20 mm　　　　　(c)谷幅变形50 mm

(d)谷幅变形100 mm　　　　　(e)谷幅变形150 mm　　　　　(f)谷幅变形200 mm

图 4　不同谷幅变形量值时大坝上游横河向变形分布云图　　（单位：m）

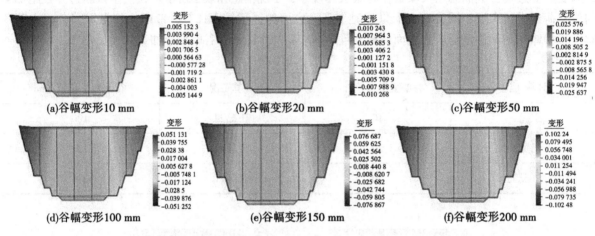

(a)谷幅变形10 mm　　　　　(b)谷幅变形20 mm　　　　　(c)谷幅变形50 mm

(d)谷幅变形100 mm　　　　　(e)谷幅变形150 mm　　　　　(f)谷幅变形200 mm

图 5　不同谷幅变形量值时大坝下游横河向变形分布云图　　（单位：m）

表 3　不同谷幅收缩量值下最大横河向变形

单位：mm

| 谷幅收缩变形/mm | 横河向变形最大值/mm | 谷幅收缩变形/mm | 横河向变形最大值/mm |
|---|---|---|---|
| 10 | −5.14 | 100 | −51.25 |
| 20 | −10.27 | 150 | −76.87 |
| 50 | −25.64 | 200 | −102.48 |

　　其中，横河向最大变形量值曲线图如图 6 所示。

　　由以上结果所示，不同谷幅变形量值下重力坝上下游横河向变形随着谷幅变形量值的增加均呈现线性的增加趋势，且最大变形出现在大坝坝肩。

### 3.4　应力影响

　　图 7、图 8 为不同谷幅变形量值时重力坝上游及下游第三主应力云图。由第三主应力云图可以看出，大坝上游面呈受压状态；随着谷幅变形量值的增大，大坝上游面出现较明显的应力变化；当谷幅变形量值达到 100 mm 时，大坝两侧产生较明显的破坏区域。随着谷幅变形量值的进一步增大，破坏区域向坝体中部扩大，大坝上游面呈现出更加明显的压应力变化，当谷幅变形量值达到 200 mm 时，大坝上游面两侧破坏区域更加明显。

　　大坝下游面病变灾变过程较大坝上游面类似，当谷幅变形量值较小时，大坝下游面基本呈受压状

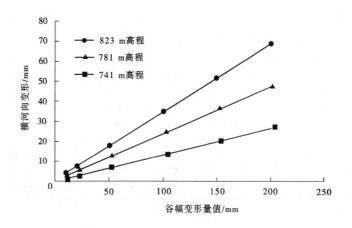

图 6　横河向最大变形量值曲线图（取正值）

态；随着谷幅变形量值的增大，大坝下游面两侧出现较明显的压应力变化；随着谷幅变形量值的进一步增大，大坝下游面出现明显的破坏区域。

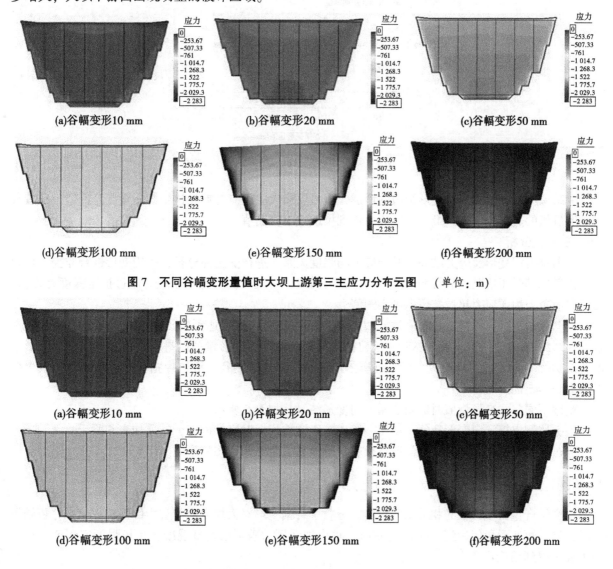

(a)谷幅变形10 mm　　　　(b)谷幅变形20 mm　　　　(c)谷幅变形50 mm

(d)谷幅变形100 mm　　　　(e)谷幅变形150 mm　　　　(f)谷幅变形200 mm

图 7　不同谷幅变形量值时大坝上游第三主应力分布云图　（单位：m）

(a)谷幅变形10 mm　　　　(b)谷幅变形20 mm　　　　(c)谷幅变形50 mm

(d)谷幅变形100 mm　　　　(e)谷幅变形150 mm　　　　(f)谷幅变形200 mm

图 8　不同谷幅变形量值时大坝下游第三主应力分布云图　（单位：m）

将大坝应力结果进行整理，结果如表 4 所示，其中最大主压应力对比曲线如图 9 所示。

**表 4　不同谷幅收缩量值下坝体最大主压应力**

| 谷幅收缩变形/mm | 最大主压应力/MPa | | 谷幅收缩变形/mm | 最大主压应力/MPa | |
| --- | --- | --- | --- | --- | --- |
| | 上游面 | 下游面 | | 上游面 | 下游面 |
| 10 | −5.04 | −4.95 | 100 | −27.35 | −31.83 |
| 20 | −11.81 | −5.97 | 150 | −40.47 | −42.39 |
| 50 | −14.31 | −14.34 | 200 | −43.58 | −56.96 |

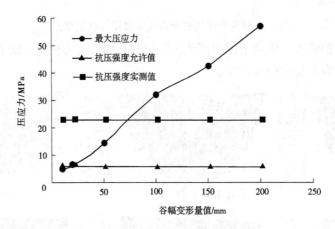

**图 9　重力坝最大主压应力对比图**

由结果所示，随着谷幅变形量值的增加，重力坝最大主压应力首先达到抗压强度允许值，随着谷幅变形量值的进一步增大，最大主压应力达到抗压强度实测值。

### 3.5　安全性分析

根据重力坝变形及应力结果，基于应力与强度关系，进行安全性分析，采用变形进行监控。重力坝主要考虑其受压情况，故将变形监控指标分为两级，一级对应重力坝压应力超过抗压强度允许值，二级对应重力坝压应力超过抗压强度实测值。

如图 9 所示，当谷幅变形量值达到 20 mm 时，该重力坝应力达到抗压强度允许值，对应横河向最大变形约为 10.27 mm，此时达到一级监控指标；随着谷幅变形量值的进一步增大，当谷幅变形量值达到 76 mm 时，重力坝压应力超过抗压强度实测值，此时达到二级监控指标，对应横河向最大变形约为 38.45 mm。

整理不同谷幅变形量值时监测点横河向变形结果，如表 5 所示。

根据监测点横河向变形测值，给出一级、二级监控指标对应的阈值，结果如表 6 所示。

通过监控分析能够更直观地体现谷幅变形对大坝安全工作性态的影响。

## 4　结论

本文结合重力坝工程的相关工程资料，分析了谷幅变形对大坝变形与应力的影响规律，分析结果显示，当谷幅变形量值达到 76 mm 左右时，重力坝受压力破坏已达到混凝土抗压强度实测值。根据分析成果得到结论：

表5　监测点横河向变形测值

| 谷幅变形量值/mm | 横河向变形测值/mm | | |
|---|---|---|---|
| | 测点1（高程823 m） | 测点2（高程781 m） | 测点3（高程741 m） |
| 10 | 4.20 | 2.65 | 1.36 |
| 20 | -7.54 | -4.81 | -2.56 |
| 50 | -17.92 | -11.94 | -6.55 |
| 100 | -34.94 | -23.84 | -13.21 |
| 150 | -51.23 | -35.73 | -19.86 |
| 200 | -68.93 | -47.62 | -26.52 |

表6　大坝变形监控阈值

| 高程/m | 变形监控阈值/mm | |
|---|---|---|
| | 一级监控指标20 | 二级监控指标76 |
| 823 | -7.54 | -43.79 |
| 781 | -4.81 | -8.13 |
| 741 | -2.56 | -10.01 |

　　不同量值的谷幅变形会导致重力坝产生不同程度的变形，且对大坝不同部位的影响不同。同时，随着谷幅变形量值的持续增大，当谷幅变形超出某个量值时，重力坝某高程处及部分部位可能会出现局部超标应力，对大坝的工作性态安全不利。通过重力坝病变灾变过程的具体分析以及对监控指标的具体分级讨论，结果表明重力坝在一定谷幅变形量值范围内工作安全性可以得到保障。

# 参考文献

[1] 程恒，张国新，廖建新，等.高拱坝谷幅变形特征及影响因素分析［J］.水利水电技术，2020（5）：65-70.
[2] 刘有志，相建方，樊启祥，等.谷幅收缩变形对拱坝应力状态影响分析［J］.水电能源科学，2017（2）：100-103.
[3] 柴东，程恒，毛延翩，等.谷幅收缩作用下特高拱坝真实变形特性及影响因素分析［J］.水电能源科学，2022，40（11）：107-110.
[4] 刘西，康飞，李俊杰.基于智能参数反演的混凝土坝位移监控指标拟定［J］.水电能源科学，2022，40（7）：111-114，97.
[5] 李斌.重力坝变形监控的智能分析方法研究［D］.西安：西安理工大学，2021.
[6] 周秋景，张国新.SAPTIS：结构多场仿真与非线性分析软件开发及应用（之二）［J］.水利水电技术，2013，44（9）：39-43.
[7] 张磊，张国新.SAPTIS：结构多场仿真与非线性分析软件开发及应用（之三）［J］.水利水电技术，2014，45（1）：52-55.
[8] 张国新.SAPTIS：结构多场仿真与非线性分析软件开发及应用（之一）［J］.水利水电技术，2013，44（1）：31-35，44.

# 广州市黄埔涌水闸地基处理要点分析

温卫红

(广州市河涌监测中心，广东广州 510640)

**摘 要：** 为改善城乡水环境，确保黄埔涌的防洪（潮）安全，在黄埔涌南、北两涌口兴建了两座水闸，主要功能为防洪（潮）、排涝，同时保持河涌一定景观水面，进一步完善黄埔涌水安全、水景观、水环境、水生态等功能，并能与周边环境和区域城市发展规划相适应。本文结合黄埔涌水闸的工程概况、工程地质、工程选址等，对黄埔涌水闸地基处理要点展开了分析。

**关键词：** 水利工程；水闸地基；地基处理

水闸建筑是重要建筑之一，它可以调整当地的水流[1]。黄埔涌原是珠江的一条分叉水道，后因两岸平原发展，河床淤浅变窄而成今日的黄埔涌。由于涌底淤积严重，每到退潮低水位时，整个河涌的涌底暴露无遗，加上该涌两岸房地产的发展、区域的开发，现有河涌已不适应现代城市水利发展的要求。本次工程为修建水闸，起到防洪挡潮、排涝的作用，同时在枯水或退潮时，保持涌内相应的景观水位。

## 1 工程概况

黄埔涌位于广州市海珠区珠江前航道的南侧，上游端口位于猎德村对岸（广州市食品公司第四饲养场）处，呈西北走向；下游出口位于洪安围的东北侧，呈东南走向，两端分别连接前后航道。本流域地势西北高、东南低，属低丘平原性河流，河涌总集雨面积为 11.71 km²，全长约 7.8 km，河面宽 57~124 m。

黄埔涌沿线共有 9 条支流汇入，分别是赤岗涌、赤沙涌、磨碟沙涌、赤沙北码头涌、北山涌、北山新涌、琶洲南涌、鹤子坦涌和洪安围涌。为了配合黄埔涌的整治、营造良好的景观水面及满足通航的要求，本工程在前后航道涌口各设水闸 1 座和船闸 1 座。

由于涌口与珠江直接相通，2 座水闸均属防洪挡潮建筑物。根据《水闸设计规范》（SL 265—2016）[2] 的有关规定，水闸的防洪（防潮）标准不得低于防洪（防潮）堤的防洪（防潮）标准，因此水闸的防洪标准为 200 年一遇，工程等别为 I 等，主要建筑物级别为 I 级，次要建筑物为 3 级，临时建筑物为 4 级。黄埔涌设计排涝标准为 20 年一遇。

## 2 工程地质

### 2.1 地形地貌

黄埔涌兴建的 2 座水闸位于黄埔涌南北两端，属河漫滩地地貌。

南闸选闸址范围河道宽约 80 m，河道底高程-2.0~-52 m，河底最深处距堤顶 7.6 m，南侧堤岸为悬臂式挡土墙，北侧堤岸未经整治，为 2.3~2.8 m 的土堤，河道两侧地形平坦。

北闸选闸址范围河道宽约 100 m，河道底高程-1.0~-3.5 m，两侧堤岸均为悬臂式挡土墙，墙高在 3.0~3.86 m，此段河道底高程在-37~-0.17 m，河底最深处距堤顶 6.5 m，河道两侧地形平坦。

---

作者简介：温卫红（1977—），女，工程师，主要从事水利技术管理工作。

## 2.2 地层岩性

工程区内出露的地层岩性自上而下分布有第四系海陆交互相的三角洲河口冲淤积土层（中细砂、淤泥、粉细砂、中粗砂、粉质黏土）、第四系残积土层及其下伏白垩系基岩（泥岩、泥质砂岩、砂岩）。

## 2.3 水文地质

工程区地下水以第四系松散土层的孔隙潜水为主，基岩赋存裂隙水，但水量不大，靠大气降水和河涌水体补给。地表径流、潮流对地下水的补给、排泄及动态，均构成较大影响。

黄埔涌位于珠江河口地带，1 d 受潮水 2 次影响而涨落。涌底标高变化在 1~2 m 内，坡降积水，形成地下水位浅、地下水循环缓慢的特点。

## 2.4 地质构造及地震

据记载，自公元 288 年至近期地震比较频繁，有感地震 400 多次，1997 年的 2 次亦有震感。其中，震中位于广州地区的有 2 次，震级为 4.5 级，虽非破坏性地震，但已说明珠江三角洲近期的地壳运动是明显的。根据《中国地震动参数区划图》（GB 18306—2015），工程区地震动峰值加速度为 $0.1g$，相应的地震基本烈度为Ⅶ度。

# 3 工程选址

## 3.1 南闸闸址比选

黄埔涌南端出口，宽为 75~124 m，与珠江后航道水域相通，水较深，涌内有几个码头，黄埔古港就位于石基村村口。现有船只进出自由，经现场调查和当地有关部门询问，此处主要为货船，最大 100 多 t，满足涌内码头的货运，另为渔船和龙舟。对于黄埔涌南闸闸址的选择，本次根据广州市城市规划、广州市河涌整治规划及黄埔涌口交通和当地沿岸特点，拟定了两个方案，经比对两个闸址方案（见表 1），结合城市规划、两岸环境、工程地质等进行综合分析比较后，认为方案一优于方案二。所以，选择方案一。

表 1　南闸闸址方案比较

| 方案 | 优点 | 缺点 | 可行性建议 |
|---|---|---|---|
| 方案一：闸址选在黄埔古港上游 150 m 处，该闸轴线离涌口约 800 m | 1. 该处河涌断面最窄，约 80 m，水闸的工程造价相对低。<br>2. 由于水闸要保持涌内景观水位，不易常开，故把石基村码头置于闸外，方便渔船出入和该村的交通。<br>3. 黄埔古港作为水文化遗产、古丝绸之路的起源地，建有古色风格的南闸、避风港，和黄埔古港将融为一体，形成新的景点。<br>4. 闸址东侧就有 6~8 m 宽的现成混凝土道路与新港东路相接，施工道路顺畅 | 1. 闸址离涌口较远，两侧的岸墙需提高防洪标准，增加堤防投资。<br>2. 珠江低潮时闸外涌口河床两侧将裸露，影响景观视觉 | 宜采用 |
| 方案二：从方案一往涌口依次是石基村码头、村内断头涌（埋设龙舟，也叫风水涌）、过江高压线等，都不易布置。根据广州市城市规划，离涌口 70 m 处有环岛路，该路设桥穿过河涌，级别不高，本方案采用闸桥结合，把闸址布置在规划路处 | 1. 闸桥结合，两者基础合一，降低造价。<br>2. 闸隐于桥下，且涌内河床不裸露，外部景观协调。<br>3. 涌内保护面积大，岸墙防洪标准不必提高到 200 年一遇，减小岸墙造价 | 1. 规划路修建时间难定，且两者投资主体不同，建成后两者管理协调难。<br>2. 涌口较宽，水闸投资相对较大。<br>3. 水闸位于涌口太近，闸前水流流态变化无常，影响水闸运行和稳定。<br>4. 闸址的基础条件较方案一差、深，基础处理工程量大 | 不宜采用 |

### 3.2 北闸闸址比选

黄埔涌北出口连接珠江前航道，涌口西侧为已开发的高尚住宅区——珠江帝景，东侧暂为珠江啤酒厂堆积区、肉联厂等单位，远景规划为住宅。河涌 70~120 m 宽两侧岸墙已按 200 年一遇整治。对于黄埔涌北闸址的选择，本次根据广州市城市规划、广州市河涌整治规划及黄埔涌口交通和当地沿岸特点，拟定了两个方案，经比对两个闸址方案（见表 2），结合城市规划、两岸环境、工程地质等进行综合分析比较后认为，方案一优于其他方案。所以，选择方案一。

表 2　北闸闸址方案比较

| 方案 | 优点 | 缺点 | 可行性建议 |
|---|---|---|---|
| 方案一：闸址选在距涌口 150 m 处，该处离涌口近，但与在建桥相隔 150 多 m，且河道相对顺直 | 1. 闸址两侧地势平坦，施工场地空间大，闸的南侧就有混凝土公路与新港西路贯通。<br>2. 闸址位于两市政规划路之间（涌口为环岛路，涌内为琶洲大道），相距 150~250 m，且闸为隐藏式，对周围环境景观影响不大。<br>3. 珠江低潮时闸外涌口河床两侧裸露范围较小，景观视觉几乎不影响，涌边住宅小区环境将得到改善。<br>4. 闸址东侧空地大，方便管理房的布置 | 1. 该处位于小区一期，对小区影响大，施工阻力大，需要大量协调工作。<br>2. 河涌较宽，约 100 m，水闸投资较大。<br>3. 闸址的基础条件较方案二差、深，基础处理工程量大 | 宜采用 |
| 方案二：由于涌内 450 m 的琶洲大道公路桥未设计，故采取闸桥结合 | 1. 河道较窄，约 85 m，闸桥投资比闸桥分建小。<br>2. 水闸置于桥下，融于一体。<br>3. 闸址位于小区二期范围，南岸施工用地较大，阻力小 | 1. 规划路修建时间难定，且两者投资主体不同，建成后两者管理协调难。<br>2. 珠江低潮时，闸外涌口相对较长的河床将裸露，影响景观视觉，且与涌边住宅小区不协调 | 不宜采用 |

## 4　地基处理

### 4.1　南闸地基处理

水闸地基处理的主要作用有以下三个方面：①增加地基的承载能力，保证建筑物的稳定；②消除或减少地基的有害沉降；③防止地基渗透变形[3]。根据水闸地基地质资料，各土层的分布情况及其土工物理力学性质，由于软土层埋深浅、厚度大、承载力低、变形大，天然地基不能作为建筑物地基，其承载能力和沉降变形均不满足要求，故须对地基进行加固处理。按场地地震基本烈度为Ⅷ度设防，按水闸工程级别为 1 级，并结合地基上部水闸结构特点，采用混凝土灌注桩、预制桩和振冲碎石桩三种地基处理方案，经计算和详细分析对比后，选定混凝土灌注桩作为地基处理方案，该方法技术可行、经济合理，是符合工程实际要求的。

混凝土灌注桩的持力层选在风化岩层，按端承桩设计，桩端进入岩层 2~3 m 深，采用 C30 混凝土，桩顶进入水闸底板 0.1 m。计算后，根据水闸底板布置，采用正方形布桩，桩径选为 1.0 m，桩间距为 4.5 m，桩长 27.5~30.0 m。由于混凝土桩端进入承载力较高的持力层，有很好的抗震性能，地基沉降量也很小，同时与水闸底板锚固在一起共同作用，也提高了水平承载力和减小了水平位移。

翼墙天然地基承载力和变形及抗砂土液化能力不能满足要求，采用振冲碎石桩与桩周土体形成复合地基。根据设计要求，碎石桩桩顶位于碎石垫层底面，根据水闸地基附近的工程地质勘察资料，桩长初步定为 12.0 m，按正三角形布置振冲桩，桩间距为 2.5 m，并初步确定按桩径 1.0 m 设计，经计算处理后的复合地基承载力满足设计要求。

## 4.2 北闸地基处理

根据水闸地基附近的相关地质资料，各土层的分布情况及其土工物理力学性质，天然地基肯定不能作为建筑物地基，其承载能力和抗液化能力及沉降变形均不满足要求，故须对地基进行加固处理。按场地地震基本烈度为Ⅶ度设防，考虑砂土液化的影响，按水闸工程级别为1级，并结合地基上部水闸结构特点，采用混凝土灌注桩、预制桩和碎石垫层+振冲碎石桩地基处理三种方案，经过对三种方案进行经济技术比较（见表3）后，确定采用碎石垫层+振冲碎石桩处理地基，该方法在技术、经济方面均可行，是符合工程实际的。

表3 北闸地基处理方案比较

| 方案 | 优点 | 缺点 | 技术可行性建议 |
|---|---|---|---|
| 混凝土灌注桩 | 1. 对土层的扰动较小，噪声也小。<br>2. 桩长一般不受限制。<br>3. 可以消除由于地震引起的震陷和砂土液化。<br>4. 地基沉降量小 | 1. 施工周期相对较长。<br>2. 施工设备较重，施工时需对软土地基加固。<br>3. 造价相对较高 | 不宜采用 |
| 混凝土预制桩 | 1. 桩身质量易于保证。<br>2. 有很高的竖向承载力。<br>3. 桩长一般不受限制。<br>4. 可以消除由于地震引起的震陷和砂土液化。<br>5. 地基沉降量小 | 1. 在预制管桩沉桩过程中，打桩产生噪声，影响周围环境，给周围居民带来不便。<br>2. 持力层有一定的起伏，在打桩过程中容易出现截桩，因此影响桩的质量和造成不必要的浪费。<br>3. 工程费用较高。<br>4. 水平承载力较差。<br>5. 在软土地基上打桩易引起桩的偏位、倾斜等不良现象 | 不宜采用 |
| 碎石垫层+振冲碎石桩 | 1. 工程造价低。<br>2. 形成复合地基，桩土共同作用。<br>3. 有较强的承载力。<br>4. 可以消除地基砂土液化。<br>5. 地基沉降量小。<br>6. 施工速度快，施工周期相对较短 | 1. 打桩产生噪声，影响周围环境，给周围居民带来不便。<br>2. 造孔过程中，振冲器处于悬垂状态，易引起桩的偏位、导管倾斜等不良现象 | 宜采用 |

碎石垫层+振冲碎石桩是在水闸底板以下0.5 m的范围内采用碎石换填处理，换填垫层以下采用振冲碎石桩挤密加固。振冲碎石桩桩端穿越软弱层达到承载力较高的强风化岩层面，按正三角形布置，桩径1.0 m，桩间距为2.5 m。振冲碎石桩可以消除地基砂土液化，地基沉降也很小，经计算约为3 cm，同时也增大了基底与碎石垫层间的摩擦力，进而增加了水闸的抗滑阻力，经计算水闸在各工况下抗滑稳定性满足要求。

翼墙天然地基承载力和变形及抗砂土液化能力不能满足要求，采用振冲碎石桩与桩周土体形成复合地基。根据设计要求，碎石桩桩顶位于碎石垫层底面，按正三角形布置振冲桩，桩间距为2.5 m，并初步确定按桩径1.0 m设计，经计算处理后的复合地基承载力满足设计要求。

## 5  结语

水闸是重要的水利工程之一，它具有调控水位、蓄水、排水、挡潮、行船等多种功能[4]，而地基建设是建筑的基础，地基质量关系到水闸工程的安全建设，因此黄埔涌水闸的地基处理结合了水文、工程地质、工程等级等因素，选择合理的地基处理方法，保证地基按标准和质量做好建设，确保水闸的安全建设。

## 参考文献

[1] 李壮. 不同土质地基对水闸地震反应影响的研究 [D]. 北京：华北电力大学，2022.

[2] 中华人民共和国水利部. 水闸设计规范：SL 265—2016 [S]. 北京：中国水利水电出版社，2017.

[3] 陶学诗. 水闸工程地基处理的技术分析 [J]. 科技与企业，2012（14）：244-245.

[4] 沈青. 浅谈水闸发展演变和文化传承 [J]. 水文化，2022，10（384）：37-40.

# 关于坝体加高设计的抗滑稳定方法探讨
## ——以四川省青神县复兴水库扩建工程为例

欧阳凯华　　杨惠钫　　屈思潮

（中国水利水电第五工程局有限公司，四川成都　610095）

**摘　要：** 本文以四川省青神县复兴水库扩建工程为例，深入研究了坝体加高设计中的抗滑稳定问题，分析了原坝顶直接加高和后坝坡培厚加高两种方案对坝体基面抗滑稳定性的影响，其中后坝坡培厚加高方案是更为可行的加高方法，并在此方案的基础上，对齿槽截断和灌注桩截断两种深层抗滑稳定方案进行了综合比选，结果明确表明齿槽截断方案更优。本研究成果为坝体加高设计提供了有力的理论依据和实践指导，尤其是针对后坝坡培厚加高方案的深层抗滑稳定性问题，为工程决策提供了重要参考，具有一定的工程实际应用价值。

**关键词：** 水库扩建；抗滑稳定；坝坡培厚；齿槽截断

随着社会的不断发展和经济的快速增长，水资源的有效利用和水库工程的安全性愈加受到重视。坝体加高作为一项常用的工程扩建措施，旨在增加水库的蓄水能力，以适应不断增长的用水需求[1-2]。然而，在坝体加高设计中，抗滑稳定性一直是个备受关注的问题，尤其在青神县复兴水库扩建工程等类似工程中，由于地质条件的多变性及软弱夹层的存在，该问题显得更加复杂和紧迫。

本文以四川省青神县复兴水库扩建工程为案例，深入研究了坝体加高设计中的抗滑稳定问题。对原坝顶直接加高和后坝坡培厚加高这两种方案的影响进行了分析，结果明确了后坝坡培厚加高方案的可行性。随后，探讨了齿槽截断和灌注桩截断两种深层抗滑稳定方案，结果显示齿槽截断方案更具优势。这些研究成果将为类似工程的决策提供关键的参考，具有广泛的工程实际应用价值，有助于提高工程的安全性，同时也满足了社会不断增长的用水需求。

## 1　工程概况

复兴水库位于岷江流域沙溪河复兴支流中游，地处四川省眉山市青神县白果乡罗湾村凉水井，坝址距青神县城约 14 km。水库始建于 1964 年，坝高 17.9 m，库容 340 万 $m^3$，为小型水库。然后，分别于 1977 年和 2002 年进行了扩建和除险加固工程，现水库正常蓄水位 425.21 m，相应库容达到 1 225 万 $m^3$。

复兴水库是一项以城乡供水、农业灌溉等综合利用的中型水利工程，扩建后正常蓄水位达 430.50 m，设计洪水位 431.99 m，校核洪水位 432.51 m。主坝坝顶长 95 m，坝顶宽 6.0 m，最大坝高 37.82 m。水库总库容 2 965 万 $m^3$，兴利库容 2 119 万 $m^3$，供水人口约 14.44 万，农业灌溉整治 3 条干渠，设计灌溉面积 4.20 万亩，复兴水库扩建工程将为灌区和青神县城供水提供可靠的水源保障。

## 2　基面抗滑稳定性分析

为满足扩容要求，原坝顶需从 429.77 m 加高至 432.60 m，坝体整体加高仅 2.83 m，加高高度较小，且原坝址地质条件满足在原位进行坝体加高的需求。故综合考虑后本工程拟定在原重力坝的基础

**作者简介：** 欧阳凯华（1974—），男，高级工程师，副总工程师，主要从事水利工程设计研究工作。

**通信作者：** 杨惠钫（1983—），女，高级工程师，主要从事水利水电勘察设计工作。

上加高，并结合工程现状将加高工程划分为 8 个坝段，坝段划分见图 1。加高考虑原坝顶直接加高和后坝坡培厚加高两种方案。

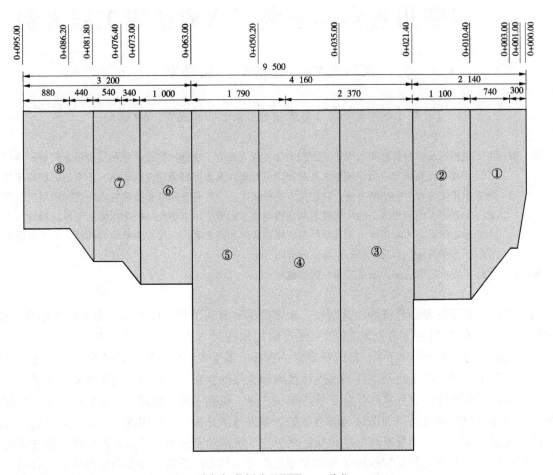

**图 1　主坝坝段划分平面图**　（单位：cm）

## 2.1　原坝顶直接加高方案

首先考虑原坝顶直接加高方案[3]，在原坝顶 429.77 m 高程直接采用 C20 混凝土加高至 432.60 m，坝顶加高 2.83 m，最大坝高 37.82 m；坝顶两侧设高 1.1 m 的 C25 钢筋混凝土防浪墙，坝顶宽度为 6.0 m，为保证大坝左右岸交通，在下游原 423.77 m 平台采用 C20 混凝土加高至 430.00 m，作为坝体交通道路，宽 5.0 m，大坝上游面上部铅直，下游坡比 1∶1.2。原坝顶直接加高方案坝体典型断面图如图 2 所示。

对该加高方案的坝基接触面抗滑稳定安全系数按抗剪强度公式进行计算[4]，即

$$K = \frac{f \sum W}{\sum P} \tag{1}$$

式中：$K$ 为按抗剪强度计算的抗滑稳定安全系数；$f$ 为坝体混凝土与坝基接触面的抗剪摩擦系数；$\sum W$ 为作用于坝体上的全部荷载（包括扬压力，下同）对滑动平面的法向分值，kN；$\sum P$ 为作用于坝体上的全部荷载对滑动平面的切向分值，kN。

为保证大坝稳定，对坝体稳定分析采用常规的极限刚体平衡法计算。计算时取坝段最大坝高单宽 1 m 计算。混凝土与坝基接触面之间抗剪强度指标建议值：$f$＝0.42。坝基承载力建议值 $[R]$＝0.6～0.8 MPa。经过计算，在水库各种工况下基面抗滑稳定计算结果见表 1。

从坝基面抗滑稳定计算结果分析可知，只在原坝顶加高方案中有 3 个坝段不满足规范要求。因此，为保证坝基面稳定，考虑在后坝坡进行培厚[5]。

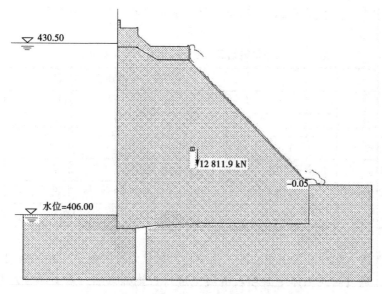

**图 2　原坝顶直接加高方案坝体典型断面图**

**表 1　各坝段加高后沿坝基面抗滑稳定计算结果**

| 工况（≥安全系数标准） | 各坝段的抗滑稳定安全系数 | | | | | | | |
|---|---|---|---|---|---|---|---|---|
| | ① | ② | ③ | ④ | ⑤ | ⑥ | ⑦ | ⑧ |
| 正常蓄水位（≥1.05） | 1.36 | 0.99 | 0.92 | 1.49 | 0.93 | 1.21 | 1.3 | 1.84 |
| 设计洪水位（≥1.05） | 1.06 | 0.89 | 0.85 | 1.39 | 0.87 | 1.06 | 1.07 | 1.29 |
| 校核洪水位（≥1） | 1.09 | 0.92 | 0.86 | 1.33 | 0.88 | 1.09 | 1.08 | 1.26 |
| 正常蓄水位+7度地震（≥1） | 1.18 | 0.86 | 0.83 | 1.35 | 0.85 | 1.04 | 1.12 | 1.52 |
| 结论 | 满足 | 不满足 | 不满足 | 满足 | 不满足 | 满足 | 满足 | 满足 |

## 2.2　后坝坡培厚加高方案

后坝坡培厚加高方案即采用 C20 混凝土对后坝坡培厚 3.0～4.7 m，坝顶主要采用 C20 常态混凝土浇筑，坝顶同时增加 C30 常态混凝土路面，其坝体典型断面如图 3 所示。

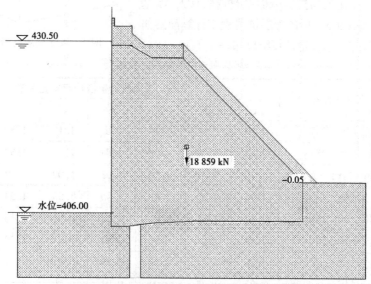

**图 3　后坝坡培厚加高方案坝体典型断面图**

经过计算，在水库各种工况下加高培厚坝型坝基面抗滑稳定计算结果见表 2。由表 2 可知，坝基面抗滑稳定满足规范要求。

表 2　各坝段加高培厚后沿坝基面抗滑稳定计算结果

| 工况（≥安全系数标准） | 各坝段的抗滑稳定安全系数 | | | |
| --- | --- | --- | --- | --- |
| | ② | ③ | ④ | ⑤ |
| 正常蓄水位（≥1.05） | 1.31 | 1.13 | 1.84 | 1.14 |
| 设计洪水位（≥1.05） | 1.17 | 1.05 | 1.72 | 1.05 |
| 校核洪水位（≥1） | 1.22 | 1.06 | 1.66 | 1.06 |
| 正常蓄水位+7 度地震（≥1） | 1.09 | 1.01 | 1.62 | 1.02 |
| 结论 | 满足 | 满足 | 满足 | 满足 |

综上所述，本工程主坝坝型采用重力坝，为满足大坝基面抗滑稳定，在加高坝体的同时，对大坝下游外坡进行培厚，通过对原坝体下游坝坡混凝土进行打锚处理后，对下游坝坡加高培厚采用 C20 常态混凝土浇筑的方式培厚厚度 3.0~4.7 m，原坝体和培厚体之间采用直径 20 mm 的钢筋连接，锚入原坝体 3.0 m，陷入培厚体 1.50 m，锚筋间排距 1.50 m。

## 3　深层抗滑稳定性分析

坝基主要由泥钙质砂岩夹薄层泥岩和粉砂质泥岩组成，存在多条软弱夹层，分布在坝基下 3.5~19.25 m 深度内，分别为泥化夹层（NJ3~NJ5）及软岩夹层（RJ3~RJ5），其中沿泥化夹层滑动的可能性最大。本研究分坝段分别对各夹层的深层滑动进行复核，当坝体顺软弱夹层面滑动时，由于下游存在尾岩抗力体，因此坝基可能的滑动方式为双滑动面，第二滑面滑动时需剪断岩体[6]。研究不同工况下抗滑稳定性，基本荷载主要考虑自重、水压力、泥沙压力及扬压力等[7]。

根据《混凝土重力坝设计规范》（SL 319—2018），采用抗剪强度公式进行计算。其中，地震荷载按照《水工建筑物抗震设计标准》（GB 51247—2018）的规定进行计算。坝体只考虑加高培厚，即坝顶高程加高至 432.60 m 高程，并在坝后培厚，计算深层抗滑稳定，深层抗滑抗剪稳定计算参数：NJ3、NJ4、NJ5 等泥化夹层抗剪摩擦系数选取 0.2，换基混凝土抗剪摩擦系数选取 0.5。坝体深层抗滑稳定计算简图如图 4 所示。各坝段各夹层抗滑稳定计算结果如表 3 所示。

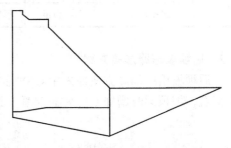

图 4　坝体深层抗滑稳定计算简图

表 3　坝体深层抗滑稳定计算结果

| 土层 | 工况（≥安全系数标准） | 各坝段的抗滑稳定安全系数 | | | | | | | |
| --- | --- | --- | --- | --- | --- | --- | --- | --- | --- |
| | | ① | ② | ③ | ④ | ⑤ | ⑥ | ⑦ | ⑧ |
| NJ5 | 正常蓄水位（≥1.25） | 2.99 | 1.4 | 1.14 | 1.1 | 1.17 | 1.58 | 2.04 | 3.09 |
| | 设计洪水位（≥1.25） | 2.83 | 1.33 | 1.08 | 1.04 | 1.11 | 1.50 | 1.94 | 3.94 |
| | 校核洪水位（≥1.1） | 2.78 | 1.31 | 1.06 | 1.03 | 1.09 | 1.47 | 1.91 | 2.89 |
| | 正常蓄水位+7 度地震（≥1.05） | 2.95 | 1.35 | 1.08 | 1.05 | 1.08 | 1.53 | 2.01 | 3.07 |
| NJ4 | 正常蓄水位（≥1.25） | 3.02 | 1.31 | 1.01 | 0.96 | 0.99 | 1.46 | 1.96 | 3.15 |
| | 设计洪水位（≥1.25） | 2.84 | 1.27 | 0.95 | 0.91 | 0.93 | 1.38 | 1.86 | 3.97 |
| | 校核洪水位（≥1.1） | 2.78 | 1.21 | 0.93 | 0.89 | 0.91 | 1.35 | 1.82 | 3.91 |
| | 正常蓄水位+7 度地震（≥1.05） | 3.97 | 1.25 | 0.94 | 0.91 | 0.89 | 1.40 | 1.93 | 3.11 |

**续表3**

| 土层 | 工况（≥安全系数标准） | 各坝段的抗滑稳定安全系数 | | | | | | | |
|---|---|---|---|---|---|---|---|---|---|
| | | ① | ② | ③ | ④ | ⑤ | ⑥ | ⑦ | ⑧ |
| NJ3 | 正常蓄水位（≥1.25） | 3.18 | — | 0.96 | 1.23 | 1.84 | 1.43 | 2.26 | — |
| | 设计洪水位（≥1.25） | 3.01 | — | 0.90 | 1.10 | 1.74 | 1.34 | 2.16 | — |
| | 校核洪水位（≥1.1） | 2.96 | — | 0.88 | 1.07 | 1.71 | 1.31 | 2.12 | — |
| | 正常蓄水位+7度地震（≥1.05） | 3.14 | — | 0.89 | 1.09 | 1.70 | 1.37 | 2.23 | — |
| RJ5 | 正常蓄水位（≥1.25） | — | 1.75 | 2.15 | 2.05 | — | — | — | 3.24 |
| | 设计洪水位（≥1.25） | — | 1.65 | 2.05 | 1.97 | — | — | — | 3.08 |
| | 校核洪水位（≥1.1） | — | 1.62 | 2.01 | 1.94 | — | — | — | 3.03 |
| | 正常蓄水位+7度地震（≥1.05） | — | 1.68 | 2.02 | 1.96 | — | — | — | 3.21 |
| RJ4 | 正常蓄水位（≥1.25） | — | — | — | — | 1.82 | — | 2.24 | 3.26 |
| | 设计洪水位（≥1.25） | — | — | — | — | 1.72 | — | 2.14 | 3.10 |
| | 校核洪水位（≥1.1） | — | — | — | — | 1.69 | — | 2.13 | 3.04 |
| | 正常蓄水位+7度地震（≥1.05） | — | — | — | — | 1.67 | — | 2.21 | 3.23 |
| RJ3 | 正常蓄水位（≥1.25） | 3.42 | 1.56 | — | — | — | 1.67 | 2.15 | 3.49 |
| | 设计洪水位（≥1.25） | 3.16 | 1.39 | — | — | — | 1.54 | 2.01 | 3.25 |
| | 校核洪水位（≥1.1） | 3.08 | 1.38 | — | — | — | 1.49 | 1.97 | 3.17 |
| | 正常蓄水位+7度地震（≥1.05） | 3.33 | 1.43 | — | — | — | 1.58 | 2.10 | 3.43 |

由表3结果可知，在③号、④号、⑤号坝段建基面以下岩体中分布有 NJ3、NJ4、NJ5 泥化夹层，在不采取工程措施的情况下安全系数无法满足抗剪安全系数的要求，③号、④号、⑤号坝段在 NJ3、NJ4、NJ5 夹层的深层抗滑稳定在各种工况下不满足抗剪安全系数。

# 4 坝体深层抗滑方案

通过对各坝段不同软弱夹层的计算，最不利滑面主要是 NJ5，受 NJ5 软弱夹层的影响，大坝深层抗滑稳定不满足相关规范要求。因此，需在坝后增设混凝土抗滑体。对地形地质条件、水库来水和建库条件、施工条件、建筑材料、施工工期、环境影响、水土保持、工程投资及效益分析等方面进行综合比较、分析，采用混凝土齿槽方案和钢筋混凝土灌注桩两种方式进行比较[8]。

## 4.1 深层抗滑方案比选

为保证 NJ5 深层抗滑稳定，需要将夹层抗剪系数从 0.2 提高至 0.26，据此对两种方案进行了初步设计估算及比选（见表4）。

### 4.1.1 齿槽方案

截断 NJ5 的长度至少为 12 m，齿槽顶部高程和原坝基面高程一致，底部高程为 388.55 m，结构为 C20 混凝土（微膨胀）。

### 4.1.2 灌注桩方案

需要增加 C30 钢筋混凝土灌注桩截面面积 237.12 $m^2$。综合考虑，确定桩径 1.20 m，间排距 3.0 m，梅花形布置，桩顶高程和坝底高程一致，桩底高程为 388.55 m（NJ5 夹层以下 1.0 m），单根桩高 12.45 m，单个截面积 1.13 $m^2$，共计 15 排 210 根桩。

表4 深层抗滑方案比选

| 技术指标 | | 建坝条件 | 筑坝材料 | 施工条件 | 工程量投资 |
|---|---|---|---|---|---|
| 深层抗滑方案 | 齿槽方案 | 要求较高 | 以混凝土为主；不涉及当地建筑材料 | 采用机械开挖；需要在施工期降低水位，以减小水平推力 | 总投资为2 121.00万元 |
| | 灌注桩方案 | 要求较高 | 以混凝土为主；不涉及当地建筑材料；混凝土用量最小；凿孔、钢筋等用量大 | 需要在原坝体上进行钻孔布桩；施工较为复杂，技术难度大；破坏原坝体的应力分布，对原坝体影响很大 | 总投资为2 313.76万元 |

从表4中不难发现两种方案对地基的要求都较高，根据选定主坝方案的地质条件，坝址区基岩体相对单一，且主坝加高培厚后均需采取相应的工程措施才能满足稳定条件，故从建坝条件看，两种方案基本相当；而对于筑坝材料条件，灌注桩方案虽然混凝土用量最小，但凿孔、钢筋等用量大，所以从天然建筑材料条件上看，齿槽方案优于灌注桩方案；齿槽方案为在坝址处加混凝土齿槽，坝后场地狭小，不能采用爆破开挖，只能采用机械开挖，在施工中虽需要降低水库水位，减小坝体水平推力，但经过计算降低水位后可保障施工期安全及满足城镇供水需求。灌注桩方案根据滑出面确定坝后有效布桩面积为913.12 m²，而实际布置面积需要1 782 m²，施工难度大，对原坝体影响很大；对于工程总投资而言，齿槽方案也较省。

综上，结合建坝条件、对原坝体的影响、筑坝材料、施工条件及工程量、投资分析，齿槽方案各项均优于灌注桩方案。因此，为保证工程完工后达到应有的效益，采取加高培厚的方式对原坝体进行增库扩容，同时为保证大坝安全稳定，采用齿槽抗力体的形式对坝基进行加固处理。最终确定方案为坝体加高培厚+坝基齿槽方案。

## 4.2 稳定性核算

本文采用C20微膨胀混凝土（掺MgO）齿槽抗力体的方式分别截断泥化夹层NJ3、NJ4、NJ5，增加混凝土工程量7 516 m³，并根据《混凝土重力坝设计规范》（SL 319—2018），采用抗剪强度公式进行核算。其中，地震荷载按照《水工建筑物抗震设计标准》（GB 51247—2018）的规定进行计算，结果（见表5）表明，截断夹层后坝体深层抗滑稳定安全系数满足规范要求。

表5 截断夹层后坝体深层抗滑稳定安全系数

| 土层 | 工况（≥安全系数标准） | 各坝段的抗滑稳定安全系数 | | |
|---|---|---|---|---|
| | | ③ | ④ | ⑤ |
| NJ5 | 正常蓄水位（≥1.25） | 1.52 | 1.45 | 1.50 |
| | 设计洪水位（≥1.25） | 1.44 | 1.38 | 1.40 |
| | 校核洪水位（≥1.1） | 1.41 | 1.36 | 1.38 |
| | 正常蓄水位+7度地震（≥1.05） | 1.43 | 1.39 | 1.37 |
| NJ4 | 正常蓄水位（≥1.25） | 1.45 | 1.38 | 1.43 |
| | 设计洪水位（≥1.25） | 1.36 | 1.3 | 1.34 |
| | 校核洪水位（≥1.1） | 1.33 | 1.27 | 1.31 |
| | 正常蓄水位+7度地震（≥1.05） | 1.34 | 1.3 | 1.27 |
| NJ3 | 正常蓄水位（≥1.25） | 1.41 | 1.52 | — |
| | 设计洪水位（≥1.25） | 1.32 | 1.38 | — |
| | 校核洪水位（≥1.1） | 1.29 | 1.34 | — |
| | 正常蓄水位+7度地震（≥1.05） | 1.30 | 1.36 | — |

## 5 结语

本研究以四川省青神县复兴水库扩建工程为实例，深入探讨了坝体加高设计中的抗滑稳定问题。通过对原坝顶直接加高和后坝坡培厚加高两种方案的分析，发现后坝坡培厚加高方案表现出更好的基面抗滑稳定性。在此方案基础上，还探究了齿槽截断和灌注桩截断两种坝体深层抗滑稳定方案，结果表明齿槽截断方案更为优越。

这项研究以期为类似工程的设计和施工提供宝贵的实践经验，为水利工程领域的发展贡献重要价值，以确保工程的长期稳定和安全。

## 参考文献

[1] 李鹏军. 乡村振兴背景下农业水利建设面临的困境及其对策 [J]. 农业开发与装备, 2023 (7): 13-15.

[2] 穆丹. 乡村振兴战略下提高农田水利工程建设质量探讨 [J]. 新农业, 2023 (15): 85-86.

[3] 冯前进, 王鹏博. 水库大坝加高工程施工工艺及控制要点 [J]. 建筑工程技术与设计, 2021 (22): 1550.

[4] 王华, 刘会琦. 绿堰滩水库大坝除险加固抗滑稳定与应力计算 [J]. 陕西水利, 2023 (9): 178-180.

[5] 杨璐瑶, 李海涛. 猫鼻子水库扩建工程大坝加高培厚设计分析 [J]. 云南水力发电, 2023, 39 (3): 149-154.

[6] Xuhua R, Jiaqing S, Nenghui B, et al. Stability analysis of concrete gravity dam on complicated foundation with multiple slide planes [J]. Water Science and Engineering, 2008, 1 (3): 65-72.

[7] 赵梦岩, 付培祥. 某水电站重力坝深层抗滑稳定分析 [J]. 水科学与工程技术, 2022 (1): 65-67.

[8] 胡能明, 张文皎, 宋志宇, 等. 多软弱夹层坝基高重力坝深层抗滑稳定与加固措施研究 [J]. 中国农村水利水电, 2021 (2): 170-174, 181.

# 重力坝加高新老界面的应力和稳定计算方法研究

雒翔宇　张国新　李松辉

（中国水利水电科学研究院　流域水循环模拟与调控国家重点实验室，北京　100038）

**摘　要：** 后帮式重力坝加高后，新坝体自重及加高后水压荷载增量由新老坝体共同承担，相应的分载比例与交界面结合状况有关。根据分析发现，新老混凝土交界面存在部分黏结状态时，采用规范规定的方法和有限单元法均无法得到合理的计算结果。基于上述问题，本文提出了两种不同的新老混凝土有限结合条件下分载计算方法，即变截面杆件单元法和有限元等效应力法。其中，变截面杆件单元法为把新老混凝土块简化成变截面杆，坝体之间用法向力杆和剪力杆相连，从而根据外荷载条件计算获取新老坝体建基面处的内力；有限元等效应力法，是根据有限元方法获取新老混凝土不同界面的应力，然后根据直接反力法（截面法求内力）获取建基面的内力值，从而获取应力和稳定性。通过上述两种方法计算分析了丹江口大坝加高不同交界面黏结状态下的分载结果，结果表明本文提出的两种方法较好地实现了大坝加高后新老坝块结合面不同黏结状态下的坝体应力和稳定安全系数。

**关键词：** 后帮式；重力坝极高；变截面杆；等效应力；反力法

## 1　引言

"后帮式"是重力坝加高的主要形式，即在坝顶加高的同时，在老坝的下游坡浇筑贴坡混凝土，加大坝体的断面厚度，提高大坝抗滑稳定性，以抵抗新增水压力。由于上述加高方式不用放空水库，较大规模的重力坝加高大多采用"后帮式"[1-3]。

但是"后帮式"加高将会存在新老混凝土结合面，该结合面的黏结度一般低于混凝土本体。同时，由于加高时老坝一般已运行多年形成了独自的准稳定温度场，加高后由于新混凝土的水热化和周期性年变化的环境温度作用，会产生新老混凝土温差，在结合面处产生法向拉应力和顺坡向剪应力，从而导致新老结合面脱开。丹江口大坝加高设计阶段，自 1994 年 11 月至 1999 年 3 月，在右 5、右 6 坝段先后进行了 3 次现场原型试验，研究新老混凝土结合问题，结果表明施工 3~5 年后结合面大部分脱开，且坝段两侧的结合面呈冬季张开、夏季闭合，中间区域夏季张开、冬季闭合的周期性变化[4-5]。同样大坝加高完成后对结合面的观测结果也表明，结合面存在部分脱开现象[6-8]。

根据上述描述，对于新老混凝土交界面不同程度的脱开情况，新老坝体的建基面应力和稳定性必然会由于分载比例产生变化，而现有结构力学法无法实现不同交界面作用下的新老坝块应力分析[9-10]。众所周知的有限元法，是加高重力坝的应力计算、稳定分析及安全评估最优的方法，但是由于有限元法计算结果具有网格敏感性，不同的程序、不同的人计算往往结果会有较大差异，因此有限元结果在规范中仍作为参考而不是依据[11]。

基于上述问题，本文对新老混凝土不同交界面情况下的新老混凝土荷载进行了分析：①加高限定水位的水沙压力、扬压力及老坝的自重由老坝承担；②新浇混凝土自重、加高限制水位以上的水沙压

---

**基金项目：** 国家重点研发计划项目（2021YFC3090102）。

**作者简介：** 雒翔宇（1989—），男，高级工程师，主要从事水工结构温控仿真分析工作。

**通信作者：** 张国新（1960—），男，教授级高级工程师，主要从事水工结构、数值模拟方法研究工作。

力及扬压力荷载，由加高后的大坝共同承担；③新浇混凝土温度从一期冷却结束下降到稳定温度的温降荷载对坝体应力，尤其是坝踵应力有贡献；④新老混凝土完整结合充分传力[12]。同时，针对重力坝断面加高设计中的应力和抗滑稳定安全系数计算，提出了采用材料力学方法和有限元等效方法推导加高重力坝应力、整体抗滑稳定和新老坝体局部抗滑稳定安全系数的计算公式，对相应的设计准则进行了讨论。

## 2 加高前后的荷载分析及应力和稳定计算

### 2.1 荷载分析

假定某一重力坝需要加高，老坝坝高 $H_1$、底宽 $B_1$，加高后总坝高 $H_2$、底宽 $B_2$，加高前后坝体受力见图1，图中各力的说明见表1。其中，①~⑥荷载在加高前由老坝单独承担，①、④两项为加高限制水位带来的水平荷载和竖向荷载，⑥为相应的扬压力荷载，⑦~⑩为加高后抬高水位带来的水压、自重及温度荷载增量，由新老坝体（加高后的整坝）共同承担。

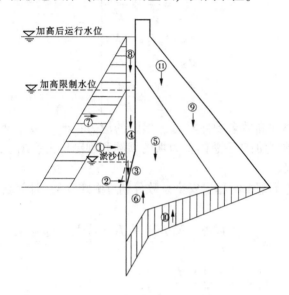

**图1 新老坝受力示意图**

**表1 大坝加高前后受力说明（不计地震力）**

| | | 编号 | 荷载说明 | 符号 |
|---|---|---|---|---|
| 老坝体 | 水平力 | ① | 静水压力 | $F_{h11}$ |
| | | ② | 沙压力 | $F_{h12}$ |
| | 竖向力 | ③ | 作用于上游折坡的沙重 | $W_{11}$ |
| | | ④ | 作用于上游折坡的水重 | $W_{12}$ |
| | | ⑤ | 坝体自重 | $W_{13}$ |
| | | ⑥ | 扬压力 | $W_{14}$ |
| 加高后坝体 | 水平力 | ⑦ | 静水压力增量 | $F_{h2}$ |
| | 竖向力 | ⑧ | 水重增量（作用于折坡上的） | $W_{21}$ |
| | | ⑨ | 新混凝土自重 | $W_{22}$ |
| | | ⑩ | 扬压力增量 | $W_{23}$ |
| | 温度荷载 | ⑪ | 新浇贴坡混凝土温降收缩 | $F_T$ |

注：加高后淤沙高程如果增加，还应计入沙重和沙压增量。

为了分别计算新老坝体的应力和稳定，需要将加高前后的荷载分别分解到新老坝体上，如图 2 所示。

其中：$N$、$T$、$M$ 分别为建基面法向、切向和弯矩合力，$H$、$W$ 为水平和竖向合力，$N_1$、$T_1$、$M_1$ 为老坝体底部中心处的内力，$N_2$、$T_2$、$M_2$ 为新坝体内力和：

$$H = \sum F_{hij}, \quad W = \sum W_{ij} \qquad (1)$$

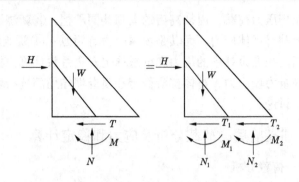

**图 2　加高后大坝的新老坝体受力简图**

### 2.2　应力和稳定计算

由图 2 可知加高后整坝和新老坝体的内力，利用式（2）可以得到新老坝体的建基面法向应力：

老坝块
$$\left. \begin{array}{l} \sigma_{1u} \\ \sigma_{1m} \end{array} \right\} = \frac{N_1}{B_1} \pm \frac{6M_1}{B_1^2}$$

新坝块
$$\left. \begin{array}{l} \sigma_{2m} \\ \sigma_{2d} \end{array} \right\} = \frac{N_2}{B_2} \pm \frac{6M_2}{B_2^2} \qquad (2)$$

总坝
$$\left. \begin{array}{l} \sigma_{u} \\ \sigma_{d} \end{array} \right\} = \frac{N}{B} \pm \frac{6M}{B^2}$$

式中：$\sigma_{1u}$、$\sigma_{1m}$ 分别为坝体加高后老坝体坝踵、坝趾的应力；$\sigma_{2m}$、$\sigma_{2d}$ 分别为新坝体坝踵和坝趾处的建基面应力；$\sigma_u$、$\sigma_d$ 分别为加高后总体重力坝的坝踵和坝趾应力；$B_1$、$B_2$ 分别为老坝、新坝的底宽；$B$ 为新老坝整体的底宽。

整体重力坝和新老坝体局部抗滑稳定安全系数分别可由式（3）计算得到：

整坝
$$K = \frac{Nf + cB}{T} = \frac{N_1 f_1 + N_2 f_2 + c_1 B_1 + c_2 B_2}{T}$$

老坝块
$$K_1 = \frac{N_1 f_1 + c_1 B_1}{T_1} \qquad (3)$$

新坝块
$$K_2 = \frac{N_2 f_2 + c_2 B_2}{T_2}$$

式中：$f$、$c$ 分别为整坝建基面平均摩擦系数和凝聚力；$f_1$、$c_1$、$f_2$、$c_2$ 分别为老、新坝体底部的摩擦系数和凝聚力。

## 3　分块内力计算

由式（2）、式（3）可以看出，整坝及新老坝体的应力和稳定安全系数的计算都需要已知新老坝体的内力分量。整坝的内力 $N$、$T$、$M$ 只需要通过整体坝的平衡方程即可求出，而新老坝体的分力，尤其是当新老坝体之间不完全结合时，仅靠平衡方程已不能求出所有内力分量，需要考虑新老坝体之间的变形协调。计算工具为笔者开发的高性能仿真平台 Saptis[13-14]。

### 3.1　新老坝体完整结合整体受力时的内力计算静力平衡法

此时老坝自重和加高限制水位下的荷载全部由老坝承担，加高后的新坝体自重及水荷载增量由新老坝体按整体形式共同承担，如图 3 所示。

老坝体在老坝自重及加高限制水位的水压作用下的内力可由老坝的平衡方程直接求出，即

$$N_1 = W_1, \quad T_1 = H_1, \quad M_1 = H_1 Y_0 - W_1 X_0 \qquad (4)$$

式中：$Y_0$ 为 $H_1$ 作用点高度；$X_0$ 为 $W_1$ 的偏心距。

加高后整坝在新坝体自重及新增水压荷载作用下的竖向力 $W_2$ 和横向力 $H_2$ 作用下新老坝体的内

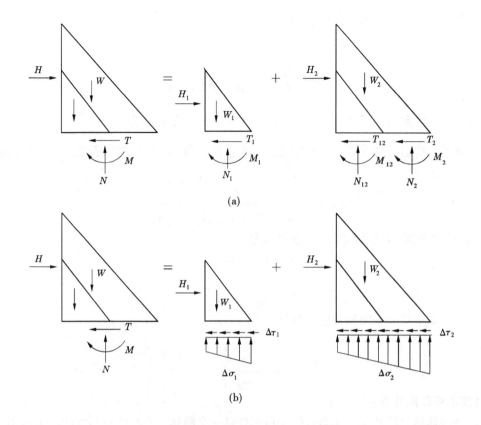

**图3　加高后整体计算时的荷载分配与应力分布**

力增量可根据坝基应力分布求出。根据材料力学算法的平截面假定，坝基各部位法向应力增量为

$$\left.\begin{aligned}\Delta\sigma_{u} &= \frac{W_2}{B} \pm \frac{6\Delta M}{B^2} \\ \Delta\sigma_{d} \\ \Delta\sigma_{m} &= \frac{W_2}{B} + \frac{12\Delta M X_{m}}{B^3}\end{aligned}\right\} \tag{5}$$

式中：$\Delta\sigma_{u}$、$\Delta\sigma_{d}$、$\Delta\sigma_{m}$ 分别为在新老混凝土的自重及抬高水位作用下老坝的坝踵、坝趾及整体坝趾的应力增量；$\Delta M$ 为新坝体自重及水荷载增量引起的相对于整坝建基面形心的弯矩增量。

由式（4）、式（5）得到新老坝体的法向力和弯矩增量为

$$\left.\begin{aligned}N_{12} &= \frac{1}{2}(\Delta\sigma_{u} + \Delta\sigma_{m})B_1 \\ N_2 &= \frac{1}{2}(\Delta\sigma_{m} + \Delta\sigma_{d})B_2 \\ M_{12} &= \frac{1}{12}(\Delta\sigma_{u} - \Delta\sigma_{m})B_1^2 \\ M_2 &= \frac{1}{12}(\Delta\sigma_{m} - \Delta\sigma_{d})B_2^2\end{aligned}\right\} \tag{6}$$

新老坝体建基面剪力计算，需要假定剪应力分布，当新老坝体建基面弹性模量接近且相对坝体弹性较小时，可假定剪应力均匀分布，则新老坝体的剪力增量为

$$T_{12} = \frac{H_2}{B}B_1, \quad T_2 = \frac{H_2}{B}B_2 \tag{7}$$

老坝体的合力为式（4）、式（6）、式（7）中的相应内力叠加。

新老坝体的局部抗滑稳定安全系数，除可按式（3）计算外，还可按承载力系数计算。一定水荷

载作用下的建基面所受剪力与极限承载力的比值为承载力系数，则施工限制水位时老坝体承载系数 $\alpha_{11}$ 可根据下式求解：

$$\alpha_{11} = \frac{\sum F_{h1i}}{\sum f_1 W_{1i} + C_1 B_1} = \frac{F_{h1}}{f_1 W_1 + C_1 B_1} \tag{8}$$

根据承载力系数的定义，可得老坝加高前限制水位下的安全系数为 $K_{11} = \dfrac{1}{\alpha_{11}}$。

加高后正常蓄水位运行时承载力系数增量为水平推动增量 $F_{h2}$ 与整坝总竖直压力下坝体极限承载力的比值：

$$\Delta\alpha_2 = \frac{F_{h2}}{f(W_2 + W_1) + C_1 B_1 + C_2 B_2} \tag{9}$$

则加高后老坝建基面的承载系数和安全系数分别为

$$\left.\begin{array}{l} \alpha_1 = \alpha_{11} + \Delta\alpha_2 \\ K_1 = \dfrac{1}{\alpha_1} \end{array}\right\} \tag{10}$$

新坝体建基面的承载力系数和安全系数分别为

$$\left.\begin{array}{l} \alpha_2 = \Delta\alpha_2 \\ K_2 = \dfrac{1}{\alpha_2} \end{array}\right\} \tag{11}$$

### 3.2 内力计算的杆件矩阵位移法

当考虑新老坝体局部脱开时，加高后的大坝不再是一个整体，3.1 部分的方法不再适用，可以将新老坝体各看作变截面杆，按杆件结构力学方法求解（见图 4）。将老坝简化为变截面杆 *AB*，新坝简化为两段变截面杆 *CD* 和 *DE*，新老坝体之间用横梁连接。更进一步，将 *AB*、*CDE* 划分成若干段杆件，让横梁和坝体杆在节点处连接，则可用杆件有限元法或结构力学的矩阵位移求解。

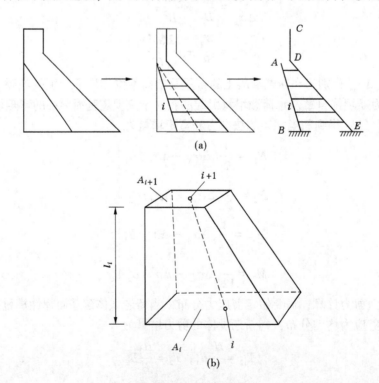

图 4　杆件体系简化

假定考虑横梁后整坝由 $M$ 个杆件构成，第 $i$ 杆的杆端力和杆端位移分别为

$$\left.\begin{array}{l} F_p^i = \begin{bmatrix} F_{x1} & F_{y1} & M_1 & F_{x2} & F_{y2} & M_2 \end{bmatrix}^T \\ \Delta_i = \{ u_1 \quad v_1 \quad \theta_1 \quad u_2 \quad v_2 \quad \theta_2 \} \end{array}\right\} \tag{12}$$

对于图 4（b）所示的变截面杆，根据能量可以推出单元刚度矩阵 $[K]$，从而得到单元刚度方程：

$$[K]^i \Delta_i + F_p^i = 0 \tag{13}$$

所有杆件集成后的整体方程为

$$[K]\Delta + F_p = 0 \tag{14}$$

式中：$[K] = \sum_i [K]^i$；$F_p = \sum_i F_p^i$，为所有杆单元的集成 $[K]^i$ 的计算中考虑了变截面杆在全域内的积分，$F_p$ 中计入单元的自重、水压、扬压力等带来的等效荷载。

由式（14）可以得到各杆杆端的位移，由下式可以求出杆端力：

$$\overline{F}^e = [\overline{K}]^e \overline{\Delta}^e - \overline{F}_p^e \tag{15}$$

式中：各量顶部 "—" 表示在杆单元局部坐标下的量。

采用分步体型和分步加载的方式，先计算 $AB$ 杆单独受老坝自重和加高限制水荷载作用下的 $B$ 端杆端力 $\overline{F}_{Bx}$、$\overline{F}_{By}$ 和 $\overline{M}_B$，则内力为

$$\left.\begin{array}{l} N_{11} = \overline{F}_{Bx}\cos\beta_1 - \overline{F}_{By}\sin\beta_1 \\ T_{11} = \overline{F}_{Bx}\sin\beta_1 + \overline{F}_{By}\cos\beta_1 \\ M_{11} = \overline{M}_B \end{array}\right\} \tag{16}$$

取 $AB$、$CDE$ 及各横梁进行整体计算，得到加高后的变形增量进而按式（16）相同的方式求出 $B$、$E$ 点的内力增量 $N_{12}$、$T_{12}$、$M_{12}$、$N_{22}$、$T_{22}$、$M_{22}$，则 $B$、$E$ 端点内力为

$$\left.\begin{array}{l} N_1 = N_{11} + N_{12}, \quad T_1 = T_{11} + T_{12}, \quad M_1 = M_{11} + M_{12} \\ N_2 = N_{22}, \quad T_2 = T_{22}, \quad M_2 = M_{22} \end{array}\right\} \tag{17}$$

当需要考虑基础变形时，应该在 $B$、$E$ 端下部加入代表基础的杆单元。

分析图 4 所示的简化计算模型可知，新老坝体之间用横梁连接难以提供充分的传力能力尤其是剪力，为此可在界面处增加传力的短杆，如图 5 所示。

当新老结合面某个部位开裂，只需将该部位的模杆和剪力杆去掉模拟新老坝块的脱开状态。

### 3.3 有限元等效应力法

有限单元法是最有效的数值计算工具，可以很方便且以较高的精度得到复杂结构的应力分布。但由于其应力结果的网格依赖性及坝踵应力集中现象，难以制定与其结果相适应的应力控制标准，而采用内力等效法求出建基面内力，进一步采用材料力学法求出应力，采用 Mohr-coulomb 准则求抗滑稳定安全系数，则发挥有限元法和材料力学法两者的优势。计算步骤如下：

第一步：加载老坝和基础几何模型，施加荷载①～⑥，求得老坝建基面法向应力 $\sigma_n$ 和切向应力 $\tau_n$。

第二步：加载新混凝土，施加荷载⑦～⑩，求解建基面应力增量 $\Delta\sigma_{n2}$、$\Delta\tau_{n2}$。

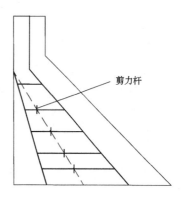

**图 5 新老混凝土界面处的剪力杆**

$$\left.\begin{array}{l} \sigma_{n1}(x) = \sigma_{n1}(x) + \sigma_{n2}(x) \\ \tau_{n1}(x) = \tau_{n1}(x) + \tau_{n2}(x) \\ \sigma_{n2}(x) = \sigma_{n2}(x) \\ \tau_{n2}(x) = \tau_{n2}(x) \end{array}\right\} \tag{18}$$

第三步：求等效内力。贴坡混凝土温降收缩引起的建基面应力单独计算，新老混凝土分开计算。

$$
\left.\begin{aligned}
N_1 &= \int_0^{B_1} \sigma_{n1}(x)\,\mathrm{d}x \\
T_1 &= \int_0^{B_1} \tau_{n1}(x)\,\mathrm{d}x \\
N_2 &= \int_0^{B_2} \Delta\sigma_{n2}(x)\,\mathrm{d}x \\
T_2 &= \int_0^{B_2} \tau_{n2}(x)\,\mathrm{d}x \\
M_1 &= \int_0^{B_1} \sigma_{n1}(x)\left(x - \frac{B_1}{2}\right)\mathrm{d}x \\
M_2 &= \int_0^{B_2} \sigma_{n2}(x)\left(x - \frac{B_2}{2}\right)\mathrm{d}x
\end{aligned}\right\}
\tag{19}
$$

当新老混凝土结合面局部开裂、脱开时，脱开部位的接触单元消掉即可。

等效内力计算还可采用有限元直接反力法[15]。

## 4 算例及几种方法的比较

丹江口水库是南水北调中线的水源地，大坝加高是南水北调中线的龙头工程[16]。初期工程竣工于 1974 年，坝顶高程 162.0 m，正常蓄水位 157.0 m，淤沙高程 115.0 m，大坝加高工程于 2005 年开工，2013 年完工，将坝顶高程提高至 176.6 m，加高施工中限制水位 145.0 m，正常蓄水位抬升至 170.0 m，设计洪水位 172.2 m。典型加高坝段体型如图 6 所示。本文计算水位选取 172.2 m，主要参数如表 2 所示。

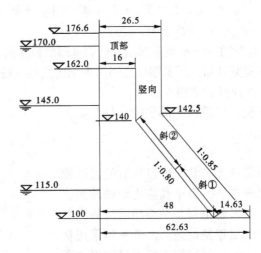

图6 丹江口重力坝典型坝段 （单位：m）

表2 丹江口大坝加高计算主要参数

| 参数名称 | 取值 | 参数名称 | 取值 |
|---|---|---|---|
| 混凝土弹性模量/GPa | 24.0 | 新老混凝土温差/℃ | 9 |
| 混凝土容重/(kN/m³) | 24.0 | 建基面摩擦系数 | 0.9 |
| 线膨胀系数/℃⁻¹ | $1.0\times10^{-5}$ | 建基面凝聚力/MPa | 0.95 |

代表点法向应力不同方法的计算结果如表 3 所示。

表 3　代表点法向应力不同方法的计算结果

| 计算方法 | $\sigma_{1u}$ | $\sigma_{1m}$ | $\sigma_{2m}$ | $\sigma_{2d}$ |
|---|---|---|---|---|
| 整体结构力学法 | 122.22 | 59.32 | 37.52 | 11.03 |
| 杆件结构力学法 | 122.33 | 58.42 | 38.67 | 8.03 |
| 有限元等效应力法 | 134.69 | 50.89 | 26.52 | 17.86 |

不同方法得到的新老坝体底部内力如表 4 所示。

表 4　新老坝体底部内力　　　　　　　　　　　　单位：t/m

| 计算方法 | $N_1$ | $T_1$ | $M_1$ | $K_1$ | $N_2$ | $T_2$ | $M_2$ | $K_2$ | $K$ |
|---|---|---|---|---|---|---|---|---|---|
| 整体结构力学法 | 4 357.00 | −2 296.81 | 12 075.60 | 3.59 | 1 165.31 | −372.33 | −472.26 | 6.35 | 3.98 |
| 杆件结构力学法 | 4 338.00 | −2 178.00 | 12 270.00 | 3.78 | 1 121.00 | −489.30 | −546.20 | 4.75 | 3.98 |
| 有限元等效应力法 | 4 454.00 | −1 958.00 | 16 090.00 | 4.25 | 1 065.00 | −705.20 | −154.30 | 3.23 | 3.98 |

（1）三种方法的法向应力接近。

（2）底部剪力差别较大，主要原因有两点：①整体结构力学法假定坝底剪应力均匀分布，实际情况不同；②杆件结构力学法和有限元等效应力法在自重作用下会产生老坝体指向上游，新坝体指向下游的剪应力和剪力，而在整坝结构力学法计算时是没有该剪力的。将自重引起的剪应力消除后的坝底内力计算结果如表 5 所示。

表 5　消除自重剪力后的坝底内力　　　　　　　　单位：t/m

| 计算方法 | $N_1$ | $T_1$ | $K_1$ | $N_2$ | $T_2$ | $K_2$ | $K$ |
|---|---|---|---|---|---|---|---|
| 有限元等效应力法 | 4 468.00 | −2 141.95 | 3.89 | 1 051.00 | −520.75 | 4.34 | 3.98 |

（3）利用有限元等效应力法可分析新老坝结合面在不同开裂程度下的内力值，在新老坝结合面上设定不同的开裂程度，从而分别求取坝底的内力和新老坝的稳定系数，开裂部位说明如图 6 所示，计算结果如表 6 所示。

表 6　不同开裂程度的坝体内力　　　　　　　　　单位：t/m

| 开裂部位 | $N_1$ | $T_1$ | $K_1$ | $N_2$ | $T_2$ | $K_2$ | $K$ |
|---|---|---|---|---|---|---|---|
| 全黏结 | 4 468.00 | −1 944.00 | 4.29 | 1 051.00 | −718.70 | 3.15 | 3.98 |
| 顶部开 | 4 438.00 | −1 939.00 | 4.29 | 1 078.00 | −721.90 | 3.17 | 3.98 |
| 顶部+竖向 | 4 431.00 | −1 909.00 | 4.35 | 1 088.00 | −754.00 | 3.04 | 3.98 |
| 顶部+竖向+斜② | 5 424.00 | −1 982.00 | 4.64 | 94.83 | −680.30 | 2.06 | 3.98 |
| 全开 | 2 755.00 | −2 609.00 | 2.61 | 2 761.00 | −52.02 | 73.07 | 3.98 |
| 斜① | 4 206.00 | −1 950.00 | 4.16 | 1 310.00 | −711.40 | 3.51 | 3.98 |
| 斜①+斜② | 3 748.00 | −1 918.00 | 4.01 | 1 768.00 | −742.60 | 3.92 | 3.98 |
| 斜①+斜②+竖向 | 3 891.00 | −2 263.00 | 3.46 | 1 625.00 | −398.20 | 6.98 | 3.98 |

## 5 结论与建议

（1）后帮式加高重力坝当存在结合面黏结不良时，采用新老坝变截面杆结构力学法或有限元等效应力法计算坝体应力和稳定，更接近实际情况。其中，杆件结构力学法是将老新坝体各概化为一根变截面杆，将结合面的状况采用切断连接杆的方式模拟；有限元等效应力法是按常规有限元方式计算坝体变形和应力，将应力对特定截面积分，或采用直接内力法求出内力，新老结合面的状态采用可开闭的接触单元模拟。

（2）计算结果表明，结合面的上部局部脱开对坝体应力和稳定影响较小，下部脱开对坝体的应力和稳定性影响较大。采用本文提出两种方法计算的应力和稳定安全系数的控制标准仍可按照现有规范的规定值，并且整体应力和安全系数都应满足规范要求。

（3）新老混凝土施工过程中新坝体温度变化会影响坝体应力，在应力计算时需要进行分析，本文中暂未具体考虑温度带来的影响。同时，有限元强度折减法是分析加高重力坝安全的有效手段，在后续的研究中将进一步分析。

## 参考文献

[1] 周厚贵. 大坝加高混凝土施工技术研究综述 [J]. 华北水利水电大学学报（自然科学版），2015，36（5）：23-29.

[2] 多目的なダムの建設 [M]. 日本财团法人ダム技术センター，昭和 62 年版.

[3] 崔弘毅. 圣文森特大坝的加高扩容工程 [J]. 大坝与安全，2013（5）：70-73.

[4] 张国新，朱伯芳，吴志朋. 重力坝加高的温度应力问题 [J]. 水利学报，2003，34（5）：11-15.

[5] 内田敏久，东侧丰二，邓宣仲. 关于重力坝加高新老混凝土接合面的研究 [J]. 人民长江，1980（5）：86-95.

[6] 朱伯芳，张国新，吴龙珅，等. 重力坝加高中减少结合面开裂措施的研究 [J]. 水利学报，2007（6）：3-9.

[7] 廖仁强，陈志康，张国新，等. 丹江口大坝加高工程关键技术研究综述 [J]. 南水北调与水利科技，2009，7（6）：47-49.

[8] 肖汉江，崔建华，徐跃之. 丹江口大坝加高工程新老混凝土结合问题研究 [J]. 南水北调与水利科技，2007，5（5）：8-11.

[9] 张国新，钮新强，雏翔宇，等. 重力坝加高的应力和稳定计算方法及控制标准研究 [J]. 水利学报，2022，53（4）：392-402.

[10] 张立，李广凯，马怀发. 混凝土类材料弹塑性损伤问题的全隐式迭代法 [J]. 水利学报，2020，51（8）：947.

[11] 李广凯，刘传东，肖仁军，等. 多体接触问题面面接触算法研究 [J]. 水利学报，2020，51（5）：597-605.

[12] 沙莎，张国新. 基于应力-渗流-损伤耦合模型的重力坝三维水力劈裂数值模拟 [J]. 中国水利水电科学研究院学报，2020，18（1）：1-11.

[13] 张国新. SAPTIS：结构多场仿真与非线性分析软件开发及应用（之一）[J]. 水利水电技术，2013，44（1）：33-35.

[14] 周秋景，张国新. SAPTIS：结构多场仿真与非线性分析软件开发及应用（之二）[J]. 水利水电技术，2013，44（9）：39.

[15] 张国新，刘毅. 坝基稳定分析的有限元直接反力法 [J]. 水力发电，2006（12）：30-32，38.

[16] 王慧，韦凤年. 南水北调关键技术突破对推动我国水利技术进步具有重要意义——访中国工程院院士钮新强 [J]. 中国水利，2019（23）：29-32.

# 老化病害对渡槽承载能力的影响分析

牛志国[1]　闫丹阳[1,2]　王　建[1,2]

(1. 南京水利科学研究院，江苏南京　210029；
2. 水利部水工新材料工程技术研究中心，江苏南京　210024)

**摘　要：**混凝土渡槽经过长时间的运行后，结构会出现不同形式的老化病害，这些老化病害不仅影响渡槽结构的耐久性，也会影响结构的承载能力。为了合理评价在役混凝土渡槽的安全性，在渡槽结构的复核分析中，根据各部位钢筋锈蚀电位的检测结果，参照相关规程，对混凝土内部原有钢筋截面面积进行了不同程度的折减，以此反映老化病害对渡槽承载能力的影响。该方法将现场检测结果和计算分析方法进行了融合，简单易行，可为类似渡槽工程的安全评估提供借鉴与参考。

**关键词：**渡槽；老化病害；安全评估；钢筋锈蚀电位；承载能力

## 1　引言

渡槽是输送渠道水流跨越道路、山冲、谷口、河渠等的架空输水建筑物，是灌区渠系建筑物中应用最广泛的交叉建筑物之一[1-2]。20世纪六七十年代，随着大规模农田水利建设的兴起，我国兴建了大量渡槽工程，经过多年的运行，渡槽普遍存在年久失修、老化严重等问题。20世纪90年代初，对全国195处大型灌区10 213座渡槽的调查显示：老化严重的有2 882座，失效的有973座，报废的多达683座，需大修、部分重建、重建、改建的渡槽比例高达45%左右[3]。2018年，中央一号文件《中共中央　国务院关于实施乡村振兴战略的意见》发布，文件指出："实施国家农业节水行动，加快灌区续建配套与现代化改造，推进小型农田水利设施达标提质，建设一批重大高效节水灌溉工程"。此后，全国大、中型灌区陆续开展了续建配套与现代化改造工作，科学评估在役渡槽的安全性，给出维修加固建议是其中的一个重要环节。大、中型灌区渡槽数量众多、形式多样、分布零散、养护困难，加之由于早期设计标准低、施工质量控制不严等，钢筋混凝土渡槽出现了开裂、析钙、剥落、钢筋锈蚀等老化病害，这些老化病害不仅影响结构的耐久性，对结构安全影响也很大。因此，如何科学、合理地评价在役渡槽结构的承载能力，是灌区续建配套与现代化改造工作中亟需解决的主要技术问题之一。

基于某灌区在役渡槽的安全评价工作，本文通过对钢筋混凝土渡槽的保护层厚度、混凝土抗压强度、碳化深度、钢筋锈蚀情况等进行了检测和结果分析，提出采用钢筋锈蚀电位反映槽身结构不同部位的老化程度，按照钢筋锈蚀电位水平的最低值对钢筋截面面积进行折减，以此反映老化病害引起的槽身承载能力的下降，从而客观、合理地评价了渡槽结构的承载性能，并通过实际算例说明了该方法的合理性。

## 2　工程概况

某渡槽工程位于浙江省新昌县的中型灌区，为梁式渡槽，设计水位1.0 m。槽身为钢筋混凝土结构，共10跨，最大跨度12.0 m，槽身侧墙、底板厚度均为15 cm，过流断面尺寸（宽×深）1.66 m×

**基金项目：**中央公益型科研院所经费项目（Y419006）；国家重点研发计划课题（2016YFC0401807）。
**作者简介：**牛志国（1979—），男，正高级工程师，主要从事水工结构安全评价工作。

1.6 m，支承结构为 75# 浆砌石槽墩，最大高度 9 m，墩帽为 200# 钢筋混凝土结构，槽墩下部为 80# 浆砌条石基础，工程于 1980 年完建并通水运行。依据现行《灌溉与排水渠系建筑物设计规范》（SL 482—2011）规定的渠系建筑物分级指标，该渡槽为 5 级建筑物。由于多年运行，槽身侧墙外表面、底板下表面均有开裂、白色钙物质析出等现象，支座附近有混凝土剥落、钢筋锈蚀等现象（见图 1、图 2）。

图 1　槽身裂缝及析钙

图 2　支座处钢筋锈蚀

## 3　现场检测

为了掌握渡槽的工程质量状况，对该渡槽开展了现场检测工作，检测内容主要包括混凝土抗压强度、裂缝宽度、碳化深度、钢筋保护层厚度、钢筋锈蚀电位。

采用超声-回弹法检测了槽身底板、边墙的混凝土抗压强度，槽身混凝土抗压强度推定值介于23.2~23.6 MPa，槽身侧墙裂缝宽度为 0.09 mm，底板裂缝宽度为 0.11 mm，均小于规范限值；混凝土的碳化深度平均值 11.0 mm，实测钢筋保护层厚度最大值 41 mm，最小值为 26 mm，碳化深度尚未超过保护层厚度的实测值，但槽身支座附近局部有保护层厚度过薄现象，最小值为 13 mm。

采用 PSSE-C 型硫酸铜参比电极与万用表（量程 2 000 mV，最小分刻度 1 mV，输入阻抗大于 10 MΩ）组成的测量系统（半电池电位法），对槽身侧墙、底板的钢筋锈蚀电位进行了测量，实测槽身中钢筋锈蚀电位的结果见图 3、图 4，结果表明槽身侧墙、底板所测区域电位正向小于-350 mV，钢筋进入活化状态，钢筋发生腐蚀[4]。

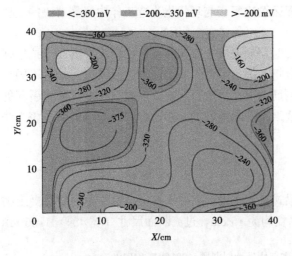

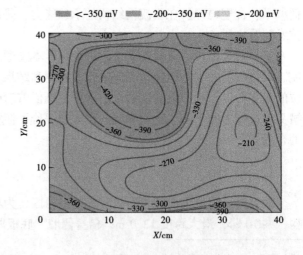

图 3　侧墙钢筋腐蚀电位

图 4　底板纵向主筋腐蚀电位

# 4 结构承载能力复核分析

该渡槽已经运行 40 多年,混凝土结构存在多种老化病害,对其进行安全复核是非常有必要的。客观、合理地评价渡槽的安全性态,需要考虑老化病害对承载能力的影响。目前,《浙江省灌区渡槽安全评价导则(试行)》等相关评价、设计规范中尚未有明确的方法[5]。对槽身的承载能力进行复核时,本文根据钢筋锈蚀电位的测试结果,参照《公路桥梁承载能力检测评定规程》(JTG/T J21—2011)有关规定,对混凝土内钢筋的截面面积进行了不同程度的折减,以此反映锈蚀导致材料性能的劣化,分析了钢筋锈蚀对渡槽结构承载能力的影响。

## 4.1 结构老化病害分析

槽身混凝土设计强度为 250#,参照《混凝土结构设计规范》(GBJ 10—89)附录混凝土标号-强度等级换算关系表,对应 C23。根据检测结果,槽身混凝土抗压强度推定值能够满足设计要求,槽身混凝土强度未发生劣化。混凝土最大碳化深度为 13.5 mm,小于实测保护层厚度最小值(除去底板支座附近),属于一般碳化。钢筋锈蚀部位由于施工质量差,局部主筋保护层(仅 13 mm)比设计值小得多,碳化导致钢筋锈蚀、体积膨胀,使得混凝土剥落。混凝土中钢筋锈蚀不仅影响结构耐久性,而且也影响结构的安全性,钢筋锈蚀电位直接反映了混凝土中钢筋锈蚀的活动性。通过测试钢筋/混凝土与参考电极之间的电位差,可判断钢筋发生锈蚀的概率。通常,电位差越大,混凝土中钢筋发生锈蚀的可能性越大。《公路桥梁承载能力检测评定规程》(JTG/T J21—2011)给出了钢筋锈蚀电位的评定准则,并给出了配筋混凝土中钢筋截面面积折减系数,见表 1、表 2。

表 1 钢筋锈蚀电位评定标准

| 电位水平/mV | 钢筋状态 | 评定标度 |
| --- | --- | --- |
| ≥-200 | 无锈蚀活动性或锈蚀活动性不确定 | 1 |
| -200~-300 | 有锈蚀活动性,但锈蚀状态不确定,可能坑蚀 | 2 |
| -300~-400 | 有锈蚀活动性,发生锈蚀的概率大于 90% | 3 |
| -400~-500 | 有锈蚀的活动性,严重锈蚀可能性极大 | 4 |
| <-500 | 存在锈蚀开裂区域 | 5 |

表 2 配筋混凝土钢筋截面折减系数

| 评定标度 | 性状描述 | 截面折减系数 |
| --- | --- | --- |
| 1 | 沿钢筋出现裂缝,宽度小于限值 | 0.98~1.00 |
| 2 | 沿钢筋出现裂缝,宽度大于限值,或钢筋锈蚀引起混凝土发生层离 | 0.95~0.98 |
| 3 | 钢筋锈蚀引起混凝土剥落,钢筋外露,表面有膨胀薄锈层或坑蚀 | 0.90~0.95 |
| 4 | 钢筋锈蚀引起混凝土剥落,钢筋外露、表面膨胀性锈蚀层显著,钢筋断面损失在 10% 以内 | 0.80~0.90 |
| 5 | 钢筋锈蚀引起混凝土剥落,钢筋外露、出现锈蚀剥落,钢筋断面损失在 10% 以上 | ≤0.80 |

根据钢筋锈蚀电位的检测结果,按照测区锈蚀电位水平最低值确定其评定标度,侧墙钢筋(受力筋)锈蚀电位水平最低值介于-300~-400 mV,评定标度为 3,底板钢筋(主筋)锈蚀电位水平最低值介于-400~-500 mV,评定标度为 4。因此,槽身侧墙钢筋截面面积折减系数取 0.9,底板钢筋截面面积的折减系数取 0.8。

## 4.2 复核分析

槽身按平面问题求解其横向内力，侧墙受水平方向的水压力作用，底板受槽身自重及水重作用，渡槽侧墙横向内力计算结果见表3。

**表3 侧墙横向内力计算结果**

| 工况 | 内力 | 距侧墙顶距离/m | | |
|---|---|---|---|---|
| | | 0.8 | 1.45 | 1.6 |
| 设计水位 | 弯矩/(kN·m) | 0.012 | 0.998 | 1.632 |
| 满槽水位 | 弯矩/(kN·m) | 0.8533 | 5.081 | 6.827 |
| 半槽水位 | 弯矩/(kN·m) | 0 | 0.524 | 0.953 |

按《水工钢筋混凝土结构设计规范（试行）》（SDJ 20—78）对侧墙进行配筋复核：

$$A_0 = \frac{KM}{bh_0^2 R_w} \tag{1}$$

式中：$K$ 为强度安全系数；$M$ 为侧墙弯矩；$b$ 为单位宽度；$h_0$ 为截面净高度，此处为 12 cm；$R_w$ 为 250# 混凝土的弯拉强度，取 180 kN/mm²，经计算[6]：

$$A_0 = 0.0356, \quad \alpha = 1 - \sqrt{1 - 2A_0} = 0.0362$$

侧墙所需受拉钢筋的面积为

$$A_g = \frac{\alpha b h_0 R_w}{R_g} \tag{2}$$

式中：$R_g$ 为Ⅰ级钢筋的受拉设计强度，取 2400 kN/mm²。

经计算，所需受拉钢筋的面积为 326 mm²。根据工程的设计图纸，槽身侧墙迎水面配置两类钢筋，一类为 φ10@33，单根钢筋长 1.09 m；另一类为 φ10@33，单根钢筋长 1.69 m。两种钢筋间隔布置，实际配筋面积为 549 mm²，折减后的钢筋面积为 491 mm²，侧墙配筋仍能满足设计要求。

经计算分析，槽身跨中弯矩 493.56 kN·m。为了便于计算，将截面转化为矩形截面[7]，宽 $b$ 为 0.3 m，高 $h_0$ 为 1.72 m，则底板所需受拉钢筋的面积为

$$A_g = \frac{\alpha b h_0 R_w}{R_g} = 1649.3 (\text{mm}^2)$$

根据工程的设计图纸，底板两端各配置 3 φ20 的Ⅰ级钢筋，实际配筋为 1884 mm²。槽身底板纵向主要受拉钢筋由于混凝土剥落，导致钢筋外露、锈蚀。依据《公路桥梁承载能力检测评定规程》（JTG/T J21—2011）有关规定，取评定标度为 4 时钢筋截面折减系数的下限值 0.8，折减后的钢筋面积为 1507.2 mm²，纵向配筋不足，底板纵向承载力不满足设计要求。

## 5 结语

根据混凝土中钢筋锈蚀电位的检测结果，对槽身不同部位采用了相应的钢筋截面面积折减系数，分析了钢筋锈蚀对槽身结构承载能力的影响，研究结果表明：

（1）考虑钢筋锈蚀后，槽身侧墙受拉钢筋面积仍然满足设计要求；底板纵向受拉钢筋面积不满足设计要求，承载能力不足，与本工程现场调查结果较为一致，说明分析该方法具有一定的合理性。

（2）采用半电池电位法检测钢筋锈蚀近乎无损检测，相比采用凿除法直接测量钢筋直径，其对结构破坏性小，操作简便，在工程中应用广泛。因此，结合钢筋锈蚀电位水平进行混凝土渡槽承载能力的评价方法简单、易行。

（3）本文仅考虑了单一老化病害（钢筋锈蚀）对渡槽结构承载能力的影响，多因素下如何评价渡槽的承载能力，仍需进一步研究。

## 参考文献

[1] 赵文华. 渡槽 [M]. 北京：水利电力出版社，1985.

[2] 竺慧珠，陈德亮，管枫年. 渡槽 [M]. 北京：中国水利水电出版社，2005.

[3] 孟祥敏，孙明权. 钢筋混凝土渡槽病害及老化问题分析研究 [J]. 人民黄河，1995，17 (10)：30-34.

[4] 中华人民共和国水利部. 水工混凝土结构缺陷检测技术规程：SL 713—2015 [S]. 北京：中国水利水电出版社，2015.

[5] 中华人民共和国水利部. 灌溉与排水渠系建筑物设计规范：SL 482—2011 [S]. 北京：中国水利水电出版社，2011.

[6] 浙江省水利水电科学研究所. 渡槽与水泥管 [M]. 杭州：浙江省余杭县丁公印刷厂，1981.

[7] 熊启钧. 灌区建筑物的水力计算与结构计算 [M]. 北京：中国水利水电出版社，2007.

# 某电站泄洪洞物理水力模型试验研究分析

李华伟　鲍晓波

（中水淮河规划设计研究有限公司，安徽合肥　230060）

**摘　要**：为验证某电站泄洪洞的泄流能力和水力特征，采用水力模型试验，在不同泄量下，对泄洪消能布置形式、体型参数等进行相关水力学试验研究，验证泄洪洞在导流期、正常运行期和放空水库阶段的泄流能力和洞内沿程压力分布。试验证明，泄洪洞泄洪能力基本满足设计要求，运用过程中，通过闸门控制可改善泄洪洞的过流流态，洞内压力满足设计要求。

**关键词**：泄洪洞；水力模型；泄流能力；流态；时均压力

## 1　引言

某电站泄洪洞采用导流洞、发电洞、泄洪洞相结合三洞合一的布置形式，布置在大坝右岸，泄洪洞由进口段、洞身段、出口控制段和消力池组成。断面为圆形，洞径5.4 m，全长576.35 m。泄洪洞采用塔式进水口，考虑隧洞兼顾向下游泄放生态供水、发电引水要求，塔内由前至后设分层取水叠梁门、拦污栅和事故检修门。洞身段采用一坡到底布置。在进水口后接28 m水平段（其中前12 m为隧洞进口渐变段），再接纵坡 $i=1.708\%$ 的斜坡段，洞出口直接与出口控制段相连。泄洪洞在出口设长度25 m的控制段，有弧形闸门控制下泄流量。泄洪洞出口采取底流消能，消力池为下沉式，全长105.34 m，池深3.5 m。

泄洪洞控制运用情况较为复杂。泄洪洞在施工导流期间低水位为无压运行，高水位为有压运行；正常运行期和水库放空期间根据水位情况分别为闸门控泄运行或敞泄运行。

为验证泄洪洞的泄流能力和水力特征，确保工程安全，开展水工模型比尺 1:30 的物理试验[1]，对泄洪消能布置形式、体型参数等进行相关水力学试验研究，为设计提供技术支撑。

## 2　研究内容

通过试验分别研究泄洪洞在导流期、正常运行期和放空水库期的泄流能力和水力特征[2]。

### 2.1　导流期

验证作为导流洞的泄流能力；观测洞内流态，有无明满流交替等不良流态；测量洞内沿程压力分布，有无负压现象等；观测隧洞下游消力池内水流流态、漩滚发生位置、压力及流速分布；其他影响施工期运行的不良水力现象。

### 2.2　正常运行期

验证作为泄洪洞敞泄时的泄流能力；观测洞内流态，有无明满流交替等不良流态；测量洞内沿程压力分布，有无负压现象等；观测隧洞下游消力池内水流流态、漩滚发生位置、压力及流速分布、分析判断消力池尺寸的合理性；测量海漫段流速分布等，针对出现的问题进行相关布置优化。

### 2.3　放空水库期

研究水库放空阶段的库水位-弧门开度-泄流量关系，观测其洞内压力分布，探求合适的放空洞

---

**作者简介**：李华伟（1976—），男，高级工程师，主要从事水利水电工程规划设计研究工作。

弧门操作运行方式。

## 3 物理模型试验

### 3.1 试验条件

#### 3.1.1 导流期试验条件

试验流量：0~300 m³/s。当上游水位 4 276.50 m 时，对应下泄流量 243 m³/s；当上游水位 4 280.00 m 时，对应下泄流量 270 m³/s。

#### 3.1.2 正常运行期试验条件

(1) 在正常蓄水位（4 298.00 m）情况下，满足下泄 20 年一遇洪峰流量 349 m³/s 泄洪要求。

(2) 必须保证在各种运行工况下具有较好的水力条件。例如：安全宣泄规定的泄洪流量；保证发电隧洞的压力状态及发电时的最小水头，并采取适当的措施，防止机组振动和分岔管附近空蚀破坏；放空时控制有压流，严禁明满流交替时运行；排砂期洞内严禁出现不良流态；运行期有压隧洞严禁出现明满流交替的流态，在最不利运行条件下，洞顶应有不小于 2.0×9.81 kPa 的压力[3]。

(3) 隧洞进口无不良流态，如立轴漩涡等；消力池后水流能顺利归槽。底流消力池内发生淹没水跃，满足消能要求。

#### 3.1.3 放空水库运行条件

库水位 4 287.00 m 以下放空时可控泄最大流量 160 m³/s，确定可控泄流量 100 m³/s 时临界库水位，当库水位降至临界及以下时，可采用闸门全开运行方式泄放水库流量。

#### 3.1.4 时均压力测点布置

本泄洪洞具有流程长、坡度陡的特点，洞内压力分布更是试验关注的重点。因此，为了解泄洪洞内水流压力分布特性，选取进水口至出水口若干断面，各断面按照洞底、侧、顶方式布设 3 个测点，同时为验证门槽体型设计的合理性，在门槽后一定范围的墩壁上布设压力测点，整个泄洪洞洞身共布设有 71 个时均压力测点，同时在泄洪洞出口至消力池段沿程布设 18 个时均压力测点，在发电支洞进口段布设了 4 个压力测点。

### 3.2 水力模型试验

#### 3.2.1 试验条件

导流期流量为 0~300 m³/s，当上游水位为 4 276.50 m 时，对应下泄流量为 243 m³/s；当上游水位为 4 280.00 m 时，对应下泄流量为 270 m³/s。正常运行期在正常蓄水位 4 298.00 m 情况下，满足下泄 20 年一遇洪峰流量 349 m³/s 泄洪要求。放空水库期在水位 4 287.00 m 以下放空时可控泄最大流量 160 m³/s，确定可控泄流量 100 m³/s 时临界库水位，当库水位降至临界及以下时，可采用闸门全开运行方式泄放水库流量。

#### 3.2.2 导流期

##### 3.2.2.1 泄流能力

在泄洪洞工作闸门全开条件下，上游水位 4 276.50 m 时，实测下泄流量为 236.9 m³/s，与设计要求的该水位下泄流量 243 m³/s 相比偏小 2.5%；上游水位 4 280.00 m 时，实测下泄流量为 260.2 m³/s，与设计要求的该水位下泄流量 270 m³/s 相比偏小 3.6%。

在隧洞导流期间，由于下泄 150~220 m³/s 流量时洞内出现了明满流交替现象，在隧洞明流状态下，部分流量时主洞与支洞连接处还存在较严重的水流折冲及冲击波现象，为避免明流洞内出现不良流态，通过弧形工作闸门控泄运行，可以解决隧洞下泄 150~220 m³/s 流量时存在的明满交替流态及岔管水流冲击波等问题。

将闸门进行控泄的流量下限延伸至 100 m³/s。对该流量区间内不同闸门开度的上游库水位与流量关系进行了测量，结果见表 1。

表 1　各流量下闸门不同开度对应的上游水位

| 泄流量 $Q$/(m³/s) | 闸门开度 $e$/m | 上游水位/m |
| --- | --- | --- |
| 200 | 3.47 | 4 274.33 |
| 200 | 3.04 | 4 278.35 |
| 180 | 3.08 | 4 274.35 |
| 180 | 2.70 | 4 278.58 |
| 160 | 2.77 | 4 274.24 |
| 160 | 2.31 | 4 278.81 |
| 140 | 1.71 | 4 273.62 |
| 140 | 1.96 | 4 278.55 |
| 120 | 1.93 | 4 273.51 |
| 120 | 1.54 | 4 280.66 |
| 100 | 1.54 | 4 273.81 |
| 100 | 1.27 | 4 279.02 |

由表 1 可以看出,在该流量区间内,均可以通过工作闸门控泄使洞内呈满流流态,且上游水位不超过上游围堰挡水位 4 276.50 m 或是后期大坝挡水位 4 280.00 m。

3.2.2.2　时均压力

当 $Q \leqslant 150$ m³/s,工作闸门全开,洞内明流运行时,洞底沿程压力变化不大;当 $Q \geqslant 300$ m³/s,工作闸门全开,隧洞内为满流时,沿程压力呈减小趋势,洞顶压力仍均大于 $2.0 \times 9.81$ kPa。明满流交替流量区间闸门采用控泄方式,当上游水位 $H < 4\ 275.00$ m,$Q \geqslant 140$ m³/s,隧洞前半部分洞顶压力小于 $2.0 \times 9.81$ kPa,其中当 $Q = 200$ m³/s、闸门开度 $e = 0.9$、上游水位为 4 274.33 m 时,隧洞进口渐变段后 30 m 范围洞顶均为负压分布,最大负压值为 $-0.43 \times 9.81$ kPa,其后洞顶压力逐渐增大,在距洞出口 100 m 范围内洞顶压力大于 $2.0 \times 9.81$ kPa,但上述各工况下洞内流速均小于 9.0 m/s,隧洞内局部范围的小负压不会产生空化空蚀问题;在 $H < 4\ 275.00$ m、$Q \leqslant 120$ m³/s 和 $H > 4\ 275.00$ m、$Q \geqslant 160$ m³/s 条件下,隧洞内洞顶压力均大于 $2.0 \times 9.81$ kPa。

3.2.2.3　流态

几组工况下进水口、洞内流态观测结果如下:

$Q = 100$ m³/s:隧洞前水面未超过喇叭进口顶高程,水流较平顺地汇入进口;洞内呈明流流态,主洞与支洞连接处水流较平顺,无明显折冲水流。

$Q = 150$ m³/s:水流进入泄洪洞进口后有 90 m 长为满流流态,以后则呈明流流态;主洞与支洞连接处水流折冲冲击波较严重,可能会造成该部位冲蚀破坏。

$Q = 157.8$ m³/s:隧洞进口断面水流呈中间高、两侧低的现象,中间部位水面几乎触碰洞顶。门井水面上下波动,门井水面低于洞顶时,有隆隆的打鼓声,观测到空气从门井内进入洞顶,门井后局部洞段为明流流态,持续时间约 4.5 min,随后门井水面升高,封住洞顶使其无法通气,历时约 1 min,此时洞内为局部满流流态,满流段约 66 m 长,满流区的洞顶一开始为分散式小气泡,随着水流下移,小气泡逐渐增多,形成气囊,最终又变成明流流态。该工况下,如此明满流交替变化,在发电支洞进口处,由于边界变化,水流折冲冲击波现象严重。

$Q = 200$ m³/s:隧洞进口水面已超过隧洞进口顶高程,其洞内流态与 $Q = 157.8$ m³/s 时相似,门井通气时,仍然产生隆隆的打鼓声,大约持续 10.5 min,此时洞内为明流。门井不通气后,打鼓声消失,仅维持约 1 min,此时洞内又开始形成满流流态,满流长度约 300 m,满流范围内洞顶有大量气泡及气囊带,最大气囊带达 60 m 长。发电支洞与主洞连接处仅剩支洞顶部未被水淹没,因此顶部仍然存在水流折冲冲击波现象。

$Q = 220$ m³/s：进口处有吸气性连续漩涡，导致大量气泡被带至洞内，洞内则完全呈满流运行，此时主洞与支洞连接处水流折冲现象消失。

$Q = 300$ m³/s：进口有游离型浅表漩涡，未见气泡被带至洞内。

总体来看，导流期，当 $Q < 150$ m³/s 时，洞内为明流流态；当 $150$ m³/s $\leq Q < 220$ m³/s 时，洞内为明满流交替区间，可能会对泄洪洞安全产生不利影响。在泄洪洞正常运行期，当 $Q > 300$ m³/s 时，库水位较高，无气泡进入洞内，泄洪洞呈满流运行；当 $100$ m³/s $< Q < 220$ m³/s 时，在主洞与支洞连接处会产生水流折冲及冲击波现象。

由此可见，导流期隧洞内存在明满流交替流态，会对隧洞的安全运行产生不利影响，可通过减小隧洞纵坡或者采用控泄运行等措施使洞内呈满流流态。

### 3.2.3 正常运行期

#### 3.2.3.1 泄流能力

在隧洞正常运行期：同一库水位条件下，实测泄流量均大于设计值，其中正常蓄水位 4 298.00 m 时，实测下泄流量为 361.7 m³/s，比设计要求的 349 m³/s 流量偏大 3.6%。

试验结果表明：正常运行期泄流能力有一定富余，详见表 2 及图 1。

**表 2  泄洪洞实测敞泄泄流能力与设计值对比**

| 流量 $Q$/<br>(m³/s) | 设计对应上游<br>水位/m | 模型实测上游<br>水位/m | 实测流量系数<br>$\mu$ | 设计上游水位与<br>实测值之差/m | 洞内流态 |
| --- | --- | --- | --- | --- | --- |
| 300 | 4 287.98 | 4 286.45 | 0.600 | 1.53 | 满流 |
| 349.41 | 4 298.00 | 4 295.41 | 0.612 | 2.59 | 满流 |
| 367.7 | 4 302.00 | 4 299.28 | 0.614 | 2.72 | 满流 |
| 394.4 | — | 4 305.10 | 0.617 | — | 满流 |

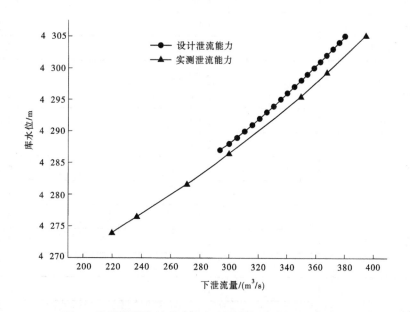

**图 1  泄洪洞满流时泄流能力实测值与设计值对比曲线**

#### 3.2.3.2 时均压力

当流量大于 220 m³/s、闸门全开运行时，隧洞内呈全程满流流态，试验实测了几级较大流量的洞内时均压力分布。

试验结果表明：随着流量增大，隧洞内各测点的时均压力值随之增大；同一泄流量下，洞内沿程压力呈减小趋势；除隧洞出口处洞顶压力为小于 $2.0×9.81$ kPa 的小正压外，其他部位的压力均大于 $2.0×9.81$ kPa。

在上述各试验工况下，隧洞内邻近检修门槽后的壁面压力值均大于 $10×9.81$ kPa，压力分布正常；在隧洞主洞与发电支洞连接处，时均压力值都为正压，其最小压力值大于 $4.5×9.81$ kPa；从试验成果来看，隧洞检修门槽及岔管连接段应不会出现空化空蚀问题。

### 3.2.3.3 流态

正常运行期隧洞进口无吸气性漩涡，洞内无明满交替流态；各运行工况下洞内压力分布正常，洞顶压力均大于 $2.0×9.81$ kPa；隧洞内邻近检修门槽后的壁面及隧洞主洞与发电支洞连接处压力分布均正常；在泄洪洞正常运行期，$Q>300$ m³/s，库水位较高，无气泡进入洞内，泄洪洞身段呈满流运行。

### 3.2.4 水库放空期

### 3.2.4.1 泄流能力

水库放空运行时的最高上游水位为 4 296.00 m，各水位条件下的最大泄流量不能超过 160 m³/s，因此需在高水位条件下进行闸门控泄运行。

试验实测了上游水位在 4 296.00~4 270.70 m 时，隧洞能安全运行（保证洞内为满流且压力不小于 $2.0×9.81$ kPa）且泄流量相对较大时的闸门开度与上游水位关系曲线，见表 3 及图 2。

试验结果表明：上游水位在 4 296.00~4 270.70 m 时，如按图 2 中曲线进行闸门控泄调度，则隧洞下泄流量在 160~100 m³/s。

当上游水位降至 4 270.70 m 及以下时，由于闸门全开运行时洞内为全程明流流态，且泄流量在 100 m³/s 以下（此时隧洞内发电岔管口在明流水面线以上），因此可采用闸门全开运行方式放空水库。

**表 3　闸门不同开度下水位流量关系**

| 流量/(m³/s) | 闸门开度/m | 上游水位/m |
| --- | --- | --- |
| 160 | 1.54 | 4 298.40 |
| | 1.93 | 4 287.00 |
| | 2.31 | 4 278.81 |
| 150 | 2.46 | 4 273.89 |
| | 2.31 | 4 276.10 |
| | 2.04 | 4 280.88 |
| 140 | 2.31 | 4 273.62 |
| | 2.16 | 4 275.58 |
| | 1.89 | 4 280.43 |
| 120 | 2.00 | 4 272.35 |
| | 1.93 | 4 273.51 |
| | 1.54 | 4 280.66 |
| 100 | 1.77 | 4 270.40 |
| | 1.54 | 4 273.81 |
| | 1.27 | 4 279.02 |

### 3.2.4.2 时均压力

隧洞在满流状态下放空运行时，其洞顶压力应不低于 $2.0×9.81$ kPa，试验观测了各特征库水位

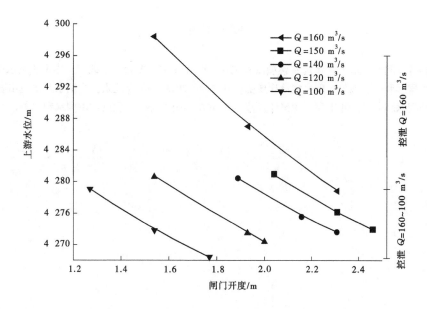

**图 2　不同流量下闸门开度与水位关系曲线**

下的时均压力分布:

在上游水位 4 278.80 m 及以上、控泄流量 $Q = 160$ m³/s 的前提下,随着上游水位下降,洞内压力逐渐减小,最小时均压力值大于 $10 \times 9.81$ kPa。

当库水位降至 4 278.80 m 以下时,隧洞内压力相对高水位时减小,但洞顶压力仍然能够满足大于 $2.0 \times 9.81$ kPa 的要求。

当库水位降至 4 270.70 m 以下时,由于采用闸门全开运行方式,隧洞内为全程明流流态,洞内压力正常。

在按上述方式放空水库的过程中,隧洞内门槽段及主洞与支洞连接段的压力分布正常。

## 4　试验结论

(1)导流期:围堰挡水阶段,泄流能力较设计值偏小 2.5%,后期采用大坝挡水阶段,泄流能力较设计值偏小 3.6%;当流量在 100 m³/s 以下时,隧洞内为全程明流且洞内流态较好;当流量在 100~150 m³/s 时,洞内为全程明流但发电支洞岔管以下沿程产生水流折冲冲击波;当流量在 150~220 m³/s 时,洞内为明满交替流;当流量在 220 m³/s 以上时,洞内为全程满流流态;通过弧形工作闸门控泄运行,可以解决隧洞下泄 100~220 m³/s 流量时存在的岔管水流冲击波及明满交替流态等问题;消力池内均为大淹没度水跃,消能率不高;各级流量下消力池出池水流与下游呈跌水衔接,海漫后水流波浪较大。

(2)运行期:当正常蓄水位为 4 298.00 m 时,隧洞泄流能力较设计值偏大 3.6%;正常运行期隧洞进口无吸气性漩涡,洞内无明满交替流态;各运行工况下洞内压力分布正常,洞顶压力均大于 $2.0 \times 9.81$ kPa;消力池内均能形成淹没水跃流态;高水位控泄运行时隧洞出口水流无脱离扩散段边墙现象,但该段水流流速较大,有产生空化空蚀可能,建议修改隧洞出口下游底板曲线或采用抗蚀耐磨材料。

(3)水库放空期:当水库水位在 4 296.00~4 270.70 m 时,隧洞工作闸门必须控泄运行才能满足泄流量不超过 160 m³/s 及洞内压力不小于 $2.0 \times 9.81$ kPa 的设计要求。其中,库水位为 4 270.70 m 以上时,闸门控泄运行,当库水位降至 4 270.70 m 及以下时,可采用闸门全开运行方式泄放水库流量,洞内全程明流,且无支洞岔管引起的明流冲击波现象。

## 参考文献

[1] 中华人民共和国水利部. 水工（常规）模型试验规程：SL 155—2012 [S]. 北京：中国水利水电出版社，2012.
[2] 中华人民共和国水利部. 混凝土重力坝设计规范：SL 319—2018 [S]. 北京：中国水利水电出版社，2018.
[3] 中华人民共和国水利部. 水库工程管理设计规范：SL 106—2017 [S]. 北京：中国水利水电出版社，2017.

# 白河水电站浅埋混凝土压力管道安全检测及评估

董延超[1]    曲    洋[2]

(1. 中水东北勘测设计研究有限责任公司，吉林长春    130021；
2. 水利部松辽水利委员会，吉林长春    130021)

**摘    要：** 白河水电站工程已建成运行近50年，为确保水电站安全运行，掌握引水混凝土压力管道结构质量情况，采取回弹检测、钻孔取芯、探地雷达等多种手段，对压力管道混凝土强度、混凝土碳化、内部缺陷、钢筋锈蚀等进行全面检测，并在检测成果分析的基础上，依据现行规范进行压力管道的安全性评估，针对存在问题提出修补加固措施建议，为类似水电站工程安全评估和治理提供技术依据。

**关键词：** 白河水电站；混凝土压力管道；质量检测；安全评估；处理措施

## 1    引言

引水压力管道是水电站的重要组成部分，由于引水压力管道所处的运行环境复杂，结构安全受到多种因素的影响，随着时间的推移，早期建造的隧洞工程逐渐出现结构老化和损伤现象。为确保引水发电系统的安全稳定运行，做好建筑物维护管理，需定期与不定期按照缺陷检测、评估程序与方法开展水工压力管道安全检测与评估。水工混凝土压力管道检测多采用人工普查法与数字化检测结合的形式，检测技术倾向于向无损化和半无损化方向发展。根据所获得的检测成果，结合勘察、设计、施工资料，以各类规范为准则，采取各种方法来评价混凝土压力管道的运行状况，对其结构的安全性做出评价，为工程加固提供可靠依据。

## 2    工程概况

白河水电站工程位于吉林省安图县境内，距安图县松江镇15 km，是三道白河中下游三级开发中的第二级，工程于1970年5月初开工建设，1973年10月蓄水运行。工程以发电为主，电站经扩容改造后，单机发电容量3 500 kW，电站总装机7 000 kW，平均年发电量$3 690×10^4$ kW·h，年利用小时数5 271 h。

白河水电站工程枢纽由大坝、溢洪道、坝下导流兼泄洪洞、引水发电系统组成。引水发电系统位于左岸，采用压力管道接地面厂房布置的方式。引水系统采用一管一机的布置方式，单机最大引用流量13 $m^3/s$，洞内流速3.42 m/s，全长194.66 m，由引水明渠、进口压力前池、进水口、压力管道组成。引水压力管道为现浇钢筋混凝土压力管道，两条压力管道布置形式完全相同，采用平行布置方式，管道间距8 m，单条管道全长68.87 m，管内径2.2 m，由上平段、上斜段、下斜段组成。

白河水电站建成运行近几十年，引水压力管道始终处于完全充水状态，只有在机组临时小修或大修时间段，运行人员才进入引水压力管道内进行检查，近年来检修过程中发现浇筑缝处混凝土剥蚀、钢筋和骨料裸露等问题，检修期采用环氧树脂砂浆进行涂抹及时处理。为确保电站安全运行，消除电站安全隐患，依据《水工混凝土结构缺陷检测技术规程》（SL 713—2015）、《水工混凝土试验规程》

---

作者简介：董延超（1979—），男，高级工程师，主要从事水工结构设计研究工作。

（SL/T 352—2020）、《水工混凝土结构设计规范》（SL 191—2008）和《水工隧洞设计规范》（SL 279—2016）等现行规范开展了引水系统混凝土压力管道安全检测和评估工作。

## 3 压力管道安全检测内容及评价

混凝土压力管道安全检测包括一般项目检测和专项检测。一般项目检测包括外观缺陷、裂缝、剥蚀、渗漏、附着物及沉积埋没、伸缩缝工作状态等（见图 1）；专项检测包括混凝土抗压强度、抗渗性、碳化程度、内部缺陷、钢筋锈蚀程度等（见图 2）。

图 1 压力管道一般项目检测

图 2 压力管道专项检测

### 3.1 一般项目检测

一般项目检测过程中，压力管道内表面存在附着物，经压力水枪清洗，露出表面混凝土。经过对两条压力管道的检查，发现管道内混凝土外观整体尚可，存在麻面和轻微骨料裸露，局部区域存在大骨料裸露和缺陷；管道洞身未发现明显张开裂缝，未发现混凝土压碎、剥蚀、脱落、冲蚀及溶蚀等情况，伸缩缝和浇筑缝平整度较好，原接缝渗漏处处理情况良好，无渗漏情况，未发现基础和结构变形。

### 3.2 专项检测

#### 3.2.1 混凝土抗压强度

混凝土抗压强度检测采用回弹法和钻孔取芯法相结合的形式[1-2]。在回弹检测的基础上，钻取少量芯样对无损检测方法进行验证，以使检测结果更加完善、可靠。

##### 3.2.1.1 混凝土回弹法抗压强度检测

结合各检测面的实际情况，混凝土回弹法检测在两条压力管道上平段和上斜段共布设 280 个测区。压力管道混凝土抗压强度回弹法检测结果见表 1。

##### 3.2.1.2 混凝土钻孔取芯法抗压强度检测

混凝土压力管道属于薄壁结构，为减少钻孔取芯对管道结构的影响，在压力管道进口混凝土结构相对较厚部位钻孔取芯。由于钻芯对混凝土结构破坏较大，鉴于工程实际情况，钻孔取芯抗压强度检测在 1# 压力管道进口取 2 组芯样进行试验。为了对照回弹法与钻孔取芯法混凝土抗压强度结果，钻芯取样前，在钻孔位置处选取一个测区进行回弹试验，回弹法测得的混凝土抗压强度及钻孔取芯法的抗压强度对照见表 2。

表1 压力管道混凝土抗压强度回弹法检测结果

| 管道编号 | 检测部位 | 构件平均强度/MPa |
|---|---|---|
| 1# | 上平段 | 19.7 |
| | 上斜段 | 22.4 |
| | 下斜段 | 20.4 |
| 2# | 上平段 | 19.1 |
| | 上斜段 | 23.1 |
| | 下斜段 | 22.4 |

表2 压力管道混凝土抗压强度钻孔取芯法与回弹法混凝土检测结果对照

| 管道编号 | 混凝土强度/MPa | |
|---|---|---|
| | 钻孔取芯法 | 回弹法 |
| 1# | 24.6 | 19.6 |
| | 21.2 | 19.2 |

原设计压力管道混凝土强度为R200,相当于现行规范的混凝土强度等级C19,由回弹法与钻孔法检测结果可知,混凝土抗压强度均能满足原设计要求。由于混凝土浇筑多年,表层混凝土经水流冲刷,劣化情况比内部混凝土严重,给回弹法检测结果带来一定影响,回弹法与钻孔取芯抗压强度值存在差异,钻孔取芯法混凝土抗压强度试验值大于回弹法检测值,表明混凝土结构存在一定的超强现象。

### 3.2.2 混凝土内部缺陷检测

混凝土内部缺陷检测采用LTD-80结构探地雷达,沿水流方向进行扫描,在1#和2#压力管道分别布置4条测线。混凝土内部缺陷检测结果见表3。

表3 混凝土内部缺陷检测结果

| 编号 | 缺陷部位所在测线 | 异常类型 | 起始位置/m | 终止位置/m | 起始深度/m |
|---|---|---|---|---|---|
| 1 | 2#管道1号测线 | 稍欠密实 | 4.4 | 7.1 | 0.04 |
| 2 | 1#管道4号测线 | 稍欠密实 | 4.0 | 4.7 | 0.06 |
| 3 | 1#管道4号测线 | 稍欠密实 | 5.5 | 6.5 | 0.03 |
| 4 | 1#管道2号测线 | 稍欠密实 | 10.4 | 11.6 | 0.04 |

检测结果表明,发现异常部位4处,均分布在上斜段,个别部位有混凝土疑似脱空迹象,判断为混凝土浇筑期间稍欠密实,缺陷范围不大,可不做处理。

### 3.2.3 混凝土碳化检测

使用酚酞乙醇溶液对混凝土碳化深度进行检测,两条管道每条检测14组,每组在回弹值的测区内钻一个直径20 mm、深70 mm的孔洞,用1.0%的酚酞乙醇溶液滴在孔洞内壁的边缘处,再用钢尺测量混凝土碳化深度。碳化深度检测得到的混凝土碳化深度均小于0.4 mm,远小于混凝土保护层厚度,表明压力管道内混凝土未发生碳化。

### 3.2.4 钢筋锈蚀检测

钢筋锈蚀采用仪器检测和综合分析评定,利用钢筋锈蚀测量仪测量,根据混凝土中钢筋表面各点的电位评定钢筋的锈蚀发生概率。两条压力管道内分别于洞顶、洞底及洞腰各布置 7 条测线，测点数共计 948 个，电位值范围为 -147~130 mV，平均电位为 -8~0 mV，检测电位高于 -200 mV，不发生锈蚀的概率大于 90%。综合外观检查、碳化深度测量结果及电位法检测结果，判定所检测线段钢筋基本未发生锈蚀。

### 3.2.5 混凝土抗渗强度

压力管道混凝土抗渗强度检测采用钻孔取芯法检测，为最大可能地减少钻孔取芯对结构的影响，每条压力管道进水口取 2 组芯样进行试验。试验采用逐级加压法进行，结果显示 1#、2# 压力管道 2 组芯样当前抗渗等级均为 W6，原设计抗渗等级为 W4，混凝土抗渗等级均能满足原设计要求。

## 4 压力管道结构安全复核

### 4.1 设计基本参数

引水发电系统建筑物为 4 级建筑物，混凝土压力管道为 4 级建筑物。混凝土压力管道内径 2.2 m，上平段、上斜段衬砌厚 0.5 m，下斜段管道衬砌厚 0.6 m。根据压力管道检测结果，压力管道混凝土强度等级为现行规范中的 C19，抗压强度标准值 12.73 MPa，抗拉强度标准值 1.49 MPa。工程采用钢筋为现行规范中的 HPB235 钢筋，设计抗拉强度 210 MPa。

### 4.2 计算方法

混凝土压力管道为地下浅埋式，按照弹性力学平面问题考虑，采用结构力学法计算衬砌受力，衬砌结构按承载能力极限状态进行截面强度计算，按正常使用极限状态进行裂缝验算，按不允许出现裂缝进行抗裂设计[3]。

混凝土压力管道管壁厚度与平均半径的比值大于 1/8，为钢筋混凝土厚壁管，厚壁管结构除均匀内外水压力作用按弹性力学平面问题计算内力外，其余荷载作用引起的结构内力仍按建筑力学方法计算，钢筋混凝土压力管道结构内力计算方法采用《水工设计手册》[4-5] 分项列表法求解。

### 4.3 计算工况和荷载基本组合

由于发电进水口处采用防渗措施，压力管道埋深较浅，覆土厚仅 2~8 m，且地面荷载较小，计算不考虑温度荷载、外水压力和地面荷载。压力管道主要荷载有管道自重、管内水重、均匀内水压力、土压力。压力管道荷载示意如图 3 所示，压力管道的计算工况及荷载组合见表 4，压力管道各工况下的主要荷载参数见表 5。

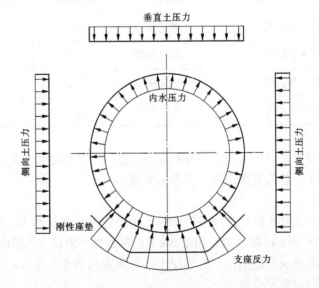

**图 3 压力管道荷载示意**

表4 计算工况及荷载组合

| 荷载组合 | 计算工况 | 荷载名称 | | | |
|---|---|---|---|---|---|
| | | 结构自重 | 土压力 | 内水压力 | 水锤压力 |
| 基本组合 | 正常运行 | √ | √ | √ | √ |
| | 检修 | √ | √ | × | × |
| 偶然组合 | 校核洪水位 | √ | √ | √ | × |

表5 主要荷载参数

| 部位 | 计算内水水头/m | | | 覆土厚度/m |
|---|---|---|---|---|
| | 正常运行工况 | 检修工况 | 校核洪水位工况 | |
| 上平段 | 9.06 | 0 | 8.3 | 8.4 |
| 上斜段 | 23.95 | 0 | 21 | 2 |
| 下斜段 | 34.66 | 0 | 30.64 | 0 |

## 4.4 结构安全复核结果

结合引水压力管道布置及各部位实际受力情况，混凝土压力管道分为上平段、上斜段、下斜段3个计算段。压力管道取顺水流方向一延米作为计算单元，每个计算单元取管道顶部 $A$ 点、底部 $B$ 点、腰部 $C$ 点为控制断面。根据《水工混凝土结构设计规范》（SL 191—2008）有关规定，进行钢筋混凝土压力管道的配筋计算和抗裂验算。压力管道结构复核结果见表6。

表6 压力管道结构复核结果

| 部位 | 控制断面 | 内力计算值 | | 配筋 | | | | | | 裂缝验算 | |
|---|---|---|---|---|---|---|---|---|---|---|---|
| | | 弯矩 $M$/(kN·m) | 轴力 $N$/kN | 计算面积/mm² | | 计算选配面积/mm² | | 结构实际配置面积/mm² | | 管壁最大拉应力/MPa | 是否满足抗裂 |
| | | | | 内侧 | 外侧 | 内侧 | 外侧 | 内侧 | 外侧 | 内外侧 | 内外侧 |
| 上平段 | $A$ | 73.54 | 188.44 | 466 | — | 996 | 914 | 1 005 (5 Φ 16) | 565 (5 Φ 12) | 0.63 | 满足 |
| | $B$ | 79.16 | 18.76 | 996 | — | | | | | 1.05 | 满足 |
| | $C$ | 69.70 | 258.54 | — | 223 | | | | | 0.42 | 满足 |
| 上斜段 | $A$ | 29.16 | -91.41 | 640 | 138 | 914 | 914 | 1 206 (6 Φ 16) | 791 (6 Φ 12) | 0.77 | 满足 |
| | $B$ | 29.89 | -152.64 | 817 | — | | | | | 0.88 | 满足 |
| | $C$ | 23.26 | -85.29 | 76 | 544 | | | | | 0.52 | 满足 |
| 下斜段 | $A$ | 27.49 | -384.98 | 1 349 | 759 | 1 461 | 1 149 | 1 984 (7 Φ 19) | 1 407 (7 Φ 16) | 0.92 | 满足 |
| | $B$ | 26.93 | -428.01 | 1 461 | 883 | | | | | 0.98 | 满足 |
| | $C$ | 10.17 | -379.76 | 931 | 1 149 | | | | | 0.59 | 满足 |

注：压力管道衬砌50 cm厚最小配筋率配筋面积为1 914 mm²（0.2%）和457 mm²（0.1%）；60 cm厚最小配筋率配筋面积为1 112 mm²（0.2%）和556 mm²（0.1%）。轴力拉力为负，压力为正。

由结构安全强度复核结果可见，各工况钢筋混凝土压力管道实际配筋满足结构承载力要求，压力管道内外侧边缘拉应力均小于混凝土抗拉强度标准值，压力管道满足抗裂要求。上平段、上斜段满足原设计时期规范最小配筋率 0.1%构造要求，但不满足现行规范最小配筋率 0.2%构造要求。

### 4.5 结构安全评价

（1）钢筋混凝土压力管道实际配筋满足结构受力和抗裂要求，压力管道结构受力满足安全要求；局部配筋不满足现行规范最小配筋率构造要求，承载力安全系数尚有一定余度，不影响结构安全运行。

（2）压力管道混凝土强度为 R200，相当于现行规范的 C19，满足原设计规范要求，不满足现行规范最低强度等级 C25 的要求。现场检测混凝土抗渗等级为 W6，原设计抗渗等级为 W4，混凝土抗渗性能满足原设计要求，不满足现行规范抗渗等级 W10 的要求。混凝土强度和抗渗等级偏低对结构受力无影响，对结构耐久性有一定影响。

## 5 结论

白河水电站工程建成于 20 世纪 70 年代，为东北地区典型小水电工程，工程建筑物运行已达到设计使用年限，为全面掌握水电站引水系统运行状况，在工程现状调查的基础上，采取安全检测和结构复核相结合的方式，进行了引水压力管道的安全检测和结构安全性评价工作。

（1）检测结果表明，引水压力管道整体外观质量尚可，混凝土强度和抗渗等级满足原设计要求，压力管道内混凝土未发生碳化，钢筋基本未发生锈蚀，混凝土安全检测指标基本满足标准要求，不影响水电站的安全运行。各项检测结果可为确保消除工程安全隐患、确保水电站安全运行提供科学支撑。

（2）结构安全复核结果表明，压力管道混凝土结构强度和抗裂稳定性，均在规范允许的限值指标范围内，承载力安全系数尚有一定余度，不影响结构安全运行。压力管道混凝土强度、抗渗等级不满足现行规范要求，对结构受力无影响，仅会对结构耐久性有一定影响。

（3）虽然现在的引水压力管道混凝土质量尚能维持工程运行，但考虑该建筑物投入运行时间长，局部存在缺陷，建议针对压力管道抗渗和耐久性问题，采用洞壁手刮聚脲处理方案，提高结构耐久性和安全性。

## 参考文献

[1] 赵明志，负桂鑫，郝志辉，等.引滦输水隧洞衬砌混凝土质量检测方法及评价［J］.海河水利，2017（S1）：108-111.

[2] 胡明罡，高云柱.潮河泄空隧洞混凝土结构安全检测及评估［J］.水利建设与管理，2016，11：72-74.

[3] 苏旭华，张晓宁.红花寺水库输水隧洞结构安全复核及防渗加固修复处理［J］.甘肃水利水电技术，2017，5：15-17.

[4] 金新玉.发展水库隧洞结构复核计算分析［J］.水利科技与经济，2014，4：402-403.

[5] 华东水利学院.水工设计手册 第七卷：水电站建筑物［M］.北京：中国水利电力出版社，1989.

# 电化学防腐技术在钢闸门中的应用展望

余鹏林　黄自德　方　芳　孟　磊　李　婷　黄雪玲　卫学典

(长江三峡技术经济发展有限公司，北京　101149)

**摘　要：** 钢闸门的腐蚀问题一直是制约其使用寿命的关键因素，而传统的防腐技术已经远不能应对目前复杂的腐蚀问题。基于此，本文聚焦目前新兴的电化学防腐技术，总结和对比了目前在钢结构设备中运用的电化学和传统防腐技术，包括油漆涂覆、薄膜沉积和阴极保护等，阐述了电化学防腐技术在钢闸门中应用的可行性，最后介绍了电化学防腐技术研究所面临的挑战、发展前景和研究方向。

**关键词：** 防腐技术；电化学；钢闸门

## 1　引言

钢闸门[1]由于具有重量较小、高水压承受能力强和使用年限长等优点，因此被广泛运用在水库、水闸、水工隧道等水利建筑物上。作为水利水电工程中应用最广泛的金属设施，它的工程造价一般能够占到总工程的 1/5，有些项目中甚至能达到 1/2[2]。因此，钢闸门的质量对整个工程的正常运行至关重要。但由于其所处环境较恶劣，容易受到微生物腐蚀、氧气氧化及高速水流冲刷，因此水利工程中的钢闸门通常存在严重的腐蚀问题[2]。钢闸门一旦腐蚀受损，其挡水面受力面积减小，水压会加大金属内部的应力，从而导致闸门的整体结构强度遭受破坏，不仅降低其使用寿命还影响正常运行[3]。有研究表明，在每年的水闸工程检修中，钢闸门防腐工作不仅经费占整体大半，还需大量的人力和时间进行人工除锈、刷漆和喷涂工作，影响航运正常进行。

电化学防腐技术在金属设施的防腐工作中应用广泛，历史悠久，但由于其种类繁多，因此各种技术的发展历史各不相同。例如，外加电流阴极保护法和牺牲阳极法，其研究历史可追溯到 1906 年德国科学家 H. Geppert 建立的第一个管道外加电流阴极保护系统[4]。电化学镀则可追溯到 19 世纪早期，1840 年就已出现镀银和金的专利，后续又发明了镀镍技术，但当初强调的是装饰性而忽略了其防腐性能[5]。电化学防腐技术目前应用最为广泛的为阴极保护法，包含外加电流阴极保护法和牺牲阳极法，经常运用在金属管道和船舶客车等金属结构设备的防腐中，而电化学沉积和电化学钝化受限于技术难度和成本问题，目前并未得到大面积推广。但与传统的漆层防腐相比，电化学防腐的寿命周期更长、保护能力更强。一般油漆涂层寿命仅为 2~3 年，而电化学沉积产生的金属镀层或复合薄膜的寿命一般长达 10~20 年，再结合其他电化学防腐技术辅助，其防护时间可达 30 年以上。与传统漆层防腐相比，虽然单次成本较高，但整体经济效益和社会效益更好。

综上，电化学防腐技术与传统的喷涂和刷漆防腐相比，具有工期短、成本低、防腐蚀效果好等优点，符合目前大家对钢闸门防腐技术的期望，但由于对技术要求较高，因此一直未得到广泛的运用。本文将传统的防腐技术与目前新兴的电化学防腐技术进行比较与总结，希望对以后钢闸门的防腐技术研究提供启发与思路。

## 2　传统防腐技术

传统防腐技术分为油漆涂料防腐和金属喷涂防腐两种。在进行防腐处理前，都需先对闸门表面进

---

**作者简介：** 余鹏林（1997—），男，助理工程师，主要从事金属构件无损检测和实验室管理工作。

行平整处理，去除铁锈和其他杂物，目前常用的处理方法为干喷砂法。

涂料防腐[6]是目前最常见的防腐技术，基本原理为油漆涂料与钢闸门近表面紧密结合，将闸门与水中的氧气与微生物隔离，在钢闸门表面创造出低氧少菌环境，从而防止腐蚀。使用涂料防腐时要从钢闸门的受损情况、业主对钢闸门的防腐需求及成本等方面综合考虑，选择合适的底漆与面漆种类、防腐漆的涂层层数和厚度[7]。石墨烯由于其独特的结构，具有优异的防腐能力，因此而受到广泛研究，研究者们通过将其与一些有机涂料相结合来改性涂料的防腐能力，像石墨烯/聚氨酯、石墨烯/聚苯胺和石墨烯/丙烯酸等，都具有优异的物理、化学防腐能力[8-10]。涂料防腐技术作为一种操作简单的防腐技术，具有技术难度低等优点。但缺点也很明显，一方面油漆涂料存在刺鼻的化学气味，危害人体健康，且油漆一旦脱落也会对水质产生污染；另一方面防腐周期较短，需要重新上漆，耗时费力。因此，目前急需对涂料防腐技术进行改进或者研究新的可替代技术。

喷涂防腐技术与涂料防腐技术原理相同但方法不同，相同点在于都是通过将钢闸门近表面与氧气和微生物等易引起腐蚀的介质隔开，不同点为喷涂防腐是将高温下溶液态的金属或非金属材料使用特定的喷涂机器喷涂在钢闸门表面，两者温差较大，因此溶液快速冷却从而形成涂层隔膜。目前，常见的金属喷涂材料为锌或铝，非金属喷涂材料则为纳米复合超硬材料。在实际的喷锌作业中，一方面对作业环境条件和技术参数有一定要求，一般压力参数选择 $0 \sim 0.65$ MPa，空气温度 $\leq 10$ ℃，湿度 $\leq 85\%$[11]；另一方面，对材料也有一定要求，喷涂使用的锌丝必须洁净无污染，纯度要达到 $99.99\%$ 且直径要在 $2 \sim 3$ mm[12]。喷涂防腐技术的优点在于耗时较短，机械化程度较高，防腐效果高于油漆防腐；缺点在于技术难度略高，设备昂贵成本较高，且高温熔融状态下的金属溶液具有一定的危险性。在目前的钢闸门日常防腐工作中通常将两者结合，尽可能地延长防腐时间。例如，在对三峡大坝的航运水闸门进行检测和维修中，在钢闸门表面清理完毕后，首先会对钢闸门表面喷涂熔融的锌溶液，完全冷却后，再在表面进行油漆涂料涂覆来延长防腐寿命。

虽然传统的防腐技术在之前的防腐工作中表现良好，但在应对目前日益复杂多变的环境时呈现出难以胜任的趋势，且存在总体成本较高、耗时费力、能耗高及环境污染等问题。基于以上问题，当前急需发展新型的防腐技术，而电化学防腐技术具有防腐能力强、维修简单和绿色环保污染小等优点，目前已经广泛运用于钢管等金属设备的防腐当中。因此，加快发展电化学防腐技术并将其应用于钢闸门防腐工作至关重要。

## 3 电化学防腐技术

电化学防腐技术作为一种新兴的防腐技术，与传统的防腐技术相比，其保护周期更长、更节时省力，具有良好的应用前景。根据方法的差异性可细分为电化学镀、外加电流阴极保护法、牺牲阳极法、电化学钝化和电化学薄膜沉积等。其中，前三种在钢闸门的防腐中已经得到了应用，后两种受限于目前的技术问题仅应用于金属架和导管等设施，但随着技术的迭代，相信在不久的将来肯定能在钢闸门等大型设施中得到应用。

### 3.1 电化学镀

电化学镀防腐通常是指通过电化学的方法在工件表面沉积一层致密的金属薄层，起到隔绝空气等易引起腐蚀的物质，从而延长工件使用寿命[13]。基本原理为在电解池中阴极（工件）发生还原反应，溶液中的金属离子在阴极表面发生沉积现象；阳极发生氧化反应，金属发生溶解产生金属阳离子进入溶液。图 1 为钢闸门表面镀锌的原理示意图。

在电化学镀（电镀）过程中，阳极的锌发生氧化反应，失去两个电子，由零价升高为正二价（ $Zn - 2e^- \rightarrow Zn^{2+}$ ）进入溶液；阴极表面由于存在大量的锌离子，而锌离子与水和氢离子相比更容易被还原，因此发生还原反应，锌离子得到两个电子，由正二价降低为零价（ $Zn^{2+} + 2e^- \longrightarrow Zn$ ）。阴极产生的锌单质附着在闸门表面，一方面被铁的晶格力束缚，其强度远高于涂料和喷涂于钢闸门之间的

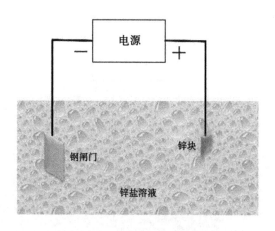

**图1 钢闸门表面镀锌原理示意**

物理吸附,金属层不易脱落;另一方面由于钢闸门全部浸没在溶液中,电流贯穿整个闸门,因此产生的金属膜能够无死角覆盖闸门表面,且更加均匀,这使得通过电镀产生的金属防腐层质量与美观程度均优于传统油漆涂覆。

电化学镀和传统的喷镀相比,虽然都是在闸门等钢结构表面覆盖一层金属层起防腐作用,但两者的黏附强度截然不同。在实际的防腐工作中,温度对防腐涂层的影响很大,它通过影响金属热膨胀从而影响涂层的黏附强度。对于金属的热膨胀性能,我们通常用膨胀系数进行表示,水工钢闸门等金属构件通常为低碳钢或低合金结构钢,低碳钢在 $20 \sim 200$ ℃时的线膨胀系数为 $12.2 \times 10^{-6}$/℃,为锌的 $1/3$ 和铝的 $1/2$,因此在实际的热喷涂镀锌或铝镀层时,由于温度较高,镀层可较牢固地黏附在闸门表面,但随着时间推移和温度变化,镀层冷却很容易发生起皮脱落,而电化学镀温度为常温,与环境温度相差不大,且镀层与喷镀的结合形式有差别,因此电化学镀产生的镀层使用周期更长。

电化学镀防腐不仅应用于大型钢闸门中,在汽车、管道和大型机械[14]上也有较广泛的应用,并且目前可实现电镀的金属镀层包括黄铜、铬、镍、钨、锌和铝等多种金属,种类繁多。以大绥河水库钢闸门为例,该闸门使用电镀防腐时间较早,使用的电镀层为锌,在使用电镀防腐后,该闸门运行15年之久还能保持良好的保护性能,且其电镀成本仅为喷砂和喷镀的 $2/3$。随着技术的迭代发展,目前相同防腐能力的电镀成本大概为刷漆的 $1/3$ 甚至更少,所以无论是从技术角度还是从经济角度来看,电化学镀防腐都占有优势。

值得注意的是,实际工作中在对钢闸门进行电化学镀防腐时,一方面我们需要通过考虑钢闸门应用区域的水质环境来选择镀层的金属,不仅要考虑水的 pH 值对钢铁表面腐蚀的影响,还要考虑水中其他金属离子浓度过高导致的垢下腐蚀。另外,我们还需要优化电化学镀工艺获得更致密、更均匀及不同厚度的金属镀层。在镀层的制备中还可以考虑合金镀层,多金属环保型合金电镀是目前研究的一个新热点,合金镀层的耐腐蚀性一般会高于单金属,且更加美观,如锌铝合金,因为其开路电压和工作电位相对于单金属铝而言更正,阳极极化的阻滞提高。其电镀工艺与常规的相比也更加环保,以电镀铬为例,之前常用六价铬进行铬镀层电镀,容易对环境造成严重破坏,目前已有公司研发出更为环保的三价铬电镀液,电流效率更高,能耗及污染更小,且产生的镀层性能与六价铬相当。

但合金材料更容易发生点状腐蚀,因此要综合考虑[15];另外,也要考虑电镀过程中的竞争反应:析氢反应,它与电镀存在竞争关系,在剧烈的电镀过程中可能会导致镀层表面出现析氢现象产生锥形针孔,影响防腐效果。

### 3.2 外加电流阴极保护法

外加电流阴极保护法[16]适用于已经投入使用中的钢闸门,并且由于该防腐技术成本低,施工周期短,操作难度低,因此是目前应用于钢闸门中最广泛的电化学防腐技术。该方法在施工中需外加电源与辅助阳极,钢闸门本身作为阴极,阳极与阴极间通过介质水连通,不能直接接触,避免短路。其原理如图 2 所示。

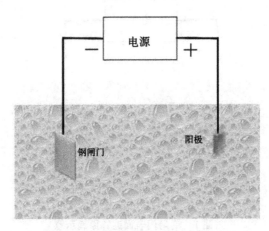

**图 2　外加电流阴极保护法原理示意**

通过外加直流电源，在钢闸门和辅助阳极间形成电流，电流由电源经阳极通过水流向阴极（钢闸门），由于电源、钢闸门和阳极间形成了闭合回路，因此钢闸门作为阴极只能发生还原反应，而钢闸门的一般腐蚀为铁氧化腐蚀，所以此状态下钢闸门无法被氧化腐蚀。南京市的三汊河河口闸钢闸门原设计的防腐方法为喷锌加橡胶涂料防腐，经过长时间的河水冲刷，虽然整体良好，但所在地水质由于漆层掉落已经发生变化，局部也发生了锈迹外露现象。因此，在后续的防腐措施中，引入了阴极电流保护技术，预计保护年限为 15 年，在运行的 2 年多的时间内，效果显著，达到了预期效果，充分表明了该技术的可行性[17]。三汊河河口钢闸门在运用阴极电流保护方法时，通过考虑闸门所处水质电导率、本身涂层状况及闸门所需保护面积，最终确定其保护电位为 -0.85 V（相对于饱和硫酸铜电极），且保护电位比自然电位偏小 200 mV。

外加电流阴极保护法作为常见的电化学防腐技术之一，具有较强的保护能力和美观性，但同时也存在需要外加电源的缺点，使得在闸门运行期间需要经常维护电流系统。在实际应用中，该方法通常会在辅助阳极附近出现过保护现象并在远离辅助阳极区域和内部屏蔽区域出现欠保护现象。张伟等[18]通过研究导管架平台的阴极外加电流保护发现，可以通过设计一套辅助阳极放在导管架一侧并保持适当的距离，可实现有效的阴极保护。陈志强等[19]通过研究钢管桩的防腐问题时发现，对于表面本身具有涂层的金属而言，在使用外加电流保护时，要考虑涂层的破损率对施加电位的影响，且可以通过将阴极保护电源分散式排布来降低成本且更有利于防腐。这些对于运行在水中的闸门的防腐工作而言同样具有指导意义。

外加电流阴极保护法作为电化学防腐技术中应用最广泛的方法之一，其技术较为成熟，目前常用的为外加恒电压电源阴极保护法，在各个领域均有应用，小到管道、小型闸门，大到导管架、钢管桩等。以三汊河河口闸钢闸门防腐工作为例，从技术方面来看，外加电流阴极保护法虽较传统防腐而言技术含量更高，但由于其研究历史周期较长，技术较为成熟，已经逐渐成为一种常规的防腐手段，因此技术难点少，使用中出现的问题较少；从经济方面来看，虽然外加电流阴极保护法单次安装成本高于传统油漆喷涂和金属喷镀，但其保护效果和使用寿命明显高于油漆，一般的涂层保护设计年限在 5 年左右，而外加电流阴极保护法的设计年限在 15 年左右，是它的 3 倍，且日常的维护方面只需要通过更换辅助阳极和调整电压大小即可，更省人力物力。因此，从长期来看，外加电流阴极保护法的经济技术效益更加显著。

外加电流阴极保护法在实际的应用中首先要注意辅助阳极的选择，避免选择活泼金属，而应选择石墨、碳棒等物理、化学性质稳定的材料，从而延长使用寿命；其次要注意避免阳极与钢闸门直接接触，通常辅助阳极会安装在闸门表面，因此需要对两者接触区域做绝缘处理，通常使用绝缘漆或者绝缘布包裹阳极；最后，最重要的是外加电源的选择，外加电源通常选择恒电位外加直流电源，当闸门工作时，通过仪器本身的反馈回路自动调节输出的电流大小，使得闸门表面电流始终处于适宜大小，使得防腐能力达到最大化。闸门根据所处环境和工作状态不同，其电流大小有一定差别，一般按照下列公式计算[20]：

$$i_c = i_b f_c \qquad (1)$$

式中：$i_c$ 为有涂层时的保护电流密度，$A/m^2$；$i_b$ 为无涂层时的保护电流密度，取 40 $A/m^2$；$f_c$ 为涂层破损系数，按实际涂层破损百分比计算。

### 3.3 牺牲阳极法

牺牲阳极法[21]与外加电流阴极保护法原理相同，但技术存在差异。牺牲阳极法需外加化学性质较活泼的辅助阳极，但不需外加电源。其原理示意如图 3 所示。

钢闸门与外接阳极构成原电池后，阳极发生氧化反应，失去电子，电流流入，可看作为负极，阴极钢闸门发生还原反应，得到电子，电流流出，可视为正极，因此钢闸门不发生氧化腐蚀。这种代替钢闸门或其他金属设施而被氧化腐蚀的技术称为牺牲阳极法，通常我们使用的牺牲阳极有单金属锌、镁、铝和多金属合金等[21]。值得注意的是，牺牲阳极法中的阳极选择一直是该技术需要克服的难题，首先其氧化电位要低于铁；其次在氧化过程中表面需难以形成钝化膜，否则会削弱保护能力；最后则是腐蚀过程中要尽可能均匀腐蚀，避免局部腐蚀，造成脱落。

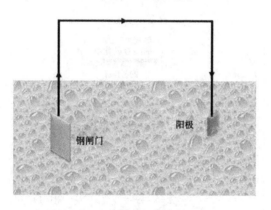

**图 3　牺牲阳极法原理示意**

单金属中镁阳极有效电压和电流大，因此经常在电阻较大的淡水中使用，但其成本较高、电流效率低并且腐蚀速度较快；铝阳极是一种合金型阳极，是目前最为经济的牺牲阳极材料，但是在海水和高电阻率环境中会影响其发挥作用；锌阳极腐蚀率小，寿命长，但电流小，难以起到保护作用。因此，目前牺牲阳极金属大多为合金材料，对于内陆的河流各个地方的钢闸门而言，现在一般采用镁锰系合金，它同时兼顾了镁的高电压和锰的稳定性强等特点；而对于入海口的闸门而言，更多地会选择锌镁系合金，因为锌的腐蚀效率低，在海水中局部腐蚀的速度小。

汪裕明等[22]通过研究船舶中的牺牲阳极保护法发现，针对国内目前最新型式的牺牲阳极保护器，将其应用于船舶的防腐时，铁基合金的电流效率适中，对阴极夹杂不敏感，自溶性较小；同时铁的自钝化倾向小于铝，均匀溶解性优于铝，因此其最终选择了铁基合金作为牺牲阳极。李刚等[23]通过研究导管架中的牺牲阳极保护法发现，对于处于较复杂环境下的金属结构，例如导管架，所处环境分为飞溅区、全浸海水区和海泥区，此时需根据不同区域的面积合理设计电流密度；同时也需要根据所处环境的温度和导管架的状态不同合理调节牺牲阳极产生的电流大小。

牺牲阳极法和外加电流阴极保护法一样，应用都十分广泛，两者的工作原理和作用相同，不过牺牲阳极法需要在被保护物表面镶嵌阳极块，不够美观。以淮河口某泵站为例，该泵站功能为自排、排涝和排污水至海水道，因此该泵站的水工闸门所处环境为受污染的淡水，具有较高的腐蚀性，所以采用常规的喷锌、刷漆起到的作用和防腐时间有限，且一旦发生破损，维修难度较大，经过最后研究决定采用传统防腐加牺牲阳极保护。该闸门采用镁合金作为牺牲阳极，焊在面板和翼板上，回路电流密度设计为 4 mA/m$^2$。经过 10 年的运行，防腐涂层完好，阳极块消耗明显，表明牺牲阳极法在防腐工作中起到了十分重要的作用。牺牲阳极法不仅防腐效果显著，且在整个运行期间，其维护成本远低于涂层防腐，具有较高的技术和经济价值。

外加电流阴极保护法和牺牲阳极法本质上都是通过使目标工件钢闸门成为发生还原反应的阴极，从而避免钢闸门被氧化腐蚀。但由于两者内部回路中的电流来源不同，各有特点，因此在使用两种电化学防腐方法时需要因地制宜，选择最合适的一种。

### 3.4 电化学钝化

电化学钝化[24]与前两者不同，它是将目标工件作为阳极，通过外加电压的方式，使金属内部电流急剧变化，导致原本会发生氧化溶解的金属表面状态发生突变（产生钝化膜），从而降低金属溶解速度，这个过程称为金属的电化学钝化（阳极钝化）。与传统的化学钝化不同，电化学钝化不需强氧化剂，更加环保、节能、易控，且反应过程温和，更加安全。其基本原理为在外加电压的作用下，金属表面吸附游离在水中的氧原子，生成氧偶极子，改变金属与溶液界面的双电层结构，导致金属的氧化电位升高，从而提高其抗氧化腐蚀能力。图 4 为 Fe 在 0.5 mol/L H$_2$SO$_4$ 溶液中的电化学钝化过程的极化曲线。

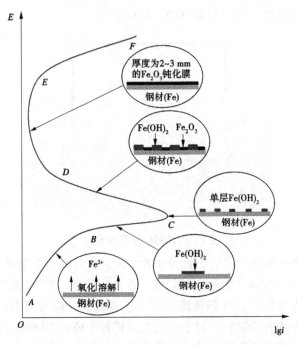

**图 4　Fe 在 0.5 mol/L H$_2$SO$_4$ 中的极化曲线**

随着外加电压 $E$ 的升高，当电压处于 $A \sim B$ 时，Fe 首先发生氧化溶解，在溶液中形成二价铁离子（Fe$^{2+}$）游离于金属表面；随后电压继续升高，当处于 $B \sim C$ 时，Fe$^{2+}$ 与水中的氢氧根离子结合形成氢氧化亚铁［Fe（OH）$_2$］沉积在铁表面；当电压继续升高至 $C \sim D$ 时，铁表面的 Fe（OH）$_2$ 部分被氧化成三氧化二铁（Fe$_2$O$_3$），这个过程为铁锈向钝化膜过渡的过程；随着电位继续升高，当电位处于 $D \sim E$ 时，表面所有的 Fe（OH）$_2$ 都被氧化成 Fe$_2$O$_3$（钝化膜），此阶段为钝化过程，$D$ 点的电位为致钝化电位；当电位继续升高，高于 $E$ 点后，形成的钝化膜在高电压的作用下会发生氧化消失，这个阶段称过钝化过程。

钝化膜是在钝化过程中形成的金属氧或氢氧化物的单分子膜，且金属产生的钝化膜在移除外加电压后会处于缓慢溶解状态，它的稳定性可以通过弗莱德电位加以评价。目前，电化学钝化已经运用到了很多领域，在水利工程中通常运用于金属横梁、导管、管架的防腐工作中[21]。在实际的工程应用中，我们可以通过在已经钝化过的金属设备表面再施加连续不断的微弱的阳极电流以保持钝化膜不会一直处于溶解状态，从而延长钝化膜保护时间。值得注意的是，当电位超过钝化电位区间时，一方面可能会导致钢材内部晶粒发生形变，产生缺陷，降低强度；另一方面会破坏钝化膜，降低防腐能力。因此，可以利用恒压电源作为外加电源，通过反馈电路控制金属设施表面的电流大小。

张云乾等[24]通过研究水利工程中压力钢管的电化学钝化防腐发现，与传统的酸洗钝化相比，电化学钝化反应更高效，所获得的钝化膜更加致密且耐蚀性更优异；他们通过特制的钝化溶液，使用超过开路电压 400 mV 的电位对钢管进行钝化，最后用电化学云图对表面状况进行分析发现，钝化前，压力钢管表面腐蚀处电位较负，活性较高，表面电位分布在 $-38 \sim 150$ mV，电位差较大，会加剧腐蚀，经电化学钝化后，表面电位分布在 $269 \sim 322$ mV，表面电位明显正移且比较平均，电位差缩小至 53 mV，表明表面腐蚀活性较低，该方法能够有效防腐。孙晓光等[25]通过研究客车表面的电化学工艺发现，对于电化学钝化工艺，首先需要选用绿色环保的钝化液，其次钝化移动速度和钝化道次对局部钝化区域的耐蚀性影响较大。研究发现，当钝化移动速度为 10 mm/s 且单次钝化所产生的钝化膜电阻达到了 $1.138 \times 10^{-5}$ $\Omega/cm^2$，高于其他钝化工艺条件下形成的钝化膜电阻，耐蚀性最佳。

电化学钝化技术并不像前几种电化学防腐技术那样应用广泛，目前已有的应用实例仅限于钢材的焊接接头处，像前文提到的客车和管道的电化学钝化，其实都是对焊接部位进行局部钝化处理。与常规的酸洗钝化相比，电化学钝化产生的钝化膜更加致密、可控，防腐能力更强，对于管道常发生的电偶腐蚀有较强的防腐能力。以某核电站的废液排放管道为例[26]，该管道在进行电化学钝化处理后，表面光泽，呈现银白色，在管道运行半年后依旧光亮如新。电化学钝化操作简单，虽防护周期较短，但对于需要定期进行无损探伤的焊缝而言，该方法比漆层和其他防腐方法更合适，表明了电化学钝化在管道防腐中的优越性。

电化学钝化虽然已经在实际的工程中得到应用，且表现出良好的防腐性能，但目前都仅限于一些中小型金属设施，对于闸门这种大型金属设施而言，钝化所需电流通常很大，可能会导致表面晶粒发生畸变影响使用寿命，因此对于钢闸门的电化学钝化防腐技术研究应主要集中在对于电流大小的筛选，在电流大小和时间与钝化膜均匀和厚度中做到平衡，以保证闸门表面不产生缺陷的同时尽可能地做到钝化膜均匀厚度适中。

### 3.5 电化学薄膜沉积

电化学薄膜沉积技术工艺与金属电化学镀类属于同种电化学技术，差别在于薄膜沉积在阴极与阳极都可以发生，可选择性多，且薄膜由溶液中的离子在电极表面发生氧化或还原反应得到，因此不消耗阳极材料。以在碳钢表面沉积聚合物薄膜为例，其示意图如图 5 所示。

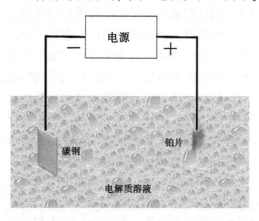

**图 5　碳钢表面电化学沉积 PEDOT 薄膜示意**

高博文等[27]以碳钢为阴极，铂片为阳极，十二烷基硫酸钠（SDS）、高氯酸锂（$LiClO_4$）和 3，4-乙烯二氧噻吩（EDOT）作为溶质，水作为溶剂，一定比例混合后构成电解质溶液。其中，SDS 和 $LiClO_4$ 起增强导电率作用，EDOT 为薄膜前驱体。采用恒电流法进行电化学还原，通过试验探究合适的电流大小以获得均匀、致密的 PEDOT 薄膜。这使得它能够减少碳钢表面电荷集中、降低腐蚀物质浓度，从而提高防腐能力。Kumar 等[28]也采用恒电流法在普通钢表面进行电化学沉积，但与常规形成的聚合物薄膜不同，他通过添加石墨烯和金属微粉，将两者共沉积在钢表面，从而获得比沉积单金属耐腐蚀性更高的复合层薄膜。

蔺嘉睿等[29]通过研究内燃机中的防腐涂层发现，通过将非金属材料制备成导电性好、分散性稳定的纳米流体，拓宽了内燃机中的电沉积涂层材料的选择性，并通过差重法得到了最佳的沉积工艺，当电解质 pH 为 11，被沉积物质碳化硅浓度为 4 g/L，温度为 60 ℃，沉积电压为 5V 时制备出的涂层耐蚀性最优。陈汉斌等[30]通过研究微电子器件表面电沉积镀层防腐发现，通过脉冲电沉积法沉积得到相同厚度的单层和多层镍钨合金，其耐蚀性相差较大，多层沉积形成的合金其耐蚀性高于单层，原因在于电沉积形成多层合金薄膜后，当发生腐蚀时，纵向腐蚀遇到界面后会发生横向扩展，从而延缓了腐蚀速度，进而提高了耐蚀性。

受限于独特的沉积方法，电化学薄膜沉积技术在实际工程应用中较少，且通常应用于较小的金属结构，对于大型金属设施如闸门等还未有过应用实例，这是因为在实际电化学沉积过程中，溶液中的离子会随着反应的进行逐渐减少，如果在反应期间不断注入溶液可能会导致表面沉积的薄膜不均匀，且目前电化学薄膜沉积还存在薄膜沉积在工件表面后会降低电流密度，从而影响薄膜继续沉积的问题。对于前者，可以通过利用流动池作为反应容器解决，对于后者可以在系统中通过添加反馈电路，电流减小，通过反馈电路使得外加电压增加，一旦超过钢材表面晶粒产生畸变电压值即可报警且自动降压。

## 4 结论与展望

传统防腐技术通过喷涂形成的油漆涂层在目前的水利工程防腐保护中依旧处于主导地位。主要是因为该技术单次施工成本较低、可供选择的防腐漆和金属溶液种类多及操作简单等优点。但其缺点也十分明显，一方面防腐时间较短，需要经常性返修；另一方面防腐涂料和高温金属溶液，前者容易造成水质污染，后者能耗较高且高温容易对闸门表面造成破坏，两者都较难满足目前国家提出的绿色发展要求。

电化学防腐技术作为一种新兴技术，具有种类多、防腐能力强和绿色无污染等优点，在实际工程中已经运用于一些金属设施的防腐工作，但目前也存在一些技术难题导致在钢闸门的防腐中不能全部运用。其中，电化学镀虽然已经应用较广，但也存在相关工艺问题，尤其是添加剂的种类研究及析氢问题，并且电镀过程中被镀物体表面局部金属离子浓度较低等问题也会对镀层质量造成严重影响；外加电流阴极保护法和牺牲阳极法在船舶等大型金属结构件上应用广泛，目前技术比较成熟，虽然目前还存在些许问题，但不妨碍其应用；电化学钝化和电化学薄膜沉积作为目前在大型金属构件中应用最少的两种防腐技术，主要原因在于其技术难点更高，难以对大型构件起到较好的防腐作用。

未来，对于水利工程中钢闸门的防腐工作应该要朝着绿色可持续方向发展，因此电化学防腐技术应该得到重视和推广，虽然它们中的一些技术还存在一些问题，但可以通过借鉴其他领域的相关技术对其加以解决。例如，电化学镀防腐方面，目前已经有公司在研究无水溶剂来解决析氢问题，而离子浓度局部过低问题笔者认为可以借鉴电催化领域中的流动池模式来解决，该方法经常用于解决电催化过程中局部离子浓度过低问题；对于外加电流阴极保护和牺牲阳极等防腐技术，它们作为海洋船舶应用最广泛的防腐手段，在水利闸门中的应用还较少，主要原因在于该技术相对成熟，但成本还是偏高，且需要人员对其进行监控巡查，与其他防腐手段相比，在水利闸门中的应用成本更高，但随着智能巡视机器人的发展及监控设备的普及，该技术在水利闸门中大规模推广应用具有较大潜力；电化学钝化和电化学薄膜沉积目前运用的领域很窄，主要集中在钢管焊接部位和微小型金属构件，该技术目前在大型金属构件的防腐工作中还存在较大的技术难点，主要表现在钝化厚度和薄膜厚度难以控制，笔者认为可以运用低电流多次钝化和沉积思路加以解决，对于电流大小和膜厚度之间的关系则需要大量的试验来解决。这两种防腐技术的防腐质量较高，对其多加研究具有一定的必要性，尤其是电化学薄膜沉积技术，该技术可形成种类和功能多样的薄膜，形成的薄膜与其他技术相比，不仅具有防腐能力，通过薄膜组成的离子变化还可以具备耐磨、吸光和自清洁等功能，对于长期处于恶劣环境下的闸门而言，保护能力更强，在未来的闸门防腐应用中也具有一定的潜力。

综上所述，电化学防腐技术虽然还存在着一些尚待解决的问题，但它们卓越的防腐能力已经使其部分运用于水利钢闸门等钢材设施中，这些待解决的问题表明电化学防腐技术具有很高的研究价值，采用多种电化学防腐技术结合的方式符合目前国家倡导的绿色可持续发展理念，有较大的潜力能够得到推广。相信通过不断研究，终能克服上述技术难点，实现多技术结合，在节省成本、保护环境的同时，提高水利工程中的钢闸门等金属设施的防腐能力。

# 参考文献

[1] 吴太平，张今阳．华阳、皖河、杨湾、枞阳四闸金属结构调查［J］．人民长江，1998（1）：36-37.
[2] 任涛．水工钢闸门腐蚀分析及防腐处理技术研究［J］．中国金属通报，2019（10）：233，235.
[3] 蒋天元．基于水利水电工程金属结构腐蚀分析与防腐措施控制研究［J］．黑龙江水利科技，2020，48（3）：151-153.
[4] 张龙冠．雨水流速和预应力对斜拉索钢丝电化学防腐的影响研究［D］．郑州：郑州大学，2021.
[5] 杨防祖，姚士冰，周绍民．电化学沉积研究［J］．厦门大学学报（自然科学版），2001（2）：418-426.
[6] 王立军，周江余．水电站金属结构及埋件的防腐蚀方法［J］．华中电力，2004（4）：62-65.
[7] 任继礼．三峡永久船闸结构锚杆耐久性设计［J］．人民长江，2002（1）：13-14，48.
[8] Guiqiang F, Jiao W, Haihua W, et al. Preparation and properties of waterborne polyurethane acry late/graphene oxide anti-corrosion coating［J］. Polymer Materials Science & Engineering, 2016, 32（4）：173-178.
[9] 张兰河，李尧松，王冬，等．聚苯胺/石墨烯水性涂料的制备及其防腐性能研究［J］．中国电机工程学报，2015，35（S1）：170-176.
[10] 吴平，叶昕瑜，舒杨，等．磺化石墨烯在丙烯酸酯涂料中的性能研究［J］．涂料工业，2017，47（3）：67-71.
[11] 刘泽毅．水工钢闸门腐蚀分析及防腐处理技术研究［J］．黑龙江水利科技，2019，47（4）：160-161，172.
[12] 余火明．水工钢闸门防腐措施分析［J］．黑龙江水利科技，2019，47（4）：170-172.
[13] 柴畅．油气集输管线防腐蚀技术应用［J］．全面腐蚀控制，2021，35（9）：155-156.
[14] 丁志佳．海洋石油机械防腐蚀技术分析［J］．科技视界，2017，213（27）：125-126.
[15] 李鑫，杜鸿雁，魏绪钧，等．热海水中热浸镀用锌及锌铝合金的电化学性能［J］．东北大学学报，2005（11）：82-85.
[16] 耿希明．三峡船闸钢闸门防腐技术应用［J］．水运工程，2015（5）：161-164.
[17] 沃玉报，臧英平，许兴武．阴极保护防腐在三汊河河口闸钢闸门上的应用［J］．人民长江，2013，44（19）：28-31.
[18] 张伟，张元盛，韩冰，等．深水导管架平台外加电流阴极保护优化设计Ⅰ：单座辅助阳极［J］．装备环境工程，2022，19（12）：82-94.
[19] 陈志强，李海洪．钢管桩外加电流阴极保护设计与效果评价［J］．中国港湾建设，2023，43（2）：25-29.
[20] 刘良，舒刘海，俞文捷．牺牲阳极阴极保护在钢闸门防腐中的应用［J］．治淮，2018（10）：21-22.
[21] 杨念初．船舶电化学防腐蚀技术［J］．造船技术，1997（7）：27-35.
[22] 汪裕明，谭起龙，田崇欢，等．船舶B10管路牺牲阳极保护器数量和保护年限计算［J］．船舶与海洋工程，2022，38（4）：50-55.
[23] 李刚，盖丽丽，李芬，等．导管架牺牲阳极阴极保护设计研究［J］．全面腐蚀控制，2022，36（10）：43-47.
[24] 张云乾，马向阳，陶鑫．电化学钝化技术在田湾核电站不锈钢管道的应用［J］．全面腐蚀控制，2019，33（2）：12-14，26.
[25] 孙晓光，韩晓辉，王睿，等．轨道客车不锈钢车体电化学钝化工艺研究［J］．机车车辆工艺，2020，342（2）：1-5.

［26］林泽泉，郭志，林斌，等．核电厂不锈钢设备电化学钝化技术［J］．腐蚀与防护，2013，34（7）：605-608，612.

［27］高博文，王美涵，闫茂成，等．碳钢表面导电PEDOT涂层的电化学制备及防腐性能［J］．表面技术，2020，49（9）：298-305.

［28］KUMAR C M P，VENKATESHA T V，SHABADI R. Preparation and corrosion behavior of Ni and Ni-graphene composite coatings［J］．Materials research bulletin，2013，48（4）：1477-1483.

［29］蔺嘉睿，朱启晨．基于差重法的碳化硅电沉积涂层耐蚀性研究［J］．农业装备与车辆工程，2023，61（6）：71-75.

［30］陈汉斌，夏江冰，龚政，等．电沉积镍钨合金多层膜耐蚀性能研究［J］．电镀与精饰，2023，45（1）：1-7.

# 中石油深圳 LNG 项目配套码头工程的进水前池及流道物理模型试验研究

陈卓英[1,2,3]　张从联[1,2,3]　苗　青[1,2,3]　倪培桐[1,2,3]

（1. 广东省水利水电科学研究院，广东广州　510610；
2. 广东省水动力学应用研究重点实验室，广东广州　510610；
3. 河口水利技术国家地方联合工程实验室，广东广州　510610）

**摘　要：** 为消除进水水泵的不良流态，保证取水泵站安全运行，基于物理模型试验，本文开展了深圳 LNG 项目接收站进水前池和流道水力特性研究。系统对进水过滤池、进水前池、流道水流流态、水流均匀性及稳定性进行观测研究，在多方案比较基础上提出了改善流态的工程技术措施及改善泵前流态的推荐方案，保证吸水室内的水流均匀平稳，避免回流和涡流的产生，满足泵房安全运行要求。

**关键词：** 进水前池；流道；涡流；防涡梁；水头损失

沿海 LNG（液化天然气，liquefied natural gas）接收站多以天然海水为热源，把 LNG 气化为天然气向外输送，鉴于此 LNG 接收站需要建设海水泵房取水，而海水泵房设计需要考虑外海潮位变化，取水前池深度一般较大，致使工程造价提高。为减少土建投资，降低工程造价，对泵房前池及流道尺寸设计提出了更高的要求。海水通过泵房进入前池及进水流道，由于水流运动途径较为复杂，常常在进水流道中出现流速分布不均或漩涡等流态，这种不良流态往往会致使海水泵产生振动噪声及气蚀，降低泵站的进水能力及稳定性，影响工程的正常运行。

为消除进水水泵的不良流态，保证取水泵站安全运行，很多学者针对泵站前池及流道的水力特性进行研究，提出了多样的整流措施及流道改进方案[1-5]，获得了良好的工程效果。

深圳 LNG 项目接收站位于珠江口大铲岛，对节约工程建设成本具有现实指导意义。

## 1　工程概况

深圳 LNG 项目接收站海水泵房取水口由引水暗沟、进水前池以及流道和泵室组成。一期安装 4 台海水泵，二期增加 3 台，一期海水泵房设 3 个引水暗沟、2 套滤网及清污设备、1 个泵房取水前池、4 个进水流道及泵室，二期海水泵房布置形式与一期海水泵房相同。流道及泵室位于进水前池的末端，前池长度为 18 m，为扩散段，进水前池前为引水暗沟，引水暗沟按照接收站一、二期需要的海水量一次建成，按 49 800 m³/h 水量进行设计。

进水前池及流道的水力性能设计对保证海水泵的安全和高效运行至关重要，对降低海水泵房的土建投资也有重要作用。为了验证进水流道结构设计是否合理，能否满足吸水室水流均匀平稳、无涡的设计要求，通过试验提出有利于海水泵安全、高效运行的工程布置方案。模型布置见图 1~图 3。

**基金项目：** 广东省水利科技创新项目（2020-20）。

**作者简介：** 陈卓英（1973—），女，教授级高级工程师，主要从事水工水力学方面的研究工作。

**通信作者：** 倪培桐（1971—），男，正高级工程师，总工程师，主要从事环境水力学方面的研究工作。

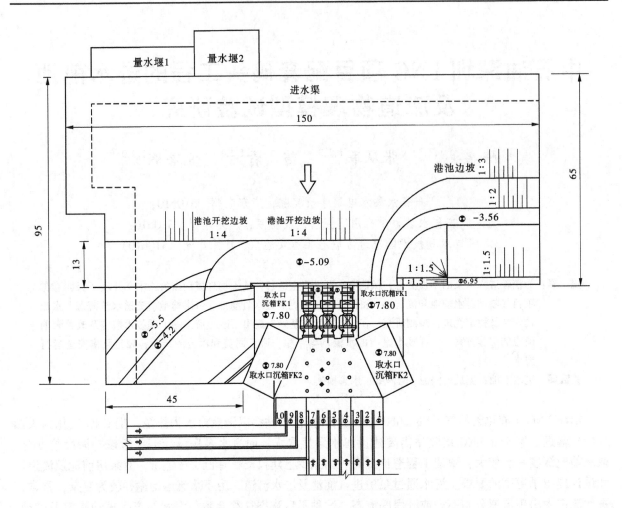

**图 1 深圳 LNG 流道模型试验平面布置图** （单位：m）

**图 2 深圳 LNG 流道模型试验现场照片（一）**

图 3　深圳 LNG 流道模型试验现场照片（二）

## 2　模型设计制作

### 2.1　方案布置

设计方案的流道布置见图 4。流道由过滤段（引水暗沟）、泵站前池及进水池组成，过滤段设计

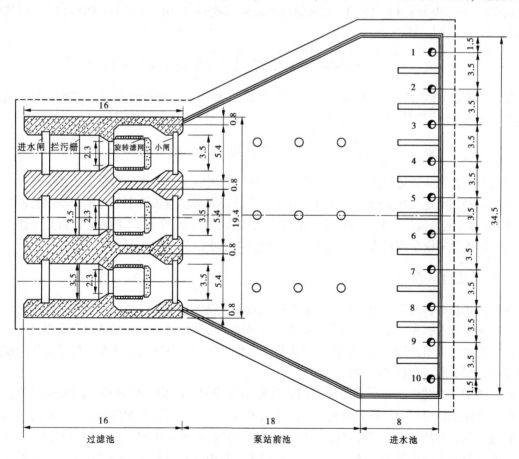

图 4　设计方案的流道布置　（单位：m）

了 3 个相同的滤网间，滤网间第一道清污设备是拦污栅，第二道为旋转滤网，旋转滤网为侧面进水。水泵进水前池共设计了 9 根直径为 80 cm 的圆柱。吸水泵室是一泵一室的无胸墙布置，共 10 个吸水泵室，从左往右的布置为 3 台消防泵室（本文自编 1~3 号泵），紧接一期 4 台工作泵（4~7 号泵）和二期 3 台工作泵（8~10 号泵）。

## 2.2 模型设计

考虑满足流态相似要求、场地限制条件及模型制作便利等因素，模型设计为正态，模型几何比尺 $\lambda_l = 8$，由此得模型各水力比尺如下：

流速比尺 $\qquad\qquad\qquad\qquad \lambda_v = \lambda_l^{1/2} = 2.828$

流量比尺 $\qquad\qquad\qquad\qquad \lambda_Q = \lambda_l^{5/2} = 181.02$

糙率比尺 $\qquad\qquad\qquad\qquad \lambda_n = \lambda_l^{1/6} = 1.414$

模型糙率与原型糙率比较如表 1 所示，模型制作可满足原型糙率的要求。

**表 1 原型糙率与模型糙率比较**

| 试验部位 | 原型糙率 $n_p$ | 模型糙率要求 $n_m = n_p / \lambda_l^{1/6}$ | 模型制作材料糙率 |
|---|---|---|---|
| 进水前池 | 钢筋混凝土 0.013 | 0.009 2 | 有机玻璃，0.009 |
| 泵房吸水流道 | 钢筋混凝土 0.013 | 0.009 2 | 有机玻璃及 PVC 管，0.009 |

消防泵运行时其进水流道内流量最小，约为 0.53 m³/s，在极端低水位 -0.29 mm 时，流道内平均流速为 0.033 m/s，$R_p = 1.30$，15~30 ℃水的动力黏滞系数 $\nu = 1.146 \times 10^{-6} \sim 0.804 \times 10^{-6}$，则其模型雷诺数：

$$Re_m = \frac{v_m R_m}{\nu} = \frac{v_p R_p / \lambda_l^{1.5}}{\nu} = 1.65 \times 10^3 \sim 2.36 \times 10^3 \geq 1\,000$$

单台工作海水泵运行时其进水流道内流量约为 2.31 m³/s，在极端低水位 -0.29 m 时，流道内平均流速为 0.145 m/s，则其模型雷诺数：

$$Re_m = \frac{v_m R_m}{\nu} = \frac{v_p R_p / \lambda_l^{1.5}}{\nu} = 7.27 \times 10^3 \sim 10.36 \times 10^3 \geq 1\,000$$

消防泵和工作泵单独运行时，均能满足模型在充分发展的紊流自模区的要求。

涡流试验是在满足日本机械工程师协会标准规定的表面涡相似条件下进行的。本试验原型单泵流量为 2.31 m³/s，进水流道前的进水前池处潮位为极端低水位 -0.29 m 的工况进行涡流试验，依据以上的比尺，则此时的模型流量为 23.8 L/s，吸水泵室内的水位为 -0.37 m。

## 3 设计方案流道试验成果

在相同的水位时，当开机台数越多，泵站抽水总流量越大，进入过滤段、进水前池及泵室内的流态越混乱，回流强度越强，形成漩涡个数越多；当泵站开机台数越少，泵站抽水总流量越小，进入过滤段、进水前池的流速越小，进水池内的回流和环流强度越弱，泵室内水流所受的剪切作用越弱，回流强度越弱，形成漩涡个数也越少。

设计方案的 3 个过滤段（引水暗沟）的流速分布较均匀，不会出现较不利的偏流现象，经过旋转滤网后从两侧出流再汇合经第二道检修闸门进入进水前池，在旋转滤网后从两侧出流至第二道检修闸门的胸墙之间，左侧形成顺时针立轴式漩涡、右侧形成逆时针立轴式漩涡，漩涡为凹陷贯穿式，其漩涡的表面直径大小随流量增大及水位的降低而增大，其中高水位开启 6 台工作泵加 2 台消防泵（工况 1）及低水位开启 6 台工作泵（工况 3）运行，其漩涡强度最强，漩涡直径为 0.5~0.6 m，漩涡贯穿第二道闸门的胸墙。考虑到试验研究方法的局限性（不可能模拟旋转滤网的运转方式）及水流的流动方向，漩涡的存在和工程中的实际情况会有些差异，试验中存在的漩涡应不会对旋转滤网的安全运行带来明显不利的影响，并且此漩涡出现的位置离水泵较远，因此通过试验资料分析初步判断该位置漩涡不会危及水泵的正常运行。

在相同开启泵数及相同水位下，机组的开启方式也会对前池及流道内流态产生影响，当机组单侧集中开启时，流道内的水流流态，除了受前池的回流所造成的流道进口横向流速影响，边孔（如二期的 3 台工作泵，其中以 10 号泵较为明显）流道还受边壁水流绕流流态影响，引起边孔流道的绕流生涡。

在不同运行工况下，进水前池表面均产生环流流态，其环流的强弱随抽水流量的增大而增大，但不会产生涡流和明显不利的偏流，因此进水前池的设计方案基本可行。在不同运行工况下泵室内均产生间歇性 2～4 级游动性漩涡，其中在极端低水位 -0.29 m、10 号泵单独运行时，出现的是间歇性 4 级游动漏斗漩涡，对水泵安全运行最为不利。对一期 6 号泵、二期 8 号泵和 10 号泵单独进行加大流量的涡流试验表明，3 台工作泵均产生贯穿性 3～5 级游动性漩涡，漩涡直径为 0.4～0.7 m（见图 5）。漩涡的存在降低了机组运行效率，也为工程的安全运行带来了隐患，需要采取消涡工程措施。

图 5　设计方案泵前漩涡（组次 3）

## 4　推荐方案试验成果

### 4.1　方案布置

针对设计方案各水泵运行时出现有害漩涡的情况，并考虑到水泵的工作性质及运行情况，利用广东省水利水电科学研究院在此方面的工作经验，进行了消涡工程方案的修改，在 4～10 号的工作泵室进口各隔墙之间设置了防涡梁，防涡梁在高程 3.3～-1.3 m 均匀布置三道，每道防涡梁的高度为 1 m、厚为 0.25 m，其具体布置见图 6。

### 4.2　试验成果

（1）设置防涡梁后，进水前池内流态较设计方案改变不大，进水前池内水流总体较平稳（见

图 7），防涡梁对进入吸水室内的水流进行了整流，泵室内流态有了较为明显的改善，特别是在极端低水位（-0.29 m）运行时水流比较均匀、稳定，流速的脉动较小（见图 7）。防涡梁后水体面层回流较弱，泵室内水流与设计方案相比较为平静，水泵周围流态较设计方案均匀。

（2）在不同水位下设计方案与推荐方案水头损失比较见表 2。运行泵数越多其水位变化越明显，在极端低水位-0.29 m 开启 6 台工作泵，由于拦污栅的孔径较大，因此拦污栅前后的水头损失较小，仅有 0.01 m，而旋转滤网由于其孔径较密导致其水头损失比拦污栅水头损失大，旋转滤网前后的水头损失约为 0.04 m。拦污栅前至吸水泵室的水头损失设计方案为 0.07 m，推荐方案为 0.09 m。推荐方案增加消涡梁工程措施所增加的水头损失均为 0.01~0.02 m。可见，推荐方案增加的消涡梁所带来的水头损失增加不明显，不会明显降低水泵的运行效率，增加运行成本。

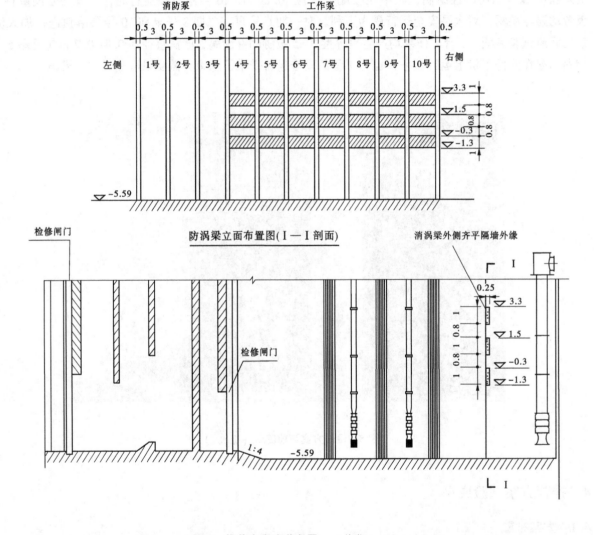

**图 6　推荐方案流道布置** （单位：m）

（3）推荐方案加大流量涡流试验（见图 8），水流经过滤段和进水前池进入水泵吸水室，在防涡梁后形成稳定的水平轴向环流，在吸水室内亦无强回流及诱导漩涡等较强剪切运动的流态，也没有出现漏斗涡。防涡梁后吸水室上层水流存在一定负向流，形成局部回流，但没有出现吸气漩涡，也就是无空气吸入，整个吸水室内水面较为平稳，无明显不利漩涡出现。

图 7 推荐方案取水泵室流态（组次 5）

表 2 设计方案与推荐方案水头损失比较

| 方案 | | 设计方案水头损失/m | 推荐方案水头损失/m |
|---|---|---|---|
| $Z = -0.29$ m<br>6 台工作泵 | 拦污栅前后 | 0.02 | 0.02 |
| | 旋转滤网前至吸水口前 | 0.07 | 0.09 |
| $Z = -0.29$ m<br>4 台工作泵 | 拦污栅前后 | 0.03 | 0.03 |
| | 旋转滤网前至吸水口前 | 0.06 | 0.07 |
| $Z = -0.29$ m<br>2 台工作泵 | 拦污栅前后 | 0.02 | 0.03 |
| | 旋转滤网前至吸水口前 | 0.03 | 0.04 |

　　吸水室流态观测、流速测量和涡流模拟试验表明，推荐方案流道内无明显涡体出现，断面流速分布较均匀，基本满足水泵房吸水室的流态要求。在涡流试验中，流态基本稳定，不会在吸水头部附近出现吸气等有害漩涡，整个吸水室内水面较为平稳，无明显不利漩涡出现，不会对水泵运行产生明显不利影响。

## 5　运行管理建议

　　泵站最不利的开机组合为机组集中开启，尤其单侧集中开启工作泵中的二期（8~10 号）较易形成边孔的绕流流态，特别是 10 号泵运行引起边孔流道进口的局部回流加强，当机组为均匀间隔开启时，流道进口绕流现象有所减弱。因此，在泵站的运行管理中，应尽量避免机组单侧集中开启，尽可能使用均匀、间隔、对称开启的管理方式，使流道保持均匀、稳定、无涡的流态。

　　拦污栅和旋转滤网的清洁程度可直接影响水头损失的大小，拦污栅和旋转滤网清洁程度越高，造成的水头损失越小；反之，造成的水头损失增加比较明显。为了保证水泵的安全运行，建议工程管理及运行单位加强工程运行期间的清洁工作和原型观测等工作，尤其是在水位较低时更应关注及加强拦污栅和旋转滤网的清洁，以确保水泵的安全有效运行。

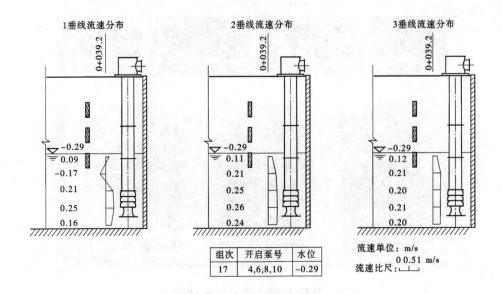

图8 低水位运行时工作泵垂向分布

## 6 结论

（1）根据深圳 LNG 电厂流道布置的特点和规模，选定并建造几何比尺 $\lambda_l = 8$ 的正态物理模型进行试验研究，模型设计合理，能够满足水流动力相似和阻力相似的要求，亦能大大提高流态的相似度和测量精度。

（2）试验的推荐方案水流能满足吸水泵室内流速分布均匀、流态平稳的设计要求，仅侧边开启时边孔流道泵室内偶尔会有绕流流态发生，但其流态平稳、无回流漩涡等明显不利流态产生，推荐方案能满足设计规范机组稳定运行的要求。

（3）推荐方案拦污栅前至吸水泵室的水头损失为 0.03～0.09 m，比设计方案水头损失最大增加 0.02 m。可见，推荐方案的消涡工程措施不会明显增加水头损失，不会明显地降低水泵的运行效率和增加其运行费用。

### 参考文献

[1] 韩敬钦，宫俊亭，高德申. 沿海电厂循环水泵流道的水力特性及优化研究 [J]. 水利水电技术，2011，42（7）：98-101.

[2] 王为术，崔强，苗世昌，等. 电站循环水泵进水流道水力特性及整流优化研究 [J]. 中国电力，2017，50（2）：64-69.

[3] 吴树铭，马进荣，邹国良，等. LNG 接受站海水泵房进水流道长度水力特性试验研究 [J]. 工业用水与废水，2023，54（3）：37-41，53.

[4] 韩强，徐薇，郭永鑫. 华能罗源电厂循环水泵房进水流道的水力性能优化研究 [J]. 广东水利水电，2020（7）：67-72.

[5] 史志鹏，张根广. 泵站水泵吸水室内水动力学特性分析 [J]. 水力发电学报，2016，35（11）：94-102.

# 济源逢石河抽水蓄能电站尾水调压室布置初步设计

胡长春 谢文轩 胡志鹏 刘 瑞

（黄河小浪底水资源投资有限公司，河南郑州 450000）

**摘 要**：本文介绍并验算了济源逢石河抽水蓄能电站预可研阶段尾水调压室布置设计，鉴于本工程输水系统水头损失较大且不能忽略，使用一种考虑尾水系统水击真空、尾水管进口处的流速水头真空及输水系统摩阻真空三因素叠加的尾水调压室判别式，并验证了尾水调压室设置的必要性。通过水力学计算和分析，在满足尾水调压室功能的前提下，提出本工程尾水调压室连接管直径取阻抗孔直径时，可降低施工安全风险，减小工程投资，为同类型电站提供参考。

**关键词**：抽水蓄能电站；尾水调压室；水力计算；连接管

## 1 引言

对于长输水系统的抽水蓄能电站，水道系统的水流惯性较大，可诱发强烈的水击和结构振动，危及电站的安全运行[1]，设置调压室是解决以上问题最有效的工程措施之一。调压室可划分为引水调压室和尾水调压室。十三陵、广蓄一期二期、宜兴、惠州一期二期等工程布置了上、下游双调压室系统，台湾明湖、山西西龙池、湖北白莲河等工程布置了引水调压室（西龙池为上游闸门室兼调压室），琅琊山、泰安、蒲石河、溧阳等工程布置了尾水调压室，天荒坪、桐柏、张河湾、宝泉、响水涧等工程则未布置调压室。绝大部分抽水蓄能电站的调压室采用阻抗式或阻抗和水室组合式[2]。

调压室的设置增加了建造和维护费用，其投资有时几乎占输水系统投资的1/4~1/6，因此调压室的设置要根据电站压力水道系统布置、地形地质条件、机组参数等因素最终确定。逢石河抽水蓄能电站作为中低水头长输水系统电站，工程地质条件复杂，调压室的开挖和衬砌工程量大，施工不便，造价昂贵，其设置合理性需要详细论证。

## 2 工程概况

河南济源逢石河站址位于济源市下冶镇黄河左岸支流逢石河入黄口附近，直线距离距小浪底水库大坝29 km、洛阳市40 km、郑州市130 km，距离负荷中心较近。电站总装机容量1 500 MW，安装6台单机容量250 MW的混流可逆式水泵水轮机组，主要建筑物包括上水库、下水库、输水发电系统、地下厂房洞群及地面开关站等。上水库大坝为沥青混凝土面板堆石坝，最大坝高90 m，下水库大坝为钢筋混凝土面板堆石坝，最大坝高92 m。工程的主要开发任务是承担河南省电力系统的调峰、填谷、储能、调频、调相、紧急事故备用等任务。初拟电站以两回500 kV出线接入济源500 kV变电站，输电距离约30.5 km。

## 3 输水发电系统布置情况

本工程在上、下水库之间山体内布置地下输水发电系统，厂房拟定选择首部式地下厂房，引水系统和尾水系统均采用一洞两机布置，输水线路水平长度1 220 m，距高比5.1。输水发电系统建筑物包括上水库进/出水口、引水主洞（包括上平段、竖井段、下平段）、引水岔管、引水支管、尾水主

作者简介：胡长春（1990—），男，中级工程师，主要从事水电站、抽水蓄能电站建设运行管理方面工作。

洞（包括尾水钢管和尾水隧洞）、下水库进/出水口。

引水主洞采用一级竖井方案，上、下水库进/出水口均采用侧进式。电站发电额定水头 241.00 m、最大水头 269.95 m、最小水头 212.40 m、额定流量 119.89 m³/s；抽水工况最大扬程 274.53 m、最小扬程 222.99 m、抽水流量 105.02 m³/s。上水库进/出水口底板高程 540.0 m，顶板高程 551.0 m。下水库进/出水口底板高程 298.0 m，顶板高程 309.0 m。上、下水库进/出水口之间输水管道轴线总长度为 1 461.56 m，其中引水系统轴线长 593.84 m，尾水系统轴线长 867.72 m。引水系统水流惯性时间常数 $T_w$ 值为 1.72，不设引水调压室。

尾水调压室位于 F1 塔底断层南侧，洞室埋深 57~127 m，底板高程 255.0~298.0 m，位于寒武系上统三山子组白云岩中，围岩类别属Ⅳ类。

## 4 尾水调压室设置判断

### 4.1 传统判别式判断是否设尾水调压室

尾水隧洞设置调压室的条件是以尾水管内是否发生液柱分离为前提的，即尾水管进口处最大真空度不超过 8 m。据《水电站调压室设计规范》（NB/T 35021—2014）[3] 抽水蓄能电站初步按下式进行判别：

$$T_{ws} = \frac{\sum L_{wi} v_i}{g(-H_s)} \tag{1}$$

式中：$T_{ws}$ 为压力尾水道及尾水管水流惯性时间常数，s；$L_{wi}$ 为压力尾水道及尾水管各段的长度，单位为 m；$v_i$ 为压力尾水道及尾水管各段的平均流速，m/s；$H_s$ 为水轮机的吸出高度，m。

$T_{ws}<4$ s 可不设下游调压室；$T_{ws}>6$ s 应设置下游调压室；$4<T_{ws}<6$ s 应详细研究设置下游调压室的必要性。

本工程的 $T_{ws}=7.35$ s，$T_{ws}>6$ s，故需设置尾水调压室。

### 4.2 新判别式判断是否设尾水调压室

文献 [4] 在考虑长水道系统动态水头损失的基础上，利用刚性水击理论，建立了考虑尾水系统水流惯性引起的水击真空、尾水管进口处的流速水头真空及输水系统摩阻真空三者时序叠加的尾水调压室设置新判据。

$$[L_w] = (2-\sigma)K \frac{gT_s}{(2+K_s)v_{w0}} \left(8 - \frac{\nabla}{900} - H_s\right) \tag{2}$$

$$\sigma = \sum L_i v_i / (gH_0 T_s)$$

$$K_s = SQ_0^2 / H_0$$

式中：$[L_w]$ 为尾水系统极限长度，m；$\nabla$ 为机组安装高程，m；系数 $K=f^{-1}$，$f$ 为机型修正系数，与机组的比转速有关，在初步设计时，可取 $f=1.2$；$H_s$ 为机组吸出高度，m；$\sigma$ 为引水和尾水系统的管道特征系数；$L_i$ 为引水系统和尾水系统各段长度，m；$T_s$ 为导叶有效关闭时间，一般为 5~10 s；$K_s$ 为相对损失系数；$S$ 为总损失系数；$Q_0$ 为初始流量；$v_{w0}$ 为尾水系统平均流速。

该判据可作为中、低水头抽水蓄能电站尾水调压室设置与否的初步判别标准。当满足 $L_w > [L_w]$ 时，需要设置尾水调压室。计算得 $[L_w]=691.62$ m，尾水系统轴线长度 867.72 m$>[L_w]$，需设置尾水调压室。

## 5 尾水调压室初步设计

### 5.1 尾水调压室形式选择

调压室形式通常有简单式、阻抗式、溢流式、差动式和气垫式等。抽水蓄能电站水头较大，希望波动衰减快，故其调压室一般不选用简单式。结合已建工程情况，虽然阻抗式调压室的波动稳定性比差动式调压室稍差，但阻抗式调压室具有容积小、波动衰减较快、结构简单、施工方便、投资相对较小等优点，因此本阶段尾水调压室选用阻抗式调压室[5]。

## 5.2 尾水调压室水力计算及基本尺寸

### 5.2.1 输水发电系统调保计算

通过水头损失计算，得出逢石河抽水蓄能电站发电工况最大水头损失为 8.29 m，抽水工况最大水头损失为 6.82 m。

抽水蓄能电站调压室的涌波计算工况多而复杂，除应考虑相应于发电及抽水两种工况的丢弃负荷和水泵断电、导叶拒动情况外，还要考虑调压室涌波水位的动态组合问题。抽水蓄能电站尾水调压室最高涌波水位由以下工况计算确定：下水库校核水位，同一调压室的抽水机组在扬程最小、抽水流量最大时，突然断电，导叶全部拒动；下水库正常蓄水位，同一调压室的抽水机组启动，达到最大流量后，在进入调压室流量最大时突然断电，导叶全部拒动。抽水蓄能电站尾水调压室最低涌波水位由以下工况计算确定：下水库最低水位，同一调压室的发电机组满负荷运行时，突然丢弃全部负荷，导叶紧急关闭；下水库最低水位，同一调压室的发电机组启动增至满负荷后，在流出调压室流量最大时，丢弃全部负荷，导叶紧急关闭。根据《水电站调压室设计规范》（NB/T 35021—2014）内涌波计算公式得，尾水调压室最高涌波 350.0 m，尾水调压室最低涌波 308.0 m，如表 1 所示。

表 1 调节保证及调压室涌浪计算结果

| 序号 | 调节保证设计值名称 | 单位 | 调节保证设计值 |
|------|------------------|------|--------------|
| 1 | 蜗壳最大动水压力 | m | 445 |
| 2 | 尾水管最小动水压力 | m | −8.0 |
| 3 | 机组最大转速升高 | % | 45.0 |
| 4 | 尾水调压室最高涌波 | m | 350.0 |
| 5 | 尾水调压室最低涌波 | m | 308.0 |
| 6 | 有压输水系统全线各断面最高点处的最小压力 | m | 2.0 |

### 5.2.2 调压室稳定托马断面面积计算

当设置下游调压室时，临界稳定断面面积按下述公式计算：

$$F_{Th} = K \frac{Lf}{2g\alpha(H_0 - h_{w0} - 3h_{wm})} \tag{3}$$

$$\alpha = h_{w0}/v^2$$

式中：$F_{Th}$ 为托马临界稳定断面面积；$L$ 为压力尾水道长度，m；$f$ 为压力尾水道平均断面面积，$m^2$；$\alpha$ 为下游调压室至下游水库水头损失系数，$s^2/m$，包括局部水头和沿程水头损失；$v$ 为压力尾水道平均流速，m/s；$H_0$ 为发电最小毛水头，m；$h_{w0}$ 为压力尾水道水头损失，m；$h_{wm}$ 为下游调压室上游管道总水头损失，m，包括压力管道和尾水延伸管道的水头损失。

按照托马准则计算，得出尾水调压室稳定断面面积为 39.56 $m^2$，稳定断面所需调压室直径为 7.1 m，接近尾水隧洞直径。根据调节保证设计成果，调压室稳定断面直径取 10 m，其最高涌浪水位为 350.0 m，比下水库正常蓄水位高 12.0 m；最低涌浪水位为 308.0 m，比下水库死水位低 7.0 m。

敏感性分析表明，在相同的计算工况下，若进一步减小调压室直径，则涌浪振幅将进一步加大，将引起小波动稳定问题及恶化尾水管真空度，而随着尾水调压室面积增加，尾水管进口最低压力逐渐增高，调压室最低涌浪值逐渐增高，调压室最高涌浪值逐渐降低。尾水调压室的实际断面面积 $A = 78.55$ $m^2$，实际断面放大倍数为 1.99，综合考虑安全性、经济性，调压室断面直径取 10 m 相对合理。

### 5.2.3 尾水调压室阻抗孔的选择

根据 NB/T 35021—2014 的要求，阻抗孔面积为尾水管道面积的 25%~45%，其直径选择范围为 3.8~5.1 m。阻抗孔口直径越大，阻抗口水头损失系数越小，限制调压室涌浪的波动衰减越不利。同时，调压室最高涌浪水位呈上升趋势，最低涌浪水位呈下降趋势。从限制涌浪角度考虑，阻抗孔口不宜过大。初步选择阻抗孔直径为 4.0 m。

### 5.2.4 连接管直径的选择

济源逢石河抽水蓄能电站调压井的最低水位均高出隧洞底板高程很多，在底板高程以下缩小断面对输水系统的正常运行没有影响。因此，在最低涌波水位安全水深以下可通过缩小调压井断面达到节省投资又不影响调压井正常运行的效果，即在尾水调压室大井底板高程以下连接管的直径可选定为阻抗孔的直径，$D=4.0$ m。

## 6 调压室结构布置

根据本工程输水发电系统的总体布置，结合地形地质条件，尾水调压井布置在尾水岔管下游 30.0 m 处，为地下埋藏式。大井直径为 10.0 m，高度 45 m，采用钢筋混凝土衬砌，衬砌厚度 1.0 m，阻抗孔直径 4.0 m，连接管直径 4.0 m，高度 37.25 m。调压室大井上部与地下厂房通风廊道相连，廊道出口与大气连接。

因尾水调压室位于寒武系上统三山子组白云岩中，围岩类别属Ⅳ类。应对围岩采取系统锚杆加挂网支护，局部层理发育、裂隙或构造发育段应加强刚性或柔性支护，且该段局部位于地下水位以下，沿构造面可能出现较大出水现象，施工时应加强排水措施。

## 7 结论

(1) 考虑尾水系统水击真空、尾水管进口处的流速水头真空及输水系统摩阻真空三者对压力水道水力过渡过程的影响，使用一种新判别式复核了设置尾水调压室的必要性。

(2) 提出尾水调压室连接管直径与阻抗孔一致，在满足尾水调压室功能的前提下，节省工程投资，可起到降低施工安全风险、减小工程投资的作用。

(3) 根据输水发电系统布置和机组特性，初步设计逢石河抽水蓄能电站尾水调压室，为下阶段设计提供参考。

### 参考文献

[1] 梅祖彦. 抽水蓄能发电技术 [M]. 北京：机械工业出版社，2000.

[2] 邱彬如，刘连希. 抽水蓄能电站工程技术 [M]. 北京：中国电力出版社，2008.

[3] 国家能源局. 水电站调压室设计规范：NB/T 35021—2014 [S]. 北京：新华出版社，2014.

[4] 黄伟. 水电站尾水调压室设置判据及水泵水轮机全特性理论构建 [D]. 北京：清华大学，2018.

[5] 河南省济源市逢石河抽水蓄能电站预可行性研究报告 [R]. 郑州：黄河勘测规划设计研究院有限公司，2022.

# 钢壳混凝土沉管隧道的冲击弹性波响应数值模拟研究

胡俊华[1,2]　李松辉[1,2]　张国新[1,2]　刘　毅[1,2]　张　巽[1,2]　曹呈浩[3]　崔　蕊[4]

（1. 中国水利水电科学研究院　流域水循环模拟与调控国家重点实验室，北京　100038；
2. 中国水利水电科学研究院，北京　100038；
3. 南京工业大学交通运输工程学院，江苏南京　211816；
4. 斯伦贝谢科技服务（北京）有限公司，北京　100015）

**摘　要**：钢壳混凝土沉管隧道构造复杂，自密实混凝土浇筑过程中极易在钢壳与混凝土间形成脱空，严重威胁结构长期安全运行。冲击弹性波法利用弹性波场特性变化，克服了电磁法、超声法、红外热成像等传统方法的局限性，已成功应用于深中通道沉管隧道钢壳混凝土脱空缺陷检测。本文采用波数域法模拟了沉管隧道钢壳混凝土结构的弹性波场，揭示了脱空缺陷产生的冲击弹性波响应特征，并系统研究了脱空缺陷的大小、高度和位置对弹性波的时域波形和频谱特征的影响规律，为工程检测方案优化及数据分析和解释奠定了坚实的理论基础。

**关键词**：钢壳混凝土结构；脱空检测；冲击弹性波；波数域法；频谱分析

## 1　引言

深中通道为目前世界规模最大的钢壳混凝土沉管隧道，自密实混凝土预制浇筑过程无法振捣，钢壳-混凝土分界面以及 T 型结构处极易发生脱空。脱空检测面临厚钢板、密集肋、大面积、快效率和高精度的要求。抗弯构件极限荷载试验研究表明，对于三明治结构沉管隧道，局部浇筑脱空高度应不大于 5 mm，以避免结构局部屈曲。因此，脱空检测精度要求达到毫米级[1]。超声波法仅能识别较小的脱空且无法判定脱空高度[2]。冲击回波法通过分析结构在冲击荷载激励下应力波的反射共振频率，仅可粗略估计钢板下缺陷的大小，无法准确识别缺陷的形状和脱空高度[3]。当钢壳厚大于 10 mm 时，红外线热成像法只能大致反映缺陷位置[4]。中子法对小于 30 cm 的脱空缺陷识别精度较差，受水影响较大，钢板较厚时，检测效率较低（2~3 min/点）[5]。

冲击弹性波法对弹性波全波场信号进行分析与处理，可精确检测脱空面积和脱空高度。该方法已成功应用于深中通道钢壳混凝土沉管隧道的脱空缺陷检测[6-7]。宋神友等[8]根据钢壳混凝土沉管隧道的实际施工条件、工艺和方法，采用全尺寸物理模型研究实际生产和施工过程中可能出现的脱空缺陷。Liu 等[9]利用全尺寸物理模型试验，考虑钢壳结构、尺寸、混凝土浇筑等因素，研究了冲击弹性波法在钢壳混凝土脱空缺陷检测中的应用效果。

然而，物理模型试验无法从弹性波传播过程揭示钢壳混凝土结构、冲击力源、脱空缺陷参数、浮浆层等因素的影响规律。因此，有必要利用数值模拟方法研究沉管隧道钢壳混凝土结构的冲击弹性波

---
**基金项目**：中国博士后科学基金（2022M713473）；流域水循环模拟与调控国家重点实验室开放研究基金（IWHR-SKL-KF202218）；流域水循环模拟与调控国家重点实验室自主研究课题（SKL2022TS15）。
**作者简介**：胡俊华（1990—），男，高级工程师，主要从事水工结构安全监测和无损检测方法技术研究工作。

响应。目前，常用的弹性波数值模拟方法包括有限差分法[10-11]、有限元法[12-13]、边界元法[14]、有限体积法[15]、积分方程法[16]或伪谱法[17]。作为伪谱法的一种变体，波数域法利用傅里叶或多项式基函数描述高频弹性波，单波长所需计算网格点更少。同时，使用快速傅里叶变换计算空间梯度，计算效率显著提高。

本文采用波数域法求解各向异性介质弹性波动方程，并将其应用于钢壳混凝土结构二维数值模型，揭示脱空产生的冲击弹性波响应特征，并系统研究了脱空缺陷的大小、高度和位置对冲击弹性波响应的影响规律。

## 2 各向异性介质弹性波动方程波数域解

弹性波动方程可表示为一阶应力-速度公式：

$$\frac{\partial \boldsymbol{\sigma}_{ij}}{\partial t} = \lambda \boldsymbol{\delta}_{ij} \frac{\partial \boldsymbol{v}_k}{\partial x_k} + \mu \left( \frac{\partial \boldsymbol{v}_i}{\partial x_j} + \frac{\partial \boldsymbol{v}_j}{\partial x_i} \right) \tag{1}$$

$$\rho \frac{\partial \boldsymbol{v}_i}{\partial t} = \frac{\partial \boldsymbol{\sigma}_{ij}}{\partial x_j} + \boldsymbol{f}_i \tag{2}$$

式中：$v_i$、$v_j$ 和 $\sigma_{ij}$ 分别为速度矢量和应力张量，$i, j = 1, 2, 3$；$x_i$、$x_j$ 分别为笛卡尔位置坐标，$i, j = 1, 2, 3$；$\mu$ 和 $\lambda$ 为拉梅常数；$f_i$ 和 $\rho$ 为体力和质量密度；$\delta_{ij}$ 为 Kronecker 张量。

采用一阶应力-速度公式可简便实现吸收边界条件，消除数值模型人工截断边界造成的虚假反射，实现无限域的模拟。采用前向差分格式近似时间导数，可将波动方程改写成按时间步长逐步积分的形式。非均匀介质的物性参数均为空间变化量，因此其弹性常数和密度均为空间坐标 $r$ 的函数：

$$\boldsymbol{\sigma}_{ij}(\boldsymbol{r}, t + \Delta t) = \boldsymbol{\sigma}_{ij}(\boldsymbol{r}, t) + \Delta t \lambda(\boldsymbol{r}) \boldsymbol{\delta}_{ij} \frac{\partial \boldsymbol{v}_k(\boldsymbol{r}, t)}{\partial x_k} + \Delta t \mu(\boldsymbol{r}) \left( \frac{\partial \boldsymbol{v}_i(\boldsymbol{r}, t)}{\partial x_j} + \frac{\partial \boldsymbol{v}_j(\boldsymbol{r}, t)}{\partial x_i} \right) \tag{3}$$

$$\boldsymbol{v}_i(\boldsymbol{r}, t + \Delta t) = \boldsymbol{v}_{ij}(\boldsymbol{r}, t) + \frac{\Delta t}{\rho(\boldsymbol{r})} \left( \frac{\partial \boldsymbol{\sigma}_{ij}(\boldsymbol{r}, t)}{\partial x_j} + \boldsymbol{f}_i(\boldsymbol{r}, t) \right) \tag{4}$$

假设初始条件为 $\sigma_{ij}(\boldsymbol{r}, t=0)$ 和 $v_i(\boldsymbol{r}, t=0)$，式（3）和式（4）可采用如下流程求解：

（1）将粒子速度矢量分解为纵波分量（p）和横波分量（s）：

$$\left. \begin{array}{l} \boldsymbol{v}_i^{\mathrm{p}}(\boldsymbol{k}, t) = \hat{k}_i \hat{k}_j \boldsymbol{v}_j(\boldsymbol{k}, t) \\ \boldsymbol{v}_i^{\mathrm{s}}(\boldsymbol{k}, t) = (\boldsymbol{\delta}_{ij} - \hat{k}_i \hat{k}_j) \boldsymbol{v}_j(\boldsymbol{k}, t) \end{array} \right\} \tag{5}$$

式中：$\boldsymbol{k} = (k_1, k_2, k_3)$，为空间域 $\boldsymbol{x} = (x_1, x_2, x_3)$ 的波数域映射；$\hat{\boldsymbol{k}} = \boldsymbol{k}/k$，为 $\boldsymbol{k}$ 的单位方向矢量，且 $k = |\boldsymbol{k}|$，单位并矢 $\hat{\boldsymbol{k}}\hat{\boldsymbol{k}}$ 将写作 $\hat{k}_i \hat{k}_j$；p 和 s 采用上标形式，分别代表纵波和横波。

（2）分别计算粒子速度矢量的散度 $\partial v_k / \partial x_k$，并矢 $\partial v_j / \partial x_i$ 及其转置 $\partial v_i / \partial x_j$。可采用波数域梯度算子分别计算 p 和 s 的导数：

$$\frac{\partial_{\mathrm{p,s}}[\cdot]}{\partial x_j} = F^{-1}\{ik_j \mathrm{sinc}(\hat{c}_{\mathrm{p,s}} k \Delta t/2) F\{\cdot\}\} \tag{6}$$

式中：$F\{\}$ 和 $F^{-1}\{\}$ 分别为傅里叶变换和傅里叶逆变换；$\mathrm{sinc}(x)$ 为非归一化辛格函数，$\mathrm{sinc}(x) = \sin(x)/x$，其中 $\sin(x)$ 为正弦函数；$\hat{c}_{\mathrm{p,s}}$ 为非均匀介质 p/s 波速的最大值，即 $\hat{c}_{\mathrm{p,s}} = \max(c_{\mathrm{p,s}}(\boldsymbol{r}))$，保证数值计算的稳定性。

（3）计算 p 波和 s 波应力分量并更新应力张量：

$$\Delta \boldsymbol{\sigma}_{ij}^{\mathrm{p,s}}(\boldsymbol{r}, t) = \lambda(\boldsymbol{r}) \boldsymbol{\delta}_{ij} \frac{\partial_{\mathrm{p,s}} \boldsymbol{v}_k^{\mathrm{p,s}}(\boldsymbol{r}, t)}{\partial x_k} + \mu(\boldsymbol{r}) \left( \frac{\partial_{\mathrm{p,s}} \boldsymbol{v}_i^{\mathrm{p,s}}(\boldsymbol{r}, t)}{\partial x_j} + \frac{\partial_{\mathrm{p,s}} \boldsymbol{v}_j^{\mathrm{p,s}}(\boldsymbol{r}, t)}{\partial x_i} \right) \tag{7}$$

$$\boldsymbol{\sigma}_{ij}^{\mathrm{p,s}}(\boldsymbol{r}, t + \Delta t) = \boldsymbol{\sigma}_{ij}^{\mathrm{p,s}}(\boldsymbol{r}, t) + \Delta t \Delta \boldsymbol{\sigma}_{ij}^{\mathrm{p,s}}(\boldsymbol{r}, t) \tag{8}$$

（4）重组 p 波和 s 波分量，并计算下一步的速度矢量：

$$\frac{\partial \boldsymbol{\sigma}_{ij}}{\partial x_j}(\boldsymbol{r}, t + \Delta t) = \frac{\partial_p \boldsymbol{\sigma}_{ij}^p(\boldsymbol{r}, t + \Delta t)}{\partial x_j} + \frac{\partial_s \boldsymbol{\sigma}_{ij}^s(\boldsymbol{r}, t + \Delta t)}{\partial x_j} \tag{9}$$

$$\boldsymbol{v}_i(\boldsymbol{r}, t + \Delta t) = \boldsymbol{v}_{ij}(\boldsymbol{r}, t) + \frac{\Delta t}{\rho(\boldsymbol{r})}\left(\frac{\partial \boldsymbol{\sigma}_{ij}}{\partial x_j}(\boldsymbol{r}, t + \Delta t)\right) \tag{10}$$

（5）返回步骤（1）进行下一个时间步长计算。

上述弹性波动方程波数域求解方法的详细推导过程请参见文献［18］的第Ⅱ部分。

## 3 钢壳混凝土沉管隧道数值模型

依据足尺寸物理模型试验隔舱尺寸设置数值模型，在钢壳-混凝土界面设置脱空。钢壳混凝土结构二维数值模型如图 1 所示，物理参数如表 1 所示。本模型两个 T 型钢加劲肋材料设置为 Q235 碳素钢，位置分别为 $x_1 = 0.15$ m 和 $x_2 = 0.85$ m。模型 4 个边界均采用 20 个网格点完全匹配层（perfectly matched layer，PML）层，吸收系数 $\alpha_{\max} = 4$，吸收指数 $n = 4$，以最大程度消除人工边界反射和周期性边界条件引起的虚假波场。

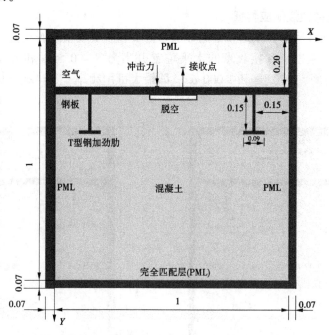

**图 1 钢壳混凝土结构二维数值模型** （单位：m）

**表 1 钢壳混凝土结构二维数值模型物理参数**

| 介质 | 尺寸/m | 杨氏模量 $E$/Pa | 泊松比 $\nu$ | 密度 $\rho$/(kg/m³) | $v_p$/(m/s) | $v_s$/(m/s) |
|------|--------|------------------|--------------|---------------------|-------------|-------------|
| 空气 | 1.0×0.2 | — | — | 1.29 | 340 | 0 |
| Q235 碳素钢 | 1.0×0.03 | $2.06\times10^{11}$ | 0.28 | 7 800 | 5 811 | 3 212 |
| 自密实混凝土 | 1.0×0.77 | $3.15\times10^{10}$ | 0.24 | 2 450 | 3 893 | 2 277 |
| 脱空 | 1.0×0.2 | — | — | 1.29 | 340 | 0 |

深中通道检测采用直径 19 mm 的小钢锤敲击产生冲击力，检波器距敲击点 10 cm。小钢锤撞击产生的冲击力-时程曲线可近似为半周期正弦曲线。针对 Q235 碳素钢的杨氏模量和泊松比，接触时间 $t_c$（μs）约为刚球直径（mm）的 4 倍。因此，直径 19 mm 的小钢锤冲击接触时间 $t_c = 76$ μs 的冲击

力。由于冲击过程的一些非弹性性质，实际接触时间可能长于该理论值。本文设置接触时间 $t_c = 80$ μs，则最大可用频率为 $f_{max} = 1/(80×10^{-6}) = 12.5$（kHz）。二维模型均匀网格尺寸可由下式确定：

$$dx = dy = \frac{\min(c_0)}{N_\lambda f_{max}} \tag{11}$$

式中：$\min(c_0)$ 为介质的最小弹性波速；$N_\lambda$ 为最大可用频率 $f_{max}$ 对应的单波长包含的网格点数。

对于非均匀介质，如需准确计算最大频率的精确反射系数，通常设置 $N_\lambda \geqslant 4$。本模型设置 $dx = dy = 3.5$ mm，$f_{max} = 12.5$ kHz，$\min(c_0) = 340$ m/s。对应最小单波长 $\lambda_{min} = \min(c_0)/f_{max} \approx 27$ mm，约含 8 个点即 $N_\lambda = 8$。计算时间步长可采用 Courant-Friedrichs-Lewy（CFL）准则计算：

$$\Delta t = (CFL) \Delta x/c_{max}$$

式中：$c_{max}$ 为介质最大波速；CFL = 0.3 为无量纲时间步长。

本模型 $c_{max} = 5\,811$ m/s，$\Delta x = 3.5$ mm，故 $\Delta t = 1.8×10^{-7}$ s，计算时间的长度 $t = 0.01$ s。

## 4 数值模拟结果和分析

### 4.1 脱空缺陷的冲击弹性波响应特征

本节数值模型如图 2 所示，左侧和右侧分别为密实和脱空模型。脱空位于模型中间钢板底部，尺寸为 0.02 m×0.20 m。敲击点和接收点的水平位置分别为 $S_x = 0.5$ m 和 $R_x = 0.6$ m。其他参数均同图 1。敲击力的接触时间 $t_c = 80$ μs 和 1 000 μs，即最大可用频率 $f_{max} = 1/t_c = 12.5$ kHz 和 1 kHz。冲击力最大振幅 $F_{max} = 1$。

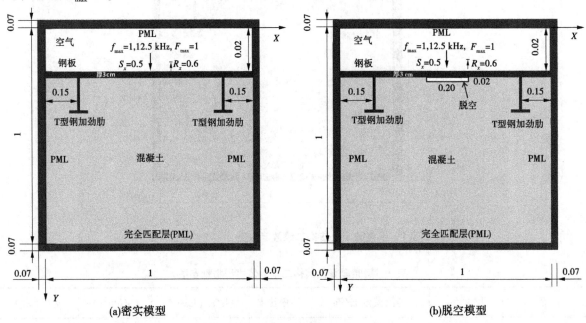

(a)密实模型　　　　　　　　　　　　　　　　(b)脱空模型

图 2　钢壳混凝土结构二维模型　（单位：m）

图 3、图 4 显示了密实模型和脱空模型产生的冲击弹性波响应。对比图 3（a）和图 4（a）可知，脱空导致时域波形振幅显著增大，振动持续时间延长，波形更复杂。低频激励下，幅值增大更显著，振动持续时间更长。对比图 3（b）和图 4（b）可知，在 $f_{max} = 1$ kHz 信号的激励下，密实模型和脱空模型产生的冲击弹性波峰值频率相同，仅振幅存在差异，1.0~10 kHz 范围的峰值频率完全由力源信号引起，与钢壳混凝土结构无关，无法作为脱空缺陷的判别依据。在 $f_{max} = 12.5$ kHz 信号的激励下，密实模型产生的频谱在 0~10 kHz 范围不存在明显峰值频率。脱空模型产生的频谱存在主峰值频率约 1.8 kHz，反映了脱空缺陷的结构特征。

### 4.2 脱空高度的影响

本节数值模型如图 5 所示，敲击点和接收点的水平位置分别为 $S_x = 0.5$ m 和 $R_x = 0.6$ m。冲击力

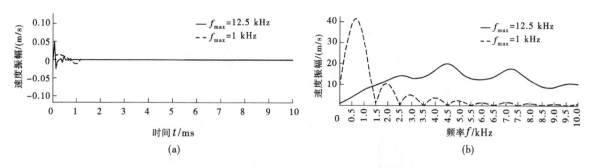

**图3 钢壳混凝土结构密实模型产生的冲击弹性波时域波及其频谱**

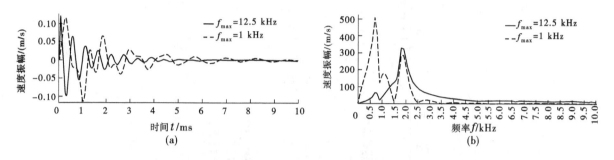

**图4 钢筋混凝土结构脱空模型产生的冲击弹性波时域波形及其频谱**

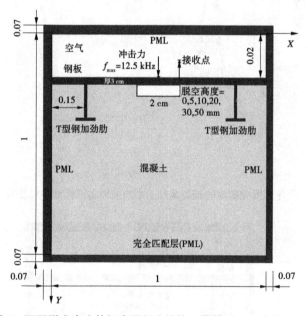

**图5 不同脱空高度的钢壳混凝土结构二维模型** （单位：m）

最大振幅 $F_{max}=1$，接触时间 $t_c=80$ μs，即最大可用频率约为 12.5 kHz。脱空水平尺寸为 20 cm，脱空高度分别为 0 mm（无缺陷）、5 mm、10 mm、20 mm、30 mm 和 50 mm。图6 为不同脱空高度的缺陷产生的冲击弹性波响应。从图6（a）可见，脱空高度的增大导致响应波形的振幅增大且振荡持续时间延长，与无脱空的响应波形存在显著差异。从图6（b）可见，脱空高度的变化对频谱的影响较小，但与无脱空的频谱存在显著差异。峰值频率可作为有无缺陷的判断依据，时域波形振幅可用来估算脱空高度。

## 4.3 脱空大小的影响

本节数值模型如图7所示，脱空高度为 2 cm，脱空大小分别为 0 cm（无缺陷）、5 cm、10 cm、20 cm、30 cm 和 40 cm。

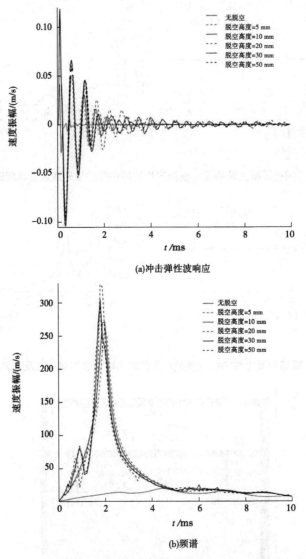

(a)冲击弹性波响应

(b)频谱

**图6 不同脱空高度的钢壳混凝土结构的冲击弹性波响应及其频谱**

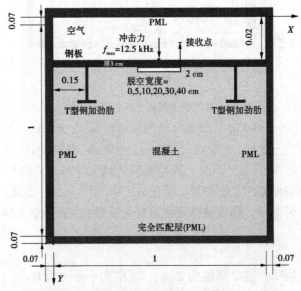

**图7 不同脱空大小的钢壳混凝土结构二维模型 （单位：m）**

图 8 显示不同大小的脱空产生的冲击弹性波响应。从图 8（a）可见，当脱空大小为 0 cm 和 5 cm 时，响应波形基本一致。当脱空大小从 10 cm 逐步增大，响应波形的振幅增大且振荡持续时间延长。从图 8（b）可见，当脱空大小为 0 cm 和 5 cm 时，频谱振幅整体较低且不存在显著峰值频率。当脱空大小从 10 cm 逐步增大，主峰值频率向低频偏移且对应的峰值振幅增大。这是由于脱空缺陷会降低钢壳混凝土结构的整体刚度，从而导致波形响应的主峰值频率发生低频偏移，而钢板-空气界面会形成强反射，从而导致峰值振幅增大。综上，本模型条件下冲击弹性波法仅能识别水平尺寸大于 10 cm 的脱空缺陷。

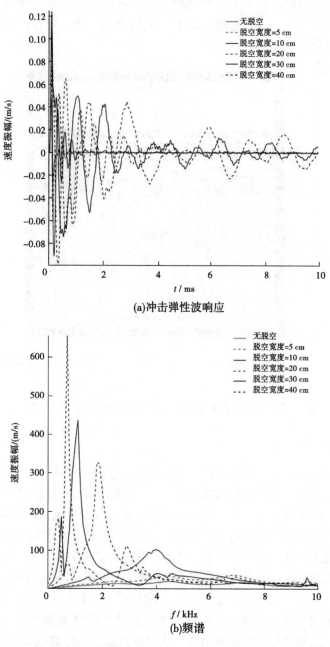

(a)冲击弹性波响应

(b)频谱

图 8　不同脱空大小的钢壳混凝土结构的冲击弹性波响应及其频谱

### 4.4 脱空位置的影响

本节数值模型如图 9 所示，脱空尺寸为 $0.02 \text{ m} \times 0.20 \text{ m}$。脱空缺陷中心的水平位置 $X = 0.25 \text{ m}$、$0.35 \text{ m}$、$0.45 \text{ m}$ 和 $0.55 \text{ m}$。从图 10（a）可见，当脱空位置 $X = 0.35 \text{ m}$、$0.45 \text{ m}$ 和 $0.55 \text{ m}$ 时，响应波形几乎完全一致。当脱空位置 $X = 0.25 \text{ m}$ 时，即脱空位于钢板之下紧贴 T 型钢加劲肋时，响应波形的振幅减小且振荡持续时间缩短。从图 10（b）可见，当脱空位置 $X = 0.35 \text{ m}$、$0.45 \text{ m}$ 和 $0.55 \text{ m}$ 时，对应的频率谱几乎保持不变，均存在 1 个主峰值频率约为 1.8 kHz，1 个振幅较小的次峰值频率约为 0.7 kHz。当脱空缺陷中心水平位置 $X = 0.25 \text{ m}$ 时，其频率谱特征相似，但主峰值频率增大至约 2.0 kHz，对应的峰值振幅减小。由此可见，脱空越靠近 T 型钢加劲肋，反射能量减小但峰值频率增大。一方面，更多弹性波能量沿钢板至 T 型钢加劲肋连接区域传播，同时 T 型钢加劲肋会引起弹性波散射，从而导致反射波能量较小。另一方面，越靠近 T 型钢加劲肋，弹性波传播区域的整体刚度会逐步增大，从而导致峰值频率增大。

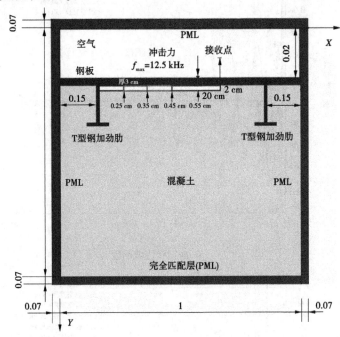

**图 9　不同脱空位置的钢壳混凝土结构二维模型**　（单位：m）

## 5　结论

本文引入了波数域法求解各向异性介质的弹性波动方程，并将其应用于沉管隧道钢壳混凝土结构的冲击弹性波响应特征研究。数值模拟结果表明，脱空缺陷导致时域波形振幅显著增大，振动持续时间延长。低频激励下，幅值增大更显著，振动持续时间更长。脱空模型产生的频谱存在主峰值频率约 1.8 kHz，代表了脱空缺陷的结构特征。脱空高度的增大导致响应波形的振幅增大且振荡持续时间延长，与无脱空的响应波形存在显著差异；脱空高度对频谱的影响较小，但与无脱空的频谱存在显著差异。峰值频率可作为判断有无缺陷的依据，时域波形振幅可用来估算脱空高度。本模型条件下冲击弹性波法仅能识别水平尺寸大于 10 cm 的脱空缺陷。脱空缺陷尺寸从 10 cm 逐步增大，导致峰值频率向低频偏移且对应的峰值振幅增大。脱空位于钢板之下紧贴 T 型钢加劲肋时，响应波形的振幅减小且振荡持续时间缩短。脱空越靠近 T 型钢加劲肋，反射能量减小但峰值频率增大。下一步可考虑敲击-接收点位置，混凝土浮浆层和钢板厚度等因素的影响。

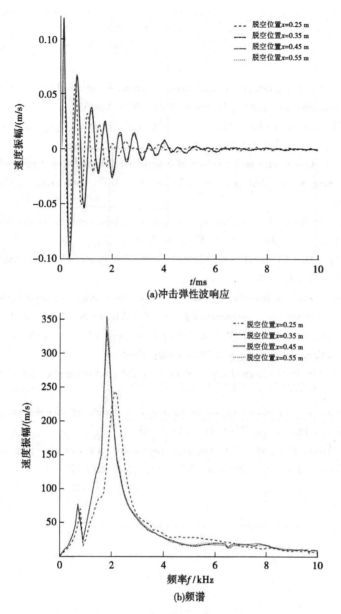

图 10　不同脱空位置的钢壳混凝土结构的冲击弹性波响应及其频谱

# 参考文献

［1］Jianguo Nie. Application of Steel-Concrete Composite Structure in Ocean Engineering［J］. Journal of Structural Engineering, 2020, 35（1）：20-33.

［2］Yanagihara A, Hatanaka H, Tagami M. Development and application of Nondestructive inspection for steel-concrete composite structures［J］. Journal of IHI Technologies, 2013, 53：47-53.

［3］Dorafshan S, Azari H. Deep learning models for bridge deck evaluation using impact echo［J］. Construction and Building Materials, 2020, 263：120109.

［4］胡爽. 基于红外热像技术的钢管混凝土密实度缺陷检测探究［D］. 重庆：重庆大学, 2016.

［5］张辉, 刘国庆, 刘枞, 等. 水电站钢衬混凝土结构脱空缺陷定量检测应用研究［J］. 同位素, 2017, 30（3）：194-199.

［6］Liu R, Li S, Zhang G, et al. Simulation Analysis of Void Defect Detection in Sandwich-Structured Immersed Tunnel Using Elastic Wave［J］. Shock and Vibration, 2021：1-12.

［7］ Li S，Zhang Y，Feng S. Void detection and void defect control methods for large-scale immersed steel shell-concrete tunnels ［J］. Tunnelling and Underground Space Technology，2023，134：105006.

［8］ 宋神友，聂建国，徐国平，等. 双钢板-混凝土组合结构在沉管隧道中的发展与应用 ［J］. 土木工程学报，2019，52（4）：109-120.

［9］ Liu R，Li S，Zhang G，et al. Depth detection of void defect in sandwich-structured immersed tunnel using elastic wave and decision tree ［J］. Construction and Building Materials，2021，305：124756.

［10］ Takekawa J，Mikada H. A mesh-free finite-difference method for elastic wave propagation in the frequency-domain ［J］. Computers & geosciences，2018，118：65-78.

［11］ Zhou H，Liu Y，Wang J. Elastic wave modeling with high-order temporal and spatial accuracies by a selectively modified and linearly optimized staggered-grid finite-difference scheme ［J］. IEEE Transactions on Geoscience and Remote Sensing，2021，60：1-22.

［12］ Cho Y，Gibson Jr R L，Vasilyeva M，et al. Generalized multiscale finite elements for simulation of elastic-wave propagation in fractured media ［J］. Geophysics，2018，83（1）：WA9-WA20.

［13］ Saeed T，Abbas I，Marin M. A GL model on thermo-elastic interaction in aporoelastic material using finite element method ［J］. Symmetry，2020，12（3）：488.

［14］ Liu Z，Huang L，Liang J，et al. A three-dimensional indirect boundary integral equation method for modeling elastic wave scattering in a layered half-space ［J］. International Journal of Solids and Structures，2019，169：81-94.

［15］ Zhang W，Zhuang Y，Zhang L. A new high-order finite volume method for 3D elastic wave simulation on unstructured meshes ［J］. Journal of Computational Physics，2017，340：534-555.

［16］ Chew W，Tong M S，Bin H U. Integral equation methods for electromagnetic and elastic waves ［M］. Springer Nature，2022.

［17］ Zou P，Cheng J. Pseudo-spectral method using rotated staggered grid for elastic wave propagation in 3D arbitrary anisotropic media ［J］. Geophysical Prospecting，2018，66（1）：47-61.

［18］ Firouzi K，Cox B T，Treeby B E，et al. A first-order k-space model for elastic wave propagation in heterogeneous media ［J］. Journal of the Acoustical Society of America，2012，132（3）：1271-1283.

# 水利工程渠道防渗施工技术研究

## 孙炎渤 马建飞

（水利部海委漳卫南局综合事业处江河公司，山东德州 253000）

**摘 要：** 随着社会的进步，我国的经济得到了快速发展，对水资源的利用和配置提出了更高的要求，但是在实际操作中，管理、技术等原因导致渠道渗漏现象非常普遍，对水资源的合理配置和利用造成了极大的影响，因此在水利工程建设中进行防渗施工技术的研究显得尤为重要。基于此，本文首先针对水利工程渠道防渗施工的重要作用进行了分析，并且对水利工程渠道防渗施工技术要点进行探索，旨在为相关人员提供参考。

**关键词：** 水利工程；渠道；渗漏；预防

从我国水利工程的现状来看，工程管理制度不健全、工程质量监督管理力度不足、工程资金投入不足等原因，导致我国水利工程渠道渗漏现象比较严重，这严重影响了农业生产和人民生活的正常运行。近年来，随着经济发展和社会进步，我国水利工程建设事业得到了快速发展，但在实际操作中仍然存在一些问题，严重影响了工程质量。虽然在实际操作中已经采取了一些措施进行防渗处理，但防渗效果不是非常理想，所以为了确保水利工程的使用寿命，减少不必要的资源浪费，提高水利建设效益，必须对防渗渠道的施工技术进行深入研究。

## 1 水利工程渠道防渗施工的重要作用

我国是一个农业大国，农业灌溉用水量占我国总用水量的很大一部分，因此提高我国水资源利用率、合理配置水资源、增加农业灌溉面积是实现我国农业可持续发展的重要保障。由于我国大部分地区水利基础设施薄弱，使得水资源利用不合理、灌溉面积浪费严重。在对水利资源进行配置时，应根据地区的实际情况进行，目前我国大多数地区都是以地下水作为水源，因此在水资源利用方面存在着严重的浪费问题，而随着工业的发展，废水排放所造成的污染问题日益严重，由于地下水存在着严重的污染问题，因此在对水资源进行配置时应充分利用地表水。所以，在进行水利工程渠道防渗施工时，应合理选择防渗施工技术提高对水资源的利用率。目前，我国水利工程中的渠道防渗施工技术应用较为普遍，但在实际应用过程中仍然存在一些问题，因此应采取有效措施提高防渗施工技术的应用效果。

## 2 水利工程渠道防渗施工技术方法

### 2.1 混凝土渠道防渗施工技术

在水利工程建设中，混凝土渠道防渗施工技术是最主要的防渗技术之一。在混凝土渠道防渗施工中，应注意以下几个方面：

（1）合理选择混凝土原材料。在进行混凝土原材料选择时，应结合渠道实际情况，优先选择砂石料，避免使用土料。另外，在混凝土拌制过程中应合理控制配料比，并按照相关规定对配合比进行严格控制。

---

**作者简介：** 孙炎渤（1981—），男，工程师，主要从事水利工程的运行管理工作。

（2）确保混凝土振捣质量。在混凝土振捣过程中，应确保混凝土振捣密实，避免出现漏振、过振等现象，同时还应采取措施对模板进行固定处理，避免因模板晃动导致的跑模现象。

（3）注重对施工质量的控制。在混凝土浇筑过程中，应保证混凝土浇筑质量的均匀性和连续性。另外，在模板拆除过程中应遵循相关规定对模板进行清理和加固处理。

（4）做好混凝土养护工作。在混凝土浇筑完成后，应对其进行及时养护工作，并采取一定措施确保其表面湿润情况良好。此外，还应注意对裂缝的控制和处理工作，当出现裂缝时应及时采取措施进行修复和加固处理，最后还应注意对渠道底坡的保护和养护工作。

## 2.2　膜料渠道防渗施工技术

膜料渠道防渗施工技术是利用土工膜对渠道进行防渗的一种方法。在铺设过程中首先要在渠道内铺设一层土工膜，然后利用人工将土工膜平整、压实。在完成铺膜后，需要对渠道进行灌水，然后对其进行检查，确保其无渗漏后再进行下一步的施工，在混凝土衬砌中也可以利用膜料防渗，但是这种方法施工周期较长、造价较高。因此，在实际施工过程中一般采用混凝土衬砌方式。另外，混凝土衬砌方式具有施工周期短、造价低等优点，但是也存在着渗水的问题，因此为了保证水利工程的使用效果，应该尽量减少渗水的现象。在实际操作中可以采用以下措施：①减少土壤中水分含量以及不均匀沉降；②控制渠道内地下水的水位，同时可利于提高渠道内土壤的抗冻性；③可以在渠道内种植植被等植物来减少水分在渠道内的损失，保证水利工程正常使用。

## 2.3　沥青渠道防渗漏施工技术

沥青混凝土具有较强的耐磨性，且具有良好的抗冻性和抗渗性，因此在实际施工过程中应用非常广泛。

（1）沥青混凝土防渗渠道应与黏土、砂砾石等基层进行复合，并应根据不同的土质选择合适的配合比。在选择配合比时应尽量控制各种材料之间的质量比，以确保沥青混凝土具有良好的和易性。

（2）在进行沥青混凝土施工时，应尽量选用洁净的砂、砾石等材料作为骨料，并采用粒径较小的骨料。为了确保沥青混凝土具有良好的黏结效果，在使用粗集料时，还应采用合适的级配，以确保沥青混凝土具有良好的黏结力和抗老化能力。

（3）在进行沥青混凝土铺筑前，应先对渠底和渠坡进行清洗、平整和找平处理。如果发现存在裂缝、孔洞等质量问题，应及时处理。

（4）沥青混凝土铺筑时应在上一层沥青混凝土铺筑层达到要求厚度后再进行下一层铺筑层的铺筑。在进行每一层铺筑过程中，均应保证其厚度和质量符合施工标准要求，当施工过程中出现裂缝或孔洞时，应及时采用水泥砂浆进行填补。

（5）在进行沥青混凝土渠道铺筑时，还应合理选择铺筑顺序。一般情况下，可将渠道按纵、横向分块进行施工，同时应将上下游、左右岸分别进行纵向施工，在保证碾压质量和进度的基础上尽可能减少沥青混凝土表面平整度的损失。

## 2.4　砌石渠道防渗施工技术

（1）开挖基槽。在开挖基槽时要选择坡度较小的部位进行开挖，同时还要注意沟底和沟坡的平整度，此外还需要对渠道坡面进行检查，保证其平整度符合设计要求。在基槽开挖完成后，要对其进行认真检查，清理基槽内的杂物、杂草等，在基槽内确定好高程后，将渠道内的回填土清理干净。

（2）垫层施工。在砌石渠道防渗施工中，垫层具有很大的作用，可以提高砌石渠道的使用寿命。在垫层施工中要保证其厚度符合设计要求，同时还要保证垫层具有较好的整体性，在施工中还可以在垫层内放置一些土工布等材料，从而防止地下水对砌石渠道造成损害。

（3）砌筑渠坡。砌石渠道防渗施工中所使用的石料均是从岩石中开采出来的，其强度较高、抗压能力强，因此在砌石渠道施工中，要根据工程设计要求选择石料，并做好石料的编号工作。砌筑前要先将表面清理干净，然后进行认真检查和挑选。在选择砌筑石料时要充分考虑工程整体结构和外观质量等因素，保证石料满足工程整体结构和外观质量要求。

（4）砌石施工。砌筑渠坡是砌石渠道防渗施工的重要环节之一。在砌石渠道施工中要注意砌筑方法和砌筑质量两方面的要求，在砌石施工中应根据工程设计要求合理选择砌筑方法和砌筑质量，同时还要认真做好砌体结构和外观质量检查工作。

## 3 实际运用分析

某水利工程在建设过程中，采用的是混凝土渠道防渗技术。该水利工程是由 2 条平行的混凝土渠道和 1 条混凝土反滤排水渠道组成的。其中，渠道宽度为 20 m，渠道总长度为 273 m，渠道总容积为 13 500 m³。在该工程的建设过程中采用了渠道防渗技术，其主要目的是提高水资源的利用率和使用效率。通过该水利工程的实际施工情况可以看出，在进行渠道防渗施工时应先进行土方开挖，在土料运输到施工场地后，应先将土料进行夯实处理，然后再将其运送到施工现场。在进行土方回填时，应保证回填土的密实度。在土方回填完成后应先进行混凝土渠道防渗施工，再进行土方开挖。另外，在混凝土渠道防渗施工中还应注意以下几点：①土料运输时应先对其进行夯实处理；②土方回填完成后应先对其进行混凝土渠道防渗施工；③混凝土渠道防渗施工过程中应保证混凝土的密实度。

## 4 结语

综上，在水利工程建设中，防渗渠道技术具有较高的技术要求，同时也是一项复杂的综合性技术，因此在实际操作中要选择合适的防渗渠道施工技术。具体而言，在水利工程建设中应提高施工人员的专业素质、加强施工管理力度、创新防渗渠道施工技术，并通过合理选择施工材料、科学选择防渗渠道设计方案、提高施工质量等措施来减少水利工程建设过程中出现的各种问题，从而提高水利工程的综合效益。

## 参考文献

[1] 王增东. 水利工程渠道防渗施工技术研究 [J]. 中国高新科技，2023（9）：144-146.

[2] 吕红霞. 水利工程渠道防渗施工技术探讨 [J]. 建材发展导向，2023，21（4）：115-117.

[3] 杨雄飞. 水利工程渠道防渗施工技术初探 [J]. 建材与装饰，2023，19（20）：148-150.

# 某抽水蓄能电站工程下库侧式进/出水口体型分析

赵 莹[1,2] 党 挺[3]

(1. 中国电建西北勘测设计研究院有限公司,陕西西安 710043;

2. 陕西省生态水利技术"一带一路"联合实验室,陕西西安 710043;

3. 陕西省水务供水集团有限公司,陕西西安 710000)

**摘 要**:本文通过三维数值仿真建立了某抽水蓄能电站工程下库侧式进/出水口的模型,计算并分析了侧式进/出水口在发电和抽水工况时的水头损失系数,以及正常蓄水位和死水位时,抽水工况和发电工况下该工程的侧式进/出水口的流量分配、流道内流速分布等水力要素,最后给出了该工程侧式进/出水口附近的库盆流速分布。结果表明该体型具有水头损失小,各流道流量分配和流速分配均匀的优势,可为其他工程设计提供参考。

**关键词**:抽水蓄能电站;三维数值模拟;侧式进/出水口;水头损失;分流比;流速不均匀系数

## 1 引言

近年来,我国非常重视开发和利用新能源,随着大规模地发展清洁能源的热潮,抽水蓄能电站建设与研究再次受到高度重视,先后出现了一批抽水蓄能电站的建设工程。抽水蓄能电站进/出水口是抽水蓄能电站输水系统的重要组成部分[1],分别位于上库和下库。抽水蓄能电站进/出水口分为侧式进/出水口和井式进/出水口,其中侧式进/出水口体型简单、流态较优、水头损失较小,国内抽水蓄能电站应用较多[2]。在抽水蓄能电站进/出水口设计过程中,其体型既要满足发电的需要,又要满足抽水运行的需要,具有双向水流特征,运行工况转换频繁,水库水位和流量变化幅度大,可能产生环流、冲刷等一系列水力现象,入流时要防止产生有害的吸气漩涡,出流时全断面流速应尽量均匀,不发生回流、脱流现象,使进/出水口的水头损失较小,增加电站运行的经济效益[3]。所以,抽水蓄能电站侧式进/出水口主要研究发电/抽水工况下的局部水头损失及损失系数、各流道内流量分配的均匀性、拦污栅断面的流速分布不均匀系数等水力学问题。其目的是优化进/出口体型,如调整压坡板长度、坡度、流道间距、隔墙体型,以达到优化水流结构减小水头损失的目的。Fluent 是目前国际上比较流行的商用 CFD 软件包,广泛应用在抽水蓄能电站进/出水口数值仿真计算中,已成为解决电站进/出水口设计工程问题的重要工具[4-5]。

## 2 模型建立及研究方法

本工程为日调节纯抽水蓄能电站,电站装机容量 1 400 MW(4×350 MW),发电额定水头为 398 m,单机额定流量为 100.1 m³/s。电站满发利用小时数 5 h,设计年平均发电 23.42 亿 kW·h,年抽水用电量 31.23 亿 kW·h,综合效率 75%。电站建成后将承担电网调峰、填谷、调频、调相、紧急事故备用、储能等任务。

输水发电系统采用"一洞两机"布置形式,下库地形地质条件允许,选择体型简单、流态较优、水头损失较小的侧式进/出水口,闸门井布置于进/出水口上游环库路内侧坝坡。侧式进/出水口主要由防涡段、拦污栅段(调整段)、矩形扩散段、事故检修闸门井等组成。推荐方案下库进/出水口底

---

**作者简介**:赵莹(1989—),女,工程师,主要从事水工模型试验及三维数值仿真工作。

板高程为 698.00 m，前沿总宽度为 63 m，长度为 59.5 m。其中，防涡段长 8.4 m（包括拦污栅），防涡梁尺寸 1.1 m×1.5 m（宽×高），净间距 1.1 m，共四道；拦污栅段长 16.4 m，分为 8 孔 6 m×13 m（宽×高）。其后紧接矩形扩散段，扩散段长 41 m，孔口由 28.5 m×13 m（宽×高）变成 8.4 m×8.4 m（宽×高），内设 3 个分流墩。渐变段平面收缩角为 27.41°，剖面收缩角为 6.28°。体型图见图 1。

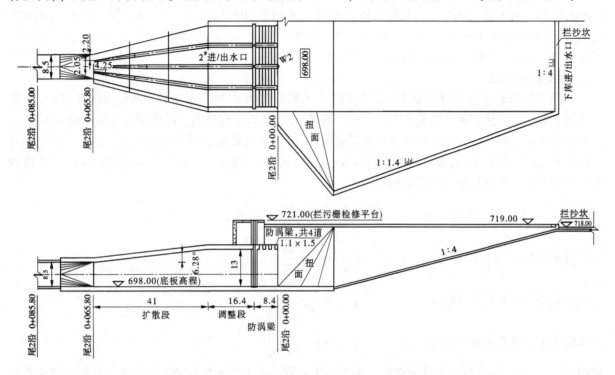

**图 1　某工程下库侧式进/出水口体型图**　（单位：m）

本研究采用 CAD+Gambit 建立三维计算模型，并用 Gambit 对计算模型进行网格划分。通过 Fluent 软件对已建立的数学模型进行三维数值计算，抽水蓄能电站进/出水口水流运动符合不可压缩流体的质量守恒定律和动量定律，即满足连续方程和动量方程。数模采用 $k\text{-}\varepsilon$ 双方程紊流模型[6]并耦合 "VOF" 技术对水流自由表面进行捕捉。壁面采用 Launder & Spalding 的壁面函数条件。为了防止迭代过程数值的发散和不稳定，对动量方程、标量输运方程采用了欠松弛技术，压力与速度耦合采用 SIMPLE 算法。模型整个计算流场的网格总单元数约为 184 万。由于计算模型较为复杂，所以采用分块网格的形式对计算区域进行划分。为了确保计算精度，三维模型中对进口各流道以及关键部位采用局部加密的网格。模型见图 2。

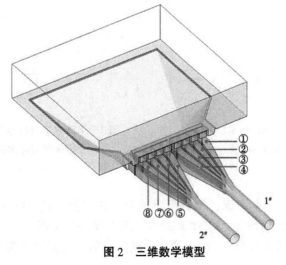

**图 2　三维数学模型**

## 3 下库侧式进/出水口数值模拟计算结果及分析

因为侧式进/出水口为严格轴对称结构，故本次数值模拟计算工况选取[7]如下：工况一，下库出流（发电工况），正常蓄水位 745.0 m，采用"单洞双机"，流量为 100.1 m³/s。工况二，下库出流（发电工况），死水位 720.0 m，采用"单洞双机"，流量为 100.1 m³/s。工况三，下库进流（抽水工况），正常蓄水位 745.0 m，采用"单洞双机"，流量为 85.3 m³/s。工况四，下库进流（抽水工况），死水位 720.0 m，采用"单洞双机"，流量为 66.3 m³/s。

### 3.1 水头损失系数

在抽水蓄能电站进/出水口体型的设计和研究过程中，侧式进/出水口的水头损失会影响发电水头及抽水的效率，是体型研究的重要内容之一。侧式进/出水口流程较短，因此可以忽略沿程水头损失，仅考虑局部水头损失。局部水头损失反映了隧洞进/出口水流收缩或突扩的能量损失，是由流道的几何特性确定的。侧式进/出水口主要由防涡段、拦污栅段（调整段）、矩形扩散段等组成。对下库抽水工况和发电工况分别建立能量方程得到：

下库出流（发电工况）能量方程　　$z_1 + \dfrac{p_1}{\gamma} + \dfrac{v_1^2}{2g} = z_2 + \dfrac{p_2}{\gamma} + \dfrac{v_2^2}{2g} + h_{j1-2}$

下库进流（抽水工况）能量方程　　$z_2 + \dfrac{p_2}{\gamma} + \dfrac{v_2^2}{2g} = z_1 + \dfrac{p_1}{\gamma} + \dfrac{v_1^2}{2g} + h_{j2-1}$

上库发电工况水头损失系数为　　　　　　$\zeta_{1-2} = h_{j1-2} / (\dfrac{v_2^2}{2g})$

上库抽水工况水头损失系数为　　　　　　$\zeta_{2-1} = h_{j2-1} / (\dfrac{v_2^2}{2g})$

式中：$z_1$、$z_2$ 分别为库区和隧洞渐变段末端处底板高程；$v_1$、$v_2$ 分别为库区所选断面平均流速和隧洞段所选断面的平均流速；$p_1$、$p_2$ 分别为上下游所选断面的压强；$h_j$ 为隧洞进/出口局部水头损失。

计算得到下库出流（发电工况）和下库进流（抽水工况）的水头损失和流速水头的关系，见图 3 和图 4。拟合得到下库出流（发电工况）时，电站进/出水口水头损失系数为 0.243，下库进流（抽水工况）时，水头损失系数为 0.124。

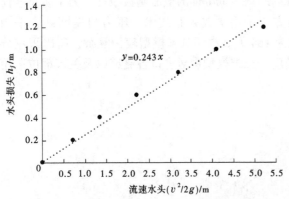

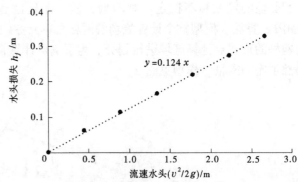

图 3　下库出流（发电工况）进/出水口水头　　　　图 4　下库进流（抽水工况）进/出水口水头
　　　损失与流速水头的关系曲线　　　　　　　　　　损失与流速水头的关系曲线

### 3.2 下库出流（发电工况）

三维数值模拟分别计算了下库出流（发电工况）时，正常蓄水位 745.0 m 和死水位 720.0 m，2台机（单洞双机）发电时，流量均为 2×100.1 m³/s，即工况一和工况二。工况一和工况二各流道流速及流速矢量分布纵剖图见图 5 和图 6 [因流道沿中轴线对称，故仅展示⑤号流道（侧边流道）和⑥

号流道（中间流道）]，各流道流量分配及拦污栅断面水力学参数分别见表1和表2。表中，$v_{平均值}$为流道内平均流速，$v_{max}$为流道内最大流速，$v_{max}/v_{平均值}$为流速不均匀系数，$Q_i/Q_t$（%）为分流比。

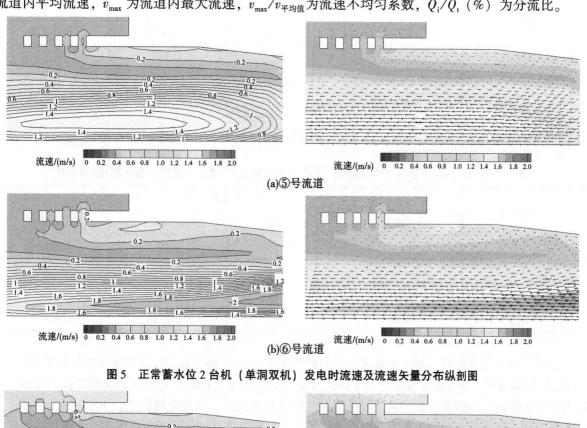

(a)⑤号流道

(b)⑥号流道

**图5 正常蓄水位2台机（单洞双机）发电时流速及流速矢量分布纵剖图**

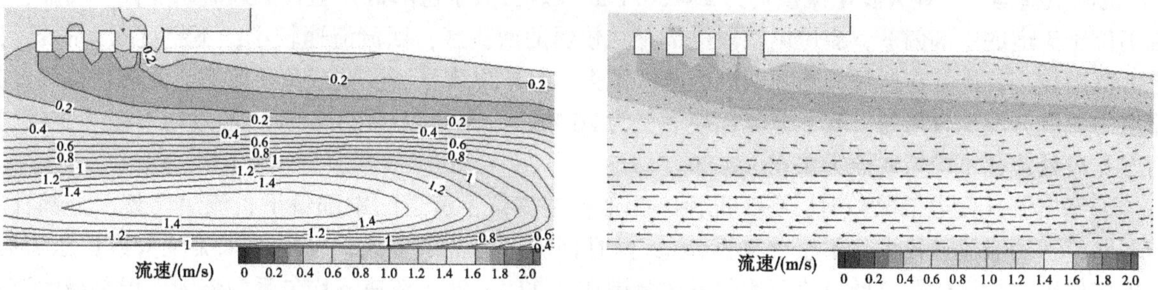

(a)⑤号流道

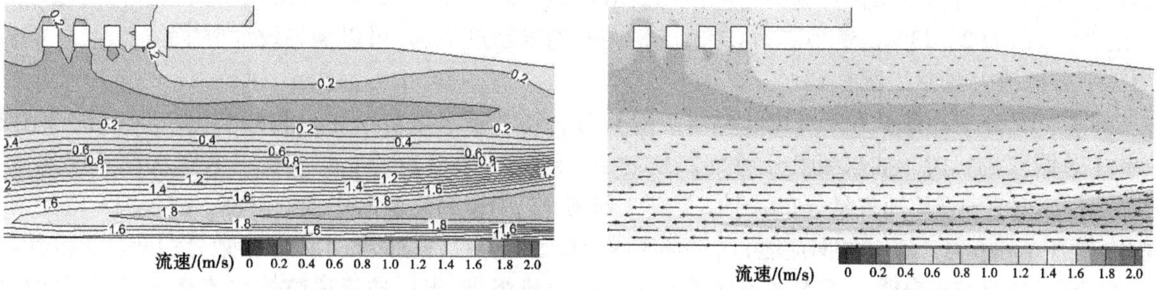

(b)⑥号流道

**图6 死水位2台机（单洞双机）发电时流速及流速矢量分布纵剖图**

工况一计算结果表明，正常蓄水位745.0 m，2台机发电（单洞双机）时，流量均为2×100.1 $m^3/s$，各流道的主流位于流道的中部偏下，流道调整段上部存在较弱的回流区，回流流速较小，不超过0.3 m/s，回流区的范围不大，到拦污栅断面基本消失，且未出现水流脱壁或负压流态，无破坏作用。各流道流量分配比较均匀，分流比最大值为26.71%，最小值为23.51%，偏差均未超过4%，拦污栅孔口处流速不均匀系数为2.27~2.74。

表1 $Z=745.0$ m，2 台机（单洞双机）发电时下库各流道流量分配及拦污栅断面水力学参数

| 项目 | 参数值 | | | |
| --- | --- | --- | --- | --- |
| | ⑤号流道 | ⑥号流道 | ⑦号流道 | ⑧号流道 |
| $v_{平均值}$/（m/s） | 0.62 | 0.62 | 0.69 | 0.70 |
| $v_{max}$/（m/s） | 1.50 | 1.70 | 1.70 | 1.60 |
| $v_{max}/v_{平均值}$ | 2.42 | 2.74 | 2.47 | 2.27 |
| $(Q_i/Q_t)$/% | 23.67 | 23.51 | 26.11 | 26.71 |

表2 $Z=720.0$ m，2 台机（单洞双机）发电时下库各流道流量分配及拦污栅断面水力学参数

| 项目 | 参数值 | | | |
| --- | --- | --- | --- | --- |
| | ⑤号流道 | ⑥号流道 | ⑦号流道 | ⑧号流道 |
| $v_{平均值}$/（m/s） | 0.61 | 0.61 | 0.67 | 0.68 |
| $v_{max}$/（m/s） | 1.40 | 1.70 | 1.60 | 1.40 |
| $v_{max}/v_{平均值}$ | 2.29 | 2.80 | 2.39 | 2.06 |
| $(Q_i/Q_t)$/% | 23.83 | 23.68 | 26.03 | 26.46 |

工况二计算结果表明，与正常蓄水位不同的是死水位 $Z=720.0$ m，比正常蓄水位降低了 25.0 m，4 台机满负荷运行，最大发电流量仍为 $2\times100.1$ m³/s。虽然水位降低，但各流道流态变化不明显，主流仍位于流道的中部偏下，流道调整段上部存在较弱的回流区，回流流速较小，不超过 0.2 m/s，回流区范围较小，同样在拦污栅断面回流区基本消失，且未出现水流脱壁或负压流态，无破坏作用。各流道中流量分配比较均匀，其中分流比最大值为 26.46%，最小值为 23.68%，偏差均未超过 3%，拦污栅孔口处流速不均匀系数为 2.06~2.80。

下库出流（发电工况）时，各工况流态相似，主流位于流道的中部偏下，流道调整段上部存在较弱回流，回流流速较小，不超过 0.3 m/s，并且回流区的范围不大，未出现水流脱壁或负压流态，无破坏作用。拦污栅孔口处流速不均匀系数范围在 2.27~2.80，流速不均匀系数略大，但是最大流速仅为 1.70 m/s，且考虑到拦污栅的平流作用，对拦污栅破坏作用较弱。各流道中流量分配比较均匀，分流比最大值为 28.73%，最小值为 22.34%，偏差均未超过 7%。可以满足设计要求。

### 3.3 下库进流（抽水工况）

抽水工况分别计算了下库进流（抽水工况）时，正常蓄水位 745.0 m 和死水位 720.0 m，2 台机抽水（单洞双机）时，抽水流量分别为 $2\times85.3$ m³/s 和 $2\times66.3$ m³/s，即工况三和工况四。工况三和工况四各流道流速及流速矢量分布纵剖图见图7和图8 [同样因流道沿中轴线对称，故仅展示⑤号流道（侧边流道）和⑥号流道（中间流道）]，各流道流量分配及拦污栅断面水力学参数分别见表3和表4。

工况三计算结果表明，下库进流（抽水工况）时机组进/出口各流道整体水流流态优于下库出流（发电工况），各流道流态对称，流速均匀分布，分流比、流速不均匀系数均满足要求。各流道主流偏向于中下层，在调整段顶板处，均出现小范围的水流回流区，回流流速均小于 0.2 m/s，这是由于进水口顶板为水平顶板，水流 90°死角拐弯，因流速较小，水流并未有脱壁现象产生，无负压和破坏作用。拦污栅孔口处流速分布较均匀，各流道流速不均匀系数均小于 1.3；流量分配也较为均匀，两侧孔口流量稍大于中间 2 孔流量，侧孔流道流量最大分流比为 28.01%，中间流道最小分流比为 22.02%，偏差均未超过 6%，满足要求。

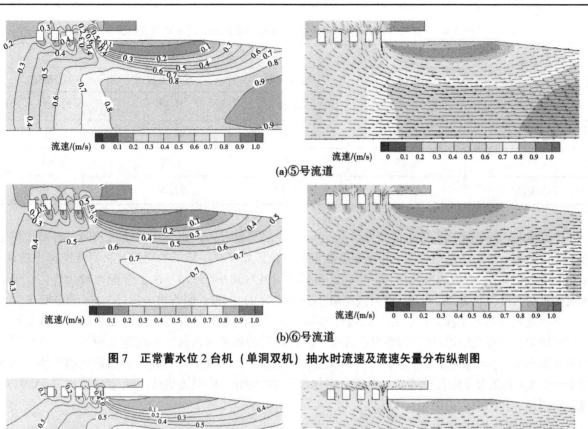

(a)⑤号流道

(b)⑥号流道

**图7 正常蓄水位2台机（单洞双机）抽水时流速及流速矢量分布纵剖图**

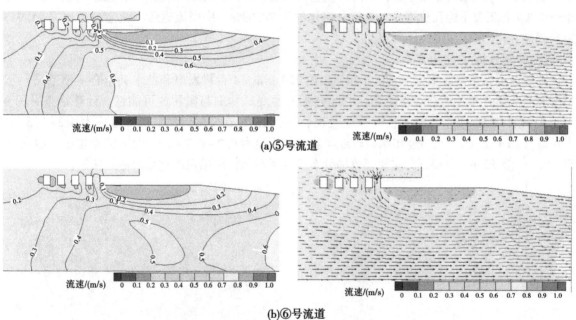

(a)⑤号流道

(b)⑥号流道

**图8 死水位抽水工况2台机运行时，各流道流速及流速矢量分布纵剖图**

表3 $Z=745.0$ m，2台机（单洞双机）抽水时下库各流道流量分配及拦污栅断面水力学参数

| 项目 | 参数值 | | | |
|---|---|---|---|---|
| | ⑤号流道 | ⑥号流道 | ⑦号流道 | ⑧号流道 |
| $v_{平均值}/(m/s)$ | 0.62 | 0.48 | 0.48 | 0.62 |
| $v_{max}/(m/s)$ | 0.70 | 0.60 | 0.60 | 0.70 |
| $v_{max}/v_{平均值}$ | 1.14 | 1.24 | 1.24 | 1.14 |
| $(Q_i/Q_t)/\%$ | 27.96 | 22.02 | 22.02 | 28.01 |

表4 $Z=720.0$ m, 2台机（单洞单机）抽水时下库各流道流量分配及拦污栅断面水力学参数

| 项目 | 参数值 | | | |
|---|---|---|---|---|
| | ⑤号流道 | ⑥号流道 | ⑦号流道 | ⑧号流道 |
| $v_{平均值}/(m/s)$ | 0.48 | 0.38 | 0.37 | 0.47 |
| $v_{max}/(m/s)$ | 0.60 | 0.40 | 0.40 | 0.50 |
| $v_{max}/v_{平均值}$ | 1.25 | 1.06 | 1.07 | 1.06 |
| $(Q_i/Q_t)/\%$ | 28.09 | 22.14 | 21.94 | 27.83 |

工况四与工况三相比，库水位降低了 25.0 m，抽水流量有所减小。计算结果表明，各流道流态与工况三基本一致，主流略偏向于中下层，在调整段顶板处存在小范围的回流区，回流流速小于 0.1 m/s，无破坏作用，各流道流速均匀分布，流速不均匀系数均小于 1.3；流量分配也较为均匀，侧孔流道流量最大分流比为 28.09%，中间流道最小分流比为 21.94%，偏差均未超过 7%，满足要求。

下库进流（抽水工况）时，各工况流态相似，各流道流态对称分布、流速几乎相同、各流道分流比较均匀，仅在机组进/出口调整段顶板处，出现较弱的水流回流区，回流范围较小，回流流速均小于 0.2 m/s，主流偏向于中下层，水流未脱壁，无负压产生，无破坏作用。各流道流速不均匀系数均小于 1.3，各工况下边孔流道最大流量分流比约为 28.09%，中间流道最小流量分流比为 21.94%，偏差未超过 7%，可以满足设计要求。

### 3.4 库盆冲刷分析

计算考虑下库正常蓄水位 745.0 m 和死水位 720.0 m，4台机发电和抽水共组合 4 种工况，分别给出库底的流速分布及流速等值线图，由此分析库盆底部冲刷与淤积的可能性。计算结果见图 9～图 12。从计算结果看出：下库出流（发电工况）下，进/出水口附近库盆底部流速为 0.2～1.5 m/s；下库进流（抽水工况）下，进/出水口附近盆底部流速为 0.2～0.7 m/s，最大流速位于拦沙坎部位及进/出水口前 50 m。可根据库盆流速流场分布和现场地质情况确定库盆是否需要防护。

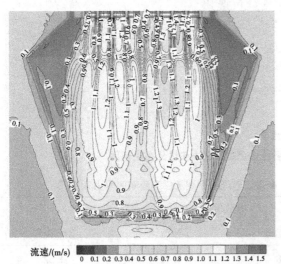
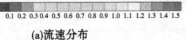

(a)流速分布

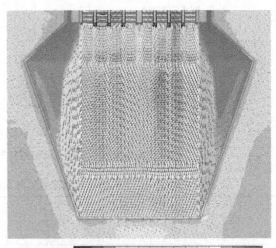

(b)流速矢量分布

图9 正常蓄水位时，4台机发电时下库库区近底流速分布、流速矢量分布图

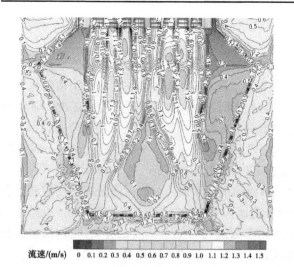

(a)流速分布

(b)流速矢量分布

图10 死水位时，4台机发电时下库库区近底流速分布、流速矢量分布图

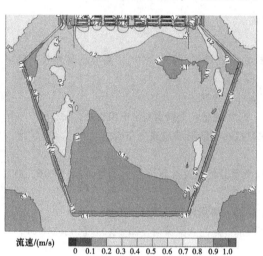

(a)流速分布

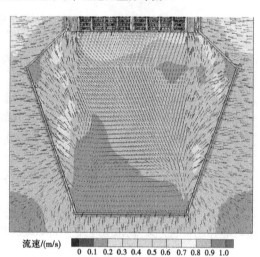

(b)流速矢量分布

图11 正常蓄水位时，4台机抽水时下库库区近底流速分布、流速矢量分布图

(a)流速分布

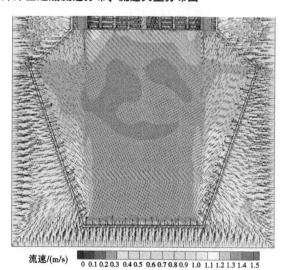

(b)流速矢量分布

图12 死水位时，4台机抽水时下库库区近底流速分布、流速矢量分布图

## 4　结论

通过三维数值模拟计算，对本工程下库侧式进/出水口的流态、流速、分流比、局部水头损失系数及库盆冲刷进行了详细的计算研究，得到下库出流（发电工况）时，电站进/出口水头损失系数为0.243，下库进流（抽水工况）时，水头损失系数为0.124。无论是抽水工况还是发电工况，各流道流态分布类似，均为主流位于流道的中部偏下，流道调整段上部存在小范围回流，回流流速较小，不超过0.3 m/s，无破坏作用。抽水工况拦污栅处流速不均匀系数小于1.3，各流道最大流量分流比约为28.09%，中间流道最小流量分流比为21.94%，偏差未超过7%；发电工况拦污栅处流速不均匀系数小于2.8，但是最大流速仅为1.70 m/s，且考虑到拦污栅的平流作用，对拦污栅破坏作用较弱。各流道最大流量分流比约为26.71%，中间流道最小流量分流比为23.51%，偏差未超过4%。可见，本工程设计体型较好地解决了流量分配不均匀、流速不均匀系数过大等抽水蓄能工程侧式进/出水口的常见问题，具备水头损失小，各流道流态、流速分布较好，流量分配均匀的特点，可供设计采用，亦可以为其他工程设计提供参考。

## 参考文献

[1] 高昂，吴时强. 抽水蓄能电站侧式进出水口体型及水力特性研究进展 [J]. 南水北调与水利科技，2018，16（2）：132-139.

[2] 陆佑楣，潘家铮. 抽水蓄能电站 [M]. 北京：水利电力出版社，1992.

[3] 国家能源局. 抽水蓄能电站设计规范：NB/T 10072—2018 [S]. 北京：中国水利水电出版社，2018.

[4] 孙双科，柳海涛，李振中，等. 抽水蓄能电站侧式进/出水口拦污栅断面的流速分布研究 [J]. 水利学报，2007（11）：1329-1335.

[5] 高学平，李岳东，田野，等. 抽水蓄能电站侧式进/出水口流量分配研究 [J]. 水力发电学报，2016，35（6）：87-94.

[6] 王福军. 计算流体动力学分析 CFD 软件原理与应用 [M]. 北京：清华大学出版社，2004.

[7] 梅家鹏，任晓倩. 某抽水蓄能电站下库侧式进/出水口数值模拟 [J]. 人民黄河，2015，37（1）：108-110.

# 钢壳混凝土结构浇筑过程及脱空区域分布的 CFD 研究

闫玮烁　李松辉　刘勋楠

（中国水利水电科学研究院，北京　100038）

**摘　要：** 钢壳混凝土结构通常采用自密实混凝土浇筑，浇筑过程无法振捣，因此钢壳混凝土结构在混凝土浇筑过程中极易产生脱空缺陷，影响结构的力学性能。本文基于计算流体动力学（CFD）模型开展数值模拟研究，旨在研究自密实混凝土的流动特性，并以此为基础研究钢壳混凝土结构脱空缺陷的产生和分布。研究结果表明，CFD 模型为评估钢壳混凝土结构脱空缺陷的产生和分布特征提供了一种有效的方法，采用 CFD 方法，能够更为准确、全面地揭示钢壳混凝土结构中自密实混凝土的填充及脱空机理。

**关键词：** 钢壳混凝土结构；自密实混凝土；流动特性；脱空缺陷分布；CFD

## 1　引言

钢壳混凝土结构具有优良的抗弯和抗冲击性能，能够承受极端环境和外部荷载作用[1]。通常，钢壳混凝土结构采用自密实混凝土浇筑，而自密实混凝土在施工过程中无须振捣，仅在自重作用下填充模板并自流平，这种施工方式极易导致混凝土–钢板界面处产生脱空缺陷[2]。脱空缺陷会影响混凝土与钢板之间的黏结强度和结构整体的承载力[3-4]。因此，本文针对自密实混凝土在钢壳结构中的流动特性开展研究，揭示钢壳混凝土结构中自密实混凝土脱空缺陷的产生和分布机理，进而优化隔仓结构设计和自密实混凝土施工工艺。

综上，本文基于流体动力学（CFD）数值模拟方法，针对钢制隔仓内的自密实混凝土浇筑和填充过程开展研究，将自密实混凝土建模为宾汉姆流体，采用流体体积法（VOF）跟踪混凝土与空气之间的自由界面，采用两相流模型模拟自密实混凝土和空气间的流变行为，通过 CFD 数值模拟方法分析钢壳混凝土结构脱空缺陷的产生及分布特性，进而达到预测自密实混凝土浇筑质量的目的。

## 2　自密实混凝土流变模型

### 2.1　宾汉姆流体流变模型

根据 Tattersall 和 Banfill 的研究结果[5]，宾汉姆流体可表征新拌混凝土的流变行为。宾汉姆流体在所受外力未达到其屈服值前，表现为弹性固体的性质；在所受外力超过其屈服值后，则表现为流体的性质。宾汉姆流体模型通过屈服应力 $\tau_0$、塑性黏度 $\mu$ 两个流变学参数来描述流体的剪切行为，如下：

$$\begin{cases} \tau = G \cdot \gamma & \tau \leqslant \tau_0 \\ \tau = \tau_0 + \mu \cdot \dot{\gamma} & \tau > \tau_0 \end{cases} \tag{1}$$

---

**作者简介：** 闫玮烁（1995—），女，工程师，主要从事水工结构方面的研究工作。

式中：$\tau$、$G$、$\gamma$、$\dot{\gamma}$ 分别为剪切应力、流体弹性常数、剪切变形和剪切速率。

## 2.2 流体体积（VOF）法控制方程

为了对比并优化隔仓设计，本研究需要模拟隔仓内混凝土的浇筑过程。考虑到混凝土浇筑过程中涉及混凝土与空气的接触及相对运动，本研究采用流体体积（VOF）法进行模拟。VOF 法假设流体互不相溶，当某种流体被添加至计算域中，则引入该流体的体积分数作为新的变量（计算域中所有流体的体积分数之和为 1）。通过定义 CFD 单元中每种流体的体积分数，VOF 法可以捕获不同流体间界面。以两相流（流体 $A$、流体 $B$）为例，计算域中的任意 CFD 单元可能包含一种或两种流体，这取决于 CFD 单元中的流体体积分数（$\alpha_A$ 和 $\alpha_B$），如图 1 所示。

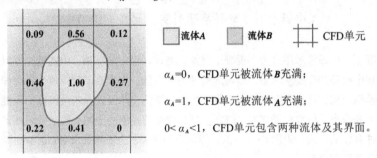

$\alpha_A=0$，CFD 单元被流体 $B$ 充满；

$\alpha_A=1$，CFD 单元被流体 $A$ 充满；

$0<\alpha_A<1$，CFD 单元包含两种流体及其界面。

**图 1　VOF 法确定不同流体及其界面**

在 VOF 法中，流体运动由质量守恒（连续性方程）和动量守恒（运动方程）控制。为了追踪流体间的界面，需求解流体的连续性方程。对于流体 $A$，连续性方程可写为

$$\frac{1}{\rho_A}\left[\frac{\partial}{\partial t}(\alpha_A\rho_A) + \nabla\cdot(\alpha_A\rho_A v_A) = S_{\alpha_A} + \sum_{B=1}^{n}(\dot{m}_{BA} - \dot{m}_{AB})\right] \tag{2}$$

式中：$\rho_A$、$\alpha_A$、$v_A$、$S_{\alpha_A}$ 分别为流体 $A$ 的密度、体积分数、速度和质量源项；$\dot{m}_{BA}$ 为流体 $B$ 到流体 $A$ 的质量转移；$\dot{m}_{AB}$ 为流体 $A$ 到流体 $B$ 的质量转移。

运动方程在整个计算域内求解，并且速度场在流体间共享。运动方程取决于所有流体的体积分数，可写为

$$\begin{cases} \dfrac{\partial}{\partial t}\rho v + \nabla\cdot(\rho vv) = -\nabla p + \nabla\cdot\left[\mu(\nabla v + \nabla v^{\mathrm{T}})\right] + \rho g + F \\[2mm] \rho = \sum\limits_{A=1}^{n}\alpha_A\rho_A \xrightarrow{\text{两相流}} \rho = \alpha_A\rho_A + (1-\alpha_A)\rho_B \\[2mm] \mu = \sum\limits_{A=1}^{n}\alpha_A\mu_A \xrightarrow{\text{两相流}} \mu = \alpha_A\mu_A + (1-\alpha_A)\mu_B \end{cases} \tag{3}$$

式中：$\rho$、$\mu$、$p$、$v$、$g$、$F$ 分别为体积平均密度、体积平均黏度、压力、速度、重力加速度、与表面张力相关的源项。

本文采用连续表面力模型（CSF）[6] 计算流体的表面张力，通过在运动方程中引入源项 $F$ 以反映表面张力的影响。表面张力可以用表面上的压力跳变来表示，采用散度定理，表面上的力可写为体积力，即

$$F = \sum_{pairs\ AB,\ A<B}\sigma_{AB}\frac{\alpha_A\rho_A\kappa_B\ \nabla\alpha_B + \alpha_B\rho_B\kappa_A\ \nabla\alpha_A}{\frac{1}{2}(\rho_A + \rho_B)} \tag{4}$$

$$\xrightarrow[\kappa_A=-\kappa_B,\ \nabla\alpha_A=-\nabla\alpha_B]{\text{两相流}} F = \sigma_{AB}\frac{\rho\kappa_A\ \nabla\alpha_A}{\frac{1}{2}(\rho_A + \rho_B)}$$

式中:$\sigma_{AB}$ 为流体 A 与流体 B 之间的表面张力;$\kappa$ 是由单位法线散度定义的曲率。

## 3　方法验证及参数校核

本文采用"Fifty-cent rheometer"方法[7]初步估算自密实混凝土的屈服应力,自密实混凝土的屈服应力与最终扩展半径间的关系由公式(5)给出:

$$\tau_0 = \frac{225\rho g \Omega^2}{128\pi^2 R^5} \tag{5}$$

式中:$\tau_0$、$\rho$、$g$、$\Omega$、$R$ 分别为混凝土屈服应力、密度、重力加速度、体积和最终扩展半径。

本研究中的参数分别取值为:$\rho = 2\,300 \sim 2\,350 \text{ kg/m}^3$,$g = 9.81 \text{ m/s}^2$,$\Omega = 0.001\,75\pi \text{ m}^3$,$R = 0.305 \sim 0.350 \text{ m}$,由此初步估算的混凝土屈服应力取值范围为 23.13 $\sim$ 47.02 Pa。

### 3.1　坍落扩展度试验

坍落扩展度试验是评价自密实混凝土流变性能的传统试验方法,也是检验混凝土和易性是否满足要求的主要手段。因此,本研究选择坍落扩展度试验来验证 CFD 模型的有效性,并对参数进行初步标定。

在坍落扩展度试验中,将混凝土一次性填入坍落度筒并抹平表面,整个过程无振捣及压实。而后,在 5 s 内垂直提升坍落度筒,令混凝土自由流动,直至达到稳定状态。在数值模拟中,首先在坍落度筒模型中生成自密实混凝土流体模型,然后删除坍落度筒模型并使自密实混凝土模型在自重作用下扩散,在自密实混凝土模型流速基本保持不变时,测量自密实混凝土模型的最终扩展直径,并与试验结果进行对比,如图 2 所示。自密实混凝土模型的最终扩展形状与试验中自密实混凝土的扩展形状基本一致,数值模拟的最终扩展直径与试验中直径极为接近,分别为 647.2 mm 和 650.0 mm。

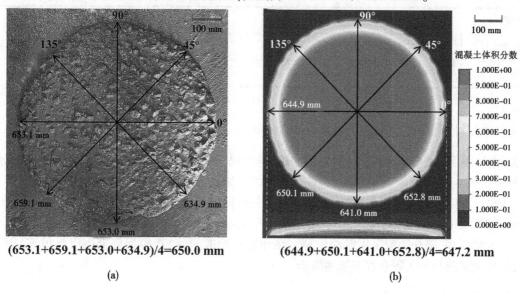

图 2　坍落扩展度试验及其 CFD 模拟结果

### 3.2　L 形箱试验

自密实混凝土的流动性可通过 L 形箱试验进行评估,本节采用与 3.1 节相同的自密实混凝土和自密实混凝土模型分别进行试验及数值模拟,以进一步验证参数。

在 L 形箱试验中,首先在垂直通道中浇筑自密实混凝土,浇筑完成后垂直提升滑门,自密实混凝土通过钢筋并进入水平通道。在数值模拟中,首先在 L 形箱模型的垂直通道中填充自密实混凝土模型,计算开始后自密实混凝土模型沿水平通道流动,直至速度基本保持不变。

基于 L 形箱试验及其数值模拟结果,对比自密实混凝土在不同位置处的流动情况,如图 3 所示。对比结果表明,自密实混凝土模型的流动距离及液面线与真实自密实混凝土的流动表现基本一致,自密实

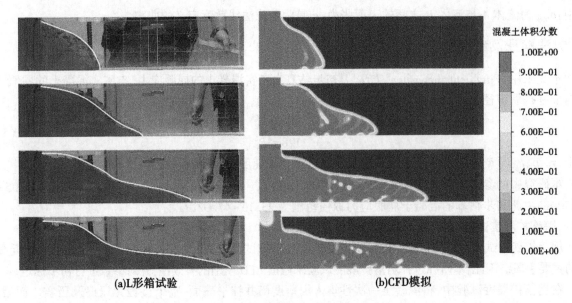

(a)L形箱试验　　　　　　　　　　　　(b)CFD模拟

**图3　L形箱试验及其CFD模拟结果**

混凝土模型在流动结束时的 $h_2/h_1$ 值与试验结果较为接近。以上对比结果说明,本文采用的自密实混凝土模型能够较准确地模拟真实自密实混凝土的流变行为,进一步证明了参数的准确性和 VOF 法的适用性,数值模拟中的计算参数如表1所示。

**表1　CFD模拟中的计算参数**

| 参数 | 值 | 单位 | 参数 | 值 | 单位 |
|---|---|---|---|---|---|
| 密度 | 2 400 | kg/m³ | 黏度 | 20 | Pa·s |
| 屈服应力 | 35 | Pa | | | |

## 4　数值模型及网格划分

以某钢壳混凝土沉管隧道的设计资料为基础,建立隔仓的数值模型。以标准隔仓为例,其几何尺寸及数值模型如图4(a)所示。为便于对比分析,根据 T 型钢肋的位置,将隔仓内分为五个区域(Ⅰ~Ⅴ),如图4(a)所示。标准隔仓采用 1 129 824 个单元进行空间离散,单元尺寸为 1.3~102.55 mm。CFD 网格及边界条件如图4(b)所示,浇筑入口采用速度入口,浇筑速度为 20 m³/h,10 个排气孔采用压力出口,压力为大气压强,隔仓边壁采用壁面模型。在计算初始时刻,CFD 模型完全由空气填充,随着计算的进行,SCC 由浇筑口进入隔仓直至填满隔仓。

## 5　流变机理分析

为了初步判断脱空缺陷位置,验证数值模拟结果的合理性,本研究采用冲击映像法[8]对标准隔仓内脱空缺陷的位置和深度进行检测。冲击映像法的理论基础是弹性波理论。当表面钢板受到冲击时,会激发结构内部的弹性波场。一旦混凝土与钢板间存在脱空区域,则钢板上弹性波场的分布特征就会发生变化。因此,通过对钢板表面弹性波场分布的逆映射分析,即可推断出钢板与混凝土之间的脱空区域。

标准隔仓的脱空缺陷探测结果如图5(a)所示,自密实混凝土整体浇筑质量较好,脱空严重的位置主要集中在浇筑孔周围、T 型钢肋和区域Ⅲ两端靠近隔仓侧壁处。同时,本研究模拟了标准隔仓中自密实混凝土的浇筑过程,其混凝土分布如图5(b)所示。模拟结果表明,浇筑孔附近的自密实混凝土体积分数变化明显,在 T 型钢肋附近、区域Ⅱ和区域Ⅳ中部以及区域Ⅲ两端的混凝土体积分数明显低于周

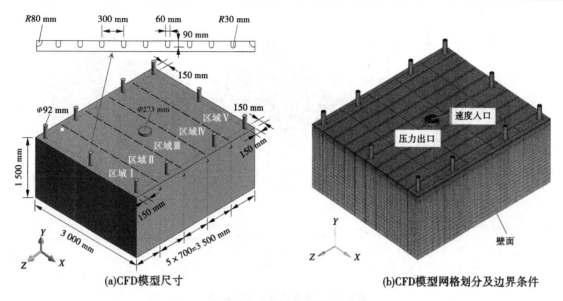

图4 标准隔仓数值模型

围区域。将试验结果与数值模拟结果进行对比,可以发现数值模拟结果与试验结果基本一致,且数值模拟结果能够更准确、全面地反映自密实混凝土的流动行为和脱空缺陷的分布情况。

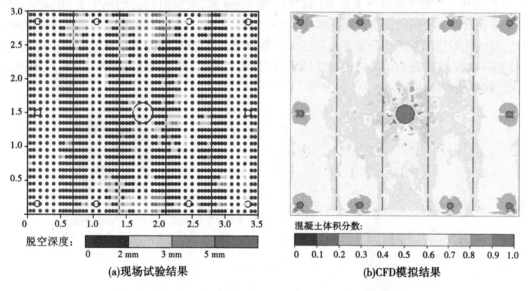

图5 脱空缺陷的现场检测结果及数值模拟结果对比

因此,本研究以标准隔仓为例,采用 CFD 数值仿真方法,分析自密实混凝土在小空间、多肋板、少排气孔的复杂钢制隔仓内的流动填充机理。随着自密实混凝土的不断注入,隔仓内自密实混凝土的自由表面逐渐升高,空气在混凝土浆液的作用下扰动、激发,并通过 T 型钢肋处的连通孔聚集至排气孔位置,形成排气通道,最终通过排气孔排出隔仓。在此过程中,部分空气受混凝土及结构的阻挡,在连通孔与排气孔附近聚集,形成脱空区域。

图 6 为监测点处流体速度曲线及标准隔仓内的流线图。从图中可以看出,在自由液面高度达到 1.498 m 之前($t=12$ s),随着液面抬升,隔仓内气压逐渐增大,监测点的空气速度迅速增加。随后,当自由液面浸没监测点时,流态逐渐趋于平缓,监测点流速逐渐减小直至稳定状态。标准隔仓中监测点的峰值速度为 0.052 m/s。当液面升高至 1.5 m($t=80$ s)时,隔仓内气体通道被自密实混凝土浆液隔断,气体的运动速度趋于 0,因此在 T 型钢肋等远离排气孔的位置附近,空气易产生积聚、滞留等现象,形成脱空区域。

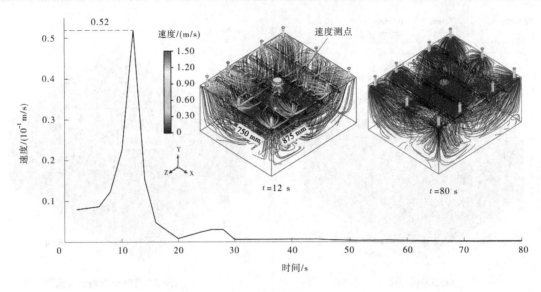

图 6　标准隔仓内流速变化过程

隔仓内脱空面积占比如图 7 所示,分别自隔仓上表面以下取深度为 1 mm、2 mm、3 mm、5 mm 的云图切面(图 7 自左向右),并分别统计各切面的混凝土体积分数。结果表明,标准隔仓内脱空区域集中在 2 mm 深度以内。混凝土界面深度由 1 mm 增加至 2 mm 时,脱空面积占比减少了 76.23%,在深度 3 mm 及 5 mm 处的脱空面积占比仅为 0.84%、0.43%,可认为在 3~5 mm 范围内几乎无脱空缺陷。值得注意的是,排气孔附近液面的抬升速度与高度大于其他部位,自密实混凝土浆液的液面由排气孔位置向中部区域逐渐升高,气体最终密闭在中部区域附近,如图 7 所示,深度为 1 mm 和 2 mm 范围内,脱空区域集中在区域Ⅲ的中部肋板两侧。

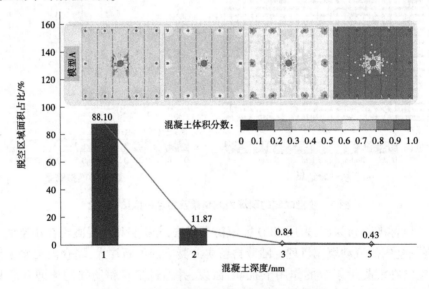

图 7　隔仓内脱空缺陷分布及脱空面积占比

## 6　结论

基于 CFD 数值仿真方法,本文对钢制隔仓内自密实混凝土的浇筑和填充过程进行模拟,将自密实混凝土建模为宾汉姆流体,并采用流体体积法表征混凝土与空气间的界面及相互作用,揭示了钢壳混凝土结构中脱空区域的产生及分布机理,进而达到预测自密实混凝土浇筑质量的目的。模拟结果显示:隔仓内空气随着混凝土的注入受到扰动,通过 T 型钢肋上的连通孔聚集至排气孔位置,形成排气通道,最终排出隔仓,而部分空气受混凝土浆液及结构的阻挡,在连通孔与排气孔附近聚集,则形成脱空区域。

# 参考文献

［1］ Huang Z, Richard Liew J Y. Steel-concrete-steel sandwich composite structures subjected to extreme loads［J］. International Journal of Steel Structures,2016,16(4):1009-1028.

［2］ Richard Liew J Y, Yan J, Huang Z. Steel-concrete-steel sandwich composite structures-recent innovations［J］. Journal of Constructional Steel Research,2017,130:202-221.

［3］ Wang Y, Lu J, Liu S, et al. Behaviour of a novel stiffener-enhanced steel-concrete-steel sandwich beam subjected to impact loading［J］. Thin-Walled Structures, 2021, 165:107989.

［4］ Guo Y, Nie X, Tao M, et al. Bending capacity of steel-concrete-steel composite structures considering local buckling and casting imperfection［J］. Journal of Structural Engineering, 2019, 145(10):04019102. 1-04019102. 16.

［5］ Tattersall G H , Banfill P . The rheology of fresh concrete［M］. Pitman Advanced Publishing Program,1983.

［6］ U B J, B K D, C Z. A continuum method for modeling surface tension［J］. Journal of Computational Physics, 1992, 100(2):335-354.

［7］ Roussel N, Coussot P. "Fifty-cent rheometer" for yield stress measurements: from slump to spreading flow［J］. Journal of Rheology, 2005,49(3):705-718.

［8］ Liu R,Li S,Zhang G, et al. Depth detection of void defect in sandwich-structured immersed tunnel using elastic wave and decision tree［J］. Construction and Building Materials,2021,305:124756.

# 基于滑面应力法和有限元强度折减法的土石坝坝坡稳定分析

宋 力[1,2] 郭博文[1,2]

(1. 黄河水利科学研究院,河南郑州 450003;
2. 水利部堤防安全与病害防治工程技术研究中心,河南郑州 450003)

**摘 要**:以某土石坝为例,基于 GEOSLOPE 和 ADINA 软件,分别采用滑面应力法和有限元强度折减法,对坝体上、下游坝坡抗滑稳定进行了分析,探讨了两种分析方法在土石坝坝坡稳定分析中的适用性。计算结果显示:①随着上游水位增高,上、下游坝坡抗滑稳定安全系数符合一般规律;②各工况下两种方法得到的大坝典型断面上、下游坝坡抗滑稳定安全系数及潜在滑动面位置基本一致,且均满足规范要求;③相较于滑面应力法、有限元强度折减法受特征点位置及坝坡失稳破坏标准选取的,分析步骤略微复杂,实际工程中可基于 GEOSLOPE 软件对坝体边坡稳定进行分析评价。

**关键词**:坝坡稳定;滑面应力法;有限元强度折减法;滑动面

## 1 引言

土石坝由于具有结构简单、对地形地质条件的适应性强等优点,在世界范围内得到广泛应用。我国目前建造了约 8.3 万座土石坝,其中约 30% 的垮坝事故是由渗流和坝坡失稳引起的[1]。土石坝坝坡失稳不仅可能造成坝体受损,甚至溃坝,更有可能给人民生命财产安全带来危害。因此,在土石坝工程设计中坝体边坡稳定分析至关重要[2-6]。目前,用于边坡稳定性分析的方法大体上可分为定性分析和定量分析两大类。

定性分析是在工程地质勘察基础上对坝坡失稳影响因素、失稳的力学机制及破坏发展趋势等进行研究,对边坡的稳定性状况和可能发展趋势进行说明和解释。定量分析是对坝坡抗滑稳定安全系数进行计算,目前分析方法主要为极限平衡法和有限元分析法。极限平衡法是边坡稳定分析使用最为广泛的一种方法,主要方法有瑞典圆弧法、简化 Bishop 法、Janbu 法等,其中瑞典圆弧法是最简单的一种,我国《碾压式土石坝设计规范》(SL 274—2020)[7] 中稳定分析主要以瑞典圆弧法为主。近年来随着数值模拟技术的发展,有限元分析法正逐步成为边坡稳定分析的热门方法。

有限元坝坡稳定分析方法主要分为滑面应力法[8-12] 和有限元强度折减法[13-19]。滑面应力法是建立在有限元应力分析基础上,从极限平衡法演变而来的,根据土体的应力条件,确定最危险滑动面,Fred Lund[8] 将这种方法应用于 GEOSLOPE 软件中。有限元强度折减法采用强度折减概念,结合弹塑性有限元计算原理计算边坡的应力场、应变场和位移场,通过逐步增大给定的折减系数直到计算结果显示坝坡发生失稳破坏,发生破坏时的折减系数就是所求的边坡稳定安全系数。

本文以某大(2)型土石坝为例,分别采用滑面应力法和有限元强度折减法,基于 GEOSLOPE 和 ADINA 分析软件,对坝体上、下游坝坡抗滑稳定进行分析,并对两种方法计算结果进行对比分析,探讨

**基金项目**:黄委优秀青年人才科技项目(HQK-202314)。

**作者简介**:宋力(1979—),男,正高级工程师,主要从事水工建筑物安全鉴定工作。

**通信作者**:郭博文(1988—),男,高级工程师,主要从事水工结构数值模拟研究工作。

两种分析方法在土石坝坝坡稳定分析中的适用性。

## 2 工程相关信息

### 2.1 工程概况

某水利枢纽为Ⅱ等项目,主要建筑物级别为2级。正常蓄水位752.40 m,设计洪水位755.40 m,校核洪水位758.75 m,总库容3.22亿 m³。大坝为壤土心墙砂砾石坝,坝顶长1 008.35 m,坝顶宽7.0 m,坝顶高程760.50 m,最大坝高32.5 m,防浪墙顶高程为761.50 m,上游坝坡为1∶2.75。在坝轴线偏上游1.5 m处为壤土心墙中心线,心墙顶部宽3.0 m,最大高度28.70 m,心墙上、下游侧各设厚1.0 m的粗砂反滤层。混凝土防浪墙与心墙顶部连接,连接部位做止水处理,心墙下部与坝基混凝土防渗墙相连,上游坝坡在高程742.70 m以下采用厚0.4 m干砌石护砌,以上采用厚0.3 m的现浇钢筋混凝土护砌,下游坝坡采用浆砌石骨架河卵石护坡,坝体标准断面如图1所示。

### 2.2 材料参数

表1为坝体和材料相关计算参数。

### 2.3 计算工况

根据《碾压式土石坝设计规范》(SL 274—2020),结合大坝的具体情况,确定以下3种计算工况:

(1)工况1:上游正常蓄水位752.40 m,下游水位731.00 m。

(2)工况2:上游设计洪水位755.40 m,下游水位732.32 m。

(3)工况3:上游校核洪水位758.75 m,下游水位732.40 m。

## 3 基于滑面应力法的土石坝坝坡稳定分析

### 3.1 计算方法

按照《碾压式土石坝设计规范》(SL 274—2020)规定,基于GEOSLOPE软件,采用简化毕肖普法对该大坝上下游坝坡进行抗滑稳定分析,公式如下:

$$K = \frac{\sum\left[(W\sec\alpha - \mu b \sec\alpha)\tan\varphi' + c'b\sec\alpha\right]\dfrac{1}{1 + \dfrac{\tan\alpha\tan\varphi'}{K}}}{\sum\left(W\sin\alpha + \dfrac{M_c}{R}\right)} \tag{1}$$

式中:$W$为土条重量;$\mu$为作用于土条底面的孔隙压力;$\alpha$为条块重力线与通过此条块底面中点的半径之间的夹角;$b$为土条宽度;$c'$、$\varphi'$为土条底面的有效应力抗剪强度指标;$M_c$为水平地震惯性力对圆心的力矩;$R$为圆弧半径。

### 3.2 有限元模型

由于大坝沿坝轴线方向断面信息基本未发生变化,本次选取坝中0+635.18桩号大坝标准断面作为典型断面建立有限元模型,对坝体坝坡稳定问题进行计算分析。基于0+635.18桩号大坝标准断面几何信息,采用GEOSLOPE软件建立了该水利枢纽工程水库大坝典型断面有限元模型,具体如图2所示。其中,$X$方向为顺河向方向,$X$正向指向下游,$Y$方向为竖直方向,模型单元数19 167个,节点数为19 541个。计算过程中坝体和地基材料均采用Mohr-Coulomb本构模型。

### 3.3 坝坡稳定计算分析

限于篇幅,本次仅给出正常蓄水位工况下相关计算结果。图3为正常蓄水位工况下渗流浸润线计算结果,可以看出坝体心墙防渗效果良好。在渗流计算结果基础上,考虑渗流作用的影响,采用3.1节所述方法,对上下游坝坡稳定进行了相关计算,图4为正常蓄水位工况上、下游坝坡抗滑稳定计算结果。

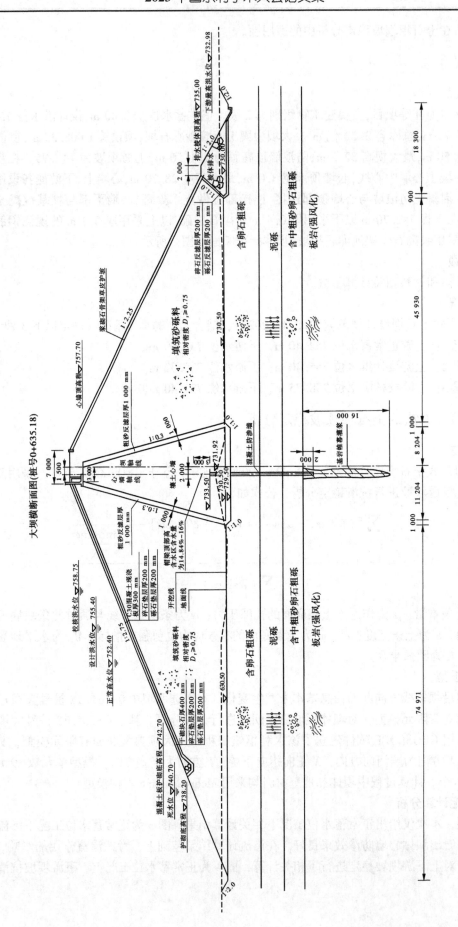

图 1 枢纽大坝 0+635.18 桩号断面图

表 1 相关材料参数

| 位置类别 | | 容重 | | 渗透系数/ (m/s) | 压缩模量/ MPa | 泊松比 | 内摩擦角/ (°) | 黏聚力/ kPa |
|---|---|---|---|---|---|---|---|---|
| | | 湿容重/ (g/cm³) | 饱和密度/ (kN/m³) | | | | | |
| 坝体材料 | 填筑砂砾料 | 21.19 | 21.67 | 2.30×10⁻⁴ | 100 | 0.35 | 37 (水上) 35 (水下) | 0 |
| | 壤土心墙筑料 | 20.17 | 21.2 | 5.80×10⁻⁸ | 30 | 0.45 | 18.5 (水上) 16.0 (水下) | 22 (水上) 19.9 (水下) |
| 地基材料 | 含卵石粗砾 | 17.75 | 21.14 | 1.74×10⁻³ | 120 | 0.3 | 35 | 0 |
| | 泥砾 | 17.66 | 19.62 | 9.95×10⁻⁷ | 52 | 0.4 | 32 | 12 |
| | 含中粗砂卵石粗砾 | 17.85 | 21.14 | 1.16×10⁻³ | 100 | 0.3 | 34 | 0 |

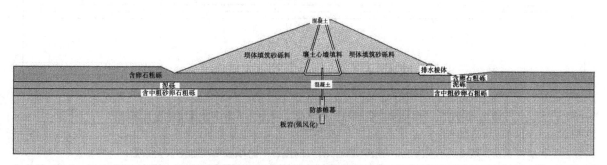

图 2 0+635.18 断面计算模型

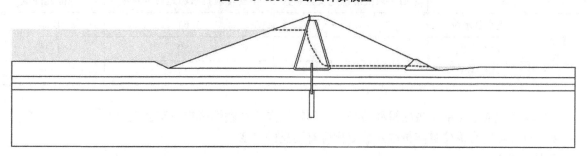

图 3 0+635.18 断面计算模型正常蓄水位工况下渗流浸润线计算结果

表 2 给出了不同静力工况基于 GEOSLOPE 的上、下游坝坡抗滑稳定安全系数汇总情况。可以看出，随着上游水位的增高，上游坝坡内土体逐渐被"压实"，上游坝坡抗滑稳定安全系数逐渐增大，且由于坝体浸润线逐渐升高，下游坝坡抗滑稳定安全系数逐渐减小，符合一般规律；另外，各工况下大坝典型断面上、下游坝坡抗滑稳定安全系数均满足规范要求。

## 4 基于有限元强度折减法的土石坝坝坡稳定分析

### 4.1 计算方法

在坝坡稳定性分析中采用有限元强度折减法时，降低强度参数的计算要进行到坝体进入极限状态，所得到的安全系数在一定程度上依赖于所采用的失稳评判标准。目前，判断坝坡失稳破坏的标准通常包括有限元数值计算的不收敛、塑性区的贯通、广义剪应变的贯通等。本次根据不同折减系数下特征点位移（顺河向和竖直向位移的合成位移）变化规律作为坝坡失稳的判据标准，并结合塑性区贯通的情况来给出坝坡稳定的安全系数，认为特征点位移出现突变（拐点）时对应的安全系数就是坝坡稳定的安全系数。这一判据抓住了坝坡滑动破坏的主要特征，意义明确、界限清晰，规避了引发变形破坏复杂而模糊的内在机理问题，能达到较好的效果。该判据标准对特征点有如下要求：

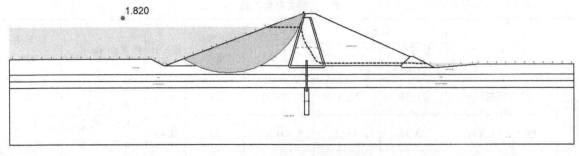

(a)上游坝坡抗滑稳定计算结果

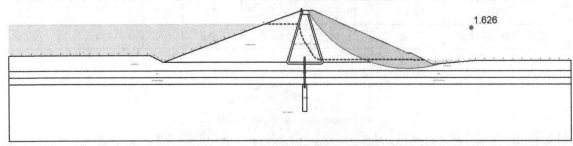

(b)下游坝坡抗滑稳定计算结果

**图 4　0+635.18 桩号典型断面正常蓄水位工况上、下游坝坡抗滑稳定计算结果**

**表 2　不同工况下基于 GEOSLOPE 的上、下游坝坡抗滑稳定安全系数**

| 工况 | | 上游坝坡抗滑稳定安全系数 | 下游坝坡抗滑稳定安全系数 | 规范允许值 |
|---|---|---|---|---|
| 静力工况 | 正常蓄水位 | 1.82 | 1.63 | 1.35 |
| | 设计水位 | 1.96 | 1.59 | 1.35 |
| | 校核水位 | 2.01 | 1.57 | 1.25 |

（1）特征点应在可能出现的滑移路径上，即特征点应在塑性区贯通路径上。

（2）特征点的合成位移随折减系数变化应有明显的突变。

### 4.2　有限元模型

基于典型断面几何信息，采用 ADINA 软件建立了典型断面的二维有限元模型，其中 $X$ 方向为顺河向方向，$X$ 正向指向上游，$Y$ 方向为横河向方向，$Z$ 方向为竖直方向。为保证计算精度，网格均采用四边形网格进行离散，其中单元数为 30 318，节点数为 30 543。防浪墙、防渗墙和帷幕灌浆与坝体以及地基接触的部位采用了薄层单元进行模拟，具体如图 5 所示。同时，为了保证计算结果的准确性，首先对模型进行相关渗流计算，根据不同工况的浸润线位置对坝体进行分区，以正常蓄水位工况为例，图 6 为分区后的有限元模型。为便于对比分析，计算过程中坝体和地基材料同样采用 Mohr-Coulomb 本构模型。

### 4.3　坝坡稳定计算分析

图 7 给出了本次计算中选取的特征点位置，此时特征点的位置出现在可能出现的滑移路径上，且随折减系数的变化有明显的位移突变，如图 8 所示。另外，图 8 仅给出了初步计算时特征点位移与安全系数的变化关系，该图能大致判断出位移出现突变时对应的折减系数，实际分析中应对可能出现拐点时的折减区间进行加密，找出具体出现位移突变时对应的安全系数（折减系数的倒数）。

图 9~图 10 分别给出了正常蓄水位工况上游坝坡和下游坝坡特征点处位移安全系数时程曲线和位移突变处局部放大图。由图可知，上、下游坝坡稳定时的安全系数分别为 1.88 和 1.60。图 11 给出了静力作用正常蓄水位工况下折减系数为 0.5（安全系数为 2）时塑性区贯通情况。

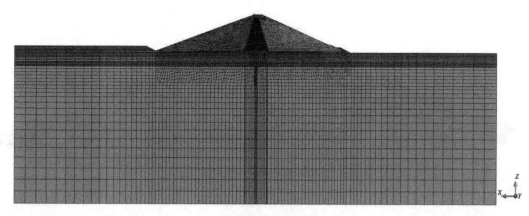

(a)大坝整体有限元模型

(b)坝体、防渗墙以及帷幕灌浆有限元模型

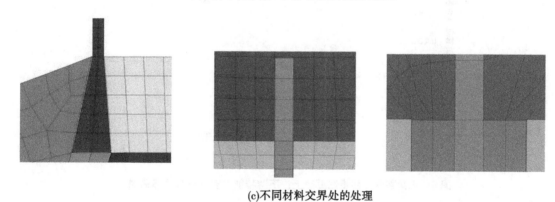

(c)不同材料交界处的处理

图 5　有限元模型信息

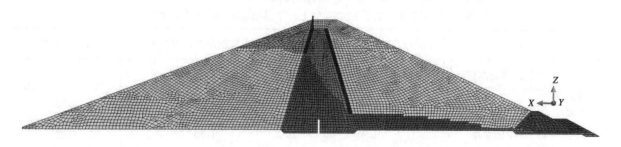

图 6　正常蓄水位工况下分区后坝体有限元模型

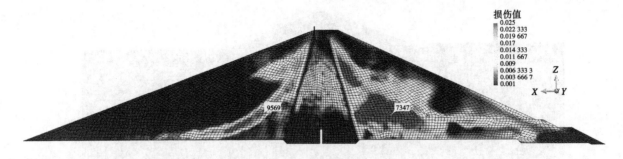

**图7　正常蓄水位工况特征点位置**

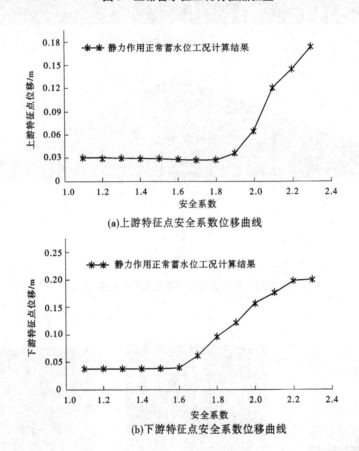

(a)上游特征点安全系数位移曲线

(b)下游特征点安全系数位移曲线

**图8　正常蓄水位初步试算时上、下游特征点安全系数位移曲线**

表 3 给出了不同静力工况基于 ADINA 的上、下游坝坡抗滑稳定安全系数。可以看出，各工况下大坝典型断面上、下游坝坡抗滑稳定安全系数均满足规范要求。

**表3　不同工况下基于 ADINA 的上、下游坝坡抗滑稳定安全系数**

| 工况 | | 上游坝坡抗滑稳定安全系数 | 下游坝坡抗滑稳定安全系数 | 规范允许值 |
|---|---|---|---|---|
| 静力工况 | 正常蓄水位 | 1.88 | 1.60 | 1.35 |
| | 设计水位 | 1.92 | 1.58 | 1.35 |
| | 校核水位 | 1.94 | 1.56 | 1.25 |

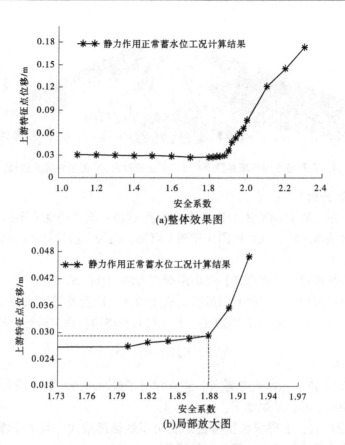

图 9　正常蓄水位上游特征点安全系数位移曲线

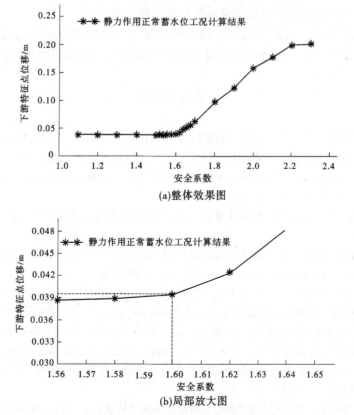

图 10　正常蓄水位下游特征点安全系数位移曲线

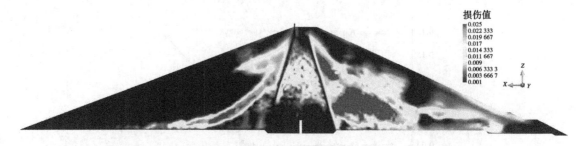

图 11　正常蓄水位折减系数为 0.5（安全系数为 2）时塑性区贯通情况

### 4.4　不同计算结果对比分析

对比表 2 和表 3 可知，基于 GEOSLOPE 软件和基于 ADINA 软件得到的不同工况下坝体上、下游坝坡抗滑稳定安全系数基本一致，且对比图 4 和图 5 可知，两种方法计算得到的潜在滑动面位置也基本一致。

因此，对比土石坝坝坡稳定分析可知，采用滑面应力法和有限元强度折减法均能得到较为准确的计算结果；但相较于滑面应力法，有限元强度折减法受特征点位置及坝坡失稳破坏标准选取的影响，分析步骤略微复杂，实际工程中可基于 GEOSLOPE 软件对坝体边坡稳定进行分析评价。

## 5　结论

本文基于 GEOSLOPE 和 ADINA 分析软件，重点探讨了滑面应力法和有限元强度折减法在土石坝坝坡稳定分析中的适用性。具体结果如下：

（1）随着上游水位增高，上游坝坡抗滑稳定安全系数逐渐增大，且由于坝体浸润线逐渐升高，下游坝坡抗滑稳定安全系数逐渐减小，符合一般规律。

（2）两种方法得到的坝体上、下游坝坡抗滑稳定安全系数及潜在滑动面位置基本一致，各工况下大坝典型断面上、下游坝坡抗滑稳定安全系数均满足规范要求。

（3）相较于滑面应力法，有限元强度折减法受特征点位置以及坝坡失稳破坏标准选取的影响，分析步骤略微复杂，实际工程中可基于 GEOSLOPE 软件对坝体边坡稳定进行分析评价。

**参考文献**

[1] 黄锦林，高志涵，张建伟，等．某土石坝坝坡稳定与防渗体影响分析［J］．广东水利水电，2021（10）：5-10.

[2] 吴坤伟．考虑渗流作用的斜心墙土石坝坝坡稳定分析研究［J］．陕西水利，2022（5）：19-21.

[3] Zhengyang S, Kai Z, Chengdong L. Dynamic risk assessment of slope stability of homogeneous earth-rock dam under action of multiple hazards［J］. SIMULATION, 2022, 98（8）.

[4] 邱媛媛，应豪，王伟，等．基于非线性强度准则土石坝坝坡动力稳定可靠性研究［J］．中国水运（下半月），2021, 21（11）：94-96.

[5] Xiaoying C, Haoqing Y, Xiaohui L, et al. Effects of hydraulic uncertainty on slope stability in an embankment dam［J］. IOP Conference Series：Earth and Environmental Science, 2021, 865（1）.

[6] 任雁平．土石坝坝坡稳定研究［J］．陕西水利，2021（6）：134-135.

[7] 中华人民共和国水利部．碾压式土石坝设计规范：SL 274—2020［S］．北京：中国水利水电出版社，2020.

[8] Fred Lund D G. Scoular R E C. Using limit equilibrium concepts in finite element slope stability analysis［J］. Proceedings of the International Symposium on Slope Stability Engineering, Rotterdam, Balkema, 1999：31-47.

[9] 王成华，夏绪勇，李广信．基于应力场的土坡临界滑动面的蚂蚁算法搜索技术［J］．岩土力学与工程学报，2003, 22（5）：819-823.

[10] 王成华，夏绪勇，李广信．基于应力场的坡临界滑动面的遗传算法搜索［J］．清华大学学报，2004, 44（3）：425-428.

［11］毛建影，卢俊波，温涛，等．基于 GEOSLOPE 的某边坡稳定性及加固分析［J］．公路交通与建设论坛，2010
（3）：42-44.

［12］刘镡璞．基于 GEOSLOPE 的晓街河水库坝体渗流稳定分析［D］．大连：大连理工大学，2013.

［13］赵尚毅，郑颖人，时卫民，等．用有限元强度折减法求边坡稳定安全系数［J］．岩土工程学报，2002（3）：
343-346.

［14］李同春，卢智灵．边坡抗滑稳定安全系数的有限元迭代解法［J］．岩石力学与工程学报，2003，22（3）：
446-450.

［15］栾茂田，武亚军，年廷凯，等．强度折减有限元法中边坡失稳的塑性区判据及其应用［J］．防灾减灾工程学
报，2003（3）：1-8.

［16］赵尚毅，郑颖人，张玉芳．有限元强度折减法中边坡失稳的判据探讨［J］．岩土力学，2005，26（2）：
332-336.

［17］王纪强．基于强度双折减系数法的边坡稳定性分析方法研究［D］．重庆：重庆大学，2019.

［18］罗堂，何超亮．强度折减有限元法在边坡稳定性分析中的应用研究［J］．福建建设科技，2020（3）：63-64.

［19］多仁杰．岩质边坡有限元强度折减法的应用研究［J］．山西建筑，2022，48（21）：96-99.

# 聚氟硅混凝土防渗体的性能研究

刘勋楠[1]　李松辉[1]　赵卫民[2]

（1. 中国水利水电科学研究院，北京　100038；
2. 陕西中能防腐建设发展有限公司，陕西西安　710043）

**摘　要：** 复杂条件下大坝表面防渗问题是制约水利工程长期高质量运行安全的关键难题。本文提出了聚氟硅混凝土防渗体系，阐述了防渗体系的构成及作用机理，在此基础上，开展室内模型实验和现场试验，分析论证了防渗体的主要力学性能、抗渗性、耐久性及施工和易性。结果表明，聚氟硅混凝土防渗体能够解决水利工程中面临的混凝土表面劣化的难题，具有良好的耐久性及和易性，能够推广至我国传统高库大坝及抽水蓄能电站等水利工程中。

**关键词：** 混凝土劣化；表面防护材料；耐久性；聚氟硅混凝土防渗体

## 1　引言

混凝土是水利工程建设中重要的筑坝材料，混凝土的耐久性直接关系到水利工程大坝的安全性和服役寿命。特别是在西部高海拔地区，由于高寒、昼夜温差大、日照紫外强烈等独特的气候环境，混凝土的劣化问题更为严峻。因此，如何采用有效措施阻止或延缓混凝土表面劣化，是当前水利工程发展的关键技术问题之一。

大坝混凝土为非均质多孔结构，在水库水头作用下，坝体内部形成稳定的渗流场，大坝混凝土上、下游之间以及坝体内部与外部空间存在动态水气交流[1]，外界的有害离子通过这些孔隙进入材料内部，对混凝土产生侵蚀作用，导致混凝土出现结构膨胀、开裂和剥落等问题[2]，破坏大坝表面的防护体系，在高水头作用下沿裂缝漏水，引起坝体渗漏，给大坝安全带来严重隐患。

大坝的劣化总是从表面开始向内扩展[3]，因此为了防止或延缓外界因素对混凝土的侵蚀，提升混凝土的耐久性，除科学合理的混凝土原料配方设计外，在工程建设初期对水工建筑物混凝土表面涂覆表面防护材料，使得水工建筑物免受外来侵蚀或减轻危害。随着国内外学术界和政府对混凝土材料表面防护问题的普遍重视，多种混凝土表面防护涂料被提出并得到推广应用[4-7]。然而，与一般的混凝土结构有所不同，大坝表面防护涂料不仅需要协调混凝土基层的变形，阻止空气中的氧气、水、盐类等直接的渗透、扩散，还会面临强太阳辐射、超大温差、低温环境下的冻融循环等复杂气候环境的影响，因此大坝混凝土表面防护材料除了具有良好的力学性能，更应具备优良的耐候性。但是，国内外相关研究工作尚缺乏针对性，研发高性能大坝表面防护材料仍然是推进我国高海拔、高寒地区大型水利工程以及抽水蓄能产业高速发展中亟待攻克的核心技术之一。

为提高混凝土材料的耐久性能，研发了用于水工混凝土结构防渗的材料和技术体系——聚氟硅高分子复合防渗体。本文详细阐述了聚氟硅混凝土防渗体系的组成及作用机理，通过室内模型试验和现场试验论证了防渗体系的功能性及和易性。

## 2　聚氟硅混凝土防渗体特性

聚氟硅混凝土防渗体系由高聚合改性高分子材料和高分子添加剂组成，具有附着力强、耐酸、耐

---

作者简介：刘勋楠（1990—），男，高级工程师，主要从事大坝防渗、大体积混凝土温控、滑坡等方面的工作。

碱、耐老化、防渗漏、防裂、防脱、抗冻融及施工便捷等特点，可在涂层表面形成强疏水效果，起到降低糙率的作用。

## 2.1 聚氟硅混凝土防渗体构成

聚氟硅混凝土防渗体是由超渗透纳米底层、聚合物主防渗层及减阻抗老化面层构成的。

超渗透纳米底层是由改性环氧乳液和水性固化剂、特种助剂组成的，具有强渗透性能，能够深入到混凝土材料 2~15 mm，加固混凝土基层强度、提高基底混凝土的抗渗性能和中涂层与基底的黏结力。超渗透纳米底层中含有特种双端交联剂，如图 1 所示，其中交联剂的一端硅羟基可以和底层混凝土的二氧化硅发生化学键合作用，另外一端可以和水性环氧乳液发生化学反应，增强基层和底漆的附着力。

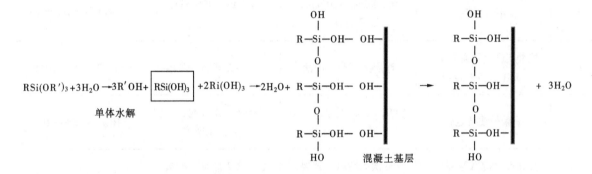

**图 1　交联剂化学键合**

聚合物主防渗层，是由水性聚氨酯改性环氧乳液和水性固化剂、无机抗渗填料、水性偶联剂和特种助剂组成的，增加整体防渗层的抗裂性能和使用寿命。与底涂和面涂有良好的连接作用，可与底、面层发生交联反应增强整体涂层的附着力。聚合物主防渗层中含有聚硅氧烷防水剂包裹的纳米碳酸钙特种填料，如图 2 所示，使得防渗层的憎水性提高，且抗裂性能、黏结强度不降低。

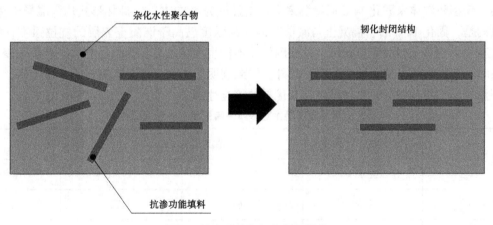

**图 2　纳米碳酸钙韧化封闭结构**

减阻抗老化面层由水性氟硅改性聚氨酯乳液和水性脂肪族异氰酸酯固化剂、特种填料和助剂构成表面保护层，具有抗紫外线、抗腐蚀、抗附着、低表面能等功能。用氟、硅元素对水性聚氨酯树脂进行化学改性，可在保留聚氨酯优异性能的前提下，一方面利用 C-F 键、Si-O 键的化学稳定性提高涂层的耐紫外老化能力，增加使用寿命；另一方面利用引入的憎水基团降低涂层的表面张力，提高涂层的抗渗透能力。

## 2.2 聚氟硅混凝土防渗体的特性

聚氟硅混凝土防渗体属于韧弹性防渗材料，在性能上兼顾了刚脆性和柔弹性防渗材料的优点，同时又克服了刚脆性材料易开裂、柔弹性材料易脱落的不足，其主要力学性能、耐久性能如表 1 所示。

表 1　聚氟硅混凝土防渗涂料性能

| 序号 | 检测项目 | 要求 | 检测值 | 执行标准 |
|---|---|---|---|---|
| 1 | 附着力/MPa | ≥2.5 | 3.1 | JC/T 2217—2014 |
| 2 | 涂层抗渗压力/MPa | ≥1 | 2 | DL/T 5150—2017 |
| 3 | 耐碱性（168 h） | 无异常 | 无异常 | JC/T 2217—2014 |
| 4 | 耐盐性（168 h） | 无异常 | 无异常 | |
| 5 | 不透水性 | 0.3 MPa，120 min，不透水 | 1 MPa，120 min，不透水 | GB/T 19250—2013 |
| 6 | 抗冲击性（落球法）/（500 g，500 mm） | 涂层无开裂、脱落 | 涂层无开裂、脱落 | JC/T 2217—2014 |
| 7 | 耐紫外线抗老化 | 1 000 h，无气泡，无剥落，无裂纹 | 1 000 h，无气泡，无剥落，无裂纹 | HG/T 4758—2014 |
| 8 | 抗冻性（冻融循环）/200 次 | 200 次无脱落、破裂、起泡现象 | 200 次无脱落、破裂、起泡现象 | DL/T 5150—2017 |

## 3　聚氟硅混凝土防渗体室内性能试验

### 3.1　聚氟硅混凝土防渗体与混凝土之间黏结强度试验

为验证聚氟硅防渗体与混凝土表层的黏结性，进行了拉伸黏结强度试验，试验结果如表 2 所示。结果表明，新型防渗体系固化 14 d 后检测最大黏结强度为 4.89 MPa，破坏形式均为混凝土基层破坏。值得注意的是，固化 14 d 后，混凝土与涂层间的黏结强度已高于混凝土表层的抗拉强度，故在拉力作用下，表现为混凝土表面受拉破坏，其检测值并不代表涂层的真实黏结性能，当混凝土表层的抗拉强度提高时，其检测数据也会随之升高。此外，结果表明，各涂层间具有良好的连接作用，试验过程中未出现涂层间的拉伸破坏，涂层整体具有优异的综合性能。

表 2　聚氟硅混凝土防渗体黏结强度试验结果汇总

| 试件 | 黏结强度/MPa | | | |
|---|---|---|---|---|
| | 锭子 1 | 锭子 2 | 锭子 3 | 平均值 |
| 试件 1 | 4.89 | 4.61 | 4.73 | 4.74 |
| 试件 2 | 4.53 | 4.19 | 4.66 | 4.46 |
| 试件 3 | 4.63 | 3.97 | 4.68 | 4.43 |
| 试件 4 | 4.55 | 4.67 | 4.57 | 4.60 |

### 3.2　聚氟硅混凝土防渗体抗渗试验

涂层抵御高水头的渗透性是论证防渗体工作性能的重要参数。为检测防渗体对混凝土抗渗性能的提高，本文依据《水工混凝土试验规程》（DL/T 5150—2017）中混凝土抗渗性试验，制备混凝土试件，并在混凝土表面涂覆防渗体，如图 3 所示。依据规范开展混凝土抗渗试验，结果如图 4 所示。试验结果表明，聚氟硅混凝土防渗体有良好的抗渗性能，混凝土试块能经受 2.2 MPa 水压，在该水压下，试件表面均无渗水现象，涂层与混凝土黏结牢固，涂层无开裂、鼓泡、脱落等现象。

(a)　　　　　　　　　　　　　　　(b)

**图 3　抗渗试验用试块及涂装后试件**

(a)　　　　　　　　　　　　　　　(b)

**图 4　聚氟硅混凝土防渗体试件抗渗试验结果**

### 3.3　聚氟硅混凝土防渗体冻融循环试验

混凝土作为工程建设的主要材料，其性能的好坏一直受到建筑行业的广泛关注，尤其是在特殊自然环境下的混凝土性能更是建筑行业的重点关注对象。我国疆域幅员辽阔，各种极端的自然生态环境均在不同的地区有所表现，其中高寒自然环境更是十分普遍，尤其是东北三省及青藏高原地区，高寒自然环境更是当地自然环境的常态。在这种自然环境下进行工程项目建设，自然会受到高寒自然环境的影响。混凝土表面的防护材料在低温冻融循环作用下极易产生性能劣化甚至最终失效等问题，为了探究聚氟硅混凝土防渗体在低温冻融循环作用下的耐久性能，本文采用快速冻融试验机对涂敷防渗体的混凝土试件进行室内模型试验，论证其抗冻性。

试验设置冻融循环一次时间为 4 h，循环 200 次，其中试件 A、B 和 D 涂装了复合涂层。试验结果如图 5 所示。

结果表明，200 次冻融循环以后，试件 B 和 D 均未出现开裂、剥落等现象，其余试件在未达到 200 次循环值时出现不同程度的脱落现象。涂装有复合涂层的试件质量没有损失，弹模下降 12.8%。可以看出聚氟硅混凝土防渗体具有优异的抗冻性，涂刷涂层的混凝土试件经历 200 次冻融循环后，表层未出现劣化现象，涂层工作性能优良，说明涂层能够应用于我国高寒、高海拔地区的涉水建筑物防渗工程中。

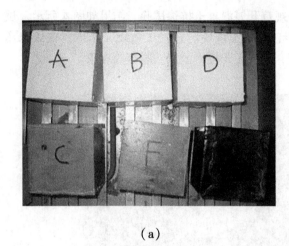
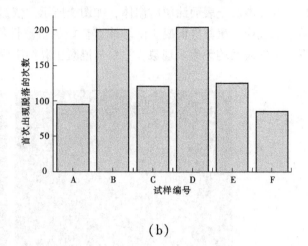

（a）　　　　　　　　　　　　　　　　（b）

图 5　冻融循环试验结果

## 4　高海拔地区聚氟硅混凝土防渗体性能试验

为验证聚氟硅混凝土防渗体在高海拔地区的施工和易性及防渗体固化后的物理性能，选择某在建大坝电机房基础混凝土立面为涂层试验段，总面积约 6 m²，如图 6 所示。工程位于金沙江上游干流上，冬季温差较大，大坝混凝土含水率较大。混凝土基面湿度大不但会给坝面防渗施工带来影响，同时水汽会直接影响涂层与混凝土基层的黏结力，容易造成鼓包、开裂等问题。

试验段局部示意图

图 6　试验段位置示意图

依据基层面处理→底层施工→中间层施工→面层施工→养护的施工顺序对混凝土基层进行涂层施工，涂层总厚度约 1 mm，采取分层控制湿膜厚度的施工方法，即底涂层厚度为 40~50 μm、中涂层厚度为 800~1 000 μm、面涂层厚度为 80~100 μm。各涂层涂装结束后进行湿膜厚度检测，涂层涂装结束后 14 d 进行黏结力测试。各阶段混凝土基面对比如图 7 所示，结果表明：初始混凝土基面较为平整，但仍存在孔洞、棱台等，通过基层打磨、修补等工艺，使混凝土基面达到平整、清洁；底涂层具有渗透性，涂装结束时为白色，经过化学反应及渗透作用，最终底涂层呈透明状；中涂层涂装结束后，混凝土基面的所有孔洞、缺陷基本已填平，试验段表面较初始时界面形态更平整；面涂完成后混凝土外观好，界面无孔洞，防渗性好，表面光滑；涂层的涂装过程中，无须特殊养护，具有优良的施工和易性。

分别于涂层涂装后 3 d、7 d 和 14 d 进行涂层黏结力测试，如表 3 所示。结果表明，不同龄期涂层的破坏形式均相同，均在混凝土基层达到抗拉强度产生破坏。随着龄期的增长，涂层的附着力也逐渐增加，养护 3 d，涂层的附着为 2.12 MPa，至 14 d 时，涂层附着力已达 3.59 MPa，黏结力大小满足工程需求。

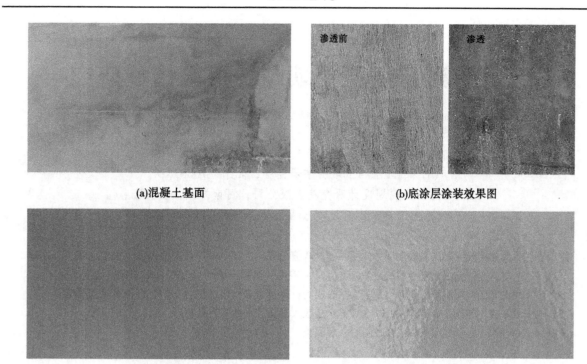

(a)混凝土基面                                    (b)底涂层涂装效果图

(c)中涂层涂装效果图                              (d)面涂层涂装效果图

图 7　各涂装同阶段混凝土表层对比图

表 3　不同龄期涂层体系黏结强度结果汇总

| 涂层检测项目 | 技术要求 | 3 d 数据 | 7 d 数据 | 14 d 数据 |
|---|---|---|---|---|
| 黏结强度/MPa | ≥2 | 2.12 | 3.11 | 3.59 |

## 5　结语

　　为提高水工混凝土结构的耐久性，本文提出了一种新型的混凝土表面保护体系，即聚氟硅混凝土防渗体，该体系具有附着力强、耐酸、耐碱、耐老化、防渗漏、防裂、防脱及施工便捷等特点。本文通过理论阐述和相关试验论证，从单一涂层的主要工作性态出发，对各涂层的主要物理力学性能和耐久性进行试验论证。在此基础上，开展现场实验论证，结果表明，聚氟硅混凝土防渗体能够解决当前水利工程中面临的混凝土表面劣化的难题，且具有良好的施工和易性，能够推广至我国传统高库大坝及抽水蓄能电站等水利工程中，具有较好的经济、社会价值。

### 参考文献

[1] 卢建华，傅丹. 水库大坝混凝土表面保护材料应用综述 [J]. 胶体与聚合物，2017，35（4）：177-180.

[2] 王媛怡，陈亮，汪在芹. 水工混凝土大坝表面防护涂层材料研究进展 [J]. 材料导报，2016（9）：81-86.

[3] 杜科，韩炜，李珍，等. 大坝涂层材料的研究进展 [J]. 化工新型材料，2010，38（4）：12-14.

[4] 张立卿，余家乐，王云洋，等. 渗透结晶水泥基复合材料研究综述 [J]. 材料导报，2023，38（13）：1-30.

[5] 李炳奇，刘小楠，李云途. 水工结构聚脲防渗涂层的力学性能与寿命预测研究 [J]. 水利学报，2020，51（3）：268-275.

[6] 江璐，冯菁，熊泽斌，等. 水工环境下环氧树脂防护修复材料耐老化性能和服役寿命评价的研究进展 [J]. 材料保护，2023，56（9）：142-153.

[7] 刘腾飞，胡昱，李祥，等. 聚氨酯防水保温材料对混凝土抗冻性能的影响 [J]. 水力发电学报，2011，30（1）：132-138.

# 高寒区碾压混凝土坝越冬保温措施研究

张瑞雪[1] 贾 超[2] 高 飞[2] 曾 欣[3] 罗安舒[1] 冯 喆[1]

(1. 中国水利水电科学研究院，北京 100038；
2. 黄河勘测规划设计研究院有限公司，河南郑州 450003；
3. 达州市土溪口水库开发有限责任公司，四川达州 635711)

**摘 要**：本文以黄藏寺碾压混凝土坝为依托，通过数值仿真，计算分析了高寒地区碾压混凝土坝施工期越冬时，混凝土坝的越冬保温措施，计算结果表明，混凝土表面受到气温的影响，温度迅速下降，因此早龄期在混凝土仓面产生较大的拉应力，通过覆盖橡塑海绵保温被，仓面温度缓慢回升、应力改善，能够抵御寒潮在混凝土表面产生较大温降带来的不利影响。

**关键词**：高寒区；碾压混凝土坝；温控防裂；保温被

## 1 引言

水库大坝是推动我国能源结构转型的重要基础设施。随着碾压技术的发展，碾压混凝土坝逐渐成为水库大坝的首选坝型之一[1]。碾压混凝土坝采用薄层铺筑，铺筑块尺寸大、坝体上升速度快且永久性横缝少，混凝土散热不充分，在坝体内产生不可控的温度裂缝[2]。裂缝不仅影响混凝土结构的美观和耐久性，还可能导致结构性能下降和安全隐患。特别是在我国东北地区、西北地区、新疆、青藏高原北部等高寒地区，具有超大温差、冬季极端低温、强辐射、干燥等复杂气候条件，混凝土裂缝问题更加显著[3]。因此，在冬季，暴露的混凝土仓面需要越冬，采取表面防护措施，防止温度裂缝的产生[4]，尤其对于第一年浇筑越冬混凝土，受基础约束作用的影响，温控防裂难度较大[5]。

当前混凝土越冬保温多采用表面覆盖一定厚度保温被的方式，减小内外温差，但保温被厚度的增加，会增加工程造价。本文在此基础上，以黄藏寺碾压混凝土坝为依托，开展高寒地区混凝土越冬保温措施研究，通过数值仿真分析，确定合理经济的越冬保温措施，为我国高寒地区混凝土坝建设提供参考。

## 2 有限元计算理论

依据热传导理论，大体积混凝土的非稳定温度场通过热传导方程描述，即

$$\frac{\partial T}{\partial \tau} = a\left(\frac{\partial^2 T}{\partial x^2} + \frac{\partial^2 T}{\partial y^2} + \frac{\partial^2 T}{\partial z^2}\right) + \frac{\partial \theta}{\partial \tau} \tag{1}$$

式中：$a$ 为导温系数；$\theta$ 为绝热温升。

混凝土的应力依据热力耦合方程求解：

$$[K]\{\Delta\delta_n\} = \{\Delta P_n\} \tag{2}$$

式中：$\{\Delta P_n\}$ 为包括温度等其他外荷载引起的结点荷载增量；$[K]$ 为单元刚度矩阵；$\{\Delta\delta_n\}$ 为单元节点的位移增量。

当混凝土与空气接触，或混凝土保温后保温材料与空气接触时，边界条件为

---

**作者简介**：张瑞雪（1990—），男，工程师，主要从事大体积混凝土智能温控工作。

$$-\lambda \frac{\partial T}{\partial n} = \beta(T - T_a) \tag{3}$$

式中：$\lambda$ 为导热系数；$\beta$ 为放热系数；$n$ 为混凝土表面外法向；$T_a$ 为表面温度。

## 3 工程概况

黄藏寺水利枢纽坝址位于黑河上游东西两岔交汇处以下 11 km 的黑河干流上，距青海省祁连县约 25 km。正常蓄水位 2 628.00 m，水库总库容 4.03 亿 m³，装机容量 49 MW。工程规模属于 Ⅱ 等大（2）型。黄藏寺水利枢纽工程由碾压混凝土重力坝及坝后式电站等组成，坝顶高程为 2 631 m，河床坝段最低建基面高程 2 508.00 m，最大坝高 123 m，坝顶长度为 210 m，共 9 个坝段（见图 1）。

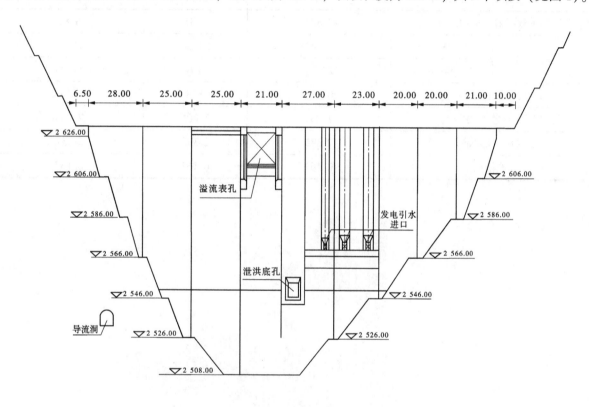

**图 1 黄藏寺大坝上游立视图** （单位：m）

工程区位于青藏高原东北侧的祁连山系，海拔在 2 500.00 m 以上，主要受青藏高原气候的影响，为高寒半干旱气候。坝址地势高峻，气候严寒、湿润。工程区多年平均气温 0.7 ℃，12 月平均气温为-12.2 ℃，极端最低气温-31.1 ℃；7 月平均气温为 10.7 ℃，极端最高气温 30.5 ℃。2022 年越冬层高程为 2 660 m。

本文依托中国水利水电科学研究院张国新研发的大型有限元计算平台 SAPTIS 开展数值仿真，针对典型坝段开展敏感性分析，研究黄藏寺碾压混凝土坝越冬保温的温控措施。

## 4 计算模型及参数

大坝不同分区混凝土材料主要热力学参数如表 1 所示。选择典型溢流坝段建立三维有限元模型，单元总数 62 856，节点总数 72 846，计算模型如图 2 所示，计算约束边界及温度边界条件如图 3 和图 4 所示。

**表 1　主要热力学参数**

| 项目 | | 二级配碾压混凝土 | | 三级配碾压混凝土 |
| --- | --- | --- | --- | --- |
| | | C20F150W8 | C20F300W6 | C15W4 |
| 弹性模量/GPa | 28 d | 23.7 | 25.2 | 22.5 |
| | 90 d | 31.4 | 32.9 | 29.7 |
| 劈拉强度/MPa | 28 d | 1.89 | 2.11 | 1.74 |
| | 60 d | 2.67 | 2.53 | 2.37 |
| | 90 d | 2.94 | 3.11 | 2.58 |
| 导热系数/[kJ/(m·h·℃)] | | 8.823 | 8.83 | 8.81 |
| 绝热温升/℃ | 28 d | 20.42 | 23.58 | 15.56 |
| | 90 d | 22.73 | 26.88 | 17.73 |
| 比热/[kJ/(kg·℃)] | | 0.816 | 0.878 5 | 0.819 6 |
| 线膨胀系数/(10⁻⁶/℃) | | 7.845 | 7.805 | 7.785 |
| 密度/(kg/m³) | | 2 392 | 2 385 | 2 437 |
| 泊松比 | | 0.167 | 0.167 | 0.167 |

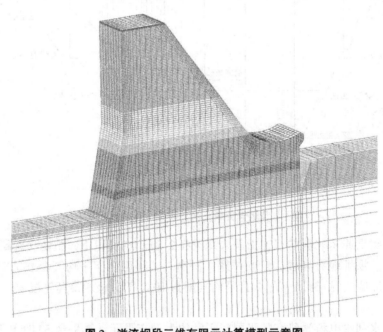

**图 2　溢流坝段三维有限元计算模型示意图**

## 5　计算工况及结果分析

　　计算工况如表 2 所示。依据实际浇筑进度，对典型坝段越冬温控防裂措施开展仿真研究，安全系数计算分别采用混凝土 90 d 虚拟抗拉强度计算，其中虚拟抗拉强度通过混凝土的弹性模量与极限拉伸值相乘计算获得。其中，不同厚度保温被的等效放热系数如表 3 所示，温度及应力计算结果如表 4 所示，不同保温层厚度条件下大坝顺河向拉应力过程线如图 5 和图 6 所示。

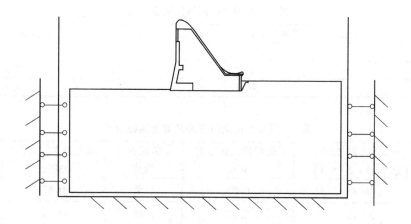

图 3　溢流坝段计算约束边界条件示意图

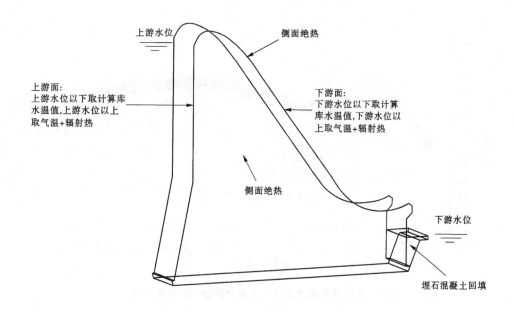

图 4　溢流坝段施工期温度边界条件示意图

表 2　计算工况

| 序号 | 工况号 | 仓面保温系数/<br>[kJ/(m²·d·℃)] | 上游面保温系数/<br>[kJ/(m²·d·℃)] | 下游面保温系数/<br>[kJ/(m²·d·℃)] | 边界条件 | 说明 |
|---|---|---|---|---|---|---|
| 1 | GK1 | 26.93 | 29.7 | 23.9 | 多年平均气温 | 8层保温被<br>（橡塑海绵） |
| 2 | GK2 | 30.70 | 29.7 | 23.9 | 多年平均气温 | 7层保温被<br>（橡塑海绵） |
| 3 | GK3 | 35.71 | 29.7 | 23.9 | 多年平均气温 | 6层保温被<br>（橡塑海绵） |

**表3 混凝土表面最低温度汇总**

| 工况号 | 仓面保温等效放热系数/[kJ/(m²·d·℃)] | 表面最低温度/℃ |
|---|---|---|
| GK1 | 26.93 | 9.39 |
| GK2 | 30.70 | 8.50 |
| GK3 | 35.71 | 7.42 |

**表4 混凝土最大拉应力及安全系数统计**

| 工况号 | 越冬层保温系数/[kJ/(m²·d·℃)] | 早龄期最大拉应力/MPa | 早龄期安全系数 | 越冬最大拉应力/MPa | 越冬安全系数 |
|---|---|---|---|---|---|
| GK1 | 26.93 | 0.95 | 1.85 | 0.67 | 3.72 |
| GK2 | 30.70 | 0.95 | 1.85 | 0.74 | 3.36 |
| GK3 | 35.71 | 0.95 | 1.85 | 0.83 | 3.00 |

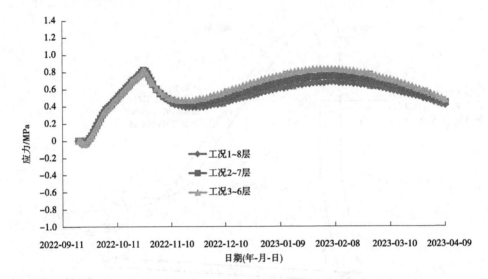

**图5 不同保温层厚度越冬层内顺河向应力对比曲线**

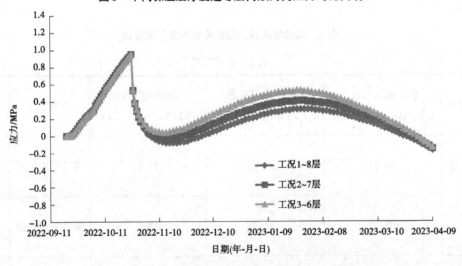

**图6 不同保温层厚度越冬层表面顺河向应力对比曲线**

结果表明，采用表面保温措施，混凝土早龄期拉应力及越冬最大拉应力均得到有效控制，采用6层保温被（橡塑海绵）时，越冬拉应力最大为0.83 MPa，安全系数为3.00，满足温控防裂的要求。

然而，覆盖6层橡塑海绵进行保温时，4#坝段混凝土表面温度最低值为7.42 ℃，低于8 ℃，不满足温控设计要求，与之相比，保温层厚度为7、8层时，最低温度均高于8 ℃。此外，值得注意的是，混凝土表面越冬层表面由于浇筑之后受到气温的影响，温度迅速下降，比内部温度降低速度快，因此早龄期在混凝土仓面产生较大的拉应力，最大拉应力为0.95 MPa，安全系数为1.85。仓面越冬覆盖保温被之后仓面温度缓慢回升，应力改善。覆盖7层橡塑海绵保温被越冬时产生的温度拉应力与虚拟抗拉强度对比所得的安全系数为3.36。

综上所述，秋季浇筑越冬层，宜做好仓面临时保温措施，避免由于寒潮在混凝土表面产生较大温降带来的不利影响。

# 6 结语

本文以黄藏寺碾压混凝土坝为依托，通过非线性有限元数值仿真，研究了高寒地区碾压混凝土坝越冬保温的温控措施，分析了不同保温措施条件下混凝土表面温度及应力发展过程，计算表面最低温度和最大应力，以此为依据拟定越冬临时保温措施，计算结果表明，混凝土表面受到气温的影响，温度迅速下降。因此，早龄期时，混凝土仓面产生较大的拉应力，当覆盖7层橡塑海绵保温被越冬时产生的温度应力有所改善，其表面最低温度达到温控标准值，满足温控防裂的需求。

## 参考文献

[1] 赵二峰，顾冲时. 碾压混凝土坝安全服役关键技术研究进展 [J]. 水利水电科技进展，2022，42（1）：11-20.
[2] 李明超，张梦溪，王孜越. 考虑诱导缝的碾压混凝土重力坝控裂结构温度场与温度应力数值分析 [J]. 水利学报，2017，48（5）：551-559，567.
[3] 雷峥琦，刘毅，朱振泱，等. 高寒区混凝土坝长期运行安全监控预警方法 [J]. 水利水电技术，2022，53（3）：70-77.
[4] 尚层. 高寒地区碾压混凝土坝上游面保温方案比选 [J]. 人民长江，2016，47（1）：80-82.
[5] 张国新，刘茂军，李松辉，等. 高寒区混凝土坝长间歇薄层浇筑越冬保温方法 [J]. 水利学报，2020，51（3）：268-275.

# 藏东南某大型水电站工程区地应力状态及岩爆预测分析

王　斌[1,2]　董志宏[1,2]　刘元坤[1,2]　韩晓玉[1,2]　艾　凯[1,2]　周春华[1,2]　罗　笙[1,2]

(1. 长江水利委员会长江科学院，湖北武汉　430010；
2. 水利部岩土力学与工程重点实验室，湖北武汉　430010)

**摘　要：** 为查明藏东南某大型水电站工程区现今应力环境，采用水压致裂法在该深埋输水隧洞围岩中进行了原地应力测量，并结合隧洞工程参数特征，对其围岩稳定性进行了评价。结果表明：①隧址区水平主应力大小总体上随深度的增加而增大，钻孔位置的最大水平主应力方向为 NEE，最大水平主应力方向侧压系数平均值为 1.5，以水平应力为主导；②现今应力场条件下，输水隧洞围岩岩爆风险随埋深增加而增大，混合花岗岩段和石英砂岩段埋深分别超过 838 m 和 485 m 后存在发生强烈岩爆的可能，在施工中需要注意防范。

**关键词：** 水电站；水压致裂；地应力测量；岩爆；围岩稳定性

## 1　引言

地应力是水利水电工程灾害机理研究、围岩稳定性评价和支护设计等方面的重要基础参数[1-5]。高地应力是造成岩爆及软岩工程灾害的主要影响因素，随着各类地下工程隧洞开挖深度的增加，特别是大型水电站、国家水网长距离引调水等工程将穿越深埋复杂构造带，预期深部地应力引发的工程灾害异常严重，地应力作为深埋隧洞工程灾害机理与防治技术研究的重要基础数据，对认识地下工程灾变或破坏形成的机理具有重要意义。某大型水电站工程区位于西藏东南部，区域构造运动强烈，应力场复杂多变，地层岩性以硬质混合花岗岩和石英砂岩为主，同时为深切河谷地形，以上因素均有利于孕育高地应力环境，造成岩爆及软岩大变形等工程地质灾害。为了保障水电站工程安全建设与运行，需查明工程区现今应力场特征。本文利用水压致裂地应力测量方法，在深埋隧洞围岩中开展地应力测量，分析隧址区地应力量值、方向、结构类型以及关键应力参数特征。在此基础上，结合区域活动构造环境和岩石力学参数，对深埋隧洞岩爆等工程灾害进行科学评估，本研究将为该深埋隧洞规划设计和施工建设提供参考。

## 2　工程地质背景

该藏东南某大型水电站位于西藏自治区易贡藏布干流，发源于嘉黎县西北面念青唐古拉山脉南麓，流至通麦汇入帕隆藏布。其干流全长 286 km，流域面积 13 559 km²，河口处年平均流量 461 m³/s，多年平均年径流量 145.1 亿 m³，天然落差 3 070 m，蕴含极其丰富的水力资源。该水电站为引水式开发方式，电站初拟正常蓄水位 2 738 m、库容 793 万 m³，装机容量 900 MW，为 Ⅱ 等大（2）型工程。工程区地层属冈底斯-腾冲地层区拉萨-察隅地层分区和班戈-八宿地层分区，地层分区界线为嘉黎主

---

**基金项目：** 云南省重大科技专项计划项目（202002AF080003、202102AF080001）；中央级公益性科研院所基本科研业务费项目（CKSF2021462/YT、CKSF2023308/YT、CKSF2023316/YT）。

**作者简介：** 王斌（1990—），男，工程师，主要从事岩体稳定性及构造应力场研究工作。

干断层控制（见图1），处于冈底斯-念青唐古拉造山系中部，班公错-丁青-怒江缝合带南侧，雅鲁藏布江缝合带北侧。区内地层出露不全，连续性较差，沿规划河段主要出露的地层为中新元古界、前奥陶系、石炭系-二叠系、侏罗系、白垩系及新生代第四系等地层。工程属特提斯-喜马拉雅构造域的东段，夹持在稳定的塔里木-中朝、扬子-华南及印度地体之间，其形成、发展经过了多期离散与汇聚，具有独特的地质构造和复杂的地质结构。

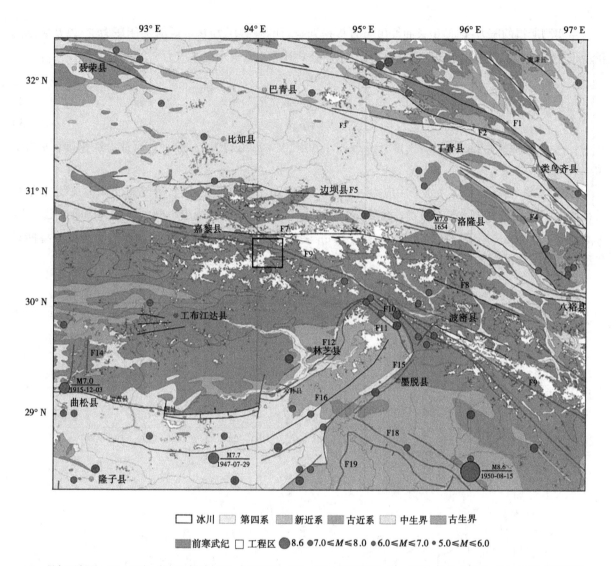

F1—昌都西断裂；F2—巴青-类乌齐断裂；F3—邦达断裂；F4—羊达-亚许断裂；F5—拉达-十字卡断裂；F6—边坝-洛隆断裂；
F7—腊久-十字卡断裂；F8—通更断裂；F9—嘉黎断裂带；F10—迫龙-旁辛断裂；F11—西拉兴断裂；F12—米林断裂；
F13—雅鲁藏布江断裂带；F14—桑日-错那断裂带；F15—黑脱断裂带；F16—拉达-拉孜-邛多江断裂；F17—岗巴-定日断裂；
F18—里帕龙断裂带；F19—喜马拉雅主中央断裂带；F20—喜马拉雅断裂带。

**图 1　区域主要活动断裂及地震震中分布图[6]**

# 3　深埋隧洞围岩地应力测试

## 3.1　水压致裂地应力测量方法

水压致裂地应力测量方法是国际岩石力学学会于 2003 年发布的测定岩石应力的建议方法之一[7]，该方法不需要岩石的力学参数参与计算，具有操作简便、测试周期短、测试深度大和测试结果可靠等特点。在水电工程、交通工程，能源工程中得到了广泛应用，取得了许多有价值的研究成果[8-9]。此次研究的 ZK01、ZK02 钻孔位于电站工程区的输水隧洞位置，从钻探岩芯来看，岩性为微风化混合花岗岩和石英砂岩，钻孔岩芯整体较完整，节长 10~80 cm。现场测量采用单回路水压致裂地应力测量系统，共计完成 18 段有效压裂测试和 4 段有效印模测试。获得的有效压裂曲线均比较标准，具有明显的破裂压力，且裂缝重张、闭合所对应的压力点清晰明确，可用于确定各压力参数值和水平主应力值。

由实测所得的压力-时间记录曲线中可直接得到岩石的破裂压力 $P_b$、瞬时关闭压力 $P_s$ 以及裂缝的重新张开压力 $P_r$，再根据水压致裂法原理[7] 求解公式计算出最大水平主应力 $S_H$ 及垂直主应力 $S_V$：

$$S_h = P_s \tag{1}$$

$$S_H = 3P_s - P_r - P_0 \tag{2}$$

$$S_V = \rho g h \tag{3}$$

式中：$P_0$ 为孔隙压力；$\rho$ 为岩石密度，一般取 $2.60 \times 10^3 \sim 2.70 \times 10^3$ kg/m³；$g$ 为重力加速度；$h$ 为上覆岩石埋深。

利用公式（2）计算最大水平主应力时，$P_s$ 的取值误差将放大 $S_H$ 的计算结果，因而关闭压力 $P_s$ 的准确取值便显得尤为重要。目前，比较常用的 $P_s$ 取值方法有单切线法、$dp/dt$ 法、Mauskat 法、$dt/dp$ 法等[10]，本文采用单切线法、$dp/dt$ 法、$dt/dp$ 法判读关闭压力并取平均值，地应力测试典型曲线见图 2，具体测试结果见表 1。

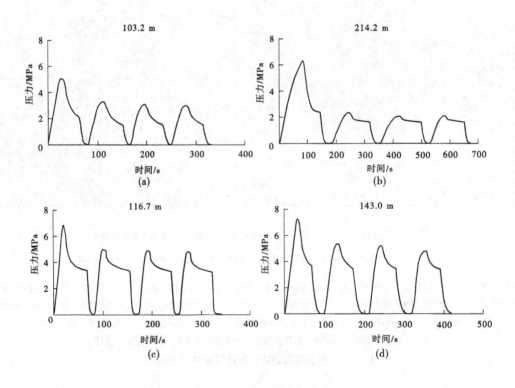

图 2　地应力测试典型曲线

### 3.2　地应力测试结果分析

两个钻孔的地应力测量结果显示，在 77.8~223.8 m 深度范围内（对应高程 2 789.0~2 643.0 m），最大水平主应力为 3.0~8.3 MPa，最小水平主应力为 2.0~6.7 MPa，自重应力为 2.2~6.3 MPa。

**表 1　地应力测试结果**

| 钻孔编号 | 深度/m | 压裂参数/MPa | | | 主应力值/MPa | | | λ | $\alpha_H$ 方位 |
|---|---|---|---|---|---|---|---|---|---|
| | | $P_b$ | $P_r$ | $P_s$ | $S_H$ | $S_h$ | $S_z$ | | |
| ZK01 | 77.8 | 5.3 | 2.1 | 1.2 | 3.1 | 2.0 | 2.2 | 1.4 | |
| | 103.2 | 4.9 | 3.2 | 2.0 | 4.9 | 3.0 | 2.9 | 1.7 | |
| | 118.2 | 3.9 | 2.3 | 1.7 | 5.2 | 2.9 | 3.3 | 1.6 | |
| | 130.2 | 6.4 | 2.2 | 1.8 | 5.8 | 3.1 | 3.6 | 1.6 | |
| | 142.2 | 4.7 | 2.3 | 1.8 | 5.9 | 3.2 | 4.0 | 1.5 | NE50° |
| | 164.4 | 1.8 | 1.2 | 0.7 | 4.2 | 2.3 | 4.6 | 0.9 | |
| | 187.2 | 7.3 | 2.8 | 1.4 | 5.1 | 3.3 | 5.2 | 1.0 | |
| | 196.2 | 5.6 | 2.1 | 1.6 | 6.7 | 3.6 | 5.5 | 1.2 | |
| | 214.2 | 6.3 | 2.3 | 1.6 | 6.6 | 3.7 | 6.0 | 1.1 | |
| | 223.8 | 6.2 | 2.1 | 1.3 | 6.0 | 3.5 | 6.3 | 1.0 | NE61° |
| ZK02 | 80.8 | 3.6 | 2.9 | 1.7 | 3.0 | 2.5 | 2.3 | 1.3 | |
| | 104.0 | 6.6 | 5.1 | 3.0 | 4.9 | 4.0 | 2.9 | 1.7 | |
| | 116.7 | 6.8 | 4.8 | 3.4 | 6.6 | 4.6 | 3.3 | 2.0 | NE56° |
| | 127.1 | 9.6 | 8.5 | 4.5 | 6.3 | 5.8 | 3.6 | 1.8 | |
| | 134.8 | 8.2 | 7.1 | 4.6 | 8.0 | 5.9 | 3.8 | 2.1 | |
| | 143.0 | 7.1 | 5.1 | 4.0 | 8.3 | 5.4 | 4.0 | 2.1 | NE65° |
| | 153.2 | 9.0 | 8.7 | 4.9 | 7.5 | 6.4 | 4.3 | 1.8 | |
| | 162.5 | 10.6 | 9.3 | 5.1 | 7.6 | 6.7 | 4.6 | 1.7 | |

注：$P_b$ 为破裂压力；$P_r$ 为裂缝重张压力；$P_s$ 为裂缝瞬时关闭压力；$S_H$ 为最大水平主应力；$S_h$ 为最小水平主应力；$S_z$ 为铅直应力（岩石容重取 28.0 kN/m³）；λ 为最大水平主应力方向侧压系数（$S_H/S_z$）；$\alpha_H$ 为最大水平主应力方向。破裂压力、重张压力及关闭压力为地表孔口压力值。

从图 3 可以看出，主应力值随着深度的增加总体表现出逐渐增大的趋势，岩体水平应力总体大于铅直应力；随着深度的增加，最小水平应力与铅直应力在量值上逐渐变得接近。表明水平构造应力的作用削弱，铅直应力的作用加强。线性拟合公式（4）近似给出了主应力随深度的变化规律，可以看出，工程区应力场整体上以构造应力为主。

$$\left.\begin{aligned} S_H &= 0.016\,4H + 3.5 \\ S_h &= 0.005\,6H + 3.1 \end{aligned}\right\} \tag{4}$$

印模定向试验结果显示 ZK01 钻孔测点的最大水平应力方向分布在 NE50°～NE61°，整体呈 NEE 向，平均值为 NE55°；ZK02 钻孔测点的最大水平应力方向分布在 NE56°～NE65°，整体呈 NEE 向，平均值为 NE61°；综合 2 个钻孔的印模数据得到岩体最大水平应力方向主要分布在 NEE 向，平均值为 NE58°，与区域应力场方向基本一致。

根据中国大陆构造应力场划分，工程区属于中国西部一级应力区，青藏高原二级应力区，青藏高原南部三级应力区，墨

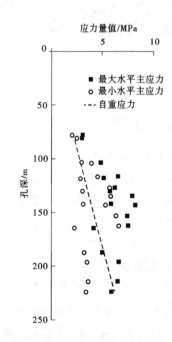

**图 3　钻孔主应力量值与孔深关系**

脱-昌都四级应力区。目前,研究区内应力数据以震源机制解反演得到为主,原地应力实测数据非常匮乏。工程区地应力结构以走滑型为主,区域水平最大主应力方向以 NE-NEE 为主(见图4),主应力方向在东构造结附近发生了顺时针方向的偏转,且南部→北部表现为 NNE→NE,与 NWW 走向断裂呈近垂直或大角度相交,与 NE 走向断裂呈近平行或小角度相交。前人在邻近研究区内林芝地区和拉日线(拉萨至日喀则铁路线)峡谷区开展了原地应力测量试验[11],测试方法均为水压致裂法,获得了测点应力状态,包括应力量值和应力方向(见图4)。林芝测点和拉日测点的最大水平主应力方向为 NE-NEE 向,其中拉日测点离工程区较近,两者应力方向较为一致,与林芝测点相距较远,受地形、岩性、局部构造等影响,主应力方向和工程区存在一定偏差,但总体差别不大,说明该区地壳构造运动仍然是应力场的主要控制因素。

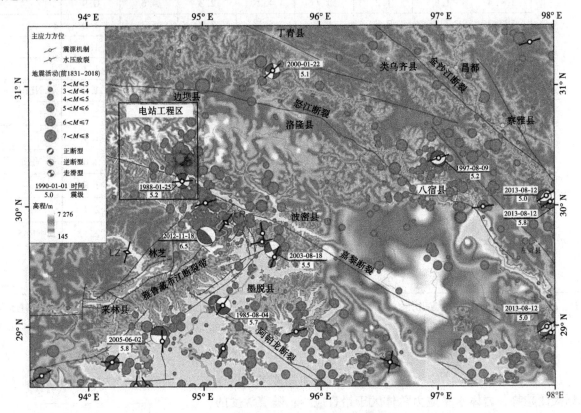

LZ—前人林芝测点;LR—前人拉日线测点。

**图4 昌都-林芝地震活动及构造应力场分布**

## 4 施工期岩爆预测分析

### 4.1 岩爆预测方法

岩爆是在岩体开挖或其他外界扰动下,坚硬岩石在高应力状态下所发生的脆性破裂现象,根据本电站输水隧洞勘察资料,隧址区内主要包含花岗混合岩、石英砂岩等硬质岩,需考虑岩爆风险。岩爆风险评价方法有很多,本文主要采用水利水电行业规范[12]中的岩石强度应力比法和岩石应力强度比法[13](见表2)来探讨岩爆问题。

### 4.2 预测结果

预测分析时隧道断面设为圆形,$R_c$ 值通过岩石力学试验获得,其中花岗混合岩为 70.0 MPa、石英砂岩为 40.6 MPa。不同深度应力值以实测得到的侧压系数平均值进行计算,由此获得了相关判别参数,并分析了输水隧洞不同岩爆风险的埋深分布和岩爆等级情况(见图5)。在岩石强度应力比判据下,隧洞围岩混合花岗岩段自 240 m 埋深处开始发生轻微岩爆,420 m 埋深处开始发生中等岩爆,

838 m 埋深处开始发生强烈岩爆，不具备发生极强岩爆的可能；石英砂岩段自 139 m 埋深处开始发生轻微岩爆，埋深大于 242 m 时开始发生中等岩爆，埋深大于 485 m 时开始发生强烈岩爆，不具备发生极强岩爆的可能。岩石应力强度比判据下，输水隧洞围岩混合花岗岩段自 237 m 埋深处开始发生轻微岩爆，394 m 埋深处开始发生中等岩爆，550 m 埋深处开始发生强烈岩爆，大于 707 m 埋深处有发生极强岩爆的可能；石英砂岩段自 137 m 埋深处开始发生轻微岩爆，大于 228 m 时开始发生中等岩爆，大于 320 m 时开始发生强烈岩爆，大于 410 m 时有发生极强岩爆的可能。认为强烈岩爆出现的深度与构造应力增加的深度基本一致。输水线路隧洞最大埋深约 817 m，隧洞围岩主要为前奥陶系雷龙库组石英砂岩和花岗混合岩，在输水隧洞埋深范围内存在发生强烈和极强岩爆的可能，在施工中需注意防范。

表 2 岩爆风险判据和分级[14]

| 判别方法 | 判别公式 | 参数 | 判据阈值 | 岩爆分级 | 判据特点 |
|---|---|---|---|---|---|
| 岩石强度应力比法 | $R_c/\sigma_{max}$ | $R_c$ 为岩石单轴饱和抗压强度，MPa；$\sigma_{max}$ 为最大主应力，MPa | 4~7 | 轻微岩爆 | 重点关注隧洞岩体初始应力的影响作用 |
| | | | 2~4 | 中等岩爆 | |
| | | | 1~2 | 强烈岩爆 | |
| | | | <1 | 极强岩爆 | |
| 岩石应力强度比法 | $\sigma_{\theta max}/R_c$ | $R_c$ 为岩石单轴饱和抗压强度，MPa；$\sigma_{\theta max}$ 为隧道开挖面最大切向应力，MPa | [0.3, 0.5) | 轻微岩爆 | 考虑了隧洞开挖过程和初始应力场重分布的影响 |
| | | | [0.5, 0.7) | 中等岩爆 | |
| | | | [0.7, 0.9) | 强烈岩爆 | |
| | | | >0.9 | 极强岩爆 | |

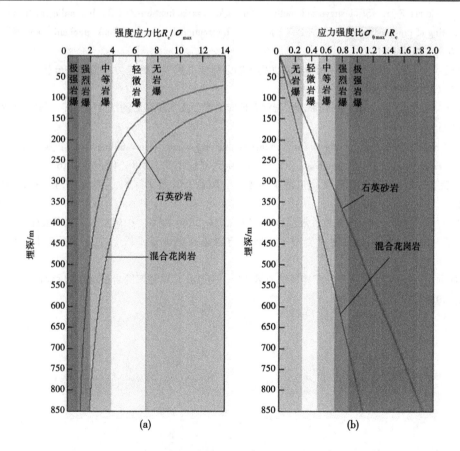

图 5 输水隧洞围岩岩爆可能性分析结果

## 5　结论

采用水压致裂法在藏东南某大型水电站工程区开展了原位地应力测量，获得了隧址区地应力场特征，并对输水隧洞围岩稳定性进行了分析，主要结论如下：

（1）隧址区水平主应力大小总体上随深度的增加而增大，钻孔位置的最大水平主应力方向为NEE，最大水平主应力方向侧压系数平均值为1.5，以水平应力为主导。

（2）现今地应力场条件下，输水隧洞围岩岩爆风险随埋深的增加而增大，混合花岗岩段和石英砂岩段埋深分别超过838 m和485 m后存在发生强烈岩爆的可能，在施工中需要注意防范。

## 参考文献

[1] 蔡美峰，王双红．地应力状态与围岩性质的关系研究［J］．中国矿业，1997，6（6）：38-41.

[2] 何满潮．深部软岩工程的研究进展与挑战［J］．煤炭学报，2014，39（8）：1409-1417.

[3] 何川，唐志成，汪波，等．应力场对缺陷隧道承载力影响的模型试验研究［J］．地下空间与工程学报，2009，5（2）：227-234.

[4] 冯夏庭，陈炳瑞，明华军，等．深埋隧洞岩爆孕育规律与机制：即时型岩爆［J］．岩石力学与工程学报，2012，31（3）：433-444.

[5] 李夕兵，宫凤强，王少锋，等．深部硬岩矿山岩爆的动静组合加载力学机制与动力判据［J］．岩石力学与工程学报，2019，38（4）：708-723.

[6] 李征征，杨文超，张鹏．藏东南某大型水电站工程区地应力状态及反演分析［J］．地质力学学报，2023，29（1）：442-452.

[7] Haimson B C, Cornet F H. ISRM suggested methods for rockstress estimation-Part 3: hydraulic fracturing (HF) and/orhydraulic testing of pre-existing fractures (HTPF) [J]. International Journal of Rock Mechanics and Mining Sciences, 2003, 40 (7/8): 1011-1020.

[8] 陈群策，丰成君，孟文，等．5.12汶川地震后龙门山断裂带东北段现今地应力测量结果分析［J］．地球物理学报，2012，55（12）：3923-3932.

[9] 张鹏，秦向辉，丰成君，等．郯庐断裂带山东段深孔地应力测量及其现今活动性分析［J］．岩土力学，2013，34（8）：2329-2335.

[10] Aamodt L, Kuriyagawa M. Measurement of instantaneous shut in pressure in crystalline rock. Presented at the Workshop on Hydraulic Fracturing Stress Measurements [C]. Monterey, CA, 1981, 218 (4): 715-716.

[11] 孟文，郭长宝，张重远，等．青藏高原拉萨块体地应力测量及其意义［J］．地球物理学报，2017，60（6）：2159-2171.

[12] 中华人民共和国水利部．水工隧洞设计规范：SL 279—2016［S］．北京：中国水利水电出版社，2016.

[13] 徐林生，王兰生．二郎山公路隧道岩爆发生规律与岩爆预测研究［J］．岩土工程学报，1999，21（5）：569-572.

[14] 张重远，杜世回，何满朝．喜马拉雅东构造结西缘地应力特征及其对隧道围岩稳定性的影响［J］．岩石力学与工程学报，2022，41（5）：954-968.

# 水利工程深厚软基基坑监测技术探究

常　衍　邓　恒　卢登纬　陈宇琦

（珠江水利委员会珠江水利科学研究院，广东广州　510611）

**摘　要：** 基坑工程是集地质工程、岩土工程、结构工程和岩土测试技术于一身的系统工程，是水利工程的基础，也是水利工程安全的基石。尤其在深厚软基施工中基坑施工安全风险较大，应加强其安全监测。本文通过沿海地区新建水利工程施工中深厚软基基坑监测实例，分析其规律，为今后相关基坑监测提供相应监测数据参考。

**关键词：** 软基；基坑；水利工程；监测

## 1　引言

基坑监测是指基坑开挖施工过程中，用科学仪器和手段对支护结构、周边环境的变形及地下水位的动态变化等进行综合观测。根据施工期间监测数据，判断施工方案的合理性，对施工过程中可能出现的险情进行及时预报，当有异常情况时指导施工单位采取必要的工程措施的过程[1-3]。本文结合广州某水闸工程，通过对施工期基坑全过程监测，有效指导施工开挖和下部结构施工，并为类似项目提供借鉴。

## 2　工程概况

某水闸位于广州市某滨海河口地区，具有排涝、通航、引水改善水环境、挡潮等综合功能，主要建筑物级别为 1 级，设计流量 115 m³/s。水闸基坑长度约为 145 m，基坑支护采用钢板桩（出水口段）及水泥搅拌桩。基坑开挖采用放坡开挖工艺，共分 3 层开挖。在开挖准备工作完成后，第一层土方从标高 9.0 m 开挖至标高 7.0 m 后，第二层土方开挖至标高 4.0 m。桩基施工完成后启动第三层土方开挖，闸室主体开挖底标高为 -0.1~0.4 m。该工程软土层广泛分布，主要有淤泥、淤泥夹砂、夹砂淤泥质土，层厚达 15~20 m，地质条件较差。结合开挖深度确定该工程基坑安全等级为二级[4]，按设计文件及规范要求应开展基坑安全监测。

## 3　监测内容及监测方法

### 3.1　监测内容

根据设计要求，对基坑周边坡顶水平位移、垂直位移、地下水位、深层水平位移开展监测。开挖深度 ≤5 m，监测频次为每 2~3 d 1 次；开挖深度 >5 m 且 ≤10 m，监测频次为 1 d 1 次。基坑施工期间应严格按照变形速率控制开挖进度，确保工程质量安全。监测横断面图见图 1，主要土层物理学性质见表 1，基坑监测预警值见表 2。

### 3.2　监测方法

#### 3.2.1　表面变形监测方法

基坑开挖过程中的监测通常只要求测得相对变化值，而不要求测量绝对值，所以在侧向位移测量

---

作者简介：常衍（1986—），男，高级工程师，主要从事测绘、工程安全监测检测等工作。

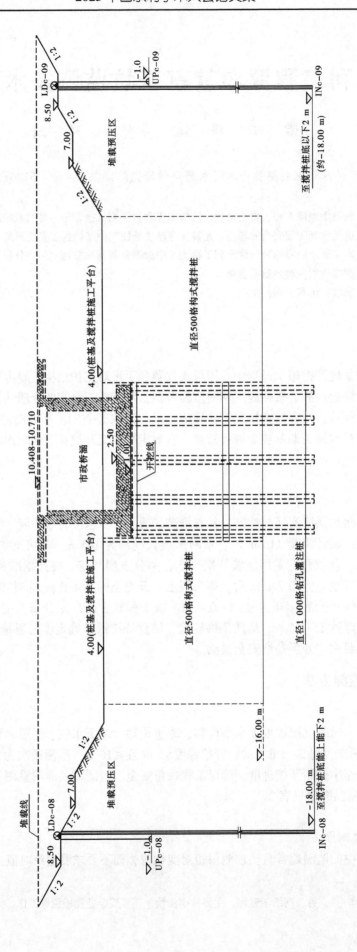

**图 1　监测横断面图**

表1  主要土层物理学性质

| 地层名称 | 层厚/m | 天然含水率 $\omega_0$/% | 天然密度 $\gamma$/(g/cm³) | 土粒比重 $G_s$ | 饱和度 ($S_r$) | 孔隙比 ($e_0$) | 压缩系数 $\alpha$/MPa | 压缩模量 $E_s$/MPa |
|---|---|---|---|---|---|---|---|---|
| ①₁ 杂填土 | 0.3 | 38.5 | 1.81 | 2.64 | | 1.061 | 0.506 | 4.12 |
| ①₂ 黏土层 | 0.3 | 35 | 1.75 | 2.56 | | 0.900 | 0.705 | 3.31 |
| ②₁ 粉质黏土夹粉土 | 3.5 | 56.2 | 1.74 | 2.75 | 96 | 1.589 | 1.392 | 2.15 |
| ②₂ 淤泥质黏土 | 16 | 51.8 | 1.73 | 2.55 | 94 | 1.578 | 1.147 | 2.23 |
| ③₁ 粉质黏土 | 1.8 | 26.0 | 1.97 | 2.77 | 95 | 0.726 | 0.618 | 3.46 |
| ③₂ 中细层 | 0.2 | — | — | — | — | — | — | — |
| ④ 风化土 | 4 | 19.1 | 1.93 | 2.68 | 77 | 0.657 | 0.440 | 4.12 |

表2  基坑监测预警值

| 监测项目 | 警戒值/mm | 控制值/mm |
|---|---|---|
| 深层水平位移（测斜） | 每天连续发展6 | 60 |
| 基坑边坡顶部水平位移 | 每天连续发展6 | 50 |
| 基坑边坡顶部竖向位移 | 每天连续发展6 | 45 |
| 地下水位 | 每天连续发展6 | 1 500 |

的过程中，采取视准线法较为合适，即利用全站仪在两个基准点之间建立一个基准面，以该基准面为依据测定出基坑两侧各个观测点水平位移量，这就是视准线法的原理。该方法操作简单、场地适应性强、不需要其他的专用设备。图2是为变形监测而设置的视准线，其中 $A$ 和 $B$ 为工作基点，$i$ 为观测点，变形观测时为测定 $i$ 点偏离 $AB$ 所构成的基准面的距离，可将全站仪安置在 $A$（或 $B$）点上，再在另一端点 $B$（或 $A$）观测点 $i$ 安置专用的照准站牌，精确测定小角 $\beta_i$，再计算偏移值 $l_i$ 即可。

垂直位移观测按照国家四等水准施测，水准路线经过的工作基点数量要大于或等于2个。每次观测需要一次完成，中途不可中断，进行观测时利用电子水准仪进行，采用中丝读数法，按后—后—前—前的观测顺序对每一路线进行往返观测。首次观测应进行往返观测，观测3次结果取平均值，经平差处理后的高程值，作为沉降变形测量初始值，现场水准路线见图3。观测路线优先采用闭合水准路线，使用稳固的工作基点对沉降监测点进行实时观测，为了提高数据的精度及准确性，观测时实行"五固定"原则，即固定观测人员，固定测量仪器，固定环境条件，固定水准基点、工作基点和监测点，固定观测方法和水准路线。

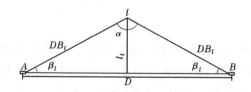

图2  视准线法观测示意图

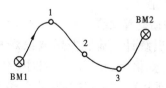

图3  水准路线图

### 3.2.2 深层变形监测方法

深层水平位移使用滑动测斜仪单向观测，观测方向垂直于基坑中心线，观测时将探头导轮对准与所测位移方向一致的槽口，显示读数稳定后开始观测，每隔 0.5 m 读一次数据记录测点深度和读数，测读完毕后，将探头旋转 180° 插入同一对导槽内，以上述方法再测一次，测点深度与第一次相同，取得数据后采用测斜软件生成数据图文，测斜仪结构及使用原理见图 4、图 5。

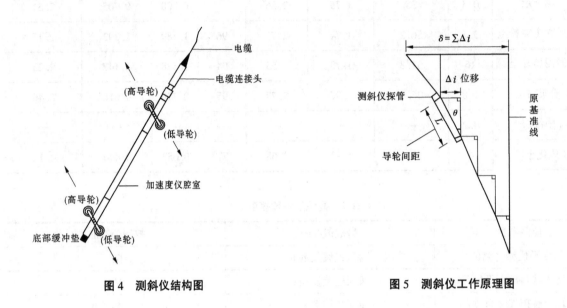

图 4　测斜仪结构图　　　　　　图 5　测斜仪工作原理图

### 3.2.3 周边地下水位监测方法

地下水位监测通过埋设测压管后采用水位计观测。测压管埋设完成后通过水准测量测出测压管管口高程。水位计观测时每次应平行测读 2 次，其读数差不应大于 1 cm，取其平均值。通过水位计读出的水深与管口高程值计算出地下水位高程。

$$D_s = H_s - h_s \qquad (1)$$

式中：$D_s$ 为水位管内水面高程，m；$H_s$ 为水位管管口高程，m；$h_s$ 为水位管内水面与管口的距离，m。

## 4 监测成果分析

基坑共计布设监测断面 4 条，每个断面包含 2 个垂直位移点（水平位移共用）、2 根测斜管（每根 23 m）、2 根水位管（每根 10 m）。本文选取基坑中间部位的最大变形断面 0+025 进行分析。

### 4.1 基坑坡顶水平位移

根据数据统计，基坑左岸坡顶观测点 LDC-08 累计变化为 38.4 mm，基坑右岸坡顶观测点 LDC-09 累计变化为 47.8 mm；相对变化量值最大发生在 2020 年 12 月 14 日至 2021 年 3 月 15 日，位移速率未超过预警值，基坑坡顶观测点整体呈现出逐步向基坑内侧偏移的趋势，主要变化量发生在基坑开挖期，见图 6。

### 4.2 基坑坡顶垂直位移

根据数据统计，基坑左岸坡顶观测点 LDC-08 累计变化为 30.2 mm，基坑右岸坡顶观测点 LDC-09 累计变化为 24.1 mm；相对变化量最大发生在 2020 年 12 月 14 日至 2021 年 3 月 15 日，沉降速率未超过预警值，基坑坡顶观测点整体呈现出逐步下沉趋势，主要变化量发生在基坑开挖期，见图 7。

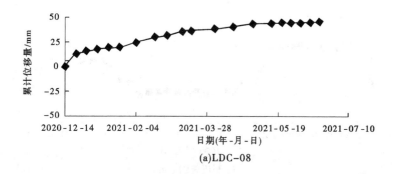

(a)LDC-08

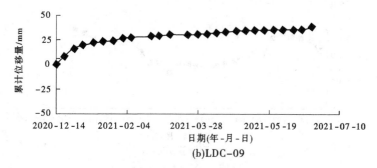

(b)LDC-09

**图 6　基坑坡顶累计水平位移-时间过程线**

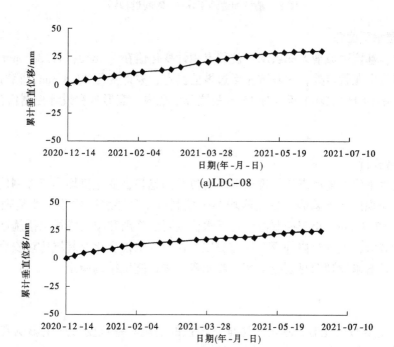

(a)LDC-08

(b)LDC-09

**图 7　基坑坡顶累计垂直位移-时间过程线**

## 4.3　基坑周边地下水位

　　根据数据统计，基坑周边地下水位在［3.524，4.464］m 区间内变化，最高水位发生在 UPc-04 观测点，其最高水位为 4.626 m，因施工单位采取基坑降排水措施，于 2021 年 2 月 4 日起基坑周边地下水位逐步降低，2021 年 5 月广东进入主汛期，降水持续增加，同时又因水闸地下工程逐步完工，施工单位停止降水措施，地下水位逐步回升，见图 8。变化量未超过控制值，整体处于可控状态。

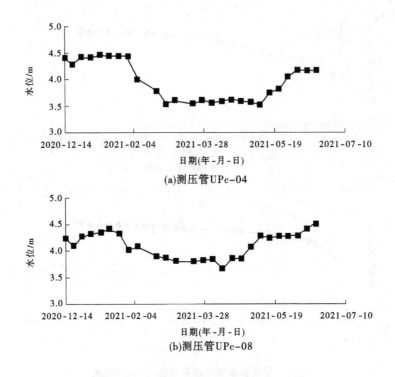

(a)测压管UPc-04

(b)测压管UPc-08

图8　基坑周边地下水位-时间过程线

### 4.4　基坑边坡深层水平位移

根据数据统计，基坑边坡最大深层水平位移点累计变化值在 [38.8, 47.8] mm 区间内，深层水平位移最大变化量发生在管口处，为基坑左岸边坡监测点，累计变化 47.8 mm，相对变化量最大主要发生在 2020 年 12 月 14 日至 2021 年 3 月 15 日基坑开挖期内，变形量在设计控制值范围内安全可控，见图9。

### 4.5　监测成果综合分析

基坑边坡不同水平位移监测点均呈现出向基坑位移的趋势，变化值均小于控制值，基坑边坡不同垂直位移监测点均呈现出下沉趋势，变化值均小于控制值，深层水平位移主要呈现向基坑倾斜的趋势，最大变化值在 47.8 mm，小于控制值。地下水位主要受降雨和施工降排水措施影响，基坑施工期水下水位累计变幅较大，但通过内外部变形监测项目比对，水位变化对基坑边坡安全稳定产生明显影响。结合现场巡视巡查未发现明显裂缝形变、渗水等现象，基坑结构稳定。

## 5　结语

（1）经与变形监测数据比对，基坑周边地下水位的变化对基坑变形产生影响有限，但基坑施工中仍须做好降水措施，保证基坑安全。

（2）基坑周边水平位移和垂直位移变化与施工过程相关性显著，基坑开挖过程中边坡水平位移呈现向基坑内侧位移的趋势，垂直位移点呈现下沉趋势。随着基坑开挖完成底板浇筑，水平位移和垂直位移趋于稳定。

（3）基坑监测是基坑变形观测的主要手段，主要进行基坑的位移、沉降、地下水位等观测，为基坑质量安全及时提供了有效的参考数据，更有利于保证基坑的质量和安全。

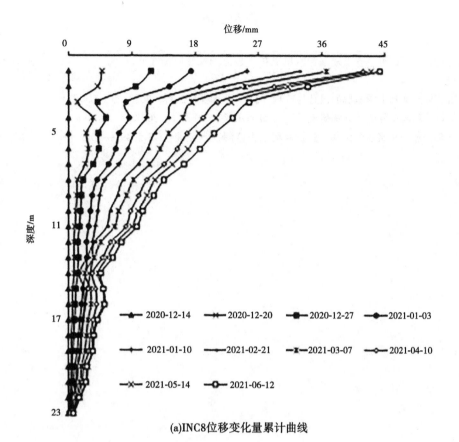

(a)INC8位移变化量累计曲线

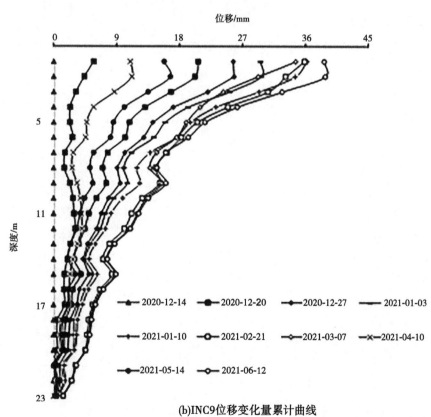

(b)INC9位移变化量累计曲线

图 9　基坑边坡深层水平位移变化量累计曲线

## 参考文献

［1］符纳，刘勇建，王颖，等．软土地基深基坑支护工程监测及变形特性分析［J］．广东工业大学学报，2013，30（1）：38-44.

［2］刘辉，董琳．软土地基中深基坑的设计与处理［J］．西部探矿工程，2013，9：11-13.

［3］袁玉珠．基坑位移与沉降监测方法研究［J］．北京测绘，2016，6：30-32.

［4］中华人民共和国住房和城乡建设部．建筑基坑工程监测技术标准：GB 50497—2019［S］．北京：中国计划出版社，2020.

# 石油勘探爆破对黄河堤防工程安全影响分析

李　桐[1,2]　宋　力[1,2]　郭博文[1,2]　高玉琴[1,2]　程陆凯[3]

(1. 黄河水利委员会黄河水利科学研究院, 河南郑州　450000;
2. 水利部堤防安全与病害防治工程技术研究中心, 河南郑州　450000;
3. 华北水利水电大学, 河南郑州　450000)

**摘　要**：2023 东濮凹陷西南洼陷带石油勘探爆破区域临近黄河下游 1 级堤防, 为保障堤防工程安全及勘探作业顺利进行, 开展了爆破对黄河堤防工程安全影响分析。勘探爆破诱发的爆破振动随传播距离增大迅速降低, 最不利工况下黄河大堤堤脚位置质点峰值振动速度为 0.514 cm/s, 小于安全控制阈值, 且不会诱发黄河大堤发生基础液化; 将爆炸荷载等效为地震荷载对堤防工程进行进一步安全评估, 不同工况下黄河大堤临河侧抗滑稳定安全系数均满足现行规范需求, 勘探爆破不会对邻近黄河大堤产生安全影响。

**关键词**：勘探爆破; 堤防工程; 爆破振动; 安全评估

## 1　工程背景

东濮西南洼陷带位于东濮凹陷西南部, 勘探面积约 1 000 km², 预评价石油储量 8 000 万 t、天然气储量 343 亿 m³, 资源潜力巨大, 对缓解我国能源短缺意义重大[1]。目前, 受制于已收集资料的成像精度, 区域内已探明石油储量 81.26 万 t, 天然气储量 5.79 亿 m³, 探明率仅为 1%, 剩余资源潜力大。为积极响应国家能源安全保障战略, 有必要采用更先进的勘探爆破手段, 提高成像效果和分辨率, 探明东濮西南洼陷带具体石油储量和天然气储量。

2023 年度东濮凹陷西南洼陷带勘探区域主要分布在河南省东北部, 涉及山东、河南 2 省, 长垣县、濮阳县、滑县和东明县, 共 4 个县 (市), 测线穿越赵堤镇、武邱乡、佘家乡、方里乡、丁栾镇、苗寨镇等, 共涉及 21 个乡镇 373 个村庄, 勘探区域如图 1 所示, 图中轮廓线①为爆破点满覆盖边界。石油勘探爆破共布设爆破激发点 49 056 个, 平均距离为 60 m×100 m (激发点距×激发线距), 爆破作业集中在黄河大堤 100 m 外区域, 河道内 (两岸大堤之间) 炮点 18 631 个, 河道外 30 425 个。爆破涉及大堤区域主要为黄河下游长垣县和濮阳县境内堤防, 起止桩号为 26+200～46+700, 工程区内涉及临黄堤、杨小寨水闸、榆林控导工程等多项黄河防护工程, 图 1 中轮廓线②为接收点边界。爆破点位置与既有堤防位置关系局部示意如图 2 所示。

黄河下游堤防是防御洪水的主要屏障。《河南省黄河工程管理条例》(2020 年) 及《河南省黄河河道管理办法》(2018) 中指出, 黄河堤脚外临河 50 m, 背河 100 m 的黄河河道堤防安全保护区范围内严禁开展爆破作业; 安全保护区外 200 m 范围内, 禁止擅自进行爆破作业; 确需进行爆破作业或者在 200 m 范围外进行大药量爆破危及堤防工程安全的, 施工单位应经过审查批准后, 方可实施爆破作业。

---

**基金项目**：国家自然科学基金青年科学基金项目 (52309156); 黄河水利科学研究院科技发展基金专项项目 (黄科发 202306)。

**作者简介**：李桐 (1993—), 男, 工程师, 主要从事工程爆破扰动评价研究工作。
**通信作者**：宋力 (1979—), 男, 正高级工程师, 主要从事水利工程结构抗震研究工作。

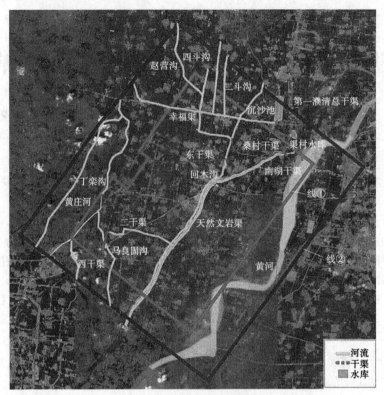

图 1　勘探区域地理位置图

图 2　爆破布点与黄河大堤关系局部示意

东濮凹陷西南洼陷带地质勘探爆破点距堤防堤脚位置最近距离为 100 m，距水闸、虹吸、防护坝和控导工程最近距离为 200 m。根据河道管理办法要求，为保证黄河堤防工程安全，需对石油勘探爆破对邻近黄河堤防工程安全的影响进行评估，确保堤防不决口，保障黄河长治久安。

## 2　石油勘探爆破诱发的爆破振动响应特征

### 2.1　爆破施工方案

石油勘探爆破施工使用的爆炸物品类型为勘探电雷管和震源药柱，震源药柱为湖北凯龙化工有限公司生产的成品环保乳化炸药，炸药密度 1 300 kg/m³，炸药爆速 4 500 m/s，药柱直径 45 mm，炮孔直径 75 mm。

爆破装药量与炮孔距黄河大堤的距离有关。炮孔距大堤 100~200 m 时，钻孔深 30~40 m，装药量为 4 kg；距离大堤及水闸、虹吸、防护坝和控导工程等建筑物大于 200 m 时，钻孔深 20~30 m，装药量为 6 kg。

勘探爆破施工时采用单井激发，单井起爆完成后进行下一炮孔起爆工作，施工过程中不涉及多炮孔叠加爆破。

## 2.2 爆破振动数值模拟

采用 Ansys-lsdyna 数值模拟软件对石油勘探爆破诱发的岩体振动特征进行模拟分析。

### 2.2.1 计算工况

根据现场爆破施工方案，选取表 1 所示工况作为典型计算工况，计算工况包含地震勘探项目爆破施工规划中最危险工况。

表 1　各计算工况爆破参数

| 工况 | 距大堤距离/m | 孔深/m | 炮孔直径/mm | 单响药量/kg |
|---|---|---|---|---|
| 1 | 100 | 30 | 75 | 4 |
| 2 | 100 | 40 | 75 | 4 |
| 3 | 200 | 20 | 75 | 6 |
| 4 | 200 | 30 | 75 | 6 |

### 2.2.2 计算模型及参数

模型以垂直黄河大堤线路方向为 $X$ 轴，平行黄河大堤线路方向为 $Y$ 轴，竖直方向为 $Z$ 轴，模型长、宽根据工况不同分别确定为 210 m 与 410 m，深度方向分别为 25 m、35 m 和 45 m。不同工况下计算模型网格数量分布在 130 万~190 万，典型三维模型如图 3 所示。

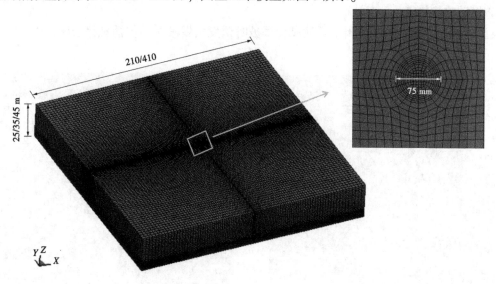

图 3　爆破三维网格模型　（单位：m）

考虑到黄河大堤距爆源距离超过 100 m，爆破振动对保护对象的动力响应基本属于弹性振动范围，因此选用弹性材料进行计算。爆破振动的传播衰减速率随岩体质量的变差显著提高，在土质结构中衰减更为迅速[2]，为安全起见，选用软岩为传播介质进行模拟，软岩的材料物理力学参数如表 2 所示。

**表 2　材料物理力学参数**

| 材料类型 | 弹性模量/GPa | 泊松比 | 密度/(kg/m³) |
|---|---|---|---|
| 软岩 | 0.9 | 0.45 | 1 700 |

为减少边界效应对计算结果的影响，计算模型除顶面外均施加无反射边界，以模拟无限地层的效果。计算完成后选取距爆源 100 m、200 m 位置的测点观察质点峰值振动速度，对石油勘探爆破诱发的振动响应进行分析。

### 2.2.3　爆炸荷载的确定

爆炸荷载采用三角形荷载进行等效[3]，考虑到爆炸荷载的短时强加载特性，根据相关文献及爆破参数，取爆破升压时间为 1 ms，卸载时间为 5 ms，爆炸荷载时程曲线如图 4 所示。

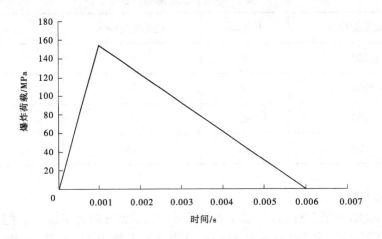

**图 4　单孔激发爆炸荷载时程曲线**

## 2.3　爆破振动响应特征

以典型工况 1 为例，图 5 给出了石油勘探爆破时诱发的爆破振动传播规律云图。

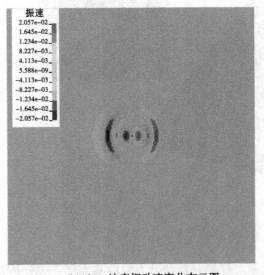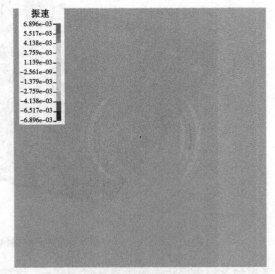

(a)10 ms地表振动速度分布云图　　　　(b)15 ms地表振动速度分布云图

**图 5　典型工况 1 地表爆破振动传播规律云图**

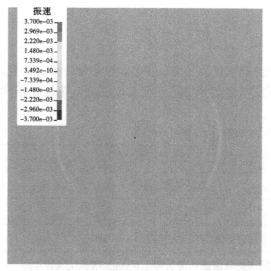

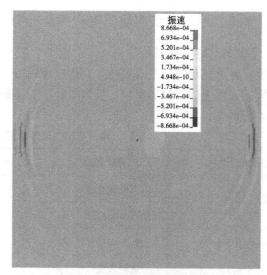

(c)20 ms地表振动速度分布云图

(d)25 ms地表振动速度分布云图

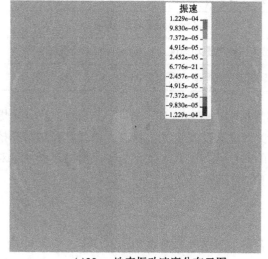

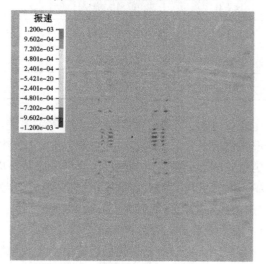

(e)30 ms地表振动速度分布云图

(f)50 ms地表振动速度分布云图

续图5

由图5可知，爆破振动波由激发孔底部装药位置在岩体中向周边传播衰减，传播到黄河大堤堤脚处时，已衰减至很小。表3为不同工况下黄河大堤堤脚处的振速峰值。

表3　不同工况爆破振动荷载作用下黄河大堤堤脚处的振速峰值

| 工况 | 对象 | 爆心距/m | 仿真计算 | | |
|---|---|---|---|---|---|
| | | | 水平径向/(cm/s) | 水平切向/(cm/s) | 竖直向/(cm/s) |
| 1 | 黄河大堤 | 104 | 0.250 | $1.194\times10^{-3}$ | 0.514 |
| 2 | | 107 | 0.220 | $1.337\times10^{-3}$ | 0.447 |
| 3 | | 201 | 0.025 | $5.138\times10^{-5}$ | 0.048 |
| 4 | | 202 | 0.015 | $4.612\times10^{-5}$ | 0.026 |

由表3可知，不同爆破工况下，黄河大堤堤脚处最大质点振速峰值为0.514 cm/s，振速峰值随爆心距的增大逐渐减小。

## 3 爆破施工对既有黄河堤防安全的影响分析

### 3.1 爆破安全控制阈值

现有规范规程中尚未对堤防工程形成爆破安全振速控制标准，为了更科学合理地评价石油勘探爆破对附近黄河堤防工程的影响，检索统计了近年研究文献中类似堤防工程的爆破安全振速控制标准，如表4所示。

表4 研究文献中类似堤防工程的爆破安全振速控制标准

| 质点振动速度/（cm/s） | 建筑物名称 | 文献说明 |
| --- | --- | --- |
| <5.0 | 长江大堤砂土基础[4] | 距爆区最小距离6 m |
| <2.0 | 芳村土质堤岸[5] | 距爆区最小距离10 m |
| <3.0~4.0 | 黄河大堤[6] | 现场实测峰值振动速度为1.5 cm/s时未出现异常 |
| <1.5 | 黄河大堤[7] | 现场实测峰值振动速度为1.5 cm/s时未出现异常 |
| <2.0 | 黄河大堤[8] | 现场实测峰值振动速度为2.0 cm/s时未出现异常 |
| <2.0 | 西樵侧河堤[9] | 距爆区最小距离超过10 m |
| <2.0 | 黄河大堤[10] | 现场实测峰值振动速度为2.0 cm/s时未出现异常 |
| <1.0 | 黄河大堤[11] | 现场实测峰值振动速度为1.0 cm/s时未出现异常 |

由表4可知，不同工程爆破施工时黄河大堤实测峰值振动速度介于1.0~2.0 cm/s，此时大堤安全状况未出现异常。参考爆破相关规范中土质结构物的爆破振动安全允许标准，以及穿黄隧道开挖爆破和类似工程爆破现场监测结果，充分考虑黄河堤防的重要性与工程现状，为确保堤防工程的绝对安全，确定勘探区域黄河大堤的安全振速控制标准为1.0 cm/s。

### 3.2 爆破振动对既有黄河大堤安全影响分析

#### 3.2.1 基于经验公式的爆破振动影响分析

研究表明，爆破振动在传播过程中的衰减规律符合萨道夫斯基衰减经验公式[3]：

$$v = K\left(\frac{\sqrt[3]{Q}}{R}\right)^{\alpha} \tag{1}$$

式中：$v$ 为保护对象所在地质点振动安全允许速度，cm/s；$R$ 为爆破地点至被保护对象的距离，m；$Q$ 为炸药量，kg；$K$、$\alpha$ 为与爆破点至保护对象间的地形、地质条件有关的系数和衰减指数，本工程以最不利工况考虑，软岩 $K$ 取250，$\alpha$ 取1.8。爆破振动速度验算结果见表5。

表5 爆破振动对被保护目标的安全验算

| 保护对象 | 爆破区域 | 爆破法 | 爆心距/m | $K$值 | $\alpha$值 | 最大段药量/kg | 爆破振动速度/（cm/s） | |
| --- | --- | --- | --- | --- | --- | --- | --- | --- |
| | | | | | | | 控制值 | 计算值 |
| 黄河大堤 | 地质勘探区域 | 深孔爆破 | 104 | 250 | 1.8 | 4.0 | 1.0 | 0.47 |
| | | | 107 | 250 | 1.8 | 4.0 | 1.0 | 0.45 |
| | | | 201 | 250 | 1.8 | 6.0 | 1.0 | 0.22 |
| | | | 202 | 250 | 1.8 | 6.0 | 1.0 | 0.21 |

根据爆破振动的经验衰减规律及保护对象的安全控制标准可知，石油勘探爆破施工过程中若严格按照爆破设计方案施工，爆破产生的振动均在安全允许范围内，不会对邻近黄河大堤产生安全影响。

### 3.2.2　基于有限元模拟的爆破影响分析

勘探爆破在不同工况下诱发的爆破振动响应计算结果见表3，模拟结果表明，在单响药量为4.0 kg和6.0 kg的爆炸荷载作用下，黄河大堤堤脚处最大峰值振速为0.514 cm/s。基于前述黄河大堤的振动安全控制标准可知，地震勘探深孔爆炸荷载对黄河大堤等保护对象安全的影响较小，不会威胁其安全运行。

### 3.2.3　爆炸荷载对地基液化的影响

除考虑爆破振动荷载作用下黄河大堤的结构破坏外，还应考虑循环动荷载作用下可能诱发的黄河大堤基础液化问题。本次勘探区位置具体在南小堤闸下游位置处，根据《黄河下游堤防工程地质勘测研究图集》和《黄河下游堤防工程地质勘察土工试验成果汇编》可知，堤身和堤基基本为粉质黏土和重粉质壤土，极少部分堤段存在砂土或粉土层。根据现有研究成果，对于黏土和壤土，可不考虑基础液化问题。对于砂土或粉土基础，当地震烈度小于6度时，可判为不液化。

地震烈度6度时规定的地表振动速度为5~9 cm/s，远大于爆破诱发的传播到黄河大堤处的爆破振动速度，即勘探爆破不会引起地基液化。

## 4　基于地震加载的黄河大堤稳定性分析

在爆破振动分析基础上，为安全考虑，将爆炸荷载等效为地震荷载对堤防工程进行安全评估。爆炸荷载等效地震荷载方式为将爆破振动的峰值加速度视同为地震加速度进行计算。勘探爆破涉及大堤区域主要为黄河下游长垣县和濮阳县境内堤防，考虑到在外荷载作用下，堤身黏聚力越低，对自身抗滑稳定安全越不利，结合地质勘察资料，取渠村闸上游附近36+000桩号断面为研究断面。36+000桩号断面堤防堤顶宽度为8 m，上下游坡比均为1∶3，堤顶高程为70.66 m（黄海高程系，下同），临河侧和背河测地面高程为60.10 m，GeoStudio有限元计算模型如图6所示。

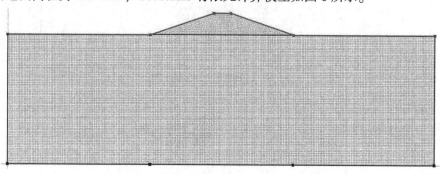

**图6　36+000桩号典型断面处有限元模型**

由《黄河下游堤防工程地质勘察土工试验成果汇编》可得36+000桩号断面材料，如表6所示。36+000桩号断面附近大堤位于滩地上，现阶段两侧边坡无水。

**表6　36+000桩号断面材料参数**

| 堤防桩号 | 土层名称 | 天然重度/（kN/m³） | 饱和重度/（kN/m³） | 黏聚力/kPa | 内摩擦角/（°） |
|---|---|---|---|---|---|
| 36+000 | 堤身中粉质壤土 | 15.8 | 18.8 | 43 | 19.3 |
| | 堤基重粉质壤土 | 15.9 | 20.0 | 53 | 15.0 |

《水工建筑物抗震设计标准》（GB 51247—2018）中指出，除渡槽外的水工建筑物可只考虑水平向地震作用，堤防工程类似于土石坝工程，计算过程中可只考虑横河向地震作用。由前述计算结果可知，工况1至工况4爆破产生的横河向峰值加速度分别为0.214g、0.183g、0.008g及0.007g。

以临水侧边坡为例，分别对不同工况下边坡稳定进行计算，计算结果如图7所示。

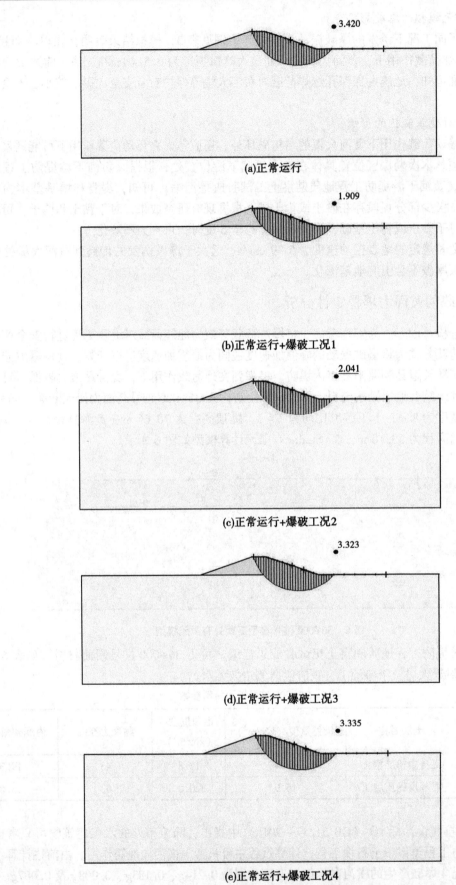

(a)正常运行

(b)正常运行+爆破工况1

(c)正常运行+爆破工况2

(d)正常运行+爆破工况3

(e)正常运行+爆破工况4

**图 7　不同工况下典型断面抗滑稳定计算结果**

黄河下游堤防为 1 级堤防，根据《堤防工程设计规范》（GB 50286—2013）可知，基于瑞典圆弧法的非常运用条件 Ⅱ 下最小抗滑稳定安全系数为 1.10。由图 7 可知，各工况下临河侧抗滑稳定安全系数均大于允许值，满足安全需求。需要指出的是，由于爆破振动的持续时间比天然地震时间短，频率比天然地震高，在相同的峰值加速度下，爆破振动对堤防安全性能影响较天然地震偏低，即采用爆炸荷载等效为地震荷载的方式对黄河大堤进行安全评估是偏安全的。

## 5 结论

（1）石油勘探爆破诱发的爆破振动随传播距离增大迅速降低，最不利工况下黄河大堤堤脚位置质点峰值振动速度为 0.514 cm/s，小于安全控制阈值，满足安全需求。

（2）石油勘探爆破诱发的爆破振动传播到黄河大堤时远小于地震烈度 6 度时规定的地表振动速度，石油勘探爆破不会诱发黄河大堤发生基础液化。

（3）将爆炸荷载等效为地震荷载对堤防工程进行了安全评估，计算结果表明：各工况下临河侧抗滑稳定安全系数均满足现行规范需求。

## 参考文献

[1] 许书堂. 东濮凹陷岩性油气藏分布规律及目标预测 [D]. 北京：中国地质大学，2006.
[2] 周俊汝，卢文波，张乐，等. 爆破地震波传播过程的振动频率衰减规律研究 [J]. 岩石力学与工程学报，2014，33（11）：2171-2178.
[3] 宁建国. 爆炸与冲击动力学 [M]. 北京：国防工业出版社，2010.
[4] 李俊如，李海波，刘亚群，等. 爆破对混凝土结构和长江大堤基础的影响分析 [J]. 岩石力学与工程学报，2003（11）：1912-1915.
[5] 张玉成，杨光华，胡海英，等. 爆破振动对建（构）筑物影响数值计算模型及安全判据的研究 [J]. 土木工程学报，2015，48（S2）：22-29.
[6] 杨天生，何利华，张猛，等. 爆破振动监测技术在穿黄大堤工程中的应用 [J]. 海河水利，2010（3）：54-55.
[7] 何利华，李善岩，郭宏，等. 穿黄大堤安全监测评价分析 [J]. 海河水利，2010（3）：36-37.
[8] 蒋学武，戴永翔. 穿黄隧洞工程爆破施工安全技术措施应用探讨 [J]. 海河水利，2010（3）：27-28.
[9] 胡海英，杨光华，张玉成，等. 堤防及边坡的振动安全判据探讨 [J]. 广东水利水电，2011（2）：9-13.
[10] 何利华，李善岩，郭宏，等. 南水北调东线穿黄大堤安全监测资料初析 [J]. 水利水电工程设计，2009，28（2）：35-36.
[11] 孙庆国. 位山穿黄隧洞开挖爆破对黄河大堤安全影响及措施 [J]. 中国科技成果，2007（3）：40-42.

# 降雨条件下大型滑坡含水量变化规律试验研究

王金龙[1]　崔皓东[1]　彭　正[2]　谭　海[3]

(1. 长江科学院 水利部岩土力学与工程重点实验室，湖北武汉　430010；
2. 中国三峡建工（集团）有限公司乌东德工程建设部，云南昆明　651500；
3. 长江勘测规划设计研究有限责任公司，湖北武汉　430010)

**摘　要：** 乌东德金坪子巨型滑坡体蠕滑速率受降雨影响较敏感，为此利用土壤水分传感器建立滑坡体地下水自动监测系统，对滑坡体暂态地下水开展了坡体含水量变化规律试验研究。3 年的自动监测表明，金坪子滑坡浅层（小于 2.5 m）的体积含水量对几次较强降雨（日降雨量大于 30 mm）有明显响应，雨季之后受蒸发影响含水量逐渐减小；埋深 0.5～23.0 m 内的坡体在 2019—2022 年雨季没有形成饱和区。本研究为降雨条件下深厚土石滑坡体地下水动态规律研究进行了有益尝试，对类似滑坡体地下水演化机制研究及治理具有参考意义。

**关键词：** 金坪子滑坡；含水量自动监测；降雨入渗；非饱和渗流

## 1　引言

降雨引起岩土体滑坡是常见的自然灾害。雨水入渗将改变边坡内地下水渗流场，降雨对边（滑）坡稳定性的影响主要表现为：雨水入渗使得坡体含水量增加，地下水位升高，滑带饱水，在加大下滑力（矩）的同时，使坡体强度参数降低[1]。因此，降雨条件下边坡含水量变化规律研究对各类工程边坡在降雨条件下的稳定性研究具有重要的意义。

国内外学者对降雨入渗规律开展了大量的研究。A. G. Li 等[2] 在香港某一残积土边坡对天然降雨条件下边坡土体的含水量和孔隙水压力进行了监测，观测到天然降雨的最大浸润深度为 3.0 m。李维朝等[3] 对深圳市一填土滑坡进行了降雨监测，监测结果显示，降雨条件下斜坡表层（≤2.0 m）体积含水量增加，而深部含水量变化不大。张茂省等[4] 在陕北地区观测天然降雨，数十日降雨后的浸润面的深度不超过 1.0 m。张亚国[5] 在甘肃省正宁县设立一试验监测站，对天然降雨后土壤含水量的变化进行监测，深度 1.2 m 范围内的土壤含水量受降雨、蒸发影响较大。大量研究成果表明，降雨入渗引起的坡体含水量变化的深度范围差异较大。

实际上，影响降水入渗的因素很多，主要有坡体土壤自身性质（土壤质地、容重、含水量、地表结皮、水稳性团粒结构含量）、降水历时、地形地貌等。

金坪子滑坡位于乌东德坝址下游右岸，距坝址仅 900 m，体积约 6.2 亿 m³，其稳定性关系到乌东德水电站的安全运行。近年的监测资料表明，第四系覆盖层的变形较大且仍在持续发展中，滑坡体变形受降雨影响较敏感。因此，针对具体工程边坡开展降雨条件下坡体含水量变化规律试验研究，可为

**基金项目：** 国家重点研发计划项目（2019YFC1510803）；中国三峡建设管理有限公司科研项目资助（WDD/0569）；中国三峡建工（集团）有限公司科研项目资助（WDD/0579）。

**作者简介：** 王金龙（1978—），男，高级工程师，主要从事地下水环境及岩土工程渗流方面的研究工作。

**通信作者：** 崔皓东（1976—），男，正高级工程师，主要从事水工岩土渗流理论和控制方法、防洪减灾技术等研究工作。

暂态流场分析提供更直接的参数和依据，为现场渗控措施效果评价和现场工程措施优化提供支撑，为滑坡变形和稳定性分析提供依据。

## 2 滑坡概况

### 2.1 气象水文

滑坡区气候属干热河谷气候，干、湿季节分明。年降雨量在 452.0~665.17 mm；降雨集中在 6—8月，以 7 月降雨最为集中，7 月降雨量在 89.8~238.18 mm。

### 2.2 地形地貌

金坪子滑坡呈明显下凹的斜坡。后缘高程 1 900~1 950 m，前缘金沙江河床高程 810~812 m，前后缘高差 1 100~1 200 m，斜坡轴线东西走向长约 3 km，前缘宽约 1.5 km，后缘宽约 1.2 km，斜坡区平面面积 4.5 km²。

滑坡区地形复杂，纵向上发育两级平台或缓坡，上下游分别发育 4 条大的深切冲沟。

### 2.3 地层岩性及构造

滑坡第四系堆积物类型复杂，为冲积物、洪积物、崩塌堆积物、滑坡堆积物、坡积物等混杂堆积，厚度一般为 45~100 m，最厚达到 130 m。含水量监测点位于金坪子滑坡Ⅱ区，坐标为：2 911 239（$X$）/262 063（$Y$）/1 234.67（高程）。基本位于 2 条冲沟中间的主断面上，该处坡体地面基本无施工扰动，坡面除原位的滚石出露外，地面基本被杂草和稀疏的灌木覆盖。钻孔施工过程中观察发现，开挖的立坡表层为淋滤胶结层，该层性状近似于岩块状土石结构，胶结团块密实坚硬，坡面淋滤胶结层往下为松散破碎的白云岩块石碎石土，灰白色与红色混杂，开挖形成的立坡坡面初期非常松散破碎，稍有扰动就有土石颗粒滚落，坡面开挖形成后经过几次降雨淋滤，开挖形成的坡面上松散的碎石土有明显胶结成块现象。该处表层白云岩块石碎石夹土，厚度约 31 m，下部以千枚岩碎屑土为主，厚度约 19 m。

### 2.4 水文地质

滑坡区地表汇水面积约 4.9 km²，金沙江为区域上的最低排泄基准面。斜坡区内地下水主要补给源为区内地表水及外围地下水的侧向补给，由于坡面总体坡度较陡，坡体冲沟发育，地表水排泄通畅，同时地下水埋藏较深，因而地表水的入渗量有限。

### 2.5 岩土体透水性

金坪子滑坡覆盖层厚度较大，成因多样，物质成分复杂，钻孔抽水试验成果离散性较大。Ⅱ区白云岩块石碎石土层的渗透系数为 $2.02 \times 10^{-6}$~$6.71 \times 10^{-3}$ cm/s，为中等透水；千枚岩碎屑土层的渗透系数为 $9.96 \times 10^{-7}$~$1.38 \times 10^{-5}$ cm/s，为弱透水。

## 3 滑坡体含水量试验与监测

滑坡体含水量现场试验主要是通过监测系统连续观测坡体含水量状态，监测系统由传感器（包括 10 个土壤水分传感器和 2 个土壤负压传感器）、数据采集存储、数据传输、供电设备等部分组成。

### 3.1 监测位置

坡体含水量监测位置点位于 2 条冲沟中间的主断面上。监测点处坡体地面无施工扰动，坡面除原位的滚石出露外，地面基本被杂草和稀疏的灌木覆盖。在钻孔施工过程中观察发现，开挖的立坡表层为淋滤胶结层，该层性状近似于岩块状土石结构，胶结团块密实坚硬，坡面淋滤胶结层往下为松散破碎的白云岩块石碎石土，灰白色与红色混杂。

### 3.2 仪器埋设

为减小交叉影响，采用 1 个钻孔埋设 1 个探头的方式布置，具体埋设过程可分为钻孔、探头埋设、封孔等 3 个步骤。表层 3 m 范围内采用开挖立坡后水平孔埋设探头 4 个，埋深分别为 0.5 m、1.0 m、1.5 m、2.5 m，埋深超过 3 m 的采用垂直钻孔埋设，深度分别为 4.0 m、5.8 m、8.6 m、11.5 m、

16.0 m、23.0 m，仪器埋设布置实景见图 1。

**图1　监测系统布置图**

由于坡体土为易受扰动的土石混合料，探针较难插入，并且难以保证探针与坡体土紧密接触，因此采用探头网袋的埋设方式。预先用滤网包裹坡体细粒土，将探针固定在坡体土网袋中，制作成透水性良好并且探针-土体接触紧密的探头网袋，再将探头网袋放入孔底，用相同坡体细粒土填孔50 cm。细粒土均为坡体开挖的灰白色白云岩块石碎石土过5 mm筛的细粒部分。探头埋设后，边拔套管边从孔口倾倒较均匀偏细的砂砾料填孔，孔口附近采用水泥砂浆封孔。

### 3.3　室内含水量试验

为了复核探头埋设方法的影响，针对现场埋设探头用的坡体细粒土和封孔用的砂砾料进行了室内对照试验。

选用两种土料分别装入两个桶中模拟坡体土，一种为包裹探头用的坡体土，另一种为封孔用的砂砾料。每个桶中分别埋设两个TDR探头，一个由坡体土滤网包裹，另一个直接探针埋设。

通过室内试验可以发现，TDR探头所探测的土体范围为网袋包裹的土体，包裹用的滤网对测值基本没有影响。现场埋设采用坡体细粒土网袋包裹TDR探头，该坡体细粒土的饱和体积含水量为42.4%~45.8%。

### 3.4　坡体含水量监测成果

TDR土壤水分传感器可以采集输出温度、电导率、体积含水量等3个参数。数据采集频率为1 h 1次，数据采集完成后直接存储在数采终端，并且可以通过GSM信号远程传输。

自2019年6月18日至2022年6月13日，监测时间为1 090 d，数据采集间隔为1 h。除埋深11.5 m处的1支探头异常外，其他9支不同埋深的探头数据均有较明显的变化。

探头埋设采用滤网包裹相同的坡体细粒土固定，因此各探头的初始体积含水量非常接近，为2.65%~4.95%，之后随着降雨及探头与周围土体的水分迁移平衡过程，各探头测值均有明显的变化趋势。

坡面埋设的浅层TDR探头埋深分别为0.5 m、1.0 m、1.5 m、2.5 m，监测的体积含水量动态过程见图2。2019年7月降雨较多，在此期间，各深度的体积含水量均有明显的上升过程，雨季之后开始逐渐减小。监测的最大体积含水量为9.77%~22.04%，小于室内测得坡体细粒土饱和含水量42.4%~45.8%，表明浅层坡体土在雨季没有形成饱和区，在雨季之后受蒸发影响，含水量逐渐减小。

钻孔埋设的深层TDR探头埋深分别为4.0 m、5.8 m、8.6 m、11.5 m、16.0 m、23.0 m，深层TDR

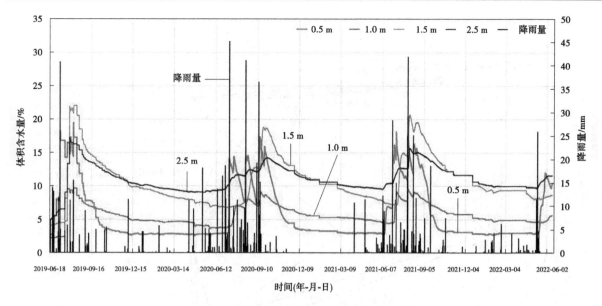

图2 坡面浅层 TDR 含水量监测历时曲线

监测的坡体内部体积含水量动态过程见图3。监测的最大体积含水量为13.99%~30.28%,小于室内试验测得饱和含水量42.4%~45.8%,表明埋深23.0 m之上的坡体土在2019年雨季没有形成饱和区。

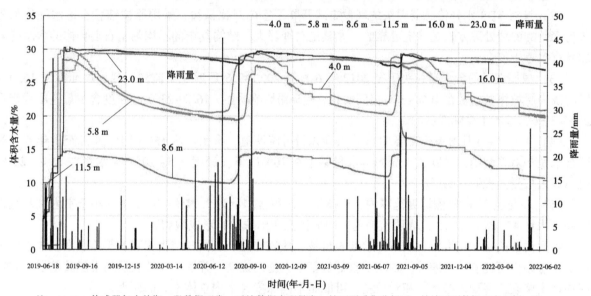

注:11.5 m 传感器仅有前期一段数据正常,后续数据出现异常,就不再采集分析了,故该系列数据只有左侧一段。

图3 深部钻孔 TDR 含水量监测历时曲线

含水量监测仪器于2019年6月埋设完成后,2019年6月至2020年3月各月份剖面含水量分布见图4。2019年8月初各深度的含水量数据达到最大值,2019年8月之后除16.0 m和23.0 m两处保持稳定外,其余各深度的探头含水量测值均有明显的下降趋势,表明2019年该处坡体的蒸发影响深度小于16.0 m。

## 4 结语

通过建立滑坡体10个不同深度含水量自动连续监测系统,3年监测数据初步分析主要结论如下:

(1)通过在金坪子滑坡埋设土壤水分传感器,对0.5~23.0 m不同埋深的滑坡土体建立了自动监测系统,实现了温度、电导率、体积含水量3个参数连续自动监测,为非饱和带地下水动态研究进行了有益的尝试,可为类似滑坡监测提供借鉴。

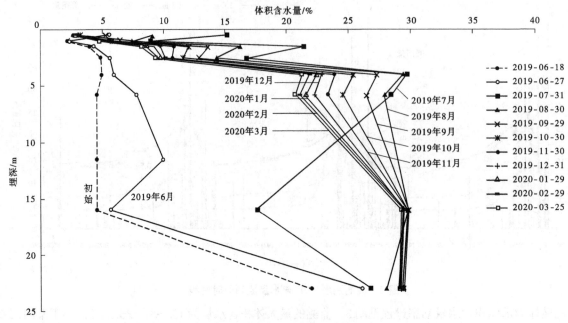

**图 4 不同时刻剖面含水量分布**

（2）针对 TDR 水分传感器探头的埋设方式开展了室内对比试验，采用原位细粒土透水网袋预先包裹探针的深埋处理方式是稳定可靠的，尤其是对埋深大、结构复杂的不均匀土石混合体的含水量监测具有参考价值。

（3）根据埋设的含水量探头历经 2019 年 6 月至 2022 年 6 月近 3 年监测资料，坡面深度 16.0 m 以内浅表层坡体含水量在 10%~30% 之间变化，受降雨影响明显；16.0~23.0 m 深度含水量基本稳定在 25%~30%，基本不受降雨影响。

（4）每年 7—9 月雨季浅表层 TDR 探头含水量升降明显，含水量达 15% 以上，9 月至次年 6 月处于含水量相对平缓期，深度 2.5 m 内含水量基本在 10% 以下，深度 2.5~10 m 含水量在 15%~25%，表明该区域受蒸发影响明显。

（5）表层至 23 m 监测深度范围内，土体最大体积含水量为 9.77%~30.28%，小于室内试验测得饱和含水量 42.4%~45.8%，表明监测范围内坡体土在雨季没有形成饱和区。

需要说明的是，受滑坡物质成分、地表植被、地表扰动、土层胶结密实度等影响，滑坡体不同部位的入渗条件可能有较大差异。本次试验部位基本无施工扰动，开挖的立坡表层为淋滤胶结层，胶结团块密实坚硬，降雨入渗条件相对较差，可能是不同深度含水率总体不大的原因。

## 参考文献

［1］郑明新，张卢明，方焘，等.基于非饱和非稳定渗流场的滑坡稳定性分析［J］.华东交通大学学报，2011（6）：44-48.

［2］Li A G, Yue A Q, THAM L G, et al. Field-monitored variations of soil moisture and matric suction in a saprolite slope［J］. Can. Geotech, 2005, 42：13-26.

［3］李维朝，戴福初，闵弘，等.基于降雨滑坡机理的水文过程监测系统设计［J］.中国地质灾害与防治学报，2010，21（4）：22-26.

［4］张茂省，李同录.黄土滑坡诱发因素及其形成机理研究［J］.工程地质学报，2011，19（4）：530-540.

［5］张亚国.延安地区降雨诱发的黄土滑坡形成机理研究［D］.西安：长安大学，2012.

# 渗透性对高土石坝渗流固结过程的影响研究

殷　殷[1]　廖丽莎[1]　孙天祎[1]　张丙印[2]

（1. 中国水利水电科学研究院，北京　100038；2. 清华大学，北京　100084）

**摘　要：** 近年来我国建设了一批 200 m 级以上的高心墙堆石坝，在多座大坝的心墙内部观测到较高的超静孔隙水压力。本文基于 Biot 固结理论，采用有限元方法对坝高为 300 m 的理想心墙堆石坝算例开展了渗流固结计算，探讨了心墙防渗体渗透性对高心墙堆石坝应力、变形及超静孔隙水压力的影响。结果表明，当心墙渗透系数为 $5 \times 10^{-8}$ m/s 时，坝体竣工阶段心墙内无明显超静孔隙水压力。当渗透性进一步降低时，心墙内超静孔隙水压力逐步凸显。超静孔隙水压力将引起坝体施工变形的增大和心墙有效应力的降低，对坝体安全造成不利影响。

**关键词：** 高土石坝；心墙；孔隙水压力；有限元方法

## 1　引言

土石坝作为历史最悠久的坝型，具有经济性好、对地基条件适应性强、可就地就近取材、抗震性能好等诸多优点，仍是当今应用最广泛的坝型之一，在国内外水利工程中占据重要的地位[1-2]。近年来，随着社会需求的提高和施工技术的不断进步，在我国西南部地区水能资源的开发中，高土石坝工程得到快速发展。目前，已建、在建和拟建的水利水电工程中有一批采用了 200 m 级甚至 300 m 级的超高土石坝作为挡水建筑物，如糯扎渡高心墙堆石坝（坝高 261.5 m）、双江口心墙堆石坝（坝高 314 m）、两河口心墙堆石坝（坝高 292 m）、古水面板堆石坝（坝高 245 m）及如美心墙堆石坝（坝高 315 m）等。保证这些重大水利水电工程的安全是工程建设的核心问题，其中准确把握坝体的渗流固结特性是进行工程优化和安全评价的重要内容[3]。

黏性土心墙防渗体是这类坝体中最核心的部位。随着建设的土石坝越来越高，坝体内部的应力变形状态以及心墙的渗流固结特性等表现出与低坝显著的不同。资料显示，多个高土石坝工程施工过程中及竣工后较长时间内，心墙内孔隙水压力均处于较高水平。例如，已运行多年的小浪底斜心墙堆石坝（坝高 160 m），其心墙内某些部位处的孔隙水压力仍然很高，水头甚至超出了坝顶高程[4]；糯扎渡高心墙堆石坝在施工期和运行期的监测数据也显示心墙内具有较高的孔隙水压力值[5]。此外，坝体内部超静孔隙水压力的实测值通常与基于试验参数的计算值存在较大差异，且计算结果往往明显高估了实际的超静孔隙水压力消散速度。高心墙堆石坝的应力、变形特性和心墙孔隙水压力状态与坝体安全紧密相关，针对以上问题学者们进行了大量的研究。已有研究表明，坝体在施工和运行过程中经受了复杂的应力、变形状态的改变，使得心墙黏性土的渗透性在高应力、大变形作用下显著降低[6-8]，从而逐步改变了心墙的渗流固结特性。

本文将针对上述关键问题开展进一步研究，拟采用有限元方法对高土石坝工程中的渗流固结问题进行分析，重点探讨黏性土心墙防渗体的渗透性对高心墙堆石坝应力、变形及超静孔隙水压力形成和演化的影响。

---

**基金项目：** 国家自然科学基金项目（51979143）。

**作者简介：** 殷殷（1989—），女，高级工程师，主要从事岩土工程方面的研究工作。

**通信作者：** 张丙印（1963—），男，教授，主要从事岩土工程方面的研究工作。

## 2 计算模型及参数

假定土体中孔隙流体的流动服从达西定律，基于饱和土 Biot 固结理论的有效应力法[9-10]，针对典型高心墙堆石坝理想算例使用有限元法进行应力变形计算。分别选用不同的心墙渗透性参数，开展施工、蓄水、蓄水后稳定渗流期等不同工况下的渗流固结分析。由于实际高土石坝工程的施工和蓄水过程较为复杂，且坝体的固结过程受到施工荷载、施工速度、蓄水过程、心墙渗透性等多种因素的综合影响，在下文分析中，将对上述复杂条件进行合理简化，重点考虑黏性土心墙渗透性变化对坝体应力、变形和固结特性的影响。

### 2.1 有限元计算模型

图 1 给出了所使用的有限元计算模型，共包含 800 个结点和 360 个单元。该算例为修建于水平地基上的高心墙堆石坝工程。坝体最大高度为 300 m，共包括 3 个材料分区，分别为上游堆石、黏性土心墙和下游堆石。坝体共设置了 15 个施工分级，采用水平分层填筑方式进行施工。有限元计算模型的边界条件包括坝体底部位移约束和上、下游迎水面水头约束。在该模型中，忽略了坝基中的渗流，即认为坝体坐落于不透水基岩上，坝体底部为不透水边界。

实际高土石坝工程的施工周期较长，且坝体的填筑与上游水库的蓄水过程通常是同步进行的。考虑到上述因素，本算例将坝体的施工周期设定为 3 年，则每个施工分级的间隔为 2.4 月（约 73 d）。此外，上游蓄水位随坝体施工过程同步抬升：在坝体高度填筑至 60 m 时开始蓄水，并在坝体竣工时蓄水至 260 m 高程，平均蓄水速度约为 8.3 m/月。此后，蓄水位将保持稳定状态，以模拟蓄水后的稳定渗流期，进而观测坝体内的应力、变形及孔压状态的变化。

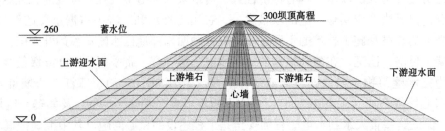

**图 1 有限元计算模型的材料分区和边界条件示意图**

### 2.2 邓肯-张 EB 模型

在本文所进行的计算分析中，各种坝料的本构模型均采用邓肯-张 EB 模型[11]。该模型属于非线性弹性模型，在土石坝应力变形数值分析中被广泛应用[12]。材料的切线模量 $E_t$ 和体变模量 $B$ 分别表示为

$$E_t = K \cdot p_a \left(\frac{\sigma_3}{p_a}\right)^n (1 - R_f S_L)^2 \tag{1}$$

$$B = K_b \cdot p_a \left(\frac{\sigma_3}{p_a}\right)^m \tag{2}$$

其中，水平剪应力 $S_L$ 可进一步通过下式计算：

$$S_L = \frac{(1 - \sin\varphi)(\sigma_1 - \sigma_3)}{2c \cdot \cos\varphi + 2\sigma_3 \cdot \sin\varphi} \tag{3}$$

以上各式中：$p_a$ 为大气压强；$\sigma_1$ 为大主应力；$\sigma_3$ 为小主应力；$R_f$ 为破坏比；$c$ 为黏聚力；$\varphi$ 为内摩擦角；$K$、$n$、$K_b$、$m$ 为模量相关参数。

对于堆石等材料，其莫尔-库仑强度包线通常并非直线，且涉及的围压范围越广，曲率通常越大。因此，本文计算中采用了如下的非线性强度参数 $\varphi_0$ 和 $\Delta\varphi$：

$$\varphi = \varphi_0 - \Delta\varphi \cdot \lg\left(\frac{\sigma_3}{p_a}\right) \quad\quad (4)$$

综上，该本构模型共包含 7 个参数，分别是 $c$、$\varphi$（或 $\varphi_0$ 和 $\Delta\varphi$）、$R_f$、$K$、$n$、$K_b$、$m$。各坝料的邓肯-张 EB 模型计算参数可通过室内常规三轴试验进行确定。

### 2.3 计算参数

表 1 给出了坝体不同材料分区的邓肯-张 EB 模型参数、天然重度 $\gamma$ 和饱和重度 $\gamma_{sat}$ 取值，该组参数取自某典型高心墙堆石坝工程的材料参数值[13]。基于该组参数，开展有限元计算对高心墙堆石坝工程施工、蓄水等过程进行模拟。对于给定的坝体施工过程和本构模型计算参数，心墙的渗透性将成为影响坝体渗流固结特性的控制因素。目前，在心墙堆石坝的渗流固结分析中，通常认为心墙的渗透系数为常量，即不随应力应变状态的改变而发生变化。在本文中，将选取不同的心墙渗透系数来研究坝体内部的渗流固结特性。具体计算方案为：取渗透系数 $k = 5\times10^{-8}$ m/s 作为基准值，分别计算坝体心墙渗透系数为 $k$、$0.5k$、$0.2k$ 和 $0.1k$ 情况下坝体的应力变形和孔压分布特性。需要说明的是，该渗透系数基准值取自某典型高心墙堆石坝工程的施工现场实测值。另外，上下游堆石区的渗透系数约为 $1\times10^{-3}$ m/s，比心墙的渗透性高 4~5 个数量级以上。因此，在计算时亦可将上下堆石区作为一般透水性区域。

表 1 材料计算参数

| 材料 | $\varphi_0/$ (°) | $\Delta\varphi/$ (°) | $R_f$ | $K$ | $n$ | $K_b$ | $m$ | $\gamma/$ (kN/m³) | $\gamma_{sat}/$ (kN/m³) |
|------|------|------|------|------|------|------|------|------|------|
| 上游堆石 | 52.6 | 10.0 | 0.75 | 1 450 | 0.18 | 620 | 0.110 | 21.9 | 23.8 |
| 心墙 | 39.5 | 6.0 | 0.83 | 375 | 0.49 | 193 | 0.430 | 21.2 | 21.5 |
| 下游堆石 | 52.6 | 10.0 | 0.75 | 1 450 | 0.18 | 620 | 0.110 | 21.9 | 23.8 |

## 3 计算结果及分析

本节将重点分析坝体应力变形特性以及心墙超静孔隙水压力的形成和演化过程。在本文算例中，坝体填筑和水库蓄水过程同时完成，因此不再对竣工期和蓄水完成期进行区分。

### 3.1 基于渗透性基准参数的计算结果

#### 3.1.1 孔隙水压力分布

如前文所述，心墙防渗体是高土石坝工程最核心的部位，心墙内产生的超静孔隙水压力是影响坝体应力变形性状乃至安全的重要因素。采用基准渗透系数 $k$ 进行计算，图 2 给出了工程竣工且正常蓄水时坝体内部的孔隙水压力分布。上游堆石区内的孔隙水压力等于相应蓄水位下的静孔隙水压力，心墙内的孔隙水压力由上游侧向下游侧逐渐降低。可以看出，心墙内的孔隙水压力分布接近稳定渗流状态下的孔压值，并未存在明显的超静孔隙水压力。换言之，对于该渗透系数（$5\times10^{-8}$ m/s），由于坝体施工周期相对较长，在坝体竣工时心墙内部的固结过程已经基本完成。

然而，对于实际高土石坝工程（如糯扎渡高心墙堆石坝工程和小浪底斜心墙堆石坝工程），监测资料显示坝体竣工时及运行较长时间后，坝体内部仍存在较高的超静孔隙水压力。显然，采用基准渗透系数的模拟结果并不能准确反映实际高土石坝工程的上述典型特性。两者差异的主要原因是，高土石坝工程心墙防渗体往往经受高应力、大变形等复杂的状态改变，这些改变会引起心墙渗透性的显著改变。因此，工程设计或者施工阶段通过室内或现场试验所确定的心墙渗透系数通常与坝体内部的实际渗透系数存在差异。

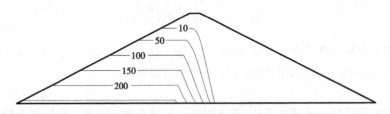

**图 2 坝体竣工时的孔隙水压力分布（基准参数计算结果）** （单位：m）

### 3.1.2 坝体应力及变形分布

图 3 给出了使用基准参数计算所得工程竣工时的坝体变形分布图。由图 3（a）可知，工程竣工且正常蓄水时坝体的最大沉降达到了 3.8 m，约占坝体总高度的 1.3%。坝体的最大沉降发生于坝体中部，符合一般的分布规律。图 3（b）给出了坝体的顺河向水平位移，方向以指向下游侧为正。坝体的最大水平位移约为 1.8 m，指向下游，发生于心墙中下部靠近下游堆石的位置。整体来看，除上游堆石区坡脚处部分区域外，坝体绝大部分区域发生了指向下游侧的水平位移。该位移分布特点主要是由库区蓄水后坝体受到上游侧的巨大水压力所导致的。

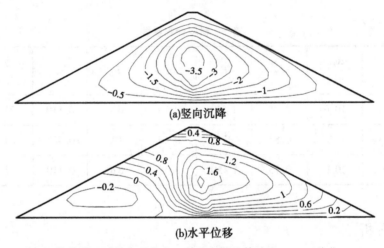

(a)竖向沉降

(b)水平位移

**图 3 坝体竣工时的变形分布（基准参数计算结果）** （单位：m）

图 4 给出了坝体内部大主应力和小主应力的分布图。从坝体的大主应力等值线可以看出，心墙区域存在比较明显的拱效应，这是心墙堆石坝应力分布的重要特点之一[14]。由于坝体的坝壳料（堆石料）具有远大于心墙土料的变形模量，在坝体的自重荷载作用下，心墙内产生的变形较大，而堆石区内产生的变形较小，进而引起坝体不同材料分区之间的变形不协调，并导致坝体内部应力的重分配。从图中可以看出，由于拱效应的存在，心墙内的应力显著降低。心墙中的应力部分转移至两侧坝壳，使得心墙内部的竖向应力低于自重应力。另外，坝体内大主应力在下游堆石区底部靠近心墙附近达到了最大值，约为 5.5 MPa，而上游堆石区的大主应力最大值仅为 3.5 MPa 左右。图 4（b）给出了坝体内小主应力的等值线分布。小主应力的分布并未表现出明显的拱效应。整体来看，由于上游库区蓄水所引起的浮力和水压力的作用，心墙上游侧坝壳内的应力状态与下游侧相比明显偏低。

### 3.2 基于渗透性折减参数的计算结果

为模拟坝体施工运行过程中心墙渗透性变化对坝体应力、变形和孔隙水压力的影响，本节使用不同的折减参数对高心墙堆石坝算例开展了渗流固结计算。下面以折减参数 0.2$k$ 的计算结果为例进行简要讨论与分析，其他折减参数的计算结果不再赘述。

#### 3.2.1 孔隙水压力分布

图 5 给出了使用折减参数 0.2$k$（$1 \times 10^{-8}$ m/s）计算所得的孔隙水压力分布。由分布图可知，坝

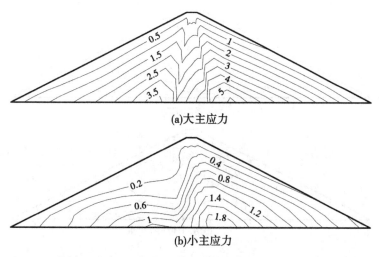

(a)大主应力

(b)小主应力

图4　坝体竣工时的应力分布（基准参数计算结果）　（单位：MPa）

体竣工时心墙内部存在比较明显的超静孔隙水压力。心墙部分区域的孔隙水压力高于上游蓄水，并呈现出中间高两侧低的"峰"型。进一步将图2所示基准参数计算值与图5进行比较，两者上游堆石区内的孔隙水压力分布完全一致，但前者心墙防渗体内的孔隙水压力明显低于后者。这表明，心墙渗透性降低之后，坝体固结速率明显放缓，坝体竣工时心墙内仍存在未消散的超静孔隙水压力。实际上，施工期坝体上部荷载不断增大，饱和土体被压缩，孔隙水无法及时排出并承担了部分上部荷载，从而导致了超静孔隙水压力的产生。

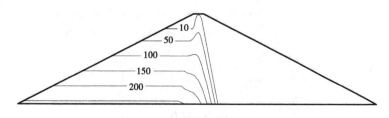

图5　坝体竣工时的孔隙水压力分布（折减参数 $0.2k$ 计算结果）　（单位：m）

### 3.2.2　坝体应力及变形分布

　　图6分别给出了使用折减参数计算所得坝体竖向沉降和水平位移的分布情况。可以看出，坝体内部变形分布与基准参数计算结果具有相似的规律。坝体沉降最大值发生在坝体中部心墙内；由于上游水压力的作用，坝体大部分区域的水平位移指向下游侧方向。另外，与基准参数计算结果（见图3）定量对比可知，图6中的坝体变形量更大，最大竖向沉降和水平位移分别达到了4.0 m和1.9 m以上。事实上，两者结果的差异也是由心墙防渗体的渗透性和固结速率的改变所引起的。坝体施工过程中进行分层填筑，土体渗透性降低后，填筑过程中土体内部超静孔压无法及时消散，进而引起更大的后续累积施工变形。从变形角度来看，坝体内的超静孔隙水压力会使坝体的整体变形进一步增大，不利于坝体施工过程中的变形控制。

　　图7给出了坝体竣工时的应力分布图。从大主应力分布可以看出，坝体内部同样存在比较明显的拱效应。将基准参数计算结果（见图4）与图7进行对比，两者在上下游堆石区内的应力分布大致相当，但心墙应力存在明显差异，后者应力明显低于前者。心墙有效应力的降低也是由超静孔隙水压力所引起的。总的来看，心墙内的超静孔隙水压力为心墙应力状态带来不利影响，并将增大心墙防渗体发生水力劈裂的风险。

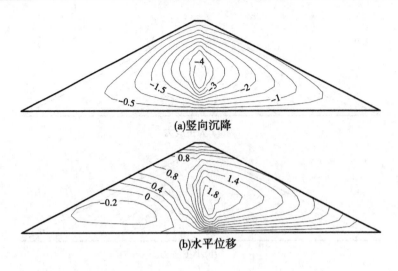

**图 6　坝体竣工时的变形分布（折减参数 0.2k 计算结果）**　（单位：m）

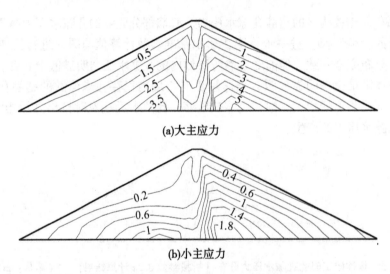

**图 7　坝体竣工时的应力分布（折减参数 0.2k 计算结果）**　（单位：MPa）

### 3.3　超静孔隙水压力的特征

前文对比了心墙渗透性对坝体竣工时应力、变形和孔隙水压力的影响。结果显示，在给定的施工条件下，心墙渗透性降低会引起超静孔隙水压力的累积，进而对坝体的应力和变形状态产生不利影响。以下将对坝体竣工后心墙内超静孔隙水压力的消散过程进行进一步的讨论。

图 8 给出了高程 40 m 和 140 m 处心墙内部中心位置的孔隙水压力时程变化曲线，图中横轴以坝体竣工时刻为坐标原点，各曲线自下而上分别对应基准参数 $k$、折减参数 $0.5k$、$0.2k$ 和 $0.1k$ 的计算结果。首先，基准参数的结果曲线大致呈水平状态，表明坝体竣工时心墙内部基本无超静孔隙水压力。此时，心墙内已基本达到稳定渗流状态，坝体后续运行过程中心墙内孔隙水压力保持稳定。对比不同折减参数对应的曲线可知，心墙的渗透性越低，坝体竣工时心墙内的超静孔隙水压力越大，且孔压的消散速度越慢。例如，当心墙渗透系数为 $0.1k$ 时，坝体竣工 540 d 之后心墙内仍有部分超静孔隙水压力未消散。当时间足够长时，心墙内超静孔隙水压力将完全消散，孔隙水压力的分布将逐步趋于稳定渗流状况下的孔压分布。

高土石坝心墙防渗体的渗透性演化是一个非常关键且复杂的问题。尽管本文算例所采用的渗透性折减参数与实际高土石坝工程中心墙渗透性演化存在一定差别，但上述结果对于揭示和描述高土石坝中超静孔隙水压力的形成和演化规律及其对坝体应力和变形的影响仍具有较大帮助。

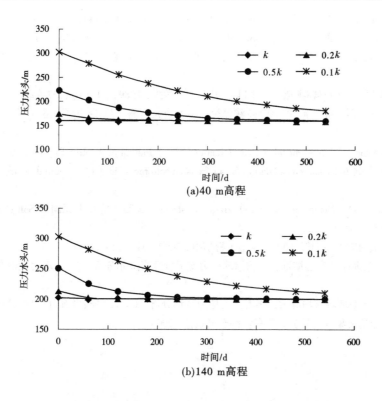

(a)40 m高程

(b)140 m高程

**图8 心墙内典型位置的孔隙水压力时程曲线**

## 4 主要结论

本文采用有限元方法对300 m高的理想心墙堆石坝算例开展了渗流固结计算，对比分析了黏性土心墙防渗体渗透性对高心墙堆石坝应力、变形以及超静孔隙水压力的影响。通过以上分析和讨论，得到以下几点主要结论：

（1）坝体内部的应力和变形状态较为复杂。由于坝体的不均匀沉降，心墙应力的分布存在明显拱效应。坝体内部的最大应力达到了5.5 MPa，最大水平位移和最大竖向沉降分别达到了1.8 m和3.8 m以上。

（2）心墙渗透系数为$5×10^{-8}$ m/s时，坝体竣工时心墙内部并未观测到明显的超静孔隙水压力。当渗透系数进一步降低，心墙内超静孔隙水压力逐步增加，同时孔压消散速度降低。可以推断，坝体施工过程中心墙防渗体渗透性的降低是心墙内超静孔隙水压力累积的主要原因。

（3）坝体施工过程中产生的超静孔隙水压力会进一步增大坝体施工变形并降低心墙有效应力，对坝体安全造成不利影响。在坝体施工过程中应严格监测和控制坝体应力和变形状态以及心墙超静孔隙水压力。

## 参考文献

[1] 麦家煊．水工建筑物［M］．北京：清华大学出版社，2005.

[2] 张丙印，于玉贞，张建民．高土石坝的若干关键技术问题［C］//中国土木工程学会．第九届土力学及岩土工程学术会议论文集（上册）．北京：清华大学出版社，2003.

[3] 丁艳辉，袁会娜，张丙印，等．超高心墙堆石坝应力变形特点分析［J］．水力发电学报，2013，32（4）：153-158.

[4] 陈立宏，陈祖煜，张进平，等．小浪底大坝心墙中高孔隙水压力的研究［J］．水利学报，2005，36（2）：219-224.

［5］Wu Y, Zhang B, Yu Y, et al. Consolidation analysis of Nuozhadu high earth-rockfill dam based on the coupling of seepage and stress-deformation physical state ［J］. International Journal of Geomechanics, 2016, 16 (3)：04015085.

［6］雷红军, 卞锋, 于玉贞, 等. 黏土大剪切变形中的渗透特性试验研究 ［J］. 岩土力学, 2010, 31 (4)：1130-1133.

［7］朱建华. 土坝心墙原状土的三轴渗透试验 ［J］. 岩土工程学报, 1989, 11 (4)：57-63.

［8］朱秀燕, 雷红军, 方超磊, 等. 粘性土变形–渗流耦合特性研究进展 ［J］. 中国水运 (下半月), 2020, 20 (10)：145-146, 149.

［9］Biot M A. General theory of three-dimensional consolidation ［J］. Journal of Applied Physics, 1941, 12 (2)：155-164.

［10］Biot M A. Theory of elasticity and consolidation for a porous anisotropic solid ［J］. Journal of Applied Physics, 1955, 26 (2)：182-185.

［11］Duncan J M, Chang C-Y. Nonlinear analysis of stress and strain in soils ［J］. Journal of Soil Mechanics & Foundations Div, 1970, 96 (5)：1629-1653.

［12］殷宗泽. 高土石坝的应力与变形 ［J］. 岩土工程学报, 2009, 31 (1)：1-14.

［13］丁艳辉, 张其光, 张丙印. 高心墙堆石坝防渗墙应力变形特性有限元分析 ［J］. 水力发电学报, 2013, 32 (3)：162-167.

［14］张坤勇, 周治刚. 高心墙堆石坝静力三维有限元应力变形分析 ［C］//中国岩石力学与工程学会. 第二届全国岩土与工程学术大会论文集 (上册). 北京：科学出版社, 2006.

# 基于信息智能化管控的水泥搅拌桩施工工艺原理与应用

綦跃强[1]　渠继凯[2]

(1. 山东黄河顺成水利水电工程有限公司，山东济南　250000；
2. 山东黄河河务局工程建设中心，山东济南　250000)

**摘　要：** 随着社会的不断发展及技术水平的日益提升，如何保障水利工程质量引起了更多关注和重视。但是由于质量监督管控的手段还比较滞后，加之不同的软弱土性质差异十分突出，采取传统的水泥搅拌桩施工工艺并不具备优势。面对这些困境和不足，本单位开展了信息智能化管控水泥搅拌桩施工技术的研发创新，通过精准定位及数据的及时传输让其工艺原理更为科学。本文结合实体工程安徽省水阳江船闸工程和黄河下游防洪工程（山东段）引黄闸改建工程作为应用案例，详细介绍了对该项新技术的工艺原理、施工操作要点、创新性及效益分析等。

**关键词：** 信息智能化管控；水泥搅拌桩施工技术；施工操作要点；创新性及效益分析

## 1　引言

水泥土搅拌桩是通过专用的施工机械，将水泥等固化剂喷入软土地基土中，在搅拌叶片旋转作用下与土体进行强制搅拌混合，使地基土与固化材料发生一系列物理化学反应，在短期内形成整体性强、水稳性好及强度高的桩体，起到地基加固作用[1-3]。目前，水泥土搅拌设备已从单轴搅拌设备进化到双向搅拌桩、三轴搅拌桩技术、五轴搅拌桩技术、机械活化搅拌桩施工技术等[4-6]，施工工艺水平有了很大提升。近年来，随着智能建造技术的出现，水泥土搅拌桩智能化施工得到快速发展。例如，德国 BAUER 公司研制的搅拌桩施工平台可实时监测、记录和控制注浆过程中的主要参数，包括倾斜度、钻进深度、转速、泥浆压力等[7]。日本 Taisei 公司提出了 Winblade 工法施工平台，配备的自动监测系统可以监测搅拌叶片旋转速度，对钻杆的下降或提升速率及水泥浆泵送速率进行相应调整。李熙龙[8]研发了一整套智能制浆设备，包括密封水泥压力罐、传感器、显示器、搅拌电机等，在钻机上标示出深度尺可直观判断钻入深度，大大减少了人为因素对施工的干扰，增加了机械化程度，大大提高了施工效率，但是缺乏后台监控管理手段。王永安[9]介绍了钉型双向搅拌桩智能化软基处理技术的应用原理，详细叙述了其设计方案与施工工艺，并在施工中采用了自动化制浆系统和自动监控系统。李兴华等[10]阐述了水泥土搅拌桩智能监控系统的主要构成，从信息全面性、信息时效性以及成本经济性方面与传统监控系统进行对比，展现出应用智能监控系统的必要性和巨大优越性。万瑜[11]初步研发了水泥土搅拌浆喷桩智能化施工控制系统，通过对喷浆量、桩长、桩体垂直度等施工参数的自动控制，有效保证施工质量，提高软土地基加固效果。综上所述，水泥土搅拌桩施工智能化程度有了较大发展和进步，但其工程应用时仍存在诸多问题，表现为桩基定位智能化程度较低、数据传输与反馈调节的实时性差，使得施工智能化程度偏低。为此，本文进行了信息智能化管控水泥搅拌桩施工技术的研发创新，通过精准定位及数据的及时传输让其工艺原理更为科学，大大提升搅拌桩施工的智能化程度。

---

**作者简介：** 綦跃强（1985—），男，高级工程师，主要从事水利工程施工的研究工作。

## 2 工艺原理

### 2.1 精确定位及管控水泥搅拌桩施工技术

为了监控水泥搅拌桩施工质量，研制了信息智能化管控系统，包括北斗定位基准站、数字化桩机控制系统（见图1）和数据共享交互平台。通过在施工现场建立北斗基准站，实现施工现场的定位全覆盖，同时为现场多台桩机提供高精度定位差分信号，使得桩机准确设置于所需位置，桩机数量根据实际需要设置。钻机定位后，在钻机上安装数字控制系统，钻机进行打钻，泥浆从供料系统输出流入钻杆，数字控制屏幕上可显示成桩深度、喷浆量、水泥总量、成桩时间、持力层的电流。通过电流大小，可确定打钻完成度。

### 2.2 实时传输施工关键数据技术

为了实时反馈打桩过程中的质量参数，减少现场管理人员，提出了实时传输施工关键数据技术。在机身 GNSS 天线处设有北斗定位接收机，桩机上控制箱内设有平板电脑，设有电流传感器、电子称重仪和流量传感器，实时反馈桩机的打桩位置及深度、留振时间、成桩时间、混凝土流量、拔管高度、反插次数及深度等，并通过数据共享交互平台指导现场施工的同时实现打桩过程的全面管控。数据共享交互平台成果报表包括整体进度报表、施工数据列表、桩数据详细报表、施工单位列表、桩机信息列表等。所有报表均能以 Excel 和 PDF 的格式输出、存档、打印。

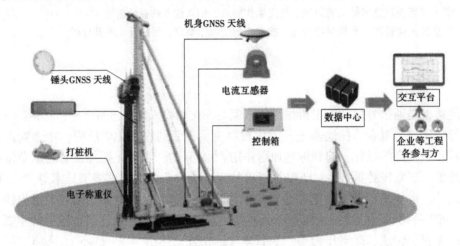

**图 1　数字化桩基控制系统**

## 3 施工工艺流程及操作要点

### 3.1 施工工艺流程

施工工艺流程如图2所示。

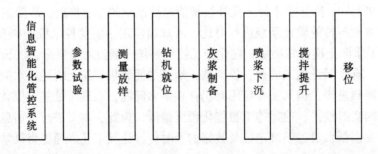

**图 2　施工工艺流程**

## 3.2　操作要点

### 3.2.1　信息智能化管控系统

北斗定位基准站包括定位天线和通信模块。定位天线实现施工现场的定位全覆盖，可精确定位出每个桩基的位置；桩基上设有北斗定位接收机和平板电脑，北斗定位接收机和北斗定位基准站电性连接，平板电脑记录桩基施工情况。基准站设有双机热备系统和避雷针。遇停电、断电等情况，可持续至少 10 h，异常自动报警功能，可远程登录排出故障，保证了水泥搅拌桩施工的质量。

数字化桩机控制系统，主要由无线路由器和控制箱组成，平板电脑设置于控制箱内，控制箱接收平板电脑内的数据。桩机上设有电流传感器、电子称重仪和流量传感器与平板电脑电性连接，实时反馈打桩位置及深度、成桩时间等关键技术指标，控制箱从平板电脑接收数据，然后将数据传输给交互平台，管理人员通过数据交互平台指导现场施工及监控打桩全过程。

数据共享交互平台，主要由数据中心和交互平台组成，控制箱的数据传输给数据中心，数据中心传输至数据交互平台。数据交互平台可满足多个账户同时登录使用及 200 多台桩基同时施工使用，且具有超权报警系统。可基于施工客观数据为工程所有参与方提供满足各自需要的原始数据及成果报表，如整体进度报表、桩数据详细报表等。

### 3.2.2　参数试验

通过试桩，确定钻头进入持力层电流变化程度；确定水泥浆液比重；确定合适的输浆量；掌握水泥浆经浆泵到达搅拌机喷浆口的时间、搅拌桩机提升速度、复搅下沉、复搅提升速度等施工参数；确定水泥搅拌桩掺灰量，搅拌桩成桩 28 d 后取芯做抗压强度复核。

### 3.2.3　测量放样

采用北斗定位接收机接收卫星信号，精确定位出桩水平位置，用木桩或钢筋头进行标记，呈梅花形依次标定出桩位，桩与桩呈等边三角形。北斗定位基准站可为桩机上的 GNSS 测量定位设备提供差分定位信号，水平精度超过 ±8 mm，垂直精度超过 ±15 mm。

### 3.2.4　钻机就位

首先检查钻头刀片直径是否符合要求，然后调试钻机的转速、空气压力及计量设施是否正常。满足要求后，将钻机就位，钻机四周需平稳，用水平尺校正钻机。钻机的导向架中心设有铅锤，通过铅锤和检验板红色圈范围检测垂直度，垂直度偏差不大于 1.5%。施工前丈量钻杆长度，在导向架与钻杆长度相对应的位置画出刻度线，与交互平台信息记录进行核对，了解钻杆钻入深度、复搅深度，确保打设桩长数据准确。

### 3.2.5　灰浆制备

水泥采用 P42.5 普通硅酸盐水泥，上部扩大头直径 1.0 m，水泥用量 280 kg/m；下部桩径 0.5 m，水泥用量 70 kg/m，理论水灰比为 0.5，理论水泥浆比重为 1.80。制浆筒搅拌时间不得小于 2 min，储浆桶内设置搅拌机不断搅动，保证水泥浆均匀。根据单桩水泥用量，控制好桩基的钻进速度、搅拌速度及提升速度。

### 3.2.6　喷浆下沉

启动搅拌机，使搅拌机沿导向架向下切土，同时开启送浆泵向土体喷水泥浆，两组叶片同时打开，正反向旋转切割，搅拌土体，搅拌机持续下沉，直到扩大头设计深度。扩大头的喷浆量需 ≥233 L/m，小头的喷浆量 ≥28 L/m，改变内、外钻杆的旋转方向，将搅拌叶片收缩到下部桩体直径，喷浆切土下沉，两组叶片同时正、反向旋转切割、搅拌土体，搅拌机持续下沉，直至达到设计深度，在桩端应就地持续喷浆搅拌 10 s 以上。桩机上的电流传感器检测出下沉深度，打桩速度，将数据传输给平板电脑，通过控制箱将数据传输到共享交互平台，管理人员可远程操作观察。

### 3.2.7　搅拌提升

搅拌提升，关闭送浆泵，两组叶片同时正、反向旋转切割、搅拌土体，直至达到扩大头底面标高；改变内外钻杆的旋转方向，将搅拌叶片伸展至扩大头直径，提升钻杆，两组叶片同时正、反向旋转搅拌水泥土，直至达到地表或桩顶设计标高以上 50 cm，其中搅拌桩下沉和提升的速率采用变速箱进行控制，如此循环完成四搅两喷施工工艺。当喷浆口即将出地面时，应停止提升，搅拌数秒以保证桩头均匀密实。

通过电流传感器实时检测电流变化，确保终孔位置，成桩深度反馈于数据交互平台。电流传感器、电子称重仪和流量传感器根据北斗定位系统授时及同步，定位传感器水平精度达 ±8 mm，垂直精度达 ±15 mm，重量（方量）传感器精度误差 <±最大量程×1%，无线传输，电流传感器精度 0.5 级、具备免拆线安装。

### 3.2.8 移位

单桩完成后，将钻机移至斜后方进行下一根桩施工。承载 28 d 后进行钻孔取芯，检测单桩承载力和地基承载力。

## 4 工程应用

### 4.1 应用情况

安徽省水阳江航道整治船闸工程，合同总额 1.3 亿元，合同工期 36 个月。水阳江漫滩地，地势低平，地面标高一般为 5.00~8.00 m，勘探所揭露的地层岩性主要为第一系黏性土、粉质黏土、淤泥质粉质黏土、卵石等。施工采用信息智能化管理技术，大大提高了施工质量，并加强了对实时现场的质量管控，减少了人员的投入，提高了施工安全性、施工效率和施工经济性。

### 4.2 主要质量控制指标

（1）桩基钻杆搅拌转速不小于 60 r/min，钻进速度控制在 0.8~1 m/min，提升速度控制在 0.9~1.1 m/min。

（2）根据试桩时，终孔的电流标准值，卷扬机钢丝绳松动、钻杆转速变缓等情况，严格控制钻入持力层的深度。

（3）桩机就位后，采用导向架线垂直对中法，精调桩身竖直度，偏差不得超过 1.5%。

（4）泵送浆液时，压力必须稳定，喷浆压力不小于 0.5 MPa，浆液硬结堵管，必须拆卸输浆管道并清洗干净。

（5）施工时因故停浆，为防止缺浆，应使搅拌机下沉至停浆面以下 0.5 m 处，待恢复供浆后再喷浆提升。

### 4.3 主要安全措施

（1）机具开工前需进行检测调试，确保安全可靠，施工中随时检查设备的完好率。

（2）安装后的扣件螺栓应进行检查，不合格的必须重新拧紧，直至合格为止。

（3）钢丝绳任何一个断面内的断丝量不得超过断面总根数的 5%。

（4）现场施工用电线路一律采用绝缘导线，移动式线路使用胶皮电缆，使用时提前认真检查确保电缆无裸露现象，地上线路架空绝缘固定。

（5）非操作人员不得接近水泥搅拌桩，避免造成人身伤害。

（6）水泥灌四角需用缆风绳固定。

### 4.4 效益分析

该技术提出信息智能化管控系统，实时反映打桩过程提升高度、下沉深度、成桩时间、成桩深度等，相比传统水泥搅拌桩施工工艺，提高了成桩过程中的质量监控，提高了施工质量，无须在每个桩基上配备管理人员，只需远程监控，减少了人员的投入，提高了施工效率，缩短了时间，从而提高了机械设备利用率，减少了设备的租赁费、燃料动力费和人工费。

以水阳江船闸工程为例，地基处理采用钉形双向水泥搅拌桩，水泥搅拌桩共需施工 13 749 根桩，配备 6 台桩机。上部桩径为 1 m，扩大头长度共有 47 169 m，水泥用量为 280 kg/m；下部桩径 0.5 m，长度共有 85 718 m，水泥用量为 70 kg/m。采用信息智能化系统，水泥用量 19 208 t，水泥费用为 768

万元；采用传统水泥搅拌桩施工工艺，水泥用量 21 262 t，水泥费用 851 万元。传统施工工艺，每台桩机需配备 2 名技术人员，人工费为 64 万元，采用信息智能化系统，整个桩机工点只需 2 人，人工费为 5 万元。新工艺有软件设计费，设备费高于传统工艺。综合整个施工过程发生的质量问题，新工艺能精确定位钻岩深度，减少水泥用量，减少人员的投入，节约成本。经济效益对比分析见表 1。

表 1 经济效益分析

| 序号 | 项目 | 水泥搅拌桩长度/m | 水泥用量/t | 水泥费用/万元 | 人工费/万元 | 设备费/万元 | 技术解决费/万元 | 合计/万元 |
|---|---|---|---|---|---|---|---|---|
| 1 | 传统工艺 | 132 887 | 21 262 | 851 | 64 | 24 | 20 | 959 |
| 2 | 新工艺 | 132 887 | 19 208 | 768 | 5 | 78 | 0 | 851 |

## 5 项目的创新性

### 5.1 提高施工质量

与传统施工工艺相比，采用北斗定位系统能实时监控打桩位置及深度，提高打桩精度。采用信息化控制台实时监测喷浆过程，提高喷浆的均匀性，提高施工质量。

### 5.2 提高施工安全

采用数字化桩基控制系统，系统自动记录打桩开始时间、成桩深度、结束时间，实时检测打桩速度，检测电流变化，确保终孔电流值满足最低标准，提高施工安全。

### 5.3 提高施工效率

传统施工工艺，人工手工记录数据，采用数字化桩基控制系统，打桩过程中的数据、喷浆量是否达到设计要求，其结果直接传输到云端系统，确保了数据的正确性，提高了施工效率。

## 6 结论与展望

随着信息化及智能化设备的应用，对于施工现场的跟踪管控也变得更为科学。信息智能化管控水泥搅拌桩施工技术在施工现场的应用实现了人力资源和物力资源投入总量降低，施工的安全性和效率获得了节节攀升的契机。这种智能化、高效化的施工作业模式在未来的施工现场必然会得到广泛应用。在科技水平日益提升的环境下，信息智能化管控水泥搅拌桩施工技术也会得到优化，其未来的发展前景必然是相当广阔的。

## 参考文献

[1] 刘松玉. 新型搅拌桩复合地基理论与技术 [M]. 南京：东南大学出版社，2014.

[2] 靳林健. 双向钉型深层搅拌桩施工工艺及质量控制 [J]. 四川水泥，2015 (4)：301.

[3] 李宁，张媛君. 钉形水泥土双向搅拌桩在深厚软基加固中的应用 [J]. 路基工程，2015 (1)：172-176.

[4] 赵春风，邹豫皖，赵程，等. 基于强度试验的五轴水泥土搅拌桩新技术研究 [J]. 岩土工程学报，2014，36 (2)：376-381.

[5] SRIJAROEN C, HOY M, HORPIBULSUK S, et al. A Soil cement screw pile: alternative pile for low-and medium-rise building in Bangkok clay [J]. Journal of Construction Engineering and Management, 2021, 147 (2)：04020173.

[6] 章定文，刘涉川，蔺文峰，等. 旋喷搅拌桩加固含易液化粉土夹层软基的现场试验 [J]. 交通运输工程学报，2022，22 (1)：103-111.

[7] 龚晓南，杨仲轩. 地基处理新技术、新进展 [M]. 北京：中国建筑工业出版社，2019.

［8］李熙龙．软土地基浆喷桩新施工工艺及应用研究［D］．济南：山东大学，2019．

［9］王永安．钉形双向水泥土搅拌桩智能化软基处理技术在福州市琅岐雁行江主干道工程中的应用［J］．智能城市，2018，4（12）：30-32．

［10］李兴华，赵立波．智能监控系统在水泥土搅拌桩施工中的应用［J］．工程建设与设计，2020，45（3）：151-152．

［11］万瑜．水泥土搅拌桩智能化施工控制系统应用研究［D］．南京：东南大学，2019．

# 激光熔覆耐磨防腐涂层技术研究进展及其在水利水电行业的应用

王明明[1,2]　刘　伟[1,2]　伏　利[1,2]　张　磊[1,2]　陈小明[1,2]

（1. 水利部产品质量标准研究所，浙江杭州　310012；
2. 浙江省水利水电装备表面工程技术研究重点实验室，浙江杭州　310012）

**摘　要：** 随着社会的发展，机械设备使用环境日益严苛，设备表面功能化已成为提升性能的重要手段。激光熔覆技术因其精确、高效的特点，在表面处理中具有独特优势。本文综述了激光熔覆技术的基本原理、发展历程及其优点和局限性，重点分析了激光熔覆技术耐磨防腐涂层材料的选择及最新研究成果、激光熔覆工艺参数的优化。结合工程实例，讨论了激光熔覆技术在水利水电设备抗磨防腐方面的应用效果，最后展望了该技术未来的发展方向，以期为后续研究及工程应用提供参考。

**关键词：** 激光熔覆；耐磨；防腐；涂层；水利水电

## 1　引言

随着社会的发展和科学技术的进步，机械设备的使用环境和条件日趋复杂严苛，设备表面直接暴露于易发生磨损、腐蚀和冲击等的环境下，会严重影响设备的使用寿命和可靠性[1]。为提高设备的抗磨和防腐性能，在设备工作表面覆盖耐磨防腐功能涂层已成为一种有效手段[2]。传统的涂层技术存在膜厚难以控制、附着力不高等缺点[3]。激光熔覆是一种精确、高效的表面强化技术，可在金属表面熔覆各种功能涂层，显著提升部件的使用寿命[4-6]。开展激光熔覆耐磨防腐涂层技术的研发与应用，对推动设备性能提升、延长使用寿命具有重要意义。

## 2　激光熔覆耐磨防腐涂层技术概述

### 2.1　激光熔覆技术基本原理

激光熔覆是利用激光作为热源，熔化涂覆材料并迅速凝固形成涂层的一种高效精密表面强化技术。其基本原理如图1所示[7]，是利用激光照射基体表面，使其吸收热量并将其传导到材料内部，达到熔化材料表面并形成涂层的效果。这个过程的深度会受到激光波长和材料热物性的影响[8]；同时供粉系统将预置的涂层材料吹喷到激光照射区，材料熔化并迅速凝固，与基体金属产生钎焊，形成金属间化合物，实现涂层的覆盖。该工艺具有定位精确、成形自由、焊接强度高等特点。

### 2.2　激光熔覆耐磨防腐涂层技术的发展历程

20世纪80年代，激光熔覆技术初步应用于涂覆硬质合金。随着高功率激光器的发展，各类功能涂层特别是耐磨防腐涂层的激光熔覆制备及应用研究不断深入[9-11]。进入21世纪，选择适宜的粉末材料，优化涂层成分设计和工艺参数，成为提升涂层综合性能的重点[12]，国内外学者开展了大量耐

**基金项目：** 水利部重大科技项目（项目编号：SKS-2022113）。

**作者简介：** 王明明（1985—），男，工程师，主要从事表面腐蚀防护、水利机械及其再制造方面的研究工作。

**通信作者：** 陈小明（1983—），男，正高级工程师，主要从事表面腐蚀防护、水利机械及其再制造方面的研究工作。

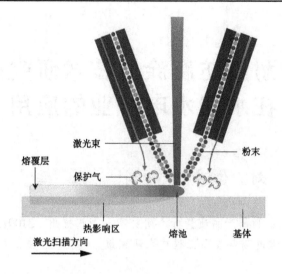

**图 1　激光熔覆原理示意图**[8]

磨、防腐复合涂层的制备研究[13]，并初步应用于水电、化工等领域，取得了良好效果[14-15]。

### 2.3　激光熔覆耐磨防腐涂层技术的优点和局限性

相较于传统的热喷涂等涂层工艺，激光熔覆技术具备独特的优势[16]。第一，激光熔覆技术具有操作精确可控、能量密度高、熔覆速度快的特点，使得能够在局部区域进行精确修复。第二，激光熔覆过程中，激光熔化再固化的速度快，能够达到高淬火速率，从而获得致密细微的组织结构。第三，激光与材料直接作用，使得熔融区与基体金属原子间具有良好扩散性，从而实现了高附着强度的熔覆层。第四，激光熔覆技术能够在比较复杂的三维形状表面进行选择性修复加工。虽然激光熔覆技术具有诸多优势，但从工程应用角度来看，该技术仍存在一些局限性有待突破[8]。具体来说，激光熔覆设备投资和运行成本高，单道熔覆宽度受光斑尺寸限制较窄，难以实现大面积高效率熔覆。另外，对于复杂形状工件，熔覆参数优化和扫描策略难以规划。此外，熔覆层与基体之间的结合强度以及涂层残余应力也是该技术需要改进的方面。可以看出，研发高功率激光源、扩大单次扫描区域、开发通用预混合涂层材料等，都是该技术实现广泛工程应用的关键途径。

## 3　激光熔覆耐磨防腐涂层技术材料和工艺研究进展

### 3.1　激光熔覆材料的研究

激光熔覆形成的耐磨防腐涂层，其材料的选择直接关系到最终熔覆的质量和涂层的综合性能指标。目前常用的激光熔覆材料有自熔性合金材料、碳化物弥散复合材料、复合陶瓷材料等。针对这些材料的研究主要集中在材料的组成设计、涂层性能改进、工艺优化及新材料的开发等方面，在自熔性合金方面[17-18]，研发了新型的 Fe 基、Co 基和 Ni 基合金材料，改善了传统合金的抗磨性和抗腐蚀性，同时优化了合金成分设计，获得了更优异的高温机械性能。在碳化物复合材料方面[19-20]，采用了碳化物颗粒如 TiC、WC 来强化 Ni 基合金基体，显著提高了复合涂层的硬度和耐磨性，并开发了混合类型的预混复合粉末，获得了高强度和耐磨性的复合涂层。在陶瓷复合材料研究中[21]，研究了多种陶瓷材料如氧化铝与氮化硼的组合，制备出兼具抗磨和抗腐蚀性能的陶瓷复合涂层，并采用树脂预浸渍等手段显著改善了陶瓷涂层的致密性。此外，在预混多组分材料方面[16]，开发了含有高熵合金的预混多组分熔覆材料，实现了涂层性能的综合优化，同时改善了复合粉末的流动性，提高了熔覆过程的稳定性。

### 3.2　激光熔覆工艺参数优化研究

激光熔覆过程中工艺参数的设置会直接影响能量交付与传递，从而对熔池的形成与稳定性有重要影响。因此，对激光熔覆工艺参数进行优化是提高激光熔覆防腐耐磨涂层性能的重要途径之一，通过调整和优化激光熔覆过程中的关键参数，以实现高质量的熔覆涂层。这些关键参数包括激光功率、扫描速度、熔覆速率、喷粉速度等。研究热点主要集中在确定最佳参数组合，以实现理想的熔覆涂层性能，如表面质量、成层密实度、附着强度等方面的优化。邢学峰等[22] 采用 JG-3 铁基合金对 20CrMo 钢表面进行熔覆，制备了一种合金涂层。他们以激光功率、扫描速度和送粉速度为优化变量，以涂层硬度和耐磨性为评价指标，利用正交试验的极差与方差分析得出了最佳参数组合。研究结果表明，扫描速度对高速激光熔覆涂层性能的影响最大，其次是送粉速度，最后是激光功率。张胜江等[23] 在研究中选取激光功率、扫描速度和送粉速度作为优化变量，研究熔覆层表面质量的优化指标包括表面粗糙度和硬度。通过采用正交试验极差分析和神经网络预测模型等方法，他们得出：在综合质量方面，激光功率的影响最大，其次是扫描速度，然后是送粉速度。值得注意的是，NSGA-Ⅱ遗传算法在优化过程中能够比正交试验更快地达到更好的效果。通过合理选择工艺参数，能够有效解决熔覆层塌陷和厚度不均等问题，从而显著提高熔覆层表面质量。Zhao 等[24] 对 TiBCN 涂层的几何特性与激光功率、扫描速度和粉末进给速度之间的关系进行了研究。他们使用响应面方法（RSM）建立了一个数学模型，并采用方差分析（ANOVA）方法来分析工艺参数与输出响应之间的关系。研究结果表明，该数学模型能够有效地描述涂层的几何特性与激光熔覆工艺参数之间的关系。通过使用模型中的优化参数，他们得到的预测结果与实验结果相一致。这些研究方法的应用效果明显，为实现激光熔覆工艺参数的优化和改进提供了重要的理论依据和实验指导。通过深入研究和探索，有望进一步提高激光熔覆材料的性能，并满足不同领域的应用需求。

## 4  激光熔覆耐磨防腐涂层技术在水利水电领域的应用

水电站的水轮机、水泵、阀门等长期处于流体的液体冲刷环境，容易出现严重的流体磨损与腐蚀问题，主要由水流冲击、颗粒物侵蚀、水质腐蚀和电化学腐蚀引起，图 2 为水电机械受泥沙磨蚀破坏的照片。水流冲击使设备表面磨损和腐蚀，尤其在高速水流条件下更为严重。水中的颗粒物通过摩擦和冲击导致设备表面磨损和腐蚀。水质中的溶解氧、酸碱物质和特定离子会进一步腐蚀设备表面，尤其在高温、高湿度环境下更为显著。同时，水活动环境中的电化学腐蚀会导致设备表面的磨损、风化和腐蚀。这不仅降低了水电设备的转换效率，还严重影响了使用寿命。选择合适的涂层材料，然后利用激光精确熔覆在易损部位，是水电设备实现表面强化的有效手段。

图 2  受泥沙磨蚀破坏的水电机械

激光熔覆耐磨防腐涂层技术常用于强化水泵、水轮机、船闸、船闸门、涵洞门的工作面和摩擦表面的耐磨防腐涂层[25-27]，已在我国多个重大水利水电工程中取得成功应用，例如在三峡水电站对水轮机进行激光熔覆耐磨涂层，葛洲坝水电站在阀门部位熔覆 NiCr 等防腐涂层，南水北调中线和丹江口水电站分别在水泵水轮机等部位使用该技术熔覆复合涂层，以上工程的应用均获得了显著的抗磨损和防腐蚀效果，显著提高了关键设备和结构件的耐久性和可靠性，减少了维修和更换的频率，降低了工程运行成本。统计分析表明，采用激光熔覆涂层后的水电设备，连续运行时间可提高 30% 以上，涂层部位的磨损量减少 50%，使用寿命延长 1 倍以上，运维成本降低明显。

## 5 激光熔覆耐磨防腐涂层技术的展望

综上所述，激光熔覆耐磨防腐涂层技术在研究和应用方面均已取得了诸多成果，也存在许多有待进一步解决的问题，如投资和运行成本高、单道熔覆宽度较窄、复杂形状工件的熔覆参数和扫描策略难以规划、结合强度不足、涂层存在残余应力等。针对以上问题，未来激光熔覆技术的发展趋势主要集中在以下几个方面：

（1）降低设备投资和运行成本。研发更具经济性的激光设备，改善激光耗能效率，并探索新的激光熔覆工艺，以降低设备投资和运行成本。研发与常见工件材料兼容的通用预混合涂层材料，减少定制化需求，提高适用范围，降低成本。

（2）扩大单道熔覆宽度。研发新一代激光系统，用于实现宽幅熔覆，通过改善光斑尺寸限制，提高熔覆宽度，从而提高熔覆效率和加工速度。

（3）优化熔覆参数和扫描策略。开展熔覆参数优化和扫描策略规划的研究，通过模拟和实验，找到复杂形状工件熔覆的最佳工艺参数和扫描路径，提高产品质量和效率。

（4）提高熔覆层与基体的结合强度。研发新的涂层材料和工艺，优化熔覆参数，改善熔覆层与基体之间的结合强度，提高涂层的附着力和耐磨性。

（5）降低涂层残余应力。研究并优化熔覆工艺，通过合理的参数设置和工艺控制，减轻熔覆层与基体之间的残余应力，降低涂层的开裂和剥离风险。

（6）发展高功率激光源。研发更高功率的激光源，提供更大的能量密度，以实现更高效率和更广泛面积的熔覆加工。

总体而言，激光熔覆耐磨防腐涂层技术具有广阔的研究和应用前景。随着自动化和智能化控制、多技术协同应用、新型涂层材料的开发以及熔覆宽度和适用材料范围的提升，激光熔覆技术将进一步拓展应用领域，并为工业制造、航空航天、能源等行业提供更加可靠、高效和环保的涂层解决方案。同时，相信不断创新的涂层体系设计和性能优化，将为实现更丰富的功能和更高的质量标准提供支持，促进激光熔覆技术的长足发展。

## 参考文献

［1］Chen Y，Wang H M. Microstructure and wear resistance of a laser clad TiC reinforced nickel aluminides matrix composite coating ［J］. Materials Science and Engineering，2004，368（1-2）：80-87.

［2］刘二勇，曾志翔，赵文杰. 海水环境中金属材料腐蚀磨损及耐磨防腐一体化技术的研究进展 ［J］. 表面技术，2017，46（11）：149-157.

［3］Toyserkani E，Khajepour A，Corbin S. Laser cladding ［M］. CRC press，2004.

［4］Steen W M. Laser material processing ［M］. Springer Science & Business Media，2013.

［5］张凯，陈小明，张磊，等. 激光熔覆制备耐磨耐蚀涂层技术研究进展 ［J］. 粉末冶金材料科学与工程，2019，24（4）：308-314.

［6］张磊，陈小明，霍嘉翔，等. 激光熔覆马氏体/铁素体涂层的组织与抗磨耐蚀性能 ［J］. 粉末冶金材料科学与工程，2022，27（2）：196-204.

［7］马清. 激光熔覆 WC 增强 FeCoNiCr 高熵合金复合涂层的制备及组织性能研究 ［D］. 广州：广东工业大学，2022.

［8］Micheal K，Seetha R M，Dong Q，et al. Effect of laser shock peening on residual stress，microstructure and fatigue behavior of ATI 718Plus alloy ［J］. International Journal of Fatigue，2017（102）：121-134.

［9］史方俊，王志文，宋天麟. 等. 热处理对激光熔覆涂层影响的研究进展及发展趋势 ［J］. 应用激光，2018，38（5）：754-759.

［10］Xu Xiaowen, Bian Hongyou, Liu Weijun, et al. Microstructure and Properties of the Tribaloy T-800 Coating Fabricated by Laser Cladding on the DZ125 Superalloy ［J］. Journal of Thermal Spray Technology, 2023, 32 （7）: 2112-2122.

［11］Wu P, Zhou C Z, Tang X N. Microstructural characterization and wear behavior of laser cladded nickel-based and tungsten carbide composite coatings ［J］. Surface and Coatings Technology, 2003, 166 （1）: 84-88.

［12］Bartkowiak K, Ullrich S, Frick T, et al. New developments of laser processing aluminium alloys via additive manufacturing technique ［J］. Physics Procedia, 2011, 12: 393-401.

［13］Tian Zhihua, Zhao Yongtao, Yajun Jiang, et al. Investigation of microstructure and properties of FeCoCrNiAlMox alloy coatings prepared by broadband-beam laser cladding technology ［J］. Journal of Materials Science. 2020, 55 （10）: 4478-4492.

［14］张蕾涛, 刘德鑫, 张伟樯, 等. 钛合金表面激光熔覆涂层的研究进展 ［J］. 表面技术, 2020, 49 （8）: 97-104.

［15］班傲林. 激光熔覆陶瓷颗粒增强高熵合金涂层泥沙冲蚀性能研究 ［D］. 扬州: 扬州大学, 2022.

［16］Yue T M, Yan L, Chan C P, et al. Excimer laser surface treatment of aluminium alloy AA7075 to improve corrosion resistance ［J］. Journal of materials processing technology, 2002, 129 （1-3）: 367-371.

［17］Devoino O G, Feldshtein E É, Kardapolova M A, et al. Structure-Phase Condition and Tribological Properties of Coatings Based on Self-Fluxing Nickel Alloy PG-12N-01 After Laser Surfacing ［J］. Metal Science and Heat Treatment, 2017, 58 （11-12）: 748-752.

［18］Gu D, Shen Y. Processing conditions and microstructural features of porous 316L stainless steel components by DMLS ［J］. Applied Surface Science, 2008, 255 （5）: 1880-1887.

［19］冯煜哲, 王岳亮, 刘文文, 等. 低含量碳化钨对激光熔覆镍基复合涂层性能影响 ［J］. 应用激光, 2023, 43 （2）: 26-33.

［20］Liang Jing, Yin Xiuyuan, Lin Ziyang, et al. Microstructure and wear behaviors of laser cladding in-situ synthetic （TiBx+TiC）/ （Ti2Ni+TiNi） gradient composite coatings ［J］. 2020, 176: 109305.

［21］王伟志, 马国政, 韩珩, 等. 激光熔覆陶瓷涂层研究现状与展望 ［J］. 机械工程学报, 2023, 59 （7）: 92-109.

［22］邢学峰, 孙文磊, 陈子豪, 等. 20CrMo 钢表面高速激光熔覆工艺参数优化 ［J］. 应用激光, 2023, 43 （2）: 20-25.

［23］张胜江, 王明娣, 倪超, 等. QT800-2 球墨铸铁表面激光熔覆工艺参数多目标优化 ［J］. 表面技术, 2021, 50 （7）: 74-82.

［24］Zhao Y H, Li Y X, Tan Y X, et al. Statistical Analysis and Optimization of Process Parameters for the Laser Cladding of TiBCN Powder onto a 7075 Aluminium Alloy Substrate ［J］. Lasers in engineering 2020, 45 （4-6）: 203-225.

［25］徐进, 阳义. 水轮机过流部件现场激光熔覆修复和表面强化涂层应用研究 ［J］. 大电机技术, 2020 （6）: 55-61.

［26］杨聘, 李德红, 陈志雄, 等. 水轮机叶片激光熔覆抗汽蚀涂层性能研究 ［J］. 中国农村水利水电, 2022 （4）: 229-232.

［27］李英, 李平. 激光熔覆制备抗冲蚀磨损镍基复合涂层的研究进展 ［J］. 材料导报, 2021, 35 （15）: 15162-15168, 15174.